数学名著译丛

# 普林斯顿数学指南

## 第二卷

〔英〕Timothy Gowers　主编

齐民友　译

科学出版社

北　京

图字：01-2013-6961 号

## 内 容 简 介

本书是由 Fields 奖得主 T. Gowers 主编、133 位著名数学家共同参与撰写的大型文集. 全书由 288 篇长篇论文和短篇条目构成, 目的是对 20 世纪最后一二十年纯粹数学的发展给出一个概览, 以帮助青年数学家学习和研究其最活跃的部分, 这些论文和条目都可以独立阅读. 原书有八个部分, 除第 I 部分是一个简短的引论、第 VIII 部分是全书的"终曲"以外, 全书分为三大板块, 核心是第 IV 部分"数学的各个分支", 共 26 篇长文, 介绍了 20 世纪最后一二十年纯粹数学研究中最重要的成果和最活跃的领域, 第 III 部分"数学概念"和第 V 部分"定理与问题"都是为它服务的短条目. 第二个板块是数学的历史, 由第 II 部分"现代数学的起源"(共 7 篇长文)和第 VI 部分"数学家传记"(96 位数学家的短篇传记)组成. 第三个板块是数学的应用, 即第 VII 部分"数学的影响"(14 篇长文章). 作为全书"终曲"的第 VIII 部分"结束语: 一些看法"则是对青年数学家的建议等 7 篇文章.

中译本分为三卷, 第一卷包括第 I~III 部分, 第二卷即第 IV 部分, 第三卷包括第 V~VIII 部分.

本书适合于高等院校本科生、研究生、教师和研究人员学习和参考. 虽然主要是为了数学专业的师生写的, 但是, 具有大学数学基础知识, 更重要的是对数学有兴趣的读者, 都可以从本书得到很大的收获.

**图书在版编目(CIP)数据**

普林斯顿数学指南. 第 2 卷/(英)高尔斯(Gowers, T.)主编；齐民友译. —北京: 科学出版社, 2014.1
(数学名著译丛)
书名原文: The Princeton Companion to Mathematics
ISBN 978-7-03-039303-6

I. ①普… II. ①高… ②齐… III. ①数学-高等学校-教学参考资料 IV. ①O1

中国版本图书馆 CIP 数据核字(2013) 第 297709 号

责任编辑: 赵彦超/责任校对: 彭 涛
责任印制: 赵 博/封面设计: 陈 敬

*科 学 出 版 社* 出版
北京东黄城根北街 16 号
邮政编码: 100717
http://www.sciencep.com

北京华宇信诺印刷有限公司印刷
科学出版社发行 各地新华书店经销
*
2014 年 1 月第 一 版 开本: 720 × 1000 1/16
2025 年 2 月第十五次印刷 印张: 39
字数: 748 000
**定价: 148.00 元**
(如有印装质量问题, 我社负责调换)

# 译　者　序

我有幸接触到《普林斯顿数学指南》(以下简称《数学指南》) 这部书并且开始翻译工作是 2010 年的事了, 到读者能够见到它, 就有五个年头了. 这四年的经历可以说是好比重进了一次数学系, 不过与第一次进数学系比较, 真正的差别不在于自己的数学准备比当年要高一些, 所学的科目内容比当年更深了, 而是我必须认真地逐字逐句读完这本 "教科书". 当我上一次进数学系时, 所学的课程内容离当时 (20 世纪 50 年代) 还很少有少于 100 年的时间间距, 而这一次所学的内容则主要是近一二十年的事情. 时间间距一长就有一个好处: 后人可以更好地整理、消化这些内容, 对于许多问题也就可以了解得更真切. 而如果在上次进数学系时, 想要学习当时正在发展中的数学, 如果没有比较足够的准备, 不曾读过一些很艰深的专著和论文, 就常会有不知所云如坠云雾中的感觉. 但是这一次 "再进数学系" 的感觉就不太相同了, 一方面, 对于自己原来觉得已经懂了, 甚至后来给学生们讲过多次的内容, 现在发现并没有真懂. 还是用前面用的 "真切" 二字比较恰当: 当年学到的东西还是表面的、文字上的更多一些, 而对于当时人们遇到的究竟是什么问题, 其要害何在, 某一位数学家的贡献何在, 甚至为什么说某位数学家伟大, 自己都是糊里糊涂, 所以说是懂得并不 "真切", 而这一次有了比较深刻的感觉. 另一方面, 我必须要学习一些过去不曾读过的甚至没有听到过的课程, 就本书的核心 —— 第 IV 部分: 数学的各个分支 —— 而言, 其中一些篇章我只能说是 "认得其中的字", 对其内容不能置一词. 但是对于多数篇章, 感觉与读一本专著 —— 哪怕是这个分支的名著 —— 比较, 就有一种鸟瞰的感觉了: 它们没有按我们习惯的从最基本的定义与最基本的命题开始, 而是从数学发展在某个时代遇见的某个问题开始 (这本书有篇幅很大的关于历史和数学家传记的部分, 对于理解各个分支的实质很有帮助), 讲述当时的数学家是怎样对待这些问题的, 他们的思想比前人有何创新, 与后世比又有哪些局限. 这些文章还讲这个分支为什么以那些工作为核心, 与其他的工作有什么关系. 这些文章一般都以 "谈话" 的形式呈现在读者面前, 使您感到作者是娓娓道来, 吸引着听众, 这可能是使得此书能吸引人而不令人感到枯燥的原因之一. 不过, 读者对于一本书有什么样的要求, 对它的观感和应该采用的读法是不同的. 如果只是为了扩大眼界, 那是一种读法; 如果是为了听懂同行的讲演讲的是什么东西, 甚至自己也能提出相关的问题, 那就是另一种读法了. 更重要的是, 如果读者认为某一个分支引起了他的兴趣, 因而有了进一步了解它的愿望 —— 这正是原书编者希望达到的目的 —— 那就需要对于书中 (或某一篇章中) 提到的某个问题有进一步的知识. 原书编者多次提到《数学指南》这本书与一些大型数学网站的不同, 但我认为, 为了进一步了解这个问题, 把《数学指南》与一些大型数学网站的相关条目结合起来读不失为有效的办法, 特别是维基百科, 在翻译过程中给了我很大的帮助, 不仅使我能更准确地了解此书某一篇章, 甚至是某一段落的含义, 少犯太离谱的错误, 而且更重要的是当我想要进一步了解一些问题时, 这些网站给了我很大的帮助. 相信对于读者也会是这样, 所以译者有时在脚注中特别介绍了所用到的网站. 不过在脚注中提到一些网站只占实际用到它们的频度的很小一部分.《数学指南》还有一个可能读者没有想到的用处: 近年来, 关于数学的新进展, 特别是一些新的应用, 圈子内外常有一些似是而非的流言, 而且常在大学生中传播, 在多数情况下,《数学指南》会提供比较可靠的说明.

最重要的是要强调一下, 学数学是要下力气的, 而要想真正学到一点东西, 认真地读一些教科书、专著, 特别是名著是不可少的. 译者愿意特别向年轻的读者提醒一下,《数学指南》(或者书的原名 "Companion", 直译就是 "伴侣") 只能给您指一条路, 陪您走上一段, 它不可能让您毫不费力就懂一门数学, 那种不需要费力就能学有所成 (当前特别指能金榜题名), 不只是似是而非的流言, 老实说就是不负责任的谎言.《数学指南》的作用是使我们花的功夫能花在关键处, 起较大的作用.

这一段话对于读者和译者都是适用的. 这本译作, 可以看成是译者 "再进数学系" 的考卷. 这样一本千余页的大作, 其内容又有很大一部分是我所不熟悉, 或者完全不懂的, 翻译的错误在所难免, 还是反映了翻译时下的功夫不够. 如果读者愿意赐教, 就是帮助译者更好地 "上这一次数学系", 所以译者在此预先致以诚挚的谢意.

这本书还有一个篇幅不大的引论部分, 由四篇文章组成. 其中第二和第三两篇分别讲 "数学的语言和语法" 和 "一些基本的数学定义". 第二篇包含了对于逻辑学的简单介绍, 第三篇则分门别类对数学的各个分支 (如代数、几何、分析等) 的基本概念作一些说明. 按编者原来的意图, 如果对于这些材料太过生疏, 读这本书就会很困难. 问题在于即使知道了这些, 是否就能比较顺利地读这本书? 按译者的体验, 大概还是不行的, 因为这两篇文章有点类似于名词解释, 其深度与其他各部分特别是与作为本书主体的第IV部分 "数学的各个分支" 反差太大. 依译者之见, 不妨认为这一部分是对于读者的要求的一个大纲. 对这一部分 (或者例如对于其中的分析部分) 有了一个大学本科的水平, 再读本书 (有关分析的各个篇目) 就方便多了 (当然, 如上面说的那样, 许多时候还需要再读一点进一步的书). 这样, 不妨认为原书在这里提出: 为了涉猎现代数学, 读者需要懂得些什么, 或者说, 大学数学专业应该教给学生的是什么? 如果大家不反对这个想法, 则回过头来看一下现在国内的大学数学教学, 就会承认还需要走相当一段路程, 因此建议本书的读者先读一下这两篇文章, 那么下面应该读些什么就清楚了.

最后, 关于译文的文字还有几句需要说的话. 我们大家都有一个体会: 同是一件事, 如果多说一句甚至半句话就会清楚多了, 写数学书当然也是一样, 但是这就涉及作者的素养和习惯了. 也许对作者来讲, 话已经讲够了, 而对译者就需要好好揣摩这里少讲的这一句甚至半句话. 这些话译者原来打算就放在一个方括号内, 但是后来这种情况多了, 译者又常把这个方括号略去, 使版面更清楚一些, 而只在加的话比较多的时候加以说明. 这样, 译文与原书就有了一些区别. 此外原书有一些笔误或排版的错误, 译者就改了算了, 但是涉及内容的, 译者都加了说明, 以示文责自负.

最后, 再说一次, 请读者赐教并指出翻译的错误, 谨致诚挚的谢意.

齐民友

2013 年国庆日

# 序

## 1. 这是一本什么书

罗素 (Bertrand Russell) 在他所写的《数学原理》(*The Principle of Mathematics*) 中给出了纯粹数学的以下定义:

> 纯粹数学就是所有形如 "$p$ 蕴含 $q$" 的命题的集合, 这里 $p$ 和 $q$ 是含有相同的一个或多个变项的命题, 而且除逻辑常项以外不含其他常项. 这些逻辑常项全都可以用下述概念来定义: 蕴含、项对于类的 "为其元素" 的关系、使得的概念[①]、关系的概念, 以及上述形式命题的一般概念中可能包含的其他概念. 除此以外, 数学还使用一个概念, 但它不是其所考虑的命题的成分, 这就是真理的概念.

《普林斯顿数学指南》可以说是罗素的定义所没有包含的一切东西的全讲.

罗素的《数学原理》是 1903 年出版的, 当时有许多数学家全神贯注地研究这门学科的逻辑基础. 现在, 一个多世纪已经过去了, 如罗素所描述的那样, 把数学看作一个形式系统, 这一点现在也不再是一个新思想, 而今天的数学家更关心的是别的事. 特别是在有这么多数学结果问世的这样一个时代, 每个人只可能懂得其中极小的一部分; 只知道哪些符号排列构成语法上正确的数学命题已经不那么有用, 更需要知道的是哪些命题才值得注意.

当然, 不能希望对于哪些命题值得关注这个问题给出完全客观的回答, 不同的数学家对于哪些东西才有意思会有不同意见也是合乎情理的. 所以, 这本书远不如罗素的书那么形式化, 它的许多作者各有不同的观点. 这样, 本书并不试图对于 "是什么使得一个数学命题有意思" 给出准确的答案, 而是只想向读者提供一些很大的具有代表性的例子, 使他们知道数学家们在 21 世纪开始的时候为之拼搏的思想是什么, 并且以尽可能吸引人及能够接受的方式来做这件事.

## 2. 本书的范围

本书的中心点是现代纯粹数学, 关于这个决定有几句话要说. "现代" 一词如上面所说, 只不过是说本书打算对于现在数学家们在做什么给出一个概念. 举例来

---

① 请参看 I.2 §2.1 "集合" 这一小节第三段中对 "使得" 这一概念的解释.—— 中译本注

说, 一个领域可能在 20 世纪中叶发展比较迅速, 现在达到了一个比较固定的形式, 那么人们对它的讨论比之对现在快速发展中的领域就会少一些. 然而, 数学是有历史的：要理解一点现代的数学, 通常就需要知道许多早就发现了的观念和结果. 此外, 想要对于今天的数学有一个恰当的展望, 知道一点它何以成了今天的情况就是很必要的了. 所以在本书里讲了大量的历史, 尽管把这些历史包括进来的主要原因是为了说明今天的数学.

"纯粹" 一词就更麻烦一些. 许多人曾经评论过, 在纯粹与应用数学之间并没有清楚的分界线, 而且正如对现代数学要有一个适当的理解, 就需要一点其历史的知识一样. 对纯粹数学要有一个适当的理解, 就需要一点应用数学和理论物理的知识. 说真的, 这些领域曾经为纯粹数学提供了许多基本的观念, 而由之产生了纯粹数学的许多最有趣、最重要、当前又最活跃的分支. 本书对于这些其他分支对纯粹数学的影响肯定不能视而不见, 也不能忽视纯粹数学的实际和心智的应用. 然而, 本书的范围比它应该的那样要更加狭窄一些. 有一个阶段, 打算为本书起一个比较准确的书名, 叫做 "普林斯顿纯粹数学指南", 不采用它的唯一原因是觉得现在的书名更好一些.

类似这本集中于纯粹数学这样一个决定后面还有一个想法, 就是它会为以后再出一本 "指南"—— 关于应用数学和理论物理的 "指南" 留下余地. 在这样一本书尚未出现以前, Roger Penrose 所写的《通向现实的道路》(*The Road to Reality*)(New York: Knopf, 2005) 一书包含了数学物理学的很广泛的论题, 而且是按照与本书很相近的水平写的, Elsevier 最近也推出了五卷本的《数学物理学百科全书》(*Encyclopedia of Mathematical Physics*)(Amsterdam: Elsevier, 2006).

# 3. 这不是一部百科全书

"指南" 这个词很值得注意. 虽然本书肯定是打算写成一本有用的参考书, 您可不能对它期望过高. 如果您想找出一个特定的数学概念, 就不一定能在这里找得到, 哪怕它是一个重要的概念, 虽然说, 如果它越重要, 就越有可能被收入本书. 在这一方面, 这本书倒有点像是真有一个人对读者在作 "指南"：这个人在知识上有漏洞, 对于某些主题在看法上又不一定与众人相同. 虽然声明了这一点, 我们至少还是力求某种平衡：许多主题并未包括在书中, 但是已经收入的范围还是很广泛的 (比起您对真有其人作 "指南" 所能合理希望的要广泛得多). 为了达到这种平衡, 我们在某种程度上是以一些 "客观的" 指标为导引的, 例如美国数学会的数学主题的分类, 或者四年一届的国际数学家大会上对数学分类的方法. 大的领域如数论、代数、分析、几何学、组合学、逻辑、概率论、理论计算机科学和数学物理, 本书都是有的, 但是它们的各个子分支就不一定都有了. 关于选择哪一些主题收入本书, 每一个主题要写多长, 不可避免地并非某个编辑的规定所能决定的, 而是取决于某些高度偶然的因素, 例如谁愿意写, 在同意写以后是谁实际交了稿, 交来的稿子是否符合规定的字数等等. 结果, 有些领域反映得不如我们所希望的那么充分. 终于到了这样一个关节点: 印行一部不甚完备的书, 比之为了达到完美的平衡而再等上几年还要好些. 我们希望有朝一日《普林斯顿数学指南》(以下简称《数学指南》) 还会有新版, 那时就可以弥补本版可能有的缺陷了.

另外一个方面, 本书也不同于一部百科全书, 即本书是按主题排列, 而不是按字母顺序排列的. 这样做的好处是, 虽然各个条目可以分开来阅读, 却也可以看作是一个和谐的整体的一部分. 说真的, 这本书的结构是这样的, 如果从头到尾地读, 虽然会花费太多时间, 却也不是好笑的事情.

# 4. 本书的结构

说本书是 "按主题排列的", 这是什么意思? 回答是: 本书分成了八个部分, 各有其总的主题和不同的目的. 第 I 部分是引论性质的材料, 对数学给出一个总的鸟瞰, 并且为了帮助数学背景较浅的读者, 解释了这个学科的一些基本的概念. 一个粗略的来自经验的规则是: 如果一个主题属于所有数学家必备的背景, 而不是特定领域的数学家之所需, 就把它纳入第 I 部分. 举两个明显的例子: 群[ I.3§2.1] 和向量空间[ I.3 §2.3] 就属于这个范畴.

第 II 部分是一组历史性质的论文, 目的是解释现代数学的极具特色的风格是怎样来的. 广泛地说, 就是解释现代的数学家在其学科中的思维方式与 200 年前 (或者更早) 的数学家的思维方式有哪些主要的区别. 有一点区别在于, 对于什么算是证明, 现代有了大家都能接受的标准. 与此密切相关的是这样一件事实, 即数学分析 (微积分及其后来的扩张和发展) 已经被放置在严格的基础上了. 其他值得注意的特点还有数的概念的扩张、代数的抽象性, 另外, 绝大多数现代几何学家研究的是非欧几何, 而不是更加熟悉的三角形、圆、平行线之类.

第 III 部分由一些较短的条目组成, 每一条讨论一个在第 I 部分中未曾出现的重要的数学概念. 目的是: 如果有一个您不知道但又时常听人说起的概念, 本书这一部分就是一个查找的好地方. 如果另一位数学家, 比方说一位讲演的人, 假定您熟悉一个定义 —— 例如辛流形[III.88], 或者不可压缩流欧拉方程[III.23], 或者索伯列夫空间[III.29 §2.4], 或者理想类群[IV.1 §7]—— 要承认自己不懂又感到没面子, 现在您就有了一个脱身的办法: 在《数学指南》里面查一查这个定义.

第 III 部分的文章如果只是给出一些形式定义, 那就没有什么用处: 要想懂得一个概念, 人们总会希望知道它直观地是什么意思, 它为什么重要, 而第一次引入它是为的什么. 特别是如果它是一个相当广泛的概念, 人们就会想知道一些好的例

子 —— 既不太简单, 又不太复杂. 事实上, 很可能提出并且讨论一个选择得很好的例子, 正是这篇文章需要做的事情, 因为一个好例子比一个一般定义好懂得多, 而一个比较有经验的读者能够从抽取这个例子里面重要的性质来写出一般定义.

第 III 部分的另一个作用是为本书的心脏部分 (即第 IV 部分) 提供支持. 第 IV 部分是关于数学的不同领域的 26 篇文章, 它们比第 III 部分的文章要长得多. 第IV 部分的每一篇典型的文章都是为解释它所讨论的领域的某些中心思想和重要结果, 而且要做得尽可能不太形式化, 又得服从一个限制, 就是不能太模糊, 以至不能提供信息. 对于这些文章, 原来的希望是写成 "床头读物", 就是既清楚又很初等, 不必时而停下来思考就能读懂它们. 所以在选择作者的时候, 有两个同等重要的优先条件: 专业水平和讲解的本事. 但是, 数学不是一门容易的学科, 所以到了最后, 我们只好把原来定的完全可接受性看成是一个要为之努力的理想, 尽管在每一篇文章的最小的小节里未能完全达到. 但是, 哪怕这篇文章很难读, 它的讨论比起典型的教科书来也会更清楚, 更少形式化, 这一点时常做得相当成功. 和第 III 部分一样, 好几位作者是通过观察有启发性的例子来做到这一点的, 例子后面有的接着讲更一般的理论, 有的则让例子本身说话.

第 IV 部分有许多文章包含了对于数学概念出色的描述, 这些概念本来应该放到第III部分用专文讲解的. 我们本想完全避免重复, 而在第 III 部分里交叉引用这些描述. 但是, 这会让读者不高兴, 所以采用了下面的两全之策: 如果一个概念已经在别处充分地解释了, 而第 III 部分又没有设专文, 就做一个简短的描述再加上交叉引述. 这样一来, 如果您想很快地看一看一个概念, 就可以只看第 III 部分, 如果需要更多细节, 就得跟着引文看本书的其他部分了.

第 V 部分是第 III 部分的补充, 它也是由重要数学主题的短文组成的, 但是现在这些主题是数学中的一些定理和未解决的问题, 而不是基本对象和研究工具. 和全书一样, 第 V 部分里条目的选择必定远非全面, 而是在心目中有一些准则. 最显然的一个准则是它们在数学中的重要性, 但是有些条目的选择是因为可以用一种使人愉快的又容易接受的方式来讨论它们, 还有一些是因为它们有不平常的特殊之处 (四色定理[V.12] 是一个例子, 虽然说按照别的准则, 也可能会选入这一条), 有一些条目是因为第IV部分的密切相关条目的作者觉得有一些定理应该单独讨论, 还有一些是因为有几篇文章的作者需要它作为背景知识. 和在第 III 部分一样, 第 V 部分有一些条目不是完整的文章, 而是简短的说明加上交叉引用.

第VI部分是另一个历史部分, 是关于著名数学家的. 它由一些短文组成, 每一篇的目的是给出一些很基本的传记资料 (例如国籍和生卒年月), 并且说明这位入选的数学家何以是著名的数学家. 一开始, 我们计划把在世的数学家也包括在内, 但最后我们得出了一个结论, 对于今天仍然在工作的数学家, 几乎不可能做一个令人满意的选择, 所以我们决定限于已经去世而且主要是由于 1950 年以前的工作而著称的数学家. 比较晚近的数学家因为在另外的条目里也会提到, 当然也就进入本书了. 对他们没有专门列条目, 但是在索引里看一看, 就会对他们的成就有个印象了.

在主要关于纯粹数学的六个部分以后, 第 Ⅶ 部分最终展示了数学从外界得到的实用上和心智上的推动. 这部分里面是一些较长的文章, 有一些是由具有跨学科兴趣的数学家写的, 有些则是由使用了很多数学的其他学科专家写的.

本书的最后一部分包含了对于数学的本性和数学生活的一般的反思. 这一部分里的文章, 比前面较长的文章, 总体上说要好读一些, 所以尽管第Ⅷ部分是本书的结尾, 有些读者也可能从它们开始来读本书.

各部分里面文章的次序, 在第Ⅲ部分和第Ⅴ部分是按字母顺序排列的, 而第Ⅵ部分则按年代排列. 按生卒年月来安排数学家传记, 这个决定是经过了仔细考虑的. 这样做有几个理由: 它会鼓励读者从头到尾地读, 而不是选择单篇地读, 以获得对于这门学科的历史感; 它会使得读者对于哪些数学家是同时代人或者近乎同时代人, 要清楚得多. 如果读者费一点心, 在考察一位数学家的时候, 猜想一下他 (或者她) 的出生年月和其他数学家的出生年月相对关系如何, 就会得到一点虽然很小但又很有价值的知识.

在其他部分内部, 做了一些努力来按照主题排列这些文章. 特别是在第Ⅳ部分里, 希望次序的排列符合两个基本原则: 首先, 关系密切相关的分支的文章要尽量靠近; 其次, 如果在读文 B 之前先读文 A 有明显的意义, 那么在本书里就把文 A 放在文 B 前面. 这件事说起来容易做起来难, 因为有些分支很难分类, 举一个例子, 算术几何是算代数、几何还是算数论呢? 分在这三类都有道理, 决定采用其一总是有点造作. 所以第Ⅳ部分里的次序并不是分类的一种格式, 而只是我们能够想到的最佳的线性次序.

至于各个部分次序的排列, 则目的在于使之成为从数学观点看来最自然的次序, 并且给本书一种方向的感觉. 第 Ⅰ, Ⅱ 两部分显然是导引性质的. 第Ⅲ部分放在第Ⅳ部分前面, 是因为想要了解一个领域, 就总要先和新定义格斗一番. 但是第Ⅳ部分放在第Ⅴ部分前面, 则是因为为了领会一个定理, 先知道它在一个领域里面的位置如何, 这是一个好主意. 第Ⅵ部分放在第Ⅲ部分到第Ⅴ部分后面, 是因为知道一点数学以后, 才能更好地领会一位著名数学家的贡献. 第Ⅶ部分接近书末, 也是由于类似的理由: 要理解数学的影响, 先得理解数学. 第Ⅷ部分的反思带有结束语的意思, 是离开这本书的适当的时候.

# 5. 交 叉 引 用

从一开始,《数学指南》这本书就计划要有大量的交叉引用 (即在书内引用本书内另外地方). 在这篇序里面就已经有了一两次交叉引用了, 而这种情况我们用楷体来表示. 例如引用*辛流形*[III.88], 就表示辛流形将在第III部分的第 88 个条目里讨论, 而引用*理想类群*[IV.1 §7], 则把读者带到第IV部分的第一个条目的§7(总之, 交叉引用的数字首先是一个罗马数字, 表示哪一部分, 紧接着的一个阿拉伯数字则表示哪一个条目, 而文字就是这个条目的标题, 或条目内的相关内容. 每一条目分成若干节, 引用时就需要标明节号, 例如 [IV.1 §7] 就表示进入这一条目后的第 7 节, 节下面有小节 (subsection) 和小小节 (subsubsection), 这就用逗号表示. 标题中的文字就是这一节或小节的标题或其中的内容. 在正文中, 条目的标题放在双线里面 (中译本没有双线), 而节与小节的标题则放在正文内节或小节的起始处, 记号 § 则不再出现. 在小小节以下有时还有 "小小小节"(subsubsubsection), 所以还会出现 §3.1.2 这样的记号).

我们尽了最大努力来编写一本读起来很愉快的书, 而交叉引用的目的也是希望有助于使读者愉快. 说来也怪, 因为在读书时要中途打断, 花上几秒钟去查阅书中其他地方, 本来会使人感到麻烦. 然而, 我们也试图使得每一篇文章读起来可以不必查找他处. 这样, 如果您不想追随这种交叉引用, 那么通常也可以不这么做. 重要的例外在于对各位作者, 曾经允许他们假设读者对于第 I 部分里讨论的概念有一些知识. 如果您全然没读过大学水平的数学课程, 我们建议您全文读一下第 I 部分, 这会大为减少读以下的条目时再到他处搜寻的必要.

有时一个概念是在一个条目里介绍的, 而又在同一条目里解释. 在数学文章里这时通用的规约是在定义这个词时, 用斜体来印这个词. 我们也想遵从这个规约, 但是在如本书条目这种非正式的文章里, 要想说清楚何时算是在定义一个新的或不熟悉的名词, 并不总是很清楚 (再说, 中译本里, 楷体还有其他用处), 所以本书采用了一个粗略的规定: 凡是第一次见到一个词, 而且紧接着就对它进行解释, 这时就用黑体排印这个词. 对一些以后并未作解释的词, 有时我们也使用了黑体[*], 表示为了懂得下面的条目, 并不需要懂得这个词. 在更极端的情况下, 则使用双引号来代替黑体.

许多条目结尾处都有一个 "进一步阅读的文献" 的一节, 它们其实是对于进一步阅读的建议, 不要把它们看作是通常的综述文章后面所列的那种完整的参考文献. 与此相关的还有以下的事实:《数学指南》主要关心的不在于对发现所讨论主题的数学家记述其功绩, 也不在于引述这些发现出处的文章. 对于这些原始根源有兴趣的读者, 在建议进一步阅读的书或文章里面或在因特网上可以找到这些资料.

---

[*] 在翻译此书时, 我们有时也遵照其他数学文献的习惯, 把重要的概念、名词等用黑体排印. —— 中译本注

# 6. 本书是针对谁编写的

原来的计划是要求《数学指南》的全书对于任何具有良好的高中数学背景 (包括微积分) 的读者都是能接受的. 然而, 很快就变得很明显, 这是一个不可能实现的目标: 有一些数学分支, 对于至少知道一点大学水平数学的人来说就非常容易, 而企图向水平更低的人们来解释, 就没有什么道理了. 另一方面, 这个学科也有一些部分, 肯定能够对于没有这个额外经验的读者解释清楚. 所以, 我们最后放弃了这本书应该有一个统一的难度水平的想法.

然而, 可接受性仍然是我们最优先的考虑. 在全书里, 我们都力求在实际上可以做到在最低水平上来讨论数学思想. 特别是编者们用了很大的力气, 避免任何自己不懂的材料进入本书, 而这一点成了一个很严重的限制. 有些读者会觉得一些条目太难, 而另一些读者又会觉得另一些条目太容易, 但是我们希望所有具有高中以上水平的读者都能享受本书的很实在的一大部分.

不同层次的读者都能够从《数学指南》中得到些什么? 如果您已经着手在读一门大学数学课程, 就会觉得这门课程给您提出了许多困难而又不熟悉的材料, 而您对于它们何以重要, 又引向何方, 则不甚了然. 这时, 使用《数学指南》就可以为您提供关于这个主题的一些展望 (举一个例子, 知道什么是环的人的数目, 比能够说明为什么要关注环的人的数目要多得多, 本书的条目环, 理想与模 [Ⅲ.81]和代数数[Ⅳ.1] 就会告诉您关注环的理由是什么).

如果您读完了大学数学课程, 就可能会对做数学研究有了兴趣. 研究工作究竟是怎么回事? 大学本科课程, 在典型情况下, 极少能让您了解. 那么, 您怎么才能决定数学的哪一个领域在研究工作水平上确会使您有兴趣? 这件事并不容易, 但是您做的决定会产生极大区别: 要么您会幡然醒悟不搞数学了, 而博士学位也不要了, 要么您会继续在数学里走向成功的生涯. 这本书, 特别是第Ⅳ部分, 会告诉您, 不同类型的在研究工作水平上的数学家想的是什么, 从而可以帮助您在更加知情的基础上做出决定.

如果您已经是一个站住脚的数学家, 这本书对于您的主要用处可能是: 它将帮助您更好地理解您的同事们其实在做什么事情. 绝大多数非数学家, 当他们知道数学已经变得多么异乎寻常的专业化时, 都会非常吃惊. 近年来, 一个很好的数学家可能对于另一位数学家的论文完全看不懂, 哪怕二者的领域相当接近, 这并不是很罕见的事, 但这不是健康的状况. 做任何一件改善数学家之间的交流的事情都是一个好主意. 本书的编者们通过仔细阅读这些条目受益匪浅, 我们希望许多其他人也能获得同样的机会.

# 7. 本书提供了哪些因特网未能提供的东西

《数学指南》的特性在某些方面类似于那些大型的数学网站, 如维基百科的数学部分, 还有 Eric Weinstein 的 "Mathworld"(http://mathworld.wolfram.com/). 特别是交叉引用有一点超链接的味儿. 那么, 写这本书还有什么必要呢?

在目前, 答案是还有必要. 如果您曾经试过在因特网上查找一个数学概念, 就会知道这是一件碰运气的事. 有时候您会找到一个好的解释, 给出您正在寻找的信息. 但是, 时常则并不如此. 上面提到的那些网址肯定是有用的, 对于本书没有涵盖的材料, 我们也向您推荐在这些网址里去查找. 但是这些网上的文章与我们这里的条目, 写作的风格大不相同: 网上的文章比较枯燥, 更加注重以更简洁的方法来给出基本事实, 而不是注重对这些事实的反思. 在网上也找不到如本书第 I, II, IV, VII 和第 VIII 部分里面的那些长文章.

有人觉得把大量材料集中成书本的形式是有好处的. 但是, 我们在上面已经提到了, 本书并不是孤立的条目的简单汇集, 而是仔细排列了次序, 这样编纂出来的所有的书, 都必定有线条形的构造, 而这是网页所没有的. 一本书的物理性质又使得翻阅一本书和在网上漫游是完全不同的体验: 读过了一本书的目录, 对于全书就能找到一点感觉; 而对于一个大的网站, 您只能对正在读的那一页有点感觉. 并不是每个人都同意这一点, 或者觉得这是书本形式的一个很值得注意的优点, 但是许多人无疑会觉得如此, 而本书就是为这些人编写的. 所以在目前《普林斯顿数学指南》还没有网上的对手, 本书不是想与现有的网站竞争, 而是想作为一个补充.

# 8. 本书的创意和团队[①]

编《普林斯顿数学指南》这样一本书的主意是 David Ireland 在 2002 年提出来的, 那时他在普林斯顿大学出版社的牛津办事处工作. 这本书的最重要的特点 —— 它的书名, 它如何由那些部分组成, 以及有一部分应该是关于数学的主要分支的条目 —— 这些都来自原来的想法. 他来到剑桥看望我, 讨论他的建议, 而到了 "图穷匕见" 的时刻 (我知道会有这么一刻), 他要求我来编辑此书时, 我基本上是当场就接受了.

是什么促使我做出这个决定? 部分地是由于他告诉我, 并不希望我自己来做所有的事: 不仅会有其他编者, 还会有相当的技术与行政的支持. 但是一个更基本的

---

① 原文标题是 "How the companion came into being", 其内容是此书是怎样来策划, 以及主编团队的组成, 而未涉及具体的编辑工作. 中译本改成现在的标题是为了与下一节相区别. —— 中译本注

理由是, 写这本书的主意很像我自己做研究生时闲散时刻里有过的一个想法, 那时我想, 要是有什么地方能够找到一本写得很好的文集, 把数学不同领域里的大的研究主题都展示出来, 这该有多好. 这样, 一个小小的幻想就诞生了, 而突然之间我就有机会把它变成现实了.

我们从一开始就觉得, 这本书要包含相当多的历史思考, David Ireland 在我们见面以后很快就问 June Barrow-Green 是否准备担任另外一位编辑, 特别负责历史部分. 我们非常高兴, 她接受了, 而因为她的相当广泛的接触圈子, 我们或多或少地能够和全世界的数学史家有了来往.

然后又见了好几次面, 讨论书的内容, 结果就是向普林斯顿大学出版社提出正式建议. 出版社把这个建议发给一个专家顾问小组, 而虽然有几位专家指出了一个一定会提的问题, 就是这个计划大得惊人. 所有的人都对它很有热情. 下一阶段当我们开始寻找撰稿人的时候, 我们遇到的热情也很明显. 很多人对我们倍加鼓励, 说是很高兴这样一本书正在筹划之中, 也肯定了我们已经想到的事, 即市场上确实存在空缺. 在这个阶段, 我们很得益于《牛津音乐指南》的编者 Alison Latham 的建议与经验.

2003 年中, David Ireland 离开了普林斯顿大学出版社, 也带走了这几个计划. 这是一个大的打击, 我们惋惜没有了他对于这本书的远见与热情, 我们希望最终编出来的书仍然类似于他原来之所想. 然而, 大约在同时又有了正面的发展, 普林斯顿大学出版社雇佣了一家小公司: T&T Production Ltd, 它的责任是把撰稿人送来的文档编成一本书, 还要做许多大量的日常工作, 例如寄出合同, 提醒撰稿人交稿日期快到了, 接收文档, 对于已经做好的事情做记录等等, 绝大部分这类工作都是 Sam Clark 做的, 他在这方面的工作特别出色, 而且能奇迹般地保持好脾气. 此外在不需要许多数学知识的地方, 他还做了许多编辑工作 (尽管作为一位前化学家, 他比绝大多数人还是多懂得一点数学). 由于有 Sam 的帮助, 我们不仅有了一本细心编辑的书, 而且书的设计也很漂亮. 要是没有他, 我还真不知道这本书怎么能编撰出来.

我们继续举办正规的聚会, 更详细地计划这本书, 讨论其进展. 这些聚会都是由 Richard Baggaley 很能干地组织和主持的, Richard Baggaley 也是普林斯顿大学出版社牛津办事处的. 他一直这样做到 2004 年夏天由普林斯顿大学出版社的新的文献编辑 (reference editor)Anne Savarese 接手为止. Richard 和 Anne 都起了很大的作用, 而当我们忘记书的某些部分没有按计划进行时, 他们就会提醒我们那些难办的问题, 让我们按照出版业所要求的水平去做, 而至少我对于这种水平还不能自然适应.

到 2004 年初, 我们天真地以为已经到了编辑工作的后期, 而现在我才懂得, 其实还只是接近开始, 哪怕有 June 的帮助, 我们认识到需要我做的事情还多得很. 这时, 我突然想起了一个人可以做理想的副主编, 他就是 Imre Leader, 我知道, 他懂得这本书想要达到什么, 以及怎样去达到. 他同意了, 很快就成了编辑团队不可少的一员, 他还委托别人并且自己也编写了好几个条目.

到了 2007 年下半年, 我们确实是到了后期. 这时可以看得很清楚, 如果再有外加的编辑方面的帮助, 就可以使得结束这项我们已经拖过了日期的细致的工作, 把书真正写完, 变得容易得多. Jordan Ellenberg 和陶哲轩 (Terence Tao) 同意来帮助, 他们的贡献是无价的. 他们编辑了一些条目, 自己写了另一些, 还帮助我写了几条在我专业领域之外的主题的短条目, 而且因为知道有他们在, 就不会发生大的错误, 所以我在知识上就放心了 (如果没有他们的帮助, 我可能要犯几个错误, 但是对于仍然漏网的错误, 我要负全责). 编者们写的条目都没有署名, 但是在撰稿人名录下方有一个注, 说明那些条目是哪位编者写的.

# 9. 编辑过程

要找到这样的数学家, 既有耐心又能理解对方, 能这样来向非专家和其他领域的同事来解释他们在做什么, 这并不是一件容易事. 数学家时常会假设对方知道什么事, 而其实他们并不知道, 要承认自己完全听糊涂了, 也使人难堪. 然而本书的编者曾经努力把这种听不懂的负担自己担起来. 本书的一个重要特点在于它的编辑过程是一个非常主动的过程: 我们没有简单地把条目委托出去, 然后收到什么就算什么. 有些稿子被完全抛开了, 而新条目按照编者的评论重新写过. 另一些需要做本质的改动, 有时是撰稿人来改, 有时则是编者来改. 少数条目只做了很无谓的改动就接受了, 但这只是极小的一部分.

撰稿人对于这样的处理表现出忍耐, 甚至谢意, 这对于编者一直是很受欢迎的惊喜, 而且帮助编者在编辑本书的好多年里, 能够坚持他们的原则. 我们想回过头来向撰稿人表达我们的谢意, 也希望他们同意认为这个过程还是值得的. 对于我们, 对于条目付出了这么大量的工作, 而没有实实在在的回报是不可想象的. 这里不是我自己来吹嘘, 在作者自认为结果是如何成功的地方, 但是在可接受性方面还需要做的改动之多, 这种干预性的编辑工作在数学上又是如此罕见, 我无法看出, 这本书怎么会不是在好的方向上非同寻常.

要想看一看每件事花了多么长时间, 看到撰稿人的水平, 一个标志就是有那么多撰稿人, 自从接受约稿以来, 得到了很大的奖赏和荣誉. 至少有三位撰稿人在写作时喜得贵子. 令人悲痛的是, 有两位撰稿人: Benjamin Yandel 和 Graham Allan, 未能在他们有生之年亲眼看见自己的文章成书, 但是我们希望这本书, 虽然微小, 却是对他们的纪念.

# 10. 致　谢

编辑过程的最初阶段当然是计划本书和找寻作者. 如果不是以下各位的帮助与建议, 这是不可能完成的. 他们是: Donald Albers, Michael Atiyah, Jordan Ellenberg, Tony Gardiner, Sergiu Klainerman, Barry Mazur, Curt McMullen, Robert O'Malley, 陶哲轩 (Terence Tao), 还有 Ave Wigderson, 他们都给出了建议, 这些建议对于本书的成形, 在某个方面有着良好的效果. June Barrow-Green 在她的工作中得到了 Jeremy Gray 和 Reinhard Siegmund-Schultze 的极大帮助. 在最后几个星期里, 承 Vicky Neale 善意担负了部分清样的校阅, 她在这方面的能力真令人吃惊, 找出了那么多个我们自己绝看不出来的错误, 我们当然很愉快地改正了. 有许多数学家和数学史家耐心地回答了编者们的问题, 这个名单很长, 我们再次向他们深致谢意.

我要感谢许多人对我的鼓励, 包括本书所有的撰稿人和我身边的家人, 特别是我的父亲: Patrick Gowers, 这些鼓励使我能一往直前, 哪怕这个任务如同大山一样. 我还要感谢 Julie Barrau, 她的帮助虽不那么直接, 却也同样不可少. 在编书的最后几个月里, 她负担了远远超出她的份额的家务. 由于 2007 年 11 月儿子的出生, 这大大改变了我的生活, 正如她已经改变了我的生活一样.

# 撰　稿　人

| | |
|---|---|
| 谱 [III.86] | **Graham Allan**, late Reader in Mathematics, University of Cambridge |
| 极值与概率组合学 [IV.19] | **Noga Alon**, Baumritter Professor of Mathematics and Computer Science, Tel Aviv University |
| 拉玛努金 [VI.82] | **George Andrews**, Evan Pugh Professor in the Department of Mathematics, The Pennsylvania State University |
| 数学分析的严格性的发展 [II.5]<br>厄尔米特 [VI.47] | **Tom Archibald**, Professor, Department of Mathematics, Simon Fraser University |
| 霍奇 [VI.90]<br>对青年数学家的建议 [VIII.6] | **Sir Michael Atiyah**, Honorary Professor, School of Mathematics, University of Edinburgh |
| 布尔巴基 [VI.96] | **David Aubin**, Assistant Professor, institut de Mathématiques de Jussieu |
| 集合理论 [IV.22] | **Joan Bagaria**, ICREA Research Professor, University of Barcelona |
| 欧几里得算法和连分数 [III.22]<br>优化与拉格朗日乘子 [III.64]<br>高维几何学及其概率类比 [IV.26] | **Keith Ball**, Astor Professor of Mathematics, University College London |
| 黎曼曲面 [III.79] | **Alan F. Beardon**, Professor of Complex Analysis, University of Cambridge |
| 模空间 [IV.8] | **David D. Ben-Zvl**, Associate Professor of Mathematics, University of Texas, Austin |
| 遍历定理 [V.9] | **Vitaly Bergelson**, Professor of Mathematics, The Ohio State University |
| 科尔莫戈罗夫 [VI.88] | **Nicolas Bingham**, Professor, Mathematics Department, Imperial College London |
| 哈代 [VI.73]<br>李特尔伍德 [VI.79]<br>对青年数学家的建议 [VIII.6] | **Béla Bollobás**, Professor of Mathematics, University of Cambridge and University of Memphis |
| 笛卡儿 [VI.11] | **Henk Bos**, Honorary Professor, Department of Science Studies, Aarhus University, Professor Emeritus, Department of Mathematics, Utrecht University |
| 动力学 [IV.14] | **Bodil Branner**, Emeritus Professor, Department of Mathematics, Technical University of Denmark |
| 几何和组合群论 [IV.10] | **Martin R. Bridson**, Whitehead Professor of Pure Mathematics, University of Oxford |

| | |
|---|---|
| 数学的分析与哲学的分析 [Ⅶ.12] | **John P. Burgess**, Professor of Philosophy, Princeton University |
| $L$ 函数 [Ⅲ.47], 模形式 [Ⅲ.59] | **Kevin Buzzard**, Professor of Pure Mathematics, Imperial College London |
| 设计 [Ⅲ.14], 哥德尔定理 [Ⅴ.15] | **Peter J. Cameron**, Professor of Mathematics, Queen Mary, University of London |
| 算法 [Ⅱ.4] | **Jean-Luc Chabert**, Professor, Laboratoire Amiénois de Mathématique Fondamentale et Appliquée, Universite de Picardie |
| 范畴 [Ⅲ.8] | **Eugenia Cheng**, Lecturer, Department of Pure Mathematics, University of Sheffield |
| 数学与密码 [Ⅶ.7] | **Clifford Cocks**, Chief Mathematician, Government Communications Headquarters, Cheltenham |
| 对青年数学家的建议 [Ⅷ.6] | **Alain Connes**, Professor, Collège de France, IHES, and Vanderbilt University |
| 证明的概念的发展 [Ⅱ.6] | **Leo Corry**, Director, The Cohn Institute for History and Philosophy of Science and Ideas, Tel Aviv University |
| 冯·诺依曼 [Ⅵ.91] | **Wolfgang Coy**, Professor of Computer Science, Humboldt-Universitdt zu Berlin |
| 凯莱 [Ⅵ.46] | **Tony Crilly**, Emeritus Reader in Mathematical Sciences, Department of Economics and Statistics, Middlesex University |
| 毕达哥拉斯 [Ⅵ.1], 欧几里得[Ⅵ.2], 阿基米德 [Ⅵ.3], 阿波罗尼乌斯 [Ⅵ.4] | **Serafina Cuomo**, Lecturer in Roman History, School of History Classics and Archaeology, Birkbeck College |
| 广义相对论和爱因斯坦方程 [Ⅵ.13] | **Mihalis Dafermos**, Reader in Mathematical Physics, University of Cambridge |
| 数学和经济的推理 [Ⅶ.8] | **Partha Dasgupta**, Frank Ramsey Professor of Economics, University of Cambridge |
| 小波及其应用 [Ⅶ.3] | **Ingrid Daubechies**, Professor of Mathematics, Princeton University |
| 康托 [Ⅵ.54], 鲁宾逊 [Ⅵ.95] | **Joseph W. Dauben**, Distinguished Professor, Herbert H. Lehman College and City University of New York |
| 哥德尔 [Ⅵ.92] | **John W. Dawson Jr.**, Professor of Mathematics, Emeritus, The Pennsylvania State University |
| 达朗贝尔 [Ⅵ.20] | **Francois de Gandt**, Professeur d'Histoire des Sciences et de Philosophie, University Charles de Gaulle, Lille |
| 数理统计学 [Ⅶ.10] | **Persi Diaconis**, Mary V. Sunseri Professor of Statistics and Mathematics, Stanford University |
| 椭圆曲线 [Ⅲ.21], 概型 [Ⅲ.82], 算术几何 [Ⅳ.5] | **Jordan S. Ellenberg**, Associate Professor of Mathematics, University of Wisconsin |

| | |
|---|---|
| 变分法 [Ⅲ.94] | **Lawrence C. Evans**, Professor of Mathematics, University of California, Berkeley |
| 数学与艺术 [Ⅶ.14] | **Florence Fasanelli**, Program Director, American Association for the Advancement of Science |
| 塔尔斯基 [Ⅵ.87] | **Anita Burdman Feferman**, Independent Scholar and Writer, Solomon Feferman, Patrick Suppes Family Professor of Humanities and Sciences and Emeritus Professor of Mathematics and Philosophy, Department of Mathematics, Stanford University |
| 欧拉方程和纳维-斯托克斯方程[Ⅲ.23], 卡尔松定理 [Ⅴ.5] | **Charles Fefferman**, Professor of Mathematics, Princeton University |
| 阿廷 [Ⅵ.86] | **Della Fenster**, Professor, Della Fenster, Professor, Department of Mathematics and Computer Science, University of Richmond, Virginia |
| 数学基础中的危机 [Ⅱ.7], 戴德金 [Ⅵ.50], 佩亚诺 [Ⅵ.62] | **José Ferreirós**, Professor of Logic and Philosophy of Science, University of Seville |
| Mostow 强刚性定理 [Ⅴ.23] | **David Fisher**, Associate Professor of Mathematics, Indiana University, Bloomington |
| 顶点算子代数 [Ⅳ.17] | **Terry Gannon**, Professor, Department of Mathematical Sciences, University of Alberta |
| 解题的艺术 [Ⅷ.1] | **A. Gardiner**, Reader in Mathematics and Mathematics Education, University of Birmingham |
| 拉普拉斯 [Ⅵ.23] | **Charles C. Gillispie**, Dayton-Stockton Professor of History of Science, Emeritus, Princeton University |
| 计算复杂性 [Ⅳ.20] | **Oded Goldreich**, Professor of Computer Science, Weizmann Institute of Science, Israel |
| 费马 [Ⅵ.12] | **Catherine Goldstein**, Directeur de Recherche, Institut de Mathématiques de Jussieu, CNRS, Paris |
| 从数到数系 [Ⅱ.1], 数论中的局部与整体 [Ⅲ.51] | **Fernando Q. Gouvêa**, Carter Professor of Mathematics, Colby College, Waterville, Maine |
| 解析数论 [Ⅳ.2] | **Andrew Granville**, Professor, Department of Mathematics and Statistics, Université de Montreal |
| 勒让德 [Ⅵ.24], 傅里叶 [Ⅵ.25], 泊松 [Ⅵ.27], 柯西 [Ⅵ.29], 罗素 [Ⅵ.71], 里斯 [Ⅵ.74] | **Ivor Grattan-Guinness**, Emeritus Professor of the History of Mathematics and Logic, Middlesex University |
| 几何学 [Ⅱ.2], 富克斯群 [Ⅲ.28], 高斯 [Ⅵ.26], 莫比乌斯 [Ⅵ.30], 罗巴切夫斯基 [Ⅵ.31], 波尔约[Ⅵ.34], 黎曼 [Ⅵ.49 ], 克利福德 [Ⅵ.55], 嘉当 [Ⅵ.69], 斯科伦 [Ⅵ.81] | **Jeremy Gray**, Professor of History of Mathematics, The Open University |

| | |
|---|---|
| Gamma 函数 [Ⅲ.31], 无理数和超越数 [Ⅲ.41], 模算术 [Ⅲ.58], 数域 [Ⅲ.63], 二次型 [Ⅲ.73], 拓扑空间 [Ⅲ.90], 三角函数 [Ⅲ.92] | **Ben Green**, Herchel Smith Professor of Pure Mathematics, University of Cambridge |
| 表示理论 [Ⅳ.9] | **Ian Grojnowski**, Professor of Pure Mathematics, University of Cambridge |
| 牛顿 [Ⅵ.14] | **Niccolò Guicciardini**, Associate Professor of History of Science, University of Bergamo |
| 您会问 "数学是为了什么" [Ⅷ.2] | **Michael Harris**, Professor of Mathematics, Université Paris 7-Denis Diderot |
| 狄利克雷 [Ⅵ.36] | **Ulf Hashagen**, Doctor, Munich Center for the History of Science and Technology, Deutsches Museum, Munich |
| 算子代数 [Ⅳ.15], 阿蒂亚-辛格指标定理 [Ⅴ.2] | **Nigel Higson**, Professor of Mathematics, The Pennsylvania State University |
| 图灵 [Ⅵ.94] | **Andrew Hodges**, Tutorial Fellow in Mathematics, Wadham College, University of Oxford |
| 辫群 [Ⅲ.4] | **F. E. A. Johnson**, Professor of Mathematics, University College London |
| 货币的数学 [Ⅶ.9] | **Mark Joshi**, Associate Professor, Centre for Actuarial Studies, University of Melbourne |
| 从二次互反性到类域理论 [Ⅴ.28] | **Kiran S. Kedlaya**, Associate Professor of Mathematics, Massachusetts Institute of Technology |
| 网络中的流通的数学 [Ⅶ.4] | **Frank Kelly**, Professor of the Mathematics of Systems and Master of Christ's College, University of Cambridge |
| 偏微分方程 [Ⅳ.12] | **Sergiu Klainerman**, Professor of Mathematics, Princeton University |
| 算法设计的数学 [Ⅶ.5] | **Jon Kleinberg**, Professor of Computer Science, Cornell University |
| 魏尔斯特拉斯 [Ⅵ.44] | **Israel Kleiner**, Professor Emeritus, Department of Mathematics and Statistics, York University |
| 数学与化学 [Ⅶ.1] | **Jacek Klinowski**, Professor of Chemical Physics, University of Cambridge |
| 莱布尼兹 [Ⅵ.15] | **Eberhard Knobloch**, Professor, Institute for Philosophy, History of Science and Technology, Technical University of Berlin |
| 代数几何 [Ⅳ.4] | **János Kollár**, Professor of Mathematics, Princeton University |
| 特殊函数 [Ⅲ.85], 变换 [Ⅲ.91], 巴拿赫-塔尔斯基悖论 [Ⅴ.3], 数学的无处不在 [Ⅷ.3] | **T. W. Körner**, Professor of Fourier Analysis, University of Cambridge |

| | |
|---|---|
| 极值与概率组合学 [Ⅳ.19 ] | **Michael Krivelevich**, Professor of Mathematics, Tel Aviv University |
| 柯朗 [Ⅵ.83] | **Peter D. Lax**, Professor, Courant Institute of Mathematical Sciences, New York University |
| 随机过程 [Ⅳ.24] | **Jean-François Le Gall**, Professor of Mathematics, University Paris-Sud, Orsay |
| 纽结多项式 [Ⅲ.44 ] | **W. B. R. Lickorish**, Emeritus Professor of Geometric Topology, University of Cambridge |
| 置换群 [Ⅲ.68], 有限单群的分类[Ⅴ.7], 五次方程的不可解性 [Ⅴ.21] | **Martin W. Liebeck**, Professor of Pure Mathematics, Imperial College London |
| 刘维尔 [Ⅵ.39] | **Jesper Lutzen**, Professor, Department of Mathematical Sciences, University of Copenhagen |
| 布尔 [Ⅵ.43] | **Des MacHale**, Associate Professor of Mathematics, University College Cork |
| 数学与化学 [Ⅶ.1] | **Alan L. Mackay**, Professor Emeritus, School of Crystallography, Birkbeck College |
| 量子群 [Ⅲ.75] | **Shahn Majid**, Professor of Mathematics, Queen Mary, University of London |
| 巴拿赫 [Ⅵ.84] | **Lech Maligranda**, Professor of Mathematics, Luleà University of Technology, Sweden |
| 逻辑和模型理论 [Ⅵ.23 ] | **David Marker**, Head of the Department of Mathematics, Statistics, and Computer Science, University of Illinois at Chicago |
| 瓦莱·布散 [Ⅵ.67] | **Jean Mawhin**, Professor of Mathematics, University Catholique de Louvain |
| 代数数 [Ⅵ.1] | **Barry Mazur**, Gerhard Gade University Professor, Mathematics Department, Harvard University |
| 对青年数学家的建议 [Ⅷ.6] | **Dusa McDuff**, Professor of Mathematics, Stony Brook University and Barnard College |
| 艾米·诺特 [Ⅵ.76] | **Colin McLarty**, Truman P. Handy Associate Professor of Philosophy and of Mathematics, Case Western Reserve University |
| 四色定理 [Ⅴ.12] | **Bojan Mohar**, Canada Research Chair in Graph Theory, Simon Fraser University, Professor of Mathematics, University of Ljubljana |
| 阿贝尔 [Ⅵ.33], 伽罗瓦 [Ⅵ.41], 弗罗贝尼乌斯 [Ⅵ.58], 伯恩塞德 [Ⅵ.60] | **Peter M. Neumann**, Fellow and Tutor in Mathematics, The Queen's College, Oxford, University Lecturer in Mathematics, University of Oxford |
| 数学与音乐 [Ⅶ.13] | **Catherine Nolan**, Associate Professor of Music, The University of Western Ontario |

| | |
|---|---|
| 概率分布 [Ⅲ.71] | **James Norris**, Professor of Stochastic Analysis, Statistical Laboratory, University of Cambridge |
| 韦伊猜想 [V.35] | **Brian Osserman**, Assistant Professor, Department of Mathematics, University of California, Davis |
| 线性与非线性波以及孤子 [Ⅲ.49] | **Richard S. Palais**, Professor of Mathematics, University of California, Irvine |
| 拉格朗日 [Ⅵ.22] | **Marco Panza**, Directeur de Recherche, CNRS, Paris |
| 抽象代数的发展 [Ⅱ.3], 西尔维斯特 [Ⅵ.42] | **Karen Hunger Parshall**, Professor of History and Mathematics, University of Virginia |
| 辛流形 [Ⅲ.88] | **Gabriel P. Paternain**, Reader in Geometry and Dynamics, University of Cambridge |
| 伯努利家族 [Ⅵ.18] | **Jeanne Peiffer**, Directeur de Recherche, CNRS, Centre Alexandre Koyri, Paris |
| 克罗内克 [Ⅵ.48], 韦伊 [Ⅵ.93] | **Birgit Petri**, Ph.D. Candidate, Fachbereich Mathematik, Technische Universitdt Darmstadt |
| 计算数论 [Ⅵ.3] | **Carl Pomerance**, Professor of Mathematics, Dartmouth College |
| 雅可比 [Ⅵ.35] | **Helmut Pulte**, Professor, Ruhr-Universitdt Bochum |
| Robertson-Seymour 定理[V.32] | **Bruce Reed**, Canada Research Chair in Graph Theory, McGill University |
| 数理生物学 [Ⅶ.2] | **Michael C. Reed**, Bishop-MacDermott Family Professor of Mathematics, Duke University |
| 数学大事年表 [Ⅷ.7] | **Adrian Rice**, Associate Professor of Mathematics, Randolph-Macon College, Virginia |
| 数学意识 [Ⅷ.4 ] | **Eleanor Robson**, Senior Lecturer, Department of History and Philosophy of Science, University of Cambridge |
| 热方程 [Ⅲ.36] | **Igor Rodnianski**, Professor of Mathematics, Princeton University |
| 算子代数 [Ⅵ.15], 阿蒂亚-辛格指标定理 [V.2] | **John Roe**, Professor of Mathematics, The Pennsylvania State University |
| 建筑 [Ⅲ.5], 李的理论 [Ⅲ.48] | **Mark Ronan**, Professor of Mathematics, University of Illinois at Chicago; Honorary Professor of Mathematics, University College London |
| 欧拉 [Ⅵ.19] | **Edward Sandifer**, Professor of Mathematics, Western Connecticut State University |
| 对青年数学家的建议 [Ⅷ.6] | **Peter Sarnak**, Professor, Princeton University and Institute for Advanced Study, Princeton |
| 闵可夫斯基 [Ⅵ.64] | **Tilman Sauer**, Doctor, Einstein Papers Project, California Institute of Technology |
| 克罗内克 [Ⅵ.48], 韦伊 [Ⅵ.93] | **Norbert Schappacher**, Professor, Institut de Recherche Mathematique Avancee, Strasbourg |

| | |
|---|---|
| 谢尔品斯基 [Ⅵ.77] | **Andrzej Schinzel**, Professor of Mathematics, Polish Academy of Sciences |
| 豪斯道夫 [Ⅵ.68], 外尔 [Ⅵ.80] | **Erhard Scholz**, Professor of History of Mathematics, Department of Mathematics and Natural Sciences, Universität Wuppertal |
| 勒贝格 [Ⅵ.72], 维纳 [Ⅵ.85] | **Reinhard Siegmund-Schultze**, Professor, Faculty of Engineering and Science, University of Agder, Norway |
| 临界现象的概率模型 [Ⅵ.25] | **Gordon Slade**, Professor of Mathematics, University of British Columbia |
| 数学与医学统计 [Ⅶ.11] | **David J. Spiegelhalter**, Winton Professor of the Public Understanding of Risk, University of Cambridge |
| 维特 [Ⅵ.9] | **Jacqueline Stedall**, Junior Research Fellow in Mathematics, The Queen's College, Oxford |
| 李 [Ⅵ.53] | **Arild Stubhaug**, Freelance Writer, Oslo |
| 信息的可靠传输 [Ⅶ.6] | **Madhu Sudan**, Professor of Computer Science and Engineering, Massachusetts Institute of Technology |
| 紧性与紧化 [Ⅲ.9], 微分形式和积分 [Ⅲ.16], 广义函数 [Ⅲ.18], 傅里叶变换 [Ⅲ.27], 函数空间 [Ⅲ.29], 哈密顿函数 [Ⅲ.35], 里奇流 [Ⅲ.78], 薛定谔方程 [Ⅲ.83], 调和分析 [Ⅳ.11] | **陶哲轩 (Terence Tao)**, Professor of Mathematics, University of California, Los Angeles |
| 弗雷格 [Ⅵ.56] | **Jamie Tappenden**, Associate Professor of Philosophy, University of Michigan |
| 微分拓扑 [Ⅳ.7] | **C. H. Taubes**, William Petschek Professor of Mathematics, Harvard University |
| 克莱因 [Ⅵ.57] | **Rüdiger Thiele**, Privatdozent, Universitat Leipzig |
| 代数拓扑 [Ⅳ.6] | **Burt Totaro**, Lowndean Professor of Astronomy and Geometry, University of Cambridge |
| 数值分析 [Ⅳ.21] | **Lloyd N. Trefethen**, Professor of Numerical Analysis, University of Oxford |
| 布劳威尔 [Ⅵ.75] | **Dirk van Dalen**, Professor, Department of Philosophy, Utrecht University |
| 单形算法 [Ⅲ.84] | **Richard Weber**, Churchill Professor of Mathematics for Operational Research, University of Cambridge |
| 拟阵 [Ⅲ.54] | **Dominic Welsh**, Professor of Mathematics, Mathematical Institute, University of Oxford |
| 伸展图 [Ⅲ.24], 计算复杂性 [Ⅳ.20] | **Avi Wigderson**, Professor in the School of Mathematics, Institute for Advanced Study, Princeton |
| 数学：一门实验科学 [Ⅷ.5] | **Herbert S. Wilf**, Thomas A. Scott Professor of Mathematics, University of Pennsylvania |

| 哈密顿 [Ⅵ.37] | **David Wilkins**, Lecturer in Mathematics, Trinity College, Dublin |
| 希尔伯特 [Ⅵ.63 ] | **Benjamin H. Yandell**, Pasadena, California (已去世) |
| Calabi-Yau 流形 [Ⅲ.6], 镜面对称 [Ⅳ.16] | **Eric Zaslow**, Professor of Mathematics, Northwestern University |
| 枚举组合学与代数组合学 [Ⅳ.18] | **Doron Zeilberger**, Board of Governors Professor of Mathematics, Rutgers University |

未署名的条目是编者们写的. 在第Ⅲ部分里, 以下各条是 Imre Leader 撰写的: 选择公理[Ⅲ.1], 决定性公理[Ⅲ.2], 基数[Ⅲ.7], 可数与不可数集合[Ⅲ.11], 图[Ⅲ.34], 约当法式[Ⅲ.43], 测度[Ⅲ.55], 集合理论的模型[Ⅲ.57], 序数[Ⅲ.66], 佩亚诺公理[Ⅲ.67], 环、理想与模[Ⅲ.81], 策墨罗–费朗克尔公理[Ⅲ.99]. 在第Ⅴ部分里, 连续统假设的独立性[Ⅴ.18] 是 Imre Leader 撰写的; 三体问题[Ⅴ.33] 则是 June Barrow-Green 撰写的. 在第Ⅵ部分里, June Barrow-Green 撰写了所有未署名的条目; 全书其他所有未署名的条目都是 Timothy Gowers 撰写的.

# 目　　录

# 第 IV 部分　数学的各个分支

## IV.1　代　数　数

Barry Mazur

这个分支的根可以追溯到古希腊, 它的枝叶却触及现代数学几乎所有的方面. 如果真有所谓 "奠基性的著作", 那么, 对于数论的现代态度的起源, 这就要算是最初在 1801 年问世的高斯[VI.26] 的《算术研究》(*Disquisitiones Arithmeticae*) 这部书. 当代研究中许多尚未达到的目的都已经可以在高斯的著作里见到, 至少是出现了胚胎形式.

本文的意图就是给有志于学习和思索代数数经典理论的某些方面的读者提供一个指南. 想要懂得代数数理论的很大一部分, 想要领略它的美, 都只需要最少限度的理论背景. 对于每一位打算踏上这条旅程的读者, 我建议在自己的背包里带上高斯的《算术研究》, 以及 Davenport 的 *The Higher Arithmetics* (1992), 后一本书可以说是讲解这门学科的珍宝, 它对于奠基性的思想的讲解既清楚又深入, 而且几乎没有用到高中以外的数学知识.

### 1. 2 的平方根

代数数和代数整数的研究是从通常的有理数和整数的研究开始的, 而又经常要回溯到对它们的研究. 第一批代数无理性开始并不是作为数出现的, 而是作为对几何问题的障碍出现的.

正方形的对角线和边长的比不能表示为整数之比, 传说是早期的毕达哥拉斯学派的一桩心病. 但是正是这个比, 平方以后却是 2 : 1, 所以我们可以代数地对待它 —— 而后来的数学家们确实这样做了. 我们可以把这个比当作一个没有什么内容的密码, 而我们所知的仅仅是: "它的平方等于 2"(这也就是后来的数学家克罗内克[VI.48] 对于代数数的观点, 这一点下面还会看到). 可以用种种不同的方式来写出 $\sqrt{2}$, 例如

$$\sqrt{2} = |1 - \mathrm{i}|. \tag{1}$$

我们还会想到 $1 - \mathrm{i} = 1 - \mathrm{e}^{2\pi\mathrm{i}/4}$, 因此它是最早的三角和, 在下面会看到这一点对于二次根式 (surd) 的推广. 也可以把 $\sqrt{2}$ 看成是各种无限序列的极限, 其中之一是由

漂亮的连分数[III.22] 给出的:

$$\sqrt{2} = 1 + \cfrac{1}{2 + \cfrac{1}{2 + \ddots}}. \tag{2}$$

与连分数 (2) 直接相关的有下面的丢番图方程

$$2X^2 - Y^2 = \pm 1, \tag{3}$$

称为佩尔 (Pell) 方程. 有无数多对整数 $(x,y)$ 满足这个方程, 而相应的分数就是把 (2) 式切断所得到的有限分数, 例如, (3) 的前几个解是 $(1,1), (2,3), (5,7), (12,17)$, 而相应地有

$$\left.\begin{aligned} \frac{3}{2} &= 1 + \frac{1}{2} = 1.5,\\[2mm] \frac{7}{5} &= 1 + \cfrac{1}{2 + \cfrac{1}{2}} = 1.4,\\[2mm] \frac{17}{12} &= 1 + \cfrac{1}{2 + \cfrac{1}{2 + \cfrac{1}{2}}} = 1.416\cdots \end{aligned}\right\} \tag{4}$$

如果把 (3) 式右方的 $\pm 1$ 换成 0, 就会得到 $2X^2 - Y^2 = 0$, 它的所有正实数解 $(X,Y)$ 所成的比都适合 $(Y/X) = \sqrt{2}$, 所以可以看到 (4) 这个分数序列 (它的各项交替地大于和小于 $\sqrt{2} = 1.414\cdots$) 收敛于 $\sqrt{2}$. 更令人吃惊的是, (4) 是一张最佳地趋于 $\sqrt{2}$ 的分数的单子 (说一个分数 $a/d$ 是数 $\alpha$ 的最佳逼近数 (best approximant), 就是说 $a/d$ 比起任何分母小于或等于 $d$ 的有理数都更加接近于 $\alpha$). 为了深化这里提出的图景, 可以考虑另一个重要的无穷表达式, 即一个条件收敛级数

$$\frac{\log\left(\sqrt{2}+1\right)}{\sqrt{2}} = 1 - \frac{1}{3} - \frac{1}{5} + \frac{1}{7} + \frac{1}{9} + \cdots \pm \frac{1}{n} + \cdots, \tag{5}$$

这里的 $n$ 取一切正的奇数, 而 $\pm\dfrac{1}{n}$ 这一项的符号, 当 $n$ 除以 8, 余数为 1 或 7 时, 取正号, 为 3 或 5 时取负号. 对于这个漂亮的公式 (5), 可以用计算器自己 "验证一下其直至一位小数的准确性", 它是 $L$ 函数[III.47] 的特殊值的解析公式这个有力而且一般的理论的一个实例. 这个公式在我们的故事的更加代数化与更加解析化的两个侧面中间起了桥梁作用, 所以下面就简称它为 "解析公式".

## 2. 黄金均值

如果想寻求多少世代以来就是具有几何魅力的主题的二次无理性, 那么 $\frac{1}{2}(1+$

$\sqrt{5}$) 就是 $\sqrt{2}$ 的有力竞争对手, 这个数就叫做黄金均值 (golden mean) 或黄金比值 或黄金分割. 比值 $\frac{1}{2}(1 + \sqrt{5})$ :1 给出了一个矩形的高与宽之比, 从这个矩形中除去 一个正方形, 如图 1 中下方的正方形, 则余下的矩形的两边之长仍有同样的比, 这 个比也对应于一个三角和描述

$$\frac{1}{2}\left(1 + \sqrt{5}\right) = \frac{1}{2} + \cos\frac{2}{5}\pi - \cos\frac{4}{5}\pi. \tag{6}$$

图 1 图上最外边的矩形的高与宽之比就是黄金均值. 如果除去下面的正方形,
余下的矩形的宽与高之比仍是黄金均值. 这个过程可以无限地继续下去

它也有一个连分数表示

$$\frac{1}{2}(1 + \sqrt{5}) = 1 + \cfrac{1}{1 + \cfrac{1}{1 + \ddots}}, \tag{7}$$

把这个连分数切断得到的分数序列是

$$\frac{y}{x} = \frac{1}{1}, \frac{2}{1}, \frac{3}{2}, \frac{5}{3}, \frac{8}{5}, \frac{13}{8}, \frac{21}{13}, \frac{34}{21}, \cdots, \tag{8}$$

它是

$$\frac{1}{2}\left(1 + \sqrt{5}\right) = 1.618033988749894848\cdots$$

在上面所说意义下的 "最佳" 的逼近. 例如连分数

$$\frac{34}{21} = 1 + \cfrac{1}{1 + \cfrac{1}{1 + \cfrac{1}{1 + \cfrac{1}{1 + \cfrac{1}{1 + \cfrac{1}{1 + \frac{1}{1}}}}}}}$$

就等于 $1.619047619047619047\cdots$. 在所有分母小于 21 的分数中, $34/21$ 是最接近于黄金均值的一个.

然而, 只有 1 出现在这个连分数中①就能够用来证明黄金均值, 在一个特定的技术意义下, 是无理数中用有理数逼近得最差的一个.

熟悉斐波那契数序列的读者会在序列 (8) 的分母 (还有分子) 中看到这个序列. 方程 (3) 在这个情况下的类似物是

$$X^2 + XY - Y^2 = \pm 1. \tag{9}$$

这一次, 如果把方程右方的 $\pm 1$ 换成 0, 就会得到方程 $X^2 + XY - Y^2 = 0$, 它的正实根 $(X, Y)$ 相应的比 $Y/X = \frac{1}{2}\left(1 + \sqrt{5}\right)$ 即是黄金均值. 出现在序列 (8) 的一对一对的分子和分母正好是 (9) 的正整数根. (5) 式对于黄金均值的类似物 (即黄金均值的 "解析公式") 现在是条件收敛的无穷和

$$\frac{2\log\left(\frac{1}{2}\left(1 + \sqrt{5}\right)\right)}{\sqrt{5}} = 1 - \frac{1}{2} - \frac{1}{3} + \frac{1}{4} + \frac{1}{6} + \cdots \pm \frac{1}{n} + \cdots, \tag{10}$$

这里的 $n$ 遍取所有不能被 5 整除的正整数, 而 $\pm 1/n$ 前面符号的选择规律是: 如果 $n$ 用 5 除的余数是 $\pm 1$, 就取正号, 否则就取负号.

控制这个符号的选取是看 $n$ 是否 mod 5 为二次剩余. 下面是这个名词的简单解释. 如果 $m$ 是一个整数, 则说两个整数 $a$ 和 $b$ 为 mod $m$ 同余 (记作 $a \equiv b \bmod m$), 就是指的差 $a - b$ 是 $m$ 的整数倍; 如果 $a, b$ 和 $m$ 都是正的, 这就等价于要求 $a$ 和 $b$ 在除以 $m$ 后, 有相同余数 ("余数" 有时也就叫 "剩余")(请参看条目模算术[III.58]). 一个与 $m$ 互素的整数 $a$ 称为是 mod $m$ 的二次剩余, 如果 $a \bmod m$ 同余于一个整数的平方; 否则称为 mod $m$ 二次非剩余. 所以, $1, 4, 6, 9, \cdots \bmod 5$ 是二次剩余, 而 $2, 3, 7, 8, \cdots \bmod 5$ 是二次非剩余.

---

① 任意实的二次代数数的连分数表示中, 最终一定有循环出现的模式, (2) 和 (7) 这两个例子生动地表现了这一点.

方程 (5) 和 (10)("与二次狄利克雷特征相关的 $L$ 函数的解析公式") 的推广, 对于各项为 $\pm 1/n$ 的条件收敛级数给出了一个惊人的公式, 这里 $n$ 遍取与某个固定整数互素的正整数, 而 $\pm 1/n$ 的符号视 $n$ 对此固定整数为二次剩余或非剩余而定.

## 3. 二次无理性

二次方程根的公式

$$X = \frac{-b \pm \sqrt{b^2 - 4ac}}{2a}$$

把一般的二次多项式方程 $aX^2 + bX + c = 0$ 的根 (一般有两个根) 作为 $\sqrt{D}$ 的有理表达式给出. 这里 $D = b^2 - 4ac$ 称为二次多项式 $aX^2 + bX + c$ 的判别式, 或者等价地称为齐次的二次型[III.73] $aX^2 + bXY + cY^2$ 的判别式. 这个公式里引进许多无理数: 柏拉图在他的对话录《泰阿泰德篇》(*Theaetetus*) 里, 把当 $D$ 不是完全平方时 $\sqrt{D}$ 必为无理数这个发现归功于年轻的泰阿泰德 (Theaetetus of Athens, 417B.C.–369B.C., 雅典的学者). 这样, 我们就看见了一个奇异的转变: 把原来被看作是一个问题的障碍的东西, 后来看成是体现在这个障碍里的一个数, 或者一个可以进行有效的研究的某种代数对象. 这样的转变在数学中多次出现, 只是背景不同. 在晚得多的时候, 复的二次无理性也出现了, 它们又一次在一开始并不是被看成 "就是这么一个数", 而被看成是解决某个问题的障碍. 例如, Nicholas Chuquet 在他的 1484 年的手稿 *Le Triparty* 里还提出下面的问题: 是不是有一个数, 它的 3 倍等于 4 加上自己的平方? 然后得出了这样的结论: 这样的数是没有的, 因为上面的二次公式在用于这个数时会给出 "不可能的数". 用今天的术语, 就是复的二次无理性①.

对于任意的实的二次无理性 ("整" 无理性), 都有类似于我们对 $\sqrt{2}$ 那样的讨论 ((1)—(5)) 和对 $\frac{1}{2}(1 + \sqrt{5})$ 的讨论 ((6)—(10)). 对于复的无理性, 也有这样的理论, 但是又有了有趣的曲解. 一方面, 对于复的二次无理性, 现在没有了可以直接比拟于连分数那样的东西. 实际上, 对于怎样找出一个有理数的无穷序列使之收敛于复无理性这样的问题, 一个简单而又老实的回答就是: 找不到! 相应地, 佩尔方程现在只有有限多个解. 然而, 可以告慰的是, 现在适当的 "解析公式" 有比较简单的和, 这一点在下面就会看见.

令 $d$ 是一个不能开平方的整数, 可正可负. 与它相关有一个特别重要的数 $\tau_d$ 定义如下: 如果 $d \equiv 1 \bmod 4$(即 $d - 1$ 是 4 的倍数), 则令 $\tau_d = \frac{1}{2}(1 + \sqrt{d})$, 而在其他情况下, 令 $\tau_d = \sqrt{d}$. 这些二次无理性称为基本的次数为 2 的代数整数. 代数整

---

① 16 世纪的庞贝里[VI.8] 把正数或负数的平方根分别称为 "哑数"(这使我们回想起到现在还在使用中的 surd 这个词) 和 "不可能命名的数".

surd 这个字来自阿拉伯语, 原来是 "听不见" 的意思, 在中古阿拉伯数学文献中就是指的根式, 后来也就转义为 "根式", 在比较老的代数教材中还有使用这个说法的. 总之, 就是说它们都是 "说不明听不清的对象". 这种用语反映了当时人们对无理根式更不必说对复的根式的无法理解.—— 中译本注

数的一般概念将在第 11 节里给出. 二次代数整数只不过是一个形如 $X^2 + aX + b$ 的多项式的根, 这里 $a$ 和 $b$ 是普通的整数. 在第一个情况 (这时 $d \equiv 1 \bmod 4$) 下, $\tau_d$ 是多项式 $X^2 - X + \frac{1}{4}(1-d)$ 的根, 而在第二个情况则是 $X^2 - d$ 的根. 之所以要给它们以特殊的名称, 是因为任意二次代数整数都是 1 和一个基本的二次代数整数的 (以普通整数为系数的) 线性组合.

## 4. 环与域

　　很早就在数学中有了一个重大进展而现在已经是大家认可的一种普遍的共识, 即认识到研究数学对象的集合而不是只研究孤立的对象的重要性. 复数的环 $R$ 就是一个复数的集合, 其中包含 1, 而且对加法、减法和乘法封闭. 就是说, 如果 $a$ 和 $b$ 是 $R$ 中的两个元, 则 $a \pm b, ab$ 也必在 $R$ 中. 如果一个环还有进一步的性质, 即 [其中的乘法是可交换的, 而且] 对于非零元的除法也是封闭的 (即若 $a$ 和 $b$ 是 $R$ 中的两个元, 而且 $b \neq 0$, 则 $a/b$ 也在 $R$ 中), 则这个环 $R$ 就称为一个域 (这些概念在条目域[ I.3§2.2] 以及条目环, 理想与模[III.81] 中有进一步的讨论). 通常的整数 $\{0, \pm 1, \pm 2, \cdots\}$ 构成一个环, 通常记为 $\mathbf{Z}$, 它是环的奠基性的例子. 容易看见, 这是最小的复数环.

　　所有可以写成 1 和 $\tau_d$ 的整数系数的线性组合的实数和复数的集合, 在加法、减法和乘法下是封闭的, 因此构成为一个环, 记作 $R_d$. 就是说, $R_d$ 是所有形如 $a + b\tau_d(a, b$ 是通常的整数) 的数的集合. 这些环是超出作为环的原型 $\mathbf{Z}$ 的代数整数环的最初的基本的例子, 而且是研究二次无理性最重要的基石, 每一个二次无理代数整数都恰好包含在一个 $R_d$ 中.

　　例如, 当 $d = -1$ 时, 相应的环 $R_{-1}$ 通常称为高斯整数环, 就是实部和虚部都是通常的整数的复数的集合. 这些复数可视化地成为用正方形作成的复数平面的铺砖结构的顶点, 而这些正方形的边长为 1(见图 2).

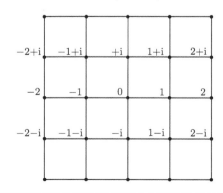

图 2　高斯整数就是复数平面的这个铺砖结构的网格顶点

当 $d = -3$ 时, 相应的环 $R_{-3}$ 中的复数可视地成为复数平面的正三角形铺砖结构的顶点 (见图 3).

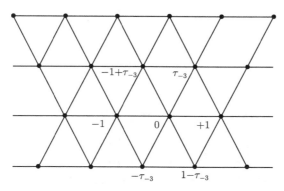

图 3 环 $R_{-3}$ 的元素就是复数平面的这个正三角形铺砖结构的顶点

有了这些环 $R_d$, 我们就可以问一些关于这些环的环论的问题, 下面就是在此常用的环论的标准词汇. 在已给的复数环 $R$ 中, 单位 (unit)$u$ 就是一个在 $R$ 中具有乘法逆元 $1/u$ 的复数; 一个既约 (irreducible) 元素就是一个不能写成两个非单位的乘积的非单位. 一个复数环 $R$ 具有唯一分解因子性质, 就是 $R$ 中每一个非零的非单位代数数可以用恰好一种方式分解为既约元素的乘积 (如果有两个分解, 而从其中一个分解方式通过重新排列既约元素出现在其中的次序以及乘上单位, 就可以变成另一个分解, 这两个分解就算是同一的).

在通常的整数环 $\mathbf{Z}$ 这个原型的环中, 仅有的单位就是 $\pm 1$. 所有的既约元素就是可以写成 $\pm p$ 的数, 这里 $p$ 为素数. 任意一个通常的大于 1 的整数都可以唯一地写成 (正) 素数的乘积, 这样一个基本的事实 (即 $\mathbf{Z}$ 具有唯一因子分解性质) 对于用通常的整数来完成的那么多的数论工作是至关重要的. 但是整数的这个唯一因子分解性质还需要证明, 这是高斯用了极大的力量才认识到而且给出了证明的 (见条目算术的基本定理[V.14]).

很容易看到高斯整数环 $R_{-1}$ 仅有四个单位, 即 $\pm 1, \pm i$; 用其中任何一个来做乘法, 都会实现无穷正方形铺砖结构 (见图 2) 的一个对称. 环 $R_{-3}$ 中仅有六个单位, 即 $\pm 1, \pm \frac{1}{2}(1 + \sqrt{-3})$ 和 $\frac{1}{2}(1 - \sqrt{-3})$, 用其中任何一个做乘法又造成图 3 中的三角形铺砖的一个对称.

为了了解 $R_d$ 的算术, 下面的问题是基本的: 哪些通常的素数 $p$ 在 $R_d$ 中是既约元素, 而哪些可以分解为 $R_d$ 中的既约元的乘积? 我们马上就会看到, 如果一个素数在 $R_d$ 确实可以分解, 则它一定恰好可以分解为两个既约因子的乘积. 例如在高斯整数环 $R_{-1}$ 中, 有

$$2 = (1 + i)(1 - i),$$
$$5 = (1 + 2i)(1 - 2i),$$
$$13 = (2 + 3i)(2 - 3i),$$
$$17 = (1 + 4i)(1 - 4i),$$
$$29 = (2 + 5i)(2 - 5i),$$
$$\cdots\cdots$$

上面的括号里的高斯整数因子都是高斯整数环中的既约的元素.

如果一个奇素数 $p$ 在 $R_{-1}$ 中能够分解为至少两个素数之积, 就说它在 $R_{-1}$ 中是分裂的, 如果不能就说它保持为素. 我们马上会看到, 对于一般的代数整数环 (甚至是形如 $R_d$ 那样的环), "分裂" 和 "保持为素" 的概念定义的文字, 与这里对于高斯整数环 $R_{-1}$ 中的定义, 有少许的但是意义重大的区别 (还要注意, 在上面的两分法中, 把 $p = 2$(即偶素数) 的情况排除在外了. 这是因为 2 在 $R_{-1}$ 中是分歧 (ramify) 的, 这个概念的讨论可见第 7 节). 不论如何, 有一个初等的可以计算的规则来告诉我们, 在 $R_d$ 中, 在这个公认的意义下, 哪些素数 $p$ 是分裂的, 而哪些是保持为素. 这个规则依赖于 $p \bmod 4d$ 的剩余, 请读者利用上面已经展示的资料, 对于高斯整数环 $R_{-1}$ 猜测一下这个规则. 一般地说, 那个告诉我们在 $R_d$ 那样的代数整数环中, 哪些素数 $p$ 是分裂的, 而哪些是保持为素的初等的可计算的规则, 就叫做这个代数整数环的分裂规则.

## 5. 二次整数环 $R_d$

在环 $R_d$ 中, 有一个很重要的 "对称性" 或自同构[ I.3§4.1], 它把 $\sqrt{d}$ 变为 $-\sqrt{d}$, 但保持所有的通常的整数不变. 或者更一般地, 它把 $\alpha = u + v\sqrt{d}$ $(u, v$ 为有理数) 变为可以称为其代数共轭的 $\alpha' = u - v\sqrt{d}$ (这里加上了 "代数" 两个字, 是为了对读者说明, 这种对称与复数的复共轭对称不同)!

您可以自己马上就对基本的二次无理性的 $\tau_d$ 做出这个代数共轭运算来: 如果 $d$ 不是 $\bmod 4$ 同余于 1, 则 $\tau_d = \sqrt{d}$, 所以显然有 $\tau_d' = -\tau_d$. 如果 $d \equiv 1 \bmod 4$, 则 $\tau_d = \frac{1}{2}\left(1 + \sqrt{d}\right)$, 而 $\tau_d' = \frac{1}{2}\left(1 - \sqrt{d}\right) = 1 - \tau_d$. 这个对称性 $\alpha \mapsto \alpha'$ 尊重所有的代数公式. 例如, 要想做出像 $\alpha\beta + 2\gamma^2$ 的代数共轭, 这里 $\alpha, \beta, \gamma$ 都是 $R_d$ 中的数, 只要把每一个这样的数分别变成它的代数共轭数即可, 所以可得它的代数共轭数为 $\alpha'\beta' + 2\gamma'^2$.

与 $R_d$ 中的数 $\alpha = x + y\tau_d$ 相关的最重要的数是它的范数 $N(\alpha)$, 其定义为 $\alpha$ 和自己的代数共轭数 $\alpha'$ 的乘积 $\alpha\alpha'$. 当 $\tau_d = \sqrt{d}$ 时, 它是 $x^2 - dy^2$, 而当 $\tau_d = \frac{1}{2}\left(1 + \sqrt{d}\right)$ 时, 它是 $x^2 + xy - \frac{1}{4}(d-1)y^2$. 可以证明, 范数是乘法的, 意思是

$N(\alpha\beta) = N(\alpha) N(\beta)$, 这一点可以通过计算每个因子的范数, 再与乘积的范数比较而得. 范数及其性质给出了一个有用的办法来试着把 $R_d$ 中的代数数分解因子, 并且对于 $R_d$ 中的一个数 $\alpha$ 是否单位、是否素数给出一个判据. 事实上, $\alpha \in R_d$ 是一个单位当且仅当 $\alpha\alpha' = \pm 1$ (证明见下文). 换言之, 按照 $d$ 是否同余于 $1 \bmod 4$, 可知单位是由下面的方程的整数解决定的:

$$X^2 - dY^2 = \pm 1, \tag{11}$$

或

$$X^2 + XY - \frac{1}{4}(d-1)Y^2 = \pm 1. \tag{12}$$

现在来给出证明. 若 $\alpha = x + y\tau_d$ 是 $R_d$ 中的单位, 则它的倒数 $\beta = 1/\alpha$ 也在 $R_d$ 中, 而且有 $\alpha\beta = 1$. 取双方的范数并应用乘积性质就知道 $N(\alpha)$ 和 $N(\beta)$ 作为普通的整数互为倒数. 因此, 或者二者均为 $+1$, 或者二者均为 $-1$. 这说明 $(x, y)$ 是 (11) 或 (12) 中适合的方程的解. 从另一个方向来看, 如果 $N(\alpha) = \alpha\alpha' = \pm 1$, 则又说明了 $\alpha$ 的倒数就是 $\pm\alpha'$, 但是后者在 $R_d$ 中. 所以 $\alpha$ 确实是 $R_d$ 中的单位.

方程 (11) 和 (12)(它们推广了 (3) 与 (9)) 左方的齐次二次型将会起重要的作用. 按照 $d$ 是否同余于 $1 \bmod 4$, 它们分别与这个或那个 $R_d$ 相关, 于是就称这个二次型为这个 $R_d$ 的基本二次型, 它的判别式 $D$ 则称为基本判别式 (如果 $d \equiv 1 \bmod 4$, 则 $D = d$, 否则等于 $4d$). 如果 $d$ 是负数, 则 $R_d$ 中只有有限多个单位 ($d < -3$ 时则只有 $\pm 1$), 但是当 $d$ 为正数时, $R_d$ 全由实数构成, 这时就有无穷多个单位. 所有大于 1 的单位都是某个最小的单位的幂, 这个最小的单位 $\varepsilon_d$ 就称为基本单位.

例如, 当 $d = 2$ 时, 基本单位 $\varepsilon_2 = 1 + \sqrt{2}$, 而当 $d = 5$ 时, 基本单位就是黄金均值 $\frac{1}{2}(1 + \sqrt{5})$. 因为基本单位的幂仍是单位, 所以就有了一部机器, 可以从任意一个单位产生出无穷多个单位来. 例如, 取黄金均值的幂, 就可以得到 $R_5$ 的许多单位:

$$\varepsilon_5 = \frac{1}{2}(1 + \sqrt{5}), \quad \varepsilon_5^2 = \frac{1}{2}(3 + \sqrt{5}),$$

$$\varepsilon_5^3 = 2 + \sqrt{5}, \quad \varepsilon_5^4 = \frac{1}{2}(7 + 3\sqrt{5}),$$

$$\varepsilon_5^5 = \frac{1}{2}(11 + 5\sqrt{5}).$$

早在 12 世纪, 印度人就开始研究这些基本单位, 但是, 时至今日, 当 $d$ 变动时, 基本单位的详细性态对于我们仍然是很神秘的. 例如, 华罗庚在 1942 年 (Hua, 1942) 就有一个深刻的定理告诉我们 $\varepsilon_d < (4e^2 d)^{\sqrt{d}}$ (关于这个估计的证明及其历史的讨论, 可以参看 Narkiewicz(1973) 的第 3 章和第 8 章). 有一些 $d$ 接近于这个界限的例子, 但是我们一直不知道是否存在一个正数 $\eta$ 和无穷多个不能开平方的整数 $d$, 使得

$\varepsilon_d > d^{d^n}$(如果有无穷多个 $R_d$ 具有唯一因子分解性质, 这个问题的答案就是肯定的! 这一点可以从 Brauer(1947) 和 Siegel (1935) 的著名定理得出. 关于 Brauer-Siegel 定理的证明, 可见 Narkiewicz (1973) 第 8 章的定理 8.2, 或者 Lang(1970)).

## 6. 二元二次型和唯一因子分解性质

唯一因子分解原理对于通常的整数环 **Z** 是极为重要的. 对于环 $R_d$ 这个原理是否成立又是代数数论的中心问题. 有许多对于 $R_d$ 中唯一因子分解的成立很有帮助的, 可供我们进行分析的障碍存在. 这些障碍反过来又与深刻的算术问题相联系, 而其本身也成了重要的研究焦点. 这种对于唯一因子分解的障碍的一种表示方式在高斯的《数论研究》(1801) 中就已经很著名, $R_d$ 的基础理论的很大一部分在这部书里已经奠定了.

这种 "障碍" 与究竟有多少种二元二次型 $ax^2 + bxY + cY^2$ 有关, 这些二元二次型 "本质不同", 但其判别式又都等于 $R_d$ 的基本判别式 $D$(请回忆一下, $aX^2 + bXY + cY^2$ 的判别式就是 $b^2 - 4ac$, 而 $D = 4d$ 除非 $d \equiv 1 \bmod 4$, 那时 $D = d$).

为了定义判别式为 $D$ 的二元二次型 $aX^2 + bXY + cY^2$, 所需要做的就只是找出其系数的三元组 $(a,b,c)$ 使得 $b^2 - 4ac = D$. 给定了这样一个二元二次型, 就可以用它来作出其他的二元二次型. 例如, 如果作变量的一个小的线性变换: 用 $X - Y$ 代替 $X$ 而令 $Y$ 不变, 就会得到 $a(X-Y)^2 + b(X-Y)Y + cY^2$, 化简以后成 $aX^2 + (b-2a)XY + (c-b+a)Y^2$. 就是说, 我们得到了一个新的二元二次型, 其系数的三元组是 $(a, b-2a, c-b+a)$, 但是判别式仍为 $D$(这一点很容易验证), 也可以把这个变换 "反过来", 就是用 $X + Y$ 代替 $X$ 而保持 $Y$ 不变. 如果我们确实作了这样的反转并且作了化简, 就又会回到原来的二元二次型. 由于这种可反转性, 当 $X$ 和 $Y$ 变动时, 这两个二元二次型取同样的整数值集合, 所以有理由认为它们是等价的.

一般地说, 如果两个二元二次型经过变量的任意 "可反转的" 整数系数线性变换, 可以互相变换 (或变成互相反号), 就说它们是等价的. 就是说, 可以选择整数 $r,s,u,v$ 使得 $rv - su = \pm 1$, 然后把 $X, Y$ 换成它们的线性组合 $X' = rX + sY, Y' = uX + vY$, 经过化简得到新的系数三元组, [这样就会得到等价的二元二次型]. 条件 $rv - su = \pm 1$ 保证了可以用类似的运算回到原来的二元二次型, 也保证了新的二元二次型和原来的具有同样的判别式 $D$. 所以, 说到 "本质不同" 的仍然具有判别式 $D$ 的二元二次型, 就是指的不能经由这样的线性变换而互变的二元二次型.

下面就是高斯发现的唯一因子分解的惊人的障碍:

**唯一因子分解原理在 $R_d$ 中成立的必要充分条件就是: 若齐次整系数二元二次型 $aX^2 + bXY + cY^2$ 的基本判别式等于 $R_d$ 的基本二元二次型的基本判别式, 则它必等价于这个基本二元二次型.**

进而, 以 $R_d$ 的基本判别式为判别式的不等价二次型的集合, 通过具体的对象, 即这种二次型, 表述了 $R_d$ "享有唯一因子分解性质" 的程度.

如果您以前从未见过这个二元二次型的理论, 我们建议您用 $D = -23$ 这个特例来试试, 这里的思想是从一个特定的但是判别式为 $D = -23$ 的二次型 $aX^2 + bXY + cY^2$ 开始. 然后用一串仔细选取的整数系数的线性变量变换把系数 $a, b, c$ 变小, 直到得到两个不等价的二次型之一为止. 这里, 相应于判别式 $D = -23$, 有两个不等价的二次型, 即基本的二次型 $X^2 + XY + 6Y^2$ 和另一个二次型 $2X^2 + XY + 3Y^2$. 比方说, 您能不能看出 $X^2 + 3XY + 8Y^2$ 并不等价于 $X^2 + XY + 6Y^2$?

这样一个例子, 对于数的几何学在最后的理论中会起什么作用, 会有一些提示. 您可能会出于对这些思想的尊重, 而以为已经发现了进行这类计算的漂亮而又高效的方法. 然而, 有一个公开的秘密就是, 圈子里的数学家, 不论是现代的还是古代的, 只要他是干的这一行, 或者相近的领域, 都曾经仿照上面所说的例子, 对一些简单的例子, 做过许许多多手工计算.

如果您也做几个例子, 而我是建议您这样做的, 那么, 有一个安排您的计算的办法. 对于变量先找一个简单的可逆的线性变换 ([但是, 变换和逆变换都应是整数系数的]), 把您的二次型变成系数 $a, b, c \geqslant 0$ 的二次型 (可能还需要对整个二次型乘以 $-1$).

把所有的判别式为 $D = -23$ 的由系数的三元组 $(a, b, c)$ 给出的二元二次型排列起来的最干净利落的方法是: 按照 $b$ 由小到大的次序排列. 现在 $b$ 是一个正奇数, 对 $b$ 的每一个值选择 $a$ 和 $c$, 使它们的乘积是 $\frac{1}{4}(b^2 + 23)$. 现在, 我们的目的是把所有能够使 $b$ 减小 (这样做也会把 $a$ 和 $c$ 保持在一定的界限以内) 的招数都汇集起来. 这里有一个很大的线索和帮手, 就是对任意一对互素的整数 $x$ 和 $y$, 在点 $(X, Y) = (x, y)$ 处估计二次型 $aX^2 + bXY + cY^2$ 以得出整数 $a' = ax^2 + bxy + cy^2$, 于是就能找到适当的 $b'$ 和 $c'$, 使得二次型 $a'X^2 + b'XY + c'Y^2$ 等价于原来的 $aX^2 + bXY + cY^2$, 而首项系数为 $a'$. "例子" 里的变换 $X \mapsto X - Y, Y \mapsto Y$ 又能把系数 $b$ 降低到小于 $2a$. 您现在能够证明 $X^2 + XY + 6Y^2$ 与 $2X^2 + XY + 3Y^2$ 不等价了吧?

现在, 如已经讨论过的, 从一般理论中就可以得到 $R_{-23}$ 没有唯一因子分解性质, 这一点我们也可以直接看到. 例如

$$\tau_{23} \cdot \tau'_{23} = 2 \cdot 3,$$

而且此式中的四个因子在 $R_{-23}$ 中都是既约的. 作为一个忠实的旅途伴侣, 我在此至少应该给出一点提示, 说明 "唯一因子分解的这个特定的失败" 与前面的讨论有什么联系. 这一点在下一节可能变得更清楚, 但是, 上面这个式子下面的 "张力" 在于在环 $R_{-23}$ 中, 所有的元素都是素的, 就是说, 在这个环里, 没有任何一个元素可

以作进一步的分解. 例如, 这个方程的各个因子没有最大公因子. 关于这些事情的一般理论 (这里不来讲这个理论, 但是请参看条目欧几里得算法[III.22]) 告诉我们, 就是在 $R_{-23}$ 中找不到这样一个元素 $\gamma$ 使它既是数 $\tau_{-23}$ 和 2 的线性组合 (系数在 $R_{-23}$ 中), 又是 $\tau_{-23}$ 和 2 在环 $R_{-23}$ 中的公因子, 就是使得 $\tau_{-23}/\gamma$ 和 $2/\gamma$ 都在 $R_{-23}$ 中. 然而这样的元素是不存在的, 因为它的范数必须能整除 $N(\tau_{-23}) = 6$ 和 $N(2) = 4$, 即必须为 2, 而很容易看出来这是不可能的. 但是, 我们真感兴趣的是这样一个现象, 即某些二元二次型的不等价性能够表现出这一点来, 所以让我们继续下去.

首先, 请验算一下, 任意的系数 $\alpha, \beta$ 是 $R_{-23}$ 中的元的线性组合

$$\alpha \cdot \tau_{-23} + \beta \cdot 2$$

都可以写成 $u \cdot \tau_{-23} + v \cdot 2$, 而 $u, v$ 是通常的整数. 然后系统地取这些线性组合的范数, 并视它们为 $u, v$ 的函数, 这样得到以 $u, v$ 为变量的二元二次型:

$$N(u \cdot \tau_{-23} + v \cdot 2) = (\tau_{-23}u + 2v)(\tau'_{-23}u + 2v) = 6u^2 + 2uv + 4v^2.$$

视 $u, v$ 为变量, 并且把它们改写为 $U, V$ 以强调这一点, 那么就说由 $\tau_{-23}$ 和 2 的线性组合集合得出的范数二次型是

$$6U^2 + 2UV + 4V^2 = 2 \cdot (3U^2 + UV + 2V^2).$$

现在违反事实地设有公因子 $\gamma$ 如上所述, 则 $\gamma$ 在 $R_{-23}$ 的倍数就是 $\tau_{-23}$ 和 2 的线性组合. 这样就有了另一种描述这种线性组合的方法, 就是对任意一对通常的整数 $(u, v)$, 必有一对通常的整数 $(r, s)$, 使得

$$u \cdot \tau_{-23} + v \cdot 2 = \gamma \cdot (r\tau_{-23} + s) = r\gamma\tau_{-23} + \gamma s.$$

取其范数如上, 就会得到

$$N(\gamma \cdot (r\tau_{-23} + s)) = N(r\gamma\tau_{-23} + s\gamma) = N(\gamma) N(6r^2 + rs + s^2).$$

和前面一样, 把 $r$ 和 $s$ 看成变量, 并且改变它们的符号为 $R$ 和 $S$, 就有相应的范数二次型

$$N(\gamma) \cdot (6R^2 + RS + S^2) = 2 \cdot (6R^2 + RS + S^2).$$

给出了这些事实 —— 当然, 这是由于有违反事实的假设, 就是存在这样一个 $\gamma$ —— 关键的思想就在于, 存在由 $(U, V)$ 到 $(R, S)$ 的线性变换和逆变换使得可以建立起两个二次型 $2 \cdot (3U^2 + UV + 2V^2)$ 和 $2 \cdot (6R^2 + RS + S^2)$ 的等价性. 但是这些二次型是不等价的! 它们的不等价正是说明了我们假定存在的 $\gamma$ 是不存在的, 而在环 $R_{-23}$ 中, 因子分解是不唯一的.

## 7. 类数和唯一因子分解性质

在前一节里已经看到, 判别式都等于基本判别式, 但是不等价的二次型是唯一因子分解性质的一个障碍. 不久以后, 又出现了另一个障碍, 就是 $R_d$ 的理想类群 $H_d$. 顾名思义, 这时要用到关于理想[III.81§2] 和群[ I.3§2.1] 的词汇. 环 $R_d$ 的理想, 就是它的具有以下封闭性质的子集合 $I$: 如果 $\alpha \in I$, 则 $-\alpha, \tau_d \alpha$ 也都属于 $I$, 而如果 $\alpha$ 和 $\beta$ 都属于 $I$, 则 $\alpha + \beta$ 也属于 $I$(第一个和第三个性质合在一起蕴含着 $\alpha$ 和 $\beta$ 的整数组合也属于 $I$). 某个固定的非零元素 $\gamma$ 在 $R_d$ 中的任意倍数的集合就是理想的基本的例子. 这里所谓 $\gamma$ 的倍数, 就是 $\gamma$ 和 $R_d$ 的一个元的乘积. 用记号 $(\gamma)$ 或者用更有表现力的记号 $\gamma \cdot R_d$ 来记这个集合. 这种类型的理想, 即单个非零元 $\gamma$ 的所有倍数的集合, 称为主理想. 例如环 $R_d$ 本身就是一个理想 (因为说到底, 它是由 1 和 $\tau_d$ 的整系数线性组合构成的), 而且在我们的简洁的用语中还是一个主理想, 因为它可以记作 $(1) = 1 \cdot R_d = R_d$. 严格地说, 单元素集合 $\{0\}$ 也是一个理想, 但是我们感兴趣的是非零理想.

作为在上节中讨论过的使用二元二次型的障碍的对立面, 还有使用理想概念的障碍的唯一因子分解原理:

唯一因子分解原理在 $R_d$ 中成立的必要充分条件是 $R_d$ 的所有理想都是主理想.

想一下这一点, 就会对于为什么要用 "理想" 这个词有点感觉了. $R_d$ 的每一个主理想的形式都是 $\gamma \cdot R_d$, 这里 $\gamma$ 是 $R_d$ 的一个元 ($\gamma$ 除了可能相差乘以一个单位以外, 是唯一决定的), 但是 $R_d$ 中还可以有更一般的理想. 如果在 $R_d$ 中有两个元 (想一想前节中的 $\tau_{-23}$ 和 2), 使得它们的整数系数线性组合的集合, 不能表示为 $R_d$ 中某个固定元 $\gamma$ 的倍数的集合, 就会出现更一般的理想了. 这个现象是一个信号: 在 $R_d$ 中缺少了一些数来做足够细致的因子分解, 使得 $R_d$ 的算术如我们希望的那样光滑顺畅. 正如主理想 $\gamma \cdot R_d$ 对应于数 $\gamma$ 一样, 这种更一般的理想 (想一下前节中的 $\tau_{-23}$ 和 2 的整数系数线性组合的集合), 可以想成是对应于 "理想" 的数, 它们本来 "有权" 出现在我们的环里, [使得可以进行唯一的因子分解], 而现在却缺失了.

只要把理想看成了理想的数, 那么就有理由试着去做理想之间的乘法: 如果 $I$ 和 $J$ 是 $R_d$ 中的两个理想, 就用记号 $I \cdot J$ 来表示乘积 $\alpha \cdot \beta$ 的所有有限和的集合, 这里 $\alpha$ 和 $\beta$ 分别是 $I$ 和 $J$ 中的元. 两个主理想 $(\gamma_1)$ 和 $(\gamma_2)$ 的乘积当然就是主理想 $(\gamma_1 \cdot \gamma_2)$, 所以正如我们能够想象的那样, 主理想的乘法对应于相应的数的乘法. 任意理想 $I$ 用主理想 $(1)$ 去乘是不变的, 仍为 $I$: $(1) \cdot I = I$, 所以我们把主理想 $(1)$ 叫做单位理想. 有了理想的乘积这个新概念以后, 在第 4 节里提到但未给出正式定义的素数 $p$ 为 "分裂" 或 "保持为素" 这两个概念, 现在就能给出正式定义了.

在这个定义中, 深层的思想是: 使用理想的乘积而不使用数的乘积. 这样, 在考

虑素数 $p$ 时, 要做的第一件事就是把注意力转到 $R_d$ 的主理想 $(p)$ 上. 如果这个主理想可以分解为 $R_d$ 的两个不同理想 (但不必是主理想, 这是真正的要点) 的乘积, 而且它们都不是单位理想 $(1) = R_d$, 就说 $p$ 在 $R_d$ 中是分裂的; 如果它不能分解为这样两个不同理想的乘积, 除非有一个理想为 $(1) = R_d$, 就说它在 $R_d$ 中保持为素. 还有第三个重要的定义: 如果主理想 $(p)$ 可以写成另一个理想 $I$ 的平方, 就说 $(p)$ 在 $R_d$ 中是分歧 (ramify) 的. 顺着这个定义的势头往前走, 如果一个理想 $P$ 不能 "因子分解" 为两个非单位理想的乘积, 就说它是素理想. 这个定义不论 $P$ 是否主理想都有意义, 这样, 我们就巧妙地把注意力从 $R_d$ 的数的乘法性质转移到理想的乘法性质上去了.

若有两个理想在分别乘以适当的主理想后成为同样的理想, 就说它们属于同一个理想类. 这是关于理想的一个自然的等价关系 [ I.2§2.3]. 这个等价关系又能够保持乘积关系, 就是说, 如果 $I$ 和 $J$ 是两个理想, 则它们的乘积 $I \cdot J$ 的等价类只依赖于它们各自的等价类 (也就是说, 如果 $I'$ 在 $I$ 的等价类中, $J'$ 在 $J$ 的等价类中, 则 $I' \cdot J'$ 和 $I \cdot J$ 在相同的等价类中). 现在我们就可以谈论什么是理想的等价类的乘积了, 那就是, 如果要把两个等价类相乘, 就在这两个等价类中各取一个理想, 把这两个理想乘起来, 再取所得乘积的等价类. 在这样给定了理想的等价类的乘积以后, $R_d$ 的理想的等价类的集合 $H_d$ 就成了一个阿贝尔群, 就是说, 刚才定义的等价类的乘法是结合的、可交换的, 而且有乘法逆. 这个群的恒等元就是主理想 $(1) = R_d$. 群 $H_d$ 称为 $R_d$ 的理想类群, 它直接量度环 $R_d$ 的理想为主理想的程度, 粗略地说, 它就是取所有理想的乘法结构, 然后再 "除以" 主理想.

在第 6 节里已经提到, 理想类和二元二次型有密切的关系. 为了看到这个关系, 取 $R_d$ 的一个理想 $I$ 而且把它写成 $R_d$ 的两个元 $\alpha$ 和 $\beta$ 的整数系数线性组合, 然后在 $I$ 上把范数看成 $I$ 的元的函数, 即

$$N (x\alpha + y\beta) = (x\alpha + y\beta)(x\alpha' + y\beta') = \alpha\alpha' x^2 + (\alpha\beta' + \alpha'\beta) xy + \beta\beta' y^2,$$

它是一个以 $x$ 和 $y$ 为变量的二元二次型. 如果用其他的 $\alpha$ 和 $\beta$ 来生成 $I$, 就会得到一个不同的二次型, 但是它们是两个具有同样判别式 $D$ 而互相等价的二次型的标量倍. 更好的是, 这两个二次型的等价类只依赖于 $I$ 的理想类.

可以证明, $R_d$ 只有有限多个不同的理想类, 就是说, $H_d$ 是一个有限群. 记 $H_d$ 的元的个数为 $h_d$, 并称它为 $R_d$ 的类数. 所以, 在 $R_d$ 中, 唯一因子分解的障碍就在于 $H_d$ 的不平凡性, 或者等价地说, 唯一因子分解在 $R_d$ 中成立的充分必要条件是其类数等于 1. 但是, 不论 $H_d$ 是否平凡的, 它的群构造与 $R_d$ 中的算术有深刻的关联.

类数还出现在第 1 节中的公式 (5) 和 (10) 的推广中, 这种推广就是我们在第 1 节中隐约提到的解析公式. 这些公式代表了我们这个学科正在发展的篇章之一

的开始, 它是离散的数论问题的世界和微积分、无穷级数、空间的体积等等的世界之间的一座桥梁, 而所有这些都可以用复分析[ I.3§5.6] 方法来处理. 下面是一个例子.

(i) 如果 $d > 0$ 是一个不能开平方的整数, 而 $D$ 或者是 $d$ 或者是 $4d$, 视 $d \equiv 1 \bmod 4$ 或者不是而定, 则

$$h_d \cdot \frac{\log \varepsilon_d}{\sqrt{D}} = \sum_{n>0} \pm \frac{1}{n},$$

这里 $n$ 遍取所有与 $D$ 互素的整数, 而 $\pm$ 号的取法只依赖于 $n \bmod D$ 的剩余类.

(ii) 如果 $d < 0$, 则将有一个比较简单的公式, 这里再没有 $R_d$ 中的基本单位 $\varepsilon_d$ 与之搏斗, 但是当 $d = -1$ 或 $-3$ 时, 单位根就不只是有 $\pm 1$ 了. 如果用 $w_d$ 来记 $R_d$ 中的单位根的个数, 则 $w_{-1} = 4, w_{-3} = 6$, 而在其他情况下 $w_d = 2$, 这时有以下类型的公式

$$\frac{h_d}{w_d \sqrt{D}} = \sum_{n>0} \pm \frac{1}{n}.$$

当 $d$ 趋于 $-\infty$ 时, 类数 $h_d$ 也趋于无穷.

关于 $h_d$ 的增长, 有有效的下界, 但是, 这些下界可能还离真正的增长相当远 (Goldfeld, 1985). 现在已经知道的有效的下界是非常弱的, 但是它们来自 Goldfeld 以及 Gross 和 Zagier 的漂亮的工作: 对于每一个实数 $r < 1$, 都有一个可计算常数 $C(r)$ 存在, 使得 $h_d > C(r) \log |D|^r$. 例如, 当 $(D, 5077)=1$ 时,

$$h_d > \frac{1}{55} \prod_{p \mid D} \left(1 - \frac{2\sqrt{p}}{p+1}\right) \cdot \log |D|.$$

我们的理论中有一个令人触目的空隙, 那就是直到今天, 还没有人知道如何证明有无穷多个 $d > 0$, 使得 $R_d$ 具有唯一因子分解性质 —— 其所以惊人还因为我们期望有多于四分之三的 $R_d$ 确实具有这个性质! 要感谢科恩和 Hendrik Lenstra , 他们应用了某些概率期望值 (现在称为Cohen-Lenstra 经验知识) 猜测, 在所有正的基本判别式中, 类数为 1 的正基本判别式的密度是 $0.75446\cdots$.

## 8. 椭圆模函数和唯一因子分解性质

当 $d$ 为负数时, 唯一因子分解性质还有另一种障碍. 现在 $R_d$ 可以设想为复平面数的一个格网 (见图 3), 这就使得有一个奇妙的工具可资应用, 这就是克莱因[VI.57] 的椭圆模函数

$$j(z) = \mathrm{e}^{-2\pi \mathrm{i} z} + 744 + 196884 \mathrm{e}^{2\pi \mathrm{i} z} + 21493\,760 \mathrm{e}^{4\pi \mathrm{i} z} + 864299970 \mathrm{e}^{6\pi \mathrm{i} z} + \cdots. \quad (13)$$

这个函数人们口头上也称为 "$j$ 函数", 对于复变量 $z = x + \mathrm{i}y$, 这个幂级数当 $y > 0$ 时收敛. 若 $z = x + \mathrm{i}y, z' = x' + \mathrm{i}y'$ 是两个这样的复数, 则 $j(z) = j(z')$ 当且仅当由 $z$ 和 1 在复平面上生成的格网与由 $z'$ 和 1 生成的格网相同(或者等价地说, 当且仅当 $z' = \dfrac{az + b}{cz + d}$, 其中 $a, b, c, d$ 是整数而且 $ad - bc = 1$). 我们可以把这件事改口说成是 $j(z)$ 仅依赖于这个格网, 而且刻画了这个由 $z$ 和 1 在复平面是生成的格网.

可以证明 (利用 Schneider 的一个定理), 如果一个代数数 $\alpha = x + \mathrm{i}y, y > 0$ 具有以下性质, 即 $j(\alpha)$ 也是一个代数数, 则 $\alpha$ 是一个复的二次无理性; 其逆亦真. 特别是, 因为当 $d$ 为负时, $\alpha = \tau_d$ 是一个二次无理性, 所以 $j$ 函数在 $\tau_d$ 处的值 $j(\tau_d)$ 是一个代数数 —— 事实上是一个代数整数. 这一点对于我们的理论有一定的重要性. 首先, 因为环 $R_d$ 作为位于复平面上的集合正是由 $\tau_d$ 和 1 生成的格网, 由上一段得知, 如果在 $j(\tau_d)$ 中把 $\tau_d$ 换成 $R_d$ 的任意元 $\alpha$, 只要由 $\alpha$ 和 1 生成的格网就是整个 $R_d$, $j(\tau_d)$ 的值是不会变的. 更重要的是, $j(\tau_d)$ 是一个代数整数, 其次数大约可以和 $R_d$ 的类数相比拟. 特别是, 当且仅当环 $R_d$ 具有唯一因子分解性质时, 它是普通的整数 (这个结果是一个称为复乘法的经典理论的重大应用). 简言之, 现在, 当 $d$ 为负数时, 又有了唯一因子分解何时成立这个问题的新的答案: 如果 $j(\tau_d)$ 是一个通常的整数, 答案为是, 否则, 答案为否.

搜寻所有使得 $j(\tau_d)$ 为通常整数的 $d$ 的经过是一个棒极了的故事: 恰好有九个 $d$ 使得 $j(\tau_d)$ 为通常的整数 (这些 $d$ 的清单见下文), 但是二十多年来, 数论专家们虽然知道这九个 $d$, 却只能证明这样的 $d$ 不会多于 10 个. [所以, 问题就在于会不会真有第十个!]. 这第十个值的不存在性, 被人们一而再地去证明, 成了这个学科里动人心魄的篇章. K. Heegner 在 1934 年发表了他宣称是第十个 $d$ 不存在的证明. 然而 Heegner 的证明是在人们不甚熟悉的语言的框架里表述的, 当时的数学家们并不懂得这种语言. 他的论文和他所声称的证明也就为人淡忘了, 直到 1960 年代末, Stark (1967) 再次证明了第十个 $d$ 不存在, 而 Baker(1971) 又独立地用另一个方法证明了它. 这时, 数学家们才又一次更仔细地重读 Heegner 的文章, 发现了他确实证明了他所宣称的结果. 更进一步, 他的证明还为理解其中深藏的问题提供了一种漂亮的直接的概念性的道路.

下面就是这九个 $d$:

$$d = -1, -2, -3, -7, -11, -19, -43, -67, -163.$$

相应的九个 $j(\tau_d)$ 则是

$$j(\tau_d) = 2^6 3^3, 2^6 5^3, 0, -3^3 5^3, -2^{15}, -2^{15} 3^3, -2^{18} 3^3 5^3, -2^{15} 3^3 5^3 11^3, -2^{18} 3^3 5^3 23^3 29^3.$$

Stark 又一次指出, 如果对于某一些这样的 $d$ 值, 若简单地把 $\tau_d$ "塞进" $j(z)$ 的幂级数里去, 就会得到很惊人的公式. 例如, 当 $d = -163$ 时, 会得到 $j(\tau_{-163})$ 的幂级数

首项是

$$e^{-2\pi i \tau_d} = -e^{\pi\sqrt{163}}$$

(见 (13) 式). 因为 $j(\tau_{-163}) = -2^{18}3^35^323^329^3$ 是一个整数, 而 $j(z)$ 的幂级数里的各项中, 当 $n > 0$ 时 $e^{2\pi n \tau_d}$ 又相对地较小, 于是就发现 $e^{\pi\sqrt{163}}$ 会不可思议地接近于一个整数. 事实上, 它是 $2^{18}3^35^323^329^3 + 744 + \cdots$, 算出来就是 $262\,537\,412\,640\,768\,744 - \varepsilon$, 而误差项 $\varepsilon$ 小于 $7.5 \times 10^{-13}$.

## 9. 用二元二次型表示素数

有一件事比您可能设想的更为常见, 这就是有可能把一个困难而又 (或者) 矫揉造作的关于通常的整数的问题, 翻译成为关于大一点的代数整数环的自然的比较驯服的问题. 我最喜欢的这种类型的初等的例子就是费马[VI.12] 的如下定理: 如果素数 $p$ 可以写成两个整数的平方和: $p = a^2 + b^2, 0 < a \leqslant b$, 则这种写法只有一个 (例如素数 101 只有 $1^2 + 10^2$ 这一种方法写成平方和). 进而, 素数 $p$ 可以写成两个平方之和, 当且仅当 $p = 2$ 或者 $p = 4k + 1$("仅当" 部分很容易看出来, 任意平方数或者 mod 4 同余于 1, 或者同余于 4, 而一个奇数可以写成平方和则只能是 mod 4 同余于 1). 这些关于通常的整数的命题可以翻译成关于高斯整数环的基本命题. 因为, 如果 $a^2 + b^2 = (a + ib)(a - ib), i = \sqrt{-1}$, 则可以把 $a^2 + b^2$ 看成高斯整数环中的 (共轭的) 元素 $a \pm ib$ 的范数. 所以, 如果 $p$ 是一个可以写为两个平方之和的素数, 即 $p = a^2 + b^2$, 则元素 $a \pm ib$ 的每一个都以素数为范数. 由此容易导出, $p$ 本身在高斯整数环中也是素数. 事实上, 把 $a \pm ib$ 分解因子为两个高斯整数的乘积都会有这样的性质, 即这些因子的范数将是乘起来以后等于素数 $p$ 的通常的整数, 这一点严重地限制了 $a \pm ib$ 分解为因子的可能性: 它的两个因子中必有一个为单位.

换句话说, 只要 $p = a^2 + b^2$, 则

$$p = (a + ib)(a - ib)$$

就是通常的素数 $p$ 被因子分解为两个高斯整素数的乘积. 于是费马定理的唯一性部分来自环 $R_{-1}$ 的唯一因子分解性质 (事实上, 很容易看到二者是等价的). 任意形为 $4k + 1$ 的素数 $p$ 可以写为两个平方之和, 可以由素数 $p$ 在高斯整数环中的分裂法则得出: 奇素数是一个范数, 所以在高斯整数环中可以分解为两个不同素数之乘积, 当且仅当 $p \equiv 1 \bmod 4$. 这个结果正是算术的很大一个篇章的开始.

## 10. 分裂法则以及剩余和非剩余的赛跑

关于通常的素数 $p$ 在高斯整数环里的简单的分裂法则指出: 如果 $p \equiv 1 \bmod 4$, 则 $p$ 是分裂的, 而若 $p \equiv -1 \bmod 4$, 则是不可分裂的. 这就引导了我们会去问, 这两种情况经常的程度如何 (见图 4). 狄利克雷[VI.36] 证明了一个著名的定理: 如

果整数 $m$ 和 $c$ 是互素的, 则在算术数列 $c, m+c, 2m+c, \cdots$ 中必有无穷多个素数. 他的结果的更精确的版本对于上面提出的问题给出了一个渐近的答案: 当 $x \to \infty$ 时, 小于 $x$ 而又可分裂的素数与所有这些素数之比并不趋于 1(关于狄利克雷定理的进一步的讨论, 可见解析数论[IV.2§4]).

为了有趣, 我们问一个比较模糊的问题: 小于 $x$ 的素数中, 哪一类占的比重更大? 是可分裂的, 还是不可分裂的? (见图 4). 为了对这个问题有一些展望, 我们把问题扩大一点: 对于 $q$ 等于 4 或者为奇素数, 令 $A(x)$ 为小于 $x$ 而且 mod $q$ 为二次剩余的素数 $l < x$ 的个数, $B(x)$ 则为小于 $x$ 而且 mod $q$ 为二次非剩余的素数 $l < x$ 的个数. 令 $A(x)$ 和 $B(x)$ 之差为 $D(x) = A(x) - B(x), D(x)$ 是什么样的函数?

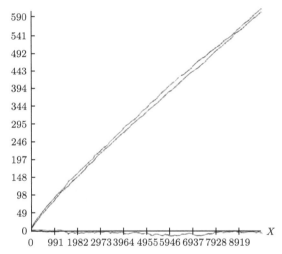

图 4　图上两个图像中, 较高的一个表示在小于 $X$(横轴) 的素数中在高斯整数环中仍为素数的个数; 而较低的一个则表示小于 $X$ 的素数中在高斯整数环中可以分裂的个数. 在 $X$ 轴上下徘徊的第 3 条图像则表示二者之差. 感谢 William Stein 提供了数据

关于这个问题的历史和现状, Granville 和 Martin (2006) 给出了一个吸引人的叙述.

## 11. 代数数和代数整数

既然已经看到了对于负的 $d$ 的代数整数 $j(\tau_d)$, 又接触到了三角和, 我们对于这些二次整数环的深刻结构, 就和对于通常的整数环的结构一样, 得到了一个提示, 那就是在更大的代数数的背景下, 对它可以有较好的理解. 所以现在就来讨论一般的代数数.

一个多项式

$$P(X) = X^n + a_1 X^{n-1} + \cdots + a_{n-1} X + a_n$$

称为一个首一 (monic) 多项式, 就是一个 $n$ 次多项式, 而最高次项 $X^n$ 的系数为 1 的多项式. 其他的系数一般都假设为复数. 如果 $P(X) = X^n + a_1 X^{n-1} + \cdots + a_{n-1} X + a_n$ 是这样一个多项式, 而 $\Theta$ 是一个使得 $P(\Theta) = 0$ 的复数, 也就是使得

$$\Theta^n + a_1 \Theta^{n-1} + \cdots + a_{n-1} \Theta + a_n = 0,$$

那么就说 $\Theta$ 是多项式 $P(X)$ 的根. 最早由高斯证明的**代数的基本定理**[V.13] 保证了 $n$ 次的这种多项式可以分解为

$$P(X) = (X - \Theta_1)(X - \Theta_2) \cdots (X - \Theta_n),$$

其中 $\Theta_1, \Theta_2, \cdots, \Theta_n$ 是 $n$ 个复数, 就是多项式 $P(X)$ 的 $n$ 个根.

如果 $\Theta$ 是多项式 $P(X)$ 的一个根, 而且进一步还假设 $a_i$ 都是有理数, 则 $\Theta$ 称为**代数数**. 如果系数不仅是有理数, 而且还是整数, 则 $\Theta$ 称为**代数整数**. 这样, 例如任意有理数的平方根都是代数数, 而任意 "通常" 整数的平方根都是代数整数. 对于任意的自然数 $n$, 通常整数的 $n$ 次根, 这也是成立的, 它们是代数整数. 还有另一种类型的例子, 例如我们已经提到的一个定理: $j$ 函数在二次无理整数上的值都是代数数. 这个定理的一个随便取的特例, 复数 $j(\tau_{-23})$, 就是首一多项式

$$X^3 + 3491750 X^2 - 5151296875 X + 12771880859375$$

的一个根. 作为一个练习, 可以证明, 任意代数数都可以写成一个代数整数除以一个普通的整数.

## 12. 怎样表示代数数

在讨论任何一个数学概念时, 总会以某种形式遇到一个个对偶的问题, 那就是, 当这个概念在我们的工作中出现而向我们提出来的时候, 它是以什么样的形式出现的? 以及我们可以用哪些形式来表现它才能有效地应付它? 在本文一开始就多少已经遇到了这样的问题. 我们讨论了二次根式, 下面又在处理它的时候见到二次根式可以用种种方式来表示 —— 例如用根号、用终于会循环的连分数、用三角和 —— 这些方式汇集拢来, 都对统一的理论有贡献.

对于一般的代数数, 它们的表示就更是一个问题了. 例如它们可能是某个特定的代数簇的点的坐标, 而定义这个代数簇的方程又不是马上容易得到的; 它们也可能是某个函数如 $j$ 函数的特殊值. 所以很自然地会去寻求代数数的一个统一的表

示方式, 而这个学科的历史表明为了寻求它花了多少精力. 例如, 考虑集中关注于累次地使用根号, 例如一般的三次方程 $X^3 = bX + c$ 的根的著名公式

$$X = \left( \frac{c}{2} + \sqrt{\frac{c^2}{2} - \frac{b^3}{27}} \right)^{1/3} + \left( \frac{c}{2} - \sqrt{\frac{c^2}{2} - \frac{b^3}{27}} \right)^{1/3}, \qquad (14)$$

还有一般四次方程相应的一般解式, [都是用累加的根号来表示的]. 这些都是 16 世纪意大利数学的主要成就, 而达到了一个高峰, 就是证明了一般的五次代数方程的根不能这样表示, 而这是 19 世纪早期的主要贡献 (见条目五次方程的不可解性 [V.21]). 对这种五次的代数数也给出这样的解析表示是一项挑战, 而且是**克莱因** [VI.57] 的名著《二十面体》(*Das Ikosaeder*) 的主要内容, 这部书是在 19 世纪末 (1884 年) 出版的. **克罗内克** [VI.48] 也写道: 他的 "青年时代的梦" (his Jugendtraum) 就是要找出用某些解析函数的值来表示他所感兴趣的一类代数数的一般方式.

## 13. 单位根

单位根, 即方程 $X^n = 1$ 的 $n$ 个复解, 或者等价地说, 即多项式 $X^n - 1$ 的 $n$ 个根, 在代数数理论中起了中心的作用. 如果记 $\varsigma_n = \mathrm{e}^{2\pi\mathrm{i}/n}$, 那么这些根就是 $\varsigma_n$ 及其各次幂, 所以它们特别是代数整数, 给出了下面的因子分解

$$X^n - 1 = (X - 1)(X - \varsigma_n)\left(X - \varsigma_n^2\right) \cdots \left(X - \varsigma_n^{n-1}\right).$$

现在 $\varsigma_n$ 的幂就是复平面数的一个正 $n$ 边形的顶点. 由此有下面的推论, 而高斯在他年轻的时候就注意到了. 可以证明, 圆规和直尺作图, 事实上允许我们作出平方根, 所以只要 $\varsigma_n$ 可以用一个只含平方根和通常的算术运算的表达式来表示, 这就蕴含着正 $n$ 边形的一个圆规直尺作图法. 反过来也对. 为什么平方根与这种作图有密切的关系? 请考虑下面的事情. 如果有一个单位量度, 而视之为数 0 和 1 在 (复) 平面上的距离. 如果不管用什么方法, 在平面的水平轴上 0 和 1 两点之间作出了一个特定的点 $x$, 那么就能用圆规和直尺 "作出" $x/2$, 然后可以仍然用圆规和直尺作一个斜边为 $1 + x/2$、另一边为 $1 - x/2$ 的直角三角形. 毕达哥拉斯定理告诉我们, 这个三角形的第三边就是 $\sqrt{x}$. 如果追随这样的思路 (但是稍加改动以便像我们讨论的例子处理实数那样来处理复的量) 就能看到, 下面的等式

$$\varsigma_3 = \frac{1}{2}\left(1 + \mathrm{i}\sqrt{3}\right),$$

$$\varsigma_4 = \sqrt{\mathrm{i}},$$

$$\varsigma_5 = \frac{1}{4}\left(\sqrt{5} - 1\right) + \mathrm{i}\frac{1}{8}\left(\sqrt{5 + \sqrt{5}}\right),$$

$$\varsigma_6 = -\frac{1}{2}\left(1 + \mathrm{i}\sqrt{3}\right)$$

(隐含地) 给出了正三角形、正方形、正五边形和正六边形的圆规直尺作法. 与此对照的是, $\varsigma_7$ 就不能只用平方根以及算数术运算来表示 ($\varsigma_7$ 是一个二次方程的根, 但这个方程的系数是既约三次方程 $X^3 - \frac{7}{3}X + \frac{7}{27} = 0$ 的根的有理式), 这就提示了正七边形是不可能用标准的经典手段作出的, [所谓经典手段就是只用圆规直尺]——其实, 不用某种 "三等分角" 是作不出来的 (虽然在原则上, 读者可以用平方根和立方根用上面那个括弧里的说法以及 (14) 式给出 $\varsigma_7$ 的表达式).

　　高斯证明了如果 $n > 2$ 是一个素数, 则正 $n$ 边形可以经典地作出当且仅当 $n$ 是一个费马素数, 就是形如 $2^{2^a} + 1$ 的素数, [这里 $a$ 是一个非负整数]. 所以举例来说, 正 11 边形和正 13 边形都不能用尺规作出, 而正 17 边形却是可以的, [因为它对应于 $a = 2$], 而这是非常有名的.

　　这样, 并不是所有的单位根都可以用平方根的有理式累加起来表示. 但是这样的 "不热心" 的态度并不是双向的, 因为所有的整数平方根都可以用单位根的整系数线性组合来表示. 更加神秘的是, 难以捉摸的基本单位元 $\varepsilon_d$($d$ 为正), 虽然并没有已知的公式, 却与 $R_d$ 的一个单位 $c_d$ 有密切的关系, 而 $c_d$ 又可以用单位根的一个显式的有理式来表示 (见下文, $c_d$ 叫做圆单位 (circular unit)), 它适合一个漂亮的公式

$$c_d = \varepsilon_d^{h_d}, \tag{15}$$

而此式又给出了唯一因子分解的另一个显式的检验方法: 等式 $c_d = \varepsilon_d$ 是唯一因子分解原理在 $R_d$ 中成立的 "酸碱试纸".

　　想要知道这里涉及的公式都是什么韵味, 令 $p$ 为一个奇素数, 而 $a$ 是一个不能被 $p$ 整除的整数. 如果 $a$ 是一个 $\bmod\ p$ 的二次剩余, 即 $a \bmod p$ 同余于一个整数的平方, 就定义 $\sigma_p(a)$ 为 $+1$, 否则定义 $\sigma_p(a)$ 为 $-1$. (1) 和 (6) 这样的简单的三角和可以推广为二次高斯和

$$\pm \mathrm{i}^{(p-1)/2} \sqrt{p} = \varsigma_p + \sigma_p(2)\varsigma_p^2 + \sigma_p(3)\varsigma_p^3 + \cdots + \sigma_p(p-2)\varsigma_p^{p-2} + \sigma_p(p-1)\varsigma_p^{p-1}. \tag{16}$$

这个公式的证明, 除了正确确定最前一个 $\pm$ 号以外, 并不太难, 但是高斯在经过相当的努力以后, 把这一点也解决了. 想要看出例如 (6) 式和 (16) 式的联系, 注意到当 $p = 5$ 时, (16) 的左方为 $\sqrt{5}$, 而右方则为

$$\varsigma_5 - \varsigma_5^2 - \varsigma_5^{-2} + \varsigma_5^{-1} = 2\cos\frac{2}{5}\pi - 2\cos\frac{4}{5}\pi.$$

至于圆单位 $c_p$, 它的定义是

$$\prod_{a=1}^{(p-1)/2} \left(\varsigma_p^a - \varsigma_p^{-a}\right)^{\sigma_p(a)} = \prod_{a=1}^{(p-1)/2} \left(\sin\left(\pi a/p\right)\right)^{\sigma_p(a)},$$

由此式还可以得到进一步的公式. 例如, 当 $p = 5$ 时, 有 $\varepsilon_p = \tau_5 = \dfrac{1}{2}\left(1 + \sqrt{5}\right)$, 又
因 $h_5 = 1$, 所以式 (6) 当 $p = 5$ 时告诉我们

$$\frac{1 + \sqrt{5}}{2} = \frac{\varsigma_5 - \varsigma_5^{-1}}{\varsigma_5^2 - \varsigma_5^{-2}} = \frac{\sin \pi/5}{\sin 2\pi/5}.$$

## 14. 代数数的次数

如果 $\Theta$ 是一个代数整数, 同时又是一个有理数, 则 $\Theta$ 是一个 "通常" 的整
数. 下面是这件事实的证明. 如果 $\Theta$ 是一个有理数, 则它可以写成既约分数: $\Theta =$
$C/D$. 如果它同时又是一个代数整数, 则它是一个具有有理整系数的首一多项式
$\Theta^n + a_1 \Theta^{n-1} + \cdots + a_n$ 的根, 所以就有等式

$$(C/D)^n + a_1 (C/D)^{n-1} + \cdots + a_{n-1} (C/D) + a_n = 0,$$

用 $D^n$ 遍乘此式得到

$$C^n + a_1 C^{n-1} D + \cdots + a_{n-1} C D^{n-1} + a_n D^n = 0,$$

此式的各项除第一项外, 都可以用 $D$ 整除. 如果 $D > 1$, 则它必有某个素因子 $p$, 所
以各项除第一项外都可以用 $p$ 整除. 因为这些项加起来为 0, 所以 $p$ 也能整除 $C^n$,
这蕴含了 $p$ 能够整除 $C$. 但这就与 $C/D$ 为既约分数矛盾, 从而与开始时假设 $\Theta$ 可
以写成两个整数之比矛盾. [所以 $D = 1$ 而 $\Theta$ 是通常的整数]. 读者会愿意验证一
下, 这个事实蕴含着归功于泰阿泰德的结果: $\sqrt{A}$ 是无理数当且仅当 $A$ 不是完全平
方.

一个代数数的次数, 就是它所能满足的多项式关系 $\Theta^n + a_1 \Theta^{n-1} + \cdots + a_n = 0$
的最低次数 $n$, 这里的系数 $a_i$ 都是有理数. 相应的多项式 $P(X) = X^n + a_1 X^{n-1} +$
$\cdots + a_{n-1} X + a_n$ 必是唯一的. 因为若有两个这样的多项式以 $\Theta$ 为根, 则二者之差,
作为次数较低的多项式也以 $\Theta$ 为根 (用这个差的最高次项的系数 [(它当然不是 0)]
去除这个多项式, 可以使它成为一个首一多项式), [这与代数数的次数的定义矛盾].
称这个多项式 $P(X)$ 为 $\Theta$ 的最小多项式. 最小多项式在有理数域上是既约的, 就
是它不能因子分解为两个次数较低而仍然具有有理系数的多项式的乘积 (如果可
以, 则两个因子之一必以 $\Theta$ 为根, 而与它具有最低次数矛盾). 最小多项式是所有以
$\Theta$ 为根的具有有理系数的首一多项式 $G(X)$ 的因子 ($P$ 和 $G$ 的最高公因式是另一
个以 $\Theta$ 为根的具有有理系数的首一多项式, 所以它的次数不能低于 $P$ 的次数, 因
此它必定就是 $P$). $\Theta$ 的最小多项式必定具有相异根 (如果 $P(X)$ 有重根, 稍用一点
微积分就知道, $P(X)$ 与 $P(X)$ 的导数 $P'(X)$ 必有非平凡的公因子. 但是, 导数的
次数比 $P(X)$ 的次数为低, 所以 $P(X)$ 和 $P'(X)$ 的最高公因式就会给出 $P(X)$ 的
一个非平凡的因子分解, 而这与 $P(X)$ 的既约性矛盾).

高斯给出了一个基本的结果, 即 $n$ 次单位根 $\varsigma_n = \mathrm{e}^{2\pi\mathrm{i}/n}$ 必为一个代数整数, 其次数恰好是 $\varphi(n)$, 这里 $\varphi$ 是欧拉函数. 例如, 设 $p$ 为素数, 则 $\varsigma_p$ 的最小多项式是

$$\frac{X^p - 1}{X - 1} = X^{p-1} + X^{p-2} + \cdots + X + 1,$$

其次数恰好是 $\varphi(p) = p - 1$.

### 15. 代数数作为由其最小多项式决定的密码

我们一直公开地主张代数数是 (某一类的) 复数. 但是, 对于代数数 $\Theta$ 还有另一种由克罗内克所主张的看法, 那就是只把 $\Theta$ 看作是满足一个代数关系的未知数, 这种看法是由代数数是它的具有有理系数的 (唯一的首一的) 最小多项式的根这个事实所必然提示出来的. 举例来说, 设 $\Theta$ 的最小多项式是 $P(X) = X^3 - X - 1$, 则按照这种看法, $\Theta$ 就只不过是一个赋有一种性质的代数符号, 即凡见到 $\Theta^3$ 就可以把它换成 $\Theta + 1$(很像是复数 $\mathrm{i}$ 那样由 "其平方可以用 $-1$ 代换" 这个性质来决定). $\Theta$ 的最小多项式的任意根都满足 $\Theta$ 所满足的同样的有理系数多项式关系, 这些根就叫做 $\Theta$ 的各个共轭. 如果 $\Theta$ 是 $n$ 次的代数数, 它就有 $n$ 个不同的共轭, 而它们当然也都是代数数.

### 16. 多项式理论的几个说明

单变元多项式理论的中心 —— 当然也就是代数数理论的中心 —— 是根与系数的关系:

$$\prod_{i=1}^{n} (X - T_i) = X^n + \sum_{j=1}^{n} (-1)^j A_j(T_1, T_2, \cdots, T_n) X^{n-j}.$$

多项式 $A_j(T_1, T_2, \cdots, T_n)$ 是具有整数系数的 $j$ 次齐次多项式 (即其每一项的总次数都是 $j$), 而且对于变元 $T_1, T_2, \cdots, T_n$ 是对称的 (就是在它们的置换下不变).

常数项由根的乘积给出:

$$A_n(T_1, T_2, \cdots, T_n) = T_1 \cdot T_2 \cdots T_n,$$

这个形式称为范数形式. $X^{n-1}$ 的系数则由根的和给出:

$$A_1(T_1, T_2, \cdots, T_n) = T_1 + T_2 + \cdots + T_n,$$

它称为迹形式.

当 $n = 2$ 时, 范数形式和迹形式就是全部列在上式中的对称多项式. 当 $n = 3$ 时, 除了范数和迹以外还有二次的对称多项式:

$$A_2(T_1, T_2, T_3) = T_1 T_2 + T_2 T_3 + T_3 T_1 = \frac{1}{2} \left\{ (T_1 + T_2 + T_3)^2 - (T_1^2 + T_2^2 + T_3^3) \right\}.$$

共轭根的对称性质很好地反映在这些对称多项式上, 这一点对于这个理论, 特别是对于伽罗瓦理论[V.21], 有着首要的重要性. 特别是有以下的基本结果: $T_1, T_2, \cdots, T_n$ 的任意有理系数对称多项式都可以表示为对称多项式 $A_j(T_1, T_2, \cdots, T_n)$ 的有理系数多项式, 而对于这些共轭根的整系数对称多项式也有类似的结果. 例如上面的例子说明 $T_1^2 + T_2^2 + T_2^2$ 可以表示为

$$A_1(T_1, T_2, T_3)^2 - 2A_2(T_1, T_2, T_3).$$

### 17. 代数数域和代数整数环

非零代数数的倒数仍然是代数数; 两个代数数的和、差、积也是代数数; 两个代数整数的和、差、积也是代数整数. 后面这几个事实的干净的证明是线性代数的力量, 特别是克拉默法则[①]的力量的好例证. 这个法则指出, 任意具有整系数的矩阵 (也因此, 有限维向量空间的所有能够保持整数格网的线性变换) 都必定满足一个具有整系数的首一多项式恒等式.

为了看出这一点注记在寻找多项式关系上多么重要, 特别是在证明代数数和代数整数的集合对于加法和乘法的封闭性时多么重要, 请证明 $\sqrt{2} + \sqrt{3}$ 是一个代数整数, 以此试一试您的功夫. 作法之一是去求一个首一的四次多项式使得 $\sqrt{2} + \sqrt{3}$ 能满足它, 但是这很难说是漂亮的计算! 然而, 如果您对线性代数比较熟悉, 就有一个不那么费劲的道路, 就是作由 $1, \sqrt{2}, \sqrt{3}, \sqrt{6}$ 生成的有理数域上的四维向量空间 ($1, \sqrt{2}, \sqrt{3}, \sqrt{6}$ 对于有理数标量是线性无关的). 乘以 $\sqrt{2} + \sqrt{3}$ 是这个空间里的一个线性变换 $T$, 而我们可以计算出它的特征多项式 $P$. Cayley-Hamilton 定理指出 $P(T) = 0$. 这一点就可以翻译成为 $\sqrt{2} + \sqrt{3}$ 是 $P$ 的一个根.

刚才讨论的这些 "封闭性质", 引导我们完全一般地来研究代数数域和代数整数环. 一个数域就是由有限多个代数数生成的一个 "域"([关于 "域" 作为一个代数概念, 请参看 [I.3§2.2]]). 在这方面有一个标准的结果: 任意数域 $K$ 事实上都可以由一个细心选定的代数数生成. 这个代数数的次数等于 $K$ 的次数, 其定义为 $K$ 作为一个有理数域 $\mathbf{Q}$ 上的向量空间的维数. 引导到伽罗瓦理论的一个主要的观察点就是, 如果 $K$ 是一个次数为 $n$ 的数域, 则恰好有 $n$ 个不同的由 $K$ 到复数域 $\mathbf{C}$ 的环同态 (称为 "嵌入")$\iota\colon K \to \mathbf{C}$(这就是说 $\iota$ 把 1 映为 1, 而且保持 $K$ 中的加法与乘法法则: $\iota(x + y) = \iota(x) + \iota(y); \iota(xy) = \iota(x) \cdot \iota(y)$). 由这些嵌入, 可以作出一些很有用的 $K$ 上的有理值函数. 对于 $K$ 中的任意元素 $x$, 可以作出它在这 $n$ 个不同

---

① 有两个克拉默, 这一个是 Gabriel Cramer, 1704 年生于日内瓦, 1752 年死于法国. 著名的求解线性代数方程组的克拉默法则见于他的论文 *Introduction to the analysis of algebraic curves*(1750). 另一个克拉默是 Harald Cramer, 1893 –1985, 是一个瑞典数学家和大统计学家, 而特别见长于数论的概率论和统计方法, 见条目解析数论[IV.2].—— 中译本注

的由 $K$ 到 $\mathbf{C}$ 的嵌入下的像 $x_1, x_2, \cdots, x_n$, 然后令

$$a_j(x) = A_j(x_1, x_2, \cdots, x_n),$$

这里 $A_j(X_1, X_2, \cdots, X_n)$ 是第 14 节里讲的第 $j$ 个对称函数 (因为多项式 $A_j$ 是对称的, 所以不必担心此式中的像 $x_1, x_2, \cdots, x_n$ 的排列次序). $a_j$ 之值是有理数, 这一点并非显然的, 但是有一个定理告诉我们这件事为真.

如果 $K$ 的元素 $\Theta$ 生成 $K$ 作为一个域, 则有理数 $a_j(\Theta)$ 是最小多项式的系数. 一般情况下, 它们则是最小多项式的某个幂的系数. 在 $a_j(x)$ 这些函数中, 最著称的是乘积函数 $a_n(x) = x_1 x_2 \cdots x_n$, 称为范数函数, 而通常记作 $x \mapsto N_{K/\mathbf{Q}}(x)$, 还有一个著称的函数: 和函数 $a_1(x) = x_1 + x_2 + \cdots + x_n$, 称为迹函数, 记作 $x \mapsto \mathrm{trace}_{K/\mathbf{Q}}(x)$.

迹函数可以用来定义 $\mathbf{Q}$ 向量空间 $K$ 上的一个基本的对称双线性形式

$$\langle x, y \rangle = \mathrm{trace}_{K/\mathbf{Q}}(x \cdot y),$$

它是非蜕化的. 这个非蜕化性, 再加上以下事实: 当 $x, y$ 均为代数整数时, $\langle x, y \rangle$ 为通常的整数, 这两点就可以用来证明, $K$ 中的所有代数整数所成的环 $O(K)$ 作为一个加群是有限生成的. 更确定地说, $K$ 中的代数整数有一个基底, 即有一个有限集合 $\{\Theta_1, \Theta_2, \cdots, \Theta_n\}$, 使得 $K$ 中的任意其他代数整数都可以表示成这些 $\Theta_i$ 的 "通常的" 整数组合.

我们把这个结构概括如下. 数域 $K$ 是 $\mathbf{Q}$ 上的一个有限维向量空间, 而且其中赋有一个非蜕化的对称双线性形式 $(x, y) \mapsto \langle x, y \rangle$ 以及一个格网 $O(K) \subset K$. 此外, 这个双线性形式在 $O(K)$ 上取整数值.

$K$ 的判别式, 记号为 $D(K)$, 定义为一个矩阵的行列式[III.15], 这个矩阵的第 $ij$ 个元素是 $\langle \Theta_i, \Theta_j \rangle$, 而 $\{\Theta_1, \Theta_2, \cdots, \Theta_n\}$ 是格网 $O(K)$ 的一个基底, 这个行列式的值并不依赖于基底的选取.

判别式表示数域 $K$ 的重要性质. 一方面, 我们对于二次域讨论过的分裂和分支概念对于任意数域都有自然的推广, 而 $D(K)$ 的素因子正是那些在 $K$ 的域扩张中分支的素数. 由闵可夫斯基[VI.64] 的一个定理, 一个次数为 $n$ 的数域的判别式 $D(K)$ 的绝对值大于

$$\left(\frac{\pi}{4}\right)^n \cdot \left(\frac{n^n}{n!}\right)^2.$$

这个数大于 1 除非 $K$ 是有理数域. 由此可知, 有理数域的任意非平凡扩张中都有某个素数在其中分裂. 如果不借助于刚才讨论过的代数结构, 这个结果是很难证明的. $D(K)$ 这个整数确实是数域 $K$ 的一个判别的 "标签", 因为根据厄尔米特[VI.47] 的一个定理, 给定一个整数 $D$, 只有有限多个不同的数域以之为判别式 (这一点与

二次数域不同, 并非每一个整数都可以是判别式, 整数 $D$ 只在下面两种情况下是判别式: 或者 $D$ 可以被 4 整除, 或者它 mod 4 与 1 同余).

## 18. 一个代数整数的各个共轭的绝对值的大小

我们已经看到, 一个代数整数 $\Theta$ 的最小多项式的系数 $a_j(\Theta_1, \Theta_2, \cdots, \Theta_n)$ 是通常的整数, 这里 $\Theta_j$ 就是 $\Theta$ 的所有共轭. 所以, 这些系数的大小必定都小于一个普遍的常数 $M$, 而 $M$ 只依赖于 $\Theta$ 的次数以及 $\Theta$ 的所有共轭的最大的绝对值. 由此可知, 给定了任意的 $n$ 和任意正数 $B$, 只有有限多个次数小于 $n$ 的代数整数 $\Theta$, 使得 $\Theta$ 及其所有共轭的绝对值都小于 $B$(这是因为对于任意的 $n$ 和 $M$, 只有有限多个次数小于或等于 $n$ 的多项式, 使得它的整数系数的绝对值最多为 $M$). 这个有限性的结果是克罗内克的以下观察的关键: 如果 $\Theta$ 是一个代数数, 而且 $\Theta$ 及其所有共轭的绝对值都等于 1, 则 $\Theta$ 一定是一个单位根. 事实上, $\Theta$ 的各次幂的次数最多和 $\Theta$ 的次数相同, 而且它们具有同样的性质: 它们和它们的所有共轭的绝对值大都等于 1. 结果, 只有有限多个这样的代数数, 所以必定会发生 $\Theta^a = \Theta^b$ 这样的重合, 这里 $a$ 和 $b$ 是不同的整数. 但是, 只有当 $\Theta$ 是单位根时才会发生这样的事.

## 19. 韦伊数

为了追随这条思路, 我们把克罗内克的观察中的假设推广一点, 并定义绝对值为 $r$ 的韦伊数 (见韦伊[VI.93]) 为如下的代数整数: 它和它的所有共轭都有相同的绝对值 $r$. 由前节的讨论知道, 具有给定次数和绝对值的不同的韦伊数只有有限多个. 由刚才描述的克罗内克定理, 绝对值为 1 的韦伊数就是单位根. 下面是一些您可能想去证明的基本事实. 首先, 二次韦伊数 $\omega$ 正是适合条件 $|\mathrm{trace}(\omega)| \leqslant 2\sqrt{|N(\omega)|} = 2\sqrt{\omega\omega'}$ 的代数整数, 这里 $\omega'$ 是 $\omega$ 的 (代数) 共轭. 第二, 如果 $p$ 是一个素数, 则绝对值为 $\sqrt{p}$ 的韦伊数是 (唯一的) 包含 $\omega$ 的二次整数环 $R_d$ 的素元素, 这就给出了这个环中的整数 $p$ 的素数因子分解 $\omega\omega' = \pm p$.

绝对值为 $p^{\nu/2}$ 的韦伊数在算术中极为重要, 这里 $p$ 又是一个素数, 而 $\nu$ 为自然数: 它们包含了计算有限域上多项式方程组的有理解的个数的关键. 举一个具体的例子, 高斯整数 $\omega = -1 + \mathrm{i}$ 和它的代数共轭 (在这个例子中, 恰好就是它的复共轭 $\bar{\omega} = -1 - \mathrm{i}$) 都是韦伊数 (绝对值为 2), 而它控制了在一切大小为 2 的幂的有限域上的方程 $y^2 - y = x^3 - x$ 的解的个数. 特别是, 在阶为 $2^\nu$ 的有限域的这个方程的解的数目由下式给出:

$$2^\nu - (-1 - \mathrm{i})^\nu - (-1 + \mathrm{i})^\nu$$

(这是一个通常的整数). 这件事引导到数学的又一广阔篇章.

## 20. 尾声

我们刚才讨论的环 $R_d$ 中的代数共轭这个简单的对称 $\alpha \mapsto \alpha'$, 由于阿贝尔 [VI.33]和伽罗瓦[VI.41] 在 19 世纪初的贡献, 引导到一般数域的 (伽罗瓦) 对称群的内容丰硕的研究 (见条目**五次方程的不可解性**[V.21]). 这项研究现在仍以很大的强度在继续进行, 因为这些伽罗瓦群及其线性表示包含了对于数域的极其详尽的了解的关键. 代数数理论在它的现代的外表下, 与通常说的**算术几何**[IV.5] 密切相关. 克罗内克的梦想就是通过把代数数用自然的解析函数表示出来, 借以得到对于代数数论的丰富宝藏显式的控制, 这一点还没有完全实现. 但是可以说, 这个梦想的范围 (我们还可以加上一句, 以及他可以使用的自然的解析函数和代数函数的供应) 都本质地扩张了整个代数几何和表示理论, 并且瞄准着它. 例如朗兰茨纲领做的就是这件事, 在其中研究所谓志村簇 (Shimura variety) 这样的对象. 一方面, 这些簇又与群表示理论和经典的代数几何有密切的关系, 大大有助于理解这些学科. 另一方面, 它们又是数域的伽罗瓦群的线性表示的丰富源泉. 这个纲领是当代数学的一个荣耀, 而我深信, 如果在 21 世纪初再来写一本《数学指南》, 它将是一个了不起的篇章.

### 进一步阅读的文献

#### 基本教材

首先要列出三本仅需最少准备的经典著作:

Davenport H. 1992. *The Higher Arithmetic*: *An Introduction to the Theory of Numbers*. Cambridge: Cambridge University Press.

Gauss C F. 1986. *Disquisitiones Arithmeticae*. English edn. New York: Springer.

Hardy G H, and Wright E M. 1980. *An Introduction to the Theory of Numbers*, 5th edn. Oxford: Oxford University Press.

下面是比较高深的极佳的解释性的著作:

Borevich Z I, and Shafarevich I R. 1966. *Number Theory*. New York: Academic Press.

Cassels J, and Frölisch A. 1967. *Algebraic Number Theory*. New York: Academic Press.

Cohen H. 1993. *A Course of Computational number Theory*. New York: Springer.

Irelad K and Rosen M. 1982. *A Classical Introduction to Modern Number Theory*, 2nd edn. New York: Springer.

Serre J-P. 1973. *A Course in Arithmetic*. New York: Springer.

#### 技术性的论文与专著

Baker A. 1971. Imaginary quadratic fields with claa number 2. *Annals of Mathematics*, 94(2): 139-52.

Brauer R. 1950. On the Zeta-functions of algebraic number fields. I. *American Journal of Mathematics*, 69: 243-50.

Brauer R. 1950. On the Zeta-functions of algebraic number fields. II. *American Journal of Mathematics*, 72: 739-46.

Goldfeld D. 1985. Gauss's class number problem for imaginary quadratic fields. *Bulletin of the American Mathematical Society*, 13:23-37.

Granville A, and Martin G. 2006. Prime number races. *American Mathematical Monthly*, 113: 1-33.

Gross B, and Zagier D. 1986. Heegner points and derivatives of *L*-series. *Invention Mathematicae*, 84:225-320.

Heegner K. 1950. Diophantische Analysis und Modulfunktionen. *Mathematische Zeitschrift*, 56: 227-53.

Hua L -K. 1942. On the least solutions of Pell's equation. *Bulletin of the Ameerican Mathematical Society*, 48:731-35.

Lang S. 1970. *Algebraic Number Theory*. Reading, MA: Addison-Wesley.

Narkiewicz W. 1973. *Algebraic Numbers*. Warsaw: Polish Scientific Publishers.

Siegel C L. 1935. Über der Classenzahl quadratische Zahlkörper. *Acta Mathematica*, 1: 83-86.

Stark H. 1967. A complete determination of the complex quadratic fields of class number one. *Michigan Mathematical Journal*, 14:1-27.

# IV.2　解 析 数 论

Andrew Granville

## 1. 引言

什么是数论? 人们可能这样想过: 数论只不过就是对于数的研究, 但是这样的定义过于空泛了, 因为数在数学里几乎是无处不在的. 要想看清是什么把数论和数学的其他部分区别开来, 我们来看一看方程 $x^2 + y^2 = 15925$, 并且考虑它是否有解. 一个答案可能是: 它确实有解. 事实上, 它的解集合是平面上的一个半径为 $\sqrt{15925}$ 的圆周. 然而, 数论专家感兴趣的是它的整数解, 而这个方程确实有整数解存在就远不是那么显然的事情了.

考虑这个问题的有用的第一步是看到 15 925 是 25 的倍数. 事实上, $15925 = 25 \times 637$. 进一步, 637 又可以分解为 $49 \times 13$, 就是说 $15925 = 5^2 \times 7^2 \times 13$. 这个信息对我们很有帮助, 因为如果能够找到整数 $a$ 和 $b$, 使得 $a^2 + b^2 = 13$, 就可以用 $5 \times 7 = 35$ 去乘整数 $a$ 和 $b$, 而得到原方程的整数解. 现在我们注意到 $a = 2, b = 3$ 就行, 因为 $2^2 + 3^2 = 13$. 把这两个数乘以 35, 就得到原方程的解 $x = 70, y = 105$, 而 $70^2 + 105^2 = 15925$.

这个简单的例子说明, 把一个正整数分解为乘法的成分一直到不能再分解为止, 这时常是有用的. 这些不能再分解的成分就称为素数, 而算术的基本定理[V.14]指出, 每一个正整数都恰好可以用一种方式分解为素数的乘积. 就是说, 在正整数和素数的有限乘积之间有一个一一对应. 在许多情况下, 只要我们知道了如何把一个正整数分解为素数的乘积, 就知道了关于这个正整数所需要知道的事, 并且理解了这些事情. 正如只要研究构成一个分子的原子, 就能理解关于这个分子的许多事情. 例如我们知道, 方程 $x^2 + y^2 = n$ 有整数解当且仅当在 $n$ 的素数因子中, 每一个形如 $4m + 3$ 的素数都出现偶数次 (这就告诉我们, 例如 $x^2 + y^2 = 13475$ 就不会有整数解, 因为 $13475 = 5^2 \times 7^2 \times 11$, 而 $11 = 4 \times 2 + 3$ 虽然也是 $4m + 3$ 形式的素数, 却只出现一次).

一旦我们开始了确定哪些数是素数而哪些不是素数的研究, 马上就会看出有许多素数, 再顺着向更大的正整数走, 又会发现, 在正整数中, 素数所占的比例越来越小. 它们又是以一种不规则的模式出现的. 这就提出一个问题: 是否可以找到一个公式来描述所有素数? 如果这一点不成功, 那么, 能不能描述很大一类素数? 还可以问, 是否存在无穷多个素数. 如果是, 那么能否迅速地确定, 到某个界限为止, 有多少素数? 至少是能否给出素数数目以一个好的估计? 最后, 当我们已经花了很大精力来寻求素数, 就不能不问有没有快速的方法来识别出素数. 最后这个问题将在条目计算数论[IV.3] 中讨论, 而其他问题则促成了本文的写作.

既已讨论了数论和数学其他部分的区别, 我们就准备好了进一步区分代数数论与解析数论. 主要的区别在于, 在代数数论 (这是条目代数数[IV.1] 的主题) 中, 典型情况下, 我们讨论的问题的答案都是由准确的公式给出的, 而在解析数论即本文的主题中, 我们寻找的是好的近似. 在解析数论里所要估计的那一类量, 一般都不能希望有准确的公式存在, 除非愿意接受那些人为造作的没有启发性的公式. 这一类量的最好的例子之一, 就是我们将要详细讨论的: 小于或等于 $x$ 的素数的个数.

既然我们要讨论近似, 就需要一些术语来使我们对于这种近似的品质有一点概念. 例如设有某个相当不确定、不可靠的函数 $f(x)$, 但是我们能够确定, 当 $x$ 足够大时, 它不会超过 $25x^2$. 这个信息已经是相当有用的, 因为我们对函数 $g(x) = x^2$ 有相当好的理解. 一般说, 如果能够找到一个常数 $c$, 使得对于每一个 $x$ 都有 $|f(x)| \leqslant cg(x)$, 就写作 $f(x) = O(g(x))$. 下面这句话就是这个记号的典型的用法: "到 $x$ 为止的整数的素因子的个数的平均值是 $\log \log x + O(1)$". 换句话说, 存在某个常数 $c$ 使得当 $x$ 充分大时, $|$平均值 $- \log \log x| \leqslant c$.

如果 $\lim_{x \to \infty} f(x)/g(x) = 1$, 就写作 $f(x) \sim g(x)$; 如果没有这么精确, 就是说, 如果我们想说的只是: 当 $x$ 充分大时 $f(x)$ 和 $g(x)$ 很接近, 就写作 $f(x) \approx g(x)$,

但是这里对于什么是 "很接近" 我们不能或者不想说得很确切.

用记号 $\sum$ 来代表和, 用记号 $\Pi$ 来代表积, 对于我们是很方便的. 典型情况是在这些记号下方注明是求哪些项的和或哪些因子的积. 例如 $\sum\limits_{m \geqslant 2}$ 表示对所有大于或等于 2 的正整数 $m$ 求和, 而 $\prod\limits_{p \text{为素数}}$ 代表对所有素数 $p$ 求乘积.

## 2. 素数个数的界

古希腊数学家就已经知道素数有无穷多个. 他们的漂亮的证法如下: 假设只有有限多个素数, 例如有 $k$ 个, 记作 $p_1, p_2, \cdots, p_k$. 那么 $p_1 p_2 \cdots p_k + 1$ 有哪些素数因子? 因为这个数比 1 大, 所以一定至少有一个素数因子, 而这个因子必须是某一个 $p_j$(因为所有的素数都已经包含在 $p_1, p_2, \cdots, p_k$ 中了). 但是这样一来 $p_j$ 就能够同时除尽 $p_1 p_2 \cdots p_k$ 和 $p_1 p_2 \cdots p_k + 1$, 因此也应该能够除尽二者之差 1, 而这是不可能的.

许多人不喜欢这个证明, 因为它没有把无穷多个素数展示出来, 它只是证明了素数不可能是有限多个. 这个缺点可以多少弥补如下: 定义数列 $x_1 = 2, x_2 = 3$, 而对于 $k \geqslant 2$, 则定义 $x_{k+1} = x_1 x_2 \cdots x_k + 1$. 这样, 每一个 $x_k$ 至少含有一个素数因子, 设为 $q_k$, 而且这些 $q_k$ 必然是互不相同的, 因为如果 $k < l$, 则 $q_k$ 可以整除 $x_k$, 而后者又可以整除 $x_l - 1$, 而 $q_l$ 则由假设应该能够整除 $x_l$, [因此 $q_k$ 不能等于 $q_l$, 否则 $q_l$ 可以同时整除 $x_l$ 和 $x_l - 1$, 也就能够整除二者之差 1]. 这样就得出了无穷多个素数.

到了 18 世纪, 欧拉[VI.19] 对于存在无穷多个素数给出了另一个证明, 而这个证明对于后来的发展有很大的影响. 再一次设素数可以列表如下: $p_1, p_2, \cdots, p_k$. 正如我们已经提到过的, 算术的基本定理蕴含了所有整数的集合与素数的所有乘积的集合之间有一个一一对应, 而后一个集合, 如果上面给出的表 $p_1, p_2, \cdots, p_k$ 就是全部素数的话, 就是集合 $\{p_1^{a_1} p_2^{a_2} \cdots p_k^{a_k} : a_1, a_2, \cdots, a_k$ 为非负整数 $\}$. 但是欧拉看到这就蕴含了第一个集合的元素之和应该等于第二个集合的元素相应的和:

$$\sum_{\substack{n \geqslant 1 \\ \text{是正整数}}} \frac{1}{n^s}$$

$$= \sum_{a_1, a_2, \cdots, a_k \geqslant 0} \frac{1}{(p_1^{a_1} p_2^{a_2} \cdots p_k^{a_k})^s}$$

$$= \left( \sum_{a_1 \geqslant 0} \frac{1}{(p_1^{a_1})^s} \right) \left( \sum_{a_2 \geqslant 0} \frac{1}{(p_2^{a_2})^s} \right) \cdots \left( \sum_{a_k \geqslant 0} \frac{1}{(p_k^{a_k})^s} \right)$$

$$= \prod_{j=1}^{k} \left( 1 - \frac{1}{pj^s} \right)^{-1}.$$

最后一个等号之所以成立, 是因为倒数第二行的每一个和式都是一个几何数列 ([公比为 $1/(p_j)^s$]) 的和. 然后欧拉就注意到, 若取 $s=1$, 则最后一式是一个有理数, 而最前一式是 $\infty$. 这是一个矛盾, 所以不可能只有有限多个素数 (为了看出当 $s=1$ 时何以最前一个式子是 $\infty$, 注意 $(1/n) \geqslant \int_n^{n+1} (1/t) \mathrm{d}t$, 因为 $1/t$ 是下降函数, 所以 $\sum_{n=1}^{N-1} (1/n) \geqslant \int_1^N (1/t) \, \mathrm{d}t = \log N$, 而当 $N \to \infty$ 时, 积分趋于无穷).

在上面的证明中, 我们从素数个数为有限这个虚假的假设得出了 $\sum n^{-s}$ 的公式. 为了纠正这一点, 需要我们做的仅只是用明显的方式而不用这个假设就能重新写出

$$\sum_{\substack{n \geqslant 1 \\ \text{为正整数}}} \frac{1}{n^s} = \prod_{p \text{为素数}} \left( 1 - \frac{1}{p^s} \right)^{-1}. \tag{1}$$

然而这时我们要小心一点, 注意公式双方是否为收敛. 当双方都是绝对收敛时, 写出这个公式是安全的, 而当 $s > 1$ 时, 确实双方都是绝对收敛的 (如果一个无穷和或无穷乘积是绝对收敛的, 则任意改变各项或各个因子次序时, 其值不变).

我们也和欧拉一样, 希望能够解释当 $s=1$ 时, 对 (1) 式会发生什么情况. 因为当 $s > 1$ 时 (1) 式双方都是收敛的而且相等, 所以一件我们自然会做的事情就是考虑当 $s$ 从大于 1 的方向趋向 1 时双方的公共极限. 为此注意到, 和上面一样, (1) 式的左方可以用

$$\int_1^\infty \frac{\mathrm{d}t}{t^s} = \frac{1}{s-1}$$

来逼近, 所以当 $s \to 1^+$ 时, 它是发散的, 由此可知

$$\prod_{p \text{为素数}} \left( 1 - \frac{1}{p} \right) = 0. \tag{2}$$

取对数, 并且略去可以略去的项, 得到

$$\sum_{p \text{为素数}} \frac{1}{p} = \infty. \tag{3}$$

那么, 素数到底多到什么程度? 想要得到一点感觉的方法之一是考虑, 对于其他整数序列, 与 (3) 相类似的性态如何. 例如 $\sum_{n \geqslant 1} 1/n^2$ 是收敛的, 所以, 素数在一定意

义下, 比完全平方数要多得多. 如果把上面的指数 2 换成任意 $s > 1$, 这个论据也是可以用的, 因为我们已经看到和 $\sum_{n \geqslant 1} 1/n^s$ 大约是 $1/(s-1)$, 所以也是收敛的. 事实上, 因为 $\sum_{n \geqslant 1} 1/n(\log n)^2$ 也是收敛的, 所以在同样的意义下, 素数的集合比形如 $\left\{ n(\log n)^2 : n \geqslant 1 \right\}$ 的集合要大得多, 所以有无穷多个整数 $x$, 使得小于或等于 $x$ 的素数的数目至少是 $x/(\log x)^2$.

这样, 素数确实是为数众多. 但是我们也想用来自计算的一点观察来验证一下, 即当整数变得越来越大时, 则素数集合只构成整数集合的越来越小的部分. 想要看到这一点, 最容易的方法是利用所谓 "埃拉托色尼筛法"①. 在埃拉托色尼筛法中, 从 1 直到 $x$ 的正整数的集合开始. 从中删去 4,6,8 等等所有 2 的倍数, 但保留 2. 然后取保留下来的最小的大于 2 的数, 即 3, 然后从 1 直到 $x$ 的正整数中删去所有它的倍数, 而只保留 3. 然后删去所有 5 的倍数, 但是保留 5. 仿此以往, 就会得到直到 $x$ 为止的所有素数.

这就提示了一种猜测究竟有多少素数的方法, 就是每隔一个整数就删除第二个整数 (但是保留 2, 这叫做 "筛去 2"), 这样, 在到 $x$ 为止的整数, 留下的只有一半左右; 在筛去 3 以后, 在上次余下的整数中, 又只留下其三分之二. 像这样做下去, 在删去到 $y$ 为止的素数以后, 余下的整数的个数大体上应是

$$x \prod_{p \leqslant y} \left( 1 - \frac{1}{p} \right). \tag{4}$$

一旦 $y = \sqrt{x}$, 则未被筛去的整数就只有 1 和到 $x$ 为止的素数, 因为在 $x$ 前面的合数都含有不大于其平方根的素数因子. 那么, 当 $y = \sqrt{x}$ 时, (4) 式是否给出了到 $x$ 为止的素数的个数的很好估计呢?

要回答这个问题, 就需要弄清楚, (4) 式估计的究竟是什么. 设想它估计的是到 $x$ 为止的一类整数的个数, 这类整数没有小于或等于 $y$ 的素数因子. 如果用所谓的包括–排除原理(inclusion-exclusion principle)②来证明, 则可以得到: (4) 式的误差最大是 $2^k$, 这里 $k$ 是小于或等于 $y$ 的素数的个数. 除非 $k$ 很小, $2^k$ 这样大的误差项远远大于我们想要估计的量, 所以这种近似是没有用处的. 如果 $k$ 小于一个很小的数乘以 $\log x$, 这个误差又是很小的, 但是, 如果 $y \approx \sqrt{x}$ 的话, 这样的 $k$ 远小于我们所期望的直到 $y$ 的素数的个数. 这样, 就不清楚是否可以用 (4) 式来得出直到 $x$ 为

---

① 埃拉托色尼 (Eratosthenes of Cyrene), 公元前 3 世纪的希腊天文学家、数学家和地理学家. Cyrene 在今利比亚境内. —— 中译本注

② 所谓包括 — 排除原理 (又称筛原理), 在最简单的情况下就是说: 若 $A, B$ 是有限集合, 而且 $|A|$ 代表 $A$ 中的元素的个数等等, 则 $|A \cup B| = |A| + |B| - |A \cap B|$. —— 中译本注

止的素数个数的好的估计. 然而, 我们能够做的是应用这样的论据来给出直到 $x$ 为止的素数个数的上界, 因为直到 $x$ 为止的素数的个数绝不会多于直到 $x$ 为止某一种整数的个数再加上直到 $y$ 为止的素数个数, 这就不超过 $2^k$ 加上 (4) 中的表达式; 上面提到的 "某一种整数" 就是没有小于或等于 $y$ 的素数因子的整数.

由 (2) 式可知, 当 $y$ 变得越来越大时, $\prod_{p \leqslant y}(1 - 1/p)$ 趋于零. 所以对任意小正数 $\varepsilon$ 都可以找到一个 $y$ 使得 $\prod_{p \leqslant y}(1 - 1/p) < \varepsilon/2$. 因为这个乘积的每一个因子至少是 $1/2$, 所以乘积至少是 $1/2^k$, 于是对于 $x \geqslant 2^{2k}$, 误差项就不大于 (4) 中的量, 而直到 $x$ 为止的素数的个数就不大于 (4) 的两倍, 而由 $y$ 的选择, 也就是小于 $\varepsilon x$. 由于 $\varepsilon$ 可以选得任意小, 这就是说, 素数所占的 $x$ 的比例一定趋于零, 而这正是我们预料中的情况.

虽然包括–排斥原理的误差太大, 不能在 $y = \sqrt{x}$ 时用这个方法用 (4) 式来作估计, 但我们仍然希望 (4) 是直到 $x$ 为止的素数个数的一个好的估计, 说不定改用另外的论据就能给出一个小得多的误差, 结果也就是这样的. 事实上, 误差绝不会比 (4) 式大很多. 然而, 当 $y = \sqrt{x}$ 时, 直到 $x$ 为止的素数的个数是 (4) 式的 8/9 倍. 那么 (4) 式为什么就不是一个好的估计呢? 在筛去素数 $p$ 时, 我们曾经假设在余下的整数中, 大约每隔 $p$ 个就删除一个. 仔细的分析会说明, 当 $p$ 很小时, 这是有根据的, 但是对于 $p$ 变大的时候所发生的情况, 这就是一个越来越差的近似了. 事实上, 当 $y$ 大于 $x$ 的某个幂时, (4) 式并不给出一个正确的估计. 那么, 错在哪里呢? 前面一直有一个设想, 即筛去的整数在余留下来的整数中所占比例大约是 $1/p$, 但是这个设想后面隐藏了一个没有明说的假设, 即筛除素数 $p$ 的结果与以前筛除小于 $p$ 的素数时发生的情况无关. 但是, 如果我们考虑的素数不是很小, 这个假设是错误的. 估计直到 $x$ 为止的素数的个数之所以困难, 这是主要理由之一, 而事实上, 在许多相关的问题的核心困难也与此类似.

我们可以把上面给出的界限精细化, 但是似乎不能得到素数个数的渐近估计 (即一个只差一个因子就成为正确的估计, 而且这个因子当 $x$ 变大时趋于 1). 关于这种估计的第一个好的猜测出现在 19 世纪初, 但是并不比高斯[VI.26] 从自己的观测所得出的结果更好, 高斯在 16 岁时研究了直到 300 万的所有素数的表, 并且得出结论说 "直到 $x$ 为止的素数的密度大约是 $1/\log x$". 为了解释这一点, 我们猜想直到 $x$ 为止的素数个数大约是

$$\sum_{n=2}^{x} 1/\log n \approx \int_{2}^{x} \frac{\mathrm{d}t}{\log t}.$$

现在把这个猜测 (每一项都舍入成为最接近的整数)与最新的关于素数的数据做一

个比较. 这些数据是天才与计算能力的混合产生的. 表 1 给出了直到 10 的各次幂的素数的真实数目, 以及它们与高斯的公式给出的数的差. 这里的差远小于这些数本身, 所以高斯的预测惊人地准确. 高斯似乎总是估计得多了一些, 但是既然表的最后一行的宽度只有第二行的一半, 所以这里的差应该大约为 $\sqrt{x}$.

表 1    到各个 $x$ 为止的素数个数以及高斯的预测超出的量

| $x$ | $\pi(x)=\#\{$素数 $\leqslant x\}$ | 超出的量 $\int \dfrac{\mathrm{d}t}{\log t} - \pi(x)$ |
|---|---|---|
| $10^8$ | 5761455 | 753 |
| $10^9$ | 50847534 | 1700 |
| $10^{10}$ | 455052511 | 3103 |
| $10^{11}$ | 4118054813 | 11587 |
| $10^{12}$ | 37607912018 | 38262 |
| $10^{13}$ | 346065536839 | 108970 |
| $10^{14}$ | 3204941750802 | 314889 |
| $10^{15}$ | 29844570422669 | 1052618 |
| $10^{16}$ | 279238341033925 | 3214631 |
| $10^{17}$ | 2623557157654233 | 7956588 |
| $10^{18}$ | 24739954287740860 | 21949554 |
| $10^{19}$ | 234057667276344607 | 99877774 |
| $10^{20}$ | 2220819602560918840 | 222744643 |
| $10^{21}$ | 21127269486018731928 | 597394253 |
| $10^{22}$ | 201467286689315906290 | 1932355207 |

    在 1930 年代, 伟大的概率论专家 Harald Cramér[1]给出了高斯的预测的概率论解释. 我们可以把正整数中的素数和合数分别用 1 和 0 来表示, 如果从 3 开始, 每遇到一个素数就写一个 1, 遇到合数则写一个 0, 这样从 3 开始的正整数序列就成了 $1,0,1,0,1,0,0,0,1,0,1,\cdots$[[也就是 $3,4,5,6,7,8,9,10,11,12,13,\cdots$. 凡是加上了阴影的都是素数, 否则就是合数, 这样得到上面的 01 序列)]. Cramér 的思想是假设这个表示素数和合数的 01 序列有着 "典型的" 01 序列的性质, 并且利用这一点来对素数作出精确的猜测. 更精确地说, 设 $X_3, X_4,\cdots$ 是一个随机变量[III.71§4] 的无限序列, 这些随机变量取值 0 和 1, 而令 $X_n$ 取 1 为值的概率是 $1/\log n$(所以它等于 0 的概率是 $1-1/\log n$). 又设这些随机变量是独立的, 所以对于每一个 $m$, 对于 $X_j, j \neq m$ 的知识不能告诉我们任何关于 $X_m$ 的知识. Cramér 的建议是, 任何关于 1 在这个

----

① 在条目代数数[IV.1] 的一个脚注里提到另一位姓名相近的数学家克拉默 (Gabiel Cramér). 求解线性代数方程组的克拉默法则就是以他命名的. 为了防止混淆, 凡是讲到后面这位数学家时, 我们都使用中文译名 "克拉默", 而在讲到前一位数学家时则直接使用外文姓名 Cramér.—— 中译本注

序列中的分布的命题为真, 当且仅当它对这个随机序列以概率 1 为真. 在解释这个命题时需要小心. 例如任意随机数列必以概率 1 含有无穷多个偶数. 然而, 现在有可能提出一个考虑到这样的例子的一般原理.

下面是应用这个高斯–Cramér 模型的例子. 可以应用**中心极限定理**[III.71§5] 来证明在我们的序列的前 $x$ 项中有

$$\int_2^x \frac{\mathrm{d}t}{\log t} + O\left(\sqrt{x}\log x\right)$$

项是 1 的概率为 1. 这个模型告诉我们, 对于表示素数的序列这个预测也是真的, 所以我们预测

$$\#\{\text{到 } x \text{ 为止的素数}\} = \int_2^x \frac{\mathrm{d}t}{\log t} + O\left(\sqrt{x}\log x\right). \tag{5}$$

表 1 正是说明了这一点.

高斯–Cramér 模型提供了一种思考素数分布的漂亮的方法, 但是它并没有提出证明, 好像也不大可能把它变成一个可以提供证明的工具. 在解析数论里面, 我们总倾向于计数那些自然地出现在数论中而又很难计数的对象. 迄今为止, 关于素数的讨论集中在从素数的基本定义和少数几个基本性质 —— 特别是算术的基本定理 —— 来得出上界和下界. 这些界, 有的很好, 有的则不怎么样. 为了改善这些界, 先要做一些看起来不那么自然的事情, 而把我们的问题重新陈述为关于复函数的问题, 这使我们可以动用分析中的深刻的工具 [1].

## 3. 解析数论的 "解析"

这些解析技巧诞生于黎曼[VI.49]1859 年的一篇论文中[2], 他在此文中考察了出现在 (1) 式中的欧拉的函数, 但有一点关键性的区别, 即他考虑了复的 $s$ 值. 准确地说, 定义了我们今天所说的黎曼 $\varsigma$ 函数:

$$\varsigma(s) = \sum_{n \geqslant 1} \frac{1}{n^s}.$$

很容易证明, 这个级数当 $s$ 的实部大于 1 时收敛, 而这一点我们已经对于实的 $s$ 看到了. 然而, 允许 $s$ 取复值的一个重大好处是, 这样得到的是一个全纯函数 [I.3§5.6], 而我们可以利用解析拓展的过程使得 $\varsigma(s)$ 对所有的复数 $s \neq 1$ 都有意义

---

[1] "分析" 一词, 英文是 analysis 或 analytic, 而汉语中又都可以用 "解析" 来代替, 虽然含义相同, 但有习惯与否之别. 下面为了行文的方便, 我们有时会混用二者. 这里特别说明.—— 中译本注

[2] 即 Riemann, Bernhard. 1859. *Ueber die Anzahl der Primzahlen unter einer gegebenen Grösse*(论小于已给的量的素数的个数). Monatsberichte der Berliner Akademie. In Gesammelte Werke, Teubner, Leipzig (1892).—— 中译本注

(无穷级数 $\sum_{n\geqslant 0} z^n$ 是这个现象的一个类似但是比较初等的例子, 它当且仅当 $|z| < 1$ 时收敛. 然而, 当它收敛时, 它恒等于 $1/(1-z)$, 而后面这个公式定义了一个除在 $z = 1$ 处以外总是全纯的函数). 黎曼证明了一个很值得注意的事实, 这件事实确定了高斯关于直到 $x$ 为止的素数的数目的猜测等价于对黎曼 $\varsigma$ 函数 $\varsigma(s)$ 的零点 (即使得 $\varsigma(s) = 0$ 的 $s$ 之值) 深刻理解. 黎曼的深刻的工作催生了这个学科分支, 因此值得把这个联系了两个表面上不相干的主题的论证, 至少是把它的关键之点, 在这里说一个大概.

黎曼从欧拉的公式 (1) 开始. 不难证明这个公式对于复的 $s$ 也是有效的, 只要 $s$ 的实部大于 1 即可. 所以有

$$\zeta(s) = \prod_{p\text{为素数}} \left(1 - \frac{1}{p^s}\right)^{-1}.$$

取两边的对数再作微分, 就得到

$$-\frac{\zeta'(s)}{\zeta(s)} = \sum_{p\text{为素数}} \frac{\log p}{p^s - 1} = \sum_{p\text{为素数}} \sum_{m\geqslant 1} \frac{\log p}{p^{ms}}.$$

我们需要有一个办法把适合 $p \leqslant x$ 的的素数与适合 $p > x$ 的素数区别开来, 就是说, 我们要计数的只是适合 $x/p \geqslant 1$ 的素数 $p$, 而不需要适合 $x/p < 1$ 的那些素数 $p$. 只要使用阶梯函数 (就是当 $y < 1$ 时取值 0, 而当 $y > 1$ 时取值 1, 因此图像像是一个阶梯的函数) 就可以做到这一点. 在 $y = 1$ 处, 令这个函数取平均值 1/2 是方便的. Perron (Oskar Perron, 1880–1975, 德国数学家) 公式是一个在解析数论中的一个大工具, 把这个函数表示为一个积分如下: 对于任意的 $c > 0$,

$$\frac{1}{2\pi \mathrm{i}} \int_{s:\mathrm{Re}(s)=c} \frac{y^s}{s}\mathrm{d}s = \begin{cases} 0, & \text{若 } 0 < y < 1, \\ \frac{1}{2}, & \text{若 } y = 1, \\ 1, & \text{若 } y > 1. \end{cases}$$

这个积分是在复平面的一条铅直直线上的道路积分, 这条直线上的点就是所有的 $c + \mathrm{i}t, t \in \mathbf{R}$. 把 Perron 公式用于 $y = x/p^m$, 这样就只保留了相应于 $p^m < x$ 的项, 而抛弃了相应于 $p^m > x$ 的项. 为了避免因子 "$\frac{1}{2}$", 假设 $x$ 不是一个素数的幂, [从而不可能有 $p^m = x$]. 这样就得到了

$$\sum_{\substack{p\text{为素数},m\geqslant 1 \\ p^m \leqslant x}} \log p$$

$$= \frac{1}{2\pi \mathrm{i}} \sum_{p\text{为素数},m\geqslant 1} \log p \int_{s:\mathrm{Re}(s)=c} \left(\frac{x}{p^m}\right)^s \frac{\mathrm{d}s}{s}$$

$$= -\frac{1}{2\pi i} \int_{s:\mathrm{Re}(s)=c} \frac{\zeta'(s)}{\zeta(s)} \frac{x^s}{s} \mathrm{d}s. \tag{6}$$

如果 $c$ 充分大, 则可以论证在上式中交换积分和求和的顺序是合法的, 因为这时出现的积分和级数都是绝对收敛的. (6) 式左方并不是直到 $x$ 为止的素数的个数, 而对于每一个素数 $p$ 都赋予了一个权重 $\log p$. 然而, 只要能够证明当 $x$ 很大时, $x$ 是这个加权计数的好的估计, 就可以得出高斯的预测. 注意, (6) 式中的和是小于和等于 $x$ 的整数的最小公倍数 (LCM) 的对数, 这或许可以解释为什么素数个数的加权计数函数是一个自然要考虑的函数. 另一个解释是, 如果 $p$ 附近的素数的密度是 $1/\log p$, 则在乘上权重 $\log p$ 以后, 素数的密度就变成处处为 1 了.

用一点复分析知识就会知道, 利用柯西的留数定理, 就可以用被积函数 $(\zeta'(s)/\zeta(s))(x^s/s)$ 的 "留数" 来估计 (6) 式右方的积分. 进一步还会知道, 对于每一个除 [有限多个极点外] 处处解析的函数 $f(s), f'(s)/f(s)$ 的极点就是 $f(s)$ 的极点和零点. $f'(s)/f(s)$ 的极点阶数均为 1, 而留数就是相应零点的阶数或者相应极点的阶数反号. 利用这些事实, 就可以得到显式公式

$$\sum_{\substack{p \text{为素数}, m \geqslant 1 \\ p^m \leqslant x}} \log p = x - \sum_{\rho:\zeta=0} \frac{x^\rho}{\rho} - \frac{\zeta'(0)}{\zeta(0)}. \tag{7}$$

这里 $\zeta(s)$ 的零点都要按重数计数, 就是说, 如果 $\rho$ 是 $\zeta(s)$ 的一个 $k$ 阶零点, 则在 (7) 式右方的和式中就会出现 $k$ 个 $\rho$. 有这样一个公式把直到 $x$ 为止的素数的个数用一个含有很复杂的函数的零点的准确的公式表示出来, 这是很惊人的事, 这样就可以看到为什么黎曼的工作拉动了人们的想象力, 而且有那么大的影响.

黎曼作了另一个惊人观察, 使我们很容易在复平面的左半平面 (函数 $\zeta(s)$ 本来在哪里并没有自然的定义) 决定 $\zeta(s)$ 的值. 他的思想是: 用一个简单的函数来乘 $\zeta(s)$, 使得其乘积 $\xi(s)$ 满足一个函数方程式:

$$\xi(s) = \xi(1-s), \quad \text{对一切 } s \text{ 成立}. \tag{8}$$

只要取 $\xi(s) = \frac{1}{2}s(s-1)\pi^{-s/2}\Gamma\left(\frac{1}{2}s\right)\zeta(s)$ 即可. 这里的 $\Gamma(s)$ 就是著名的 Gamma 函数[III.31], 它在正整数点上就是阶乘函数 (即有 $\Gamma(n) = (n-1)!$), 而对所有其他的 $s$ 都是连续的.

仔细地分析 (1) 就会得出, $\zeta(s)$ 在 $\mathrm{Re}(s) > 1$ 时没有零点; 再用 (8) 式又可以导出, 在 $\mathrm{Re}(s) < 0$ 时, $\zeta(s)$ 的仅有的零点只是负偶数 $-2, -4, \cdots$ (称为 $\zeta(s)$ 的 "平凡的零点"), 所以, 为了利用 (7) 式, 只需要在临界带形, 即适合 $0 \leqslant \mathrm{Re}(s) \leqslant 1$ 的 $s$ 的集合中决定 $\zeta(s)$ 的零点就行了. 黎曼在这里又给出了一个非凡的观察, 而如果它是真的, 就会给予我们对几乎所有有关素数分布的问题以巨大的洞察力.

**黎曼假设**    如果 $0 \leqslant \mathrm{Re}\,(s) \leqslant 1$, 而且 $\varsigma\,(s) = 0$, 则 $\mathrm{Re}\,(s) = \dfrac{1}{2}$.

已经知道, 在直线 $\mathrm{Re}\,(s) = \dfrac{1}{2}$ 上有无限多个 $\varsigma\,(s)$ 的零点, 而且当沿此直线上行时零点越来越密集. 已经用计算来验证黎曼 $\varsigma$ 函数的前几十亿个最低的 (就是 $\mathrm{Im}\,(s)$ 最小的) 零点, [而结果都是与黎曼假设相符的], 可以证明 $\varsigma\,(s)$ 的零点中至少有 40% 是符合黎曼假设的, 同时有许多不同的关于素数分布及其推论的有启发性的断言, 也都与黎曼假设符合得很好①. 尽管如此, 黎曼假设仍然是一个未证明的假设, 说不定是整个数学里最著名也最诱人的假设.

黎曼是怎样想出他的 "假设" 的呢? 黎曼的论文完全没有暗示, 他是怎样碰上这个非凡的假设的. 后来很长的时间里, 这个假设就成了人类单纯凭着纯粹的思维就能达到何等的高度的一个例子. 然而到了 1920 年代, 西格尔 (Carl Ludwig Siegel, 1896–1981, 德国数学家) 和韦伊[VI.93] 得到了黎曼的未发表的手稿, 从那里就可以看得很清楚, 黎曼硬是用手工计算了 $\varsigma\,(s)$ 的最低 (即虚部绝对值最小) 的一些零点到小数几十位 —— 这就是 "单纯凭着纯粹的思维"! 尽管如此, 黎曼假设仍然是想象力的巨大飞跃, 而同时还找到计算 $\varsigma\,(s)$ 的零点的算法更是一个了不起的成就 (关于如何计算 $\varsigma\,(s)$ 的零点, 请参看条目**计算数论**[IV.3]).

如果黎曼假设为真, 不难证明下面的估计:

$$\left| \frac{x^{\rho}}{\rho} \right| \leqslant \frac{x^{1/2}}{|\mathrm{Im}\,(\rho)|}.$$

把这个式子代入 (7), 可以导出

$$\sum_{\substack{p \text{为素数} \\ p \leqslant x}} \log p = x + O(\sqrt{x}\log^2 x). \tag{9}$$

这个式子又可以进一步 "翻译" 为 (5). 事实上, 这些估计当且仅当黎曼假设为真时成立.

黎曼假设不是一个容易懂、容易完全理解的东西. 与它等价的 (5) 式可能要容易一些. 另一个版本也是我比较喜欢的一个版本是: 对于每一个 $N \geqslant 100$,

$$|\log\,(\mathrm{lcm}\,[1, 2, \cdots, N] - N)| \leqslant \sqrt{N}\,(\log N)^2\,.$$

现在集中考察高斯关于直到 $x$ 为止的素数的个数的猜测的超出的量, 可以用下面的近似, 它当且仅当黎曼假设为真时可以从 (7) 式导出:

---

① 从互联网上看到, 有人利用互联网来验证黎曼假设的成立. 迄今为止, 已经验证过 $\varsigma\,(s)$ 的前 1000 亿个零点, 证明它们都可以写成 $\dfrac{1}{2} + it$ 的形式, 这里 $|t| < 29{,}538{,}618{,}432{,}236$. 所以在这个范围内黎曼假设是成立的. —— 中译本注

$$\frac{\int_2^x (1/\log t)\mathrm{d}t - \#\{\text{素数} \leqslant x\}}{\sqrt{x}/\log x} \approx 1 + 2 \sum_{\text{所有使}\frac{1}{2}+i\gamma\text{为}\varsigma(s)\text{的零点的实数 } \gamma > 0} \frac{\sin(\gamma \log x)}{\gamma}.$$

(10)

此式左方①就是高斯关于直到 $x$ 为止的素数的个数的猜测的超出的量除以某个增长性与 $\sqrt{x}$ 相近的函数. 如果看一下表 1, 这个分式似乎就应该近于一个常数. 但是, 如果再看一下此式右方, 这一点似乎又不太对. 右方的第一项 "1", 相应于 (7) 式中素数的平方的贡献, 其余各项相应于 (7) 中涉及 $\varsigma(s)$ 的零点的各项. 这些项都有一个分母 $\gamma$, 所以这些项中最重要的是相应于最小的 $\gamma$ 的项. 此外, 这些项都是正弦波, 所以它们是震荡的, 有一半时间为正, 另一半时间为负. 其中出现的 "$\log x$" 表示这些震荡来得很慢 (这就是为什么在表中很难看到这些震荡), 但是震荡确实是发生了的, 而且 (10) 中的量最终会变成负的. 迄今谁也没有找到过使它为负的 $x$(就是谁也没有找到过使直到 $x$ 为止的素数的个数会超过 $\int_2^x (1/\log t)\,\mathrm{d}t$ 的 $x$), 而最好的猜测是: 这个情况将在

$$x \approx 1.398 \times 10^{316}$$

时发生. 但是表 1 中的 $x$ 最大也只到达 $10^{22}$, 我们又怎么会猜到 $x$ 接近于 $10^{316}$ 时的事情呢? 我们从用 (10) 式右方的前 1000 项来逼近左方开始. 只要感到右方还有可能为负, 就多用一些项, 例如用 100 万项做下去, 直到相当肯定结果可能为负时结束.

为了更好地理解一个给定的函数, 把它表示成像这样的正弦和余弦的和并不是少见的. 事实上, 研究音乐中的谐音时, 人们就是这样做的, 从这个观点看来, (10) 这样的式子是不可抗拒的. 有些专家建议: "素数中自有乐音在", 这样就使得黎曼假设不仅是可信的而且是很合人心意的.

要想不附加条件地证明所谓素数定理

$$\#\{\text{素数} \leqslant x\} \sim \int_2^x \frac{\mathrm{d}t}{\log t},$$

也可以采取和上面同样的途径. 因为我们并不想得到关于直到 $x$ 为止的素数的个数的很强的近似, 所以只需要证明直线 $\mathrm{Re}(s) = 1$ 附近的零点个数对于 (7) 式的贡献不大即可. 到 19 世纪末, 这个工作归结为证明在直线 $\mathrm{Re}(s) = 1$ 上实际上没有零点存在, 最后是瓦莱·布散[VI.67] 和阿达玛[VI.65] 在 1896 年完成了这件事.

其后的研究给出了临界带形 $0 \leqslant \mathrm{Re}(s) \leqslant 1$ 的越来越宽的子区域, 在其中也没有 $\varsigma(s)$ 的零点 (这样也就改进了关于直到 $x$ 为止的素数的个数的近似), 但是怎么

---

① 原书误为右方.—— 中译本注

也没有接近于证明黎曼假设, 而使得黎曼假设仍旧是整个数学中十分突出的未解决的问题.

像 "直到 $x$ 为止的素数有多少?" 这样形式简洁的问题, 当然值得有一个形式简洁的回答, 值得有一个只使用初等方法而不是用上复分析中的全武行的解答. 然而, (7) 式告诉我们, 素数定理当且仅当在直线 $\mathrm{Re}(s) = 1$ 上没有 $\varsigma(s)$ 的零点时成立, 这样就使人们以为复分析会出现在其证明中是不可避免的事情. 1949 年, 塞尔贝格 (Atle Selberg , 1917 – 2007, 挪威数学家) 和爱尔特希 (Paul Erdös, 1913–1996, 匈牙利裔美国数学家) 给出了素数定理的初等证明而震惊了整个数学界. 这里 "初等" 并不意味着 "容易", 只是说这个证明并没有用复分析这样的高深工具 —— 事实上, 他们的证明是很复杂的. 他们的证明必定是以某种方式证明了直线 $\mathrm{Re}(s) = 1$ 上没有 $\varsigma(s)$ 的零点, 而且, 他们所用的组合方法狡黠地把一个微妙的复分析证明掩盖起来了 (请读 Ingham (1949) 的讨论, 其中仔细地分析了他们的证明).

## 4. 算术数列中的素数

在对于直到 $x$ 为止的素数的个数 (以后这个数作为 $x$ 的函数就记为 $\pi(x)$) 有了好的估计以后, 就可以再来求 $\mathrm{mod}\ q$ 同余于 $a$ 的素数的个数. [实际上, 求 $\pi(x)$ 也就可以说是求 $\mathrm{mod}\ 1$ 同余于 1 的素数个数](如果您对这句话的意思还不清楚的话, 请参看条目模算术[III.58]). 把这个量记为 $\pi(x; q, a)$. 首先注意到, $\mathrm{mod}\ 4$ 同余于 2 的素数只有一个, 而事实是, 如果 $a$ 和 $q$ 有大于 1 的公因子, 则在算术数列 $a, a + q, a + 2q, \cdots$ 中最多只有一个素数. 用 $\varphi(q)$ 来记在 $1 \leqslant a \leqslant q$ 中适合条件 $(a, q) = 1$ 的整数 $a$ 的个数 (这里记号 $(a, q)$ 表示 $a$ 和 $q$ 的最大公因子 (gcd)). 这时, 在无穷多的素数中, 除了很少的有限多个以外, 一定都属于 $\varphi(q)$ 个算术数列 $a, a + q, a + 2q, \cdots$ 之一, 这里 $1 \leqslant a \leqslant q$, 而且 $(a, q) = 1$. 计算显示了素数似乎是平均地分布在这 $\varphi(q)$ 个算术数列中, 所以可以猜想, 在每一个这样的算术数列中, 素数所占的比例极限是 $1/\varphi(q)$. 这就是说, 只要 $(a, q) = 1$, 就可以猜想, 当 $x \to \infty$ 时,

$$\pi(x; q, a) \sim \frac{\pi(x)}{\varphi(q)}. \tag{11}$$

但是, 甚至 $\mathrm{mod}\ q$ 同余于 $a$ 的素数有无限多个也不是显然的, 著名的狄利克雷[VI.36] 素数定理告诉我们这种素数有无穷多个, [就是说, 当 $(a, q) = 1$ 时, 在算术数列 $a, a + q, a + 2q, \cdots$ 中包含了无穷多个素数]. 要开始研究这种问题, 首先需要一种有系统的方法在确定一个整数是否 $\mathrm{mod}\ q$ 同余于 $a$ 的, 为此, 狄利克雷提供了一种现在通称为 (狄利克雷) 特征的函数. 形式地说, 一个 $\mathrm{mod}\ q$ 的特征, 就是一个由 $\mathbf{Z}$ 到 $\mathbf{C}$ 的函数 $\chi$, 它具有以下三个性质, 而这三个性质的重要性是逐渐递增的:

(i) 当 $n$ 和 $q$ 有大于 1 的公因子时, $\chi(n) = 0$;

(ii) $\chi \bmod q$ 是周期的 (即对于每一个整数 $n, \chi(n+q) = \chi(n)$);

(iii)$\chi$ 是乘法的 (即对任意的整数 $m$ 和 $n, \chi(mn) = \chi(m)\chi(n)$).

　　$\bmod q$ 的特征的一个容易但又重要的例子是这样一个函数 $\chi(n)$: 当 $(n,q) = 1$ 时, 它的值为 1, 否则为 0. 这个特征称为主特征 (principal character) 记作 $\chi_q$. 如果 $q$ 是一个素数, 则另一个这样的例子是勒让德符号 $\left(\dfrac{\cdot}{q}\right)$: 如果 $n$ 是 $q$ 的倍数, 就令 $\left(\dfrac{n}{q}\right) = 0$; 如果 $n$ 是 $q$ 的平方剩余, 就令它为 1; 而如果 $n$ 是 $q$ 的平方非剩余, 就令它为 $-1$(一个整数 $n$ 称为 $\bmod q$ 平方剩余, 就是指 $n \bmod q$ 同余于一个完全平方, [否则就称它为平方非剩余]). 如果 $q$ 是一个合数, 则有一个称为勒让德–雅可比符号 $\left(\dfrac{\cdot}{q}\right)$ 的函数, 作为勒让德符号的推广, 也是一个特征. 这也是一个重要的例子, 它以一个不太直接的方式帮助我们识别出 $\bmod q$ 的平方数.

　　这些特征都是实值的, 但是这只是特例而非通则. 下面是 $q = 5$ 时一个真正复值的特征的例子. 令 $\chi(n) = 0$, 如果 $n \equiv 0 \pmod 5$, 等于 i 如果 $n \equiv 2 \pmod 5$, 等于 $-1$ 如果 $n \equiv 4 \pmod 5$, 等于 $-$i 如果 $n \equiv 3 \pmod 5$, 等于 1 如果 $n \equiv 1 \pmod 5$. 为了看出它是一个特征, 只要注意到 $2 \pmod 5$ 的各次幂分别是 $2, 4, 3, 1, 2, 4, 3, 1, \cdots$, 而 i 的各次幂分别是 i, $-1$, $-$i, 1, i, $-1$, $-$i, 1, $\cdots$.

　　可以证明, 只有恰好 $\phi(q)$ 个不同的 $\bmod q$ 的特征. 它们对于我们的用处来自上面说的它们的限制, 以及以下的公式, 其中是对所有的 $\bmod q$ 的特征求和, 而且 $\bar{\chi}(a)$ 表示 $\chi(a)$ 的共轭:

　　这个公式能为我们做些什么? 理解 $\bmod q$ 同余于 $a$ 的整数的集合, 就是理解了一个当 $n \equiv a \pmod q$ 时为 1 而其他时候为 0 的函数, 上式右方就是这个函数. 然而这个函数用起来并不是特别好用, 而特征是好用得多的函数, 因为它们具有乘法性质. 所以 [我们通过上式的左方] 把右方的函数写成特征的线性组合. 这个线性组合中, 相应于特征 $\chi(n)$ 的系数就是 $\bar{\chi}(a)/\phi(q)$.

　　由这个公式就可以得到

$$\sum_{\substack{p\text{为素数},\, m \geqslant 1 \\ p^m \leqslant x \\ p^m = a(\bmod q)}} \log p = \frac{1}{\phi(q)} \sum_{x(\bmod q)} \overline{x}(a) \sum_{\substack{p\text{为素数}\, m \geqslant 1 \\ p^m \leqslant x}} x(p^m) \log p.$$

左方的和数就是我们早前考虑所有素数时和数的自然的修正. 如果对于其右方每一个和式

$$\sum_{\substack{p\text{为素数},\, m \geqslant 1 \\ p^m \leqslant x}} x(p^m) \log p.$$

都能得到一个好的估计, 就能够估计此式的右方了. 我们处理这些和式的办法很像
以前的做法, 这样得到类似于 (7) 和 (10) 的显式的公式, 不过其中出现的不再是
$\varsigma(s)$ 的零点, 而是狄利克雷 $L$ 函数

$$L(s, \chi) = \sum_{n \geqslant 1} \frac{\chi(n)}{n^s}$$

的零点. [关于 $L$ 函数, 参看条目 [III.47]. 这个函数的性质很像 $\varsigma(s)$ 的性质. 特别
是 $\chi$ 的乘法性质在这里特别重要, 因为它将给出类似于 (1) 的公式:

$$\sum_{n \geqslant 1} \frac{x(n)}{n^s} = \prod_{p \text{为素数}} \left( 1 - \frac{x(p)}{p^s} \right)^{-1}. \tag{12}$$

就是说狄利克雷 $L$ 函数 $L(s, \chi)$ 也有一个欧拉乘积. 我们也相信 "广义黎曼假设"
成立, 即 $L(\rho, \chi) = 0$ 在临界带形中的零点 $\rho$ 都适合条件 $\text{Re}(\rho) = \frac{1}{2}$. 这将蕴含着
对于直到 $x$ 为止的 $\text{mod } q$ 同余于 $a$ 的素数的个数可以估计如下:

$$\pi(x; q, a) = \frac{\pi(x)}{\phi(q)} + O\left( \sqrt{x} \log^2(qx) \right). \tag{13}$$

所以, 蕴含着我们希望得到的估计 (即 (11) 式), 只要 $x$ 稍大于 $q^2$ 即可.

在什么样的范围内可以无条件地 —— 即不必借助广义黎曼假设 —— 证明 (11)
式? 虽然可以或多或少地把素数定理的证明翻译到这个背景下来, 我们发现, 它只
对于很大的 $x$ 给出 (11) 式. 事实上, $x$ 需要大于一个以 $q$ 为幂的指数, 这就比从
广义黎曼假设得出的 "只要 $x$ 稍大于 $q^2$" 要大得多. 我们就看见, 在这里出现了一
种新类型的问题, 就是要找到可以得出好的估计的 $x$ 的范围的一个好的起点, 这个
起点应是模 $q$ 的函数. 在我们对于素数定理的探求中没有这样的类似物. 顺便说一
下, 哪怕只是证明 "只要 $x$ 稍大于 $q^2$" 即可得出 (11) 式, 也远非当前的数学方法之
所能及, 何况这也似乎还不是最好的答案. 计算揭示了只要 $x$ 稍大于 $q$, (11) 式就
可能成立. 所以, 想要告诉我们素数分布的精确的性态, 甚至黎曼假设及其推广也
还是力所不逮.

在整个 20 世纪中, 花了大量的思索想把狄利克雷 $L$ 函数的零点约束在 1- 直
线 (即 $\text{Re}(s) = 1$) 的附近. 结果是对于确定能使 (11) 式成立的 $x$ 的范围, 有了很大
的改进 (改进到 "$q$ 的多项式与 $q$ 的指数函数的半途"), 条件是没有西格尔零点[①]存
在. 对于以 $\left( \frac{\cdot}{q} \right)$ 为特征 $\chi$ 的 $L$ 函数 $L\left( s, \left( \frac{\cdot}{q} \right) \right)$, 这个假想的零点将是一个实数

---

① 所谓西格尔零点就是广义黎曼假设的假想的反例, 也就是非常近于 1- 直线 $\text{Re}(s) = 1$ 而且使得
$L(s, \chi) = 0$ 的复数 $s$.—— 中译本注

$\beta$, 而且 $\beta > 1 - c/\sqrt{q}$. 可以证明, 这种西格尔零点哪怕是存在的, 也是极为罕见的.

西格尔零点的罕见是 Deuring-Heilbronn (Max Deuring, 1907–1984, 德国数学家; Hans Arnold Heilbronn , 1908–1975, 出生于德国, 后入加拿大籍的数学家) 现象的推论, 这个现象就是: $L$ 函数[III.47] 的零点, 犹如赋有同号电荷的粒子, 是互相排斥的 (这个现象也类似于不同的代数数互相排斥这个事实, 这是丢番图逼近这个学科的基础的一部分).

当 $(a, q) = 1$ 时, 最小的 mod $q$ 同余于 $a$ 的素数有多大? 尽管有可能有西格尔零点存在, 我们仍然可以证明, 如果 $q$ 充分大, 则一定有小于 $q^{5.5}$ 的这样一个素数存在. 如果没有西格尔零点存在, 要得到这样一个结果并不太难. 如果没有西格尔零点存在, 就又回到了类似于 (7) 式的显式公式, 但是是关于 $L(s, \chi)$ 的零点的. 如果 $\beta$ 是一个西格尔零点, 则在这个显式公式中, 有两个明显的大项: $x/\phi(q)$ 和 $-\left(\dfrac{a}{q}\right) x^\beta/\beta\phi(q)$. 当 $\left(\dfrac{a}{q}\right) = 1$ 时, 看来它们几乎可能相抵消 (因为 $\beta$ 接近于 1), 但是如果我们仔细一点, 就会得到

$$x - \frac{a}{q}\frac{x^\beta}{\beta} = (x - x^\beta) + x^\beta\left(1 - \frac{1}{\beta}\right) \sim x(1 - \beta)\log x.$$

这是一个比以前小的主项, 但是不难证明, 它的贡献仍然比所有其他零点合起来的贡献更大, 因为 Deuring-Heilbronn 现象蕴含着这个西格尔零点会排斥其他零点, 把它们驱向左方的远处, 如果 $\left(\dfrac{a}{q}\right) = -1$, 仍是这两项告诉我们, 如果 $(1 - \beta)\log x$ 很小, 则直到 $x$ 处, 就会有两倍我们所希望的素数 mod $q$ 同余于 $a$.

西格尔零点与条目代数数[IV.1§7]中定义和讨论过的类数概念有密切的关系. 狄利克雷的类数公式指出, 当 $q > 6$ 时, $L\left(1, \left(\dfrac{\cdot}{q}\right)\right) = \pi h_{-q}/\sqrt{q}$, 这里 $h_{-q}$ 是 $\mathbf{Q}\left(\sqrt{-q}\right)$ 的类数. 类数总是一个正整数, 这就蕴含了 $L\left(1, \left(\dfrac{\cdot}{q}\right)\right) \geqslant \pi/\sqrt{q}$. 另一个推论是当且仅当 $L\left(1, \left(\dfrac{\cdot}{q}\right)\right)$ 很小时, $h_{-q}$ 才很小. 这会给予我们关于西格尔零点的信息, 因为可以证明导数 $L'\left(\sigma, \left(\dfrac{\cdot}{q}\right)\right)$ 对于接近于 1 的 $\sigma$ 总是正的 (而且不太小). 这蕴含了当且仅当 $L\left(s, \left(\dfrac{\cdot}{q}\right)\right)$ 有一个接近于 1 的实零点, 即西格尔零点 $\beta$ 时, $L\left(1, \left(\dfrac{\cdot}{q}\right)\right)$ 才很小. 当 $h_{-q} = 1$ 时, 这种联系更加直接, 可以证明西格尔零点 $\beta$ 近似于 $1 - 6/\left(\pi\sqrt{q}\right)$(对于较大的 $h_{-q}$ 还有更复杂的公式).

这些联系说明, 得出 $h_{-q}$ 的好的下界, 等价于得出西格尔零点的范围的好的界限. 西格尔证明了对于任意的 $\varepsilon > 0$, 必存在一个常数 $c_\varepsilon$, 使得 $L\left(1, \left(\frac{\cdot}{q}\right)\right) \geqslant c_\varepsilon q^{-\varepsilon}$. 他的证明不能令人满意, 因为这个证明的本性给不出 $c_\varepsilon$ 的显式的值来. 为什么? 因为他的证明分成两个部分, 第一部分假设广义黎曼假设成立, 这时一个显式的值很容易得出. 第二部分用广义黎曼假设的第一个反例得出了一个下界. 所以, 如果广义黎曼假设是成立的, [则不能用第二部分], 但是它还没有得到证明, [所以也不能用第一部分], 这样, 西格尔的证明就不能用来探求显式的界限了. 可以用显式的东西来证明的和不能用显式的东西来证明的, 在解析数论中, 二者之间形成了一个既宽又深的鸿沟, 这种鸿沟的出现, 总是来自应用西格尔的结果, 特别是在用到它对于 (11) 适用的范围的推论时, 会产生这种鸿沟.

一个整系数多项式在以整数值代入以后不能总是取素数值. 为了看到这一点, 注意如果 $p$ 可以整除 $f(m)$, 则它也可以整除 $f(m+p), f(m+2p), \cdots$. 然而有许多富于素数值的多项式, $x^2 + x + 41$ 是一个著名的例子, 当 $x = 0, 1, 2, \cdots, 39$ 时, 它的值都是素数. 几乎肯定还有一些二次多项式, 能够相继地取更多的素数值, 虽然它的系数应该是很大的. 如果我们要问一个比较受限制的问题, 即何时多项式 $x^2 + x + p$ 对于 $x = 0, 1, 2, \cdots, p-2$ 都取素数值, 则 Rabinowitch 给出了惊人的答案: 当且仅当 $h_{-q} = 1$ 时会是这样, 这里 $q = 4p - 1$. 高斯做过大量的关于类数的计算, 而且预言只有 9 个 $q$ 值使得 $h_{-q} = 1$, 其中最大的是 $163 = 4 \times 41 - 1$. 在 1930 年代, 研究者们利用 Deuring-Heilbronn 现象证明了最多还有一个 $q$ 虽然使 $h_{-q} = 1$, 却不在高斯的清单上; 而正如这种方法通常会出现的那样, 对于这个假定存在的额外的反例 $q$ 的大小, 却得不出其界限. 直到 1960 年代, Baker 和 Stark 才证明了这第十个 $q$ 不存在, 他们所用的方法都与这里所讲的方法相距甚远 (事实上, Heegner 在 1950 年代给出了正确的证明, 但是他走在时代前面这么远, 使得数学家们很难领会他的论证, 并相信其所有细节都是对的). 在 1980 年代, Goldfeld, Gross 和 Zagier 给出了迄今最好的结果, 证明了 $h_{-q} \geqslant \frac{1}{7700} \log q$, 这一次用的是另一种 $L$ 函数的零点排斥 $L\left(s, \left(\frac{\cdot}{q}\right)\right)$ 的零点的 Deuring-Heilbronn 现象.

除了极少有的模 $q$ 以外, 素数很好地分布在算术数列中, Bombieri (Enrico Bombieri, 1940–, 意大利数学家) 和维诺格拉多夫 (Ivan Matveevich Vinogradov, 1891–1983, 前苏联数学家) 开发了这个思想而证明了当 $x$ 略大于 $q^2$ 时 (就是在我们 "总能" 从广义黎曼假设得出的范围内), (13) 式 "几乎总能" 成立. 更精确地说, 对于给定的大的 $x$, (13) 式对于 "几乎所有" 小于 $\sqrt{x}/(\log x)^2$ 的 $q$ 以及所有适合 $(a, q) = 1$ 的 $a$ 总是成立的. "几乎所有" 就是指, 在所有小于 $\sqrt{x}/(\log x)^2$ 的 $q$ 中, 使得 (13) 式不能对于一切适合 $(a, q) = 1$ 的 $a$ 都成立的那些 $q$ 所占的比随着 $x \to \infty$

而趋于 0. 所以, 不能排除有无穷多个反例的可能性. 但是因为这与广义黎曼假设矛盾, 我们不相信会是这样.

Barban-Davenport-Haberstam 定理给出了一个较弱的结果, 但是这个结果对所有的可行的范围都成立: 对任意给定的大的 $x$, 对 "几乎所有" 的对子 $q$ 和 $a$, 只要 $q \leqslant x/(\log x)^2$ 和 $(a, q) = 1$, 估计式 (13) 恒成立.

## 5. 短区间里的素数

高斯的预测讲的是 "绕着 $x$ 的各处" 的素数的数目, 所以, 考虑在绕着 $x$ 的短区间里面的素数的数目也许更有意义. 如果我们相信高斯的话, 我们就会期望在 $x$ 和 $x + y$ 之间素数的个数大约是 $y/\log x$. 就是说, 如果用素数计数函数 $\pi(x)$ 来表示, 我们就会期望, 对于 $|y| \leqslant x/2$,

$$\pi(x + y) - \pi(x) \sim \frac{y}{\log x}. \tag{14}$$

然而, 对于 $y$ 的范围需要小心一点. 例如, 如果 $y = \frac{1}{2}\log x$, [则 (14) 式右方变成 $\frac{1}{2}$, 而在区间 $[x, x + y]$ 中将有大约 "半个" 素数], 这当然是我们不希望看到的. 显然我们需要让 $y$ 足够大, 这样 (14) 式才有意义; 事实上, 高斯–克拉默模型建议, (14) 式应该在 $|y|$ 稍大于 $(\log x)^2$ 时成立.

如果我们想用证明素数定理的同样方法来证明 (14) 式, 则在 $\rho$ 次幂的差的估计上, 就会得到

$$\left| \frac{(x + y)^\rho - x^\rho}{\rho} \right| = \left| \int_x^{x+y} t^{\rho - 1} \mathrm{d}t \right| \leqslant \int_x^{x+y} t^{\mathrm{Re}(\rho) - 1} \mathrm{d}t \leqslant y (x + y)^{\mathrm{Re}(\rho) - 1}.$$

如果设 $\varsigma(s)$ 的零点的密度远大于 $\frac{1}{2}$, 已经可以证明 (14) 式当 $y$ 略大于 $x^{7/12}$ 时成立. 但是, 这个方法没有什么希望能够在长度为 $\sqrt{x}$ 或更小时证明 (14) 式, 哪怕是假设黎曼假设成立也不行.

1949 年, 塞尔贝格在假设黎曼假设成立的条件下, 证明了当 $y$ 略大于 $(\log x)^2$ 时, (14) 式 "几乎" 对所有 $x$ 成立. 这里再一次出现了 "几乎", 其意义就是使 (14) 成立的 $x$ 的密度当 $x \to \infty$ 时趋近 1, 而不是对所有的 $x$ 都成立, 从而可能有无穷多的反例, 虽然在那时看起来, 这件事很不像是真的. 所以, 当 1984 年 Maier 证明了对于任意固定的 $A$, 对于无穷多个 $x$ 以及 $y = (\log x)^A$, (14) 式都不成立, 那确实是很惊人的. 他的聪明的证明是基于他证明了, 在那个区间里, 小素数的倍数并不如人们想象的那么多.

令 $p_1 = 2 < p_2 = 3 < \cdots$ 为素数序列, 我们现在关心的是相继的素数之差 $p_{n+1} - p_n$ 的大小. 因为直到 $x$ 为止的素数数目大约是 $x/\log x$, 所以相继素

数的差平均应该是 $\log x$, 而我们可以问相继素数的差大约是平均值的频繁程度如何? 这些差是否可以很小? 这些差又是否可以很大? 高斯–克拉默模型暗示那些使得相继素数的间隙大于其平均值的 $\lambda$ 倍的 $x$, 就是使得 $p_{n+1} - p_n > \lambda \log p_n$ 的 $x$ 所占的比例约为 $\mathrm{e}^{-\lambda}$. 而类似地, 其中恰好包含 $k$ 个素数的区间 $\{x, x + \lambda \log x\}$ 在这一类区间中所占的比例大约为 $\mathrm{e}^{-\lambda}\lambda^k/k!$. 由这样一个暗示, 我们将会看到, 还得到了从其他方面的考虑的支持. 克拉默分析了这个分布, 而且提出了一个猜测: $\limsup_{n\to\infty} (p_{n+1} - p_n)/(\log p_n)^2 = 1$. 我们所掌握的证据似乎也支持这个猜测 (见表 2).

表 2　已知的最大的素数间隙

| $p_n$ | $p_{n+1}$ | $\dfrac{p_{n+1} - p_n}{\log^2 p_n}$ |
|---|---|---|
| 113 | 14 | 0.6264 |
| 1327 | 34 | 0.6576 |
| 31397 | 72 | 0.6715 |
| 370261 | 112 | 0.6812 |
| 2010733 | 148 | 0.7026 |
| 20831323 | 210 | 0.7395 |
| 25056082087 | 456 | 0.7953 |
| 2614941710599 | 652 | 0.7975 |
| 19581334192423 | 766 | 0.8178 |
| 218209405436543 | 906 | 0.8311 |
| 1693182318746371 | 1132 | 0.9206 |

高斯–克拉默模型有一个重大的缺点: 它 "完全不懂数论". 特别是如早前已经指出的那样, 它不能预测小素数的可整除性. 这个缺点的一个表现就在于它会预测, 间隙为 1 的素数对和间隙为 2 的素数对是一样多. 然而, 只有一个间隙为 1 的素数对, 因为如果两个素数间隙为 1, 则其中必有一个是偶数, [就是 2, 而另一个只能是 3], 但是有许多间隙为 2 的素数对的例子, 而且据信有无穷多这样的例子, [就是下面将要讨论的 "孪生素数"]. 一个模型要能够对于素数对做出正确的预测, 就必须考虑出现在这个模型中的小素数的可整除性, 而这就会使得模型复杂得多. 比较简单的模型中既然有这种刺目的错误, 我们在对待克拉默关于相继素数的最大间隙的猜想时, 就必须带着一点怀疑. 而事实上, 如果对这个模型作了修正, 使得能够考虑小素数的可整除性, 就会得到以下的猜测:

$$\limsup_{n\to\infty} (p_{n+1} - p_n)/(\log p_n)^2 > 9/8.$$

寻找素数间的大间隙, 就相当于找出合数的很长的序列. 显式地去做这件事又如何? 例如, 我们知道, $n! + j$ 对于 $2 \leqslant j \leqslant n$ 都是合数, 因为它可以用 $j$ 去整除.

这样, 在相继的素数之间就有一个长至少为 $n$ 的间隙, 而前一个素数是小于或等于 $n!+1$ 的最大素数. 但是这一点观察并不特别有帮助, 因为在 $n!$ 附近的相继素数的平均的间隙是 $\log(n!)$, 而它大概等于 $n\log n$, 而我们要找的是大于平均值的间隙. 然而, 可以推广这里的论据来证明存在这样的相继整数的长序列, 使这些整数都有小素数为因子. 在 1930 年代, 爱尔特希把这个问题重新陈述如下: 固定一个正整数 $z$, 而对每一个素数 $p \leqslant z$ 都选一个整数 $a_p$, 使得不管整数 $y$ 有多大, 每一个正整数 $n \leqslant p$ 都满足至少一个同余式 $n \equiv a_p \pmod p$. 现在令 $X$ 为直到 $z$ 为止的素数的乘积 (由素数定理, 这就意味着 $\log X$ 大约就是 $z$, 而令 $x$ 为 $X$ 和 $2X$ 之间的整数, 使对每一个 $p \leqslant z$ 都有 $x \equiv -a_p \pmod p$ (由中国剩余定理①, 这个 $x$ 是存在的). 如果 $m$ 是在 $x+1$ 和 $x+y$ 间的整数, 则 $m-x$ 是小于 $y$ 的正整数, 所以一定有某个素数 $p \leqslant z$ 在, 使得 $m-x \equiv a_p \pmod p$. 因为 $x \equiv -a_p \pmod p$, 所以 $m$ 可以被 $p$ 整除. 这样, 从 $x+1$ 到 $x+y$ 的所有整数都是合数. 利用这个基本思想, 可以证明有无穷多素数 $p_n$, 使得 $p_{n+1} - p_n$ 大约是 $(\log p_n)(\log\log p_n)$, 它当然比平均值大得多, 但是还远未达到克拉默的猜测 $\lim\sup\limits_{n\to\infty}(p_{n+1}-p_n)/(\log p_n)^2 = 1$.

## 6. 素数间小于平均值的间隙

我们刚才看见了如何证明有无穷多对相继素数, 它们的差远大于这种差的平均值, 即有 $\lim\sup\limits_{n\to\infty}(p_{n+1}-p_n)/(\log p_n) = \infty$. 现在也要证明, 有无穷多对相继素数, 它们的差远小于这种差的平均值, 即有 $\liminf_{n\to\infty}(p_{n+1}-p_n)/(\log p_n) = 0$. 当然, 人们相信有无穷多对素数相差为 2, 但是目前, 这个问题仍是很难对付的.

直到最近, 研究者们在小间隙问题上几乎没有进展. 在 2000 年以前, 这方面的最佳结构就是有无穷多个间隙小于平均值的四分之一. 然而, 最近 Goldston, Pintz 和 Yildirim 的方法对于小间隙的素数加上了简单的权重, 证明了 $\liminf_{n\to\infty}(p_{n+1}-p_n)/(\log p_n) = 0$. 甚至证明了有无穷多对相继的素数, 其差不会大于大约 $\sqrt{\log p_n}$. 惊人的是, 它们的证明是基于对于算术数列中的素数的估计的, 特别是证明了 (11) 式对于直到 $\sqrt{x}$ 的几乎所有的 $q$ 成立 (这一点前面讨论过). 此外, 它们还得到了一个附加了条件的如下类型的结果: 如果 (11) 式对直到略大于 $\sqrt{x}$ 的几乎所有的 $q$ 成立, 则必存在整数 $B$, 使得对于无穷多个素数 $p_n$ 都有 $p_{n+1} - p_n \leqslant B$.

## 7. 素数间的很小的间隙

有许多对素数相差为 2, 例如 3 与 5, 5 与 7, $\cdots$, 这种素数对称为孪生素数, 虽

---

① 所谓中国剩余定理, 就是说一次同余式组 $x \equiv a_i \pmod{n_i}$, $i = 1, 2, \cdots, k$ 一定有解存在, 而且这个解在 $\mod N(N = n_1 n_2 \cdots n_k)$ 的意义下是唯一的, 这里设这些 $n_i$ 都是互素的. 这个定理及其发展在数学的许多分支中都有应用. 这个定理之所以称为中国剩余定理, 是因为它最早出现在我国的古算书《孙子算经》中, 其中记载了如下的问题: "今有物不知其数: 三三数之余二, 五五数之余三, 七七数之余二, 问物几何?" 这类问题在中国古算中占了重要的地位, 所以后来西方的文献就称之为中国剩余定理.—— 中译本注

然谁也没有证明确有无穷多对孪生素数存在. 事实上, 甚至对于每一个偶数 $2k$, 也有许多对素数相差为 $2k$, 同样也没有人能够证明这样的素数对有无穷多个. 这个问题是这个学科的突出问题之一①.

1760 年代的哥德巴赫 (Christian Goldbach, 1690–1764, 德国数学家, 在俄罗斯担任数学教师, 欧拉的朋友) 猜想也是属于同样风格的问题: 是否每一个大于 2 的偶数都是两个素数之和? 这至今仍是未解决的问题, 而且最近还有一个出版家愿意出资百万美元求解这个问题. 我们知道, 对于绝大多数整数, 这个结果是真的, 而且有人用计算机对直到 $4 \times 10^{14}$ 的偶数验证过, [而且结果都是对的]. 这个问题上最著名的结果是陈景润 1966 年的结果. 他证明了每一个②偶数都是一个素数和另一个整数之和, 而且后者又只含有最多两个素数因子 (就是说, 是一个素数和一个 "几乎素数" 之和 [也就是现在国内通称的 $1 + 2$]).

事实上, 哥德巴赫[VI.17] 并不是这样提出他的猜想的. 他在 1760 年代致信欧拉, 问是否每一个大于 1 的整数都可以写为三个素数之和, 从这里可以得到我们现在说的 "哥德巴赫猜想". 1920 年代, 维诺格拉多夫证明了每一个充分大的奇数都可以写为 3 个素数之和 (从而每一个充分大的偶数都可以写为 4 个素数之和). 其实我们相信每一个大于 5 的奇数都可以写为三个素数之和, 但是现有的证明却只在涉及的数充分大时有效. 在这个情况下, 我们要把 "充分大" 说明白 —— 现在的证明需要它们大于 $e^{5700}$, 但是有传说, 这个界限很快就会得到本质的减小, 甚至减小到 7③.

要想猜测在 $q \leqslant x$ 的范围内, $q$ 和 $q+2$ 都是素数的素数对的准确数目, 我们是这样做的. 如果不考虑小素数的可整除性, 则高斯–克拉默模型建议, 到 $x$ 为止, 随机地取一个整数, 取到素数的概率是 $1/\log x$, 所以我们期望到 $x$ 为止有 $x/(\log x)^2$ 个 $q, q+2$ 这样形状的素数对. 但是如同前面的 $q, q+1$ 的例子所说明的那样, 我们确实需要考虑到 2 的可整除性. 一个随机的整数对都是奇数的比例是 $1/4$, 而一个随机的 $q$ 使得 $q$ 和 $q+2$ 都是奇数的比例则是 $1/2$. 这样就需要对 $x/(\log x)^2$ 这个

---

① 但是 2013 年 5 月留美的中国数学家张益唐 (Y. Zhang) 在孪生素数问题上有一个里程碑式的突破: 他证明了存在一个常数 $d \leqslant 7 \times 10^7$, 而有无穷多对相继的素数差为 $d$. 请参看王元《孪生素数猜想》一文, 此文发表在《数学与人文》第十辑《数学前沿》8-15 页 (高等教育出版社, 2013 年 7 月出版), 此书还有两篇文章介绍张益唐的工作.—— 中译本注

② 这个说法不太准确, 陈景润证明的是每一个充分大的偶数都是一个素数和另一个最多有两个素数因子的整数之和. 他的结果 1966 年发表在《科学通报》上, 标题为 Chen J R. 1966. *On the representation of a large even integer as the sum of a prime and the product of at most two primes. Kexue Tongbao*, 17: 385–386. 1973 年又发表在《中国科学》上, 即 Chen J R. 1973. On the representation of a larger even integer as the sum of a prime and the product of at most two primes. *Sci. Sinica*, 16: 157–176. 两篇文章都明确指出, 他所证明的是关于充分大偶数的结果.—— 中译本注

③ 这个结果通常称为三素数定理, 或弱哥德巴赫猜想. 2013 年 5 月, 在法国巴黎高师工作的秘鲁数学家 Helfgott 完全地解决了这个问题, 证明了一切 $\geqslant 7$ 的奇数必为三个素数之和.—— 中译本注

猜测加上一个因子 $\left(\dfrac{1}{2}\right) \Big/ \left(\dfrac{1}{4}\right) = 2$. 类似地, 随机的整数对都不能被 3(或被任意

素数 $p$) 整除的比例是 $\left(\dfrac{2}{3}\right)^2$ ( 或 $\left(1 - \dfrac{1}{p}\right)^2$ ). 对每一个素数 $p$ 都对我们的公式加

以调整, 最终就会得到下面的猜测:

$$\#\{q \leqslant x : q \text{ 和 } q+2 \text{ 均为素数}\} \sim 2 \prod_{p\text{为奇素数}} \frac{(1-2/p)}{(1-1/p)^2} \frac{x}{(\log x)^2}.$$

此式称为渐近孪生素数猜测. 虽然看起来这个猜测很像是对的, 但是怎样把它从似
然为真变成严格的证明, 目前还没有什么实际的想法. 现在已经得到的一个好的不
附加条件的结果是: 小于或等于 $x$ 的孪生素数对的数目决不会大于我们的猜测的
四倍. 我们可以把 $x/(\log x)^2$ 代以 $\displaystyle\int_2^x \left(1/(\log t)^2\right) \mathrm{d}t$ 而得到更精确的预测, 而且希
望上式双方之差不大于某个 $c\sqrt{x}, c > 0$ 是一个常数. 这个猜测得到了许多计算证
据的支持.

用类似的方法可以预测具有任意多项式模式的素数的个数. 令 $f_1(t), f_2(t), \cdots,$
$f_k(t) \in \mathbf{Z}[t]$ 为不同的既约的次数大于或等于 1 的首项系数为正的多项式组, 定义
$\omega(p)$ 为这样的整数 $n(\mathrm{mod}\ p)$ 的个数, 使 $p$ 能够整除 $f_1(n) f_2(n) \cdots f_k(n)$(在上
面的孪生素数问题中, 有 $f_1(t) = t, f_2(t) = t + 2, \omega(2) = 1$, 而对所有奇素数 $p$,
$\omega(p) = 2$). 如果 $\omega(p) = p$, 则 $p$ 至少能够整除一个多项式值, 所以只有有限多个
情况使得它们同时为素数 (这种情况的一个例子是 $f_1(t) = t, f_2(t) = t + 1$, 这时
$\omega(2) = 2$). 除此以外, 将会有多项式的可容许集合, 对于它们, 我们预测, 小于 $x$ 而
使得 $f_1(n), f_2(n), \cdots, f_k(n)$ 都是素数的整数 $n$ 的个数大约是

$$\prod_{p\text{为素数}} \frac{(1-\omega(p)/p)}{(1-1/p)^k} \times \frac{x}{\log|f_1(x)| \log|f_2(x)| \cdots |f_k(x)|}, \tag{15}$$

这里需要设 $x$ 充分大. 可以用一个类似的启发性的思考来在哥德巴赫猜想中作预
测, 就是预测使得 $p + q = 2N$ 的素数对 $p, q$ 的个数. 这些预测又一次与计算的证
据很好地匹配.

预测 (15) 在少数几个情况下已经得到了证明. 对于素数定理的证明做一些修
正就能对可容许多项式 $qt + a$ 的情况给出结果 (就是对算术数列中的素数得出结
果), 也对于可容许的 $at^2 + btu + cu^2 \in \mathbf{Z}[t, u]$(还有另一些二次、二变量的多项式)
的情况作预测. 对于某些类型的 $n$ 变量 $n$ 次多项式 (即可容许的 "范数形式") 也
得到了结果.

在整个 20 世纪, 这个情况基本上没有改进, 一直到非常近的时候, Friedlander
和 Iwaniec 用了很不相同的方法打破了僵局, 对于多项式 $t^2 + u^4$ 证明了这样的结

果, 然后 Heath-Brown 对任意的两变量三次可容许齐次多项式做了这件事.

最近, Green-Tao (陶哲轩) 在 2004 年得到了非同寻常的突破, 他的结果是: 对任意整数 $k$, 都可以找到由素数构成的长度为 $k$ 项的算术数列, 即有一对整数 $a, d$ 使得 $a, a+d, a+2d, \cdots, a+(k-1)d$ 都是素数. Green-Tao (陶哲轩) 现在正在努力工作想证明这种由素数构成的 $k$ 项算术数列的个数也可以用 (15) 式很好地逼近, 同时也在把自己的结果推广到其他的多项式族.

## 8. 重访素数的间隙

Gallagher 在 1970 年代从猜想的预测 (15) 中 (其中令 $f_j(t) = t + a_j$) 导出了其中恰好含 $k$ 个素数的区间 $[x, x+\lambda\log x]$ 在这种区间中所占的比例是 $\mathrm{e}^{-\lambda}\lambda^k/k!$(正如在前面的第 5 节中从高斯–克拉默的启发中也得到这样的比例一样). 这个结果最近也被推广来支持一种预测, 即当对于从 $X$ 到 $2X$ 的 $x$, 区间 $[x, x+y]$ 中的素数个数成正态分布, 而以 $\int_x^{x+y} (1/\log t)\,\mathrm{d}t$ 为均值, 以 $(1-\delta)y/\log x$ 为方差, 这里的 $\delta$ 是严格位于 0 和 1 之间的常数, 而取 $y$ 为 $x^\delta$.

当 $y > \sqrt{x}$ 时, 黎曼 $\varsigma$ 函数的零点通过 (7) 式对区间 $[x, x+y)$ 中素数的分布提供了信息. 事实上, 若用显式公式计算 "方差"

$$\frac{1}{X}\int_X^{2X}\left(\sum_{\substack{p\text{为素数}\\x<p\leqslant x+y}}\log p - y\right)^2\mathrm{d}x,$$

就会得到一个和式, 其各项的形状均为 $\int_X^{2X} x^{\mathrm{i}(\gamma_j-\gamma_k)}\mathrm{d}x$. 这里假设了黎曼假设, 并把 $\varsigma(s)$ 的零点都写成 $\frac{1}{2}\pm\mathrm{i}\gamma_n$, $0<\gamma_1<\gamma_2<\cdots$. 在这个和式中, 占优的是那些相应于 $|\gamma_j-\gamma_k|$ 很小的零点对 $\gamma_j, \gamma_k$(当 $|\gamma_j-\gamma_k|$ 很小时, 积分 $\int_X^{2X} x^{\mathrm{i}(\gamma_j-\gamma_k)}\mathrm{d}x$ 中不发生什么相消的现象). 所以, 为了要理解短区间里素数分布的方差, 就需要理解短区间里黎曼 $\varsigma$ 函数的零点的分布. 1973 年, Montgomery, Hugh L 研究了这个问题, 并且提出, $\varsigma(s)$ 的零点对中, 差小于相继零点的平均距离的 $\alpha$ 倍的那些零点对所占的比例可以由以下的积分给出:

$$\int_0^\alpha\left(1-\left(\frac{\sin\pi\theta}{\pi\theta}\right)^2\right)\mathrm{d}\theta, \tag{16}$$

而且还证明了这个积分在有限范围内的等价形式. 如果这些零点是 "随机" 放置的, 这个积分就要代之以 $\alpha$. 事实上, 当 $\alpha$ 很小时, (4) 之值大约是 $\alpha^3/9$, 这当然远小

于 $\alpha$. 这意味着 $\varsigma(s)$ 的零点中, 互相很接近的零点对的数目远远小于人们可能设想的, 这一点非形式地说成是: $\varsigma(s)$ 的零点互相排斥.

在普林斯顿高等研究所里发生过一场现在已经很有名的对话: 当 Montgomery 把这个思想告诉物理学家 Freeman Dyson 时, Dyson 立刻就认出来 (16) 这个函数也出现在量子混沌的能级里. 他不相信这仅仅是偶合, 于是提出, 黎曼 $\varsigma$ 函数的零点的分布, 从任何角度看, 都像是能级, 而后者又是以随机厄尔米特矩阵[III.50§3] 的本征值[ I.3§4.3] 为模型的. 现在已经有相当实质的计算和理论上的证据说明 Dyson 的建议是正确的, 而且可以推广到狄利克雷的 $L$ 函数以及其他类型的 $L$ 函数, 甚至推广到关于 $L$ 函数的其他统计数据.

有一点需要小心, 这种新的 "随机矩阵理论" 的猜测到的推论还少有得到无条件的证明, 甚至看不到在可以预见的将来会得到这样的证明. 它只是在过去想要做出预测太过困难的地方提供了一种做出预测的工具. 仍然有一个关键问题, 我们对之还没有一个具有实质意义的预测, 那就是 $\varsigma(s)$ 在 $\frac{1}{2}$ 直线上能够变多大? 可以证明, 当 $t$ 的值接近于 $T$ 时, $\left|\varsigma\left(\frac{1}{2}+\mathrm{i}t\right)\right|$ 可以变得大于 $\sqrt{\log T}$, 但是不会大于 $\log T$. 但是, 哪怕不要求严格的证明, 也不清楚真正的最大阶数是接近于上界还是下界.

## 9. 筛法

迄今几乎所有的讨论都是关于黎曼的对于素数进行计数的途径. 这个途径是非常微妙的, 而对于许多自然的问题 (例如对素数的 $k$ 元组 $n+a_1, n+a_2, \cdots, n+a_k$ 进行计数) 并不如我们希望的那么适合. 然而我们可以回归到筛法, 即埃拉托色尼筛法的修正, 至少是得出上界. 例如, 假设我们想寻求适合不等式 $N < n \leqslant 2N$ 的素数对 $n, n+2$ 的个数的上界. 一种可能性是确定一个 $y$, 再来问有多少对整数 $n, n+2$ 使得这两个整数既适合不等式 $N < n \leqslant 2N$, 又都没有小于 $y$ 的素数因子. 如果取 $y$ 为 $(2N)^{1/2}$, 这个方法就是在计数孪生素数, 但是, 这样做起来又太难了. 然而, 如果取 $y$ 为 $N$ 的一个很小的幂, 计算就容易多了, 而且有方法得到好的界 (然而, 当这个幂接近 $\frac{1}{2}$ 时, 用这个方法得出的界就变得不太准确了).

在 1920 年代, Brun (Viggo Brun, 1885–1978, 挪威数学家) 说明了怎样把包含 — 排除原理变成这一类型问题的有用的工具. 在计算一个集合 $S$ 中与一给定的整数 $m$ 互素的整数 $n$ 的个数时, 这个原理得到了最好的展示. 我们从 $S$ 中的整数的个数开始, 它显然大于我们想要找的量. 第二步, 对于每一个可以整除 $m$ 的素数 $p$, 减去 $S$ 中可以被 $p$ 整除的那些整数的数目. 如果 $n \in S$ 可以被 $m$ 的恰好 $r$ 个素因子整除, 则对于 $n$ 已经数了 $1 + r \times (-1)$ 次. 这个次数应该小于或等于 0, 而若 $r \geqslant 2$, 就应该小于 0; 但是当 $r \geqslant 2$ 时, 因为 $n$ 这时已经不与 $m$ 互素了, 对于 $n$ 本来应该计数 0 次. 这样得到的次数就小于我们想要找的量. 为了补偿这个不足的部分, 对于每一对可以整除 $m$ 的素数 $p$ 和 $q$(这里设 $p < q$), 把 $S$ 中可以被 $pq$ 整除的数的数目加回去. 这样, $n$ 在这里已经被计数了 $1 + r \times (-1) + \begin{pmatrix} r \\ 2 \end{pmatrix} \times 1$ 次, 它大于或等于 0, 而当 $r \geqslant 3$ 时大于 0. 类似于此, 还要减去 $S$ 中可以被 $pqt$[①]整除的整数的数目, 等等.

对于每一个 $n \in S$, 我们最终是计数了 $(1-1)^r$ 次, 这里 $r$ 是 $(m,n)$ 的相异的素因子的个数. 用二项定理展开这个和式, 可以把这个恒等式重新表述如下. 令 $\chi_m(n) = 1$, 如果 $(n,m) = 1$, 否则就令它为 0. 于是

$$\chi_m(n) = \sum_{d \mid (m,n)} \mu(d),$$

这里 $\mu(m)$ 是墨比乌斯函数, 它等于 0, 如果 $m$ 可以被一个素数的平方整除, 否则它就等于 $(-1)^{\omega(m)}$, 其中的 $\omega(m)$ 就是 $m$ 的相异素因子的个数.

刚才讨论的包含 — 排除原理可以从

$$\sum_{\substack{d \mid (m,n) \\ \omega(d) \leqslant 2k+1}} \mu(d) \leqslant \chi_m(n) \leqslant \sum_{\substack{d \mid (m,n) \\ \omega(d) \leqslant 2k}} \mu(d)$$

中得出, 此式对任意 $k \geqslant 0$ 都成立, 把它们对所有的 $n \in S$ 求和, 就得到包含 — 排除原理.

使用这种简化的和式而不使用完全的和式, 是因为其中包含的项少得多, 所以在对 $n$ 求和时, 舍入误差也就少得多 (注意, 正是舍入误差使我们用埃拉托色尼筛法估计直到 $x$ 为止的素数个数的企图搁浅了). 另一方面, 它们也有一个缺点, 就是不能给出精确的答案, 因为它们略去了许多适当的项. 然而, 明智地选择 $k$, 又会使这些略去了的项对于完全的和贡献不大, 所以我们会得到好的答案.

对于许多问题, 作一些小的修改会起作用. 在 "组合筛" 中, 选用什么样的 $d$ 作为和的上界或下界的一部分, 并不是通过计算它们所包含的素因子的总数, 而是由其他判据, 例如在几个区间的每一个中 $d$ 的素因子的个数. Brun 用这样的方法证明了孪生素数 $p$ 和 $p+2$ 的总数不会太多. 事实上, 当 $p$ 和 $p+2$ 都是素数时, $p$ 的倒数的和是收敛的, 这一点与 (3) 式恰好成了对比.

在 "塞尔贝格上界筛" 中会遇到某些数 $\lambda_d$, 它们只在 $d \leqslant D$ 时非零 (这里的 $D$ 要选得不太大) 而且具有以下的性质, 即对所有的 $n$,

$$\chi_m(n) \leqslant \left( \sum_{d \mid n} \lambda_d \right)^2.$$

---

① 原书作 $pqr$ 不妥, 因为 $r$ 已经被用来表示 "$n \in S$ 可以被 $m$ 的恰好 $r$ 个素因子整除", 所以改成了 $pqt$. —— 中译本注

对适当的 $n$ 求和, 通过令所得的二次型最小化, 就能找到最优解. 下界也能从塞尔贝格的方法得出. 陈景润正是利用了这样的方法证明了存在有无穷多的素数 $p$, 使 $p+2$ 最多有两个素因子[①], 而 Goldston, Pintz 和 Yildirim 也是用这个方法证明了在素数之间有时有小的间隙. 这些方法也是 Green -Tao(陶哲轩) 的工作的不可少的成分. 我们也能由此得出算术数列中和短区间中的素数个数的上界的好的估计如下:

- 长为 $y$ 的区间内素数的个数不会超过 $2y/\log y$.
- mod $q$ 的算术数列中小于 $x$ 的素数的数目不会大于 $2x/\phi(q)\log(x/q)$.

注意, 在这两个情况下, 分母中都是所考虑的整数的个数的对数 (分别为 $\log y$ 和 $\phi(q)\log(x/q)$), 而不是人们会期望的 $\log x$, 虽然这只在所考虑的整数的个数很小时才值得注意. 否则, 这些不等式都会放大一个因子 2. 这个 "2" 能否改进? 这是很难的, 因为我们早前证明过, 如果有西格尔零点存在, 则在有些算术数列中, 得到的素数个数会比我们期望的多两倍. 所以, 如果可以改进这两个公式中的因子 "2", 就能导出西格尔零点不存在!

### 10. 光滑数

一个整数称为 $y$ 光滑的, 如果它的所有素因子都小于或等于 $y$. 在所有的直到 $x$ 为止的整数中, 占其比例 $1-\log 2$ 的, 是 $\sqrt{x}$ 光滑的, 而事实上, 对任意固定的 $u>1$, 必存在某个数 $\rho(u)>0$ 使得若 $x=y^u$, 则在所有的直到 $x$ 为止的整数中, 占其比例为 $\rho(u)$ 的, 都是 $y$ 光滑的. 这个比例似乎没有一般的容易的定义. 对于 $1 \leqslant u \leqslant 2$, 有 $\rho(u)=\log u$, 而对于一般的 $u$, 最好是用以下的差分–积分方程 (或称带时滞的积分方程)

$$\rho(u)=\frac{1}{u}\int_0^1 \rho(u-t)\,\mathrm{d}t$$

来定义它. 当对于出现在筛法理论中的问题作精确的估计时, 出现这种方程是典型的情况.

光滑数的分布问题时常出现在对于算法的分析中, 所以现在成了许多研究的焦点 (关于光滑数应用的例子, 可见条目计算数论[IV.3]).

### 11. 圆法

分析中另一个在这门学科中起了卓越作用的方法是所谓圆法. 它可以追溯到哈代[VI.73] 和李特尔伍德[VI.79]. 这个方法使用了下面的事实: 对于任意整数 $n$,

---

① 陈景润的这个结果也发表在第 7 节的脚注所引用的他的文章中.—— 中译本注

有

$$\int_0^1 e^{2i\pi nt}dt = \begin{cases} 1, & \text{若 } n = 0, \\ 0, & \text{其他}. \end{cases}$$

例如, 假设要计算方程 $p+q=n$ 的解的个数 $r(n)$, 这里 $p,q$ 为素数, 就可以把 $r(n)$ 写成

$$r(n) = \sum_{\substack{p,q \leqslant n \\ \text{均为素数}}} \int_0^1 e^{2i\pi(p+q-n)t}dt$$

$$= \int_0^1 e^{-2i\pi nt} \left( \sum_{p\text{为素数},p\leqslant n} e^{2i\pi pt} \right)^2 dt.$$

第一个等号之成立是由于其中的积分①当 $p+q \neq n$ 时为 0, 否则为 1. 第二个等号容易验证.

初看起来, 估计积分比直接估计 $r(n)$ 要难, 但是情况并不如此. 例如利用算术数列的素数定理使我们能够当 $t$ 为有理数 $l/m$ 而且 $m$ 很小时估计 $P(t) = \sum_{p\leqslant n} e^{2i\pi pt}$. 因为这时

$$P\left(\frac{\ell}{m}\right) = \sum_{(a,m)=1} e^{2i\pi a\ell/m} \sum_{\substack{p\leqslant n \\ p\equiv a(\bmod m)}} 1$$

$$\approx \sum_{(a,m)=1} e^{2i\pi a\ell/m} \frac{\pi(n)}{\phi(m)} = \mu(m)\frac{\pi(n)}{\phi(m)}.$$

如果 $t$ 充分接近 $l/m$, 则 $P(t) \approx P(l/m)$; $t$ 的这些值构成优弧 (major arc), 而我们相信优弧上的积分就给出了 $r(n)$ 很好的估计. 说真的, 我们会得到一个很接近于用类似于 (15) 的式子所预测出的量. 这样, 要证明哥德巴赫猜想, 就需要证明积分得自其他的 $t$ 值 (即所谓劣弧(minor arc)) 的那一部分的贡献很小. 在许多问题中, 我们可以成功地做到这一点, 但是对于哥德巴赫猜想, 还没有人做到这一点. 以上所述的 "离散类比" 也很有用. 利用

$$\frac{1}{m}\sum_{j=0}^{m-1} e^{2i\pi jn/m}dt = \begin{cases} 1, & \text{若 } n \equiv 0 \pmod{m}, \\ 0, & \text{其他} \end{cases}$$

(此式对任意已给的整数 $m \geqslant 1$ 成立), 有

$$r(n) = \sum_{p,q\leqslant n} \frac{1}{m}\sum_{j=0}^{m-1} e^{2i\pi j(p+q-n)/m}$$

①原书把积分误为被积函数.—— 中译本注

$$= \sum_{j=0}^{m-1} e^{-2i\pi jn/m} p(j/m)^2,$$

只要 $m > n$. 类似地, 利用 mod $m$ 作分析用在这里更有利, 因为这样就能利用
mod $m$ 点乘法群的性质.

上面这一段里的和 $P(j/m)$ 和更简单的如 $\sum_{n \leqslant N} e^{2i\pi n^k/m}$ 那样的和称为指数和,
它们在解析数论的许多计算里起中心作用, 有好几种研究它们的技巧.

(1) 和 $\sum_{n \leqslant N} e^{2i\pi n/m}$ 很容易计算, 因为它是几何数列. 对于高次多项式, 时常可
以归结为这个情况. 例如, 记 $n_1 - n_2 = h$, 就有

$$\left| \sum_{n \leqslant n} e^{2i\pi n^2/m} \right|^2 = \sum_{n_1, n_2 \leqslant N} e^{2i\pi(n_1^2 - n_2^2)/m}$$
$$= \sum_{|h| \leqslant N} e^{2i\pi h^2/m} \sum_{\substack{\max\{0, -h\} < n_2 \\ \leqslant \min\{N, N-h\}}} e^{4i\pi h n_2/m},$$

而右方最后一个和式就是一个几何数列.

(2) 韦伊[VI.93] 和 Deligne[①]对于方程 mod $p$ 的解的个数给出了非常精确的结
果, 他们的工作特别适合解析数论中的许多应用. 例如 "Kloosterman 和"

$$\sum_{a_1 a_2 \cdots a_k \equiv b(\bmod\ p)} e^{2i\pi(a_1 + a_2 + \cdots + a_k)/p},$$

其中的 $a_i$ 遍取一切整数 (mod $p$) 而且 $(b, q) = 1$, 就自然地出现在许多问题里;
Deligne 证明了其绝对值小于或等于 $kp^{(k-1)/2}$. 这个和式里面有大约 $p^{k-1}$ 项, 每一
项的绝对值都是 1, 其中出现了多得异乎寻常的相消 (见条目韦伊猜想[V.35]).

(3) 在前面讨论过一件事实: $\varsigma(s)$ 之值表现了一种对于直线 Re$(s) = \frac{1}{2}$ 的对称
性, 这种对称性是由一个 "函数方程" 来表示的. 还有其他函数 (称为 "模函数") 也
表现了在复平面上的对称性. 典型地, 这个函数在 $s$ 点的值与在点 $(\alpha s + \beta)/(\gamma s + \delta)$
的值有关, 这里 $\alpha, \beta, \gamma, \delta$ 是整数, 而且满足条件 $\alpha\delta - \beta\gamma = 1$. 指数和优势可以与一
个模函数有关, 利用模函数点对称性, 它也因此与这个模函数在另一点的值有关.

## 12. 更多的 $L$ 函数

除了狄利克雷的 $L$ 函数以外, 还有多种 $L$ 函数, 对其中有一些, 我们有很好的

---

① Pierre Ren Viscount Deligne 出生于 1944 年, 比利时数学家. 由于他对于韦伊猜想[V.35] 的贡献,
于 1978 年获菲尔兹奖, 2008 年还获得沃尔夫奖. 2006 年比利时国王授予他子爵 (Viscount) 称号.—— 中
译者注.

了解. 而对于另一些则不然 (见条目 $L$ 函数[III.47]). 近年来最受关注的一类 $L$ 函数是与椭圆曲线相关的 $L$ 函数 (见条目算术几何[IV.5§5.1]). 一条椭圆曲线 $E$ 是由形状为 $y^2 = x^3 + ax + b$ 的方程给出的, 但其判别式 $4a^3 + 27b^2 \neq 0$. 其相关的 $L$ 函数 $L(E, s)$ 最容易地可以用下面的欧拉乘积来表示:

$$L(E, s) = \prod_p \left(1 - \frac{a_p}{p^s} + \frac{p}{p^{2s}}\right)^{-1}. \tag{17}$$

这里的 [$p$ 遍取一切素数][①], 而 $a_p$ 是一个整数, 对于不能整除判别式 $4a^3 + 27b^2$ 的 $p$, 其定义是 $p$ 减去方程 $y^2 = x^3 + ax + b \pmod{p}$ 的解 $(x, y) \pmod{p}$ 的个数. 可以证明每一个 $|a_p|$ 都小于 $2\sqrt{p}$, 所以上面的欧拉乘积当 $\mathrm{Re}(s) > 3/2$ 时绝对收敛. 所以, 对于 $s$ 的这些值, (17) 式是 $L(E, s)$ 的很好的定义. 可不可以像对待 $\varsigma(s)$ 那样把它拓展到整个复平面上去呢? 这是一个很深刻的问题 —— 其答案是肯定的. 事实上, 它就是怀尔斯 (Andrew Wiles) 的蕴含着费马大定理[V.10] 的著名定理.

　　另一个有趣的问题是去弄明白 $a_p/2\sqrt{p}$ 的值对于一切素数 $p$ 的分布, 它们都位于区间 $[-1, 1]$ 内. 可能会以为它们均匀地分布于其中, 但事实绝非如此. 在条目代数数[IV.1] 中看到, 可以把 $a_p$ 写为 $a_p = \alpha_p + \bar{\alpha}_p$, 这里的 $\alpha_p$ 称为韦伊数, 而 $|\alpha_p| = \sqrt{p}$. 如果记 $\alpha = \sqrt{p}e^{\pm i\theta_p}$, 则有一个角 $\theta_p \in [0, \pi]$ 使得 $a_p = 2\sqrt{p}\cos\theta_p$. 可以认为 $\theta_p$ 属于上半圆周. 惊人的是对于几乎所有的椭圆曲线, $\theta_p$ 都不是均匀分布的, 如果是, 就意味着椭圆曲线的一段弧中 $\theta_p$ 所占的比例就是这段弧长所占的比例. 这些 $\theta_p$ 反而是这样分布的: 它们所占的弧长与这段弧下面的面积成比例. 这是泰勒 (Richard Taylor) 的最近的结果.

　　对于 $L(E, s)$, 黎曼假设的正确的类比是: $L(E, s)$ 的所有非平凡的零点都在直线 $\mathrm{Re}(s) = 1$ 上. 大家都相信这是正确的. 此外, 大家还相信, 这些零点和 $\varsigma(s)$ 的零点一样是按照控制一个随机选择的矩阵的本征值的同样的规律分布的.

　　这些 $L$ 函数在直线 $s = 1$ 上也时常有零点 (这件事与 Birch-Swinnerton-Dyer 猜想 [V.4] 有联系), 而这些零点会排斥狄利克雷 $L$ 函数的零点 (在第四节里面提到, Goldfeld, Gross 和 Zagier 正是利用了这一点来得到 $h_{-q}$ 的下界的).

　　$L$ 函数也出现在算术几何的许多领域中, 它们的系数典型地描述了 $\bmod p$ 满足某个方程的点的数目. 朗兰茨纲领就是打算在深层次上理解这种联系的.

　　似乎每一个 "自然的" $L$ 函数都与本文讨论到的那些 $L$ 函数有相同的解析性质. 塞尔贝格建议, 这个现象应该更为一般. 考虑具有如下性质的和式 $A(s) = \sum_{n \geqslant 1} a_n/n^s$, 它们

　　• 当 $\mathrm{Re}(s) > 1$ 时有定义;

---

①原书漏了这句话.—— 中译本注

- 在这个区域 (或更小的区域)内有欧拉乘积 $\prod\limits_{p}\left(1 + b_p/p^s + b_{p^2}/p^{2s} + \cdots\right)$;
- 当 $n$ 充分大时, 其系数 $a_n$, 小于 $n$ 的 2 任意给定次幂;
- 存在某个常数 $\theta < \dfrac{1}{2}$, 以及 $\kappa > 0$ 使得 $|b_n| < \kappa n^\theta$.

塞尔贝格猜想, 应该能够在整个复平面上给 $A(s)$ 以好的定义, 而且应有一种对称关系把 $A(s)$ 与 $A(1-s)$ 联系起来. 他还猜想, 黎曼假设对于 $A(s)$ 也应该成立!

现在有一种一厢情愿的想法, 以为塞尔贝格的 $L$ 函数族就是朗兰茨心目中的函数.

## 13. 结束语

本文中讲述了关于素数分布的几个关键问题当代的想法. 令人沮丧的是, 在几个世纪的研究以后, 证明了的是如此的稀少. 素数如此精心守护着自己的秘密. 每一个新的突破似乎都需要光辉的思想和超凡的技术, 正如欧拉[VI.19] 在 1770 年所写的那样:

数学家们徒劳地想在素数的序列中发现某种秩序, 但是我们有各种理由相信, 有一些神秘是人类的心智所无法参透的.

### 进一步阅读的文献

Hardy 和 Wright 的经典著作 (1980) 在对于数论引论教本中, 对于解析主题, 就质量而言是卓立不群的. 对于解析数论的核心, Davenport 的杰作 (2000) 是最好的导引. 关于黎曼 $\varsigma$ 函数, 您所需要的一切在 Titchmarsh (1986) 里都有. 最后这门学科的当代的大师有两本新出的书 (Iwaniec and Kowalsky, 2004; Montgomery and Vaughan 2006) 把读者引导到这门学科的关键问题.

下面列出的参考书里有几篇论文对于本文很有意义, 但是其内容在上面列出的书里面都没有讨论.

Davenport H. 2000. *Multiplicative Number Theory*, 3rd edn. New York: Springer.

Deligne P. 1977. Applications de la formule des traces aux sommes trigonométriques. In *Cohomologie Étale* (SGA 4 1/2). Lecture Notes in Mathematics, volume 569. New York: Springer.

Green B, and Tao T. 2008. The primes contain arbitrarily long arithmetic progressions. *Annals of Mathematics*, 167: 481-547.

Hardy G H, and Wright E M. 1980. *An Introduction to the Theory of Numbers*, 5th edn. Oxford: Oxford University Press.

Ingham A E. 1949. Review 10,595c (MR0029411). *Mathematical Reviews*. Providence, RI: American Mathematical Society.

Iwaniec H and Kowalsky E. 2004. *Analytic Number Theory*. AMS Colloquium Publications, volume 53. Providence, RI: American Mathematical Society.

Montgomery H L and Vaughan R C. 2006. *Mulplicative Number Theory* I : *Classical Theory*. Cambridge: Cambridge University Press.

Soundararajian K. 2007. Small gaps between prime numbers: the work of Goldston-Pntz-Yiridirim. *Bulletin of American Mathematical Society*, 44:1-18.

Titchmarsh E C. 1986. *The Theory of Riemann Zeta Functions*, 2<sup>nd</sup> edn. Oxford: Oxford University Press.

# IV.3　计 算 数 论

Carl Pomerance

## 1. 引言

从历史上看, 计算一直是数学发展的驱动力. 埃及人为了帮助测量田地的大小发明了几何学; 希腊人为了确定行星的位置发明了三角学; 发明代数学则是为了求解用数学作世界的模型而产生的方程式. 这个单子可以一直列下去, 而且不只是历史事件的清单. 不管怎么说, 现在计算更加重要了. 现代技术很大一部分是以能够迅速计算的算法为基础的, 其中包括了从使得 CAT (computed axial tomography, 计算机轴向分层造影, 也就是常说的 CT) 扫描成为可能的小波[Ⅶ.3] 到为了作天气预报和预测全球变暖而进行的极复杂系统的外推、因特网的搜索引擎后面的组合算法 (见条目算法设计的数学[Ⅶ.§6]) 等等.

在纯粹数学中也要进行计算, 而许多大定理和猜测, 从根本上讲, 是由计算经验的启示而得到的. 据说高斯[Ⅵ.26], 作为一个杰出的计算大师, 时常只需要计算一两个例子, 就能发现其后面的定理并且给出证明. 一方面, 纯粹数学有些分支迷失了与其计算根源的联系, 另一方面, 由于价格低廉的计算能力和方便的数学软件的出现, 有助于扭转这样的趋势.

有一个领域, 在其中可以清楚地感觉到这种新的对于计算的强调, 那就是数论, 即本文的主题. 高斯早在 1801 年就发出了具有远见的动员令:

> 把素数从合数中分离开来, 并把后者分解为它们的素数因子, 我们知道这是算术中最重要又有用的问题之一. 它把古代和现代的几何学家们的劳作和智慧吸引到这样的地步, 所以再来详细讨论这个问题已经是多余的了. 然而, 我们必须承认, 迄今所提出的一切方法或者仅限于非常特殊的情况, 或者过于麻烦和困难, 甚至那些大小未曾超出这些可敬的人所编制的表的范围的那些数, 对于从事实际计算的人的耐心都是一个考验. 而且这些方法完全不能适用于大

数. …… 进一步说, 科学本身的尊严似乎也要求用一切手段来解决如此漂亮如此著名的问题.

把一个整数分解为素数因子固然是数论中的一个非常基本的问题, 但是数论的一切分支也都有计算的成分. 而且在有些领域里, 有关计算的文献是如此有生命力, 所以我们把对于所涉及的算法的讨论当作本身就有数学兴趣的主题. 在本文中, 我们将简要地提出几个具有计算精神的例子: 在解析数论中 (素数的分布和黎曼假设)、在丢番图方程中 (费马大定理和 ABC 猜想)、在初等数论中 (素性和因数分解) 都有计算的精神. 我们将要探讨的第二个主题是: 计算、试探式的推理和猜测之间的强劲有力的富有建设性的相互作用.

## 2. 区分素数和合数

这个问题的陈述很简单. 给定一个整数 $n > 1$, 要决定它是素数还是合数, 而且我们知道一个算法, 这就是依次用各个整数去除 $n$, 或者会找到一个真因子, 这时就知道 $n$ 是合数, 或者找不到, 就知道 $n$ 是素数. 例如, 取 $n = 269$, 它是一个奇数, 所以没有任何偶数因子; 它也不是 3 的倍数, 所以也没有 3 的任何倍数为它的因子. 继续下去, 就可以排除 5, 7, 11 和 13. 下一个可能的数是 17, 但它的平方大于 269, 这意味着如果 269 是 17 的倍数, 269 必定也是另一个小于 17 的数的倍数. 因为我们已经排除了这一点, 所以在试验到 13 后就可以停止试除, 而断定 269 是素数. (如果真要执行这个算法, 可以用 17 来试除 269, 然后就会发现, $269 = 15 \times 17 + 14$. 这时就会注意到, 商 15 小于 17, 这就是告诉了我们 $17^2$ 大于 269. 这时就会停下来). 一般说来, 因为合数 $n$ 必有一个真因子 $d \leqslant \sqrt{n}$, 在试除过程中, 只要排除了 $\sqrt{n}$ 后, 就可以放弃试除, 而断定 $n$ 是素数.

这个直截了当的方法对于用心算来判断一个小的数字是否素数是极好的, 而对用机器来计算稍大的数, 这个方法也还可以. 但是看一下计算时间的尺度变化, 就知道这个方法很差, 因为如果把 $n$ 的位数翻倍, 则在最坏的情况下所需的时间就要平方, 所以这是一个 "指数时间" 问题. 对于一个人, 如果 20 位的数字的计算时间还可以忍受, 请想一想, 判断 40 位数的素性需要多长时间! 您可能忘记了还有成百成千位的数字. 一个算法对于更大的输入其运行时间的尺度如何, 在把一个算法与另一个算法比较时这是一个最为重要的问题. 与应用试除需要指数时间相对立, 考虑一下两个数字的乘法. 小学里讲的乘法的算法是取一个数的各位数, 用它们依次去乘另一个数, 把这样得到的数字按照进位排列成一个平行四边形阵列, 然后再作加法, 就会得到答案. 如果把每一个数的位数都翻倍, 这个平行四边形在每个方向上都会大了一倍. 所以运行时间就会增加一个因子 4. 两个数的这种乘法 (也就是所谓 "长乘法"), 是 "多项式时间" 的算法的一个例子; 当输入的数的长度 (就是位数) 翻倍时, 其运行时间的尺度变化是增加一个常数因子.

这样就可以把高斯的动员令重新表述如下: 是否存在一个多项式时间的算法来把素数和合数区别开来? 是否有一个多项式时间的算法能够给出一个合数的非平凡因子? 现在可能还看不出来它们是两个性质不同的问题, 因为都用到了试除法. 然而我们会看到, 把它们分开来看是方便的, 高斯就是这样做的.

现在我们集中于素数的识别. 我们想要的是一个计算起来很简单的判据, 使得素数满足它, 而合数不满足它. 有一个老定理, 即威尔森定理可能正合需要①. 注意到 6! = 720, 而恰好比 7 的某个倍数小 1, 而威尔森定理指出, 一个整数 $n > 1$ 为素数的充分必要条件是 $(n-1)! \equiv -1 \pmod{n}$, 所以 7 是一个素数 (这个命题和类似命题的含义, 在条目模算术[III.58] 中有解释). 当 $n$ 是合数时这个式子不可能成立. 因为如果 $p$ 是 $n$ 的一个素因子, 而且小于 $n$, 则它也是 $(n-1)!$ 的因子, 所以不可能是 $(n-1)! + 1$ 的因子. 这样就有了一个关于素性的板上钉钉的判据. 然而威尔森的判据并不符合 "计算起来很简单" 的标准, 因为我们不知道有什么计算阶乘 mod 另一个数的特别快速的方法. 例如威尔森能预见到 268! $\equiv -1 \pmod{269}$, 因为我们在前面已经知道了 269 是一个素数. 但是如果我们不知道这件事, 怎样能够知道 268! 除以 269 的余数呢? 我们可以逐个因子地乘, 这样来算出 268!, 但是比之试除到 17, 计算的步数要多多了. 要证明某一件事不可能是很难的, 事实上, 没有一个定理说我们不可能在多项式时间内算出 $a! \pmod{b}$. 我们确实知道一些比完全硬算快得多的方法, 但是, 迄今为止, 所有我们知道的方法都需要指数时间. 所以, 威尔森定理初看是有希望的, 但是除非我们找到了快速计算 $a! \pmod{b}$ 的方法, 它是没有用处的.

费马小定理[III.58] 又如何? 注意 $2^7 = 128 = 7 \times 18 + 2$ 所以比 7 的倍数多 2. 或者取 $3^5 = 243$, 经过计算, 知道它同余于 3 (mod 5). 费马小定理告诉我们, 如果 $n$ 是素数, 而 $a$ 是任意整数, 则 $a^n \equiv a \pmod{n}$. 如果说计算一个大数的阶乘 mod $n$ 是很困难的事情, 那么计算一个大的幂 mod $n$ 说不定也很难.

计算一个中等大小的数, 看一看是不是有什么思想会跳出来, 这并没有坏处. 取 $a = 2$, $n = 91$, 试一试计算 $2^{91} \pmod{91}$. 数学中, 一个有力的思想是化简. 我们能不能把这个计算问题化为较小的问题呢? 注意, 如果已经算出了 $2^{45} \bmod 91$ 而得到同余数例如 $r_1$, 则 $2^{91} \equiv 2r_1^2 \pmod{91}$, 就是说, 只需再做一点小的附加的计算: $2r_1^2 \pmod{91}$, 就可以达到目的, 而在计算 $2^{45} \bmod 91$ 时, 指数 45 只是原来的 91 的一半稍少. 怎样做下去就很清楚了, 只需把指数再化为比它的一半还少 1 的 22 即可. 如果 $2^{22} \equiv r_2 \pmod{91}$, 则 $2^{45} \equiv 2r_2^2 \pmod{91}$. 当然, $2^{22}$ 是 $2^{11}$ 的平

---

① 威尔森 (John Wilson) 定理虽然是由他发现并由他的老师华林[VI.21] 在 1770 年发表的, 但是他们都没有给出证明. 第一个证明是拉格朗日给出的. 同时, 印度数学家和伊斯兰数学家都早就知道了这个定理. 原文说它只是素性的必要条件: 若 $n$ 为素数, 则 $(n-1)! \equiv -1 \pmod{n}$ 不妥, 译文已经改正了. 古代的印度数学家和伊斯兰的数学家就已经知道了这个定理.—— 中译本注

方, 如此等等. 这个程序不难 "自动化", 因为指数序列

$$1, 2, 5, 11, 22, 45, 91$$

可以直接从 91 的二进位表示 1011011 读出来, 因为这个指数序列的二进位表示恰好是

$$1\ , 10\ , 101\ , 1011\ , 10110\ , 101101\ , 1011011,$$

就是 1011011 从左向右取的各段. 很清楚, 从其中的一个数到下一个数, 或者是翻倍 (就是后面添上一个 0), 或者是翻倍加 1(后面添上 0 以后再用 1 相加, 或者说就是后面添 1).

这个程序的尺度变化也很好. 如果 $n$ 的位数加倍, 则它的指数序列也会加倍, 而从一个指数转到下一个指数作为一个模乘法, 其所需的时间会加上一个因子 4(我们常用的带余除法和乘法一样, 当问题变大一倍后, 运行时间会是 4 倍). 这样, 总的运行时间会增加一个因子 $8 = 2^3$, 这就给出了一个多项式时间的算法, 称为 "幂同余算法"(power mod algorithm).

这样, 我们用 $a = 2$ , $n = 91$ 来试一试费马小定理. 幂的序列现在是

$$2^1 \equiv 2, 2^2 \equiv 4, 2^5 \equiv 32, 2^{11} \equiv 46, 2^{22} \equiv 23, 2^{45} \equiv 57, 2^{91} \equiv 37,$$

所有这些式子都是 mod 91 的同余式, 而由一项到下一项, 或是作一个平方 mod 91, 或是平方以后再乘上 2mod 91.

请稍等一下, 费马小定理不是说最后的同余数应该为 2 吗? 是的, 但是, 是在 $n$ 为素数时如此. 可能您已经注意到 91 是一个合数, 上面的计算结果证实了 91 确是一个合数.

值得注意的是 —— 这是一个例子 —— 经过计算会证明 $n$ 是一个合数, 但是给不出任何非平凡的因子分解!

请您试一下这个幂同余算法, 但是把幂的底数从 2 变成 3. 虽然 $n = 91 = 7 \times 13$ 是合数而非素数, 仍然会得到 $3^{91} \equiv 3 \pmod{91}$, 而与费马小定理的结果一致. 我敢肯定, 您不会跳到 91 也是素数的错误结论! 按照现在的情况, 费马小定理有时可以用来识别合数, 但是不能用来识别素数.

关于费马小定理还有两件有趣的事要作进一步的说明. 第一件是负面的, 有一些合数, 例如 $n = 561 = 3 \times 11 \times 17$ 是一个合数, 但是对于每一个整数 $a$, 费马同余式都成立. 这种数 $n$ 称为 Carmichael 数 (Robert Daniel Carmichael, 1879–1967, 美国数学家). 从素性检验的角度来看, 不幸的是这种数为数无穷, 这一点是 Alford, Granville 和我的结果. 但是还有正面的情况, 如果从适合以下条件的数对 $(a, n)$ 中作随机的选择, 几乎可以肯定, 当 $x$ 增大时, 所选出的数对中, $n$ 一定是素数. 这个

条件就是: $a^n \equiv a \pmod{n}, a < n$ 而且 $n$ 被某个大数 $x$ 所限制. 这一点是爱尔特希和我的结果.

可以把费马小定理和 (奇) 素数的另一个初等的性质结合起来. 如果 $n$ 是一个奇素数 (就是 $n \neq 2$), 则同余式 $x^2 \equiv 1 \pmod{n}$ 恰好有两个解, 就是 $x = \pm 1$. 其实, 还有一些合数也有这个性质, 但是可以被两个不同奇素数整除的合数就没有这个性质.

现在设 $n$ 是一个奇数, 而我们想要决定它是否素数, 则可以这样做: 设在区间 $1 \leqslant a \leqslant n - 1$ 中取某个数 $a$ 使得 $a^{n-1} \equiv 1 \pmod{n}$, 令 $x = a^{(n-1)/2}$, 就有 $x^2 = a^{n-1} \equiv 1 \pmod{n}$; 而由上面提到的素数的简单性质知道, 若 $n$ 是素数, 必有 $x = \pm 1$. 这样, 计算 $a^{(n-1)/2}$, 如果发现它并不同余于 $\pm 1 \pmod{n}$, 则 $n$ 必为合数.

现在我们用 $a = 2, n = 561$ 来做一个实验. 上面已经说过 $561 = 3 \times 11 \times 17$ 是一个合数, 但是可以换一个角度来看这个数. 前面也说过, 561 是一个 Carmichael 数, 所以容易推出 $2^{560} \equiv 1 \pmod{561}$, 那么 $2^{280} \bmod 561$ 又是什么? 计算结果又是 1, 只从这一点, 还不能得出 561 是否合数的结论. 不妨再前进一步看 $2^{140} \bmod 561$. 因为它的平方 $2^{280}$ 同余于 $1 \bmod 561$, 而计算结果则得到 $2^{140} \equiv 67 \pmod{561}$, 这就是说得到了一个其平方不是 $\pm 1 \pmod{561}$ 的数. 这就说明 561 不能是素数而只能是合数 (当然对于这个特定的数, 我们早就知道 $n = 561 = 3 \times 11 \times 17$, 所以不需要上面的论据也知道它是合数, 而没有任何神秘之处. 但是这个方法可以用于许多远非那么显然的情况). 在实际去做的时候也没有必要从大的指数倒退到小的指数, 事实上, 如果用前面概述的方法来计算 $2^{560} \bmod 561$, 则在计算过程中也就顺便算出了 $2^{140}$ 和 $2^{280}$, 所以前面的检验方法的这一个推广, 更快也更有力.

这里举例说明一个一般原理. 设 $n$ 是一个奇素数, 令 $a$ 为一个不能用 $n$ 整除的整数. 记 $n - 1 = 2^s t$,   $t$ 为奇数, 则把

或者有 $a^t \equiv 1 \pmod{n}$, 或者对某一个 $i = 0, 1, \cdots, s - 1$ 有 $a^{2^i t} \equiv -1 \pmod{n}$

称为强费马全同. 这里发生一件奇妙的事情, 就是由 Monier 和 Rabin 独立证明了的事: 这里没有 Carmichael 数的类似物. 他们证明了若在 $1 \leqslant a \leqslant n - 1$ 中选择 $a$, 则至少有四分之三次选择得到的 $a$ 会使得强费马全同不成立.

如果只是想在实际上区分素数与合数, 而且不坚持想要证明, 那么读到这里也就够了. 就是说, 现在可以操作如下: 如果给了一个充分大的奇数 $n$, 则可以在区间 $[1, n - 1]$ 中随机地选 20 个数作为 $a$, 然后试着用这些 $a$ 为底数, 看一看会不会发生强费马全同. 只要一旦某个 $a$ 不适合强费马全同, 就可以就此止步: 数 $n$ 一定是合数. 而若对这 20 个 $a$ 都发生了强费马全同, 则可以猜测 $n$ 一定是素数. 事实上, 如果 $n$ 是合数, Monier-Rabin 定理告诉我们, 对于 20 个随机选择的底数 $a$, 都有强费马全同成立的概率最多是 $4^{-20}$, 这个机会小于万亿分之一. 这样就有了一个

很了不起的素性的概率检验方法. 如果这个检验方法告诉我们 $n$ 是合数, 那么它就一定是合数, 而如果告诉我们它是素数, 那么, $n$ 不是素数的概率小得完全可以忽略不计.

如果区间 $[1, n-1]$ 中有四分之三的 $a$ 都能够提供容易的确认奇合数确实为合数的检验方法的关键, 那么真正找出一个 $a$ 来也一定不难! 我们能不能从小的 $a$ 开始, 一个一个地试, 直到找到 $a$ 为止? 妙极了, 但是什么时候停止搜索呢? 让我们想一想. 我们已经放弃了随机性的力量, 而按照顺序从很小的数字开始逐个地寻找作试验的底数 $a$. 那么我们能够用似然的论据来论证这些 $a$ 的性态都是随机的选择吗? 它们之间是有联系的. 例如, 设若取 $a = 2$ 并没有得出 $n$ 为合数的证明, 则取 2 的幂为 $a$ 也不行. 理论上说, 有可能 2 和 3 都不能证明 $n$ 为合数, 但是取 $a = 2 \times 3 = 6$ 却有可能管用, 虽然这并不是很常见的事. 所以, 让我们把这种似然推理加以修正, 并认为各个 $a$ 取素数值是独立的事件. 按照以后要讨论的**素数定理** [V.26], 到 $\log n \log \log n$ 为止有大约 $\log n$ 个素数, 所以似然地说, $n$ 为合数的概率是 $4^{-\log n} < n^{-4/3}$, 虽然这些素数并不能帮助我们证明 $n$ 为合数. 但因为 $\sum_n n^{-4/3}$ 是收敛的, 所以选 $\log n \log \log n$ 为停止点说不定就行了, 至少当 $n$ 很大时是这样.

Miller 能够证明稍弱一点的结果, 就是取 $c (\log n)^2$ 为停止点就够了, 但是他的证明依赖于**黎曼假设** [V.26] 的一个推广 (我们将在下面讨论黎曼假设, 但是 Miller 的推广超出了本文的范围). Bach 的进一步工作能够证明, 可取 $c = 2$. 总之, 如果这个推广的黎曼假设成立, 而且强费马全同对于每一个正整数 $a \leqslant 2 (\log n)^2$ 都成立, 则 $n$ 为素数. 所以, 如果来自另一个数学领域的未曾证明的假设为真, 就可以在多项式时间内, 用一个决定论的算法来决定 $n$ 是素数还是合数 (使用这个有条件的检验方法是有诱惑力的, 因为如果它说了谎, 把一个特定的合数说成了素数, 那么, 它的失败 —— 如果能够看出来是失败了的话 —— 将使数学中一个最著名的假设得到否证. 说不定这样的失败并不是灾难性的)!

在 1970 年代 Miller 的检验方法以后, 不断对我们提出的挑战就是: 是否存在一个不需要假设未证明的数学猜想的多项式时间的素性检验方法? 最近, 印度数学家 Agrawal 等 (见本文末的参考文献 (Agrawal et al., 2004)) 用响亮的 "是" 回答了这个问题. 他们的思想的起点是二项定理与费马小定理的结合. 给定一个整数 $a$ 以后, 考虑多项式 $(x + a)^n$, 并用通常的二项定理把它展开. 在首尾两项 $x^n$ 和 $a^n$ 之间的各项, 所有的各项的系数都是整数 $n! / (j! (n-j)!), 1 \leqslant j \leqslant n-1$. 如果 $n$ 是素数, 它们都可以用 $n$ 整除. 因为 $n$ 既然是素数, 它就没有能被分母的任意因子约去的因子. 就是说, 这些系数都是 0 mod $n$. 例如 $(x + 1)^7$ 等于

$$x^7 + 7x^6 + 21x^5 + 35x^4 + 35x^3 + 21x^2 + 7x + 1,$$

而中间的各项系数都是 7 的倍数. 这样, 就有 $(x+1)^7 \equiv x^7 + 1 \,(\mathrm{mod}\ 7)$(说两个多项式 $\mathrm{mod}\ n$ 同余, 就是说它们的相应系数都 $\mathrm{mod}\ n$ 同余). 一般地说, 如果 $n$ 是素数, 而 $a$ 是任意整数, 则利用二项定理的思想和费马小定理, 就可以得到

$$(x+a)^n \equiv x^n + a^n \equiv x^n + a \,(\mathrm{mod}\ n).$$

证明这个同余关系在 $a = 1$ 的简单情况下就等价于 $n$ 的素性, 这只是一个简单的练习. 但是和威尔森判据的情况一样, 如果事先不知道 $n$ 是素数, 要逐个来验证这些系数都能被 $n$ 整除, 我们还不知道有什么快捷的方法.

然而, 对于多项式, 我们能够做的事情多于求它们的幂. 我们可以求它们的商和余, 如同对整数所做的那样. 例如, 说 $g(x) \equiv h(x) \,(\mathrm{mod}\ f(x))$ 是有意义的, 就是指 $g(x)$ 和 $h(x)$ 在用 $f(x)$ 除以后有相同的余式; 说 $g(x) \equiv h(x) \,(\mathrm{mod}\ n, f(x))$ 则是指 $g(x)$ 和 $h(x)$ 在用 $f(x)$ 除以后的余式在 $\mathrm{mod}\ n$ 意义下同余. 和对于整数同余的模算法一样, 也可以快速地算出 $g(x)^n \,(\mathrm{mod}\ n, f(x))$, 只要 $f(x)$ 的次数不太高就行. Agrawal 等就提出了这一点. 他们有一个次数不太高的辅助的多项式 $f(x)$, 使得只要对于每一个整数 $a = 1, 2, \cdots, B$(这里 $B$ 不太大) 都有

$$(x+a)^n \equiv x^n + a \,(\mathrm{mod}\ n, f(x)),$$

则 $n$ 一定属于一个集合, 其中有素数和一些合数, 但是这些合数容易识别出来 (并非每一个合数都难以识别, 那些具有小素数因子的合数都容易识别). 这些思想合在一起就成了 Agrawal 等的素性检验方法. 要想详细地给出全部论证, 就要明确指出所用的辅助函数 $f(x)$ 和常数 $B$, 还要严格地证明正是素数通过了检验.

Agrawal(2004) 给出了这个辅助函数, 它就是简单得非常漂亮的函数 $x^r - 1$, 而这里的 $r$ 有一个很简单的上界大约是 $(\log n)^5$. 做完这些事情所需的算法的时间界限大约是 $(\log n)^{10.5}$. 他们使用了一个数值上不太高效率的工具把时间减少到 $(\log n)^{7.5}$. 最近, Lenstra 和我提出了一个不那么简单但是效率较高的方法把 $\log n$ 的指数降到了 6. 我们做到这一点, 是由于我们把所使用的多项式的集合扩大到形式为 $x^r - 1$ 的多项式以外, 特别是使用了与高斯用直尺和圆规作正 $n$ 边形的算法 (见条目代数数[IV.1§13]) 有关的多项式. 能够用上高斯的著名工具来对他所提出的区别合数与素数这个问题说上什么, 这使我们很高兴.

新的素性检验的多项式时间的算法实际用起来很好吗?迄今为止, 答案为 “否”, 竞争太激烈了. 例如使用椭圆曲线[III.21] 的算术, 使我们想到了一个检验大数的素性的真正好的证明. 我们猜想, 这个算法的运行时间是多项式时间, 但是我们甚至还没有证明到这个算法可以运行到头而停机. 如果到头来、或者在运行可以停机的时候得到了一个合法的证明, 那我们就还能忍受在开始的时候不能确定它能行的那

种局面! 这个方法是由 Atkin 和 Morain 首先提出的, 最近已经证明了一个十进制位数超过 20000 的数的素性, 而且此数不是那种具有特殊形式如 $2^n - 1$ 的数, 这种特殊形状会使得素性检验变得容易一些. 而那个新品种的多项式时间检验方法的纪录只是可怜的 300 位数.

对于某些特定形式的数, 有快得多的素性检验方法. 梅森 (Marin Mersenne, 1588–1648, 法国传教士, 笛卡儿的朋友) 素数就是形如 2 的某一个幂减去 1(就是上面说的特殊形状如 $2^n - 1$) 的素数. 人们以为有无穷多个这种形状的素数, 但是远未得到证明. 迄至 2005 年 12 月, 已知的梅森素数有 43 个, 保持当时纪录的例子是 $2^{30402457} - 1$, 这个素数的十进制位数超过 9.15 百万[1].

关于素性检验和更多的其他来源的信息可以参看本文参考文献 (Crandall and Pomerance, 2005).

## 3. 合数的因子分解

与对于素性的检验的了解比较起来, 我们对大数作因子分解的能力还是处在黑暗时代. 事实上, 这两个问题的不平衡性正是因特网上的电子商务安全性的支柱 (其原因请见条目数学与密码[VII.7]). 这是数学的非常重要的也是非常奇特的应用, 不是瞎吹, 它依靠的正是数学家们不能解决一个基本的问题.

虽然如此, 我们还是有我们的办法. 解决因子分解问题的前景部分就来自计算两个数的最大公约数 (GCD) 的欧几里得算法[III.22]. 解决因子分解问题的一个朴素的想法是: 如果想计算两个整数的 GCD, 只需要把这两个数的一切因数都找出来, 再从其中取出最大的就行了. 但是欧几里得算法要有效多了, 其所需要的算术步骤的数目以比较小的数的对数为界, 所以, 它的运行不仅是只需要多项式时间, 而且是相当快的.

所以, 如果能够造出一个特殊的数 $m$, 使它和我们想要作因子分解的数 $n$ 可能有共同的非平凡因子, 就可以用欧几里得算法来求出这个公因子. 例如 Pollard 和 Strassen 就曾 (独立地) 应用这个思想, 以及作乘法和多项式求值的快速的子程序, 来改进上节讲的试除法. 多少有点像是一个奇迹, 他们取直到 $n^{1/2}$ 的数为 $m$, 并把区间 $[0, n^{1/2}]$ 分成 $n^{1/4}$ 个长度为 $n^{1/4}$ 的子区间, 而对于每一个子区间, 则计算其中所有整数的乘积与 $n$ 的 GCD, 而总共只用了 $n^{1/4}$ 个基本的步骤. 如果 $n$ 是一个合数, 则至少有一个 GCD 大于 1, 只在第一个这样的子区间里搜索, 就能找到 $n$ 的一个非平凡的因子. 迄今为止, 在我们所知的严格的决定论的因子分解方法中, 这

---

[1] 现在有一个搜寻梅森素数的计划, 就是由志愿者们用一个公开的公共软件, 利用自己能够得到的计算资源来找最大的梅森素数, 所以这个纪录是在不断被打破. 文中所说的第 43 个梅森素数是 2005 年 12 月发现的, 2009 年 4 月又发现了第 46 个: $2^{42643801} - 1$, 它是一个 12,837,064 位数. 其实这里面会有一些混淆, 例如, 更大的第 47 个梅森素数 $2^{43112609} - 1$, 是一个 12,978,189 位数, 反而是在 2008 年 8 月被人发现的. 请参看 http://mathworld.wolfram.com/news/2009-06-07/mersenne-47/.—— 中译本注

是最快的一种.

绝大多数实用的因子分解算法都是基于对于自然数的未曾得到证明但是看起来是合理的假设的. 虽然我们不知道如何严格证明这些算法一定能给出因子分解或者一定能很快地作出这个分解, 但是实际上它们是这样的. 这里的情况很像实验科学, 在那里总是用实验来验证假设的. 我们对于某些因子分解算法的经验现在已经是不可抗拒的, 如果是科学家, 就会宣称其中定有物理规律在. 然而, 作为数学家, 我们总在寻找证明, 不幸的是, 被我们分解的数并不感觉到有必要等我们去证明.

我时常提到一个中学的数学竞赛题目: 将 8051 分解因子. 窍门就在于要看到 $8051 = 90^2 - 7^2 = (90 - 7)(90 + 7)$, 由此很快就能读出分解式 $83 \cdot 97$. 事实上, 每一个奇合数都可以当作两个平方之差来分解因子, 这个想法可以回溯到费马[VI.12]. 事实上, 如果 $n$ 有一个非平凡的分解 $ab$, 则令 $u = \frac{1}{2}(a + b), v = \frac{1}{2}(a - b)$, 就有 $n = u^2 - v^2$, 而 $n$ 的两个因子就是 $a = u + v$ 和 $b = u - v$. 如果 $n$ 有接近于 $\sqrt{n}$ 的因子, 这个方法用起来是很好的, 8051 就是这样的, 但是在最坏的情况下, 费马方法比试除法更慢.

我的二次筛法 (来自 Kraitchik, Brillhart-Morrison 和 Schroeppel 的工作) 试图有效地把费马的思想推广到一般的奇合数. 例如, 取 $n = 1649$. 我们想找出一个整数 $j$ 来使得 $j^2 - 1649$ 成为一个平方数, 例如 $k^2$, 这样就有 $1649 = j^2 - k^2$ 而与上面所说一致. 我们从取 $j$ 略大于 $n^{1/2}$ 开始, 即从取 $j = 41$ 开始, 让 $j$ 慢慢变大, 终至 $j^2 - 1649$ 成为一个完全平方, 于是令

$$41^2 - 1649 = 32,$$
$$42^2 - 1649 = 115,$$
$$43^2 - 1649 = 200,$$
$$\cdots\cdots$$

至此右方仍然没有出现完全平方. 这一点并不奇怪, 因为费马的方法本来就是一个比较差的方法. 但是, 不要着急, 第一行和第三行的乘积 $6400 = 80^2$ 不是一个完全平方吗? 所以, 把这两行乘起来并且按照 mod 1649 求它的同余式, 就得到

$$(41 \cdot 43)^2 \equiv 80^2 \,(\mathrm{mod}\ 1649).$$

这样就有了一对 $u, v$ 使得 $u^2 \equiv v^2 \,(\mathrm{mod}\ 1649)$. 这和得出 $u^2 - v^2 = 1649$ 还不一样, 而我们本来是希望得到此式的, 但是我们总是得到了 1649 是 $(u + v)(u - v)$ 的一个因子. 可能 1649 可以整除 $(u + v)$ 或 $(u - v)$, 如果 1649 二者都不能整除, 它至少可以分解为两个因子, 而每一个或者是 $(u + v)$ 的因子或者是 $(u - v)$ 的因子. 所

以只要计算 $(u+v)$(或 $(u-v)$) 与 1649 的 GCD, 就能够找到 1649 的一个真因子. 现在 $v=80$, 而 $u=41\cdot43\equiv114\,(\mathrm{mod}\,1649)$, 所以 $u\not\equiv\pm v(\mathrm{mod}\,1649)$, 而我们正是处在二者都不能整除的情况. $114-80=34$ 与 1649 有 GCD 为 17. 做除法就得到 $1649=17\cdot97$ 而 1649 的因子分解问题就可以解决了.

这一点能否推广? 在试着把 $n=1649$ 分解因子时, 我们是考虑二次多项式 $f(j)=j^2-n$ 从 $j$ 略大于 $\sqrt{n}$ 起的逐个值, 并且把这个二次多项式看成是同余式 $j^2\equiv f(j)\,(\mathrm{mod}\,n)$, 然后找到 $j$ 的值所成的具有以下性质的一个集合 **M**, 即使得 $\displaystyle\prod_{j\in\mathrm{M}}f(j)$ 等于一个平方数 (例如 $v^2$) 的 $j$ 所成的集合. 这样, 令 $u=\displaystyle\prod_{j\in\mathrm{M}}f(j)$, 就有 $u^2\equiv v^2\,(\mathrm{mod}\,n)$. 又因为 $u\not\equiv\pm v(\mathrm{mod}\,n)$, 通过计算 $u-v$ 和 $n$ 的 GCD, 就可以把 $n$ 分解因子. 这个方法就叫做二次筛法.

从 $n=1649$ 这个小例子还可以学到一点东西. 我们是利用了上面那个表中的第一行、第三行的 32 和 200 相乘来构成一个完全平方 $6400=80^2$, 但是跳过了第二行的 115. 如果我们想到了这一点, 就会注意到, 32 和 200 从一开始就看起来比 115 更有用. 理由在于, 32 和 200 都是光滑数 (即只含小素数因子的数, 在这个例子中就是只含小于 $\sqrt{32}$ 或 $\sqrt{200}$ 的素因子), 而 115 则含有比 $\sqrt{115}\approx11$ 更大的素因子 13, 所以不是光滑数. 如果有 $k+1$ 个正整数, 而它们的素因子只是前 $k$ 个素数, 则下面的结果只是一个容易证明的定理: 这 $k+1$ 个正整数必有一个非空的子集合, 使其中的数的乘积成为一个完全平方. 证明的思想大体如下: 这 $k+1$ 个正整数都可以写成 $p_1^{\alpha_1}p_2^{\alpha_2}\cdots p_k^{\alpha_k}$ 的形式, 所以每一个这样的数都有一个指数向量 $(\alpha_1,\alpha_2,\cdots,\alpha_k)$. 这些数的相乘就对应于指数向量的相加, 平方数就是所有这些指数均为偶数的数. 我们其实只关心这些指数为奇或为偶, 所以当 $\alpha_i$ 为奇数时, 就把它换成 1, 是偶数时就换成 0, 这样就可以假设这些指数向量的坐标都是 0 或者 1. 当指数相加时 (对应于原来的数相乘), 可以考虑它们的同余加法 mod 2. 因为共有 $k+1$ 个向量, 而每一个向量又都有 $k$ 个坐标, 所以用简单的矩阵计算就可以找到这 $k+1$ 个向量的子集合, 使其 mod 2 的和为 0 向量. 相应于这个子集合中的向量的整数的乘积就是完全平方.

在 $n=1649$ 这个玩具似的例子里, 第一行和第三行的数分别是 $32=2^53^05^0$ 和 $200=2^33^05^2$, 这里有 3 个素数因子: 2, 3, 5, 所以 $k=3$. 它们的指数向量是 $(5,0,0)$ 和 $(3,0,2)$, 也就是 mod 2 的 $(1,0,0)$ 和 $(1,0,0)$, 它们的和则是 mod 2 的 $(0,0,0)$. 这就说明原来的两个数 32 和 200 的乘积是完全平方. 这样, 我们的运气很好, 只用两个向量就摆平了, 而用不着文中说的 $k+1=4$ 个向量.

在一般的二次筛法里, 我们在序列 $j^2-n$ 中找出光滑数来, 作出它们的 mod 2

指数向量, 用一个矩阵来找出一个指数向量集合的非空的子集合, 使其中的向量 mod 2 相加成为 0 向量, 这个子集合就相应于 $j$ 的子集合 $\mathbf{M}$, 而 $\prod_{j\in M} f(j)$ 是一个完全平方.

除此之外, 二次筛法的 "筛" 还在于从 $f(j) = j^2 - n$ 中筛取出光滑数. 集合 $\{f(j) = j^2 - n\}$ 是一个 (二次) 多项式的相继的值构成的, 所以可以在这个序列的有规则的位置上找到其中可以被一个给定的素数整除的那些值. 例如在实例 $n = 1649$ 中, 只有在 $j \equiv 2$ 或者 $3 \pmod 5$ 时, $j^2 - 1649$ 才能被 5 整除. 所以可以用一个很像埃拉托色尼的筛来有效地找出使 $f(j) = j^2 - n$ 为光滑数的那些 $j$ 来. 但是, 这就引起了一个关键问题, $f(j)$ 要多么光滑我们才能接受它. 这就要看我们允许哪些素数进入 $p_1^{\alpha_1} p_2^{\alpha_2} \cdots p_k^{\alpha_k}$ 中. 如果我们对允许进入的素数规定一个比较小的界限, 那么就不必对 $p_1^{\alpha_1} p_2^{\alpha_2} \cdots p_k^{\alpha_k}$ 中的所有的 $p_i$ 来应用矩阵算法. 但是这样的很光滑的值就很少见. 如果我们对允许进入的素数规定一个比较大的界限, $f(j)$ 中光滑数就比较常见, 而我们就需要对更多的 $p_i$ 来应用上面的矩阵计算. 所以, 不大不小就是恰到好处! 为了选择这样一个界限, 知道一个既约的二次多项式的值中光滑数出现的频度就对我们很有帮助. 不幸的是, 找不到一个定理告诉我们这一点, 但是假设频度大体上就是同样大小的随机数的频度, 仍然不失为一个好的选择, 这个假设大概是对的, 但是很难证明.

最后, 如果得到的最终的 GCD 给出的只是 $n$ 的平凡的因子分解, 就需要继续做下去, 找出更多的线性依赖关系, 而这又给出了新的机会.

这样的思想给出了用二次筛法对 $n$ 作因子分解的时间界限, 大约是

$$\exp\left(\sqrt{\log n \log\log n}\right).$$

它并不是如试除法那样, 是 $n$ 的位数的指数函数, 而大体上只是 $n$ 的位数的平方根的指数函数. 这肯定是一个巨大的进步, 但是离多项式时间还相距甚远.

Lenstra 和我还有一个严格的随机因子分解方法, 其时间复杂性和上面的二次筛法一样 (所谓随机, 就是在抛硬币得到正反面那种意义的随机. 在这个方法的关节点上就要抛一个硬币, 并且视结果如何来决定下一步怎么做. 我们希望通过这样的过程来得到一个可靠的具有上述时间界限的因子分解方法). 但是, 这个方法对于计算机并不那么实用, 而如果在实践中必须对这两种方法作一个选择, 最好还是采用不严格的二次筛法. 1994 年, 解决加德纳 (Martin Gardner) 在 1977 年的《科学美国人》(*Scientific American*) 的专栏里提出的 129 位数的因子分解的 RSA 挑

战, 就是二次筛法的胜利[1].

数域筛法是另一种以筛法为基础的算法, 1980 年代末由 Pollard 对接近于幂的整数发明, 后来由 Buhler, Lenstra 和我发展到可以用于一般的整数. 这个方法的精神近于二次筛法, 但是是从某个集合中的代数整数的乘积来拼成完全平方的. 现在猜测, 数域筛法的时间复杂性属于

$$\exp\left(c\,(\log n)^{1/3}\,(\log\log n)^{2/3}\right)$$

类型, 这里的 $c$ 是稍小于 2 的常数. 对于位数超过 100 左右的合数, 或者对于没有小素数因子的合数, 这是值得选用的方法, 而目前的记录是可以用于 200 位的整数.

以筛法为基础的因子分解方法都具有这样的性质: 如果使用它们, 则大小差不多的合数分解起来都差不多的困难. 例如, 如果 $n$ 是 5 个都近于 $n$ 的 5 次根的素数的乘积, 或者是 2 个近于 $n$ 的平方根的素数的乘积, 分解起来差不多一样困难. 这一点很不像试除法: 如果有小的素数因子, 分解起来就很痛快. 现在我们要描述一个由 Lenstra 给出的著名的因子分解方法, 它先侦查出小素数因子, 再侦查出大素数因子, 而且除了幼稚得不足道的情况外, 远远优于试除法. 这就是他的椭圆曲线法.

正如二次筛法先找出一个与 $n$ 有非平凡的 GCD 的数 $m$ 一样, 椭圆曲线法也是这样做的. 但是二次筛法先是费劲地从许多小的成功来构造出一个成功的 $m$, 椭圆曲线法希望能够作一次幸运的一击就基本上击中 $m$.

---

① RSA 就是 Ronald Rivest(MIT), Adi Shamir (以色列 Weizmann Institute of Science) 和 Leonard Adleman(以色列 Weizmann Institute of Science 和美国南加州大学 USC) 三人姓名的简称. 他们在 1977 年提出一种密码系统, 即公钥系统 (见条目数学与密码[VII.7]), 并且给出一些位数很多的数字, 征求人们把它们分解为素数因子, 因为他们的密码系统正是以此为基础的. 1977 年, 著名的美国数学科普作家加德纳在自己为《科学美国人》杂志写的专栏文章中给出了一个 129 位数 (就是后来人们说的 RSA-129):

RSA − 129 =1143816257578888676692357799761466120102182967212423625625618429357069352457338978305971235639587050589890751475992900268795435 41

以及一个由 128 位数构成的密文, 征求它的因数分解, 以及破译这段密文. 按照当时的数论中的方法以及当时可以使用的计算机能力, 需要 $4\times10^{16}$ 年 (4 亿亿年) 才能完成. 而按照现在公认的数据, 宇宙从大爆炸算起的年龄只有 137 亿年, 即 $1.37\times10^{10}$ 年, 所以在数学界就说这个密码是不可破译的. 但是仅仅过了 17 年, 1994 年, 由 Derek Atkins, Michael Graff, Arjen K. Lenstra 和 Paul Leyland 组成的小组, 在 600 名志愿者的支持下, 用本文讲的二次筛法解决了这个问题, 得到

RSA − 129 =34905295108476509491478496199038981334177646384933878439908205773276913299326670954996198819083446141317764296799294253979828853 3.

而那一段密文也译成了明文: "The Magic Words are Squeamish Ossifrage" (咒语就是作呕的秃鹰). Ossifrage 是生活在阿尔卑斯山中的罕见的肉食巨鹰, 翼展好几米, 十分可怕. 这件事是数学的巨大能力的一个例证, 也是当代数学史的一桩美谈. —— 中译本注

选择一个随机的 $m$ 并且试验一下它与 $n$ 的 GCD, 也可能一下子就成功, 但是可以想一下, 如果 $n$ 没有小的素数因子, 则预想的成功时间就会是巨大的. 然而, 椭圆曲线法里面却有多得多的灵巧性.

先考虑 Pollard 的 "$p-1$ 方法". 设有一个想要作因子分解的数 $n$, 还有一个大数 $k$, 且不知道是否可能 $p$ 是 $n$ 的素因子, 同时 $p-1$ 又是 $k$ 的因子, 而 $n$ 又有另一个素因子 $q$ 使得 $q-1$ 不是 $k$ 的因子, 就可以用这种不平衡性来分解 $n$. 首先, 由费马小定理, 有许多 $u$ 适合 $u^k \equiv 1 \,(\mathrm{mod}\ p)$, 但是 $u^k \not\equiv 1 \,(\mathrm{mod}\ q)$. 如果已经得到一个这样的 $u$, 则可以取 $m \equiv u^k - 1 \,(\mathrm{mod}\ n)$. $m$ 和 $n$ 的 GCD 就是 $n$ 的一个非平凡的因子, 它可以被 $p$ 整除, 但不可以被 $q$ 整除. Pollard 建议取到相当界限的所有的整数的最小公倍数为 $k$, 这样的 $k$ 有许多因子, 因此有相当大的机会也能被 $p-1$ 整除. Pollard 的方法的最好情况就是 $n$ 有一个素因子 $p$, 而且 $p-1$ 是光滑的 (就是只有小的素因子, 见上面的二次筛法). 但是, 如果 $n$ 没有一个素因子 $p$ 能使 $p-1$ 是光滑的, 那么 Pollard 的方法就很糟了.

这里发生的事情是: 相应于素数 $p$, 有一个由 mod $p$ 的剩余类组成的**乘法群** [ I.3§2.1], [除了 $p$ 就是这个群的恒等元以外], 它还有 $p-1$ 个非零元. 进一步, 当对与 $n$ 互素的数作 mod $n$ 的算术时, 不论我们是否意识到, 我们都是在这个 mod $n$ 的群中进行的. 前面用到的事实, 就是 $u^k$ 是 mod $p$ 群的恒等元, 但不是 mod $q$ 群的恒等元.

Lenstra 的出色思想就是在椭圆曲线的背景下应用 Pollard 的方法. 与一个素数相应, 有许多椭圆曲线, 所以就有许多机会碰上一个素数 $p$, 使得 $p-1$ 是光滑的. 哈塞和 Deuring 的一个定理在这里是很重要的. 一个 mod $p\,(p>3)$ 的椭圆曲线可以看成是以下的同余式的解集合: $y^2 = x^3 + ax + b \,(\mathrm{mod}\ p)$, 其中 $a$ 和 $b$ 是整数, 而且使得 $x^3 + ax + b$ 没有 mod $p$ 的重根. 这里还要加进一个无穷远点 (见下文). 这样就会有一个简单的加法 (但是还不是如按坐标相加那么简单) 使这个椭圆曲线成为一个群, 而无穷远点是它的恒等元 (见条目曲线上的有理点与莫德尔猜想[V.29]). 哈塞在一个后来被韦伊[VI.93]用他的著名的 "关于曲线的黎曼假设" 推广了的定理中, 证明了椭圆曲线群的元素的个数恒在 $p+1-2\sqrt{p}$ 和 $p+1+2\sqrt{p}$ 之间 (见条目韦伊猜想[V.35]). Deuring 则证明了对于这个范围中的每一个数确实相应有某个 mod $p$ 椭圆曲线.

设随机地取整数 $x, y, a$, 然后再选整数 $b$ 使得 $y_1^2 = x_1^3 + ax_1 + b \,(\mathrm{mod}\ n)$, 这样就因为有了系数 $a$ 和 $b$ 而得到一条 mod $p$ 的椭圆曲线, 以及此曲线上的一点 $P = (x_1, y_1)$. 这样, 就可以仿照 Pollard 的办法, 找一个和前面一样的具有许多因子的 $k$, 并令 $P$ 起 $u$ 的作用. 令 $kP$ 表示 $P$ 用此椭圆曲线的加法、自己加自己 $k$ 次的和. 如果 $kP$ 是此曲线在 mod $p$ 意义下的无穷远点 (如果曲线上的点的数目是 $k$ 的一个因子, 就会是这个情况) 但是在 mod $q$ 意义下又不在这个曲线上, 这就会给

出一个整数 $m$, 它与 $n$ 的 GCD 就可以被 $p$ 整除而不能被 $q$ 整除. 这样就把 $n$ 分解了因子.

要想看出 $m$ 是怎样来的, 射影地看这条曲线更方便一些, 这就是在 $\bmod p$ 下取同余式 $y^2z = x^3 + axz^2 + bz^3$ 的解 $(x,y,z)$. 当 $c \neq 0$ 时, 就认为 $(cx, cy, cz)$ 和 $(x,y,z)$ 是同一个点. 神秘的无穷远点现在就没有什么神秘了, 它只不过就是点 $(0,1,0)$, 点 $P$ 则是 $(x_1, y_1, 1)$(这就是经典的射影几何学[ I.3§6.7] 的 $\bmod p$ 版本). 设我们在 $\bmod n$ 意义下工作并且计算点 $kP = (x_k, y_k, z_k)$. $z_k$ 就是 $m$ 的候选对象. 实际上, 如果 $kP$ 是 $\bmod p$ 的无穷远点, 则 $z_k \equiv 0 \,(\bmod p)$, 如果它不是 $\bmod q$ 的无穷远点, 则 $z_k \not\equiv 0 \,(\bmod q)$.

如果 Pollard 的方法失败, 就只有要么提高 $k$ 要么放弃. 但是对于椭圆曲线法, 如果我们随机选取的曲线不管用, 就可以重新取另一条椭圆曲线再试. 相应于还隐藏在 $n$ 中的另一个素数因子 $p$, 实际上是在取一个新的 $\bmod p$ 椭圆曲线群, 这样就有了一个新的机会, 使得此群中元素的个数是一个光滑数. 对那些具有十进位数大约为 50 的素因子的数作分解因子, 椭圆曲线法是很成功的, 更大的素数因子也曾经发现过.

我们猜想, 用椭圆曲线方法寻找 $n$ 的最小素因子 $p$ 的期望时间是大约

$$\exp\left(\sqrt{2\log p \log\log p}\right)$$

次算术运算时间 $\bmod n$. 给我们证明这个猜想带来困难的, 并不在于缺少关于椭圆曲线的知识, 而在于缺少关于光滑数分布的知识.

关于因子分解的这些方法和其他方法, 请参看文献 Crandall, Pomerance (2005).

## 4. 黎曼假设和素数的分布

当少年时代的高斯细看了一本不大的素数表以后, 就猜测到素数出现的频度呈对数衰减, 而 $\mathrm{li}\,(x) = \int_2^x (1/\log t)\,\mathrm{d}t$ 是 $\pi(x)$ 的很好的近似. 这里 $\pi(x)$ 表示在 $[1,x]$ 中素数的个数. 60 年后, 黎曼[VI.49] 说明了, 在黎曼 $\varsigma$ 函数 $\varsigma(s) = \sum_n n^{-s}$ 在复平面的 $\mathrm{Re}(s) > \frac{1}{2}$ 处没有零点的假设下, 那么可以怎样来证明高斯的猜测. $\varsigma(s)$ 的级数只当 $\mathrm{Re}(s) > 1$ 时收敛, 但是可以解析拓展到 $\mathrm{Re}(s) > 0$ 处, 而且在 $s = 1$ 处有单极点 (在条目一些基本的数学定义[ I.3§5.6] 中, 对解析拓展有简要的说明). 这个拓展可以通过恒等式 $\varsigma(s) = s/(s-1) - s\int_1^\infty \{x\} x^{-s-1}\mathrm{d}x$ 具体地作出来, 这里 $\{x\}$ 表示 $x$ 的分数部分, 即 $\{x\} = x - [x]$. 注意, 这个积分在半平面 $\mathrm{Re}(s) > 0$ 处收敛得很好. 事实上, 通过下面将要讲到的黎曼函数方程, $\varsigma(s)$ 可以拓展为整个复数平面上的亚纯函数, 而仅在 $s = 1$ 处有一个单极点.

当 $\operatorname{Re}(s) > \dfrac{1}{2}$ 时, $\varsigma(s) \neq 0$, 这个假设称为黎曼假设[IV.2§3]. 有人争论说, 它是整个数学中最著名的未解决的问题. 虽然阿达玛[VI.65] 和瓦莱·布散[VI.67] 在 1896 年 (独立地) 证明了高斯的猜测的一个较弱的形式, 称为*素数定理*[V.26], 而 $\operatorname{li}(x)$ 对于 $\pi(x)$ 的近似的程度简直是好得不可思议. 例如取 $x = 10^{22}$, 一方面, 有准确的值

$$\pi\left(10^{22}\right) = 201467286689315906290;$$

另一方面, 距 $\operatorname{li}\left(10^{22}\right)$ 的最近的整数值则是

$$\operatorname{li}\left(10^{22}\right) \approx 201467286691248261497.$$

可以清楚地看到, 高斯的猜测简直是绝顶准确.

通过数值积分来计算 $\operatorname{li}(x)$ 的值是很简单的事, 而且可以用各种数学计算软件包来直接完成. 但是, $\pi\left(10^{22}\right)$ 的计算 (这是 Gourdon 所做的事) 远不是不足道的事情. 一个一个地计算这里的大约 $2 \times 10^{20}$ 个素数是太劳累了, 那么是怎样把它们计算出来的呢? 事实上, 可以用种种组合的技巧来计数, 而不必把它们一一列举出来. 例如, 不必一一计数就能看出, 在区间 $\left[1, 10^{22}\right]$ 中恰好有 $2\left[10^{22}/6\right] + 1$ 个与 6 互素的整数. 把这些整数分成 6 个一块, 使得每一块中有两个与 6 互素 (最后的 "+1" 表示在尾巴上还有一块的一部分). 以 Meiser 和 Lehmer 早年的思想为基础, Lagarias, Miller 和 Odlyzko 给出了一个漂亮的组合方法来计算 $\pi(x)$ 而只需要 $x^{2/3}$ 个基本步骤. 其后, Deléglise 和 Rivat 改进了这个方法, 又由 Gourdon 找到一个方法, 把计算工作分配给多台计算机.

由 Koch 以及后来 Schoenfeld 的工作, 我们知道黎曼假设等价于: 对一切 $x \geqslant 3$ 均有

$$|\pi(x) - \operatorname{li}(x)| < \sqrt{x}\log x \tag{1}$$

(见参考文献 (Crandle, Pomerance, 2005), 练习 1.37). 所以 $\pi\left(10^{22}\right)$ 这个计算巨兽也可以看成是黎曼假设的计算的证据 —— 事实上, 如果计算的结果违反了 (1) 式, 就可以认为黎曼假设得到了否证.

说 (1) 式与 $\varsigma$ 函数的零点位置有什么关系, 并不是明显的事情. 为了理解其中的联系, 我们先把 $\varsigma$ 函数的平凡的零点(即位于偶整数 $-2, -4, -6, \cdots$ 处的零点) 排除. 已经知道, 非平凡的零点有无限多个, 而且猜测它们都满足 $\operatorname{Re}(\rho) \leqslant \dfrac{1}{2}$. 这些零点之间有某些对称性. 事实上, 如果 $\rho$ 是一个零点, 则 $\bar{\rho}, 1-\rho, 1-\bar{\rho}$ 都是. 所以, 黎曼假设就是黎曼 $\varsigma$ 函数的零点都在直线 $\operatorname{Re}(\rho) = \dfrac{1}{2}$ 上这个论断($\rho$ 和 $1-\rho$ 的对称

性来自黎曼的函数方程 $\varsigma(1-s) = 2(2\pi)^{-s}\cos\left(\frac{1}{2}\pi s\right)\Gamma(s)\varsigma(s)$, 可能正是这个对称性给了黎曼假设以助探式的支持).

与素数的联系是从算术的基本定理[V.14] 开始的, 它给出以下的恒等式

$$\zeta(s) = \sum_{n=1}^{\infty} n^{-s} = \prod_{p为素数} \sum_{j=0}^{\infty} p^{-js} = \prod_{p为素数} (1-p^{-s})^{-1},$$

取其对数导数 (就是先取其对数, 再作微分), 就有

$$\frac{\zeta'(s)}{\zeta(s)} = -\sum_{p为素数} \frac{\log p}{p^s - 1} = -\sum_{p为素数} \frac{\log p}{p^s - 1} = -\sum_{p为素数} \sum_{j=1}^{\infty} \frac{\log p}{p^{js}}.$$

就是说, 如果当 $n = p^j, p$ 为素数, 而 $j \geqslant 1$ 为整数时, 定义 $\Lambda(n) = p$, 否则定义 $\Lambda(n) = 0$, 则又有恒等式

$$\sum_{n=1}^{\infty} \frac{\Lambda(n)}{n^s}.$$

通过一些相对常规的计算, 就能把函数

$$\psi(x) = \sum_{n \leqslant x} \Lambda(n)$$

与 $\varsigma'/\varsigma$ 在极点处的留数联系起来, 而这些极点又相应于 $\varsigma$ 函数的零点 (和单极点). 事实上. 黎曼证明了下面漂亮的公式

$$\psi(x) = x - \sum_{\rho} \frac{x^{\rho}}{\rho} - \log(2\pi) - \frac{1}{2}\log(1-x^{-2}),$$

这里 $x$ 不是素数, 也不是素数的幂, 而对 $\varsigma$ 函数的零点 $\rho$ 的求和, 是在对称意义下的和, 即要求 $|\mathrm{Im}\rho| < T$, 再令 $T \to \infty$ 求和. 通过初等的演算, 对于函数 $\psi(x)$ 的理解, 就给出了对于 $\pi(x)$ 的等价的理解, 现在应该清楚了, $\psi(x)$ 是与 $\varsigma$ 函数的非平凡零点 $\rho$ 有紧密联系的.

上面定义的函数 $\psi(x)$ 有简单的解释: 它是区间 $[1, x]$ 中的整数的最小公倍数的对数. 正如同 (1) 式一样, 有黎曼假设的一个初等的翻译 —— 它等价于: 对于 $x \geqslant 3$, 恒有

$$|\psi(x) - x| < \sqrt{x}\log^2 x.$$

这个不等式中只涉及最小公倍数、自然对数、绝对值和平方根这些初等的概念, 然而它等价于黎曼假设.

$\varsigma(s)$ 有一些非平凡零点是实际算出过的, 而且经检验, 它们都位于直线 $\mathrm{Re}(s) = \frac{1}{2}$ 上. 人们可能奇怪, 怎么能用计算检验出一个复数 $\rho$ 会有 $\mathrm{Re}(\rho) = \frac{1}{2}$ 这样的实部呢? 因为把计算一直算到例如 $10^{10}$ 位有效数字 (这当然是不现实地太大了), 然后发现有一个零点的实部是 $\frac{1}{2} + 10^{-10^{100}}$. 任何计算方法都远不能达到把这个数与 $\frac{1}{2}$ 区别开来的精度, 所以直接计算无法看出 $\mathrm{Re}(\rho) = \frac{1}{2}$. 但是我们还是有办法看出某一个特定的零点 $\rho$ 满足这个关系. 这里会用到两个思想: 其一来自初等的微积分, 设有一个连续实值函数 $f(x)$, 对所有实数都有定义. 有时可以用中间值定理来计算其零点的个数. 例如, 假设有 $f(1) > 0, f(1.7) < 0, f(2.3) > 0$. 就可以断定, 在 1 与 1.7 之间和在 1.7 与 2.3 之间, 各必有 $f$ 的至少一个零点. 如果从其他理由能断定, $f$ 恰好有两个零点, 那么, 我们刚才就一定已经把这两个零点都算进去了. 其二是: 为了确定复函数 $\varsigma(s)$ 的零点, 可以构造一个实值函数 $g(t)$ 使得当且仅当 $g(t) = 0$ 时, $\varsigma\left(\frac{1}{2} + \mathrm{i}t\right) = 0$. 考虑 $g(t)$ 在 $0 < t < T$ 中的符号变化, 就可以得到 $\varsigma$ 函数的适合条件 $\mathrm{Re}(\rho) = \frac{1}{2}$, 以及 $0 < \mathrm{Im}(\rho) < T$ 的零点个数的下界. 此外, 还可以用复分析中的所谓幅角原理来计算 $0 < \mathrm{Im}(\rho) < T$ 中零点的准确数目. 如果运气好, 使得这个准确的点数与算出的下界相同, 就已经计数了 $\varsigma$ 函数在这个区域中的所有零点 $\rho$, 证明了它们都适合 $\mathrm{Re}(\rho) = \frac{1}{2}$(而且都是单零点). 如果这两个数不相匹配, 我们并没有否证了黎曼假设, 但是这肯定指出了一个区域, 其中我们必须更仔细地检查数据. 迄今为止, 当我们使用这条途径时, 结果都是匹配的, 虽然有时必须在很接近的点上来计算 $g(t)$ 之值.

$\varsigma$ 函数的第一批少数几个非平凡的零点是黎曼本人计算的. 著名的密码破译者和早期的计算机科学家图灵[VI.94] 也计算过 $\varsigma$ 函数的零点. 这类计算现在的记录是由 Gourdon 保持的, 他证明了 $\varsigma$ 函数的前 $10^{13}$ 个具有正虚部的零点, 正如黎曼本人预见的一样, 实部都是 $\frac{1}{2}$. Gourdon 的方法是 Odlyzko 和 Schönhage (1988) 中的方法的改进, 是后面二位把 $\varsigma$ 函数零点的计算推进到了现代的阶段.

显式的 $\varsigma$ 函数的计算引导到了很有用的素数的显式估计. 如果 $p_n$ 是第 $n$ 个素数, 则素数定理告诉我们, 当 $n \to \infty$ 时, $p_n \sim n \log n$. 其实, 这里还有阶数为 $n \log \log n$ 的第二项, 所以对于所有充分大的 $n$ 都有 $p_n > n \log n$. 利用显式的 $\varsigma$ 函数估计, Rosser 就能对这个命题里的 "充分大" 一词给出一个数值的界限, 然后对比较小的场合进行核算, 他就能证明: 事实上对于每一个 $n$ 都有 $p_n > n \log n$. Rosser 和 Schoenfeld (1962) 这篇论文里就充满了很有用的这一类数值上显式的不等式.

现在让我们设想一下黎曼假设被证明了以后会怎么样. 数学永远没有 "搞完了" 的一天, 峰回路转, 总会有下一个问题. 哪怕我们确已知道 $\varsigma$ 函数的所有非平凡

的零点 $\rho$ 都在直线 $\mathrm{Re}(\rho) = \frac{1}{2}$ 上, 我们还可以问它们在这条直线上如何分布. 对于到一定高度 $T$ 为止有多少个零点, 我们已经有了相当好的了解. 黎曼就知道这个数大约是 $(1/2\pi)\, T \log T$. 所以平均地说, 随着高度的增加, 这些零点会越来越密集, 而在高度 $T$ 附近, 这条直线的每一个单位区间里大约有 $(1/2\pi) \log T$ 个零点.

这告诉了我们, $\varsigma$ 函数从一个零点到下一个零点之间的平均距离或者说间距是多少. 但是关于这些间距的分布, 可以问的问题还很多. 为了讨论这个问题, 把这些间距 "规范化" 是很方便的. 根据黎曼的结果, 并且假设黎曼假设成立, 只要把高度 $T$ 附近的间隙都乘以 $(1/2\pi) \log T$, 或者等价地, 把零点 $\rho$ 的虚部 $t = \mathrm{Im}(\rho)$ 代以 $(1/2\pi)\, t \log t$ 就可以实现这个规范化. 这样就得到了相继零点的规范化间距的序列 $\delta_1, \delta_2, \cdots$, 而这些 $\delta_j$ 平均约为 1.

作数值的检验, 我们会看到有些 $\delta_n$ 很大, 有些则接近于 0, 但是平均值为 1. 数学中有很多方法来研究随机现象, 我们有各种名目的概率分布[III.71], 如泊松分布、高斯分布等. 现在出现的就是这些吗? $\varsigma$ 函数的零点根本就不是随机的, 但是说不定用随机性来考虑是会有前途的.

在 20 世纪早年, 希尔伯特[VI.63] 还有波利亚都提出过, $\varsigma$ 函数的零点可能对应于某些算子[III.50] 的本征值[ I.3§4.3]. 这确实是诱人的, 但是是什么算子呢? 大约在五十年后, Dyson 和 Montgomery 在普林斯顿高等研究所进行了一场现在已经很有名的对话, 猜测这些非平凡的零点的性态很像来自所谓高斯酉系综 (Gaussian unitary ensemble) 的随机矩阵. 这个猜测现在称为 GUE 猜测, 对于它, 可以用各种方法进行数值试验. Odlyzko 做了这种试验, 为这个猜测找到了令人信服的证据: 观测的那一批零点的位置越高, 它们的分布就越接近于 GUE 猜测的预测.

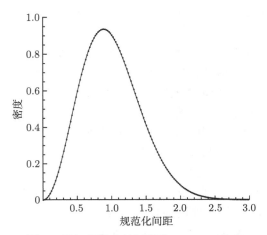

图 1 最相邻零点的间距和 Gaudin 分布

例如, 可以取 1 041 417 089 个 $\delta_n$, 而 $n$ 从 $10^{23} + 17\,368\,588\,794$ 开始 (这些零点的虚部在 $1.3 \times 10^{23}$ 左右). 对每一个区间 $(j/100, (j+1)/100]$, 可以计算这些规范化间隙在这个区间中所占的部分并且把它画出来. 如果处理的是来自 GUE 的随机矩阵的本征值, 我们应该期望这些数据收敛于一个分布, 称为 Gaudin 分布 (关于这个分布, 找不到封闭的公式, 但是可以容易地计算出来). 我要感谢 Odlyzko 提供了图 1 的图像, 它画的就是上面描述的数据的 Gaudin 分布曲线 (但是数据点是隔一个点取一次值, 以免图形太拥挤), 像是一条项链上的珍珠! 图像和数据符合的程度是令人吃惊的.

理想实验和数值计算的至关重要的相互作用引导我们感觉到, 对于黎曼 $\varsigma$ 函数, 现在我们有了更深的了解, 但是下一步又向哪里去? GUE 猜测暗示了它与随机矩阵的联系, 追寻进一步的联系, 对于许多人都显出了有可观的前景. 有可能随机矩阵理论只能给出关于 $\varsigma$ 函数的大的假设, 而不会导致大的定理. 但是, 再问一次, 谁又能否认, 仅仅是对于真理的一瞥, 也会产生的巨大力量呢? 我们在等待着这个发展的下一个篇章.

## 5. 丢番图方程和 ABC 假设

现在从黎曼假设转到费马大定理[V.10]. 就在十多年前, 这也还是数学中最著名的未解决的问题之一, 甚至在电视连续剧《星空探索》(Star Trek) 里, 还有一集提到过这个定理. 它是说, 方程 $x^n + y^n = z^n$ 没有正整数解 $x, y, z, n$(这里 $n \geqslant 3$). 这个猜想在怀尔斯于 1995 年发表他的证明前, 有三个半世纪之久都只是一个猜想. 此外, 说不定比解决了这个特定的丢番图方程 (其中限制未知数只取整数值) 更加重要的是, 对于它的证明的几个世纪的探求, 有助于开辟了代数数理论[IV.1] 这个领域, 而证明本身又建立了模形式[III.59] 理论与椭圆曲线理论之间人们探讨了很久的奇妙的联系.

但是, 知道为什么费马大定理为真吗? 就是说, 如果您不是这个证明的所有微妙之处的专家, 您会对于这个方程其实没有解感到吃惊吗? 事实上, 有一个相当简单的助探式的论据支持这个定理的断言. 首先我们注意到, 当 $n = 3$ 时, 就是方程 $x^3 + y^3 = z^3$, 可以用初等方法处理, 而且, 欧拉[VI.19] 就解决了它. 所以, 让我们限制于 $n \geqslant 4$ 的情况[①]. 令 $S_n$ 为整数的正 $n$ 次幂所成的集合. $S_n$ 的两个元素之和仍在 $S_n$ 中的可能性有多大? 事实上, 完全没有这个可能性, 因为怀尔斯已经证明绝不会发生这样的事! 但是, 别忘记了我们现在是在试图朴素地思考这个问题.

让我们用一个随机的集合来模仿集合 $S_n$. 事实上, 将把所有的作为某一整数的幂这样的整数 (以下, 就简称这种整数为幂) 都投进一个集合里去. 模仿参考文献中的 (Erdös, Ulam, 1971) 这篇文章, 用一个随机过程来创造一个集合 **R**: 每一个

---

[①] 事实上, 当 $n = 4$ 时, 费马本人也有一个简单的证明, 但是我们略过这一点.

整数 $m$ 都认为是独立的, 而它被投入 $\mathbf{R}$ 中的机会与 $m^{-3/4}$ 成正比. 典型情况是, 区间 $[1,x]$ 中, 大约有 $x^{1/4}$ 个数, 至少是这个数量级那么多的数, 被投入 $\mathbf{R}$ 中. 从 1 到 $x$ 之间的四次和更高次幂的总数也大约有 $x^{1/4}$ 个, 所以可以用 $\mathbf{R}$ 作为关于这些幂的情况的模型, 就是以它为所有 $S_n (n \geqslant 4)$ 的并的模型. 所以, 我们要问的就是, 在 $\mathbf{R}$ 中取 $a, b$ 和 $c$, 问 $a + b = c$ 的可能性有多大?

数 $m$ 可以写成 $a + b$, 而且 $0 < a < b < m$ 同时又有 $a, b \in \mathbf{R}$, 其概率应该正比于 $\sum\limits_{0 < a < m/2} a^{-3/4} (m - a)^{-3/4}$, 这是因为对于每一个 $a < m$, $a$ 和 $m - a$ 都在 $\mathbf{R}$ 中的概率是 $a^{-3/4} (m - a)^{-3/4}$. 但是当 $m$ 是偶数时, 还有一个小小的地方需要注意, 就是当 $a = m/2$ 时, $a = m - a = m/2$, 所以上面的和式还应该添上一项 $(m/2)^{-3/4}$. 把这个和的每一项中的 $m - a$ 都用 $m$ 替换, 就会得到一个小一点的但是比较容易计算的和, 而且这个和的值正比于 $m^{-1/2}$. 这就是说, 一个随机数 $m$ 是 $\mathbf{R}$ 中两个元的和的概率是这样一个量, 它正比于 $m^{-1/2}$. 这里有两个事件, 其一, $m$ 能够作为这样两个数之和这样一个事件涉及两个小于 $m$ 的数; 其二, $m$ 本身也在 $\mathbf{R}$. 后一个一事件是独立于前面的事件的. 这样, $m$ 同时要满足两个条件, 即它既是 $\mathbf{R}$ 中两个数的和, 本身也在 $\mathbf{R}$ 中, 其概率就应该是这样一个量, 它正比于 $m^{-1/2} m^{-3/4} = m^{-5/4}$. 现在就可以来计算 $\mathbf{R}$ 中的两个元之和仍是 $\mathbf{R}$ 的元这种事情会发生多少次. 它应该最多是一个常数乘以 $\sum\limits_{m} m^{-5/4}$. 因为这个和是收敛的, 所以我们最多只能希望这种事发生有限多次, 即只能有有限多个这样的例子. 又因为一个收敛级数的 "尾巴" 必然很小, 所以不能希望有大数来作为例子.

这样, 上面的论据暗示了方程

$$x^u + y^v = z^w \tag{2}$$

最多只能有有限多个解, 这里正整数 $u, v, w$ 都至少为 4. 因为费马定理只不过是上面的方程当 $u = v = w$ 时的特例, 所以费马大定理最多只能有有限多个反例.

上面说的已经够干净利落了, 但是我们马上就得到了一个惊奇! 其实, 方程 (2) 对于最少为 4 的 $u, v, w$ 有无穷多个正整数解, 例如 $17^4 + 34^4 = 17^5$, 它来自一个更一般的恒等式: 如果 $a, b$ 都是正整数, 而 $c = a^u + b^u$, 则 $(ac)^u + (bc)^u = c^{u+1}$. 在其中令 $a = 1, b = 2, u = 4$ 就得到方程 (2) 的上述解. 还有另一个方式能够给出这种解的无穷多个例子, 这个方式是建立在恰好只可能有一个例子存在上面的. 如果正整数 $x, y, x, u, v, w$ 满足方程 (2), 则指数不动, 而分别以 $a^{vw} x, a^{wu} y, a^{uv} z$ 代替 $x, y, z$, 其中 $a$ 是任意整数, 是又会得到 (2) 的一组解, 从而得到 (2) 的无穷多组解.

要点在于我们所考虑的问题 —— 有一个整数是幂这样的事件, 并不是独立事件. 例如, 如果 $A$ 和 $B$ 都是 $u$ 次幂, 则 $AB$ 也是 $u$ 次幂, 而上面提到的无穷族就利用了这个思想.

那么, 怎样才能把这些不足道的问题都排除在外, 而挽救我们的助探式的论据呢? 一个办法是坚持 (2) 中的 $x, y, z$ 是互素的. 在费马的等指数的情况, 互素并不是什么限制, 因为如果 $x, y, z$ 是方程 $x^n + y^n = z^n$ 的解, 而 $d$ 是 $x, y, z$ 的最大公因子 (GCD), 就会得到 (2) 的互素的解 $(x/d)^n + (y/d)^n = (z/d)^n$.

关于费马大定理, 我们还可以问, 在怀尔斯给出最后的证明以前, 它已经被验证到何种程度? Buhler 等 (1993) 报告了对于指数直到 $n$ 为 4 000 000 为止的验证. 这种计算远非平凡不足道的, 其根源在于库默尔[VI.40]19 世纪的工作和 Vandiver 20 世纪早年的工作. 事实上, (Buhler et al., 1993) 这篇文章里还在同样范围内验证了 Vandiver 关于分圆域的一个相关的猜测, 但是, 这个猜测在一般情况下可能是错的.

上面的概率的思考, 再加上在小的场合的计算, 可以把我们深深地引入一些很诱人的猜测. 上面的概率论证可以很容易地延伸为一种暗示, 就是对于所有可能的指数三元组 $u, v, w$, 只要 $1/u + 1/v + 1/w < 1$, 则方程 (2) 最多只有有限多个互素的解 $x, y, z$. 这个猜测后来被称为费马-卡塔兰猜想, 因为它既本质上包含了费马大定理, 又包含了卡塔兰 (Catalan) 的猜测, 即 8 和 9 是仅有的相继的幂 (这个猜测最近由 Mihăilescu 证明了).

允许有若干解存在, 这是一件好事, 因为我们的主要的关于计算的主题就是从这里开始的. 例如, 因为 $1 + 8 = 9$, 所以方程 $x^7 + y^3 = z^2$ 现在就有了一个解 $x = 1, y = 2, z = 3$(选择指数 7 是为了保证指数的倒数的和小于 1. 当然, 可以用任意更大的整数代替 7, 但是因为在所有这些情况下, 最后的幂都是 1, 所以即令把 7 改成其他整数, 还应该看成是同一个例子) 下面是方程 (2) 的所有现在已知的解:

$$1^n + 2^3 = 3^2,$$
$$2^5 + 7^2 = 3^4,$$
$$13^2 + 7^3 = 2^9,$$
$$2^7 + 17^3 = 17^2,$$
$$3^5 + 11^4 = 122^2,$$
$$33^8 + 1549034^2 = 15613^3,$$
$$1414^3 + 2213459^2 = 65^7,$$
$$9262^3 + 15312283^2 = 113^7,$$
$$17^7 + 76271^3 = 21063928^2,$$
$$43^8 + 96222^3 = 30042907^2.$$

那些比较大的数是 Beukers 和 Zagier 用计算机搜索出来的. 这可能是方程 (2) 的所有可能的解, 也可能不是 —— 我们没有证明.

然而对于特定的 $u, v, w$ 还有更多的话可说. 在 (Darmon and Granville, 1995)

这篇文章中, 利用了法尔廷斯 (Faltings) 一篇著名文章中的结果证明了, 对于 $u, v, w$ 的任意固定的选择, 只要它们的倒数和最多为 1, 则最多有有限多个互素的 $x, y, z$ 的三元组能够解出 (2). 对于指数的特定的选择, 可以试着实实在在地找出所有的解. 如果这个问题真的可以这样处理的话, 这个工作将会涉及算术几何[IV.5]、超越数理论的有效方法和很硬的计算之间很细致的相互作用. 特别是现在已经知道, 方程 (2) 对于指数的三元组 $\{2, 3, 7\}, \{2, 3, 8\}, \{2, 3, 9\}$ 和 $\{2, 4, 5\}$ 的所有的解都已经包含在上面的表里面了. 关于 $\{2, 3, 7\}$ 这个情况的处理, 以及与其他工作的链接, 都可以参看参考文献 (Poonen et al., 2007).

Osterlé 和 Masser 的 ABC 猜想[V.1] 看起来很简单, 其实简单只是一个假象. 它讲的是关于方程 $a + b = c$ 的正整数解, 所以有了这样的名称. 为了要使这个方程看起来有一点意思, 我们定义一个非零整数 $n$ 的根基(radical) 为能够整除 $n$ 的一切素数的乘积, [就是说, 在 $n$ 的素因子分解 $p_1^{\alpha_1} p_2^{\alpha_2} \cdots p_k^{\alpha_k}$ 中取所有的 $\alpha_j = 1$ 就可以得到根基], 记作 $\mathrm{rad}\,(n)$. 按照这个定义, 就可以知道例如 $\mathrm{rad}\,(10) = 10, \mathrm{rad}\,(72) = 6$, 而 $\mathrm{rad}\,(65536) = 2$. 特别是, 一个数如果是很高次的幂, 它本身就会很大, 但是仍有小的根基. 许多其他的数也都如此. 基本上说, ABC 猜想说的就是: 如果 $a + b = c$, 则 $abc$ 的根基也不会太小. 更具体地说, 有

**ABC 猜想** 对任意 $\varepsilon > 0$ 最多有有限多个互素的正整数三元组 $a, b, c$ 使得 $a + b = c$, 但 $\mathrm{rad}\,(abc) < c^{1-\varepsilon}$.

注意, ABC 猜想立即解决了费马–卡塔兰问题. 实际上, 如果 $u, v, w$ 是正整数, 而且 $1/u + 1/v + 1/w < 1$, 则容易证明必定有 $1/u + 1/v + 1/w \leqslant 41/42$. 设有 (2) 的互素解, 则 $x \leqslant z^{w/u}, y \leqslant z^{w/v}$, 所以 $\mathrm{rad}\,(x^u y^v z^w) \leqslant xyz \leqslant (z^w)^{41/42}$, 由 ABC 猜想, 令其中的 $\varepsilon = 1/42$ 即知最多有有限多个解.

ABC 猜想还有很多别的有趣的应用, Granville 和 Tucker (2002) 给出了一个令人愉快的综述. 事实上, 因为 ABC 猜想和它的推广可以用于证明那么多事情, 我曾经开玩笑说, 看来它像是一个假命题, 因为从假命题可以推导出所有的命题①. 但是, ABC 猜想大概是真命题. 实际上, 虽然比较难看到, 爱尔特希–乌拉姆 (Erdös-Ulam) 的概率论证经过修改也可以提出助探式的证据.

这个论证的基础是一个关于整数 $n$ 的分布的完全严格的结果, 不过这里要求 $\mathrm{rad}\,(n)$ 在一定界限之下. 这些想法引导到 ABC 猜想的更加显式的形式, 而这个更加显式的形式是在 van Frankenhuijsen 的学位论文以及 Stewart 和 Tenenbaum 的工作中做出来的. 下面是它的一个较弱的表述: 若 $a + b = c$, 而 $a, b, c$ 是互素的正整数, 且 $c$ 又充分大, 则有

---

① 这里涉及数理逻辑的一个重要结果, 其大意是: 如果 $A$ 是一个假命题, 则可以从合逻辑地推导出一切命题.—— 中译本注

$$\operatorname{rad}(abc) > c^{1-1/\sqrt{\log c}}. \tag{3}$$

您可能想知道不利于 (3) 的数值证据是怎样逐步堆积起来的. 由 (3) 这个不等式可以得到, 若 $\operatorname{rad}(abc) = r$, 则 $\log(c/r)/\sqrt{\log c} < 1$. 所以, 若以 $T(a,b,c)$ 记 $\log(c/r)/\sqrt{\log c}$, Nitaj 有一个网站 (www.math.unicaen.fr/-nitaj/abc.html), 其中包含了大量的关于 ABC 猜想的信息, 核查这些数据, 其中就有相当多的 $T(a,b,c) \geqslant 1$ 的例子, 迄今, 其中最大的一个是

$$a = 7^2 \cdot 41^2 \cdot 311^3 = 2477678547239,$$
$$b = 11^{16} \cdot 13^2 \cdot 79 = 613474843408551921511,$$
$$c = 2 \cdot 3^3 \cdot 5^{23} \cdot 953 = 613474845886230468750,$$
$$r = 2 \cdot 3 \cdot 5 \cdot 7 \cdot 11 \cdot 13 \cdot 41 \cdot 79 \cdot 311 \cdot 953 = 28828335646110,$$

所以

$$T(a,b,c) = \frac{\log(c/r)}{\sqrt{\log c}} = 2.43668\cdots.$$

那么, 会不会恒有 $T(a,b,c) < 2.5$ 呢?

一个人可以一直按助探式的方式工作, 而忘记了他其实不是在证明定理, 而只是在猜测. 助探方法时常是基于随机性的思想的, 而如果还有深层的结构, 他就完全赌输了. 但是, 怎么知道就没有深层的结构呢? 考虑 "abcd 猜想" 的情况. 这时要考虑的就是整数 $a, b, c$, 和 $d$, 并且有 $a+b+c+d = 0$. 这些项是互素的, 这一条件现在有两种解读: 或者是指这四个数中任意选取一对, 这一对数都是互素的, 或者是指这四个数没有非平凡的最大公因子. 第一种解读似乎更符合三项的 ABC 猜想的精神, 但是可能太强了一点, 因为它不许可考虑偶数. 所以这里的互素应该理解为这四个数没有非平凡的最大公因子. 所以我们任意取 4 个整数, 并使得没有任何一对有大于 2 的公因子. 在这个条件下, 我们的助探思考似乎会提示: 最多在有限多的场合有

$$\operatorname{rad}(abcd)^{1+\varepsilon} < \max\{|a|,|b|,|c|,|d|\}. \tag{4}$$

但是考虑 Granville 告诉我的多项式恒等式

$$(x+1)^5 = (x-1)^5 + 10(x^2+1)^2 - 8.$$

如果取 $x$ 为 10 的倍数, 则这个恒等式的 4 项, 除最后两项有公因子 2 以外, 其他对都是互素的. 令 $x = 11^k - 1$, 这当然是 10 的倍数. 上述四项中最大的是 $11^{5k}$, 而 4 项乘积的根基则是

$$80 \cdot 11^k (11^k - 2)\left((11^k-1)^2 + 1\right) < 80 \cdot 11^{4k}.$$

按照助探思考得到的 (4) 式说, 这是不可能的, 但是它就出现在我们眼前!

现在发生的事情是, 上述的多项式恒等式给出了深层的结构. 对于 4 项的 $abcd$ 猜测, Granville 猜想说: 对于每一个 $\varepsilon > 0$, (4) 的所有反例都来自最多有限多个多项式族. 而当 $\varepsilon$ 趋于 0 时, 这种多项式族的个数趋于无穷.

在这里只是看了丢番图方程这个领域的一小部分, 然后又主要是去看助探方法和用计算搜索小的解的动态的关系. 关于计算丢番图方法这个主题的更多的知识, 请参看 (Smart, 1998).

助探论据时常是假设了研究对象的性态看起来是随机的, 而我们看了几个情况, 在那里这样的想法是有用的. 其他的例子还有孪生素数猜测 (即存在无穷多个素数 $p$ 使得 $p+2$ 也是素数)、哥德巴赫猜想 (每一个大于 2 的偶数必是两个素数之和) 以及数论中无数的猜想. 来自概率观点的计算的证据, 时常是惊人的, 有时是不可抗拒的, 所以我们就相信了我们的模型. 但是, 如果我们不得不追随着这种 "伪证明", 那么, 我们离开真理就还远着呢. 尽管如此, 计算和助探思考的相互作用是我们的武器库中不可少的部分, 数学也因此而更加丰富了.

**说明和致谢**　我愿向读者推荐一本书: (Cohen, 1993), 其中讨论了计算代数数论, 而这是本文忽略了的主题. 我要感谢以下诸位慷慨地与我分享了他们自己的专长: X.Gourdon, A.Granville, A. Odlyzko, E. Schaefer, K. Soundararajan, C. Stewart, R. Tijdeman 和 M. van Frankenhuijsen. 我还要感谢 A. Granville 和 C. Pomerance 在解说上给我的帮助. 我部分地得到 NSF Grant DMS-0401422 的资助.

### 进一步阅读的文献

Agrawal M, Kayal N, and Saxena N. 2004. PRIMES is in P. *Annals of Mathematics*, 160:781-93.

Buhler J, Crandall R, Ernvall R, and Metsäkylä T. 1993. Irregular primes and cyclotomic invariants to four million. *Mathematics of Computation*, 61: 151-53.

Cohen H. 1993. *A Course in Computational Algebraic Number Theory*. Graduate Texts in Mathematics, 138. New York: Springer.

Crandall R, and Pomerance C. 2005. *Prime Numbers: A Computational Perspective*, 2nd edn. New York: Springer.

Darmon H, and Granvill A. 1995. On the Equation $z^m = F(x,y)$ and $Ax^p + By^q = Cz^r$. *Bulletin of the London Mathematical Society*, 27:513-43.

Erdös P, and Ulam S. 1971. Some Probabilistic Remarks on Fermat's Last Theorem. *Rocky Mountain Journal of Mathematics*, 1:613-16.

Granville A, and Tucker T J. 2002. It's as easy as *abc*. *Notices of the American Mathematical Society*, 49: 1224-31.

Odlyzko A M, and Schönhage A. 1988. Fast algorithms for multiple evaluation of the Riemann zeta function. *Transaction of the American Mathematical Society*, 309: 797-809.

Poonen B, Schaefer E, and Stoll M. 2007. Twists of $X(7)$ and primitive solutions to $x^2+y^3 = z^7$. *Duke Mathematics Journal*, 137: 103-58.

Rosser J B, and L Schoenfeld. 1962. Approximate formulas for some functions of prime numbers. *Illinois Journal of Mathematics*, 6: 64-94.

Smart N. 1998. *The Algorithmic Resolution of Diophantine Equations*. London Mathematical Society Student Texts, 41. Cambridge: Cambridge University Press.

# IV.4　代 数 几 何

János Kollár

## 1. 引言

简明地说, 代数几何就是用多项式研究几何学, 以及用几何学研究多项式.

我们中间的许多人在中学里就学过代数几何的初步, 当时叫做 "解析几何". 当我们说 $y = mx + b$ 是直线 $L$ 的方程, 或者说 $x^2 + y^2 = r^2$ 描述一个半径为 $r$ 的圆周 $C$ 时, 实际上就是建立了几何与代数的基本的联系.

如果我们想找出直线 $L$ 和圆周 $C$ 的交点时, 就用 $mx + b$ 代替圆周方程里的 $y$, 而得到 $x^2 + (mx + b)^2 = r^2$, 解所得到的二次方程就得到两个交点的 $x$ 坐标.

这个简单的例子已经包含了代数几何的方法: 一个几何问题被翻译成一个代数问题, 而在代数里面很容易地把它解出来; 反过来, 用几何方法会给出对于代数问题的洞察. 要想猜出多项式方程组的解是很困难的, 但是, 一旦画出了相应的几何图形, 我们就开始对它有了一个定性的了解. 然后, 代数又给出了精确的定量的答案.

## 2. 多项式和它们的几何学

多项式就是可以从变量和常数用加法和乘法得出来的表达式. 人们最熟悉的是单变量的多项式如 $x^3 - x + 4$, 但是也可以用两个或三个变量而得出, 例如 $2x^5 - 3xy^2 + y^3$(对于两个变量的总次数为 5) 和 $x^5 - y^7 + x^2z^8 - xyz + 1$(对于三个变量总次数为 10). 一般说来, 可以用 $n$ 个变量, 这是时常记这些变量为 $x_1, x_2, \cdots, x_n$, 而把一个没有特别指定的多项式写成 $f(x_1, x_2, \cdots, x_n), f(x)$, 甚至就简记为 $f$.

只有多项式才是计算机能够处理的函数 (虽然, 您的计算器上很可能有对数按钮, 但是, 它只是偷偷地用一个多项式来计算对数, 这个多项式在 $b$ 点的值与 $\log b$ 相同到小数点后的许多位).

可以把前面给出的直线 $L$ 和圆周 $C$ 的方程稍稍改写一下成为: $y - mx - b = 0$ 和 $x^2 + y^2 - r^2 = 0$. 然后就把 $L$ 和 $C$ 描述为零点集合: $L$ 是 $y - mx - b$ 的零点集

合 (就是使得 $y - mx - b = 0$ 的 $(x, y)$ 的集合), 而 $C$ 是 $x^2 + y^2 - r^2$ 的零点集合.

类似于此, $2x^2 + 3y^2 - z^2 - 7$ 在 3 维空间里的零点集合就是一个双曲面, 而 $z - x - y$ 在 3 维空间里的零点集合是一个平面. 这两个方程在 3 维空间里的公共零点集合就是这个双曲面和这个平面的交线 (见图 1).

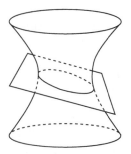

图 1 一个双曲面和一个平面的相交

一组任意多变量的多项式方程组的公共零点集合称为一个代数集合, 它们是代数几何的基本对象.

多数人觉得几何学就止步于 3 维空间, 极少的人对 4 维空间或称 4 维时空能够有感觉, 而 5 维空间总体说来对几乎所有的人都是不可理解的. 那么, 多个变量的几何学有什么意思呢?

现在代数给我们伸出援手了. 虽然要想看见什么是 5 维空间里的半径为 $r$ 的 4 维球面有很大的困难, 却可以很容易地写出它的方程

$$x_1^2 + x_2^2 + x_3^2 + x_4^2 + x_5^2 - r^2 = 0,$$

并且去研究它. 这个方程也是计算机能够掌握的东西, 它在应用上十分有用.

虽然如此, 我在本文中却只限于两个或三个变量. 所有的几何学都是从这里开始的, 这里面有许多有趣的问题和结果.

代数几何的重要性来自这样的事实, 就是代数与几何的相互作用是非常常见的. 现在看两个例子作为例证.

### 3. 绝大多数图形都是代数图形

有些图形因为很经常出现, 所以有自己的名称. 例如直线、平面、圆周、椭圆、双曲线、抛物线、双曲面、抛物面、椭球, 经常出现的这些图形都是代数图形. 但是只有更少的人知道的 Dürer 的蚌线 (concoid)、牛顿[VI.14] 的三叉曲线 (trident)、开普勒的蔓叶线 (folium) 也都是代数图形.

有些图形虽然不能用多项式方程来描述, 但是可以用多项式的不等式来描述. 例如, 不等式 $0 \leqslant x \leqslant a, 0 \leqslant y \leqslant b$ 合起来就是边长为 $a$ 和 $b$ 的矩形. 像这些用多项

式的不等式来描述的图形称为半代数图形, 每一个多面体都是半代数的.

但是, 并不是每一个图形都是代数的. 例如正弦函数 $y = \sin x$ 的图像, 它与 $x$ 轴交于无穷多点 (即 $\pi$ 的所有整数倍的点). 如果 $f(x)$ 是任意多项式, 则它的根也就是它与 $x$ 轴的交点, 最多只有有限多个. 所以 $y = f(x)$ 的图像看起来绝不会像 $y = \sin x$ 的图像那样.

但是, 如果局限于 $x$ 的不太大的值, 则可以用多项式任意地接近 $\sin x$. 例如 7 次的泰勒多项式

$$x - \frac{1}{6}x^3 + \frac{1}{120}x^5 - \frac{1}{5040}x^7,$$

当 $-\pi < x < \pi$ 时, 与 $\sin x$ 之差不会大于 0.1. 这是纳什[①]的一个非常基本的定理的一个特例. 这个定理说, 如果不问在远离原点处发生什么, 则每一个 "合理的" 图形都是代数的. 那么, 什么才是合理的呢? 肯定并非什么东西都是合理的. 分形似乎是很深刻地非代数的图形. 最好的图形是流形[ I.3§6.9], 而所有的流形都可以用多项式来表示.

**纳什定理**　　令 $M$ 为 $\mathbf{R}^n$ 中的流形. 固定一个大数 $R$, 这时存在一个多项式 $f$ 使其零点集合至少在以原点为心、$R$ 为半径的球体内, 任意接近 $M$.

## 4. 编码和有限几何学

考虑 3 维空间中的方程 $x^2 + y^2 = z^2$, 它表示一个两叶的圆锥面 (见图 4). 如果限于考虑自然数, 则这个方程的解称为毕达哥拉斯三元组, 相应于三边边长都是整数的直角三角形, 其两个最著名的例子是 $(3,4,5)$ 和 $(5,12,13)$.

现在仍然考虑这个方程, 但是我们宣称只关心它的双方的奇偶性 (就是它们的长度是偶或奇). 例如, $3^2 + 15^2$ 与 $4^2$ 都是偶数, 就说 $3^2 + 15^2 \equiv 4^2 \pmod 2$. 但是 $x^2 + y^2$ 和 $z^2$ 的奇偶性又只依赖于 $x, y$ 和 $z$ 的奇偶性, 所以我们不妨说 $x, y$ 和 $z$ 或者为 0(如果它是偶数) 或者为 1(如果它是奇数). 这样原来的方程 mod 2 就只有 4 组解:

$$0,0,0; \quad 0,1,1; \quad 1,0,1; \quad 1,1,0.$$

它们看起来像是计算机通信所用的码. 当人们发现, 使用多项式的解 mod 2 是构造纠错码的可能的最好方法时, 确实是一个大的惊奇.

这里发生的是非常本质非常新的事情. 让我们想一下, 3 维空间对于我们究竟是什么. 对于许多人说来, 空间就是一个无定形的万事万物. 但是对于一个代数几何学家 (笛卡儿 [VI.11] 是我们的祖师爷), 它只不过就是用三个数即 $x, y$ 和 $z$ 坐标来表示的点的集合. 让我们现在大大跃进一步, 宣布 "3 维空间 mod 2" 就是由这

---

① 这个纳什就是 John Forbes Nash, Jr. 1928–, 美国数学家. 他在微分几何、偏微分方程特别是博弈论上有突出的贡献. 由于他提出的纳什均衡在经济学上的重要意义, 他获得了 1994 年的诺贝尔经济学奖. 文中的纳什定理通常称为纳什嵌入定理.—— 中译本注

3 个坐标 mod 2 所成的 "点" 的集合. 上面的表给出了其中的 4 个点, 另外还有 4 个, 就是

$$1,0,0; \quad 0,1,0; \quad 0,0,1; \quad 1,1,1.$$

代数的美丽就在于我们突然可以在这个 "仅有 8 个点的 3 维空间里" 来讨论直线、平面、球面、锥面等等.

我们当然不必停步于此, 而是可以 mod 任意自然数来进行工作. 例如 mod 7 时, 可能的坐标就只有 0, 1, 2, 3, 4, 5, 6. 所以 "3 维空间 mod 7" 中就只有 $7^3 = 343$ 个点. [这样, 就得到了 "有限多点的空间的几何学"].

在这些空间里讨论几何学是可以很仔细地谋划的事情, 但是在技术上很困难. 它的很大的报偿就是我们可以把这个过程看成是通常的空间的 "离散化". mod 很大的 $n$(特别是对于素数 $n$) 来进行工作, 就很接近于普通的空间.

这个途径在数论问题中特别富有成果. 例如, 它就是怀尔斯证明费马大定理的工具.

关于这些问题, 可以详见条目算术几何[V.4].

## 5. 多项式的 "快照"

考虑方程 $x^2 + y^2 = R$. 如果 $R > 0$, 则方程的实解构成一个半径为 $\sqrt{R}$ 的圆周; 如果 $R = 0$, 则得到的就只是原点; 如果 $R < 0$, 则得到空集合. 当然也可以考虑它的复数解, 而复解总可以决定 $R$(例如, 它与 $x$ 轴的交点是 $(\pm\sqrt{R}, 0)$).

如果 $R$ 是有理数, 则可以问这个方程的有理解. 如果 $R$ 是整数, 则可以对任意整数 $m$ 在 "mod $m$ 的平面" 上求解.

甚至可以在 $x = x(t), y = y(t)$ 而 $x(t), y(t)$ 本身也都是 $t$ 的多项式的条件下求解 (更加一般地, 可以在任意环中求 $x, y$, 只要这个环包含 $R$ 为其元), 而每一次考虑解集合时, 其实就是在给这个多项式拍一张 "快照". 有些照片拍得很好 (例如对于 $R > 0$ 时的实的快照), 有些照片就不好 (例如上面说的 $R < 0$ 时的实的快照).

一张快照能够好到什么程度? 能不能从快照中来决定这个多项式?

我们常常会说到一个双曲线有 $x^2 - y^2 - R = 0$ "这个" 方程, 但是说它有 $x^2 - y^2 - R = 0$ "这样一个" 方程更加正确. 例如, 一条双曲线可以有 $x^2 - y^2 - R = 0$ "这样一个" 方程 (这里的 $R > 0$), 但是同时这个双曲线也可以用 $cx^2 - cy^2 - cR = 0$ "那样一个" 方程来表示, 这里 $c \neq 0$ 是任意常数. 还可以用 $(x^2 - y^2 - R)^2 = 0$ 作为它的方程. 也可以用更高次的幂. 但是, 用 $f(x,y) = (x^2 - y^2 - R)(x^2 + y^2 + R) = 0$ 作为它的方程行不行? 如果只看所有的实解, 这个方程仍然表示同一个双曲线, 因为当 $x, y$ 为实数时, $x^2 + y^2 + R$ 总是正的. 然而, 和单变量的多项式的情况一样, 为了要理解它, 还需要考虑复根. 那时就会看到, $f(\sqrt{-1R}, 0) = 0$, 但是复的点 $(\sqrt{-1R}, 0)$ 并不在双曲线 $x^2 - y^2 - R = 0$ 上. 一般情况下, 如果多项式 $f$ 和

$x^2 - y^2 - R = 0$ 有恰好完全一样的解集合, 则一定有一个正整数 $m$ 和一个常数 $c \neq 0$, 使得 $f(x, y) = c\left(x^2 - y^2 - R\right)^m$.

$R = 0$ 的情况为什么不同? 理由在于当 $R \neq 0$ 时, 多项式 $x^2 - y^2 - R$ 是不可约的 (irreducible, 或称为既约的, 就是不可写为其他多项式的乘积), 而 $R = 0$ 时, 它是可约的 (reducible), 因为 $x^2 - y^2 = (x + y)(x - y)$, 这时有两个不可约因子 $x + y$ 和 $x - y$. 在这个情况下, 就会得到下面的定理: 如果 $g(x, y)$ 是一个多项式, 而与 $x^2 - y^2$ 有完全相同的复零根, 则必有适当的 $m, n$ 和 $c$, 使得 $g = c(x + y)^m(x - y)^n$.

对于方程组的类似问题是由代数几何的基本定理回答的. 这个定理有时称为希尔伯特零点定理, 但是在文献中, 绝大多数时候总是用的德文名词 Nullstellensatz. 为简单起见, 我们只就一个方程的情况来陈述它.

**希尔伯特零点定理**　两个复多项式具有同样的复根, 当且仅当它们具有同样的不可约因子.

对于具有整系数的多项式, 还可以做得更精细一些. 例如, $x^2 - y^2 - 1 = 0$ 和 $2\left(x^2 - y^2 - 1\right) = 0$ 不但在实数域和复数域都有相同的解, 而且对于任意奇素数 $p$ 也有相同的解 mod $p$, 但是 mod 2 则有不同的解. 这个情况下的一般结果很容易、很简单.

**算术零点定理**　*两个整系数多项式 $f$ 和 $g$ 对任意的 $m$ 都有相同的 mod $m$ 解, 当且仅当 $f = \pm g$.*

## 6. 贝祖[①] 定理和相交理论

若 $h(x)$ 是一个 $n$ 次多项式, 则它有 $n$ 个复根, 每一个都按重数计. 对于方程组 $f(x, y) = 0$ 和 $g(x, y) = 0$ 情况又如何? 几何上, 我们看见两条平面曲线, 所以, 典型地, 我们期望它们应该有有限多个交点.

如果 $f, g$ 都是线性的, 则有平面上的两条直线. 通常它们只有一个交点, 但是它们可能平行, 也可能重合. 如果是前一个情况, 就会得到经典的结论 "平行线交于无穷远点", 然后还有射影平面和射影空间[III.72] 的定义 (引入射影空间以及相应的射影簇, 是代数几何的关键步骤. 它有一点技巧性, 所以在这里跳过它, 但是甚至在最基础的层次上, 射影几何的概念也是不可少的).

接下来考虑两个 2 次多项式, 就是两条平面圆锥曲线. 两条光滑的圆锥曲线通常最多交于四个点 (只要画两个椭圆来试一下就知道了). 这里也有一些相当蜕化的情况, 它们可能重合, 而在两条平面圆锥曲线都是可约的情况下, 还可能有公共的直线. 不论如何, 可以陈述一个基本的结果, 它可以回溯到 1779 年.

**贝祖定理**　*令 $f_1(x), \cdots, f_n(x)$ 为 $n$ 个 $n$ 变量的多项式, 而且令对于每一个 $i, d_i$ 表示 $f_i$ 的次数. 这时或者*

① 贝祖 (Étienne Bézout), 1739–1783, 法国数学家.—— 中译本注

(i) 方程组 $f_1(x) = \cdots = f_n(x) = 0$ 最多有 $d_1 d_2 \cdots d_n$ 个解; 或者

(ii) 所有的 $f_i$ 都在一条代数曲线 $C$ 上恒为 0, 所以方程组有一个连续的解族.

我们举一个例子: 方程组 $xz - y^2 = y^3 - z^2 = x^3 - z = 0$ 就属于第二种可能性, 它以 $(t, t^2, t^3)$ 为解, 而这里的 $t$ 可以取任意值. 这个情况其实是很罕见的. 如果随机地取多项式 $f_i$ 的系数, 则发生第一种情况的概率为 1.

在理想情况下, 我们希望能宣布更强的结果, 即在第一种情况下, 恰好有 $d_1 d_2 \cdots d_n$ 个解, 而每一个解都要 "按重数计". 这确实是行的, 而且给出了代数几何的一个极有用的特性的第一个例子. 甚至在高度蜕化的情况下, 也可以很容易地定义和计算重数. 这一点时常大有帮助, 因为典型的 (即所谓 "通有的"(generic)①) 情况通常是很难计算的. 为了绕过这个困难, 有时可以去找一个特殊的蜕化的但是知道具有相同答案而又容易计算的情况来做计算.

有两种考虑重数的方法: 一个是代数方法, 一个是几何方法. 代数的定义在计算上很有效, 但是有些技术性. 几何的意义比较容易解释, 所以我们在此给出它, 但是它在实际上是很难计算的.

如果 $x = p$ 是方程组 $f_1(x) = \cdots = f_n(x) = 0$ 的孤立解, 而重数为 $m$, 则扰动的方程组

$$f_1(x) + \varepsilon_1 = \cdots = f_n(x) + \varepsilon_n = 0$$

对几乎所有的小数 $\varepsilon_i$ 在 $x = p$ 附近恰好有 $m$ 个解.

相交理论就是代数几何中研究贝祖定理的各种推广的一个分支. 上面, 我们看到了超曲面 —— 就是单个多项式的零点集合 —— 的相交, 我们当然希望看见更一般的代数集合的相交. 我们也想能计算包括在蜕化情况下孤立的交点的个数, 这是很麻烦、但却很有用的.

## 7. 簇、概型、轨道流形和栈 ②

考虑 3 维空间里的方程组 $xz = yz = 0$, 它由两部分构成: 一是 $z$ 平面 $z = 0$, 另一部分是直线 $x = y = 0$. 二者都不能再进一步写成代数集合的并 (除了那些吹毛求疵的人, 他们会说, 这条直线是直线和直线上一个点的并集). 一般说来, 任意代数集合都可以用恰好一种方法重写为较小的代数集合之并, 而后者再不能进一步分解了. 这些基本的建筑单元就称为不可约代数集合, 或者叫做代数簇(见条目[III.95]).

---

① "通有" 在这里是一个专业的数学名词, 但是可能是由于篇幅限制, 本书未加说明. 它还有许多不同译法, 这里也不能说明.—— 中译本注

② "栈", 英文为 stack, 这个词在多个数学分支中 (包括代数几何、范畴论等等) 出现, 但是没有通用的译名. 在层论 (sheaf theory) 中, 就是指 "层". 本书中我们用 "栈" 的译法, 取其 "包含甚多对象" 之意, 上一个脚注也适用于此.—— 中译本注

有些情况并不是我们朴素地所希望的, 例如图 2 上的曲线就由两个连通分支构成. 然而, 这两个分支都不是代数集合.

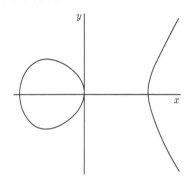

图 2    一条光滑的三次曲线: $y^2 = x^3 - x$

用这个方程的复解就可以对此作出解释. 以后会看到, 这些复解形成一个连通集合, 即一个环面 (但是少了一个无穷远点). 如果考虑实解, 就会看见两个分支, 因为我们看见的只是这个环面的一个截口.

一般说来, $f = 0$ 的零点集合作为一个代数集合是不可约的当且仅当 $f$ 作为一个多项式是不可约的 (或者是一个不可约多项式的幂). 这个说法的意义在一个方向上是清楚的: 如果 $f = gh$, 则 $f$ 的零点集合是 $g$ 和 $h$ 的零点集合之并.

对于许多问题, 只是关注零点集合是不够的. 例如多项式 $f = x^2 (x - 1) (x - 2)^3$, 它的次数是 6, 而在三个点 $x = 0, 1, 2$ 有三个根. 然而, 这些根的性态各有不同, 而通常的说法是: 在 $x = 0$ 处, $f$ 有二重根; 在 $x = 2$ 处, $f$ 有三重根. 如果通过对 $f$ 加上一个小数 $\varepsilon$ 而加以扰动, 则扰动后的方程 $f(x) + \varepsilon = 0$ 在 $x = 0$ 附近有两个 (复) 解, 在 1 附近有一个解, 在 2 附近则有 3 个 (复) 解. 这样, 这些重数携带了关于扰动的几何意义的重要信息.

类似地, 很自然地我们会说, 尽管 $x^2 y = 0$ 和 $xy^3 = 0$ 定义了同样的代数集合 (由两个坐标轴组成), 其第一个对于 $y$ 轴 (即 $x = 0$)"指定了重数 2", 而另一个则对 $x$ 轴 (即 $y = 0$)"指定了重数 3".

对于方程组, 还可能出现更复杂的情况. 考虑 3 维空间里的方程组 $x = y^2 = 0$ 和方程组 $x^3 = y = 0$. 两个方程组都定义的是 $z$ 轴, 但是, 说第一个以重数 2、第二个以重数 3 定义 $z$ 轴是合理的. 然而, 还有一个进一步的差别. 在第一个情况下, 重数似乎是 "沿 $y$ 方向走" 的, 而在第二个情况下, 则是 "沿 $x$ 方向走" 的. 如果还想看到更复杂的情况, 可以考虑方程组 $x - cy = y^3 = 0$.

粗略地说, 概型 (scheme)(见条目概型[III.82]) 就是一个代数集合, 但是同时还要考虑其重数和它们发生的方向.

考虑 $xy$ 平面以及对原点的反射映射, 所以点 $(x,y)$ 被映到 $(-x,-y)$. 把 $(x,y)$ 点和 $(-x,-y)$ 点粘在一起, 将得到了什么? 右半平面 $x \geqslant 0$ 被映到左半平面 $x \leqslant 0$, 所以只要考虑右半平面就够了. [它的边界的] 正 $y$ 轴这一部分和负 $y$ 轴部分粘在一起了, 所以得到了一顶尖帽子[①](不过没有那么尖罢了).

从代数上来看, 这顶尖帽子就是圆锥面 $z^2 = x^2 + y^2$ 的一叶, 除了有一个顶点以外, 它看起来很好很光滑. 在顶点上则比较复杂, 但是上面的作法说明它可以从平面通过对原点的反射得到. 更一般地说, 取一个 $n$ 维空间 $\mathbf{R}^n$ 以及其上的有限多个对称. 如果把经过这些对称可以彼此移动到一起的点粘起来, 则又得到一个代数簇, 其上绝大多数点都是光滑的, 但是有一些变得更加复杂了. 如果一个簇是由几块这样的东西组成的, 就称它为一个轨道流形(见条目轨道流形[III.65])(在给出确切的定义时, 还要说明所用到的对称). 在实用上, 这种簇出现得很频繁, 所以值得给它单独起一个名字.

最后, 如果让概型和流形联姻, 得出来的东西叫做"栈". 对于一种人可以强烈地推荐栈的研究, 这种人如果在古代可能是苦修派[②]的僧人.

## 8. 曲线、曲面和三维簇

和对于任意一种几何对象一样, 关于簇, 我们可以问的最简单的问题之一是: 它的维数是多少? 如我们所希望的那样, 平面上的曲线的维数是 1; 3 维空间中的曲面的维数是 2. 这些看起来都很简单, 但是当我们写出这样的例子: $S = (x^4 + y^4 + z^4 = 0)$, 它只是 $\mathbf{R}^3$ 的原点, 然而它仍然是 2 维的, 那么, 错在哪里呢? 在于我们看的是它的一张错误的快照. 用复数可以把这个方程的解写成 $z = \sqrt[4]{-x^4 - y^4}$, 所以 $x^4 + y^4 + z^4 = 0$ 的解可以用两个独立变量 $x, y$ 和一个因变量 $z$ 来描述. 这样, 说 $S$ 是 2 维的就很合理了.

这个想法可以一般地适用. 如果 $X$ 是某个复空间 $\mathbf{C}^n$ 中的簇, 随机地取其中 $n$ 个独立的方向为 $\mathbf{C}^n$ 的基底, 也就是为其中的坐标系, 也就可以把这个基底或坐标系用于 $X$. 则可以以概率 1(即除蜕化情况以外) 找到一个整数 $d$, 而 $X$ 的任意点的前 $d$ 个坐标可以独立地变化, 而其余坐标则依赖于它们. 数 $d$ 仅仅依赖于 $X$ 本身, 而称为 $X$ 的维数 (或者更准确就称为 $X$ 的代数维数).

如果 $X$ 是一个簇, 而 $f$ 是一个多项式, 则交集合 $X \cap (f = 0)$ 的维数比 $\dim X$ 小 1(除非 $f$ 在 $X$ 上恒为 0, 或者恒不为 0).

如果 $X$ 是由实方程定义在 $\mathbf{R}^n$ 上的, 而且是光滑的 (光滑性的讨论见下一节), 则它的拓扑维数[III.17] 和代数维数是一致的.

---

① 尖帽子原文是 dunce cap, 是在小学校里惩罚班上成绩差的小孩子的玩意儿, 可见体罚制度原是普天下都有的! —— 中译本注

② 苦修派 (flagellants) 是这样一个教派, 它的信徒通过鞭笞自己的肉体来修行. —— 中译本注

对于复的簇, 拓扑维数是代数维数的 2 倍. 这样, 对于代数几何学家, $\mathbf{C}^n$ 的维数是 $n$. 特别是, 对于我们说来, $\mathbf{C}$ 是 "复直线", 而对所有别人来说, 它是 "复平面". 而我们的 "复平面" 当然就是 $\mathbf{C}^2$.

1 维簇称为曲线; 2 维簇称为曲面, 而立体就是一个 3 维簇, 英文专门有一个词：threefold.

代数曲线理论是一个发展得很好很漂亮的学科. 下面会看到, 我们已经能对代数曲线得到一个概观. 在 20 世纪, 对于代数曲面进行了大量的研究, 而现在可以说, 对于它已经达到了一个合理的完备的了解, 它比曲线要复杂多了. 而对于 3 维和更高维的簇, 现在我们知道得还很少. 至少可以猜测, 所有这些维数, 性态差不多大体相同. 尽管有了一些进展, 特别是在 3 维情况, 许多问题还有待解决.

### 9. 奇性及其消解

看一下图 3 中的代数曲线的最简单的例子, 即知其上绝大多数点是光滑的, 但是也有由比较复杂的奇点构成的有限集合. 我们来把这些曲线与图 2 上的曲线加以比较, 它们的方程分别是

$$(a)y^2 = x^3 + x^2; \quad (b)y^2 = x^3$$

这三条曲线都通过原点, 因为它们的方程中都没有常数项. 图 2 上曲线的方程含有线性项, 而曲线在原点处看起来很好看而且是光滑的, 而图 3 的曲线的方程都不含线性项, 曲线在原点也比较复杂. 这不是偶然的. 对于小的 $x$, $x^2, x^3, \cdots$ 的绝对值比 $x$ 的绝对值要小得多. 所以在原点附近, 线性项起统治作用. 如果只有线性项 $ax + by = 0$, 则得到通过原点的直线, 而代数曲线 $ax + by + cx^2 + gxy + ey^2 + \cdots = 0$ 很近于直线 $ax + by = 0$, 至少对于小的 $x, y$ 是如此.

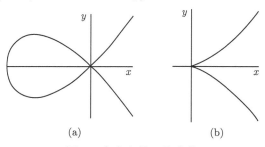

图 3　有奇点的三次曲线

$(a)y^2 = x^3 + x^2, (b)y^2 = x^3$

在另外的坐标为 $(p, q)$ 的点附近研究曲线, 可以通过坐标变换 $(x, y) \mapsto (x - p, y - q)$ 化为 $(p, q) = (0, 0)$ 的情况.

一般说来, 如果 $f(0) = 0$, 而且 $f$ 有 (非零的) 线性项 $L(f)$, 则超曲面 $f = 0$ 在原点附近很近于超平面 $L(f) = 0$, 这叫做隐函数定理. 这时, 原点称为光滑点. 一

个不光滑的点叫做奇点. 很容易证明, 奇点的集合是一个代数集合, 由令所有的偏导数 $\partial f/\partial x_i = 0$ 来定义. 一个随机的超曲面为光滑的概率为 1, 但是确实有许多奇异的超曲面.

对于任意的 $d$ 维簇 $X$, 也可以通过把它与 $d$ 维线性子空间加以比较, 来类似地定义光滑点与奇点.

在别的几何领域中, 如在拓扑学和微分几何中, 也会出现奇点, 但是总体上说, 这些领域总是在避免研究奇点 (但有一个值得注意的例外, 就是突变理论). 对比起来, 代数几何为奇点的研究提供了很有力的工具.

让我们从超曲面的奇点 (一个等价的说法, 也就是函数的临界点) 开始. 在考虑这些点时, 很自然地不局限于多项式, 而考虑更一般的幂级数, 也就是可以写成 "无限次的多项式" 的函数 $f(x_1, x_2, \cdots, x_n)$. 为了写起来简单一些, 总假设 $f(0) = 0$. 我们认为两个函数 $f$ 和 $g$ 是等价的, 如果可以找到变量变换 $x_i \mapsto \phi_i(x)$ 使得 $f(\phi_1(x), \cdots, \phi_n(x)) = g(x)$, 这里所有的 $\phi_i$ 都是由 $x$ 的幂级数来表示的.

在单变量的情况下, 任意的 $f$ 都可以写成

$$f = x^m(a_m + a_{m+1}x + \cdots), \quad a_m \neq 0.$$

作变量变换 $x \mapsto x\sqrt[m]{a_m + a_{m+1}x + \cdots}$, 利用它的逆变换就知道 $f$ 与 $x^m$ 是等价的. 对于不同的 $m$, 函数 $x^m$ 互相不等价, 所以在单变量这个特殊情况下, 除了可能相差一个等价关系以外, $f$ 是被它的展开式中的次数最低的单项式所决定的 (注意, 即令 $f$ 是一个多项式, 上述的变换也是一个无穷的幂级数, 因为次数大于 1 的多项式甚至局部地, 也不能用多项式来作出其反函数, 所以考虑一般的幂级数更加方便).

但是对于多变量的情况, 幂级数的最低次项并不能决定这个幂级数. 但是多取几项, 一般又行了, 这是因为有以下的结果:

解析奇性的代数化. 给定一个幂级数 $f$, 用 $f_{\leqslant N}$ 表示在此幂级数中删除次数高于 $N$ 的所有单项式而得的多项式. 如果 0 是超曲面 $f = 0$ 的孤立奇点, 则取充分大的 $N$ 以后, 可以使 $f_{\leqslant N}$ 等价于 $f$.

如果想看一个非孤立的奇点 $x = 0$ 的例子, 不妨看一看

$$g(x, y, z) = \left(y + \frac{x}{1-x}\right)^2 - z^3 = (y + x + x^2 + x^3 + \cdots)^2 - z^3.$$

它不仅在 0 处 (即 $x = y = z = 0$ 处) 有奇点, 而且沿着曲线 $y + (x/(1-x)) = z = 0$ 处处都是 $g$ 的奇点. 另一方面, 又容易验证所有的截断函数 $g_{\leqslant N}$ 又都在 0 处有孤立奇点.

如果有两个幂级数 $f$ 和 $g$, 则可以把 $f + \varepsilon g$ 看成是对于 $f$ 的一个扰动. 奇点理论的一个富有成果的问题是问对于已给的多项式或幂级数的扰动可以说些什么?

例如在单变量的情况, 多项式 $x^m$ 可以被扰动为 $x^m + \varepsilon x^r$, 而当 $r < m$ 时, 它等价于 $x^r$. 但是 $x^m$ 的任意扰动都应该包含 $x^m$, 所以当 $r > m$ 时, $x^m$ 的任意扰动都不能等价于 $x^r$ (因为在原点附近 $x^m$ 比 $x^r$ 大得多). 所以, 除了相差一个等价关系以外, $x^m$ 的所有可能的扰动的集合是 $\{x^r : r \leqslant m\}$.

另一方面, 不难看到对任意的 $\varepsilon$, 有 24 个 $\eta$ 的值使得多项式 $xy(x^2 - y^2) + \varepsilon y^2(x^2 - y^2)$ 与另一多项式 $xy(x^2 - y^2) + \eta y^2(x^2 - y^2)$ 等价 (事实上, 这两个多项式都描述经过原点的 4 条直线. 第一个多项式给出的是 $x = 0, x = y, x = -y, x = -\varepsilon y$. 第二个多项式也描述 4 条直线, 只需把上面的情况的 $\varepsilon$ 换成 $\eta$ 就得到了. 这个假设的等价关系的线性部分是一个把前 4 条直线变成后 4 条直线的线性变换. 所以, 把哪一条变为哪一条, 恰好有 24 个变换). 这样, $xy(x^2 - y^2)$ 的不等价的扰动构成一个连续族.

**简单奇性**   设多项式或幂级数 $f(x_1, \cdots, x_n)$ 只有有限多个不等价的扰动. 这时, $f$ 必等价于以下几种法式之一:

$$
\begin{array}{lll}
A_m & x_1^{m+1} + x_2^2 + \cdots + x_n^2 & (m \geqslant 1), \\
D_m & x_1^2 x_2 + x_2^{m-1} + x_3^2 + \cdots + x_n^2 & (m \geqslant 4), \\
E_6 & x_1^3 + x_2^4 + x_3^2 + \cdots + x_n^2, & \\
E_7 & x_1^3 + x_1 x_2^3 + x_3^2 + \cdots + x_n^2, & \\
E_8 & x_1^3 + x_2^5 + x_3^2 + \cdots + x_n^2. &
\end{array}
$$

这些法式的称号使我们想起李群的分类 [III.48]. 这里有众多的联系, 但是并不容易解释. 当 $n = 3$ 时, 这些奇点又称为 Du Val 奇点或有理二重点.

现在我们再来考虑圆锥曲面 $z^2 = x^2 + y^2$. 我们在前面曾经考虑过它的一种二对一的参数化, 下面是另一种参数化, 而对于许多目的这一种更好.

在 $(u, v, w)$ 空间中考虑光滑的圆柱面 $u^2 + v^2 = 1$. 映射 $(u, v, w) \mapsto (uw, vw, w)$ 把这个柱面变成圆锥 (见图 4). 这个映射除了在原点以外都是光滑的, 原点的原像是平面 $(w = 0)$ 上的圆周 $u^2 + v^2 = 1$.

(眼睛尖的读者可能已经注意到, 如果我们使用复数, 这个映射并不那么好. 一般说来, 我们希望使用既可用于实数又可用于复数的参数化, 但是那样描述起来就有点复杂).

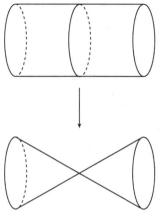

图 4　圆锥的一种消解

　　圆柱面比圆锥面有一个优点, 就是它没有奇点. 用光滑簇来做簇的参数化是很有用的, 而且这里有一个重大的结果, 告诉我们这种参数化总是存在的, 至少当这个簇是实的或复的簇时是如此 (对于前面讲过的有限几何, 还不知道有相应的结果).

　　**奇性的消解 (resolution)—— 広中平祐[①]定理**　　对任意簇 $X$ 必有另一个光滑的簇 $Y$ 以及一个用多项式定义的满射 $\pi : Y \to X$, 使得在 $X$ 的所有光滑点处, $\pi$ 都是可逆的.

　　(在上面圆锥的例子中, 可以取整个圆柱为 $Y$, 但是在塌缩的圆周上除去有限多个点, 用余下的部分为 $Y$ 也是可以的. 为了避免这种无意义的情况, 我们要求 $\pi$ 是在一种很强意义下的满射: 如果有光滑点 $x_i \in X$ 序列收敛于 $X$ 中的一点, 则它们的原像 $\pi^{-1}(x_i)$ 收敛于 $Y$ 中的一点).

## 10. 曲线的分类

　　为了对于代数簇的分类是如何进行的有一点感觉, 我们来看 $n$ 维空间中的一个次数为 $d$ 的超曲面, 这种超曲面由一个 $d$ 次多项式 $f(x_1, \cdots, x_n) = 0$ 给出. 次数最多为 $d$ 的多项式的集合构成一个向量空间 $V_{n,d}$, 所以超曲面就有了两个明显的离散的不变量、维数和次数, 我们可以通过令 $f$ 的系数连续变动而在具有同样维数和次数的多项式中游走. 此外, 整个 $V_{n,d}$ 本身也是一个代数簇. 我们的目的是对于所有的簇也发展一种类似的了解, 而这件事情可以分两步来进行.

　　第一步是定义一些自然地与簇相关的整数, 而且要求它们当簇连续变动时不变. 这些整数称为离散不变量. 维数就是最简单的例子.

　　第二步是证明所有具有同样的离散不变量的簇的集合可以用另外一个称为模空间[IV.8] 的代数簇来作参数化. 此外, 我们还希望选作此参数化之用的簇越经济

---

　　① 即 Heisuke Hironaka, 1931–, 日本数学家.——中译本注

越好. 我们将在下一节比较详细地看这一点.

现在来看对于曲线怎么做. 这里, 除了维数以外还有一个离散不变量, 称为曲线的亏格. 亏格有许多方法来定义: 最简单的是通过拓扑学来定义. 令 $E$ 为一个曲线, 而我们来看它上面的复点. 曲线局部地看起来就像 $\mathbf{C}$, 所以它是一个拓扑曲面. 在无穷远处粘上一些洞以后, 就得到了一个紧曲面. 乘上一个 $\sqrt{-1}$ 就给了它一个定向, 所以基本的拓扑学告诉我们, 会得到一个粘上了几个柄的球面 (见微分拓扑[IV.7]), 于是就定义这条曲线的亏格为这些柄的数目 (也就是相应的曲面的亏格). 为了看出这在实际是意味着什么, 我们来看几个例子.

2 维空间中的直线就像是复数集合一样, 可以看成是挖去了一个点的球面. 这个球面, $\mathbf{C}$, 加上一个无穷远点, 也叫做黎曼球面, 所以它的亏格为 0.

其次来看圆锥曲线. 这里用一点射影几何更好. 取这个圆锥曲线的一条切线, 并且把它移动为无穷远直线. 这样就得到一条抛物线, 而在适当的坐标系下面由方程 $y = x^2$ 给出, 多项式映射 $t \mapsto (t, t^2)$ 及其逆 $(x, y) \mapsto x$, 表明这个抛物线与直线同构, 所以它的亏格也是 0.

三次曲线比较复杂. 首先要警告, 如果找 $y = x^3$ 为典型, 则是找了一条错误的三次曲线. 它是光滑的 (所以亏格为 0), 但是它在无穷远点有一个奇点 (早前为了方便而不谈射影几何, 现在, 这个 "方便" 反咬了我们一口! ) 不管怎样, 正确的做法是选择三次曲线在扭转点的切线, 并且把它移到无穷远去. 经过一些计算, 就会得到一个大为简化的方程 $y^2 = f(x)$, $f$ 是一个 3 次多项式. 那么, 它的亏格是多少?

考虑特殊情况 $y^2 = x(x-1)(x-2)$. 我们想弄明白由它到 (复)$x$ 轴的二对一投影, 但是为此先对 $x$ 轴添加上无穷远点更好, 所以现在 $x$ 轴成了黎曼球面. 在这个球面上除去区间 $0 \leqslant x \leqslant 1$ 以及半直线 $2 \leqslant x \leqslant \infty$, 则函数 $y = \sqrt{x(x-1)(x-2)}$ 将分成两个分支 (这意味着对于每一个 $x$ 将有两个 $y$ 值, 即 $x(x-1)(x-2)$ 的正负两个平方根, 而当 $x$ 连续变动时, 可以让 $y$ 的这两个值也连续变动). 球面除去这两个切口在拓扑上就和一个柱面一样. 所以, 复的三次曲线就是由两个柱面粘贴而成, 所以其亏格为 1.

可以证明, 次数为 $d$ 的光滑平面曲线的亏格是 $\frac{1}{2}(d-1)(d-2)$, 但是想要从拓扑上给以直接的解释则很困难.

代数几何学家有一个梦 (可能是永远圆不了的梦), 就是对于高维的簇的离散不变量也给出类似的简单解释. 不幸的是, 复点的拓扑不变量不一定很好, 可能是带来的误解多于给出的帮助.

下面列出所有低亏格的曲线的清单, 作为这种曲线分类方法的进一步的例证.

亏格 0. 只有一条 0 亏格的曲线. 如我们已经看到的, 它可以表示为平面上的一条直线, 或者是一条圆锥曲线.

**亏格** 1. 每一个亏格 1 的曲线都是一个平面三次曲线, 它可以写成 $y^2 = f(x)$, 而 $f$ 是一个三次多项式. 亏格 1 曲线通常称为椭圆曲线[III.21], 因为它们首先出现在求椭圆的周长问题中 (通过椭圆积分). 下面还将更详细地看到它.

**亏格** 2. 每一个亏格 2 的曲线都可以由形状为 $y^2 = f(x)$ 的方程来表示, 这里 $f$ 是一个 5 次多项式 (这些曲线以无穷远点为奇点). 更一般地说, 如果 $f$ 的次数为 $2g+1$ 或 $2g+2, 2g+2$, 则曲线 $y^2 = f(x)$ 的亏格为 $g$. 当 $g \geqslant 3$ 时, 这种曲线就称为超椭圆曲线, 它们是很特殊的曲线.

**亏格** 3. 每一个亏格 3 的曲线都可以表示为一个 4 次平面曲线 (或者为一条超椭圆曲线).

**亏格** 4. 每一个亏格 4 的曲线都可以写成一条由两个 2 次和 3 次方程给出的空间曲线 (或者为一条超椭圆曲线).

这里应该强调, 椭圆曲线并不构成为单独的一个曲线族, 每一个超椭圆曲线都可以连续变形为上面所描述的那些类的一般曲线. 通过它们的更复杂的表示就可以看到这一点.

还可以像这样做得更长一点, 一直做到亏格 10 为止, 但是当亏格变大时, 就没有这样的显式的构造方法了.

## 11. 模空间

现在回到平面 3 次曲线, 我们曾经用 2 变量的 3 次多项式的向量空间 $V_{2,3}$ 把它参数化. 这样做并不是很经济的, 例如 $x^3 + 2y^3 + 1$ 和 $3x^3 + 6y^3 + 3$ 是不同的多项式, 但是代表同样的曲线. 此外, 把 $x^3 + 2y^3 + 1$ 和 $2x^3 + y^3 + 1$ 看成不同的, 也没有多大的道理, 因为只要把两个坐标轴互换一下, 它们就互相变成对方了. 一般地说, 在前一节已经看到, 每一个 3 次多项式都可以变成由方程 $y^2 = f(x)$ 来表示, 这里 $f(x) = ax^3 + bx^2 + cx + d$. 于是, 系数 $\{a, b, c, d\}$ 给出一个参数化.

后面这种参数化要好一些, 但是仍然不是最优的. 还有两步可走. 首先, 可以使 $f$ 的首项系数为 1. 因为只要令 $y = \sqrt{a}y_1$, 再用 $a$ 通除这个方程, 就会得到 $y_1^2 = x^3 + \cdots$. 其次, 还可以作一个变换 $x = ux_1 + v$ 以得出另一个 3 次曲线 $y^2 = f(ux_1 + v) = f_1(x_1)$, 但是 $f_1$ 更容易显式地写出来. 可以证明: 作变量变换而不把 $y^2 =$ (一个 3 次多项式) 的形式弄混, 只有这两种变换.

到现在为止, 我们还不清楚会发生什么. 为了得到更好的答案, 我们来看 $f$ 的根, 这样, 令 $f(x) = (x - r_1)(x - r_2)(x - r_3)$ (再说一次, 复数在这里是不可避免的). 如果作变换 $x \mapsto (r_2 - r_1)x + r_1$, 就会得一个新的 3 次多项式, 而它有两个根为 0 和 1. 所以 3 次多项式变成了 $f(x) = x(x - 1)(x - \lambda)$. 这样原来的 $f(x) = ax^3 + bx^2 + cx + d$ 含有 4 个未定的系数, 现在只剩下一个 $\lambda$ 了.

这个形式仍然不是唯一的. 因为在把 $r_1, r_2$ 变为 0, 1 时, 我们选 $f$ 的 3 个根中

的哪两个为 $r_1, r_2$ 都可以. [这里有 6 种选择方法, 相应地会得出 6 个不同的 $\lambda$ 值].
例如作变换 $x \mapsto 1 - x$, 就把 0 和 1 对调了, 而这时 $\lambda$ 变成 $1 - \lambda$. 也可以做变换
$x \mapsto \lambda x$, 而把 1 和 $\lambda$ 这两个根对调, 这时就会得到 $\lambda \mapsto \lambda^{-1}$. 总之, 这 6 种选择方
法, 可以使 $\lambda$ 变成以下 6 个值之一:

$$\lambda, \frac{1}{\lambda}, 1 - \lambda, \frac{1}{1 - \lambda}, \frac{-\lambda}{1 - \lambda}, \frac{1 - \lambda}{-\lambda}.$$

这 6 个不同的参数值其实对应于 "相同" 的椭圆曲线, 区别只在于把 3 个根的哪
两个分别变为 0 和 1. 绝大多数情况下, 这 6 个值是各不相同的, 但有时也会出
现重合的情况. 例如 $\lambda = -1$ 时, 6 个值中只有 3 个不同的. 这一点相应于以下
的事实, 椭圆曲线 $y^2 = x(x - 1)(x + 1)$ 容许 4 个对称性: $(x, y) \mapsto (-x, \pm\sqrt{-1}y)$
和 $(x, y) \mapsto (x, \pm y)$ (椭圆曲线有一个很不平常的特点, 就是它总容许后一个对称性
$(x, y) \mapsto (x, \pm y)$. 而当 $\lambda = -1$ 时, 又有了 4/2 个新对称性, 这就相应于把上面的不
同值的个数减半).

思考这个问题的最好的方法是把它看成一个对称群 (现在是 3 个事物的置换
群) $S_3$ 在集合 $\mathbf{C} \backslash \{0, 1\}$ 上的作用.

完全不清楚我们是否已经把所有可以用的改变参数化的方法都用完了, 但是,
我们已经得出了最终的结果:

**椭圆曲线的模**    所有椭圆曲线的集合与商轨道流形 $(\mathbf{C} \backslash \{0, 1\})/S_3$ 的点有一
个自然的一一对应. 轨道流形的点对应于具有外加的自同构的椭圆曲线.

这是一个一般现象的最简单的例证.

**模原理**    在绝大多数有意义的情况下, 所有具有固定的离散不变量的代数簇
的集合与一个轨道流形的点有一个自然的一一对应, 轨道流形的点对应于具有外加
的自同构的代数簇.

亏格为 $g$ 的光滑曲线的模轨道流形 (或称模空间) 记作 $M_g$. 它们是代数几何中
研究得最多的轨道流形, 特别是最近发现了它们在**弦论**[IV.17§2] 和**镜面对称**[IV.16]
的研究中具有基本的地位以后是如此.

## 12. 有效 Nullstelensatz

代数几何里面仍然有未曾解决的初等问题, 为了说明这一点, 我们试着来决定
在什么时候 $m$ 个多项式 $f_1, \cdots, f_m$ 没有公共的零点. 下面的结果是这个问题的经
典的回答, 它表明了一个显然是必要的其实也是充分的条件.

**弱 Nullestelensatz    多项式** $f_1, \cdots, f_m$ **没有公共的零点, 当且仅当存在多项式**
$g_1, \cdots, g_m$ **使得**

$$g_1 f_1 + \cdots + g_m f_m = 1.$$

我们现在来作一个猜想, 就是可以找到次数不大于 100 的 $g_j$. 于是可以写出

$$g_j = \sum_{i_1 + \cdots + i_m \leqslant 100} a_{j,i_1 \cdots i_m} x_1^{i_1} \cdots x_m^{i_m},$$

而 $a_{j,i_1 \cdots i_m}$ 是待定的. 如果把 $g_1 f_1 + \cdots + g_m f_m$ 写成 $x_1, \cdots, x_n$ 的多项式, 则其系数除了常数项应该为 1 以外, 其余的都应该为 0. 这样, 就得到了未知数为 $a_{j,i_1 \cdots i_m}$ 的线性方程组. 线性方程组的可解性是众所周知的 (也有很好的计算机执行方法). 这样, 就可以决定是否有次数不大于 100 的 $g_j$ 存在. 当然, 可能猜想次数仅只是不大于 100, 是否猜得太小了, 如果找不到次数不大于 100 的 $g_j$, 就可以逐次地把对于次数的限制放大, 而逐次地试验下去. 这样会有头吗? 下面的结果给出了回答, 它是最近才证明出来的.

**有效 Nullestelensatz** 令 $f_1, \cdots, f_m$ 为次数小于或等于 $d$ 的 $n$ 变量的多项式, 其中 $d \geqslant 3, n \geqslant 2$. 如果它们没有公共的零点, 则 $g_1 f_1 + \cdots + g_m f_m = 1$ 一定有解, 并且 $\deg g_j \leqslant d^n - d$

对于绝大多数多项式组 $f_1, \cdots, f_m$, 可以找到 $\deg g_j \leqslant (n-1)(d-1)$ 的解 $g_j$. 但是一般地说, 上界 $d^n - d$ 是不可改进的.

正如上面所说的, 这给出了一个计算方法来决定多项式方程组是否有公共解. 不幸的是, 如果要求计算到极大的线性方程组才算到头, 就仍然没有找到一个计算上有效而且可靠的方法.

## 13. 那么, 代数几何是什么

在我看来, 代数几何就是一种对于几何和代数的统一性的信念, 二者的新联系就是它的最激动人心和最深刻的发展. 我们已经看到过对于这种联系的各种提示. 代数几何与笛卡儿坐标一同诞生, 现在则与编码理论、数论、计算机辅助几何设计和理论物理学紧密联系在一起. 有一些联系是上一个十年才出现的, 而我希望会出现更多的联系.

### 进一步阅读的文献

绝大多数的代数几何文献都是技术性很强的. 一个值得注意的例外是 E. Brieskorn 和 H. Knörrer 所写的 *Plane Algebraic Curves* (Birkhäuser, Boston, MA, 1986), 这本书一开始是一个从古代起通过艺术和科学的实例来对代数曲线所做的很长的综述, 其中有许多美丽的插图和复制品. C. H. Clemens 的 *A Scrapbook of Complex Curve Theory*(American Mathematical Society, Providence, RI, 2003) 和 F. Kirwan 的 *Complex Algebraic Curves* (Cambridge University Press, Cambridge,1992) 也都是从很容易接受的水平开始的, 但是很快就深入到高深的主题了.

对于代数几何的技巧最好的入门书是 M. Reid 所写的 *Undergraduate Algebraic Geometry* (Cambridge University Press, Cambridge, 1988). 对于希望得到一个概观的读者说来,

K. E. Smith, L. Kahanpää, P. Kehäläinen 和 W. Traves 所写的 *An Invitation to Algebraic Geometry* (Springer, New York, 2000) 是一个好的选择, 而 J.Harris 所写的 *Algebraic Geometry*(Springer, New York, 1995) 和 I. R. Shafarevich 所写的 *Basic Algebraic Geometry*, volume Ⅰ and Ⅱ (Springer, New York, 1994) 则适合于更系统的阅读.

# IV.5 算 术 几 何

Jordan S. Ellenberg

## 1. 丢番图问题, 单个的丢番图问题和丢番图问题的总体

我们的目的是对算术几何的一些本质的思想作一个概述. 我们从一个问题开始, 这个问题表面上看来并不涉及几何学, 而只涉及一点算术 (即数论).

**问题** 证明方程

$$x^2 + y^2 = 7z^2 \tag{1}$$

没有非零的有理数解 $x, y, z$.

(注意, (1) 中只有系数 7 使它有别于毕达哥拉斯方程 $x^2 + y^2 = z^2$, 而后一方程我们知道有无穷多解. 算术几何有一个特点, 就是像这样一类微小的差别, 都会引起巨大的后果! )

**解** 设 $x, y, z$ 是满足 (1) 式的有理数, 则可以写出

$$x = a/n, \quad y = b/n, \quad z = c/n,$$

而 $a, b, c, n$ 都是整数. 原来的方程 (1) 就变成了

$$\left(\frac{a}{n}\right)^2 + \left(\frac{b}{n}\right)^2 = 7\left(\frac{c}{n}\right)^2,$$

通乘以 $n^2$ 就得到

$$a^2 + b^2 = 7c^2. \tag{2}$$

设 $a, b, c$ 有公因子 $m$, 在上式中用 $a/m, b/m$, 和 $c/m$ 代换 $a, b, c$, 则 (2) 对于这些新数仍然成立. 因此, 可以假设 $a, b, c$ 是没有公因子的整数.

现在把上面的方程 mod 7 化约 (见模算术[III.58]). 用 $\bar{a}$ 和 $\bar{b}$ 记 $a$ 和 $b$ 的 mod 7 的余数. 因为 (2) 的右方是 7 的一个倍数, 所以 mod 7 为 0, 这样就得到

$$\bar{a}^2 + \bar{b}^2 = 0. \tag{3}$$

现在 $\bar{a}$ 和 $\bar{b}$ 都只有 7 个可能的值, 所以, 求 (3) 的解只需把这 49 个可能性一一验证, 看一看哪些是解即可. 做几分钟计算就能看见, 只有 $\bar{a} = \bar{b} = 0$ 能够满足 (3) 式.

但是, 说 $\bar{a} = \bar{b} = 0$ 就是说 $a$ 和 $b$ 是 7 的倍数. 这时, $a^2$ 和 $b^2$ 都是 49 的倍数. 所以它们的和 $7c^2$ 也是 49 的倍数, 而 $c^2$ 是 7 的倍数. 但是这就意味着 $c$ 也是 7 的倍数. 特别是, $a, b$ 和 $c$ 就有了公因子 7. 这样就得到了矛盾, 因为我们是取 $a, b$ 和 $c$ 为没有公因子的整数的. 这样, 我们假设存在有解就引导到了矛盾, 所以只能得出结论: (1) 没有非零有理数所成的解①.

一般说来, 求 (2) 那样的多项式方程的有理解称为丢番图问题. 我们只需要一段话的篇幅就把方程 (2) 处理好了, 但是这只是例外情况, 一般说来, 丢番图问题可以是异乎寻常困难的. 例如, 只要把 (2) 中的指数稍加修改而考虑方程

$$x^5 + y^5 = 7z^5, \tag{4}$$

就不知道 (4) 是否有非零的有理解存在. 然而可以肯定, 这个答案将是一项很实质性的工作, 很有可能, 我们所知道的一切最有力的技巧都还不足以回答这样简单的问题.

更加一般地, 还可以取任意的可交换环[III.81]$R$, 并且问某一个多项式方程在 $R$ 中是否有解. 例如, (2) 在多项式环 $\mathbf{C}[t]$ 中是否有解 $x, y, z$? (答案为是, 可以找几个这样的解作为一个练习). 把在 $R$ 中求一个多项式方程的解称为 $R$ 上的丢番图问题. 算术几何这门学科并没有精确的边界, 但是, 作为一个一次近似, 可以说, 算术几何处理的就是在数域 [III.63] 的子环上的丢番图问题 (诚实地说, 通常只有当 $R$ 为一个数域的子环时, 这个问题才称为丢番图问题. 然而, 更一般的定义更加适合我们目前的需要).

对于任意的如 (2) 这样的特定的方程都有无穷多个丢番图问题, 每取一个可交换环 $R$ 就有一个. 现代的代数几何的一个中心的洞察 —— 某种意义下是基本的洞察 —— 就在于, 这个巨大的问题的总体可以作为一个单一的对象. 考察领域的扩大, 使得在考察个别问题时看不见的结构显露出来了. 我们把由所有这些丢番图问题构成的总体称为概型. 我们将在后面回到概型, 而且试着在没有给出精确定义的情况下, 使得读者对这个不甚有启发性的名词所指究竟是什么得到一点感觉.

这里要说几句道歉的话: 我对于算术几何在近几十年取得的巨大进展, 只能给出最无修饰的概述 —— 对于如本文的范围而言, 需要覆盖的东西实在太多. 因此, 我只能选择对概型的思想做比较详细的讨论, 而且对读者希望只要求具有最低限度的技术准备. 在最后一节, 我将借助于本文主体所展开的思想对算术几何的一些突出的问题作一些讨论. 我必须承认, 由 Grothendieck 和他的合作者在 1960 年代发展起来的概型理论, 属于整个代数几何, 而不只属于算术几何. 然而我想, 在算术背景下, 概型的应用以及与之俱来的把几何的思想扩展到初看起来为 "非几何" 的环境, 正是特别处于核心地位的.

①练习: 为什么由解 $x = y = z = 0$ 得不出矛盾?

## 2. 没有几何的几何学

在潜入到概型的抽象理论的深水之前, 我们还要停在二次多项式方程的浅水中嬉戏片刻. 虽然从我们迄今的讨论, 可以把丢番图问题适当地划归为几何学的一部分还不明显. 现在的目的就是要解释为什么是这样.

设要考虑方程

$$x^2 + y^2 = 1. \tag{5}$$

我们可以问, 有哪些 $x, y \in \mathbf{Q}$ 满足 (5)? 这个问题的味道和上一节的问题大不相同. 那里是在考虑一个没有有理解的方程, 我们马上会看到, 与之对立, (5) 有无穷多个有理解. 解 $x = 0, y = 1$ 和 $x = 3/5, y = -4/5$ 是两个代表性的例子 (($\pm 1, 0$) 和 $(0, \pm 1)$ 这 4 个解, 用数学行话来说是 "明摆着的解").

当然立即可以认出来方程 (5) 是 "圆周的方程". 那么, 这句话准确的意思是什么呢? 我们的意思就是: 满足 (5) 式的实数对 $(x, y)$ 的集合, 如果画在笛卡儿平面上, 就形成一个圆周.

所以, 几何学按照通常的解释是以圆周的图形作为自己的入口的. 现在假设我们想要找出 (5) 的更多的解, 有一种作法如下: 令 $P$ 为点 $(1, 0)$, 而 $L$ 为过 $P$ 的斜率为 $m$ 的直线. 这时, 有下面的几何事实:

(G) 直线与圆周之交可以有零个、一个或两个点. 一个点的情况只出现在直线切于圆周时.

由 (G) 就可以断定, 如果 $L$ 确实与圆周相交的话, 则除非 $L$ 是这个圆周在 $P$ 点的切线, 则除 $P$ 以外恰好有一个点是 $L$ 与圆周的交点. 为了找出 (5) 的解 $(x, y)$, 就必须决定此点的坐标. 所以, 设 $L$ 是过 $(1, 0)$ 的斜率为 $m$ 的直线 $L_m$, 其方程为 $y = m(x - 1)$. 为了求出 $L_m$ 与圆周交点的 $x$ 坐标, 就需要解联立方程组 $y = m(x - 1)$ 和 $x^2 + y^2 = 1$, 也就是要解出 $x^2 + m^2(x - 1)^2 = 1$, 即求解

$$(1 + m^2) x^2 - 2m^2 x + (m^2 - 1) = 0. \tag{6}$$

当然, (6) 有一个解是 $x = 1$. 还有多少其他的解? 上面的几何论据使我们相信 (6) 最多还有一个解. 换另一个说法, 有下面的代数事实, 它是几何事实 (G) 的类比[①].

(A) 方程 $(1 + m^2) x^2 - 2m^2 x + (m^2 - 1) = 0$ 有零个、一个或两个解 $x$.

当然, 命题 (A) 对 $x$ 的任意非平凡的二次方程都成立, 而不只是对方程 (6) 成立, 它是因子分解定理的推论.

---

① 注意, (A) 和 (G) 不同, 其中完全没有提到相切, 这是因为相切的概念在代数背景下比较微妙, 这一点我们将在下面的第 4 节里看到.

在现在的情况下, 当然不必求助于什么定理. 通过直接计算就知道, 方程 (6) 的解是 $x = 1$ 和 $x = (m^2 - 1) / (m^2 + 1)$. 于是得出结论如下: 直线 $L_m$ 与单位圆周的交点是点 $(1, 0)$ 和坐标为下式的点 $P_m$:

$$\left( \frac{m^2 - 1}{m^2 + 1}, \frac{-2m}{m^2 + 1} \right). \tag{7}$$

等式 (7) 给出了一个对应关系 $m \mapsto P_m$, 它对每一个斜率 $m$ 都给出了方程 (5) 的一个解 $P_m$. 更有甚者, 因为这个圆周上的每一个点除了 $(1, 0)$ 以外, 都有唯一的直线把它与 $(1, 0)$ 连接起来, 这样, 就在斜率 $m$ 与方程 (5) 除 $(1, 0)$ 外的一切解之间, 建立起了一个一一对应.

这个做法有一个非常漂亮的特点, 就是它不仅容许我们在 $\mathbf{R}$ 中构造方程 (5) 的解, 而且在较小的域如 $\mathbf{Q}$ 上也可以用这个作法. 很明显, 如果 $m$ 是有理数, 由 (7) 给出的解的坐标也是. 例如取 $m = 2$ 就会给出解 $(3/5, -4/5)$. 事实上, (7) 式告诉我们的不仅是 (5) 在 $\mathbf{Q}$ 上有无穷多个解, 而且还给了一个显式的方法, 用变量 $m$ 来把这些解参数化. 作为一个练习, 请证明下面的事实: 证明方程 (5) 除了 $(1, 0)$ 以外的所有 $\mathbf{Q}$ 上的解, 与 $m$ 的有理值之间有一个一一对应. 可惜, 解可以这样参数化的丢番图问题是很罕见的! 然而, 如 (5) 这样的多项式方程, 就是其解可以用一个或多个变量参数化的, 在算术几何中起了特别的作用, 称为有理簇, 而且不论按什么标准来说, 都是这门学科中人们理解得最好的一类例子.

我希望引起人们注意到这个讨论的一个本质特点. 关于如何构造方程 (5) 的解, 我们是依赖于几何直觉的 (就是依赖于如同 (G) 这样的知识). 但是另一方面, 当已经对这个构造方法作出了代数论证以后, 就可以把几何直觉当作用不着的脚手架那样一脚踢开. 确实, 是关于直线和圆周的几何事实给了我们一个暗示: 除 $x = 1$ 以外方程 (6) 还有一个解. 然而, 我们只要有了这个思想, 就能用纯粹代数的命题 (A) 来证明最多只能有一个这样的解, 而这个命题里面是什么几何也没有的.

我们的论据不需参照任何的几何都能站住脚, 这个事实意味着, 它也可以用于初看起来并不属于几何学的情况. 例如, 设若我们想在有限域 $\mathbf{F}_7$ 上研究方程 (5). 把这个解集合叫做一个 "圆周", 现在看来似乎毫无道理可言 —— 它根本就是一个有限集合! 然而, 我们受到几何的启发的论据却完全能起作用. $m$ 在 $\mathbf{F}_7$ 中可能的值只能是 $0, 1, 2, 3, 4, 5, 6$, 而相应的解 $P_m$ 是 $(-1, 0), (0, -1), (2, 2), (5, 5), (5, 2)$, $(2, 5), (0, 1)$. 这 7 个点, 再加上 $(1, 0)$, 就构成方程 (5) 在 $\mathbf{F}_7$ 中全部解的集合.

现在, 我们马上就开始收获同时考虑一整套丢番图问题的好处了; 为了寻找方程 (5) 在 $\mathbf{F}_7$ 上的解, 我们使用的是受到在 $\mathbf{R}$ 中的解法启发而得的方法. 与此类似, 由几何学启发出来的方法, 一般地都有助求解丢番图问题. 而这些方法, 一旦被翻译成纯代数的语言, 仍然可以用于看来并非几何的情况.

我们必须敞开自己的胸怀接受一种可能性: 有些方程的纯粹代数的外表其实

有欺骗性. 说不定它还有一种 "几何的" 含义, 这个含义足够广泛, 可以包括如方程 (5) 在 $\mathbf{F}_7$ 上的解集合这样的对象, 而按照这种含义, 这个例子有一切理由可以称为一个 "圆周". 为什么不呢? 它具有一个圆周所有的性质, 对我们最重要的是它与任意直线具有零个、一个或两个交点. 当然这个集合缺少 "圆性" 的某些特点: 无限性、连续性、看起来是圆圆的等等. 但是这些性质在研究算术几何时并非本质的. 从我们的观点看来, 方程 (5) 在 $\mathbf{F}_7$ 上的解集合有一切理由可以称为圆周.

　　总结起来, 您就会认为现代的观点是把笛卡儿空间的传统的故事颠覆了. 那里有几何对象 (如曲线、直线、点、曲面), 而且我们问的是下面这样的问题: "这条曲线的方程是什么?" "那个点的坐标是什么?" 基础的对象是几何对象, 而代数只是为了说明这些对象的性质之用. 对于我们, 现在情况就完全颠倒了过来: 基础的对象是方程, 而方程的解集合的各种几何性质只是一种告诉我们其代数性质的工具. 对于算术几何学家, "单位圆周" 就是方程 $x^2 + y^2 = 1$. 那个画在书页上的圆圆的东西又是什么? 那只不过是这个方程在 $\mathbf{R}$ 中的解的集合的图像. 这一个区别造成了很引人瞩目的差异.

## 3. 从簇到环再到概型

　　我们想在这一节里, 对 "什么是概型" 这个问题给一个比较清楚的回答. 我们并不摆出精确的定义 —— 那会需要更多的代数工具, 而在这里不太适合 —— 我们打算通过类比的方法来接近这个问题.

### 3.1　形容词和品质

　　让我们想一下形容词. 任意形容词, 如 "黄", 其实是挑选出了名词的一个集合, 而使得 "黄" 这个形容词可以用于这些名词. 对于每一个形容词 $A$, 记符合这个形容词的名词的集合为 $\Gamma(A)$. 例如 $\Gamma("黄")$ 就是一个无限集合, 其中的元素例如有{柠檬, 学校校车, 香蕉, 太阳, $\cdots$ }①. 谁都会同意, 为了更好地理解 $A$, 知道 $\Gamma(A)$ 是重要的.

　　现在假设我们中间有一位理论家, 他总是惜字如金, 他提出可以完全不要形容词. 如果不用形容词 $A$, 而用 $\Gamma(A)$ 代替它, 就可以用一个只涉及名词的语法来过日子.

　　这是一个好主意吗? 当然有一些显然会出问题的情况. 例如, 如果对于同一个名词集合可以使用许多不同的形容词, 该怎么办? 那时, 我们的新观点就不如老观点那么精确了. 但是, 下面这一点又似乎是肯定的, 如果这两个形容词恰好可以用于完全同样的名词集合, 那么说这两个形容词是一样的, 至少说是同义语, 还是公

---

① 当然, 在实际生活中, 有一些名词与 "黄" 的关系并不是那么肯定无误. 但是因为我们的目的是想使这个例子看起来更像数学, 所以, 我们假装说, 世界上的万事万物要么确定为 "黄", 要么确定为 "非黄".

正的.

对于形容词之间的关系又该怎么说? 例如, 我们可以问, 两个形容词中是否某一个强于另一个, 就如说 "巨大的"(gigantic) 强于 "大的"(large) 那样. 形容词之间的这种关系是否在名词集合的层次上仍然可以看得见? 答案是肯定的, 就在 $\Gamma(A)$ 是 $\Gamma(B)$ 的子集合时, 说 $A$ 强于 $B$. 这似乎是公正的. 换句话说, 说 "巨大的" 强于 "大的", 就意味着所有 "巨大的" 东西都是 "大的", 但是有些东西可以说是 "大的", 但不能说是 "巨大的".

至此, 一切都很顺当. 我们已经为技术上的困难付出了代价: 谈论无限的名词集合比使用简单而又熟悉的形容词要冗长得多. 但是, 我们也有所得: 得到了推广的机会. 我们的理论家 —— 现在不妨称他为 "集合论语法学家"—— 看到了, 其实一个名词集合可以是 $\Gamma(A)$ 的形状, 而其中的 $A$ 是一个我们已经知道的形容词, 这并没有什么特别之处. 那么, 何不在观念上向前跃进一步, 并且重新定义"形容词" 这个调就是指的 "一个名词的集合" 呢? 我们的理论家甚至可以给这个名词集合取一个新名字, 叫做什么 "品质" 之类.

现在我们有一个 "品质" 的新世界, 让我们徜徉其中. 例如我们可以有一个 "品质" 叫做{"校车", "太阳"}, 它比品质 "黄"= {柠檬, 校车, 香蕉, 太阳, ··· }更强; 还有一个品质{"太阳"}(注意, 这不是名词 "太阳"), 比品质 "黄" "gigantic" " large" 以及品质{"校车", "太阳"}都强.

至此, 我还不一定能够说服您, 对 "形容词" 这个概念这样来重新下定义是一个好主意. 事实上也可能不是, 这就是为什么集合论语法学这门生意至今还不能持续经营下去的原因. 但是它在代数几何里面的对应的事业却是另一番景象.

3.2 坐标环

警告: 以下几个小节对于不熟悉环和理想的人读起来可能很难 —— 这些读者请直接跳到第 4 节, 或者请先读一下条目环, 理想与模[III.81](也请读一下条目代数数[IV.1]), 再接着来读以下的文字.

让我们回想一下, 所谓复仿射簇(以下就简称为 "簇") 就是某个多项式方程组在 $\mathbf{C}$ 上的解集合. 例如有一个簇 $V$ 就是定义为 $\mathbf{C}^2$ 中满足方程

$$x^2 + y^2 = 1 \tag{8}$$

的点 $(x, y)$ 的集合. 于是这个 $V$ 就是上一节说的 "单位圆周", 虽然在事实上 (8) 的复解的集合是除去了两个点的球面 (这一点并非显然易见的). 一个有一般意义的问题是: 给定了一个簇 $X$, 弄清楚把 $X$ 上的点映为复数的多项式所构成的环的性质, 这个环称为 $X$ 的坐标环, 并记为 $\Gamma(X)$.

肯定地说, 如果给定了 $(x, y)$ 的任意多项式, 则都可以把它看成定义在簇 $V$ 上的函数. 那么是否 $V$ 的坐标环就是多项式环 $\mathbf{C}\,[x, y]$ 呢? 并不一定. 例如考虑函数

$f = 2x^2 + 2y^2 + 5$. 如果计算它在 $V$ 的各点处的值, 就有

$$f(0,1) = 7, \quad f(1,0) = 7, \quad f\left(1/\sqrt{2}, 1/\sqrt{2}\right) = 7, \quad f\left(\mathrm{i}, \sqrt{2}\right) = 7,$$

注意到, $f$ 总是取这个值. 事实上, 因为对于所有的 $(x,y) \in V, x^2 + y^2 = 1$, 又看到 $f = 2(x^2 + y^2) + 5$ 在 $V$ 的每一点上都取值 7. 所以, $2x^2 + 2y^2 + 5$ 和 7 是 $V$ 上同一函数的不同名字.

所以, 集合 $\Gamma(V)$ 小于集合 $\mathbf{C}[x,y]$. 采用一个比较一般的说法, 就是这样在 $\mathbf{C}[x,y]$ 的两变量的复多项式集合中定义一个等价关系 [I.2§2.3] 如下: 任意两个多项式 $f$ 与 $g$, 只要它们在 $V$ 的每一点处都取相同的值, 就说它们是相同的多项式. 可以证明 $f$ 与 $g$ 恰好是在二者之差是 $x^2 + y^2 - 1$ 的倍数时才有这个等价关系. 这样, $V$ 上的多项式函数环就是 $\mathbf{C}[x,y]$ 对于 $x^2 + y^2 - 1$ 生成的理想的商. 所以, 记这个环为 $\mathbf{C}[x,y]/(x^2 + y^2 - 1)$.

我们已经讲了怎样对任意的簇附加上一个坐标环. 不难证明, 如果 $X$ 和 $Y$ 是两个簇, 而其相应的坐标环 $\Gamma(X)$ 和 $\Gamma(Y)$ 为同构 [I.3§4.1] 的, 则 $X$ 和 $Y$ 在一定意义下是 "相同" 的簇. 从这一点观察, 只需再走一小步, 就可以完全放弃对于簇的研究, 而代之以对于其坐标环的研究. 当然, 在这里我们是站在上面的譬喻里的集合论语法学家的立场上, "簇" 扮演的是 "形容词" 的角色, 而 "坐标环" 则扮演了 "名词".

令人高兴的是, 我们可以从坐标环的代数性质来恢复簇的几何性质, 如果不能这样, 坐标环也就不是什么有用的对象了! 几何和代数的关系是一个很长的故事 —— 大部分是关于一般代数几何, 而不是关于特殊的算术几何 —— 但是为了尝一尝这种作法的味道, 我们来看几个例子.

簇的一个直接的几何性质, 是它的不可约性. 我们说一个簇 $X$ 是可约的, 如果它可以表示为两个簇 $X_1$ 和 $X_2$ 的并, 而这两个 $X_i$ 没有一个是 $X$ 全体. 例如 $\mathbf{C}^2$ 中的簇

$$x^2 = y^2 \tag{9}$$

就是直线 $x = y$ 和 $x = -y$ 的并, 所以, 这个簇是可约的. 一个簇如果不是可约的, 就称为不可约的. 所有的簇都是从不可约簇建造起来的: 不可约簇和一般的簇的关系, 犹如素数和一般的正整数的关系.

现在从几何转到代数, 回忆一下, 一个环 $R$ 称为整域, 如果其任意两个非零元素 $f$ 和 $g$ 的乘积 $fg$ 仍然是非零元素, 环 $\mathbf{C}[x,y]$ 就是整域的一个好例子.

**事实**　簇 $X$ 为不可约的, 当且仅当其坐标环 $\Gamma(X)$ 是一个整域.

专家们会注意到, 这里回避了 "可约性" 问题.

我们不来证明这个事实, 但是下面的例子是能说明问题的. 考虑由 (9) 所定义的簇 $X$ 上的两个函数 $f = x - y$ 和 $g = x + y$. 它们都不是零函数, 例如 $f(1,-1)$

不是 0, $g(1,1)$ 也不是 0, 但是它们的乘积是 $x^2 - y^2$ 在 $X$ 上却是 0. 就是说, $f$ 和 $g$ 是零因子. 所以, $\Gamma(X)$ 不是整域. 请注意, $f$ 和 $g$ 的选择与 $X$ 是两个较小的簇的并密切相关.

另一个很重要的概念是从一个簇到另一个簇的函数 (通常的做法是把这个函数叫做 "映射" 或 "态映射"(morphism), 我们在下面是把这三个词混用的). 例如, 设 $W$ 是 $\mathbf{C}^3$ 中由方程 $xyz = 1$ 定义的簇, 然后由下式定义的映射 $F : \mathbf{C}^3 \to \mathbf{C}^2$ 把 $W$ 的点映为由 (8) 式定义的簇 $V$ 上的点:

$$F(x,y,z) = \left( \frac{1}{2}(x+yz), \frac{1}{2\mathrm{i}}(x-yz) \right).$$

事实上, 知道了簇的坐标环就使得簇之间的映射容易看清楚了. 在这里只需注意, 如果 $G : V_1 \to V_2$ 是两个簇 $V_1$ 和 $V_2$ 之间的映射, 而 $f$ 是 $V_2$ 上的多项式函数, 则将有一个 $V_1$ 上的多项式函数, 就是把 $v \in V_1$ 映为 $f(G(v))$ 的函数, 记它为 $G^*(f)$. 举一个例子: 设有上面说的簇 $V$ 上的函数 $f = x+y$, 而 $F$ 就是上面介绍的由 $\mathbf{C}^3$ 到 $\mathbf{C}^2$ 的函数, 则 $F^*(f) = \frac{1}{2}(x+yz) + \frac{1}{2\mathrm{i}}(x-yz)$. 很容易看到 $G^*$ 是一个 $\mathbf{C}$ 代数同态 (就是把 $\mathbf{C}$ 中的元映为自身的环同态), 即由 $\Gamma(V_2)$ 到 $\Gamma(V_1)$ 的环同态. 更进一步还有:

**事实** 对于任意一对簇 $V$ 和 $W$, 以及由 $W$ 到 $V$ 的多项式映射 $G$, 则映 $G$ 为 $G^*$ 的对应关系将给出这种多项式映射的集合与由 $\Gamma(V)$ 到 $\Gamma(W)$ 的 $\mathbf{C}$ 代数同态的集合之间的一个双射.

这样, 您差不多就会想到: "存在一个由 $V$ 到 $W$ 的单射" 和 "品质 $A$ 强于品质 $B$", 这两个命题其实是互为类比的.

把几何变为代数这样的做法, 并不是单纯出于对于抽象性的爱好或者是出于对于几何的嫌恶. 相反地, 这是把两个看来相分离的东西统一起来, 这是一种普适的数学本能的一部分. 对于这一点, 我不能说得比 Dieudonné[1]在他的《代数几何的历史》一书 (见篇末的文献 (Dieudonné, 1985)) 里说得更好了:

…… 克罗内克 [Ⅵ.48] 和戴德金 [Ⅵ.50]–韦伯 1882 年的论文标志了对于代数几何和代数数论的深刻的类同的一种觉悟. 这两门学科大体上在同一时间诞生. 此外, 对于我们这些受到的训练就是要发挥 "抽象的" 代数概念: 环、理想、模等等的人来说, 代数几何的这样一种概念对于我们是最简单最清楚的. 但是正是这种 "抽象性" 特性, 把绝大多数同时代人拒之门外, 他们因为不能容易地恢复几何概念而感到困扰. 这样, 代数学派的影响到 1920 年代之前一直比较弱 …… 克罗内克似乎可以肯定第一个梦想一个能够同时包括这两大

---

[1] Jean Alexandre Eugène Dieudonné, 1906–1992, 法国数学家, 布尔巴基[Ⅵ.96] 的创始人之一.
—— 中译本注

理论的、广泛的代数几何的人; 这个梦想直到最近 —— 在我们的时代 —— 通过概型理论才开始实现.

所以, 让我们现在就转到概型理论.

### 3.3　概型

我们已经看到, 每一个簇 $X$ 都生成一个环 $\Gamma(X)$, 进一步还看见, 对于 $\Gamma(X)$ 的代数研究是对于簇的几何研究的替身. 但是, 正如并非每一个名词集合都对应于一个形容词一样, 也不是每一个环都是某一个簇的坐标环. 例如, 整数环 $\mathbf{Z}$ 就不是哪一个簇的坐标环. 这一点可以从下面的论证看到: 对于每一个复数 $a$ 和每一个簇 $V$, 常值函数 $a$ 都是 $V$ 上的函数, 所以对于每一个 $V$, 都应该有 $\mathbf{C} \subset \Gamma(V)$. 但因 $\mathbf{Z}$ 并不以 $\mathbf{C}$ 为子环, 所以它就不可能是哪一个 $V$ 的坐标环.

现在就可以来模仿集合论语法学家的绝招了. 我们知道, 有些环来自几何对象 (簇), 而且这些簇的几何性质可以用这些特殊的环的代数性质来描述, 那么为什么不把每一个环 $R$ 都作为一个 "几何对象", 而且说它的几何学就是由 $R$ 的代数性质决定的呢? 我们的语法学家需要发明一个新词 "品质" 来描写他的广义的形容词; 我们对于那种 "是环而非坐标环" 的东西, 也就处于类似的地位, 我们把它们叫做概型.

所以, 搞了那么久, 概型的定义颇有点无聊 —— 概型就是环! (事实上, 我们在此掩盖了一些技术细节, 说仿射概型就是环才是正确的, 但是限制于仿射概型不会影响到我们想要解释的现象). 更有意思的是要问: 怎样才能完成我们的工作, 正是这个难处 "扰乱了" 早期的代数几何学家 —— 我们怎样来认定任意环的 "几何" 特性呢?

例如, 如果 $R$ 是一个几何对象, 它应该有 "点", 但是, 环的 "点" 是什么呢? 肯定它不能是指环的元素, 因为在 $R = \Gamma(X)$ 时, $R$ 的元素是 $X$ 上的函数, 而不是 $X$ 的点. 给定 $X$ 的一个点 $p$ 以后, 我们需要的是某个与环 $R$ 相联系的对应于 $p$ 的实体.

关键的一点是, 我们可以把 $p$ 看成由 $\Gamma(X)$ 到 $\mathbf{C}$ 的映射: 给定 $\Gamma(X)$ 中的一个函数 $f$, 这个函数应该把 $f$ 映射到复数 $f(p)$. 这个映射是一个同态, 称为 $p$ 处的赋值同态. 既然 $X$ 的点给了 $\Gamma(X)$ 的一个同态, 定义 "点" 的自然的方法就是说 "点" 就是由 $R$ 到 $\mathbf{C}$ 的一个同态. 可以证明, 这个同态的核是一个素理想. 此外除了零理想以外, $R$ 的每一个素理想都来自 $X$ 的一点 $p$. 所以描述 $X$ 的点的一个很简洁的方法就是说: 点就是 $R$ 的非零素理想.

我们刚才达到的定义对于一切环 $R$ 都是有意义的, 而不仅是对于形如 $\Gamma(X)$ 这样的环. 所以我们可以定义环 $R$ 的点就是它的素理想 (在这里, 考虑所有的素理想而不只是非零的素理想, 证明是一个聪明的技术性的选择). $R$ 的素理想的集合被称为是 Spec$R$, 而我们正是称这个 Spec$R$ 为与$R$相联系的概型(更准确地说, Spec$R$ 定义为 "局部环化的拓扑空间", 它的点是 $R$ 的素理想, 但是对于我们目前的讨论, 还用不着这个定义的全部力量).

现在我们可以说明在第一节里所宣布的: 概型把许多不同环上的丢番图问题打成一包是什么意思了. 例如, 设 $R$ 就是环 $\mathbf{Z}\,[x,y]\,/\,(x^2+y^2-1)$, 我们要把同态 $f : R \to \mathbf{Z}$ 列成目录. 为了确定 $f$, 只需要告诉 $f(x)$ 和 $f(y)$ 在 $\mathbf{Z}$ 中的值. 但是, 不能够任意地选择这些值, 因为在 $R$ 中 $x^2+y^2-1=0$, 所以, 在 $\mathbf{Z}$ 中必须有

$$f(x)^2 + f(y)^2 - 1 = 0,$$

也就是说 $(f(x),f(y))$ 是丢番图问题 $x^2+y^2=1$ 在 $\mathbf{Z}$ 中的解. 更有甚者, 对于任意的环 $S$, 同态 $f : R \to S$ 给出丢番图问题 $x^2+y^2=1$ 在 $S$ 中的解, 其逆亦真. 总之

对每一个 $S$, 在由 $R$ 到 $S$ 的环同态的集合与 $x^2+y^2=1$ 在 $S$ 中的解的集合之间有一个一一对应.

当我们说环 $R$ 把不同的丢番图问题的信息都 "打包" 在一起的时候, 我们心里所想的就是这个情况.

因此, 正如我们所希望的那样, 簇的每一个有趣的几何性质都可以通过坐标环计算出来. 由此, 不仅可以对簇来定义这些性质, 还可以对一般的概型来定义它们. 例如, 我们已经看见, 当且仅当其坐标环 $\Gamma(X)$ 为一个整域时, 簇 $X$ 为不可约的. 这样, 一般地就说, 当且仅当 $R$ 为一个整域时, 概型 Spec$R$ 为不可约的 (或者更精确一点, 当且仅当 $R$ 对其零基底 (nilradical) 之商为整域时是这样). 也可以讨论一个概型的连通性、维数以及是否光滑等等. 结果是, 像不可约性一样, 所有这些几何性质都有纯代数的描述. 事实上, 按照算术几何学家的思维方式, 说到底, 所有这一切都是代数性质.

### 3.4 例: Spec $\mathbf{Z}$, 数直线

我们在数学教育中所遇到的第一个环 —— 也是作为数论的终极主题的环 —— 就是整数环 $\mathbf{Z}$. 它在总的图像中处于什么地位呢? 概型 Spec$\mathbf{Z}$ 的 "点" 的集合就是 $\mathbf{Z}$ 的素理想的集合. 这些素理想有两种: 一种是主理想 $(p)$, $p$ 为素数, 一种是零理想 (说它们是 $\mathbf{Z}$ 的仅有的素理想并非平凡不足道的事情, 这个结论可以由欧几里得算法[III.22] 导出).

现在把 $\mathbf{Z}$ 看成 Spec$\mathbf{Z}$ 上的 "函数". 一个整数怎么能够是一个函数呢? 只需要告诉您怎样把整数 $n$ 赋值为 Spec$\mathbf{Z}$ 上的一点就行了. 如果这个点是一个非零的素理想 $(p)$, 则赋值同态 $(p)$ 就是以 $p$ 为核的同态, 所以 $n$ 在此赋值 $(p)$ 下的值就是剩余 $n \bmod p$. 在点 $(0)$ 处, 赋值同态就是恒等映射 $\mathbf{Z} \to \mathbf{Z}$, 所以 $n$ 在 $(0)$ 下的值

就是 $n$.

## 4. 圆周上有多少个点

现在回到第 2 节里的方法, 并且特别注意在有限域 $\mathbf{F}_p$ 里考虑方程 $x^2 + y^2 = 1$ 的情况.

用 $V$ 来表示 $x^2 + y^2 = 1$ 的解的概型. 对于任意环 $R$, 用 $V(R)$ 来表示 $x^2 + y^2 = 1$ 在 $R$ 中的解集合.

如果 $V$ 是有限域 $\mathbf{F}_p$, 则 $V(\mathbf{F}_p)$ 是 $\mathbf{F}_p^2$ 的一个子集合. 特别地, 它是一个有限集合. 所以自然会对这个子集合有多大起疑问. 换句话说, 会产生一个疑问: 圆周上有多少个点?

在第 2 节里, 在几何直觉的导引下, 我们看到了, 对于每一个 $m$, 点

$$P_m = \left( \frac{m^2 - 1}{m^2 + 1}, \frac{-2m}{m^2 + 1} \right)$$

都在 $V$ 上.

这个事实的代数论证又说明了: $P_m$ 满足方程 $x^2 + y^2 = 1$ 的证明在有限域里也是一样. 这样我们就会倾向于设想 $V(\mathbf{F}_p)$ 恰好由 $p + 1$ 个点构成, 即对于每一个 $m \in \mathbf{F}_p$, 有一个如上的交点, 这样一共得到 $p$ 个点 $P_m$, 再加上点 $(1, 0)$.

但是, 这是不对的. 例如当 $p = 5$ 时, 很容易验证 $V(\mathbf{F}_5)$ 一共只有 4 个点: $(0, 1)$, $(0, -1), (1, 0), (-1, 0)$. 只要对于不同的 $m$ 来计算一下 $P_m$, 我们很快就会发现问题所在. 当 $m = 2$ 或 $3$ 时, $P_m$ 没有意义, 因为其中的分母 $m^2 + 1 \equiv 0 \bmod 5$! 这是我们在 $\mathbf{Q}$ 中没有见到的小波折, 在那里, 分母 $m^2 + 1$ 总是正的.

这在几何上是什么问题呢? 考虑直线 $L_2$(即 $y = 2(x - 1)$) 与 $V$ 的交点. 如果 $(x, y)$ 是一个交点, 则有

$$x^2 + (2(x - 1))^2 = 1, \quad \text{即 } 5x^2 - 8x + 3 = 0.$$

因为在 $\mathbf{F}_5$ 中, $5 \equiv 0 \bmod 5$, $8 \equiv 3 \bmod 5$, 所以, 上面的方程可以写成 $3 - 3x \equiv 0 \bmod 5$, 亦即 $x \equiv 1 \bmod 5$, 从而 $y \equiv 0 \bmod 5$. 换言之, $L_2$ 与 $V$ 只有一个交点!

现在留下的只有两个可能性, 而二者从几何直觉来说, 都令人困扰. 或者我们宣称 $L_2$ 切于 $V$. 这时 $V$ 在点 $(1, 0)$ 就有了两条切线, 因为直线 $x = 1$ 显然是另一条切线; 或者我们宣称 $L_2$ 不切于 $V$; 但是这样我们同样处于一种怪怪的地位, 就是有一条直线既不切于圆周, 又与它只有一个交点. 现在, 您可能开始明白了, 为什么在前面的命题 (A) 中, 没有把 "切线" 的代数定义包括进去了!

这样的困惑很好地说明了算术几何的本性. 当我们转移到一个新的背景下, 例如转到 $\mathbf{F}_p$ 上的几何时, 有一些特性会保持不变 (例如 "直线与圆周最多交于两点"),

而另外一些就必须抛弃了 (例如, "恰好存在一条直线与圆周恰好交于 (1,0) 这一点, 而不再交于其他点, 这条直线称为圆周在 (1,0) 处的切线"①).

尽管有这些微妙的地方, 我们还是可以来计算 $V(\mathbf{F}_p)$ 的点的数目. 首先, 当 $p = 2$ 时可以直接验证 $V(\mathbf{F}_2)$ 中只有 $(0,1)$ 和 $(1,0)$ 两点 (算术几何中还有另一个共同的限定, 就是特征为 2 的域时常带来技术上的麻烦, 所以最好分开来单独处理). 在处理完这个情况后, 在本小节余下的部分里, 就总设 $p$ 是一个奇数. 从基本的数论得知, 方程 $m^2 + 1 = 0$ 在域 $\mathbf{F}_p$ 中有解, 当且仅当 $p \equiv 1 \,(\mathrm{mod}\ 4)$, 这时 $m^2 + 1 = 0$ 恰好有两个解. 总结以上的结果, 如果 $p \equiv 3 \,(\mathrm{mod}\ 4)$, 则每一条直线 $L_m$ 除了与圆周交于一点 $(1,0)$ 以外, 还交于另外一点, 这样 $V(\mathbf{F}_p)$ 就总共有 $p+1$ 个点. 如果 $p \equiv 1 \,(\mathrm{mod}\ 4)$, 则有两个 $m$ 使 $L_m$ 只与圆周交于 $(1,0)$. 除去这两个 $m$, 可知 $V(\mathbf{F}_p)$ 中只有总共 $p-1$ 个点.

我们的结论是: $V(\mathbf{F}_p)$ 中的点数 $|V(\mathbf{F}_p)|$ 当 $p = 2$ 时为 2, 当 $p \equiv 3 \,(\mathrm{mod}\ 4)$ 时, 为 $p+1$, 而当 $p \equiv 1 \,(\mathrm{mod}\ 4)$ 时为 $p-1$. 对此有兴趣的读者会发现做一做下面的练习是有用的: $x^2 + 3y^2 = 1$ 在 $\mathbf{F}_p$ 上有多少个解? $x^2 + y^2 = 0$ 又有多少?

更一般地, 令 $X$ 为任意方程组

$$F_1(x_1, \cdots, x_n) = 0, F_2(x_1, \cdots, x_n) = 0, \cdots \tag{10}$$

的解的概型, 这里 $F_i$ 是整系数的多项式. 这时, 可以对这个方程组作出一个整数的单子: $N_2(X), N_3(X), N_5(X), \cdots$, 这里的 $N_p(X)$ 是方程组 (10) 的满足条件 $x_1, \cdots, x_n \in \mathbf{F}_p$ 的解的个数. 这个整数的单子包含了关于概型 $X$ 的数量惊人的几何信息, 甚至对于最简单的概型, 这个单子也是当代人们有很强的兴趣的研究问题, 这一点, 我们在下一节就会看到.

## 5. 经典的和现代的算术几何的几个问题

这一节试着对算术几何的几个巨大成就给出一点印象, 也简单地指出这一领域的研究者们现在感兴趣的几个问题.

需要先提醒几点. 我在这里将要对具有极大深度和复杂性的几个数学问题作一个简短的非技术性的介绍. 所以, 我只好不介意过分地简单化, 要避免作出一些其实是错误的论断, 但是又要时常使用一些与文献中不全一致的定义 (例如与一个椭圆曲线相关的 $L$ 函数).

### 5.1 从费马到 Birch-Swinnerton-Dyer

世上并不缺少关于费马大定理[V.10] 证明的讲解, 所以这里并不打算再来给出一个, 虽然这毫无疑问是算术几何最了不起的现代成就 (这里是按照数学家的意义

---

① 这时应该采取的正确的态度是: $L_2$ 确非圆周的切线, 但是确实有切线以外的其他直线也与圆周只交于一点.

来使用 "现代" 这个词的, 有一个老笑话说, 数学家所谓 "现代" 的成就, 就是 "我读研究生以后才得到的证明". 而 "我读研究生以前就有了的证明" 就算是 "经典的"). 我将满足于只对证明的结构作一点评述, 而特别着重与本文前面讨论过的那些部分的联系.

费马大定理 (准确一点应该说是 "费马猜想", 因为无法想象费马[VI.12] 本人证明过它) 断言, 方程

$$A^\ell + B^\ell = C^\ell \tag{11}$$

没有正整数解 $A, B, C$, 其中 $\ell$ 是奇素数.

证明里使用了一个由 Frey 和 Hellegouarch 分别独立提出的关键思想, 就是对 (11) 的解 $A, B, C$ 附加上一个簇 $X_{A,B}$, 即由方程

$$y^2 = x\left(x - A^\ell\right)\left(x + B^\ell\right)$$

所定义的曲线. 关于 $N_p(X_{A,B})$ 我们可以说些什么? 我们从一个简单的助探的思考开始. 在 $\mathbf{F}_p$ 中选取 $x$ 有 $p$ 个可能性, 而对于 $y$, 则或者有零个或者有一个或者有两个选取方法, 视 $x\left(x - A^\ell\right)\left(x + B^\ell\right)$ 为 $\mathbf{F}_p$ 中的二次非剩余、零或二次剩余而定. 因为 $\mathbf{F}_p$ 中的二次剩余和二次非剩余是一样多的, 所以我们可以猜想这两种情况发生的可能性相同. 如果是这样, 则对于 $x$ 的 $p$ 种选取的每一种, 对于 $y$ 的选取方法平均只有一种, 这就使我们倾向于作出这样一个猜测: $N_p(X_{A,B}) \sim p$. 定义 $a_p$ 为这个估计的误差: $a_p = N_p(X_{A,B}) - p$. 值得记住, 当 $X$ 为与方程 $x^2 + y^2 = 1$ 相关的概型时, $p - N_p(X)$ 的性态是很正规的, 特别是当 $p$ 为素数且 $p \equiv 1 \,(\mathrm{mod}\ 4)$ 时, 其值为 1, 而当 $p$ 为素数且 $p \equiv 3 \,(\mathrm{mod}\ 4)$ 时, 其值为 $-1$(还要注意, 这时由助探思考得到的估计 $N_p(X) \sim p$ 也是很好的估计), 于是, 我们能否希望 $a_p$ 也会展现同样的正规性呢?

事实上, Mazur 的一个著名的定理指出, $a_p$ 的行为是很不正规的, 它不但不能周期地变化, 甚至它对各个素数同余的值也是很不正规的!

**事实**(Mazur)    *设 $\ell$ 为大于 3 的素数, 而 $b$ 为一个正整数, 则 $a_p$ 不可能对于所有的素数 $p \equiv 1 \,(\mathrm{mod}\ b)$ 恒取 $\mathrm{mod}\ \ell$ 相同的值*①.

另一方面, 如果能把一篇长达 200 多页的论文归结为一句口号的话, 我就会这样说: 怀尔斯证明了, 如果 $A, B, C$ 是方程 (11) 的正整数解, 则 $a_p \bmod \ell$ 的余数必然是周期的, 这就在 $\ell > 3$ 时, 与 Mazur 的定理矛盾, 所以, 这时 (11) 没有正整数解. $\ell = 3$ 时方程 (11) 没有正整数解则是欧拉[VI.19] 的一个老定理. 这就完成了

---

① Mazur 所证明的这个定理是以很不相同而且一般得多的方式提出的, 他证明了某些模曲线没有任意有理点. 这就蕴含了上面的事实的另一个版本, 它不仅对于 $X_{A,B}$, 而且对于任意形如 $y^2 = f(x)$ 的曲线均为真, 这里 $f$ 是没有重根的三次多项式. 我们把这个观点的展开留给对费马大定理的其他能干的处理.

对于费马的猜测的证明, 而我希望, 这也是对于我在前面所作的论断的一个充分的支持, 即仔细研究 $N_p(X)$ 的值是研究簇 $X$ 的一个有意义的方法!

但是, 这个故事并没有因费马定理的证明而告终. 一般来说, 如果 $f(x)$ 是一个系数在 $\mathbf{Z}$ 中而且没有重根的三次多项式, 则由方程

$$y^2 = f(x) \tag{12}$$

所定义的曲线 $E$ 就称为一条椭圆曲线[III.21](特别请注意, 椭圆曲线并不是椭圆). 对于椭圆曲线上的有理点 (即一对适合方程 (12) 的有理数) 的研究, 早在算术几何还没有形成一门像今天这样的学科以前, 就已经吸引了不少算术几何学家了. 对于这个故事如果要讲得像个样子, 就需要写一大本书, 而事实上, 它也就是填满了 Silverman 和 Tate (1992) 的这本书. 我们可以和上面一样定义 $a_p(E) = p - N_p(E)$. 首先, 如果上面对于 $N_p(E) \sim p$ 的助探式的估计是一个好的估计, 则我们可以希望, $a_p(E)$ 与 $p$ 相较是很小的. 事实上, 哈塞 (Helmut Hasse, 1898—1979, 德国数学家) 在 1930 年代的一个定理中就指出, 除了对于有限多个 $p$ 以外, $a_p(E) \leqslant 2\sqrt{p}$.

因此, 有些椭圆曲线上有无穷多个有理点, 有些则只有有限多个. 我们可以期望, 一个在 $\mathbf{Q}$ 上有很多点的椭圆曲线, 在有限域上会有更多的点, 因为一个有理点的坐标 $\mathrm{mod}\ p$ 就会给出在有限域 $\mathbf{F}_p$ 上的点. 反过来也可以想象, 知道了 $a_p$ 的值的清单以后, 我们也能对 $E$ 在 $\mathbf{Q}$ 上的点得出一些结论.

为了得出这样的结论, 我们需要把关于无穷多个整数 $a_p$ 的清单的信息打成一个 "包". 椭圆曲线的 $L$ 函数[III.47] 就是这样一个 "包", 它的定义就是下面的 $s$ 的函数

$$L(E, s) = \prod_p{}' \left(1 - a_p p^{-s} + p^{1-2s}\right)^{-1}. \tag{13}$$

$\prod'$ 这个记号表示乘积是对所有的但除去有限多个素数来取的, 而除去哪些素数, 很容易由多项式 $f$ 来决定 (这里和常有的情况一样, 是过分简单化了. 我在这里所写的, 在某些与我们关系不大的方面, 与文献上通称的 $L(E, s)$ 不同). 不难验证, 当 $s$ 是一个大于 3/2 的实数时无穷乘积 (13) 是收敛的. 当 $s$ 是一个实部超过 3/2 的复数时 (13) 式右方有定义, 这也不是很深奥的事实. 比较深刻得多的是来自怀尔斯的一个定理, 以及后来 Breuil, Conrad, Diamond 和 Taylor 后来的定理, 即下面的事实: $L(E, s)$ 可以拓展为对于所有复数 $s$ 都有定义的全纯函数 [I.3§5.6].

利用助探式的论据可以暗示在 $N_p(E)$ 之值和 $L(E, 1)$ 之值间有下面的关系: 如果 $a_p$ 典型地为负 (相当于说 $N_p(E)$ 典型地大于 $p$), 则无穷乘积的各个因子将会变得小于 1; 当 $a_p$ 为正时, 这些因子就变得大于 1. 特别是可以期望, 当 $E$ 上有许多有理点时, $L(E, 1)$ 就更接近于 0. 当然, 这种助探术要行之有度, 因为事实上 $L(E, 1)$ 并非是由 (13) 式右方的无穷乘积来定义的! 尽管如此, 把上面的助探的预

测精确化的 Birch-Swinnerton-Dyer 猜想[V.4] 得到了广泛的相信, 也得到部分的结果和数值实验的支持. 我们在这里没有充分的篇幅来完全一般地陈述这个猜想, 但是下面的猜测确是来自 Birch-Swinnerton-Dyer 猜想的.

**猜想**　　当且仅当 $L(E, 1) = 0$ 时, 椭圆曲线 $E$ 上有无穷多个 $\mathbf{Q}$ 上的点.

Kolyvagin 在 1988 年证明了这个猜想的一半: 如果 $L(E, 1) \neq 0$, 则 $E$ 上有有限多个有理点 (准确地说, 他证明了一个定理, 而如果把这个定理和怀尔斯以及其他人的定理综合起来就能给出这里说的结果). 从 Gross 和 Zagier 的一个定理可知, 如果 $L(E, s)$ 在 $s = 1$ 处有单零点, 则 $E$ 有无穷多个有理点. 这就或多或少概括了现有的关于 $L$ 函数和椭圆曲线上的有理点的关系的知识. 然而, 这种知识的缺乏并未妨碍人们构造出这个精神下的越来越虚无缥缈的假设的大厦, 而 Birch-Swinnerton-Dyer 猜想只是其中较小的相对说来较为脚踏实地的一小片罢了.

在离开这个计算点的数目的主题以前, 我们还要暂时停一停步, 来指出一个美丽的结果, 就是**韦伊**[VI.93] 关于有限域上的曲线的点数的上界的定理 (因为我们没有引入射影几何, 所以只能满足于下面的陈述而不如它的通常的形式那么美丽了). 令 $F(x, y)$ 是两个变量的不可约的多项式, 而 $X$ 是 $F(x, y) = 0$ 的解的概型. 于是 $X$ 的复点定义了 $\mathbf{C}^2$ 的一个子集合, 称为一条代数曲线. 因为 $X$ 是由对 $\mathbf{C}^2$ 之点赋以一个多项式条件得出的, 我们可以期望它的复维数为 1, 也就是实维数为 2. 拓扑上说, $X(\mathbf{C})$ 就是一个曲面. 结果是, 对于几乎所有的 $F$ 的选择, 曲面 $X(\mathbf{C})$ 的拓扑, 就是一个 "含有 $g$ 个洞的轮胎形曲面" 并除去其上 $d$ 个点的曲面的拓扑, 这里 $g$ 和 $d$ 是非负整数. 这时, 就说 $X(\mathbf{C})$ 是一个亏格为 $g$ 的曲线.

我们在第 2 节里已经看到, 有限域上的概型似乎 "记得" 关于 $\mathbf{R}$ 和 $\mathbf{C}$ 的来自几何直觉的那些事实: 我们在那里讲到的事实就是圆周与直线最多交于两个点.

韦伊的定理揭示了一个类似的但是深刻得多的现象.

**事实**　　设 $F(x, y)$ 的解的概型是一条亏格为 $g$ 的曲线, 则除有限多个素数 $p$ 以外, $X$ 在 $\mathbf{F}_p$ 上的点数最多是 $p + 1 + 2g\sqrt{p}$, 最少是 $p + 1 - 2g\sqrt{p} - d$.

韦伊的定理说明了几何与算术之间的紧密的联系. $X(\mathbf{C})$ 的拓扑越复杂, 其 $\mathbf{F}_p$ 点的数目就可以离我们期望的值 $p$ 变化得更远. 更有甚者, 对于每一个有限域 $\mathbf{F}_q$, 关于集合 $X(\mathbf{F}_q)$ 的大小的知识将使我们能够决定 $X$ 的亏格. 换言之, 有限点集合 $X(\mathbf{F}_q)$ 以某种方式 "记得" 复点的空间 $X(\mathbf{C})$ 的拓扑! 用现代语言来说, 有一个理论可以用于一般的概型, 这个理论叫做 étale 上同调, 它是模仿着可用于 $\mathbf{C}$ 上的簇的上同调理论而来的.

现在暂时再回到我们喜爱的曲线, 就是取 $F(x, y) = x^2 + y^2 - 1$. 这时, $X(\mathbf{C})$ 有 $g = 0, d = 2$. 我们前面得到的结果, 即 $X(\mathbf{F}_p)$ 要么是 $p + 1$, 要么是 $p - 1$, 就与韦伊定理给出的结果恰好相同. 我们也要提到, 椭圆曲线的亏格总是 1, 所以上面提到的哈塞的定理也是韦伊的定理的特例.

我们在第 2 节里还知道, $x^2 + y^2 = 1$ 在 $\mathbf{R}$ 上、在 $\mathbf{C}$ 上以及在各个有限域上的解都可以用变量 $m$ 来参数化. 正是这个参数化使我们能够在这些场合给出 $X(\mathbf{F}_p)$ 的大小的简单的公式. 我们在前面还说过, 绝大多数概型是不能这样参数化的. 现在可以把这一点说得更精确一点, 至少是对于代数曲线.

**事实** 如果 $X$ 是一条亏格为 0 的曲线, 则 $X$ 上的点可以用一个变量来参数化.

这个事实的逆也或多或少是对的 (虽然精确地陈述这个逆, 需要更多地讲一下 "奇异曲线", 而这是我们在此做不到的). 换言之, 一个彻底是代数的问题 —— 丢番图方程的解可否参数化 —— 在这里得到了一个几何的回答.

### 5.2 曲线上的有理点

正如我们在上面所说的, 有些椭圆曲线 (其亏格为 1) 上有有限多有理点, 另一些则由无限多个. 其他种类的代数曲线又怎样呢?

我们已经遇到了亏格为 0 的曲线上有无限多个有理点的例子, 就是曲线 $x^2 + y^2 = 1$. 另一方面, 曲线 $x^2 + y^2 = 7$ 的亏格也是 0, 稍微修改一下第 1 节的论证就可以证明, 其上没有有理点. 结果是, 只有这两种可能性.

**事实** 如果 $X$ 是亏格为 0 的曲线, 则 $X(\mathbf{Q})$ 或者是空集合或者是无限集合.

由前面提到的 Mazur 的定理可知亏格 1 的曲线也有类似的两分法.

**事实** 若 $X$ 是一条亏格 1 曲线, 则 $X$ 上或者有 16 个有理点, 或者有无限多个有理点.

亏格更高的曲线又如何? 1920 年代早期, 莫德尔 (Louis Joel Mordell, 1888–1972, 英国数学家) 作了下面的猜想.

**莫德尔猜想** 如果 $X$ 是亏格大于 1[①]的曲线, 则其上仅有有限多个有理点.

法尔廷斯 (Gerd Faltings, 1954—, 德国数学家, 因为证明了莫德尔猜想, 获得了 1986 年的菲尔兹奖) 在 1983 年证明了这个猜想, 因此下面讲到莫德尔猜想时, 有时就说是法尔廷斯定理. 他事实上证明了一个更广泛的定理, 而这个猜想仅仅是这个定理的一个特例. 值得提出法尔廷斯的证明在涉及对于概型 $\mathrm{Spec}\,\mathbf{Z}$ 的研究时输入了许多几何直觉.

当您证明了一个集合是有限集合时, 很自然地会去找出它的大小的界. 例如, 若 $f(x)$ 是一个没有重根的 6 次多项式, 则对于曲线 $y^2 = f(x)$, 可以证明它的亏格为 2. 所以由法尔廷斯的定理, 只有有限对有理数 $(x, y)$ 满足方程 $y^2 = f(x)$.

**问题** 是否存在一个常数 $B$, 使得对于所有系数在 $\mathbf{Q}$ 中而且没有重根的 6 次多项式 $f(x)$, 方程 $y^2 = f(x)$ 最多有 $B$ 个解?

---

① 这里原书有一个重要的印刷错误, 就是把亏格大于 1 误为亏格大于 2. 请参看下面的网页 en.wikipedia1.org/wiki/faltings'_theorem—— 中译本注

这个问题迄今仍未解决, 而我并不认为现在对其答案将是 "是" 或 "否" 已经有了很强的共识. 这个问题的世界纪录现在是由曲线

$$y^2 = 378371071x^2 \left(x^2 - 9\right)^2 - 229833600 \left(x^2 - 1\right)^2$$

保持的, 它是凯勒和 Kulesz 造出来的, 上面有 588 个有理点.

人们对于上面的问题有兴趣, 是因为它与 Lang(Serge Lang, 1927–2005, 法国裔美国数学家) 的猜想有关系, 这个猜想涉及的是高维簇的点. Caporaso, Harris 和 Mazur 证明了 Lang 的猜想蕴含了对上面的问题的正面回答. 这就自然地建议人们去攻克以下的猜想: 如果有办法作出 6 次多项式 $f(x)$ 的无穷序列, 而且使方程 $y = f(x)$ 的有理解的个数越来越多, 就能够否证 Lang 的猜想! 这项工作谁都还没有做成功. 如果能够证明这个问题的答案是肯定的, 就能够支持我们关于 Lang 的猜想成立的信念, 当然这还不能使我们更接近于把这个猜想变成一个定理.

本文对于算术几何的现代理论知识只是窥其一斑. 也许我是过分强调了数学家在这方面的成功, 其代价是忽略了大得多的领域里的问题, 例如上面说的 Lang 的猜想. 对于它, 我们还是完全无知的. 在数学历史的这个阶段, 我们可以有信心地说, 与丢番图问题有关的概型是有几何的. 余下的是要尽可能多地说明这个几何是什么样的, 而在这一方面, 尽管有了上面说到的进展, 我们的了解比起我们对于更加经典的几何的知识来, 情况还是不能令人满意的.

### 进一步阅读的文献

Dieudonné J. 1985. *History of Algebraic Geometry*. Monterey, CA: Wadsworth.

Silverman J, and Tate J. 1992. *Rational Points on Elliptic Curves*. New York: Springer.

# IV.6　代 数 拓 扑

Burt Totaro

## 引言

拓扑学关心的是几何图形在连续变形下不变的性质. 用比较技术性的语言来说就是: 拓扑学试图对拓扑空间[III.90] 进行分类, 而把两个同胚的拓扑空间视为相同的空间. 代数拓扑则对拓扑空间赋给一些数, 这些数可以想象成是这个空间中 "洞的数目". 可以用这些洞来证明两个拓扑空间并不同胚: 如果它们有不同数目的某一种洞, 则其中的一个就不能连续地变形为另一个.

拓扑学是一个相对比较新的数学分支, 它起源于 19 世纪. 在那以前, 数学通常是力求确切地解决各种问题: 解一个方程、计算一个落体的路径、计算骰子博弈导致破产的概率等等. 随着数学问题越来越复杂, 就看清楚了, 绝大多数问题永远不

能用确切的公式解出来, 所谓三体问题[V.33] 就是一个经典的例子, 它就是要计算地球、太阳和月亮在引力作用下未来的运动. 拓扑学在定量预测不可能的情况下, 允许作出定性的预测. 例如, 从赤道以北的纽约到赤道以南的乌拉圭的蒙得维的亚 (Montevideo), 必须在某一点越过赤道, 这就是一个简单的拓扑事实, 虽然我们并不准确知道在哪里越过赤道.

## 1. 连通性与相交数

或许连通性是最简单的拓扑性质. 我们马上就会看到, 连通性可以用多种方法来定义, 但是只要对于空间为连通是什么意思有了一点概念, 就能把空间分为连通的几块, 每一块叫做一个分支(或连通分支). 分支的数目就是一个简单然而有用的不变量[ I.4§2.2], 如果两个空间的连通分支的数目不同, 它们就不会是同胚的.

对于好的拓扑空间, 连通性的不同的定义是等价的. 然而, 可以推广这些连通性的定义来给出量度空间中洞的个数的方法. 有趣的是, 这些推广各个不同, 而且都是重要的.

连通性的第一个解释要用到道路(path) 的概念. 道路的定义就是由单位区间 $[0,1]$ 到给定空间的连续映射 $f$(我们把 $f$ 想成一条由 $f(0)$ 到 $f(1)$ 的道路). 对于拓扑空间 $X$ 中的两个点, 我们宣布, 如果有一条 $X$ 中的道路连接它们, 就说它们是等价的. 每一个这样的等价类[ I.2§2.3] 就称为 $X$ 的道路分支, 其集合称为道路分支的集合, 并记为 $\pi_0(X)$. 道路分支的个数, 也就是 $\pi_0(X)$ 的元素的个数, 就是定义 $X$ 所分成的 "连通块的数目" 的自然方式. 可以把由单位区间到 $X$ 的映射推广为由其他标准的空间例如球面到 $X$ 的映射, 这就会导致同伦群的概念, 而它是第 2 节的主题.

对连通性进行思考的另一个方法是以由 $X$ 到实数直线的函数为基础而不是以由线段到 $X$ 的函数为基础的. 假设已经能够在 $X$ 上对函数作微分. 例如, 设 $X$ 是欧几里得空间的一个开子集合, 或者是一个光滑流形[ I.3§6.9] 上的一个开子集合, 就可以对函数做微分. 考虑 $X$ 上所有的导数处处为 0 的实值函数, 这些函数构成一个实向量空间[ I.3§2.3], 记作 $H^0(X,\mathbf{R})$("$X$ 的具有实系数的零阶上同调群"). 微积分告诉我们, 如果一个定义在区间上的函数导数处处为 0, 则它必定是一个常数, 但是, 如果一个函数的定义域可以分成几个连通的块, 这就不一定为真了. 我们最多可以说, 这个函数在 $X$ 的每一个连通分支上分别取常数值, 而这些值可能在不同的块上各不相同. 这种函数的自由度的数目等于连通块 (也就是 $X$ 的连通分支) 的个数, 也就是向量空间 $H^0(X,\mathbf{R})$ 的维数. 所以这个维数就是描述连通分支的数目的另一种方法. 这是上同调群最简单的例子. 上同调将在第 4 节里讨论.

可以用连通性的概念来证明代数里的一个严肃的定理: 每一个奇数次实多项式必有一个实根. 例如, 一定有一个实数 $x$ 使得 $x^3+3x-4=0$. 一个基本的事实是,

当 $x$ 是一个很大的正数或绝对值很大的负数时, $x^3$ 这一项 (就绝对值而言) 远大于多项式的其他项. 因为首项是 $x$ 的奇数次幂, 所以必有某个正的 $x$ 使 $f(x) > 0$, 有某个负的 $x$ 使 $f(x) < 0$. 如果 $f$ 恒不为 0, 它就会是一个从实数直线到实数直线除去原点的连续映射. 但是, 实数直线是连通的, 而实数直线除去原点有两个连通分支, 即正数集合和负数集合. 很容易证明, 一个从连通的空间 $X$ 到另一个连通空间 $Y$ 的连续映射必定只把 $X$ 映入 $Y$ 的一个连通分支, 在我们的情况, 这就与 $f$ 既能取正值又能取负值相矛盾. 所以, $f$ 一定在某点等于 0, 证毕.

这个论证可以用微积分里的 "中间值定理" 来表述. 这个定理确实是最基本的拓扑定理之一. 这个定理的一个等价的重述是: 一条从下半平面走到上半平面的连续曲线一定在某点与水平轴相交. 这个思想引导到相交数的概念, 而这也是拓扑学中最有用的概念之一. 令 $M$ 为一个光滑的可定向流形 (一个可定向流形粗略地说就是一个这样的流形, 当一个几何图形在其中连续地滑动时, 它决不会变成自己的反射. 最简单的不可定向流形就是默比乌斯带: 让一个几何图形在其上滑动奇数周, 它就会变成自己的反射). 令 $A$ 和 $B$ 是 $M$ 的两个闭的可定向子流形, 而且其维数之和等于 $M$ 的维数. 最后, 再令 $A$ 和 $B$ 横截地相交, 使得它们的交点集合具有 "正确的" 维数, 即为 0, 这时, 交点集合是分散的点的集合.

令 $p$ 为这些点之一. 有一个办法对于 $p$ 指定一个权重 $+1$ 或 $-1$, 这个指定的方法很自然地依赖于 $A, B$ 和 $M$ 的定向的关系 (见图 1). 例如, 如果 $M$ 是一个球面, 而 $A$ 是其赤道, $B$ 是一条封闭曲线. 对 $A$ 和 $B$ 都给以适当的方向, 则 $p$ 的权重就会告诉您, 在交点 $p$ 处, $B$ 是在向上走还是在向下走时遇到 $A$ 的. 如果 $A$ 和 $B$ 只在有限多个点相交, 就定义 $A$ 和 $B$ 的相交数为这些交点处的带有权重 ($+1$ 和 $-1$) 的和, 并且记为 $A \cdot B$. 特别是当 $M$ 为紧集合[III.9](就是可以看成是某个 $\mathbf{R}^N$ 的有界闭集合) 时, $A$ 和 $B$ 的交点就总是只有有限个, 而可以这样定义 $A$ 和 $B$ 点相交数.

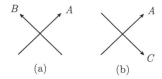

图 1    相交数: (a) $A \cdot B = 1$; (b) $A \cdot C = -1$

关于相交数, 重要之点在于它是下面意义下的一个不变量: 让 $A$ 和 $B$ 连续地游来游去, 而最后成为另一对横截的子流形 $A'$ 和 $B'$, 则相交数 $A' \cdot B'$ 与相交数 $A \cdot B$ 是一样的, 但是交点的个数可能变化. 要想懂得为什么会是这样, 再一次考虑上面讲的 $A$ 和 $B$ 是曲线, 而 $M$ 是 2 维的情况. 如果 $A$ 和 $B$ 在一点相交而权重是 $+1$, 则可以把其中一个子流形摇动一下, 使它们的交点成了 3 个, 而权重分别成为 1, −1 和 1, 但是这些交点对于相交数的总的贡献并没有变化. 图 2 就说明了这个情况. 结果, 相交数 $A \cdot B$ 对于维数互补的任意两个子流形有了定义: 如果它们不是横截地相交, 就移动它们直到它们横截地相交并且可以应用上面的定义为止.

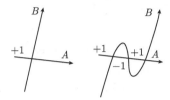

图 2　移动一个子流形

特别是如果两个子流形有非零的相交数, 就绝不可能把它们移动得互相分离. 这是描述前面关于连通性的论证的另一个方法. 很容易画出一条从纽约到蒙得维的亚的曲线, 使它与赤道的相交数为 1, 则不论怎样移动这条曲线 (只要它的端点不动, 或者更一般地说, 如果 $A$ 或者是 $B$ 只要其一有边缘, 就令边缘不动), 则它与赤道的相交数就总是 1, 特别是它与赤道至少相遇一次.

相交数在拓扑学中的许多应用中, 有一个是连接数 (linking number) 的思想. 这个思想来自纽结理论[III.44]. 纽结就是一条起点和终点相同的空间道路, 或者用比较形式的说法, 就是 $\mathbf{R}^3$ 中的一个封闭的连通的 1 维子流形. 任意给定一个纽结 $K$, 总可以找到 $\mathbf{R}^3$ 中的一个曲面 $S$, 以 $K$ 为边缘 (见图 3). 现在令 $L$ 为一个与 $K$ 分离的纽结. 定义 $K$ 与 $L$ 的连接数就是 $L$ 与曲面 $S$ 的相交数. 相交数的性质蕴含了下面的事实: 如果 $K$ 与 $L$ 的连接数非零, 则 $K$ 和 $L$ 是 "连接起来的", 意思是不可能把它们拉开.

图 3　由一个纽结包围的曲面

## 2. 同伦群

如果把原点从平面 $\mathbf{R}^2$ 中挖去, 就会得到一个与原来的平面有基本区别的新空间: 它有一个洞. 但是我们不能从计算空间的连通分支的数目来侦察出这个区别, 因为原来的平面和挖去了原点的平面都是连通的. 我们就从定义能够侦察出这样的洞的称为基本群的不变量来开始本节.

作为第一步的近似, 可以说空间 $X$ 的基本群的元素是环路(loops, 下面也称为环), 它可以形式地定义为从区间 $[0,1]$ 到空间 $X$ 的这样一个连续映射 $f$, 即有 $f(0) = f(1)$. 但是这还不够准确, 原因有二: 第一个原因, 也是极为重要的一个是: 如果一个环可以连续地变形为另一个环, 而且在变形过程中始终停留在 $X$ 内, 就认为这两个环是等价的. 如果是这样的情况, 就说它们是同伦的. 一个比较正式的说法则是这样说: 如果 $f_0$ 和 $f_1$ 是两个环, $f_0$ 和 $f_1$ 的一个同伦就是 $X$ 中的一族环 $f_s$, 对于 $[0,1]$ 中的每一个 $s$ 个各有一个 $f_s$, $s = 0,1$ 时, 就是原来给的 $f_0$ 和 $f_1$, 再定义 $F(s,t) = f_s(t)$, 它是从 $[0,1]^2$ 到 $X$ 的连续函数. 这样, 当 $s$ 从 0 增加到 1 时, 环 $f_s$ 就连续地从 $f_0$ 变到 $f_1$. 如果两个环是同伦的, 就把它们算作一个. 所以, 基本群的元素并不真正就是环, 而是环的等价类, 这时或称为同伦类.

即令如此也还不太正确, 出于技术的理由, 也就是前面说的第二个理由, 对于我们的环还要加上一个额外的条件, 就是这些环路要从一个给定点出发 (因此也回到这个给定点), 此点称为基点. 如果 $X$ 是连通的, 选哪一点为基点都没有关系, 只不过对于所有的环都要选取同一点. 理由在于这样就能够找到一个办法, 把两个环乘起来; 如果取 $x$ 为这个共同的基点, 而 $A$ 和 $B$ 是两个从 $x$ 出发又回到 $x$ 的环, 则可以定义一个新环如下: 先沿着 $A$ 走一次, 再沿着 $B$ 走一次. 图 4 就画出了这一点. 我们就把这个新环当作环 $A$ 和 $B$ 的乘积. 不难验证这个乘积的同伦类只依赖于 $A$ 和 $B$ 的同伦类. 这样得到的环的同伦类的一种二元运算, 而把环的同伦类的集合变成一个群[ I.3§2.1], 这个群才叫做 $X$ 的基本群, 并且记作 $\pi_1(X)$.

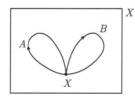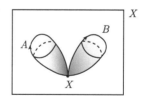

图 4    基本群和高阶同伦群的乘积

对于我们可能遇到的绝大部分空间, 基本群都可以计算出来. 这就使得基本群成为一种把各个空间区别开来的重要的方法. 首先, $\mathbf{R}^n$ 的基本群, 不论 $n$ 是多少, 都是平凡的, 即只含一个元素、恒等元, 这是因为 $\mathbf{R}^n$ 中的任意环路都可以连续地收缩到它的基点. 但是另一方面, 平面挖去原点, 即 $\mathbf{R}^2 \backslash \{0\}$ 的基本群则同构于整数群 $\mathbf{Z}$. 这就告诉我们, 对于 $\mathbf{R}^2 \backslash \{0\}$ 的任意一个环, 都可以赋以一个整数, 而当连续地变动这个环时, 这个整数是不变的. 这个整数称为环绕数 (winding number). 直观地说, 环绕数量度了这个映射绕原点的圈数, 逆时针方向绕行的圈数算正的, 顺时针方向绕行的圈数算负的. 因为 $\mathbf{R}^2 \backslash \{0\}$ 的基本群不是平凡群, 所以 $\mathbf{R}^2 \backslash \{0\}$ 不

能与平面同胚 (用初等方法, 即不使用也不隐含地构造任何一种代数拓扑的工具来证明这个不同胚的结果, 是一个有趣的练习. 这样的证明是有的, 但是要费一些周折才能找出来).

基本群的一个经典的应用是证明代数的基本定理[V.13], 这个定理指出, 任何一个非常值的复系数多项式必有一个复根 (上面引用的条目里概述了这个证明, 虽然没有明显地提到基本群).

基本群告诉我们的是一个空间可能有的 "1 维的洞" 的个数. 圆周是一个基本的例子, 它的基本群和 $\mathbf{R}^2 \setminus \{0\}$ 的基本群同样是 $\mathbf{Z}$, 而理由本质上也是一样的: 在圆周上给出一个起点终点为同一点的环, 可以数一下, 它绕着这个圆周转了多少圈. 下一节里还有更多的例子.

在开始思考高维的洞以前, 需要先讨论 $n$ 维球面, 它是最重要的拓扑空间之一. 对于任意自然数 $n$, 定义 $n$ 维球面 $S^n$ 就是 $\mathbf{R}^{n+1}$ 中距原点距离为 1 的点的集合. 这样, 0 维球面 $S^0$ 由两个点组成, 1 维球面 $S^1$ 就是单位圆周; 2 维球面 $S^2$ 就是通常的像地球表面那样的球面. 要想习惯于更高维的球面需要花一点力气, 但是可以和对付低维球面一样来对付它们. 例如, 可以这样来作出 $S^2$: 取一个闭的 2 维圆盘 (就是要把边界包括在内), 把边界圆周的所有点都视为一点, 好像做包子时把圆的面片的边缘捏拢为一点那样, 就可以得到 2 维球面 $S^2$. 按照同样的方法, 把立体的 3 维球体的边缘球面的所有的点都视为一点就会得出 $S^3$. $S^3$ 还有一个与此相关的构造方法, 就是对通常的 $\mathbf{R}^3$ 空间添加一个 "无穷远点", 就会得到 $S^3$, 就好像对通常的 (复) 平面添加一个无穷远点就会得到黎曼球面一样.

再来想一下我们熟悉的球面 $S^2$. 它具有平凡的基本群, 因为画在球面上的任意的环路都可以在球面上收缩为一点. 然而这并不意味着 $S^2$ 上的拓扑也是平凡的. 这只是说, 为了要侦察出 $S^2$ 的有趣的性质, 还需要一个不同的不变量. 可以把这样一个不变量建立在下面这点观察上, 就是 $S^2$ 上的环路可以收缩, 还有一些映射则不能收缩. 事实上, $S^2$ 本身就不能收缩为一点. 正式一点的说法就是: 由球面 $S^2$ 到其自身的恒等映射不能同伦于映球面为一点的映射.

这样的思想就引导到拓扑空间 $X$ 的高维同伦群的概念. 这里的思想粗略地说就是: 通过研究从 $n$ 维球面到 $X$ 的连续映射, 来数一数 $X$ 中 "$n$ 维的洞" 的个数. 我们想要看的就是, 是否有某一个 $n$ 维球面包裹了 $X$ 的一个洞. 我们又一次认为两个从 $S^n$ 到 $X$ 的连续映射是等价的, 如果它们是同伦的话. 我们又一次定义这些映射的同伦类 (即同论的等价类) 为 $n$ 阶同伦群 $\pi_n(X)$ 的元素.

回到 1 维的情况, 令 $f$ 为从 $[0,1]$ 到 $X$ 的连续映射, 而且 $f(0) = f(1) = x$. 如果我们愿意, 就可以把 $[0,1]$ 的两个端点 0 和 1"视为" 同一个点而使这个区间成为 $S^1$, 这样 $f$ 就成了从 $S^1$ 到 $X$ 的连续映射, 而把 $S^1$ 的特定点, 就是 $[0,1]$ 的两个端点 0 和 1, 映为同一点 $x$. 这样, 为了能够对从高维的 $S^n$ 到 $X$ 的连续映射作群运算, 我们也在 $S^n$ 上指定一个点 $s$ 和 $X$ 的一个点 $x$ 作基点, 并且只考虑映 $s$ 为 $x$ 的映射.

这样, 令 $A$ 和 $B$ 为两个具有这个性质的从 $S^n$ 到 $X$ 的映射, 则可以定义它们的 "乘积映射" $A \cdot B$ 仍是一个从 $S^n$ 到 $X$ 的映射如下: 首先, 把 $S^n$ 的赤道 "捏拢" 为一个点. 例如在 $n = 1$ 的情况, 因为 $S^1$ 的赤道如前面所说, 只是两个点, 即一条直径的对径点, 所以捏拢以后, $S^1$ 就变成一个 8 字形的曲线. 类似地, $S^n$ 的一个赤道被捏拢为一个点以后, 就成了两个互相接触的 $S^n$, 其一个是由北半球变来的, 另一个是由南半球变来的. 我们可以用 $A$ 把上面的一个 $S^n$ 映到 $X$, 用 $B$ 把下面的 $S^n$ 映到 $X$. 于是整个捏拢了的 $S^n$ 被映到 $X$, 而且赤道被映到基点 $x$(对于两个半球面, 捏拢的赤道就起点 $s$ 的作用). 这就是乘积映射. 图 4 右方的那个图就说明了上面讲的构造乘积的方法.

和 1 维的情况一样, 这个运算把 $\pi_n(X)$ 变成了一个群, 它就是空间 $X$ 的 $n$ 阶同伦群, 我们可以认为, 就是这个群量度一个空间里有多少个 "$n$ 维的洞".

这些群是 "代数" 拓扑学的起点: 从任意拓扑空间开始, 构造出一个代数对象, 现在的情况是构造了一个群. 如果两个拓扑空间是同胚的, 它们的基本群 (以及高维的同伦群) 都是同构的. 研究这些代数对象比单纯计数洞的数目要丰富得多, 因为一个群所包含的信息比一个数包含的信息多得多.

任意的由 $S^n$ 到 $\mathbf{R}^m$ 的连续映射都可以用明显的方式连续收缩为一个点. 这说明 $\mathbf{R}^m$ 的所有高阶同伦群都是平凡的, 这就是 $\mathbf{R}^m$ 没有洞这个比较模糊的说法的精确表述.

在某些情况下可以证明两个不同的拓扑空间 $X$ 和 $Y$ 必有同样个数的各种类型的也就是不同维数的洞. 当 $X$ 和 $Y$ 为同胚时显然是这样, 但是, 当它们只是在一个较弱的意义下为等价时也是这样, 这种等价就是**同伦等价**. 令 $X$ 和 $Y$ 为拓扑空间, 而 $f_0$ 和 $f_1$ 为由 $X$ 到 $Y$ 的连续映射. 由 $f_0$ 到 $f_1$ 的同伦的定义, 或多或少与球面之间的连续映射的同伦的定义相同, 它就是由从 $X$ 到 $Y$ 的连续映射所构成的一个连续的族, 从 $f_0$ 开始, 到 $f_1$ 告终. 和球面的情况一样, 如果这样的同伦存在, 我们就说 $f_0$ 和 $f_1$ 是同伦的. 进一步, 如果对于一个从 $X$ 到 $Y$ 的连续映射 $f : X \to Y$, 可以找到另一个从 $Y$ 到 $X$ 的连续映射 $g : Y \to X$, 使得一方面复合映射 $g \circ f : X \to X$ **同伦于** $X$ 上的恒等映射, 而另一个方面 $f \circ g : Y \to Y$ **同伦于** $Y$ 上的恒等映射, 这时就说 $X$ 和 $Y$ 这两个拓扑空间中有一个同伦等价关系 (注意, 如果把上面用黑体字写的**同伦于**改成**等于**, 我们就得到同胚的定义). 如果 $X$ 和 $Y$ 之间有同伦等价关系, 就说它们是同伦等价的或者说具有相同的**伦型**(**同伦型**).

$X$ 是单位圆周 (即 $S^1$), 而 $Y$ 是平面除去原点 (即 $\mathbf{R}^2 \setminus \{0\}$) 给出了一个好例子. 我们已经看到, 它们具有同样的基本群, 而且前面还说过, 二者 "的基本群同样是 $\mathbf{Z}$, 而理由本质上也是一样的". 现在我们对于这一点可以说得更明确了. 令

$f: X \to Y$ 为映 $(x, y)$ 为 $(x, y)$ 的映射, $g: Y \to X$ 映 $(u, v)$ 点为

$$\left( \frac{u}{\sqrt{u^2 + v^2}}, \frac{v}{\sqrt{u^2 + v^2}} \right)$$

(注意 $u^2 + v^2$ 不会等于 0, 因为原点 $(0, 0)$ 已经从 $Y$ 中挖掉了). 于是容易看到 $g \circ f$ 就是单位圆周上的恒等映射. 至于 $f \circ g$, 它和 $g$ 是同样的公式. 比较几何化的说法是, $f \circ g$ 把一个点沿着过此点的径向射线把此点移动到射线与单位圆周的交点. 不难看到, 这个映射同伦于 $Y$ 上的恒等映射 (基本的思想是 "把径向射线压缩到" 它与单位圆周的交点).

一个很粗略的说法就是, 如果两个拓扑空间各种类型的洞的数目都相同, 它们就是同伦等价的. 比起同胚概念, 这个 "具有相同形状" 的概念更加灵活一些. 例如, 维数不同的欧几里得空间并不同胚, 但是它们是同伦等价的. 实际上, 它们都同伦等价于一个点: 这种空间称为可缩的(contractible), 而我们把可缩空间就想成一个没有任何种类的洞的空间. 圆周不是可缩的, 但是它同伦等价于许多别的自然的空间: 例如有平面挖去一点 (这我们已经看到了)、圆柱面 $S^1 \times \mathbf{R}$、紧的圆柱面 $S^1 \times [0, 1]$, 甚至还有默比乌斯带 (见图 5). 对于两个同伦等价的空间, 代数拓扑学中的绝大多数不变量 (例如同伦群和上同调群) 都是相同的. 这样, 由于我们研究知道了圆周的基本群同构于整数群, 所以上面提到的那些与圆周同伦等价的空间, 基本群也都是这样的. 粗略的说法就是: 这些空间都有 "一个基本的 1 维洞".

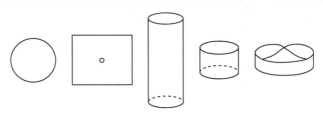

图 5    几个同伦等价于圆周的空间

## 3. 基本群和高阶同伦群的计算

为了对于基本群多得到一点感觉, 我们来复习一下已经知道的事实, 并且再多看几个例子. 2 维球面, 其实更高维的球面也一样, 其基本群都是平凡的. 2 维环面 $S^1 \times S^1$ 的基本群是 $\mathbf{Z}^2 = \mathbf{Z} \times \mathbf{Z}$. 这样, 环面上的每一个环路都决定两个整数, 它们量度这个环路在子午线方向和纬圈方向各转了几圈.

基本群可以是非阿贝尔的, 就是说, 可能有基本群的两个元 $a$ 和 $b$ 使得 $ab \neq ba$. 最简单的例子是这样一个空间 $X$, 它是由两个在一个点相遇的圆周构成的 (称为这两个圆周的一点并 (one-point union)(见图 6). 这个 $X$ 的基本群是具有两个生成元 $a$ 和 $b$ 的自由群[IV.10§2]. 所谓自由群, 粗略地说, 就是这个群的所有元素都是由 $a$

和 $b$ 及它们的逆所成的任意乘积, 例如 $abaab^{-1}a$. 这样, 不过有一个限制, 就是如果 $a$ 或 $b$ 与自己的逆紧接在一起, 就必须先消去 (例如, 不能写成 $abb^{-1}bab^{-1}$, 而要写成 $abab^{-1}$). 这两个生成元就对应于这两个圆周上的环路. 自由群在一定意义上说, 是最高度非阿贝尔的群. 特别, $ab$ 不等于 $ba$, 用拓扑学的语言来说, 就是先绕第一个圆周再绕第二个圆周, 与先绕第二个圆周再绕第一个圆周, 是不同伦的.

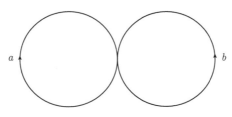

图 6　两个圆周的一点并

这个空间有点造作, 但是它同伦等价于平面除去两个点, 而后一个空间则在许多背景下都会出现. 更一般地说, 平面除去 $d$ 个点这样的空间的基本群是由 $d$ 个生成元所成的自由群, 这就是基本群量度洞的个数这句话的确切意义.

与此相对照, $n$ 阶同伦群当 $n \geqslant 2$ 时一定是阿贝尔群. 图 7 给出了 $n = 2$ 时的一个 "见图识字" 的证明, 而对更大的 $n$, 证明方法也是一样的. 在这个图上, 我们把 2 维球面表示为一个把边缘捏成一点的正方形. 所以, $\pi_2(X)$ 的任意元 $A$ 和 $B$ 表示由一个正方形到 $X$ 的连续映射, 而把正方形的边缘映射到基点 $x$. 图 7 表示了由 $AB$ 到 $BA$ 的同伦 (分成好几步). 图上的阴影区域和边缘都被映射到基点 $x$. 这个图使人想起了最简单的非平凡的辫, 在其中, 一束被绕到另一束上. 这正是代数拓扑学和辫群[III.4] 理论的联系的开端.

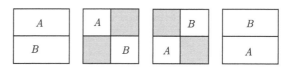

图 7　任意空间的 $\pi_2$ 均为阿贝尔群的证明

基本群在低维情况下是特别有力的工具. 例如, 我们知道每一个紧连通曲面 (即 2 维流形) 都同胚与一个标准的单子里的一个曲面 (见条目微分拓扑[IV.7§2.3]), 而计算以后又知道, 所有这些流形的基本群都不相同 (即不同构). 所以, 如果您从什么地方得到一个闭曲面, 计算它的基本群, 就立刻知道它属于这个分类的哪一类. 此外, 曲面的几何形状也与基本群密切相关. 具有黎曼度量[ I.3§6.10] 以及正曲率[III.13] 的曲面 (2 维球面和实射影平面[ I.3§6.7]) 恰好就具有有限基本群; 零曲率

的曲面 (环面和克莱因瓶) 就具有无限的 "几乎阿贝尔" 的基本群 (就是有一个有限指标的阿贝尔子群); 具有曲率为负的度量的曲面, 则有 "高度非阿贝尔" 的基本群, 如自由群 (关于曲面的分类, 见图 8).

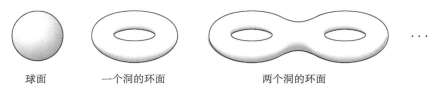

球面　　　　　　一个洞的环面　　　　　　　　　两个洞的环面　　　　　　…

图 8　球面、环面和亏格为 2 的曲面

　　对于 3 维流形的研究, 经过一个多世纪的努力, 由于瑟斯顿和佩雷尔曼的推动, 现在图景已经清楚了, 和 2 维情况几乎完全一样, 基本群几乎完全控制了 3 维流形的几何性质 (见条目微分拓扑[IV.7§2.4]). 但是对于 4 维和更高维的流形, 这几乎完全不真, 有许多不同的单连通流形, 就是具有平凡的基本群的 4 维流形, 而为了区分它们, 还需要更多的不变量 (先说 4 维球面 $S^4$ 和乘积 $S^2 \times S^2$ 都是单连通的. 更一般地说, 我们还可以取 $S^2 \times S^2$ 的任意多个复本, 并作它们的连通并, 再从这些流形中除去 4 维球体, 并把它们的 3 维边缘都等同起来. 这些 4 维流形都是单连通的, 然而其中没有两个是同胚的, 甚至不是同伦等价的).

　　要想区分这些流形, 只用基本群是不够的. 一个显然的方法是使用更高阶的同伦群. 例如 $S^2 \times S^2$ 的 $r$ 个复本连通并的 $\pi_2$ 就同构于 $\mathbf{Z}^{2r}$. 我们同样可以通过计算得知, 它们的 $n$ 阶同伦群 $\pi_n(S^n)$ 为整数群 $\mathbf{Z}$(而不是平凡群), 由此一方面可以证明任意维的球面 $S^n$ 都不是可缩的 (虽然当 $n \geqslant 2$ 时,$S^n$ 都是单连通的). 而另一方面又知道, 每一个由 $S^n$ 到其自身的连续映射都决定了一个整数, 称为这个映射的度(映射度), 它是圆周到其自身的映射的环绕数的概念的推广. 然而, 一般说来, 同伦群并不是区分不同空间的实际可行的方法, 因为要计算它们是难得惊人的. 关于这一点, 最早的提示可以说是霍普夫 (Heinz Hopf, 1894 – 1971, 德国数学家) 在 1931 年发现 $\pi_3(S^2)$ 同构于整数群 $\mathbf{Z}$: 很明显 2 维球面有一个 2 维的洞, 这可以从 $\pi_2(S^2) \cong \mathbf{Z}$ 看得很清楚. 但是说 2 维球面有一个 3 维的洞是什么意思呢? 这与我们对于洞应该是什么东西的朴素的观点显然不相符合. 计算球面的各阶的同伦群是数学中最困难的问题之一, 我们已经知道的某些结果列在表 1 中, 例如虽然作了很大的努力, 对于 $S^2$ 的各阶同伦群 $\pi_i(S^2)$, 我们所知仅限于 $i \leqslant 64$ 的情况. 这些计算显示了一些诱人的模式, 有点数论的味儿. 但是对于球面的同伦群是什么样, 要想作出一个一般的猜测, 似乎是不可能的. 对于比球面更复杂的空间, 要想计算出它们的同伦群就更加复杂了.

**表 1　球面的最前面的几个同伦群**

|  | $s^1$ | $s^2$ | $s^3$ | $s^4$ | $s^5$ | $s^6$ | $s^7$ | $s^8$ | $s^9$ |
|---|---|---|---|---|---|---|---|---|---|
| $\pi_1$ | **Z** | 0 | 0 | 0 | 0 | 0 | 0 | 0 | 0 |
| $\pi_2$ | 0 | **Z** | 0 | 0 | 0 | 0 | 0 | 0 | 0 |
| $\pi_3$ | 0 | **Z** | **Z** | 0 | 0 | 0 | 0 | 0 | 0 |
| $\pi_4$ | 0 | **Z**/2 | **Z**/2 | **Z** | 0 | 0 | 0 | 0 | 0 |
| $\pi_5$ | 0 | **Z**/2 | **Z**/2 | **Z**/2 | **Z** | 0 | 0 | 0 | 0 |
| $\pi_6$ | 0 | **Z**/4×**Z**/3 | **Z**/4×**Z**/3 | **Z**/2 | **Z**/2 | **Z** | 0 | 0 | 0 |
| $\pi_7$ | 0 | **Z**/2 | **Z**/2 | **Z** × **Z**/4×**Z**/3 | **Z**/2 | **Z**/2 | **Z** | 0 | 0 |
| $\pi_8$ | 0 | **Z**/2 | **Z**/2 | **Z**/2×**Z**/2 | **Z**/8×**Z**/3 | **Z**/2 | **Z**/2 | **Z** | 0 |
| $\pi_9$ | 0 | **Z**/3 | **Z**/3 | **Z**/2×**Z**/2 | **Z**/2 | **Z**/8×**Z**/3 | **Z**/2 | **Z**/2 | **Z** |
| $\pi_{10}$ | 0 | **Z**/3×**Z**/5 | **Z**/3×**Z**/5 | **Z**/8×**Z**/3 × **Z**/3 | **Z**/2 | 0 | **Z**/8 × **Z**/3 | **Z**/2 | **Z**/2 |

为了对这里的困难有一个概念, 我们来定义从 $S^3$ 到 $S^2$ 的所谓霍普夫映射, 它恰好是 $\pi_3(S^2)$ 的一个元. 事实上有好几个等价的定义霍普夫映射的方法, 其中之一是把 $S^3$ 上的一个点 $(x_1, x_2, x_3, x_4)$ 看成是一对复数 $(z_1, z_2)$, 但要求它们适合关系式 $|z_1|^2 + |z_2|^2 = 1$, 这只需令 $z_1 = x_1 + \mathrm{i}x_2, z_2 = x_3 + \mathrm{i}x_4$ 就可以做到. 然后, 把这个复数对映为复数 $z_1/z_2$. 这看起来不像是映到了 $S^2$ 上, 但是, 注意到现在 $z_2$ 可以为 0, 就知道是映到了黎曼球面 $\mathbf{C} \cup \{\infty\}$ 上了, 而黎曼球面当然可以自然地等同于 $S^2$.

另一个定义霍普夫映射的方法是把 $S^3$ 上的点 $(x_1, x_2, x_3, x_4)$ 看成是一个单位四元数. 本书关于四元数 [III.76] 的条目里证明了每一个单位四元数可以与 $S^2$ 的一个旋转联系起来. 如果固定 $S^2$ 上的一个点 $s$, 并把每一个四元数 $(x_1, x_2, x_3, x_4)$ 都映到 $s$ 在这个旋转下的像点, 就又得到了一个由 $S^3$ 到 $S^2$ 的映射, 它同伦于前面讲的映射.

霍普夫映射是一个重要的构造, 本文后面还会不只一次遇到它.

### 4. 同调群和上同调环

这样, 同伦群可能是有些神秘, 而且很难计算. 有幸的是, 还有另一个方法来计数拓扑空间中洞的个数的方法, 这就是同调群和上同调群. 这里的定义比同伦群更细致, 但是计算这些群却比较容易, 因此它们被用得广泛得多.

回忆一下, 拓扑空间 $X$ 的 $n$ 阶同伦群 $\pi_n(X)$ 是由从 $n$ 维球面到 $X$ 的连续映射来表示的. 为简单计, 设 $X$ 为一个流形. 同伦群和同调群有两个关键的区别. 首先是, 同调的基本对象比 $n$ 维球面更为一般: $X$ 的每一个闭的可定向的 $n$ 维子流形 $A$ 都决定了 $X$ 的 $n$ 阶同调群 $H_n(X)$ 的一个元. 这看起来可能使同调群比同伦群要大得多, 但是情况并不如此, 因为同调群和同伦群还有第二个主要的区别. 和对于同伦群一样, 同调群的元素并不是子流形本身, 而是子流形的等价类, 而关于同调的等价关系的定义使得两个子流形的等价要比两个球面的同伦容易得多.

我们不来给出同调的正式的定义, 但在这里要举出能够传递出它的味儿的几个例子. 令 $X$ 为除去原点的平面, 而 $A$ 为绕原点的一个圆周. 如果我们让圆周连续变形, 就会得到同伦于原来的圆周的新的曲线, 但是关于同调, 就还可以做更多的事情. 举例来说, 我们许可这样的变形使得圆周上有两个点接触, 而是圆周成了一个 8 字形曲线. 这个 8 字形有一半会包含原点. 让这一半不动, 而把另一半移开. 这样得出了两个封闭曲线, 使得原点在其中一个的内部, 而在另一个的外部. 这一对曲线合在一起, 又是一个具有两个分支的 1 维流形, 我们也认为它是等价于原来的圆周的, 这可以认为是更广泛的一种连续变形.

第二个例子说明了把其他流形也包括到同调的定义中是多么自然. 这一次, 令 $X$ 是 $\mathbf{R}^3$ 但其中除去了一个圆周. 令 $A$ 为一个把这个圆周包含在其内部的球面. 设这个圆周位于 $XY$ 平面上, 而且圆周和球面都以圆点为心. 然后我们就把 $A$ 的最高点和最低点 (即北极和南极) 捏拢成一点, 这两点恰好就在圆心处接触. 如果这样做, 就会得到一个有点像环面的曲线, 不过这个环面中间的洞缩成了一点. 但是我们可以用进一步的连续变形打穿这个洞, 使它成为真正的环面, 它是一个绕原来的圆周的 "管子". 从同调的观点看来, 这个环面等价于球面 $A$.

一般的规则就是, 如果 $X$ 是一个流形, 而 $B$ 是 $X$ 的一个紧的可定向的 $(n+1)$ 维子流形, 而且有一个边缘, 则这个边缘 $\partial B$ 等价于零 (这和说在 $H_n(X)$ 中 $[\partial B] = 0$ 是一样的), 见图 9.

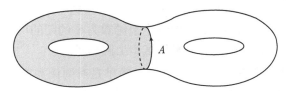

图 9　圆周 $A$ 在曲面的同调中代表零

群运算很容易定义: 如果 $A$ 和 $B$ 是 $X$ 的两个分离的子流形, 而各给出同调类 $[A]$ 和 $[B]$, 则定义它们的和 $[A]+[B]$ 为 $[A \cup B]$ (一般地, 同调的定义允许我们把任意多个子流形的同调类加起来, 而不问它们是否相重叠或相交). 下面是同调群的一些简单例子, 与同伦群不同, 同调群总是阿贝尔群. 球面的同调群 $H_i(S^n)$ 当 $i=0$ 和 $i=n$ 时, 总是同构于整数群 $\mathbf{Z}$, 而对其他的 $i$ 则总是 0. 这与球面的同伦群的复杂性成为对照, 而更好地反映了一个朴素的想法, 即 $S^n$ 只有一个 $n$ 维的洞而没有其他的洞. 注意, 圆周的基本群就是它的一阶同调群, 即同为整数群. 一般地说, 对于任意道路连通空间, 一阶同调群总是基本群的 "阿贝尔化"(正式定义即其最大的阿贝尔商). 例如, 除去两个点的平面的基本群是有两个生成元的自由群, 而其一阶同调群则是具有两个生成元的阿贝尔群, 亦即 $\mathbf{Z}^2$.

当 $i = 0$ 时, 2 维环面的同调群 $H_i(S^1 \times S^1)$ 同构于 $\mathbf{Z}$, $i = 1$ 时同构于 $\mathbf{Z}^2$, $i = 2$ 时, 又同构于 $\mathbf{Z}$, 所有这些都有几何意义如下. 我们知道, 任意具有 $r$ 个连通分支的空间的零阶同调群都同构于 $\mathbf{Z}^r$. 所以, 环面的零阶同调群同构于 $\mathbf{Z}$ 就表明它是连通的, 即只有一个连通分支. 环面上的任意环路都决定了一阶同调群 $\mathbf{Z}^2$ 的一个元, 所以决定了两个整数, 它们恰好量度了这个环路沿子午线方向和纬圈方向各转了多少圈, 这一点在讲环面的基本群时已经说到过. 最后, 环面的 2 维同调群又同构于 $\mathbf{Z}$, 因为环面本身就是一个闭的可定向的流形. 这告诉我们, 整个环面定义了其 2 阶同调群的一个元, 事实上是它的生成元. 与此成为对照的是, 同伦群 $\pi_2(S^1 \times S^1)$ 是平凡群, 说明不存在从球面到环面的非平凡的连续映射. 但是同调群不是平凡群就说明了从其他的闭 2 维流形到 2 维环面, 还是有有意义的连续映射的.

前面已经说过, 计算同调群比计算同伦群容易得多. 这里的主要理由在于, 当一个空间是由较小的几块组成的时候, 拓扑学中有结果告诉您怎样从较小的各块及其交的同调群计算出这个空间的同调群. 同调理论的另一个重要的性质是: 它是 "函子的"(functorial), 意思是, 从空间 $X$ 到空间 $Y$ 的连续映射 $f$, 对于每一个 $i$ 会自然地给出从 $H_i(X)$ 到 $H_i(Y)$ 的同态 $f_*$: $f_*([A])$ 就定义为 $[f(A)]$. 换句话说, $f_*([A])$ 就是 $A$ 在 $f$ 下的像 $f(A)$ 在 $Y$ 中的等价类.

我们还可以定义一个密切相关的概念 "上同调", 这只需要用一个不同的方法来对同调群进行计数就行了. 令 $X$ 为一个闭的可定向的 $n$ 维流形. 我们定义 $X$ 的 $i$ 阶上同调群 $H^i(X)$ 就是同调群 $H_{n-i}(X)$. 这样, 写出一个上同调类 (即 $H^i(X)$ 的一个元) 的方法之一, 就是指定 $X$ 的一个余维数为 $i$ 的闭的可定向的子流形 $S$(就是说, $S$ 的维数是 $n - i$). 仍用 $[S]$ 来记这个上同调类.

对于比流形更一般的空间, 上同调就不简单是对同调类重新计数的问题. 非正式地说, 如果 $X$ 是一个拓扑空间, 就认为 $H^i(X)$ 的一个元是 $X$ 的一个可以在 $X$ 内自由移动的余维数为 $i$ 的子空间. 例如, 设 $f$ 是一个由 $X$ 到一个 $i$ 维流形的连续映射. 如果 $X$ 是一个流形, 而 $f$ 又是 "性态充分良好" 的映射, 则这个 $i$ 维流形的 "典型的" 点的原像就是 $X$ 的一个余维为 $i$ 的子流形. 当这个典型的点自由移动时, 这个子流形就会连续变动, 而且是以一个类似于我们前面说过的, 一个圆周变成两个圆周、一个球面变成环面的方式来变动. 如果 $X$ 是一个更广泛的拓扑空间, 映射 $f$ 仍然会决定 $H^i(X)$ 中的一个上同调类, 而我们认为这个上同调类是由这个 $i$ 维流形的点的原像来表示的.

然而, 即令 $X$ 是一个可定向的 $n$ 维流形, 上同调比之同调, 仍有突出的优点. 既然上同调就是同调换了一个名字, 这一点就有些奇怪了. 然而, 这种重新计数允许我们给 $X$ 的上同调以非常有用的另外的代数结构: 上同调类不仅能够相加, 还能够相乘. 而且是可以这样相乘、使得 $X$ 的上同调群成为一个环[III.81§1](当然对于同调群也可以这样做, 但是, 上同调群构成所谓分级环(graded ring)(特别是, 如果 $[A] \in H^i(X), [B] \in H^j(X)$, 则 $[A] \cdot [B] \in H^{i+j}(X)$).

上同调类的乘法具有丰富的几何内容, 特别是当 $X$ 为一个流形时如此: 上同调类的乘积是由两个子流形的交构成的. 这就推广了第一节中对于相交数的讨论: 在第一节中讨论的是子流形的零维相交, 现在则考虑它们的高维的交 (的上同调类). 准确地说, 令 $S$ 和 $T$ 分别是 $X$ 的余维数为 $i$ 和 $j$ 的闭的可定向的子流形. 让 $S$ 稍加变动 (这并不改变它在 $H^i(X)$ 中所属的类), 使得它与 $T$ 横截地相交, 这就蕴含了它们的交是一个余维数为 $i+j$ 的光滑子流形. 这时上同调类 $[S]$ 和 $[T]$ 的乘积简单地就是 $S \cap T$ 在 $H^{i+j}(X)$ 中所属的类(特别地, $S \cap T$ 可以从 $S, T$, 和 $X$ 的定向获得定向, 从而成为可定向的, 而这对于相关的上同调类是必须的).

这样做的结果就是: 为了计算上同调环, 只需要用某些子流形并且看它们怎样相交来指定上同调群的一个基底就够了(而这一点我们已经讨论过, 是相对比较容易的). 例如, 可以如图 10 那样来计算 2 维环面的上同调环. 再举一个例子, 就是复射影平面[III.72]$\mathbf{CP}^2$ 的上同调群. 它有由三个基本的子流形构成的基底, 就是: {一点}, 它属于 $H^4(\mathbf{CP}^2)$, 因为它是余维数为 4 的子流形; 还有一条复射影直线 $\mathbf{CP}^1 = S^2$, 属于 $H^2(\mathbf{CP}^2)$; 最后还有全空间 $\mathbf{CP}^2$, 它属于 $H^0(\mathbf{CP}^2)$, 代表上同调环的恒等元 1. 上同调环中的乘积, 可以这样来说, 例如 $[\mathbf{CP}^1] \cdot [\mathbf{CP}^1] =$[一点], 因为两条不同的直线 $\mathbf{CP}^1$ 横截地交于一点.

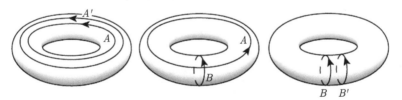

图 10　10 $A^2 = A \cdot A' = 0, A \cdot B =$[一点]$, B^2 = B \cdot B' = 0$

复射影平面的上同调环的这种计算, 虽然简单, 却有一些很强的推论. 首先, 它蕴含了关于复代数曲线的交的贝祖定理 (见条目代数几何[IV.4§6]). $\mathbf{CP}^2$ 中的 $d$ 次代数曲线代表 $d$ 乘上直线 $\mathbf{CP}^1$ 在 $H^2(\mathbf{CP}^2)$ 中的类. 因此, 如果两个次数分别为 $d$ 和 $e$ 的代数曲线 $D$ 和 $E$ 横截地相交, 则上同调类 $[D \cap E]$ 等于

$$[D] \cdot [E] = (d[\mathbf{CP}^1])(e[\mathbf{CP}^1]) = de[\text{一点}].$$

对于复流形的复子流形, 相交数恒为 $+1$ 或 $-1$, 这意味着, $D$ 和 $E$ 恰好相交在 $de$ 个点上.

我们还可以利用 $\mathbf{CP}^1$ 的上同调环的计算来证明关于球面的同伦群的一些结果. 结果是, $\mathbf{CP}^2$ 可以作为 2 维球面和闭 4 维球体的并构造出来, 这里要按上一节定义的霍普夫映射, 把这个闭球体的边缘 $S^3$ 的各点等同于 $S^2$ 的一点.

从一个空间到另一个空间的常值映射或者与常值映射同伦的映射, 都会生成同调群 $H_i$ 的零同态, 至少当 $i > 0$ 时如此. 霍普夫映射 $f : S^3 \to S^2$ 也会生成零同态, 因为 $S^3$ 与 $S^2$ 的非零同调群的维数不同. 尽管如此, 我们要证明霍普夫映射与常值映射并不同伦. 因为如果它们同伦, 则由利用这个映射 $f$ 把闭 4 维球体附着在 $S^2$ 上所得的 $\mathbf{CP}^2$ 就应该与利用常值映射把闭 4 维球体附着在 $S^2$ 上所得的空间 $Y$ 同伦等价. $Y$ 就是在某点等同起来的 $S^2$ 和 $S^4$ 的并. 但是, 这个空间不可能同伦等价于复射影空间, 因为它们的上同调环并不同构. 特别是 $H^2(Y)$ 的每一个元与其自身的乘积为 0, 而 $[\mathbf{CP}^1] \cdot [\mathbf{CP}^1] =$ [一点]. 这个论证的更仔细的表述表明, $\pi_3(S^2)$ 同构于整数群, 而霍普夫映射是这个群的生成元.

这样的论证表明了代数拓扑学的所有基本的概念如同伦群、上同调环、流形等等之间有丰富的关系. 下面给出使得霍普夫映射 $f : S^3 \to S^2$ 的非平凡性可视化的一个方法来作为这一节的结束. 观察 $S^3$ 的被映为 2 维球面的一个定点的各点所成的集合、即此点在霍普夫映射下的原像, 这些原像都是 3 维球面上的圆周. 为了画出这些圆周, 我们可以利用以下的事实, 即 $S^3$ 除去一点必同胚于 $\mathbf{R}^3$, 所以这些原像形成一族互相分离的圆周而填满整个 3 维空间. 但有一个圆周要画成一条直线 (就是通过 $S^3$ 的被除去的那一点的圆周). 这个图形有一个特别使人注意的地方是: 这么一大族圆周中的任意两个, 连接数都是 1(见图 11).

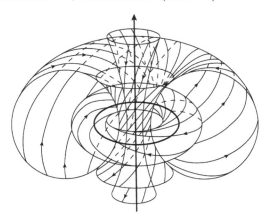

图 11　霍普夫映射的纤维

## 5. 向量丛和示性类

现在引入另一个重要的拓扑学概念: 纤维丛. 如果 $E$ 和 $B$ 是两个拓扑空间,

$x$ 是 $B$ 中一点, 而 $p: E \to B$ 是一个连续映射, 则 $E$ 的被映为 $x$ 的子空间, 称为 $p$ 在 $x$ 上的纤维. 如果每一个纤维都同胚于同一个空间 $F$, 就说 $p$ 是一个纤维丛. 称 $B$ 为这个纤维丛的底空间, $E$ 为其全空间. 例如, 任何乘积空间 $B \times F$ 都是 $B$ 上的纤维丛, 称为 $B$ 上的平凡 $F$ 丛(这时, 映 $(x, y)$, $x \in B$, $y \in F$ 为 $x$ 的映射, 就是定义中说的连续映射). 但是, 有许多非平凡的纤维丛. 例如, 默比乌斯带就是圆周上的以一个闭区间为纤维的纤维丛. 这个例子有助于解释 "挠积"(twisted product, 又译 "斜积") 这个老名词①. 另一个例子就是霍普夫映射, 它使得 3 维球面成为全空间, 2 维球面为底空间, 这样构成为一个圆周丛.

纤维丛是从简单的小片构造出复杂的空间的一个基本的方法. 我们将要集中注意最重要的特例: 向量丛. 空间 $B$ 上的向量丛就是这样一个纤维丛 $p: E \to B$, 其纤维是某个维数 $n$ 的实向量空间, 这个维数就称为向量丛的秩. 线丛就是秩为 1 的向量丛, 例如, 可以把默比乌斯带 (除去边缘) 看成是 $S^1$ 上的一个线丛, 它是一个非平凡的线丛, 就是说, 它不同构于平凡的线丛 $S^1 \times \mathbf{R}$(构造默比乌斯带有多种方法, 其中之一是先做一条带形 $\{(x, y) : 0 \leqslant x \leqslant 1\}$, 再把每一个端点 $(0, y)$ 与端点 $(1, -y)$ 等同起来. 这个线丛的底空间是所有的点 $(x, 0)$ 的集合. 它是一个圆周, 因为我们已经把 $(0, 0)$ 和 $(1, 0)$ 等同起来了).

如果 $M$ 是一个 $n$ 维流形, 其切丛 $TM$ 就是一个秩为 $n$ 的向量丛. 它可以很容易地定义, 只要把 $M$ 看成某个欧几里得空间 $\mathbf{R}^N$ 的子流形 (一个光滑流形总可以看成是某个欧几里得空间的子流形). 这时, $TM$ 就成了 $(x, v) \in M \times \mathbf{R}^N$ 的一个子空间, 其中的 $v$ 在 $x$ 点切于 $M$; 而映射 $TM \to M$ 则把 $(x, v)$ 映到 $x$. 这时, $x$ 点的纤维就是所有形如 $(x, v)$ 的对子的集合, 但这里的 $v$ 要属于 $\mathbf{R}^N$ 的一个维数与 $M$ 的维数相同的仿射子空间. 对于任意的纤维丛, 所谓切口(section) 就是由底空间 $B$ 到全空间 $E$ 的一个如下的连续映射, 这个映射把 $x \in B$ 映为 $x$ 处的纤维中的一点. 一个流形的切丛的切口称为一个向量场. 流形上的向量场可以这样画: 在流形的每一个点上都画上一个箭头 (但是长度可能为 0).

为了对流形进行分类, 研究它们的切丛是很重要的, 特别是要看它们的切丛是否平凡的. 有些流形, 如圆周 $S^1$ 和环面 $S^1 \times S^1$ 都具有平凡的切丛. 一个 $n$ 维流形 $M$ 的切丛是平凡的, 当且仅当在 $M$ 上的每一点都可以找到 $n$ 个线性无关的向量场. 所以, 只要能够把这些向量场写出来, 就证明了切丛的平凡性. 图 12 就画出了圆周和环面的这些向量场. 但是, 怎样才能证明一个给定的流形的切丛是非平凡的呢?

---

① 可以这样来想象默比乌斯带的构作: 在 $(x, y)$ 平面上作一个圆周, 过其上每一点竖一个线段, 即闭区间, 而让这个区间的中点位于圆周上. 当沿着圆周转动时, 同时也让这个直立的线段逐渐向外倾倒, 而当转了一整圈时, 让这个线段倾倒 360°, 翻了一个身, 再与原来的线段 "重合". 这样就会得到默比乌斯带. 总之是一边做乘积, 一边让线段倾斜, 所以叫做 "斜积". —— 中译本注

图 12    圆周和环面切丛的平凡化

方法之一是利用相交数. 可以把 $M$ 与切丛 $TM$ 的 "零切口" 的像等同起来, 从而使得 $M$ 成为 $TM$ 的子流形, $TM$ 的维数 $2n$ 恰好是 $M$ 的维数 $n$ 的两倍, 第 1 节里关于相交数的讨论就给出一个适当定义的整数, 即 $M$ 在 $TM$ 中的自相交数 $M^2 = M \cdot M$, 称为欧拉示性数(Euler characteristic)$\chi(M)$. 根据相交数的定义, 对于 $M$ 上的任意与零切口横截相交的向量场 $v$, 欧拉示性数就是 $v$ 的零点个数 (按符号计).

于是, 如果 $M$ 的欧拉示性数非零, 则 $M$ 上的每一个向量场必定与零切口相交, 换句话说, $M$ 上的每一个向量场会在某点为 0. 最简单的例子就是 2 维球面 $S^2$. 我们可以很容易地写出其上的一个向量场, 其与零切口的相交数为 2(例如, 在地球表面上沿每一个纬圈都向东的向量场, 而在南北极为 0). 这样, 2 维球面的欧拉示性数为 2, 所以 2 维球面上的每一个向量场必在球面的某点为 0. 这是拓扑学中的一个著名定理, 有时称为 "毛球定理"(hairy ball theorem): 您不可能把一个椰子的毛梳平顺 (见图 13).

图 13    毛球定理

以上所述其实是示性类理论的起点. 示性类的作用就是量度一个给定的向量丛非平凡的程度, 这里没有必要限制于切丛. 对于拓扑空间 $X$ 上任意可定向的秩为 $n$ 的向量丛 $E$, 可以定义 $H^n(X)$ 中的一个上同调类 $\chi(E)$, 使它当此丛为平凡时为 0, 这个上同调类称为欧拉示性类. 直观地说, 欧拉示性类是由 $E$ 的一般切口的零向量集合来表示的, 它 (例如, 当 $X$ 是一个流形时) 应该是 $X$ 的余维数为 $n$ 的子流形, 因为 $X$ 在 $E$ 中的余维数就是 $n$. 如果 $X$ 是一个闭的可定向的 $n$ 维流形, 则 $H^n(X) = \mathbf{Z}$, 而切丛在其中的欧拉示性类就是其欧拉示性数 $\chi(X)$.

示性类理论的灵感来源之一是高斯–博内 (Pierre Ossian Bonnet, 1819–1892, 法国数学家) 定理. 这个定理在 1940 年代被陈省身(S.S. Chern, 1911–2004) 推广到一切维数的黎曼流形, 所以现在常称为高斯–博内–陈定理. 这个定理把一个具有黎曼度量的闭流形的欧拉示性数表示为某个曲率函数的积分. 更广泛地说, 微分几何的一个中心目标就是想要理解黎曼流形的几何性质 (如它的曲率) 是怎样和流形的拓扑学相联系的.

后来发现, 复向量丛 (就是纤维是复向量空间的向量丛) 的示性类特别方便. 实际上, 实向量丛时常是通过构造其相关的复向量丛来研究的. 如果 $E$ 是拓扑空间 $X$ 上的一个秩为 $n$ 的复向量丛 (即纤维是复维数 $n$ 的复向量空间), 所谓陈类(Chern classes) 就是 $X$ 上的一串上同调类 $c_1(E), \cdots, c_n(E)$, 其中 $c_i(E)$ 属于 $H^{2i}(X)$, 而当丛 $E$ 为平凡时, 所有的 $c_i(E)$ 均为零. 最高的陈类 $c_n(E)$ 就是 $E$ 的欧拉示性类. 所以, 它是在 $E$ 上找一个处处非零的切口的第一个障碍. 对于任意的 $j, 1 \leqslant j \leqslant n$, 选 $E$ 的 $j$ 个一般的切口. 取 $X$ 的一个子集合, 使得这 $j$ 个切口在此子集合上线性相关, 于是这个子集合将是 $X$ 的一个余维数为 $2(n+1-j)$ 的子流形 (这里假设 $X$ 是一个流形). 陈类 $c_{n+1-j}(E)$ 则是这个子集合上的上同调类. 所以, 陈类以一种自然的方式量度了这个给定的复向量丛的非平凡性. 一个实向量丛的庞特里亚金 (Lev Semenovich Pontryagin, 1908–1988, 前苏联数学家) 类则定义为其相应的复向量丛的陈类.

微分拓扑学的一个胜利是 Sullivan 在 1977 年证明的一个定理: 最多只有有限多个维数至少为 5 的光滑的闭单连通流形具有任意给定的同伦型, 同时其切丛具有给定的庞特里亚金类. 而唐纳森 (Donaldson) 在 1980 年代发现了这个定理在 4 维情况完全不行 (见条目微分拓扑[IV.7§2.5]).

## 6. $K$ 理论和广义的上同调理论

向量丛在几何学的研究中的有效性, 引出了一种度量拓扑空间 $X$ 里的 "洞" 的个数的新方法, 那就是看在 $X$ 里有多少个不同的向量丛. 这个想法给出了一个对于任意拓扑空间定义一个类似上同调的环的简单方法, 这种方法就叫做 $K$ 理论 (这里的 $K$ 来自德文 "Klasse"(类) 一词, 因为这个理论讲的是向量丛的等价类). 后来人们发现, $K$ 理论给出了一种观察拓扑空间的很有用的新视角. 有些问题用通常的上同调来解决要花上大量的精力, 而用 $K$ 理论就变得很容易了. 这个思想是格罗滕迪克 (Grothendieck) 在 1950 年代在代数几何中创造出来的, 后来在 1960 年代由阿蒂亚 (Atiyah) 和希策布鲁赫 (Hirzebruch) 引入到拓扑学里来了.

$K$ 理论的定义只需要几行文字就可以说明. 对于拓扑空间 $X$, 可以定义一个阿贝尔群 $K^0(X)$, 这个群就叫做 $X$ 上的 $K$ 理论, 它的元是一个形式差 $[E] - [F]$, $E, F$ 则是 $X$ 上的任意复向量丛. 对于这个群唯一需要附加的条件是: 对于 $X$ 上的向量

丛 $E$ 和 $F$ 的直积 $E \oplus F$, 有 $[E \oplus F] = [E] + [F]$. [这里的 "+" 就是群运算]. 直积的定义是: $E \oplus F$ 在 $x$ 点的纤维是 $E$ 和 $F$ 在 $x$ 点的纤维之积, $(E \oplus F)_x = E_x \times F_x$.

这个简单的定义导致丰富的理论. 首先, 阿贝尔群 $K^0(X)$ 其实是一个环, $X$ 上的两个向量丛 $E$ 和 $F$ 的乘积可以由张量积[III.89] 做出来. 在这方面, $K$ 理论的性态和通常的上同调环一样. 这样的类比提示我们, $K^0(X)$ 是一整串阿贝尔群 $K^i(X)$ 中的一个, 这里 $i$ 是整数. 这些 $K^i(X)$ 都可以定义, 特别是 $K^{-i}(X)$ 可以定义为 $K^0(S^i \times X)$ 中限制在 $K^0($ 点 $\times X)$ 上为零的元素所成的子群.

现在发生了奇迹, 群 $K^i(X)$ 对于 $i$ 具有周期 2, 即有 $K^i(X) = K^{i+2}(X)$, 这里 $i$ 是任意整数. 这个著名的现象称为 Bott 周期性. 所以, 对于拓扑空间 $X$, 事实上只有两个不同的 $K$ 群, 即 $K^0(X)$ 和 $K^1(X)$.

人们由此可能会想, $K$ 理论所含的信息比通常的上同调更少. 但是, 事实并不如此. $K$ 理论和通常的上同调都不能互相决定对方, 虽然二者有密切的联系. 每一个都不过是把空间的形状的某一个侧面推到了前台. 通常的上同调具有明显的编号, 相当直接地表现了一个空间是怎样由维数较低的各个小块构成的. $K$ 理论则只有两个群, 初看起来更加粗糙一些 (当然也因此更容易计算). 但是, 有许多几何问题涉及一些信息, 如果用通常的上同调来提取, 就太微妙而困难, 而 $K$ 理论则把这些信息送到了表面上.

$K$ 理论和通常的上同调的基本区别在于, 由 $X$ 上的向量丛构造出来的群 $K^0(X)$ "知道" $X$ 上的所有偶数阶的上同调群的某些事情. 说准确一点, 阿贝尔群 $K^0(X)$ 的秩就是所有偶数阶上同调群 $H^{2i}(X)$ 的秩之和. 这个联系来自对 $X$ 上给定的向量丛附加上陈类. 奇数阶 $K$ 群 $K^1(X)$ 也以同样的方式与奇数阶通常的上同调群相关.

我们已经提到过, $K^0(X)$ 本身, 而不只是它的秩, 比起通常的上同调来, 更适合于某些几何问题. 这个现象表明了从向量丛来看待几何问题的力量, 而最终也就是线性代数的力量. $K$ 理论的经典的应用中就有: Bott, Kervaire 和 Milnor 证明了 0 维球面、1 维球面、3 维球面和 7 维球面是仅有的切丛为平凡的球面. 这件事有深刻的与代数的基本定理有同样精神的代数推论, 即实 [赋范] 除法代数 (不一定是可交换的, 甚至不一定是结合的) 只能是 1 维、2 维、4 维和 8 维的. 这四种实 [赋范] 除法代数确实是存在的, 它们就是由实数、复数、四元数和八元数所成的实 [赋范] 除法代数 (见条目四元数, 八元数和赋范除法代数[III.76]).

我们来看一下为什么有 $n$ 维的实 [赋范] 除法代数存在, 就意味着 $(n-1)$ 维球面有平凡的切丛. 事实上, 仅需假设, 有一个有限维的实向量空间 $V$ 存在, 使得有一个双线性映射 (称为乘法)$V \times V \to V$, 亦即对于 $V$ 中的任意元 $x$ 和 $y$, 可以定义一个 $V$ 中的元, 称为它们的乘积, 记作 $xy$, 使得 $(x, y) \mapsto xy$ 就是上面说的双线性映射, 而且由 $xy = 0$ 必有 $x = 0$ 或 $y = 0$. 同时为方便起见, 还假设这个乘法在 $V$

中有恒等元 1, 使得对 $V$ 中所有元 $x$ 均有 $1 \cdot x = x \cdot 1 = x$. [事实上, 从上面引用的条目知道, 我们就是要假设切丛的纤维就是具有以上性质的 $V$]. 然而, 我们可以不用这个假设. 如果 $V$ 的维数为 $n$, 就可以把 $V$ 与 $\mathbf{R}^n$ 等同起来. 这样对于 $S^{n-1}$ 上的每一个点 $x$, 用 $x$ 作左乘, 就是 $\mathbf{R}^n$ 到其自身的一个同构. 如果把这个同构的像的长度算作 1, 则用 $x$ 作左乘, 也就是 $S^{n-1}$ 到其自身的同构, 而且映 1(长度为 1) 为 $x$ 点. 这是一个微分同胚. 它的导数就给出从球面在 1 这个点的切空间到 $x$ 处的切空间的线性同构, 选择球面在 1 这个点的切空间的一个基底, 就决定了 $(n-1)$ 维球面的整个切丛的平凡化.

   $K$ 理论的其他应用还有它给出了球面的低维同伦群, 特别是在其中看到的数论模式以 "最好的" 解释. 其中值得注意的有伯努利数的分母就出现在这些群中 (例如对于 $n \geqslant 5$, $\pi_{n+3}(S^n) \cong \mathbf{Z}/24$), 这种模式就是由 Milnor, Kervaire 和 Adams 用 $K$ 理论来加以解释的.

   阿蒂亚-辛格指标定理[V.2] 用 $K$ 理论对于闭流形上的微分算子作出了深刻的分析. 这个定理使得 $K$ 理论对于物理学中的规范场理论和弦论很重要. $K$ 理论也可以对于非可换环来定义, 而且事实上成了 "非可换几何学" 的中心概念 (见条目算子代数[IV.15§5]).

   $K$ 理论的成功使得人们去寻找其他的 "广义的上同调理论". 有一个理论因为它的有力而突出出来, 这就是复协边理论(complex cobordism), 它的定义是很几何化的: 流形 $M$ 的复协边群是由一个切丛上有复结构的流形到其自身的映射生成的. 群中的关系说明, 如果一个流形是别的流形的边缘, 就要看作是零. 例如, 如果能找到一个柱面以两个圆周作为其两端, 这两个圆周之并就要算作零.

   后来发现, 复协边理论不论是比 $K$ 理论, 还是比通常的上同调理论都丰富得多. 它对一个拓扑空间的结构看得更深远, 但是代价就是很难计算. 过去 30 年出现的一系列的上同调理论, 如椭圆上同调、Morava $K$ 理论, 都是作为复协边理论的 "简化" 而出现的. 在拓扑学中, 在包含了大量信息的不变量与容易计算的不变量之间, 总有一种张力. 在一个方面, 复协边理论和它的种种变体给出了计算和理解球面的同伦群的最有力的工具. 在伯努利数出现的领域之外, 我们又看到了更深刻的数论, 例如模形式[III.59]. 在另一方面, 复协边理论的几何定义使它在代数几何中很有用.

## 7. 结束语

   由黎曼[VI.49] 这样的拓扑学先驱者引进的思路简单但是有力. 它试着把一个问题, 哪怕是纯粹的代数问题, 翻译成几何语言. 然后略去它的细节, 来研究这个问题的深层的形, 亦即拓扑. 最后再回到原来的问题, 看一看收获了多少. 基本的拓扑思想, 如上同调, 在整个数学里, 从数论到弦论, 都会用到.

### 进一步阅读的文献

我很喜欢 A. A. Armstrong 的 *Basic Topology* (Springer, New York, 1983) 这本书, 它从拓扑空间讲到基本群, 并且稍稍超过一点. 现在的标准研究生教材是 A. Hatcher 的 *Algebraic Topology* (Cambridge University Press, Cambridge, 2002). 两位大拓扑学家, Bott 和 Milnor 也是出色的写作者. 每一位青年拓扑学家都应该读一读下面几本书: R. Bott and L. Tu, *Differential Forms in Algebraic topology* (Springer, New York, 1982); J. Milnor, *Morse Theory* (Princeton University Press, Princeton,NJ,1963); J. Milnor and J. Stasheff, *Characteristic Classes* (Princeton University Press, Princeton,NJ, 1974).

# IV.7 微 分 拓 扑

C. H. Taubes

## 1. 光滑流形

本文讲的是某些称为光滑流形的对象的分类问题, 所以我需要先告诉您这些对象是什么. 有一个好例子, 值得记在心里, 那就是一个光滑球体的表面 —— 球面. 如果您在很近的地方看它的一小部分, 它就像是一个平坦的平面的一部分. 但是在较大的距离尺度上, 它和平面就有根本的不同了. 这是一个一般的现象: 一个光滑流形可以折叠得很厉害, 但是近观起来, 总是很正规的. 这种 "局部正规性" 就是这样一个条件: 流形的每一点都在一个邻域内, 而这个邻域看起来就像某个维数的标准欧几里得空间的一部分. 如果对于流形的每一点, 这里说的维数都是 $d$, 就说这个流形本身的维数是 $d$. 图 1 就是一个示意图.

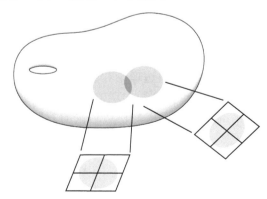

图 1　流形的小部分都像是欧几里得空间的一个区域

说 "都像某个维数的标准欧几里得空间的一部分" 这句话是什么意思? 它意味着, 有一个 "很好的" 一对一映射 $\phi$ 把流形上的这个邻域映到 $\mathbf{R}^d$ 内 (其中有通常的距离). 我们可以认为, 是这个 $\phi$ 把流形上的点与 $\mathbf{R}^d$ 中的点 "等同" 起来了, 就是把 $x$ 与 $\phi(x)$ 等同起来了. 如果我们这样做, 就把函数 $\phi$ 称为这个邻域中的坐标区图, 而在此欧几里得空间里为线性函数所取的基底叫做一个坐标系. 这样做的理由是: $\phi$ 允许我们用 $\mathbf{R}^d$ 中的坐标来标记这个邻域里的点, 如果 $x$ 属于这个邻域, 就可以用 $\phi(x)$ 的坐标来标记 $x$ 点. 例如, 欧洲是一个球 —— 地球 —— 表面的一部分, 一张标准的欧洲地图把欧洲的一个点与一个平坦的 2 维欧几里得空间 —— 地图的纸面 —— 上的点等同起来, 成了一个标有经度和纬度的正方形的格网. 经纬度是地图上的坐标系, 也可以转换为欧洲本身的坐标系.

现在有一个直截了当的但是起中心作用的观察. 设 $M$ 和 $N$ 是两个相交的邻域, 而两个函数 $\phi: M \to \mathbf{R}^d$, $\psi: N \to \mathbf{R}^d$ 各为其上的坐标区图. 于是在交 $M \cap N$ 上就有了两个坐标区图, 这样就把 $\mathbf{R}^d$ 的两个开集合 $\phi(M \cap N)$ 和 $\psi(M \cap N)$ 等同起来了, 给定了第一个区域中的一点 $x$, 就有后一个区域中的对应点 $\psi(\phi^{-1}(x))$. 这里的映射组合 $\psi \circ \phi^{-1}$ 称为一个迁移函数, 它告诉您, 在相交区域中, 一个区图中的坐标怎样和另一个区图的坐标关联起来. 迁移函数就是 $\phi(M \cap N)$ 和 $\psi(M \cap N)$ 之间的一个同胚[III.90].

假设在第一个欧几里得区域里取一个矩形的格网, 再用迁移函数 $\psi \circ \phi^{-1}$ 把它映射到第二个欧几里得区域去. 映射的像可能仍然是矩形的, 但是一般说来将会多少有点扭曲. 图 2 画出了这个情况.

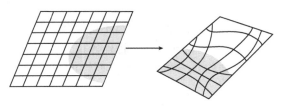

图 2 迁移函数把一个矩形格网变成一个扭曲了的矩形格网

如果一个空间的各点都被一个区域包围, 而这个区域又可以与某个欧几里得空间的一部分等同起来, 这种空间有一个特定的名称, 叫拓扑流形. 这里使用 "拓扑" 一词是为了指出, 对于这里的坐标区图, 除了基本的连续性假设之外, 再没有其他限制. 然而, 有些连续函数很有点病态, 让人不高兴, 所以, 典型情况下我们会引入外加的限制, 使得迁移函数对于矩形格网的扭曲效果受到限制.

在这里最有意义的是要求迁移函数为任意阶可微的情况. 如果一个流形具有这样的区图的集合, 使得所有的迁移函数都无穷可微, 就说这个流形有一个光滑结构, 而这个流形就叫做光滑流形. 光滑流形特别有趣, 是因为它们是微积分的自然的舞台. 粗略地说, 它们是最一般的使得任意阶的微分都有内蕴意义的环境.

我们说, 定义在一个流形上的函数 $f$ 是可微的, 如果对于任意的坐标区图 $\phi$:

$N \to \mathbf{R}^d$, 函数 $g(y) = f(\varphi^{-1}(y))$(它是定义在 $\mathbf{R}^d$ 的某个区域上的) 都是可微的 [I.3§5.3]. 如果一个流形没有使得迁移函数为可微的区图, 则在此流形上就不可能有微积分, 因为一个在某个区图中看起来是可微的函数, 在相邻的区图中看, 一般地就不可能仍然可微.

下面是说明这一点的一个 1 维的例子. 考虑一个流形, 即实数直线, 在其上原点的邻域中作两个坐标区图. 第一个是明显的, 它就用实数 $x \in \mathbf{R}^1$ 来表示流形上的点 $x$ 本身 (形式的说法就是取区图映射 $\phi$ 即为 $\phi(x) = x$). 第二个则用实数 $x^{1/3}$ 来表示这个流形上的点 $x$, 就是 $\psi(x) = x^{1/3}$(这里负数 $x$ 的立方根定义为 $-x$ 的立方根反号). 这两个区图之间的迁移函数是什么函数呢? 如果 $t$ 是第一个区图中的 $\mathbf{R}^1$ 区域中的点, 则 $\phi^{-1}(t) = t$, 而式子左方的 $t$ 表示流形上的点, 式子右方的 $t$ 则表示坐标邻域里的坐标, 因此迁移函数现在是 $\psi(\phi^{-1}(t)) = \psi(t) = t^{1/3}$. 它是第一个 $\mathbf{R}^1$ 坐标邻域上的 $t$ 的连续函数, 但是在原点不可微.

现在考虑定义在第二个区图邻域中最简单的函数 $h(s) = s$, 这里的 $s$ 是区图邻域里的坐标, 而我们想要找出相应的定义在流形上的函数 $f(x)$, 这里的 $x$ 记流形上的点. $f$ 在 $x$ 点的值应该等于 $h$ 在区图邻域中相应的 $s$ 处的值. 按上面的规定 $\psi(x) = x^{1/3}$, 所以 $f(x) = h(x^{1/3}) = x^{1/3}$. 转到第一个区图邻域, 其中相应于流形上的 $x$ 点的区图坐标 $t = \phi(x) = x$, 从而在第一个区图邻域中, 相应于 $f$ 的函数是 $g(t) = t^{1/3}$(这里得到的仍然还是 $f$, 这是因为区图邻域中的映射 $\varphi$ 恰好映区图中一点 $x$ 为 $x$ 本身, $\varphi(x) = x$). 所以一个在第二个区图的局部坐标下非常清楚是可微的函数, 在第一个区图的局部坐标下成为不可微的函数了.

设在一个拓扑流形 $M$ 上有两组区图, 而且各有无穷可微的迁移函数. 则每一组区图给此流形一个光滑结构. 一个有很大重要性的事实是这两个光滑结构可以根本上不同.

为了说明白这是什么意思, 记这两组区图分别为 $K$ 和 $L$. 在此流形上给定了一个函数 $f$, 如果从 $K$ 的光滑结构的观点看来 $f$ 是可微的, 就说它是 $K$ 可微的; 如果从 $L$ 的光滑结构的观点看来 $f$ 是可微的, 就说它是 $L$ 可微的. 可能很容易就发生这样的情况: 一个函数是 $K$ 可微的, 但不是 $L$ 可微的, 或者反过来. 然而, 如果存在一个由 $M$ 到其自身的映射 $F$ 具有下面三个性质, 就说 $K$ 和 $L$ 在 $M$ 上给出同样的光滑结构. 这三个性质就是: 第一, $F$ 是可逆的, 而且 $F$ 和 $F^{-1}$ 都是连续的; 第二, $F$ 和任一个 $K$ 可微函数的复合都是 $L$ 可微的; 第三, $F^{-1}$ 和任一个 $L$ 可微函数的复合都是 $K$ 可微的. 如果这样的映射 $F$ 不存在, 则由 $K$ 和 $L$ 给出的两个光滑结构就被认为是真正不同的.

为了把这一点说到底, 再来看一下上面给出的 1 维的例子. 前面已经注意到, 您采用 $\phi$ 区图时认定是可微的函数和采用 $\psi$ 区图时认定是可微的函数可以是不同的. 例如函数 $x \mapsto x^{1/3}$ 不是 $\phi$ 可微的, 但是是 $\psi$ 可微的. 尽管如此, $\phi$ 可微函数集

合与 $\psi$ 可微函数集合仍然在实数直线上定义相同的光滑结构, 因为任意的 $\psi$ 可微函数在与自映射 $F : t \mapsto t^3$ 复合后, 都成为 $\phi$ 可微函数; [反过来, 因为任意的 $\phi$ 可微函数在与自映射 $F^{-1} : t \mapsto t^{1/3}$ 复合后, 也都成为 $\psi$ 可微函数].

一个流形可能有不只一个光滑结构, 这远非自明的事实, 但是可以证明情况恰好是这样的; 也存在完全没有光滑结构的流形. 这两件事, 引导到本文的中心论题, 也就是微分拓扑学中人们长时期苦苦寻求的圣杯:

- 在任意给定的拓扑流形上列出所有的光滑结构.
- 找出一种算法, 以便把任意给定流形上的给定光滑结构, 认定为上述清单里的相应结构.

## 2. 关于流形我们已经知道了些什么

对于上面所说的两个问题, 在本文写作之时已经取得了很大的成就. 说明了这一点以后, 本文的这一部分就是要概述在 21 世纪之始的进展状况, 在这样做的过程中, 我们会描述许多流形的例子.

讲述这些事还需要一些简短的离题的话, 以便铺平道路. 一共有两点说明. 第一点是: 如果有两个流形, 把它们并排放在一起, 但是彼此不要接触, 那么, 从技术上说, 可以把它们当作同一个流形, 但是有两个分支. 这时, 可以分别地研究各个分支. 所以, 在本文中, 只讨论连通的流形, 就是只有一个分支的流形. 在这个流形中可以从任意一点走到任意另一点, 而不会离开这个流形.

第二点也是技术性的, 就是需要区别像球面那样的流形, 它们的延展是有界的, 以及像平面那样伸展到无穷远处的流形. 更准确地说, 这里讲的是紧[III.9] 和非紧流形的区别: 紧流形就是可以看作是维数是某个 $n$ 的 $\mathbf{R}^n$ 中的有界闭子集合的流形. 下面的讨论几乎完全是关于紧流形的. 下面的一些例子会指出, 对于紧流形, 情节不如那些相应的非紧流形那么曲折. 为简单起见, 凡是用到 "流形" 一词, 总是指的 "紧流形", 至于非紧流形是否也在讨论之列, 从上下文总可以看清楚.

### 2.1 维数 0

0 维流形只有一个, 那就是单个点. 这句话末尾有一个句号, 从远处看这个句号就像一个连通的 0 维流形. 注意, 这时拓扑流形和微分流形的区别就不相干了.

### 2.2 维数 1

只有一个紧连通的 1 维拓扑流形, 就是圆周. 此外圆周上只有一个光滑结构. 下面是表述这个结构的一种方法. 取 $xy$ 平面上的单位圆周为它的代表, 就是取所有适合方程 $x^2 + y^2 = 1$ 的 $(x, y)$ 点的集合为它的代表. 它可以用互相部分重叠的曲线段覆盖, 这两段曲线都略大于半圆周, 就是图 3 所画的 $U_1$ 和 $U_2$, $U_1$ 和 $U_2$ 都构成一个坐标区图. 左边的一个 $U_1$ 上的各点 $x$, 都可以用从正 $x$ 轴逆时针旋转的角来作参数, 而连续地参数化. 例如点 $(1,0)$ 的角就是 $0$, 而点 $(-1,0)$ 的角则是 $\pi$. 为了对 $U_2$ 仍然用角来作参数化, 就要从负 $x$ 轴的角为 $\pi$ 算起. 如果沿着 $U_2$ 运动, 并且让角连续地改变, 则在到达 $(1,0)$ 时, 就应该把它参数化为 $U_2$ 中角为 $2\pi$ 的点.

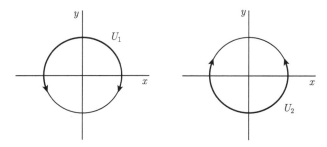

图 3   圆周上的两个区图

可以看到, $U_1$ 和 $U_2$ 相交于两个较短的弧段, 把它们标记为 $V_1$ 和 $V_2$(见图 4). 在 $V_1$ 上, 迁移函数就是恒等映射, 因为 $V_1$ 中任意点的 $U_1$ 和 $U_2$ 参数都是同样的角. 与此对照, $V_2$ 中一点的 $U_2$ 角则是其 $U_1$ 角加上 $2\pi$. 所以, $V_2$ 中的迁移函数不是恒等映射, 而是对其 $U_1$ 坐标函数 (即 $U_1$ 角) 再加上 $2\pi$ 这样的映射.

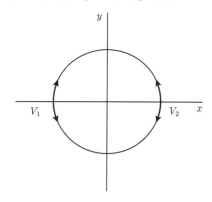

图 4   弧 $U_1$ 和 $U_2$ 的交

这个 1 维的例子提出了一些重要的议题, 而都与一个特别使人困扰的问题相关. 为了表述它, 先要想到, 其实平面上就有 "许多" 环可以选作圆周的模型. 这里使用了 "许多" 二字, 已经把这个情况的复杂性相当低估了. 再说, 何必限于只看平面上的环呢? 在 3 维空间里的环还丰富得很, 例如请看图 5. 事实上, 任意维数大于 1 的流形上都有光滑的环, 但是, 我们在前面又说, 只有一个光滑的紧的连通的 1 维流形, 就是说, 所有这些环都应该看作是 "相同的", 这又是为什么呢?

答案是这样的, 当讲到一个流形时, 我们想到的总是, 如果把它放进一个较大的空间时它会具有的样子. 例如在讲到一个圆周时, 我们可能想到它是位于平面上, 或者是打了结而位于 3 维欧几里得空间里. 然而, 上面引入的 "光滑流形" 的概念是一个 "内蕴的" 概念, 意思是它并不依赖于如何把这个流形放进一个更高维的空间里, 甚至这个更高维的空间的存在也根本没有必要. 在圆周的情况, 可以这样说, 这个圆周可以作为一个环放在平面里, 也可以作为一个扭结放在 3 维空间里, 还有其他情况等等. 从圆周放进高维空间的每一种方法, 都在圆周上定义了一族函数, 可以认为就是圆周上的可微函数. 方法如下: 取大的欧几里得空间的坐标的可微函数, 并且把它们限制在此圆周上. 任意一种定义方法在圆周上给出的光滑结构都和其他方法所给出的光滑结构一样. 这样, 尽管把圆周放进给定的高维空间的方法可以不同, 但对于圆周上的光滑结构而言, 对圆周采用哪一种看法都是一样的, 前面说的 "相同的", 就是这个意思 (事实上, 3 维空间中扭结的分类问题本身就是一个很吸引人很活跃的研究主题, 请参看条目纽结多项式[III.44]).

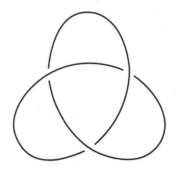

图 5　3 维空间里的一个扭结环

怎样来证明在圆周上仅有一种光滑结构呢? 而且, 说只有一个紧拓扑流形, 又怎么证明呢? 既然本文不打算给出证明, 只好把这些问题留作重要的练习了, 但是要给出一点建议: 认真想一想定义, 而对于光滑流形的问题, 用一点微积分.

### 2.3　维数 2

2 维连通紧流形的故事比 1 维情况要丰富多了. 首先, 现在有一个基本的两分法, 区分了两类流形: 可定向的和不可定向的. 粗略地说, 就是要把具有两个侧面的流形和只有一个侧面的流形区分开来. 下面是比较正式的定义: 2 维流形称为可定向的, 如果其上的任何一个不自交也不绞在一起的环, 都有两个不同的侧面. 也就是说, 任一条紧靠着这个环的道路都不能绕过这个环, 而从一侧穿到另一侧. 图 6 上的默比乌斯带就不是可定向的, 因为紧挨着它中间的环可以找到一条道路, 紧靠着这个环又与它不相交, 而从一个侧面走到另一侧面. 可定向的紧的连通的 2 维拓扑流形和一大类常见的食品是一一对应的. 这些食品中有: 苹果、圆面圈、两个洞的椒盐卷饼、三个洞的椒盐卷饼、四个洞的椒盐卷饼等等 (可见图 7①). 在技术上, 2 维拓扑流形可以用一个整数来加以分类, 这个整数就叫做亏格. 对于球面, 亏格是 0, 对于环面是 1, 而对于两个洞的环面则是 2. 说亏格可以对它们进行分类, 就是说, 两个这样的流形当且仅当亏格相同时才是一样的. 这是一个由庞加莱[Ⅵ.61] 给出的定理

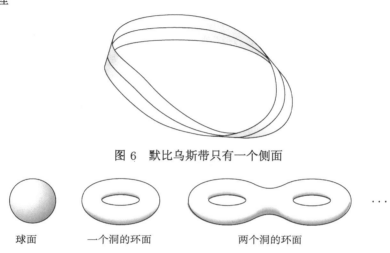

图 6    默比乌斯带只有一个侧面

球面               一个洞的环面                    两个洞的环面
图 7    2 维可定向流形

后来证明了每一个 2 维拓扑流形恰好有一个光滑结构, 所以图 7 上的表, 就是全部光滑的可定向 2 维流形的表. 这里我们应该牢记在心, 光滑流形的概念是内蕴的, 所以, 怎样把它画成 3 维空间的一个曲面或者把它画在别的空间里, 都是没有关系的. 例如, 桔子、香蕉、西瓜的表面都表示图 7 最左方的 2 维球面的嵌入像

图 7 的图像建议了一种在对高维流形进行分类时起关键作用的思想. 注意, 两个洞的环面可以看成是这样得出来的, 就是由两个一个洞的环面, 各切除一个小圆盘, 再沿着圆盘的边缘把这两个环面粘贴起来. 图 8 上就画出了这个运作过程. 这个切开再粘贴的运作就是所谓割补术(surgery) 的一个例子. 类似的割补也可以用于一个一个洞的环面和一个两个洞的环面, 得出一个三个洞的环面, 如此等等. 这样, 所有的可定向 2 维流形都可以用标准的割补术从许多块基本的建筑单元构造出来, 而基本的建筑单元有两种: 一个洞的环面和球面. 下面有一个很好的练习题来测试一下您对这个过程的了解程度假设, 请想像图 8 那样, 对一个球面和另一个流形 $M$ 作割补, 则所得的结果就拓扑和光滑结构而言, 都和原来的流形 $M$ 一样.

---

① 有些小零食听起来很洋气, 其实我国某些很普通的小吃是 "拓扑等价的". 例如圆面圈和长江流域各省的 "面窝" 是一样的; 椒盐卷饼 (pretgel) 和 "麻花" 也没有大的差别. 不过, 我国 "地大物博", 到了其他地区, 用中文说中国食品的名字, 不一定比说英文更好懂. —— 中译本注

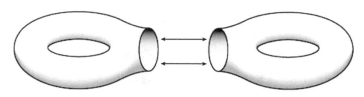

图 8　切开再粘贴

后来还证明了所有的不可定向 2 维流形也可以用割补术的另一个版本得出:
先从一个可定向 2 维流形上切除一个圆盘, 再把一个默比乌斯带粘贴上去. 说得准
确一点, 一个默比乌斯带也以圆周为其边缘. 从任意已给的可定向 2 维流形上割除
一个圆盘, 仍然得出一个圆周为其边缘. 把后一个圆周边缘与默比乌斯带的圆周边
缘粘贴起来, 把连接处的角磨光滑, 就会得到一个不可定向的光滑流形. 每一个不
可定向的 2 维拓扑流形 (从而每一个不可定向的 2 维光滑流形) 都可以这样得出
来. 除此之外, 所得到的流形只依赖于所用的可定向流形的洞的个数 (即亏格).

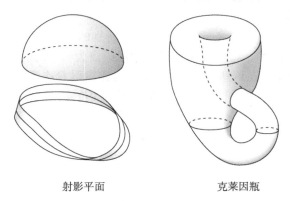

射影平面　　　　　　　　　克莱因瓶

图 9　两个不可定向 2 维曲面. 要想得到一个射影平面, 只需要把默比乌斯带的边缘和一个半
球面的边缘等同起来

用割补术从球面与默比乌斯带得出的流形称为射影平面, 而用割补术从一个洞
的环面与默比乌斯带得出的流形称为克莱因瓶. 这些图形都画在图 9 上. 没有一个
不可定向流形可以干净利落地放进 3 维欧几里得空间里; 每一种这样的放置都必
然使得图形的一部分穿过另一部分, 从克莱因瓶的图示就可以看到这一点.

怎样来证明上面列出的表已经穷尽了所有的 2 维流形呢? 其方法的一种版本
要用到下一节在 3 维背景下讨论的几何技巧.

### 2.4　维数 3

对于所有的 3 维光滑流形现在已经有了一个完备的分类, 然而这是一个非常
新的工作. 分类问题的研究已经有了一些时间, 曾经有一些猜测, 可以列出所有的 3

维流形, 也猜测有一个程序, 可以把它们互相区别开来. 这些猜测的证明最近成功地归功于佩雷尔曼 (Grigori Yakovlevich Perelman, 1966–, 俄罗斯数学家, 因为证明了庞加莱猜想 (见下文) 和这里的所谓 “几何化猜想” 猜想, 获得 2006 年的菲尔兹奖, 2010 年又获得 Clay 研究所颁发的千年问题大奖. 但是, 他拒绝了所有这些奖项). 这是极受数学界赞颂的大事件. 这里所用的几何学将在本文最后一部分多介绍一点. 现在只集中来讲分类的总的方案.

在讲分类的方案以前, 必须介绍一下流形上几何构造的概念. 粗略地说, 这就是一种在流形上定义长度的规则. 这些规则必须适合以下的条件: 常值道路, 就是始终停留在一点的道路, 长度必须为 0, 而其他所有的有一点点移动的道路都有正的长度. 其次, 如果一条道路从另一条道路的终点开始, 则它们的连接 (就是把它们连起来得到的道路) 的长度是它们分别的长度之和.

注意, 道路的长度的这种规则, 会引导到流形上两点 $x$ 和 $y$ 的距离 $d(x,y)$ 的概念, 那就是连接两点的最短的道路的长度. 后来发现, 最有趣的性质是 $d(x,y)^2$ 是 $x$ 和 $y$ 的光滑函数.

巧的是, 具有几何构造这一点并没有什么特别的地方. 流形上的几何构造有的是. 下面的公式给出了 $n$ 维欧几里得空间中以原点为心、2 为半径的球体的内域中 3 个特别的几何构造. 在这些公式里, 所给的道路可以看作是一个超高维的艺术家实时画出来的, $x(t)$ 就表示他的铅笔尖在时刻 $t$ 的位置. 这里的 $t$ 在实数直线上的某个区间里变动:

$$\left.\begin{aligned}
\text{长度} &= \int |\dot{x}(t)| \mathrm{d}t, \\
\text{长度} &= \int |\dot{x}(t)| \frac{1}{1+\frac{1}{4}|x(t)|^2}\mathrm{d}t, \\
\text{长度} &= \int |\dot{x}(t)| \frac{1}{1-\frac{1}{4}|x(t)|^2}\mathrm{d}t.
\end{aligned}\right\} \tag{1}$$

这些公式里的 $\dot{x}$ 表示道路 $t \mapsto x(t)$ 的时间导数.

第一个几何构造引出了一对点之间的欧几里得距离, 因此它所产生的几何学称为球体的欧几里得几何. 第二个则定义了所谓球面几何, 因为它所给出的两点距离表示 $(n+1)$ 维欧几里得空间的半径为 1 的球面上的对应点之间的角, 这里的对应来自绘制地球极区地图的球极射影的 $(n+1)$ 维版本. 第 3 个距离函数定义了球体的双曲几何, 这是因为 $n$ 维欧几里得空间中的半径为 2 的球体, 可以以某种方式等同于 $(n+1)$ 维欧几里得空间的一个特定的双曲线.

(1) 式中所写出的三种几何构造都对于旋转和单位球体的某些其他变换为对称 (关于欧几里得几何、球面几何和双曲几何的更多的知识可以在条目一些基本的数学定义[Ⅰ.3§§6.2,6.5,6.6] 中读到).

  正如前面已经说到的那样, 任意一个给定的流形上都有许多几何构造, 所以人们会希望从中找到具有特别的我们希望有的性质的几何构造. 心里存着这样的念头, 假设已经为 $\mathbf{R}^n$ 中的球体指定了某个 "标准的" 几何构造作为特别合适的构造的模型 (它可能是上面讲的三个构造之一, 或者是其他的我们所喜爱的几何构造). 这就引导到紧流形上的相应的构造 $S$ 的概念. 粗略地说, 我们说流形上的几何构造是 $S$ 型的, 如果流形上的每一点都觉得自己属于一个具有构造 $S$ 的单位球体中, 也就是说, 可以用具有构造 $S$ 的单位球体作为坐标区图, 并且使得这个坐标区图就给出流形的几何构造. 说得更准确一点, 设定义了流形上一点 $x$ 有一个在此流形上的小邻域 $N$, 而用一个映射 $\phi: N \to \mathbf{R}^d$ 定义了邻域 $N$ 中的坐标系. 假设总能够这样做, 使得像 $\phi(N)$ 在球体内, 而邻域 $N$ 中任意两点 $x$ 和 $y$ 的距离就是它们的像 $\phi(x)$ 和 $\phi(y)$ 在此球体内按照这个构造 $S$ 的距离, 这时就说这个流形具有 $S$ 型的几何构造. 特别是, 如果这个球体上的构造 $S$ 是欧几里得的、球面的或双曲的, 就说流形上的几何构造分别是欧几里得的、球面的、或双曲的.

  例如, 任意维的球面都有球面几何构造 (它本应如此! ). 后来证明, 2 维球面可能或者有欧几里得的, 也可能有球面的或者双曲的几何构造. 进一步还证明了, 如果它已经有了这一种几何构造, 那它就不会再有其他类型的几何构造了. 特别是, 它既然已经有了球面几何构造, 它就不会再有欧几里得的和双曲的几何构造了. 同时, 2 维的环面有欧几里得几何构造, 而且只能有欧几里得几何构造. 图 7 上画的所有其他流形都有而且只能有双曲几何构造.

  瑟斯顿 (William Paul Thurston, 1946–, 美国数学家, 1982 年菲尔兹奖获得者) 以极大的洞察力认识到, 3 维流形可以用几何构造来分类. 特别是他提出了后来人们说的几何化猜想(geometrization conjecture), 粗略地说就是每一个 3 维流形都是由 "很好的" 小片组成的:

  *每一个光滑的 3 维流形都可以沿着预先确定的一族 2 维球面和一个洞的环面以典则方式切开, 使得由此切出的每一个小片, 都具有 8 种几何构造中的恰好一种.*

  这 8 种几何构造就包括了上面所说的球面的、欧几里得的以及双曲的几何构造在内. 它们再加上其他 5 种, 就是具有最大对称性的几何构造, 而这里说的 "最大对称性", 是有准确的意义的. 其他 5 个, 和上面说的 3 个一样, 是与各种李群[Ⅲ.48§1]相关联的.

  几何化猜想, 在被佩雷尔曼证明以后, 就被称为几何化定理了. 正如下面马上要说明的那样, 这个定理完满地回答了第一节末尾所说的 "长时期苦苦寻求的圣杯" 的关于 3 维的那一部分. 这是因为一个流形具有了上述 8 个几何构造之一以后, 就可以按照一种典则的方式用群论的语言来加以描述. 结果, 几何化定理就把关于流形分类的问题, 变成了一个可以用群论来回答的问题. 下面就来指出这是怎么回事.

这 8 个几何构造各有一个具有这个构造的模型空间. 例如关于球面构造, 模型空间就是 3 维球面. 对于欧几里得构造, 就是 3 维欧几里得空间. 对于双曲构造, 则是 4 维欧几里得空间中一个双曲面, 即在坐标 $(x, y, z, t)$ 下, 适合关系式 $t^2 = 1 + x^2 + y^2 + z^2$ 的点的集合. 在这 8 个情况下, 模型空间都有一个到其自身的映射的典则的群, 这里说的映射是保持两点的距离不变的 (或者说是等距的). 在欧几里得几何构造情况下, 这个群就是 3 维欧几里得空间的平移和旋转所成的群; 在球面情况下, 是 4 维欧几里得空间中的旋转群; 而在双曲情况下, 则是 4 维闵可夫斯基空间中的洛仑兹变换群. 这个相关的自映射群就叫做这个几何构造的等距群.

流形和群论产生了联系, 是由于这 8 个模型空间的任何一个, 其等距群的某一组离散子群都决定了一个具有这种几何构造的紧流形 (一个子群称为是离散的, 如果其每一个点都是孤立的, 就是属于一个邻域而在此邻域内再没有子群的其他点). 这个紧流形可以像下面那样作出来: 如果在这个离散子群中存在一个等距变换 $T$ 使得 $Tx = y$, 就说模型空间的两个点 $x$ 和 $y$ 是等价的. 换句话说, 点 $x$ 等价于它在这个子群中所有等距映射下的像. 很容易验证, 等价的概念真正是等价关系 [I.2 §2.3]. 点的等价类就与紧流形之点一一对应. 就是说, 这种等价类构成一个紧流形.

下面就是一个 1 维的例子, 说明这是怎样做的. 把实数直线看成是平移群的模型空间. 所有平移量为 $2\pi$ 的整数倍的平移构成一个离散子群. 给定实数直线上的一点 $t$, 它在这个子群下一切可能的像就是所有形如 $t + 2n\pi$ 的实数, 所以 $t$ 的等价类就是 $\{t + 2n\pi : n \in \mathbb{Z}\}$. 可以把单位圆周上的点 $(x, y) = (\cos t, \sin t)$ 与这个等价类联系起来, 因为对 $t$ 加上 $2\pi$ 的整数倍不会影响到 $t$ 的正弦和余弦. 所以, 这个离散子群就与紧流形单位圆周联系起来了 (直观地说, 把 $t$ 和 $t + 2\pi$ 视为等价的, 就是用直线在单位圆周上绕了一圈又一圈).

以上所说的是给定了一个子群以后可以得出一个紧流形, 但是等距群的子群与具有一定几何构造的紧流形的联系还有另一方面, 那就是给定了一个紧流形以后, 还可以用相对比较直接的方式恢复出这个子群来. 这里要用到下面的事实: 流形的每一点都位于一个坐标区图中, 而在此区图中, 距离函数和模型空间的距离函数是相同的.

在佩雷尔曼的工作之前, 就已经有许多证据说明几何化猜想为真了, 其中很大一部分是由瑟斯顿本人提供的. 为了讨论这些证据, 有必要暂时离题来给出一些背景. 首先要提出 3 维球面上的连接的概念. 一个连接就是有限多个扭结的不相交并 (disjoint union) 的另一个名称, 图 10 上画的就是由两个扭结构成的一个连接[1].

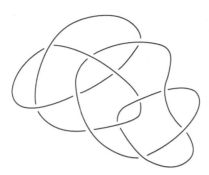

图 10　由两个扭结构成的一个连接

还需要连接上的割补术(surgery on a link) 这个概念. 为此目的, 把连接加粗成为扭结着的立体管形的并 (不妨把扭结想象成为电线的铜芯, 而管形则设想为被覆着这个铜芯的绝缘层材料. 注意, 管形的一个给定的分支的边缘实际上是图 7 的一个洞的环面. 所以, 如果从 3 维球面移去任意一个管形, 就会在 3 维球面中留下一个管形的缺失区域, 或者说是一个管形空洞, 而其边缘是一个环面.

现在, 为了定义一个割补 (称为 Dehn 割补), 想象移去一个扭结着的管形, 然后再用不同的方法把这个管形粘贴回这个空洞去. 这就是说, 通过把不同的点视为等同这个方法, 把管形的边缘粘贴在缺失区域 (即空洞) 的边缘上, 但是要与原来的粘贴不同. 例如在平面上取一个 "平凡扭结", 就是一个标准的圆周, 但是现在认为这个圆周位于 3 维球面的一个坐标区图里. 拿走包围着这个圆周的一个立体的管子, 再通过把这个管子的边缘 "错误地" 粘贴回去, 以代替原来的被移走的立体的管子. 其具体作法如下: 把图 11 的最左的环面看成是那个立体的管子在 $\mathbf{R}^3$ 中的余集合, 即留下的空洞. 中间的环面就是拿走了的管子, 也就是那个管子的内域. "错误的粘贴" 就是把中间的环面上标注了 $R$ 和 $L$ 的圆周与最左边的环面的 $R$ 和 $L$ 视为等同的, 就是把拿走了的管子的子午线 $R$ 粘在原来的环面的纬圈 $R$ 上, 而把拿走了的管子的纬圈 $L$ 与原来的子午线 $L$ 等同起来, 所以是 "粘错了". 所得到的空间仍是一个 3 维流形, 而可以证明是圆周与一个 2 维球面的乘积. 就是说, 是有序对 $(x, y)$ 的集合, 这里 $x$ 是圆周上的一点, 而 $y$ 是一个 2 维球面上的一点. 还有许多别的方法来把这两个环面粘贴起来, 而几乎所有相应的割补都会给出不同的 3 维流形. 图 11 的最右图就是另一种粘贴法.

一般说来, 任给一个连接, 使用不同的割补, 可以做出可数无穷多个不同的光滑 3 维流形. Raymond Lickorish 证明了: 每一个 3 维流形都可以从 3 维球面上的某一个连接利用割补术得出. 不幸的是, 利用连接上的割补术来刻画 3 维流形, 并

---

[1] 这里使用的名词请参看条目纽结多项式[III.44] 及其插图. —— 中译本注

不能对于光滑结构的分类这个中心的探求给出满意的解决. 因为这个过程远非唯
一的, 对于任何给定的流形, 能够用来生成它的连接和割补方法、实在太多而令人
迷惑. 再说, 当本文写作时, 还不知道有任何方法可以对 3 维球面上的扭结和连接
进行分类.

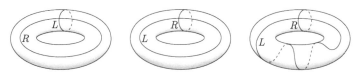

图 11    把管子粘回一个管形空洞的不同的方法

不论如何, 这里可以感受到瑟斯顿为几何化猜想所找到的例证的味儿. 给出了
一个连接, 除有限多个以外, 所有的 3 维流形都可以用割补术得出, 而且使几何化
猜想中的结论成立. 瑟斯顿还证明了, 给定任意的扭结, 只要不是平凡扭结, 在其上
实行所有割补术, 除了有限多个割补方法以外, 都会生成具有双曲几何构造的流形.

顺便说一下, 佩雷尔曼关于几何化定理的证明给出了庞加莱猜想的证明作为其
特殊情况. 这个猜想是庞加莱在 1904 年提出的. 为了陈述这个猜想, 我们需要单连
通流形的概念, 它就是具有如下性质的流形, 就是其上的任意环路都可以缩拢为一
个点. 说得准确一点, 指定流形上的一个点为 "基点", 则流形上任意始于此点又终
于此点的道路, 都可以连续变形, 而使得在变形的一切阶段上, 起点和终点都是这
个基点, 而最终则是变成了从基点出发以后一直停留在此基点上的平凡的道路. 例
如, 2 维球面是单连通的, 而环面则不是, 因为 "绕环面一周" 的环路(如图 11 的各
个环面上的 $R$ 和 $L$) 都不能缩为一点. 事实上, 球面是 2 维流形中仅有的单连通流
形, 但所有维数大于 1 的球面都是单连通的.

**庞加莱猜想**    每个紧的单连通的 3 维流形都是 3 维球面 $S^3$.

2.5    维数 4

维数 4 是一个怪异的维数. 谁也没有能提得出关于 4 维光滑的紧流形的分类
的有用而且有希望的猜想. 另一方面, 关于 4 维拓扑流形的许多范畴的分类, 人们却
懂得了很不少. 这里的大部分工作应该归功于弗里德曼 (Michael Hartley Freedman,
1951–, 美国数学家, 1986 年因他证明了 4 维的庞加莱猜想而得到了菲尔兹奖).

有一些 4 维拓扑流形没有光滑结构. 所谓 "11/8 猜想" 给出了 4 维拓扑流形具
有光滑结构的充分必要条件. 11/8 这个分数在这里是指在这个 4 维问题里出现的
一个对称双线性形式的符号差 (signature)和秩之比的绝对值, 0/0 的情况除外, 这
个猜想说, 4 维拓扑流形有光滑结构当且仅当这个比的绝对值至少是 11/8. 这个双

线性形式是由计数这个 4 维流形内的两个 2 维曲面的带有权重的交点个数得出的. 在这方面需要注意到, 在 4 维流形中, 两个 2 维曲面典型地只有有限多个交点. 这是一个在 2 维平面情况下肉眼看得见的情况的高维类比: 2 维平面上的一对环路典型地只有有限多个交点. 所以不奇怪, 这个双线性形式称为相交形式(intersection form), 而在弗里德曼的分类定理中起了突出的作用.

在 4 维情况下列举出所有的光滑结构这个问题固然还是远未解决, 甚至对于至少有一个光滑结构的 4 维流形, 也没有找到一个例子能够把其中不同的光滑结构完全列出来. 但是已经知道, 有一些 4 维拓扑流形有 (可数) 无穷多个不同的光滑结构, 而另外一些 4 维拓扑流形却只有一个已经知道的光滑结构. 例如 4 维球面有一个明显的光滑结构, 这是仅有的人所共知的光滑结构. 但是对于其下的拓扑流形, 众所周知, 却可能有许多不同的光滑结构. 顺便说一下, 4 维的非紧流形实在是很奇怪的. 例如, 现在知道有不可数多个光滑流形同胚于标准的 4 维欧几里得空间. 但是即令在这里, 我们的了解也不是最佳的, 因为没有一个这种 "奇特的" 光滑结构可以显式地构造出来.

唐纳森 (Simon Kirwan Donaldson, 1957–, 英国数学家, 因为在 4 维流形的微分结构方面的工作获得了 1986 年的菲尔兹奖) 给出了一组几何不变量, 能够用来区分给定在 4 维拓扑流形上的光滑结构. 最近, 他的这组不变量又被一组更容易计算的不变量超过了, 后者是由威顿 (Edward Witten, 1951–, 美国数学物理学家, 1990 年菲尔兹奖的得主, 他是唯一以物理学家的身份获得这项数学大奖的人) 提出的, 现在称为 Seiberg-Witten不变量(Seiberg 就是 Nathan Seiberg, 1956–, 美国物理学家). 更近一些, 又有 Peter Oszvath 和 Zoltan Szabo 提出了用起来更方便而可能等价的不变量. Seiberg-Witten 不变量是否能够区分所有的光滑结构? 谁也不知道. 在本文的最后一部分, 关于这些不变量还要多说几句.

注意, 弗里德曼的结果包括了 4 维庞加莱猜想的拓扑版本如下:

*4 维球面是仅有的具有以下性质的 4 维拓扑流形: 每一个或者是从一个 1 维圆周开始的或者是从一个 2 维球面开始的有基点的映射, 都可以连续变形最后成为映射到基点上的映射.*

这个猜想的光滑版本还不知道. 就是说, 我们还不知道:

*几何化猜想/定理是否有 4 维的版本?*

2.6 维数 5 和更高的维数

令人惊奇的是, 本文第 1 节末尾提出的问题, 在所有维数大于 4 的情况下, 都已经或多或少地解决了. 这是在 20 世纪 60 年代由斯梅尔 (Stephen Smale, 1930–, 美国数学家) 解决的, 他也因此获得了 1966 年的菲尔兹奖. 在这方面还应该提到

Stallings (John Robert Stallings Jr., 1935–2008, 美国数学家) 的贡献[1]. 在这些高维情况下也可以指出: 需要有什么条件, 拓扑流形才能够有光滑结构. 例如米尔诺 (John Willard Milnor, 1931–, 美国数学家) 等就确定了 5–18 维球面上的不同的光滑结构的数目分别是: 1, 1, 28, 2, 8, 6, 992, 1, 3, 2, 16256, 2, 16, 16.

初看起来很奇怪, 维数大于 4 时反而比维数等于 3 或者 4 时更容易处理. 然而这里有很好的理由. 在更高维的空间里活动的余地更大, 而这个余地就造成了这个的区别. 为了弄懂这句话, 令 $n$ 为一正整数, 而 $S^n$ 是 $n$ 维球面, 更具体一点, 就是 $\mathbf{R}^{n+1}$[2]中适合方程$x_1^2 + \cdots + x_{n+1}^2 = 1$的点$(x_1, \cdots, x_{n+1})$的集合. 现在考虑乘积流形$S^n \times S^n$, 它就是$(x,y)$的集合, 而 $x$ 属于一个$S^n$, $y$又属于一个另一个$S^n$, 这个乘积流形的维数是 $2n$. $S^n \times S^n$ 的标准图像中间包含了两个特别的 $S^n$, 一个是由点 $(x,y) \in S^n \times S^n$, 其中的 $y = (1,0,\cdots)$ 构成, 另一个则由点 $(x,y) \in S^n \times S^n$, 其中的 $x = (1,0,\cdots)$ 构成. 我们把第一个 $S^n$ 称为 $S_R$, 而把第二个称为 $S_L$. 在这里特别有趣的是 $S_R$ 和 $S_L$ 有唯一的交点, 即点 $((1,0,\cdots),(1,0,\cdots))$.

顺便说一下, 当 $n = 1$ 时, 这里说的 $S^1 \times S^1$ 就是图 7 中的圆面圈, 其中的 1 维圆周 $S_R$ 和 $S_L$ 就是图 11 最左方的图上的 $S_R$ 和 $S_L$.

现在假设有一个很高级的外星人在从大角星 (arcturus) 到银河系中心的路上劫持了您, 把您丢在一个未知的 $2n$ 维流形上. 您怀疑这个流形就是 $S^n \times S^n$, 但是不能确定. 怎么知道自己确实被劫持到 $S^n \times S^n$ 上去了呢? 怀疑的理由之一是想利用 $S^n \times S^n$ 中可以找到一对只有一个交点的 $S^n$, 现在设在其中找到了一对 $n$ 维流形, 把其中一个叫做 $M_R$, 而另一个叫做 $M_L$. 不幸的是, 它们相交在 $2N+1$ 个点上, 而 $N > 0$. 如果能够找到一对不同的球面恰好相交在一个点上, 就不会那么紧张不安了. 所以您会想, 是否可以把一个 $M_L$ 推开一点, 把 $2N$ 个不需要交点移开, 使得它与 $M_R$ 恰好交于一点, 这样, 您大概就是在 $S^n \times S^n$ 上了.

在这里令人奇怪的事情在于, 要想在任意维流形里面移开交点, 而只涉及 $2n$ 维流形中的 0 维、1 维和 2 维子流形. 这一件事是早就由惠特尼 (Hassler Whitney, 1907 –1989, 美国数学家) 看到了的. 特别是他发现了必须能够在 $2n$ 维流形中找到一个 2 维的圆盘, 其边缘环路一半在 $M_L$ 中, 另一半在 $M_R$ 中. 这个边缘环路必须遇上两个交点 (从 $M_L$ 走向 $M_R$ 时遇到一次, 回来时再遇到一次), 而当环路与 $M_L$ 和 $M_R$ 相交时, 必须与它们正交. 如果环路的内点与 $M_L$ 和 $M_R$ 都不相交, 而且环路不会折回来使圆盘与自己相交, 这时就可以把 $M_L$ 与圆盘相近的部分沿着圆盘推

① 在本文所涉及的领域中, 斯梅尔的贡献主要在于他在 1961 年证明了维数大于 4 的庞加莱猜想. 因此, 还由于在其他问题上的贡献, 他得到了 1966 年的菲尔兹奖 (4 维的庞加莱猜想, 如上所述, 是弗里德曼证明的, 而在佩雷尔曼终于证明了 3 维的庞加莱猜想以后, 这个问题就告一段落了). Stallings 也在 1960 年但稍晚于斯梅尔, 对于维数大于 6 的情况, 也独立地证明了庞加莱猜想. 但是他的工作有很大的影响, 所以本书专门把他也提了出来. —— 中译本注

② 原书误为 $R^n$.—— 中译本注

开一点, 而把 $M_L$ 余下的部分拉长一点, 以免发生折断. 如果把圆盘拉伸一点越过 $M_R$, 就在越过圆盘末端时, 移开了两个交点. 图 12 是这个过程的示意图. 如果能够找到这样的圆盘, 就可以对任意维数的任意流形来实施这个推开的操作, 而这个推开操作就叫做惠特尼技巧, 这个圆盘也就叫做惠特尼圆盘. 问题就在于如何找到这样的圆盘. 图 13 画了一些切口的薄片, 左边是 "好的" 切口, 而中间和右边则是选得 "不好" 的切口. 如果有了一个选得不好的但是仍然满足边界条件的圆盘, 会希望把圆盘的内部作一个小小的扭动, 使它更好一点. 当然会希望圆盘内部没有自交点, 其内域也与 $M_L$ 和 $M_R$ 不相交. 在圆盘本身的方向上扭动是没有用处的, 因为这样的扭动只会改变交点在圆盘内的位置. 类似地, 沿着违例的 $M_L$ 或 $M_R$ 的方向扭动也是没有用处的, 因为它们只会改变交点在这两个空间中的位置. 这样, $2n$ 个维数中有 $2+n$ 个在扭动圆盘上是没用的. 然而, 还有 $2n-(2+n)=n-2$ 个多余的维数作为活动的余地, 想要有这样的余地, 当然就需要流形的维数 $2n>4$, 所以就需要 $n>2$. 事实上, 如果是这样, 则在任意一个多余的维数上的通有 (generic) 的扭动, 都能使上面说的惠特尼技巧管用.

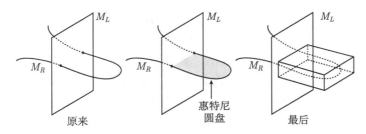

图 12　惠特尼技巧

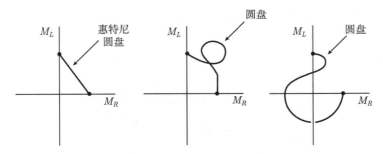

图 13　一些可能的惠特尼圆盘

现在的情况是 $2n=4$, 所以 $n-2=0$ 而没有多余的维数, 这样, 再怎么做扭动也无法做出没有交点的新的这样的圆盘. 这时, 如果一个候选的圆盘与 $M_R$ 相交, 则施加惠特尼技巧以后, 也只是用一对新的交点来替换老的交点. 如果这个圆盘自

交或者与 $M_L$ 相交, 则新的 $M_L$ 会有自交点, 就是在一些点上, 一部分上的点回绕过来与另一部分相交.

惠特尼技巧的失败, 是 4 维拓扑学的祸根. 所以, 弗里德曼关于 4 维拓扑流形的分类定理的主要引理, 就是描述了一种似乎是无处不在的情况, 而在此情况下, 能够找到一个拓扑嵌入 (而不是光滑嵌入) 的圆盘以供惠特尼技巧之用.

## 3. 几何学怎样来蹚这池浑水

我们关于 4 维和更低维光滑流形的了解, 可以说大部分都是来自几何技巧. 在已给的 3 维流形上搜求典则的几何构造是一个例子. 佩雷尔曼对几何化定理的证明就是走的这条路. 这里的思想是, 先在已给的 3 维流形上取一个方便的几何构造, 然后按照一定的规则让它连续变形. 如果把这个变形看成一个依赖于时间的过程, 则目的就是设计一个变形的规则, 使得这个几何构造随着时间的演进, 变得越来越对称.

哈密顿 (Richard Streit Hamilton, 1943–, 美国数学家) 首先提出一种这样的规则, 并且做了大量的工作, 这个规则就是指定这个几何构造在任意时刻的时间导数, 并且用这个几何构造在那一时刻的几何性质来加以表示. 这个规则是经典的热方程 [ I.3 §5.4] 的非线性版本. 对于不熟悉热方程的人来说, 热方程的最简单的版本就是一种修正实数直线上的函数的一种方法, 我们现在就来叙述它. 令 $\tau$ 为时间参数, 再用 $f(x)$ 记定义在此直线上的函数, 表示热的初始分布. 按照热的流动得到的一族依赖于时间的函数族 $F_\tau(x)$ 就表示在时刻 $\tau$ 的热的分布. 这个问题的结果是: $F_\tau(x)$ 对于时间 $\tau$ 的偏导数等于它对于 $x$ 的二阶导数, 而且适合初始条件: $F_0(x) = f(x)$. 如果初始函数 $f$ 在某个区间之外为 0, 那么可以得到 $F_\tau(x)$ 的公式:

$$F_\tau(x) = \frac{1}{(2\pi\tau)^{1/2}} \int_{-\infty}^{\infty} \mathrm{e}^{-(x-y)^2/2\tau} f(y)\,\mathrm{d}y . \tag{2}$$

由 (2) 可以看到当 $\tau$ 趋于无穷时, $F_\tau(x)$ 对于 $x$ 一致地趋于 0. 特别是这个极限完全不顾原来的热分布 $f(x)$ 是什么样, 而且因为这个极限恒等于 0, 这个极限就是最为对称的函数. 把 $F_\tau(x)$ 写成 (2) 式, 就说明了这个情况是怎么发生的. $F_\tau(x)$ 在给定点 $x$ 的值其实是原来的函数 $f(x)$ 的加权平均值. 此外, $\tau$ 越是增加, 这个平均值就越像在直线的越来越大的区间上的标准平均值. 在物理上这也是很可信的: 随着时间的增加, 热就在这条直线上分布得越来越均匀而且稀薄.

由哈密顿所引入后来又由佩雷尔曼所使用的一族依赖于时间的几何构造, 也是由一个方程来定义的. 这个方程把几何构造在任意时刻的时间导数与里奇曲率联系起来, 这里的里奇曲率就取代了热方程中的 $F_\tau(x)$ 对 $x$ 的二阶导数. 由哈密顿作了大量研究后来又由佩雷尔曼使用的思想就是: 让这个演进的几何构造把 3

维流形分解为典则的小块, 这些小块正是由几何化猜想预见了其存在的. 佩雷尔曼证明了: 由几何化猜想预见了其存在的小块作为一些区域出现, 区域里的点相对比较接近 (按照重新尺度化的距离函数来量度), 而不同区域里的点, 就离开得越来越远.

佩雷尔曼和哈密顿用来表示几何构造的时间演进的方程是相当复杂的. 几何构造的标准的化身涉及黎曼度量[I.3 §6.10] 的概念. 在 $n$ 维流形的任意坐标区图中, 黎曼度量是由一个对称正定的 $n \times n$ 矩阵来表示的, 矩阵的各个分量 (就是各个元) 则是这个区图里的坐标的函数. 这个矩阵的各个分量传统地写成 $\{g_{ij}\}_{1 \leqslant i,j \leqslant n}$. 这个矩阵定义了一个几何构造, 反过来这个几何构造又可以给出这个矩阵.

哈密顿和佩雷尔曼研究了一族依赖于时间的黎曼度量 $\tau \to G_\tau$. 这里的时间依赖性是用一个方程来表示的, 这个方程把 $G_\tau$ 的 $\tau$ 导数严谨而有章法地表示为 $\partial_\tau (G_\tau)_{ij} = -2R_{ij}[G_\tau]$, 这里的 $\{R_{ij}\}_{1 \leqslant i,j \leqslant n}$ 就是前面说的里奇曲率, 它是一个对称矩阵, 而在任何时刻 $\tau$ 都是由黎曼度量 $G_\tau$ 决定的. 每一个黎曼度量都有一个里奇曲率, 其分量是黎曼度量的分量及其 1 阶和 2 阶导数的标准的 (非线性) 函数. 那些定义了欧几里得球面和双曲几何构造的黎曼度量, 其里奇曲率特别简单, 即为 $R_{ij} = cg_{ij}$, 而在欧几里得、球面和双曲几何构造的情况下, $c$ 分别等于 $0,1$ 和 $-1$. 关于这些思想, 可以参看条目里奇流[III.78].

正如本节开始处所说明的那样, 几何学在 4 维流形的分类计划的发展上也起中心的作用. 这里, 由几何学所定义的资料被用于在拓扑等价的流形上区分各种光滑结构. 下面对其做法作一个非常简要的说明.

这里的思想是, 一开始就在流形上引入一个几何构造, 然后用它来定义一个典则的偏微分方程组. 在一个给定的坐标区图中, 它们是关于一个特定的函数组的方程组. 这个方程组指出, 这个特定的函数组的一阶导数的线性组合等于这些函数本身的值的一次式和二次式. 在唐纳森不变量的情况以及比较新的 Seiberg-Witten 不变量的情况, 这个方程组就是关于电磁场的麦克斯韦方程组[IV.13§1.1] 的非线性推广.

在任何情况下, 我们都要按代数权重来计数这些解. 计数时要作代数加权, 目的在于得出不变量[I.4§2.2], 就是要求当改变了几何构造后, 解的计数不会变化. 这里的要点是, 如果按朴素的方法来计数, 解的个数典型地会依赖于几何构造, 而在代数加权以后则不会变. 例如, 想象有一族连续变化的几何构造, 新解的出现和老解的消失总是伴生的, 这时, 需要对一个解要赋以权重 $+1$, 而对另一个解赋以权重 $-1$.

下面的 "玩具" 模型可以说明这个出现和消失的现象. 这个模型里的方程是关于圆周上的单个函数的. 就是说, 它是关于一个以 $2\pi$ 为周期的单个变量 $x$ 的函数 $f$ 的方程. 例如, 取方程为 $\partial f / \partial x + \tau f - f^3 = 0$, 其中的 $\tau$ 是一个事先指定的常数.

令 $\tau$ 变化, 现在可以把这个方程看成是几何构造的变动的模型. 当 $\tau > 0$ 时, 恰好有 3 个解: $f \equiv 0$, $f \equiv \tau$ 和 $f \equiv -\tau$. 然而, 当 $\tau \leqslant 0$ 时, 唯一的解就是 $f \equiv 0$. 所以, 当 $\tau$ 穿过 0 时, 解的个数会变化. 尽管如此, 解的加权的个数是与 $\tau$ 无关的.

现在回到 4 维的故事. 如果加权的和是与所选用的几何构造无关的, 那么, 它就仅只依赖于深层的光滑结构. 这样, 如果在一个给定的拓扑流形上, 两个几何构造给出了不同的和, 则它们下面的光滑结构必定是不同的.

正如前面指出过的, Oszvath 和 Szabo 对于 4 维流形定义了比 Seiberg-Witten 不变量更容易使用的不变量, 但是, 它们大概是等价的. 这些不变量也可以定义为一个特定的微分方程组的解的个数, 但是, 是以一种创造性的方式来计数的. 在这个情况下, 这些方程是柯西–黎曼方程[ I.3§5.6] 的类比, 它们的舞台是定义在切割开了的 4 维流形的小块上的空间. 有多得无比的方法来按照指定的方式切割一个 4 维流形. 但是, 对解的个数的一种适当创造的代数计数方法会使得各种方法给出的解的个数都是相同的.

事后看来, 在已给定的拓扑流形上用微分方程来区别几何构造, 还是很有道理的, 这首先就是因为需要有光滑结构才能取导数. 尽管如此, 本文作者仍然感到惊讶: 唐纳森, Seiberg-Witten, Oszvath-Szabo 的用代数计数微分方程解的个数的计划, 能够给出容易处理而且有用的计数 (在所有情况下都得到同样的计数是完全没有帮助的).

### 进一步阅读的文献

希望多学一点关于流形的一般知识的读者, 可以去读 J. Milnor, *Topology from the Differeniable Viewpoint*, Princeton University Press, Princeton, NJ, 1997 和 V. Guillemin and A. Pollack, *Differential Topology,* Prentice Hall, Englewood Cliffs, NJ, 1974 这两本书. 关于 2 维和 3 维的分类问题的一本好的入门书是 W. Thurston, *Three-Dimensional Geometry and Topology*, Princeton University Press, Princeton, NJ, 1997. 这本书里也有关于几何构造的很好的讨论. 佩雷尔曼关于庞加莱猜想证明的一本全面的介绍的书是 J. P. Morgan and G. Tian(田刚), *Ricci Flow and Poincaré Conjecture*, American Mathematical Society, Providence, RI, 2007. M. Freedman and F. Quinn, *Topology of 4-Manifold*, (Princeton University Press, Princeton, NJ. 1990) 这本书讲了关于拓扑的 4 维流形的故事. 关于光滑的 4 维流形的故事还没有一本书. 一本介绍 Seiberg-Witten 不变量的书是 J. Morgan, *The Seiberg-Witten Equations and Applications to the Topology of Smooth Four-Manifolds*, Princeton University Press, Princeton, NJ. 1995. 唐纳森不变量则在 S. K. Donaldson and P. Kronheimer, *Geometry of Four-Manifolds*, Oxford University Press, Oxford, 1990 一书里作了详细讨论. 最后, 维数高于 4 的故事的一部分可以在 J. Milnor, *Lectures on the h-Corbidism Theorem*, Princeton University Press, Princeton, NJ. 1965 和 R. Kirby and L. Siebenman, *Founda-

*tioal Essays on Topological Manifolds, Smoothings and Triangulations*, Princeton Univcersity Press, Princeton, NJ. 1977 这两本书里找到.

# IV.8 模 空 间

David D. Ben-Zvi

在数学的最重要的问题中, 有许多是关于分类[ I.4§2] 的. 我们有一类对象, 还有一个关于何时可以把两个对象视为等价的概念. 两个等价的对象可能表面上看来很不相同, 所以我们希望这样来描述这些对象, 使得等价的对象有相同的描述, 而不等价的对象有不同的描述.

模空间可以看成是对于几何分类问题的几何解决. 我们打算在本文中说明模空间的几个关键特点, 而着重在黎曼曲面[III.79] 上. 用很宽泛的语言来说, 一个模问题有三个成分:

- 对象: 有哪些几何对象是我们要描述的? 或者说是我们想要参数化的?
- 等价: 何时把两个对象视为同构的? 或者说, 视为相同的?
- 族: 我们允许对象如何变动? 或者说, 如何对它们进行调制?

本文中我们要讨论这些成分是什么意思? 所谓解决模问题是什么意思? 还要指明为什么这是一件值得去做的事情.

模空间出现在代数几何[IV.4]、微分几何和代数拓扑[IV.6] 中 (在代数拓扑里面, 模空间时常叫做分类空间). 这里的基本思想, 是对所我们想要进行分类的对象的总体给出一个几何构造. 如果我们了解了这个总体的几何构造, 则对于这些对象本身的几何学将会得到强有力的洞察. 进一步说, 模空间本身也是内容丰富的几何对象. 它们是 "很有意义的" 空间, 因为对它的几何的任意一个命题, 对于原来的分类问题, 都会有一个 "模" 解释. 模空间, 例如椭圆曲线[III.21] 的模空间 (下面还要对此加以解释), 在与将要进行分类的几何没有直接联系的领域里, 特别是在代数数论[IV.1] 和代数拓扑里, 将要起中心的作用. 更进一步说, 近年来, 模空间的研究在与物理学 (特别是与弦论[IV.17§2]) 研究的相互作用下, 受益极大. 这种相互作用引导出许多新问题和新技巧.

## 1. 热身: 平面上直线族的模空间

我们从一个看起来相当简单的问题开始, 但是这个问题能够说明很多关于模空间的重要思想.

**问题** 描述实平面 $\mathbf{R}^2$ 上所有过原点的直线族.

为了节省文字, 凡是说到 "直线", 我们总是指过原点的直线. 这个分类问题可以像下面这样很容易地解决, 就是对每一条直线 $L$ 都指定一个有本质意义的参数,

或称为 "模", 对于任何直线, 我们都可以把这个模计算出来, 而模又可以帮助我们把不同的直线区别开来. 我们需要做的事情, 就是取平面上的笛卡儿坐标系 $x, y$, 并且量度直线 $L$ 与 $x$ 轴正向的交角 $\theta(L)$, 而且是从 $x$ 轴正向沿逆时针方向来计算这个角. 我们发现, $\theta(L)$ 的可能值就是适合不等式 $0 \leqslant \theta < \pi$ 的那些 $\theta$. 对于每一个这样的 $\theta$, 恰好有一条直线 $L$, 使得由 $x$ 轴正向到此直线的角就是 $\theta$. 这样, 如果是想找一个集合来描述这些直线的集合, 则我们的问题已经解决了: 直线 $L$ 的集合, 称为实射影直线 $\mathbf{RP}^1$, 与半开区间 $[0, \pi)$ 是一一对应的.

然而, 我们想要找的是分类问题的几何的解决. 这一点会带来什么? 对于何谓两条直线相近, 本来有很自然的概念, 而我们的几何解决就应该包括了这一点, 换句话说, 直线的集合有其自然的拓扑[III.90]. 迄今, 我们按照集合的思想得到的解决, 并没有反映这样一件事, 就是角 $\theta(L)$ 接近于 $\pi$ 的那些直线 $L$ 几乎是水平的, 所以既是接近于 $x$ 轴 (相应的 $\theta(L)$ 为 0) 的直线, 也接近于那些 $\theta(L)$ 近于 $\pi$ 的那些直线 $L$. 我们需要找到一个方法, 把区间 $[0, \pi)$ "卷起来", 这样才能使 $\pi$ 与 0 靠近.

做这件事的方法之一是: 不取半开区间 $[0, \pi)$, 而是先取闭区间 $[0, \pi]$, 再把 0 和 $\pi$ 两点 "等同" 起来 (这个想法很容易通过定义适当的等价关系[I.2§2.3]来形式化). 既然已经把 $\pi$ 和 0 两点视为同样的一点, 接近于 $\pi$ 的数自然也就接近于 0. 这就是把 0 和 $\pi$ 两点粘在一起的一种说法, 所以从拓扑学上说, 得到的就是一个圆周.

$\mathbf{RP}^1$ 的下面的构造方法给我们建议了达到同样目的的一个更加自然的方法. 考虑单位圆周 $S^1 \subset \mathbf{R}^2$. 对于任意一点 $s \in S^1$, 有一个明显的方法指定一条直线 $L(s)$, 就是过 $s$ 和原点的直线. 这样, 就有了一个用 $S^1$ 参数化的直线族, 就是把 $S^1$ 上的点映为一个 $\mathbf{RP}^1$ 的映射 (或称函数)$s \mapsto L(s)$. 重要的是, 我们已经知道说 $S^1$ 上的两点很接近是什么意思, 也知道这个映射是连续的. 然而, 这个映射是二对一的, 而不是一个双射, 因为 $s$ 和 $-s$ 被映到了同一点. 为了弥补这一点, 我们把圆周 $S^1$ 上的点 $s$ 和它的对径点 $-s$ 视为同一点. 这样, 又有了一个 $\mathbf{RP}^1$ 和商空间[I.3§3.3](在拓扑上, 它仍然是一个圆周) 的一一对应, 而且这个对应是双方连续的.

空间 $\mathbf{RP}^1$ 作为平面上的直线族的模空间的关键特点是它也包含了对于直线进行调制的方法, 也就是允许直线在其中连续变动. 但是何时会产生直线族呢? 下面的构造是一个好例子. 当有一条平面曲线 $C \subset \mathbf{R}^2 \backslash 0$ 时, 就可以对于一点 $c \in C$ 指定过 0 和 $c$ 的直线 $L(c)$. 这样就给出了以 $C$ 来进行参数化的直线族. 此外把 $c$ 变为 $L(c)$ 的映射是由 $C$ 到 $\mathbf{RP}^1$ 的连续函数, 所以这个参数化是连续的.

作为一个例子, 取 $C$ 为 $\mathbf{R}$ 的一个副本, 即所有高度为 1 的点 $(x, 1)$ 的集合. 这时, 由 $C$ 到 $\mathbf{RP}^1$ 就有了一个映射, 这个映射是 $\mathbf{R}$ 与集合 $\{L : \theta(L) \neq 0\}$ 之间的同构, 后者是 $\mathbf{RP}^1$ 除去 $x$ 轴所得的子集合. 抽象地说, 对于一个过原点的直线的集合连续依赖于一参数是什么意思, 我们本来有一个直观的概念; 而在 $\mathbf{RP}^1$ 的几何学里面, 现在精确地包含了这个概念. 例如, 如果您告诉我, 有一个 $\mathbf{R}^2$ 上含 37 个参数的连续的直线族, 这和下面的说法是一样的: 有一个由 $\mathbf{R}^{37}$ 到 $\mathbf{RP}^1$ 的连续映射, 把一点 $v \in \mathbf{R}^{37}$ 映为直线 $L(v) \in \mathbf{RP}^1$(比较具体的说法则是: 除了在 $\theta$ 接近于 $\pi$(0 也就是 $\pi$) 附近以外, 有一个在 $\mathbf{R}^{37}$ 上原像都连续的函数 $v \mapsto \theta(L(v))$. 在这个原像中, 需要用从 $y$ 轴开始起算的角度 $\varphi$ 来代替 $\theta$, 作为标志一条直线的参数).

### 1.1 其他的族

直线族的思想引导出空间 $\mathbf{RP}^1$ 中的一些别的结构, 而不只是拓扑结构. 例如, 我们有平面上可微的直线族的概念, 就是这样的直线族, 其相应的角度 $\theta$ 和 $\phi$ 是可微的 (如果把 "可微" 换成 "可测" "$C^\infty$" "实解析" 等等, 同样的思想仍然可以应用). 为了适当地把这样的族参数化, 我们希望 $\mathbf{RP}^1$ 成为一个微分流形[ I.3 §6.9], 使得我们可以在其上计算函数的导数. 利用上一节所定义的角度 $\theta$ 和 $\phi$, 就可以在 $\mathbf{RP}^1$ 上确定这样的微分流形结构. 对于不太接近 $x$ 轴的直线, 可以用函数 $\theta$ 作为其局部坐标; 而对于不太接近 $y$ 轴的直线, 则可以用函数 $\phi$ 作为局部坐标. 把 $\mathbf{RP}^1$ 上的函数用这些局部坐标表示以后, 就可以计算它们的导数. 我们只需验证由可微的曲线 $C \subset \mathbf{R}^2\backslash 0$ 得出的映射 $c \mapsto L(c)$ 在这个微分结构中是可微的, 就知道 $\mathbf{RP}^1$ 上的微分流形结构是合理的. 所谓这个映射是可微的, 就是指如果 $L(c)$ 不是太接近 $x$ 轴, 函数 $x \mapsto \theta(L(x))$ 在 $x = c$ 处可微; 而当把 $\theta$ 和 $x$ 轴换成 $\phi$ 和 $y$ 轴时, 也可以作类似的处理. 函数 $x \mapsto \theta(L(x))$ 和函数 $x \mapsto \phi(L(x))$ 称为 $\theta$ 和 $\phi$ 的拉回(pulling back), 因为它们是把 $\theta$ 和 $\phi$ 从作为 $\mathbf{RP}^1$ 上的函数拉回来, 成为定义在 $C$ 上的函数.

现在可以宣布 $\mathbf{RP}^1$ 作为一个可微的空间的基本性质.

$\mathbf{R}^2$ 上以微分流形 $X$ 参数化的可微的直线族, 就是由 $X$ 到 $\mathbf{RP}^1$ 的映点 $x \in X$ 为直线 $L(x)$ 的这样一类函数, 使得相应的函数 $\theta$ 和 $\phi$ 为可微函数.

我们说 $\mathbf{RP}^1$(连同其微分结构) 就是 $\mathbf{R}^2$ 中的 (可微的) 直线族的模空间. 这个说法的意思就是 $\mathbf{RP}^1$ 上具有万有的 (universal) 可微的直线族. 从这个定义就知道, 对 $\mathbf{RP}^1$ 上的任意点 $x$, 都指定了 $\mathbf{R}^2$ 中的一条直线, 而当 $x$ 变动时, 这条直线也可微地变动. 上面的论断还指出, 任意的用微分流形 $X$ 参数化的可微直线族, 都可以由给定一个映射 $f : X \to \mathbf{RP}^1$, 以及对 $x \in X$ 指定直线 $L(f(x))$ 来描述.

### 1.2 重新陈述: 直线丛

把 (连续或可微) 直线族的概念重新陈述如下是很有趣的: 令 $X$ 为一个空间, 而 $x \mapsto L(x)$ 就是对一点 $x \in X$ 指定一条直线 $L(x)$. 对于每一点 $x \in X$, 我们都在 $x$ 处放置 $\mathbf{R}^2$ 的一个副本, 换句话说, 也就是考虑笛卡儿乘积 $X \times \mathbf{R}^2$. 我们可以

想象直线 $L(x)$ 就位于 $x$ 点处 $\mathbf{R}^2$ 的副本中. 这就给了我们一个以 $x \in X$ 参数化的连续变动的直线族 $L(x), x \in X$, 这个直线族就称为 $X$ 上的直线丛. 此外, 这个直线丛位于平凡的向量丛[IV.6§5]$X \times \mathbf{R}^2$ 中, 所谓平凡就是对每一个 $x \in X$ 都指定同样的向量空间, 即平面 $\mathbf{R}^2$. 如果 $X$ 就是 $\mathbf{RP}^1$ 本身, 而且在其上也给出 $\mathbf{RP}^1$ 为纤维, 这个纤维丛就是 "重言式" 的直线丛. 这个名称的来源是: 现在 $X = \mathbf{RP}^1$ 就是一条直线, 不妨记此直线即为 $L_s$, 这里 $s \in \mathbf{RP}^1$, 所以, 对于每一点 $s$ 都指定了同样的直线 $L_s$, "重言式" 一词就是这样得到的.

**命题**　对于每一个拓扑空间 $X$, 在下面两个集合间有一个自然的双射:

(i) 连续函数 $f: X \to \mathbf{RP}^1$ 的集合;

(ii) 包含在平凡向量丛 $X \times \mathbf{R}^2$ 中的直线丛.

这个双射把函数 $f$ 映为 $\mathbf{RP}^1$ 上的重言式直线丛的拉回. 就是说, 这个函数被映为直线丛 $x \mapsto L_{f(x)}$(这是一个拉回, 因为它把 $L$ 从一个定义在 $\mathbf{RP}^1$ 上的函数拉回来成为一个定义在 $X$ 上的函数).

所以, 空间 $\mathbf{RP}^1$ 承载了位于平凡的 $\mathbf{R}^2$ 丛中的万有的直线丛 —— 只要有了一个位于平凡的 $\mathbf{R}^2$ 丛中的直线丛, 都可以通过把 $\mathbf{RP}^1$ 上万有的例子 (即重言式直线丛) 作一个适当的拉回而得到它.

### 1.3　族的不变量

如果 $f$ 是一个从圆周 $S^1$ 到其自身的连续映射, 与它相关总有一个整数, 称为其映射度. 粗略地说, 一个映射的映射度就是当自变量 $x$ 绕圆周 $S^1$ 一周时, $f(x)$ 绕圆周 $S^1$ 的次数 (如果它逆向地绕圆周 $n$ 次, 就说它的映射度为 $-n$). 思考映射度的另一个方法是在 $S^1$ 上选一个典型的点, 并且看当自变量 $x$ 绕圆周 $S^1$ 一周时, $f(x)$ 经过这个点的次数. 这里我们规定, 如果是逆时针地经过, 则算是经过了 $+1$ 次, 顺时针地经过算是 $-1$ 次.

在前面已经说了, 把闭区间 $[0,\pi]$ 的两个端点等同起来得到的圆周 $S^1$ 可以用于把直线族的模空间 $\mathbf{RP}^1$ 参数化. 把这件事与映射度的概念联系起来, 可以得到一些有趣的性质, 特别是可以定义环绕数的概念. 设有一个从圆周 $S^1$ 到 $\mathbf{R}^2$ 的映射 $\gamma$, 而且设它能避过 0. 这个映射的像就是一个闭环路 $\mathcal{C}$(可以自交). 这样可以定义一个从 $S^1$ 到 $S^1$ 的映射如下: 在 $S^1$ 上取一个点, 并用 $\gamma$ 把它映到为 $\mathcal{C}$ 上一点 $c$, 假设 $\mathcal{C}$ 上定义了一个直线族, 就可以得到此直线族中的 $L(c) \in \mathbf{RP}^1$, 最后再用直线族的已经用 $S^1$ 参数化了的模空间, 得到 $S^1$ 上的一点. 这个复合映射的映射度应该是 $\gamma$, 从而也就是 $\mathcal{C}$ 绕过 0 点的次数的两倍, 再取其一半, 就以其结果作为 $\gamma$ 的环绕数的定义.

一般地说, 设有 $\mathbf{R}^2$ 中的直线族, 以某拓扑空间 $X$ 参数化. 我们希望能量度 "$X$ 绕圆周的方式". 更精确地说, 就是设已给定一个由 $X$ 到 $\mathbf{RP}^1$ 的映射 $\phi$, 也就是给定了一个已经参数化了的直线族, 我们希望能够说清楚, 对于映射 $f: S^1 \to X$, 什么是复合映射 $\phi f$ 的环绕数, 这个 $\phi f$ 先把 $S^1$ 的一点 $x$ 映为它在 $X$ 中的像 $f(x)$, 再由作为参数化空间的 $X$ 通过 $\phi$ 映成直线族中相应的直线 $(\phi f)(x) \in \mathbf{RP}^1$. 这样, 映射 $\phi$ 给了我们一个方法, 可以对每一个函数 $f: S^1 \to X$ 指定一个整数, 这个整数就是 $\phi f$ 的环绕数. 当 $\phi$ 连续变动时, 这个指定的方法不会改变, 就是说, 它是 $\phi$ 的一个拓扑不变量. 它所依赖的, 只是 $\phi$ 在 $X$ 的一阶上同调群[IV.6§4]$H^1(X, \mathbf{Z})$ 中所属的上同调类. 一个等价的说法是: 对空间 $X$ 上任意的含于平凡 $\mathbf{R}^2$ 丛中的直线丛, 都给它指定了一个上同调类, 称为这个直线丛的欧拉类. 它是向量丛的**示性类**[IV.6§5] 的第一个例子. 它证明了, 如果我们懂得了几何对象的类的模空间的拓扑学, 就能定义这些对象的族的拓扑不变量.

## 2. 曲线的模和 Teichmüller 空间

现在我们就要转到模空间的可能是最重要的例子, 即曲线的模空间以及这个空间的亲密的表兄弟 Teichmüller(Paul Julius Oswald Teichmüller, 1913–1943, 德国数学家) 空间. 这些模空间就是紧黎曼曲面的分类问题的几何解答, 所以可以看作是黎曼曲面的 "高级理论". 为什么这些模空间是 "有意义的"? 其意义就在于, 它的每一个点都代表一个黎曼曲面. 因此, 有关这些模空间的几何学任意的命题, 都能告诉我们关于黎曼曲面的几何学的什么知识.

首先来说它的对象. 回忆一下, 所谓黎曼曲面就是一个 (连通而且可定向的) 拓扑曲面 $X$, 其上已经赋给一个复结构. 可以用好几种方法来描述这个复结构, 这些方法使我们能在 $X$ 上研究复分析、几何和代数. 特别是, 这些方法使我们能在 $X$ 的开集合里定义全纯函数[I.3§5.6](即复解析函数) 和亚纯函数[V.31]. 说准确一点, $X$ 是一个 2 维流形, 但是要把其区图想象是 $\mathbf{C}$ 的而不是 $\mathbf{R}^2$ 的开子集合, 而把它们连接起来的映射 (即迁移函数) 也要求是全纯的. 一个等价的概念是 $X$ 上的共形结构即为定义 $X$ 上的曲线的夹角所必需的结构. 还有一个重要的等价概念就是 $X$ 上的代数结构, 它使得 $X$ 成为一条复代数曲线(这个名词引到一个反复出现的用语上的混淆, 从拓扑学和实数的观点看来, 黎曼曲面是 2(实) 维的, 所以是一个曲面, 但是从复分析和代数观点看来, 它是 1(复) 维的, 所以是一条曲线). 代数结构使我们能够谈论 $X$ 上的多项式、有理函数和代数函数, 而通常是把 $X$ 看成是复射影空间[III.72]$\mathbf{RP}^2$(或 $\mathbf{RP}^n$) 中的多项式方程的解的集合.

要想讨论黎曼曲面的分类问题以及进一步讨论其模空间, 下面必须说清楚什么时候可以把两个黎曼曲面视为等价的 (我们把本文开始处提出的模问题的 3 个成分中的第三个, 即黎曼曲面的族的问题, 推迟到 2.2 节去讨论). 为此, 我们必须给出两个黎曼曲面为同构的概念, 即什么时候两个黎曼曲面可以 "等同起来"? 或者说, 视为根本上是我们的分类中的同一个对象的等价的实现? 在对平面上的直线进

行分类这个 "玩具似的" 问题里, 这个问题太明显, 所以隐藏起来而不去说它. 在那时, 平面上的两条直线, 当且仅当作为平面上的直线二者是相同的直线时, 才算是等价的. 对于用比较抽象的方法才能定义的黎曼曲面, 这样一种关于等价性的朴素的想法是不适用的. 如果把黎曼曲面看成一个大一点的空间的子集合, 例如看作复射影空间中代数方程的解的集合, 也可以类似地只在它们作为子集合为相同时才把它们看成等价的. 然而, 对于绝大多数应用, 这样来做分类又太精细了, 我们关心的只是黎曼曲面的内蕴的几何学, 而不是关心它们的偶然的特性, 就是依赖于实现它们的特定的方法的特性.

完全受外在特性的制约固然是一个极端, 还有另一个极端, 就是完全忽略使一个曲面成为黎曼曲面的所有外加的几何结构. 这就是, 只要两个黎曼曲面为拓扑等价, 即为同胚, 就认为它们是等价的 (例如把 "咖啡杯子等同于甜面圈" 这样的观点). 紧黎曼曲面在拓扑等价下的分类都可以用一个正整数来表示, 这就是曲面的亏格 (即 "洞的个数")$g$. 任意亏格为 0 的曲面都同胚于一个黎曼球面 $\mathbf{RP}^1 \simeq S^2$, 任意亏格为 1 的曲面都同胚于一个环面 $S^1 \times S^1$, 等等. 这样, 在这个情况下就无所谓 "调制"—— 只要列出这一个离散的不变量的所有可能值, 分类就完成了.

然而, 如果我们只是对于黎曼曲面作为一个黎曼曲面, 而不只是一个拓扑流形感兴趣, 则把它们只作为拓扑流形来分类是太粗糙了, 因为它完全忽略了复结构. 现在我们想把这个分类细化一点以弥补这个缺陷. 为此目的, 我们说两个黎曼曲面 $X$ 和 $Y$ 是 (共形或全纯)等价的, 如果存在它们之间的一个保持这种几何的拓扑等价性, 就是存在一个保持曲线的夹角不变, 或者把全纯函数变为全纯函数, 有理函数变为有理函数的同胚 (所有这些条件也都是等价的). 注意, 我们仍然保有离散不变量亏格, 以供我们使用. 然而, 我们会看见, 这个离散的不变量粗了一点, 不足以把所有不等价的黎曼曲面都区分开来. 事实上, 我们有由连续的参数来参数化的不等价黎曼曲面的族, (但是, 我们现在还没有精确地说明黎曼曲面的族是什么意思, 所以这个想法也还没有适当的意思). 这样, 下一步要做的就是: 固定这个离散的不变量, 再把黎曼曲面以一种自然的几何方式拼接起来, 这样来把所有的具有相同亏格的黎曼曲面的同构类加以分类.

单值化定理[V.34] 是走向这种分类的重要的一步. 这个定理指出, 任意单连通的黎曼曲面都全纯同构于以下三种情况之一: 黎曼球面 $\mathbf{RP}^1$、复平面 $\mathbf{C}$ 以及上半平面 $\mathbf{H}$(或者等价的单位圆盘). 因为任意黎曼曲面的万有覆叠空间[III.93] 都是单连通黎曼曲面, 单值化定理就为任意黎曼曲面的分类提供了一种途径. 例如亏格为 0 的任意紧[III.9]黎曼曲面都是单连通的, 事实上是同胚于黎曼球面的, 所以, 单值化定理已经在亏格为 0 的情况下解决了分类问题, 除了相差一个等价性以外, $\mathbf{RP}^1$ 在亏格为 0 的情况下是仅有的黎曼曲面, 所以这时拓扑分类和共形分类是一致的.

### 2.1 椭圆曲线的模

其次, 考虑万有覆叠为 $\mathbf{C}$ 的黎曼曲面. 这和说考虑作为 $\mathbf{C}$ 的商的黎曼曲面是一样的. 例如, 可以考虑 $\mathbf{C}$ 对于 $\mathbf{Z}$ 的商, 就是说, 对于两个复数 $z$ 和 $w$, 如果它们的差 $z-w$ 是一个整数, 就把它们等同起来. 这个 "等同" 的效果就是把复数平面 $\mathbf{C}$ "卷起来" 成为一个柱面. 但是柱面不是紧的, 要想得到紧曲面, 对 $\mathbf{Z}^2$ 求商就可以了, 就是说, 对于两个复数 $z$ 和 $w$, 如果它们的差 $z-w$ 的形状是 $a+bi$(这里 $a$ 和 $b$ 都是整数), 就把它们等同起来. 这样, 就把复数平面 $\mathbf{C}$ 在两个方向上 "卷起来", 成了一个环面, 其上有复结构 (或者等价地说, 有共形或代数结构). 这是一个亏格为 1 的黎曼曲面. 一般地说, 可以用任意的格网 $L$ 来代替 $\mathbf{Z}^2$, 并且对于复数 $z$ 和 $w$, 如果它们的差 $z-w$ 属于 $L$, 就把它们等同起来 ($\mathbf{C}$ 中的格网 $L$ 就是 $\mathbf{C}$ 的一个具有以下两个性质的加法子群. 首先, 它不含于任意一条直线上. 其次, 它是离散的, 就是说存在一个常数 $d>0$, 使得 $L$ 中任意两点的距离至少为 $d$. 格网也在条目数学研究的一般目的 [ I.4§4] 里讨论过. 格网的基底就是 $L$ 中的两个复数 $u$ 和 $v$, 使得此格网中的一切元都可以写成 $au+bv$ 的形状, 这里 $a,b$ 都是整数. 基底不是唯一的, 例如对于 $L=\mathbf{Z}\oplus\mathbf{Z}$, $u=1,v=\mathrm{i}$ 是明显的基底, 但是 $u=1,v=1+\mathrm{i}$ 也可以作为基底). 如果取 $\mathbf{C}$ 对于一个格网的商, 又会得到一个具有复结构的环面. 可以证明, 任何亏格为 1 的黎曼曲面都可以这样得出来.

从拓扑的观点看, 任意两个环面都是一样的, 但是, 一旦考虑复结构, 就会发现, 选择不同的格网, 会给出不同的黎曼曲面. 但是对于格网作某些修改, 就不会有这样的效果. 例如, 如果用一个非零的复数 $\lambda$ 去乘格网 $L$, 则商 $\mathbf{C}/L$ 不会受到影响. 这就是说, $\mathbf{C}/L$ 自然地同构于 $\mathbf{C}/\lambda L$. 即我们只需要关心 $\mathbf{C}$ 对这样一些格网之商, 这些格网之区别不是一个非零复数因子, 考虑 $\mathbf{C}$ 对这样一些格网之商的区别就够了. 从几何上说, 我们只需要关心 $\mathbf{C}$ 对于那些不能用旋转和拉伸来互相转换的格网之商的区别就行了.

注意, 取商 $\mathbf{C}/L$ 不只是给出了一个 "裸" 的黎曼曲面, 而是一个赋有 "原点" 的黎曼曲面, 而所谓 "原点", 就是一个特定的点 $e\in E=\mathbf{C}/L$, 它是 $0\in\mathbf{C}$ 的像, 就是 0 在 $\mathbf{C}/L$ 中所属的等价类. 换句话说, 得到了一个椭圆曲线, 其定义如下:

**定义**    $\mathbf{C}$ 上的椭圆曲线 $E$ 就是一个亏格为 1 的黎曼曲面, 其上指定了一个点 $e\in E$. 除了相差一个同构以外, 椭圆曲线的集合与一个格网 (可以相差一个旋转)$L\subset\mathbf{C}$ 一一对应.

**注**    事实上, $L$ 是阿贝尔群 $\mathbf{C}$ 的子群, 所以椭圆曲线 $E=\mathbf{C}/L$ 作为一个商群也是一个阿贝尔群, 而指定的点若是一个格点, 就是它的恒等元. 这是把 $e$ 视为椭圆曲线定义的一部分的一个重要的动机. 关注这个元 $e$ 的一个比较微妙的理由是为了使 $E$ 的定义比较唯一. 这一点是很有用的, 因为任意一个曲面 $E$ 都有许多对称性, 亦即自同构 [ I.3§4.1]: $E$ 总有一个自同构, 把其上一点 $x$ 变为任意另一点 $y$ (如果把 $E$ 看作一个群, 用一个平移就能把 $x$ 变为 $y$). 这样. 如果给另一个亏格为 1 的曲面 $E'$, 要么无法把 $E$ 变为 $E'$, 要么有无穷多方法这样做, 只要取一个由 $E$ 到 $E'$ 的同构, 再把它与 $E$ 的自对称复合起来就行了. 我们将在下面指出, 自同构问题经常萦绕着模问题, 而且在讨论族的性态时, 是很重要的. 把情况稍微 "刚化" 一点时常是方便的, 因为这会使得不同对象之间的同构不那么 "松散", 更容易唯一确定. 在椭圆曲线的情况, 通过指定点 $e$, 就可以减少 $E$ 的对称性, 这样就能做到这一点. 只要这样做了, 通常就只有唯一的方法来把两个椭圆曲线等同起来 (就是原点对原点).

我们看到亏格为 1(并且带有一个标记了的点) 的黎曼曲面都可以用具体的 "线性代数数据" 来描述, 这些数据就是一个格网 $L \subset \mathbf{C}$, 或者说是格网的等价类, 就是由 $L$ 的复标量倍 $\lambda L$ 所成的等价类. 这是研究分类问题, 亦即模问题的理想的背景. 下一步就是要找出格网的集合的显式的参数化, 但是允许相差一个乘法因子, 并且决定我们是在何种意义下得出了分类问题的几何解.

为了把格网的集合参数化, 我们应用在所有的模问题中都遵循的途径: 先把附有一个附加结构的格网参数化, 再来看, 如果忘却这个附加的结构, 又会发生什么事情. 对于每一个格网 $L$, 选择一个基底, 即两个不是相差一个实数因子的复数 $\omega_1$, $\omega_2 \in L$, 也就是说, 把 $L$ 写成形如 $a\omega_1 + b\omega_2$ 的整数系数线性组合的集合. 在这里要给 $\omega_1$ 和 $\omega_2$ 规定一个定向, 即由 $\omega_1$ 和 $\omega_2$ 所张的平行四边形 (即所谓基本平行四边形) 是正向的 (即 4 个顶点 $0, \omega_1, \omega_1 + \omega_2, \omega_2$ 成逆时针方向). 从对于椭圆曲线 $E$ 的几何观点来看, $L$ 就是 $E$ 的基本群 [IV.6§2], 而上面的定向条件就是说, 生成 $L$ 的这两个环路 (或者说是子午线 $A = \omega_1, B = \omega_2$ 是这样定向的, 使它们的相交数 $A \cap B$ 是 $+1$ 而不是 $-1$). 因为我们把只相差一个复数因子的格网视为相同的, 因此可以用一个复数 $1/\omega_1$ (但是 $\omega_1 \neq 0$,, 这是构成基底所必需的) 去乘 $L$, 这样使得 $\omega_1 = 1$, $\omega_2$ 则变成 $\omega = \omega_2/\omega_1$. 这样, 定向条件就成了: $\omega$ 位于上半平面 $\mathbf{H}$ 内, 即 $\mathrm{Im}\,\omega > 0$. 反之, 上半复平面的每一点 $\omega \in \mathbf{H}$ 又唯一地决定了一个有定向的格网 $L = \mathbf{Z}1 \oplus \mathbf{Z}\omega$ (即所有的整数组合 $a + b\omega$ 的集合). 任意两个这样的格网都不能由旋转而互变.

关于椭圆曲线, 这告诉了我们什么? 前面已经看到椭圆曲线是由一个格网 $L$ 和一个恒等元 $e$ 决定的. 现在又看到, 如果对 $L$ 又给了一个额外的结构, 即有定向的基底, 因此就能够用复上半平面这的复数 $\omega \in \mathbf{H}$ 来把它参数化, 这就把我们要加于椭圆曲线的 "额外的结构" 弄精确了. 我们把一个椭圆曲线 $E, e$ 以及对格网 $L$(即基本群) 加上一个有定向的基底 $\omega_1, \omega_2$, 称为一个有标记的椭圆曲线. 要点在于任意格网都有无穷多个不同的基底, 这就造成 $E$ 的无穷多个自同构, 加上标记, 就停止了这种自同构.

### 2.2　族和 Teichmüller 空间

可以用这些新的定义把前面的讨论概括为: 有标记的椭圆曲线与上半平面 $\mathbf{H}$ 中的点 $\omega$ 成一一对应. 然而, 上半平面远非仅仅是一个集合, 它有丰富的几何结构, 特别是有一个拓扑和一个复结构. 这些结构在什么意义下反映了有标记的椭圆曲线的几何性质呢? 换句话说, 上半平面 (在这里的上下文中称为具有一个标记点的亏格 1 的黎曼曲面的 Teichmüller 空间 $\mathbf{T}_{1,1}$) 在什么意义下给出了对有标记的椭圆曲线分类问题的几何解呢?

为了回答这个问题, 需要连续的黎曼曲面族的概念以及复解析族的概念. 一个由拓扑空间 $S$ 参数化的连续的黎曼曲面族, 这里的 $S$ 可以是单位圆周 $S^1$, 就是对 $S$ 的每一点 $s$ 连续地指定一个黎曼曲面 $X_s$. 对于在前面举出的平面上的直线的模的例子, 连续的直线族的连续性就是由直线与 $x$ 轴和 $y$ 轴的交角的连续性来刻画的. 于是, 几何地定义的直线族, 例如由平面曲线 $\mathbf{C}$ 所生成的, 就给出了连续的直线族. 比较抽象的说法就是, 连续的直线族定义了参数空间上的直线丛. 一个黎曼曲面族的连续性的好的判据, 就是有一个可以对于各个黎曼曲面计算出来的 "合理定义的" 几何量, 而它在此黎曼曲面的族中连续变化. 例如一个亏格为 $g$ 的黎曼曲面有一个经典的构造方法, 就是取一个 $4g$ 边形, 并且把它的对边粘连起来. 所得的黎曼曲面就完全由这个多边形的边长和角来决定. 所以, 这样来描述的连续的黎曼曲面族, 精确地说就是这些边长和角是参数集合的连续函数所给出的族.

用比较抽象的拓扑语言来说, 如果有一族黎曼曲面 $\{X_s, s \in S\}$, 依赖于一个空间 $S$ 之点 $s$, 而我们希望把它变成一个连续族, 就应该对它们的并 $\bigcup_{s \in S} X_s$ 赋以一个拓扑空间的构造 $X$, 并使之同时成为所有 $X_s$ 的拓扑的扩张, 这样得到的就是一个黎曼曲面丛. 对于这里的丛, 应该有一个映射, 把每一点 $x \in \bigcup_{s \in S} X_s$ 都映入此点所属的特定的 $X_s$. 我们应该要求这个映射为连续的, 可能还应该要求多一点($\bigcup_{s \in S} X_s$ 可以是一个纤维化或纤维丛). 这个定义的好处在于它的灵活性. 例如, 当参数空间 $S$ 为一个复流形时, 可以完全类似地谈到以 $S$ 为参数空间的复解析黎曼曲面族$\{X_s, s \in S\}$, 这时就不仅要求并 $\bigcup_{s \in S} X_s$ 有一个拓扑, 还要求它有一个复结构 (就是说这个并也应该是一个复流形), 而且这个复结构还同时是其每一个纤维 $X_s$ 的复结构的扩张, 并且从这个丛到参数空间 $S$ 的映射也是全纯的. 还可以把 "复解析的" 换成 "代数的". 这些抽象的定义都有这样的性质, 即如果黎曼曲面是具体地描述的, 例如是从解方程得出的或从粘合坐标区图得出的等等, 则方程的系数或粘合的数据, 当这个族是复解析族时, 恰好是按照复解析函数而变化的 (对于连续族或代数族也按相应的方式变化).

作为对这些定义的实在性的一种考核, 我们注意到, 这个解析的 (连续的或代数的) 黎曼曲面族, 当参数空间 $S$ 仅为一个点 $s$ 时, 就是单个的黎曼曲面 $X_s$. 在这个简单情况下, 我们希望允许所得的黎曼曲面可以相差一个等价性, 同样, 现在对于同一个参数空间 $S$ 上两个解析的黎曼曲面族 $\{X_s\}$ 和 $\{X_s'\}$, 也应该有等价性亦即同构的概念: 如果对每一个 $s \in S$, 黎曼曲面 $X_s$ 和 $X_s'$ 都是同构的, 而且这个同构对于 $s$ 也是解析的, 就认为这两个黎曼曲面族是等价.

有了族的概念以后, 就可以讲一讲作为有标记的椭圆曲线的模空间的上半平面 $\mathbf{H}$ 有哪些特征的性质了. 我们定义连续或解析的有标记的椭圆曲线族就是其深层的亏格 1 的黎曼曲面是连续或解析变化的族, 而基点 $e_s \in E_s$ 以及格网 $L_s$ 的基底都要对 $s$ 为连续.

上半平面 $\mathbf{H}$ 对于有标记的椭圆曲线族所起的作用和 $\mathbf{RP}^1$ 对于平面上的直线族所起的作用是相似的. 下面的定理把这个命题说得更准确了.

**定理**　设 $S$ 为一拓扑空间. 则在由 $S$ 到 $\mathbf{H}$ 的连续映射和由 $S$ 参数化的有标记的椭圆曲线连续族的同构类之间有一个一一对应. 类似地, 在由任意复流形到 $\mathbf{H}$ 的解析映射和由 $S$ 参数化的有标记的椭圆曲线的解析族的同构类之间, 也有一个一一对应.

如果把这个定理用于 $S$ 仅为一个点 $s$ 的情况, 这个定理告诉我们的就是我们已经知道的事实: $\mathbf{H}$ 之点与有标记的椭圆曲线的同构类之间有一个双射存在. 但是, 这个定理包含了更多的信息, 它指出, $\mathbf{H}$ 连同其拓扑和复结构具体体现了有标记的椭圆曲线族的结构, 以及如何对这个族进行调制. 在另一个极端, 我们可以考虑 $S$ 就是 $\mathbf{H}$, 而由 $S$ 到 $\mathbf{H}$ 的映射就是恒等映射的情况. 这时, 这个定理表明了这样一个事实, 即 $\mathbf{H}$ 本身就承载了一个有标记的椭圆曲线族, 就是说, 对于 $\omega \in \mathbf{H}$ 所定义的黎曼曲面族的集合, 把它们合并起来也成为一个复流形, 而在 $\mathbf{H}$ 上纤维化, 其纤维就是椭圆曲线. 这个族称为万有族, 因为根据这个定理, 所有的族都可以从这个万有的例子 "推导" 出来 (或者说是拉回来).

### 2.3　从 Teichmüller 空间到模空间

当取了一个标记 (即一个与椭圆曲线 $E$ 相关的有定向的格网 $L = \pi_1(E)$ 的有向的基底) 以后, 对于这种有标记的椭圆曲线的分类, 就已经得到了一个完全的令人满意的图景. 那么, 对于椭圆曲线本身, 即没有标记的椭圆曲线又可以说些什么呢? 我们得设法 "忘记" 这个标记, 就是说, 若 $\mathbf{H}$ 中的两个点对应于有不同标记但是相同的椭圆曲线, 就应该把这两个点视为相同的.

现在设群 (即格网) 有两个基底, 则必有一个整数元的可逆的 $2 \times 2$ 矩阵使它们互变. 如果基底是有定向的而且我们希望两个基底有相同定向, 这个矩阵的行列

式必须为 1, 就是说, 这个矩阵 $A$ 应该是 $\mathbf{Z}$ 上的可逆幺模矩阵之群的元素:

$$A = \begin{pmatrix} a & b \\ c & d \end{pmatrix} \in \mathrm{SL}_2(\mathbf{Z}).$$

类似地, 给出了格网 $L$ 的两个有定向的基底 $(\omega_1, \omega_2)$ 和 $(\omega_1', \omega_2')$, 所谓基底, 就是把 $L$ 与 $\mathbf{Z} \oplus \mathbf{Z}$ 有向地等同起来的一种方法, 有了两个基底则必有一个矩阵 $A \in \mathrm{SL}_2(\mathbf{Z})$ 如上, 使得 $\omega_1' = a\omega_1 + b\omega_2$, $\omega_2' = c\omega_1 + d\omega_2$. 如果我们考虑规范化的基底 $(1, \omega)$ 和 $(1, \omega')$, 其中 $\omega = \omega_2/\omega_1$, $\omega' = \omega_2'/\omega_1'$, 则将得到一个上半平面到上半平面的变换, 它由下式给出:

$$\omega' = \frac{a\omega + b}{c\omega + d}.$$

就是说, $\mathrm{SL}_2(\mathbf{Z})$ 以一个整数系数的线性分式变换 (就是默比乌斯变换) 的形式作用于上半平面, 而上半平面的两个点, 如果可以用这样的变换互变, 就对应于同一个椭圆曲线. 在存在这种变换时, 就认为 $\mathbf{H}$ 中的这两个点是等价的, 这就是把标记 "忘记" 掉的形式的说法. 还要请注意 $\mathrm{SL}_2(\mathbf{Z})$ 中的标量矩阵 $-Id$ 把 $\omega_1, \omega_2$ 都反号, 所以是不足道地变上半平面为其自身, 所以实际上是用 $\mathrm{PSL}_2(\mathbf{Z}) = \mathrm{SL}_2(\mathbf{Z})/\{\pm Id\}$ 作用于 $\mathbf{H}$.

这样就得到如下的结论: 在椭圆曲线 (除了可能相差一个同构) 与 $\mathrm{PSL}_2(\mathbf{Z})$ 在 $\mathbf{H}$ 中的轨道之间, 或者等价地说, 在椭圆曲线与商空间 $\mathbf{H}/\mathrm{PSL}_2(\mathbf{Z})$ 之间, 有一个双射. 这个商空间有自然的商拓扑, 而且事实上, 可以由一个复解析结构给出, 而这个拓扑可以证明把这个商空间与复平面 $\mathbf{C}$ 等同起来. 为了看到这一点, 可以用经典的模函数[IV.1§8]$j(z)$. 它是一个在模群 $\mathrm{PSL}_2(\mathbf{Z})$ 下不变的 $\mathbf{H}$ 上的复解析函数, 所以给出一个自然的坐标 $\mathbf{H}/\mathrm{PSL}_2(\mathbf{Z}) \to \mathbf{C}$.

从表面上来看已经解决了椭圆曲线的模问题: 已经得到了一个拓扑空间, 甚至是复解析空间 $\mathcal{M}_{1,1} = \mathbf{H}/\mathrm{PSL}_2(\mathbf{Z})$, 其点与椭圆曲线的同构类一一对应. 这一点已经有资格使得 $\mathcal{M}_{1,1}$ 成为椭圆曲线的一个粗糙的模空间, 就是说, 它具有我们关于模空间所希望一样好的性质. 但是 $\mathcal{M}_{1,1}$ 通不过一个重要的关于模空间的检验, 而 Teichmüller 空间 $\mathcal{T}_{1,1}$ 却能够通过它 (关于这一点可见 2.2 节), 这就是说每一个连续的椭圆曲线族并不相应于一个由 $S$ 到 $\mathcal{M}_{1,1}$ 的映射, 甚至当 $S = S^1$ 时也不行.

不能通过的理由就在于自同构问题. 自同构是 $E$ 到其自身的一种等价关系, 就是由 $E$ 到 $E$ 并且保持基点 $e$ 不变的复解析映射. 等价的说法就是, 所谓自同构, 就是能够保持 0 和格网 $L$ 的 $\mathbf{C}$ 的自映射 (即到其自身的映射). 这样的映射只能是旋转, 就是乘上一个模为 1 的复数 $\lambda$. 容易验证, 对于平面上的绝大多数格网 $L$, 这样的旋转只能是乘以 $\lambda = -1$. 注意, 这就是那个当从 $\mathrm{SL}_2(\mathbf{Z})$ 通过作商而转到 $\mathrm{PSL}_2(\mathbf{Z})$ 时所除去的 $-1$. 但是有两个具有更多的对称性的格网 $L$, 它们是相应于四次单位根 i 的正方形格网 $L = \mathbf{Z} \cdot 1 \oplus \mathbf{Z} \cdot \mathrm{i}$, 以及相应于一个六次单位根 (例如 $\mathrm{e}^{2\pi\mathrm{i}/6}$) 的正六边形格网 $L = \mathbf{Z} \cdot 1 \oplus \mathbf{Z} \cdot \mathrm{e}^{2\pi\mathrm{i}6}$(注意, 正六边形格网也可以用点 $\mathrm{e}^{2\pi\mathrm{i}/3}$ 来表示. 正方形格网相应于把正方形的对边粘连起来而得的椭圆曲线, 它的对称性可以用正方形的旋转对称群 $\mathbf{Z}/4\mathbf{Z}$ 来表示. 正六边形格网相应于把正六边形的对边粘连起来而得的椭圆曲线, 它的对称性可以用正六边形的旋转对称群 $\mathbf{Z}/6\mathbf{Z}$ 来表示.

我们看见了一个椭圆曲线的自同构的数目在特殊的点 $\omega = \mathrm{i}$ 和 $\omega = \mathrm{e}^{2\pi\mathrm{i}6}$ 处是突然跳跃的, 这已经就暗示了把 $\mathcal{M}_{1,1}$ 作为一个模空间会出什么事. 注意, 如果用有标记的椭圆曲线的模 $\mathcal{T}_{1,1}$, 就可以回避这个问题, 因为没有保持标记不变的自同构. 另外注意到, $\mathcal{M}_{1,1}$ 会出问题的另一个地方是: 在用 $\mathrm{PSL}_2(\mathbf{Z})$ 来作商 $\mathbf{H}/\mathrm{PSL}_2(\mathbf{Z})$ 时会出问题. 因为是用 $\mathrm{PSL}_2(\mathbf{Z})$ 来作商而不是用 $\mathrm{SL}_2(\mathbf{Z})$, 这样就回避了自同构 $\lambda = -1$. 然而整系数的默比乌斯变换中, 不仅有恒等映射能保持 $\omega = \mathrm{i}$ 和 $\omega = \mathrm{e}^{2\pi\mathrm{i}6}$ 这两个特殊的点, 还有其他的整系数默比乌斯变换也能保持它们. 但是只有这两个点有这样的性质, 这意味着商 $\mathbf{H}/\mathrm{PSL}_2(\mathbf{Z})$ 自然地在 $\omega = \mathrm{i}$ 和 $\omega = \mathrm{e}^{2\pi\mathrm{i}}$ 的轨道上出现锥形奇点, 其中的一个锥的顶角是 $\pi$ 而另一个顶角是 $2\pi/3$(为了看清为什么会是这样, 想象一下出现同样现象的比较简单的情况. 如果把任意复数 $z$ 都与 $-z$ 等同起来, 也就是把复数平面卷起来成为一个顶点在原点 0 处的锥面, 需要把 0 这个点除外的理由是映射 $z \mapsto -z$ 保持 0 不变. 这里的顶角是 $\pi$, 其理由是: 把两个点等同起来, 作为一个变换来看是二对一的, 而 $\pi$ 正是 $2\pi$ 的一半). 可以用模函数 $j$ 来把奇点抹掉, 但是奇点指示出现了基本的困难.

那么, 为什么自同构成了存在 "好" 的模空间的障碍了呢? 考虑一个有趣的以单位圆周 $S = S^1$ 参数化的连续的有标记的椭圆曲线族, 就能指明困难所在. 令 $E(\mathrm{i})$ 为前面考虑过的正方形椭圆曲线, 它的基础是用 1 和 i 的整系数线性组合所成的格网. 然后, 对 0 与 1 之间的任意 $t$ 值, 取一个 $E(\mathrm{i})$, 成为一族 $E_t$. 这样就得到在闭区间 $[0,1]$ 上的一个常值的亦即 "平凡的" 椭圆曲线族, 族中的每一个椭圆曲线都是 $E(\mathrm{i})$. 现在以一个不平常的办法把区间两端的 $E(\mathrm{i})$ 等同起来, 所谓不平常, 就是对 $E(\mathrm{i})$ 进行一次旋转 90° 的自同构, 也就是乘以 i. 这意味着, 我们看到沿着圆周的一个椭圆曲线族, 其每一个成员都是同样的 $E(\mathrm{i})$, 但是沿着这个圆周, 把 $E(\mathrm{i})$ 扭转了 90°.

容易看到, 没有办法用由 $S^1$ 到 $\mathcal{M}_{1,1}$ 的映射来或得这个椭圆曲线族. 因为族中所有的成员都是同构的, 所以, 如果有这样的映射存在, 它应该把每一个成员都映为 $\mathcal{M}_{1,1}$ 中的同一点 (即 i 在 $\mathbf{H}$ 中的等价类). 但是 $S^1$ 上的常值映射 $S^1 \rightarrow \{\mathrm{i}\}$ 的分类应为 $S^1$ 上的平凡的椭圆曲线族 $S^1 \times E_{\mathrm{i}}$, 虽然这一个椭圆曲线族中的每一个椭圆曲线也都是同样的 $E(\mathrm{i})$, 但是沿 $S^1$ 转了一周以后不会发生 90° 的扭转! 这是与上面所说的闭区间 $[0,1]$ 上的 "平凡的" 椭圆曲线族不同的. 所以, $S$ 上的椭圆曲线族其实要多于从 $S$ 到 $\mathcal{M}_{1,1}$ 的映射. 上面我们是就 $S = S^1$ 的情况来看出这一点的, 所以在前面就说过 "每一个连续的椭圆曲线族并不相应于一个由 $S$ 到 $\mathcal{M}_{1,1}$ 的映射, 甚至当 $S = S^1$ 时也不行", 商空间 $\mathbf{H}/\mathrm{PSL}_2(\mathbf{Z})$ 不足以处理这种由自同构引起的复杂性. 这种构造方法的一个变体也可以适用于复解析椭圆曲线族, 其中的 $S^1$ 换成了 $\mathbf{C}^\times$. 在模问题中, 这是一个很一般的现象: 只要对象具有非平凡的自同构, 就可以模仿上面的做法在一个有趣的参数集合上得出非平凡的族, 而其成员又都是相同的. 因此, 它们不可能用到同构类的集合上的映射来分类.

对于这个问题, 可以做些什么呢? 一个办法是, 虽然不甘心, 也就认了, 有了粗糙的模空间也就算了, 毕竟, 粗糙的模空间里已经有了正确的点、正确的几何, 只不过不能把任意的族都分类成功罢了. 另一个办法则把我们引到了 $\mathcal{T}_{1,1}$: 固定一个这样或者那样的标记, 这就把什么自同构都 "砍掉了". 换句话说, 对于我们的对象, 选择了足够多的额外的结构, 使得再也没有任何的自同构, 还能保持所有这些额外的 "装饰品". 比起取 $L$ 的一个基底, 而得出 $\mathcal{M}_{1,1}$ 的一个无穷覆叠 $\mathcal{T}_{1,1}$. 事实上, 我们还可以做得经济得多, 即可以在全同意义下来选取 $L$ 的一个基底 (例如选用 $L/2L$). 最后, 还可以达成一个谅解, 把自同构也算进 "数据" 里去, 这样得出一个 "空间", 其中的点仍然有内部的对称性. 这就是轨道流形[IV.4§7] 和栈[IV.4§7] 的概念, 它们足够灵活, 本质上可以处理所有的模问题.

## 3. 高亏格模空间和 Teichmüller 空间

我们现在希望尽可能把关于椭圆曲线及其模的图景推广到高亏格的黎曼曲面上去. 对于每一个亏格 $g$, 我们都想定义一个空间 $\mathcal{M}_g$, 称为亏格 $g$ 的曲线的模空间, 它能对亏格为 $g$ 的紧黎曼曲面进行分类, 并且告诉我们怎样对这些黎曼曲面进行调制. 这样, $\mathcal{M}_g$ 的点应该对应于亏格为 $g$ 的紧黎曼曲面, 或者说得准确一点, 是亏格为 $g$ 的紧黎曼曲面的等价类, 如果两个这样的曲面之间存在一个复解析同构, 就视它们为等价的. 此外, 我们还希望 $\mathcal{M}_g$ 能够尽可能好地体现出亏格 $g$ 曲面的连续族的结构. 类似于此, 还有空间 $\mathcal{M}_{g,n}$ 来把具有 $n$ 个 "割口"(puncture) 的亏格为 $g$ 的黎曼曲面族参数化. 这意味着, 我们考虑的不仅是 "裸" 的黎曼曲面, 而且是以 $n$ 个特别标定了的不同的 "点"(即所谓割口) 为 "装饰" 或 "标记" 的黎曼曲面. 两个这样的曲面视为等价的, 如果在它们之间存在有复解析同构, 而且这个同构还会把黎曼曲面的割口变为割口, 并且保持它们的标记. 因为有些黎曼曲面自己就带有自同构, 所以我们不希望 $\mathcal{M}_g$ 能对所有的黎曼曲面族都作好分类, 就是说, 我们预期到会有类似于前面讨论过的扭曲的正方形格网构造的例子. 然而, 如果我们讨论具有足够多额外标记的黎曼曲面, 就会得到最强意义下的模空间. 选择这种标记的方法之一是考虑 $n$ 足够大的 $\mathcal{M}_{g,n}$(但是 $g$ 是固定的). 另一个方法是把基本群的生成元标记出来, 这样得到 Teichmüller 空间 $\mathcal{T}_g$ 和 $\mathcal{T}_{g,n}$. 现在就来给出后面这个方法的大概.

为了构造出 $\mathcal{M}_g$, 我们回到单值化定理. 任意亏格为 $g > 1$ 的曲面 $X$ 都以上半平面 $\mathbf{H}$ 为万有覆叠, 所以可以表示为商 $\mathbf{H}/\Gamma$. 这里 $\Gamma$ 是把 $X$ 的作为其共形自映射的群的子群来看待的基本群. $\mathbf{H}$ 的所有共形自同构群就是实系数分式线性变换群 $\mathrm{PSL}_2(\mathbf{R})$. 所有的亏格为 $g$ 的紧黎曼曲面的基本群都同构于一个抽象群 $\Gamma_g$, 它有 $2g$ 个生成元 $A_i, B_i\,(i = 1, \cdots, g)$, 以及一个关系, 即所有交换子 $A_i B_i A_i^{-1} B_i^{-1}$ 的乘积是恒等元. 如果一个子群 $\Gamma \subset \mathrm{PSL}_2(\mathbf{R})$ 是这样作用在 $\mathbf{H}$ 上的, 使得商群 $\mathbf{H}/\Gamma$ 是一个黎曼曲面 (技术上说, 就是这个作用没有不动点, 而且有适当的不连续性), 则称这个子群为福克斯群[III.28]. 这样, 用平面上的格网 $L \simeq \mathbf{Z} \oplus \mathbf{Z}$ 为其表示的椭圆曲线, 在高亏格黎曼曲面情况下的类似物就是 $\mathbf{H}/\Gamma$, 其中 $\Gamma$ 是一个福克斯群.

当这些黎曼曲面的基本群带有标记时, 亏格为 $g$ 的黎曼曲面的 Teichmüller 空间 $\mathcal{T}_g$ 就是这类黎曼曲面的模问题的几何解. 在这个解中, 我们的对象就是亏格为 $g$ 的黎曼曲面 $X$, 加上其基本群 $\pi_1(X)$ 的一组生成元 $A_i, B_i$, 它给出了 $\pi_1(X)$ 和 $\Gamma_g$ 的一个同构, 最多相差一个共轭[①]. 我们的等价关系则是保持标记的复解析映射. 最后, 连续 (或复解析) 族就是基本群的标记连续变化的黎曼曲面的连续 (或复解析) 族. 换句话说, 我们断定了存在一个拓扑空间/复解析流形 $\mathcal{T}_g$, 其上有一个有标记的黎曼曲面的复解析族, 以及下面的很强的性质.

**$\mathcal{T}_g$ 的特征性质**　对于任意的拓扑空间 (或相应地为复流形)$S$, 在连续映射 (或相应地为全纯映射)$S \to \mathcal{T}_g$ 和以 $S$ 作参数化的亏格为 $g$ 的有标记的黎曼曲面的连续族 (或相应为复解析族) 的同构类之间存在一个双射.

### 3.1　插话:"抽象的胡说八道"

一件有趣的事情是: 迄今我们还没有看到, 为什么这样一个空间会存在. 它来自一般的非几何的原理 ——范畴[III.8] 理论或者称为 "抽象的胡说八道". 按照这个原理, 它不论是作为一个拓扑空间还是作为一个复流形, 都是完全而且唯一地由它的特征性质决定的. 每一个拓扑空间 $M$ 都可以用一种非常抽象的方式、从它的点集合、路径集合和这些路径所张的曲面的集合等等、唯一地重新构造出来. 换一个不同的说法, 我们可以把 $M$ 设想为一个 "机器", 使得对每一个拓扑空间 $S$, 这部机器都会指定由 $S$ 到 $M$ 的连续映射的集合. 这部机器叫做 "$M$ 的点的函子". 类似于此, 一个复流形 $M$ 也是一部机器, 它对任意的另一个复流形 $S$ 指定了由 $S$ 到 $M$ 的复解析映射的集合. 范畴理论中有一个奇怪的发现 (米田信夫[②] 引理) 就是,

---

① 注意, 尽管基本群依赖于基点的选择, $\pi_1(X, x)$ 和 $\pi_1(X, y)$ 可以通过选取一条由 $x$ 到 $y$ 的路径等同起来. 不同的选取方法成为由一个环路所成的共轭. 这样, 如果愿意把仅只相差一个共轭的生成元 $A_i, B_i$ 等同起来的话, 就可以忽略基点的选取.

② 米田信夫 (Nobuo Yoneda), 1930–1996, 日本数学家和计算机科学家. —— 中译本注

由于非常一般的理由 (与几何无关), 这些机器 (即函子) 唯一地决定了作为一个拓扑空间或作为一个复流形的 $M$.

在我们所说的意义下的任何模问题 (给定了对象、等价性和族) 都给出了这样一部机器, 它对于 $S$ 指定了 $S$ 上的所有的族的集合 (可以相差一个同构). 所以, 只要给定了模问题, 就已经唯一地决定了 Teichmüller 空间上的拓扑和复结构. 然后, 有趣的问题就是要知道, 是否真正存在一个空间给出和我们所造的一模一样的机器: 能不能显式地把这个空间造出来以及是否可以从它获得有关黎曼曲面的知识.

### 3.2 模空间和表示

回到实际上来, 我们发现有 Teichmüller 空间的一个相当具体的模型可供使用. 一旦确定了标记 $\pi_1(X) \simeq \Gamma_g$, 需要我们去找的, 简单地就是把 $\Gamma_g$ 表示为 $\mathrm{PSL}_2(\mathbf{R})$ 的福克斯子群的所有的方法. 把福克斯条件暂时先放一放, 现在要找出 $2g$ 个实矩阵 $A_i, B_i \in \mathrm{PSL}_2(\mathbf{R})$(但允许相差 $\pm Id$) 使它们满足 $\Gamma_g$ 中的交换子关系. 这就给出了一组 $2g$ 个矩阵的元所应该满足的显式的 (代数) 方程的集合, 而这些矩阵就决定了所有的表示 $\Gamma_g \to \mathrm{PSL}_2(\mathbf{R})$. 然后我们就要 "商去" 那些同时共轭于这 $2g$ 个矩阵的 $\mathrm{PSL}_2(\mathbf{R})$ 之元的作用, 得到所谓表示簇(representation variety)$\mathrm{Rep}(\Gamma_g, \mathrm{PSL}_2(\mathbf{R}))$. 这就类似于在考虑 $\mathbf{C}$ 中的格网 $L$ 时要允许相差一个旋转, 而且是受到了以下事实的启发, 即 $\mathbf{H}$ 对于 $\mathrm{PSL}_2(\mathbf{R})$ 的两个共轭的子群的商是同构的.

一旦我们描述了由 $\Gamma_g$ 到 $\mathrm{PSL}_2(\mathbf{R})$ 内所有的表示的空间, 就能区分出作为表示簇中由 $\Gamma_g$ 到 $\mathrm{PSL}_2(\mathbf{R})$ 内的福克斯表示所构成的子集合的 Teichmüller 空间. 幸运的是, 这个子集合在表示簇中是一个开集合, 这就给出 Teichmüller 空间 $\mathcal{T}_g$ 作为拓扑空间的一个很漂亮的实现. 事实上, $\mathcal{T}_g$ 同胚于 $\mathbf{R}^{6g-6}$(使用所谓 Fenchel-Nielsen 坐标, 这一点就可以非常显式地看出来, 这个坐标通过先切割再粘贴的程序把 $\mathcal{T}_g$ 里的曲面用 $3g-3$ 个长度以及 $3g-3$ 个角度参数化, 所以总共有 $6g-6$ 个参数). 现在我们可以试着去把标记 $\pi_1(X) \simeq \Gamma_g$"忘记" 掉, 这样来得出无标记的黎曼曲面的模空间 $\mathbf{M}_g$. 换句话说, 取出空间 $\mathcal{T}_g$, 如果其中两个点代表同样的黎曼曲面, 只不过标记不同, 就把这两点等同起来. 这个等同是通过一个群的作用实现的, 这个群就是 $\mathcal{T}_g$ 上的亏格为 $g$ 的映射类群, 记作 $\mathrm{MCG}_g$, 也就称为 $\mathcal{T}_g$ 上的 Teichmüller 模群, 它是作用在 $\mathbf{H} = \mathcal{T}_{1,1}$ 上的模群 $\mathrm{PSL}_2(\mathbf{Z})$ 的推广 (映射类群的定义就是一个亏格为 $g$ 的曲面的自微分同胚的群 —— 记住, 所有这些曲面都是互相同胚的 —— 模去那些平凡地作用在基本群上的微分同胚). 和椭圆曲线的情况一样, 具有自同构的黎曼曲面对应于 $\mathcal{T}_g$ 在 $\mathrm{MCG}_g$ 的某个子群下不动的点, 它们给出商群 $\mathcal{M}_g = \mathcal{T}_g / \mathrm{MCG}_g$ 的奇点.

表示簇亦即表示的模空间是模空间的重要而具体的一类. 它在几何学、拓扑学和数论中处处出现. 给定一个 (离散) 群 $\Gamma$, (作为一个例子) 想要找一个框空间以便把从 $\Gamma$ 到 $n \times n$ 矩阵的群的同态参数化. 这时, 等价的概念由 $\mathrm{GL}_n$ 的共轭给出, 族的概念则由矩阵的连续 (解析或代数) 族给出. 甚至当 $\Gamma$ 就是 $\mathbf{Z}$ 时, 这个问题也是有趣的. 这时, 简单地就是在相差一个共轭关系之下来考虑 $n \times n$ 的可逆矩阵 (即 $1 \in \mathbf{Z}$ 的像). 可以证明, 这时没有模空间, 除非只考虑 "足够好" 的矩阵, 例如只包含一个约当方块的矩阵. 这是在模问题中似乎无处不在的现象的好例子, 要想有机会得到一个模空间, 时常必须抛弃某些 "坏" 的 (即不稳定的) 对象 (详细的讨论可见 (Mumford, Suominen, 1972) 一文).

### 3.3  模空间和雅可比簇

上半平面 $\mathbf{H} = \mathcal{T}_{1,1}$ 加上 $\mathrm{PSL}_2(\mathbf{Z})$ 的作用, 对于椭圆曲线的模问题及其几何学给出了完整的图景, 从而令人心动. 不幸的是, 对于 $\mathcal{T}_g$ 作为表示簇的开集合就不能这样说了. 特别是, 表示簇上甚至没有自然的复结构, 使得我们不能从 $\mathcal{T}_g$ 的几何描述看出 $\mathcal{T}_g$ 是一个复流形. 这种失败以某种方式表明了, 对于亏格大于 1 的情况, 模空间的研究更加复杂. 特别是和亏格为 1 的情况不同, 高亏格的曲面并不能纯粹由线性代数再加上关于定向的数据来描述.

这种复杂性部分地来自这样一个事实, 即基本群 $\Gamma_g \simeq \pi_1(X)$ $(g > 1)$ 不是阿贝尔群, 特别是, 它不再等于 1 阶同调群 $H_1(X, \mathbf{Z})$. 一个相关的问题则是: $X$ 现在不是一个群. 构造一个所谓雅可比簇 (Jacobian)$\mathrm{Jac}(X)$ 给这个问题提供了一个漂亮的解答, 它和椭圆曲线同样是一个环面 (同胚于 $(S^1)^{2g}$), 同样是阿贝尔群, 同样是复流形 (实际上是复代数流形) (椭圆曲线的雅可比簇就是这个椭圆曲线本身). 雅可比簇这个概念包含了 $X$ 的几何学的 "阿贝尔" 和 "线性" 两个方面. 这种复–代数环面有一个模空间 $\mathcal{A}_g$(称为阿贝尔簇) 具有椭圆曲线的模 $\mathcal{M}_{1,1} = \mathcal{A}_1$ 的所有好的性质和线性代数描述. 有一个好消息 ——Torelli 定理, 即通过对每一个黎曼曲面都指定其雅可比簇, 就可以把 $\mathcal{M}_g$ 嵌入为 $\mathcal{A}_g$ 的一个闭复解析子集合. 还有一个有趣的消息 ——Schottky 问题, 即对这个图像作内蕴的刻画是相当复杂的. 事实上, 这个问题的解决来自一个很遥远的领域, 即研究非线性偏微分方程.

### 3.4  进一步的研究方向

在这个小节里, 我们将对模空间的一些其他问题及其应用作一些提示.

**变形和蜕化**   模空间的两个主要问题就是要问, 哪些空间是接近于, 而哪些空间则是远离于一个给定空间的. 变形理论就是模空间的微积分, 它描述模空间的无穷小结构. 换句话说, 给定了一个对象, 变形理论关心的就是描述它的一切小扰动 ((Mazur, 2004) 一文对此有漂亮的讨论). 在另一个极端, 我们会问, 当我们的对象蜕化时, 会发生什么事情? 绝大部分模空间都不是紧的, 例如曲线的模空间, 所以会

有一些族 "走向无穷" 的问题. 把模空间紧化还有一个好处, 就是这时可以在全空间上积分. 这一点, 对于下一个条目至关紧要.

**模空间的不变量** 模空间在几何学和拓扑学中的一个重要的应用是受到了量子场论的启示. 因为在量子场中, 一个粒子所遵循的并不是经典的 "最佳" 路径, 而是可以按照不同的概率遵循所有的路径运动 (见镜面对称[IV.16§2.2.4]). 经典地, 我们是在空间中选取一个几何结构 (例如度量), 用它来计算某些量, 最后再证明所得的结果并不依赖于所选取的结构, 这样我们计算出许多拓扑不变量. 一个新的可供选择的途径则是考虑所有这种几何结构, 并将某个量在所有可供选择的空间上积分. 如果我们能够证明收敛性, 其结果显然地并不依赖于任何一个选择. 弦论给出了这个思想许多重要的应用, 这特别是由于对所有的积分的集合给出了丰富的几何结构. 唐纳森和 Witten-Seiberg 的理论就使用这个原理得出了 4 维流形的拓扑不变量. Gromov-Witten 理论则把它用于*辛流形*[III.88] 的拓扑学和代数几何的计数问题, 例如, 到底有多少个 5 次的有理平面曲线通过 14 个一般位置的点? (答案是87304 个).

**模形式** 数学的最深刻思想之一 —— 朗兰茨纲领把数论和一种很特殊的模空间上的函数论 (调和分析) 联系起来了, 这些模空间推广了椭圆曲线的模空间. 这些模空间 (称为志村[①]簇, Shimura variety) 可以通过算术群 (例如 $\mathrm{PSL}_2(\mathbf{Z})$) 表示为对称空间 (例如 **H**) 的商. 模形式[III.59] 和自守形式就是这些模空间上的特殊函数, 可以通过它们与这些空间的大对称群的相互作用来描述. 这是数学中极其令人兴奋的活跃领域, 在它的近年来的成功中, 就包括了*费马大定理*[V.10] 的证明和志村–谷山[②]–韦伊猜想的证明 (Wiles, Taylor-Wiles, Breuil-Conrad-Diamond-Taylor).

进一步阅读的文献

有关模空间的历史和文献, 我们强烈推荐以下的文献:

Mazur (2004) 是关于模空间的一个漂亮而且可读的综述, 重点在变形的概念. Hain (2000) 和 Looijenga (2000) 给出了对于曲线模空间研究的出色的引论, 而这个问题可能是所有模问题中最老也最重要的问题. Mumford 和 Suominen (1972) 介绍了代数几何中模空间研究的关键思想.

Hain R. 2000. Moduli of Riemann surfaces, transcendental aspects. In *School on Algebraic Geometry, Trieste, 1999*: 293-353. ICTP Lecture Notes, no. 1. Trieste: The Abdus Salam International Centre for Theoretical Physics.

Looijenga E. 2000. A minicourse on moduli of curves. In *School on Algebraic Geometry, Trieste*, 1999: 267-91. ICTP Lecture Notes, no. 1. Trieste: The Abdus Salam International Centre for Theoretical Physics.

---

① 志村五郎 (Goro Shimura), 1930–, 日本数学家. —— 中译本注
② 谷山丰 (Yutaka Taniyama), 1927–1958, 日本数学家. —— 中译本注

Mazur B. 2004. Perturbations, deformations and variations (and "near-misses") in geometry. Physics and number theory. *Bulletin of the American Mathematical Society*, 41(3): 307-36.

Mumford D and Suominen K. 1972. Introduction to the theory of moduli. In *Algebraic Geometry, Oslo, 1970. Proceedings of the Fifth Nordic Summer School in Mathematics*, edited by Oort, F 171-222. Groningen: Wolters-Noordhoff.

# IV.9　表 示 理 论

Ian Grojnowski

## 1. 引言

数学的一个基本主题就是: 许多对象, 不论是数学对象还是物理对象都是有对称性的. 一般地说, 群[ I.3§2.1] 的一般理论的目标, 特别地说, 群的表示理论的目标, 就是研究这些对称性. 群的表示理论和一般的群论的区别就在于, 在群的表示理论中限于研究向量空间[ I.3§2.3] 的对称性. 本文想要说明, 为什么这样做是明智的, 以及它是怎样影响了我们对群的研究, 使我们集中关注涉及共轭类的某些很好的结构.

## 2. 为什么要限于向量空间?

表示理论的目的是去弄懂一个群的内在的结构是怎样控制它作为对称性的集合的外在作用. 换一个方向反过来来说, 它也研究怎样从它作为一个对称群的作用来了解它的内部的结构.

群是 "作为对称性的集合" 来起作用的. 我们从把这句话弄得更明确来开始讨论. 我们试图要捕捉的思想是: 如果给定了一个群 $G$ 以及一个对象 $X$, 而且对于 $G$ 的任意元素 $g$, 都能指定 $X$ 上的某一个记之为 $\phi(g)$ 的对称; 如果 $X$ 是一个集合, 所谓 $X$ 上的对称就是它的元素的一个特定的置换[III.68]. 为了使这种指定是明智的, 我们需要这些对称能够适当地复合, 即 $\phi(g)\phi(h)$(即先作对称 $\phi(h)$, 再接着作 $\phi(g)$) 应该和 $\phi(gh)$ 是相同的对称. 所以, 对称 $\phi(g)$ 也就是 $X$ 的一个置换, 而 $\{\phi(g): g \in G\}$ 就成了一个群. 我们把 $X$ 的所有置换的群记作 Aut $(X)$. $\phi(g)$ 就是群 Aut $(X)$ 的元素. 这样就有了一个由 $G$ 到 Aut $(X)$ 的同态:$\phi: G \to$ Aut $(X)$. 就称这个同态是 $G$ 在 $X$ 上的作用. 如果有一个这样的同态存在, 就说 $G$ 作用在$X$上. 群 "作为对称性的集合" 来起作用, 这句话的意思就是如上所述①.

我们应该有一个形象放在心里, 那就是 $G$ 对于 $X$"做了什么事". 如果忘记上面所用的符号 $\phi$, 这个思想还可以表述得更方便也更生动, 这样就不用 $\phi(g)(x)$ 来

① 译者对这段话作了一些文字上的补充. —— 中译本注

表示与 $g$ 相关的那个置换 (即对称) 作用在 $x$ 上的效果, 而干脆认为 $g$ 就是这个置换, 从而把它对于 $x$ 的效果直接写成 $gx$. 然而, 我们有时还是需要谈论到 $\phi$, 例如当 $G$ 在 $X$ 上可能有两个作用, 并且需要加以比较时, 就需要明白地写出 $\phi$ 来.

下面是一个例子. 取对象 $X$ 就是平面上以原点为中心的正方形, 而令它的四个顶点为 $A, B, C, D$(见图 1). 一个正方形有 8 个对称: 4 个旋转, 转角均为 $90°$ 的倍数, 还有 4 个反射, 即对两条对角线以及对两个坐标轴的反射. 令 $G$ 为这 8 个对称所成的群, 它时常被称为 8 阶的正二面体群, (dihedral group), 记作 $D_8$. 按照上面定义的说法, 就说 $G$ 作用在这个正方形上. 但是, $G$ 也作用于顶点的集合上. 例如, 对 $y$ 轴的反射, 就把 $A$ 和 $B$, 以及 $C$ 和 $D$ 对换. 可能看起来我们并没有做什么事. 因为说到底, 我们是把 $G$ 定义为对称性的群的, 所以花不了多少力气, 就能对 $G$ 的任意的元都附加上一个对称. 然而, 我们没有把 $G$ 定义为集合 $\{A, B, C, D\}$ 的置换群, 所以我们还是做了一点事情的.

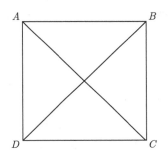

图 1 一个正方形及其对角线

为了把这一点说得更清楚, 来看一下 $G$ 同样也作用于有关正方形的另一些集合, 其中包括了可以从正方形充分自然地构造出来的集合. 例如 $G$ 不仅可以作用在顶点的集合 $\{A, B, C, D\}$ 上, 还可以作用在边的集合 $\{AB, BC, CD, DA\}$ 上, 以及对角线的集合 $\{AC, BD\}$ 上. 注意, 对于最后这个情况, $G$ 中有一些不同的元起同样的作用. 例如顺时针旋转 $90°$ 把这两条对角线互换, 而逆时针旋转 $90°$ 也是这样. 如果 $G$ 中所有的元的作用都不相同, 就说 $G$ 的作用是忠实的.

注意, 对于正方形的有些运算 (如 "对 $y$ 轴的反射" "旋转 $90°$" 等等) 都可以用于整个笛卡儿平面 $\mathbf{R}^2$ 上, 所以 $\mathbf{R}^2$ 是 $G$ 可以作用于其上的另一个集合 (当然是大得多的集合). 只是把 $\mathbf{R}^2$ 叫做一个集合, 就是忘记了它的非常有趣的性质, 即 $\mathbf{R}^2$ 的元可以相加, 可以用一个实数去乘. 简言之, 就是忘记了 $\mathbf{R}^2$ 是一个向量空间. 此外, 还忘记了 $G$ 对这个额外的结构的作用也有很好的性质. 例如, 设 $g$ 是一个对称, 即 $G$ 中的一个元, 而 $v_1, v_2$ 是 $\mathbf{R}^2$ 的两个元, 即两个向量, 则 $g$ 对 $v_1 + v_2$ 的作用会给出 $g(v_1) + g(v_2)$. 因此, 我们说 $G$ 线性地作用于 $\mathbf{R}^2$ 上. 当 $V$ 是一个向量空间时, 用记号 GL (V) 来表示由 V 到 V 的可逆线性映射的集合. 如果 V 就是 $\mathbf{R}^n$, 则 GL (V)(它是一个群) 就是我们所熟悉的具有实数元的 $n \times n$ 可逆矩阵所成的群 $\mathrm{GL}_n (\mathbf{R})$. 类似地, 当 $V = \mathbf{C}^n$ 时, GL (V) 就是具有复数元的这种矩阵所成的群 $\mathrm{GL}_n (\mathbf{C})$.

**定义**　群 G 在向量空间 V 上的表示, 就是由 G 到 GL (V) 的一个同态.

换句话说, 群的作用就是一种把群看作某些置换的集合的一个方法, 而群的表示则是群作用的一个特例, 就是这些置换都是可逆线性映射时的特例. 有时, 我们把群的表示说成是它的线性表示. 在上面讲的 $D_8$ 在 $\mathbf{R}^2$ 上的表示中, 对称 "顺时针旋转 90°" 就是矩阵 $\begin{pmatrix} 0 & 1 \\ -1 & 0 \end{pmatrix}$, 而对称 "对 y 轴的反射" 就是矩阵 $\begin{pmatrix} -1 & 0 \\ 0 & 1 \end{pmatrix}$.

给出 G 的一个表示以后, 就可以应用线性代数里一些自然的构造方法来得出其他的表示. 例如, 如果 $\rho$ 是上面说的 G 在 $\mathbf{R}^2$ 上的表示, 其行列式[III.15]$\det \rho$ 就是由 G 到 $\mathbf{R}^*$(非零实数的乘法群) 的同态, 因为由行列式的乘法性质, 有

$$\det (\rho (gh)) = \det (\rho (g) \rho (h)) = \det (\rho (g)) \det (\rho (h)).$$

这就使 $\det \rho$ 成为 G 的一个 1 维表示, 因为任意非零实数 t 都可以看成是 $\mathrm{GL}_1 (\mathbf{R})$ 的元 "乘以 t". 如果 $\rho$ 就是上面说的 $D_8$ 的表示, 则在表示 $\det \rho$ 下面, 旋转的作用就是乘以 1 这个恒等映射, 而反射的作用就是乘以 $-1$.

"表示" 的定义在形式上很像 "作用" 的定义, 而且事实上, V 的每一个线性自同构也就是 V 中向量的一个置换, 所以 G 在 V 上的表示只是 G 在 V 上的作用的一个子集合. 但是, 表示的集合是比作用的集合有趣得多的对象. 这里看到了一个一般原理的例证: 如果一个集合带来了额外的结构 (例如向量空间带来了把两个元素加到一起的可能性), 不去利用这个额外的结构就是大错; 而对这种额外的结构, 用得越多越好.

为了强调这一点, 并且为了在更有利的角度下来看表示, 我们从考虑群在集合上的作用这个一般的故事开始. 于是, 设 G 是一个作用在集合 X 上的群. 对于每一个 $x \in X$, 所有形如 gx 的元素的集合, 其中的 g 遍取 G 内的一切元, 就称为 x 的轨道. 不难证明, G 可以分解为许多轨道的并.

**例**　令 G 为二面体群 $D_8$, 作用在正方形的顶点的有序对的集合 X 上, 这样的有序对一共有 16 个. 这时, G 在 X 上有 3 条轨道, 即 $\{AA, BB, CC, DD\}$, $\{AB, BA, BC, CB, CD\}$, $\{DC, DA, AD\}$ 以及 $\{AC, CA, BD, DB\}$.

如果 G 在 X 上的作用仅有一条轨道, 就说 G 是传递的. 换句话说, 如果对 X 中的任意一对元 x 和 y, 恒可找到 G 的一个元 g, 使得 gx = y, 就说 G 的作用是传递的. 如果 G 不是传递的, 则可以在每一个轨道上分别考虑 G 的作用. 这样就有效

地把 $G$ 的作用分解为在不相交的集合上的传递的作用. 所以, 为了考虑 $G$ 在一个集合上的全部的作用, 只需要考虑传递的作用就够了. 可以把作用看成 "分子", 把传递的作用看成 "原子", 而分子是由原子组成的. 我们就会看到: 把对象分解成不能再进一步分解的对象, 这在表示理论中是基本的思想.

有哪些可能的传递作用呢? 传递作用的一个丰富的来源是来自 $G$ 的各个子群 $H$. 给出了一个子群 $H$ 以后, 它的所谓左陪集就是形如 $\{gh : h \in H\}$ 的集合. 左陪集通常记作 $gH$. 群论这的一个初等的结果是: 左陪集形成了 $G$ 的一个分解 (右陪集当然也形成 $G$ 的分解). $G$ 在 $H$ 的左陪集的集合 (通常记作 $G/H$) 上有一个明显的作用, 就是 $G$ 的元素 $g'$ 映 $gH$ 为 $(g'g)H$.

可以证明, $G$ 的一切传递作用都可以用这个方法写出来. 给出了 $G$ 在集合 $X$ 上的一个传递作用. 取一个元 $x \in X$, 并令 $H_x$ 是 $G$ 中所有适合关系式 $hx = x$ 的元 $h$ 所成的集合. 容易证明 $H_x$ 是 $G$ 的一个子群, 称为 $x$ 的稳定化子. 可以验证, $G$ 在 $X$ 上的作用, 和 $G$ 在 $H_x$ 的左陪集上的作用是相同的[①]. 例如 $D_8$ 在上面讲的第一条轨道上的作用, 就是它在下面的子群 $H$ 的左陪集上的作用. 现在的 $H$ 就是正方形对其对角线的反射所生成的二元素子群. 如果在 $X$ 中取另一个元作 $x$, 那么, 我们会得到 $G$ 的什么样的作用呢? 如果取 $x' = gx$, 则 $G$ 的使得 $x'$ 固定的子群即 $gH_xg^{-1}$ : $H_x' = gH_xg^{-1}$. 它与 $x$ 的稳定化子 $H_x$ 的关系是所谓共轭子群的关系. 两个子群 $H$ 和 $H'$ 称为共轭的, 如果存在 $G$ 的一个元素 $g$ 使得 $H' = gHg^{-1}$. 共轭关系很明显是一种等价关系, 子群在这个等价关系下的等价类称为共轭类. 共轭的子群给出同一个轨道的另一种描述, 就是把轨道描述为 $gH_xg^{-1}$ 的左陪集.

由此可知, 在 $G$ 的传递作用类和子群的共轭类 (即共轭于同一个子群的一切子群的集合) 之间, 有一个一一对应. 如果 $G$ 是非传递地作用于原来的集合 $X$ 上的, 则可以把 $X$ 分解为许多轨道的并, 由于这个对应, 每一个轨道都与子群的一个共轭类相关. 这给了我们一个描述 $G$ 在 $X$ 上的作用的一种方便的 "记账" 的机制: 只要跟踪每一个子群的共轭类出现的次数就行了.

**练习** 在上面所讲的例子中, 验证其中所说的三个轨道, 就是分别对应于对角线反射的元素的二元素子群 $R$ 的轨道、对应于平凡子群的轨道和对应于另一个 $R$ 的轨道.

这就完全解决了群如何作用在集合上的问题. 控制这些作用的内在的结构, 就是群的子群结构.

我们马上就会看见群如何作用在向量空间上的问题的相应的解答. 首先, 我们还要再盯着群在集合上的作用, 弄清楚为什么尽管已经解决了这里的问题, 我们仍

---

① 比较马虎的读者会以为 "相同" 二字就是讲的 "一回事". 但是在这里, "相同" 就是指 "作为具有 $G$ 作用的集合是同构的". 细心的读者就会停下来去核查或者查看这句话究竟是什么意思.

然感觉不到非常高兴[1].

问题在于一个群的子群结构真是很可怕的!

例如, 任意 $n$ 阶有限群都是对称群[III.68]$S_n$ 的子群 (这个结果称为凯莱定理, 它是从考虑一个群 $G$ 在其自身上的作用得到的), 所以, 要列出对称群 $S_n$ 的子群的共轭类, 就需要了解所有阶数小于 $n$ 的有限群[2]. 再看一个例子, 考虑循环群 $\mathbf{Z}/n\mathbf{Z}$, 它的子群就相应于 $n$ 的因子, 而 $n$ 的一些微妙的性质使得当 $n$ 变动时, 循环群的性态大不相同. 如果 $n$ 是素数, 子群为数甚少, 而若 $n$ 是 2 的幂, 则颇有一些子群. 所以哪怕我们只是了解简单如循环群那样的群的子群结构, 也会涉及数论.

当我们把注意力转回到线性表示的时候, 就有一种解脱之感. 我们将会看到, 现在和考虑群在集合上的作用一样, 可以把这些表示分解为 "原子" 表示. 但是, 与集合的情况恰好成为对照的是这些原子表示 (称为 "不可约表示", 甚至简单地就称为 "既约") 却展示出漂亮的正规性.

表示理论的许多良好的性质都来自下面的事实. 对称群 $S_n$ 的元素只能相乘, 而 $\mathrm{GL}(V)$ 的元素, 作为矩阵, 则不仅能相乘, 还可以相加(但是要小心, $\mathrm{GL}(V)$ 的两个元素的和不一定仍然在 $\mathrm{GL}(V)$ 中, 因为它可能是不可逆的. 但是它是自同态代数 $\mathrm{End}(V)$ 的一个元素. 当 $V = \mathbf{C}^n$ 时, $\mathrm{End}(V)$ 就是所有 $n \times n$ 复矩阵 (包括可逆与不可逆的) 的集合).

为了看出可以相加所造成的区别, 考虑循环群 $G = \mathbf{Z}/n\mathbf{Z}$. 对于每一个适合关系式 $\omega^n = 1$ 的复数 $\omega \in \mathbf{C}$, 即一个 $n$ 次单位根, 可以得到 $G$ 在 $\mathbf{C}$ 上的表示 $\chi_\omega$, 即对每一个元素 $r \in \mathbf{Z}/n\mathbf{Z}$, 都指定 $\mathrm{GL}_1(\mathbf{C})$ 中的一个元: "乘以 $\omega^r$"(看成从 1 维空间 $\mathbf{C}$ 到其自身的线性映射). 这样就得到 $n$ 个不同的 1 维表示, 对每一个 $n$ 阶单位根各有一个这样的表示, 而且可以证明 $G$ 在 $\mathbf{C}$ 上再也没有其他的表示了. 此外, 如果 $\rho : G \to \mathrm{GL}(V)$ 是 $G = \mathbf{Z}/n\mathbf{Z}$ 的一个表示, 则可以模仿函数之展开为傅里叶模式那样, 把 $\rho$ 写成上述表示的直和. 利用表示 $\rho$, 可以对每一个 $r \in \mathbf{Z}/n\mathbf{Z}$, 附加上一个线性映射 $\rho(r)$. 现在我们用下面的公式来定义一个线性映射

$$p_\omega = \frac{1}{n} \sum_{0 \leqslant r < n} \omega^{-n} \rho(r).$$

于是 $p_\omega$ 现在成了 $\mathrm{End}(V)$ 中的一元, 而且可以验证, 它是对 $V$ 的子空间 $V_\omega$ 的投影[III.50§3.5]. 事实上, 这个子空间是一个本征空间[ I.3§4.3], 它由所有适合 $\rho(1)v = \omega v$ 的向量 $v$ 构成, 而因为 $\rho$ 是一个表示, 这个式子就蕴含了 $\rho(r)v = \omega^r v$. 投影 $\mathbf{p}_\omega$ 应该看成圆周上的函数 $f(\theta)$ 的 $n$ 阶傅里叶系数[III.27] 的类比, 也请注意这个式子

---

① 练习: 回到 $D_8$ 的例子, 并列出所有的传递的作用.

② 有限单群的分类[V.7]至少许可我们对 $S_n$ 的子群 (相差至共轭关系) 的数目 $\gamma_n$ 有一个估计: Pyber 的结果是 $2^{((1/16)+o(1))n^2} \leqslant \gamma_n \leqslant 24^{((1/6)+o(1))n^2}$. 人们预期在下界的估计中等号成立.

与傅里叶展开公式 $a_n(f) = \int e^{-2\pi i \theta} f(\theta)\,\mathrm{d}\theta$ 形式上的类似.

关于傅里叶级数, 有趣的事实是, 在有利的条件下, 这个级数加起来就是 $f$ 本身, 就是说, 它把 $f$ 分解为三角函数[III.92] 之和. 类似地, 关于空间 $V_\omega$, 有趣的事实也是我们可以用它们来分解表示 $\rho$. 任意两个不同的投影 $\mathbf{p}_\omega$ 的复合是 0, 由此可以证明对于子空间 $V$ 有

$$V = \underset{\omega}{\oplus} V_\omega,$$

就是说也可以把每一个子空间 $V_\omega$ 写成 1 维空间的和, 而每一个这样的 1 维空间都是一个空间 $\mathbf{C}$, 而 $\rho$ 在其上的限制就是前面讲到的 $\chi_\omega$. 这样, $\rho$ 就被分解为非常简单的 "原子" $\chi_\omega$ 的组合[1].

矩阵可以作加法这种可能性有非常有用的推论. 令有限群 $G$ 作用在复向量空间 $V$ 上, 如果 $V$ 的子空间 $W$ 对于 $G$ 的任意元 $g$ 都适合 $gW = W$, 就说 $W$ 是 $G$ 不变的. 令 $W$ 为一个 $G$ 不变子空间, 而 $U$ 为其补空间 (就是说 $V$ 的每一个元素都可以恰好用唯一的方式写成 $w + u$, $w \in W$, $u \in U$). 令 $\varphi$ 是任意的到 $U$ 上的投影. 于是线性映射 $(1/|G|) \sum_{g \in G} g\varphi$ 也是到这个补空间上的投影 (证明这一点只是一个简单的练习), 但是它有一个好处, 即它是 $G$ 不变的. 后面这一点是因为对这个和应用一个 $G$ 的元素 $g'$ 只不过重排了这个和的各项而已.

这件事之所以这样有用的理由是, 它允许我们把任意的表示分解为不可约表示的直和. 不可约表示就是没有 $G$ 不变子空间的表示. 事实上, 如果 $\rho$ 不是不可约的, 则它必有一个 $G$ 不变子空间 $W$. 从上面的说明知道, 可以把 $G$ 写成 $G = W \oplus W'$, 而 $W'$ 也是 $G$ 不变子空间. 如果 $W$ 或 $W'$ 还有进一步的 $G$ 不变子空间, 就可同样进一步地分解下去. 对于循环群我们就是这样做的, 那时, 那些不可约表示就是 1 维表示 $\chi_\omega$.

不可约表示是复表示的基础的建筑单元, 正如集合上作用的基础的建筑单元是传递的作用一样. 这就提出了一个问题, 即基础的建筑单元是什么的问题. 这个问题在许多重要情况下已经得到了解决, 但是迄今还不能用一般的程序来解决.

再回到作用与表示的区别. 另一个重要的区别基于观察到下面的事实: 考虑有限集合上群的作用和表示, 群的作用一定可以在以下的意义下线性化. 设 $X$ 有 $n$ 个元, 我们来看所有定义在其上的复值平方可积函数构成的希尔伯特空间[III.37] $L^2(X)$. 这个空间有一个由 "$\delta$ 函数" $\delta_x$ 组成的基底, 这里的 $\delta_x$ 映 $x$ 为 1, 而映 $X$ 中的其他点为 0. 现在可以用显然的方式把 $G$ 在 $X$ 上的作用变成一个 $G$ 在这个基底上的作用如下: 只需要定义 $g\delta_x$ 为 $\delta_{gx}$ 即可. 因为 $L^2(X)$ 的任意函数

---

① 可以把本文余下的部分概括如下: 与傅里叶变换的相似性并不只是一个类比 —— 把一个表示分解为既约的项之和, 是一个既包括这个例子又包括傅里叶变换的概念.

$f$ 都是基底函数的线性组合, 所以可以利用线性性质来推广 $g$ 的作用的定义. 这就给出了 $G$ 在 $L^2(X)$ 上的作用的定义, 而且可以用一个简单的公式把它表示出来: 如果 $f$ 是 $L^2(X)$ 中的一个函数, 就定义 $(gf)(x) = f(g^{-1}x)$, 或者等价地定义 $(gf)(gx) = f(x)$, 就是说, $gf$ 对于 $gx$ 之所作为, 就是 $f$ 对于 $x$ 之所作为. 这样, 群 $G$ 在一个集合上的作用就是对此群的每一个元素都指定一个非常特别的矩阵, 它的元只能是 0 或 1, 而每一行、每一列都有一个而且只有一个 1, 其他的元都是 0(所以这是一个特殊的 01 矩阵, 称为排列矩阵). 与此对照, 每一个表示也是对群中的每一个元指定一个矩阵, 但是是任意的可逆矩阵.

现在, 甚至当 $X$ 只是 $G$ 的作用下的一条轨道时, 上述的 $G$ 在 $L^2(X)$ 上的表示还可以进一步分块. 作为这个现象的一个极端的例子, 考虑循环群 $\mathbf{Z}/n\mathbf{Z}$ 以乘法作用于它自己. 我们刚才已经看到, 用 "傅里叶分析" 的方法可以把这个作用分解为 $n$ 个 1 维表示的和.

现在考虑任意群 $G$ 以乘法 (准确一点说是左乘) 作用于自己的情况, 即对于每一个元 $g$ 都有 $G$ 中的如下置换, 就是把 $h \in G$ 映为 $gh$. 这个作用显然是传递的. 作为在一个集合上的作用, 它已经不能再进一步分解了. 但是, 如果把这个作用线性化成为 $G$ 在向量空间 $L^2(G)$ 上的一个表示, 则若想要分解这个作用, 就有了更大的灵活性. 不但可以证明, 任意表示都可以分解为许多不可约表示的直和, 而且 $G$ 的每一个不可约表示 $\rho$ 都作为一项出现在这个直和中, 而且出现的次数就等于 $\rho$ 所作用于其上的子空间的维数.

上面讨论的表示称为 $G$ 的**左正规表示**. $G$ 的每一个不可约表示都如此正规地出现于其中, 这就使得它极为有用. 注意, 分解复空间上的表示比分解实空间上的表示更加容易, 因为复向量空间的每一个自同构都有本征向量. 所以, 从复空间开始来研究表示最为简单.

现在到了宣布有限群的复表示的基本定理的时候了. 这个定理告诉我们, 有限群究竟有多少个不可约表示, 更为精彩的是, 这个定理还告诉我们, 表示理论是 "傅里叶分析的非阿贝尔类比".

令 $\rho : G \to \mathrm{End}(V)$ 是 $G$ 的一个表示. 定义 $\rho$ 的**特征标** $\chi_\rho$ 为它的迹, 即 $\chi_\rho$ 是由 $G$ 到 $\mathbf{C}$ 的一个函数, 而且对每一个 $g \in G$, $\chi_\rho(g) = \mathrm{tr}(\rho g)$. 因为对任意两个矩阵 $A$ 和 $B$ 都有 $\mathrm{tr}(AB) = \mathrm{tr}(BA)$, 所以有 $\chi_\rho(hgh^{-1}) = \chi_\rho(g)$. 这样, $\chi_\rho$ 远非 $G$ 上的任意函数, 它在每一个共轭类上都取同样的值, 所以是共轭类的函数, 令 $K_G$ 表示在 $G$ 是具有这个性质的复值函数的向量空间, 它称为 $G$ 的**表示环**.

一个群的不可约表示的特征标是关于这个群的非常重要的数据, 所以最好是把它们组成一个矩阵. 它的各列按照共轭类来排列, 或者说以共轭类为指标, 其行则按不可约表示来排列, 或者说, 每一行是相应于各个共轭类的特征标在同一个不可约表示上的值, 而每一列则是同一个共轭类对于不同的不可约表示所取的值. 这样一个阵列称为此群的**特征标表**，它包含了这个群的表示的全部重要信息. 这个学科的基本定理就是：这个阵列是一个**正方形**.

**定理**(特征标表是正方形)  令 $G$ 为一个有限群. 则它的不可约表示的特征标是 $K_G$ 的规范正交基底.

当我们说特征标所成的基底是规范正交基底时, 意思就是说下面的厄尔米特内积

$$\langle \chi, \psi \rangle = |G|^{-1} \sum_{g \in G} \chi(g) \overline{\psi(g)}$$

当 $\chi = \psi$ 时为 1, 否则为 0. 特征标成为基底一事蕴含了以下各个事实: 不可约表示的个数和 $G$ 中共轭类的数目恰好一样, 而由表示的同构类到 $K_G$ 的如下的映射, 即映每一个 $\rho$ 为其特征标的映射都是单射. 就是说, 除了可能相差一个同构以外, 任意的表示是由它的特征标决定的.

群的什么样的内部结构控制了群作用于向量空间的方式呢? 就是它的元素的共轭类结构. 这是一个比 $G$ 的子群的所有共轭类的集合要温驯得多的结构. 例如, 对于循环群 $S_n$, 两个置换属于同一个共轭类当且仅当它们具有相同的循环型. 所以在循环群中, 共轭类和整数 $n$ 的分割 (partition) 之间有一个双射[1].

进一步说, 怎样对子群计数还极不清楚, 而掌握共轭类就容易得多. 例如, 因为共轭类是群 $G$ 的一个分割, 所以就有以下的公式: $|G| = \sum_{C \text{为共轭类}} |C|$. 对于表示, 则有一个类似的公式来自 $L^2(G)$ 的正规表示只分解为不可约表示: $|G| = \sum_{V \text{为不可约}} (\dim V)^2$. 说对于子群上的求和也会有类似的公式是不可想象的. 我们已经把对于有限群 $G$ 的表示的一般结构问题, 化成了决定 $G$ 的特征标的问题. 当 $G = \mathbf{Z}/n\mathbf{Z}$ 时, 上面对于这 $n$ 个不可约表示的讨论则蕴含了这个矩阵的元全是单位根. 下式左方就是正方形的对称群 $D_8$(它当然不是循环群) 的特征标表, 而右方与它对照, 则是一个循环群 $\mathbf{Z}/3\mathbf{Z}$ 的特征标表:

$$
\begin{array}{ccccc}
1 & 1 & 1 & 1 & 1 \\
1 & 1 & 1 & -1 & -1 \\
1 & 1 & -1 & 1 & -1 \\
1 & 1 & -1 & -1 & 1 \\
2 & -2 & 0 & 0 & 0
\end{array}
\qquad
\begin{array}{ccc}
1 & 1 & 1 \\
1 & z & z^2 \\
1 & z^2 & z
\end{array}
$$

其中的 $z$ 是 3 次单位根 $z = \exp(2\pi/3)$.

---

① 所有分割的集合不仅在组合学上是有意义的, 它比 $S_n$ 的子群集合也要小得多. 哈代[VI.73] 和拉玛努金[VI.82] 证明了 $n$ 的分割的个数大约是 $\left(1/4n\sqrt{3}\right) \mathrm{e}^{\pi\sqrt{(2n/3)}}$.

这里就有了一个明显的问题: 第一个表是怎样得出来的? 这就指出了上面定理的主要问题: 这个定理虽然告诉了我们特征标表的形状, 但是并没有使我们更近于了解特征标的值. 我们知道了有多少个表示, 但是不知道这些表示究竟是什么, 甚至连它们的维数也不知道. 我们没有构造它们的一般方法, 就是没有一种 "非阿贝尔的傅里叶变换". 这是表示理论的中心问题.

我们来看一下这个问题对于群 $D_8$ 是怎样解决的. 在这篇文章里面, 我们已经三次遇到过这个群的不可约表示了. 第一次是 "平凡的" 1 维表示 $\rho: D_8 \to \mathrm{GL}_1$. 这就是把 $D_8$ 的所有元都变为恒等元. 第二次是在第 1 节写出来的 2 维表示, 在那里, $D_8$ 的每一个元都以显然的方式作用于 $\mathbf{R}^2$. 这个表示的行列式是非平凡的 1 维表示: 把旋转映为 1, 而把反射映为 $-1$. 所以我们已经作出了上面表的前 3 行. $D_8$ 中有 5 个共轭类 (平凡类、对轴的反射、对对角线的反射、旋转 $90°$、旋转 $180°$), 所以还有两行要计算.

由等式 $|G| = 8 = 2^2 + 1 + 1 + (\dim V_4)^2 + (\dim V_5)^2$ 可知, $\dim V_4 = \dim V_5 = 1$, 所以这两个还没有写出来的表示都是 1 维的. 得出这些缺失的特征标的值的方法之一是利用特征标的正交性.

一个只是稍微不那么造作的方法是对于小的 $X$ 分解 $L^2(X)$. 例如, 设 $X$ 是对角线对 $\{AC, BD\}$, 则有 $L^2(X) = V_4 \oplus \mathbf{C}$, 这里 $\mathbf{C}$ 是平凡表示.

现在要开始指出通向表示理论的某些现代主题的道路. 我们必然会用到一些相当高深的数学的语言, 如果读者对这种语言只是略有所知, 就请考虑浏览一下以下各节, 因为如果换用不同的方法来讨论, 就会需要不同的预备知识.

一般来说, 寻求表示的一个好的方法 (但还不是系统的方法) 是考虑 $G$ 作用于其上的对象, 然后把 $G$ 的作用 "线性化". 我们已经看见过一个这样做的例子: 如果 $G$ 作用在集合 $X$ 上, 就考虑在 $L^2(X)$ 上线性化的作用. 回忆一下, 不可约的 $G$ 集合的形状就是对于 $G$ 的某个子群 $H$ 的商群 $G/H$. 除了考虑 $L^2(G/H)$, 也可以对 $H$ 上的每一个表示 $W$ 考虑向量空间 $L^2(G/H, W) = \{f: G \to W | f(gh) = h^{-1}f(g), g \in G, h \in H\}$; 对于喜欢用几何语言来说的人, 这个空间就是 $G/H$ 上的 $W$ 丛的切口的空间. $G$ 的这个表示称为 $W$ 的由 $H$ 到 $G$ 的**诱导表示**.

另外一些线性化也是重要的. 例如, 如果 $G$ 连续地作用在一个拓扑空间 $X$ 上, 就可以考虑它是如何作用在同调类上, 从而也考虑它如何作用在 $X$ 的同调群[IV.6§4] 上[1]. 这里最简单的例子就是单位圆周上的映射 $z \to \bar{z}$. 因为它平方以后就得到恒等映射, 所以它给出了 $\mathbf{Z}/2\mathbf{Z}$ 在 $S^1$ 上的作用, 这也就变成 $\mathbf{Z}/2\mathbf{Z}$ 在 $H_1(S^1) = \mathbf{R}$ 上的表示 (恒等映射表示为乘以 1, $\mathbf{Z}/2\mathbf{Z}$ 的其他元素表示为乘以 $-1$).

这样的方法已经被用来决定有限单群[I.3§3.3] 的特征标表, 但是还远未能给出

---

[1] 本文中讲到的同调群是由同调类的具有整系数的形式和组成的. 如果需要用到向量空间, 则都取实系数.

适用于所有的群的一致的描述.

特征标表有许多算术性质, 提示我们所想要的非阿贝尔傅里叶变换会有哪些性质. 例如, 共轭类的大小能够整除群的阶, 而事实上, 表示的维数也能整除群的阶. 追随这样的思路引导到按照 mod $p$ 来检查特征标的值, 把它们与所谓 $p$ 局部子群关联起来. 所谓 $p$ 局部子群就是形如 $N(Q)/Q$ 的子群. 这里 $Q$ 是 $G$ 的阶数为 $p$ 的幂的子群, 而 $N(Q)$ 则是 $Q$ 的正常化子(normalizer)(其定义就是以 $Q$ 为正常子群的最大 $G$ 的子群). 当 $G$ 的一个所谓的 "$p$ 西罗 (Peter Ludwig Mejdell Sylow, 1832–1918, 挪威数学家) 子群" 是阿贝尔群时, Broué 有一个漂亮的猜想, 对于 $G$ 的表示给出了基本上完备的图景. 但是一般说来, 这些问题是大量的当代研究工作的中心.

## 3. 傅里叶分析

群的表示理论有一些群在一般的集合上的作用的理论所没有的很好的结构. 通过解释这一点, 我们已经论证了何以要研究群在向量空间上的作用. 如果我们以更加符合历史发展的方式来讲这个问题, 就可以这样开始: 函数空间时常是与某些群 $G$ 的很自然的作用俱来的, 而许多传统上有兴趣的问题也总可以与 $G$ 的这些表示相关联.

本节将要集中在 $G$ 为紧李群[III.48§1] 的情况. 我们将会看到, 这时有限群的表示的一些很好的性质仍然保持.

单位圆周 $S^1$ 上的平方可积函数的空间 $L^2(S^1)$ 这个例子提供了原型. 我们可以认为单位圆周是在复平面 $\mathbf{C}$ 上的, 这样把这个圆周与圆周的旋转群等同起来 (因为乘以 $e^{i\theta}$ 就是把圆周旋转一个角 $\theta$). 旋转这个作用可以线性化为 $L^2(S^1)$ 上的作用: 如果 $f$ 是定义在 $S^1$ 上的平方可积函数, 而 $w$ 是圆周上的一点, 就定义相应于 $w$ 的旋转在 $f$ 上的作用 $(w \cdot f)(z)$ 为 $f(w^{-1}z)$. 就是说 $(w \cdot f)$ 对于 $wz$ 的作用, 就是 $f$ 对于 $z$ 的作用.

经典的傅里叶分析把 $L^2(S^1)$ 中的函数按照三角函数的基底来展开: 在 $S^1$ 上, 三角函数的基底就是函数系 $\{z^n : n \in \mathbf{Z}\}$(当然, 把 $z$ 写成 $e^{i\theta}$, $z^n$ 写成 $e^{in\theta}$, 看起来更 "三角" 化一点). 如果固定 $w$, 并且记 $\varphi_n(z) = z^n$, 则 $(w \cdot \varphi_n)(z) = \varphi_n(w^{-1}z) = w^{-n}\varphi_n(z)$. 特别是, $w \cdot \varphi_n$ 对于每一个 $w$ 都是对 $\varphi_n$ 乘上一个模为 1 的复数 $w^{-n}$. 所以 $\varphi_n$ 所生成的 1 维子空间在 $S^1$ 的作用下不变. 事实上, 只要限制于连续表示, 则 $S^1$ 的**每一个**不可约表示都是这种形状的.

现在来考虑上面结果的一个看来无害的推广: 把 1 换成 $n$, 并试着来了解 $n$ 维单位球面 $S^n$ 上的平方可积函数空间 $L^2(S^n)$. 旋转群 $SO(n+1)$ 作用在 $n$ 维球面上, 而和通常一样, 可以利用这一点来得出 $SO(n+1)$ 在空间 $L^2(S^n)$ 上的表示, 而我们希望把它分解为不可约的表示. 等价地说, 就是希望把 $L^2(S^n)$ 分解为最小的

SO $(n+1)$ 不变子空间的直和.

后来证明了这是可能的, 而且证法也类似于有限群情况下的证明. 特别是, 每一个如 SO $(n+1)$ 这样的紧群都有一个自然的**概率测度**[III.71§2](称为哈尔 (Alfréd Haar, 1885–1933, 匈牙利数学家) 测度), 可以相对于它来定义平均值 (就是积分). 粗略地说, SO $(n+1)$ 情况的证明与有限群情况下的证明仅有的区别就在于: 现在要用积分来取代几个和式.

我们能够用这个方法来证明的一般结果如下. 如果 $G$ 是连续作用于一个紧空间 $X$ 上的紧群 (就是说, $X$ 的每一个置换 $\varphi(g)$ 都是 $X$ 上的连续映射, 而且 $\varphi(g)$ 对于 $g$ 也是连续的), 则 $L^2(X)$ 可以分解为有限维 $G$ 不变子空间的正交直和. 等价地说, $G$ 在 $L^2(X)$ 上的线性化了的作用可以分解为不可约表示的正交直和, 而这些不可约表示都是有限维的. 寻找 $L^2(X)$ 的希尔伯特空间的基底的问题, 分成两个子问题: 必须首先决定 $G$ 的不可约表示, 这个问题与 $X$ 并无关系; 然后决定每一个不可约表示在 $L^2(X)$ 中出现多少次.

如果 $G = S^1$(把它与 SO $(2)$ 等同起来), 而 $X$ 也是 $S^1$, 我们已经看见, 这些不可约表示都是 1 维的. 现在来看紧群 SO $(3)$ 在 $S^2$ 上的作用. 可以证明, $G$ 在 $L^2(S^2)$ 上的作用与拉普拉斯算子是可交换的. 在 $L^2(S^2)$ 上, 这个微分算子 $\Delta$ 的定义是

$$\Delta = \frac{\partial^2}{\partial x^2} + \frac{\partial^2}{\partial y^2} + \frac{\partial^2}{\partial z^2}.$$

所以对于 $g \in G$ 以及任意的 (充分光滑的) 函数 $f$, $g\Delta(f) = \Delta(gf)$ . 特别是, 如果 $f$ 是拉普拉斯算子的本征函数 (即有一个复数 $\lambda \in \mathbf{C}$, 使得 $\Delta f = \lambda f$), 则对任意 $g \in$ SO $(3)$ 都有

$$\Delta(gf) = g\Delta f = g\lambda f = \lambda gf,$$

所以 $gf$ 也是一个本征函数. 所以, 具有本征值 $\lambda$ 的拉普拉斯算子的本征函数空间 $V_\lambda$ 是 $G$ 不变的. 事实上, 可以证明, 如果 $V_\lambda$ 不是一个零空间, 则 $G$ 在其上的表示是一个不可约表示. 进一步, SO $(3)$ 的每一个不可约表示像这样出现也只有一次. 更准确地说, 有下面的希尔伯特空间的直和:

$$L^2(S^2) = \bigoplus_{n \geqslant 0} V_{2n(2n+2)}$$

而每一个本征空间 $V_{2n(2n+2)}$ 的维数是 $2n + 1$ . 这是具有**离散**本征值情况的例子 (在条目球面调和[III.87] 中, 对这些本征空间作了进一步的讨论).

每一个不可约表示只出现一次, 这个良好的特性是非常特殊的, 即只是对于空间 $L^2(S^n)$ 才具有的 (关于这种情况不出现的例子, 请回想一下有限群 $G$ 的正规表示 $L^2(G)$, 每一个不可约表示 $\rho$ 在其中恰好出现 $\dim \rho$ 次). 然而其他特性就比较

通有了, 例如, 当一个紧李群可微地作用于空间 $X$ 上时, 则 $L^2(X)$ 的相应于一个特定的表示的所有的 $G$ 不变子空间之和总是等于某一族可交换的微分算子的公共的本征向量的集合 (在上面的例子中, 这一族算子实际上只是一个算子, 就是拉普拉斯算子).

有趣的特殊函数[III.85], 例如一些微分方程的解, 时常都具有表示论的意义, 例如是系数矩阵. 从泛函分析和表示论的一般结果来推导它们的性质, 时常比任意的计算都更容易. 超几何方程、贝塞尔方程和许多可积方程都是这样来的.

关于紧群的表示理论和有限群的表示理论的相似性, 还有更多的话可说. 给定一个紧群 $G$ 和 $G$ 的一个不可约表示 $\rho$, 又可以取它的迹 (因为它是有限维的), 并由此定义它的特征标 $\chi_\rho$. 和前面一样, 特征标在每一个共轭类上都是常值的. 最后, "特征标表是正方形", 就是每一个不可约表示的特征标形成一个平方可积函数空间中的规范正交系, 而且在这个意义下是共轭不变的 (虽然, 这时的正方形矩阵是无限矩阵). 当 $G$ 就是 $S^1$ 时, 这就是傅里叶定理, 而当 $G$ 是有限群时, 这就是第 2 节里讲的定理.

### 4. 非紧群, 特征 $p$ 的群和李代数

"特征标表是正方形" 定理把我们的注意力吸引到具有很好的共轭类结构的那种群上. 如果就取这样一个群, 但是放松它为紧的要求, 又会怎么样呢?

非紧群的范式是实数集合 $\mathbf{R}$, 它如同单位圆周一样, 以明显的方式作用于它自己 (就是把实数 $t$ 与平移 $s \mapsto s + t$ 相联系), 所以让我们如通常所做的那样, 把它的作用线性化, 并且考虑 $\mathbf{R}$ 不变的子空间.

在这个情况下, 我们有不可约 1 维表示的连续族, 就是对每一个实数 $\lambda$, 都可以定义一个函数 $\chi_\lambda$ 为指数函数 $\chi_\lambda(x) = \mathrm{e}^{2\pi\mathrm{i}\lambda x}$. 这些函数并非平方可积的, 但是尽管有这个困难, 经典的傅里叶分析告诉我们, 可以用它们来写出任意的 $L^2$ 函数. 然而因为现在傅里叶模式在一个连续族中变化, 我们不能再把一个函数分解为一个和式: 我们必须使用积分, 用公式 $\hat{f}(\lambda) = \int f(x)\,\mathrm{e}^{2\pi\mathrm{i}\lambda x}\mathrm{d}x$ 来定义 $f$ 的傅里叶变换 $\hat{f}$. 于是, 我们想要的分解就是傅里叶逆变换公式 $f(x) = \int \hat{f}(\lambda)\,\mathrm{e}^{-2\pi\mathrm{i}\lambda x}\mathrm{d}\lambda$. 它告诉我们 $f$ 是函数 $\chi_\lambda$ 的加权积分. 也可以把这个公式想成是由函数 $\chi_\lambda$ 生成的 1 维子空间的 "直积分" (而不是直和). 然而对于这样的图景, 我们要小心一点, 因为 $\chi_\lambda$ 并不属于 $L^2(\mathbf{R})$.

这个例子指明了在一般情况下, 我们可以期望的是什么. 如果 $X$ 是一个带有测度的空间, 而群 $G$ 连续地作用在它上面但是保持子集合的测度不变 (例如平移在 $\mathbf{R}$ 上的作用就是这样), 于是 $G$ 在 $X$ 上的作用就会在所有不可约表示的集合上生成一个测度 $\mu_X$, 而 $L^2(X)$ 就可以按照这个测度分解为在所有不可约表示的空间上的

积分. 一个显式地描述这种分解的定理就叫做 Plancherel 定理 (Michel Plancherel, 1885–1967, 瑞士数学家).

作为一个比较复杂但是更加典型的例子, 我们来考虑 $SL_2(\mathbf{R})$(行列式为 1 的 $2\times2$ 实矩阵的群) 在 $\mathbf{R}^2$ 上的作用, 并且来看怎样分解 $L^2(\mathbf{R}^2)$. 正如当考虑 $S^2$ 上的函数时所做的一样, 我们要使用一个微分算子. 这就涉及一个小小的技术细节, 需要考虑的光滑函数在原点不一定有定义. 这时, 适用的算子是欧拉向量场 $x\dfrac{\partial}{\partial x}+y\dfrac{\partial}{\partial y}$. 不难验证, 如果 $f$ 满足以下条件: 对于所有的 $x,y$ 和 $t>0$, 有 $f(tx,ty)=t^s f(x,y)$, 则这个 $f$ 必定是欧拉向量场的关于本征值 $s$ 的本征向量, 而且这个本征值的本征空间中所有函数都适合这个条件 (这就是关于齐性函数的著名的欧拉定理). 记这个本征空间为 $W_s$, 它可以分解成 $W_s^+\oplus W_s^-$, $W_s^\pm$ 分别表示 $W_s$ 中的偶和奇函数的集合.

分析 $W_s$ 的结构的最简单的方法是计算李群 $SL_2(\mathbf{R})$ 的李代数[III.48§2]$\mathbf{sl}_2$ 的作用. 对于不熟悉李代数的读者, 可以简单地说, 李群 $G$ 的李代数, 就是跟踪 $G$ 中的 "无穷接近恒等元" 的那些元的作用, 而在现在的情况, 李代数 $\mathbf{sl}_2$ 就是迹为 0 的 $2\times2$ 矩阵 $\begin{pmatrix} a & b \\ c & -a \end{pmatrix}$ 所成的空间, 这个矩阵的作用就是微分算子 $(-ax-by)(\partial/\partial x)+(-cx+ay)(\partial/\partial y)$.

$W_s$ 的每一个元都是 $\mathbf{R}^2$ 上的函数. 如果把它限制在单位圆周上, 就会得到一个由 $W_s$ 到定义于 $S^1$ 上的光滑函数空间的映射, 而欧拉关于齐性函数的定理告诉我们, 这个映射其实是一个同构. 我们已经知道这个空间有一个傅里叶基底 $z^m$, $m$ 是一切正负整数和零. 现在把 $z^m$ 写成定义在 $x^2+y^2=1$ 上的函数 $(x+\mathrm{i}y)^m$ 更好, 因为用这样的写法就可以得出它的由 $S^1$ 上的函数到 $W_s$ 的唯一的扩张, 即扩张为 $w_m(x,y)=(x+\mathrm{i}y)^m(x^2+y^2)^{(s-m)/2}$. 然后就可以检验下面的简单的矩阵在这些函数上的作用, 在其中, 按照上面所说, 矩阵 $\begin{pmatrix} a & b \\ c & -a \end{pmatrix}$ 就表示算子 $(-ax-by)(\partial/\partial x)+(-cx+ay)(\partial/\partial y)$:

$$\begin{pmatrix} 0 & -\mathrm{i} \\ \mathrm{i} & 0 \end{pmatrix}\cdot w_m=mw_m,$$

$$\begin{pmatrix} 1 & \mathrm{i} \\ \mathrm{i} & -1 \end{pmatrix}\cdot w_m=(m-s)w_{m+2},$$

$$\begin{pmatrix} 1 & -\mathrm{i} \\ -\mathrm{i} & -1 \end{pmatrix}\cdot w_m=(-m-s)w_{m-2}.$$

由此可知, 只要 $s$ 不是整数, 则可以从 $W_s^+$ 中的任意函数 $w_m$ 利用 $\mathrm{SL}_2(\mathbf{R})$ 的作用, 得出 $W_s^+$ 的所有其他函数. 所以, $\mathrm{SL}_2(\mathbf{R})$ 不可约地作用于 $W_s^+$ 上. 类似地, 它也不可约地作用于 $W_s^-$ 上. 这样, 我们就遇到了一个与有限/紧情况显著不同的地方: 当 $G$ 为非紧时, 它的不可约表示可以是无限维的.

　　更仔细地观察 $W_s$ 的公式, 还可以看见更加令人困惑的差别. 为了弄懂这些差别, 我们要把**可约表示**和**可分解表示**区别开来. 前者是指没有非平凡的 $G$ 不变子空间的表示, 而后者是指可以把 $G$ 作用于其上的空间分解为 $G$ 不变子空间的直和. 可分解表示显然是可约的. 在有限/紧情况下, 我们用了一个平均的过程来证明相逆的结果: 可约表示也是可分解的. 但是现在没有一个自然的概率测度来作平均. 可以证明, 存在着可约但是不可分解的作用.

　　说真的, 如果 $s$ 是一个非负整数, 则子空间 $W_s^+$ 和 $W_s^-$ 给了我们这个现象的例子. 它们都是不可分解的 (事实上, 只要 $s$ 是一个不等于 $-1$ 的负整数, 这一点仍然是对的), 但是它们包含了一个维数为 $s+1$ 的不变子空间. 所以, 不能把这个表示写成不可约表示的直和 (然而, 如果我们的要求稍微弱一点: 如果把这个 $(s+1)$ 维空间 "商" 掉, 则商表示就是可分解的了).

　　懂得下面这一点是重要的: 为了生成不可分解但是可约的表示, 我们并不是在 $L^2(\mathbf{R}^2)$ 中工作, 而是在这样的函数空间里工作: 这些函数只是在除去原点的平面 $\mathbf{R}^2 \setminus \{(0,0)\}$ 中光滑, 而不一定在 $L^2(\mathbf{R}^2)$ 中. 例如函数 $w_m(x,y) = (x+\mathrm{i}y)^m (x^2 + y^2)^{(s-m)/2}$ 就不属于 $L^2(\mathbf{R}^2)$, 但是在除去原点的 $\mathbf{R}^2$ 中是光滑的. 如果我们限制只是考虑作用在 $L^2(X)$ 的子空间上 $G$ 的表示, 就能够把它们分解为不可约表示的直和了: 给出了一个 $G$ 不变子空间后, 它的正交补空间也是 $G$ 不变的. 所以最好是略去上面讲的那些很微妙的表示, 而只考虑这些作用. 但是后来发现, 先研究**所有的**表示 (包括那些很微妙的表示), 然后再区分哪一些表示只是发生在 $L^2(X)$ 里面的, 更加容易. 对于 $\mathrm{SL}_2(\mathbf{R})$, 刚才构造出来的表示 (它们是 $W_s^\pm$ 的子商) 就已经穷尽了所有的不可约表示[①], 而且适用于 $L^2(\mathbf{R}^2)$ 的 Plancherel 定理告诉我们, 这些表示中, 哪一些是在 $L^2(\mathbf{R}^2)$ 中, 重数是多少:

$$L^2(\mathbf{R}^2) = \int_{-\infty}^{\infty} W_{-1+\mathrm{i}t} \mathrm{e}^{\mathrm{i}t} \mathrm{d}t .$$

总结起来就是: 如果 $G$ 非紧, 就不再能在 $G$ 上取平均. 这一点有许多推论:

　　**表示构成连续的族**　$L^2(X)$ 的分解取 "直积分" 的形式, 而不是直和.

　　**表示不能分解为不可约表示的直和**　一个表示, 甚至在如像 $\mathrm{SL}_2(\mathbf{R})$ 在 $W_s^\pm$ 上的作用那样容许有限的复合的级数, 也不一定能分解为直和. 所以, 想要描述所有

---

　　① 为了把这一点说准确, 对于什么是 "同构" 需要小心, 因为有许多不同的拓扑线性空间都有同样的 **sl₂** 模, 这里, 正确的概念是无穷小等价性. 追随这个思路就引导到 Harish-Chandra ( Harish Chandra Mehrotra, 1923–1983, 印度数学家) 模的范畴, 在这个范畴里, 有很好的有限性性质.

的作用, 就需要比仅仅描述不可约作用做更多的事情 —— 还要描述把它们粘在一起的粘合剂.

迄今, 非紧的群 $G$ 的表示理论似乎**完全没有**紧群情况的那些令人愉快的特性. 但是有一点却保存下来了, 即 "特征标表是正方形" 定理仍然有类似物. 事实上, 我们仍然可以用群元素的迹来定义特征标. 不过现在要小心, 因为不可约表示现在可能是作用在无限维向量空间上的, 所以不能那么容易地定义它的迹. 事实上, 现在特征标也不再是 $G$ 上的函数, 而是广义函数[III.18] 了. 一个表示 $\rho$ 的特征标决定了它的半单化(semisimplification), 就是说, 它告诉我们哪些不可约表示是 $\rho$ 的一部分, 但是没有告诉我们怎样把这些部分粘合起来①.

这些现象是由 Harish-Chandra 在 1950 年代的一系列出色的论文中发现的, 这些工作完全地描述了如讨论过的那样的李群的表示理论 (准确的条件是: 它们应该是实的约化群 (reductive group)—— 这个概念本文下面还会解释), 还描述了经典的傅里叶分析的定理在这个情况下的推广②.

稍早一点, 布饶尔 (Brauer) 独立地研究了特征为 $p$ 的域上有限维向量空间有限群的表示理论. 在这里, 可约的表示也不一定能写为直和. 这里问题不在于缺少了紧性 (这是显然的, 因为现在一切都是有限的), 而在于不能在群 $G$ 上求平均, 因为求平均需要用 $|G|$ 去除, 而 $|G|$ 又时常为 0. 一个能说明这一点的简单例子是群 $\mathbf{Z}/p\mathbf{Z}$ 在空间 $\mathbf{F}_p^2$ 上如下的作用: 映 $x$ 为 $2\times 2$ 矩阵 $\begin{pmatrix} 1 & x \\ 1 & 0 \end{pmatrix}$. 这个表示是可约的, 因为列向量 $\begin{pmatrix} 1 \\ 0 \end{pmatrix}$ 在此作用下不变, 从而生成一个不变子空间. 但是, 这个表示是不可分解的, 因为如果这个作用是可分解, 矩阵 $\begin{pmatrix} 1 & x \\ 1 & 0 \end{pmatrix}$ 就应该可以对角化, 但它是不能对角化的. 所以, 现在也存在着可约但是不可分解的作用.

可能有无穷多个在一个连续族中变化的表示. 然而, 和前面一样, 只有有限多个不可约表示, 所以仍然有机会会 "特征标表是正方形" 定理, 其中正方形的各行是由不可约特征标来参数化的. 布饶尔证明了这样一个定理, 把特征标与 $G$ 中的 $p$半单(p-semisimple) 共轭类配起对来, 所谓 $p$ 半单共轭类就是阶数不能被 $p$ 整除的元素的共轭类.

从 Harish-Chandra 和布饶尔的工作中, 我们可以得到两点粗浅的教益. 第一, 群的表示的范畴始终是一个很有道理的对象, 但是当表示是无限维的时候, 就需要经过严谨的技术性工作才能把它建立起来. 这个范畴里的对象不一定都能分解为

---

① Harish-Chandra 的一个主要定理告诉我们, 定义一个特征标的广义函数, 在群的半单元素的稠密子集合上是由一个**解析函数**给出的.
② 对于实的约化群, 决定其不可约**酉表示**的问题仍未解决, 这方面最完备的结果要归于 Vogan.

不可约的对象的直和 (就说这个对象不是半单的), 而且可能成为无限的族, 但是不可约的对象与群中的某些 "可对角化" 的共轭类是成对的 —— 总有 "特征标表是正方形" 定理的某种类比.

可以证明, 当在更一般的背景下考虑表示问题时 —— 作用于向量空间上的李代数、量子群、无限维复形上的 $p$ 进群或 $p$ 进向量空间等等 —— 定性的特性总是一样的.

第二个教益就是我们总希望有某种 "非阿贝尔傅里叶变换", 就是希望有一个集合把不可约表示参数化, 并且用这个集合来描述特征标的值.

对于实的约化群, Harish-Chandra 的工作给出了这个问题的答案, 推广了外尔[14.80] 关于紧群的特征标的公式; 对于任意的群, 就没有这样的答案. 对于特殊类型的群, 有一些部分成功的原理 (轨道方法、Broué 猜想), 其中最深刻的就是一套非常出色的猜想, 通称为朗兰兹 (Robert Phelan Langlands, 1936–, 出生于加拿大长期在美国工作的数学家) 纲领, 对此我们在下面将稍作解释.

## 5. 插曲: "特征标表是正方形" 在原理上的教益

我们的基本定理 (即 "特征标表是正方形" 定理) 使我们期望, 当群 $G$ 的共轭类结构可用某种方式加以控制时, 则 $G$ 的所有不可约表示的范畴总是有趣的. 我们将以解释这一种群的值得注意的一族例子来结束本文. 这就是约化代数群的有理点, 以及关于它们的猜想中的表示理论, 这个理论是由**朗兰兹纲领**来描述的.

一个**仿射代数群**就是 $GL_n$ 的某个子群, 而此子群是由其中的矩阵的元素所应该满足的多项式方程来定义的. 例如, 矩阵的行列式就是矩阵的元素的一个多项式, 所以, 群 $SL_n$, 即由 $GL_n$ 中的行列式为 1 的矩阵构成的群, 就是一个仿射代数群. 另一个仿射代数群是 $SO_n$, 它是由适合关系式 $AA^T = I$(这也是矩阵元素的一组多项式) 而且行列式为 1 的矩阵所构成的.

上面的记号 (和常见的 $GL_n(\mathbf{R})$, $GL_n(\mathbf{C})$ 等等不同) 并没有确定这些矩阵的元素取自哪个域. 这样模糊一点是故意的. 给定了一个代数群 $G$ 和一个域 $k$, $G(k)$ 这个记号就表示其中的矩阵的元要从 $k$ 中取. 例如 $SL_n(\mathbf{F}_q)$ 就表示元素取自有限域 $\mathbf{F}_q$ 而行列式又为 1 的 $n \times n$ 矩阵的集合. 这个群是有限群, $SO_n(\mathbf{F}_q)$ 也是有限群; 而 $SL_n(\mathbf{R})$ 和 $SO_n(\mathbf{R})$ 是李群. 此外, $SO_n(\mathbf{R})$ 还是紧群, $SL_n(\mathbf{R})$ 则不是. 所以在仿射代数群里, 在上面讨论过的三种群: 有限群、紧李群和非紧李群, 都会遇到.

我们可以把 $SL_n(\mathbf{R})$ 想成是 $SL_n(\mathbf{C})$ 中等于自己的复共轭的矩阵所成的集合. $SL_n(\mathbf{C})$ 里面还有另一种对合 (involution), 就是把一个矩阵 $A$ 映为 $(A^{-1})^T$ 的复共轭, 这种对合称为复共轭的 "扭" 形式. 这个对合的不动点 (即行列式为 1 而且与 $(A^{-1})^T$ 的复共轭相等的矩阵 $A$, 亦即适合方程 $A\overline{A^T} = I$ 的矩阵 $A$) 成为一个群, 称为特殊酉群, 记作 $\mathrm{SU}_n(\mathbf{R})$, 它也称为 $\mathrm{SU}_n(\mathbf{C})$ 的**实形式**[1], 它是一个紧李群.

群 $\mathrm{SL}_n(\mathbf{F}_q)$ 和群 $\mathrm{SO}_n(\mathbf{F}_q)$ 都是几乎单群[2]. 神秘的是, 有限单群的分类告诉我们, 所有单群除了 26 个以外, 都具有这个形式. 一个容易得多得多的定理指出, **连通紧群**都有这种形式.

现在, 给定一个代数群 $G$, 也可以考虑 $G(\mathbf{Q}_p)$ 这样的例子, 其中 $\mathbf{Q}_p$ 是 $p$ 进数域; 还可以考虑 $G(\mathbf{Q})$, 其中 $\mathbf{Q}$ 是有理数域. 就此而言, 还可以对任意其他的域 $k$, 考虑 $G(k)$, 这里 $k$ 例如可以是代数簇上的函数域[V.30]. 第 4 节给我们的教益在于: 我们可以期望, 对于这么多的群都有希望得到好的表示理论, 但是为了得到它, 就必须克服严重的 "分析的" 或 "算术的" 困难, 这些困难又强烈地依赖于 $k$ 的性质.

为了不使读者产生一种过于乐观的观点, 我们要指出, 并非每一个仿射代数群都有很好的共轭类结构. 例如, 取 $V_n$ 为 $\mathrm{GL}_n$ 中所有上三角形的而且在主对角线上的元全是 1 的矩阵的集合 (这个 $V_n$ 容易证明也是一个仿射代数群), 而取 $k$ 为 $\mathbf{F}_q$. 对于很大的 $n$, $V_n(\mathbf{F}_q)$ 的共轭类构成了很大很复杂的族. 为了把它参数化, 需要的参数多于 $n$ 个是很合理的 (换句话说, 它们在合适的意义下属于一个维数大于 $n$ 的族), 事实上, 对于小一点的 $n$, 例如 $n=11$, 就还不知道怎样把它们参数化 (当然, 说这是一个 "好" 的问题也并不显然).

一般地说, 一个可解群, 哪怕其本身是 "很合理" 的群, 也会有很可怕的共轭类结构. 所以我们可以想象得到, 它的表示理论也会是很可怕的. 我们所能期望的最好也就是得到用这种可怕的结构来描述特征标表的结果 —— 这是一种非阿贝尔傅里叶积分. 对于某些 $p$ 群, Kirillov(Alexandre Aleksandrovich Kirillov, 1936–, 前苏联数学家) 在 1960 年代作为 "轨道方法" 的一个例子, 就得到了这样一个结果. 但是, 一般的结果至今尚不知道.

另外, 类似于连通紧群的群确有很好的共轭类结构. 特别是, 有限单群是这样的. 如果 $G(\mathbf{C})$ 有紧的实形式, 一个代数群 $G$ 就称为**约化群**(reduc Tive). 例如 $\mathrm{SL}_n$ 由于实形式 $\mathrm{SL}_n(\mathbf{R})$ 的存在就是一个约化群. 群 $\mathrm{GL}_n$ 和 $\mathrm{SO}_n$ 也是约化群, 但是 $V_n$ 则不是[3].

我们来考察一下群 $\mathrm{SU}_n$ 的共轭类. $\mathrm{SU}_n(\mathbf{R})$ 中的每一个矩阵都可以对角化,

---

① 当我们说 $\mathrm{SL}_n(\mathbf{R})$ 和 $\mathrm{SU}_n(\mathbf{R})$ 分别是 $\mathrm{SL}_n(\mathbf{C})$ 和 $\mathrm{SU}_n(\mathbf{C})$ 的 "实形式" 时, 其准确的含义都是说它们都可以描述为一个实矩阵群的子群, 而这些实矩阵各为一族多项式方程的解, 而如果把这些方程用于复矩阵的元素时, 其结果分别同构于 $\mathrm{SL}_n(\mathbf{C})$ 和 $\mathrm{SU}_n(\mathbf{C})$. —— 中译本注

② 就是说这些群对于其中心的商群都是单群. 群 $G$ 的中心就是由与 $G$ 的一切元可交换的元所成的集合, 记作 $Z(G)$:$Z(G)=\{x\in G:\forall g\in G,\ xg=gx\}$, 它是 $G$ 的子群 —— 中译本注

③ 有一个与这里所讲的并不相干的奇迹, 即紧连通群很容易加以分类. 每一个紧连通群基本上都是圆周和一个非阿贝尔紧单群的乘积. 后者可以用邓肯 (Dynkin) 图[III.48] 来参数化. 这些群就是 $\mathrm{SU}_n, \mathrm{Sp}_{2n}, \mathrm{SO}_n$, 还有 5 个其他的, 记作 $E_6, E_7, E_8, F_4$ 和 $G_2$. 全部紧连通群就是这么多!

而两个共轭的矩阵的本征值除了排列次序可以不同以外, 是相同的. 反过来, 如果 $SU_n(\mathbf{R})$ 中两个矩阵有相同的本征值, 则它们一定是共轭的. 所以 $SU_n(\mathbf{R})$ 中的共轭类可以用所有对角矩阵所成的子群对于交换对角线上的元的这种作用 $S_n$ 的商来参数化.

这个例子可以加以推广. 任何紧连通群都有一个**最大环面**(maximal torus) $T$, 就是最大的同构于圆周的乘积的子群 (在上面的例子中, 它就是对角矩阵构成的子群). 任意两个最大环面都是在 $G$ 中共轭的, 而 $G$ 中的任意共轭类都与 $T$ 相交在 $T$ 的唯一 $W$ 轨道上, 这里的 $W$ 是**外尔群**(Weyl group), 即有限群 $N(T)/T$ (这里的 $N(T)$ 是 $T$ 的正常化子).

对于代数闭域 $\bar{k}$, 对于 $G(\bar{k})$ 的共轭类的描述仅仅稍微复杂一点. 任意元 $g \in G(\bar{k})$ 都可以作约当分解[III.43], 就是可以写成 $g = su = us$, 其中的 $s$ 共轭于 $T(\bar{k})$ 中的一个元, 而 $u$ 作为 $GL_n(\bar{k})$ 的元看待时, 是一个幺幂矩阵(unipotent matrix)(一个矩阵 $A$, 如果 $A - I$ 的某一个幂为零就称为幺幂的). 幺幂元永远不与紧子群相交. 当 $G = GL_n$ 时, 这就是通常的约当分解定理. 幺幂元的共轭类可以用 $n$ 的分割来参数化, 这种共轭类, 如在第 2 节里讲过的那样, 就是 $W = S_n$ 的共轭类. 对于一般的约化群, 幺幂共轭类又一次几乎与 $W$ 中的共轭类是相同的[1]. 特别是, 这种共轭类只有有限多个, 而且与 $\bar{k}$ 无关.

最后, 如果 $k$ 不是代数闭的, 可以用一种伽罗瓦家族的成员来描述共轭类. 例如, 在 $GL_n(k)$ 中, 半单类仍然是由特征多项式决定的, 但是这个多项式的系数在 $k$ 中这一事实限制了可能的共轭类.

这样详细地来描述共轭类的结构, 要点在于要用类似的语言来描述表示理论. 共轭类结构的一个初步的特性在于它们是以不同的方法, 把域 $k$ 以及附加于 $G$ 而实际上与 $k$ 无关的那些有限的组合数据分离开来的. 这些有限的组合数据例如有 $W$、定义 $T$ 的格网、根和权重等等.

特征标表是正方形这个定理, 建议一种 "哲学"(或者说是一种 "基本的原理"), 就是表示理论也应该允许这样一种分离. 它应该建立在圆周的一个类似物 $k^*$ 的表示理论和 $G(\bar{k})$ 的组合结构 (例如有限群 $W$) 之上. 此外, 表示应该有一种 "约当分解"[2]. "幺幂表示" 应该有某一类的组合的复杂性, 但是应该与 $k$ 没有什么关系, 而且紧群应该没有幺幂表示.

朗兰茨纲领给出了沿着这样铺设的道路的描述, 但是在一个方面, 它远远超过

---

① 这两个共轭类是不同的, 但是是相关的. 准确些说, 它们是由一种组合的数据, 即相应的外尔群的 Lusztig 的**双侧胞腔**(two-sided cells) 给出的.

② 第一个这样的定理是由格林和施坦贝格对于 $GL_n(\mathbf{F}_q)$ 证明的. 然而, 关于特征标的约当分解的概念源自布饶尔关于模表示理论的工作. 这就是我们在第 3 节里提到的他的 "特征标表是正方形" 定理的模类比的一部分.

了我们在上面建议的任何一个结果, 就在于它也描述了特征标表的元, 而且给出了 (迄今还是一种猜测) 我们所希望的 "非阿贝尔傅里叶变换".

**6. 终曲: 朗兰茨纲领**

我们以提出一些命题作为结束. 如果 $G(k)$ 是一个约化群, 我们想要描述 $G(k)$ 的表示的一个适当的范畴, 至少是描述其特征标表, 作为这个范畴的 "半单化".

甚至当 $k$ 是有限域时, 希望 $G(k)$ 中的共轭类就可以把它的不可约表示参数化, 也是过分的奢望. 但是可以对不那么遥远的事情做如下的猜测.

对于一个代数闭域上的约化群 $G$, 朗兰茨附加上了另一个约化群 $^LG$, 称为**朗兰茨对偶**(Langlands dual), 而且猜想, $G(k)$ 的表示可以用 $^LG(\mathbf{C})$ 的共轭类来参数化①. 然而用来做参数化的并不和以前一样, 不是用的 $^LG(\mathbf{C})$ 中的元, 而是用从 $k$ 的伽罗瓦群到 $^LG$ 上的同态. 朗兰茨对偶原来是以组合方式来定义的, 但是现在有了一种概念性的定义. $(\mathrm{GL}_n, \mathrm{GL}_n)$, $(\mathrm{SO}_{2n+1}, \mathrm{Sp}_{2n})$ 以及 $(\mathrm{SL}_n, \mathrm{PGL}_n)$ 就是群 $G$ 和它的朗兰茨对偶所成的对子 $(G, {}^LG)$ 的几个例子.

朗兰茨纲领就描述了怎样把表示理论在 $G$ 的结构和 $k$ 的算术上建立起来.

虽然这样的讲法给出了这些猜测的韵味, 但是这样来宣布朗兰茨的猜测并不太正确. 例如, 伽罗瓦群就需要作一些修改②, 才能使对应关系 $\mathrm{GL}_1(k) = k^*$ 是正确的. 当 $k = \mathbf{R}$ 时, 就会得到 $\mathbf{R}^*$(或其紧形式 $S^1$) 上的表示理论, 就是傅里叶分析; 另一方面, 当 $k$ 是 $p$ 进局部域时, $k^*$ 上的表示理论是由局部类域理论来描述的. 我们已经看到朗兰茨纲领的一个非常了不起的侧面: 它恰好是把调和分析与数论统一起来了.

朗兰茨纲领的最能服人的版本就是在表示范畴与朗兰茨参数空间的某些几何对象之间有一种 "导出范畴的等价性". 这些猜想中的命题, 就是我们希望的傅里叶变换.

虽然已经取得了很大的进步, 朗兰茨纲领的很大一部分仍然有待证明. 对于有限的约化群, 已经证明了稍微弱一点的命题, 其中绝大部分的结果是 Lusztig 得到的. 因为所有的有限单群, 除了 26 个以外, 都是约化群, 而那 26 个散在群的特征标表又已经个别地计算出来了, 这些工作就已经算出了所有有限单群的特征标表.

对于 $\mathbf{R}$ 上的群, Harish-Chandra 和后来的作者的工作也证实了这些猜测. 但是对于其他的域, 还只证明了零星的定理. 大量工作仍然有待完成.

---

① 这里加上 $\mathbf{C}$ 是因为我们想要找复向量空间上的表示. 如果我们想找的是别的域 $\mathbf{F}$ 上的向量空间上的表示, 就会取 $^LG(\mathbf{F})$.

② 经过适当修改的伽罗瓦群称为外尔 -Deligne 群.

**进一步阅读的文献**

表示理论的一本很好的入门教材是 Alperin 的 *Local Representation Theory*. Cambridge University Press, Cambridge, 1993 一书. 关于朗兰茨纲领, 1979 年美国数学会出版的 *Automorphic Form, Representation, and L-functuions* 一书 (但是通常都称为《The Corvallis 文集》) 虽然比较高深, 作为一个起点, 不会比其他的书差.

# IV.10  几何和组合群论

Martin R. Bridson

## 1. 什么是组合群论和几何群论

群和几何在数学中是无处不在的. 群之所以无处不在, 是因为任意数学对象的对称性 (也就是自同构[ I.3§4.1] ) 在任意背景下都构成群; 几何之所以无处不在, 是因为它使我们能够直观地思考抽象的问题, 而且把一族对象组织成为空间, 则可以从空间获得整体的洞察.

本文的目的是引导读者去研究无限的离散群. 我们将既讨论对于这个学科统治了 20 世纪大部分时间的组合的途径, 也将讨论在近二十多年来使得这个学科极大地繁荣起来的更加几何化的前景. 我希望说服读者, 对于群的研究是整个数学的事情, 而不是特别属于代数领域的事情.

**几何群论**的主要焦点是几何学/拓扑学和群论的相互作用, 这种作用通过群的作用和对几何概念所作的适当的翻译进入了群论. 我们想要发展和利用这种相互作用, 是为了几何学/拓扑学和群论双方的利益. 而遵照群在整个数学中都很重要这个断言, 我们希望把来自数学其他地方的问题编码为群论问题, 这样来说明和解释它们.

几何群论虽然是在 1980 年代晚期才获得了独自的身份的, 但是它的主要思想的根却在 19 世纪末. 到了那个年代的晚期, 低维拓扑和**组合群论**交织在一起出现. 粗浅地说, 组合群论就是用表现 (presentation)[①] 的语言, 即用生成元和关系的语言来研究群论. 为了能够跟得上本文下面的各部分, 读者有必要先弄懂这些名词的意义是什么. 但是要讲它们的定义, 就需要把这里的讨论停下来一个长时间, 这会打断了思想的流动, 而是难以接受的, 所以我把这些定义推迟到下一节, 但是对于不熟悉 $\Gamma = \langle a_1, \cdots, a_n \mid r_1, \cdots, r_m \rangle$ 这种符号的读者, 我仍然强烈建议他们暂停一下, 先读一读下一节, 然后再回到这里.

---

① 前一篇文章讲的是群的 "表示(representation)", 现在讲的是群的 "表现(presentation)", 中英文文字都相近, 但是含义完全不同, 希望不要混淆. —— 中译本注

上面讲的组合群论的粗糙的定义忽视了一个要点, 即组合群论也和数学的许多部分一样, 是一个更多地由它的核心问题和来源来决定而不是由基本的定义来决定的学科. 这个学科的初始的推动力是来自描述双曲等距的离散群, 而最特别需要提出的是来自庞加莱[VI.61] 在 1895 年所发现的流形 [ I.3§6.9] 的基本群[VI.6§2]. 这里出现的群论的问题后来由 Tietze (Heinrich Franz Friedrich Tietze, 1880–1964, 奥地利数学家) 和 Dehn(Max Dehn, 1878–1952, 德国数学家) 的工作而在 20 世纪第一个十年集中地汇聚起来, 并且在 20 世纪其余的年代里驱动了大部分的组合群论的研究.

开创了关于群的这一个划时代工作的问题并不都是来自拓扑学, 数学的其他领域也提出了一些关于群的具有基本性质的问题. 下面就是这些问题所取的一些形式: 是否存在以下类型的群? 哪些群具有以下的性质? 某个东西的子群是什么? 下面的群是否无限的? 什么时候能从一个群的有限的商群决定这个群的结构? 下一节将试着说明一下与这一类问题相关的数学文化, 但是我要马上就提出一些陈述起来很容易但其实很难的经典问题: (i) 令 $G$ 为一个有限生成的群, 并且设有一个正整数 $n$, 使得对 $G$ 的所有元 $x$ 都有 $x^n = 1$. 这时, $G$ 是否必定为有限的? (ii) 是否存在一个有限表现的群 $\Gamma$ 和一个满射同态 $\phi : \Gamma \to \Gamma$, 使得存在一个 $\gamma \neq 1$, 但是 $\phi(\gamma) = 1$?(iii) 是否存在一个有限表现的无限单群[ I.3§3.3]? (iv) 是否每一个可数的群都同构于一个有限生成群的子群? 甚至是有限表现群的子群?

第一个问题是本塞德[VI.60] 在 1902 年提出来的. 第二个问题是霍普夫在研究流形之间的映射度为 1 的映射时提出来的. 后面 (第 5 节) 将给出这 4 个问题的解答, 借以说明组合群论和几何群论都具有的一个重要的侧面, 那就是需要发展一些能够构造出具有所需性质的显式的群的技巧. 这些技巧表明了数学的其他分支的可能现象的多样性, 所以就特别有趣了.

另一类在组合群论中产生基本问题的还有以下形式的问题: 是否存在一种算法, 来决定某一个群 (或群中的给定的元素) 具有这样或那样的性质? 例如, 是否存在一个算法, 可以作任意有限表现并且用有限步就可以决定所表现的群是平凡的? 这种类型的问题, 引导到群论和逻辑学之间的深刻而又对双方都有益的相互作用, 而在 Higman 的嵌入定理中发挥到极致. 这个定理将在第 6 节中讨论. 此外, 逻辑学还通过组合群论的渠道影响到拓扑学, 例如, 利用群论的构造证明了在 4 维和更高维情况下, 不存在一种算法来决定哪些紧的可三角剖分流形之间有同胚存在. 这表明了有些在 2 维或 3 维情况下得到的关于分类的结果并没有高维的类比.

可以合理地认为, 组合群论的企图就是想发展代数的技巧来解决上面描述的那种类型的问题, 并且在这个过程中, 确定有哪些类的群特别值得研究. 最后这一点, 就是哪些群值得注意的问题, 我们将在最后一节里正面地讨论.

组合群论的有些胜利本质上是组合学性质的, 但是更多的胜利的真正本质, 是

近二十年来引入了一些几何技巧以后, 才得以揭示的. 这一点的一个很好的例子
就是, Gromov (Mikhail Leonidovich Gromov, 1943–, 俄罗斯出生的法国籍数学家,
2009 年因为在 "几何学方面的革命性贡献" 获得阿贝尔奖) 的洞察力, 正是这样把
群论的算法问题与黎曼几何的所谓充填问题 (filling problem) 联系起来了. 进一步
说, 几何群论的力量绝不仅限于改进组合群论的技巧, 它很自然地引导人们去思考
许多具有基本重要性的问题. 例如, 它提供了一个背景, 可以在这个背景下弄清经
典的刚性定理[V.23] 并且大为推广, 如 Mostow 所做的那样. 像这样一种应用的关
键是, 有限生成群的本身就可以很有用地看成一个几何对象. 这正是支撑了本文
以下各节的关键思想.

## 2. 表现一个群

怎样来描述一个群? 用一个例子就能说明这样做的标准的方法, 并且对于它为
什么时常是适用的给出一点想法.

考虑很平常的用等边三角形作平面的铺砖结构 (tiling)[①] . 怎样来描述这个铺
砖结构的完全的对称群 $\Gamma_\Delta$ 呢? 这里的对称就是把平面的镶嵌中的一块砖用刚体
运动变为同一个镶嵌中的另一块砖. 我们集中注意一块砖 $T$, 以及它的一个特定的
边 $e$, 这样就可以找出 3 个对称. 第一个记作 $\alpha$, 就是平面对于 $e$ 所在的直线的反
射. 另外两个 $\beta$ 和 $\gamma$ 就是平面对于 $e$ 的两个端点与它在 $T$ 中的对边中点连线的反
射. 稍微费一点力气, 您就会相信, 只要按适当顺序反复地应用这 3 个运算, 就能得
到这个铺砖结构的所有对称. 我们把这件事说成是集合 $\{\alpha, \beta, \gamma\}$ **生成群** $\Gamma_\Delta$.

还有一个很有用处的观察, 就是如果连续两次作 $\alpha$, 铺砖结构就会回到原来的
位置, 就是说 $\alpha^2 = 1$. 类似地也有 $\beta^2 = 1, \gamma^2 = 1$, 也可以验证 $(\alpha\beta)^6 = (\alpha\gamma)^6 = (\beta\gamma)^3 = 1$.

可以证明, 群 $\Gamma_\Delta$ 只需要用这些事实就能完全决定, 用下面的记号来总结这一
点:

$$\Gamma_\Delta = \left\langle \alpha, \beta, \gamma \,\middle|\, \alpha^2, \beta^2, \gamma^2, (\alpha\beta)^6, (\alpha\gamma)^6, (\beta\gamma)^3 \right\rangle .$$

本节余下的部分将更详细地说明这个记号是什么意思.

可以证明, 从这里已经提出的事实还可以导出其他的事实, 例如, 由 $\beta^2 = \gamma^2 = (\beta\gamma)^3 = 1$, 还可以证明

$$(\gamma\beta)^3 = (\gamma\beta)^3 (\beta\gamma)^3 = 1.$$

这里首先是应用了 $(\beta\gamma)^3 = 1$, 再把上式第二个等式中的因子 $(\gamma\beta)^3$ 和 $(\beta\gamma)^3$ 展开,
并且反复地把 $\beta\beta$ 和 $\gamma\gamma$ 消去, 就可以得到最后一个等式. 我们希望传递一个思想,

---

① tiling, 还有 tesselation, 有时也译成镶嵌或镶嵌结构. —— 中译本注

就是在 $\Gamma_\Delta$ 中, 在生成元之间除了用上面那样的论证可以提得到的事实外, 再也没有其他关系.

现在我们比较形式地来陈述以上所说的. 定义群 $\Gamma$ 的**生成元的集合**就是 $\Gamma$ 的一个子集合 $S \subset \Gamma$, 使得群 $\Gamma$ 中的每一个元都可以表示为 $S$ 中的元及它们的逆的乘积. 就是说, $\Gamma$ 的每一个元都可以写成 $s_1^{\varepsilon_1} s_2^{\varepsilon_2} \cdots s_n^{\varepsilon_n}$ 的形状, 其中每一个 $s_i$ 都是 $S$ 的元, 而 $\varepsilon_i$ 等于 $+1$ 或 $-1$. 如果这个乘积等于 $\Gamma$ 的恒等元, 就说这种类型的乘积是一个**关系**.

这里有一个麻烦的含混之处. 当我们说到 $\Gamma$ 中某些元素的 "乘积" 时, 听起来 "乘积" 就意味着 $\Gamma$ 的另一个元素, 但是上一段最后一句话肯定不是这个意思: 关系并不就是 $\Gamma$ 的恒等元, 而是**一串符号**, 如 $ab^{-1}a^{-1}bc$ 那样, 而如果把 $a, b, c$ 解释为 $\Gamma$ 的生成元, 这一串符号就会给出 $\Gamma$ 的恒等元. 为了把这一点弄得更清楚, 再定义另一个群 $F(S)$, 称为**自由群**, 是有用处的.

为了具体起见, 我们要来描述具有三个生成元的自由群, 而令集合 $S$ 就是 $\{a, b, c\}$. 一个典型的元素就是 $S$ 的元素及它们的逆所成的一个 "字"(word), 上一段里面讲的 $ab^{-1}a^{-1}bc$ 这样的表达式就是一个字. 然而我们有时认为两个字是相同的, 例如, 下面两个字就是相同的: $abcc^{-1}ac$ 和 $abab^{-1}bc$. 因为如果消去连在一起的某个元及其逆 $cc^{-1}$ 和 $b^{-1}b$ 就会看到它们是相同的. 比较形式的说法就是: 定义这样两个字是等价的, 而**等价类**[ I.2§2.3] 的集合就叫做自由群. 要把两个字相乘, 只需要把它们依次写下来就可以了, 例如 $ab^{-1}$ 和 $bcca$ 的乘积就是 $ab^{-1}bcca$, 它可以缩短为 $acca$. 恒等元就是 "空字". 以上得到的就是具有生成元, $a, b$ 和 $c$ 的自由群. 如何把它推广到任意集合 $S$, 现在应该很清楚了, 虽然我们还只讨论群 $\{a, b, c\}$.

刻画 $a, b$ 和 $c$ 上的自由群的一个比较抽象的方法是说, 自由群有一种**万有的**(universal) 性质如下: 如果 $G$ 是任意的群, 而 $\phi$ 是由集合 $S = \{a, b, c\}$ 到 $G$ 的函数, 则必有由自由群 $F(S)$ 到 $G$ 的唯一的同态 $\Phi$, 使得 $\Phi(a) = \phi(a), \Phi(b) = \phi(b), \Phi(c) = \phi(c)$. 事实上, 只要我们要求 $\Phi$ 具有这样的性质, 则对 $\Phi$ 的定义就只能是定死了的. 因为按照同态的定义, $\Phi(ab^{-1}ca)$ 就只能是 $\phi(a)\phi(b)^{-1}\phi(c)\phi(a)$, 所以 $\Phi$ 一定是唯一的. 这样的定义确实能够给出一个明确界定而无疑义的 (well-defined) 同态, 其理由粗浅地说就是, 在 $F(S)$ 上成立的等式只能是在所有具有相同的 $F(S)$ 的群 $S$ 上都成立的等式, 这时要想 $\Phi$ 不是同态, 就需要有一个关系式在 $F(S)$ 上成立, 而在 $G$ 上不成立. 这是不可能的.

现在回到我们的例子 $\Gamma_\Delta$. 我们想要证明它就是 (同构于) 以 $\alpha, \beta$ 和 $\gamma$ 为生成元, 并且具有关系 $\alpha^2 = \beta^2 = \gamma^2 = (\alpha\beta)^6 = (\alpha\gamma)^6 = (\beta\gamma)^3 = 1$ 的 "最自由" 的群. 但是说 "最自由" 的同构于 $\Gamma_\Delta$ 的群确切的意思是什么?

为了避免 $\alpha, \beta$ 和 $\gamma$ 含义的混淆 (它们究竟是 $\Gamma_\Delta$ 的元还是我们想要构造的同构于 $\Gamma_\Delta$ 的那个最自由的群的元?), 在回答这个问题时, 把 $\alpha, \beta$ 和 $\gamma$ 改写为 $a, b, c$.

这样我们想要构造的就是以 $a, b, c$ 为生成元而且具有关系 $a^2 = b^2 = c^2 = (ab)^6 = (ac)^6 = (bc)^3 = 1$ 的 "最自由" 的群, 把它记作 $G = \left\langle a, b, c \left| a^2, b^2, c^2, (ab)^6, (ac)^6, (bc)^3 \right. \right\rangle$.

有两个方法来着手这件事. 第一个是仿照上面关于自由群的讨论, 只不过, 现在两个字被视为等价的, 不仅是由于可以在一个字里面塞进两个互逆的元的乘积 (如 $ff^{-1}$) 而得到另一个字, 而且允许塞进 $a^2, b^2, c^2, (ab)^6, (ac)^6$ 和 $(bc)^3$ 这些字的一个. 例如, 在这个群中, $ab^2c$ 就是等价于 $ac$ 的. 于是, 这个最自由的群 $G$ 就是字的等价类的集合, 而群中的乘法运算就是把两个字并排放在一起.

获得 $G$ 的另一个方法则比较干净, 更着重概念内容, 而且利用了自由群的万有性质. 因为 $G$ 是由 $a, b, c$ 生成的. 令集合 $S = \{a, b, c\}$, 我们想构造的自由群 $F(S)$ 的万有性质告诉我们, 必定有唯一的同态 $\Phi : F(S) \to G$, 使得 $\Phi(a) = a, \Phi(b) = b, \Phi(c) = c$. 我们还要求所有 $a^2, b^2, c^2, (ab)^6, (ac)^6$ 和 $(bc)^3$ 这些元都必须被 $\Phi$ 映为 $G$ 的恒等元. 由此可知, $\Phi$ 的核 [ I.3§4.1] 是 $F(S)$ 的一个包含了集合 $R = \left\{ a^2, b^2, c^2, (ab)^6, (ac)^6, (bc)^3 \right\}$ 的正常子群 [ I.3§3.3]. 现在用记号 《$R$》 来表示 $F(S)$ 的最小的包含 $R$ 的正常子群 (即 $F(S)$ 的所有包含 $R$ 的正常子群的交). 于是从商群 $F(S)/《R》$ 到任意一个由 $a, b, c$ 生成并且满足关系 $a^2 = b^2 = c^2 = (ab)^6 = (ac)^6 = (bc)^3 = 1$ 的群有一个满射同态. 这个商群 [ I.3§3.3] 就是我们想要找的最自由的群, 它是最大的由 $a, b, c$ 生成并且满足 $R$ 中的关系的群.

我们关于 $\Gamma_\Delta$ 的断言就是: 它同构于 $G = \left\langle a, b, c \left| a^2, b^2, c^2, (ab)^6, (ac)^6, (bc)^3 \right. \right\rangle$. 这个 $G$ 也就是就是我们刚才 (用两种不同方式) 描写的. 更准确地说: 由商群 $F(S)/《R》$ 到 $\Gamma_\Delta$ 的映 $a$ 为 $\alpha$、映 $b$ 为 $\beta$、映 $c$ 为 $\gamma$ 的映射是一个同构.

上面的构造方式是很一般的. 如果给定了一个群 $\Gamma$, 则所谓 $\Gamma$ 的**表现**(presentation) 就是一个生成它子集合 $S$ 以及关系的集合 $R \subset F(S)$, 使得 $\Gamma$ 同构于商群 $F(S)/《R》$. 如果 $S$ 和 $R$ 都是有限集合, 就说这个表现是有限的. 一个群如果有有限的表现, 就说它是**有限表现的**.

我们也可以抽象地定义什么是表现, 而不需要事先给出群 $\Gamma$, 即给定一个集合 $S$ 以及任意子集合 $R \subset F(S)$, 就定义一个表现 $\langle S|R \rangle$ 为商群 $F(S)/《R》$. 这是由 $S$ 生成而且满足 $R$ 的 "最自由" 的群, 在 $\langle S|R \rangle$ 中仅有的关系就是可以由 $R$ 导出的那些关系.

转换到这种比较抽象的做法, 有一个心理上的优点, 那就是, 前面是从一个群 $\Gamma$ 开始并且去问怎样表现 $\Gamma$, 现在则任意地写下群的表现, 就是从一个集合 $S$ 开始, 并且指定用 $S^{\pm 1}$ 中的字组成一个集合 $R$. 这样做有极大的灵活性, 可以构造出很广泛的种种群来. 例如, 可以用一个群表现来为来自数学的其他地方的问题编码. 然后再问这样得到的群有哪些性质, 并且去看这会对原来的问题说些什么.

### 3. 为什么要研究有限表现群

群在整个数学中处处以自同构群的形态出现. 所谓自同构, 就是由一个对象到其自身的保持定义这个对象的结构的映射. 有两个例子, 一是由一个向量空间 [ I.3§2.3] 到其自身的可逆线性映射[ I.3§4.2]; 一是一个拓扑空间[III.90] 到其自身的同胚. 群把对称性的本质凝聚起来, 使我们去关注这种对称性. 这就驱使我们去了解对称性的一般本性, 识别出值得我们特别注意的群, 并发展 (从原有的群或者从新的思想) 建立新群的技巧. 同时, 又把抽象化的过程反转过来, 当给定了一个群的时候, 我们就想着去找它的具体的实例. 例如, 我们会希望认识到这个具体实例其实是某个有趣的对象的自同构群, 这样就既了解了这个对象的本质, 也了解了这个群的本性 (关于这个主题, 更详细的说明可见条目表示理论[IV.9]).

### 3.1   为什么用生成元和关系来表现一个群

简短的回答是: 群时常就是以这种形式 "诞生在大自然" 中的. 在拓扑学中特别是这样. 在观看一个能够说明这一点的一般结果之前, 先来看一个简单的例子. 考虑 $\mathbf{R}$ 中的由对 $0, 1$ 和 $2$ 这 $3$ 个点的反射所生成的等距变换的群 $D$, 也就是由以下 $3$ 个函数生成的群: $\alpha_0 : x \mapsto -x; \alpha_1 : x \mapsto 2 - x; \alpha_2 : x \mapsto 4 - x$, 就可能会注意到, 这个群就是无限的二面体群, 也可能注意到生成元 $\alpha_2$ 是多余的, 因为它可以由 $\alpha_0$ 和 $\alpha_1$ 生成. 但是现在, 当让一个表现由此出现的时候, 我们暂时闭目不见这些情况.

为此目的, 选取一个开区间 $U$ 使得它在 $D$ 的元素作用之下的像能够覆盖起整个 $\mathbf{R}$ 来. 例如, 取 $U = (-1/2, 3/2)$ 就可以. 现在记录下两点数据: 其一, $D$ 的元素 (除恒等元以外) 中不能使 $U$ 和它的像完全分离的只有 $\alpha_0$ 和 $\alpha_1$; 其二, 用这些 $\alpha_i$ 作乘积, 如果乘积中的因子数目 (不妨称为这个乘积的长度) 不大于 $3$, 则在非平凡的乘积中只有 $\alpha_0^2$ 和 $\alpha_1^2$ 这两个在 $\mathbf{R}$ 上的作用和恒等元一样. 请证明 $\langle \alpha_0, \alpha_1 \,|\, \alpha_0^2, \alpha_1^2 \rangle$ 就是 $D$ 的一个表现.

事实上, 以上所述是一个一般结果的特例, 现在就来陈述这个结果 (但是它的证明比较复杂). 令 $X$ 是一个既为道路连通[IV.6§1] 又为单连通[III.93] 的拓扑空间, 而 $\Gamma$ 是由 $X$ 到其自身的同胚所成的一个群. 然后任意选取一个道路连通的开子集合 $U \subset X$, 使得 $U$ 在 $\Gamma$ 的各个元下的像覆盖整个 $X$, 这时都会得到一个表现 $\Gamma = \langle S \,|\, R \rangle$, 这里的 $S = \{\gamma \in \Gamma \,|\, \gamma(U) \cap U \neq \varnothing\}$, 而 $R$ 则由长度不大于 $3$ 而且在 $\Gamma$ 上等于 $1$ 的字 $w \in F(S)$ 组成. 这样, 认定一个子集合 $U$, 就能给出 $\Gamma$ 的一个表现, 群论专家的任务就是要从这些数据来认识群的本性.

为了看一下这个任务有多么困难, 请考虑一下群

$$G_n = \langle a_1, \cdots, a_n \mid a_i^{-1} a_{i+1} a_i a_{i+1}^{-2}, \ i = 1, \cdots, n \rangle,$$

但是当 $i = n$ 时, 我们把 $i+1$ 解释为 1. $G_3$ 和 $G_4$ 中, 有一个是平凡的, 另一个是无限的. 您能认出来哪一个是平凡的, 哪一个是无限的吗?

为了说明一个更加微妙的地方, 考虑一个我们认为已经懂得了的群, 就是前面讨论过的群 $\Gamma_\Delta$. 如果我们想对一位不熟悉平面的三角形铺砖结构的盲人朋友描述这个群, 能够说些什么让她也懂得这个群呢? 至少是要说服她, 使她相信我们是懂得这个群的?

我们的朋友可能合理地要求我们给她一一列出这个群的各个元素, 所以我们就开始对她讲解, 怎样把这些元素都描述为生成元的乘积 (就是字). 但是当我们这样做的时候, 就碰到了一个问题: 为了避免冗余, 我们不想把任何一个元素描述一次以上, 所以我们必须知道哪两个字其实表示 $\Gamma_\Delta$ 的同一个元素. 与此等价的就是, 我们必须知道哪些字 $w_1^{-1} w_2$ 是群中的关系. 决定哪些字是群中的关系, 这叫做这个群的**字的问题**(word problem). 哪怕在 $\Gamma_\Delta$ 的情况下, 做这件事也要费一点劲, 而对于群 $G_n$, 我们很快就发现自己是一筹莫展.

注意, 解决了字的问题就使我们能够和有效地列出群的元素一样, 也能够决定乘法表, 这是因为判断是否有 $w_1 w_2 = w_3$ 和判断是否有 $w_1 w_2 w_3^{-1} = 1$ 是一样的.

### 3.2 为什么要研究有限表现群

把无限的对象打包成为有限多块数据, 这种做法在数学中处处出现, 而成为不同形式的紧性[III.9] 问题. 有限表现基本上也是一个紧性条件, 我们马上就会看见, 一个群是有限表现的, 当且仅当它是一个合理的紧空间的基本群.

研究有限表现的群的另一个好的理由是, Higman 嵌入定理 (这个定理将在后面讨论) 使得能够把任意图灵机[IV.20§1.1] 的编码问题, 化成这类群及其子群的问题.

## 4. 基本的判定问题

Max Dehn 在 20 世纪初研究几何学和低维拓扑的时候就发现了在这一类和他搏击的问题中, 有许多可以 "化约为" 关于有限表现群的问题. 例如他给出了一个公式, 对每一个扭结图式[III.44] 都附加上一个群的有限表现. 对于这个图式的每一个交叉都有一个关系, 而他证明了当且仅当这个扭结是平凡扭结时, 所得到的群同构于 **Z**. 所谓平凡扭结就是可以连续变形为一个圆周的扭结. 对于一个扭结, 要想盯住一看就看出它是否平凡的, 这是极端困难的, 所以这样的 "化约为" 似乎是一个有效的化约. 只是后来又发现, 要看出一个有限表现群是否同构于 **Z**

可能是同样地困难. 例如, 下面是按照 Dehn 的方法附加给 **Z** 的有限表现:

$$\langle a_1, a_2, a_3, a_4, a_5 \mid a_1^{-1} a_3 a_4^{-1}, a_2 a_3^{-1} a_1, a_3 a_4^{-1} a_2^{-1}, a_4 a_5^{-1} a_4 a_3^{-1} \rangle .$$

但是这是一个平凡扭结可能具有最小的图形, 其中只有 4 个交义.

这样, Dehn 的研究使他懂得了从群的表现中获得信息是多么困难. 特别是, 他是第一个认识到字的问题的基本作用的人, 这一点, 我们在前面提到过. 此外, 发展一种算法以便从明确定义的对象如群的表现来获取知识, 这是一个挑战, 而在这里面有着基本的问题, Dehn 也是首先认识到这一点的人物之一. Dehn 在他的著名的 1912 年的论文中这样写道:

一般的不连续群是由 $n$ 个生成元和它们之间的 $m$ 个关系给出的 $\cdots\cdots$ 这里最重要的有三个基本的问题, 它们的解决是极为困难的, 没有对这个学科透彻的研究是不可能解决的.

1. 恒等元问题 [现在通称字的问题]: 群的元素是由生成元的乘积给出的. 要求给出一个方法, 使得经过有限多步就能判定一个元是否恒等元.

2. 变换问题 [现在通称共轭问题]: 给定了群的两个元素 $S$ 和 $T$. 需要找一种方法来决定 $S$ 和 $T$ 能否互相变换, 即群中是否存在一个元素 $U$ 满足以下的关系:

$$S = UTU^{-1}.$$

3. 同构问题: 给定了两个群, 要判断它们是否互相同构 (进一步还要问, 一个群的生成元和另一个群的元素之间的对应是否同构).

我们将以这些问题作为三条探索路线的起点. 首先, 我们将要致力于给出证明以下的事实的一个纲要, 这个事实就是, 对于一般的有限表现群, 在一个严格的意义下, 所有这些问题是不可解决的.

Dehn 的问题对于我们的第二个用处是把它作为我们以后将会遇到的各类群的复杂性的基本的度量. 比如说, 如果能够证明同构问题对于某一类群是可解的, 而对另一类群则是不可解的, 那么关于第二类群 "更难", 这种原来比较含混的断言现在就有了真正的实质.

最后, 说几何是处在组合群论的核心位置上的基本问题, 这就站住脚了, 这一点并不是马上就很清楚的, 但是隐含底存在着几何学、这是群论的基本特性, 而不是由于人的口味而外加上去的. 为了说明这一点, 在下面将要解释, 黎曼流形 [I.3§6.10] 中的最小面积圆盘的大范围几何的研究是怎样和任意有限表现群的字的问题的研究联系起来的.

## 5. 从老群做出新群来

假设有两个群 $G_1$ 和 $G_2$, 而您想把它们合起来成一个新群. 第一个方法是在标准的群论课程里面都教过的, 就是作它们的笛卡儿乘积 $G_1 \times G_2$, 乘积的典型的元素具有 $(g, h)$ 这样的形式, 而若 $g \in G_1, h \in G_2$, $(g, h)$ 和 $(g', h')$ 的乘积则定义为 $(gg', hh')$. 形式如 $(g, e)$ ($e$ 是 $G_2$ 的恒等元) 的集合, 就是 $G_1$ 在 $G_1 \times G_2$ 中的一个复本. 类似于此, 形式如 $(e, h)$ ($e$ 是 $G_1$ 的恒等元) 的集合, 则是 $G_2$ 在 $G_1 \times G_2$ 中的一个复本.

这些复本的元素有非平凡的关系, 例如 $(e, h)(g, e) = (g, e)(e, h)$. 现在取两个群 $\Gamma_1$ 和 $\Gamma_2$, 并且想用一个不同的方法把它们合起来成为一个称为**自由积** $\Gamma_1 * \Gamma_2$ 的新群, 使得其中也包含 $\Gamma_1$ 和 $\Gamma_2$ 的复本, 以及尽可能少的关系. 这就是说, 我们希望有两个嵌入 $i_j : \Gamma_j \to \Gamma_1 * \Gamma_2$, 使得 $i_1(\Gamma_1)$ 和 $i_2(\Gamma_2)$ 生成 $\Gamma_1 * \Gamma_2$, 而它们之间又互不缠在一起. 这一个要求, 可以干净地凝聚在以下的万有性质中：给出任意的群 $G$ 和任意的同态 $\varphi_1 : \Gamma_1 \to G$ 和 $\varphi_2 : \Gamma_2 \to G$,, 必有唯一的同态 $\Phi : \Gamma_1 * \Gamma_2 \to G$ 存在, 使得 $\Phi \circ i_j = \varphi_j$, $j = 1, 2$ (一个不太形式化的说法则是：$\Phi$ 在 $\Gamma_1$ 的复本上性态和 $\varphi_1$ 一样, 而在 $\Gamma_2$ 的复本上性态和 $\varphi_2$ 一样).

很容易验证, 正是这个万有性质刻画了 $\Gamma_1 * \Gamma_2$ (但可能相差一个同构). 但是有一个问题仍未解决, 即 $\Gamma_1 * \Gamma_2$ 是否真正存在 (在用万有性质作一个对象的定义时, 这是标准的利弊两端). 在目前的问题中, 存在性很容易用表现来解决：令 $\langle A_1 | R_1 \rangle$ 和 $\langle A_2 | R_2 \rangle$ 分别为 $\Gamma_1$ 和 $\Gamma_2$ 的表现, 而 $A_1$ 和 $A_2$ 是不相交的, 定义 $\Gamma_1 * \Gamma_2$ 为 $\langle A_1 \sqcup A_2 | R_1 \sqcup R_2 \rangle$ 就可以了 (这里记号 $\sqcup$ 表示不相交并 (disjoint union)).

比较直观地说, 可以这样来定义 $\Gamma_1 * \Gamma_2$, 在 $\Gamma_1$ 中取一个 "字" $a_1, \cdots, a_n$, 同样在 $\Gamma_2$ 在 $\Gamma_2$ 中也取一个 "字" $b_1, \cdots, b_n$, 但是规定除了 $a_1$ 和 $b_n$ 以外, 所有的 $a_i, b_j$ 都不能是 $\Gamma_1, \Gamma_2$ 的恒等元. 把这两个字交错地排列起来, 得到 $a_1 b_1 \cdots a_n b_n$, 这种交错的排列就构成 $\Gamma_1 * \Gamma_2$. $\Gamma_1$ 和 $\Gamma_2$ 中的运算可以用明显的方式推广到这个集合里来, 例如, $(a_1 b_1 a_2)(a'_1 b'_1) = a_1 b_1 a'_2 b'_1$, 其中 $a'_2 = a_2 a'_1$, 除非 $a_2 a'_1 = 1$, 那时将得到的结果是 $a_1 b'_2$, $b'_2 = b_1 b'_1$.

自由积很自然地出现在拓扑学中, 如果有拓扑空间 $X_1, X_2$, 并且在每一个空间中都标定了一点 $p_1 \in X_1, p_2 \in X_2$, 则拓扑空间 $X_1 \vee X_2$ (它是在不相交并 $X_1 \sqcup X_2$ 中把 $p_1, p_2$ 等同起来, 即令 $p_1 = p_2$ 而得到的, 所以可以说是把 $X_1$ 和 $X_2$ 在一个点处粘合起来得到的). $X_1 \vee X_2$ 的以 $p = p_1 = p_2$ 为基点的基本群就是 $\pi(X_1, p_1)$ 和 $\pi(X_2, p_2)$ 的自由积. 如果沿一个较大的子空间把 $X_1$ 和 $X_2$ 粘合起来, 则 Seifert-van Kampen 定理会告诉我们怎样表现这个新空间的基本群. 如果子空间的包含映射给出了基本群的单射, 则可以把所得到的空间的基本群表示为**融合自由积** (amalgamated free product). 现在就来定义它.

令 $\Gamma_1$ 和 $\Gamma_2$ 为两个群, 而有另一个群包含了 $\Gamma_1$ 和 $\Gamma_2$ 的一些复本, 这些复本

的交必定包含了恒等元. 自由积 $\Gamma_1 * \Gamma_2$ 其实是在一个条件下从 $\Gamma_1$ 和 $\Gamma_2$ 能够作出来的最自由的群, 这个条件就是 $\Gamma_1$ 和 $\Gamma_2$ 的交必定包含恒等元, 这其实是最少的限制. 现在我们要坚持 $\Gamma_1$ 和 $\Gamma_2$ 非平凡地相交, 确定 $\Gamma_1$ 和 $\Gamma_2$ 的哪些子群必定位于这个交 $\Gamma_1 \cap \Gamma_2$ 中, 并且作出满足这个限制的最自由的群.

于是, 设 $A_1$ 是 $\Gamma_1$ 的一个子群, 而同构 $\varphi$ 将它映为 $\Gamma_2$ 的子群 $A_2$. 和在自由积的情况一样, 可以用万有性质来定义 "把 $A_1$ 和 $A_2$ 等同起来的最自由的乘积". 我们又一次用群的表现来确定这样一个乘积的存在: 若 $\Gamma_1 = \langle S_1 | R_1 \rangle$, $\Gamma_2 = \langle S_2 | R_2 \rangle$, 我们要找的群具有形式

$$\langle S_1 \sqcup S_2 | R_1 \sqcup R_2 \sqcup T \rangle.$$

这里, $T = \{ u_a v_a^{-1} | a \in A_1 \}$, 而 $u_a$ 是在 $\Gamma_1$ 的表现中代表 $a$ 的一个字, $v_a$ 是在 $\Gamma_2$ 的表现中代表 $\varphi(a)$ 的字.

这样做出来的群称为 $\Gamma_1$ 和 $\Gamma_2$ 沿着 $A_1$ 和 $A_2$ 的融合自由积. 它有一个比较随便且有点含混的记号: $\Gamma_1 *_{A_1 = A_2} \Gamma_2$, 甚至就写为 $\Gamma_1 *_A \Gamma_2$, 其中, $A \cong A_j$ 是一个抽象群.

和对于自由积的情况不同, 隐含在这个构造中的映射 $\Gamma_1 \to \Gamma_1 *_A \Gamma_2$ 并不显而易见是一个单射, 但是后来 Schreier (Otto Schreier, 1901 –1929, 奥地利数学家) 在 1927 年证明了它确实是单射.

Higman, Neumann 和 Neumann[①] 在 1949 年的一篇文章中, 用一个类似的构造回答了下面的问题: 给定一个群 $\Gamma$ 以及 $\Gamma$ 子群之间的一个同构 $\psi : B_1 \to B_2$, 能否把 $\Gamma$ 嵌入在一个较大的包含的群中, 使得 $\psi$ 变成一个共轭映射在 $B_1$ 上的限制?

至此, 在自由积和融合自由积的情况中, 已经看到了从老群造出新群的一些想法和作法, 所以应该可以猜到怎样着手来回答上面的问题了: 先对想要求出的扩大了 $\Gamma$ 的群, 写出一个万有的表现以供选用, 记这个新群为 $\Gamma *_\psi$, 然后证明由 $\Gamma$ 到 $\Gamma *_\psi$ 的自然的映射 (就是把一个字映为自身的映射) 是单射. $\Gamma *_\psi$ 的作法是: 给定了 $\Gamma = \langle A | R \rangle$, 再引入一个符号 $t \notin A$(通常称为稳定字母), [这就扩张了生成元; 进一步再增加所需的关系, 为此] 对于每一个 $b \in B_1$, 都在 $F(A)$ 中取两个字 $\hat{b}$ 和 $\tilde{b}$, 使得在 $\Gamma$ 中 $\hat{b} = b, \tilde{b} = \psi(b)$, 然后就增加一个关系 $t \hat{b} t^{-1} \tilde{b}^{-1}$, 实际上就是令 $t \hat{b} t^{-1} = \tilde{b}$, 即 $\tilde{b}$ 与 $\hat{b}$ 共轭, 而把这个共轭的式子列入新群的关系之中. 于是定义

$$\Gamma *_\psi = \left\langle A, t \mid R, t \hat{b} t^{-1} \tilde{b}^{-1} \ (b \in B_1) \right\rangle.$$

---

① 这三位数学家的全名是 Graham Higman , 1917–2008, 英国数学家; Bernhard Hermann Neumann 1909–2002, 德国出生, 后来加入英国籍的数学家; Johanna (Hanna) Neumann 1914 – 1971, 也是德国出生的数学家, 前一位的妻子. 请不要与冯·诺依曼[VI.91] 混淆. 正文中提到的文章是 Higman, Graham, B. H. Neumann, Hanna Neumann (1949). Embedding Theorems for Groups. *Journal of the London Mathematical Society*, s1-24 (4): 247–254. —— 中译本注

这就是通过对 Γ 附加上一个新的生成元 $t$, 并且要求它满足共轭等式, 即对每一个 $b \in B_1$ 有 $t\hat{b}t^{-1} = \tilde{b}$(这个式子就是所有我们要求新群满足的共轭关系 $tbt^{-1} = \psi(b)$), 所能作出的最自由的群. 这个群就称为 Γ 的 HNN**扩张**(这 3 个字母来自上面所说的 3 位数学家名字的首位字母).

在写出了 $\Gamma *_{\psi}$ 的式子以后, 还需要证明由 Γ 到 $\Gamma *_{\psi}$ 的自然映射是单射. 这就是说, 取定了 Γ 中的任意一个元素 $\gamma$ 并把它看成 $\Gamma *_{\psi}$ 的元素以后, 您不能用 $t$ 和 $\Gamma *_{\psi}$ 中的关系把它化为恒等元. 这是用下面的称为 Britton 引理的更一般的结果来证明的: 设 $w$ 是自由群 $F(A, t)$ 的一个字, 则只有在下面两种情况下, 它才会给出 $\Gamma *_{\psi}$ 的恒等元. 一是 $w$ 中不包含而又表示 Γ 中的恒等元 $t$; 二是它虽然也包含 $t$, 但是同时它还包含了一些 "夹"(pinch) 使它能以一种显然的方式化简. 所谓 "夹" 就是形状如 $tbt^{-1}$ 的 "子字"(subword), 其中 $b$ 是 $F(A)$ 中表示 $B_1$ 的一个元的字, 如果夹中的 $b$ 代表 $B_1$ 的元素, 这时就用 $\psi(b)$ 换掉这个夹; 如果夹是 $tb't^{-1}$ 的形状, 而且 $b'$ 是 $B_2$ 中的元, 就用 $\psi^{-1}(b')$ 来换掉它. 总之是去掉了一些符号 $t$ 或 $t^{-1}$. 这样, 如果给了一个字, 虽然包含 $t$ 但是不包含夹, 这个字就不可能约化为恒等元.

对于融合自由积 $\Gamma_1 *_{A_1 = A_2} \Gamma_2$, 也有一个类似的不可约化为恒等元的结果成立: 如果 $g_1, \cdots, g_n$ 属于 $\Gamma_1$ 但不属于 $A_1, h_1, \cdots, h_n$ 属于 $\Gamma_2$ 但不属于 $A_2$, 则字 $g_1 h_1 \cdots g_n h_n$ 不能约化为 $\Gamma_1 *_{A_1 = A_2} \Gamma_2$ 中的恒等元.

这些不能约化为恒等元的结果所起的作用, 远远不只是为了证明我们所考虑的同态的单射性, 它们还能证明融合自由积和 HNN 扩张的自由性的其他侧面. 例如, 设在融合自由积 $\Gamma_1 *_{A_1 = A_2} \Gamma_2$ 中, 可以找到 $\Gamma_1$ 的一个元 $g$ 生成一个与 $A_1$ 只交于恒等元的无限群, 类似地, 也可以找到 $\Gamma_2$ 的一个元 $h$ 生成一个与 $A_2$ 只交于恒等元的无限群. 这时, 由 $g$ 和 $h$ 在 $\Gamma_1 *_{A_1 = A_2} \Gamma_2$ 中生成的子群必定是自由群. 多费一点力气还可以导出, $\Gamma_1 *_{A_1 = A_2} \Gamma_2$ 的任意有限子群必定共轭于一个子群, 而此子群为 $\Gamma_1$ 或为 $\Gamma_2$ 的一个明显的复本. 类似地, $\Gamma *_{\psi}$ 的有限子群一定共轭于 Γ 的一个子群. 我们将在下面的构造中利用这些事实.

还有许多在这里没有提到的把群组合起来的其他方法. 我决定集中注意力于融合自由积和 HNN 扩张, 部分地是由于它们就会给出下面将要讨论的基本问题的透明的解答, 但是更多的则是由于它们的原始魅力, 以及它们自然地出现在基本群的计算中的方式. 它们也标志了**树型群论**(arboreal group theory) 的起点, 这个理论我们在后面会讨论. 如果篇幅允许, 我本来会来介绍一下半直积 (semidirect product) 和 "环形积"(wreath product), 它们都是群论专家不可少的工具.

在转到 HNN 扩张和融合自由积的一些应用之前, 要回到本塞德问题. 这个问题是问: 是否存在有限生成的无限群, 而其所有元素都有一个给定的有限阶数. 这个问题在整个 20 世纪有重要的发展, 特别是在俄罗斯. 在这里讲一下这个问题是适当的, 因为它是下面的事实的另一个佐证, 这个事实就是: 为了解决一个一般的问题, 研究万有的对象是有用的.

### 5.1    本塞德问题

给定一个指数 $m$, 为了说清楚我们考虑的问题, 引入有限表现 $\langle a_1, \cdots, a_n \,|\, R_m \rangle$ 来定义的自由本塞德群 $B_{n,m}$. 这里的 $R_m$ 是由自由群 $F(a_1, \cdots, a_n)$ 中所有可以写为 $m$ 次幂的元构成的. 很清楚, $B_{n,m}$ 可以满射地映到每一个这样的群上面: 这个群最多有 $n$ 个生成元, 而每一个元的阶数均可整除 $m$. 所以, 当且仅当对于适当的 $n$ 和 $m$, $B_{n,m}$ 为无限群时, 才存在有限生成而且所有元均有相同的有限阶的无限群. 这样, 一个原来形式为 "是否存在一个如何如何的群?" (这里就是有限生成而且所有元均有相同的有限阶的无限群) 这种形式的问题, 变成了关于一个群 (这里就是 $B_{n,m}$) 的问题.

Novikov 和 Adian[①]  在 1968 年证明了当 $n \geqslant 2$ 而 $m \geqslant 667$ 为奇数时, $B_{n,m}$ 是无限群. 决定使得 $B_{n,m}$ 为无限群的 $n$ 和 $m$ 的确定的界限, 仍然是一个活跃的研究问题. 一个有趣得多的问题是: 是否存在 $B_{n,m}$ 的商群为有限表现的无限群. Zelmanov (Efim Isaakovich Zelmanov, 1955–, 俄罗斯数学家) 证明了每一个 $B_{n,m}$ 只有有限多个有限商群, 他也因此及其他工作获得了 1994 年的菲尔兹奖.

### 5.2    每一个可数群都可以嵌入在一个有限表现群中

给定一个可数的群 $G$ 以后, 可以把它的元列成一个表 $g_0, g_1, g_2, \cdots$, 而且令 $g_0$ 就是恒等元. 然后, 可以取 $G$ 和一个无限循环群 $\langle s \rangle \cong \mathbf{Z}$ 的自由积. 令 $\Sigma_1$ 为 $G * \mathbf{Z}$ 中所有形如 $s_n = g_n s^n$, $n \geqslant 1$ 的元素的集合. 这时, 由 $\Sigma_1$ 生成的子群 $\langle \Sigma_1 \rangle$ 一定同构于自由群 $F(\Sigma_1)$. 类似地, 令 $\Sigma_2 = \{s_2, s_3, \cdots\}$(就是从 $\Sigma_1$ 中除去 $s_1$), 则 $\langle \Sigma_2 \rangle$ 同构于 $F(\Sigma_2)$. 由此可知, 映射 $\psi(s_n) = s_{n+1}$ 是由 $\langle \Sigma_1 \rangle$ 到 $\langle \Sigma_2 \rangle$ 的同构. 现在, 取 HNN 扩张 $(G * \mathbf{Z}) *_{\psi}$, 并且用 $t$ 记它的稳定字母. 如前面说的那样, 这个群包含了 $G$ 的一个复本. 此外, 因为已经确定了对于每一个 $n \geqslant 1$ 都有 $t s_n t^{-1} = s_{n+1}$, 可见这个 HNN 扩张 $(G * \mathbf{Z}) *_{\psi}$ 一定是由 3 个生成元 $s_1, s$ 和 $t$ 生成的. 我们就这样把任意的可数群嵌入到一个具有 3 个生成元的群中 (请读者自己把这个做法稍加改变, 以得出一个只有两个生成元的群).

### 5.3    存在不可数多的非同构的有限生成群

这一点是由诺依曼 (B. H. Neumann) 在 1932 年证明的. 因为有无穷多个素数,

---

① 前者是 Petr Sergeevich Novikov, 1901–1975, 前苏联的数学家, 对于本塞德问题有重大贡献. 除了正文中讲到的关于 $B_{n,m}$ 的工作以外, 他在 1952 年就证明了本文前面 Dehn 提出的恒等问题的答案是否定的. 他的儿子 Sergei Petrovich Novikov (1938–) 也是一位数学家, 在代数拓扑学和数学物理上有重大贡献, 获得过菲尔兹奖和沃尔夫奖. 后一位是 Sergei Ivanovich Adian, 1931–, 俄罗斯数学家. —— 中译本注

所以就有不可数无穷多个形状为 $\oplus_{p \in P} \mathbf{Z}_p$ 的互不同构的群, 这里 $P$ 表示一个素数的无限集合. 我们已经看到, 这些群的每一个都可以嵌入到一个有限生成群中, 所以, 前面关于 HNN 扩张的有限子群的说明就证明了这样得出的有限生成群中, 没有两个是同构的.

### 5.4 霍普夫的问题的一个答案

如果一个群 $G$ 的每一个由 $G$ 到 $G$ 的满射同态都是同构, 就说 $G$ 是一个**霍普夫群**. 我们熟悉的群绝大多数都具有这个性质, 例如, 有限群显然都是霍普夫群, 群 $\mathbf{Z}^n$ 也是 (这一点可以用线性代数来证明), 还有自由群也是. 我们马上就会说到, 绝大多数矩阵群, 如 $\mathrm{SL}_n(\mathbf{Z})$, 也是霍普夫群. 非霍普夫群的一个简单的例子是由所有的无限整数序列构成的群 (群运算为按分量相加), 因为映 $(a_1, a_2, a_3, \cdots)$ 为 $(a_2, a_3, a_4, \cdots)$ 的映射显然是一个满射, 但是它有非空的核, 例如 $(1, 0, 0, \cdots)$ 就是核中的元素. 但是, 能否找到有限生成的例子? 答案是肯定的, G. Higman 就是第一个给出这种例子的人. 下面的例子则属于 Baumslag 和 Solitar.

令 $p \geqslant 2$ 为一个整数, 并且把 $\mathbf{Z}$ 与由一个生成元 $a$ 所产生的自由群 $\langle a \rangle$ 等同起来. 于是子群 $p\mathbf{Z}$ 和 $(p+1)\mathbf{Z}$ 则与由 $a$ 的幂生成的自由群 $\langle a^p \rangle$, $\langle a^{p+1} \rangle$ 等同起来. 令 $\psi$ 是映 $a^p$ 为 $a^{p+1}$ 的由 $\langle a^p \rangle$ 到 $\langle a^{p+1} \rangle$ 的同构. 考虑相应的 HNN 扩张 $B$. 它的表现是 $B = \langle a, t \mid ta^p t^{-1} a^{p+1} \rangle$. 由映射 $t \mapsto t, a \mapsto a^p$ 所定义的同态 $\psi : B \to B$ 显然是一个满射, 但是它的核中例如包含了元素 $c = ata^{-1} t^{-1} a^{-2} tat^{-1} a, c$ 中不包含夹, 所以由 Britton 引理不会等于恒等元 (如果想知道这个引理多么有用, 可令 $p = 3$ 而直接试一下去证明 $c$ 不等于刚才定义的群 $B$ 中的恒等元.

### 5.5 一个没有忠实线性表示的群

可以证明一个有限生成的任意域上的矩阵的群 $G$ 一定是**剩余有限的**(residually finite). 这个名词是指, 对于任意的非平凡元素 $g \in G$, 一定存在一个有限群 $Q$, 以及一个同态 $\pi : G \to Q$, 而 $\pi(g) \neq 1$. 例如, 有一个元素 $g \in \mathrm{SL}_n(\mathbf{Z})$, 它是一个 $n \times n$ 矩阵, 这时可以取一个大于 $g$ 的一切元的绝对值的整数 $m$, 并且考虑下面的由 $\mathrm{SL}_n(\mathbf{Z})$ 到 $\mathrm{SL}_n(\mathbf{Z}/m\mathbf{Z})$ 的同态, 就是对矩阵的各个元作 $\bmod\ m$ 的同余. $g$ 在 $\mathrm{SL}_n(\mathbf{Z}/m\mathbf{Z})$ 中的像显然是非平凡的.

非霍普夫群不会是剩余有限的, 所以不会同构于任意域上的矩阵群. 对于上面定义的非霍普夫群 $B$, 可以通过考虑对于非平凡的元素 $c$ 发生了什么事情来证明它不是剩余有限的. 上面已经看见存在一个同态 $\psi$ 使得 $c$ 在 $\psi$ 的核中, 即 $\psi(c) = 1$. 令 $c_n$ 是使得 $\psi^n(c_n) = 1$ 的元 (由于 $\psi$ 是一个满射, 这样的 $c_n$ 一定存在). 如果有一个由 $B$ 到有限群 $Q$ 的同态 $\pi$ 存在, 使得 $\pi(c) \neq 1$, 则一定有无限多个不同的由 $B$ 到 $Q$ 的同态. 事实上, 复合 $\pi \circ \psi^n$ 就是; 它们都是不同的, 因为当 $m > n$ 时,

$\pi \circ \psi^m (c) = 1$, 但是 $\pi \circ \psi^n (c_n) = \pi (c) \neq 1$. 这就是一个矛盾, 因为一个有限生成的群到一个有限群的同态, 可以由此同态在生成元上的值决定, 所以只能有有限多个这样的同态.

### 5.6　无限单群

Britton 引理所告诉我们的比只是 $c \neq 1$ 这件事还要多, $B$ 的由 $t$ 和 $c$ 生成的子群 $\Lambda$ 事实上是这些生成元上的自由群. 所以可以把 $B$ 的两个复本 $B_1$ 和 $B_2$ 用下面的同构 $c_1 \mapsto t_2$, $t_1 \mapsto c_2$ 粘合起来, 这样作出 $B_1$ 和 $B_2$ 融合自由积 $\Gamma = B_1 *_\Lambda B_2$. 我们已经看到, 在 $\Gamma$ 的任意有限的商群里面, 元素 $c_1 (= t_2)$ 和 $c_2 (= t_1)$ 必定有平凡的像, 而容易由此导出, 这个商群必定是平凡的. 这样 $\Gamma$ 是一个没有有限商群的无限群. 所以 $\Gamma$ 对于任意极大的真正常子群的商群也是无限的, 而且 (由于极大性) 这个商群是单群.

这样构造出来的单群是无限但是有限生成的, 但是它不是可以有限表现的. 可以有限表现的无限单群确实是存在的, 但是想要构造它们就难多了.

## 6. Higman 定理和不可判定性

我们已经看到, 有不可数无穷多个 (互不同构的) 有限生成的群. 但是因为只有可数多个有限表现的群, 所以只有可数多个有限生成群可以是有限表现群的子群. 那么, 哪些有限生成群才是有限表现群的子群呢?

Graham Higman 在 1961 年证明的一个漂亮而又深刻的定理完全解决了这个问题, 粗略地说, 这个定理讲的就是: 这样的群就是所有的可以用算法来描述的群 (如果不知道这句话何所指, 甚至连最初步的概念也完全没有, 最好就去看一下条目 *停机问题的不可解性*[V.20], 然后再往下读).

在有限字母表 $A$ 上的字的集合 $S$ 称为**递归可枚举**(recursively enumerable) 的, 如果存在一个算法 (比较形式的说法是有一个图灵机) 能够把 $S$ 的元素全部列出来. 特别有趣的情况是 $A$ 只含一个元的情况, 这时一个字就完全是由它的长度决定的, 而就把 $S$ 看成一个非负整数的集合. $S$ 中的元素不一定需要以一个合理的次序排列出来, 所以说有一个算法可以产生 $S$ 中的元素的一个穷尽的表, 并意味着在给定一个字 $w$ 以后, 这个算法能够确定, $w$ **不在** $S$ 中. 设想当计算机在枚举 $S$ 的元素时, 您站在旁边, 一般说来不会出现这样的情况, 就是到了某个时刻, 您就可以对自己说: "如果这个 $w$ 会出现的话, 那么现在它已经出现了", 而既然 $w$ 并未出现, 就说明 $w$ 不在 $S$ 中. 如果您希望您的算法具有这个进一步的性质, 就是能够告诉您 $w$ 不在 $S$ 中, 就需要**递归集合**(recursive set) 这个更强的概念, 递归集合就是一个和它的余集合**同为**递归可枚举的集合. 这时既可以列出所有属于 $S$ 的元素, 也可以列出所有不属于 $S$ 的元素.

一个有限生成的群称为**递归可表现**(recursively presentable) 的, 如果它有一个表现, 既有有限个生成元, 而且定义这个表现的关系又是一个递归可枚举集合. 换句话说, 递归可表现群不一定是有限表现群, 但是至少它还可以用一个算法来产生, 在这个意义下, 它还是一个 "好" 群.

Higman 嵌入定理指出: **一个有限生成群是递归可表现的, 当且仅当它同构于一个有限表现群的子群.**

这个定理是很不平凡的, 要想对这种不平凡性得到一点感觉, 请考虑有理数的加法群的如下的表现, 其中的生成元 $a_n$ 对应于分数 $1/n$:

$$Q = \langle a_1, a_2, \cdots | a_n^n = a_{n-1}, \forall n \geqslant 2 \rangle .$$

Higman 定理告诉我们, $Q$ 可以嵌入到一个有限表现群中, 但是至今不知道任何真正显式的算法.

Higman 嵌入定理的力量表现在由它可以轻而易举地导出著名的不可判定性的结果, 而这类结果被正确地看成是 20 世纪数学的分水岭. 为了使这一点更能服人, 我要对于存在着具有不可解的字问题的有限表现群这件事, 给出完全的证明 (除了假设一些前面提到过的事实以外), 也要证明存在有限表现群的序列, 而在此序列中不能判定有同构性存在. 我们还要看到, 这些群论的结果可以怎样用来把不可判定性的现象翻译到拓扑学里去.

不可判定性的基本的萌芽是这样的事实, 即存在递归可枚举的集合 $S \subset \mathbf{N}$, 其自身却不是递归的. 利用这个事实, 就很容易构造出具有不可解字问题的有限生成群: 给出这样一个整数集合 $S$, 即为递归可枚举但并非递归的整数集合 $S$, 考虑

$$J = \langle a, b, t \, | \, t \left( b^n a b^{-n} \right) t^{-1} = b^n a b^{-n}, \forall n \in S \rangle .$$

它是自由群 $F(a, b)$ 附加上恒等映射 $L \to L$ 得到的 HNN 扩张, 这里的 $L$ 是由 $\{b^n a b^{-n} : n \in S\}$ 生成的子群. Britton 引理告诉我们, 字

$$w_m = t \left( b^m a b^{-m} \right) t^{-1} \left( b^m a^{-1} b^{-m} \right)$$

当且仅当 $m \in S$ 时才等于 $1 \in J$. 但是由 $S$ 的定义, 并没有一个算法来确定是否 $m \in S$, 所以不能确定哪些 $w_m$ 是关系. 这样, $J$ 有一个不可解的字问题.

存在有限表现的而相应的字问题又为不可解的群, 是一个深刻得多的事实. 但是有了 Higman 嵌入定理, 其证明就变得几乎是平凡不足道的了. Higman 嵌入定理告诉了我们, $J$ 可以嵌入在一个有限表现的群 $\Gamma$ 中, 现在要证明, 如果不能判定 $J$ 的生成元中哪些字代表恒等元, 则也不能判定 $\Gamma$ 的生成元中有哪些字代表恒等元, 这只是一个比较直截了当的练习.

一旦有了一个具有不可解的字问题的有限表现群, 就很容易把不可判定性翻译成为形形色色的其他问题了. 例如, 假设 $\Gamma = \langle A \,|\, R \rangle$ 是一个具有不可解的字问题的有限表现群, 其中的 $A = \{a_1, a_2, \cdots, a_n\}$, 但没有一个 $a_i$ 等于 $\Gamma$ 中的恒等元. 对于由 $A$ 中的字母及其逆作出的字 $w$, 做一个群 $\Gamma_w$ 使之有一个表现如下:

$$\left\langle A, s, t \,\middle|\, R, t^{-1} \left( s^i a_i s^{-i} \right) t \left( s^i w s^{-i} \right), i = 1, \cdots, n \right\rangle.$$

不难证明, 如果 $\Gamma$ 中的 $w = 1$, 则 $\Gamma_w$ 是由 $s$ 和 $t$ 生成的自由群. 如果 $w \neq 1$, 则 $\Gamma_w$ 是一个 HNN 扩张. 特别是它包含了 $\Gamma$ 的一个复本, 所以有一个不可解的字问题, 这意味着它不可能是自由群. 这样, 因为没有一个算法来决定 $w$ 在 $\Gamma$ 中是否为 $1$, 所以也就不能决定哪些 $\Gamma_w$ 同构于另外一些 $\Gamma_w$.

利用这个论证的另一个变体, 还可以证明, 找不到一个算法来判定一个给定的有限表现群是否平凡的.

我们马上就会看到, 每一个有限表现群 $G$ 都是某一个紧 4 维流形的基本群. 马尔可夫 [①] 遵照这里使用的标准的方法, 在 1958 年非常仔细地证明了对于 4 维和更高维的情况, 不存在一个算法来判定哪一些紧流形 (例如表现为单纯复形) 是互相同胚的. 他的基本思想是, 如果有一个算法可以判定哪些三角剖分的 4 维流形是互相同胚的, 就可以利用这个结果来决定哪些有限表现的群是平凡的. 而我们已经知道了这是不可能的. 为了实行这样一个思想, 就需要非常细心地去证明这些与平凡群的不同表现相关的 4 维流形是互相同胚的, 这正是他的论证中的很细致的部分.

惊人的是, 对于 3 维紧流形, 确实存在一种算法来判定哪一些 3 维紧流形是互相同胚的. 这是一个极为深刻的定理, 特别是, 它依赖于佩雷尔曼关于瑟斯顿几何化猜想[IV.7§2.4] 的证明.

## 7. 拓扑群理论

现在转换一个视角, 从拓扑学家的眼光来看符号 $P \equiv \langle a_1, \cdots, a_n \,|\, r_1, \cdots, r_m \rangle$. 我们不再把 $P$ 看成是一个构造群的方子, 而看成是一个构造拓扑空间[III.90] 的方子, 或者更具体一点说, 是一个构造2 维复形的方子. 构成一个 2 维复形首先是有一些点, 这些点称为顶点, 其次有一些顶点是用有方向的路径连接起来的, 这些路径称为边, 或者称1 维胞腔. 如果有一族这样的 1 维胞腔成为一个循环 (cycle), 就可以用一个面即一个2 维胞腔填满它, 从拓扑上说, 每一个面就是一个圆盘 (disk), 而以一个有向循环为其边缘.

---

① 有两个同名的马尔可夫. 二人的全名都是: Andrei Andreyevich Markov, 其一生卒年份是 1856 – 1922, 是著名的俄罗斯和前苏联数学家, 著名的概率论大师, 马尔可夫链、马尔可夫过程理论等等的创始人. 但是这里讲的是第二个, 是他的同名的儿子, 生卒年份是 1903–1979, 是一个重要的构造主义数学家, 在逻辑问题, 如这里讲的不可判定性问题上有重要的贡献. 为了区别二人, 文献中时常在他们的名字 Andrei Andreyevich Markov 后面加注 Sr. (Senior, 老子) 或 Jr. (Junior, 儿子). —— 中译本注

想要看到一个复形是什么, 先来看一个例子, 就是群 $\mathbf{Z}^2$ 的下面的标准表现 $P \equiv \langle a, b \,|\, aba^{-1}b^{-1} \rangle$ (此式说明, 这个群是由 $a$ 和 $b$ 生成的, 而且式子中的关系告诉我们, $ab = ba$). 我们从一个图 (graph) $K^1$ 开始. 这个图有一个顶点和两个边 (各为一个环路), 这两个边都是有向的, 而且分别标记为 $a$ 和 $b$. 其次, 再取一个正方形 $S : [0,1] \times [0,1]$, 它的四个边都是有向的, 而且当我们绕过这个正方形的边缘时, 把这四个边依次标记为 $a, b, a^{-1}, b^{-1}$. 想象一下, 把这个正方形的边缘粘贴在图 $K^1$ 的边上, 使得正方形边的标记与图 $K^1$ 的边上的标记互相符合, 稍用一点想象力, 就会看到得到的是一个环面, 就是一个轮胎表面那样的曲面. 有一点观察后来证明很重要, 那就是环面的基本群就是 $\mathbf{Z}^2$, 也就是我们开始时所用的群.

为了把 "粘贴" 的概念弄精确, 可以用**附加映射**的方法, 就是取一个由正方形的边缘 $S$ 到 $K^1$ 的边上的连续映射 $\phi$、把正方形的顶点映到 $K^1$ 的顶点上, 而把正方形的每一条边 (不计其端点) 同胚地映到 $K^1$ 的开的边上. 于是环面就是 $K^1 \sqcup S$ 对于下面的等价关系的商: 这个等价关系就是把正方形边上的点 $x$ 与此点在映射 $\phi$ 下的像 $\phi(x)$ 等同起来.

有了这样的比较抽象的语言, 就容易看到上面的构造可以推广到任意的表现上去: 给出一个表现 $P \equiv \langle a_1, \cdots, a_n \,|\, r_1, \cdots r_m \rangle$ 以后, 就作一个图, 它具有单个顶点以及 $n$ 个有向的环路 $a_1, \cdots, a_n$; 对应于 $P$ 中的每一个关系 $r_j$, 都取一个多边形的盘形 (disk), 并且把构成盘形的边缘的有向环路粘贴到构成 $r_j$ 这个字的有向边缘上面.

一般说来, 这样得到的结果并不像在上面的例子 $P \equiv \langle a, b \,|\, aba^{-1}b^{-1} \rangle$ 中得到环面那样, 并不是得到了一个曲面, 而是得到了一个 2 维复形 $K(P)$, 而在其边缘和顶点上有奇性. 多做几个例子会是有教益的. 从 $\langle a \,|\, a^2 \rangle$ 可以得到射影平面; 从 $\langle a, b, c, d \,|\, aba^{-1}b^{-1}, cdc^{-1}d \rangle$ 会得到一个环面和一个克莱因瓶粘在一点. 要想像出 $\langle a, b \,|\, a^2, b^3, (ab)^3 \rangle$ 对应的 2 维复形的样子就显得困难了.

构作 $K(P)$ 是拓扑群理论的起点. 从 Seifert-van Kampen 定理 (前面提到过) 可以得知: $K(P)$ 的基本群就是一开始的 $P$ 所表现的群. 但是, 这个群并不是呆板地呈现在谜一般的表现之下, 而是以名为 "洗牌变换"(deck transformation)[①] 的同胚的形式作用在 $K(P)$ 的**万有覆盖**[III.93] 上. 这样, 通过简单的 $K(P)$ 的构造 (以及拓扑学中的漂亮的覆叠空间的理论), 就可以达到我们的目的, 就是把抽象的有限表现群实现为一种对象的对称性的群, 而这种对象潜在地可能有丰富的结构, 而这里会用到整体的几何和拓扑技巧.

为了得到我们的群的一个改进了的拓扑模型, 可以把 $K(P)$ 嵌入到 $\mathbf{R}^5$ 中 (正

---

① 请登陆到 http://mathworld. wolfram. com/DeckTransformation. html 上, 看一个关于洗牌变化的动画, 就容易明白这里所说的了. —— 中译本注

如可以把一个有限的图 [III.34] 嵌入到 $\mathbf{R}^3$ 中一样), 然后考虑距这个嵌入像距离为一个固定的小数的那些点所成的紧 4 维流形 $M$ (这里要假设这个嵌入是相当 "温顺的", 而这一点是能做到的). 在我们的心目中, 我们想要做出来的是一个曲面的高维类比, 这个曲面 (称为一个 "袖子" (sleeve)) 是由 $\mathbf{R}^3$ 中距离一个嵌入的图距离为一个固定小数的点构成的. $M$ 的基本群仍是由 $P$ 来表现的, 所以, 现在可以让任意的有限表现群作用在一个流形 (即 $M$ 的万有覆叠) 上, 这就使我们能够应用分析和微分几何的工具.

$K(P)$ 和 $M$ 的构建, 确定了我们的定理的更难懂的含义, 这一点是前面讲到过的, 即一个群是有限表现的, 当且仅当它是一个紧胞腔复形和一个紧 4 维流形的基本群. 这个结果提出了几个自然的问题. 首先, 对于任意的有限表现群 $\Gamma$, 是否有更好的更能说明问题的拓扑模型? 例如我们希望能有一个以 $\Gamma$ 为基本群的维数较低的流形为模型, 使得我们能够把我们的物理洞察力用于 3 维流形中? 但是后来证明了, 3 维紧流形的基本群是太特殊了; 这样一点观察使得我们接近了 20 世纪末的数学的很大一部分的心脏. 当人们去探索有哪些群可以作为满足曲率 [III.13] 条件的紧空间的基本群或者是满足一些来自复几何的约束的紧空间的基本群时, 又打开了一些新的领域.

一组特别丰富的约束来自下面的问题. 我们能否安排一个任意的有限表现群作为一个万有覆叠为可缩 (contractible) 的紧空间 (或者是一个复流形) 的基本群? 从拓扑学的观点看来这是一个自然的问题, 因为一个具有可缩万有覆叠的空间, 除了相差一个同伦 [IV.6§2] 以外, 是由它的基本群完全决定的. 如果基本群就是 $\Gamma$, 这样一个空间就称为 $\Gamma$ 的分类空间, 而它的同伦不变性质就给出了 $\Gamma$ 的许多不变量 (从这里起, 就不再是 $K(P)$ 完全依赖于 $P$ 而不依赖于 $\Gamma$ 的情况了).

如果前面关于从 $P$ 来识别 $\Gamma$ 有多么困难的讨论使得您怀疑 $K(P)$ 对于 $P$ 的依赖性是否可以完全除去, 那么, 您的怀疑是很有根据的, 对于任意的有限表现群作出紧的分类空间有许多障碍. 对这些障碍的研究 (这种研究有一个通用的名称, 叫做**有限性条件**的研究) 是在现代群论、拓扑学和同调代数交汇的地方的十分丰富的研究领域.

这个领域有一个侧面, 就是寻找能够保证紧分类空间 (不一定是流形)存在的条件. 再现代群论里, 有好几个地方, 负曲率的出现起着基本的作用, 而这个领域就是其中之一. 也会出现组合性质的条件, 例如, Lyndon 就证明了对于任意的表现 $P \equiv \langle A | r \rangle$, 只要其中唯一的关系 $r \in F(A)$ 不是平凡的幂的形状, 则 $K(P)$ 的万有覆叠一定是可缩的.

一个相邻的高度活跃的研究领域是关于分类空间的唯一性和刚性的问题 (这里和其他地方一样, **刚性**一词用于描述这样一个情况: 要求两个对象在看起来明显较弱意义下的等价, 迫使它们在一个看起来明显较强的意义下也等价). 例如,有一个瑞士数学家波莱尔 (Armand Borel, 1923–2003)(与法国数学家波莱尔(Émile Borel)[VI.70] 没有关系) 猜想说: 如果两个紧流形有同构的基本群以及可缩的万有覆叠, 则它们一定是同胚的. 这个猜想至今仍未解决.

我一直主要讲的是把群实现为基本群的问题, 这引导到某些自由的作用, 就是说把群的元素解释为拓扑空间上的对称性, 而且这些对称性都没有不动点. 在转移到几何群论以前, 我要指出, 有许多情况, 在其中最能说明问题的群作用并不是自由的, 其中许可有已经了解得很透彻的**稳定化子**(stabiliger)(一个点的稳定化子就是群中使得这个点不动的对称性的集合), 例如, 研究 $\Gamma_\Delta$ 的自然的方法就是研究它在三角剖分平面上的作用, 其中每一个顶点都在 12 个对称性下不动.

通过在适当的拓扑空间上的非自由作用来探讨代数结构, 这种方法的优点的一个更深刻的例证是 Bass-Serre 关于群在树上的作用的理论, 这个理论包含了融合自由积和 HNN 扩张的理论, 而这两个理论的潜力在前面已经看到了 (这个理论和它的扩充时常以树型群理论的名称出现).

树就是连通的但是没有环路的图. 把树看成一个**度量空间**[III. 56] 而规定它的每一个边的长度都是 1, 是很方便的. 我们容许的对于树的群作用就是那些把一条边等距地变为一条边, 但是不翻转的那些对称.

如果群 $\Gamma$ 作用在一个集合 $X$ 上 (换句话说, 就是如果群 $\Gamma$ 可以看作 $X$ 上的对称之群), 则点 $x \in X$ 的轨道就是所有形状为 $gx$ 的点的集合, 这里 $g \in \Gamma$. 群 $\Gamma$ 可以看成是融合自由积 $A *_C B$ 当且仅当它是这样作用在一个树上: 其中有两个顶点的轨道、一个边的轨道, 以及三个稳定化子 $A, B, C$(这里 $A$ 和 $B$ 是两个相邻的顶点的稳定化子, 它们相交于 $C$, 而 $C$ 是边的稳定化子). HNN 扩张则相应于具有一个顶点轨道和一个边的轨道的作用. 这样, 融合自由积和 HNN 扩张都是群的图, 而这个概念是 Bass-Serre 理论的基本对象. 这些对象使我们能够从关于作用的商群的数据恢复这个群, 这里所说的关于商群的数据就是指的商空间 (它自己也是一个轨道) 以及顶点和边的稳定化子的模式.

Bass-Serre 理论的一个很早就看得出来的好处就是它为下面的事实提供了一个透明而且有教益的证明: $A *_C B$ 的任意有限子群都共轭于 $A$ 或者 $B$ 的一个子群. 给定一个由树的顶点所成的任意集合 $V$, 必有唯一的顶点或边的中点 $x$ 使 $\max \{ d(x, v) \,|\, v \in V \}$ 达到最小; 对于 $V$ 为有限子群的顶点的轨道这个情况应用这个结果, 则 $x$ 给出这个子群的作用的不动点, 而任意的顶点稳定化子必共轭于 $A$ 或者 $B$ 的一个子群.

树型群理论比它的这些初步的应用所暗示的那样要走得深远得多. 它是有限表现群的分解理论的基础, 例如, 从这个理论可以得出: 任意一个有限表现群作为一个具有循环的边稳定化子的群的图, 都有一个本质上典则的最大分裂. 这就与 3 维流形的分裂理论有惊人的平行性. 这个平行性远远超越了仅是一个类比, 而与大部分最近十年来几何群论的最深刻的工作有关. 如果您希望知道得更多, 可以搜索一下关于 JSJ 分解(JSJ decomposition) 的文献, 最好也搜索一下关于群的复形(complexes of groups) 的文献, 它是群的图的适当的高维的类比.

## 8. 几何群论

现在再来思考一下 $\mathbf{Z}$ 的表现 $P \equiv \langle a, b \,|\, aba^{-1}b^{-1} \rangle$, 这样在我们的心目中, 又重新回到了 $K(P)$ 的形象. 前面已经看见了, 复形 $K(P)$ 就是一个环面. 现在, 环面可以定义为欧几里得平面 $\mathbf{R}^2$ 在群 $\mathbf{Z}^2$ 作用下的商群 (点 $(m, n)$ 在此群中就表示平移 $(x, y \mapsto x+m, y+n)$). 事实上, $\mathbf{R}^2$ 带上适当的正方形铺砖结构, 就是环面的万有覆迭. 如果我们观看点 0 在这个作用下的轨道, 就得到 $\mathbf{Z}^2$ 的一个复本, 而我们就可以看见, $\mathbf{Z}^2$ 的大范围几何学铺放在我们面前. 如果规定这个铺砖结构的边长为 1, 而规定两个顶点的图距离就是连接这两点的由边构成的路径的最短距离, 就使得 "$\mathbf{Z}^2$ 的几何" 这个概念精确化了.

这个例子说明, 构造 $K(P)$ 涉及到几何群论的两条主要 (但是纠结在一起的) 思路. 第一条, 也是比较经典的思路, 就是研究群对于度量和拓扑空间的作用, 以便阐明空间和群二者的构造 (在我们的例子中, 就是要阐明群 $\mathbf{Z}^2$ 在平面上的作用, 而在一般情况下则是 $K(P)$ 在一般的万有覆叠上的作用). 得到的洞察质量如何, 视这些作用是否具有某些我们所希望的性质而定. $\mathbf{Z}^2$ 在 $\mathbf{R}^2$ 上的作用就是在一个具有很好的几何结构的空间上的等距, 而且其商群 (即环面) 是紧的. 这种样的作用在许多方面都是理想的, 但是有些时候, 我们需要把容许的判据放宽一些, 才能得到类别比较多样的群, 有时甚至还要求其他的代数结构, 以便更集中注意于研究具有例外的从而也更有趣性质的群和空间.

研究几何群论的这个第一条思路是和第二条思路混在一起的. 在第二条思路里面, 我们就把有限表现群本身看成一个几何对象, 这个对象具有字的度量, 其定义如下: 给定一个有限生成集合 $S$ 作为群 $\Gamma$, 这样来定义 $\Gamma$ 的凯莱[VI.46]图, 把每一个元素 $\gamma \in \Gamma$ 都用一条边与元素 $s \in S$ 连起来, 而这个边的形状为 $\gamma s$ 或 $\gamma s^{-1}$(这个图和用 $K(P)$ 的万有覆叠的边构成的图是一样的). 这样, $\gamma_1$ 和 $\gamma_2$ 之间的距离 $d_S(\gamma_1, \gamma_2)$ 就是连接 $\gamma_1$ 和 $\gamma_2$ 的最短路径的长度, 但这里每一条边的长度都规定为 1. 等价的说法则是: 它是在 $S$ 上的自由群中的最短的字 (这个字在 $\Gamma$ 中就是 $\gamma_1^{-1}\gamma_2$) 的长度.

字度量和凯莱图都依赖于生成集合 $S$ 的选取, 但是它们的大范围几何则不依赖于 $S$ 的选取. 为了把这个概念弄精确, 引入拟等距(quasi-isometry) 的概念. 这是一个把大范围上相似的空间等同起来的等价关系. 如果 $X$ 和 $Y$ 是两个度量空间, 则由 $X$ 到 $Y$ 的拟等距就是一个具有以下两个性质的映射 $\phi : X \to Y$. 第一个性质就是, 存在正实数 $c, C$ 和 $\varepsilon$, 使得 $cd(x, x') - \varepsilon \leqslant d(\phi(x), \phi(x')) \leqslant Cd(x, x') + \varepsilon$. 这就是说, $\phi$ 对于充分大的距离的变形最多就是增加了一个因子. 第二, 存在一个正常数 $C'$, 使得对于每一个 $y \in Y$, 都存在某个 $x \in X$ 使得 $d(\phi(x), y) \leqslant C'$. 这就是说, $\phi$ 在下面的意义下是一个 "拟满射": $Y$ 的每一个元素的位置都很近于 $X$ 的一个元素的像.

例如, 考虑两个空间 $\mathbf{R}^2$ 和 $\mathbf{Z}^2$, 在后者里面, 距离是由早前所定义的图距离给出的. 这时, 映射 $\phi$ 把 $(x, y)$ 点带到 $(\lfloor x \rfloor, \lfloor y \rfloor)$ (这里 $\lfloor x \rfloor$ 表示小于或等于 $x$ 的最大整数). 很容易看到, 这个映射是一个拟等距, 如果两点 $(x, y), (x', y')$ 的欧几里得距离至少是 10, 则 $(\lfloor x \rfloor, \lfloor y \rfloor)$ 和 $(\lfloor x' \rfloor, \lfloor y' \rfloor)$ 的图距离在 $d/2$ 和 $2d$ 之间. 请注意, 我们几乎不关心两个空间的局部结构, 映射 $\phi$ 尽管可能甚至不连续, 却是一个拟等距.

不难验证, 如果 $\phi$ 是由 $X$ 到 $Y$ 的拟等距, 则必定有一个由 $Y$ 到 $X$ 的拟等距 $\psi$ 在下面的意义下 "拟逆转" $\phi$, 就是每一个 $x \in X$ 与 $\psi\phi(x)$ 相距最多有有界的距离, 而每一个 $y \in Y$ 与 $\phi\psi(y)$ 也相距最多有有界的距离. 一旦确定了这一点, 就不难看到拟等距是一个等价关系.

回到凯莱图和字的度量, 可以证明, 如果取同一个群的两组不同的生成元, 则所得的凯莱图是拟等距的. 这样, 凯莱图的任意的在拟等距下不变的性质, 就不仅是凯莱图的性质, 而且是群本身的性质. 所以在处理这类不变量时, 就可以把群 $\Gamma$ 本身也看作是一个空间 (因为我们并不关心在定义空间时用的是哪一个凯莱图), 而且可以用任何一个与 $\Gamma$ 拟等距的空间来代替 $\Gamma$, 例如, 用以 $\Gamma$ 为基本群的闭黎曼流形的万有覆叠 (其存在性在前面已经讨论过了) 来代替 $\Gamma$. 这样, 就可以应用分析的工具了.

有一个曾经为许多人发现过的现在常被称为 Milnor-Švarc 引理的基本事实, 给出了几何群论的两条主要思路之间的关键性的联系. 把一个度量空间 $X$ 称为长度空间, 如果 $X$ 中任意一对点的距离都等于连接这两点的路径的长度的下确界. Milnor-Švarc 引理指出, 如果群 $\Gamma$ 作为长度空间的等距而非平凡地作用于 $X$ 上, 而且 $X$ 对于 $\Gamma$ 的商是紧的, 则 $\Gamma$ 是有限生成的, 而且不管怎样选择字的度量, $\Gamma$ 都拟等距于 $X$.

我们已经见过这方面的一个例子了: $\mathbf{Z}^2$ 就是拟等距于欧几里得平面的. 这对于群 $\Gamma_\triangle$ 也是真的, 虽然不那么明显 (考虑把 $\Gamma_\triangle$ 的元素 $\alpha$ 映为 $\mathbf{Z}^2$ 中最接近于 $\alpha(0)$ 的映射即可).

紧黎曼流形的基本群是拟等距于这个流形的万有覆叠的. 所以, 从拟等距不变量的观点看来, 研究这种流形就等价于研究任意有限表现群. 我们马上就会来讨论这种等价性的一些非平凡的推论. 但是首先要回忆一下这样的事实, 即当在大范围几何学的框架下、把有限生成群看成度量的对象时, 有限生成群就提出了新的挑战: 我们应该把有限生成群分类到拟等距为止.

当然, 这几乎是一件办不到的事情, 但是应该成为现代几何群论的一个火把, 引导我们得出许多美丽的定理, 特别是这些定理常有一个头衔, 叫做刚性定理. 例如, 假设遇到了一个有限生成群 $\Gamma$, 让您觉得, 它在大范围上有点像群 $\mathbf{Z}^n$, 换句话说, 群 $\Gamma$ 与 $\mathbf{Z}^n$ 是拟等距的. 在这个神秘的群 $\Gamma$ 与 $\mathbf{Z}^n$ 之间并不一定有一个代数地定义了的映射, 然而这个拟等距鼓励我们去想, 这个群 $\Gamma$ 必定包含了 $\mathbf{Z}^n$ 的一个复本作为其指标有限的子群. 关于什么是指标, 可以看下面对 Gromov 的一个定理的论述.

这个结果的核心是**Gromov 的多项式增长性定理**, 这是他在 1961 年发表的一个里程碑式的定理. 它所讨论的是, 在一个有限生成群中, 离开其恒等元距离为 $r$ 的范围内群中的点的个数问题. 这个个数是一个函数 $f(r)$, 而 Gromov 关心的是当 $r$ 趋向无穷时, 这个函数如何增长, 而这种增长性又能告诉我们哪些关于群 $\Gamma$ 的事情.

如果 $\Gamma$ 是一个具有有限多个生成元的阿贝尔群, 不难看到 $f(r)$ 最多是 $(2r+1)^d$ (因为每一个生成元都会增加一个在 $-r$ 和 $r$ 之间的一个因子), 所以 $f(r)$ 以一个 $r$ 的多项式为上界. 在另一个极端, 如果 $\Gamma$ 是具有两个生成元, 例如为 $a$ 和 $b$ 的自由群, 则 $f(r)$ 具有指数的增长性, 因为每一个由 $a, b$(但不含其逆) 生成的长为 $r$ 的序列都会给出 $\Gamma$ 的不同的元.

群的形态有这么尖锐的对比, 使我们怀疑, 是否如果 $f(r)$ 以多项式增长为上界, 则一定迫使 $\Gamma$ 展现出大量的可交换性. 幸运的是, 有一个研究得很充分的定义使我们能够把这个想法弄精确. 给定任意群 $G$ 及其子群 $H$, 定义换位子$[G, H]$ 为 $ghg^{-1}h^{-1}$ 这样的元生成的子群, 这里 $g \in G$, 而 $h \in H$. 如果 $G$ 是阿贝尔群, 则 $[G, H]$ 只含有恒等元. 如果 $G$ 不是阿贝尔群, 则 $[G, G]$ 构成一个群 $G_1$, 其中除恒等元以外还有其他的元, 但是虽然 $[G, G]$ 不是平凡的, $[G, G_1]$ 仍然有可能是平凡的, 就是只含有恒等元. 这时, 就说 $G$ 是一个2 步幂零群. 一般说来, 一个 $k$步幂零群$G$, 就是当令 $G_0 = G$, 而对每一个非负整数 $i$ 令 $G_{i+1} = [G, G_i]$ 时, 最终会得到平凡群, 而且最先得到的平凡群是 $G_k$. 幂零群就是对于某一个正整数 $k$ 为 $k$ 步幂零的群.

Gromov 的定理指出, 一个群具有多项式增长性当且仅当它有一个指标为有限的幂零子群. 这是一个非凡的事实: 容易看出多项式增长条件是与字的度量的选择无关的, 因此是拟等距的不变量. 这样, 具有一个指标有限的幂零子群这个看来刚硬的代数条件, 事实上却是一个拟等距不变量, 因此是群的一个柔软可变但又坚韧不变的特性.

在过去 15 年里, 对于许多其他类型的群也确立了拟等距刚性, 这些群里面包括了半单李群的格网和紧 3 维流形的基本群 (那里的拟等距分类比代数等价性包含了更多的东西), 还包含有用群分解的图来定义的种种的类. 为了证明这种类型的定理, 必须要确定一些拟等距的不变量, 使我们能够用它们来把各种空间的类区别开来或联系起来. 在许多情况下, 这些不变量是从发展代数拓扑的工具的适当的类比得来的, 需要修改这些工具, 使它们能够在拟等距变换而不是连续变换下、具有良好的性态.

## 9. 字的问题的几何学

现在是解释前面所作的评论的时候了, 这些评论是关于组合群论的基本判定问题的内蕴的几何学的. 我将仅仅集中于字的问题的几何学.

Gromov 的充填定理描述了黎曼几何[ I.3§6.10] 中具有最小面积的盘形的研究与字的问题的研究之间有惊人的密切联系, 这里前一方面的研究是高度几何学性质的, 而后一方面的研究看来更加属于代数学和逻辑学.

在几何学方面, 基本的研究对象是一个紧光滑流形 $M$ 的等周函数(isoperimetric function) $\mathrm{Fill}_M (l)$. 其定义如下: 给定了一个长度为 $l$ 的闭路, 它必包围了一个具有最小面积的盘形. 对于所有的长度为定值 $l$ 的这种闭路, 这些面积有最大值, 这个最大的面积就定义为 $\mathrm{Fill}_M (l)$. 这样, 等周函数也就可以改述为: 每一个长度为 $l$ 的闭路最多可以包围一个面积为 $\mathrm{Fill}_M (l)$ 的盘形.

我们可以在心里保存一个肥皂泡的形象: 如果在欧几里得空间里有一个长度为 $l$ 的圆形的圈, 把它浸在肥皂液里, 则这样形成的薄膜面积最多是 $l^2/4\pi$. 但是, 如果在双曲空间[ I.3§6.6] 里做同样的实验, 这样的膜的面积则以 $l$ 的一个线性函数为界. 与此相应, $\mathbf{E}^n$ 和 $\mathbf{H}^n$(以及它们分别对于等距群的商) 上的等周函数分别是二次函数和线性函数. 我们马上就会来讨论在其他的几何里面会出现什么类型的等周函数.

为了陈述充填定理, 也需要思考其代数的侧面. 这里要确定一个函数来度量直接研究任意有限表现群 $\Gamma = \langle A|R \rangle$ 的字的问题的复杂性. 如果我们想要知道一个字 $w$ 是否 $\Gamma$ 的恒等元, 而又没有对于 $\Gamma$ 的本性的任意进一步的洞察, 则除了反复地插进或移去给定的关系 $r \in R$ 以外, 就再也就没有别的办法了.

考虑一个简单的例子 $\Gamma = \langle a,b \,|\, b^2a, baba \rangle$. 在这个群里, $aba^2b$ 是恒等元. 怎样证明呢? 办法如下: 依次有

$$aba^2b = a\,(b^2a)\,ba^2b = ab\,(baba)\,ab$$
$$= abab = a\,(baba)\,a^{-1} = aa^{-1} = 1.$$

现在从几何上通过凯莱图来看一看这个证明. 因为在群 $\Gamma$ 中, $aba^2b = 1$, 则如果在凯莱图上从恒等元出发, 而沿着标记为 $a, b, a, a, b$ 的各边前进 (沿途会通过以下各个顶点: $1, a, ab, aba, aba^2, aba^2b = 1$) 最后回到恒等元 1, 因此这是一个循环. 而上面的一串等号就可以解释为下述的过程的各个步骤. 这个过程就是通过不断地插进或移走一些小的循环, 来 "收缩" 这个循环, 使它最后变成恒等元. 例如, 可以在沿边前进的方向, 依次插进 $b, a, b, a$, 因为 $baba$ 是一个关系, 所以其实是插进了一个循环, 所以不会影响最后的终点, 同样也可以移去一个形如 $aa^{-1}$ 的平凡的环路. 如果用一个面把各个小的环路都填满, 这样把凯莱图变成一个 2 维复形, 这样一种

收缩也就更多了一个拓扑的特性: 原来的收缩过程也就变成了把原来的环路都逐步地扫掉的过程.

这样, 证明一个字 $w$ 等于恒等元的困难就与 $w$ 的面积 (记作 Area($w$)) 有了密切的联系. 从代数上说, 可以把 Area($w$) 想成是为了把 $w$ 变成恒等元所必须插进或移去的最小的关系序列. 从几何上说, 则可以把 Area($w$) 想成是为了把由 $w$ 所表示的循环填满成为一个盘形所需要的面的最小数目.

Dehn 函数 $\delta_\Gamma : \mathbf{N} \to \mathbf{N}$ 的用处就是用字 $w$ 的长度 $|w|$ 来估计 Area($w$): $\delta_\Gamma(n)$ 定义为 $\Gamma$ 中的等于恒等元 1 的长度最多为 $n$ 的字的最大的面积. 如果 Dehn 函数增长很快, 则相应的字的问题就很难, 因为有一些长度比较短的等于恒等元的字, 但是面积很大, 就是包含了较多的小循环, 因此要证明它等于恒等元时, 需要把这些小循环插进或移去的步数就多, 而这个证明就会很长. 关于 Dehn 函数的界限的结果就称为等周不等式.

Dehn 函数 $\delta_\Gamma(n)$ 记号中的下标 $\Gamma$ 会引起一些误解, 因为同一个群的不同的表现会给出不同的 Dehn 函数. 但是人们还是愿意忍受这里的含混, 因为这种含混也是受到严格的控制的, 因为如果有两个有限表现所定义的群是同构的, 或者说至少是拟等距的, 则相应的 Dehn 函数有类似的增长率. 更精确地说, 它们对于现在几何群论里有时说的标准等价关系 "≃" 是等价的, 这种标准等价关系的定义就是: 给定两个单调函数 $f, g : [0, \infty) \to [0, \infty)$, 记号 $f \leqslant g$ 表示存在常数 $C > 0$, 使得对于一切 $l \geqslant 0$ 都有 $f(l) \leqslant Cg(Cl + C) + Cl + C$, 而所谓标准等价关系 $f \simeq g$, 就是同时有 $f \leqslant g$ 和 $g \leqslant f$ 成立. 我们把这个关系拓展到包含从 $\mathbf{N}$ 到 $[0, \infty)$ 的函数.

您可能已经注意到 Fill$_M(l)$ 的定义和 $\delta_\Gamma(n)$ 的定义的相似. 充填定理把二者的联系弄精确了. 它指出, 若 $M$ 是一个光滑的紧流形, 则 Fill$_M(l) \simeq \delta_\Gamma(l)$, 这里 $\Gamma$ 是 $M$ 的基本群 $\pi_1 M$.

例如, 因为 $\mathbf{Z}^2$ 是环面 $T = \mathbf{R}^2/\mathbf{Z}^2$ 的基本群, 而环面上的几何学又是欧几里得几何学, 所以 $\delta_{\mathbf{Z}^2}(l)$ 是二次函数.

## 9.1  什么是 Dehn 函数

我们已经看见, 字的问题的复杂性是和黎曼几何及组合几何的等周问题相关的. 在最近 15 年里, 对这件事情的洞察使得我们对 Dehn 函数的理解有大的进展. 例如我们可以问, 对于哪些数 $\rho$, $n^\rho$ 是一个 Dehn 函数. 这种数有可数多个, 其集合称为**等周谱**, 记号是 IP, 现在人们对它已经有很好的了解.

根据许多作者的工作, Brady 和 Bridson 证明了 IP 的闭包是 $\{1\} \cup [2, \infty)$. IP 的更精细的结构是由 Birget, Rips 和 Sapir 用图灵机的时间函数来描述的. 还是这些作者和 Ol'shanskii 解释了在对于有限生成群 $\Gamma$ 的字的问题的各种处理途径下的复杂性的了解方面, Dehn 函数起了多么基本的作用, 当且仅当 $\Gamma$ 是一个具有多项式增长的有限表现群的子群时 $\Gamma$ 的字的问题属于 $\mathcal{NP}$(这里 $\mathcal{NP}$ 就是著名的 "$\mathcal{P}$vs$\mathcal{NP}$" 问题中的那一类问题. 对于这个类的说明, 详见条目计算复杂性[IV.20§3]).

IP 的结构引起了一个明显的问题: 对于在前面作为特别的群而单独分离出来的两类群 —— 即具有线性或二次 Dehn 函数的群, 可以说些什么呢? Dehn 函数是二次函数的那些群的本性暂时还不清楚, 但是对于 Dehn 函数为线性函数的群却有了一个美丽的定义性质的描述, 称之为**字双曲群**, 我们将在下一节讨论它.

并非所有的 Dehn 函数都具有 $n^\alpha$ 的形状, 有增长性如同 $n^\alpha \log n$ 的 Dehn 函数, 还有增长得比任意的指数函数的叠加还要快的, 例如

$$\langle a,b \,|\, aba^{-1}bab^{-1}a^{-1}b^{-2} \rangle$$

的 Dehn 函数就是这样的. 如果 $\Gamma$ 的字的问题是不可解的, 则 $\delta_\Gamma(n)$ 将会增长得比任何的递归函数更快 (其实这就是这种群的定义).

### 9.2 字的问题和测地线

黎曼流形上的一条闭测地线就是这样一个环路, 它局部地把距离最小化. 如果把一个弹性的橡皮圈在完全光滑的曲面上放松开, 就会形成一个这样的环路. 球面上的大圆和紧箍住测量时间的沙漏颈部最细的地方的那一条曲线都是闭测地线的例子, 而且说明流形上还可能有零伦的(null homotopic)(就是可以通过连续变形变为一点的) 闭测地线. 但是, 能不能作出一个紧拓扑流形 $M$, 使得不论在其上附加什么度量都有无穷多个这样的测地线存在? (从技术上说, 当然可以有无穷多个闭测地线, 因为取一个测地环路并且绕它 $n$ 周, 就又得到一个新测地环路, 这样当然就有了无穷多个闭测地线. 但是我们想避免这一点, 而只考虑 "原始的" 测地线).

从纯粹几何学的观点看来, 这是一个让人畏缩的问题: 所有特定的关于度量的信息都被撕掉了, 而留待我们处理的是具有任意度量的柔软易变的拓扑对象. 但是群论给了我们一个解答: 如果基本群 $\pi_1 M$ 的 Dehn 函数增长得至少如 $2^{2^n}$ 那么快, 则不论在 $M$ 上给出什么黎曼度量, 都有无穷多个零伦的闭测地线存在. 证明太过于技术性, 这里甚至不可能给出它的要点.

## 10. 应该研究哪些群

在前面的讨论中出现了好几类特殊的群, 例如幂零群、3 维流形群, 具有线性 Dehn 函数的群, 还有定义中只有单独一个关系的群. 现在要变一个观点, 希望当我们开始着手研究有限表现群的浩瀚宇宙时, 从最容易的群开始.

当然, 最先一个是平凡群, 然后是有限群. 因为本书在好几个地方都会讨论有限群, 所以下面就略过有限群不谈, 而是采取一个大范围几何学的途径, 即如果一些群具有共同的有限指标的有限子群, 对这些群就不再加区分了.

　　第一个无限群当然是 **Z**, 但是哪个群算第二个就可以辩论了. 如果想要保留可交换性带来的安全, 则第二个应该是有限生成的阿贝尔群. 然后, 慢慢地放弃可交换性, 以及对于增长性和可构造性的控制, 就会逐步得到更大的类, 如幂零群、多重循环群 (polycyclic groups)、可解群、初等顺从群 (elementary amenable group). 在讨论 Gromov 的多项式增长性定理时就遇到过幂零群, 在许多背景下, 它是作为阿贝尔群的最自然的推广而出现的. 现在对于幂零群所知已经甚多, 很大程度上, 一是因为有许多事情可以对 $k$ 步幂零群的 $k$ 进行归纳; 二是还有这样一个事实, 就是可以利用以下的一点, 即: 群 $G$ 是从有限生成的阿贝尔群 $G_i/G_{i+1}$ 以受到很大的控制的方式建立起来的. 多重循环群是较大的一类, 就是以类似的方法建立起来的, 而有限生成的可解群则是由不一定有限生成的阿贝尔群用有限步建造出来的. 这一类群不仅更大, 也更加狂野. 例如多重循环群的同构问题是可解的, 而可解群的同构问题则是不可解的. 按照定义, 一个群是可解的, 如果它的递推定义的导出列 (derived series) $G^{(n)} = \left[ G^{(n-1)}, G^{(n-1)} \right]$, $G^{(0)} = G$ 经过有限步就会停止.

　　初等顺从群的顺从性 (amenability) 这样一个概念构成几何学、分析和群论的一个重要联系. 可解群是顺从的, 但是反之则不成立. 说一个有限表现群当且仅当它不包含秩为 2 的自由子群时才是顺从的, 这大概是不对的, 但是对于一个新手, 这一点还是可以作为一个单凭经验的法则来用.

　　现在我们在一个更加大胆的思想框架下面回到 **Z**, 那就是抛弃掉由可交换性带来的安全, 而去考虑自由群. 沿着这个更加解放的途径, 有限生成的自由群就在浩瀚的宇宙中继 **Z** 脱颖而出了. 再往下是什么群? 从几何上想, 自由群就是以树作为其凯莱图的群, 所以要问有哪些群, 凯莱图类似于树 (tree-like).

　　树的关键性质就是它的所有三角形都是蜕化的, 如果在树上任意取三个点, 并且用最短的路径把它们两两连接起来成一个三角形, 则其中有一条路径, 其上的所有点都至少包含在一条另外的路径上. 这是树是一个具有负无穷曲率这个事实的表现. 要想对于为什么会是这样有一点感觉, 请考虑一个具有有界的负曲率的空间例如双曲平面 $\mathbf{H}^2$, 并且重新尺度化来规定它的度量, 也就是把标准的距离函数 $d(x, y)$ 换成 $(1/n) \, d(x, y)$, 并令 $n \to \infty$, 看看会发生什么事. 这时, 空间的 (经典的微分几何意义下的) 曲率将会趋于 $-\infty$. 下面的事实就捕捉到了这一点: 存在一个常数 $\delta(n)$, 使得当 $n \to \infty$ 时, $\delta(n) \to 0$, 而在尺度经过上面说的比例变化的双曲空间 $(\mathbf{H}^2, (1/n) \, d)$ 里, 三角形的每一个边都包含在其他两边的 $\delta$ 邻域的并里面. 用比较接近口语的说法, 就说 $\mathbf{H}^2$ 里的三角形是均匀单薄 (uniformly thin) 的, 而当度量按比例变化以后 (就是把 $n$ 取得更大以后), 就更加单薄.

　　心里存着这样一个形象, 就可以问, 哪些群有使得所有三角形都是均匀单薄的凯莱图? 这样就多少可以考虑树以外的情况 (把单薄性的常数 $\delta(n)$ 具体写出来, 没有什么意思, 因为只要改变了生成元集合, 它就会变化). 上面的问题的答案是

Gromov 的双曲群(hyperbolic group). 这是一类很诱人的群, 具有许多等价的定义, 出现在许多背景下. 例如, 我们已经遇见过的具有线性 Dehn 函数的群就是双曲群 (这两个定义为等价的, 这一点绝非显然的事).

Gromov 的巨大洞察力就在于因为单薄三角形条件包含了那么多的负曲率流形的大范围几何学的本质, 双曲群也就分享了以等距变换来很好地作用在这种空间上的群的丰富的性质. 这样, 例如双曲群就只有有限多个有限子群的共轭类, 不包含 $\mathbf{Z}^2$ 的复本而 (在考虑到挠群以后) 具有紧分类空间. 它们的共轭问题可以用少于二次式的时间来解决, 而 Sela 证明了甚至可以在无挠双曲群中解决同构问题. 对于双曲群的兴趣的来源, 除了它的许多吸引人的性质和自然的定义以外, 进一步还在于在精确的统计意义下, 一个**随机有限表现群**将是双曲群.

在许多数学分支中, 近二十年来, 负曲率和非正曲率起了中心的作用. 在这里, 哪怕只是开始来论证这个论断, 我们也没有篇幅了, 但是这个论断确实能告诉我们到哪里去找双曲群类的自然的扩大: 我们需要非正曲率群, 其定义是要求它们的凯莱图也具有等距的余紧群 (cocompact group) 从单连通的非正曲率空间 (即 "CAT(0) 空间") 得到的一个关键几何特性. 但是, 与双曲群形成对照的是, 当对定义稍加改动后, 所得到的群的类会有相当大的变动, 而勾画所得的类和它们的 (丰富的) 性质一直是大量的研究工作的主题.

从负曲率转到非正曲率时所遇到的附加的困难表现在下面的事实上: 在这里产生的一类最突出的群, 即所谓的**可梳理群**(combable group) 上, 同构问题是不可解的.

现在回到自由群, 哪些群是自由群的**最紧邻**的邻居? 值得注意的是, 这个听起来很含混的问题却有一个服人的解答.

树型群理论的巨大胜利之一是证明了, 从有限生成群 $G$ 到自由群 $F$ 的同态的集合 $\mathrm{Hom}(G, F)$ 有一个有限的描述. 这个描述的基本的建筑单元就是 Sela 所说的**极限群**(limit groups). 定义极限群 $L$ 的许多方法之一是对于每一个有限子集 $X \subset L$, 必有一个由 $L$ 到一个有限生成的自由群的同态, 在 $X$ 上是单射.

极限群也可以定义为其**一阶逻辑**[IV.23§1] 与一个自由群的一阶逻辑相像的群, 而这里的相像是有精确的意义的. 为了看到一阶逻辑怎样可以用来谈论一些对于一个群是非平凡的事情, 可以考虑下面的语句

$$\forall x, y, z, \quad (xy \neq yx) \vee (yz \neq zy) \vee (xz = zx) \vee (y = 1).$$

一个具有上述性质的群是可交换传递的, 如果 $x$ 与 $y \neq 1$ 可交换, 而 $y$ 又与 $z$ 可交换, 则 $x$ 与 $z$ 可交换. 自由群和阿贝尔群都有这个性质, 但是例如非阿贝尔群的直积就没有.

证明自由的阿贝尔群都是极限群只是一个简单的练习. 但是, 如果限制于那些

与自由群具有相同的一阶逻辑的群, 就会得到纯粹由双曲群构成的较小的类, 目前这一个类正在受到很密集的考察. 它们都有具有负曲率的分类空间, 从图和双曲曲面以分层次的方式建立起来. 亏格 $g \geqslant 2$ 的闭曲面的基本群 $\Sigma_g$ 都属于这一类, 这使得组合群伦中的一种传统的意见变得很重要了, 那就是在非自由群中, $\Sigma_g$ 和自由群 $F_n$ 最为相像.

把这个意见与前面的讨论结合起来, 就得到了一个观点: 群 $\mathbf{Z}^n$、自由群 $F_n$ 和群 $\Sigma_g$ 是无限群中最基本的. 这是一个涉及这些群的自同构的丰富的思路的起点. 特别是在它们的外自同构群 $\mathrm{GL}_n(\mathbf{Z})$, $\mathrm{Out}(F_n)$ 和 $\mathrm{Mod}_g \cong \mathrm{Out}(\Sigma_g)$ (映射类群) 之间有许多惊人的平行性. 这三类群在分布得很广阔的许多数学领域中都起着基本的作用. 在这里提到这些群是为了说明一点, 除了搜寻群的基本的自然类别的知识以外, 群论中还有一些 "珍宝", 其本身也值得作深入透彻的研究. 还有一些其他的群, 人们也会归入这一类, 包括考克斯特 (Harold Scott MacDonald Coxeter,1907–2003, 英国数学家) 群 (就是推广的反射群, $\Gamma_\Delta$ 是它的原型) 和阿廷[VI.86] 群(特别是辫群[III.4], 它也出现在许多数学分支中).

在这个最后的一节里, 把许多类的群铺天盖地地抛到您面前. 尽管如此, 仍然有许多引人入胜的群的类别和重要的问题, 不得不完全略去. 但是这也是不得不如此, 正如 Higman 的定理所断定的那样, 有限表现群带给我们的挑战、欢乐和挫败, 是永远不会终结的.

进一步阅读的文献

Bridson M R, and Haefliger A. 1999. *Metric Spaces of Non-positive Curvature*. Grundlehren der Mathematischen Wissenshaften, volume 319. Berlin: Springer.

Gromov M. 1984. Infinite groups as geometric objects. In *Proceedings of the International Congress of Mathematicians. Warszawa, Poland, 1983*, volume I, pp. 385-92. Warsaw: PWN.

——. 1993. Asymptotic invariants of infinite groups. In *Geometric Group Theory*, volume 2. London Mathematical Society Lecture Series, volume 182. Cambridge: Cambridge University Press.

Lyndon R C, and Schupp P E. 2001. *Combinatorial Group Theory*. Classics in Mathematics. Berlin: Springer.

# IV.11　调 和 分 析

陶哲轩 (Terence Tao)

## 1. 引言

分析的很大一部分都是围绕着一般的*函数类*[ I.2§2.2] 和一般的*算子*[III.50] 在

转. 函数时常是实值或复值的, 但是也可以在其他集合上取值, 例如在向量空间 [I.3§2.3] 或流形 [I.3§6.9] 上取值. 一个算子本身也是一个函数, 但是是在 "第二个层次" 上的函数, 即是说它的定义域和值域也都是函数, 就是说, 一个算子是把一个 (或多个) 函数作为输入, 而把一个经过变换以后的函数作为输出. 调和分析把注意力集中在这些函数的定量性质上, 并且研究当不同的算子作用于它们时, 这些定量性质怎样变化①.

什么是一个函数的 "定量性质"? 下面是两个重要的例子. 首先, 一个函数 $f(x)$ 被称为在其定义域上是一致有界的, 如果存在一个实数 $M$, 使得对于其定义域中的每一个 $x$ 都有 $|f(x)| \leqslant M$. 知道两个函数 $f$ 和 $g$ 是 "一致接近" 的, 这时常是很有用的, "一致接近" 的意思就是差 $f - g$ 是一致有界的, 而且其界 $M$ 很小. 第二个例子是, 一个函数 $f(x)$ 被称为是平方可积的, 如果积分 $\int |f(x)|^2 \, dx$ 是有限的. 平方可积函数之所以重要, 是因为可以用希尔伯特空间[III.37] 理论去分析它.

于是, 调和分析的典型问题可以是以下形式的问题: 如果函数 $f : \mathbf{R}^n \to \mathbf{R}$ 是平方可积的, 其梯度 $\nabla f$ 是存在的、而且 $\nabla f$ 的各个分量也是平方可积的, 那么, 这是否蕴含了函数 $f$ 本身是一致有界的? (答案: 当 $n = 1$ 时是肯定的, $n = 2$ 时不成立, 而且是恰好不成立②. 这是索伯列夫 (Sergei Lvovich Sobolev, 1908–1989, 前苏联数学家) 嵌入定理的一个特例, 这个定理对于分析偏微分方程[IV.12] 有基本的重要性). 如果是一致有界的, 那么能够得到的精确的上界又是多少? 就是说, 给出了 $|f|^2$ 和 $|(\nabla f)_i|^2$ 的积分, 能够得到什么样的 $M$ 作为 $f$ 的一致的上界?

实函数和复函数当然在数学中是人们所熟悉的, 人们在中学里就会遇到它们. 在许多情况下, 人们对付的主要是特殊函数[III.85]: 多项式、指数函数、三角函数和其他一些很具体的用显式定义的函数. 在典型情况下, 这些函数常有很丰富的代数和几何结构, 关于它们的许多问题都能用代数和几何的技巧来解决.

然而在许多数学背景下, 我们都必须应付不是由显式公式给出的函数. 例如, 常微分方程和偏微分方程的解时常不能写成显式的代数形式 (即由多项式、指数函数[III.25] 和三角函数[III.92] 复合而成的式子). 这时, 人们怎样来思考函数呢? 答案是注意它们的性质, 并且看由这些性质可以导出些什么来. 尽管一个微分方程的解时常不能用有用的公式来描述, 我们仍然可以确定一些关于它们的基本事实, 而且从这些事实中推导出许多有趣的结果. 我们可能会关注的性质有可测性、有界性、

---

① 严格地说, 这句话描述的是实变量的调和分析. 还有另一个领域称为抽象调和分析, 主要研究的是如何用各种对称, 例如平移和旋转 (例如通过傅里叶变换和相关的技巧), 来研究 (时常是定义在很一般的域上的) 实值或复值的函数. 这个领域当然与实变量的调和分析有关, 但是在精神上则可能更近于表示理论和泛函分析, 本文中将不去讨论它.

② 这里讲到的情况是索伯列夫的嵌入定理的所谓 "临界情况". 这时, 定理成立的条件和结论的准确提法是比较复杂的. —— 中译本注

连续性、可微性、光滑性、可积性以及在无穷远处的迅速衰减性. 由此我们就被引导到有趣的一般的函数类: 为了构成这样一个类, 我们选择一个性质, 再取所有具有这个性质的函数的集合. 一般说来, 数学分析对于这种一般的函数类的关注远远超过了对于个别函数的关注 (参见条目函数空间[III.29]).

　　这种途径甚至在分析那些具有很丰富的结构而且能用显式公式来表示的函数时也是有用的. 用纯粹代数的方式来开发或者使用这种结构或公式均非易事, 甚至不可能, 这时就必须 (至少是部分地) 依赖于更加解析的工具了. 一个典型的例子是艾里 (Sir George Biddell Airy, 1801–1892, 英国数学家和天文学家)函数

$$\mathrm{Ai}\,(x) = \int_{-\infty}^{\infty} \mathrm{e}^{\mathrm{i}(x\xi+\xi^3)}\mathrm{d}\xi\,.$$

虽然它是由一个积分来显式地定义的, 但是如果想要回答一些基本的问题, 例如这个积分是否收敛, 是否当 $x \to \pm\infty$ 时趋于 0, 等等, 则最容易的做法仍是利用调和分析的工具. 在这个情况下, 我们可以利用一种所谓稳定位相法的技巧肯定地回答这两个问题, 而后一个问题的答案是惊人的: 当 $x \to +\infty$ 时, 它指数地衰减于 0, 而当 $x \to -\infty$ 时, 它只是多项式地衰减于 0.

　　作为分析的一个子领域, 调和分析特别关心的不只是上面提到的那些定性的性质, 而且关心与这些性质有关的定量的估计. 例如, 它不仅只是知道了一个函数 $f$ 为有界的就完事, 而且还想知道它是怎样有界的. 就是说, 还要知道使得对于所有的 (或者几乎所有的)$x \in \mathbf{R}$, 都有 $|f(x)| \leqslant M$ 的**最小的**非负常数 $M \geqslant 0$ 是什么. 这个数称为 $f$ 的**确界范数**(sup**范数**) 或 $L^\infty$**范数**, 记作 $\|f\|_{L^\infty}$. 或者, 不只是说 $f$ 是平方可积, 我们还引入它的 $L^2$**范数** $\|f\|_{L^2} = \left(\int |f(x)|^2\,\mathrm{d}x\right)^{1/2}$ 把这个概念量化. 比较一般地还可以对于 $0 < p < \infty$ 的 $p$ 次幂可积性 (即 $L^p$ 可积性) 用 $L^p$ **范数**$\|f\|_{L^p} = \left(\int |f(x)|^p\,\mathrm{d}x\right)^{1/p}$ 来量化. 类似地, 上面说到的绝大多数定性的性质都可以用种种范数[III. 62] 加以量化, 这些范数都是对一个给定的函数指定一个非负数 (也可能是 $+\infty$), 作为这个函数的某一个特性的定量的量度. 关于这些范数的定量的估计, 不仅在纯粹的调和分析中很重要, 而且在应用数学中 (例如对于某些数值算法的误差估计) 也是很有用的.

　　函数一般会有无穷多个自由度, 所以可以加于函数的范数有无穷多个也就不令人吃惊了, 有许多方法来对函数有多么 "大" 加以量化. 这些范数时常彼此有很大的区别. 例如, 如果一个函数只是对自变量的少数值很大, 所以它的图像上有几个很高的 "尖峰", 那么, 它会有很大的 $L^\infty$ 范数, 但是它的 $L^1$ 范数 $\int |f(x)|\,\mathrm{d}x$ 可以很小. 反之, 如果 $f$ 的图像很宽而且铺展开来, 则哪怕 $|f(x)|$ 对于每一个 $x$ 都很小,

它的 $L^1$ 范数 $\int |f(x)|\,\mathrm{d}x$ 也可能很大, 这样一个函数有很大的 $L^1$ 范数同时又有很小的 $L^\infty$ 范数. 也可以构造出类似的例子来说明 $L^2$ 范数的形态可以和 $L^1$ 范数或者 $L^\infty$ 范数都很不相同. 然而, 可以证明 $L^2$ 范数总在这两个范数 "之间", 意思是说, 如果能够控制了 $L^1$ 范数和 $L^\infty$ 范数二者, 则 $L^2$ 范数也会自动地受到控制. 直观地说, 其理由在于, 如果 $L^\infty$ 范数不是太大, 就消除了那些有尖峰的函数, 再加之 $L^1$ 范数也很小, 则又消除了大部分很宽的函数; 留下来的函数, 在中间的 $L^2$ 范数上, 性态也会比较好. 用比较定量的说法, 就有不等式

$$\|f\|_{L^2} \leqslant \|f\|_{L^1}^{1/2}\|f\|_{L^\infty}^{1/2},$$

这个不等式可以用几乎平凡得不足道的代数事实得出：因为 $|f(x)| \leqslant M, M = \|f\|_{L^\infty}$, 所以 $|f(x)|^2 \leqslant M|f(x)|$ , 双方积分就得到所需的结果. 这个不等式是赫尔德 (Otto Ludwig Hölder, 1859–1937, 德国数学家)不等式[V.19] 的特例, 是调和分析中基本的不等式之一. 下面的思想, 即如果能用两个 "极端的" 范数来控制一个函数, 则一定自动蕴含了能够用 "中间的" 范数来控制它, 这个思想可以极大地推广, 而引导到一个非常强有力非常方便的方法, 称为**插值方法**, 而成为这个领域的另一个基本的工具.

然而, 总是研究单个函数和它的各种范数, 最后会变得令人厌烦. 如果不只研究对象, 同时还研究它们之间的映射, 则几乎所有的数学领域都会变得有趣得多. 在我们的情况下, 对象就是函数, 而如同在开始时提到的, 一个把函数变为函数的映射通常称为算子 (在有些前后文中则称为变换[III.91]). 算子可能看来是一个相当复杂的数学对象 —— 它们的输入和输出都是函数, 而函数的输入和输出则都是数 —— 但是, 事实上, 它们是很自然的概念, 因为有许多情况, 人们都需要对函数作变换. 例如, 微分就可以看成是把函数 $f$ 变成它的导数 $\mathrm{d}f/\mathrm{d}x$ 的算子. 这个算子有一个著名的 (部分的) 逆, 就是积分, 它把一个函数 $f$ 变成由公式

$$F(x) = \int_{-\infty}^{x} f(y)\,\mathrm{d}y$$

来定义的函数. 一个不那么直观但是极为重要的例子是傅里叶变换[III.27]. 它把 $f$ 变成由下式来定义的函数 $\hat{f}$:

$$\hat{f}(x) = \int_{-\infty}^{\infty} \mathrm{e}^{-2\pi \mathrm{i}xy}f(y)\,\mathrm{d}y.$$

考虑具有两个或更多输入的算子也是有意思的. 两个特别常见的例子是逐点乘积和卷积. 如果 $f$ 和 $g$ 是两个函数, 它们的逐点乘积的定义是显然的:

$$(fg)(x) = f(x)\,g(x).$$

它们的卷积 (记号是 $f * g$) 则定义为

$$f * g\,(x) = \int_{-\infty}^{\infty} f\,(y)\, g\,(x - y)\,\mathrm{d}y.$$

这些只是我们会要考虑的有趣的算子的很小的样本. 调和分析原来的目的就是想去了解与傅里叶分析、实分析和复分析相关的算子. 然而时至今日, 这门学科的主题已经有了很大的增长, 调和分析也与广泛得多的算子的集合有了关系. 例如, 调和分析在了解各种线性或非线性偏微分方程的解上就特别富有成果, 因为任意一个这种方程都可以看成是作用在初始条件上的算子. 它也在解析数论和组合数论里特别有用, 因为在这些学科里, 我们都面临着去了解各种表达式 (如指数和) 中的振荡这样的问题. 调和分析也被用来分析出现在许多学科中的算子, 其中例如就有几何测度论、概率理论、遍历理论、数值分析和微分几何.

  调和分析首要的关切是获取算子作用在一般的函数上的效果的定量和定性的信息. 定量估计的一个典型的例子是不等式

$$\|f * g\|_{L^\infty} \leqslant \|f\|_{L^2}\,\|g\|_{L^2},$$

它对所有的 $f, g \in L^2$ 都成立, 是杨氏 (William Henry Young, 1863–1942, 英国数学家)不等式的一个特例. 它的证明很容易, 只要写出卷积 $f * g\,(x)$ 的定义, 再利用柯西–施瓦兹不等式[V.19] 即可. 作为它的推论, 可以得到两个 $L^2$ 函数的卷积恒为连续这个定性的结论. 我们来简短地给出这里的论证, 因为它是一个很有教益的例子.

  关于 $L^2$ 函数有一个基本的事实, 就是每一个这样的函数 $f$ 都可以用连续的紧支集函数 $\tilde{f}$(在 $L^2$ 范数下) 任意好地逼近 (紧支集就是说, $\tilde{f}$ 在某个区间 $[-M, M]$ 之外恒为 0). 给定两个 $L^2$ 函数 $f$ 和 $g$, 令 $\tilde{f}$ 和 $\tilde{g}$ 是它们的这种类型的逼近. 证明它们的卷积 $\tilde{f} * \tilde{g}$ 是一个连续函数, 只不过是实分析的一个习题. 因为有

$$f * g - \tilde{f} * \tilde{g} = f * (g - \tilde{g}) + \left(f - \tilde{f}\right) * \tilde{g},$$

就很容易用上面的不等式来证明 $\tilde{f} * \tilde{g}$ 按 $L^\infty$ 范数近似于 $f * g$. 就是说 $f * g$ 可以按 $L^\infty$ 范数用连续函数任意地逼近. 基本的实分析的一个标准的结果 (即连续函数的一致收敛极限仍是连续函数) 就告诉我们 $f * g$ 是连续的.

  请注意这个论证的基本结构, 它经常出现在调和分析中. 首先, 确定一个 "简单" 函数的类, 使得在这个类中很容易证明我们想得到的结果. 其次, 我们再证明一个大得多的类中的每一个函数都可以在适当意义下用简单的函数来逼近. 最后, 再用这个信息来证明这个结果对于这个更大的类中函数也成立. 在我们的情况下, 简单的函数就是具有紧支集的连续函数, 较大的函数类则由平方可积函数构成, 而所谓 "在适当意义下", 就是按 $L^2$ 范数的逼近.

在下一节里, 我们将要给出算子的定性和定量分析的进一步的例子.

## 2. 例子: 傅里叶级数的求和

为了说明定性和定量结果的相互作用, 现在来概略地讲一下傅里叶级数的求和. 从历史上说, 这是研究调和分析的主要动机之一.

本节将讨论以 $2\pi$ 为周期的周期函数 $f$, 也就是满足以下的周期条件的函数: 对于一切 $x \in \mathbf{R}$, 都有 $f(x + 2\pi) = f(x)$. $f(x) = 3 + \sin x - 2\cos 3x$ 就是这种函数的一个例子. 像这样的可以写成 $\sin nx$ 和 $\cos nx$ 的有限线性组合的函数称为三角多项式. 在这里使用 "多项式" 一词, 是因为这种函数总可以写成 $\sin x$ 和 $\cos x$ 的多项式, 或者换一个样子, 写成 $\mathrm{e}^{\mathrm{i}x}$ 和 $\mathrm{e}^{-\mathrm{i}x}$ 的多项式, 有时还更方便. 也就是, 它可以用某个正整数 $N$ 和适当选择的系数 $(c_n : -N \leqslant n \leqslant N)$ 写成 $\sum\limits_{n=-N}^{N} c_n \mathrm{e}^{\mathrm{i}nx}$. 如果我们知道了 $f$ 可以写成这个形式, 就可以很容易地给出这些系数 $c_n$, 它们可以用下面的公式来表示:

$$c_n = \frac{1}{2\pi} \int_0^{2\pi} f(x)\,\mathrm{e}^{-\mathrm{i}nx}\mathrm{d}x.$$

一件值得注意而且重要的事实是, 对于一个类似的但是大得多的函数类中的函数, 也可以得到同样的结果 —— 就是说, 我们还可以容许无限的线性组合. 设 $f$ 是一个周期函数同时还是连续的 (或者更加一般地, 设它是绝对可积的, 即 $|f(x)|$ 在 0 到 $2\pi$ 之间的积分为有限). 这时, 可以就用上面关于 $c_n$ 的公式来定义 $f$ 的傅里叶系数 $\hat{f}(n)$:

$$\hat{f}(n) = \frac{1}{2\pi} \int_0^{2\pi} f(x)\,\mathrm{e}^{-\mathrm{i}nx}\mathrm{d}x.$$

三角多项式的例子现在暗示, 应该有恒等式

$$f(x) = \sum_{n=-\infty}^{\infty} \hat{f}(n)\,\mathrm{e}^{\mathrm{i}nx},$$

就是应该可以把 $f$ 写成某种 "无限的三角多项式", 但是这一点并不总是对的. 即令它是对的, 严格地证明它也还是要费一点劲, 甚至准确地说明这个无限的和是什么意思, 也要费一点劲.

为了把这里的问题弄得更确切, 我们对每一个自然数 $N$ 引入狄利克雷求和算子 $S_N$. 它把一个函数 $f$ 变为由下式定义的函数 $S_N f$:

$$S_N f(x) = \sum_{n=-N}^{N} \hat{f}(n)\,\mathrm{e}^{\mathrm{i}nx}.$$

我们现在想要回答的问题就是: 是否当 $N \to \infty$ 时, $S_N f$ 收敛于 $f$. 后来的情况说明, 回答这个问题惊人的复杂, 它不但依赖于我们加在函数 $f$ 上的假设, 还苛刻地依赖于怎样定义这里的 "收敛性" 的含义. 例如, 设 $f$ 是连续函数, 并且要求有一致收敛性, 则答案明确地是否定的: 有这样的连续函数 $f$ 的例子, 使得 $S_N f$ 并不逐点收敛于 $f$. 但是如果我们只要求较弱的收敛性, 则答案又可能是肯定的, 例如, 对于任意的 $0 < p < \infty, S_N f$ 一定在 $L^p$ 拓扑中收敛于 $f$, 而且虽然不是逐点收敛, 却几乎处处收敛于 $f$(所谓几乎处处就是使得 $S_N f$ 不收敛于 $f$ 的点 $x$ 构成一个测度[III.55] 为 0 的集合). 如果只假设 $f$ 是绝对可积的, 则有可能部分和 $S_N f$ 不但是在每一个单个的点都发散, 而对于任意的 $0 < p \leqslant \infty$, 也在 $L^p$ 拓扑中发散. 所有这些结果的证明, 最终都要用到调和分析中非常定量的结果, 特别是用到狄里克雷和 $S_N f$ 的 $L^p$ 类型的估计, 还有与此密切相关的极大算子(maximal operator)(就是映 $f$ 为函数 $\sup_{N>0} |S_N f(x)|$ 的算子) 的估计.

因为这些结果都有点棘手, 我们先来讨论一个比较简单的结果, 就是把狄里克雷求和算子 $S_N$ 换成费耶 (Lipót Fejér (这是匈牙利文的拼法, 在英文、德文中常作 Leopold Fejér), 1880–1959, 匈牙利数学家)求和算子 $F_N$. 对于每一个 $N$, 费耶算子是狄里克雷求和算子的平均值, 就是说, 它是由下式给出的:

$$F_N = \frac{1}{N} (S_0 + \cdots + S_{N-1}).$$

不难证明, 如果 $S_N f$ 收敛于 $f$, 则 $F_N$ 也收敛于 $f$. 然而, 对 $S_N f$ 作平均, 就可能利用发生了各项的抵消, 使得尽管 $S_N f$ 并不收敛于 $f$, $F_N f$ 仍然可能收敛于 $f$. 事实上, 下面就是当 $f$ 是一个连续周期函数时, $F_N f$ 收敛于 $f$ 的证明的概要, 而我们已经看到这种收敛性对于 $S_N f$ 远不为真.

这个证明的结构, 和我们已经用来证明两个 $L^2$ 函数的卷积是连续函数的证明的结构是类似的. 首先要注意到, 当 $f$ 是三角多项式时, 证明是很容易的, 因为那时, 从某一个 $N$ 开始, 对于所有的 $F_N f$, 都有 $F_N f = f$. 下一步则有魏尔斯特拉斯逼近定理告诉我们每一个连续周期函数都可以用三角多项式来逼近, 就是说, 对于每一个 $\varepsilon > 0$, 都存在一个三角多项式 $g$, 使得 $\|f - g\|_{L^\infty} \leqslant \varepsilon$. 我们已经知道, 当 $N$ 充分大时, $F_N g$ 很接近 $g$(因为 $g$ 是一个三角多项式), 而希望证明对于 $f$ 也是如此.

第一步是用一些常规的三角计算来证明下面的恒等式:

$$F_N f(x) = \int_{-\pi}^{\pi} \frac{\sin^2(Ny/2)}{N \sin^2(y/2)} f(x - y) \, dy.$$

函数

$$u(y) = \frac{\sin^2(Ny/2)}{N \sin^2(y/2)}$$

有两个我们就要用到的比它的准确的形式更为重要性质[①]. 第一是, $u(y)$ 总是非负的; 第二是, 它的积分等于 $1$, $\int_{-\pi}^{\pi} u(y)\,\mathrm{d}y = 1$. 这两个性质使我们能够得出

$$F_N h(x) = \int_{-\pi}^{\pi} u(y) h(x-y)\,\mathrm{d}y \leqslant \|h\|_{L^\infty} \int_{-\pi}^{\pi} u(y)\,\mathrm{d}y = \|h\|_{L^\infty}.$$

这就是说, 对于任何有界的函数 $h$ 有 $\|F_N h\|_{L^\infty} \leqslant \|h\|_{L^\infty}$.

为了应用这个结果, 先选一个三角多项式 $g$ 使得 $\|f-g\|_{L^\infty} \leqslant \varepsilon$, 再令 $h = f-g$, 也就得到了 $\|F_N h\|_{L^\infty} = \|F_N f - F_N g\|_{L^\infty} \leqslant \varepsilon$. 如上面说到那样, 如果取 $N$ 充分大, 使得 $\|F_N g - g\|_{L^\infty} \leqslant \varepsilon$, 然后再用三角形不等式[V.19] 就得到

$$\|F_N f - f\|_{L^\infty} \leqslant \|F_N f - F_N g\|_{L^\infty} + \|F_N g - g\|_{L^\infty} + \|g - f\|_{L^\infty}.$$

式右的每一项都最多为 $\varepsilon$, 所以当 $N$ 充分大时, $\|F_N f - f\|_{L^\infty}$ 最多为 $3\varepsilon$. 因为 $\varepsilon$ 可以取得任意小, 这就证明了 $F_N f$ 趋于 $f$.

用类似的论证 (其中要以闵可夫斯基积分不等式[V.19] 代替三角形不等式) 还可以证明, 对于所有的 $f \in L^p$(其中 $1 \leqslant p \leqslant \infty$) 以及 $N \geqslant 1$, 有 $\|F_N f\|_{L^p} \leqslant \|f\|_{L^p}$. 作为此式的推论, 对于上面的论证稍加修改, 就可以证明对于所有的 $f \in L^p$, 有 $F_N f$ 在 $L^p$ 拓扑中趋于 $f$. 一个比较难一点的结果是: 对于所有的 $f \in L^p$, 其中 $1 < p \leqslant \infty$, 有 $F_N f$ 几乎处处收敛于 $f$(这个结果的证明要用到调和分析中的一个基本结果: 哈代–李特尔伍德极大不等式. 由这个不等式可以得出: 对于上面的 $f$ 和 $p$, 存在常数 $C_p$, 使得 $\sup_N \|F_N f\|_{L^p} \leqslant C_p \|f\|_{L^p}$. 再由它就可以得出几乎处处收敛的结果). 要得到 $p$ 的区间的端点 $p = 1$ 的情况下的结果, 即仅仅假设 $f$ 为绝对可积情况下的结果, 还需要对以上的论证作进一步的修正. 本文结尾的地方, 还会要讲到哈代–李特尔伍德极大不等式.

现在再简略地回到狄里克雷求和. 利用调和分析的一些相当细致的技巧 (例如 Calderón-Zygmund 理论 (Calderón 就是 Alberto Pedro Calderón,1920–1998, 阿根廷数学家; Zygmund 就是 Antoni Zygmund, 1900–1992, 波兰数学家)), 可以证明, 对于 $1 < p < \infty$, 狄里克雷算子 $S_N$ 在 $L^p$ 中对 $N$ 一致地有界, 即存在一个与 $N$ 无关的常数 $C_p$, 使得对每一个 $f \in L^p$ 和所有的非负整数 $N$ 都有 $\|S_N f\|_{L^p} \leqslant C_p \|f\|_{L^p}$. 作为它的推论, 可以证明对每一个 $f \in L^p$ 和适合 $1 < p < \infty$ 的每一个 $p$, $S_N f$ 在 $L^p$ 拓扑中收敛于 $f$. 但是这些定量的结果在 $p$ 区间端点的情况、即 $p = 1$ 和 $p = \infty$

---

[①] 这个函数称为费耶核. 对于狄里克雷求和也有类似的公式, 但是要把这里的费耶核换成所谓狄里克雷核 $v(y) = \dfrac{\sin(Ny/2)}{N\sin(y/2)}$. —— 中译本注

时并不成立, 作为其推论可以证明 (或者通过构造反例, 或者利用泛函分析中的一般结果如一致有界性原理) 这时收敛性结果也不成立.

如果要求 $S_n f(x)$ 几乎处处收敛于 $f$, 又会有什么情况? 当 $p < \infty$ 时, 由 $L^p$ 收敛性得不到几乎处处收敛, 所以不能利用上面的结果来研究几乎处处收敛性. 后来发现, 这是一个困难得多的问题, 而且一直是一个未解决的问题. 直到 1966 年卡尔松 (Lennart Axel Edvard Carleson, 1928–) 才证明了 $L^2$ 函数 $f$ 的傅里叶级数一定是几乎处处收敛于 $f$. 这个结果就是著名的卡尔松定理[V.5], 而 1968 年亨特 (Richard Allen Hunt, 1937–2009, 美国数学家) 又把它推广到 $L^p$, $1 < p < \infty$ 的情况. 概括这些结果, 我们知道了任意 $L^p$, $1 < p \leqslant \infty$ 函数的狄里克雷和一定几乎处处收敛. 但是在端点情况 $p = 1$ 时, 柯尔莫哥洛夫[VI. 88] 早在 1923 年就给出了一个著名的例子, 即找到了一个绝对可积函数 (即 $L^1$ 函数), 其狄里克雷和处处发散. 这些结果都用到了很多的调和分析知识. 特别是这些作者都作了许多空间变量和频率变量的分解, 心里一直注意到不确定性原理. 然后又把分解后的小块重新拼接起来, 并应用正交性的种种表现.

概括起来, 作定量的估计, 如各种算子的 $L^p$ 估计, 是确立定性的结果、如一些序列和级数的收敛性的主要的道路. 事实上, 有一些原理 (其中著称的有前面说过的泛函分析的一般原理, 如一致有界性原理, 还有施坦的极大原理[1]) 事实上断言了这是唯一的途径, 因为在某种意义下, 必须要有定量的估计才能得到定性的结果.

### 3. 调和分析的一些一般的论题: 分解, 振荡和几何学

调和分析方法的一个特点是这种方法总是指向局部而不是整体. 举一个例子, 在分析一个函数 $f$ 时, 时常会把它分解为一个和: $f = f_1 + \cdots + f_k$, 而这里的每一个函数都是 "局部化" 了的, 意思是它的支集 (就是使得 $f_i(x) \neq 0$ 的点 $x$ 的集合的闭包[2]) 的直径都很小. 这种分解叫做空间变量的局部化, 在用傅里叶变换把 $f(x)$ 变为 $\hat{f}(\xi)$ 后, 也可以对频率变量 $\xi$ 作局部化. 在把 $f$ 分割开以后, 就可以对这些小块分别作估计, 以后再把它们重新组合起来. 实行这种 "分而治之" 战略的理由在于: 一个典型的函数 $f$ 倾向于同时具有相当不同的特点, 例如, 它们在有些地方可以是 "有尖峰" 的、不连续的、"具有高频" 的, 而在其他地方则是 "光滑的" 或者 "具有低频" 的 —— 要同时一下子就处理所有这些特点是困难的. 对于函数 $f$

---

① 施坦就是 Elias Menachem Stein, 1931–, 美国数学家. 他的极大原理就是说在许多情况下, 一个函数 $f$ 的傅里叶级数的几乎处处收敛性等价于它的极大函数的有界性. 这里的极大函数是由哈代–李特尔伍德给出的, 即 $Mf(x) = \sup_r (1/\mathrm{Vol}\, B(x,r)) \int_{B(x,r)} |f(y)|\, \mathrm{d}y$, 这里的 $B(x,r)$ 就是以 $x$ 为心、$r$ 为半径的球体. —— 中译本注

② 原书漏了 "闭包" 二字. —— 中译本注

很好地选择一个分解, 就可以把这些特点分离开来, 使得每一个成分都只有一个突出的可能导致困难的特点: 尖峰出现在一个 $f_i$ 里面, 高频则出现在另一个 $f_i$ 里面, 如此等等. 在把各个成分的估计重新组合起来时, 可以用比较粗糙的工具, 如三角形不等式; 也可以用比较精巧的工具, 如某种正交性; 还可以用巧妙的算法把这些成分合成比较容易处理的小团体. 分解方法的主要缺点 (除了美学上的不足之处以外), 在于它时常并未给出最佳的界. 但是, 在许多时候, 如果这种估计与最佳的估计只是相差一个常数因子, 人们也就满足了.

现在举一个分解方法的简单例子, 考虑函数 $f : \mathbf{R} \to \mathbf{C}$ 的傅里叶变换 $\hat{f}(\xi)$, 其定义是

$$\hat{f}(\xi) = \int_{\mathbf{R}} f(x) \, \mathrm{e}^{-2\pi \mathrm{i} x \xi} \mathrm{d}x.$$

如果已知 $f$ 在某个范数下的大小, 对于 $\hat{f}(\xi)$ 在另一个范数下的大小, 可以说些什么?

回应这个问题时, 需要看到下面两点. 首先, 因为 $\mathrm{e}^{-2\pi \mathrm{i} x \xi}$ 的模总是 1, 所以 $\left| \hat{f}(\xi) \right|$ 最大也不会超过 $\int_{\mathbf{R}} |f(x)| \mathrm{d}x$. 这就告诉我们 $\left\| \hat{f} \right\|_{L^\infty} \leqslant \|f\|_{L^1}$, 至少当 $f \in L^1$ 时如此. 也就是说这时 $\hat{f}(\xi) \in L^\infty$. 其次, 傅里叶分析的一个基本的事实 Plancherel 定理告诉我们, 如果 $f$ 属于 $L^2$, 则 $\hat{f}(\xi)$ 也是.

我们想要知道, 在中间的情况, 即 $f \in L^p$ 而 $1 < p < 2$ 时又会发生什么情况? 因为 $L^p$ 既不在 $L^1$ 中, 也不在 $L^2$ 中, 上面的两个结果我们都不能直接应用. 然而, 取函数 $f \in L^p$, 我们来看一下困难何在. $f$ 可能不在 $L^1$ 中, 是因为它可能衰减太慢, 例如函数 $f(x) = (1 + |x|)^{-3/4}$ 当 $x \to \infty$ 时, 趋于零比 $1/x$ 更慢, 所以它在 $\mathbf{R}$ 上的积分会变成无穷大. 然而, 如果取它的 3/2 次幂, 就会得到函数 $(1 + |x|)^{-9/8}$, 它的衰减足够快了, 而具有有限的积分, 所以 $f \in L^{3/2}$. 类似的例子说明, $f$ 可能不属于 $L^2$ 的理由是它在某些地方趋于无穷足够慢, 使得 $|f|^p$ 的积分有限但又不够慢, 不足以使 $|f|^2$ 的积分有限.

注意, 这两个原因是完全不同的. 所以我们可以试着把 $f$ 分解为两块, 第一块包含使得 $f$ 很大的部分, 第二块则包含使得 $f$ 很小的部分. 就是说, 可以取一个门槛值 $\lambda$ 而定义 $f_1$ 为这样的函数: 当 $|f(x)| < \lambda$ 时, 它就是 $f$, 而在其余地方则为 0, 又定义 $f_2$ 为这样的函数: 当 $|f(x)| \geqslant \lambda$ 时, 它就是 $f$, 而在其余地方则为 0. 这样, $f = f_1 + f_2$, 而 $f_1$ 和 $f_2$ 分别是 $f$ 的 "小部" 和 "大部".

因为对每一个 $x$ 都有 $|f_1(x)| < \lambda$, 就有

$$|f_1(x)|^2 = |f_1(x)|^{2-p} |f_1(x)|^p < \lambda^{2-p} |f_1(x)|^p.$$

这样, $f_1$ 属于 $L^2$, 而且 $\|f_1\|_{L^2}^2 \leqslant \lambda^{2-p} \|f_1\|_{L^p}^p$ [①]. 类似地, 因为 在 $f_2(x) \neq 0$ 处都有

---

① 原书计算有误. —— 中译本注

$|f_2(x)| \geqslant \lambda$, 所以, 对每一个 $x$ 都有不等式 $|f_2(x)| \leqslant |f_2(x)|^p / \lambda^{p-1}$, 从而 $f_2$ 属于 $L^1$, 而且 $\|f_2\|_{L^1} \leqslant \|f_2\|_{L^p}^p / \lambda^{p-1}$①.

从我们对于 $f_1$ 的 $L^2$ 范数和 $f_2$ 的 $L^1$ 范数的知识, 利用上面的说明, 就可以得到 $\hat{f}_1$ 的 $L^2$ 范数和 $\hat{f}_2$ 的 $L^\infty$ 范数的上界. 对每一个 $\lambda > 0$ 都应用上面的办法, 并且用灵巧的方法把它们合并起来, 就得到下面的所谓 Hausdorff-Young 不等式: 令 $p$ 在 1 和 2 之间, 而 $p'$ 为 $p$ 的共轭指数, 即 $p' = p/(p-1)$, 则存在一个常数 $C_p$, 使得对每一个 $f \in L^p$ 都有不等式 $\left\|\hat{f}\right\|_{L^{p'}} \leqslant C_p \|f\|_{L^p}$. 上面所用的分解方法正式的称呼是实插值方法. 它并没有给出最佳的 $C_p$ 值 $p^{1/2p}/(p')^{1/2p'}$, 那需要更细致的方法才能得到.

调和分析的另一个基本的主题是试图把振荡这个难以捉摸的现象量化. 直观地说, 如果一个现象剧烈地振荡, 就可以期望它的平均值的大小相对地小, 因为它的正的和负的部分, 或者在复情况下幅角变化很大的不同部分会彼此相消. 例如, 如果一个以 $2\pi$ 为周期的函数 $f$ 是光滑的, 则它的傅里叶系数

$$\hat{f}(n) = \frac{1}{2\pi} \int_{-\pi}^{\pi} f(x) \mathrm{e}^{-inx} \mathrm{d}x$$

当 $n$ 很大时会很小, 因为 $\int_{-\pi}^{\pi} \mathrm{e}^{inx} \mathrm{d}x = 0$, 而 $f(x)$ 的缓慢变化又不足以制止这里发生的相消. 反复应用分部积分法就很容易严格地证明这一点. 这个现象可以推广为所谓**稳定位相原理**, 除其他应用以外, 这个原理还使得我们能够对艾里函数 $\mathrm{Ai}(x)$ 得到前面提到的精确的控制. 它还给出了海森堡的不确定性原理, 把一个函数的衰减性质和光滑性与其傅里叶变换的衰减性质和光滑性联系了起来.

振荡性质的另一个不同的表现是下面的原理: 如果有一串函数以不同方式振荡, 则它们的和的大小会比由三角形不等式所给出的的上界小. 这又是相消的结果, 而三角形不等式是看不到这一点的. 例如傅里叶分析里的 Plancherel 定理, 除了其他的推论以外, 还蕴含了下面的事实, 即三角多项式 $\sum_{n=-N}^{N} c_n \mathrm{e}^{inx}$ 的 $L^2$ 范数是

$$\left(\frac{1}{2\pi} \int_0^{2\pi} \left| \sum_{n=-N}^{N} c_n \mathrm{e}^{inx} \right|^2 \mathrm{d}x \right)^{1/2} = \left( \sum_{n=-N}^{N} |c_n|^2 \right).$$

这个界 (它也可以由直接计算得出) 比用 $\sum_{n=-N}^{N} |c_n|$ 作为上界要精确得多, 而如果简

① 原书计算有误. —— 中译本注

单地对函数 $c_n e^{inx}$ 应用三角形不等式就会得到 $\sum\limits_{n=-N}^{N} |c_n|$ 这个上界. 这个恒等式可

以看成是毕达哥拉斯定理的一个特例, 再加上谐振子 $e^{inx}$① 对于标量积[III.37]

$$\langle f, g \rangle = \frac{1}{2\pi} \int_0^{2\pi} f(x) \overline{g(x)} \mathrm{d}x$$

是互相正交的这一点观察. 正交性的概念已经被人们以多种方式推广了, 例如有更加一般而且耐用的 "几乎正交性", 粗略地说就是一族函数, 彼此的标量积很小但还不是 0.

调和分析的许多论证时常在某一点上涉及对于某一类几何对象, 如立方体、球体、长方体的组合学的命题. 这种命题中, 例如就有**维塔利**(Giuseppe Vitali, 1875–1932, 意大利数学家)**覆盖引理**: 给定欧几里得空间 $\mathbf{R}^n$ 中的一些球体的集合: $B_1, \cdots, B_k$, 则一定可以找出它的一个子集合 $B_{i_1}, \cdots, B_{i_m}$, 它们彼此分离, 但是可以覆盖原来那些球体所覆盖的体积的相当大一部分, 准确一点说, 就是可以选择这个子集合, 使得

$$\mathrm{vol}\left(\bigcup_{j=1}^{m} B_{i_j}\right) \geqslant 5^{-n} \mathrm{vol}\left(\bigcup_{j=1}^{k} B_j\right)$$

(常数 $5^{-n}$ 可以改进, 但是我们不讨论这一点). 这个结果是用所谓 "贪婪算法" 得出来的: 子集合里的球体是一个一个地选出来的, 每一步都在与已经选出的球体互相分离的余下的球体中, 选取最大的一个.

维塔利覆盖引理的推论之一, 就是前面已经说到的哈代-李特尔伍德极大不等式, 我们现在简短地加以说明. 给定任意的函数 $f \in L^1(\mathbf{R}^n)$, 以及任意的 $x \in \mathbf{R}^n$ 和 $r > 0$, 我们可以计算 $|f|$ 在以 $x$ 为中心、$r$ 为半径的 $\mathbf{R}^n$ 球体 $B(x, r)$ 上的平均值. 其次, 再定义 $f$ 的极大函数 $F(x)$ 就是当 $r$ 遍取一切正实数时这些平均值的最大值 (准确一点应该说是上确界). 于是, 对每一个正实数 $\lambda$ 定义集合 $X_\lambda$ 如下, 即为使得 $F(x) > \lambda$ 的所有 $x$ 的集合. 哈代-李特尔伍德极大不等式就是: $X_\lambda$ 的体积最多是 $5^n \|f\|_{L^1} / \lambda$②.

为了证明此式, $X_\lambda$ 可以用这样的球体 $B(x, r)$ 来覆盖: 在每一个这样的球体上,$|f|$ 的积分至少是 $\lambda \mathrm{vol}(B(x, r))$. 对这些球体应用维塔利覆盖引理就可以得到我们的结果. 哈代-李特尔伍德极大不等式是一个定量的结果, 但是它有一个定性的推论, 即下面的勒贝格[VI.72]微分定理: 如果 $f$ 是定义在 $\mathbf{R}^n$ 上的任意绝对可积函

---

① 这里对原书的 Harmonic 一词使用了物理学的译名, 可能更接近原意.

② 哈代-李特尔伍德极大不等式的这一个版本与第二节里简单提到的不太相同, 但是可以用上面说到的实插值方法从现在的版本导出前面的那一个.

数, 则对几乎所有的 $x \in \mathbf{R}^n$, $f$ 在以 $x$ 为心的欧几里得球体 $B(x, r)$ 上的平均值

$$\frac{1}{\operatorname{vol}B(x, r)} \int_{B(x,r)} f(y) \, \mathrm{d}y$$

当 $r \to 0$ 时, 趋向于 $f(x)$. 这个例子说明了深藏在调和分析下面的几何学的重要性.

进一步阅读的文献

Stein E M. 1970. *Singular Integrals and Differentiability Properties of Functions.* Princeton, NJ: Princeton University Press.

——. 1993. *Harmonic Analysis.* Princeton, NJ: Princeton University Press.

Wolff T H. 2003. *Lectures on Harmonic Analysis,* edited by I. Laba and C. Shubin. University Lecture Series, volume 29. Providence, RI: American Mathematical Society.

# IV.12   偏微分方程

Sergiu Klainerman

## 1. 引言

偏微分方程 (或简称为 PDE) 是一类重要的函数方程, 就是未知量是多变量函数的方程或方程组, 但是其中还含有未知函数的偏导数. 作一个粗糙的类比, PDE 之于函数, 犹如多项式方程 (例如 $x^2 + y^2 = 1$) 之于数. PDE 的区别于一般的函数方程的特点, 就是它们不只含有未知函数, 还含有这些函数的各种偏导数, 这些偏导数相互之间以及与其他的固定的函数之间构成代数的组合. 函数方程的其他重要的类别还有积分方程, 其中含有未知函数的各种积分, 以及常微分方程 (简称 ODE), 其中含有只依赖于一个自变量 (例如时间变量 $t$) 的未知函数, 以及它对于这个自变量的通常的导数 $\mathrm{d}/\mathrm{d}t, \mathrm{d}^2/\mathrm{d}t^2, \mathrm{d}^3/\mathrm{d}t^3, \cdots$ 等等.

鉴于这门学科范围极为广阔, 我只能限于对它的某些主要论题作很粗略的展望, 而对于它的当前的大量研究方向, 就只能更加粗略了. 为了描述 PDE 这门学科, 从讲它的定义开始, 就有了困难. 它是一门统一的数学领域, 致力于研究明确地界定了的一族对象 (如同代数几何研究的是多项式方程的解, 而拓扑学研究的是流形那样)? 或者它只是把许多分别的领域合在一起, 这些领域例如有广义相对论、多复变函数或流体力学, 它们各自都是广泛的领域, 也各自集中关注一个或一类特定的非常困难的方程? 我在下文想要论证, 尽管在表述 PDE 的一般的理论有基本的困难, 但是在数学的各个分支与物理学之间, 围绕着个别的 PDE 或者一类 PDE, 仍然有非常明显的统一性. 特别是, PDE 的某些思想和方法跨越这些个别领域的

界限, 表现出异乎寻常的有效性. 毫不奇怪, 关于 PDE 的历来写得最为成功的著作, 其书名竟然完全没有提到 PDE, 这部书就是柯朗[VI.83] 和希尔伯特[VI.63] 写的《数学物理方法》① .

因为不可能在本书有限的篇幅里完全公正地对待这门极为广阔的学科, 我不得不丢掉许多主题, 即令是讲到的主题, 也不得不略去其细节. 特别是, 我几乎没有讲到解的破裂的基本问题, 对 PDE 中未解决的问题也没有讨论. 本文有一个较长较详细的版本则包含了这些内容, 可以在网上查到② :

http://press. princeton. edu/titles/8350. html

中的 "基本定义和例子".

PDE 的最简单的例子就是拉普拉斯方程[ I.3 §5.4]

$$\Delta u = 0. \tag{1}$$

这里的 $\Delta$ 是拉普拉斯算子, 它是一个微分算子, 而把 $\mathbf{R}^3$ 上的函数 $u = u(x_1, x_2, x_3)$ 按下面的规则映到 $\mathbf{R}$ 中

$$\Delta u(x_1, x_2, x_3) = \partial_1^2 u(x_1, x_2, x_3) + \partial_2^2 u(x_1, x_2, x_3) + \partial_3^2 u(x_1, x_2, x_3),$$

这里的 $\partial_1, \partial_2, \partial_3$ 是偏导数记号 $\partial/\partial x_1, \partial/\partial x_2, \partial/\partial x_3$ 的标准的缩写 (本文全文都将使用这样的记号). 另外两个基本的例子 (也在 [ I.3§5.4] 中介绍过) 是热方程和波方程:

$$-\partial_t + k\Delta u = 0, \tag{2}$$

$$-\partial_t^2 u + c^2 \Delta u = 0. \tag{3}$$

在这些方程的每一个里, 我们都要求找一个函数 $u$ 满足相应的方程. 对于拉普拉斯方程, $u$ 是依赖于 $x_1, x_2$ 和 $x_3$ 的, 而对于另外两个方程, $u$ 还依赖于 $t$. 注意, (2) 和 (3) 中也涉及了符号 $\Delta$, 但是还有对时间变量 $t$ 的偏导数. 常数 $k$(正数) 和 $c$ 都是固定的, 分别代表扩散率和光速. 但是从数学观点看来, 这一点并不重要. 这是因为, 例如设 $u(t, x_1, x_2, x_3)$ 是 (3) 的一个解, 则 $v(t, x_1, x_2, x_3) = u(t, x_1/c, x_2/c, x_3/c)$ 也满足 $c = 1$ 时的方程 (3). 所以, 当研究这些方程时, 可以设这些常数均为 1. 这两个方程都叫做演化方程(或发展方程), 因为我们认为它们都是描述一个特定的物

① 这部书原来是用德文写的, 即 David Hilbert und Richard Courant, Methoden der Mathematischen Physik, 共 2 卷, 从 1924 年起出版. 后来又有英文译本, 英译本第二卷出版时, Richard Courant 已经去世, 所以是由他在美国 Courant 研究所的同事和学生们完成的, 内容多经增补. 此书无疑是这门学科的经典著作. 此书也有中文译本. —— 中译本注

② 下文会引用这个版本, 除上述网址以外, 还可以在 http://www. math. princeton. edu/~seri /homepage/papers/gws-2006-3.pdf 找到这个版本. —— 中译本注

理量当时间参数 $t$ 变动时, 是如何变化的. 还要注意, (1) 可以看成是 (2) 和 (3) 的特例: 如果 $u(t, x_1, x_2, x_3)$ 是 (2) 或者 (3) 的与 $t$ 无关的解, 则 $\partial u / \partial t = 0$(或 $\partial^2 u / \partial t^2 = 0$), 所以 $u$ 一定满足 (1).

在上面说的所有三个例子中, 我们都默认我们所要找的解都充分可微, 使得它所应满足的方程有意义. 我们将会看到, PDE 理论的重要发展之一就是研究解的更加精细的概念, 例如广义函数[III.18] 解, 其中只需要可微性的弱形式.

下面是重要的 PDE 的一些进一步的例子. 第一个是薛定谔方程[III.83]

$$\mathrm{i}\partial_t u + k\Delta u = 0, \tag{4}$$

这里的 $u$ 是从 $\mathbf{R} \times \mathbf{R}^3$ 到 $\mathbf{C}$ 的函数. 这个方程是描述有质量的粒子的量子演化的. $k = \hbar/2m, \hbar > 0$ 是化约的普朗克常数, 而 $m$ 是粒子的质量. 和对于热方程的情况一样, 可以经过一个简单的变量变换, 而取 $k = 1$. 这个方程虽然形式和热方程非常相似, 其定性的性态则很不相同. 这是 PDE 的一个很重要的一般的情况: 方程形式的很小的变换, 就能使得解的性质有很大的不同.

再一个例子是 Klein-Gordon[①] 方程

$$-\partial_t^2 u + c^2 \Delta u - \left(\frac{mc^2}{\hbar}\right)^2 u = 0. \tag{5}$$

这是薛定谔方程的相对论性的对应方程, 参数 $m$ 的物理解释是质量, $mc^2$ 的物理解释则是静止能量 (这就反映了爱因斯坦的著名质能关系方程 $E = mc^2$). 对空间和时间变量作适当的变换, 就能够把 $c$ 和 $mc^2/\hbar$ 同时规范化为 1.

虽然上面提到的五个方程的第一次出现都是与特定的物理现象相关的: 对于 (2), 是热的传导; 对于 (3) 是电磁波的传播. 但是它们都奇迹般地在远远离开原来的应用的地方有很大的意义. 特别是没有理由限制只在 3 维情况下研究它们, 很容易把它们推广为 $n$ 个变量 $x_1, x_2, \cdots, x_n$ 的类似方程.

迄今列出的这些 PDE 都服从一个简单但是基本的原理, 即所谓叠加原理: 如果 $u_1$ 和 $u_2$ 是这些方程的任何一个的解, 则它们的任意线性组合 $a_1 u_1 + a_2 u_2$ 也是同一个方程的解. 换句话说, 这个方程的所有的解的空间是一个向量空间[ I.3 §2.3]. 具有这个性质的方程称为**齐次线性方程**. 如果一个方程的解成为一个仿射空间 (就是向量空间的平移) 而不是向量空间, 就称这个 PDE 是**非齐次线性方程**. 下面的泊松方程

$$\Delta u = f \tag{6}$$

就是非齐次线性方程的好例子, 这里的 $f: \mathbf{R}^3 \to \mathbf{R}$ 是一个给定的函数, 而 $u: \mathbf{R}^3 \to$

---

① 这里的克莱因是 Oskar Benjamin Klein, 1894–1977, 瑞典理论物理学家; Gordon 是 Walter Gordon, 1893 –1939, 德国物理学家. —— 中译本注

$\mathbf{R}^1$ 是未知函数. 既不是齐次线性方程又不是非齐次线性方程的方程称为**非线性方程**. 下面的著名的极小曲面方程[III.94 §3.1] 就明显是非线性的:

$$\partial_1 \left( \frac{\partial_1 u}{\left(1 + |\partial_1 u|^2 + |\partial_2 u|^2\right)^{1/2}} \right) + \partial_2 \left( \frac{\partial_2 u}{\left(1 + |\partial_1 u|^2 + |\partial_2 u|^2\right)^{1/2}} \right) = 0. \quad (7)$$

它的解 $u : \mathbf{R}^2 \to \mathbf{R}$ 的图像就是使得面积能够最小化的曲面 (像肥皂泡薄膜那样的曲面).

方程 (1), (2), (3), (4), (5) 不仅是线性的, 它们都是**常系数线性方程**. 就是说, 它们都可以写成

$$\mathcal{P}[u] = 0 \quad (8)$$

的形式, 这里 $\mathcal{P}$ 是各阶混合偏导数算子的实常数或复常数系数的线性组合所构成的算子 (这种算子就叫做**常系数微分算子**). 例如在拉普拉斯方程的情况, $\mathcal{P}$ 就是拉普拉斯算子, 而对于波方程 (3), $\mathcal{P}$ 就是**达朗贝尔算子**

$$\mathcal{P} = \square = -\partial_t^2 + \partial_1^2 + \partial_2^2 + \partial_3^2.$$

线性常系数算子的特征性质就是它们的平移不变性. 这句话的粗略的意思就是, 如果对函数 $u$ 作了一个自变量的平移, 则 $\mathcal{P}u$ 也会得到同样的平移. 比较准确的说法是, 若定义 $v(x)$ 就是 $u(x - a)$(所以 $u$ 在 $x$ 点的值就是 $v$ 在 $x + a$ 点的值, 这里 $x$ 和 $a$ 都是 $\mathbf{R}^3$ 中的点), 则 $\mathcal{P}v(x) = \mathcal{P}u(x - a)$. 从这个基本的事实可以推断出下面的结论: 齐次线性常系数方程 (8) 的解在经过平移以后仍然是这个方程的解.

因为对称性在 PDE 理论中起了如此基本的作用, 现在要停下来先给一个一般的定义. 一个 PDE 的一个对称就是一个映函数为函数的可逆算子 $T : u \mapsto T(u)$, 它保持解空间不变, 就是说, 如果 $u$ 是这个 PDE 的解, 则 $T(u)$ 也是这个 PDE 的解. 具有这个性质的 PDE 就说是在这个对称性 $T$ 下不变的. 对称性 $T$ 时常是线性算子, 但是不一定是. 两个对称性的复合以及一个对称性的逆都是对称性, 所以很自然地会把对称性的集合看成一个群[ I.3 §2.1](这个群在典型情况下是有限维或甚至无限维的**李群**[III.48 §1]).

因为平移群与傅里叶变换[III.27] 有密切的关系 (事实上, 后者可以看作是前者的表示理论), 所以平移对称性强烈地暗示着傅里叶分析是求解常系数 PDE 的有力的工具, 事实确实如此. 我们的基本的常系数线性算子拉普拉斯算子 $\Delta$ 和达朗贝尔算子 $\square$ 在许多方面都是形式上很类似的. 拉普拉斯算子与欧几里得空间 [ I.3 §6.2] 有基本的联系, 而达朗贝尔算子类似地则与**闵可夫斯基时空**[ I.3 §6.8] 相关. 这里的密切关系指的是: 拉普拉斯算子与欧几里得空间 $\mathbf{R}^3$ 中的刚体运动可交换, 而达朗

贝尔算子则与闵可夫斯基时空 $\mathbf{R}^{1+3}$ 中相应的**庞加莱变换**(Poincaré transformation)
的类可交换. 在前一个情况下, 这是说凡是 $\mathbf{R}^3$ 中保持两点的欧几里得距离的变
换, 都会使得拉普拉斯算子不变; 而在波方程的情况下, 则需要把欧几里得距离换
成点的**时空距离**(这里的点用相对论的语言说, 叫做**事件**): 如果 $P(t, x_1, x_2, x_3)$ 和
$Q(s, y_1, y_2, y_3)$ 是两个时空点 (或称两个事件), 则它们的**时空距离**由下式定义:

$$d_M(P, Q)^2 = -(t-s)^2 + (x_1-y_1)^2 + (x_2-y_2)^2 + (x_3-y_3)^2.$$

作为这个基本事实的推理, 我们可以推断出, 波方程 (3) 在平移和**洛仑兹变换**
[ I.3 §6.8] 下不变 ①.

另外, 两个演化方程 (2) 和 (4) 很明显当 $t$ 固定而空间变量 $(x_1, x_2, x_3) \in \mathbf{R}^3$
作旋转时是不变的. 它们也是**伽利略不变的**, 这句话在薛定谔方程 (4) 的情况下
的意思是, 只要函数 $u(t, x)$ 是一个解, 则对于任意的 $v \in \mathbf{R}^3$, 函数 $u_v(t, x) =$
$\mathrm{e}^{\mathrm{i}(x,v)}\mathrm{e}^{\mathrm{i}t|v|^2} u(t, x-vt)$ 也是其一个解 (这里也记 $x \in \mathbf{R}^3$)②.

另一方面, 泊松方程 (6) 是**常系数线性非齐次方程**的例子, 就是说, 它可以写成

$$\mathcal{P}[u] = f \tag{9}$$

的形状. 这里, $\mathcal{P}$ 是一个常系数线性微分算子, 而 $f$ 是一个已知函数. 求解这样的
方程要求了解线性算子 $\mathcal{P}$ 是否可逆, 如果是, 则 $u$ 应该等于 $\mathcal{P}^{-1}f$; 如果不是, 则要
么这个方程没有解, 要么它有无穷多个解. 非齐次方程和它的齐次的对应方程有密
切的关系. 例如, 如果 $u_1, u_2$ 都是具有相同的非齐次项的方程 (9) 的解, 它们的差
$u_1 - u_2$ 就是相应的齐次方程 (8) 的解.

线性齐次 PDE 满足叠加原理, 但是不一定是平移不变的. 例如, 若对热方程
(2) 做一点微小的修正, 假设其中的 $k$ 不再是常数, 而是 $(x_1, x_2, x_3)$ 的任意的正的
光滑函数. 这个方程是热在这样一种介质中传导的模型, 其中传导率是逐点变动的.
它的解空间就不是平移不变的 (这一点并不奇怪, 因为热在其中传导的介质就不是
平移不变的). 像这样的方程叫做具有**变系数的线性方程**. 求解这种方程和描述它
们的解的定性的特点都比常系数方程更难 (关于具有变动的 $k$ 的 (2) 那种类型的
方程的另一个途径, 可以参看条目**随机过程**[IV.24 §5.2]). 最后, 像 (7) 那样的非线
性方程仍然可以写成 (8) 那样的形状, 但是其中的算子 $\mathcal{P}$ 现在成了一个非线性的
微分算子. 例如, (7) 的相应的算子现在可以由下式给出:

$$\mathcal{P}[u] = \sum_{i=1}^{2} \partial_i \left( \frac{1}{\left(1 + |\partial u|^2\right)^{1/2}} \partial_i u \right),$$

---

① 庞加莱变换就是洛仑兹变换加上一个平移. 这样, 它才给出了波方程和狭义相对论的完整的对称
性.—— 中译本注

② 原书公式计算有错. —— 中译本注

其中 $|\partial u|^2 = (\partial_1 u)^2 + (\partial_2 u)^2$. 像这样的算子很清楚不是线性的. 然而, 因为它们最终还是由代数运算和求偏导数构成的, 而这两种算子又都是 "局部的", 所以, 我们看到一个重要的事实, 就是至少 $\mathcal{P}$ 还是一个局部算子. 更准确地说, 如果 $u_1$ 和 $u_2$ 是两个函数, 而在一个开集合 $D$ 上相同, 则 $\mathcal{P}[u_1]$ 和 $\mathcal{P}[u_2]$ 在这个集合上也是相同的. 特别是, 如果 $\mathcal{P}[0] = 0$(我们的例子中的 $\mathcal{P}$ 就是这样的), 则当 $u$ 在一个区域上为 0 时, $\mathcal{P}[u]$ 也在这个区域上为 0.

迄今我们都是默认我们的方程是给在整个空间如 $\mathbf{R}^3, \mathbf{R}^+ \times \mathbf{R}^3$, 或 $\mathbf{R} \times \mathbf{R}^3$ 上的. 但是在实际情况中, 这些方程时常是限制在空间的某一个固定的区域里的. 这样, 例如通常是在 $\mathbf{R}^3$ 中的一个有界区域里研究方程 (1) 的, 并要求服从一个指定的**边界条件**. 下面就是这种边界条件的一些基本的例子.

**例** 拉普拉斯方程在开区域 $D \subset \mathbf{R}^3$ 上的狄里克雷问题就是要找一个函数 $u$, 使它在 $D$ 的边缘上有指定的值, 而在其内部则满足拉普拉斯方程.

比较准确的说法就是指定一个连续函数 $u_0 : \partial D \to \mathbf{R}$, 然后找一个定义在 $D$ 的闭包 $\overline{D}$ 上连续的函数 $u$, 使它在 $D$ 内二次连续可微, 并且适合下面的关系

$$\left. \begin{array}{ll} \Delta u(x) = 0, & \forall x \in D, \\ u(x) = u_0(x), & \forall x \in \partial D. \end{array} \right\} \tag{10}$$

PDE 理论有一个基本的结果就是如果 $\partial D$ 充分光滑, 则问题 (10) 对于任意给定在 $\partial D$ 上的连续函数 $u_0$[①] , 这个问题恰好有一个解.

**例** 普拉托 (Joseph Antoine Ferdinand Plateau, 1801–1883, 比利时物理学家) 问题就是要找一个以给定的空间曲线为边缘的总面积最小的曲面.

如果这个曲面是某个定义在适当光滑的区域 $D$ 上函数的图像, 也就是设有这样的函数 $u$ 存在, 使这个曲面可以写成 $\{(x, y, u(x, y)) : (x, y) \in D\}$ 的形式, 而曲面的边缘曲线又可以写成定义在 $D$ 的边缘 $\partial D$ 上的函数 $u_0$ 的图像, 就可以证明这个问题与狄里克雷问题 (10) 是等价的, 不过其中的线性方程 (1) 要换成非线性方程 (7). 对于上述的问题, 把其中的狄里克雷边界条件换成诺依曼[②] 边界条件也是自然的, 这个条件就是: 在 $\partial D$ 上, 把给定在边缘 $\partial D$ 上的狄里克雷条件 $u(x)|_{x \in \partial D} = u_0(x)$ 换成 $n(x) \cdot \nabla_x u(x) = u_1(x)$, 这里的 $n(x)$ 是在 $D$ 的边缘 $\partial D$ 的各点 $x$ 处的单位外法线向量, 一般说来, 狄里克雷边界条件在物理上代表 "吸收的" 或 "固定的" 闸 (barrier), 而诺依曼条件则代表 "反射的" 或 "自由的" 闸.

对于演化方程 (2)~(4), 也可以附加上自然的边界条件. 其中最简单的是给定 $t = 0$ 时的 $u$ 的值. 我们可以更多地从几何上想一想这件事: 我们是在形如 $(0, x_1, x_2,$

---

① 连续二字是译者加的. —— 中译本注

② 这里的诺依曼是 Carl Gottfried Neumann, 1832–1925 是一位德国数学家. 他的父亲是 Franz Ernst Neumann , 1798–1895, 也是一位数学家, 是德国数学的哥尼斯堡学派的创始人. —— 中译本注

$x_3$) 的时空点的集合上给定了 $u$ 的值, 而所有这种点的集合就是 $\mathbf{R}^{1+3}$ 中的一个超平面: 它是初始时间曲面的一个例子.

**例**    热方程 (2) 的**柯西问题**(或称**初值问题**, 简记为 IVP) 就是在时空区域 $\mathbf{R}^+ \times \mathbf{R}^3 = \left\{(t,x) : t > 0, x \in \mathbf{R}^3\right\}$ 中求 (2) 的一个解, 使它在初始时间曲面 $\{0\} \times \mathbf{R}^3 = \partial\left(\mathbf{R}^+ \times \mathbf{R}^3\right)$ 上等于给定的函数 $u_0 : \mathbf{R}^3 \to \mathbf{R}$.

换句话说, 热方程的柯西问题所要求的就是一个定义在 $\mathbf{R}^+ \times \mathbf{R}^3$ 的闭包上而在 $\mathbf{R}$ 中取值的一个充分光滑的函数 $u$, 使它满足下面的条件:

$$\left.\begin{array}{ll} -\partial_t u + k\Delta u\,(t,x) = 0, & \forall\,(t,x) \in \mathbf{R}^+ \times \mathbf{R}^3, \\ u\,(0,x) = u_0\,(x), & \forall x \in \mathbf{R}^3. \end{array}\right\} \tag{11}$$

函数 $u_0$ 时常称为问题的**初始条件**或**初始数据**, 甚至直接称为**数据**. 在适当的光滑性条件和衰减条件下, 可以证明, 对于数据 $u_0$ 的每一个选择, 有一个解 $u$ 存在. 有趣的是, 若把未来区域 $\mathbf{R}^+ \times \mathbf{R}^3 = \left\{(t,x) : t > 0, x \in \mathbf{R}^3\right\}$ 换成过去区域 $\mathbf{R}^- \times \mathbf{R}^3 = \{(t,x) : t < 0, x \in \mathbf{R}^3\}$, 这个结论就不成立了.

对于薛定谔方程 (4), IVP 也有类似的陈述, 但是这时, 对于过去和未来求解都是可以的. 然而对于波方程 (3), 就不只要指定初始位置 $u\,(0,x) = u_0\,(x)$, 还要指定初始速度 $\partial_t u\,(0,x) = u_1\,(x)$, 因为 (3)(与 (2) 和 (4) 不同) 不容许我们从方程把 $\partial_t u$ 直接用 $u$ 表示出来. 对于一般的光滑初始条件 $u_0$ 和 $u_1$, 都可以构造出 (3) 的 IVP 的唯一的解 (对于初始超平面 $t = 0$ 的过去和未来都行).

还可以有许多其他的边值问题. 例如在一个有界区域 $D$ 内分析一个波 (例如声波) 的演化时, 很自然地要在时空区域 $\mathbf{R} \times D$ 上工作, 而既要指定柯西数据 (在初始边界 $0 \times D$ 上), 又要 指定狄里克雷数据或诺依曼数据 (在空间边缘 $\mathbf{R} \times \partial D$ 上). 另一方面, 如果所考虑的物理问题要求考虑某个障碍物 $D$ 外部波的传播 (例如电磁波), 我们就要在 $\mathbf{R} \times (\mathbf{R}^3 \backslash D)$ 中带上 $D$ 的边缘上的边界条件来考虑波的演化.

对于一个给定了的 PDE, 边值条件和初值条件的选取是很重要的. 对于物理上有兴趣的问题, 边值条件和初值条件会自然地从产生这些 PDE 的物理背景中出现. 例如在弦振动是由区域 $\mathbf{R} \times (a,b)$① 中的 1 维的波方程 $\partial_t^2 u - \partial_x^2 u = 0$ 来描述的, $t = t_0$ 时刻的初始条件 $u = u_0$ 和 $\partial_t u = u_1$ 相当于指定弦原来的位置和速度. 边值条件 $u(t,a) = u(t,b) = 0$ 则告诉我们, 弦的两端是固定的.

迄今我们只考虑了标量方程, 其中只有一个未知函数 $u$ 而可以在实数域 $\mathbf{R}$ 或复数域 $\mathbf{C}$ 中取值. 然而, 有许多重要的 PDE 含有多个未知函数, 或者等价地说, 含有在多维向量空间 (如 $\mathbf{R}^m$ 中) 中取值的未知函数. 在这种情况下, 我们就说有一个偏微分方程组 (简记为 PDE 组). PDE 组的一个重要的例子是**柯西-黎曼方程组**

---

① 原书把 $\mathbf{R}$ 和 $(a,b)$ 的次序写反了. —— 中译本注

[ I.3 §5.6](简记为C-R 组):

$$\partial_1 u_1 - \partial_2 u_2 = 0, \qquad \partial_2 u_1 + \partial_1 u_2 = 0, \tag{12}$$

其中 $u_1, u_2 : \mathbf{R}^2 \to \mathbf{R}$ 都是定义在平面上的实值函数[①]. 柯西[VI.29] 发现, 一个复函数 $w(x, y) = u_1(x, y) + \mathrm{i}u_2(x, y)$ 当且仅当其实部和虚部 $u_1, u_2$ 满足 C-R 组时, 才是全纯函数[ I.3 §5.6]. 这个方程组仍然可以写成常系数 PDE(8) 的形状, 不过现在 $u$ 是一个向量 $\begin{pmatrix} u_1 \\ u_2 \end{pmatrix}$, 而 $\mathcal{P}$ 现在不再是标量微分算子, 而是矩阵微分算子 $\begin{pmatrix} \partial_1 & -\partial_2 \\ \partial_2 & \partial_1 \end{pmatrix}$.

方程组 (12) 中含有两个方程和两个未知函数. 这是一个 "**定**"(determined) 方程组 (即方程的个数和未知函数的个数相等的方程组) 的标准情况. 粗略的说法是: 如果方程组中方程的个数超过未知函数的个数, 就称为 "**超定**(overdetermined)" 的方程组; 而如果方程的个数不足未知函数的个数, 就称为 "**欠定**(underdetermined)" 的方程组. 对于欠定的方程组典型的情况是对于任意给定的数据都有无穷多解; 反之, 超定的方程组一般地没有解, 除非对于加上的数据还附加上相容性条件.

还要注意上面讲的 C-R 算子 $\mathcal{P}$ 有以下的值得注意的性质:

$$\mathcal{P}^2[u] = \mathcal{P}[\mathcal{P}[u]] = \begin{pmatrix} \Delta u_1 \\ \Delta u_2 \end{pmatrix}.$$

所以 $\mathcal{P}$ 可以看成 2 维拉普拉斯算子 $\Delta$ 的平方根. 对于高维的拉普拉斯算子 $\Box$ 也可以定义类似的平方根. 更令人惊奇的是, 甚至对于 $\mathbf{R}^{1+3}$ 中的达朗贝尔算子 $\Box$ 也可以这样做. 为了达到这个目的, 需要满足下面的条件的 4 个 $4 \times 4$ 的复矩阵 $\gamma^0, \gamma^1, \gamma^2, \gamma^3$ :

$$\gamma^\alpha \gamma^\beta + \gamma^\beta \gamma^\alpha = -2m^{\alpha\beta} I,$$

这里 $I$ 是单位 $4 \times 4$ 矩阵, 而 $m^{\alpha\beta}$ 当 $\alpha = \beta = 1$ 时是 1/2; 当 $\alpha = \beta \neq 1$ 时为 $-1/2$; 其他时候则为 0. 应用这些 $\gamma$ 矩阵, 就可以引入狄拉克 (Paul Adrien Maurice Dirac, 1902–1984, 英国物理学家, 量子力学的创始人之一) 算子如下. 若 $u = (u_1, u_2, u_3, u_4)$ 是定义在 $\mathbf{R}^{1+3}$ 中而在 $\mathbf{C}^4$ 中取值的函数, 令 $\mathrm{D}u = \mathrm{i}\gamma^\alpha \partial_\alpha u$. 容易验证 $\mathrm{D}^2 u = \Box u$. 方程

$$\mathrm{D}u = ku \tag{13}$$

称为**狄拉克方程**. 它与自由的有质量的相对论性的粒子如电子相联系.

---

① 方程组 (12) 原书的记号不太对, 与多数常见的文献不一致, 这里作了修改. —— 中译本注

PDE 的概念还可以推广到未知的对象严格说并不是在向量空间中取值的函数的情况, 这些对象可以是向量丛[IV.6§5] 的切口, 或者说从一个流形[I.3 §6.9] 到另一个流形的映射; 这种推广的 PDE 在几何学和现代物理学中起重要的作用. *爱因斯坦场方程*[IV.13] 是一个基本的例子. 在最简单的 "真空" 的情况, 这个方程形如

$$\mathrm{Ric}\,(g) = 0, \tag{14}$$

其中 $\mathrm{Ric}\,(g)$ 是时空流形 $M = (M, g)$ 的*里奇曲率*[III.78]. 在这个情况下, 想要寻求的就是时空度量本身. 我们时常可以通过选择适当的坐标系来局部地把这样一个方程化为更加传统的 PDE 组, 但是选择一个 "好" 的坐标系并且弄清楚怎样才能够使不同的选择为相容, 这些都不是微不足道的而是重要的工作. 说真的, 选择一个好的坐标系来求解一个 PDE, 这本身就是一个大有意义的问题.

PDE 在数学和科学中是无处不在的. 对于一些最重要的物理学理论, 它们提供了基本的数学框架. 这些理论例如就有: 弹性理论、流体力学、电磁学、广义相对论和非相对论的量子力学. 更加现代的相对论性的量子场论, 原则上会引导到有无穷多个未知函数的方程, 这就超出了 PDE 理论的范围. 然而, 即令在这个情况下, 基本的方程仍然保持了 PDE 的局部性质. 再说, *量子场论*[IV.17§2.1.4] 的起点总是经典场论, 而经典场论是用 PDE 组来描述的. 例如, 关于弱和强相互作用的标准模型就是这样, 它是以所谓 Yang-Mills-Higgs 场理论为基础的. 如果我们把经典力学的常微分方程 (看作 1 维的 PDE) 也包括进来, 就会看到整个物理学基本上是由微分方程来描述的. 作为最基本的物理理论的基础的 PDE 的例子, 可参看下面的各个条目: *欧拉方程和纳维–斯托克斯方程*[III.23]、*热方程*[III.36]、*薛定谔方程*[III.83] 和*爱因斯坦方程*[IV.13].

主要的 PDE 的一个重要的特点是它们的普适性. 例如, 波方程是由达朗贝尔[VI.20] 为了描述弦的振动而提出来的, 后来发现它也适用于声波和电磁波. 热方程首先是由傅里叶[VI.25] 引进来讨论热的传导的, 但是在许多耗散 (dissipation) 起重要作用的场合, 它也会出现, 拉普拉斯方程、薛定谔方程和许多其他基本的方程也都是这样.

更加惊人的是, 有些方程的引入原是为了描述某个特定的物理现象的, 却在一些被看作是 "纯粹" 数学的分支里起了基本的作用. 这些分支, 例如可以举出有复分析、微分几何、拓扑学和代数几何. 例如, 复分析是研究全纯函数性质的, 但也可以看作是在 $\mathbf{R}^2$ 的一个区域里研究柯西–黎曼方程组 (12) 的. 霍奇[VI.90] 理论的基础就是研究一个流形上的一组 PDE 的, 而这个 PDE 组正是柯西–黎曼方程组的推广, 它在拓扑学和代数几何中起着基本的作用. *阿蒂亚–辛格指标定理*[V.2] 是用流形上的线性 PDE 的一个特殊的类来陈述的, 而这一类 PDE 则是与狄拉克方程的欧几里得形式相关的. 重要的几何问题时常可以归结为求特定的 PDE 的解, 而这

里的 PDE 在典型情况下又都是非线性的. 我们已经看见了一个例子, 就是普拉托问题: 在经过一个已给定的曲线的曲面中, 求总面积最小的一个. 曲面理论中的*单值化定理*[V.34] 是取一个紧黎曼曲面 $S$(其上具有某个黎曼度量[ I.3 §6.10]), 通过求解下面的 PDE

$$\Delta_S u + \mathrm{e}^{2u} = K \tag{15}$$

(它是拉普拉斯方程的一个非线性变体) 把它的黎曼度量单值化, 使之在曲面的各个点上 "同样地弯曲"(准确一点的说法就是使它的*标量曲率*[III.78] 为常数), 而不改变这个度量的共形类 (就是不改变曲面上任意两条曲线的夹角). 这个定理对于这类曲面的理论有基本的重要性, 特别是, 它使我们能用单个数 $\chi(S)$(称为 $S$ 的*欧拉示性数*[ I.4 §2.2]) 把紧曲面作拓扑分类. 单值化定理的 3 维类比就是最近由佩雷尔曼证明了的瑟斯顿的几何化猜想[IV.7 §2.4], 他的作法又是解另外一个 PDE; 这一次解的是*里奇流*[III.78] 方程

$$\partial_t g = 2\mathrm{Ric}\,(g)\,, \tag{16}$$

这个方程可以通过仔细地选择一个适当的坐标化成热方程 (2) 的一个非线性版本. 几何化猜想的证明是朝向对 3 维紧流形的完全的分类的决定性一步, 特别是由此证明了著名的*庞加莱猜想*[IV.7§2.4]. 为了克服证明这个猜想中的许多技术性的困难, 需要对里奇流方程解的性态作详细的定性的分析, 这项任务用上了几何 PDE 理论近百年来的全部进展.

最后我们要注意, PDE 不仅出现在几何与物理中, 也出现在许多应用科学的领域中. 例如在工程中, 我们时常需要控制一个 PDE 的解在某个方面的特性, 方法是仔细地选择数据中我们能够直接影响的成分. 例如, 想一想, 一个小提琴家正是通过调制琴弓的运动速度和它作用在琴弦上的力度来控制弦振动方程的解, 来生成美丽的声音. 处理这种类型问题的数学理论就叫做控制理论.

在处理复杂的物理系统时, 不大可能对这个系统在任意时刻的状态具有完全的信息. 相反地, 对于影响它的各个因素, 需要作一些随机性的假设. 这就引导到一类很重要的方程, 称为*随机微分方程*(stochastic differential equations, 简记为 SDE), 在这些方程的某一个或者多个成分中有*随机变量*[III.71§4] 出现. 这方面的一个例子就是金融的数学理论中的 Black-Scholes 模型[VII.9§2]. 关于 SDE 的一般的讨论, 可以参看条目随机过程[IV.24 §6].

本文其余部分的总的计划如下. 在第 2 节里, 将要讲述 PDE 的一般理论中一些基本概念和成就. 我的主要论点是, 和常微分方程成为对比, 在那里一般理论是有可能和有用的, 偏微分方程则不然, 由于有一些重要的障碍, 并没有一个有用的一般理论处理, 我想对此作一些解释. 这样, 我们就不得不讨论特殊类型的方程, 如

**椭圆型、抛物型、双曲型方程**, 还有**耗散型**的方程. 在第 3 节里, 我试图论证, 尽管不可能发展一个有用的一般理论, 使之能够包含一切或者至少是绝大部分的重要例子, 在处理各种基本方程时, 仍然有一个给人深刻印象的统一的概念和方法的整体. 这就使人感到 PDE 是一个明确界定了的数学领域. 在第 4 节里, 我要进一步发展这一点, 识别出这个学科里的主要方程在推导上有一些共同特点. PDE 里的统一性还有一个来源, 就是**正规性**问题和解的**破裂**问题起了一个中心作用, 而我在本文中只能简短地加以讨论. 最后一节里, 我想要讨论可以认为是在推进这门学科前进的一些主要的目标.

## 2. 一般方程

一个人看到了如代数几何或者拓扑学这样的数学领域以后, 可能会希望也有一个关于 PDE 的一般理论, 而且这个理论又分化为各种特殊情况下的相应的理论. 在下面将要论证的就是这种观点大有毛病, 而且大大地过时了. 但是这个观点也有它的功劳, 这一点也是将在本节加以说明的. 我将避免一般的定义, 而集中在一些有代表性的例子上. 读者如果希望有更多的精确的定义, 请参看本文网上的版本①.

为简单起见, 我们主要考虑 "**定**"(determined) 方程组, 即方程的个数和未知函数的个数相等的情况. 我们已经做过它的最简单的区分, 即标量方程 (1)~(5), 其中都只含有一个方程和一个未知函数, 以及如 (12) 和 (13) 那样的方程组, 其中方程的个数和未知函数的个数仍然是相等的. 另一个简单但是重要的概念是 PDE 的**阶**, 定义为出现在方程中的最高阶导数的阶数, 这个概念是多项式的次数概念的一个类比. 例如上面列出的方程 (1)~(5) 对于空间变量的阶都是 2, 虽然有一些方程 (例如 (2) 和 (4)) 对于时间只是 1 阶的. 方程组 (12) 和 (13), 还有麦克斯韦方程组都是 1 阶的②.

我们已经看到, PDE 可以分为线性的和非线性的, 而线性方程又可以进一步分为常系数方程和变系数方程两种. 我们还可以把非线性方程按照其非线性的 "强度" 作进一步的分类. 在这个强度标尺的最低端是**半线性**方程, 其中所有非线性成分的阶都严格低于线性成分的阶. 例如方程 (15) 就是半线性的, 因为它的非线性成分 $e^u$ 是零阶的, 就是不包含导数, 而线性成分 $\Delta_S$ 则是 2 阶的. 这些方程与线性方程如此接近, 所以把它们看成是对于线性方程的扰动时常是很有效的. 非线性强度稍强一些的是**拟线性方程**, 其中最高阶导数只是线性地出现在方程中, 而它们的系数可以非线性地依赖于较低阶的导数. 例如 2 阶方程 (7) 就是拟线性的, 因为如

---

① 请参阅 http://www. math. princeton. edu/~seri/homepage/papers/gws-2006-3.pdf.—— 中译本注

② 有一个在常微分方程中为人熟知的小技巧: 通过增加未知函数的个数, 可以把高阶方程组转变为低阶 (甚至是 1 阶) 方程组, 见条目**动力学**[IV.14 §.2] 中的讨论.

果用乘积法则把它展开, 它就成了拟线性形式

$$F_{11}\left(\partial_1 u, \partial_2 u\right)\partial_1^2 u + F_{12}\left(\partial_1 u, \partial_2 u\right)\partial_1\partial_2 u + F_{22}\left(\partial_1 u, \partial_2 u\right)\partial_2^2 u = 0,$$

其中 $F_{11}, F_{12}, F_{22}$ 都是 $u$ 的低阶导数的显式的代数式. 虽然拟线性方程有时仍然可以用扰动方法来解决, 但是比起类似的半线性方程就要难一些了. 最后就有**完全非线性方程**, 其中完全没有表现出线性的性质来. 完全非线性方程的典型是**蒙日–安培方程**

$$\det\left(\mathrm{D}^2 u\right) = F\left(x, u, \mathrm{D}u\right),$$

其中 $u: \mathbf{R}^n \to \mathbf{R}$ 是未知函数, $\mathrm{D}u$ 是它的**梯度**[ I.3 §5.3], $\mathrm{D}^2 u = \left(\partial_i\partial_j u\right)_{1\leqslant i,j\leqslant n}$ 是 $u$ 的**哈塞**(Ludwig Otto Hesse, 1811–1874, 德国数学家) 矩阵, 而 $F: \mathbf{R}^n \times \mathbf{R} \times \mathbf{R}^n \to \mathbf{R}$ 是一个已知函数. 这个方程出现在许多几何背景下, 从流形的嵌入问题到 Calabi-Yau 流形[III.6] 的复几何都有它的身影. 完全非线性方程是 PDE 中最困难至少也是人们知之最少的.

　　**注**　物理学的基本方程中的绝大部分, 例如爱因斯坦方程, 都是拟线性的. 然而下面将要讨论的线性 PDE 的特征方程就是完全非线性的, 这种特征也出现在几何学中.

## 2.1　一阶标量方程

　　以后会证明, 任意维的一阶标量 PDE 都可以归结为求解一个一阶常微分方程组. 作为这个重要事实的简单的例证, 考虑下面两个变量的方程

$$a^1\left(x^1, x^2\right)\partial_1 u\left(x^1, x^2\right) + a^2\left(x^1, x^2\right)\partial_2 u\left(x^1, x^2\right) = f\left(x^1, x^2\right). \tag{17}$$

现在 $a^1, a^2$ 和 $f$ 都是变量 $x = \left(x^1, x^2\right) \in \mathbf{R}^2$ 的已知实值函数. 把 (17) 与下面的 $2 \times 2$ 常微分方程组连接起来:

$$\left.\begin{aligned}\frac{\mathrm{d}x^1}{\mathrm{d}s}\left(s\right) &= a^1\left(x^1\left(s\right), x^2\left(s\right)\right), \\ \frac{\mathrm{d}x^2}{\mathrm{d}s}\left(s\right) &= a^2\left(x^1\left(s\right), x^2\left(s\right)\right).\end{aligned}\right\} \tag{18}$$

而为简单起见, 令 $f = 0$.

　　设 $x\left(s\right) = \left(x^1\left(s\right), x^2\left(s\right)\right)$ 是方程组 (18) 的一个解, 现在来考虑 $u(x^1\left(s\right), x^2\left(s\right))$ 怎样随 $s$ 变化. 由链法则知道[①]

$$\frac{\mathrm{d}}{\mathrm{d}s}u = \partial_1 u \frac{\mathrm{d}x^1}{\mathrm{d}s} + \partial_2 u \frac{\mathrm{d}x^2}{\mathrm{d}s},$$

---

①原书下一个式子文字上有错 —— 中译本注

(17) 和 (18) 告诉我们上式为 0(记住, 假设了 $f = 0$). 换句话说, 当 $f = 0$ 时, (17) 的任意解 $u\left(x^1, x^2\right)$ 沿着满足 (18) 式的任意参数化的解曲线 $x\left(s\right) = \left(x^1\left(s\right), x^2\left(s\right)\right)$ 是常数.

所以, 从原则上说, 如果知道了 (18) 的解曲线, 称为方程 (17) 的特征曲线, 就能够得到 (17) 的所有的解. 这里用了 "从原则上说" 这个说法, 是因为非线性方程 (17) 并不是很容易求解的. 尽管如此, ODE 处理起来仍然比较容易. 下面马上就要讨论的 ODE 的基本定理允许我们至少是局部地就是对于 $s$ 的小区间解出方程组 (18).

$u$ 沿着特征曲线为常数这个事实, 使我们即令在得不出显式解的时候, 也能得到重要的定性的信息. 例如, 设系数 $a^1, a^2$ 是光滑的 (或者是实解析的), 而且除了一点 $x_0$ 以外, 初始数据在其有定义的集合 **H** 上也是光滑的 (或者实解析的), 而在 $x_0$ 处不连续. 这时, 解 $u$ 除了在过 $x_0$ 的特征曲线 $\Gamma$ 上或者说除了沿着 (18) 的满足初始条件 $x\left(0\right) = x_0$ 的解以外, 也是光滑的 (或实解析的). 就是说, $x_0$ 处的间断性将沿着 $\Gamma$ 传播. 这里我们看见了一条重要原理的最简单的表现, 这条原理就是: PDE的解的奇性沿特征线传播(而在更加一般的情况, 则是沿着特征超曲面传播). 这条原理将在下面加以解释.

可以这样推广 (17), 即许可系数 $a^1, a^2$ 和 $f$ 不仅含 $\left(x^1, x^2\right)$, 而且含有 $u$:

$$a^1\left(x, u\left(x\right)\right) \partial_1 u\left(x\right) + a^2\left(x, u\left(x\right)\right) \partial_2 u\left(x\right) = f\left(x, u\left(x\right)\right). \tag{19}$$

相关联的特征方程组现在成了

$$\left.\begin{array}{l} \dfrac{\mathrm{d}x^1}{\mathrm{d}s}\left(s\right) = a^1\left(x\left(s\right), u\left(s, x\left(s\right)\right)\right), \\[2mm] \dfrac{\mathrm{d}x^2}{\mathrm{d}s}\left(s\right) = a^2\left(x\left(s\right), u\left(s, x\left(s\right)\right)\right). \end{array}\right\} \tag{20}$$

作为 (19) 的一个特例, 考虑两个变量 $\left(t, x\right)$[①] 的标量方程

$$\partial_t u + u \partial_x u = 0, \quad u\left(0, x\right) = u_0\left(x\right), \tag{21}$$

这个方程通常称为 Burger 方程. 在此假设了 $a^1 = 1, a^2\left(x, u\left(x\right)\right) = u\left(x\right)$. 取 $x^1\left(s\right)$ 为 (20) 中的 $s$, 而把 $x^2\left(s\right)$ 改记作 $x\left(s\right)$, 就导出了特征方程的下面的形式:

$$\frac{\mathrm{d}x}{\mathrm{d}s}\left(s\right) = u\left(s, x\left(s\right)\right). \tag{22}$$

对于 (21) 的任意给定的解 $u$ 和任意特征曲线 $\left(s, x\left(s\right)\right)$, 就有 $\left(\mathrm{d}/\mathrm{d}s\right) u\left(s, x\left(s\right)\right) = 0$. 所以, 从原则上说, 知道了 (22) 的解, 就能够求出 (21) 的解. 然而, 这里的论证似有循环论证之嫌, 因为 $u$ 已经出现在 (22) 中.

---

① 原书作 "两个空间维" 容易引起误解, 因为 $t$ 一般都解释为时间. 前面也有这个问题, 已经改了. ——中译本注

要想绕过这个困难, 可以考虑 (21) 的 IVP, 就是去寻求满足条件 $u(0, x) = u_0(x)$ 的解. 考虑相关的特征曲线, 就是在初始时刻满足条件 $x(0) = x_0$ 的特征曲线 $x(s)$. 因为解 $u$ 沿着这条特征曲线取常数值, 所以一定有 $u(s, x(s)) = u_0(x_0)$. 这样, 回到 (22), 可以推断出 $\mathrm{d}x/\mathrm{d}s = u_0(x_0)$, 从而 $x(s) = x_0 + su_0(x_0)$. 这样就得到

$$u(s, x_0 + su_0(x_0)) = u_0(x_0),\tag{23}$$

它隐含地告诉了我们解 $u$ 的形状. 从 (23) 再一次看见, 如果初始数据除了在直线上的一点 $x_0$ 处以外, 都是光滑的 (或实解析的), 则相应的解在 $(0, x_0)$ 的小邻域[1] $V$ 中, 除了在从此点开始的特征曲线上以外, 也都是光滑的 (或实解析的). $V$ 需要取得很小, 这一点是必须要说明的, 因为在大的尺度上, 可能会形成新的奇性. 真实的情况是, $u$ 沿着直线 $x + su_0(x)$ 取常数值, 而这条直线的斜率是 $u_0(x)$.[这样, 从不同的 $x$ 点发出的这种直线有可能会相交], 而在这种交点上, 就会得到 $u$ 的不同的值, 而**除非 $u$ 在交点附近有奇性**, 这是不可能的. 对于非常值的光滑的 $u_0$ 这种破裂现象也就可能有出现[2].

**注** 在线性方程 (17) 和拟线性方程 (19) 之间有一个重要的区别. 前者的特征曲线只依赖于系数 $a^1(x)$ 和 $a^2(x)$, 而后者的特征曲线还显式地依赖于方程的特定的解. 在两个情况下, 奇性都沿着特征曲线传播. 然而对于非线性的方程, 在大的距离尺度下, 不论初始数据如何光滑, 都有可能出现新的奇性.

上面的程序还可以推广到 $\mathbf{R}^d$ 中的标量完全非线性方程, 例如哈密顿–雅可比方程

$$\partial_t u + H(x, Du) = 0, \quad u(0, x) = u_0(x),\tag{24}$$

其中 $u : \mathbf{R} \times \mathbf{R}^d \to \mathbf{R}$[3] 是未知函数, $Du$ 是它的梯度, 而哈密顿函数[III.35]$H : \mathbf{R}^d \times \mathbf{R}^d \to \mathbf{R}$ 和给定的初始数据 $u_0 : \mathbf{R}^d \to \mathbf{R}$ 也是已知的. 例如**光程方程**(eiconal equation)$\partial_t u = |Du|$ 就是哈密顿–雅可比方程的特例. 对于方程 (24) 有下面的 ODE 组与它相联系

$$\left.\begin{array}{l} \dfrac{\mathrm{d}x^i}{\mathrm{d}t} = \dfrac{\partial}{\partial p_i} H(x(t), p(t)), \\[2mm] \dfrac{\mathrm{d}p^i}{\mathrm{d}t} = -\dfrac{\partial}{\partial x^i} H(x(t), p(t)). \end{array}\right\}\tag{25}$$

其中的 $i$ 由 1 变到 $d$. 方程组 (25) 称为哈密顿 ODE 组. 这个方程组与相应的哈密顿–雅可比方程 (24) 的关系、比上述的特征方程组 (20) 与 PDE(19) 的关系稍微复杂一点. 简单地说就是, 可以以对 (25) 的解 $(x(t), p(t))$(这个解称为非线性 PDE

---

[1] 原书作 "$x_0$ 的小邻域", 不妥.—— 中译本注
[2] 原书说对 "任意非常值的 $u_0$ 一定有这种情况出现" 是不对的. 只能说 "可能出现".—— 中译本注
[3] 原书误为 $\mathbf{R} \times \mathbf{R}^n$.—— 中译本注

的**次特征曲线**) 的知识为基础构造出 (24) 的解来. 我们又一次看到, 奇性只会沿次特征曲线 (或超曲面) 传播. 和 Burger 方程的情况一样, 对于具有或多或少光滑性的数据, 会产生奇性. 这样, 古典的连续可微解只能对于时间局部地构造出来. 哈密顿–雅可比方程和哈密顿方程组对于经典力学和对于线性 PDE 解的奇性的传播都有基本的重要性. 哈密顿方程组和一阶的哈密顿–雅可比方程对于薛定谔方程的引入量子力学也起了重要的作用.

### 2.2　ODE 的初值问题

在继续对于 PDE 作一般陈述之前, 作为一个比较, 先要讨论 ODE 的 IVP. 先从一阶 ODE

$$\partial_x u(x) = f(x, u(x)) \tag{26}$$

的初值问题

$$u(x_0) = u_0 \tag{27}$$

开始. 为简单起见, 设 (26) 是一个标量方程, 而 $f$ 是其变元 $x$ 和 $u$ 的性态良好的函数, 例如设 $f(x, u) = u^3 - u + 1 + \sin x$. 把初值 $u_0$ 代入方程右方, 就可以得到 $\partial_x u(x_0)$. 如果把方程 (26) 对 $x$ 求导, 并且利用链法则, 又能得出

$$\partial_x^2 u(x) = \partial_x f(x, u(x)) + \partial_u f(x, u)\, \partial_x u(x),$$

在上面的例子中, 它就是 $\cos x + 3u^2(x)\, \partial_x u(x) - \partial_x u(x)$. 所以[①]

$$\partial_x^2 u(x_0) = \partial_x f(x_0, u_0) + \partial_u f(x_0, u_0)\, \partial_x u(x_0),$$

又因 $\partial_x u(x_0)$ 已经在前面算出来了, 所以也就能从初始数据 $u_0$ 显式地算出 $\partial_x^2 u(x_0)$. 这个计算里涉及了 $f$ 及其一阶偏导数. 取 (26) 的高阶导数, 又可以逐次地决定 $\partial_x^3 u(x_0)$ 以及 $u$ 在 $x_0$ 处对 $x$ 的更高阶导数. 这样, 在原则上就可以用泰勒级数来决定 $u(x)$ 如下:

$$u(x) = \sum_{k \geqslant 0} \frac{1}{k!} \partial_x^k u(x_0)(x - x_0)^k$$
$$= u(x_0) + \partial_x u(x_0)(x - x_0) + \frac{1}{2!} \partial_x^2 u(x_0)(x - x_0)^2 + \cdots.$$

我们又说是 "在原则上就可以", 是因为对于级数的收敛性并无保证. 然而, 这里有一个很重要的定理, 称为柯西–柯瓦列夫斯卡娅定理[VI.59], 断定如果 $f$ 是实解析的, 在我们给定的例子中 $f(x, u) = u^3 - u + 1 + \sin x$ 就是实解析的, 则一定有 $x_0$ 的一个邻域 $J$ 存在, 使得这个泰勒级数在 $J$ 中收敛于方程的实解析解. 然后就容

---

① 下式最后一项原书错了. —— 中译本注

易证明这样得到的解是 (26) 的适合初始条件 (27) 的唯一解析解. 概括起来, 如果 $f$ 是一个性态良好的函数, 则 ODE 的初值问题至少在一个小的时间区间里有解存在, 而且这个解是唯一的.

但是, 如果考虑形式如下的更加一般的方程的初值问题

$$a\left(x, u\left(x\right)\right)\partial_x u = f\left(x, u\left(x\right)\right), \quad u\left(x_0\right) = u_0 \tag{28}$$

则同样的结果就未必成立了. 事实上, 上面概述的递推过程对于标量方程 $(x - x_0)\partial_x u = f(x, u)$ 就行不通. 原因很简单, 从初始条件来决定 $\partial_x u(x_0)$ 就不可能. 对于方程 $(u - u_0)\partial_x u = f(x, u)$ 也有类似的问题. 想要把前面说的递推过程推广到方程 (28), 有一个明显的条件, 就是要坚持 $a(x_0, u_0) \neq 0$. 如果这个条件 (下面称为**非特征条件**) 不满足, 就说 IVP (28) 是**特征的**. 如果这个条件成立了, 而且 $a$ 和 $f$ 还是实解析的, 则柯西-柯瓦列夫斯卡娅定理仍然成立, 而我们可以在 $x_0$ 的一个小邻域中得到 (28) 的唯一实解析解. 对于下面的 $N \times N$ ODE 组的 IVP

$$A\left(x, u\left(x\right)\right)\partial_x u = F\left(x, u\left(x\right)\right), \quad u\left(x_0\right) = u_0,$$

其中 $A(x, u)$ 是一个 $N \times N$ 矩阵, 非特征条件就成了

$$\det A\left(x_0, u_0\right) \neq 0. \tag{29}$$

后来证明了这一点对于 ODE 理论的发展是极为重要的, 非特征条件 (29) 这种非蜕化条件, 对于得到唯一解是极为本质的, 而实解析条件则完全不是重要的: 可以把它换成对于 $A$ 和 $F$ 的局部利普希茨(Rudolf Otto Sigismund Lipschitz, 1832–1903, 德国数学家)条件. 例如只需假设 $A$ 和 $F$ 具有一阶连续偏导数, 而且它们是有界的, 则局部利普希茨条件成立.

**定理**(ODE 的基本定理) 如果矩阵 $A(x_0, u_0)$ 是可逆的, 而且 $A$ 和 $F$ 连续且具有局部有界的一阶导数, 则存在一个包含 $x_0$ 的小邻域 $J \subset \mathbf{R}$, 以及定义在 $J$ 上的唯一[1] 满足初始条件 $u(x_0) = u_0$ 的解.

这个定理的证明基于皮卡 (Charles Émile Picard , 1856–1941, 法国数学家) 的迭代方法. 这个方法的思想是: 作近似解的序列 $u_{(n)}(x)$ 使之收敛于所求的解. 不失一般性, 可以假设 $A$ 是单位矩阵[2] 从令 $u_{(0)}(x) = u_0$ 开始, 然后迭代地用下面的式子来定义 $u_{(n)}(x)$:

$$\partial_x u_{(n)}\left(x\right) = F\left(x, u_{(n-1)}\left(x\right)\right), \quad u_{(n)}\left(x_0\right) = u_0.$$

---

[1] 因为没有假设 $A$ 和 $F$ 为解析的, 这里讲的解也可能不是解析的, 但是它一定有连续的一阶导数.
[2] 因为 $A$ 是可逆的, 所以可以用它的逆矩阵 $A^{-1}$ 来乘方程的双方.

注意到, 在每一步我们需要解的都只是一个很简单的线性问题, 这就使皮卡的迭代方法很容易在数值上实现. 在下面还会看到, 这个方法稍加变化, 也可以用于求解非线性 PDE.

**注**　局部存在定理一般是 "尖锐的", "尖锐" 这个词、就是说它的条件不能够放松. 我们已经看到, $A(x_0, u_0)$ 为可逆是必要的. 还有, 一般也并不总是可以把解在其中存在的邻域扩充为整个实数直线, 作为一个例子, 考虑非线性非方程 $\partial_x u = u^2$ 以及初始数据: 当 $x = 0$ 时, $u = u_0$, 对于这个 IVP, 解 $u = u_0/(1 - xu_0)$ 在有限时间内, 即在时刻 $x = 1/u_0$, 变为无穷. 用 PDE 的术语来说, 就说这个解发生了爆破(blow up).

从基本定理和上面举的例子的观点来看, 可以把 ODE 的一般数学理论的主要目的规定为以下两点:

(i) 找出整体存在的判据, 在发生爆破时则要描述极限情况.

(ii) 在有整体存在性的时候, 要求描述解和解族的渐近性态.

虽然不可能发展出一个达到这两个目的的一般理论 (在实践中, 我们不得不限于应用问题所启示的特殊的方程类), 上面所说的一般的局部存在性和唯一性的定理, 仍然提供了一个强有力的起统一作用的主题. 如果类似的情况对于偏微分方程也能成立, 那该有多好.

### 2.3　PDE 的初值问题 (IVP)

在 1 维情况下, 我们是在一个点上指定初始值. 在高维的类比中, 就要在一个超曲面 $\mathbf{H} \subset \mathbf{R}^d$ 上, 即一个 $(d - 1)$ 维子集合 (说准确一点是一个子流形) 上给定初始值. 对于一般的 $k$ 阶方程, 就是一个涉及 $k$ 阶导数的方程, 我们需要指定 $u$ 及其前 $k - 1$ 阶的 $\mathbf{H}$ 的法线方向的导数. 例如对于二阶的波方程 (3) 以及初始超平面 $t = 0$, 就需要指定 $u$ 和 $\partial_t u$ 在其上的值.

如果我们想用这一类的初始值来得到一个解, 重要的是这些数据不能是蜕化的 (在 ODE 的情况, 我们已经看到了这一点). 由于这个原因, 我们给出下面的一般的定义.

**定义**　设有一个 $k$ 阶拟线性方程组, 而初始条件是要给出了 $u$ 以及它对于一个超曲面 $\mathbf{H}$ 的法线方向的前 $k - 1$ 阶法线方向导数在 $\mathbf{H}$ 上所取的值. 如果可以利用这些初始数据形式地决定 $u$ 在 $x_0$ 处的高阶偏导数, 我们就说, 这个方程组在 $\mathbf{H}$ 的 $x_0$ 点是**非特征的**.

如果我们的心目中能够保存这样一个哪怕是很粗糙的图景, 就是想象我们是在 $x_0$ 的一个无穷小邻域中工作, 那会是很有帮助的. 如果 $\mathbf{H}$ 是一个光滑的超曲面, 它与这个邻域的交将是一小片 $(d - 1)$ 维仿射子空间. $u$ 以及它的前 $k - 1$ 个法线方向导数将由初始数据给出, 而决定其他的偏导数的问题是一个线性代数的问题 (因为所有的东西都是无穷小的). 说这个方程组在 $x_0$ 处是非特征的, 就是说这个线性代数问题是唯一可解的, 而只要某个矩阵是可逆的, 就会出现这种情况. 这就是前面说的非蜕化条件.

为了说明这个思想, 我们来看两个变量的一阶方程. 这时, $\mathbf{H}$ 是一条曲线 $\Gamma$, 而因为这时 $k-1=0$, 所以必须指定解 $u$ 限制在 $\Gamma \subset \mathbf{R}^2$ 上的值, 而不必为 $u$ 的导数操心. 于是我们试着来求解下面的 IVP:

$$a^1\left(x, u\left(x\right)\right)\partial_1 u\left(x\right) + a^2\left(x, u\left(x\right)\right)\partial_2 u\left(x\right) = f\left(x, u\left(x\right)\right), \quad u|_\Gamma = u_0, \qquad (30)$$

这里, $a^1, a^2$ 和 $f$ 都是 $x \in \mathbf{R}^2$ 和 $u$ 的实值函数. 设在 $p$ 点的一个小邻域中, 曲线 $\Gamma$ 可以用参数 $s$ 写成点 $x = \left(x^1\left(s\right), x^2\left(s\right)\right)$ 的集合, 再用 $n\left(s\right) = \left(n^1\left(s\right), n^2\left(s\right)\right)$ 记 $\Gamma$ 的单位法线向量.

和前面已经看过的 ODE 的情况一样, 我们想找出应该加在 $\Gamma$ 上的条件, 使得在 $\Gamma$ 的任意点处都可以通过数据 $u_0$, $u$ 沿 $\Gamma$ 方向的导数以及方程 (30) 来算出 $u$ 的各阶导数. 在所有可能的曲线 $\Gamma$ 中, 需要特别区分出所谓特征曲线, 那是我们已经见到过的, 就是由微分方程组 (20) 所决定的, 现在则是

$$\left.\begin{aligned}\frac{\mathrm{d}x^1}{\mathrm{d}s} &= a^1\left(x\left(s\right), u\left(x\left(s\right)\right)\right), \\ \frac{\mathrm{d}x^2}{\mathrm{d}s} &= a^2\left(x\left(s\right), u\left(x\left(s\right)\right)\right),\end{aligned}\right\} \quad x\left(0\right) = p.$$

现在可以证明下面的事实:

方程 (30) 沿特征曲线是蜕化的. 就是说, 不可能通过数据 $u_0$ 来唯一地确定 $u$ 的所有的一阶导数.

从上面的粗略的图景来看, 在每一点都有一个方向, 使得如果一个超曲面 (在现在的情况下, 就是曲线 $\Gamma$) 在其每一点处都切于这个方向, 将会得到的矩阵是奇异的. 如果跟随这个方向, 就会是沿着特征曲线在运动.

反过来说, 如果非特征条件

$$a^1\left(p, u\left(p\right)\right)n_1\left(p\right) + a^2\left(p, u\left(p\right)\right)n_2\left(p\right) \neq 0 \qquad (31)$$

在某个点 $p = x\left(0\right) \in \Gamma$ 得到满足, 就能用数据 $u_0$ 以及它沿着 $\Gamma$ 的导数来唯一地决定 $u$ 在点 $p$ 的各个高阶导数. 如果曲线 $\Gamma$ 是用一个方程 $\psi\left(x^1, x^2\right) = 0$ 给出的, 而且这里的函数 $\psi$ 具有非零的梯度 $D\psi\left(p\right) \neq 0$, 则条件 (31) 可以写成

$$a^1\left(p, u\left(p\right)\right)\partial_1\psi\left(p\right) + a^2\left(p, u\left(p\right)\right)\partial_2\zeta\left(p\right) \neq 0.$$

稍微多花一点功夫, 我们能够把上面的讨论推广到高维的高阶方程甚至方程组

的情况. 特别重要的是 $\mathbf{R}^d$ 中的二阶标量方程

$$\sum_{i,j=1}^{d} a^{ij}(x)\,\partial_i\partial_j u = f(x, u(x)),\tag{32}$$

以及由方程 $\psi(x) = 0$ 所定义的 $\mathbf{R}^d$ 中的超曲面 $\mathbf{H}$ 的情况, 这里的函数 $\psi$ 是一个具有非零梯度 $\mathrm{D}\psi$ 的函数. 定义一点 $x_0 \in \mathbf{H}$ 的单位法线向量为 $n = \mathrm{D}\psi/|\mathrm{D}\psi|$, 或者写成分量形式就是 $n_i = \partial_i\psi/|\partial\psi|$. 作为方程 (32) 的初始条件, 需要给出 $u$ 及其一阶法线导数 $n[u](x) = n_1(x)\,\partial_1 u(x) + n_2(x)\,\partial_2 u(x) + \cdots + n_d(x)\,\partial_d u(x)$ 在 $\mathbf{H}$ 上的值:

$$u(x) = u_0(x), \quad n[u](x) = u_1(x), \quad x \in \mathbf{H}.$$

可以证明, $\mathbf{H}$ 在 $p$ 点相对于方程 (32) 是非特征的 (就是可以用 $u_0$ 和 $u_1$ 来决定 $u$ 的各阶导数在 $p$ 点的值) 当且仅当

$$\sum_{i,j=1}^{d} a^{ij}(x)\partial_i\psi(p)\,\partial_j\psi(p) \neq 0.\tag{33}$$

另一方面, 如果在 $\mathbf{H}$ 的所有各点处都有

$$\sum_{i,j=1}^{d} a^{ij}(x)\,\partial_i\psi(x)\,\partial_j\psi(x) = 0,\tag{34}$$

则 $\mathbf{H}$ 是 (32) 的特征超曲面.

**例**    如果 (32) 的系数满足条件

$$\sum_{i,j=1}^{n} a^{ij}(x)\,\xi_i\xi_j > 0, \quad \forall\xi \in \mathbf{R}^d \backslash \{0\},\ \forall x \in \mathbf{R}^d,\tag{35}$$

则由 (34) 很清楚, $\mathbf{R}^d$ 中没有一个超曲面可以是特征超曲面. 特别是拉普拉斯方程 $\Delta u = f$ 就是这种情况. 再来考虑写成

$$\sum_{i,j=1,2} h^{ij}(\partial u)\partial_i\partial_j u = 0\tag{36}$$

形状的最小曲面方程, 其中 $h^{11}(\partial u) = 1 + (\partial_2 u)^2$, $h^{22}(\partial u) = 1 + (\partial_1 u)^2$, 而 $h^{12}(\partial u) = h^{21}(\partial u) = -\partial_1 u \partial_2 u$. 很容易验证与这个方程相联系的对称矩阵 $(h^{ij}(\partial u))$ 对于任意的 $\partial u$ 都是正定的. 事实上

$$\sum_{i,j=1,2} h^{ij}(\partial u)\,\xi_i\xi_j = \left(1 + |\partial u|^2\right)^{-1/2}\left(|\xi|^2 - \left(1 + |\partial u|^2\right)^{-1}(\xi \cdot \partial u)^2\right) > 0.$$

所以虽然 (36) 不是线性的, $\mathbf{R}^2$ 中的任意曲线对于它仍然不是特征曲线.

**例** 考虑 $\mathbf{R}^{1+d}$ 中的波方程 $\Box u = f$. 只要

$$(\partial_t \psi)^2 = \sum_{i=1}^{d} (\partial_i \psi)^2, \tag{37}$$

所有形如 $\psi(t,x) = 0$ 的超曲面就都是特征超曲面. (37) 就是前面说到的著名的光程方程, 它在波传播的研究中起基本的作用. 注意, 方程 (37) 可以分解为两个哈密顿–雅可比方程 (即 (24)):

$$\partial_t \psi = \pm \left( \sum_{i=1}^{d} (\partial_i \psi)^2 \right)^{1/2}. \tag{38}$$

与它相关的哈密顿函数的次特征曲线 (见 (24), (25) 后面的讨论) 就称为波方程的次特征曲线. 这里请注意, (25) 的解包括了两个部分: $x(t)$ 和 $p(t)$. 在现在关于传播问题的讨论中, $x(t)$ 的物理和几何意义更加明显. 可以找到 (37) 的两个特殊的解 $\psi_+(t,x) = (t-t_0) + |x-x_0|$ 和 $\psi_-(t,x) = (t-t_0) - |x-x_0|$, 它们的水平曲线 (level curve)$\psi_\pm = 0$ 对应于顶点在 $p = (t_0, x_0)$ 处的向后和向前的光锥. 在物理上, **它们代表从 $p$ 处发出的光线的集合**. 光线则由向量方程$(t-t_0)\omega = (x-x_0)$给出, 这里的 $\omega \in \mathbf{R}^3$ 是单位向量, 表示光线前进的方向, 它们就是与哈密顿–雅可比方程 (38) 相关的哈密顿 ODE 组 (25) 的解曲线的 $x(t)$ 成分. 在许多文献中, 时常是把 (25) 的解的这个成分称为次特征曲线的[1]. 所以也可以说, 次特征曲线就是光线. 对于更加一般的波方程

$$-a^{00}(t,x)\partial_t^2 u + \sum_{i,j} a^{ij}(t,x)\partial_i \partial_j u = 0, \tag{39}$$

其中 $a^{00} > 0$, 而 $a^{ij}$ 满足 (35) 式, 这时前面所说的仍然成立, 所以也说它是波方程. 现在哈密顿–雅可比方程是

$$-a^{00}(t,x)(\partial_t \psi)^2 + \sum_{i,j} a^{ij}(t,x)\partial_i \psi \partial_j \psi = 0,$$

它也可以分成两个分支

$$\partial_t \psi = \pm \left( (a^{00})^{-1} \sum a^{ij}(t,x)\partial_i \psi \partial_j \psi \right)^{1/2}. \tag{40}$$

相应的哈密顿 ODE 组 (25) 的解曲线 [(特别是它的 $x(t)$ 成分)], 称为 (39) 的次特征曲线.

---

[1] 而 $(x(t), p(t))$ 合在一起, 时常称为次特征带 (bicharacteristic strip). —— 中译本注

**注**　在一阶标量方程的情况, 我们已经看到, 可以用关于特征的知识来求出方程的通解, 虽然只是隐式的. 我们也看到, 奇性是沿特征传播的. 在二阶方程的情况, 仅只是特征的知识已经不足以解出方程, 但是特征仍然提供了重要的信息, 例如奇性是如何传播的. 例如在波方程 $\Box u = 0$ 的情况, 若初始数据 $u_0$ 和 $u_1$ 处处是光滑的, 但在 $p = (t_0, x_0)$ 点除外, 这时, 在以 $p$ 为顶点的光锥 $-(t - t_0)^2 + |x - x_0|^2 = 0$ 上的各点都有解 $u$ 的奇性出现. 这个事实的更精细的版本还表明了奇性是沿次特征曲线 (即光线) 传播的. 这里的原理就是: **奇性是在 PDE 的特征超曲面上传播的**. 由于这是一个很重要的原理, 所以值得更精确地加以表述, 使得它可以用于更一般的边值条件, 例如 (1) 的狄里克雷条件.

**奇性的传播**　*如果一个 PDE 的边值条件或系数在某点 $p$ 有奇性, 而在 $p$ 点的一个小邻域 $V$ 内的其他地方都是光滑 (或实解析) 的, 则除在过 $p$ 的特征超曲面上以外, 都不会有奇性. 特别是, 如果没有特征超曲面存在, 则方程的任意解在 $V$ 中 $p$ 点以外, 这个方程的解在 $V$ 中处处都是光滑 (或实解析) 的.*

**注**　(i) 上面的原理只是一个启发式的直觉的原理, 它在大范围中一般是不成立的. 正如我们在 Burger 方程的情况下已经看到的那样, 非线性方程不论初始数据多么光滑也可能生出新的奇性来. 对于线性方程, 可以以次特征曲线为基础提出这个原理的大范围的版本来. 见下面的 (iii).

(ii) 由这个原理可以知道, 方程 $\Delta u = f$ 满足边值条件 $u|_{\partial D} = u_0$ 的解自动地在区域 $D$ 中是光滑的, 只要 $f$ 是光滑的即可, 这里边值 $u_0$ 只需要是连续的. 此外, 如果 $f$ 是实解析的, 则 $u$ 也是实解析的.

(iii) 对于线性方程, 可以给出这个原理的准确的说法, 而这个原理在一般理论中起基本的作用. 例如对于推广的波方程 (39), 可以证明奇性沿次特征曲线传播. 这里的次特征曲线就是哈密顿–雅可比方程 (40) 的次特征曲线的 $x(t)$ 成分.

## 2.4　柯西–柯瓦列夫斯卡娅定理

在 ODE 的情况我们已经看到, 一个非特征的 IVP 局部地 (就是在一个很短的时间区间里) 是可解的. 这个事实有没有高维的类比? 答案是肯定的, 只要我们限制于实解析的情况. 这个答案就包括在柯西–柯瓦列夫斯卡娅定理的适当的推广中. 准确地说, 考虑一个拟线性方程或方程组, 其系数是实解析的, 超曲面 **H** 以及给在 **H** 上的适当的数据都是实解析的, 这时, 有

**定理**(柯西–柯瓦列夫斯卡娅定理[①], 简记为 CK)　*如果上面说到的实解析条件都得到满足, 而且初始超曲面* **H**, *在 $x_0$ 点是非特征的* [②], *则有唯一的实解析解*

---

[①] 本书限于讨论实自变量的 PDE, 所以对于 CK 定理也限定方程、数据以及解都是实解析的. 但是实际上, CK 定理原来是对复变量的复解析函数提出的. 现在一般的文献也都是这样讲的. —— 中译本注

[②] 对于 (32) 那种二阶方程, 这个非特征条件就是 (33) 式.

$u(x)$ 满足方程组和相应的初始条件.

在线性方程的特例中, 还有一个重要的相伴的由 Holmgren (Eric Holmgren, 1873–1943, 瑞典数学家) 给出的唯一性定理, 它指出对于 CK 定理所说的实解析的线性 PDE, 对于光滑的非特征超曲面 **H**, 其解甚至在光滑函数类中也是唯一的. CK 定理告诉我们, 只要给定了非特征条件和实解析假设, 下面的直截了当的求解方法都是可以的, 这个方法就是利用从方程和 **H** 上的初始值给出的简单的代数公式, 递推地去寻找解的一个形式展开式 $u(x) = \sum_{|\alpha| \geqslant 0} C_\alpha (x - x_0)^\alpha$. 更准确地说, 对于用上面这种朴素的展开式, CK 定理和 Holmgren 定理总可以保证其在一点 $x_0 \in \mathbf{H}$ 的邻域中收敛.

然而后来发现了 CK 定理所要求的解析性条件是限制太紧了, 所以这个定理看起来的一般性其实是有误导的. 当考虑波方程 $\Box u = 0$ 时, 第一个局限性马上就出现了. 这个方程的一个基本特性就是传播速度的有限性. 这个性质的粗略的说法就是: 如果一个解 $u$ 在某个时刻 $t$ 在某个有界集合之外恒为 0, 则在以后的时刻, 它也必定在可能是另外一个有界集合之外恒为 0. 然而, 除非恒等于 0, 解析函数是不会有这个性质的 (见条目**一些基本的数学定义**[1.3 §5.6]. 所以不可能在实解析解类中适当地讨论波方程. 另一个与此相关的首先由**阿达玛**[VI.65] 指出的问题是, 在许多重要情况下, 对任意的光滑但是非解析的数据, 求解柯西问题是不可能的. 例如考虑 $\mathbf{R}^d$ 中的拉普拉斯方程 $\Delta u = 0$. 我们已经指出, 对于它, 任意超曲面 **H** 都是非特征的, 然而对于任意的光滑初始数据 $u_0$ 和 $u_1$, 柯西问题 $u|_{\mathrm{H}} = u_0$, $n[u]|_{\mathrm{H}} = u_1$ 在 **H** 的任意点的邻域中都可能没有局部解. 事实上, 取 **H** 为 $x_1 = 0$, 并且假设这个柯西问题已经在一个区域中对于给定的非解析的数据有解, 而这个邻域包含了一个球心在原点的小的闭球 $B$. 这个解 $u$ 也可以看成是 $B$ 中的狄里克雷问题的解, 其数据给在 $\partial B$ 上. 但是按照我们的启发性的原理 (在目前的情况下可以严格证明), 这个解一定在 $B$ 的内部为实解析的, 这与假设数据为非解析矛盾.

另一方面, 对于 $\mathbf{R}^{1+d}$ 中的波方程 $\Box u = 0$, 对给在空向(space-like)超曲面上的任意光滑初始数据 $u_0, u_1$, 总是有唯一的解的. 所谓空向 (或称类空) 超曲面 $\psi(t, x) = 0$, 就是其上任意点 $p = (t_0, x_0)$ 处的法线向量都指向光锥内部 (未来或过去光锥均可) 的超曲面. 解析地说, 就是适合以下条件的超曲面:

$$|\partial_t \psi(p)| > \left( \sum_{i=1}^d |\partial_i \psi(p)|^2 \right)^{1/2}. \tag{41}$$

对于形如 $t = t_0$ 的超平面, 这个条件总是成立的, 而且对于接近于它的超曲面, 这个条件也是成立的. 与此相反, 对于任意时向(time-like) 超曲面, 就是适合条件

$$|\partial_t \psi(p)| < \left(\sum_{i=1}^{d} |\partial_i \psi(p)|^2\right)^{1/2}$$

的超曲面, IVP 总是不适定的(ill-posed), 就是说不能对任意非解析的数据找到 IVP 的解. 超平面 $x^1 = 0$ 就是时向 (或称类时) 超曲面的例子. 现在我们要对 "不适定" 一词给出精确的含义.

**定义**　对于一个 PDE, 一个给定的问题称为适定的, 就是指对于某一个函数类[①] (它应该大得包含光滑函数类) 中的数据, 恒有解的唯一性和存在性, 而且要求这个解连续依赖于数据. 不适合这个条件的问题, 就称为不适定的.

解对于数据的连续依赖性是很重要的. 说实在的, 如果初始数据发生微小变化时, 一个 IVP 相应的解会有很大的变化, 那么这个 IVP 是没有什么用处的.

### 2.5　标准的分类

上面提到的拉普拉斯方程和波方程的性态上的区别, 表明了 ODE 和 PDE 有根本的不同, 而 CK 定理的一般性也只是虚幻的. 既然已经知道拉普拉斯方程和波方程这两个方程在几何学和物理上的重要性, 自然就会想去找出具有这两个方程各自的特点的方程的最广泛的类. 以拉普拉斯方程为模型的方程称为**椭圆型方程**, 而以波方程为模型的方程则称为**双曲型方程**. 其他两个重要的模型则是热方程 (2) 和薛定谔方程 (4), 和它们相像的方程则分别称为**抛物型方程**和**色散型** (dispersive) **方程**.

椭圆型方程是最经得起扰动而不容易改变、而又最易于刻画的: 它就是没有特征超曲面的方程.

**定义**　一个线性或拟线性的 $N \times N$ PDE 组如果没有特征超曲面, 就称为椭圆 PDE 组.

形如 (32) 而且满足条件 (35) 的方程显然是椭圆型的. 最小曲面方程 (7) 也是椭圆型的. 很容易验证, 柯西–黎曼方程组也是椭圆型的. 把一个椭圆 PDE 的解 $u$ 的集合参数化的自然的方法是在一个区域 $D \subset \mathbf{R}^n$ 的边缘上指定 $u$ 以及它的某些导数的值 (需要指定的 $u$ 本身以及它的导数的总个数, 大体上是方程的阶数的一半). 这样就成了一个**边值问题**(简记为 BVP). 拉普拉斯方程 $\Delta u = 0$ 在一个区域 $D \subset \mathbf{R}^n$ 上的狄里克雷边值条件 $u|_{\partial D} = u_0$ 就是一个典型的例子. 可以证明, 如果区域 $D$ 满足一些温和的正规性条件, 而边值 $u_0$ 也是连续的, 则狄里克雷问题有一个连续依赖于 $u_0$ 的解. 我们就说拉普拉斯方程的狄里克雷问题是适定的. 拉普拉斯方程的另一个适定问题是由诺依曼边值条件 $n[u]|_{\partial D} = f$ 给出的, 这里的 $n$ 是边缘的单位外法线向量. 对于所有定义在边缘 $\partial D$ 上的连续函数 $f$, 如果它在边缘

---

① 我们在这里不得不含混一点. 对每一个给定的问题, 都可以指定一个确定的函数空间.

$\partial D$ 上的平均值为 0(即 $\oint_{\partial D} f\mathrm{d}\sigma = 0$), 诺依曼边值问题也是适定的. PDE 的一般理论中一个典型的问题就是对一个椭圆 PDE 组把所有的 BVP 加以分类.

作为奇性传播原理的一个推论, 我们可以至少是启发式地导出以下的一般事实:

**在一个正规的区域 $D$ 里具有光滑 (或实解析) 系数的椭圆 PDE 组的经典解, 都在 $D$ 的内部是光滑的 (或实解析的), 而不论边值条件的光滑程度如何[①].**

双曲方程基本上就是那些 IVP 为适定的方程. 在这个意义下, 它给出了能够证明类似于 ODE 的局部存在定理的方程的自然的类. 更准确地说, 对于每一个充分正规的初始条件集合, 这类方程都有唯一的解. 我们可以很自然地这样来看柯西问题: 它是对这类方程的解的集合参数化的自然的方法.

但是双曲性的定义是依赖于取作初始超曲面的那个特定的超曲面的. 对于波方程 $\Box u = 0$, 标准的 IVP

$$u(0,x) = u_0(x), \quad \partial_t u(0,x) = u_1(x)$$

是适定的. 这意味着对于任意光滑的初始数据 $u_0, u_1$, 都能找到这个方程唯一的连续依赖于 $u_0, u_1$ 的解. 前面已经说到过, 如果把初始超曲面 $t = 0$ 换成任意的空向超曲面 (见 (41))$\psi(t,x) = 0, \Box u = 0$ 的 IVP 仍是适定的. 但是对于时向超曲面, IVP 就不再适定了, 对于给定的非解析初始数据, 解可能根本不存在.

要想给出双曲性的代数定义就比较困难. 粗略地说, 双曲型方程和椭圆型方程恰好位于两个相对的极端: 椭圆型方程没有特征超曲面, 而通过一个给定的点, 双曲型方程则有尽可能多的特征超曲面. 最有用的也是包含了绝大多数重要的已知方程的一类双曲型方程, 是下面形式的方程组

$$A^0(t,x,u)\partial_t u + \sum_{i=1}^{d} A_i(t,x,u)\partial_i u = F(t,x,u), \quad u|_{\mathbf{H}} = u_0, \tag{42}$$

其中 $A^0, A_1, \cdots, A_d$ 都是 $N \times N$ 对称矩阵, 超曲面 $\mathbf{H}$ 由 $\psi(t,x) = 0$ 给出. 这样一个问题当矩阵

$$A^0(t.x,u)\partial_t\psi(t,x) + \sum_{i=1}^{d} A_i(t,x,u)\partial_i\psi(t,x) \tag{43}$$

为正定时是适定的. 满足这些条件的方程组 (42) 称为**对称双曲方程组**. 在 $\psi(t,x) = t$ 的特例下, 条件 (43) 就变成了: 存在一个正常数 $c > 0$ 使得

$$(A^0\xi,\xi) \geqslant c|\xi|^2, \quad \forall \xi \in \mathbf{R}^N \setminus \{0\}.$$

① 只要所给的边值条件是适定的. 此外, 对于非线性方程, 这个启发式的原理, 一般说来只对经典解成立. 对于有些非线性椭圆 PDE 组, 确实有经典解不存在的适定的 BVP 的例子

下面是一般的双曲型方程理论的一个基本结果. 它成为对称双曲方程组的解的局部存在与唯一性.

**定理**(双曲型方程的基本定理)　对于具有充分光滑的 $A$, $F$ 的对称双曲方程组, 若 **H** 是充分光滑的, 初始数据 $u_0$ 也是光滑的, 则 IVP (42) 是适定的. 换句话说, 如果满足适当的光滑性条件, 则任意点 [①] $p \in$ **H** 必有一个小邻域 $D$, 使得其中有唯一的连续可微的解 $u$ 存在.

**注**　(i) 和前面讨论过的奇性传播问题一样, 这个定理本质上具有局部性. 前面的 Burger 方程 (21) 这个特例就说明了这一点: 这个方程适合于非线性的对称双曲组的一般框架是不言而喻的, 而相关的结果就不能整体化. 这个定理的一个更精确的形式, 可以给出 $D$ 的大小的下界.

(ii) 这个定理的证明基于皮卡的迭代法的一个变体, 而在前面对于 ODE 讲过了皮卡的迭代法. 开始时是在 **H** 的一个邻域中取 $u_{(0)} = u_0(x)$ 作为零次近似. 然后递推地用下面的 IVP 来定义 $u_{(n)}$:

$$A^0\left(t, x, u_{(n-1)}\right) \partial_t u_{(n)} + \sum A_i\left(t, x, u_{(n-1)}\right) \partial_i u_{(n)} = F\left(t, x, u_{(n-1)}\right), \quad u_{(n)}\big|_{\mathbf{H}} = u_0.$$

注意, 在迭代的每一步都要求解一个方程. 线性化是研究非线性偏微分方程的极为重要的工具, 如果不是把非线性偏微分方程在重要的特解附近线性化, 我们就几乎毫无办法来了解它们的性态. 所以非线性偏微分方程的几乎所有的困难问题都是归结为研究线性偏微分方程的特定的问题.

(iii) 为了执行皮卡的迭代法, 需要得到用 $u_{(n-1)}$ 来作的关于 $u_{(n)}$ 的精确的估计. 这一步就需要能量型的先验估计, 这一点将在 3.3 节中讨论.

双曲型方程还有一个重要的性质 (椭圆型、抛物型和色散型方程都不具有) 就是有限的传播速度, 在波方程 (3) 的情况下已经提到过它. 我们再来考虑这个最简单的例子. 所谓基尔霍夫 (Gustav Robert Kirchhoff, 1824 –1887, 德国物理学家) 公式给出了它的 IVP 的解的显式的表示. 从这个公式可知, 如果初始时刻 $t = 0$ 时, 数据在以点 $x_0$ 为心、$a > 0$ 为半径的球体 $B_a(x_0)$ 外恒为 0, 则解在球体 $B_{a+t}(x_0)$ 外也恒为 0. 一般说来, 有限传播速度最好可以用双曲型方程的依赖区域和影响区域来陈述 (一般的定义可见本文的网上版本).

双曲型 PDE 在物理学中起基本的作用, 因为它与现代的场论的相对论本性有密切的关系. 方程 (3), (5), (13) 就是线性场论的最简单的例子, 它们都明显地是双曲型. 双曲型方程的其他基本的例子出现在规范场理论中, 其中例如有麦克斯韦方程[IV.13 §1.1]$\partial^\alpha F_{\alpha\beta} = 0$, 或者 Yang-Mills 方程 $D^\alpha F_{\alpha\beta} = 0$. 最后, 爱因斯坦方

---

① 这里所谓 "点" 是指时空中的点 $(t, x) \in \mathbf{R}^{1+d}$. 同样, $D$ 是指时空点的集合.

程 (14) 也是双曲型的 ①. 双曲型 PDE 的其他重要的例子出现在关于弹性和无粘性流体的物理学中. 作为后者的例子, Burger 方程和可压缩流的欧拉方程都是双曲型的.

另一方面, 在双曲型方程的解与时间无关时, 或者一般地说在双曲型方程的解的定常态中椭圆型方程会自然地出现. 椭圆型方程也可以由适当定义的变分原理[III.94] 直接导出.

最后, 关于抛物型方程和薛定谔型的方程还要讲几句话, 它们是介于椭圆型方程和双曲型方程之间的. 这种方程的很大的一类是由方程

$$\partial_t u - Lu = f \tag{44}$$

和

$$i\partial_t u + Lu = f \tag{45}$$

分别给出的, 其中 $L$ 是二阶椭圆算子. 我们要在超曲面 $t = t_0$ 上的附加的初始条件

$$u(t_0, x) = u_0(x) \tag{46}$$

之下来求它们的解. 严格说来, 这个超曲面是特征超曲面, 因为这个方程是二阶方程, 而在 $t = t_0$ 上不能由方程直接得出 $\partial_t^2 u$ 在 $t = t_0$ 上的值. 但是, 这又不是严重的问题, 因为对方程作 $\partial_t$ 可以形式地得出 $\partial_t^2 u$. 因此具有初始条件 (46) 的 IVP(44) 或 (45) 是适定的, 但是这里的适定和双曲型方程的适定性不完全是同一个意思. 例如热方程 $-\partial_t u + \Delta u = 0$ 的 IVP(46) 对于正的 $t$ 是适定的, 而对于负的 $t$ 则是不适定的, 而且除非对初始数据在无穷远处增长速度附加了一定的限制, 热方程的 IVP 的解也可能是不唯一的. 也可以证明, 方程 (44) 的每一个特征超曲面都可以写成 $t = t_0$ 的形状, 所以抛物方程很类似于椭圆型方程. 例如, 若 $a^{ij}$ 和 $f$ 都是光滑的 (或实解析的), 则解 $u$ 在 $t > t_0$ 处也一定是光滑的 (或实解析的), 哪怕是初始数据不光滑也一样. 这与奇性传播原理是一致的. 热方程能够使得初始数据光滑化. 正因为如此, 在许多应用问题中都用得上热方程. 在一个物理问题中, 如果扩散或耗散现象起重要的作用, 就一定会出现抛物型 PDE; 而在几何学和变分法中, 抛物型 PDE 则时常作为正定泛函的梯度流出现. 在经过适当的坐标变换以后, 里奇流方程 (16) 就可以看成是一个抛物型 PDE.

色散 (dispersive)② PDE也是一种演化方程, 而薛定谔方程就是它的基本的例

① 对于规范场理论和爱因斯坦方程, 双曲性的定义依赖于规范或坐标的选择. 例如在 Yang-Mills 方程的情况, 只在洛仑兹规范下可以得到一个适当定义的非线性波方程.

② Dispersion 是一个应用广泛的名词. 例如在涉及振动、波动的现象 (包括经典的和量子的) 中, 如果波速 (包括相速度和群速度) 依赖于频率、波长等等, 或者波的特性有相互作用等等, 我们都说有了 dispersion 关系. 不论在光学、流体力学和声学中都有这种现象. 人们也时常把它们说成是色散关系, 所以以下文中我们都用 "色散" 来翻译 dispersion 一词. —— 中译本注

子. 它们在许多方面都类似于双曲型方程. 例如它们的 IVP 时常不论是指向未来或指向过去, 都是适定的. 然而色散 PDE 的解并不沿特征曲面传播. 相反地, 它们的传播速度是由它们的空间频度 (如波数) 决定的. 一般说来, 高频 (度) 波传播得比低频波快得多, 这样最终使得解弥散 (色散) 到很大的空间区域. 事实上, 解的传播速度典型地是无限的. 这种性态使得它们有别于抛物型 PDE, 抛物型 PDE 时常是把高频成分耗散(dissipate) 掉, 就是使它们趋于 0, 而不是把它们弥散开去. 在物理学中, 色散关系出现在量子力学中, 它们是相对论性的方程, 当 $c \to \infty$ 时的非相对论性极限. 它们也在流体力学中近似地成为某些类型的流体性态的模型. 例如, 浅明渠里的小振幅水波的模型 Korteweg-de Vries 方程[III.49]

$$\partial_t u + \partial_x^3 u = 6u\partial_x u$$

就是一个色散 PDE.

### 2.6　线性方程的一些特殊问题

　　PDE 的一般理论的最大成就是在线性方程, 特别是在常系数线性方程方面取得的. 对于这种情况, 傅里叶分析给出了极为有力的工具. 虽然关于分类、关于适定性和奇性传播的工作主导了线性方程的研究, 但还有一些其他的问题, 包括下面所述的问题仍然是有趣的.

### 2.6.1　局部可解性

　　这就是要决定对于方程 (9) 中的线性算子 $\mathcal{P}$ 和右方的 $f$ 要加上什么样的条件, 才可能局部可解的问题. 当 $f$ 和 $\mathcal{P}$ 的系数为实解析时, 柯西–柯瓦列夫斯卡娅定理 (CK 定理) 给出了一个局部可解性的判据, 但是一个值得注意的现象是, 只要稍稍放松对于 $f$ 的假设, 而只要求它是光滑的而不是实解析的, 对于局部可解性就会出现严重的障碍. 例如对于复值函数 $u: \mathbf{R} \times \mathbf{C} \to \mathbf{C}$ 定义的莱维 (Hans Lewy, 1904–1988, 美国数学家) 算子

$$\mathcal{P}[u](t, z) = \frac{\partial u}{\partial \bar{z}} - \mathrm{i}z \frac{\partial u}{\partial t}$$

就有以下的性质: 对于这个算子 $\mathcal{P}$, 方程 (9) 对于实解析的 $f$ 是局部可解的, 但是对于 "绝大部分的" 光滑的 $f$ 则不是局部可解的. 莱维算子与 $\mathbf{C}^2$ 中的海森伯群上的切向柯西–黎曼方程有密切的联系. 它是在研究柯西–黎曼算子 $\mathcal{P}$ 的 2 维类比在 $\mathbf{C}^2$ 的二次曲面上的限制时发现的. 这个例子是局部可解性理论的起点, 其目的是刻画出局部可解的线性方程. 柯西–黎曼流形 —— 它的起源就是研究 (高维的) 柯西–黎曼方程在具有相应的 "切向柯西–黎曼复形 (Cauchy-Riemann complex)" 的实超曲面上的限制 —— 本身也是有趣的, 它是不服从标准的分类的线性 PDE 的另一个极为丰富的来源.

### 2.6.2 唯一拓展性

这里涉及的是各种解并不一定总存在, 但是仍有唯一性的不适定问题. 基本的例子就是解析拓展: 一个连通区域 $D$ 上的两个全纯函数, 如果在一个非离散的集合 (如一个圆盘或一个区间) 上重合, 则一定在整个 $D$ 上重合. 这个事实可以看成是关于柯西–黎曼方程组 (12) 的唯一拓展性质的结果. 另一个精神类似的例子是 Holmgren 定理, 它指出具有实解析系数和实解析数据的线性 PDE(9) 的解即令是在光滑函数类中也是唯一的. 一般地说, 非适定问题 (例如数据给在时向曲面而不是空向曲面上的波方程的 IVP) 的研究很自然地出现在与控制相关的问题中.

### 2.6.3 谱论的问题

想对这个理论哪怕只是作一个说明, 我也简直无法开头, 它不仅对于量子力学和其他物理理论有着基本的重要性, 而且对几何学和解析数论[IV.2] 也是这样. 正如矩阵可以通过其本征值和本征向量[ I.3 §4.3] 用线性代数工具加以分解一样, 对于线性微分算子 $\mathcal{P}$ 以及相应的 PDE, 也可以用泛函分析[IV.15] 的工具了解它的谱[III.86] 和本征值, 这样来获得很多关于 $\mathcal{P}$ 以及相应的 PDE 的知识. 谱论的一个典型问题是下面的 $\mathbf{R}^d$ 中的本征值问题:

$$-\Delta u(x) + V(x) u(x) = \lambda u(x).$$

如果一个在空间中局部化了的函数 (但要求它在 $L^2(\mathbf{R}^d)$ 范数下有界)$u$ 满足这个方程, 而且被算子 $-\Delta + V$ 映为函数 $\lambda u$, 就说它是相应于**本征值** $\lambda$ 的**本征函数**.

设 $u$ 是相应于本征值 $\lambda$ 的本征函数, 并令 $\varphi(t, x) = \mathrm{e}^{-\mathrm{i}\lambda t} u(x)$, 很容易验证 $\varphi$ 是下面的薛定谔方程的解:

$$\mathrm{i}\partial_t \varphi + \Delta \varphi - V\varphi = 0. \tag{47}$$

此外, 这种解有非常特殊的形状, 称为由 (47) 所表述的物理系统的**束缚态**(bounds states). 本征值的集合的构造是一个复杂的问题, 有时成为一个离散集合, 而代表这个系统的量子能级. 量子能级对于势函数 $V$ 的选取是很敏感的. 逆谱问题也是很重要的, 它就是问可否从关于势函数 $V$ 的相应本征值的知识来决定这个势函数? 把算子 $-\Delta + V$ 代以别的椭圆算子, 就可以把对于本征值的研究大为推广. 例如在几何学中, 拉普拉斯–贝尔特拉米 (Eugenio Beltrami, 1835–1900, 意大利数学家)算子的本征值的研究就是很重要的. 这个算子就是 $\mathbf{R}^n$ 中的拉普拉斯算子在一般的黎曼流形[ I.3 §6.10] 上的推广. 当这个流形具有某种算术性质时 (例如它是上半平面对于某个离散算术群的商), 这个问题就在数论中有很大的重要性, 例如会引导到 Hecke-Maas **形式**的理论. 微分几何中的著名问题 ("能不能听出鼓的形状？"① ）就是要求对一个紧曲面从相应的拉普拉斯 – 贝尔特拉米算子的谱性质来刻画它的度量.

### 2.6.4　散射理论

这个理论来自量子力学的一个直觉：一个小的或者局部化的势, 不可能把量子粒子 "陷进" 一个阱里②, 它可能逃出这个阱, 好像一个自由粒子那样跑到无穷远处去 (当然还会有一些重要的变化). 方程 (47) 的发生散射的解, 就是当 $t \to \infty$ 时, 其性态和势函数 $V(x) = 0$ 的自由薛定谔方程 $i\partial_t\psi + \Delta\psi = 0$ 的解一样的那些解. 散射理论的一个典型问题就是要去证明, 如果势函数 $V(x)$ 在 $|x| \to \infty$ 时衰减得足够快, 则除了束缚态以外, 当 $t \to \infty$ 时所有的解都发生散射.

### 2.7　结论

在解析情况下, CK 定理允许我们局部地解出很大一类 PDE 的 IVP. 我们已经有一个关于 PDE 的特征超曲面的一般理论, 而且对它们与奇性的传播的关系也已经有了一个很好的一般理解. 我们能够相当一般地区分出基本的椭圆型和双曲型方程, 也能一般地定义抛物型和色散型方程. 对于很大一类非线性的双曲型方程, 可以对于时间局部地解出其 IVP, 只要初始条件充分光滑即可. 对于一般的非线性抛物型和色散型方程, 也有类似的对时间局部的结果成立. 对于线性方程我们能够做的还要更多. 对于椭圆型和抛物型方程的解的正规性, 已经有了很让人满意的结果, 对于很大一类双曲型方程的奇性的传播, 我们也有了很好的了解. 谱论和散射理论的某些侧面以及唯一拓展性问题也可以相当一般地加以研究.

一般理论的主要欠缺在于从局部到整体的过渡. 一些特殊方程的重要的整体特性太过于微妙, 所以不能放进一般的框架里. 反而是每一个重要的 PDE 都需要特殊的对待. 非线性方程特别是这样：解的长期的形态对于各个方程的特点非常敏感. 此外, 采用一般的观点、由于不必要的技术上的复杂性、使得重要的特殊情况的主要性质被模糊了. 一个有用的一般框架应该能够对特殊的现象, 如同对称双曲组、局部适定性和有限传播速度、给出简单优雅的处理. 然而, 后来发现, 对称双曲组对于研究双曲型方程的重要例子的更细致的问题, 失于过分一般.

---

① 这是 M. Kac 的一篇著名论文的标题. 该文非常清晰地介绍了本文这里提出的问题：Kac, Mark. 1966. Can one hear the shape of a drum? *American Mathematical Monthly*, 1966, 73 (4, part 2): 1–23. —— 中译本注

② 散射是一个含义很广泛的物理名词. 概括地说, 一个粒子或者辐射, 因为介质的不均匀性等原因偏离了原来的路径, 都可以叫做散射. 文中说到的粒子, 如果在它的路径上出现了一个势很高的区域 (称为 "势垒"), 则经典的粒子因为动能不足以克服高的势能的阻碍, 是不可能越过这个势垒的, 但是量子粒子则可能穿过势垒. 这就是散射的一个典型的例子. 电子因为与核的 "碰撞" 而改变了路径、这个极重要的现象也属于散射的范畴. 当然, 出现散射的领域远不止这些. —— 中译本注

## 3. 一般思想

当抛开了一般理论以后, 人们会倾向于接受一种上面提到过的实用的观点: 按照这种观点来看, PDE 并不真正是一门单一的学科, 而是许多学科, 例如流体力学、广义相对论、多复变函数、弹性理论等等的结合, 而其中的每一个学科都各自环绕着一个特殊的方程. 然而, 这个广泛流行的观点也有严重的缺点. 虽然特定的方程各有特定的性质, 但是用来导出这些性质的工具却是密切相关的. 事实上, 有一个给人深刻印象的知识的总体与所有重要的方程至少是与很大一类方程相关. 由于篇幅限制, 除了在下面列举它们以外, 就不能多讲什么了[①] .

### 3.1 适定性

从上一节可以看得很清楚, 适定问题是现代 PDE 的核心. 回忆一下, 所谓适定问题就是这样一个问题: 对于给定的光滑的初始条件或边值条件, 它具有唯一的解, 而且这个解还连续地依赖于这些数据. 正是这一点引导到 PDE 的分类, 把它们分成椭圆型、双曲型、抛物型和色散型方程. 非线性演化方程研究的第一步就是证明一个对于时间为局部的存在与唯一性定理, 而这个定理类似于 ODE 的相应的定理. 适定性的对立面, 即**非适定性**, 在许多应用问题中也是很重要的.

对于波方程, 数据在时向超平面 $z = 0$ 上的柯西问题就是不适定问题的一个典型的例子. 不适定问题, 我们提到过, 还很自然地出现在控制理论中, 也出现在反散射问题中.

### 3.2 显式表示和基本解

我们的基本方程 (2)~(5) 都可以显式地求出解来. 例如, $\mathbf{R}_+^{1+d}$ 中的热方程的 IVP, 就是寻求一个函数 $u$, 使之在 $t \geqslant 0$ 处满足

$$-\partial_t u + \Delta u = 0, \quad u(0, x) = u_0(x),$$

这个问题的解 $u$ 就可以写为

$$u(t, x) = \int_{\mathbf{R}^d} E_d(t, x - y) u_0(y) \, \mathrm{d}y,$$

这里的函数 $E_d$ 称为热算子 $-\partial_t + \Delta$ 的基本解. 这个函数也可以显式地写出来: 当 $t \leqslant 0$ 时, 它恒等于 0, 而当 $t > 0$ 时, 则由公式 $E_d(t, x) = (4\pi t)^{-d/2} \, \mathrm{e}^{-|x|^2/4t}$ 给出. 我们观察到, 这个函数在 $t < 0$ 和 $t > 0$ 两个区域中都适合方程 $(-\partial_t + \Delta) E_d = 0$,

---

[①] 在前文的少数几个例子里, 我未能提到的还有几个与希尔伯特空间相关的重要的泛函分析工具的应用, 以及紧性、隐函数定理等等的应用. 也没有提到概率论方法的重要性和处理椭圆 PDE 的整体性质的拓扑方法的发展.

但是在 $t=0$ 上则有奇性. 这使它不可能在整个空间 $\mathbf{R}^{1+d}$ 上满足方程. 事实上可以验证, 对于任意函数 $\phi \in C_0^\infty\left(\mathbf{R}^{1+d}\right)^{①}$, 有

$$\int_{\mathbf{R}^{1+d}} E_d\left(t,x\right)\left(\partial_t\varphi\left(t,x\right)+\Delta\varphi\left(t,x\right)\right)\mathrm{d}t\mathrm{d}x = \varphi\left(0,0\right). \tag{48}$$

用广义函数的语言来说, 公式 (48) 意味着要在广义函数意义下理解 $E_d$ 的满足方程 $\left(-\partial_t+\Delta\right)E_d=\delta_0$ 是什么意思. 这里的 $\delta_0$ 就是空间 $\mathbf{R}^{1+d}$ 中以原点为支集的 Dirac**分布**. 就是说它的定义是: $\delta_0\left(\phi\right)=\phi\left(0,0\right)$, $\forall\phi\in C_0^\infty\left(\mathbf{R}^{1+d}\right)$. 对于泊松方程、波方程、Klein-Gordon 方程和薛定谔方程也可以定义类似的基本解的概念.

　　求解常系数线性 PDE 的一个强有力的方法是以傅里叶变换[III.27] 为基础的. 例如, 考虑具有 1 个空间维的热方程 $\partial_t u-\Delta u=0$ 的 IVP $u\left(0,x\right)=u_0\left(x\right)$. 定义 $u$ 对于空间变量 $x$ 的傅里叶变换 $\hat{u}\left(t,\xi\right)$ 如下:

$$\hat{u}\left(t,\xi\right)=\int_{-\infty}^\infty \mathrm{e}^{-\mathrm{i}x\xi}u\left(t,x\right)\mathrm{d}x.$$

容易看到 $\hat{u}\left(t,\xi\right)$ 满足下面的常微分方程的 IVP:

$$\partial_t\hat{u}\left(t,\xi\right)=-\xi^2\hat{u}\left(t,\xi\right), \quad \hat{u}\left(0,\xi\right)=\hat{u}_0\left(\xi\right).$$

这个 IVP 可以用简单的积分法解出, 即有公式 $\hat{u}\left(t,\xi\right)=\hat{u}_0\left(\xi\right)\mathrm{e}^{-t\xi^2}$. 这样, 再用一次逆傅里叶变换就可以得到 $u\left(t,x\right)$ 的一个公式如下:

$$u\left(t,x\right)=\left(2\pi\right)^{-1}\int_{-\infty}^\infty \mathrm{e}^{\mathrm{i}x\xi}\mathrm{e}^{-t\xi^2}\hat{u}_0\left(\xi\right)\mathrm{d}\xi.$$

对于其他的基本的演化方程也可以得出类似的公式. 例如对于 3 维的波方程 $-\partial_t^2 u+\Delta u=0$, 若附加初始数据 $u\left(0,x\right)=u_0\left(x\right)$, $\quad\partial_t u\left(0,x\right)=0$, 就有

$$u\left(t,x\right)=\left(2\pi\right)^{-3}\int_{\mathbf{R}^3}\mathrm{e}^{\mathrm{i}x\xi}\cos\left(t\left|\xi\right|\right)\hat{u}_0\left(\xi\right)\mathrm{d}\xi. \tag{49}$$

经过一些运算, 可以把 (49) 式写成

$$u\left(t,x\right)=\partial_t\left(\left(4\pi t\right)^{-1}\int_{|x-y|=t}u_0\left(y\right)\mathrm{d}a\left(y\right)\right), \tag{50}$$

这里的 $\mathrm{d}a$ 就是以 $x$ 为心、$t$ 为半径的球面 $|x-y|=t$ 的面积单元. 这就是著名的**基尔霍夫公式**. 与 (49) 式成为对照的是, 这里的积分是只对物理变量 $t$ 与 $x$ 进行

---

① 这个记号表示 $\mathbf{R}^{1+d}$ 上的任意光滑而且具有紧支集的函数之集合.

的. 而在 (49) 中则是对频率变量 $\xi$ 作积分的. 把这两个公式加以对照是很有教益的. 用 Plancherel 恒等式很容易从 (49) 式导出 $u$ 的 $L^2$ 估计

$$\int_{\mathbf{R}^3} |u\,(t,x)|^2 \, \mathrm{d}x \leqslant C \, \|u_0\|_{L^2(\mathbf{R}^3)}^2,$$

而想从 (50) 是得出这样的估计似乎不太可能, 因为在 (50) 中还有导数出现. 但是另一方面, 式 (50) 能够给出关于影响区域的信息, 就这一点而言, (50) 又是完美无缺的. 说真的, 从这个公式立刻可以看到, 如果 $u_0$ 在球体 $B_a = \{|x - x_0| \leqslant a\}$ 之外为 0, 则对于一切时间 $t$, $u\,(t,x)$ 在球体 $B_{a+|t|}$ 以外总等于 0. 而从以傅里叶分析为基础的公式 (49) 来看, 这个事实就不是那么透明的了. 解的不同的表示, 各有不同的甚至是相反的优缺点, 对于构造更复杂的方程, 例如变系数线性方程或非线性波方程的近似基本解或称拟基本解 (parametrices), 这个对照会有重要的推论. 有两种类型的可能的构造方法: 一种类型是在物理空间来里进行的, 这是模仿物理空间的公式 (50) 来作的, 二是在傅里叶空间 (即频率 $\xi$ 的空间) 里进行的, 也就是模仿公式 (49) 来作.

### 3.3 先验估计

绝大多数方程是不能够显式地求出解来的. 然而, 如果我们感兴趣的是解的定性的信息, 也没有必要从一个确切的公式把解推导出来. 但是人们会对此有了疑惑: 从哪里来获取这些信息呢? 为了做这件事情, 先验估计是非常重要的技巧.

最为人所知的例子是**能量估计**、**极值原理**和**单调性论证**. 第一类中最简单的例子是下面的恒等式 (它是所谓博赫纳 (Salomon Bochner, 1899–1982, 美国数学家)型恒等式的最简单的例子):

$$\int_{\mathbf{R}^d} |\partial^2 u\,(x)|^2 \, \mathrm{d}x = \int_{\mathbf{R}^d} |\Delta u\,(x)|^2 \, \mathrm{d}x.$$

式子的左方是

$$\int_{\mathbf{R}^d} \sum_{1 \leqslant i,j \leqslant d} |\partial_i \partial_j u\,(x)| \, \mathrm{d}x$$

的缩写, 这个恒等式对所有二次连续可微而且当 $|x| \to \infty$ 时趋于 0 的函数 $u$ 成立. 它只需用分部积分法就可以简单地验证. 作为博赫纳恒等式的推论, 可以得到如下的先验估计: 若 $u$ 是泊松方程的光滑解, 而数据 $f$ 为平方可积, 而且 $u$ 在无穷远处趋于 0, 则其二阶导数的平方的积分是有界的:

$$\int_{\mathbf{R}^d} |\partial^2 u\,(x)|^2 \, \mathrm{d}x \leqslant \int_{\mathbf{R}^d} |f\,(x)|^2 \, \mathrm{d}x < \infty. \tag{51}$$

这样就得到一个定性的事实: $u$ 比 $f$ 平均地 (即在平均平方意义下) "正规性要比数据的正规性高二阶" [1]. 这种估计称为能量估计, 因为在物理情况下, $L^2$ 范数的平方相应于某种类型的动能.

博赫纳恒等式可以推广到比 $\mathbf{R}^d$ 更为一般的黎曼流形, 虽然这时需要附加上含有这些流形的曲率的低阶项. 这种恒等式在这些流形的几何 PDE 的研究中起很大的作用.

对于抛物型、色散型以及双曲型方程也有能量类型的恒等式与估计. 例如在证明具有光滑的初始数据的双曲型 PDE 的局部可解性、唯一性和传播速度的有限性上, 它们起着基本的作用. 能量估计在和例如**索伯列夫嵌入不等式**合并起来以后, 变得特别有力, 使得可以把有这些估计提供的 "$L^2$ 信息" 变成逐点的信息 (或称 "$L^\infty$ 信息")(见条目函数空间[III.29 §§2.4,3]).

如果说能量恒等式和 $L^2$ 估计 (如上面的例子所示, 来自分部积分法) 可以适用于所有的至少是主要类型的 PDE, 则极值原理就只能用于椭圆和抛物型方程. 下面的定理是极值原理的最简单的表现. 注意, 这个定理甚至在没有拉普拉斯方程解的任意显式的表示时, 就给了我们以关于这些解的重要的定量的信息.

**定理**(极值原理)　设 $u$ 是拉普拉斯方程在 $\mathbf{R}^d$ 的一个有界连通而且具有光滑边缘的区域 $D$ 中的解. 又设 $u$ 在 $D$ 的闭包上连续而在其内域具有连续的一阶和二阶偏导数. 这时, $u$ 必定在 $D$ 的边缘上达到最大和最小值. 此外, 若 $u$ 在 $D$ 的某个内点也达到最大或最小值, 则 $u$ 在 $D$ 中必定取常数值.

这个方法非常灵活多变, 很容易推广到很大一类二阶椭圆型方程. 它也容易推广到抛物型方程和方程组, 而在例如里奇流的研究中起关键的作用.

现在我们简要地提一下其他几类重要的先验估计. 索伯列夫不等式固然在椭圆型方程中属于首要, 它在线性和非线性双曲型和色散型方程中也有好几个对应物, 例如 Strichartz **估计**和**双线性估计**. 在不适定问题和唯一拓展性方面, 卡尔曼 (Carleman) 估计起着基本的作用. 最后, 从单调性公式[2] 中也出现了好几类先验估计 —— 例如 virial恒等式[3]、Pohozaev**恒等式**、Morawetz**不等式**—— 它们可以用来确立某些非线性方程正规性的破裂或解的爆破, 或者用来保证解的整体存在性以及向其他解的衰减.

总而言之, 说先验估计在现代的 PDE 理论的几乎所有方面都或多或少地起着

---

[1] 一个关键性的事实是: (51) 中的 $L^2$ 范数可以代以任意的 $L^p$ 范数, 这里 $1 < p < \infty$, 或者赫尔德范数. 关于这些问题, 可以在本文的网上的版本中读到更多的材料. $L^p$ 范数相应于 Calderon-Zygmund 估计, 而赫尔德范数则相应于绍德尔估计. 在研究二阶椭圆型方程解的正规性质时, 这两种情况都极为重要.

[2] 单调性现象中最为人熟知的例子可能就是物理学中的**热力学第二定律**, 它指出, 对于许多物理系统, 总熵是时间的上升函数.

[3] 所谓 virial 公式来自热力学和统计物理学, 讨论例如多粒子系统的总动能的时间平均值与位能的时间平均值的关系这种类型的问题. —— 中译本注

基本的作用, 这绝不是夸大其词.

### 3.4 Bootstrap 论证① 和连续性论证

Bootstrap 论证是求非线性方程的先验估计的一种方法, 或者说是一种一般的原则. 按照这个原则, 我们开始时先对想要描述的解做一个有把握的假设. 这个假设使我们能把原来的非线性问题看成一个线性问题, 而其系数具有一些与这个假设相容的性质. 然后我们就能应用基于一些我们已经知道的其他的作先验估计的线性方法, 来证明这个线性问题的解的性态与假设的一样好 —— 事实上甚至更好. 这个方法允许我们应用线性理论而不需要真正地去把方程线性化, 所以可以把这个有力的方法刻画为概念上的线性化. 它也可以看成是对于某个参数的连续性论证, 这个参数可以是一个演化问题中的自然的时间, 但是也可能是一个我们可以自由引入的人为的参数. 在用于非线性椭圆方程时, 后一种情况是典型的. 本文的网上的版本里, 我们就这两种情况各给出了一些例子来说明这个方法.

### 3.5 广义解方法

PDE 中既然包含了微分运算, 可能很明显的是当我们讨论 PDE 问题时, 应该限于可微函数. 但是可以推广微分的概念, 使它对于更广的函数类, 甚至对于类似于函数的对象作微分也是有意义的, 这些对象例如广义函数本身根本不是函数. 这样就能使 PDE 在更广阔的背景下也有意义, 使得它可能具有广义解.

引入 PDE 的广义解而且解释它们为什么是重要的, 最好的方法是通过**狄利克雷原理**. 这个原理是来自于观察到下面的事实: 在所有定义于一个有界区域 $D \subset \mathbf{R}^d$ 中, 而且适合狄里克雷边界条件 $u|_{\partial D} = f$, 并属于某个适当的函数空间 $X$ 的函数中, 使得狄利克雷积分 (或称狄利克雷泛函)

$$\|u\|_{Dr}^2 = \frac{1}{2} \int_D |\nabla u|^2 \, \mathrm{d}x = \frac{1}{2} \sum_{i=1}^d \int_D |\partial_i u|^2 \, \mathrm{d}x \tag{52}$$

达到最小的函数 $u$ 一定是调和函数 (即为方程 $\Delta u = 0$ 之解). 黎曼[VI.49] 是第一个提出以下思想的人, 就是可以试图用这个事实来求解狄利克雷问题, 即为了找到满足下面的方程和边值条件的函数 $u$, 即要求

$$\Delta u = 0, \quad u|_{\partial D} = u_0, \tag{53}$$

我们应该 (用求解狄利克雷问题以外的方法) 找到一个函数 $u$, 一方面使得狄利克雷积分达到最小值, 而另一方面又在边缘 $\partial D$ 上等于 $u_0$. 为了做这件事, 应该先指

---

① Bootstrap 原意是 "鞋拔子". 现在这个词用于多个学科, 如网络理论、统计学、管理科学、计算机科学等等. 其中的 bootstrap 方法泛指从较弱的条件, 借助系统自身的力量而不用外力之助, 就可以自我改善、自我保持等等. 有人译为 "自助法". —— 中译本注

定在其上进行极小化程序的函数类或者更好是称为函数空间. 怎样作这个选择的历史是很诱人的. 一个很自然的选择是取 $X = C^1(\bar{D})$, 即在 $\bar{D}$ 上连续可微的函数空间, 对其中的一个函数 $v$ 赋以范数

$$\|v\|_{C^1(\bar{D})} = \sup_{x \in D} (|v(x)| + |\partial v(x)|).$$

特别是, 当 $v$ 属于这个空间时, 狄利克雷范数 $\|v\|_{Dr}$ 是有限的. 其实, 黎曼选取了 $X = C^2(\bar{D})$ (它与 $C^1(\bar{D})$ 是类似的, 不过是针对二次连续可微函数来设计的). 黎曼的这个大胆但是有毛病的企图招致了**魏尔斯特拉斯**[VI.44] 的透彻入里的批评, 他指出这个泛函无论是在 $C^2(\bar{D})$ 还是在 $C^1(\bar{D})$ 中都不一定能够达到最小值. 然而黎曼的思想还是复活了, 经过长时期的令人鼓舞的过程而最终凯旋, 这个过程中就包括了定义适当的函数空间, 引入广义解的概念, 而且发展了关于广义解的正规性的理论 (准确地陈述狄利克雷原理还需要索伯列夫空间[III.29 §2.4] 的定义).

    让我们简要地总结一下这个方法. 这个方法后来已经得到极大的发展, 可以用于很大一类线性[1] 和非线性椭圆和抛物型方程. 它包含了两个步骤: 首先是应用一个极小化过程. 虽然如魏尔斯特拉斯所指出的那样, 自然的函数空间里面可能并不包含有达到最小值的函数, 但是仍然可以利用这个过程来得出一个广义解. 但是广义解可能并不怎么有趣, 因为我们要找的是一个能够解出狄利克雷问题 (或者是这个或者是那个可以利用这种方法的问题) 的函数. 而第二步就从这里切入了: 有时候有可能证明广义解必定事实上就是古典解 (就是一个适当光滑的函数). 这一点就是前面提到的 "正规性理论". 然而, 在有些情况下, 广义解被证明具有奇性, 所以并不是正规的. 于是, 挑战就在于了解这种奇性的本质, 而证明部分的正规性结果. 例如有时候可以证明, 除了一个小的 "例外集合" 以外, 广义解处处都是光滑的.

    虽然广义解在椭圆型方程方面最为有效, 它们的应用范围却包括了所有的 PDE. 例如我们已经看见, 基本的线性方程的基本解需要理解为广义函数, 而这正是广义解的例子.

    广义解的概念也已经证明在研究非线性演化方程上是很成功的, 这里的例子就有一个空间变量的守恒律. Burger 方程 (21) 就是一个绝好的例子. 我们已经看到, 对于方程 $\partial_t u + u \partial_x u = 0$, 不论初始数据如何光滑, 在演化过程中都有可能在有限时间内发展出奇性来. 很自然就会问, 当奇性出现以后, 解是否可以看作是广义解而仍然有意义. 在 Burger 方程的情况下, 把适合下面的等式的函数 $u$ 看成是广义解, 将是一个很自然的概念:

$$\int_{\mathbf{R}^{1+1}} (\partial_t u + u \partial_x u) \varphi \mathrm{d}t \mathrm{d}x = 0,$$

---

① 关于它在几何学中的应用的一个值得注意的例子是**霍奇**[VI. 90] 理论.

这里的 $\phi$ 是任意的在某个有界集合外恒为 0 的函数. 说这种作法是自然的, 是因为即令 $u$ 不是可微的, 仍然可以使这个积分有意义. 通过分部积分 (第一项对 $t$ 积分, 第二项对 $x$ 积分), 得到 Burger 方程的下面的表述法:

$$\int_{\mathbf{R}^{1+1}} u \partial_t \varphi dx dt + \frac{1}{2} \int_{\mathbf{R}^{1+1}} u^2 \partial_x \varphi dx dt = 0, \quad \forall \varphi \in C_0^\infty \left(\mathbf{R}^{1+1}\right).$$

可以证明, 在一定的条件 (称为**熵条件**) 之下, Burger 方程有唯一的整体广义解存在, 即适用于每一时刻 $t \in \mathbf{R}$ 的广义解存在. 现在我们已经对很大一类 1 维的 "守恒律组" 这种双曲 PDE 组的整体解有了满意的理论. 这些方程组称为严格双曲的, 上面的理论对于它们是适用的.

对于更复杂的非线性演化方程, 什么才是好的广义解概念, 这个问题虽然是很基本的, 却要模糊得多. 对于高维的演化方程, 第一个弱解的概念是由勒雷 (Jean Leray, 1906–1998, 法国数学家) 提出的. 在这里, 如果不能证明一个广义解在任意一种意义下的唯一性, 就称它为弱解. 这个不能令人满意的状况可能只是暂时的, 是由于我们在技巧方面的无能, 或者是由于这个概念本身就有毛病. 勒雷利用了一个紧性的方法, 作出了**纳维–斯托克斯方程**[III.23] 的弱解. 紧性方法 (以及它的现代的扩展, 这种扩展在某些情况下能够聪明地避开缺少紧性的困难) 的很大的优点在于, 它会对所有的数据生成整体解来. 这种情况对于超临界的或临界的非线性演化方程特别重要, 而这种方程我们下面就会讨论. 对于这些方程, 我们可以期望古典解在有限时间内就会生出奇性来. 然而, 问题在于我们对这类解还很少有办法加以控制, 特别是我们不知道如何去证明它们的唯一性[①] . 后来对其他的重要的非线性演化方程也引入了类似类型的解. 对于绝大多数有趣的超临界演化方程, 如纳维–斯托克斯方程, 所发现的各种类型的弱解有多大用处还一直不能确定.

### 3.6 微局部分析, 拟基本解和仿微分运算

双曲型方程和色散方程的基本困难之一在于它们与物理空间相关的几何性质, 以及其他的性质, 都与振荡紧密地交织在一起, 而这些振荡最好是用傅里叶空间 (即频率空间) 来表示. **微局部分析**是一个尚在发展中的一般的原则, 按照这个原则, 可以通过在物理空间或傅里叶空间中作仔细的局部化, 或者同时在两个空间中仔细地局部化, 而把主要的困难分离出来. 这个观点的一个重要应用就是构造线性双曲型方程的拟基本解, 并用它来证明关于奇性传播的结果. 我们在前面已经提到过, 拟基本解, 就是变系数线性方程的一种近似解, 但是其误差项更加光滑. **仿微分运算**是微局部分析对于非线性方程的推广. 它使得我们能够考虑到高频成分和低频成

---

[①] 勒雷非常关心这一点. 虽然他和他以后的研究者一样, 也不能证明纳维–斯托克斯方程的弱解的唯一性, 却成功地证明了当弱解在没有发展出奇性来以前, 总是和古典解相同的.

分如何互相作用, 这样来处理一个非线性方程的形状, 它在技巧上已经有了很出色的多样性.

### 3.7   非线性方程的尺度性质

我们说一个 PDE 具有**尺度性质** (scaling property), 就是说当对一个解的自变量作适当的尺度变化 (即缩放变换) 时, 这个解会变成另一个解. 从本质上说, 所有的非线性方程都有适当定义的尺度性质. 现在以 Burger 方程 $(21)\partial_t u + u\partial_x u = 0$ 为例. 如果 $u$ 是它的一个解, 则由 $u_\lambda(t,x) = u(\lambda t, \lambda x)$ 定义的函数 $u_\lambda$ 也是一个解. 类似地, 如果 $u$ 是 $\mathbf{R}^d$ 中的非线性的立方薛定谔方程

$$i\partial_t u + \Delta u + c|u|^2 u = 0 \tag{54}$$

的解, 则 $u_\lambda(t,x) = \lambda u(\lambda^2 t, \lambda x)$ 也是它的一个解. 按照方程的非线性尺度与能够得到这个方程的解的什么样的先验估计的关系, 会导致对方程作一种极为有用的分类, 就是把方程分为次临界的、临界的与超临界的三类. 对于这一点, 下一节将作较详细的讨论. 目前, 我们只想指出, 次临界方程就是其非线性可以用现有的方程的先验估计来控制的方程, 而超临界方程则是那些具有更强的非线性的方程, 临界方程就是二者之间的方程. 临界性的定义及其与正规性问题的关系, 在非线性 PDE 的研究上起了一种非常重要的直觉的启发作用. 我们可以期望, 超临界方程会生出奇性来, 而次临界方程则不会.

### 4.   主要的方程

我们在上一节里一直在论证, 虽然找出一个涵盖所有 PDE 的一般理论是没有希望的, 但仍然有极为丰富的一般的思想与技巧是与几乎所有重要方程的研究都有关的. 在这一节里, 我们要指出识别出、哪些特性足以把一个方程刻画为重要方程.

我们的基本的 PDE 绝大部分都可以从简单的几何原理导出, 而这些原理恰好又与现代物理学深层的几何原理一致. 这些简单的原理为我们的学科提供了一个统一的框架①, 并对我们的学科赋予了目的感和和谐性. 这些简单的原理也有助于解释, 为什么那么少的几个算子如拉普拉斯算子和达朗贝尔算子会无处不在.

让我们从算子开始. 拉普拉斯算子是最简单的、在欧几里得空间的刚体运动下不变的算子 —— 这件事我们在本文开始时就说过. 这一点在数学上和物理上都是重要的: 在数学上重要, 因为它会导致许多对称性质; 在物理上重要, 因为许多物理定律本身也是在刚体运动下不变的. 达朗贝尔算子, 类似地也是在闵可夫斯基空间的最简单的、自然的对称性, 即庞加莱变换下不变.

① 下面的结构体系只是试图说明, 数学家、物理学家和工程师们所研究的 PDE 虽然为数众多, 却仍然有简单的基本原理把它们联系起来. 我绝无意暗示, 只有下面讲到的方程才是值得注意的方程.

现在再转到方程. 从物理学的观点看来, 热方程是基本的方程, 是因为它是扩散现象的范式, 而薛定谔方程可以看成是 Klein-Gordon 方程的牛顿极限. 前者的几何框架是伽利略时空, 而这又只不过是闵可夫斯基时空的牛顿极限[1].

从数学的观点看来, 热方程、薛定谔方程和波方程算是基本的, 是因为相应的算子 $\partial_t - \Delta$, $(1/\mathrm{i})\,\partial_t - \Delta$, 和 $\partial_t^2 - \Delta$ 是可以从 $\Delta$ 作出来的最简单的演化算子. 如我们刚才讨论过的, 波算子还在更深的层次上是基本的, 因为达朗贝尔算子 $\Box = -\partial_t^2 + \Delta$ 与闵可夫斯基时空 $\mathbf{R}^{1+3}$ 的几何学有联系. 至于拉普拉斯方程, 我们可以把 $\Delta \varphi = 0$ 的解看成是达朗贝尔方程 $\Box \varphi = 0$ 的特殊的与时间无关的解. $\Delta$, $\Box$ 和 $\Box - k^2$ 的不变的局部定义的平方根, 相应于洛仑兹群的 "旋子表示", 会引导到相关的狄拉克算子 (见 (13)). 按照同样的精神, 我们可以对每一个黎曼流形和洛仑兹流形, 都分别附加算子 $\Delta_g$ 和 $\Box_g$ 或者相应的狄拉克算子. 这些方程都从它们所在的空间中直接地继承了其对称性.

### 4.1 变分方程

有一种生成具有预先给定的对称性的方程的很一般的极为有效的方法, 它在物理学和几何学中都起基本的作用. 我们从一个称为拉格朗日函数的标量开始, 例如

$$\mathbf{L}\left[\phi\right] = \sum_{\mu,\nu=0}^{3} m^{\mu\nu} \partial_\mu \phi \partial_\nu \phi - V\left(\phi\right), \tag{55}$$

这里 $\phi$ 是一个定义在 $\mathbf{R}^{1+3}$ 上的实值函数, 而 $V$ 是 $\phi$ 的一个实函数, 例如可以设 $V\left(\phi\right) = \phi^3$. $\partial_\mu$ 表示对于坐标 $x^\mu$, $\mu = 0, 1, 2, 3$, 的偏导数, 而 $m^{\mu\nu} = m_{\mu\nu}$ 如前面说的一样, 表示一个 $4 \times 4$ 矩阵, 其对角线上的元素是与闵可夫斯基度量相关的 $(-1, 1, 1, 1)$. 与 $\mathbf{L}\left[\phi\right]$ 相联系的有所谓作用积分

$$S\left[\phi\right] = \int_{\mathbf{R}^{1+3}} \mathbf{L}\left[\phi\right].$$

注意, $S\left[\phi\right]$ 和 $\mathbf{L}\left[\phi\right]$ 在平移和洛仑兹变换下都是不变的. 换句话说, 如果 $T : \mathbf{R}^{1+3} \to \mathbf{R}^{1+3}$ 是一个映射、但是它并不改变变量, 而且可以用 $\psi\left(t, x\right) = \phi\left(T\left(t, x\right)\right)$ 来定义一个新函数, 则 $\mathbf{L}\left[\psi\right] = \mathbf{L}\left[\phi\right]$, $S\left[\psi\right] = S\left[\phi\right]$.

我们要考虑一个使作用积分达到最小的函数 $\phi$. 我们希望从这个最小化条件来导出某种意义下的导数为 0, 而由此再导出关于 $\phi$ 的其他性质. 但是 $\phi$ 是一个属于某个无限维空间的函数, 所以, 不能以一种完全直接了当的方法来谈论这个导数. 为了对付这个问题, 定义 $\phi$ 的一个**紧变分**, 就是一族光滑地含有一个参数 $s$ 的函数族 $\phi^{(s)}: \mathbf{R}^{1+3} \to \mathbf{R}$, 对于某个小区间 $(-\varepsilon, \varepsilon)$ 都有定义. $\mathbf{R}^{1+3}$ 的上标中的 1, 就是

---

[1] 为了看出这一点, 我们从闵可夫斯基度量 $m = \mathrm{diag}\left(-1/c^2, 1, 1, 1\right)$ 开始, 其中的 $c$ 是光速, 再令 $c \to \infty$, 就得到伽利略时空的度量.

指的参数 $s$. 对于这个参数 $s$, 定义 $\phi^{(0)}(x) = \phi(x), \forall x \in \mathbf{R}^3$, 而对此区间中所有的 $s$, 规定 $\phi^{(s)}(x)$ 在 $\mathbf{R}^3$ 的某个有界区域之外都等于 $\phi$, 也就是说, 如果把 $\phi^{(s)}(x)$ 看成 $\phi$ 的 "变分", 则在这个有界区域之外, 这些 "变分" 其实仍是 $\phi$ 而没有改变. 既然 $\phi^{(s)}(x)$ 是 $(s, x) \in (-\varepsilon, \varepsilon) \times \mathbf{R}^3 \subset \mathbf{R}^{1+3}$ 的光滑函数, 就可以讨论它对于 $s$ 的微分. 给出这个变分的定义以后, 记 $\mathrm{d}\phi^{(s)}/\mathrm{d}s|_{s=0} = \dot{\phi}$. 这当然就是模仿牛顿的对于时间 $t$ 的导数的记号.

**定义**　我们说场 $\phi$ 关于作用积分 $S$ 是驻定的, 如果对于 $\phi$ 的任意紧变分 $\phi^{(s)}(x)$, 都有

$$\frac{\mathrm{d}}{\mathrm{d}s} S\left[\phi^{(s)}\right]\bigg|_{s=0} = 0.$$

**变分原理**(变分原理或称最小作用原理 (作用原理))　一个给定的物理系统的任意可接受的解, 对于与此系统相关的拉格朗日函数的作用积分是驻定的.

变分原理使得我们可以对于一个给定的拉格朗日函数都附加上一个 PDE 组, 称为**欧拉–拉格朗日方程组,** 它是从 $\phi$ 为驻定的定义得出来的. 作为这个原理的一个例证, 我们来证明空间 $\mathbf{R}^{1+3}$(现在上标里的 1 是指时间 $t$, 而不是上面定义紧变分时的参数 $s$) 中的非线性波方程

$$\Box\phi - V'(\phi) = 0, \tag{56}$$

就是拉格朗日函数 (55) 的欧拉–拉格朗日方程组. 给定 $\phi$ 的一个紧变分 $\phi^{(s)}$, 令 $S(s) = S\left[\phi^{(s)}\right]$, 用分部积分法就可以得到

$$\frac{\mathrm{d}}{\mathrm{d}s} S(s)\bigg|_{s=0} = \int_{\mathbf{R}^{1+3}} \left[-m^{\mu\nu}\partial_\mu\dot{\phi}\partial_\nu\phi - V'(\phi)\dot{\phi}\right]\mathrm{d}x = \int_{\mathbf{R}^{1+3}} \dot{\phi}[\Box\phi - V'(\phi)]\mathrm{d}x.$$

由作用原理以及 $\dot{\phi}$ 的任意性, 可以推断出 $\phi$ 满足方程 (56). 所以, (56) 确实是与 $\mathbf{L}[\phi] = m^{\mu\nu}\partial_\mu\phi\partial_\nu\phi - V(\phi)$ 相关的欧拉–拉格朗日方程.

我们也可以类似地证明麦克斯韦方程组以及它的漂亮推广 Yang-Mills 方程组、波映射以及爱因斯坦的广义相对论方程组也都是变分性质的. 就是说, 它们也都可以从某个拉格朗日函数导出.

**注**　变分原理只是断定了一个系统的可接受解是驻定的. 一般说来我们也没有理由期望我们想求的解能够使作用积分达到最大或最小. 说实在的, 如果这个系统依赖于时间, 例如是麦克斯韦方程组、Yang-Mills 方程组、波映射以及爱因斯坦方程组, 作用积分就不会达到最大或最小.

然而有很大一类变分问题相应于与时间无关的物理系统. 对这类系统所求的解确实是具有极值性质的. 最简单的例子就是黎曼流形 $M$ 上的测地线, 它们确实是长度的极小化子[①]. 更准确地说, 现在有一个**长度泛函**起了作用泛函的作用: 它对

---

① 一般说来, 只是对于充分短的测地线, 就是通过两个充分接近的点的测地线, 才是这样的.

通过 $M$ 上两个固定点的曲线 $\gamma$ 赋以其长度 $L[\gamma]$. 在这个情况下, 测地线就不仅是长度泛函的驻定点, 而是它的最小值点. 我们早前还看到, 按照狄利克雷原理, 狄利克雷问题 (53) 的解也使得狄利克雷积分 (52) 达到最小值. 极小曲面方程 (7) 又是一个例子, 它的解使面积积分达到最小值.

各种泛函也就是各种作用积分的极小化子的研究, 构成了数学中的一个很敏感的分支, 称为 **变分法** 或 **变分运算** (进一步的讨论, 可见条目变分方法[III. 94]).

与变分原理相关的还有另一个基本原理. 对于一个演化 PDE, 一个守恒律通常就是一个依赖于解的积分量, 而对于每一个解, 它都取与时间无关的恒定的但是依赖于解的常值.

**诺特原理**[①] 对应于拉格朗日函数的任意的单参数对称群, 相应的欧拉-拉格朗日 PDE 必有一个守恒律.

我们熟悉的能量守恒、动量守恒和角动量守恒都是这里讲的守恒律的例子, 它们都有重要的物理意义 (相应于能量守恒的单参数对称群就是对时间的平移). 例如, 对于方程 (56), 能量守恒就可以写成

$$E(t) = E(0), \tag{57}$$

其中 $E(t)$ 称为时刻 $t$ 的 **总能量**, 它可以写为

$$\int_{\Sigma_t} \left( \frac{1}{2} (\partial_t \phi)^2 + \frac{1}{2} \sum_{i=1}^{3} (\partial_i \phi)^2 + V(\phi) \right) \mathrm{d}x, \tag{58}$$

这里的 $\Sigma_t$ 就是 $t$ 取固定值时的集合 $\{(t, x, y, z) : (x, y, z) \in \mathbf{R}^3\}$, 所以 $\Sigma_t$ 也就是前面的记号 $\mathbf{R}^{1+3} = \mathbf{R} \times \mathbf{R}^3$ 里的因子 $\mathbf{R}^3$. 注意, (57) 在 $V \geqslant 0$ 的情况下给出了方程 (56) 的解的极为重要的先验估计. 事实上, 如果在 $t = 0$ 时的初始数据的能量是有限的 (即 $E(0) < \infty$), 则

$$\int_{\Sigma_t} \left( (\partial_t \phi)^2 + \sum_{i=1}^{3} (\partial_i \phi)^2 \right) \mathrm{d}x \leqslant E(0).$$

我们称能量恒等式 (57) 为 **强制型**(coercive) 的, 意思是, 它引导到对于所有具有有限能量的解的能量的绝对的上界.

### 4.2 关于临界性的论题

对于数学物理的最基本的方程, 典型情况是再没有比能量所给出的估计更好的先验估计了. 如果再把相应方程的尺度性质也考虑进来, 就会得到对于基本的

---

[①] 诺特就是 Amalie Emmy Noether, 1882–1935, 著名的德国女数学家, 虽然她的名字是 Amalie, 但是人们都习惯地称她为 Emmy Noether. —— 中译本注

方程的一种重要的分类, 就是前面提到过的分为次临界、临界以及超临界方程. 为了看清这是怎么做的, 我们再来看一下非线性标量方程 $\Box\phi - V'(\phi) = 0$, 并且取 $V(\phi) = (1/(p+1))|\phi|^{p+1}$. 回忆一下, 能量积分是由 (58) 给出的. 如果给时空变量以长度量纲 $L$, 则对时空变量的导数的量纲是 $L^{-1}$, 而 $\Box$ 的量纲是 $L^{-2}$. 为了使得方程 $\Box\phi = |\phi|^{p-1}\phi$ 左右双方的量纲平衡, 就需要指定 $\phi$ 的长度尺度, 而我们发现它应是 $L^{2/(1-p)}$, 从而左右双方的量纲同为 $L^{2p/(1-p)}$. 所以能量积分

$$E(t) = \int_{\mathbf{R}^d} \left( 2^{-1}|\partial\phi|^2 + |\phi|^{p+1} \right) \mathrm{d}x$$

的量纲是 $L^c, c = d - 2 + (4/(1-p))$, 这里的 $d$ 来自积分单元 $\mathrm{d}x^1\mathrm{d}x^2\cdots\mathrm{d}x^d$ 的量纲 $L^d$. 如果 $c < 0$, 我们就说这个方程是**次临界的**; $c = 0$ 时, 是**临界的**; 而 $c > 0$ 时, 是**超临界的**. 这样, 方程 $\Box\phi - \phi^5 = 0$ 在维数 $d = 3$ 时是临界的. 对于所有其他的基本方程都可以做类似的量纲分析. 一个演化的 PDE 称为**正规的**, 如果所有的有限能量的初始条件都给出整体的光滑解. 有这样一个猜测, 就是所有的次临界方程都是正规的, 但是可以期望, 超临界方程会发展出奇性来. 临界方程则是重要的边缘情况. 这个猜测的直觉的理由是: 非线性会产生奇性, 而强制型估计则会阻止奇性的产生. 在次临界方程的情况, 强制估计的作用较强, 而在超临界的情况, 则非线性的作用更强. 但是这种粗糙的直觉的推理, 可能没有考虑到还有更微妙的估计在. 所以有些超临界的方程, 例如纳维–斯托克斯方程, 仍然可能是正规的.

### 4.3　其他方程

许多其他我们熟悉的方程都可以从上面描述的变分方程用下面的方法导出.

#### 4.3.1　对称性的缩减

有时, 一个 PDE 可能很难解出来, 但是如果附加上更多的对称性, 就会容易解得多. 例如, 设一个方程是旋转对称的, 而如果我们就是去求它的旋转不变的解 $u(t,x)$, 则可以把这种解看成 $t$ 和 $r = |x|$ 的函数, 这样就有效地降低了问题的维数. 用这种对称性的缩减的程序可以导出新的 PDE 来, 而且比原有的 PDE 简单得多. 另一种更加略为一般的得出较简单的方程的方法, 是去寻求具有某些附加的性质的解. 例如, 可以假设解是定常的 (就是不含时间变量的)、球对称的、自相似的 (意思就是解 $u(t,x)$ 恰好依赖于 $x/t^a$) 或者是行波解 (就是解只依赖于 $x - vt$, 而这里的 $v$ 是一个固定的向量). 在典型的情况下, 这样的缩减所给出的方程本身也有变分结构. 事实上, 可以直接对原来的拉格朗日函数来做对称性的缩减.

#### 4.3.2　牛顿近似和其他极限

我们可以通过令某个特征速度趋向无穷, 从上面讲的方程得出很大一类新的方程, 作为原来的方程的极限. 最重要的例子就是**牛顿极限**, 它是取光速为无穷而得到的. 我们还提到过, 薛定谔方程也可以用这种方法从 Klein-Gordon 方程得出. 类

似地, 也可以这样来得出非相对论性弹性理论、流体力学或磁流体力学的拉格朗日函数. 非相对论方程看起来总比相对论性的方程更难办, 因为在求极限的过程中失去了原来的方程的简单的几何结构. 相对论性方程的显著的简单性, 是相对论作为一种统一化的原理的重要性的强有力的例子.

一旦回到了我们熟悉的牛顿物理学的世界以后, 我们还可以作其他的著名的极限过程. 著名的不可压缩流的欧拉方程[III.23] 可以从一般的非相对论性的流体力学方程得出, 作为音速趋于无穷的极限情况. 各种其他的极限是相对于系统的其他特征速度得出的, 或者是与特定的边界条件相关而得出的, 这里的例子有流体的附面层 (boundary layer, 或称边界层) 近似. 例如在所有特征速度都趋于无穷时, 弹性理论方程就变成了我们熟知的经典力学方程.

### 4.3.3 唯象的假设

甚至在取了各种极限以及作了对称性的缩减以后, 方程仍然会很难处理. 然而在许多应用问题中, 假设某些量充分小而可以忽略不计, 也是有道理的. 这就会导出一些简化的方程, 而我们在这里称为唯象[①] 的方程, 意思就是它们不是从最初的原理导出的.

唯象的方程是一种 “玩具” 方程, 是用来从一个复杂系统中把重要的物理现象分离出来加以说明的. 生成有趣的唯象的方程的典型的方法是试图写出最简单然而又能展示原来的方程的某个特点的最简单的模型方程. 例如, 可压缩流或者弹性理论的的平面波的自聚焦效应, 可以用简单、朴素的 Burger 方程 $u_t + uu_x = 0$ 来说明. 在液体中是很典型的非线性的色散现象, 可以用著名的 Korteweg-de Vries 方程 $u_i + uu_x + u_{xxx} = 0$ 来表示. 非线性薛定谔方程 (54) 是光学中的非线性色散效应的很好的模型方程.

一个模型方程, 如果选得很好, 可以提供对于原来的方程的基本的洞察. 由于这个理由, 简化的模型问题就成了 PDE 的严格研究者的每天的功课, 他们在仔细选择的模型问题上检验自己的思想. 至关紧要的是要看到, 关于基本的物理方程, 好的结果是很罕见的; 严格的 PDE 的工作的很大一个百分比, 由于技术的原因, 都是处理的所选出的简化的方程, 把出现在基本方程中的特定的困难分离出来, 而集中于它们.

在前面的讨论中, 我们没有提到例如纳维–斯托克斯方程那样的扩散方程[②] . 它们事实上不是变分方程, 所以上面的描述也不适合于它们. 它们虽然可以视为唯象的方程, 但是也可以把它们看作是有很大量的粒子, 例如是 $N$ 个按照牛顿力学在相互作用的粒子并从这样的基本的微观的法则来导出这些方程. 从原

---

① 我使用这个词颇有点随心所欲, 这个词典型地是使用于多少有点不同的上下文中的. 还有, 对于有些我在下面称为是唯象的方程, 例如色散方程, 也可以给出形式的渐近的推导.

② 就是某些基本的物理量如能量并不守恒, 而可能随时间下降. 这对于抛物型方程是典型的情况.

则上说, 这些方程①, 例如纳维–斯托克斯方程, 都可以令 $N \to \infty$ 求极限来导出.

扩散方程也被证明在与几何相联系的问题中, 非常有用. 几何流, 如平均曲率流、平均曲率倒数流、调和映射流、高斯曲率流和里奇流, 是其中最著名的几个例子. 扩散方程可以解释为相关的椭圆变分问题的梯度流. 它们可以用来构造出相应的定常系统的非平凡的定常解, 即当 $t \to \infty$ 时的极限, 或者用来生成具有特殊性质的叶层结构 (foliation), 例如最近用来证明 Penrose (Sir Roger Penrose, 1931–, 英国数学物理学家) 的一个著名的假设的叶层结构. 我们也曾提到, 这个思想在佩雷尔曼最近的工作中有意想不到的应用, 他用里奇流解决了 3 维的庞加莱猜想. 他最近的新思想之一是把里奇流解释为梯度流.

### 4.4　正规性还是破裂

PDE 这门学科的统一性的另一个来源是: 基本方程的解的正规性还是破裂这个问题一直在起着中心作用. 它与一个基本的数学问题有密切的联系. 这个问题就是所谓的解究竟是什么意思, 我们应该怎样理解. 而从物理学的观点来看, 它又与理解相应的物理理论适用的界限的问题有密切的联系. 这样, 例如在 Burger 方程的情况, 奇性问题可以这样来处理, 就是拓展解的概念, 使之能够容纳激波. 所谓激波就是这样的解, 它们在穿过 $(t, x)$ 空间的某些曲线时, 以一定的方式发生间断. 在这时, 可以定义广义解的一个函数空间, 使得在其中 IVP 有唯一的整体解存在. 虽然在更加实在的物理系统中, 情况远非这样清楚, 更远没有得到令人满意的解决, 一般持有的看法是在这个情况下, 有可能得到一个容纳激波类型的奇性的广义解的定义, 而不至于打破关于这个物理问题原有的物理理论. 但是, 广义相对论中的奇性的情况则根本不同了. 我们在那里所期望的奇性将是这样的: 如果不改变物理理论本身, 就不可能对解加以拓展. 在这里, 普遍的看法是: 只有利用一种量子的引力理论才能够做到这一点.

## 5. 一般的结论

那么, 什么是现代的 PDE 理论呢? 作为一个最初步的近似, 它就是对以下目标的追求.

(i) **了解数学物理的基本方程的演化问题**. 这方面最迫切的议题是了解**在什么时候和以何种方式, 基本方程的 (对于时间的) 局部**② **光滑解会产生奇性.** 区分正规的理论和容许产生奇性的解的理论, 一个简单的判据是区分次临界的和超临界的方程. 如同前面已经提到的, 现在人们普遍地都相信: **次临界解是正规的, 而超临界解则不是.** 事实上, 虽然我们还缺少一个一般的程序来确定次临界结果的正规性,

---

① 要想严格地证明这一点, 还是一个重大的挑战.

② 20 世纪数学的一大成就是确立了一个一般的程序以保证对于很大一类非线性方程, 包括我们上面已经提到的那些方程, 对于广泛的初始条件的时间局部解的存在与唯一性.

但有许多次临界解已经证明是正规的. 超临界解的情况要细致得多. 首先的问题在于一个现在称为超临界的方程①, 在发现了新的先验估计以后, 可能成为临界的甚至是次临界的方程. 这样, 关于临界性以及由此而来的关于奇性的性态, 有一个重要的问题: 是否还有其他更强的局部先验估计是不能从诺特原理导出的?

一旦我们懂得了奇性的出现是不可避免的, 就必然会面临一个问题: 这种奇性是否会被什么才算是解的更宽泛的概念所容纳? 或者奇性的构造是这样的, 使得方程本身甚至其深层的物理理论也会变得没有意义? 当然, 一个可以接受的广义解概念, 应该要保持方程的决定论的本性, 换言之, 这个解应该被柯西数据唯一地决定.

最后, 一旦找到了可以接受的广义解概念, 我们就会利用它来决定一些重要的定性特征, 例如长时间的渐近性态. 可以提出无数多这样的问题, 而它们的答案各个方程都是不同的.

(ii) **以严格的数学形式来了解各种近似的适用范围**. 由各种极限过程以及唯象假设得出的方程, 当然其自身就是研究对象, 我们在上面讲到的例子就是这样的. 然而它们向我们提出了关于从更基本的方程导出它们的机制问题还有其他的问题. 例如, 完全有可能从一个方程组**导出的系统的动力学的性态与导出它们时所作的假设是不相容的**. 另一方面, 一个特别的简化假设, 例如广义相对论的球对称性或者可压缩流体的涡度为 0, 这些假设在大尺度上都可能是不稳定的, 因此用它们来对一般的情况作预测就不可靠了. 这种情况以及类似的其他情况, 形成了重要的两难困境: 我们应该坚持研究这种近似方程, 尽管在许多情况下会面临可怕的困难 (其中有一些可能证明是相当病态的或可能与近似的本性有关)? 或者我们应该放弃它们, 而去研究原来的方程或者比较适合的近似? 对于特定的情况, 不论感觉如何, 严格地了解各种近似的适用范围的问题, 很清楚地, 是 PDE 研究的一个基本的目标.

(iii) **提出并且分析研究手边特定的物理和几何问题的正确方程**. 最后这个目标是同等重要的, 但是必然是含混的. PDE 在各个数学分支中所起的巨大的重要作用, 比以往任何时候都明显. 人们怀着敬畏之心看着各种方程如拉普拉斯方程、热方程、波方程、狄拉克方程、KdV 方程、麦克斯韦方程、Yang-Mills 方程和爱因斯坦方程怎样原来只是在特定的物理背景下产生的, 后来却在诸如几何学、拓扑学、代数几何学、组合学等等领域的似乎完全无关的问题中得到深刻的应用, 当我们去寻找具有最佳几何形状的嵌入的对象, 例如等周问题的解、极小曲面、具有最小的扭曲或最小曲率的曲面, 或者更抽象地还有具有特殊性质的各种联络、映射或者度量时, 在几何学中, 其他的 PDE 又会自然地出现. 和数学物理的其他主要方程一样, 它们都具有变分性质. 为了使人们能够把一个一般的对象, 如一个映射、一个联络或一个度量变形为最佳的, 还引入了其他方程. 这些方程通常都是以几何的抛物流

--------

① 现在称为的超临界, 其实依赖于能够得到的最强的强制型先验估计.

的形式出现的. 这方面最著名的例子就是里奇流, 它最初是由哈密顿引入的, 目的是想把黎曼度量变形为爱因斯坦度量. 比较早一点, 类似的思想就曾被用于例如用调和热流来构造定常的调和映射、用 Yang-Mills 流来构造自对偶的 Yang-Mills 联络. 几何流的用处, 除了应用里奇流来证明 3 维情况的庞加莱猜想以外, 另一个最近的引人注目的例子还有首先由 Geroch 提出的, 用平均曲率倒数流来证明 Penrose 不等式的所谓黎曼版本.

### 进一步阅读的文献

Breizis H, and Browder F. 1998. Partial differential equations in the 20^{th} century. *Advances in Mathematics*, 135:76-144.

Constantin P. 2007. On the Euler equations of incompressible fluids. *Bulletin of the American Mathematical Society*, 44: 603-21.

Evans L C. 1998. *Partial Differential Equations*. Graduate Studies in Mathematics, volume 19. Providence, RI: American Mathematical Society.

John F. 1991. *Partial Differential Equations*. New York: Springer.

Klainerman S. 2000. PDE as a united subject. In *GAFA 2000*, *Visions in Mathematics–Towards* 2000 (special issue of Geometric and Functiuonal Analysis), part I, pp. 279-315.

Wald R M. 1984. *General Relativity*. Chicago, Il.: Chicago University Press.

# IV.13　广义相对论和爱因斯坦方程

Mikhalis Dafermos

爱因斯坦提出广义相对论代表了现代物理学的一个伟大胜利, 给出了现在已被人们接受的把引力、惯性和几何学统一起来的已成经典的理论. 爱因斯坦方程就是这个理论的体现.

这个方程的确定的形式

$$R_{\mu\nu} - \frac{1}{2} R g_{\mu\nu} = 8\pi T_{\mu\nu}, \tag{1}$$

是在 1915 年 11 月得到的, 这是爱因斯坦为了推广他的**相对性原理**, 使之也能够包括引力在内而进行了 8 年奋斗的最后一幕. 在此前的 "牛顿理论" 中, 引力是用**泊松方程**

$$\frac{\partial^2 \phi}{\partial x^2} + \frac{\partial^2 \phi}{\partial y^2} + \frac{\partial^2 \phi}{\partial z^2} = 4\pi\mu \tag{2}$$

来表示的, 这里 $\phi$ 是引力势, 而 $\mu$ 是物质的密度.

爱因斯坦方程 (1) 和泊松方程 (2) 有一个明显的对比, 在于前者的神秘记号使得它所讲的内容远不如后者所讲的内容那样明显. 这使得广义相对论得到了难懂费解的名声. 但是, 这样一个名声在某种程度上是没有根据的. (1) 和 (2) 都代表了革命性的理论的完成, 而这些理论的提出都以复杂的概念框架为前提. 然而, 不管怎么样, 为了陈述泊松方程所必须的结构、都已经被吸收到我们的传统的数学记号和中学教育之中. 其结果是, $\mathbf{R}^3$ 和它的笛卡儿坐标系、函数、偏导数、质量、力这样一些概念, 具有一般的数学背景的人都是熟悉的, 而广义相对论的概念上的结构, 人们就远不是这样熟悉了; 对于陈述这个理论所需的, 不论是基本物理概念还是数学对象都是如此. 然而, 一旦人们接受了它们, 这两个方程都变得更加自然, 而且还可以说, 变得更加简单.

这样, 本文的第一个任务就是比较详细地解释广义相对论的概念的结构. 目的是要说清楚方程 (1) 所表示的究竟是什么, 而且进一步还要说清楚, 在得到了一般的理论框架以后, 为什么这个方程是我们能够写出的最简单的方程. 这就要求我们先重温狭义相对论以及它对于物质的结构蕴含了什么, 这种结构给我们带来了**应力–能量–动量**的统一概念, 并且把它描述为一个**张量性的对象** $T$. 最后, 我们要跟随爱因斯坦完成一个充满灵感的概念的飞跃, 达到表示时空连续统的洛仑兹流形 $(\mathbf{M}, g)$ 的概念. 我们将会看到, 方程 (1) 所表示的就是**张量** $T$ 和以 $g$ 为度量的**几何学**的**曲率**之间的关系.

想要真正了解一个理论, 比仅仅知道怎样写出控制这个理论的方程内容丰富得多. 广义相对论是与 20 世纪物理学所作的一些最蔚为奇观的预见联系在一起的, 这些预见中有**引力坍缩** (gravitational collapse)、**黑洞**、**时空的奇异性**和**宇宙的膨胀**. 这些现象 (在 1915 年时人类还完全不知道这些现象, 所以它们与方程 (1) 的提出没有关系) 只是在人们懂得了围绕着 (1) 的解的整体的**动力学**的概念这个议题之后才会展现出来的. 这件事花的时间长得惊人, 然而人们对其中的艰辛故事, 知道得远不如对达到方程 (1) 的英雄式的奋斗那么多. 本文将以关于爱因斯坦方程的迷人的动力学的简短一瞥结束.

## 1. 狭义相对论

### 1.1 爱因斯坦 (1905)

爱因斯坦在 1905 年提出的狭义相对论中, 规定了物理学的所有基本定律都应该在由 $x, y, z, t$ 所定义的**参考系**的**洛仑兹变换**下不变. 洛仑兹变换就是平移、旋转和由下式定义的**洛仑兹助推** (Lorentz boost)

$$\left. \begin{array}{ll} \tilde{x} = \dfrac{x - vt}{\sqrt{1 - v^2/c^2}}, & \tilde{y} = y, \\ \tilde{t} = \dfrac{t - vx/c^2}{\sqrt{1 - v^2/c^2}}, & \tilde{z} = z \end{array} \right\} \tag{3}$$

的任意复合, 这里 $c$ 是一个常数, 而 $|v| < c$. 所以, 爱因斯坦的规定就是, 如果用洛

仑兹变换作坐标变换, 则所有的基本方程的形状都不变. 这一组变换人们已经在研究真空中的麦克斯韦方程组的背景下看出来了. 这个方程组就是

$$\left.\begin{array}{ll} \nabla \cdot \boldsymbol{E} = 0, & \nabla \cdot \boldsymbol{B} = 0, \\ c^{-1}\partial_t \boldsymbol{B} + \nabla \times \boldsymbol{E} = 0, & c^{-1}\partial_t \boldsymbol{E} - \nabla \times \boldsymbol{B} = 0, \end{array}\right\} \tag{4}$$

这里 $\boldsymbol{E}$ 是电场强度, $\boldsymbol{B}$ 是磁场强度. 事实上, 洛仑兹变换, 正是那些保持麦克斯韦方程组形式不变的坐标变换. 这个变换的意义, 庞加莱 [VI.61] 已经强调过了. 然而, 只有爱因斯坦的深刻洞察力, 才把这种不变性提升到基本的物理学原理的高度. 虽然这个变换与我们所习惯的通常所说的**伽利略相对性**是不相容的, 但是伽利略变换就是变换 (3) 当 $c \to \infty$ 时的极限. 洛仑兹不变性的一个惊人的推论就是: 同时性的概念不是绝对的, 而与观察者有关, 就是说, 如果有两个事件 $(t, x, y, z)$ 和 $(t, x', y', z')$, 用我们习惯的说法, 就是在 $(x, y, z)$ "**处**" 和另一个不同的 $(x', y', z')$ "**处**", 但在相同 "**时刻**" $t$ 发生的事件 —— 把 "处" 和 "时刻" 分割开来看, 正是经典物理学观点的痕迹, 很容易找到一个洛仑兹变换, 使得这两个事件不再有相同的 $t$ 坐标. 就是说, 在另一个参考系下, 它们不再是 "**同时**" 发生的事件.

把偏微分方程的一个称为**强惠更斯原理**的结果用于 (4), 就知道真空中的电磁扰动以速度 $c$ 传播, 这样我们就认出了, $c$ 原来就是光速. 所以从洛仑兹不变性的观点看来, 电磁扰动以速度 $c$ 传播这个命题是与参考系无关的! 相对性原理的一个进一步的假设就是物理学的理论, 不容许有质量的质点以快于或等于光速 (在任意参考系中观察) 的速度运动.

### 1.2　闵可夫斯基 (1908)

爱因斯坦对狭义相对论的理解是 "代数的", 而闵可夫斯基 [VI.64] 第一个懂得了深藏其下的几何结构, 具体说来, 就是狭义相对论的原理包含在 $\mathbf{R}^4$ 的**度量单元**

$$-c^2 \mathrm{d}t^2 + \mathrm{d}x^2 + \mathrm{d}y^2 + \mathrm{d}z^2 \tag{5}$$

中, 这里 $(t, x, y, z)$ 是 $\mathbf{R}^4$ 中的坐标. 令 $\mathbf{R}^4$ 赋有度量 (5), 就称它为**闵可夫斯基时空**, 并且记作 $\mathbf{R}^{3+1}$. $\mathbf{R}^{3+1}$ 中的点称为**事件**. 按照经典的关于度量 (5) 的内积记号, 表达式 (5) 其实就是 $\mathbf{R}^4$ 的切向量 $\boldsymbol{v} = (c^{-1}v^0, v^1, v^2, v^3)$, $\boldsymbol{w} = (c^{-1}w^0, w^1, w^2, w^3)$ 的内积:

$$\langle \boldsymbol{v}, \boldsymbol{w} \rangle = -v^0 w^0 + v^1 w^1 + v^2 w^2 + v^3 w^3. \tag{6}$$

洛仑兹变换构成了由 (5) 式定义的几何学的**对称群**. 爱因斯坦相对性原理现在就可以理解为这样一个原理, 即物理学的基本方程只有通过几何量才能与时空发生联系, 所谓几何量就是仅用度量来定义的量. 由于度量 (5) 在洛仑兹变换下不变, 所以, 闵可夫斯基时空里的一切几何量在其下也是不变的, 从而, 其中的物理学定律

也都是在洛仑兹变换下不变的. 从这个观点看来, 闵可夫斯基时空中不允许有绝对的同时性的概念, 其理由就是在同时性概念中, 在通过 $\mathbf{R}^{3+1}$ 的一点的所有超平面中, 有一个特定的、即对某个参考系的 $t = $ 常数这个超平面、起了特别的作用. 但是, 在一定条件下, 一定有保持度量 (5) 的洛仑兹变换把这个超平面变成过此点的其他的超平面, 所以在这个度量下找不到什么东西能把这个特定的超平面区别出来. 注意, 如果一个物理理论只用到几何量, 它就自动地在洛仑兹变换下不变. 看到了这一点, 许多复杂的计算就没有必要了.

现在把这个几何观点再向前推进一步. 注意, 一个非零向量 $v$ 都被其与自己的内积 $\langle v, v \rangle$ 分为三类, 按照 $\langle v, v \rangle < 0, = 0$ 或 $> 0$ 而分别称为**时向向量** (timelike)、**零向量** (null vector) [1] 和**空向** (space like) **向量**. 理想的质点在时空中划出一条曲线 $\gamma$, 称为相应质点的世界线 (world line). 前面讲到的规定, 即在任意参考系中速度都不会超过光速 $c$, 现在可以表述如下: **如果 $\gamma$ 是一个质点的世界线, 则向量 $\mathrm{d}\gamma/\mathrm{d}s$ 一定是时向的** (零曲线对应于 (4) 的几何光学极限中的光线). 这个命题与参数 $s$ 的选择无关, 但是对于世界线, 恒设 $\mathrm{d}t/\mathrm{d}s > 0$. 用更加几何化的语言来说, 恒设 $\langle \mathrm{d}\gamma/\mathrm{d}s, (c^{-1}, 0, 0, 0) \rangle < 0$, 对此的解释就是: $\gamma$ 总是**指向将来的**.

我们可以定义一个粒子的世界线的长度为

$$L(\gamma) = \int_{s_1}^{s_2} \sqrt{-\langle \gamma, \gamma \rangle}\mathrm{d}s = \int_{s_1}^{s_2} \sqrt{c^2 \left(\frac{\mathrm{d}t}{\mathrm{d}s}\right)^2 - \left(\frac{\mathrm{d}x}{\mathrm{d}s}\right)^2 - \left(\frac{\mathrm{d}y}{\mathrm{d}s}\right)^2 - \left(\frac{\mathrm{d}z}{\mathrm{d}s}\right)^2}\mathrm{d}s. \quad (7)$$

在经典的文献里, 上面的表达式简单地写为

$$L(\gamma) = \int_\gamma \sqrt{-(-c^2\mathrm{d}t^2 + \mathrm{d}x^2 + \mathrm{d}y^2 + \mathrm{d}z^2)},$$

这就可以解释 (5) 式的记号. 称量 $c^{-1}L(\gamma)$ 为**原时**(proper time). 原时就是与局部的物理过程相关的时间. 特别是, 如果您就是那个沿 $\gamma$ 运动的粒子, 您所**感觉到的**时间就是原时 $c^{-1}L(\gamma)$.

度量 (5) 例如还包括了限制在 $t = 0$ 上的 3 维欧几里得几何学

$$\mathrm{d}x^2 + \mathrm{d}y^2 + \mathrm{d}z^2.$$

更有趣的是, 当限制在超曲面 $t = c^{-1}r = c^{-1}\sqrt{x^2 + y^2 + z^2}$ 上时, 它又包含了**非欧几里得的几何学**

---

[1] 在一般的向量空间中的零向量指的是加法的零元素. 注意, 一般的向量空间里是没有度量的, 而在有度量 (不一定是正定的度量) 的空间中, 所谓零向量就不是指加法的零元素, 而是指按照这个度量长度为零的向量. 在狭义相对论中, 我们讨论的闵可夫斯基时空是有非正定的度量 (5) 的, 所以现在的零向量是指适合 $\langle v, v \rangle = 0$ 的 4 维向量. 请不要把它与一般向量空间中的零向量混淆. 在英文文献中, 有时把一般向量空间中的零向量称为 zero vector, 而把现在说的零向量称为 null vector. —— 中译本注

$$\left(1 - \frac{x}{r}\right) dx^2 + \left(1 - \frac{y}{r}\right) dy^2 + \left(1 - \frac{z}{r}\right) dz^2.$$

一个物理过程 (包括我们的感觉) 的时间与一支杆所量度的长度是一个 4 维的时空连续统的很自然的几何结构的两个互相联系的侧面, 这个观念的革命性很难过分估计. 甚至爱因斯坦本人一开始也拒绝闵可夫斯基时空, 而宁可保持一个 "空间" 作为确定的实体, 虽然在这个空间里同时性的概念是相对的. 只是后来在寻求广义相对论时, 才知道这个观点是基本上站不住脚的. 在第 3 节里还会回到这个问题 ①.

## 2. 相对论性的动力学以及能量、动量和应力的统一

相对性原理除了引出时空的概念及其几何化以外, 还导致了动力学的基本概念, 如质量、能量和动量的深刻的重组和统一. 爱因斯坦的著名的质能关系, 即在静止参考系中质量和能量的关系式

$$E_0 = mc^2, \tag{8}$$

只是这个统一的一个侧面的最为人所知的表现. 这个关系当我们试图把牛顿第二定律 $m\,(dv/dt) = f$ 推广为闵可夫斯基时空中的 4 维向量的关系时, 就会自然地出现.

广义相对论是要用场的语言而不是用粒子的语言来陈述的. 作为去了解它的第一步, 我们来看连续介质. 现在, 我们不去谈粒子, 而去谈论**物质场**. 于是, 上面说的质量、能量和动量的统一, 就应该也把所谓**应力** ②(stress) 包括在内, 而这种统一的完整体现就是所谓**应力–能量–动量张量**. 这个张量在广义相对论中是基本的, 所以我们必须先去熟悉它. 这是理解爱因斯坦方程 (1) 包括它的右方的关键.

对于每一点 $q \in \mathbf{R}^{3+1}$, 应力–能量–动量张量场 $T$ 就是由下式

$$T(w, \tilde{w}) = \sum_{\alpha, \beta=0}^{3} T_{\alpha\beta} w^{\alpha} \tilde{w}^{\beta}$$

来定义的映射

$$T : \mathbf{R}_q^4 \times \mathbf{R}_q^4 \to \mathbf{R}, \tag{9}$$

---

① 闵可夫斯基在 1908 年在德国科隆的 Naturforscher Versammlung (自然哲学家大会) 上以 "空间与时间" 为题发表了一篇演讲. 它是这样开始的: "我打算提给你们的空间和时间的观念, 是从实验物理学的土壤上生长出来的, 它的力量正在于此. 这种观念是革命性的. 由于有了这个观念, 空间本身和时间本身, 注定了会逐渐消逝, 成为仅仅是影子, 只有二者的联合才会保持为独立的现实性." 后来这篇演说又发表为下面的论文: H.Minkowski. Raum und Zeit, Jahresberichte der Deutscher Mathematiker-Vereinigung, 1909: 75-88, —— 中译本注

② 所谓应力, 是指可以变形的连续介质内各个部分的相互作用力. 可变形的连续介质与刚体不同, 外力的作用是通过作用于各个部分之间的应力来表现的. 这种应力是作用在相邻部分的界面上的. 所以, 应力依赖于两个方向: 一是作用力的方向, 一是界面的方向 (可以用界面的法线方向来表示). 所以, 应力不是向量, 而是 2 阶张量. 连续介质中的应力理论是由柯西创立的. 在相对论框架下, 无所谓刚体, 所以一旦引入物质场的概念, 就必须引入应力. —— 中译本注

这里, 对于所有的 $\alpha, \beta = 0, 1, 2, 3$, 有 $T_{\alpha\beta} = T_{\beta\alpha}$. $\mathbf{R}_q^4$ 指位于 $q$ 点的向量空间 (在闵可夫斯基时空的坐标中, 总是把 $\mathbf{R}_q^4$ 和 $\mathbf{R}^4$ 等同起来, 但是, 在 3.2 节中考虑任意坐标时就会看到, 把二者区别开来是重要的). 像 (9) 式那样的双线性映射, 就称为一个**二阶协变张量**.

如果出现的物质是由所谓**完全流体**来描述的 [①], 这时应力–能量–动量张量场 $\boldsymbol{T}$ 由以下的式子来表示:

$$T_{00} = (\rho + p)\, u^0 u^0 - p, \quad T_{0i} = (\rho + p)\, u^i u^0, \quad T_{ij} = (\rho + p)\, u^i u^j + p\delta_{ij},$$

$\boldsymbol{u} = (u^0, u^1, u^2, u^3)$ 是 4 维速度, 它是一个时向向量, 而且是规范化了的: $\langle \boldsymbol{u}, \boldsymbol{u} \rangle = -c^2$; $\rho$ 是质量–能量密度, $p$ 是压强; 而当 $i = j$ 时, $\delta_{ij} = 1$, $i \neq j$ 时, $\delta_{ij} = 0$. 这里对于下标的记号还有如下的规定: 拉丁字母如 $i, j$ 都是从 1 变到 3, 而希腊字母如 $\alpha, \beta$ 则表示 0, 1, 2, 3. 我们确认, $T_{00}$ 就是**能量**, $T_{0i}$ 就是**动量**, 而 $T_{ij}$ 是**应力**. 这些概念显然是与参考系相关的. 最后还可以看到, $\boldsymbol{T}(\boldsymbol{u}, \boldsymbol{u}) = \rho c^2$. 这就是著名的质能关系 (8) 的场论的形式.

一般说来, $\boldsymbol{T}$ 是从物质场的整体由它的构成函数 (也就是状态函数) 得出来的, 而这些构成函数则依赖于物质场的本性与它们之间的相互关系. 我们在此不去为这些事情操心 [②]. 但是不论所涉及的物质场本性如何, 总规定下面的式子对于所有的 $\alpha$ 成立:

$$-\partial_0 T_{0\alpha} + \sum_{i=1}^3 \partial_i T_{i\alpha} = 0.$$

定义 $\nabla_0 = -\partial_0$, $\nabla_i = \partial_i$, 并且按**爱因斯坦的求和规约**行事, 就是如果在一个式子里, 同一个指标既作为上标出现, 又作为下标出现, 就意味要对这个指标求和, 指标是拉丁字母时就从 1 到 3 求和, 而希腊字母时, 就从 0 到 3 求和. 这样就可以把上式写成

$$\nabla^\mu T_{\mu\nu} = 0, \quad \forall \mu, \nu = 0, 1, 2, 3. \tag{10}$$

这些方程是洛仑兹不变的.

关系式 (10) 在微分水平上体现了**应力–能量–张量的守恒**. 把 (10) 式在两个同调的超平面上积分, 并且应用散度定理的闵可夫斯基时空中的版本, 就会得到整体的平衡关系. 例如, 假设 $T_{\alpha\beta}$ 有紧支集, 则在 $t = t_1$ 和 $t = t_2$ 之间积分后就得出, 对于任意的 $\alpha$, 有

---

① 在物理学中, 所谓完全流体就是可以用静止参考系中的能量密度, 也就是所谓质量–能量密度 $\rho$ 以及正压强来表述的流体. 其中我们认为各部分之间的作用力都是在界面的法线方向上的, 所以没有剪切力, 单位面积上的压力称为压强, 用 $p$ 来表示. 真实的流体还有粘性和热传导, 而在完全流体中, 这些也都是被忽略不计的. 这样一些条件在经典的连续介质力学中, 是由所谓状态方程来表示的, 现在则决定了应力–能量–动量张量场 $\boldsymbol{T}$ 的形状. —— 中译本注

② 见上一个脚注. —— 中译本注

$$\int_{t=t_2} T_{0\alpha} \mathrm{d}x^1 \mathrm{d}x^2 \mathrm{d}x^3 = \int_{t=t_1} T_{0\alpha} \mathrm{d}x^1 \mathrm{d}x^2 \mathrm{d}x^3. \tag{11}$$

对于任意选定的洛仑兹框架, 这个式子当 $\alpha = 0$ 时, 就是**总能量的守恒**, 而当 $\alpha = 1, 2, 3$ 时, 则给出**总动量的守恒**.

在完全流体的情况, 如果再对 (10) 式附加上表示粒子数的守恒的式子

$$\nabla^\alpha (n\boldsymbol{u}_\alpha) = 0,$$

并且规定 $p, \rho$, 粒子数密度和每个粒子的熵 $s$ 之间的与热力学各个定律相容的构造关系式, 就会得到所谓的**相对论性的欧拉方程**.

## 3. 由狭义相对论到广义相对论

既已掌握了狭义相对论的原理, 包括它们对于能量、动量和应力的本性以及它们所蕴含的深刻含义, 现在就可以进而提出广义相对论了.

### 3.1　等价性原理

爱因斯坦早在 1907 年就懂得了, 引力的最深刻的侧面是不能在他 1905 年提出的狭义相对论的框架下来描述的. 这个最深刻的侧面就是他所说的**等价性原理**.

为了了解等价性原理, 最容易的背景是考虑在固定引力场 $\phi$ 中具有速度 $\boldsymbol{v}(t)$ 的 "试验质点". 这时经典的**引力**是由 $\boldsymbol{f} = -m\nabla\phi$ 给出的, 于是可以把牛顿第二定律重写为

$$\frac{\mathrm{d}v}{\mathrm{d}t} = -\nabla\phi. \tag{12}$$

注意, 现在质量 $m$ 完全不见了! 所以在同一点的各个对象都以完全相同的方式被引力场加速. 这就解释了首先由 Ioannes Philoponus (生活于公元 5–6 世纪的希腊哲学家) 记载后来由伽利略在西欧传播的一件事实, 即一个对象从一定高度下落到地面所需的时间与这个对象的重量无关.

爱因斯坦第一个把这件事实解释为对于从惯性参考系到**非惯性的**(即加速的)参考系的坐标变换的一种**协变性**. 例如, 在常值引力场, 就是相应于 $\phi(z) = fz$ 的情况下, 可以从 $z$ 变到加速的参考系

$$\tilde{z} = z + \frac{1}{2} ft^2,$$

而把 (12) 写成

$$\frac{\mathrm{d}\boldsymbol{v}}{\mathrm{d}t} = 0. \tag{13}$$

类似地, 也可以把这个程序颠倒过来看, 而当没有引力出现时, 在加速的参考系中用 (13) 来 "模仿" 引力场.

### 3.2 向量, 张量和一般坐标系中的方程

等价性原理一般地究竟是什么意思, 多少有些模糊, 而自爱因斯坦引入这个概念以来, 一直是在辩论中. 然而, 上面的例子提出了甚至在没有引力的情况下, 知道各种对象和各个方程在任意坐标系下面是什么样子, 这也是有用的. 这就是说, 现在要从从闵可夫斯基时空的坐标 $x^0, x^1, x^2, x^3$ 变到最一般的坐标, 记作 $\tilde{x}^{\tilde{\mu}} = \tilde{x}^{\tilde{\mu}}(x^0, x^1, x^2, x^3)$, 这里的 $\tilde{\mu}$ 从 0 变到 3.

标量函数在任一坐标系下的表示没有问题. 但是, 关于向量场又如何? 如果 $v$ 在闵可夫斯基时空坐标下可以表示成 $(v^0, v^1, v^2, v^3)$, 则 $v$ 在新坐标系 $\tilde{x}^{\tilde{\mu}}$ 下将如何表示?

我们需要稍稍想一想, 向量场究竟**是什么**. 正确的观点是把 $v$ 看作一个一阶微分算子, 其定义 (使用爱因斯坦求和规约) 为 $v(f) = v^{\mu}\partial_{\mu}f$. 所以现在要去找一组 $v^{\tilde{\mu}}$ 使得对于任意的函数 $f$ 有 $v(f) = v^{\tilde{\mu}}\partial_{\tilde{\mu}}f$. 至此, 链法则就会给出答案如下:

$$v^{\tilde{\mu}} = \frac{\partial \tilde{x}^{\tilde{\mu}}}{\partial x^{\nu}}v^{\nu}. \tag{14}$$

关于张量, 如应力–能量–动量张量 $\boldsymbol{T}$, 又该怎么办? 按照定义 (9), 需要找到 $T_{\tilde{\mu}\tilde{\nu}}$ 使得

$$\boldsymbol{T}(\boldsymbol{u}, \boldsymbol{u}) = T_{\tilde{\mu}\tilde{\nu}}u^{\tilde{\mu}}u^{\tilde{\nu}}, \tag{15}$$

这里的 $u^{\tilde{\mu}}$ 就是向量 $\boldsymbol{u}$ 在 $\tilde{x}^{\tilde{\mu}}$ 坐标系下的各个分量, 也就是在上面所说的坐标 $\tilde{x}^{\tilde{\mu}} = \tilde{x}^{\tilde{\mu}}(x^0, x^1, x^2, x^3)$ 下的分量, 这些分量已经在上面用 (14) 式计算出来了 (从 (14) 式就可以看到, 这些新的分量, 不仅依赖于老分量 $u^{\mu}$, 还依赖于点 $\boldsymbol{q}$, 这就是必须把 $\mathbf{R}_q^4$ 与 $\mathbf{R}^4$ 区别开来的理由). 链法则再一次告诉我们

$$T_{\tilde{\mu}\tilde{\nu}} = T_{\mu\nu}\frac{\partial x^{\nu}}{\partial \tilde{x}^{\tilde{\nu}}}\frac{\partial x^{\mu}}{\partial \tilde{x}^{\tilde{\mu}}}.$$

分量在不同坐标系下的表示的这种关系, 在许多经典文献中记作

$$\boldsymbol{T} = T_{\tilde{\mu}\tilde{\nu}}\mathrm{d}\tilde{x}^{\tilde{\mu}}\mathrm{d}\tilde{x}^{\tilde{\nu}} = T_{\mu\nu}\mathrm{d}x^{\mu}\mathrm{d}x^{\nu}.$$

我们把这个式子解释为 (15) 的简便的写法, 但是, 对于 $\mathrm{d}x^{\mu}$ 应用链法则以后, 它也给出了从 $T_{\mu\nu}$ 算出 $T_{\tilde{\mu}\tilde{\nu}}$ 的公式.

除了 $T$ 以外, 这里还有一个有关的二阶对称协变张量, 就是闵可夫斯基度量本身. 事实上, 闵可夫斯基度量 (5) 可以看成是一个张量 $\eta$ 在闵可夫斯基时空坐标下的表示

$$\eta_{\mu\nu}\mathrm{d}x^{\mu}\mathrm{d}x^{\nu}$$

其中 $\eta_{00} = -1$, $\eta_{0i} = 0$, 而当 $i = j$ 时, $\eta_{ij} = 1, i \neq j$ 时, $\eta_{ij} = 0$. 为了避免使用 $\langle \cdot, \cdot \rangle$ 这样的冗长的记号, 就说闵可夫斯基度量就是张量 $\eta$. 按照上面所说, 可以在一般的坐标 $\tilde{x}^{\tilde{\mu}}$ 下, 把 $\eta$ 写成

$$\eta_{\tilde{\mu}\tilde{\nu}} \mathrm{d}\tilde{x}^{\tilde{\mu}} \mathrm{d}\tilde{x}^{\tilde{\nu}},$$

其中的 $\eta_{\tilde{\mu}\tilde{\nu}}$ 可以用链法则形式地算出来.

很清楚, 如果我们想在一般坐标系里表示 (10) 那样的方程, $\eta$ 的分量和它们的导数就会出现在方程中. 爱因斯坦 (他总是 "代数地" 思考问题的) 企图寻求物质和引力场的运动方程, 并且使它们在所有的坐标系下面都有同样的**形式**. 按照他的理解, 这就意味着所有出现的对象都应该按照张量那样来变换, 所以应该看成是先验地存在着但是 "尚未算出的" 对象. 他把这个原理称为 "广义协变性", 这就是说, 应该把 $\eta$ 换成一个**尚未算出的** 2 阶对称张量. 称这个 2 阶张量为 $g$. 当然可以写出 "尚未算出的" $g$ 的方程, 而这个方程就会给出 "已经算出的" 闵可夫斯基度量 $\eta$. 这样, 广义协变性 (本身) 并不是强迫我们抛开 $\eta$ 而另起炉灶, 而是注意到 $g$ 和 $T$ 有一样多的分量, 所以, 把 $g$ 就看作是引力场的体现, 并且努力去找一个把 $g$ 和 $T$ 直接连接起来的方程就是很自然的了. 广义相对论的框架就这样诞生了.

### 3.3  洛仑兹几何

把固定的闵可夫斯基度量 $\eta$ 换成动态的 $g$, 这个深刻的洞察把爱因斯坦带到了现在所说的**洛仑兹几何**. 洛仑兹几何按照黎曼 [VI.49] 的蓝图推广了闵可夫斯基几何. 这样做就是要把闵可夫斯基度量 $\eta$ 换成一个一般的映射

$$g : \mathbf{R}_q^4 \times \mathbf{R}_q^4 \to \mathbf{R}.$$

换句话说, 把 $\eta$ 换成一个 2 阶的对称协变张量, 这个张量可以在任意坐标系 $x^\mu$ 下写成

$$g_{\mu\nu} \mathrm{d}x^\mu \mathrm{d}x^\nu.$$

此外还要求, 在每一点 $q$ 处, 双线性形式 $g(\cdot, \cdot)$ 都可以对角化成为闵可夫斯基形式 (6). 马虎一点地说就是: 洛仑兹度量 "就是局部看来和闵可夫斯基度量一样的度量", 正如黎曼度量 [I.3 §6.10] 局部看来和欧几里得度量一样.

双线性形式 $g$ 和闵可夫斯基度量一样, 使我们能够把在 $q$ 点的非零的向量 $\boldsymbol{v}_q$ 分类成为三类: **时向向量**、**零向量**和**空向向量**, 而世界线 $\gamma(s) = (x^0(s), x^1(s), x^2(s), x^3(s))$ 上的原时仍用 (7) 式来定义, 不过其中的 $\langle \dot{\gamma}, \dot{\gamma} \rangle$ 要换成 $g_{\mu\nu} \dot{x}_\mu \dot{x}_\nu$. 我们正是在这个意义下来谈论 $g$ 的几何学的.

请注意, 闵可夫斯基是把狭义相对性原理表述为: 物理学的方程只是通过闵可夫斯基度量下的几何量才与时空有关联的, 很自然就会想到要寻求这个原理的推

广, 而一个适当的说法就立即显现出来了. 这个原理就是: **只有通过与 $g$ 自然地相关的几何量, 物理学的方程才会涉及时空.**

在前面看到了对于 "试验质点" 的运动学的约束, 可以用闵可夫斯基度量几何地表述为: $\mathrm{d}\gamma/\mathrm{d}s$ 是时向向量; 对于任意的洛仑兹度量, 这种表述也是有意义的. 但是怎样写出微分方程呢? 例如怎样只用 $g$ 来陈述方程 (10) 的类似物呢?

结果是, 在 19 世纪末和 20 世纪初, 由黎曼、比安基 (Luigi Bianchi, 1856–1928, 意大利数学家)、克里斯托费尔 (Elwin Bruno Christoff, 1829–1900, 德国数学家) 里奇 (原名 Gregorio Ricci-Curbastro, 1853–1925, 意大利数学家. 在他和他的学生列维–奇维塔合写的一本出版于 1927 年的名著《**绝对微分学**》(所谓绝对微分学就是张量计算) 中, 他把自己的名字简写为里奇, 所以后来人们就这样称呼他, 一些有关的名词, 如里奇流、里奇曲率等等也这样命名, 这多少造成一点混乱) 和列维–奇维塔 (Tullio Levi-Civita, 1873–1941, 意大利数学家) 这样一批数学家, 就黎曼几何的场合发展了适用于这项任务的许多自然的几何概念. 这些概念都可以直接地移到洛仑兹几何里来.

首先来定义**克里斯托费尔符号** $\Gamma^\lambda_{\mu\nu}$ 如下:

$$\Gamma^\lambda_{\mu\nu} = \frac{1}{2} g^{\lambda\rho} \left( \partial_\mu g_{\rho\nu} + \partial_\nu g_{\mu\rho} - \partial_\rho g_{\mu\nu} \right),$$

这里 $g^{\mu\nu}$ 是 $g$ 的 "逆度量"(即相应于 $g$ 的逆变张量, 也就是说矩阵 $(g^{\mu\nu})$ 是矩阵 $(g_{\mu\nu})$ 的逆矩阵) 的分量, 也就是方程组 $g^{\mu\nu} g_{\nu\lambda} = \delta^\mu_\lambda$ 的解, 这里的 $\delta^\mu_\lambda$ 当 $\lambda = \mu$ 时等于 1, 否则等于 0 (注意, $g^{\mu\nu}$ 在张量计算的 "体操运动" 中十分有用, 这种 "体操" 在张量计算中是典型的, 其中一定要使用爱因斯坦求和规约).

然后可以定义一个微分算子 $\nabla_\mu$, 称为**联络**. 它作用到一个向量场 $v$ 上, 就使它变成一个 2 阶张量 (1 阶协变和一阶逆变) 如下:

$$\nabla_\mu v^\nu = \partial_\mu v^\nu + \Gamma^\nu_{\mu\lambda} v^\lambda, \tag{16}$$

它也可以作用到一个 2 阶协变张量上, 而得出一个 3 阶协变张量如下:

$$\nabla_\lambda T_{\mu\nu} = \partial_\lambda T_{\mu\nu} - \Gamma^\sigma_{\lambda\mu} T_{\sigma\nu} - \Gamma^\sigma_{\lambda\nu} T_{\mu\sigma}. \tag{17}$$

(16) 和 (17) 的右方都是张量, 而在任意坐标系下面都可以形式地应用链法则算出它们的分量来.

借助这个微分算子, 就可以对任意的度量 $g$ 写出方程 (10) 的类似公式为

$$\nabla^\mu T_{\mu\nu} = 0, \tag{18}$$

其中 $\nabla^\mu = g^{\mu\nu} \nabla_\nu$, 而这里的联络是对于度量 $g$ 来取的.

如果我们考虑质量场集中在一点的极限情况, 或者说是应力–能量–动量张量只在一条世界线上非零的极限情况, 这时, 此曲线将是度量 $g$ 下的测地线, 就是局部地把由 $g$ 定义的原时极大化的曲线. 测地线就是闵可夫斯基时空里的时向直线的类比. 在这个极限下, 不论应力–能量–动量张量的本性如何, 物质的运动都是由定义这个测地线的度量 $g$ 的几何学所决定的. 这样, 所有的对象都以同样的方式 "下落", 就如伽利略实验中重物的下落与重量无关一样. 这些考虑使得广义相对论中的等价性原理有了具体的体现.

最后还有一个重要的注解: 对于一般的张量 $g$, (18) 式**并不会**给出 "总能量" 和 "总动量" 的守恒. 只有当 $g$ 还有一些对称性时才会是这样. 基本的守恒律一般地只在无穷小层次上仍然保留, 这件事使我们对这些物理定律的本性又有了新的洞察.

### 3.4　曲率和爱因斯坦方程

余下来需要做的事情就是要给出把度量 $g$ 和应力–能量–动量张量 $T$ 联系起来的那一组方程了. 由于预期会有牛顿极限, 我们期望这个方程组将是 2 阶的, 也期望它们能够以尽可能简单的方式体现 "广义协变性", 就是其中除了 $g$ 和 $T$ 以外别无它物.

在这里, 又是黎曼几何学给出了一个近在手边的张量性的对象, 它不变地与 $g$ 相联系, 这就是 "曲率".

可以定义**黎曼曲率张量**为一个 4 阶协变对称张量

$$R_{\mu\nu\lambda\rho}\mathrm{d}x^\mu \mathrm{d}x^\nu \mathrm{d}x^\lambda \mathrm{d}x^\rho,$$

其分量为

$$R_{\mu\nu\lambda\rho} = g_{\mu\sigma}(\partial_\rho \Gamma^\sigma_{\nu\lambda} - \partial_\lambda \Gamma^\sigma_{\nu\rho} + \Gamma^\tau_{\nu\lambda}\Gamma^\sigma_{\tau\rho} - \Gamma^\tau_{\nu\rho}\Gamma^\sigma_{\tau\lambda}).$$

然后, 还可以定义一个 2 阶协变对称张量

$$R_{\mu\nu}\mathrm{d}x^\mu \mathrm{d}x^\nu,$$

称为**里奇曲率**其分量为

$$R_{\mu\nu} = g^{\lambda\rho} R_{\mu\nu\lambda\rho}.$$

最后, 还有**标量曲率**

$$R = g^{\mu\nu} R_{\mu\nu}.$$

如果 $g$ 是在 $\mathbf{R}^3$ 中的一个曲面上诱导出来的 (黎曼) 度量, 则标量曲率就是**高斯曲率** $K$ 的二倍. 这样, 上面这些表达式应该看成是高斯曲率在高维情况下复杂的张量性的推广.

写出爱因斯坦方程 (1) 这个谜的最后一个环节, 就是爱因斯坦所要求的一个限制: 不论把度量 $g$ 和应力–能量–动量张量 $T$ 连接起来的方程是什么样的, (18)(即应力–能量–动量守恒的无穷小版本) **必须是它的一个推论**. 可以用比安基恒等式来证明, 任意度量 $g$ 都满足以下关系式

$$\nabla^\mu \left( R_{\mu\nu} - \frac{1}{2}\boldsymbol{g}_{\mu\nu}R \right) = 0. \tag{19}$$

很自然地会假设在张量 $T$ 和 $R_{\mu\nu} - \frac{1}{2}\boldsymbol{g}_{\mu\nu}R$ 之间有线性关系. 这个线性关系的形式

$$R_{\mu\nu} - \frac{1}{2}\boldsymbol{g}_{\mu\nu}R = 8\pi G c^{-4} T_{\mu\nu}, \tag{20}$$

其中 $T_{\mu\nu}$ 就是张量 $T$ 的分量、应该给出正确的牛顿极限, 由此就可以唯一决定它, 就是说, 当

$$\boldsymbol{g}_{00} \sim 1 + 2\phi/c^2, \quad \boldsymbol{g}_{0j} \sim 0, \quad \boldsymbol{g}_{ij} \sim \left(1 - 2\phi/c^2\right)\delta_{ij}$$

时, (20) 应该成立, 这里 $\phi$ 是牛顿位势, $c$ 是光速. 这样张量 $T$ 的分量 $T_{\mu\nu}$ 就能唯一决定了. 前面给出的爱因斯坦方程 (1) 中, 相应于采用了特定的单位, 因而有 $G = c = 1$. 如果把 (1) 显式地写出, 就可以看到它对于度量 $g$ 的分量 $\boldsymbol{g}_{\mu\nu}$ 是非线性方程.

爱因斯坦并没有停留在牛顿极限上. 他通过考虑线性化了的方程 (20) 的测地运动解, 决定了**水星近日点的非正常进动** (进行又称**岁差**) 的正确值, 而这个效应是牛顿的理论无法解释的. 因为在决定了牛顿极限以后, (20) 中就再没有其他可以调整的参数了, 所以只要能够取得这个进动的正确值, 就表示广义相对论的正确性已经通过了真正的检验. 后来, 爱丁顿 (Sir Arthur Stanley Eddington, 1882–1944, 英国天体物理学家) 在 1919 年的一次日食观测中又观测到光线被引力 "弯曲". 这一点已经在几何光学近似 (其中光线在固定的时空的背景下沿着零测地线前进) 中从理论上计算过. 从那以后, 用太阳系的种种检验对方程 (1) 作了所谓的后牛顿预测, 这些检验都在这个物理条件下以很高的精度证实了广义相对论.

如果设 $T_{\mu\nu} = 0$, 就会得到 (20) 的一个特例. 这时, 方程变成

$$R_{\mu\nu} = 0, \tag{21}$$

(21) 称为**真空方程**. 闵可夫斯基度量 (5) 是它的一个特解 (但不是唯一的解!).

真空方程可以作为所谓**希尔伯特–拉格朗日函数**

$$\mathcal{L}(\boldsymbol{g}) = \int R\sqrt{-\boldsymbol{g}}\mathrm{d}x^0\mathrm{d}x^1\mathrm{d}x^2\mathrm{d}x^3$$

的欧拉–拉格朗日方程 [III.94] 而形式地导出 (表达式 $\sqrt{-g}\mathrm{d}x^0\mathrm{d}x^1\mathrm{d}x^2\mathrm{d}x^3$ 记与 $g$ 相关的体积形式). 希尔伯特一直在紧随着爱因斯坦构建具有动态的度量 $g$ 的广义相对论的努力, 得到了他的拉格朗日函数 (其实比较一般的版本还可以给出耦合的爱因斯坦–麦克斯韦方程组), 而且比爱因斯坦稍早一点也得到了一般的方程 (20).

从方程 (20) 得到的许多最有趣的现象, 其实在真空情况 (21) 中就已经出现了. 这多少有点讽刺的意味, 因为正是 $T$ 的形式和方程 (10) 给出了 (20). 还要注意, 在牛顿理论的方程 (2)(即泊松方程) 中, "真空" 方程就是 $\mu = 0$, 再加上在无穷远处标准的边界条件, 就蕴含了引力位势 $\phi = 0$. 这样, 真空的牛顿理论是平凡不足道的.

曲率张量 $R_{\mu\nu\lambda\rho}$ 的不因 (21) 而一定为零的部分, 称为 外尔 [VI.80] 张量. 这个张量量度了测地线组的 "潮汐" 扭曲. 所以真空区域里的引力场的 "局部强度" 在牛顿极限之下是与宏观的试验物质的潮汐力相关的, 而不是与引力的范数相关的.

### 3.5　流形的概念

我们走了这么远而一直没有真正考虑**度量 $g$ 究竟定义在哪里**的问题. 当爱因斯坦从闵可夫斯基度量走向一般的 $g$ 时, 他心中原来并没有打算把 $\mathbf{R}^4$ 换成别的什么. 但是从曲面理论看得很清楚, 在黎曼的情况下, 具有度量的自然的对象并不一定是 $\mathbf{R}^2$, 而可以是一个一般的曲面. 例如, 度量 $\mathrm{d}\theta^2 + \sin\theta\mathrm{d}\phi^2$ 很自然地生活在 2 维球面 $\mathbf{S}^2$ 上. 但是, 这样说的时候, 我们要理解, 需要好几个如 $(\theta, \phi)$ 类型的坐标系, 才能覆盖住整个球面 $\mathbf{S}^2$. 这样的对象在 $n$ 维情况下的推广就是: 黎曼度量或洛仑兹度量自然的居住地是一个流形 [ I.3 §6.9]. 流形就是把局部坐标系光滑然而相容地粘贴在一起所得出的结构.

这样, 广义相对论允许 4 维的时空连续统不是 $\mathbf{R}^4$, 而是一个一般的流形 $\mathbf{M}$, 而且它可能在拓扑上并不与 $\mathbf{R}^4$ 等价, 正如 $\mathbf{S}^2$ 与 $\mathbf{R}^2$ 并非拓扑等价一样. 我们把 $(\mathbf{M}, g)$ 这样一对元素合在一起称为**洛仑兹流形**. 准确地说, 爱因斯坦方程的未知量并不仅是 $g$, 而是 $(\mathbf{M}, g)$.

有趣的是, 这样一个基本的事实、即时空的拓扑并不是由方程先验地决定的, 而几乎是一个马后炮. 此外, 这个思想是花了许多年才真正澄清了的.

### 3.6　波、规范、与双曲性

如果在任意坐标系下把爱因斯坦方程显式地写出来 (请试一下), 就可以看到, 它并不属于哪一种通常的类型的 PDE, 诸如椭圆型方程 (像泊松方程 [IV.12 §1] 那样)、抛物型方程 (像热方程 [I.3 §5.4] 那样), 或者双曲型方程 (像波方程 [I.3 §5.4] 那样). 关于 PDE 的各种类型, 详见 [IV.12 §2.5]. 这与以下的事实有关, 即给出了一个解, 就可以把这个解与一个坐标变换复合起来, 得到一个新解. 我们可以对原来的坐标系作一个如下的坐标变换以得出一个新坐标系: 这个变换只在一个球体内与恒等变换不同. 这个事实, 即所谓**洞穴论据** [①], 使得爱因斯坦和他的数学合作者 Marcel Grossmann [②] 大为困惑, 他们是用坐标下的方程形式 "代数地" 在思考, 因而一时竟然使得他们拒绝 "广义协变性". 这样导致的倒退使得方程 (1) 的正确陈述推迟了两年之久. 对于爱因斯坦的理论的几何解释给出了摆脱困境的出路: 这样的解应该看成是 "相同" 的解, 因为从所有的几何量度的观点看来, 它们都是相同的. 用现代的语言来说, 我们就说爱因斯坦方程的解 (例如真空方程的解) 就是时空 $(\mathbf{M}, \boldsymbol{g})$ 的等价类 [I.2§2.3]: 我们说两个时空是等价的, 就是说它们之间有一个微分同胚 $\phi$, 使得在任意开集合里, 如果我们把用 $\phi$ 互相转换的局部坐标视为相同的, 则这两个度量都看成是相同的.

结果, 当这些概念上的问题被克服以后, 爱因斯坦方程就可以看成是双曲型的. 看到这一点最容易的方法是作一个**规范**, 就是对坐标系作一定的限制. 具体地说, 就是要求坐标函数 $x^\alpha$ 满足波方程 $\Box_g x^\alpha = 0$, 这里的达朗贝尔算子 $\Box_g$ 是由公式

$$\Box_g = \frac{1}{\sqrt{-g}} \partial_\mu \left( \sqrt{-g} g^{\mu\nu} \partial_\nu \right)$$

给出的, 式右的 $g$ 表示行列式 $|g_{\mu\nu}|$. 这样的坐标总是局部存在的, 而传统上称它们为**调和坐标**, 虽然用**波坐标**这个名词更合适一些. 爱因斯坦方程于是可以写为一个方程组

$$\Box_g g_{\mu\nu} = N_{\mu\nu} \left( \{ g_{\alpha\beta} \}, \{ \partial_\gamma g_{\alpha\beta} \} \right),$$

这里的 $N_{\mu\nu}$ 是一个非线性表达式, 而且对于 $\{ \partial_\gamma g_{\alpha\beta} \}$ 是二次式. 考虑到洛仑兹度量的符号差, 上面的方程组就是一个**二阶非线性 (实际是拟线性) 双曲方程组**.

至此, 与麦克斯韦方程组做一个比较是很有教益的. 设有定义在闵可夫斯基时空中的电场 $\boldsymbol{E}$ 和磁场 $\boldsymbol{B}$, 还有一个 4 **维位势**就是一个 4 维的向量场 $\boldsymbol{A}$, 使得由它可以得出电场和磁场如下: $\boldsymbol{E}_i = -\nabla_i A_0 - c^{-1} \partial_t A_i$, $\boldsymbol{B}_i = \sum_{j,k=1}^{3} \varepsilon_{ijk} \partial_j A_k$ (这里

---

① 所谓洞穴论据是爱因斯坦在发展广义相对论时提出的关于时空的一个深刻的论点, 或者说是一个悖论. 它有深刻的哲学含义, 所以以下面介绍一个哲学网站上的一篇论文, 以备有兴趣的读者参阅: http://plato.stanford.edu/entries/spacetime-holearg/.—— 中译本注

② Marcel Grossmann, 1878–1936, 是一位出生于匈牙利的瑞士数学家, 爱因斯坦在苏黎世高工 (ETH) 的同班同学和朋友. 1912 年左右, 当爱因斯坦从狭义相对论转向广义相对论时, 他遇到了数学上的重大困难. 例如在牛顿理论中, 引力位势是泊松方程 (2) 的解, 是一个函数, 而在爱因斯坦的考虑中却应该是 10 个函数 (实际上就是对称张量 $\boldsymbol{g}$ 的 10 个分量 $g_{\mu\nu}$), 这是古典的数学无法解决的. 因此爱因斯坦向 Grossmann 求助. Grossmann 帮助他研读黎曼的著作, 特别是熟悉比安基、里奇、克里斯托费尔和列维–奇维塔的工作. 这样的合作成为一件美谈. 所以, 从 1975 年开始, 大约每 3 年就举行一次 Marcel Grossmann 国际会议, 讨论与广义相对论有关的物理特别是数学物理的进展. 有一部关于爱因斯坦的学术历程的传记: A. Pais. Subtle is the Lord, 1982, Oxford University Press (有方在庆, 李勇的中译本《**上帝难以捉摸**》, 1998 年, 广东教育出版社出版), 对爱因斯坦创立广义相对论的思想历程 (包括他与 Grossmann 的合作) 作了极为精彩的解说, 对于理解本文大有助益. —— 中译本注

$\varepsilon_{123} = 1$, 而且 $\varepsilon_{ijk}$ 是完全反对称的, 即每当有两个下标对调, 它就会反号). 如果我们想把 $A$ 看成基本的物理对象, 那就要注意, 如果把 $A$ 按照下面的式子变成另一个向量场 $\tilde{A}$:

$$\tilde{A} = A + \left(-c^{-1}\partial_t\psi, \partial_1\psi, \partial_2\psi, \partial_3\psi\right),$$

其中 $\psi$ 是一个**任意**函数, 则 $\tilde{A}$ 仍是同样的 $E$ 和 $B$ 的 4 维位势. 所以, 要想得到一个确定的 $A$, 就得对它加上条件, 这就叫做 "确定一个规范"(规范一词是由外尔 [VI.80] 开始使用的). 在所谓**洛仑兹规范** [①]

$$\nabla^\mu A_\mu = 0$$

下, 麦克斯韦方程组成为

$$\Box A_\mu = -c^{-2}\partial_t^2 A_\mu + \sum_i \partial_i^2 A_\mu = 0,$$

而麦克斯韦方程组的波性质也就显而易见了. 规范对称的观点一直到 20 世纪后期大放异彩成为 Yang-Mills **方程**的理论, 而是麦克斯韦方程组的非线性推广, 而且它也具有类似的规范对称性, 它是粒子物理学的所谓**标准模型**的中心部分.

　　爱因斯坦方程的双曲性质有两个重要的回响. 第一个是应该存在**引力波**. 这一点爱因斯坦早在 1918 年就看到了, 基本上是作为上面的讨论的线性化的版本的一个推论. 第二个反响是爱因斯坦方程 (1), 耦合上适当的物质方程应该是具有影响区域性质的**适定的**初值问题 [IV.12 §2.4]. 特别是在真空情况应该是这样. 但是, 在什么样的适当的概念框架下才能提出这样的问题? 却等了长时间才正确地找到这个框架, 而到 1950 年代在 Choquet-Bruhat (Yvonne Choquet-Bruhat, 1923-, 法国女数学家和物理学家) 的工作和 1960 年代 Geroch(Robert Geroch, 美国物理学家) 的工作中才得到完全的了解. 这些工作是以勒雷的**整体双曲性**的基本概念为基础的. 所谓适定性, 就是对于适当的初始数据, 必有唯一的解 (在真空情况, 就是有唯一的洛仑兹 4 维流形 $(\mathbf{M}, g)$ 满足方程 (21)). 但是, 对于初始数据的概念需要有适当的理解: 初始数据并不意味着 "$t = 0$ 时的数据", 因为 $t = 0$ 并不是一个几何概念. 这里的所谓数据应该是一个 3 维黎曼流形 $(\Sigma, \bar{g})$, 其上还有一个对称的 2 阶协变张量 $K$. 三元组 $(\Sigma, \bar{g}, K)$ 还必须满足所谓**爱因斯坦约束方程**. 有了这样的概念以后, 广义相对论尽管有着革命性的概念结构, 至此已经彻底地变成经典的问题, 即决定解与初始数据的关系, 就是从关于 "现在" 的知识去决定未来. 所以这是一个**动力学**的问题.

---

　　① 这个条件实际上是由丹麦物理学家洛仑兹 (Ludvig Valentin Lorenz, 1829–1891) 给出的, 所以应该称为洛仑兹规范, 但是它又是洛仑兹 (Lorentz 就是上文详细讲过的荷兰物理学家, 相对论的先行者) 不变的, 所以也可以叫做 Lorentz 规范. 本书原来就称为洛仑兹规范. 但是, 二人名字的发音是相同的, 所以我们就不加区分地直接称为**洛仑兹规范.** 一般中文文献也都是这样说的. 这里我们借此机会说明其来由. —— 中译本注

## 4. 广义相对论的动力学

在最后这一节里, 我们要尝一尝当前对于爱因斯坦方程的动力学的理解的味道.

### 4.1 闵可夫斯基时空的稳定性和引力辐射的非线性

在任何一个可以在其中提出动力学问题的物理理论中, 最基本的问题就是平凡解的稳定性问题. 换句话说, 如果对 "初始数据" 作微小的变化, 则对解造成的变化是否也是微小的? 在广义相对论中, 这就是闵可夫斯基时空 $\mathbf{R}^{3+1}$ 的稳定性问题. 对于真空方程 (21), 这个稳定性是由 Christodoulou 和 Klainerman 在 1993 年证明的.

闵可夫斯基时空的稳定性问题的解决, 使我们可以严格地提出**引力辐射定律**. 引力辐射迄今还没有被直接观察到, 最初是由 Hulse 和泰勒从双星的能量损失推断出来的. 这项工作使他们得到了诺贝尔奖中唯一一次与爱因斯坦方程相关的奖项 (1993). 辐射问题的数学陈述的蓝图基于 Bondi 和 Penrose 的工作. 我们对时空 $(\mathbf{M}, g)$ 附加上一个 "在无穷远处" 的理想的边缘, 称为**零无穷远** (null infinity), 而且给它一个记号 $\mathbf{I}^+$. 从物理上说, $\mathbf{I}^+$ 中的点相应于很远处的观察者, 他们生活在一个孤立的 "自我吸引" [①] (self-gravitating) 的系统中, 但是可以接受信号. 引力辐射可以被识别为定义在 $\mathbf{I}^+$ 上的某些张量, 这些张量是从各种几何量的重新尺度化的边缘极限得到的. 正如 Christodoulou 后来发现的那样, 引力辐射定律是非线性的, 而这种非线性有可能与观察者有关.

### 4.2 黑洞

在由广义相对论所作出的预见中, 可能黑洞是最广为人知的了.

黑洞的故事要从所谓 Schwarzschild [②] **度量**

$$-\left(1 - \frac{2m}{r}\right) \mathrm{d}t^2 + \left(1 - \frac{2m}{r}\right)^{-1} \mathrm{d}r^2 + r^2 \left(\mathrm{d}\theta^2 + \sin^2\theta \mathrm{d}\phi^2\right) \tag{22}$$

讲起, 这里的参数 $m$ 是一个正常数. 这个度量是真空的爱因斯坦方程 (21) 的一个解, 是 1916 年发现的. 对于度量 (22), 原来的解释是: 它模拟了一个星体外的真空中的引力场. 这就是说, 要限制在一个坐标区域 $r > R_0$ 中来考虑它, 这里 $R_0 > 2m$, 而且还要求这个度量在 $r = R_0$ 处与 $r \leqslant R_0$ 中的一个内部度量相匹配,

---

① 自我吸引就是指一个大的物体, 如星体, 只是由于其各个部分之间的引力作用才能聚集在一起成为一个物体. —— 中译本注

② 即 Karl Schwarzschild, 1873–1916, 德国物理学家. 他给出的 (22) 式是爱因斯坦方程的第一个除了平坦的真空解以外的精确解. 那是在爱因斯坦发表他的广义相对论 (1915 年) 后几个月的事情, 当时 Schwarzschild 正在第一次世界大战的俄罗斯战场上, 几个月后, Schwarzschild 就病逝了. 他的儿子 Martin Schwarzschild 也是一位天体物理学家, 请勿混淆. —— 中译本注

这个内部度量是 "静态" 的, 而且在 $r \leqslant R_0$ 中满足耦合的爱因斯坦–欧拉方程组 (内部的度量也有 (22) 的形式, 不过常数 $m$ 要换成一个函数 $m(r)$, 而且当 $r \to 0$ 时, $m(r) \to 0$).

从理论的观点看来, 一个很自然的问题就出现了. 如果我们除掉这个星体, 并且对于 $r$ 的**一切值**考虑 (22). 那么, 在 $r = 2m$ 出会发生什么? 在 $(r, t)$ 坐标中, 这个度量在这里似乎应该有奇性, 但是这只是一个幻觉! 做一个简单的坐标变换, 很容易把这个度量拓展为 (21) 的跨过 $r = 2m$ 的解. 就是说, 存在一个流形 $\mathbf{M}$, 其中既有 $r > 2m$ 的区域, 又有 $0 < r < 2m$ 的区域, 而由一个 (零) 超曲面 $\mathcal{H}^+$ 分开. 除了在 $\mathcal{H}^+$ 上以外, 度量 (22) 处处都是适用的, 但在 $\mathcal{H}^+$ 上需要用正规的坐标重写这个度量.

可以证明, 超曲面 $\mathcal{H}^+$ 具有异常的整体性质：它定义了一个时空区域的边缘, 而从这个区域可以把信号传送到零无穷远 $\mathcal{I}^+$, 或者用物理解释, 就是可以把信号传送给远处的观察者. 一般说来, 如果从一个点不能把信号传送到零无穷远, 这种点的集合就叫做时空的**黑洞**区域. 所以, $0 < r < 2m$ 区域就是 $\mathbf{M}$ 的黑洞区域, 而 $\mathcal{H}^+$ 就称为**视界**(event horizon, 或者译为 "**事界**", 甚至直接译为**黑洞表面**).

这些问题花了很长的时间才理清楚, 这部分地是因为整体洛仑兹几何的语言在爱因斯坦方程原来的陈述出现了很久以后才开始发展起来. 拓展了的时空 $\mathbf{M}$ 的整体几何是由 Synge (John Lighton Synge, 1897–1995, 爱尔兰物理学家) 在 1950 年代开始澄清, 而到 1960 年代才由 Kruskal (Martin David Kruskal, 1925–2006, 美国数学物理学家 [1]) 完成的. "黑洞" 这个名词则是由富有想象力的美国物理学家 John Archibald Wheeler (1911–2008) 给出的. 黑洞从一开始只是理论上的珍品, 到现在已经成了许许多多现象的公认的天体物理解释的一部分, 特别是被想作代表了许多星体由于引力坍缩而达到的末日归宿.

### 4.3　时空的奇性

与 Schwarzschild 度量 (22) 有关的第二个问题是：考虑拓展了的时空 $\mathbf{M}$ 中 $r < 2m$ 的部分, **在 $r = 0$ 处会发生什么**?

经过计算就会看到, 当 $r \to 0$ 时, Kretschmann (Erich Kretschmann, 1887–1973, 德国数学家, 但是也是一位中学教师) 标量 $R_{\mu\nu\lambda\rho}R^{\mu\nu\lambda\rho}$ 会爆破. 因为这个量是一个几何量, 所以与 $r = 2m$ 的情况不同, 时空是**不能越过** $r = 0$ 而正规地拓展的. 此外, 进入黑洞的时向的测地线 (就是在试验质点近似中的自由下落的观察者) 会在

---

[1] Martin David Kruskal 的贡献是多方面的, 例如在孤子物理中的贡献, 可以详见条目线性与非线性波以及孤子 [III.49]. 在天体物理中, 他的贡献除了如本文所说的拓展的 $\mathbf{M}$ 的整体几何以外, 他还从对于黑洞的研究找出了 "虫洞"(wormhole)(但是虫洞这个近于幻想的概念的提出和命名应该归功于 Wheeler). 他的两个兄弟也都是出色的数学家 (Joseph Kruskal, 数理统计; William Kruskal, 图论), 所以很容易混淆.
—— 中译本注

有限原时达到 $r = 0$ 处, 所以这些测地线在下面的意义下是 "不完全的", 即它们不能无限制地拓展下去. 所以他们会 "观察到" 时空度量的几何学的破裂. 此外, 接近 $r = 0$ 处的宏观观察者会被引力的 "潮汐力" 撕成碎片.

在广义相对论的早期, 这种看起来属于病态的性态是与 Schwarzschild 度量的高度对称性有关的, 而 "一般的"(generic) 解则不会展现出这种现象. 但是 Penrose 在 1965 年给出的著名的**不完全性定理** ①指出, 情况并不如此. 这个定理指出, 再耦合上适当的物质以后, 爱因斯坦方程初值问题一定包含了这种不完全的时向测地线或零测地线, 只要其初始数据超曲面是非紧的, 而且含有闭的俘获曲面. Schwarzschild 情况似乎建议这种不完全的测地线与曲率的爆破有关. 然而事实可能很不相同, 如著名的 Kerr (Roy Patrick Kerr, 1934-, 新西兰数学家) **解**所展示的那样. Kerr 解是真空方程 (21) 的一族含两参数的值得注意的解, 它只是到了 1963 年才被发现, 而是 (22) 对于旋转的星体情况的一个修正. 在 Kerr 解中, 不完全的时向测地线会遇到一个所谓的**柯西视界**, 这是时空的一个由初始数据唯一决定的区域的光滑边缘.

Penrose 的定理给出了两个重要的猜测. 第一个称为**弱宇宙审查假设** (weak cosmic censorship hypothesis), 它说的大体上就是对于适当的爱因斯坦-物质方程组, 一般的 (generic) 物理上可信的初始数据, 如果有测地线的不完全性, 这种不完全性一定限制于黑洞区域中. 第二个是**强宇宙审查假设** (strong cosmic censorship hypothesis) 所说的大体上则是对于一般的 (generic) 可允许的初始数据, 解的不完全性一定与解的拓展遇到局部障碍相关, 这种障碍例如可以是曲率的爆破. 后一个猜测保证了初值问题的唯一解必是从数据产生的经典的时空. 这就是说, 这个猜测蕴含了经典的决定性对于爱因斯坦方程也成立.

如果抛弃 "一般的 (generic)" 这个假设, 则这两个猜测就都不成立, 这也是它们的难处之一. Christodoulou 就曾做出过耦合的爱因斯坦-标量场方程组的球对称解 (来自正规的初始数据), 它是测地不完全的, 但是不包含黑洞区域. 这样的时空就说是包含着**裸奇性**.

裸奇性是很容易构造出来的, 如果不要求它来自正规的初始数据的引力坍缩的话. $m < 0$ 时的 Schwarzschild 度量 (22) 就是一例. 然而, 这个度量并不容许完全的渐近平坦的柯西超曲面. 这件事与 Schoen 和丘成桐的著名的**正能量定理**有关.

### 4.4 宇宙学

前面讨论过的 $(\mathbf{M}, g)$ 都是孤立系统的理想的表示. "静止的" 宇宙被激活起来, 而被代以一个 "渐近平坦的终结"; 远处的观察者被 "无穷远处" 的理想边缘所代

---

① 似乎称为**奇点定理**更好? 因为称为不完全性定理容易与哥德尔不完全性定理 [V.15] 混淆, 而 Penrose 恰好曾经就哥德尔定理作过许多工作. 这个定理讨论的是时空中何时会出现奇点的问题. 可以参看网页 http://en.wikipedia.org/wiki/Penrose–Hawking_singularity_theorems. —— 中译本注

替. 但是, 如果我们有更大的野心, 而用时空 $(\mathbf{M}, \boldsymbol{g})$ 来代表全部宇宙又会怎样呢? 后面这个问题的研究就是所谓**宇宙学**.

观察的结果建议, 在极大的尺度上, 宇宙是均匀而且各向同性的. 这一点有时称为**哥白尼原理**. 有趣的是, 我们不能用 $\mathbf{R}^4$ 上的常值的 $\nabla \phi$ 和常值的非零的 $\mu$ 来解出 $\mathbf{R}^4$ 上的泊松方程 (2). 这样, 在牛顿物理学中, 宇宙学从来也没有成为理性科学 ①. 而另一方面, 广义相对论确实容许均匀的各向同性的解以及它的扰动. 说真的, 爱因斯坦方程的宇宙解确实在这门学科的早期, 就被爱因斯坦本人和 de Sitter, Friedman 和 Lemaitre 等研究过.

当广义相对论已经形成后, 占统治地位的观点是: 宇宙应该是静态的. 这就使得爱因斯坦在他的方程的左方加上一项 $\Lambda g_{\mu\nu}$, 使得所得到的方程确有这样的静态的解. 常数 $\Lambda$ 称为**宇宙常数**. 宇宙在膨胀, 现在已经被看成是一个观测的事实, 从哈勃 (Edwin Powell Hubble, 1889–1953, 美国的天文学家) 作出了他的基本发现以后, 人们就是这样认识的. 爱因斯坦–欧拉方程组的所谓 Friedmann-Lemaitre 解就是这个膨胀的宇宙的一次近似, 其中 $\Lambda$ 可以取各种不同的值. 在时间倒流的方向上, 就是向过去追溯, 这些解有奇性, 对于这种奇性, 人们给了一个很有启发性的名称: "大爆炸".

### 4.5　未来的发展

爱因斯坦方程的太多的精确解, 对于更一般的解会有什么样的定性的性态, 给了我们一点感觉. 但是, 我们只对于最简单的解的邻域中的一般解的本性有了真正的了解. 上面说的黑洞解的稳定性问题还一直没有得到解答, 还有宇宙审查假设和在广义相对论中一般地 (generically) 会出现的奇性的本性也是这样. 然而这些问题对于广义相对论的物理解释, 对于它的适用性的估计, 都是基本的.

这些问题在多大程度上能够用严格的数学来回答呢? 广义非线性双曲型方程解的奇异性态的问题是难得出了名的. 爱因斯坦方程的丰富几何结构, 初看起来是一种使您感到恐怖的附加的复杂性, 但它也可能变成一个祝福. 我们只能期望, 爱因斯坦方程会继续为我们揭示出美丽的数学结构, 来回答关于我们的物理世界的基本问题.

进一步阅读的文献

Christodoulou D. 1999. On the global initial value problem and the issue of singularities. *Classical Quantum Gravity*, 16: A23-A35.

Hawkin S W, and Ellis G F R. 1973. *The Large Scale Structure of Space-Time*. Cambridge Monographs on Mathematical Physics, number 1. Cambridge: Cambridge University

———————————

① 如果修正牛顿理论的基础, 例如用 $\mathbf{R}^{3+1}$ 上的非度量的联络来描述这个理论, 也可以来研究 "牛顿的宇宙学". 但是, 这一步也是受到了广义相对论的启发 (见 3.5 节).

Press.

Penrose R. 1965. Gravitational collapse and space-time singulatities. *Physical Review Letters*, 14: 57-59.

Rendall A. 2008. *Partial Differential Equations in General Relativity*. Oxford: Oxford University Press.

Weyl H. 1919. *Raum, Zeit, Materie*. Berlin: Springer (Also publishedin English, in 1952, as *Space, Time, Matter*. New York: Dover).

# IV.14 动 力 学

Bodil Branner

## 1. 引言

动力系统是用来描述系统随时间演化的方式的, 它的起源是牛顿 [VI.14] 在他 1687 年的《**自然哲学的数学原理**》(*Principia Mathematica*, 以下简称《**原理**》) 一书中提出的自然界的定律. 与之相关的数学学科就是动力学理论, 与许多数学分支相关, 特别是分析、拓扑学、测度理论和组合学. 它也受到许多自然科学学科的高度的影响与刺激, 例如天体力学、流体力学、统计力学、气象学和数学物理的其他各部分, 还有反应化学、种群动力学和经济学.

计算机仿真和可视化在这个理论的发展中起了重要的作用. 这个理论已经改变了我们关于下面的问题的基本观点: 这个问题就是: 哪些情况才是典型的而不是特殊的和非典型的情况.

动力系统有两个主要分支: 连续的和离散的. 本文主要讲**全纯动力学**, 它研究的是一类特殊的离散动力系统. 这种系统是从研究下面的问题得来的: 取一个定义在复数集合上的全纯函数 [I.3 §5.6] $f$, 并且用它反复迭代, 并研究由此得出的动力系统. $f$ 的一个重要的例子是二次多项式.

### 1.1 两个基本的例子

一件有趣的事实是: 这两种类型的动力系统, 连续的和离散的, 都可以用追溯到牛顿时代的例子来很好地说明.

(i) **$N$ 体问题**是太阳系中的太阳和 $N-1$ 个行星运动的数学模型, 是用一个微分方程组来表示这个运动. 每一个星体都用一个点 (即用它的质心) 来表示, 而它们的运动则是由牛顿的万有引力定律 —— 或称平方反比律 —— 决定的. 这个定律指出, 两个星体之间的引力正比于它们的质量的乘积, 而反比于它们的距离的平方. 令 $r_i$ 为第 $i$ 个质点的位置向量, $m_i$ 为其质量, 而 $g$ 为万有引力常数, 则第 $j$ 个质点作用于第 $i$ 个质点的力的大小是 $gm_im_j/\|r_j - r_i\|^2$, 方向则是由 $r_i$ 到 $r_j$. 因为

沿着由 $\boldsymbol{r}_i$ 到 $\boldsymbol{r}_j$ 方向的单位向量是 $(\boldsymbol{r}_j - \boldsymbol{r}_i) / \|\boldsymbol{r}_j - \boldsymbol{r}_i\|$, 所以作用在第 $i$ 个质点上的总力是

$$\boldsymbol{g} \sum_{j \neq i} m_i m_j \frac{\boldsymbol{r}_j - \boldsymbol{r}_i}{\|\boldsymbol{r}_j - \boldsymbol{r}_i\|^3}$$

(分母上有三次方是为了抵消分子上的 $\boldsymbol{r}_j - \boldsymbol{r}_i$ 的大小). $N$ 体问题的解就是时间 $t$ 的一个可微的向量函数 $(\boldsymbol{r}_1(t), \cdots, \boldsymbol{r}_N(t))$, 它满足 $N$ 个微分方程

$$m_i \boldsymbol{r}_i''(t) = \boldsymbol{g} \sum_{j \neq i} m_i m_j \frac{\boldsymbol{r}_j(t) - \boldsymbol{r}_i(t)}{\|\boldsymbol{r}_j(t) - \boldsymbol{r}_i(t)\|^3},$$

这些微分方程就表示牛顿第二定律: 力 = 质量 × 加速度.

牛顿能够显式地解出二体问题. 他忽略了其他行星的影响, 导出了开普勒所提出的定律, 即行星是怎样绕太阳沿一个椭圆轨道运行的. 然而, 想要跳到 $N > 2$ 的情况, 问题的复杂性却有了极大的差异: 除了几个特殊的情况, 这个方程组不再能够显式地求解 (参看条目三体问题 [V.33]). 尽管如此, 牛顿的方程在指导卫星和其他航天任务上有很大的实际意义.

(ii) 求解方程组的**牛顿方法** [II.4 §2.3] 则很不相同, 其中不涉及微分方程. 考虑单个实变量的可微函数 $f$, 我们想决定它的一个零点, 即方程 $f = 0$ 的解. 牛顿的思想是定义一个新的函数

$$N_f(x) = x - \frac{f(x)}{f'(x)}.$$

从几何上看, $N_f(x)$ 就是原来的函数的图像 $y = f(x)$ 在 $(x, f(x))$ 点的切线与 $x$ 轴的交点的横坐标 (如果 $f'(x) = 0$, 这条切线就是水平的, 而 $N_f(x)$ 没有定义).

在许多情况下, 如果 $x$ 很接近于 $f$ 的零点, 则 $N_f(x)$ 与这个零点明显地接近得多. 所以, 如果从某个 $x_0$ 开始, 并对它反复地施加 $N_f$ 而得到一个序列 $x_0, x_1, x_2, \cdots$, 就是令 $x_1 = N_f(x_0)$, $x_2 = N_f(x_1)$, $\cdots$ 这样仿此以往得到的序列. 我们可以设想这个序列将要收敛于 $f$ 的一个零点. 这件事确实是真的, 如果初始的 $x_0$ 充分地接近于一个零点, 这个序列确实也收敛于这个零点, 而且收敛得极快. 基本上, 每一个近似值正确的小数位数, 比前一个近似值要翻一番. 这样的快速收敛使得牛顿方法在数值计算上非常有用.

### 1.2  连续的动力系统

我们可以认为, 一个连续动力系统就是一个 1 阶微分方程组, 它决定了这个系统怎样随时间演化. 这个微分方程的解就称为一个**轨道** (orbit 或 trajectory), 而用一个实数 $t$ 来参数化, 这个实数 $t$ 我们通常想作是时间, 它取实数值而且连续变化,

"连续" 动力系统的名称就是由此而来的. 一个以正实数 $T$ 为**周期**的**周期轨道**就是一个经过时间 $T$ 就重复自身但不能在比 $T$ 更短的时间后就这样做的解.

微分方程 $x''(t) = -x(t)$ 是二阶的, 但是也是一个连续的动力系统, 因为它等价于由两个 1 阶微分方程 $x_1'(t) = x_2(t)$, $x_2'(t) = -x_1(t)$ 所成的方程组. $N$ 体问题的微分方程组也可以类似地通过引入新的未知函数而化为标准形式. 它等价于由 $6N$ 个 1 阶微分方程所成的方程组, 其中的未知函数就是 $N$ 个位置向量 $r_i = (x_{i1}, x_{i2}, x_{i3})$ 和 $N$ 个速度向量 $r_i' = (y_{i1}, y_{i2}, y_{i3})$, 总共 $6N$ 个分量函数. 这样, $N$ 体问题就是连续动力系统的一个好例子.

一般说来, 如果有一个由 $n$ 个方程组成的连续动力系统, 就可以把其中第 $i$ 个方程写为

$$x_i'(t) = f_i(x_1(t), \cdots, x_n(t)),$$

或者把它们写成向量形式 $\boldsymbol{x}'(t) = f(\boldsymbol{x}(t))$, 这里 $\boldsymbol{x}(t)$ 是 $n$ 维向量 $(x_1(t), \cdots, x_n(t))$, 而 $\boldsymbol{f} = (f_1, \cdots, f_n)$ 则是一个由 $\mathbf{R}^n$ 到 $\mathbf{R}^n$ 的函数. 注意这里需要假设 $\boldsymbol{f}$ 不显含时间 $t$ (这样的动力系统称为**自治的** (autonomous), 而适合这个要求的微分方程组, 则说是具有标准形式的). 如果它显含了 $t$, 就说它的**非自治的** (non-autonomous), 但这时可以通过增加一个新的未知函数 $x_{n+1} = t$ 和一个新的方程 $x_{n+1}' = 1$ 而化成标准形式, 而这个动力系统的维数就从 $n$ 增加为 $n+1$.

最简单的动力系统是**线性动力系统**, 即 $\boldsymbol{f}$ 为一个线性映射的情况, 这时 $\boldsymbol{f}(\boldsymbol{x})$ 可以通过一个 $n \times n$ 矩阵 $A$ 而写为 $A\boldsymbol{x}$. 上面的系统 $x_1'(t) = x_2(t)$, $x_2'(t) = -x_1(t)$ 就是线性动力系统的例子. 然而绝大多数动力系统, 包括上面讲的 $N$ 体问题的动力系统, 都是**非线性**的. 如果函数 $\boldsymbol{f}$ 是一个 "好" 的函数 (例如是可微函数), 则对任意的初始点 $\boldsymbol{x}_0$, 解的**唯一性**和**存在**都是有保证的. 这就是说, 恰好有一个解在 $t = 0$ 时通过 $\boldsymbol{x}_0$ 点. 例如在 $N$ 体问题中, 对应于任意给定的初始位置向量和初始速度向量, 恰好有一个解. 从唯一性又可知, 任意一对轨道, 要么完全重合, 要么完全分离 (不过要记住, 在这个情况里的 "轨道" 一词并不是指单个质点的位置的集合, 而是指表示所有质点的位置和速度向量的演化).

虽然能够把一个非线性系统的解显式地表示出来是罕有的事, 但我们知道, 解一定是存在的, 并且说这个动力系统是**决定论**的, 因为它的解由初始条件完全决定. 所以, 给定了一个系统以及一个初始条件, 从理论上说就可以预测这个系统的全部未来的演化.

### 1.3　离散动力系统

**离散的动力系统**就是一个跳跃着演化的系统. 在这个系统中, 最好是用一个正整数而不是用连续的实数来表示 "时间". 解方程的牛顿方法是一个好例子. 在这

个实例中, 前面看到的点的序列 $x_0, x_1, \cdots, x_k, \cdots$, 其中 $x_k = N_f(x_{k-1})$, 称为 $x_0$ 的 "轨道". 我们说它是由函数 $N_f$ "迭代" 即反复地施用这个函数得到的.

这个思想很容易推广到其他的映射 $F: X \to X$, 这里的 $X$ 可以是实轴或实轴上的区间或平面或平面的一个子集合, 甚至更复杂的空间. 因为 $X$ 是动力系统位于其内的空间, 所以有时就称其为**动力学空间**. 重要之点在于由任意输入 $x$ 得出的输出 $F(x)$ 都可以作为下一次的输入, 这就保证了 $X$ 的任意点 $x_0$ 的轨道在任意的未来时刻都是存在的. 就是说, 可以定义一个序列 $x_0, x_1, \cdots, x_k, \cdots$, 其中对于任意的 $k$, 都有 $x_k = F(x_{k-1})$. 如果函数 $F$ 有逆 $F^{-1}$, 还可以向前后两个方向迭代, 而得到 $x_0$ 的**完全的轨道**, 即双向无限的序列 $\cdots, x_{-2}, x_{-1}, x_0, x_1, x_2, \cdots$, 这里对于所有整数 $k, x_k = F(x_{k-1})$, 或者等价地写为 $x_{k-1} = F^{-1}(x_k)$.

$x_0$ 的轨道称为是以 $k$ 为**周期**的**周期轨道**, 如果每经过迭代 $k$ 步它就会重复自己, 但是少于 $k$ 步则不会重复自己, 就是说 $x_k = x_0$, 但是对 $j = 1, \cdots, k-1$, 恒有 $x_j \neq x_0$. 一个轨道如果最终是周期的, 也就是存在 $l \geqslant 1$ 和 $k \geqslant 1$, 使得 $x_l$ 是以 $k$ 为周期的, 但是每一个 $x_j, 0 \leqslant j < \ell$ 都等于 $x_0$, 这时, $x_0$ 的轨道就称为**前周期的** (pre-periodic). 前周期性的概念在连续动力系统中没有对应物.

离散的动力系统都是决定论的, 因为一旦知道了 $x_0$, 以它为初始值的轨道就完全决定了.

### 1.4　稳定性

动力系统的现代理论受到了*庞加莱* [VI.61] 的工作的深刻影响, 特别是受到他申报一次大奖的关于 3 体问题的论文以及继而发表的三卷本的关于天体力学的巨著的深刻影响, 这些都是 19 世纪末的工作. 论文是为了参加一次悬赏竞赛, 其中提出的问题之一是关于太阳系的稳定性问题. 庞加莱引进了所谓的**限制三体问题**, 就是假设第三个物体的质量比起另两个物体来是非常之小, 它不会影响另外两个物体的运动, 而是只受到它们的影响. 庞加莱的工作成了所谓**拓扑动力学**的序曲, 这个理论集中关注于动力系统解的拓扑性质, 而且是用定性的方法来研究的 [①].

---

① 这里说的是 19 世纪末数学史的一件大事. 1885 年, 按照瑞典数学家 Mittag-Leffler (全名 Magnus Gustaf (瑞典文拼作 Gösta) Mittag-Leffler, 1846–1927) 的建议, 瑞典国王 Oscar II 决定举办一次悬赏, 褒奖在数学分析中的重大贡献, 并且提出了 4 个问题, 第一个就是 $N$ 体问题. 庞加莱在朋友们的鼓励下, 在 1888 年向 *Acta Mathematica* 杂志寄交了自己的论文 *Sur le problem des trios corps et les equations de la dynamique* (论三体问题与动力学方程). 由*魏尔斯特拉斯* [VI.44]、*厄尔米特* [VI.47] 和 Mittag-Leffler 组成的评奖委员会决定把这项大奖授予庞加莱. 指出其中 **"最重要最困难的问题, 如太阳系的稳定性问题是用这样的方法来处理的, 这些方法开辟了天体力学的新时代"**. 但是三体问题并未就此解决, 而且有人指出庞加莱的论文有错. 这是确实的, 而庞加莱正是在改正这些错误中成就了自己的伟大功绩, 开辟了动力系统理论的新篇章, 可以说是建立了拓扑学, 为混沌理论铺平了道路. 后来, 庞加莱预言式地说: **"可能初始条件的微小变化会在最终的现象上造成巨大的变化"**. 他后来把这个理论综合写成三卷本的名著: *Méthodes nouvelles de la mécanique céleste* (**天体力学的新方法**). —— 中译本注

一个系统的长期动态是特别有趣的. 设有一个周期解, 如果通过充分接近其轨道某点的任意轨道将永远充分接近这条轨道, 则此周期解称为**稳定的**. 如果当时间趋于无穷时, 所有充分接近于它的轨道都趋于这条轨道, 就称这条轨道是**渐近稳定的**. 让我们用线性的离散动力系统的两个例子来说明它. 对于实函数 $F(x) = -x$, 经过所有的点都有周期轨道: 经过 0 的轨道周期为 1, 经过其他非 0 的 $x$ 点的轨道周期为 2. 每一个轨道都是稳定的, 但是后一个不是渐近稳定的. 实函数 $G(x) = \frac{1}{2}x$ 只有 1 条周期轨道, 即 0. 因为 $G(0) = 0$, 所以称它为**不动点**. 如果取任意的数 $x$ 并且反复地用 2 去除它, 则得到的序列一定趋于 0. 所以不动点 0 是渐近稳定的.

庞加莱在研究三体问题时引入的方法之一, 是把一个例如 $n$ 维的连续动力系统化为一个相关的离散动力系统, 而这个离散的动力系统是 $n-1$ 维的映射. 他的思想是这样的: 设在一个连续动力系统中, 已经有了一个周期为 $T > 0$ 的周期解. 在此轨道上取一个点 $x_0$ 以及一个过 $x_0$ 的超曲面 $\Sigma$, 使得这个轨道在 $x_0$ 处交 $\Sigma$. 例如取 $\Sigma$ 为超平面的一部分. 对于 $\Sigma$ 上任意一个充分接近 $x_0$ 的点, 作这个点的轨道, 然后跟随这个轨道并且看这个轨道在何处与 $\Sigma$ 第二次相交. 这样就得到一个称为**庞加莱映射**的变换, 把这个点映为下一次交 $\Sigma$ 的交点. 例如 $x_0$ 就被映为 $x_0$, 所以就是庞加莱映射的不动点. 由于连续的动力系统的解是唯一的, 所以每一个庞加莱映射在 $x_0$ 的 (在 $\Sigma$ 上的) 邻域中一定是单射, 只要庞加莱映射在这个邻域中有定义即可. 我们可以向前或向后作庞加莱映射的迭代. 注意, 当且仅当庞加莱映射的不动点 $x_0$ 为稳定 (渐近稳定) 时, $x_0$ 的连续动力系统的周期轨道才是稳定 (渐近稳定) 的.

### 1.5 混沌性态

**混沌动力系统**开始大行其道是在 1970 年代. 它被应用到种种不同的背景之下, 而且没有一个定义能够涵盖它的所有的应用. 然而最好地刻画混沌的性质是**对于初始值的敏感的依赖性**这个现象, 是庞加莱首先在三体问题的研究中观察到了对于初始值的敏感性.

我们现在不谈论庞加莱的观察, 而来介绍一个简单得多的来自离散动力系统的例子. 取动力学空间 $X$ 为半开的区间 $[0, 1)$, 而令 $F$ 为把一个变量加倍再 mod 1 化简这个函数. 就是说, 当 $0 \leqslant x < \frac{1}{2}$ 时, $F(x) = 2x$, 而当 $\frac{1}{2} \leqslant x < 1$ 时, $F(x) = 2x - 1$. 令 $x_0$ 为 $X$ 中的任意数, 而迭代以后得到 $x_1 = F(x_0), x_2 = F(x_1)$, 等等. 这样, $x_k$ 就是 $2^k x_0$ 的分数部分 (实数 $t$ 的分数部分就是从其中减去不大于它的最大正整数所得的数).

了解序列 $x_0, x_1, x_2, \cdots$ 的性态的一个好办法就是看 $x_0$ 的二进展开. 举例来说,

设 $x_0$ 的二进式是译 0.110100010100111··· 开始的. 要把一个写为二进式的数翻番, 只要把每一个数码都向左移一位就可以了. 所以 $2x_0$ 的二进展开是以 1.1010001010 0111··· 开始的. 要想得到 $F(x_0)$, 只要从 $2x_0$ 中减去整数部分 1, 这就给出了 $x_1 = 0.10100010100111\cdots$. 反复这个过程就给出 $x_2 = 0.0100010100111\cdots, x_3 = 0.1000 10100111\cdots$, 并仿此以往 (注意, 在从 $x_2$ 得出 $x_3$ 时, 不需要减去 1, 因为 $x_2$ 的小数点后的第一位数已经是 0, 所以翻番以后仍然是 0). 现在把初始的数换成 $x_0' = 0.110100010110110\cdots$, 就是紧接着小数点的前 9 个数码与 $x_0$ 的相应数码全相同, 所以 $x_0'$ 与 $x_0$ 是非常接近的. 然而, 当对 $x_0$ 和 $x_0'$ 连续施用 $F$ 九次时, 它们各自的第 10 个数码都左移到了第一位, 而有 $x_9 = 0.00111\cdots$, 但是 $x_9' = 0.10110\cdots$, 二者相差约为 1/2. 这时, 就完全不能说它们很接近了.

一般说来, 如果只知道 $x_0$ 准确到 $k$ 位二进小数值, 而不能更高, 则在对 $F$ 迭代 $k$ 次以后, 就失去了所有的信息: $x_k$ 可以位于区间 $[0, 1)$ 这的任意位置. 所以, 尽管系统是决定论的, 如果不能以完全的精确度知道 $x_0$, 就不可能预测其长期的性态.

这一点在一般情况下都是真的: 如果一个动力系统对初始值表现出敏感性, 则除非已经以完全的精确性知道其初始条件, 就不可能对其任意部分作长期的预测. 而在实际应用上, 以完全的精确性知道其初始条件是不可能的. 例如用某个数学模型作天气预报时, 就不能以完全的精确性知道初始条件, 所以, 可靠的长期天气预报是不可能的.

在所谓**奇异吸引子**概念中, 敏感性也是很重要的. 集合 $A$ 称为**吸引子**, 如果所有始于 $A$ 中一点的轨道始终停留在 $A$ 中, 而且所有经过其附近的点的轨道越来越接近于 $A$. 在连续动力系统中, 一些简单的集合如平衡点、周期轨道 (即极限环) 和例如环面那样的曲面, 都可以是吸引子. 与之成为对比的是, 奇异吸引子在几何结构和动力学特性上都会很复杂. 在几何上它们可能是**分形**, 而在动力学上则是敏感性. 我们在后面会看到分形的例子.

最为人熟知的奇异吸引子是洛仑兹 ① **吸引子**. 1960 年代早期, 美国气象学家洛仑兹研究一个作为热的流动的简化模型的 3 维连续动力系统. 在作这个研究时, 他发现如果重新启动他的计算机, 而以早前计算输出的结果作为重新计算的初始值, 则轨道开始与原来观察到的结果偏离开来. 他给出的解释是, 计算机内部计算的精度比输出的精度更高. 因此, 在计算机重新启动时, 它的初始条件就发生了改变, 以上次计算的输出作初始值, 而不是以计算机内部的计算数据作初始值, 来继续上次的计算. 但还不是很清楚, 以上次计算的输出, 经过一定的舍入而作为初始值, 这与继续原来的计算可能稍有变化, 但如果这个动力系统具有敏感性, 这里的微小的差

---

① 就是 Edwand Norton Loreng, 1917–2008, 请不要与相对论的先行者、荷兰物理学家 Lorentg 和丹麦物理学家 Loreng (物理学中的洛仑兹规范就是以他命名的) 混淆. —— 中译本注

异后来变成了大得多的差异. 他造了一个颇有诗意的名词 "蝴蝶效应" ①来描述这个现象, 说一个微小的扰动如一只蝴蝶扇动翅膀, 到一定时候, 会对天气的长期演进产生巨大的效果、而在几千英里之外引发一场龙卷风. 洛伦兹系统的计算机仿真表明, 解被吸引到一个复杂的集合附近, 而这个集合 "看起来" 就像一个奇异的吸引子. 但是这个集合是否确实是这样一个吸引子却在很长的时间里没有解决. 当我们研究这种系统时, 计算机仿真有多么可靠并不是很清楚的, 因为计算机计算的每一步都会有舍入. 直到 1998 年, Warwick Tucker(1970–, 出生于澳大利亚的数学家) 才给出洛伦兹吸引子确实是奇异吸引子的一个计算机辅助的证明, 他使用了**区间算术**, 其中数是用区间来表示的, 而估计也可以做得很精确.

由于拓扑学的理由, 对于初始条件的敏感性, 在连续动力系统中, 只有当维数至少为 3 时才会出现. 对于离散的动力系统, 如果其中的映射 $F$ 是单射, 维数至少要是 2. 然而对于非单射的 $F$, 1 维的动力系统也会有对于初始条件的敏感性. 上面给的例子就是这样. 这就是离散的 1 维动力系统研究得很多的原因之一.

### 1.6 结构稳定性

说两个动力系统是**拓扑等价的**, 如果存在一个同胚 (即具有连续逆的连续映射), 把一个动力系统的轨道变成另一个动力系统的轨道, 而且反过来也是一样. 粗糙一点的说法, 就是有一个变量变化把每一个动力系统都变成另一个.

举一个例子, 考虑由实二次多项式 $F(x) = 4x(1-x)$ 给出的离散动力系统. 假设作了变量变换 $y = -4x + 2$, 怎样用 $y$ 来表示这个动力系统? 如果施用 $F$, 就会把 $x$ 变成 $4x(1-x)$, 这意味着 $y = -4x + 2$ 会变成 $-4F(x) + 2 = 16x(1-x) + 2$. 但是

$$-16x(1-x) + 2 = 16x^2 - 16x + 2 = (4x-2)^2 - 2,$$

所以对 $x$ 施加映射 $F$ 就是对 $y$ 施加了另一个多项式映射, 即 $Q(y) = y^2 - 2$. 因为变 $x$ 为 $-4x+2$ 的变换, 即变 $x$ 为 $y$ 的变换是双方连续可逆的, 所以就说 $F$ 和 $Q$ 是互相**共轭**的.

因为 $F$ 和 $Q$ 是互相共轭的, 任意点 $x_0$ 由 $F$ 而生成的轨道, 在此变量变换下, 就会变成相应的点 $y_0 = -4x_0 + 2$ 由 $Q$ 生成的轨道. 就是说, 对每一个 $k$, 有

① "蝴蝶效应" 是指一个系统对于初始条件的敏感性. 如上一个脚注所说, 最早是庞加莱在他 1890 年关于三体问题的工作中提出这个概念的. 当时, 他就曾指出这种现象可能在气象学中也有. 其他数学家提出这个问题的还有例如还有阿达玛 [VI.65] 在 1898 年指出, 在负曲率空间中, 轨道也有发散现象. 至于说到蝴蝶扇动翅膀会引起巨浪, 原是文学作品里的说法. 但是, 是洛伦兹使得这个说法流行起来. 他在 1963 年发表的关于他的发现的论文中说: "有一位气象学家注意到, 如果这个理论是正确的, 那么, 海鸥扇动它的翅膀一次就会永远改变天气的进程." 1972 年, 他在美国科学促进协会 (the American Association for the Advancement of Science) 作一次讲演时, 苦于找不到能吸引人的标题, 他的一个朋友为他编了下面的讲演题目: **巴西的蝴蝶扇动翅膀, 会不会在德克萨斯州 (美国) 引起一场龙卷风?** " "蝴蝶效应" 的说法从此不径而走. —— 中译本注

$y_k = -4x_k + 2$. [(请注意, 这里下标没有变化)]. 这两个动力系统就是拓扑等价的: 如果想要了解其中之一的动力学, 只需要研究另一个就可以了, 因为二者的动力学定性地是相同的.

对于连续的动力系统, 等价性的要求还要松一点, 就是只要一个动力系统的轨道能够同胚于另一个动力系统的轨道, 就说它们是拓扑等价的, 而不必考虑对于相同的时间 (即相同的下标) 演化, 但是在离散动力系统情况下就必须要求是对同样的 "时间" 来演化 (即下标 $n$ 必须相同): 换句话说, 我们坚持共轭性.

动力系统这个名词是斯梅尔 (Stephen Smale, 1930-, 美国数学家) 给出的, 而从他以后就非常流行了. 斯梅尔发展了 robust [1]系统, 也称为**结构稳定系统**的理论. 这个概念是前苏联数学家安德罗诺夫 (Alexander A. Andronov, 1901–1952) 和庞特里亚金 (1908–1988) 在 1930 年代提出的. 如果在一个特定的动力系统族中, 某个动力系统附近的所有充分接近于它的动力系统, 都与它拓扑等价, 就说这个动力系统是结构稳定的. 我们就说它们全都有相同的定性性态. 作为这类动力系统族的一个例子, 可以考虑所有形如 $x^2 + a$ 的实二次多项式. 这个族以 $a$ 为参数, 而此族中接近于某个 $x^2 + a_0$ 的动力系统, 就是那些参数值 $a$ 接近于 $a_0$ 的多项式 $x^2 + a$. 后面当我们讨论全纯动力系统时, 还会回到结构稳定性问题.

即令一个以变量 $a$ 为参数的动力系统族并非结构稳定的, 仍然可能有参数值的一个集合, 使得相应于 $a_0$ 的那个动力系统, 对于相应于这个集合中的所有的 $a$ 的动力系统都是拓扑等价的. 对于动力系统的研究的主要目的, 不只是为了了解某个动力系统族中各个动力系统的定性性质, 还要了解参数空间 (即如上面的参数 $a$ 的集合) 的结构, 即它是怎样分为各个稳定性区域的. 把这些区域分离开来的边界构成所谓分歧集合 (bifurcation set): 如果 $a_0$ 属于分歧集合, 则有任意接近于 $a_0$ 的参数 $a$, 使得相应于它的动力系统和相应于 $a_0$ 的动力系统有不同的定性性态.

对结构稳定的动力系统作描述和分类以及对可能的分歧作分类, 在一般动力系统理论中还是力所不及的. 然而这个学科的一个成功的故事, 即全纯动力系统, 研究一类特殊的动力系统, 在那里, 上面的目标有许多已经达到了. 现在是转向这一类动力系统的时间了.

## 2. 全纯动力学

全纯动力学研究的是这样的离散动力系统, 其中被迭代的映射是复数 [ I.3 §1.5] 的全纯函数 [ I.3 §5.6]. 复数典型地记作 $z$. 本文中, 我们将要考虑复多项式和复有

---

[1] robust 系统这个词现在广泛应用于计算机科学、管理与决策科学、系统科学中. 人们时常直接按字义译为健全的、结实的等等. 甚至 "音译" 为 "鲁棒性", 使人费解. 在本书偏微分方程 [IV.12] 条目中也讲到椭圆型方程的 robust 性质, 意思是尽管情况和条件有甚至很大的变化, 椭圆型方程的本性却未变. 当时按照其 "柔而不变" 的特点, 译为 "柔韧性" "坚韧性". 现在, 因为缺少合适的译法, 只好不译, 而直接照抄为 robust. —— 中译本注

理函数 (就是像 $(z^2+1)/(z^3+1)$ 那样的多项式的商) 的迭代, 但是我们所讲的绝大部分对于更一般的全纯函数如指数函数 [III.25] 和三角函数 [III.92] 也是成立的.

　　每当我们限制于一类特殊的动力系统时, 就会有专门适合于这个情况的工具. 对于全纯动力学, 这些工具来复分析. 我们还会看到, 当专注于有理函数时, 就有一些更特殊的工具, 而当限于多项式时, 又有另一些工具.

　　人们为什么会对有理函数的迭代有兴趣呢? 一个答案出现于 1879 年, 那时凯莱 [VI.46] 有了一个想法, 就是在试图求复多项式的根时, 把我们在引言里讨论过的牛顿方法从实数推广到复数. 给定了一个多项式 $P$ 以后, 相应的牛顿函数就是下式给出的有理函数:

$$N_P(z) = z - \frac{P(z)}{P'(z)} = \frac{zP'(z) - P(z)}{P'(z)}.$$

为了应用牛顿方法, 就要对这个有理函数作迭代.

　　有理函数迭代的研究在 20 世纪初期很是兴盛, 这特别是由于法国数学家茹利亚 (Gaston Maurice Julia, 1893–1978) 和法图 (Pierre Joseph Louis Fatou, 1878–1929) 的工作 (他们二人独立地得到了许多同样的结果). 他们的工作部分地是研究函数在不动点附近的局部动态的. 但是他们也关心整体的动态性质, 而且受到了法国数学家蒙泰尔 (Paul Antoine Aristide Montel, 1876–1975) 关于**正规族** (normal family) 的理论的鼓舞. 然而, 到了 1930 年左右, 全纯动力学的研究就几乎完全陷于停顿了, 因为这些结果后面深藏的分形过于复杂, 超出了人们的想象力. 到了 1980 年代, 由于计算机的计算能力极大地提高, 特别是能够作出这些分形结构极为精巧的图像, 使之可视化, 这方面的研究又重新得到了生命. 自此以来, 全纯动力学吸引了极大的注意, 新技术源源不断地被引入和发展.

　　为了作一个准备, 我们从考察一个最简单的多项式开始, 这个多项式就是 $z^2$.

## 2.1　二次多项式 $z^2$

　　最简单的二次多项式 $Q_0(z) = z^2$ 的动力学在了解一般的二次多项式的动力学上面起着基本的作用. 此外, 对 $Q_0$ 的动力学性态可以做完全的分析, 得到完全的了解.

　　如果令 $z = re^{i\theta}$, 则 $z^2 = r^2 e^{2i\theta}$, 所以把一个复数平方就是把它的模平方, 而把它的幅角加倍. 因此, 单位圆周 (就是模为 1 的复数的集合) 被 $Q_0$ 映为其自身, 而以原点为心、半径 $r < 1$ 的圆周, 仍映为以原点为心但是更靠近原点的圆周; 以原点为心半径 $r > 1$ 的圆周则被映为以原点为心但是更靠外边的圆周.

　　现在更仔细地看一看单位圆周本身. 它上面的典型的点 $e^{i\theta}$ 可以认为是以幅角 $\theta$ 为参数的, 而且幅角则位于区间 $[0, 2\pi)$ 中. 把这个数平方得到 $e^{2i\theta}$, 则当 $2\theta < 2\pi$ 时, 这个参数变成 $2\theta$, 但当 $2\theta > 2\pi$ 时, 需要减去 $2\pi$ 才使得参数值 (即幅角) $2\theta - 2\pi$

仍在区间 $[0, 2\pi)$ 中. 这个情况让我们回想起 1.5 节里讲的例子. 事实上, 如果把幅角 $\theta$ 换成其**修正值** $\theta/2\pi$ (这相当于把 $e^{i\theta}$ 变成 $e^{2\pi i\theta}$), 现在的情况就恰好成为那里的例子. 因此 $z^2$ 在单位圆周上的性态是混沌的.

至于复平面的其他部分, 则原点成为一个渐近稳定的不动点: $Q_0(0) = 0$. 单位圆周内的点 $z_0$, 它的迭代 $z_k$ 当 $k$ 趋于无穷时, 必收敛于 0. 单位圆周外的任意点 $z_0$ 的迭代 $z_k$ 与原点的距离 $|z_k|$ 当 $k$ 趋于无穷时趋于无穷. 具有有界轨道的初始点 $z_0$ 的集合就是闭单位圆盘, 即适合不等式 $|z_0| \leqslant 1$ 的点 $z_0$ 的集合. 它的边缘即单位圆周, 把整个复平面分成两个部分, 而各具有不同的动力学特性.

$Q_0$ 有一些轨道是周期的. 为了决定哪一些轨道是周期轨道, 我们先就注意到, 除单位圆周上的点以外仅有的可能周期解就是原点, 因为当反复平方时, 所有其他的点或者与原点越来越靠近, 或者越来越远去. 所以现在我们再来看单位圆周上的点 $e^{2\pi i\theta_0}$, 它的幅角修正值是 $\theta_0$. 如果此点是周期为 $k$ 的周期解, 则 $2^k\theta_0 = \theta_0(\mathrm{mod}1)$, 也就是 $(2^k - 1)\theta_0$ 必须是一个整数. 由于这个原因, 单位圆上的点最好是用其幅角的修正值为参数. 从现在起, 凡说到 "点 $\theta$", 都是指的点 $e^{2\pi i\theta}$; 反说到 "幅角 $\theta$" 都是指修正了的幅角为 $\theta$.

我们刚才证明了, 点 $\theta_0$ 当且仅当 $(2^k - 1)\theta_0$ 为一整数时才是周期为 $k$ 的周期解. 由此可知, 只有一个周期 1 的点 $\theta_0 = 0$. 有两个周期 2 的点, 但它们构成一个轨道, 即 $\frac{1}{3} \mapsto \frac{2}{3} \mapsto \frac{1}{3}$. 有六个点周期为 3, 分成两个轨道, 即 $\frac{1}{7} \mapsto \frac{2}{7} \mapsto \frac{4}{7} \mapsto \frac{1}{7}$ 和 $\frac{3}{7} \mapsto \frac{6}{7} \mapsto \frac{5}{7} \mapsto \frac{3}{7}$ (在每一步, 我们都把所得到的数翻番, 而在必要时再减去 1 使它回到区间 $[0, 1)$ 里来. 这样, 问题就和 1.5 节里讲过的例子完全一样了). 周期 4 的点是分母为 15 的分数, 但是其逆不真: 分数 $\frac{5}{15} = \frac{1}{3}, \frac{10}{15} = \frac{2}{3}$ 都是分母为 15 的分数, 但是前面已经见到, 它们都是具有较小的周期 2 的周期点. 单位圆周上的周期点是稠密的, 意思是在任意点的任意接近处都可以找到周期点. 稠密性可以从以下的观察看到: 所有的循环二进小数, 例如 $0.110001100011000110001 1000\cdots$ 当然都是周期点, 而由 0 和 1 组成的任意有限序列又都是一个循环二进小数的起始的部分. 所以, 任意取一个 $\theta_0 \in [0, 1)$, 我们可以取它的二进展开的充分长的起始一段 $\theta_0'$, 它当然与 $\theta_0$ 任意地接近. $\theta_0'$ 自然是由 0 和 1 组成的有限序列, 让它循环就得到所需的充分接近于 $\theta_0$ 的周期点. 事实上, 可以证明, 单位圆周上的周期点就是其幅角为 $[0, 1)$ 中的有理数 $p/q$ 的点, 这里 $q$ 是奇数. 任意的具有偶数分母的分数都可以写成 $p/(2^l q)$, 而 $q$ 为奇数. 这样的点在迭代 $l$ 次以后, 就达到了一个周期点, 所以 $p/(2^l q)$ 是前周期点. 幅角为 $[1, 0)$ 中的有理数的点轨道长都是有限的, 而具有无理数幅角的点的轨道长则是无限的. 取幅角的修正值的理由现在就得到说明了: 单位圆周上各点的动力学性态完全取决于 $\theta_0$ 是有理数还是无理数.

如果 $\theta_0$ 是无理数, 它的轨道或许仍然可能在 $[0,1)$ 中稠密. 如果用二进展开, 这个问题也还是容易解决的. 例如下面的 $\theta_0$ 的轨道就是稠密的, 这里,

$$\theta_0 = 0.0100011011000001010011100101110111\cdots.$$

这个 $\theta_0$ 的作法是把 $0, 1$ 的所有的有限排列依次排起来: 先排 1 位的, 就是 0 和 1; 再排二位的, 就是 00, 01, 10, 11; 然后是三位的, 并且仿此以往. 如果有任意的有限二维展开 $\theta'$, 当作迭代时, $\theta_0$ 就会向左移位, 所以 $\theta'$ 就会在某个时刻出现在移位后的 $\theta_0$ 的首部.

### 2.2 周期点的刻画

令 $z_0$ 为全纯映射 $F$ 的不动点, 则 $z_0$ 附近的点的迭代的性态如何? 有一个数 $\rho$ 称为 $z_0$ 的**乘子**, 对于答案至关紧要, 它的定义就是 $F'(z_0)$. 为了看清它何以重要, 注意如果 $z$ 很接近 $z_0$, 则 $F(z)$ 的一次近似是 $F(z_0)+F'(z_0)(z-z_0) = z_0+\rho(z-z_0)$. 所以如果对 $z_0$ 附近一点 $z$ 施加 $F$, 则作用结果与 $z_0$ 之差别大体上相当于把 $z$ 与 $z_0$ 之差乘上乘子 $\rho$. 如果 $|\rho| < 1$, 则临近 $z_0$ 的点与 $z_0$ 更靠近, 这时, 不动点 $z_0$ 就称为**吸引的**不动点. 如果 $\rho = 0$, 这种靠近就发生得极快, 而 $z_0$ 称为**超吸引的**不动点. 如果 $|\rho| > 1$, 则 $z_0$ 附近的点离开得更远, 而 $z_0$ 称为**排斥的**不动点. 最后, 如果 $|\rho| = 1$, 则 $z_0$ 称为**冷漠的** (indifferent) 不动点.

如果 $z_0$ 是冷漠的, 它的乘子应该可以写为 $\rho = \mathrm{e}^{2\pi\mathrm{i}\theta}, \theta$ 是修正的幅角, 而在 $z_0$ 附近, 映射 $F$ 的一次近似地就是绕 $z_0$ 旋转一个角 $2\pi\theta$. 这个动力系统的行为在很大程度上依赖于 $\theta$ 的准确值. 如果 $\theta$ 是有理数 (无理数), 我们就说 $z_0$ 是**有理 (无理) 冷漠的**不动点. 在所有的无理冷漠不动点的情况, 动力学的情况还不完全清楚.

映射 $F$ 的 $k$ 周期点 $z_0$, 就是 $k$ 次迭代 $F^k = F\circ F\circ\cdots\circ F$ (共 $k$ 个 "因子") 的不动点 (但是对于少于 $k$ 次的迭代, $z_0$ 不能是不动点). 因此可以也定义 $k$ 周期点 $z_0$ 的乘子为 $\rho = (F^k)'(z_0)$. 由链法则有

$$(F^k)'(z_0) = \prod_{j=0}^{k-1} F'(z_j),$$

所以在过 $z_0$ 的周期轨道上的各点, $F^k$ 的导数有同样的值. 这个公式也蕴含了下面的事实: 一个超吸引周期轨道上, 一定含有临界点 (即使得 $F$ 的导数为 0 的点). 事实上, 由上面的关系式, 当 $(F^k)'(z_0) = 0$ 时, 至少有一个因子 $F'(z_j) = 0$.

注意, 0 是 $Q_0(z) = z^2$ 的超吸引的不动点, 而 $Q_0$ 在单位圆周上的任意周期 $k$ 的周期轨道的乘子、都有乘子 $2^k$. 因此, 在单位圆周上的所有周期轨道都是排斥的.

### 2.3 一个单参数二次多项式族

二次多项式 $Q_0(z) = z^2$ 位于一个单参数二次多项式族 $Q_c(z) = z^2 + c$ 的中心 (在前面就讨论过它, 但是当时 $z$ 和 $c$ 都取为实数而非复数). 对每一个固定复数 $c$,

我们对多项式 $Q_c$ 在迭代下的动力学感兴趣. 我们不必研究更一般的二次多项式的理由是, 只要作一个简单的变换 $w = az + b$ 就可以把一般的二次多项式化成 $Q_c$ 的形状, 这与 1.6 节中的实的变换是类似的. 事实上, 对每一个二次多项式 $P$, 可以找到恰好一个变换 $w = az + b$ 和一个 $c$, 使得对于所有的 $z$ 都有

$$a\left(P\left(z\right) + b\right) = \left(az + b\right)^2 + c.$$

所以只要懂得了 $Q_c$ 的动力学, 也就懂得了所有二次多项式的动力学.

还有其他的有用的代表性的二次多项式族, $F_\lambda\left(z\right) = \lambda z + z^2$ 就是一例. 作变换 $w = z + \dfrac{1}{2}\lambda$ 就可以把 $F_\lambda$ 变为 $Q_c$, 其中 $c = \dfrac{1}{2}\lambda - \dfrac{1}{4}\lambda^2$. 以后还会回到这个用 $\lambda$ 表示 $c$ 的式子. 在多项式族 $Q_c$ 中, 参数 $c = Q_c(0)$ 是 $Q_c$ 在复平面上的唯一的**临界值** (一个函数的临界值就是它在临界点处所取的值), 我们以后会看到, 临界轨道在分析整体的动力学上面起关键的作用. 而在多项式族 $F_\lambda$ 中, 参数 $\lambda$ 等于它在不动点 $z = 0$ 处的乘子值, 这一点使得 $F_\lambda$ 有时很有用.

### 2.4 黎曼球面

要想懂得多项式的动力学, 最好是把它看成有理函数的特例. 因为有理函数有时会等于无穷, 所以, 考虑有理函数的自然的空间并不是复平面 **C**, 而是**拓展的复平面**, 即普通的复平面再加上 "$\infty$". 这个空间时常记作 $\hat{\mathbf{C}} = \mathbf{C} \cup \{\infty\}$. 把它与所谓**黎曼球面**等同起来, 就给出了它的几何图像 (见图 1). 黎曼球面不过就是 3 维球面 $\left\{(x_1, x_2, x_3) : x_1^2 + x_2^2 + x_3^2 = 1\right\}$. 这个球面与复平面的等同关系, 可以通过下面的**球极射影**来实现: 给定复平面上一点 $z$, 把它与球面上的北极 $N = (0, 0, 1)$ 连线, 必定与球面相交与 $N$ 以外的另一点, 把球面上的这一点映射到 $z$, 这就构成一个映射称为球极射影. 球极射影是复平面与黎曼球面上除了北极以外的各点的一一对应, 但是北极在复平面上没有对应点, 注意到, $|z|$ 越大, 它的对应点就离北极越近. 所以我们就让北极对应于无穷远点.

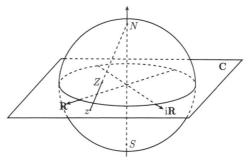

图 1   黎曼球面

现在把 $Q_0(z) = z^2$ 看成从 $\hat{\mathbf{C}}$ 到 $\hat{\mathbf{C}}$ 的函数. 我们已经看到, 0 是 $Q_0$ 的超吸引不动点. 那么 $\infty$ 作为 $Q_0$ 的另一个不动点, 其性态又该如何呢? 我们借助乘子来给出的分类在无穷远点不适用, 但是在这个情况下有一个标准的办法, 那就是把 $\infty$ "搬到" 0 点, 这种 "搬运" 可以用倒数映射来实现. 如果想要了解一个以 $\infty$ 为不动点的函数 $f$ 在这个不动点附近的状况, 就可以来看函数 $g(z) = 1/f(1/z)$. 因为 $g(0) = 1/f(1/0) = 1/\infty = 0$, 所以它在 $z = 0$ 处有不动点. 当 $f(z) = z^2$ 时, 也有 $g(z) = z^2$, 但是 $f(z)$ 在 $z = \infty$ 附近的性态相应于 $g(z)$ 在 $z = 0$ 附近的性态, 所以 $\infty$ 也是 $Q_0$ 的超吸引不动点.

一般说来, 如果 $P(z)$ 是一个非常值的多项式, 用上面的办法我们会很自然地定义 $P(\infty) = \infty$. 而且也就会得到一个有理函数. 例如, 设 $P(z) = z^2 + 1$, 我们得到的有理函数就是 $1/P(1/z) = z^2/(z^2+1)$. 如果 $P$ 的次数不小于 2, 则 $\infty$ 是它的超吸引不动点.

$\hat{\mathbf{C}}$ 与有理函数的联系可以由下面的事实表现出来: 一个函数 $F: \hat{\mathbf{C}} \to \hat{\mathbf{C}}$ 处处都是全纯的当且仅当它是一个有理函数. 这件事虽然不是显然的, 但是在初等的复分析教本里典型地都有证明. 在有理函数中, 多项式就是那些适合关系式 $F(\infty) = \infty = F^{-1}(\infty)$ 的有理函数.

次数为 $d$ 的多项式 $P$ 在不包括 $\infty$ 的复平面 (也称为有限复平面) 上有 $d-1$ 个临界点. 它们就是导数 $P'$ 的根 (各按重数计). 在 $\infty$ 的临界点重数为 $d-1$, 这仍然可以从考虑 $1/P(1/z)$ 得知. 所以总共有 $2d-2$ 个临界点. 特别是, 二次多项式在有限复平面上恰好有 1 个临界点. 有理函数 $P/Q$(其中的 $P,Q$ 是没有公共根的多项式) 的次数定义为 $P$ 和 $Q$ 的次数中较大的一个. 一个 $d$ 次的有理函数在 $\hat{\mathbf{C}}$ 上有 $2d-2$ 个临界点, 我们刚才对多项式已经看到了这一点.

### 2.5 多项式的茹利亚集

可以证明, 从 $\mathbf{C}$ 到 $\mathbf{C}$ 的可逆的全纯映射就是 1 次多项式, 就是形如 $az+b$, $a \neq 0$ 的函数. 这种映射的动力学很简单很容易分析, 所以没有什么意思.

所以从现在起, 我们只考虑次数至少为 2 的多项式 $P(z)$. 对于所有这种多项式, $\infty$ 都是一个超吸引不动点, 由此可知, 复平面被分成两个彼此不相交的部分, 各自的动力学性质各不相同, 其中之一由在映射 $P$ 的迭代下被吸引到 $\infty$ 的点构成, 另一个则由不被吸引到 $\infty$ 的点构成. $P$ 在 $\infty$ 的**吸引盆** (attracting basin) 记作 $A_P(\infty)$, 由适合以下条件的初始点 $z$ 构成, 这些 $z$ 当 $k \to \infty$ 时, 使得 $P^k(z) \to \infty$ (这里的 $P^k(z)$ 表示对 $z$ 施加映射 $P$ $k$ 次). $A_P(\infty)$ 的余集合称为**填满的茹利亚集合**, 并记作 $K_P$. 它可以定义为这样的 $z$ 的集合: 对这些 $z$, 序列 $z, P(z), P^2(z), P^3(z), \cdots$ 为有界的 (不难证明, 这类序列或者趋于 $\infty$, 或者有界).

$P$ 在 $\infty$ 的吸引盆 $A_P(\infty)$ 是一个开集合, 而填满的茹利亚集合则是有界闭集合

(也就是紧集合 [III.9]). $\infty$ 的吸引盆是一个连通集合. 因此, $K_P$ 的边缘等于 $A_P(\infty)$ 的边缘. 这个公共的边缘就叫做 $P$ 的**茹利亚集合**, 并且记作 $J_P$. $K_P, A_P(\infty)$ 和 $J_P$ 这三个集合都是不变的, 即有 $P(K_P) = K_P = P^{-1}(K_P)$ 等等. 如果把 $P$ 换成它的任意迭代 $P^k$, 则这个迭代的吸引盆、填满的茹利亚集合和茹利亚集合, 都和 $P$ 的相应集合是一样的.

对于多项式 $Q_0$, 在前面已经看到, 其填满的茹利亚集合是闭单位圆盘 $\{z : |z| \leqslant 1\}$, 其 $\infty$ 的吸引盆则是其余集合 $\{z : |z| > 1\}$; 而茹利亚集合则是单位圆周.

"填满的茹利亚集合" 这个名词反映了这样一个事实: $K_P$ 就是把 $J_P$ 以及把它的空洞填满所得的集合 (比较形式的说法则说 $K_P$ 是 $J_P$ 的余集合的所有有界连通分支的并). 茹利亚集合的余集合称为**法图集合**, 而其各个连通分支称为**法图分支**.

图 2~ 图 6 给出了不同的二次多项式 $Q_c$ 的茹利亚集合的例子. 为简单起见, 我们改动一下记号: 记 $K_{Q_c} = K_c, A_{Q_c}(\infty) = A_c(\infty)$, 还有 $J_{Q_c} = J_c$. 注意, 所有的茹利亚集合都是对 0 对称的, 这是因为 $Q_c$ 本身就有对称性: $Q_c(-z) = Q_c(z)$, 由此可知, 如果 $z$ 属于 $J_c$, 则 $-z$ 也属于它.

### 2.6 茹利亚集合的性质

这一节里我们要列出茹利亚集合的几个共有的性质. 它们的证明超出了本文的范围, 主要依赖于**正规族理论**.

• 茹利亚集合就是那些使得动力系统表现出对初始数据具有敏感性的点的集合, 就是动力系统的混沌子集合.

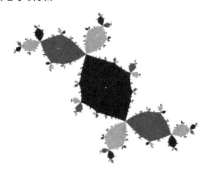

图 2    Douady 兔子

就是 $Q_{c_0}$ 的填满的茹利亚集合, 这里的 $c_0$ 是多项式 $\left(c^2 + c\right)^2 + c$ 的一个具有正虚部的根. 这就相应于 3 个可能的 $c$ 值, 对于这些 $c$, 临界轨道是周期的, 而且周期为 3: $0 \mapsto c \mapsto c^2 + c \mapsto \left(c^2 + c\right)^2 + c = 0$. 图中填满的茹利亚集合中的 3 个空心圆点是用来表示临界轨道的: 0 在黑色区域内, $c$ 在深灰色区域内, $c^2 + c$ 则在浅灰色区域内. $Q_{c_0}$ 的相应的吸引盆则分别填上了黑色、深灰色和浅灰色. 茹利亚集合就是这些黑色、深灰色、浅灰色的吸引盆和 $A_{c_0}(\infty)$ 的公共边缘

图 3　$Q_{1/4}$ 的茹利亚集合. 在茹利亚集合内部的每一点 (包括临界点 0) 在 $Q_{1/4}$ 的迭代下, 都被吸引到有理冷漠不动点 $1/2$, 这个冷漠不动点也属于 $J_{1/4}$, 而其乘子 $\rho = 1$

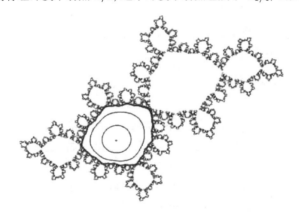

图 4　一个具有所谓西格尔圆盘的 $Q_c$ 的茹利亚集合, 这个圆盘环绕着一个无理冷漠不动点, 其乘子为 $\rho = e^{2\pi i(\sqrt{5}-1)/2}$, 相应的 $c$ 值是 $\frac{1}{2}\rho - \frac{1}{4}\rho^2$. 在西格尔圆盘, 即包含不动点的法图分支内, 经过适当的变量变换后, $Q_c$ 的作用可以表为 $w \mapsto \rho w$. 图上标出了不动点以及其附近的一些点的轨道. 在西格尔圆盘的边缘上, 临界轨道是稠密的

- 排斥轨道属于茹利亚集合并构成它的一个稠密子集合. 就是说, 茹利亚集合的任意点都可以用排斥点逼近到任意精确度. 茹利亚本人原来就是用这个性质来定义茹利亚集合的 (当然, 以他的名字来命名是后来的事).

- 对于茹利亚集合中的任意点, 迭代原像的集合 $\bigcup_{k=1}^{\infty} F^{-k}(z)$ 是茹利亚集合的一个稠密子集合. 当我们用计算机作茹利亚集合的图像时, 就要用到这个性质.

- 事实上, 对于 $\hat{\mathbb{C}}$ 中的任意点 (最多有一个或两个例外点), 迭代原像集合的闭包包含了整个茹利亚集合.

- 对于茹利亚集合中的任意点 $z$, 以及它的任意邻域 $U_z$, 迭代像 $F^k(U_z)$ 能够覆盖整个 $\hat{\mathbf{C}}$, 最多只有一个或两个例外点除外. 这个性质表现了一种对于初始条件的极端的敏感性.

- 如果 $\Omega$ 是由法图分支构成的完全不变的并 (即有 $F(\Omega)=\Omega=F^{-1}(\Omega)$), 则 $\Omega$ 的边缘与茹利亚集合重合. 这就论证了把多项式的茹利亚集合定义为 $\infty$ 的吸引盆是正当的. 请与图 2 比较, 其中 $Q_{c_0}^3$ 的吸引盆和 $A_{c_0}(\infty)$ 就是这种不变集合的例子.

- 茹利亚集合要么是连通的, 要么就含有不可数多个连通的分支. 图 6 就是后一种情况的例子.

- 茹利亚集合典型地是一个分形: 当我们把画面拉近而放大来看它的时候, 就会发现在所有的尺度上, 都会重现这个集合的复杂性. 它也是**自相似的**, 意思是: 对于茹利亚集合中的任意非临界点 $z$, 它的任意邻域 $U_z$ 都被双射地映为 $F(z)$ 的邻域 $F(U_z)$. $U_z$ 中的茹利亚集合和 $F(U_z)$ 中的茹利亚集合看起来是一样的.

对于二次多项式 $Q_0$, 上面所说的性质, 除了最后两个以外, 都很容易验证. 在这个例子中, 例外值就是 0 和 $\infty$.

### 2.7　Böttcher 映射和位势

#### 2.7.1　Böttcher 映射

考虑二次多项式 $Q_{-2}(z)=z^2-2$. 如果 $z$ 是区间 $[-2,2]$ 中的实数, 则 $z^2$ 在 $[0,4]$ 中, 而 $z^2-2$ 仍是区间 $[-2,2]$ 中的实数. 由此可知, 这个区间含在填满的茹利亚集合 $K_{-2}$ 中.

多项式 $Q_{-2}(z)$ 与 $Q_0(w)=w^2$ 并不拓扑等价, 但是如果 $z$ 充分大, 它们的行为却是相似的, 因为 2 比起 $z^2$ 来要小得多. 我们可以用一个适当的全纯变量变换来表示这件事. 事实上, 如果令 $z=w+1/w$, 则当 $w$ 变为 $w^2$ 时, $z$ 就变为 $w^2+1/w^2$. 但是它等于

$$(w+1/w)^2-2=z^2-2=Q_{-2}(z).$$

不过这并不能说明 $Q_0$ 和 $Q_{-2}$ 等价, 因为变量变换 $z=w+1/w$ 是不可求逆的. 然而在适当的区域, 求逆仍是可能的. 如果 $z=w+1/w$, 则 $w^2-wz+1=0$, 求解这个二次方程就会得到 $w=\dfrac{1}{2}(z\pm\sqrt{z^2-4})$, 这里留下了平方根前取哪一个符号的问题. 可以证明, 只要 $z$ 不落在区间 $[-2,2]$ 中, 取平方根前的某一个符号, 会给出 $|w|<1$, 而取另一个符号会给出 $|w|>1$. 如果恒取使得 $|w|>1$ 的那一个符号, 则得到的函数 $z\mapsto w$ 是由集合 $\mathbf{C}\backslash[-2,2]$ (即不在区间 $[-2,2]$ 中的复数的集合) 到集合 $\{w:|w|>1\}$ (即模大于 1 的复数的集合) 的连续函数 (事实上是全纯函数).

确定了这一点以后, 就知道 $Q_{-2}$ 在集合 $\mathbf{C}\backslash[-2,2]$ 上的性态和 $Q_0$ 在集合 $\{w:|w|>1\}$ 上的性态是一样的. 特别是在 $\mathbf{C}\backslash[-2,2]$ 中的点的轨道, 在 $Q_{-2}$ 迭

代作用下会趋于无穷远处. 所以, $Q_{-2}$ 的吸引盆 $A_{-2}(\infty)$ 就是 $\mathbf{C} \backslash [-2,2]$, 它的填满的茹利亚集合 $K_{-2}$ 和茹利亚集合 $J_{-2}$ 都是区间 $[-2,2]$.

把 $w + 1/w$ 写成 $\psi_{-2}(w)$. 我们用来作变量变换的这个函数 $\psi_{-2}(w)$, 把半径大于 1 的圆周映为椭圆, 而把外部射线 $\mathbf{R}_0(\theta)$, 即所有幅角为 $\theta$ 而模大于 1 的复数的集合映为双曲线的半支. 通常的射线定义不要求模大于 1, 而现在的射线是通常射线在单位圆周外部的那一部分, 所以称为外部射线 (external radial line). 因为 $\psi_{-2}(w)$ 与 $w$ 之比当 $w \to \infty$ 时趋于 1, 所以射线是相应的双曲线半支的渐近线 (见图 5).

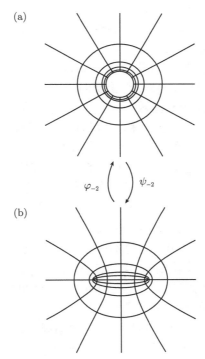

图 5 (a) $Q_0$ 在 $A_0(\infty)$(即模大于 1 的复数的集合) 中的一些等势线和外部射线 $\mathbf{R}_0(\theta)$.
(b) $Q_{-2}$ 在 $A_{-2}(\infty)$ (即 $K_{-2} = J_{-2} = [-2,2]$ 的复数的集合) 中的相应的等势线和外部射线 $\mathbf{R}_{-2}(\theta)$. 图中画出的外部射线的幅角为 $\theta = p/12$, 而 $p = 0, 1, \cdots, 11$

可以证明, 上面对 $Q_{-2}$ 所做的事情也可以对任意的二次多项式 $Q_c$ 来做. 这就是说, 对于模充分大的复数, 存在一个全纯函数 $\varphi_c$, 用它来作变量变换, 可以把 $Q_c$ 变为 $Q_0$, 即 $\varphi_c(Q_c(z)) = \varphi_c(z)^2$. 这个 $\varphi_c$ 就称为**Böttcher** [1] **映射** (所以上面讲的函数 $\psi_{-2}$ 就是当 $c = -2$ 时的 Böttcher 映射的逆, 而不是 Böttcher 映射本身). 在

―――――――――
[1] Lucjan Emil Böttcher, 1872–1937, 波兰数学家. —— 中译本注

坐标变换以后的新坐标就叫做 **Böttcher 坐标**.

更一般地说, 对于任何一个 $d$ 次的首一多项式 (即首项系数为 1 的多项式) $P$, 必在 $z$ 的模充分大处存在唯一的全纯变量变换 $\varphi_P$, 把 $P$ 变成函数 $z \mapsto z^d$, 即 $\varphi_P (P(z)) = P(z)^d$, 而且具有当 $z \to \infty$ 时 $(\varphi_P(z)/z) \to 1$ 这样的性质. $\varphi_P$ 的反函数写作 $\psi_P$.

### 2.7.2    位势

我们已经提到过, 如果把模大于 1 的复数求其平方并迭代, 它就会逃逸到无穷远处去. $z$ 的模越大, 这些迭代值趋近无穷也越快. 如果不是求平方, 而是对 $z$ 迭代地施加一个 $d$ 次首一多项式 $P$, 则对于充分大的 $z$, 迭代 $z, P(z), P^2(z), \cdots$ 仍然趋于无穷. 由公式 $\varphi_P(P(z)) = \varphi_P(z)^d$, 即有 $\varphi_P(P^k(z)) = \varphi_P(z)^{d^k}$. 所以这些迭代趋于无穷的速度并不决定于 $|z|$, 而是决定于 $|\varphi_P(z)|$: $|\varphi_P(z)|$ 的值越大, 趋近得就越快. 由于这个原因, $|\varphi_P|$ 的等高集合 (level set, 或译为水平集合), 也就是形式如下的集合: $\{z \in \mathbf{C} : |\varphi_P(z)| = r\}$, 是很重要的.

由于许多理由, 不去考察函数 $|\varphi_P(z)|$ 本身, 而去考察它的对数 $g_P(z) = \log |\varphi_P(z)|$ 是很有用的. 这个函数称为**位势**或**格林函数**(Green's function). 它与 $|\varphi_P(z)|$ 有相同的等高集合, 但是有一个优点, 即它是**调和函数** [IV.24 §5.1].

很清楚, 只要 $\varphi_P$ 有定义, $g_P$ 就有定义. 但是事实上可以把 $g_P$ 的定义推广到整个吸引盆 $A_P(\infty)$ 上去. 给定了一个使得迭代趋于无穷的 $z$, 就可以选一个 $k$ 使得 $\varphi_P(P^k(z))$ 有定义, 而可得到 $g_P(z)$ 就是 $d^{-k} \log |\varphi_P(P^k(z))|$. 注意, $\varphi_P(P^{k+1}(z)) = \varphi_P(P^k(z))^d$, 所以 $\log |\varphi_P(P^{k+1}(z))| = d \log |\varphi_P(P^k(z))|$. 由此容易知道 $d^{-k} \log |\varphi_P(P^k(z))|$ 的值不依赖于 $k$ 的选择.

$g_P$ 的等高集合称为**等势集合**. 注意, 位势 $g_P$ 的等势集合被 $P$ 映为位势 $g_P(P(z)) = d \cdot g_P(z)$ 的等势集合. 我们将会看到, 可以从等势集合的信息得出关于多项式 $P$ 的动力学的有用的信息.

如果有某个 $r > 1$ 使得 $\psi_P$ 在半径为 $r$ 的圆周 $C_r$ 上处处有定义, 则它把 $C_r$ 映到集合 $\{z : |\varphi_P| = r\}$ 上. 这个集合是位势 $\log r$ 的等势集合. 对于充分大的 $r$, 它是一个包围着 $K_P$ 的简单封闭曲线, 而当 $r$ 减小时会收缩. 有可能这条曲线的两个部分会逐渐靠拢, 再变成一个 8 字形曲线, 然后再分成两条闭曲线, 就像一个变形虫 (amoeba) 分裂成两个一样, 但是这只当此曲线经过 $P$ 的临界点时才可能发生. 所以, 如果 $P$ 的所有临界点都属于填满的茹利亚集合 (例如对于 $Q_{-2}$, $0 \in K_{-2} = [-2, 2]$ 就是这样), 就不会发生这样的事. 这时, Böttcher 映射 $\varphi_P$ 可以定义在多项式 $P$ 的整个吸引盆 $A_P(\infty)$ 上, 而且是由 $P$ 的吸引盆 $A_P(\infty)$ 到多项式 $z^d$ 的吸引盆 $A_0(\infty) = \{w \in \mathbf{C} : |w| > 1\}$ 上的双射. 对于每一个 $t > 0$ 都有位势 $t$ 的等势集合, 而且它们都是闭简单曲线 (请参看图 5). 当 $t$ 趋近 0 时, 位势 $t$ 的等势集合连同其内域就构成一个越来越接近填满的茹利亚集合 $K_P$ 的图形. 于是,

$K_P$ 是一个连通集合, 而茹利亚集合 $J_P$ 也是一样.

另一方面, 如果平面上至少有一个临界点属于 $A_P(\infty)$, 则 $C_r$ 的像在一定点上分裂为两块或更多块. 特别是含有逃逸最快的临界点 (即具有最高临界值的那一个临界点) 的那一块至少有两个环路, 图 6 就画出了这一点. 每一个环路的内域都被 $P$ 映为相应临界值的等势集合的内域. 这个等势集合是一条简单闭曲线 (因为这个临界值大于任意临界点的位势). 在每一个环路的内域, 必定有填满的茹利亚集合 $K_P$ 中的点, 所以这个集合一定是不连通的. Böttcher 映射一定可以定义在最快逃逸临界点的等势集合的外域上, 所以 Böttcher 映射总可以用于最快逃逸临界值上.

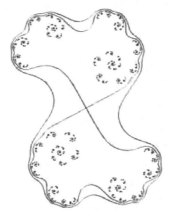

图 6　二次多项式 $Q_c$ 的茹利亚集合, 这里的 $Q_c$ 的临界点 0 在迭代下逃逸到无穷远处. 茹利亚集合是完全不连通的 (totally disconnected) 集合, 相交于 0 的 8 字形曲线就是过 0 的等势集合, 包围它的简单闭曲线就是经过临界值的等势集合

如果 $Q_c$ 是一个使得 0 在迭代下逃逸到无穷远处的二次多项式, 则可以证明填满的茹利亚集合一定是**完全不连通的**, 意思是 $K_c$ 的各个连通分支只能是点. 这些点没有一个是孤立的: 它们都可以作为 $K_c$ 中的其他的点所成的序列的极限. 一个紧的完全不连通的而且没有孤立点的集合叫做一个**康托集合** [III.17], 因为这样的集合一定同胚于康托的三分集. 注意, 这时 $K_c = J_c$. 对于 $Q_c$, 有下面的二分法: 如果 0 有有界的轨道, 则茹利亚集合 $J_c$ 是连通的; 如果 0 在迭代下逃逸到无穷远处, 则 $J_c$ 是完全不连通的. 当在本文后面定义芒德布罗集合 [III.52] 时, 我们还会回到这里讲的二分法.

### 2.7.3　具有连通茹利亚集合的多项式的外部射线

我们刚才是通过考察半径大于 1 的圆周在映射 $\psi_P$ 下的像来获取信息的. 但是从**径向射线** (radial lines) 在 $\psi_P$ 下的像也可以得到补充的信息, 这些射线与上面说到的圆周都正交. 如果茹利亚集合是连通的, 则和我们在讨论位势时所看见的一样,

Böttcher 映射是吸引盆 $A_P(\infty)$ 与 $z^d$ 的吸引盆即闭单位圆盘的余集合 $\{w:|w|>1\}$ 之间的双射. 和前面一样, 用 $\mathbf{R}_0(\theta)$ 来记有所有的幅角为 $\theta$ 而模大于 1 的复数所成的半射线. 因为当 $z\to\infty$ 时, $(\varphi_P(z)/z)\to 1$, 所以 $\mathbf{R}_0(\theta)$ 在 $\psi_P$ 下的像是一个半无限的曲线, 其上的点的幅角越来越接近 $\theta$. 这条曲线记作 $\mathbf{R}_P(\theta)$, 称为 $P$ 的**幅角为 $\theta$ 的外部射线**. 注意, $\mathbf{R}_0(\theta)$ 是 $z^d$ 的幅角为 $\theta$ 的外部射线.

　　我们可以把等势集合看成是位势函数的轮廓线 (contour lines), 而把外部射线看成是最速下降线. 用这两个曲线族可以在吸引盆中作出参数化, 正如复数的模和幅角成为 $\{z:|z|>1\}$ 中的参数化一样: 如果知道了某个点 $z$ 处的位势, 也知道这点位于哪一条外部射线上, 就会知道这一点 $z$ 是哪一点. 此外, 一条幅角为 $\theta$ 的射线被 $P$ 映为幅角为 $d\theta$ 的外部射线, 正如当 $z$ 位于半射线 $\mathbf{R}_0(\theta)$ 上时, $z^d$ 一定位于半射线 $\mathbf{R}_0(d\theta)$ 上一样.

　　如果 $\psi_P(re^{2\pi i\theta})$ 当 $r\searrow 1$ 时有极限存在, 我们就说相应的外部射线能够**着陆** (land). 如果是这样的话, 这个极限就叫做**着陆点**. 然而有可能外部射线的 "顶端" 振荡得那么厉害, 使其极限点构成一个连续统. 这时我们就说这条外部射线是**非着陆的** (non-landing). 可以证明, 所有的有理射线都是能够着陆的. 因为有理射线在 $P$ 的迭代作用下, 或者是周期的或者是前周期的, 所以有理射线的着陆点或者是茹利亚集合中的周期点或者是其中的前周期点. 茹利亚集合的构造的很大一部分都可以从关于公共着陆点的知识得到. 在图 2 所示的例子中, 三个含有临界轨道的法图分支的闭包有公共点. 这个点是排斥的不动点, 而且是幅角为 $1/7,2/7,4/7$ 的射线的共同的着陆点. 幅角为 $1/7$ 和 $2/7$ 的两条射线紧靠着含有临界值 $c_0$ 的那一个法图分支. 这两个幅角在参数平面上还会再次出现, 告诉我们 $c_0$ 位于何处.

### 2.7.4　局部连通性

　　在图 5 的例子中, Böttcher 映射的逆映射 (即函数 $\psi_{-2}$) 定义在模大于 1 的复数 $w$ 的集合 $\{w:|w|>1\}$ 上. 然而, 它可以连续地拓展到大一点的集合 $\{w:|w|\geqslant 1\}$ 上. 如果我们用了公式 $\psi_{-2}(w)=w+1/w$, 则有 $\psi_{-2}(e^{2\pi i\theta})=2\cos(2\pi\theta)$, 这就是外部射线 $\mathbf{R}_{-2}(\theta)$ 的着陆点. 对于任意的连通的填满的茹利亚集合 $K_P$, 有 Caratheodory 的以下的结果: Böttcher 映射的逆映射当且仅当 $K_P$ 为**局部连通**时 $\psi_P$ 可以从 $\{w:|w|>1\}$ 连续地拓展到 $\{w:|w|\geqslant 1\}$ 上. 为了懂得这是什么意思, 设想一个形状如梳子的集合. 从这个集合的任意点到任意的另一点都有完全位于此集合内的连续路径把它们连接起来, 但是有可能这两个点非常接近, 而连接它们的最短路径却相当长. 例如, 若这两点就是相邻的梳齿的端点, 情况就是这样. 一个连通集合 $X$ 称为是局部连通的, 如果它的每一点都有连通的邻域. 有可能作一个梳子形的集合 (它有无穷多个齿) 含有这样的点, 其每一个连通邻域都相当大. 图 2~ 图 5 的例子中的填满的茹利亚集合都是局部连通的, 但是还有填满的茹利亚集合并非局部连通的例子. 当 $K_P$ 是局部连通集合时, 则所有的外部射线都会着陆, 而着陆

点是幅角的连续函数. 在这些情况下, 茹利亚集合 $J_P$ 就有自然而且有用的参数化.

### 2.8 芒德布罗集合

现在我们只限于注意形如 $Q_c$ 的二次多项式. 这一个多项式族以复数 $c$ 为参数. 在前面都是把 $Q_c$ 看成 $z$ 的函数, 而且把 $z$ 的空间即复平面 $z$ 称为为动力学平面, 在现在的背景中, 我们则关注 $Q_c$ 对于 $c$ 的依赖性, 而把 $c$ 的复平面称为**参数平面**或 **$c$ 平面**. 我们想要了解这样一个多项式 $Q_c$ 族在迭代下所成的动力系统族 (每一个 $c$ 值对应于一个动力系统) 的动态. 我们的目标是要把 $c$ 平面分成若干区域, 而各个区域对应于具有相同定性性质的动力系统. 这些区域被它们的边缘分割开来, 而这些边缘的总和形成所谓**分歧集合** (bifurcation set). 这个集合由 "不稳定的" $c$ 值组成: 就是这样的 $c$ 值, 在每一个这样的 $c$ 值的任意邻域中都能找到具有定性性质不同的动力系统. 换句话说, 如果它的任意小的扰动都会带来动力学上的重要区别, 就说参数 $c$ 属于分歧集合.

回忆一下我们前面提到过的二分法: 如果临界点 0 属于填满的茹利亚集合 $K_c$, 则茹利亚集合 $J_c$ 是连通的, 而如果临界点 0 属于吸引盆 $A_c(\infty)$, 则 $J_c$ 是完全不连通的. 这个二分法建议了下面的定义: **芒德布罗集合**(参看条目 [III.52]) 就是使得 $J_c$ 是连通的那些 $c$ 值组成的集合. 就是说,

$$M = \{c \in \mathbb{C} | Q_C^k(0) \nrightarrow \infty, \ \text{当} \ k \to \infty \ \text{时}\}.$$

因为茹利亚集合是表示由 $Q_c$ 生成的动力系统的混沌部分的, 这个系统的动力学特性肯定会定性地受到 $c$ 是否属于 $M$ 的影响. 所以, 为了达到目标, 我们已经开了一个头, 但是把复平面分为 $M$ 和 $\mathbb{C} \backslash M$ 两部分是过于粗糙了, 它显然还没有给我们以所寻求的完全的了解.

重要的其实并不是 $M$, 而是它的边缘 $\partial M$ (见图 7). 注意, 这个集合中有一些 "洞" (事实上有无穷多个). 把这些洞填满就得到了芒德布罗集合本身. 更准确地说, $\partial M$ 的余集合由无穷多个连通分支组成, 其中有一个在集合的外部, 一直伸向无穷远处, 而其他的则都是有界的. 所谓 "洞" 就是这些有界的分支.

这个定义和多项式的茹利亚集合的定义是相似的. 定义填满的茹利亚集合很容易, 然后就定义茹利亚集合为其边缘. 茹利亚集合在动力学平面即 $z$ 平面上提供了许多构造. 芒德布罗集合也是类似地定义的. 它的边缘则在参数平面即 $c$ 平面上提供了许多构造. 值得注意的是, 尽管每一个茹利亚集合只涉及一个动力系统, 而芒德布罗集合则关系到整个一个动力系统族, 它们之间却有许多类似之处, 这在下面就会很清楚.

1980 年代早期, 法国数学家 Adrien Douady (1935–2006) 和美国数学家 Hubbard (John Hamal Hubbard (1945–, Douady 的学生) 一般讲来是关于全纯动力学, 特殊

地讲来则是关于二次多项式的动力学, 作了开拓性的工作. "芒德布罗集合" 这个名词也是他们创造的, 他们还证明了相关的几个定理. 他们特别为芒德布罗集合引入了一类 Böttcher 映射, 记作 $\Phi_M$, 它是一个把芒德布罗集合的余集合映为单位圆盘的余集合的映射.

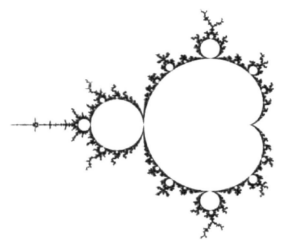

图 7　芒德布罗集合的边缘

$\Phi_M$ 的定义其实很简单: 对每一个 $c$ 令 $\Phi_M(c) = \varphi_c(c)$ 即得, 这里 $\varphi_c$ 是关于 $c$ 的 Böttcher 映射. 然而, Douady 和 Hubbard 所做的事还不只是给出了定义, 他们还证明了 $\Phi_M$ 是一个具有全纯逆的全纯双射.

有了 $\Phi_M$ 以后, 就可以如像前面对于 Böttcher 映射一样, 给出一些进一步的定义. 例如, 我们可以在芒德布罗集合的余集合上定义**位势** $G$ 如下: $G(c) = g_c(c) = \log|\Phi_M(c)|$. **等势集合**就是 $\Phi_M$ 的等高集合 (就是形如 $\{c \in \mathbf{C} : \Phi_M(c) = r\}$ 的集合, 这里的常数 $r > 1$), 还有**幅角为** $\theta$ **的外部射线**就是集合 $\{c \in \mathbf{C} : \arg \Phi_M(c) = 2\pi\theta\}$ (就是径向直线 $\mathbf{R}_0(\theta)$ 的原像). 这个幅角为 $\theta$ 的外部射线记作 $\mathbf{R}_M(\theta)$, 而它以幅角为 $\theta$ 的射线为渐近线. 我们知道有理的外部射线是会着陆的 (见图 8).

由上可知, 当 $t$ 趋于 0 时, 位势 $t$ 的等势集合连同其内域与 $M$ 越来越接近, 所以 $M$ 就是这种集合的交. 所以, $M$ 是 $c$ 平面上的连通闭有界子集合.

### 2.8.1　$J$ 稳定性

我们提到过, 而且图 7 也暗示了 $\partial M$ 有无穷多个连通分支. 这些分支有重要的动力学意义: 如果 $c$ 和 $c'$ 是取自同一分支的两个参数值, 则可以证明, 动力系统 $Q_c$ 和 $Q'_c$ 本质上是相同的. 准确的说法是它们是 $\boldsymbol{J}$ **等价的**, 意思是存在一个连续的变量变换把其中之一的茹利亚集合上的动力学变为另一个茹利亚集合上的动力学. 如果 $c$ 位于边缘 $\partial M$ 上, 则有任意接近 $c$ 的参数值 $c'$, 使得 $Q_c$ 和 $Q'_c$ 不是 $J$

等价的, 所以 $\partial M$ 是 "相对于 $J$ 稳定性的分歧集合". 我们下面还要对整体的结构稳定性作一些评论.

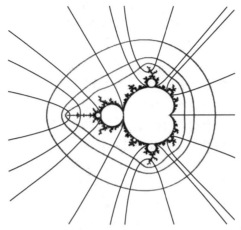

图 8  $M$ 的几个等势集合和幅角为 $\theta$ 的周期为 1, 2, 3, 4 的外部射线. 按逆时针方向来数, 它们的幅角在 0 到 1/2 间, 而且分别等于 0, 1/15, 2/15, 1/7, 3/15, 4/15, 2/7, 1/3, 6/15, 3/7 和 7/15. 与之对称的幅角是 $1 - \theta$, 而 $\theta$ 就是上面的一串值. 幅角为 1/7 和 2/7 的外部射线着陆在以 $c_0$ 为中心的双曲分支中的根点 [1] 上, 这里的 $c_0$ 就是图 2 的 Douady 兔子的参数值. 幅角为 3/15 和 4/15 的外部射线则着陆在图 9 的那一个 $M$ 的根点上

### 2.8.2  双曲分支

从现在起, 凡说到 "分支", 都是指芒德布罗集合的 "洞", 就是指 $\partial M$ 的余集合的有界分支.

我们从包含 $c = 0$ 的分支即中心分支 $\mathbf{H}_0$ 开始. 回忆一下, 我们在 2.3 节中将过, 只要作一个适当的变量变换, 就可以把多项式 $F_\lambda(z) = \lambda z + z^2$ 变为 $Q_c$, 这里的参数 $c$ 和 $\lambda$ 之间有关系式 $c = \dfrac{1}{2}\lambda - \dfrac{1}{4}\lambda^2$. 参数 $\lambda$ 有动力学意义: 它就是 $F_\lambda$ 的不动点 —— 原点处的乘子. 这点知识告诉我们, $Q_c$ 的相应的不动点处也有乘子 $\lambda$, 我们记这个不动点为 $\alpha_c$. 如果 $|\lambda| < 1$, 这个不动点就是吸引的.

单位圆盘 $\{\lambda : |\lambda| < 1\}$ 相应于中心分支 $\mathbf{H}_0$, 而把中心分支中的参数 $c$ 变为其中的相应参数 $\lambda$ 的映射称为**乘子映射**, 记为 $\rho_{\mathbf{H}_0}$. 这样, $\rho_{\mathbf{H}_0}$ 就是多项式 $Q_c$ 的不动点 $\alpha_c$ 的乘子. 乘子映射 $\rho_{\mathbf{H}_0}$ 是从 $\mathbf{H}_0$ 到单位圆盘的全纯同构. 我们已经看到 $\rho_{\mathbf{H}_0}$ 的逆映射 $\rho_{\mathbf{H}_0}^{-1}(\lambda) = \dfrac{1}{2}\lambda - \dfrac{1}{4}\lambda^2$. 这个映射可以连续地拓展到单位圆周上, 从而用模为 1 的 $\lambda$ 作为中心分支边缘上的参数化. 单位圆周在映射 $\lambda \mapsto \dfrac{1}{2}\lambda - \dfrac{1}{4}\lambda^2$ 下的像

---

[1] 双曲分支的 "根" 或称 "根点" 的定义, 见下面 2.8.2 节. —— 中译本注

是一个**心脏线** (cardioid). 这就解释了何以芒德布罗集合的最大的一块看起来像一个心脏, 而这一点可以从图 7 上看到.

任意二次多项式都有两个不动点, 如果不动点的个数按重数计算的话 (事实上, 对于 $Q_c$, 除非 $c = 1/4$, 这两个不动点总是不重合的). 中心分支可以用这样的特征来刻画, 即它是使得 $Q_c$ 具有吸引的不动点的 $c$ 值的分支. 对于心脏线外的 $c$, $Q_c$ 总有两个排斥的不动点, 但是它可能有一个周期大于 1 的吸引的周期轨道. 有一个重要的事实, 就是吸引周期轨道的吸引盆中总包含了一个临界点. 因此, 对于任意的二次多项式, 最多只能有一个吸引的周期轨道.

设芒德布罗集合有一个分支 H, 如果对 H 中的每一个 $c$, 多项式 $Q_c$ 总有吸引的周期轨道, 就称 H 为**双曲分支**. 对于任一给定的双曲分支, 这些周期轨道的周期总是相同的. 也有从 H 到单位圆盘的乘子映射, 对 H 中的每一个 $c$ 指定吸引周期轨道的乘子. 乘子映射总是一个可以连续拓展到 H 的边缘 $\partial H$ 上的全纯同构.

点 $\rho_{\mathbf{H}}^{-1}(0)$ 和 $\rho_{\mathbf{H}}^{-1}(1)$ 分别称为 H 的**中心**和**根**. H 的中心就是 H 中唯一的使得 $Q_c$ 的周期轨道为超吸引的 $c$ 值. 至于根, 如果这个分支的周期为 $k$, 它就是**一对**具有周期 $k$ 的周期幅角的外部射线的着陆点 (对于中心分支 $\mathbf{H}_0$ 则只指定了一条射线). 反过来, 每一条具有这个幅角的外部射线都着陆于周期为 $k$ 的双曲分支的根点. 这样, 这些射线的幅角就给出了双曲分支的地址. 这一点可以在图 8 上看到, 从这个图上, 我们可以读出周期为 1–4 的分支的相互位置.

作为以上所述的推论, 相应于某个周期 $k$ 的双曲分支的个数, 既可以作为多项式 $Q_c^k(0)$ 的根 (但是不是相应于某个 $l, l < k$ 的 $Q_c^l(0)$ 的根) 的个数来决定, 也可以作为幅角是分母为 $2^k - 1$(但是不能对于某个 $l, l < k$ 写为 $2^l - 1$) 的有理数的成对的射线的对子的数目来决定.

对于任意的具有中心 $c_0$ 的分支 H, 令 $\mathbf{R}_M(\theta_-)$ 和 $\mathbf{R}_M(\theta_+)$ 为一对在根点上着陆的外部射线. 于是在 $Q_{c_0}$ 的动力平面上, 这一对射线 $\mathbf{R}_M(\theta_-)$ 和 $\mathbf{R}_M(\theta_+)$ 都邻接于 $Q_{c_0}$ 的包含 $c_0$ 的法图分支, 而且在这个法图分支的根的上着陆.

### 2.8.3 结构稳定性

设 $Q_c$ 有一个周期为 $k$ 的超吸引周期轨道, 而 $z_0$ 是这个轨道的一点. 于是 $Q_c^k(z_0) = z_0$, 而 $Q_c^k$ 在 $z_0$ 的导数为 0. 由链法则知道, 轨道中至少有一点 $z_i$ 使得 $Q_c$ 在那里的导数为 0, 就是说, 0 也属于这个轨道. 所以, 双曲分支的中心不可能是稳定的, 因为中心多项式的临界轨道是有限的, 而邻近多项式的轨道都是无限的. 然而, 如果从复平面上不仅是除去 $\partial M$、同时也除去双曲分支的中心, 这样就会找到我们所寻求的分割: 余下的集合的任意连通分支就构成结构稳定性的区域. 对于这样一个分支中的任意两个参数值 $c$ 和 $c'$, $Q_c$ 和 $Q_{c'}$ 是共轭的, 就是说, 存在一个复平面上的连续的变量变换, 把其中一个多项式的动力学变成另一个多项式的动力学.

### 2.8.4 猜测

以上的讨论提出了一个明显的问题: 对于 $\partial M$ 的余集合的双曲分支, 我们已经有了很好的了解, 但是, 是否有一些分支**不是**双曲的? 下面的猜测代表了一个普遍的信念, 但是还一直没有得到证明.

**双曲性猜测** $\partial M$ 的余集合的所有有界的分支都是双曲的.

还可以更一般地对于有理函数来提出双曲性猜测, 而成为下面的猜测: 每一个有理函数都可以用**双曲的有理函数**任意逼近. 这里 "有理" 指的就是动力学在茹利亚集合上是膨胀的. 我们对此不再深入讨论, 只是要提一下, 每一个 $Q_c$, 当 $c$ 在 $M$ 的双曲分支以及在 $M$ 的余集合的无界分支中时, 其茹利亚集合都是膨胀的. 在这些情况下, 茹利亚集合 $J_c$ 可以看成是一个 "奇异排斥子": 其动力学是混沌的, 其几何学是分形的 (但是 $c = 0$ 要除外).

然而, 关于芒德布罗集合, 主要的猜测如下:

**局部连通性猜测** 芒德布罗集合是局部连通的.

这个猜测、时常称为 MLC, 由于许多理由是很重要的. 首先, 已经知道, 由它可以得到双曲性猜测. 其次, 如果 $M$ 是局部连通的, 则 $\Psi_M$、即 $\Phi_M$ 之逆、本来是单位圆盘的外域到芒德布罗集合的余集合的全纯双射, 还可以连续拓展到单位圆周上, 而所有的外部射线都以连续的方式着陆, 这就给我们一个有用的 $\partial M$ 的参数化. 于是, 尽管 $\partial M$ 是一个复杂的分形, 关于 $M$, 我们可以得到一个漂亮简单的抽象组合学的描述 (Mitsuhiro Shishikura 证明了 $\partial M$ 的**豪斯道夫** [III.68] 维 [III 17] 在平面上是最大可能的, 即 2).

### 2.9 $M$ 的万有性

芒德布罗集合 $M$ 的引人瞩目之点在于它无所不在. 例如, 与 $M$ 同胚的复本就位于 $M$ 的内部. 这一点从下面的图 9 就可以看到, 在其他的全纯依赖于某个参数的全纯映射族内, 也可以找到同胚于 $M$ 的复本. 因为这个理由, 就说 $M$ 是**万有的**. Douady 和 Hubbard 通过定义一个**类二次映射**的概念, 找到了万有性这个现象背后的原因. 一个二次多项式的 $k$ 次迭代整体上是一个 $2^k$ 次多项式, 但是局部上它们的行径却像一个二次多项式. 对于有理函数或其任意迭代, 情况也都如此. 所谓一个类二次映射, 就是一个三元组 $(f, V, W)$, 其中 $V$ 和 $W$ 是两个单连通区域 (就是没有 "洞" 的连通开集合), $\bar{V} \subset W$, 而 $f$ 是一个次数为 2 的把 $V$ 映到 $W$ 上的全纯映射 (所谓次数为 2, 就是说, $W$ 的每一点在 $V$ 中都有 $f$ 的两个 (按重数计) 原像). 这样一个映射在 $V$ 中有单个临界点 $\omega$, 而且性态与一个二次多项式在许多方面很相像. 它的填满的茹利亚集合 $K_f$ 定义为这样的 $z$ 点的集合, 这些 $z$ 的迭代 $f^k(z)$ 对所有的 $k \geqslant 0$ 都留在 $V$ 中. 对于这些函数, 也有类似于对二次多项式的二分法成立: 当且仅当临界点 $\omega$ 包含在 $K_f$ 中时, $K_f$ 才是连通的. 对于所有的具有连通的填满的茹利亚集合的类二次映射, Douady 和 Hubbard 定义了一种办法, 称为**拉直方法**, 它对每一个这样的映射规定了 $M$ 中的唯一的 $c$ 值. 对于一族类二次映射 $\{f_\lambda\}_{\lambda \in \Lambda}$, 其芒德布罗集合 $M_\Lambda$ 就定义为使得相应的填满的茹利亚集合 $K_{f_\lambda}$ 为连通的那些 $\lambda$ 的集合. 通过拉直方法, 我们得到一个映射 $\Xi: M_\Lambda \to M$, 把 $\lambda$ 映为那个唯一规定的 $c$ 值.

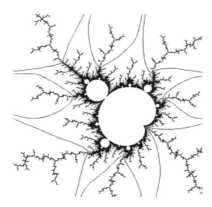

图 9    $M$ 里面的 $M$ 之复本. 这个复本的位置, 由两个着陆在这个复本的根点 (这是一个尖点) 的外部射线的幅角决定, 这里的幅角是 3/15 和 4/15. 请与图 8 比较. 图上画了一些细线来指明有哪些 "装饰品" 应该剪掉, 才能看见 $M$ 的这个复本的本身

在图 9 上所画的那一个 $M$ 的复本中, 与 $M$ 中的 $c = 0$ 相关的 "中心" 对应于一个多项式 $Q_{c_0}$, 其临界点 0 具有周期 4, 而其 4 次迭代 $f_{c_0} = Q_{c_0}$ 在某个 $V_0$ 上的适当的限制就是从 $V_0$ 到它的像 $W_0$ 的类二次映射. 此外, $c_0$ 在 $c$ 平面上还有一个邻域 $V_0$, 使得对于 $V_0$ 中的 $c, f_c = Q_c^4$ 在 $V_0$ 上的限制是从 $V_0$ 到它的像 $W_c$ 的类二次映射, 而映射 $\Xi$ 是从 $M_{V_0}$ 到 $M$ 的同胚.

在 $M$ 里面的出现了无穷多个 $M$ 的复本, 这件事暗示 $M$ 有一种自相似性质. 然而, 还有一个现象又把我们向着反方向拉. 使得临界点 0 成为前周期的那些 $c$ 值构成 $\partial M$ 的稠密子集合. 如果 $\tilde{c}$ 是这样的特别的 $c$ 值之一, 可以在两个不同的角度下, 在 $\tilde{c}$ 的越来越小的邻域中看一切可能的放大: 一是在 $z$ 平面中看多项式 $Q_{\tilde{c}}$ 在 $z = \tilde{c}$ 的邻域中的茹利亚集合 $J_{\tilde{c}}$, 二是在 $c$ 平面的 $c = \tilde{c}$ 的邻域中看芒德布罗集合. 结果是这两个图形是**渐近相似的**, 意思是放大得越大而邻域越小, 这两个图形就越相似.

这是一件很不平常的事情. 事实上, 从表面上看起来, 简直像是不可能的事, 因为在 $\tilde{c}$ 的邻域中, 芒德布罗集合包含了无穷多个自己的复本, 而茹利亚集合我们知道是不包含这样的复本的. 这个表面上的悖论的解释如下: 芒德布罗集合当它们与 $\tilde{c}$ 的距离变小时, 本身变小得极快. 所以当着放大一个充分小的邻域时, 在其中的复本实际是看不见了.

### 2.10 重访牛顿方法

现在我们再简短地回到多项式的牛顿方法. 考虑任意的只有单根的次数 $d \geqslant 2$ 的多项式 $P$. 于是, 牛顿函数 $N_P$ 是一个 $d$ 次的有理函数, 而 $P$ 的每一个单根都是 $N_P$ 的超吸引不动点. 对于二次多项式, $P$ 的根的数目与 $N_P$ 的临界点数目相同 (因为当 $d = 2$ 时, $2d - 2 = 2$). 对于次数 $d > 2$ 的多项式, 临界点的数目比根所能够许可的数目要多.

凯莱考虑了具有两个相异根的多项式 $P(z) = (z - r_1)(z - r_2)$. 他证明了把 $r_1$ 映为 0, 把 $r_2$ 映为 $\infty$ 的函数 $\mu(z) = (z - r_1)/(z - r_2)$ 给出了一个变量变换, 把 $N_P$ 变成黎曼球面 $\hat{C}$ 上的二次多项式 $Q_0$. 当我们把 $\hat{C}$ 上的动力学翻译成牛顿方法的动力学时, 单位圆周相应于 $r_1$ 和 $r_2$ 的平分线, 而包含 $r_i$, $i = 1, 2$ 的半平面在 $N_P$ 的迭代下被吸引到 $r_i$.

凯莱宣布, 他将要写关于 3 次多项式的牛顿方法的文章. 但是, 等了一百年以后, 这样的文章才面世. 对于具有 3 个单根的 3 次多项式, 牛顿函数 $N_P$ 具有 3 个超吸引不动点, 其每一个都给出一个吸引盆. $N_P$ 的茹利亚集合就是这 3 个吸引盆的公共边缘, 所以是一个复杂的分形集合. 此外, 由于当 $d = 3$ 时, $2d - 2 = 4$, 所以 $N_P$ 还有一个多余的临界点. 在迭代之下, 这个多余的临界点既可能被吸引到这 3 个根的一个, 也可能有自己独立的行径. 为了捕获所有 3 次多项式 (除了具有 1 个 3 重根的情况) 在牛顿迭代下的行为, 只需要考虑含有单个参数 $\lambda$ 的多项式族 $P_\lambda(z) = (z - 1)\left(z - \dfrac{1}{2} - \lambda\right)\left(z - \dfrac{1}{2} + \lambda\right)$. 可以证明相应的牛顿函数 $N_\lambda$ 的多余的临界点就是原点. 假如我们对 3 个根 $1, \dfrac{1}{2} + \lambda, \dfrac{1}{2} - \lambda$ 分别指定一种颜色, 例如红色、蓝色和绿色, 就可以把这个背景下的参数平面即 $\lambda$ 平面这样来涂颜色. 如果一个参数值 $\lambda$ 被 $N_\lambda$ 的迭代吸引到某个颜色的根, 就把这个参数值也涂上相同的颜色. 如果这个参数值不被吸引到三个根的任何一个, 就把它例如涂上黄色. 这样就可以证明芒德布罗集合的万有性: 在 $\lambda$ 平面上总能找到黄色的复本, 证明 $N_\lambda$ 的适当限制的迭代之族是类二次映射, 就能够解释这个情况.

## 3. 结束语

我们通过一些例子来说明了全纯动力学的几个结果, 包括把动力平面上的定义和结果转移到参数平面上去. 对于填满的茹利亚集合和芒德布罗集合的构造, 通过分析它们的余集合, 并用 Böttcher 映射 $\varphi_c$ 和 $\Phi_M$ 把它们连接起来, 我们就得到了部分的了解. 用于在 $J$ 稳定性和结构稳定性中作变量变换的函数是所谓**拟共形映射**的例子. 这个概念是在 1980 年代早期由 Dennis Sullivan 引进到全纯动力学里面来的, 而且在讨论**复结构**的变换、**拉直方法**、**全纯运动**、**割补术**和其他现象时是不可少的. 有兴趣的读者可以参看下面列出的书籍. 前两本包括了一些综述文章, 而第三本是研究生教材, 第四本则是论文集. 它们都包含了许多进一步参考的文献.

　　　　**致谢**　　本文中所用的计算机画的图, 都是用的 Christian Henriksen 所写的程序.

**进一步阅读的文献**

Devaney R L, and Keen L, eds. 1989. *Chaos and Fractals. The Mathematics Behind the Computer Graphics*. Proceedings of Symposia in Applied Mathematics, volume 39. Providence, RI: American Mathematical Society.

——. 1994. *Complex Dynamical Systems. The Mathematics Behind the Mandelbrot and Julia Sets*. Proceedings of Symposia in Applied Mathematics, volume 49. Providence, RI: American Mathematical Society.

Lei T, ed. 2000. *The Mandelbrot Set, Theme and Variations*. London Mathematical Society Lecture Note Series, volume 274. Cambridge. Cambridge University Press.

Milnor J. 1999. *Dynamics in One Complex Variable*. Weisbaden: Vieweg.

# IV.15　算 子 代 数

Nigel Higson, John Roe

## 1. 算子理论的开始

　　对于任何的方程或方程组, 都可以提出两个基本问题: 是否有解? 如果有, 解是否唯一? 有限的线性方程组的经验说明了这两个问题是互相关联的. 例如考虑方程组

$$2x + 3y - 5z = a,$$
$$x - 2y + z = b,$$
$$3x + y - 4z = c.$$

注意, 第三个方程的左方等于前两个方程左方的和. 作为这件事实的推论, 除非 $a + b = c$, 这个方程组是没有解的. 但是一旦有了 $a + b = c$, 前两个方程的解一定也是第三个方程的解, 而且对于一切未知数数目大于方程数目的线性方程组, 解只要存在, 一定不是唯一的. 在现在的情况下, 只要 $(x, y, z)$ 是一个解, 则对于任意的 $t$, $(x + t, y + t, z + t)$ 一定也是解. 所以, 同样的现象 (即在方程之间有线性关系存在), 有时候会妨碍方程组有解, 有时候又会妨碍解的唯一性.

　　为了把解的存在与唯一性的关系弄得更加准确, 考虑下面形式的一般的线性方

程组

$$k_{11}u_1 + k_{12}u_2 + \cdots + k_{1n}u_n = f_1,$$
$$k_{21}u_1 + k_{22}u_2 + \cdots + k_{2n}u_n = f_2,$$
$$\cdots\cdots\cdots$$
$$k_{n1}u_1 + k_{n2}u_2 + \cdots + k_{nn}u_n = f_n,$$

其中有 $n$ 个含 $n$ 个未知数的方程. 标量 $k_{ji}$ 构成系数矩阵, 而问题就是要用 $f_j$ 把 $u_i$ 表示出来. 上面的例子所说明的一般定理是: 如果解存在, 则 $f_j$ 必须满足的线性条件的个数与通解中出现的任意常数的个数一定相同. 用比较技术性的语言来说, 就是矩阵 $K = \{k_{ji}\}$ 的核 [ I.3 §4.1] 的维数等于其余核的维数. 在上面的例子中, 这两个数都等于 1.

略早于一百年前, 弗雷德霍姆 [VI.66] 研究了下面形式的**积分方程**:

$$u(y) - \int k(y,x)\,u(x)\,\mathrm{d}x = f(y).$$

这些方程来自理论物理学, 而问题就是要用函数 $f$ 来解出函数 $u$. 因为积分可以看成是有限和的极限, 所以弗雷德霍姆的方程就是上面考虑的有限维方程组的无限维的类比, 即把其中的 $n$ 个分量的向量代之以在无穷多个不同的点 $x$ 上取值的函数 (严格说来, 弗雷德霍姆的方程是矩阵方程 $u - Ku = f$ 的类比, 而非方程 $Ku = f$ 的类比). 对于矩阵方程, 方程左方略作改变对于方程的总的性态并没有什么效应, 但是对于积分方程, 却相当大地改变了积分方程的性态. 我们会看到, 弗雷德霍姆很幸运地研究的是这样一类积分方程, 其性态很切地反映了矩阵方程的性态.

一个很简单的例子是

$$u(y) - \int_0^1 u(x)\,\mathrm{d}x = f(y).$$

为了解这个方程, 看到下面这一点是很有帮助的: 如果把积分 $\int_0^1 u(x)\,\mathrm{d}x$ 看成是 $y$ 的函数, 则这个函数是一个**常数**. 这样在齐次情况 (即 $f \equiv 0$ 的情况) 下, 唯一可能的解 $u(y)$ 是一个常值函数. 反过来, 对于一般的函数 $f$, 可以证明, 当且仅当 $\int_0^1 f(y)\,\mathrm{d}y = 0$ 时, 上面的方程有解. 所以, 在这个例子中, 仍然有下面的结论: 核和余核有相同的维数 1. 于是, 弗雷德霍姆着手来系统地探讨这个例子所显现出来的矩阵理论和积分方程理论的相似. 他能够证明, 对于他的那种类型的积分方程, 核和余核的维数总是有限的而且相等.

弗雷德霍姆的工作点燃了希尔伯特 [VI.63] 的想象力, 他对于下面这一类把函数 $u(y)$ 变为 $\int k(y,x)\,u(x)\,\mathrm{d}x$ 的**积分算子**作了详细的研究, 这里的 $k(y,x)$ 是一

个实值的**对称**函数, 所谓对称, 就是指 $k(x,y) = k(y,x)$. 希尔伯特的理论的有限维类比物就是实对称矩阵的理论. 如果 $K$ 是这样一个矩阵, 线性代数里的一个标准的结果断定, 有一个由 $K$ 的本征向量 [I.3 §4.3] 构成的规范正交基底, 或者换一个等价的说法, 就是存在一个**酉**矩阵 $U$ 使得 $U^{-1}KU$ 是一个对角矩阵 (这里的所谓**酉**, 就是指的 $U$ 为可逆矩阵, 而且对于一切向量 $v$, $U$ 能够保持其长度不变, 即 $\|Uv\| = \|v\|$). 希尔伯特对于所有的对称积分算子得出了一个类似的理论. 他证明了存在一串函数 $u_1(y), u_2(y), \cdots$ 和一串实数 $\lambda_1, \lambda_2, \cdots$, 使得

$$\int k(y,x) u_n(x) \, \mathrm{d}x = \lambda_n u_n(y).$$

所以, $u_n(y)$ 就是这个积分算子的相应于**本征值** $\lambda_n$ 的**本征函数**.

在绝大多数情况下, 显式地算出 $u_n$ 和 $\lambda_n$ 是很困难的. 但是有一个特殊情况, 就是有一个周期函数 $\phi$ 使得 $k(x,y) = \phi(x-y)$, 这个情况下的计算是可能的. 如果积分域是区间 $[0,1]$, 而 $\phi$ 的周期又为 1, 则本征函数是 $\cos(2k\pi y)$, $k = 0,1,2,\cdots$ 以及 $\sin(2k\pi y)$, 其中 $k = 1,2,\cdots$. 这时, 傅里叶级数 [III.27] 理论告诉我们, 区间 $[0,1]$ 上一般的函数 $f(y)$ 都可以展开为正弦和余弦函数的级数之和: $\sum (a_k \cos(2k\pi y) + b_k \sin(2k\pi y))$. 在一般情况下, 希尔伯特证明了有一个按照任意对称积分算子的本征函数的类似的展开式

$$f(y) = \sum a_n u_n(y).$$

换言之, 和有限维情况一样, 这些本征函数也构成一个**基底**. 希尔伯特的结果, 现在称为对称积分算子的**谱定理**.

### 1.1 从积分算子到泛函分析

希尔伯特的谱定理引起了这方面的研究工作的大喷发, 因为积分算子在许多不同的数学领域里都有出现 (例如包括了偏微分方程里的狄利克雷问题 [IV.12 §1] 和紧群的表示理论 [IV.9 §3]). 很快认识到, 这些算子最好是看成所有使得 $\int |u(y)|^2 \, \mathrm{d}y < \infty$ 的函数 (这种函数称为平方可积函数, 其集合记作 $L^2[0,1]$) 所构成的希尔伯特空间 [III.37] 上的线性变换.

有了重要的希尔伯特空间的概念可用, 研究比希尔伯特和弗雷德霍姆最初提出的积分算子范围广泛得多的算子类就方便了. 因为希尔伯特空间是**线性空间** [I.3 §2.3] 和**度量空间** [III.56], 先考虑由希尔伯特空间到希尔伯特空间的又是线性的连续算子就是有道理的了: 这些算子通常称为**有界**线性算子. 关于积分算子的对称性条件 $k(x,y) = k(y,x)$ 的类比, 就是要求一个有界线性算子 $T$ 是**自伴的**, 就是对于希尔伯特空间中的任意向量 $u$ 和 $v$ 都有 $\langle Tu, v \rangle = \langle u, Tv \rangle$(这里的尖括号表

示内积). 自伴算子的一个简单的例子是乘以实值函数 $m(y)$ 的**乘积算子**, 即定义为 $M$: $(Mu)(y) = m(y)u(y)$ 的算子 (乘积算子的有限维的对应物是对角矩阵 $K$, 它就是把向量的第 $j$ 个分量乘以矩阵的元素 $k_{jj}$).

希尔伯特关于对称积分算子的谱定理指出, 对于每一个这样的算子都可以给以一个特别好的形式: 对于 $L^2[0,1]$ 空间的适当的 "基底", 即由本征函数构成的基底, 它是一个无限阶的对角矩阵. 此外, 基底中的向量可以选择为彼此正交的向量. 对于一般的自伴算子, 这却是不成立的. 例如考虑由 $L^2[0,1]$ 到其自身的如下的乘积算子: 把平方可积函数 $u(y)$ 变为 $yu(y)$. 这个算子没有本征向量 [I.3 §4.3], 因为如果 $\lambda$ 是一个本征值 [I.3 §4.3], 而 $u(y)$ 是相应的本征向量, 就应该有: 对于每一点 $y$, $yu(y) = \lambda u(y)$, 这就蕴含了对于 $y$ 的每一个不等于 $\lambda$ 的值, $u(y) = 0$, 从而 $\int |u(y)|^2 \, \mathrm{d}y = 0$. 然而, 不必为这个例子心烦, 因为一个这种类型的乘积算子是由对角矩阵定义的算子的连续类比. 所以, 如果我们扩大 "对角" 这个概念, 使它也能把乘积算子包括在内, 则所有的自伴算子都是 "可对角化" 的, 就是说, 经过适当的 "基底变换"(这句话将在下文中作一些解释), 它们就变成了乘积算子.

为了使这个命题更确切, 我们需要一个算子 $T$ 的谱 [III.86] 的概念. 一个算子 $T$ 的谱就是这样的复数 $\lambda$ 的集合, 这些 $\lambda$ 使得算子 $T - \lambda I$ 没有有界逆 (这里的 $I$ 是希尔伯特空间中的恒等元). 在有限维情况下, 谱就是本征值的集合, 但是在无限维情况下, 就不一定总是这样了. 事实上, 一个对称矩阵总有至少一个本征值, 而我们已经看见, 一个自伴算子就不一定有本征值了. 结果是对于有界自伴算子, 谱定理不能用本征值来表述, 而要用谱来表述. 表述它的方法之一是说任意自伴算子 $T$ 都**酉等价**于乘积算子 $(Mu)(y) = m(y)u(y)$, 这里的函数 $m(y)$ 的值域的闭包就是算子 $T$ 的谱. 这里所谓 "酉", 和有限维情况一样: 酉算子就是一个保持向量长度不变的可逆算子 $U$. 说 $T$ 和 $M$ 酉等价, 就是说, 存在一个酉映射 (即酉算子) $U$, 使得 $T = U^{-1}MU$, 一个酉映射就可以想成是一个基底的变换. 这个命题推广了以下命题: 每一个实对称矩阵都等价于一个对角矩阵, 而其对角线上就是本征值.

### 1.2　平均遍历定理

谱定理的一个漂亮的应用是冯·诺依曼 [VI.91] 找到的. 设想有一个由小正方形组成的棋盘, 上面放着一些棋子. 又设每一个格子都有一个 "后继的格子"(但是不许可两个不同的格子有相同的后继格子), 每一分钟走一步, 把每个棋子都移到后继格子里去. 我们注视一个特定的格子, 并且当其中有棋子的时候就写一个 1, 否则就写一个 0. 这样就产生了一连串读数 $R_1, R_2, R_3, \cdots$, 例如像是

$$001001100101101001000 \cdots$$

我们会希望, 经过一段时间以后, 出现的正读数 $R_j = 1$ 在总的读数中的平均值应

该收敛于棋子总数除以棋盘上的小正方形的数目. 但是如果棋子重新排列的规则
(也就是棋子走动的规则) 不那么复杂, 这里讲的收敛性是不成立的. 看一个极端
的例子, 假如走棋的规则是：每一个格子的后继格子就是它自己, (也就是每一个棋
子都不动), 则读数或者是 $0000000\cdots$, 或者是 $1111111\cdots$, 全看我们开始时选定要
注视的格子里有棋子还是没有棋子. 但是, 如果走棋的规则充分复杂, 则 "时间平
均" $(1/n)\sum_{j=1}^{n} R_j$ 确实如我们希望的那样, 收敛于棋子总数除以棋盘上的小正方形的
数目.

棋盘的例子是初等的, 因为事实上, 在这个有限的情况下, 唯有所有小正方形
格子的循环排列才是 "充分复杂的" 规则, 而这时, **所有**的小正方形格子都会依次
通过我们所选的观察的位置, 即成为我们注视到的小格子. 然而还有一些相关的例
子, 其中我们只能观察到一小部分数据. 例如, 把棋盘上的正方形格子的集合代以
圆周上点的集合, 现在也不考虑棋子, 而设想圆周上有一个子集合 $S$ 注明是 "已经
占用" 了的. 再令重排的规则就是把圆周旋转一个角, 其度数是无理数, 所以不论
旋转多少次, 都不会旋转整数周. 在圆周上选定一个点 $x$, 每旋转一次, 就记录下 $x$
属于这个集合 $S$ 或者不属于它, 并且把结果分别记为 1 或 0, 再看 $x$ 是否属于 $S$
经一次旋转所得复本, 经两次旋转所得复本, 如此以往, 则又会和上面的例子一样,
得到一个 0 和 1 组成的序列. 可以证明 (对几乎所有的 $x$), 我们的观察结果的时间
平均等于 $S$ 的长度占圆周总长度的比.

类似的时间平均与空间平均的关系的问题, 在热动力学和其他地方都有出现,
而时间平均与空间平均当重排规则充分复杂时就会相等, 这种预期也就以**遍历假设**
之名而著称于世.

冯·诺依曼用下面的方法把算子理论与这个问题关联起来了. 令 $H$ 为定义在
棋盘上的小正方形的函数或者是圆周上的平方可积函数所成的希尔伯特空间. 重
排的规则按照下面的公式定义了 $H$ 上的一个酉算子 $U$：

$$(Uf)(y) = f\left(\phi^{-1}(y)\right),$$

其中的 $\phi$ 就是重排规则. 冯·诺依曼的遍历定理宣称：如果 $H$ 中没有任何一个常
值函数在映射 $U$ 下不变 (这是重排为 "充分复杂" 的另一种说法), 则对任意函数
$f \in H$, 极限

$$\lim_{n\to\infty} \frac{1}{n}\sum_{j=1}^{n} U^j f$$

存在而且等于一个常值函数, 其值为 $f$ 的平均值 (为了把这个定理用于我们的例
子, 取 $f$ 为这样的函数：当 $x$ 处于被占状况是取 $f(x) = 1$, 否则取它为 0).

冯·诺依曼的定理可以从关于酉算子的一个谱定理导出, 这个谱定理类似于自伴算子的谱定理. 每一个酉算子都可以归结为一个乘积算子, 但是不是用实值函数去乘, 而是用一个其值的绝对值为 1 的复数的函数去乘. 于是证明的关键是一个关于绝对值为 1 的复数的命题如下: 如果 $z$ 是一个绝对值为 1 的复数, 但是 $z \neq 1$, 则当 $n \to \infty$ 时 $(1/n) \sum_{j=1}^{n} z^j$ 趋于 0. 而这一点又很容易从数列的求和公式

$$\sum_{j=1}^{n} z^j = z\left(1 - z^n\right) / (1 - z)$$ 得出 (详见条目*遍历定理* [V.9]).

### 1.3 算子和量子理论

冯·诺依曼认识到, 为了把海森堡和薛定谔在 1920 年代引入的量子力学规律形式化, 希尔伯特空间及其上的算子理论提供了正确的数学工具.

一个物理系统在某一瞬间的**状态**就是为确定其未来的行为所必需的全部信息列成的表. 举例来说, 若一个系统由有限多个粒子组成, 按经典物理的说法, 它的状态就是所有组成的粒子的位置向量和动量向量的列表. 与此相对立, 在冯·诺依曼对于量子力学的表述中, 对每一个物理系统都附加上一个希尔伯特空间 $H$, 而状态就是 $H$ 的单位向量, 即范数为 1 的向量 $u$ (如果 $u$ 和 $v$ 都是 $H$ 的单位向量, 而二者之间相差一个标量倍数, 则它们决定同样的状态). $H$ 时常就称为状态空间.

对于每一个可观测量 (例如系统的总能量或系统中某个粒子的动量等等) 都附加上一个由 $H$ 到 $H$ 的自伴算子 $Q$, 它的谱就是这个量的观测值 ("谱" 这个词就是由此而来的). 状态和可观测量之间的关系是: 如果一个系统处于由 $u \in H$ 所描述的状态, 相应于自伴算子 $Q$ 的**期望值**就由内积 $\langle Qu, u \rangle$ 来表示. 它可能不是某一次观测所得的实际的值: 它是对处于这个状态的系统多次重复进行这一观测所得的值的平均. 状态和可观测量的这种关系反映了量子力学的诡异的行径: 一个系统可能是而且在典型情况下确实是处于一个 "迭加" 态中的, 在这个态下面, 同样的试验会给出不同的结果. 当且仅当系统的状态就是与这个可观测量相关的自伴算子的本征向量所表示的状态时, 对一个可观测量作观测才会得出确定的结果.

量子力学理论的一个与众不同的特点是: 与不同可观测量相关的算子一般地彼此不能互相交换. 如果两个算子不可交换, 它们典型地没有共同的本征向量, 结果, 对于两个不同的可观测量作观测, 一般不能对二者都同时得到确定的值. 对于沿一条直线运动的一个粒子的位置和动量的算子 $Q$ 和 $P$ 就是著名的例子. 它们满足所谓**海森堡交换关系**

$$QP - PQ = \mathrm{i}\hbar I$$

这里的 $\hbar$ 是一个物理常数, 称为化约的普朗克常数, 它与通常的普朗克常数 $h$ 的关系是: $\hbar = h/2\pi$ (以上所述只是一个一般原理的例子, 它把量子力学的可观测量的

不可交换性与经典力学中的相应的可观测量的**泊松括弧**联系起来了, 详见条目**镜面对称** [IV.16 §§2.1.3, 2.2.1]). 其结果是一个粒子的位置和动量不可能同时具有确定的值. 这就是海森堡的著名的**不确定性原理**.

可以证明, 用希尔伯特空间中的自伴算子来表示不确定性原理的方法本质上只有一种: 希尔伯特空间必须是 $L^2(\mathbf{R})$; 动量算子 $P$ 必须是 $-i\hbar \mathrm{d}/\mathrm{d}x$, 而位置算子 $Q$ 则是乘以 $x$ 的乘积算子. 这个定理使我们能够对于简单的物理系统显式地写出其可观测量的算子. 例如, 设这个系统就是一个位于直线上的粒子, 受到一个力的作用, 而这个力的方向指向原点, 大小则正比于粒子到原点的距离 $x$ (好像粒子放在一个固定在原点处的弹簧的顶端一样). 对于这个粒子, 相当于总能量的算子是

$$E = -\frac{\hbar^2}{2m}\frac{\mathrm{d}^2}{\mathrm{d}x^2} + \frac{k}{2}x^2,$$

这里的 $k$ 是决定力的总的大小的常数. 这个算子的谱就是集合

$$\left\{(n+1/2)\,\hbar\,(k/m)^{1/2} : n = 0, 1, 2, \cdots\right\}.$$

这些值就是这个系统的总能量的可能的值. 注意能量的可能值构成一个离散的集合. 这是量子力学的另一个特征的而且是基本的特点.

另一个重要的例子是单个氢原子的总能量的算子. 和上面的算子一样, 它可以表现为某个显式的偏微分算子. 可以证明, 这个算子的谱是正比于 $\{-1, -1/4, -1/9, \cdots\}$ (其通项是 $-1/m^2$) 的序列. 一个氢原子在扰动之下会释放出一个光子, 并使得总能量下降. 释放的光子的能量等于氢原子起始的与最终的能级的差, 所以必正比于 $1/n^2 - 1/m^2$ 这样形状的数. 当氢原子发出的光通过一个棱镜或者绕射光栅时, 确实会观察到一条明线, 其波长相应于上面这些可能的能量. 这一类关于光谱的观察, 对于量子力学的预测, 给出了实验的证实.

迄今, 我们考虑的只是在某个瞬间的量子系统的状态. 然而, 量子系统和经典的系统一样是随时间演化的: 要想描述这种演化, 我们就需要一个运动定律. 量子系统的时间演化是由一族酉算子来表示的: $U_t : H \to H$. 这个算子族 $\{U_t\}$ 含有一个实参数 $t$ (就是时间). 如果这个系统的初始状态是 $u$, 则在经过时间 $t$ 以后, 它的状态将是 $U_t u$. 因为在经过 $s$ 个单位的时间, 再继之又经过 $t$ 个单位的时间, 所达到的状态和经过 $s + t$ 个单位时间达到的状态是一样的, 所以这些酉算子 $U_t$ 应该服从群法则 $U_s U_t = U_{s+t}$. 斯通 (Marshall Harvey Stone, 1903–1989, 美国数学家) 证明了一个重要的定理, 指出了在酉群 $\{U_t\}$ 和一个自伴算子 $E$(称为这个酉群的无穷小生成元) 之间有以下的关系

$$iE = \left(\frac{\mathrm{d}U_t}{\mathrm{d}t}\right)_{t=0} = \lim_{t \to 0}\frac{1}{t}\left(U_t - I\right).$$

量子系统的运动定律就是: 这样得出的与时间演化相应的生成元就是相应于 "总能量" 这个可观测量的自伴算子. 当把 $E$ 写成函数的希尔伯特空间上的微分算子时 (像上面的例子那样), 这个命题就成了**薛定谔方程**.

### 1.4 GNS 构造

量子力学的时间演化算子 $U_t$ 满足群法则 $U_s U_t = U_{s+t}$. 更加一般地, 我们可以对于一个群 [I.3§2.1] $G$ 定义它的**酉表示**, 即一族酉算子 $U_g$, 对于群 $G$ 的每一个元素 $g \in G$ 都有一个 $U_g$, 使得对于所有的 $g_1, g_2 \in G$ 都有 $U_{g_1 g_2} = U_{g_1} U_{g_2}$. **表示理论** [IV.9] 是由弗罗贝尼乌斯 [VI.58] 引入的, 本来是作为研究有限群的工具的, 现在, 凡在数学和物理学中必须考虑对称性的地方, 它都已经是不可少的了.

如果 $\{U_g\}$ 是群 $G$ 的一个酉表示, 而 $v$ 是一个向量, 则 $\sigma : g \mapsto \langle U_g v, v \rangle$ 是一个定义在 $G$ 上的函数. 群法则 $U_{g_1 g_2} = U_{g_1} U_{g_2}$ 蕴含着 $\sigma$ 有一个重要的正定性质, 即对一切 $g_1, g_2 \in G$,

$$\sum_{g_1, g_2 \in G} \overline{a_{g_1}} a_{g_2} \sigma \left( g_1^{-1} g_2 \right) = \left\| \sum a_g U_g v \right\|^2 \geqslant 0.$$

一个定义在 $G$ 上并有上述正定性质的函数称为**正定函数**. 反过来, 由一个正定函数一定可以构造出一个酉表示. 这个构造就叫做 GNS 构造 (这个称呼是纪念盖尔范德 (Israel Moiseevich Gelfand, 1913–2009, 前苏联数学家), Naimark (Mark Aronovich Naimark, 1909–1978, 前苏联数学家) 和 Segal (Irving Ezra Segal, 1918–1998, 美国数学家) 的). 这种构造方法是从把群元素看成一个抽象的向量空间的基底开始. 我们试着在这个空间上定义内积为

$$\langle g_1, g_2 \rangle = \sigma \left( g_1^{-1} g_2 \right).$$

这样得到的对象, 可能在两个方面与真正的希尔伯特空间不同. 首先, 现在可能有非零的向量, 其长度按上述的内积来度量为 0 (虽然, $\sigma$ 为正定的假设排除了向量具有**负长度**的可能性). 其次, 希尔伯特空间的**完备性公理** [III.62] 现在可能不成立. 然而, 有一种 "完备化" 的程序可以同时补救这两点. 应用于现在的情况, 就会给出一个希尔伯特空间 $H_\sigma$, 它的上面带有 $G$ 的酉表示.

在好几个数学领域中都会出现不同版本的 GNS 构造. 它们有一个优点, 即作为这种构造基础的函数很容易操作. 例如, 正定函数的凸组合仍然是正定的, 这样就使得我们能够把几何方法用于研究表示.

### 1.5 行列式和迹

弗雷德霍姆和希尔伯特原来的工作在很大程度上是借重了线性代数的传统技巧, 特别是**行列式** [III.15] 的理论. 由于行列式的定义甚至对于有限矩阵也太复杂,

无限维情况提出了异乎寻常的挑战也就不足为奇了. 很快就找到了更简单的替代方法, 而完全回避了行列式. 但是有趣的是要注意到, 行列式, 说得更准确一点, 与之相关的迹的概念在现代的发展中起了重要的作用, 这一点本文后面还要讲到.

一个 $n \times n$ 矩阵 $A$ 的**迹**就是它的对角线上的元素之和, 记作 $\operatorname{tr}(A)$. 和行列式的情况一样, 矩阵 $A$ 和矩阵 $BAB^{-1}$ 有相同的迹, 这里 $B$ 是任意的可逆矩阵. 事实上, 迹和行列式之间有下面的关系: $\det(\exp(A)) = \exp(\operatorname{tr}(A))$ (因为迹和行列式都有不变性, 所以只需要对于对角矩阵验证上式即可, 而这时这个关系是容易证明的). 在无限维的情况, 迹就不一定有意义了, 因为一个 $\infty \times \infty$ 矩阵的对角线上的元素的和不一定收敛 (恒等算子的迹就是一个恰当的例子, 对角线上的元素都是 1, 如果有了无穷多个元, 它们的和就无法定义了). 处理这个问题的方法之一, 是限于考虑使这种和**有**适当的定义的算子. 如果对于 $H$ 中任意两个规范正交元素序列 $\{u_j\}$ 和 $\{v_j\}$ (即每一个序列中的元素都是两两正交而且模为 1 的), 和 $\displaystyle\sum_{j=1}^{\infty} \langle Tu_j, v_j \rangle$ 都是绝对收敛的, 就称希尔伯特空间 $H$ 上的算子 $T$ 为**迹类算子**. 迹类算子 $T$ 必有适当定义的有限的迹, 即和 $\displaystyle\sum_{j=1}^{\infty} \langle Tu_j, u_j \rangle$ (所谓 "适当定义" 就是指这个和与规范正交序列 $\{u_j\}$ 的选择无关).

积分算子, 如弗雷德霍姆的方程中出现的那一类积分算子, 就是迹类算子的自然的例子. 如果 $k(y, x)$ 是一个光滑函数, 则算子 $(Tu)(y) = \displaystyle\int k(y, x) u(x) \, \mathrm{d}x$ 就是一个迹类算子, 而它的迹等于 $\displaystyle\int k(x, x) \, \mathrm{d}x$, 这个积分现在可以看作是 "连续矩阵" $k$ 的 "和".

## 2. 冯·诺依曼代数

设 $S$ 是希尔伯特空间 $H$ 上的有界线性算子的一个集合, $S$ 的**换位子** (commutant, 或译**交换子**) 就是 $H$ 上的与 $S$ 的所有元素都可交换的算子的集合 $S'$. 任意集合的换位子都构成 $H$ 上的算子的一个**代数**, 就是说, 如果 $T_1, T_2$ 都属于这个换位子, 则它们的积 $T_1 T_2$ 和它们的任意线性组合 $a_1 T_1 + a_2 T_2$ 也都属于这个换位子.

在前一节里已经提到了, 群 $G$ 在希尔伯特空间 $H$ 上的一个酉表示、就是一族酉算子 $\{U_g\}$, 而以群 $G$ 的元素 $g$ 为下标, 同时具有以下的群性质: 对于 $G$ 中的任意两个元 $g_1$ 和 $g_2$, 有 $U_{g_1} U_{g_2} = U_{g_1 g_2}$. 一个冯·诺依曼代数就是复希尔伯特空间 $H$ 上的有界线性算子的具有以下性质的一个代数: 它是一个群在 $H$ 上的酉表示的换位子. 每一个冯·诺依曼代数都在伴运算下为封闭的, 即其中每一个算子的伴算子仍在这个代数中, 但是伴算子不一定与原来的算子相同, 即不一定是自伴算子, 这个代数也在几乎是每一种极限下封闭, 即是说, 如果 $T_n$ 是一个冯·诺依曼代数 $M$ 中的有界线性算子序列, 而且对于每一个 $v \in H$ 都有 $T_n v \to T v$, 则 $T \in M$.

很容易验证, 每一个冯·诺依曼代数 $M$ 都等于自己的双换位子 (double commutant 或 bicommutant, 就是 $M$ 的换位子 $M'$ 的换位子, 所以记作 $M''$). 冯·诺依曼有一个著名的定理 (称为**双换位子定理**) 如下: 如果希尔伯特空间上的自伴算子的代数 $M$ 在逐点极限下封闭, 则在 $M$ 的换位子中有一个酉算子群, $M$ 就等于这个算子群的换位子, 所以 $M$ 就是一个冯·诺依曼代数.

### 2.1　表示的分解

令 $g \to U_g$ 是群 $G = \{g\}$ 在一个希尔伯特空间 $H$ 上的酉表示. 如果 $H$ 的一个子空间 $H_0$ 被所有的 $U_g$ 映为 $H_0$ 本身, 就说它是这个表示的**不变子空间**. 如果 $H_0$ 是一个不变子空间, 则因所有的 $U_g$ 都映 $H_0$ 为 $H_0$ 本身, 所以, 如果把这些 $U_g$ 都限制到 $H_0$ 上, 则又得到 $G$ 的另一个表示, 称为原来表示的**子表示**.

一个子空间 $H_0$ 是不变的, 从而决定了一个子表示当且仅当正交投影算子 $P: H \to H_0$ 属于这个表示的换位子. 这就指出了子表示和冯·诺依曼代数有密切的关系. 事实上, 冯·诺依曼代数可以看作就是研究的酉表示分解为子表示的方法的.

一个表示称为是**不可约的**(或称**既约的**, irreducible), 如果 $H$ 没有非平凡的不变子空间. 如果 $H$ 确有非平凡的不变子空间 $H_0$, 则其上的表示可以分解成两个子表示: 一个是和 $H_0$ 相关的, 另一个是和 $H_0^\perp$ 相关的. 除非与 $H_0$ 和 $H_0^\perp$ 相关的子表示都是不可约的, 我们就还可以继续对其中之一或二者都反复使用上面的方法分解下去. 如果原来的希尔伯特空间是有限维的, 继续这样做下去, 最终就可以把 $H$ 分解为不可约的子表示. 用矩阵的语言来讲, 就可以得到 $H$ 的一个基底, 使得群中所有的算子都同时成为分块对角矩阵, 而每一个分块就对应于一个在较小的希尔伯特空间上的不可约酉算子群.

把一个有限维希尔伯特空间上的酉表示分解为不可约子表示, 有点像把一个整数分解为素数因子的乘积. 和素数因子分解的过程一样, 有限维酉表示的分解最终只有一个结局: 一个给定的酉表示, 除了分解结果的次序可以不同以外, 只能分解为唯一一串不可约的子表示. 但是在无穷维情况, 这种分解的过程就会遇到一些困难, 其中最惊人的就是: 同一个表示可以有两种分解, 得出完全不同的不可约子表示的集合.

面对这样的困难, 建议采用一种不同形式的分解, 它类似于不把整数分解为单个素数因子, 而是分解为素数的幂的乘积. 我们把整数所分解成的素数幂称为其**分支**. 分支有两个特征性质: 一是两个不同的分支不会有公共因子; 二是同一个分支的各个 (真) 因子一定有公共的因子. 类似地, 可以把一个酉表示也分解成**同型的**

(isotypical) **分支**, 而且它们也有类似的性质: 任意两个不同的同型分支不会有公共的 (就是说同构的) 子表示, 而同一个同型分支中的两个子表示又一定具有公共的子表示. 任何酉表示 (不论是有限维或无限维的) 一定可以分解为同型分支, 而且这种分解是唯一的.

在有限维情况, 每一个同型分支都可以分解为 (有限多个) 恒同的不可约子表示 (就像素数幂分解为恒同的素数因子一样), 在无限维情况则不如此. 实际上, 冯·诺依曼代数理论很大一部分就是分析这里出现的许多可能性的.

### 2.2　因子

一个同型的酉表示的换位子就称为一个**因子**. 具体说来, 一个因子就是一个冯·诺依曼代数 $M$, 其**中心** (即与 $M$ 中所有算子均为可换的算子的集合) 由恒等算子的标量倍数构成. 这是因为对于 $M$ 的中心的投影, 相应于对于同型的子表示的组合上的投影, 每一个冯·诺依曼代数都可以唯一地分解成因子.

如果一个因子是作为这样的同型分支的换位子出现的, 而这种同型分支又只是单个不可约表示的倍数, 则称这个因子为 I 型因子. 每一个 I 型因子都同构于某个希尔伯特空间上的有界线性算子的代数. 在有限维情况, 每一个因子都是 I 型的, 因为我们已经提到过, 每一个同型表示都可以分解为一个不可约表示的倍数.

有这样的酉表示存在, 它们有多于一种方法来分解到不可约分支, 这是与存在着非 I 型因子有关的. 冯·诺依曼和 Murray(Francis Joseph Murray, 1911–1996, 美国数学家) 在一系列论文中研究了这种可能性. 这一系列论文标志了算子代数理论的基础. 它们在一个给定的同型表示的子表示的集合上, 引入了一种次序关系. 如果 $H_0$ 和 $H_1$ 是同型表示 $H$ 的两个子表示, 则当 $H_0$ 同构于 $H_1$ 的一个子表示时, 就写作 $H_0 \preceq H_1$. Murray 和冯·诺依曼证明了这是一个全序 (total order) 关系, 即要么 $H_0 \preceq H_1$, 要么 $H_1 \preceq H_0$, 要么两个关系都成立, 这时 $H_0$ 和 $H_1$ 是同构的. 例如在有限维的 I 型因子的情况下, $H$ 是单个不可约表示的 $n$ 个复本的组合, 每一个子表示就是这个不可约表示的 $m \leqslant n$ 个复本的和, 这个子表示 (的同构类的) 次序关系和整数 $\{0, 1, \cdots, n\}$ 的次序关系是一样的.

Murray 和冯·诺依曼证明了因子的次序关系只有以下简单的几种:

I 型: $\{0, 1, \cdots, n\}$ 或 $\{0, 1, 2, \cdots, \infty\}$;

II 型: $[0, 1]$ 或 $[0, \infty]$;

III 型: $\{0, \infty\}$.

一个因子的**型**就是由它的投影的次序结构属于上表的哪一种来决定的.

在 II 型因子的情况, 次序结构就是**实数**区间上而非整数集合上的次序结构. 一个 II 型的同型表示的任意子表示还可以分解为更小的子表示, 而不会达到一个不可约的 "原子". 尽管如此, 子表示仍然可以用 Murray 和冯·诺依曼的定理所提供的

"实数值" 维数来比较大小.

II 型因子的一个值得注意的例子可以这样得出来. 令 $G$ 为一个群, 而 $H = l^2(G)$ 是以对应于 $g \in G$ 的向量 $[g]$ 为基底的希尔伯特空间. 这时 $G$ 的一个自然的 $H$ 上的表示, 称为**正规表示**如下: 给定 $G$ 的一个元素 $g$, 相应的酉映射 $U_g$ 就是把 $l^2(G)$ 的基底向量 $[g']$ 映为基底向量 $[gg']$ 的线性算子. 这个表示的换位子是一个冯·诺依曼代数 $M$. 如果 $G$ 是一个可换群, 则所有的算子 $U_g$ 都在 $M$ 的中心里; 但是若 $G$ 远非可换群 (例如是一个自由群), 则 $M$ 有平凡的中心, 所以将是一个因子. 可以证明, 这个因子是 II 型因子. 对于相应于正交投影 $P \in M$ 的子表示的实数值的 "维数", 有一个简单的显式公式. 为了说明这里的 "维数" 是什么意思, 我们用相对于 $H$ 的基底 $\{[g]\}$ 的无限矩阵来表示 $P$. 因为 $P$ 与这个表示可交换, 容易看到, $P$ 的对角线上的元素都是相同的, 等于某个 0 与 1 之间的实数. 这个实数就是相应于 $P$ 的子表示的维数.

更晚一点, Murray 和冯·诺依曼的维数理论在拓扑学 [I.3 §6.4] 中找到了意想不到的应用. 许多重要的拓扑概念如贝蒂数, 可以定义为某个向量空间的 (整数值) 维数. 用冯·诺依曼代数, 可以定义这些量的实数值对应物, 而且具有其他的有用的性质. 这样就可以用冯·诺依曼代数来得出拓扑学结论. 这里用到的冯·诺依曼代数典型地是从某个紧空间的基本群 [IV.6 §2] 用前节的构造方法得出的.

### 2.3 模理论

III 型因子在很长的时间里一直很神秘, 说实在的, Murray 和冯·诺依曼在最初也未能确定这种因子是否真的存在. 他们最终做到了这一点, 但是这个领域的基本突破是在他们的开创性工作之后, 那时才认识到, 每一个冯·诺依曼代数都有一族特殊的对称性, 就是所谓的**模自同构群** (modular automorphism group).

为了揭示模理论的起源, 我们再一次看一下从群 $G$ 的正规表示得出的冯·诺依曼代数. 我们原来是对 $l^2(G)$ 用 $G$ 的元素**左乘**来定义 $l^2(G)$ 上的算子 $U_g$ 的, 但是我们也同样可以考虑用**右乘**定义的表示, 这会给出一个不同的冯·诺依曼代数.

如果只考虑离散的群 $G$, 这个区别无关紧要, 因为映射 $S: [g] \mapsto [g^{-1}]$ 会把左乘和右乘的冯·诺依曼代数互相交换. 但是对某些连续群, 问题就出在函数 $f(g)$ 可能是平方可积的, 而 $f(g^{-1})$ 则不然. 这时, 就不像离散情况那样可以找到简单的酉同构. 为了弥补这一点, 就必须引入一个校正的因子, 称为 $G$ 的**模函数**.

模理论的计划是要证明, 对于冯·诺依曼代数, 也可以作出类似于模函数的对象. 这个对象对于所有的 III 型因子, 不论它们是否从群显式地导出的, 都是不变式.

模理论使用了 GNS 构造 (见 1.4 节) 的一种形式. 令 $M$ 为一个在伴运算下不变的算子代数. 一个线性泛函 $\phi: M \to \mathbf{C}$ 如果在以下意义下为正, 即对所有的 $T \in M$ 都有 $\phi(T^*T) \geqslant 0$, 就称它为一个**态** (这里的用语来自前面说的希尔伯特空间与量子力学的联系). 为了模理论的需要, 我们限制于**忠实态**, 就是由 $\phi(T^*T) = 0$ 可以得出 $T = 0$ 的那种态. 如果 $\phi$ 是一个态, 则可以用公式

$$\langle T_1, T_2 \rangle = \phi(T_1^* T_2)$$

在向量空间 $M$ 上定义一个内积. 再用 GNS 构造, 就会得到一个希尔伯特空间 $H_M$. 关于 $H_M$, 第一个重要的事实是: $M$ 上的每一个算子 $T$ 都可以决定 $H_M$ 上的一个算子. 事实上, $H_M$ 上的任意向量 $V$ 都是 $M$ 上的向量序列的极限 $V = \lim\limits_{n \to \infty} V_n$, 而我们可以用

$$TV = \lim_{n \to \infty} TV_n$$

来定义 $TV$. 上式右方的 $TV_n$ 是 $M$ 中的乘积. 因为有这一点, 我们可以把 $M$ 看作是希尔伯特空间 $H_M$ 上的算子的代数, 而不是把 $M$ 看作为开始时随意取定的希尔伯特空间上的算子的代数.

其次, 伴运算、即定义[①] $S(V) = V^*$、对希尔伯特空间 $H_M$ 附加上了一个自然的 "反线性" 算子 $S : H_M \to H_{M,}$. 因为对于正规表示 $U_g^* = U_{g^{-1}}$, 这里的算子 $S$ 确实就是类似于在讨论连续群时遇到过的算子 $S$ 的. Minoru Tomita 和 Masamichi Takesaki 的重要定理断言: 只要原来的态 $\phi$ 满足一个连续性条件, 则**复数幂** $U_t = (S^*S)^{\mathrm{it}}$ 对于所有的 $t$ 都有下式成立 $U_t M U_{-t} = M$.

由公式 $T \mapsto U_t T U_{-t}$ 所定义的 $M$ 上的映射就称为 $M$ 的**模自同构** (modular automorphism). 孔涅 (Alain Connes) 证明了它们只是非本质地依赖于原来的忠实的态 $\phi$. 准确地说就是, 如果改变态 $\phi$, 模自同构的变化只是相差了一个内自同构 $T \mapsto UTU^{-1}$, 这里的 $U$ 是 $M$ 中的一个酉算子. 值得注意的结论就是, 每一个冯·诺依曼代数都有由 "外自同构" 组成的一个典则的单参数群, 此群只由 $M$ 本身决定, 而与定义 $M$ 时所用到的态 $\phi$ 无关.

Ⅰ型和Ⅱ型的因子的模群仅含有恒等映射, 而Ⅲ型因子的模群就复杂得多. 例如, 集合

$$\{t \in \mathbf{R} : T \mapsto U_t T U_{-t} \text{ 是一个内自同构}\}$$

就是 $\mathbf{R}$ 的一个子群, 它是 $M$ 的一个不变量, 可以用来区别不可数多个不同的Ⅲ型因子.

### 2.4　分类

冯·诺依曼代数理论的成就的一个顶峰是**近似有限维因子**的分类. 这些因子就是有限维代数在某种意义下的极限. 除了维数函数的值域不同以外, 唯一的可用于把因子分类的不变量就是**模** (module). 这是由自同构群拼起来的在某个空间上的流.

---

① 这个公式在 $M$ 的完备化 $H_M$ 上的解释是一件细致的事情.

当前, 人们对于与群的正规表示相关的 II 型因子如何区分这个长期存在的问题给予了很大的关注. 其中**自由群** [IV.10 §2] 的情况特别有趣, 围绕着这个问题, 自由概率理论这个学科颇为兴旺. 尽管已经作了很大的努力, 有些基本问题仍然悬而未决, 在本文写作之时, 还不知道与两个或三个生成元的自由群相关的因子是否同构.

另一个重要的发展是**子因子** (subfactors) **理论**. 它试图对于因子如何在在其他因子内实现的方式进行分类. 琼斯 [①] 的一个值得注意的重要定理证明了在 II 型因子的情况, 维数的连续值就是范数, 而子因子的维数在有些情况下只取离散的值. 与这个结果相关的组合学也出现在一些看起来全然无关的数学分支里, 其中著称的是**纽结理论** [III.44].

## 3. $C^*$ 代数

冯·诺依曼代数能够帮助我们去描述希尔伯特空间上的群的单个的群表示. 但是在许多情况下, 了解所有可能的酉表示是有趣的. 为了对此问题作一些说明, 我们转到算子代数的一个有关的但是略有不同的部分.

考虑希尔伯特空间 $H$ 上的所有有界线性算子的集合 $\mathcal{B}(H)$. 它有两个非常不同的结构: 一是**代数运算**, 如加法、乘以标量、取伴算子; 二是**解析结构**, 如算子的范数

$$\|T\| = \sup \{\|Tu\| : \|u\| \leqslant 1\}.$$

这两种结构并非互相独立的. 例如, 设 $\|T\| < 1$(这是一个解析的假设), 这时, 几何级数

$$S = I + T + T^2 + T^3 + \cdots$$

在 $\mathcal{B}(H)$ 中收敛, 而其极限 $S$ 满足下面的关系式

$$S(I - T) = (I - T)S = I.$$

所以 $I - T$ 在 $\mathcal{B}(H)$ 中可逆 (这是一个代数的结论). 我们可以很容易地由此导出: 任意算子 $T$ 的**谱半径** $r(T)$ (定义为 $T$ 的谱中的复数的最大绝对值) 小于或等于它的范数.

非同寻常的**谱半径公式**在这个方向上走得更远. 这个公式就是 $r(T) = \lim_{n \to \infty} \|T^n\|^{1/n}$. 如果 $T$ 是一个**正规算子**(正规算子 $T$ 的定义就是适合关系式 $TT^* = T^*T$ 的算子), 特别如果 $T$ 是一个自伴算子, 则有 $\|T^n\| = \|T\|^n$, 从而谱半径等于算子的范数: $r(T) = \|T\|$. 所以, $\mathcal{B}(H)$ 的代数结构特别是与伴算子相关的代数结构, 和算子的解析结构间有密切的关系.

---

① 琼斯 (Sir Vaughan Frederick Randal Jones) 生于 1952 年, 新西兰数学家, 因为在冯·诺依曼代数、纽结理论以及它们在物理学中的应用等方面的成就, 获得了 1990 年的菲尔兹奖. —— 中译本注

并非 $\mathcal{B}(H)$ 的所有性质全都涉及代数和解析的关系. 一个 $C^*$ 代数 $A$ 是一个抽象的结构, 它具有足够多的性质, 能使得前两节的论证有效. 这里不能详细地讲 $C^*$ 代数的定义, 但是值得提一下的是它的一个关键的条件, 称为 $A$ 的 $C^*$**恒等式**

$$\|a^*a\| = \|a\|^2, \quad a \in A,$$

它把算子的范数、算子的乘法和伴算子都连接起来了. 还要注意, 希尔伯特空间的许多算子类 (如酉算子、正交投影等等) 在一般的 $C^*$ 代数中也都有自己的对应物. 例如, **酉元素** (unitary element) $u \in A$ 就是适合条件 $uu^* = u^*u = 1$ 的元素; **投影元素** $p$ 则是适合 $p = p^2 = p^*$ 的元素.

$C^*$ 代数的一个简单例子可以这样得到: 从一个算子 $T \in \mathcal{B}(H)$ 开始, $T$ 和 $T^*$ 的所有多项式在 $\mathcal{B}(H)$ 中的极限就是一个 $C^*$ 代数, 称为由 $T$ 生成的 $C^*$ 代数. 由 $T$ 生成的 $C^*$ 代数当且仅当 $T$ 为正规算子时才是可交换的. 正规算子之所以重要, 原因之一在此.

### 3.1　可交换 $C^*$ 代数

若 $X$ 是一个紧 [III.9] 拓扑空间 [III.90]. $X$ 上的连续函数 $f : X \to \mathbf{C}$ 的集合 $C(X)$ 有 (得自空间 $\mathbf{C}$ 的) 自然的代数运算和范数 $\|f\| = \sup\{|f(x) : x \in X|\}$. 事实上, 这些运算使得 $C(X)$ 成为一个 $C^*$ 代数. $C(X)$ 中的乘法是**可交换的**, 因为复数的乘法是可交换的.

盖尔范德和 Naimark 有一个基本的结果 (称为 Gelfand-Naimark 定理): 每一个可交换 $C^*$ 代数都同构于某个 $C(X)$. 给定一个可交换 $C^*$ 代数 $A$, 这里需要的 $X$ 可以这样构造出来, 即 $X$ 就是所有的代数同态 $\xi : A \to \mathbf{C}$ 的集合, 然后作所谓的盖尔范德变换 $\xi \mapsto \xi(a) \in \mathbf{C}$ 把代数同态 $\xi$ 映入复数域 $\mathbf{C}$.

Gelfand-Naimark 定理是算子理论的一个基本结果. 例如谱定理的现代的证明是这样的: 令 $T$ 为希尔伯特空间 $H$ 上的一个自伴算子或正规算子, 令 $A$ 为 $T$ 所生成的可交换 $C^*$ 代数. 由 Gelfand-Naimark 定理, $A$ 同构于某个空间 $X$ 上的 $C(X)$, 而这实际上就可以把 $A$ 等同于 $T$ 的谱. 如果 $v$ 是 $H$ 中的一个单位长度向量, 于是公式 $S \mapsto \langle Sv, v \rangle$ 就定义了 $A$ 上的一个态 $\phi$. 与这个态相关的 GNS 空间是 $X$ 上的函数的一个希尔伯特空间, 而 $A = C(X)$ 作为乘积算子作用于这个空间上. 特别是 $T$ 作为乘积算子起作用. 再多作一点论证, 又可以证明 $T$ 酉等价于这个乘积算子, 至少是酉等价于这种算子的直和 (而这个直和又是一个更大空间上的乘积算子).

连续函数可以作复合: 如果 $f$ 和 $g$ 都是连续函数, (而 $g$ 的值域包含在 $f$ 的定义域内), 则 $f \circ g$ 也是一个连续函数. 因为 Gelfand-Naimark 定理告诉我们, 一个 $C^*$ 代数 $A$ 的任意自伴元素 $a$ 必在一个代数里, 而此代数同构于 $a$ 的谱上的连续函数, 由此可以知道, 如果 $a \in A$ 是自伴元素, 而 $f$ 是定义在 $a$ 的谱上的连续函数,

则在 $A$ 中有算子 $f(a)$ 存在. 这种**函数演算** (functional calculus) 是 $C^*$ 代数理论中的关键性的技术工具. 例如, 设 $u \in A$ 是一个酉元素, 而且 $\|u - 1\| < 2$. 这时 $u$ 的谱就是 $\mathbf{C}$ 中的单位圆周的不包含 $-1$ 的子集合. 我们可以在这个子集合上定义对数函数的一个连续分支, 而由此可知, 在这个代数里有一个元素 $a = \log u$ 使得 $a = -a^*$, 而 $u = e^a$. 于是, 路径 $t \mapsto e^{ta}$, $0 \leqslant t \leqslant 1$ 就是由 $A$ 中的酉元素构成的把 $u$ 连接到恒等元的路径. 这样, 每一个充分接近恒等元的酉元素都由酉路径连接到恒等元.

### 3.2 $C^*$ 代数的其他例子

#### 3.2.1 紧算子

希尔伯特空间的一个算子, 如果其值域是有限维子空间, 就称为**有限秩算子**. 有限秩算子构成一个代数, 它的闭包是一个 $C^*$ 代数, 称为**紧算子**代数, 记作 $\mathcal{K}$. 也可以把 $\mathcal{K}$ 看作是以下的矩阵代数的 "极限":

$$M_1(\mathbf{C}) \to M_2(\mathbf{C}) \to M_3(\mathbf{C}) \to \cdots,$$

其中每一个矩阵 $M_i(\mathbf{C})$ 都以下面的方式包含在下一个 $M_{i+1}(\mathbf{C})$ 内, 即

$$A \mapsto \begin{pmatrix} A & 0 \\ 0 & 0 \end{pmatrix}.$$

许多自然的算子都是紧算子, 包括出现在弗雷德霍姆理论中的积分算子. 希尔伯特空间中的恒等算子当且仅当此希尔伯特空间为有限维时才是紧算子.

#### 3.2.2 CAR 代数

把 $\mathcal{K}$ 表示为矩阵代数序列的极限使我们也来考虑类似类型的其他 "极限"(这里不打算给出这些极限的形式定义, 但是注意到下面的事情是很要紧的, 即序列 $A_1 \to A_2 \to A_3 \to \cdots$ 的极限, 不仅依赖于同态 $A_i \to A_{i+1}$, 而且还依赖于 $A_i$ 这些代数). 一个特别重要的例子是矩阵序列

$$M_1(\mathbf{C}) \to M_2(\mathbf{C}) \to M_4(\mathbf{C}) \to \cdots$$

的极限, 其中每一个矩阵 $M_{2^i}(\mathbf{C})$ 都按以下的方式含于下一个矩阵 $M_{2^{i+1}}(\mathbf{C})$ 之内, 即

$$A \to \begin{pmatrix} A & 0 \\ 0 & A \end{pmatrix}.$$

它的极限称为 **CAR 代数**, CAR 是 canonical anticommutation relation (**典则反交换关系**) 的首位字母的缩写, 而典则反交换关系出现在量子理论中. $C^*$ 代数在量子

场论和量子统计力学中有好几个应用, 拓展了冯·诺依曼用希尔伯特空间对量子力学的表述.

### 3.2.3   群 $C^*$ 代数

如果 $G$ 是一个群, 而 $g \mapsto U_g$ 是它在希尔伯特空间 $H$ 上的一个酉表示, 则可以考虑包含所有这些 $U_g$ 的 $H$ 中的最小的算子 $C^*$ 代数, 它就称为由这个表示所**生成**的 $C^*$ 代数. 一个重要的例子就是由 $G$ 在希尔伯特空间 $l^2(G)$ 上生成的**正规表示**, 其定义见 2.2 节. 它所生成的 $C^*$ 代数一般地记作 $C_r^*(G)$. 下标 "$r$" 就代表正规表示. 使用不同的表示就会引导到可能不同的别的群 $C^*$ 代数.

例如考虑 $G = \mathbf{Z}$ 的情况. 因为这个群是可交换的, 所以它的 $C^*$ 代数也是可交换的, 而且由 Gelfand-Naimark 定理, 对于某个适当的 $X$ 同构于 $C(X)$. 事实上, 现在的 $X$ 就是单位圆周 $S^1$, 而同构

$$C\left(S^1\right) \cong C_r^*\left(\mathbf{Z}\right)$$

把单位圆周上的函数变成它的傅里叶级数.

定义在群 $C^*$ 代数上的态, 相应于定义在群上的正定函数, 因此也就相应于群的酉表示. 这样就可以构造出新的表示来, 并且研究它们. 例如, 用群 $C^*$ 代数就可以对 $G$ 的不可约表示的集合赋予拓扑空间的结构.

### 3.2.4   无理旋转代数

代数 $C^*(\mathbf{Z})$ 是由单个酉元素 $U$(相应于 $1 \in \mathbf{Z}$) 生成的. 此外, 它还是这类 $C^*$ 代数的**万有的例子**, 意思是给定任意的 $C^*$ 代数 $A$ 以及其中的一个酉元素 $u \in A$, 必存在一个且仅有一个同态 $C^*(\mathbf{Z}) \to A$, 把 $U$ 映为 $u$. 事实上, 这只不过是对于酉元素 $u$ 函数演算同态.

如果考虑由**两个**酉元素 $U, V$ 生成的 $C^*$ 代数的万有的例子, 这里 $U$ 和 $V$ 服从下面的关系式

$$UV = \mathrm{e}^{2\pi \mathrm{i}\alpha} VU,$$

而 $\alpha$ 是一个无理数, 就会得到一个不可交换的 $C^*$ 代数称为**无理旋转代数** $A_\alpha$. 无理旋转代数被人们从许多角度广泛地研究过. 曾经用 $K$ 理论 (下面要讲) 证明了, 当且仅当 $\alpha_1 \pm \alpha_2$ 为整数时, 才有 $A_{\alpha_1}$ 同构于 $A_{\alpha_2}$.

可以证明, 无理旋转代数是**简单**的, 这个事实蕴涵了: **任意两个满足上面的交换关系的酉元素 $U$ 和 $V$**, 都会生成这样一个 $A_\alpha$ (请注意它与一个酉元素的情况的对比: 1 是一个酉算子, 但是它不能生成 $C^*(\mathbf{Z})$). 这使我们能够给出 $A_\alpha$ 在希尔伯特空间 $L^2(S^1)$ 上的具体的表示, 这时, $U$ 就是旋转一个角 $2\pi\alpha$, 而 $V$ 则是用 $z$ 作一个乘法 $z: S^1 \to \mathbf{C}$.

## 4. 弗雷德霍姆算子

希尔伯特空间之间的**弗雷德霍姆算子**定义为一个核和余核都是有限维的有界算子. 这句话的意思是: 齐次方程 $Tu = 0$ 只有有限多个线性无关的解, 而非齐次方程 $Tu = v$ 只在 $v$ 满足有限多个线性条件时有解. 这里的用语来自弗雷德霍姆关于积分方程的原始的工作, 他证明了如果 $K$ 是一个积分算子, 则 $I + K$ 是一个弗雷德霍姆算子.

对于弗雷德霍姆所考虑的算子, 核的维数和余核的维数一定相同. 但是对于一般的算子情况就不一定如此了. **单向移位算子**(unilateral shift operator) $S$ 就是一个例子: $S$ 把 "无限行向量"$(a_1, a_2, a_3, \cdots)$ 右移一位成为 $(0, a_1, a_2, a_3, \cdots)$. 这个算子更准确一些应该称为**右移位算子**. 方程 $Su = 0$ 只有零解, 所以核的维数为 0, 但方程 $Su = v$ 只在 $v$ 的第一个坐标为 0 时才有解, 所以其余核的维数为 1.

弗雷德霍姆算子的**指标**定义为两个整数之差

$$\text{index}\,(T) = \dim\,(\ker\,(T)) - \dim\,(\operatorname{co}\ker\,(T)).$$

例如, 可逆算子是指标为 0 的弗雷德霍姆算子, 而单向移位算子则是指标为 $-1$ 的弗雷德霍姆算子.

### 4.1 Atkinson 定理

考虑两个线性方程组

$$\left\{ \begin{array}{l} 2.1x + y = 0 \\ 4x + 2y = 0 \end{array} \right\} \text{ 和 } \left\{ \begin{array}{l} 2x + y = 0 \\ 4x + 2y = 0 \end{array} \right\}.$$

虽然这些方程的系数非常相近, 它们的核的维数却很不一样: 左边的方程组只有零解, 而右边的方程组却有非平凡的解 $(t, -2t)$. 这样, 一个方程组的核的维数是它的不稳定的不变量. 对于余核也可以作类似的说明. 与此成为对照的是, 它的指标虽然按照其定义是两个不稳定量之差, 却是稳定的, [两个方程组的指标都是 0].

Atkinson (Frederick Valentine Atkinson, 1916–2002, 英国数学家) 有一个重要的定理对于这些关于稳定性的性质作了精确的表述. Atkinson **定理**指出: 算子 $T$ 是弗雷德霍姆算子当且仅当它 mod 紧算子为可逆的. 就是说, 当且仅当存在有界算子 $S_1, S_2$ 和紧算子 $K_1, K_2$, 使得 $S_1 T = I + K_1$, $T S_2 = I + K_2$. 这就蕴含了以下事实: 充分接近于一个弗雷德霍姆算子的算子必定仍然是弗雷德霍姆算子, 而且指标不变; 另外, 如果 $T$ 是一个弗雷德霍姆算子而 $K$ 是一个紧算子, 则 $T + K$ 也是弗雷德霍姆算子, 而且与 $T$ 有同样的指标. 注意到积分算子是紧算子, 而恒等算子 $I$ 是弗雷德霍姆算子, 所以这里就把弗雷德霍姆原来的定理包括进来成为一个特例了.

4.2　特普利茨指标定理

　　**拓扑学** [I.3 §6.4]研究的是数学系统当受到 (连续) 扰动时不变的性质. Atkinson 定理告诉我们, 弗雷德霍姆指标就是一个拓扑量. 在许多情况下, 可以得到一个公式, 把弗雷德霍姆指标用其他看起来很不相同的拓扑量来表示. 这一类公式时常指明了分析与拓扑学有深刻的联系, 而且有强有力的用处.

　　最简单的例子涉及**特普利茨算子**. 具有下面特殊形状的矩阵就是一个特普利茨 (Otto Toeplitz, 1881–1940, 德国数学家) 算子:

$$T = \begin{pmatrix} b_0 & b_1 & b_2 & b_3 & \cdots \\ b_{-1} & b_0 & b_1 & b_2 & \cdots \\ b_{-2} & b_{-1} & b_0 & b_1 & \cdots \\ b_{-3} & b_{-2} & b_{-1} & b_0 & \cdots \\ \vdots & \vdots & \vdots & \vdots & \ddots \end{pmatrix}$$

在其中, 每一个对角线方向 (即从左上到右下) 的直线上的元素都是相同的. 这里的系数序列 $\{b_n\}_{n=-\infty}^{\infty}$ 在复平面的单位圆周上定义了一个函数 $f(z) = \sum_{n=-\infty}^{\infty} b_n z^n$, 称为算子 $T$ 的**象征**(symbol). 可以证明, 若一个特普利茨算子的象征是连续而且处处不为 0 的函数, 则这个特普利茨算子是弗雷德霍姆算子. 它的指标等于什么呢?

　　只要把象征想成一个从单位圆周到不为 0 的复数集合中的映射, 也就是看成在非零复平面内的一条封闭的路径, 就能得到答案了. **环绕数**是这种路径的基本的拓扑不变量, 就是这条路径按逆时针方向 "绕着原点" 旋转的周数. 可以证明, 一个象征 $f$ 不等于 0 的特普利茨算子的指标就是 $f$ 的环绕数反号. 例如对于 $f(z) = z$ (其环绕数为 +1), 则相应的特普利茨算子就是前面遇到的单向移位算子 (其指标为 −1). 特普利茨算子的指标定理是阿蒂亚–辛格指标定理 [V.2] 的一个特例, 而这个定理给出了出现在几何学中的各种弗雷德霍姆算子的指标的拓扑公式.

4.3　本质正规算子

　　Atkinson 定理启发我们看到算子的紧扰动在一定意义下是 "小" 扰动. 这就引导人们去研究算子在紧扰动下得以保存的性质. 例如一个算子 $T$ 的**本质谱**就是那些使得 $T - \lambda I$ 不是弗雷德霍姆算子 (就是不能 mod 紧算子而为可逆) 的复数 $\lambda$ 的集合. 两个算子 $T_1$ 和 $T_2$ 称为是**本质等价**的, 如果存在一个酉算子 $U$ 使得 $UT_1U^*$ 和 $T_2$ 只相差一个紧算子. 有一个原来由外尔 [VI.80] 提出的漂亮的定理断定, 两个自伴或正规的算子为本质等价当且仅当它们具有相同的本质谱.

　　人们可以争辩说: 这个定理只限于讲正规算子是不适当的. 因为我们关心的是在紧扰动下得到保存的性质, 那么, 考虑**本质正规算子**—— 即 $T^*T - TT^*$ 为紧的

算子 —— 不是更恰当吗? 这个看起来不起眼的变动却引导到了意料之外的结果. 单向位移算子 $S$ 就是本质正规算子的一个例子. 它的本质谱, 还有它的伴算子的本质谱, 都是单位圆周, 然而 $S$ 和 $S^*$ ($S^*$ 是左位移算子, 就是把 $(a_1, a_2, a_3, \cdots)$ 左移一位映为 $(a_2, a_3, a_4, \cdots)$ 的算子) 不可能是本质等价的, 因为 $S$ 的指标是 $-1$, 而 $S^*$ 的指标是 $+1$. 所以, 要对本质正规算子作分类, 还需要本质谱以外的新成分. 事实上, 由 Atkinson 定理容易证明, 如果想要两个本质正规算子 $T_1$ 和 $T_2$ 为本质等价, 就不仅需要它们有相同的本质谱, 还需要 $T_1 - \lambda I$ 和 $T_2 - \lambda I$ 有同样的弗雷德霍姆指标. 这个命题的逆命题是在 1970 年代由 Larry Brown, Ron Douglas 和 Peter Fillmore 证明的. 他们使用了全新的技巧, 开辟了 $C^*$ 代数和拓扑学相互作用的新时代.

### 4.4 $K$ 理论

Larry Brown, Ron Douglas, 和 Peter Fillmore 的工作的引人注目的特点是其中出现了代数拓扑 [IV.6] 的工具, 特别是 $K$ 理论. 回想一下, Gelfand-Naimark 定理指出, 研究 (适当的) 拓扑空间和研究可换的 $C^*$ 代数是一回事, 代数拓扑的所有技巧都可以通过 Gelfand-Naimark 同构转移到可换的 $C^*$ 代数上来. 看到了这一点, 自然就会问这些技巧中有哪些可以进一步推广, 这样来获得关于一般的 $C^*$ 代数的信息, 而不论这个 $C^*$ 代数是否可交换的. 第一个例子也是最好的例子就是 $K$ 理论.

$K$ 理论就其最基本的形式来说, 就是对每一个 $C^*$ 代数 $A$, 都附加一个阿贝尔群 $K(A)$, 对 $A$ 的每一个 $C^*$ 代数同态也都附加上一个相应的阿贝尔群同态. $K(A)$ 的构造的基石可以看成是一个与 $A$ 相关的广义的弗雷德霍姆算子, 这里说是 "广义", 就在于它们是作用在一种广义的 "希尔伯特空间" 上的, 在这个 "空间" 里, 要把原来的复数标量换成 $C^*$ 代数 $A$ 的元素. 群 $K(A)$ 则定义为这些广义的弗雷德霍姆算子所成的空间的连通分支. 这样, 如果 $A = \mathbf{C}$ (这时, 我们处理的就是经典的弗雷德霍姆算子), 则 $K(A) = \mathbf{Z}$. 这一点来自前面讲过的事实: 两个弗雷德霍姆算子可以用一个弗雷德霍姆算子所成的路径连接起来, 当且仅当它们有相同的指标.

$K$ 理论的强大力量之一在于可以从许多不同的成分构造出 $K$ 理论类. 例如, 每一个投影元 $p \in A$ 都在 $K(A)$ 中定义了一个类, 而这个类可以想成是 $p$ 的域的 "维数". 这就把 $K$ 理论和我们在 2.2 节中讲的因子的分类联系起来了, 成了对 $C^*$ 代数的各种族, 如无理旋转代数, 进行分类的重要工具 (人们曾经以为无理旋转代数中不会包含任意的非平凡的投影, 但是 Marc Rieffel 构造了这样的投影, 就是 $C^*$ 代数 $K$ 理论发展中的重要的一步). 另一个漂亮的例子是 George Elliott 对局部有限维 $C^*$ 代数如 CAR 代数的分类定理, 它们完全是由 $K$ 理论不变量决定的.

计算不可交换的 $C^*$ 代数特别是群 $C^*$ 代数的 $K$ 理论群的问题, 已经证明了与拓扑学有重要的联系. 事实上, 拓扑学的一些关键的进展都是这样来自 $C^*$ 代数的, 这就使得算子代数的专家们偿还了为了 $K$ 理论而欠拓扑学家的债. 这个领域里的起组织作用的主要问题就是 Baum-Connes 猜测, 它提出用代数拓扑学里面熟知的不变量来描述群 $C^*$ 代数的 $K$ 理论. 迄今为止在这个猜测方面的绝大部分进展是 Gennadi Kasparov 的工作, 它极大地扩大了 Larry Brown, Ron Douglas 和 Peter Fillmore 的工作, 使之不仅能覆盖单个本质正规算子, 还能包括不可交换的算子组, 即包括 $C^*$ 代数. Kasparov 的工作现在是算子代数理论的中心部分.

## 5. 非交换几何学

笛卡儿 [VI.11]发明了坐标, 表明我们可以通过思考坐标函数来研究几何学, 而不必直接思考空间中的点及其相互关系, 这些坐标函数就是我们熟悉的 $x, y, z$. Gelfand-Naimark 定理也可以看成是这个思想的表现, 就是从一个空间 $X$ 的 "点图像"(point picture) 过渡到定义在其上的函数代数 $C(X)$ 的 "场图像"(field picture). $K$ 理论在算子代数中的成功, 使我们进一步来深思: 场图像是否比点图像**更有力量**, 因为 $K$ 理论可以用于不可交换的 $C^*$ 代数, 因为其中根本没有 "点"(即到 **C** 的同态).

算子代数理论的一个最激动人心的研究前沿就是按发展这一思想的路线达到的. 孔涅 (Alain Connes, 1947 年出生, 法国数学家, 因非交换几何等贡献获得 1982 年菲尔茨奖) 的**非交换几何学计划**严肃地采纳了这样一个思想, 即一个一般的 $C^*$ 代数应该被看作定义在一个 "非交换空间" 上的函数的代数, 并且接着就来发展许多几何和拓扑学思想的 "非交换" 的版本, 以及完全没有可换的对应物的全新的构造. 非交换几何学是从对通常的几何学中的思想的创造性的重新陈述开始的, 而这种陈述只用到函数和算子而用不到点.

例如, 考虑圆周 $S^1$. 代数 $C(S^1)$ 反映了 $S^1$ 的全部拓扑性质, 但是如果还要把**度量性质** (即与距离有关的性质) 也加进去, 就不仅要看 $C(S^1)$, 还要看由 $C(S^1)$ 和希尔伯特空间 $H = L^2(S^1)$ 上的算子 $D = \mathrm{id}/\mathrm{d}\theta$ 这样一对对象. 注意, 如果 $f$ 是圆周 $S^1$ 上的函数 (看作 $H$ 上的乘积算子), 则换位子 $Df - fD$ 也是一个乘积算子 (不过现在是用 $\mathrm{id}f/\mathrm{d}\theta$ 去乘. 这样就知道, 圆周上两点的角距离可以从 $C(S^1)$ 和 $D$ 按照下面的公式得出来:

$$d(p, q) = \max\{|f(p) - f(q)| : \|Df - fD\| \leqslant 1\}.$$

孔涅论证说, 算子 $|D|^{-1}$ 在这里和在许多更复杂的情况下, 就起了 "弧长单元 $\mathrm{d}s$" 的作用 [①].

---

① 算子 $D$ 并非可逆的, 因为它在常值函数上为 0, 所以在考虑逆算子之前还要做一些小的修正. 算子 $|D|$ 则定义为 $D^2$ 的正平方根.

孔涅考虑的例子的另一个在非交换几何学中同样也有着中心的重要性的特点是这样的事实: 算子 $|D|^{-k}$ 当 $k$ 充分大时, 是迹类算子 (见 1.5 节). 在圆周的情况, $k$ 需要大于 1. 用迹来计算, 就把非交换几何学和上同调 [IV.6 §4] 联系起来了. 现在我们有了两种 "非可换代数拓扑", 即 $K$ 理论和同调的一种新的变体, 就是**循环上同调**; 有一个非常一般的指标定理提供了二者的联系.

有好几种程序来从经典的几何数据生成不可交换的 $C^*$ 代数 (孔涅的方法可以应用于它). 无理旋转代数 $A_\theta$ 就是例子, 可以用于它的经典的图像是圆周对于一个群的商空间 [ I.3 §3.3], 这个群就是由旋转一个角 $\theta$ 的倍数所成的群. 几何学和拓扑学的经典方法不能处理这个商空间, 但是通过 $A_\theta$ 的不可交换的途径更加成功得多.

一个激动人心的但是还在思辨之中的可能性是: 物理学的基本定律是否也应该从非交换几何学的视角来审视. 向不可交换的 $C^*$ 代数的转变可以看作是从经典力学向量子力学的转变的类比. 但是孔涅论证说, 在向量子物理的转变之前, 不可交换的 $C^*$ 代数在描述物理世界上就已经在起作用了.

### 进一步阅读的文献

Connes A. 1995. *Noncommutative Geometry*. Boston, MA: Academic Press.

Davidson K. 1996. *C\*-Algebras by Example*. Providence, RI: American Mathematical Society.

Fillmore P. 1996. *A User's Guide to Operator Algebras*. Canadian Mathematical Society Series of Monographs and Advanced Texts. New York: John Wiley.

Halmos P R. 1963. What does the spectral theorem say? *American Mathematical Monthly*, 70: 241-47.

# IV.16 镜 面 对 称

Eric Zaslow

## 1. 什么是镜面对称

镜面对称是在物理学中发现的具有深刻的数学应用的现象. 自从 Candelas, de la Ossa, Green 和 Parkes 等探索了这个物理现象, 并且对于某些描述几何空间的数列作了精确的预测以后, 它就在数学中崭露头角了. 这些作者所预测的数列是这样开始的: 2875, 609 250, 317 206 375, …… 而远远超出了当时计算的范围. 镜面对称现象就是有些物理理论有等价的 "镜面" 理论, 而且导致相同的预测. 如果有些预测难以计算, 但是在镜面理论中很容易做, 就可以免费得到答案! 这些理论不一定是物理学的现实的模型. 例如, 初学物理的学生时常要研究无摩擦的平面上的质点. 虽然这些质点是不现实的, 这种玩具模型却可以把物理概念集中起来, 对它们的分析就会给出很有趣的数学.

### 1.1  开发等价性

1950 年代的中学生用计算尺来开发正数的乘法与实数的加法的等价性. 如果给他们一个题目, 要求出两个大数 $a$ 和 $b$ 的积, 他们就会拿出一个表来查对数, 得出 $\log(a)$ 和 $\log(b)$ (准确到一定位数的有效数字), 用手算把这两个对数加起来. 然后, 再用同样的表找出一个数, 使它的对数就是 $\log(a) + \log(b)$. 答案是 $ab$.

大学生有时也需要开发由傅里叶变换 [III.27] 来定义的等价性来求解微分方程. 傅里叶变换基本是就是一个把函数 $f(x)$ 映为另一个函数 $\hat{f}(p)$ 的规则. 好处就在于导数 $f'(x)$ 的傅里叶变换与 $\hat{f}(p)$ 有着非常简单的关系, 它就是 $ip\hat{f}(p)$, 这里的 i 就是虚数 $\sqrt{-1}$. 如果想要求解微分方程 $f'(x) + 2f(x) = h(x)$, 其中 $h(x)$ 是已给的函数, 而想求的是 $f$, 那么就可以把这个方程映为其傅里叶变换方程 $ip\hat{f}(p) + 2\hat{f}(p) = \hat{h}(p)$. 这就容易得多, 因为它是一个代数方程, 而不是微分方程, 而且有一个解 $\hat{f}(p) = \hat{h}(p)/(2+ip)$. 于是原来的微分方程的解就是以 $\hat{h}(p)/(2+ip)$ 为傅里叶变换的函数.

镜面对称就像是一个棒极了的傅里叶变换, 它映射出去的信息远远多于包含在单个函数中的信息. 这些信息把一个物理理论的各个方面都包含在内了.

本文 (最终) 会集中于镜面对称的数学, 但是懂得它的物理起源是至关重要的. 所以我们从一个简短的物理导引开始 (关于数学物理的进一步的讨论, 请参看条目顶点算子代数 [IV.17§2]). 这个导引不可能是充分的 —— 为此需要单独写一本像本书一样的《**物理学指南**》—— 但是我们希望给出足够的物理味道, 帮助读者去读以后各节 (对物理学比较熟悉的读者可以跳过下一节, 以后有需要时再来读它).

## 2. 一些物理学理论

### 2.1  力学的表述和作用量原理

#### 2.1.1  牛顿物理学

牛顿第二定律指出, 一个质点在空间运动时, 其加速度正比于它所受到的力 [①]: $F = m\ddot{x}$。力 $F$ 本身则是引力位能 $V(x)$ 的 (负) 梯度, 所以这个方程现在可以写为 $m\ddot{x} + \nabla V(x) = 0$. 驻定的质点位于位能的最低点, 例子有弹簧上的小球在弹簧的端点平衡, 还有豆子停留在碗底上. 在稳定的情况下, 总有正比于某个位移距离的恢复力. 这意味着在某个适当的坐标下, $F \sim -x$, 所以 $V(x) = kx^2/2$, $k$ 是一个常数. 这时解是振荡的, 而频率是 $\omega = \sqrt{k/m}$. 这时的解称为**简单谐振子**.

---

① 加速度是位置对于时间的二阶导数, 我们用 $x$ 来表示位置, 这是 3 维位置向量的简写, 而我们用字母上面加一个点表示对于时间的导数, 所以, 加速度记为 $\ddot{x}$.

### 2.1.2 最小作用原理

每一个主要的理论都可以用一个称为**最小作用原理**的思想来表述. 我们来看一下对于牛顿力学这是怎么作的. 考虑质点的任意路径 $x(t)$, 并且作

$$S(x) = \int \left[ m\dot{x}^2/2 - V(x) \right] \mathrm{d}t,$$

这里和下面 $x$ 都代表向量, 所以可能表示多于一个坐标. 如果 $x$ 表示时空里的一点, 则如果没有特别的提示, $x$ 中也包含了时间坐标. 类似地, 在绝大多数情况, 我们都略去向量的分量记号. 这些记号的意义, 从上下文都可以看清楚. 量 $S(x)$ 称为**作用量**, 等于动能减去位能. 然后人们就考虑, 哪一条路径使得作用量达到最小. 就是说, 我们问哪些路径有这样的性质: 当它们被一个小量 $\delta x(t)$ 扰动时, 则作用量的主要的阶 (即最低阶) 的部分是不变的 (事实上, 我们只是要求作用量到一阶为止是不变的, 而不是要求它达到最小值. 这样, 鞍点类型的解也是许可的). 这个问题的答案正好满足方程 $m\ddot{x} + \nabla V(x) = 0$ [1].

作为一个例子, 考虑 2 维的简单谐振子. 我们可以用复数作为 $x$ 的模型, 并令 $V(x) = \frac{1}{2}k|x|^2$. 于是, 作用量就是 $\int \frac{1}{2} \left[ |\dot{x}|^2 - k|x|^2 \right] \mathrm{d}t$. 注意, 相旋转 $x \mapsto \mathrm{e}^{\mathrm{i}\theta}x$ 使作用量不变, 所以相旋转是运动方程的一个对称性.

**经文** [2] 物理解使得作用量极值化.

我们将会看到, 最小作用原理可以用于许多物理情况. 然而, 我们首先要描述力学的另一种表述.

### 2.1.3 力学的哈密顿表述

运动方程的**哈密顿** [VI.37] 表述也值得一提, 它导出一个一阶方程组. 令 $S$ 为作用量, 而拉格朗日函数 $L$ 由式子 $S = \int L\mathrm{d}t$ 来定义. 考虑下面的 (典型的) 情况, 即 $L$ 是坐标 $x$ 及其时间导数 $\dot{x}$ 的函数的情况. 然后令 $p = \mathrm{d}L/\mathrm{d}\dot{x}$ (这里 $p$ 也表示一个向量) 则 $p$ 是一个可能同时依赖于 $x$ 和 $\dot{x}$ 的函数 (在上面所考虑的例子中, $L = \frac{1}{2}m\dot{x}^2 - V(x)$, 有 $p = m\dot{x}$, 即 $\dot{x} = p/m$). 现在考虑函数 $H = p\dot{x} - L$, 称为**哈密顿函数** [III.35], 并作由变量 $(x, \dot{x})$ 到变量 $(x, p)$ 的变换, 使得以后不必再提到 $\dot{x}$. 在上面的例子中, 把哈密顿函数计算出来, 就有

---

① 为了看清这一点, 在作用量中把 $x$ 换成 $x + \delta x$, 并在其中只保留 $\delta x$ 及其时间导数的线性项, 对于 $V$, 线性项就是 $(\nabla V)\delta x$. 然后分部积分以除去 $\delta x$ 的时间导数, 在积分号下把 $\delta x$ 作为一个因子分离出来. 一个积分只有在乘 $\delta x$ 的因子为 0 时, 才可能对任意 $\delta x$ 都为 0. 这样就会得到所说的方程. 请自己试一下!

② "经文" 原书作 lesson, 此字可作 "经典的解读" 理解, 如果译为 "课文" 或 "教训" 均未表现出作者视之为经典的原义, 所以译为 "经文", 即 "经典" 之意. 本文下面都把这种基本的 "经典的解读" 称为 "经文". —— 中译本注

$$\frac{p^2}{m} - \left( \frac{p^2}{2m} - V(x) \right) = \frac{p^2}{2m} + V(x),$$

它就是总能量. 对于简单谐振子, 有 $H = p^2/2m + kx^2/2$.

方程组 $\dot{x} = \partial H/\partial p$ 和 $\dot{p} = -\partial H/\partial x$ 就是运动方程的哈密顿表述, 或称为**哈密顿运动方程**, 可以证明它们等价于那些由最小作用原理得出的运动方程, 称为**拉格朗日运动方程**或运动方程的拉格朗日表述. 在这个例子中, 哈密顿运动方程是: $\dot{x} = p/m, \dot{p} = -\nabla V$, 从第一个方程得出 $p = m\dot{x}$, 代入第二个方程就回到了方程 $m\ddot{x} + \nabla V(x) = 0$. 在一般的情况下, 对于由 $p$ 和 $x$ 构造出来的函数 $f(x, p)$ 求时间导数, 利用链法则和哈密顿运动方程可以得到

$$\dot{f} = \frac{\partial f}{\partial x}\frac{\partial H}{\partial p} - \frac{\partial f}{\partial p}\frac{\partial H}{\partial x} = \{H, f\}.$$

这个式子中间的一项称为 $H$ 和 $f$ 的**泊松括弧**, 而 $\{H, f\}$ 就是它的记号.

　　**经文**　哈密顿函数通过泊松括弧来控制物理量对时间的依赖性.

　　注意, 当把 $x$ 和 $p$ 作为 $H$ 和 $f$ 插进上式时就会得到恒等式

$$\{x, p\} = -1. \tag{1}$$

也可以从下面所述的哈密顿的观点开始: 考虑一个赋有对于函数的括弧运算的空间, 使得这个空间中有 (不一定是唯一的) 坐标函数服从 (1) 式. 这时, 力学模型是由一个函数 $H(x, p)$ 定义的, 这个函数决定了整个动力学.

### 2.1.4　对称性

现在简短地谈一下对称性是合适的. 艾米·诺特 [VI.76] 证明了在力学的作用量表述中, 作用量的一种对称性会给出一个守恒量. 平移对称和旋转对称可以作为原型的例子. 所谓具有平移对称或旋转对称, 就是质点的位能在某个方向的平移下或者在旋转下不变, 相应的守恒量就是这个方向的动量或角动量. 在上面的例子中, $V(x) = k|x|^2/2$ 不含 $\theta$, 即与 $x$ 的位相无关. 关于 $\theta$ 的变动的运动方程是 $\mathrm{d}\left(m|x|^2\dot{\theta}\right)/\mathrm{d}t = 0$, 所以这时守恒的就是角动量 $m|x|^2\dot{\theta}$. 在哈密顿表述中, 因为一个守恒量 $f(x, p)$ 就是一个不随时间变化的量, 它与哈密顿函数必共有为零的泊松括弧: $\{H, f\} = 0$. 特别是令 $f = H$, 就得知哈密顿函数也是守恒的. 这就是能量守恒.

### 2.1.5　其他理论的作用量函数

现在回到作用量原理, 我们要看一看不同的物理理论是怎样用不同的作用量来描述的. 在电磁理论中, 麦克斯韦方程组 [IV.13 §1.1] 也可以表述成 $\delta S = 0$ 的形式, 这里的作用量 $S$ 的形式是电场 $(E)$ 和磁场 $(B)$ 在时空上的积分. 当没有源的时候, 电磁场的作用量可以写为

$$S = \frac{1}{8\pi e^2} \int \left[ E^2 - B^2 \right] \mathrm{d}x \mathrm{d}t, \tag{2}$$

这里的 $e$ 是一个电子的电荷. 这个例子和前面的例子有一个重要的区别, 在前面的例子中, $x$ 是基本的物理量, 而作用量的变化 $\delta S$(称为变分) 是对它来取的, 而在现在的例子中, $E$ 和 $B$ 并非基本的, 因为它们是从**电磁位势** $\boldsymbol{A} = (\phi, A)$ (其中的 $\phi$ 称为**标量位势**, 而 3 维向量 $\boldsymbol{A}$ 称为**向量位势**, 而总的电磁位势 $A$ 则是一个 4 维向量) 按下面的公式导出的: $E = \nabla \phi - \dot{A}, B = \nabla \times A$. 如果把 $S$ 用 4 维向量 $\boldsymbol{A}$ 表示出来, 并给 $\boldsymbol{A}$ 一个变分 $\delta \boldsymbol{A}$, 再令 $\delta S = 0$, 就从最小作用原理恢复了麦克斯韦方程.

很清楚, 在变换 $E \to B$, $B \to -E$ 下, 电磁作用量 $S$ 只是改变了符号, 所以 $\delta S = 0$ 的解在此变换下, 仍然是一个解. 这是物理学的经典理论的一个例子. 事实上, 这个在电场的源和磁场的源互换情况下的对称性可以拓展到有源 (例如一个电子) 的情况 (在宇宙中, 没有观察到过磁场的源, 但是, 有这种对象的理论仍然是有意义的).

**经文** 物理等价性既可以作用在场上, 也可以作用在源上.

电和磁的理论是一种 "场的理论", 就是说, 它涉及依赖于空间位置的函数, 而我们就把这种表示场的函数看成它的自由度. 牛顿力学与此成为对比, 它现在所用到的是质点 (或质点组), 所以我们就把这些空间坐标看成它的空间自由度. 但是, 场和质点组在概念上并没有多大距离, 这一点可以从下面的简单似玩具的模型看出来.

我们来考虑最简单的例子, 即一个标量场 $\phi$. 就是说, $\phi$ 就是一个取数值的函数. 现在设想空间是 1 维而不是 3 维的, 而且这个 1 维空间就是一个圆周, 因此用一个角坐标 $\theta$ 就可以描述它. 在任意固定的时刻, 可以用傅里叶级数 [III.27] 来把这个标量场写为 $\phi(\theta) = \sum\limits_{n} c_n \exp(in\theta)$, 其中的 $c_n$ 是傅里叶系数, 而如果我们希望 $\phi$ 取实数值, 就必须坚持要求 $c_{-n} = \bar{c}_n$. 所以可以不把 $\phi(\theta)$ 看成一个函数, 而看成一个无限维向量 $(\cdots, c_{-2}, c_{-1}, c_0, c_1, c_2, \cdots)$. $\phi$ 的空间依赖性完全由这些系数 $c_n$ 决定. 如果我们想要考虑它的时间依赖性, 需要做的仅是让 $(\cdots, c_{-2}(t), c_{-1}(t), c_0(t), c_1(t), c_2(t), \cdots)$ 这些分量同时也依赖于时间就行了, 所以看起来很像量子粒子 $c_n$ 的无限的集合. 这样, 函数 $\phi$ 就有了傅里叶级数 $\phi(\theta, t) = \sum\limits_{n} c_n(t) \exp(in\theta)$.

标量场 $\phi$ 的最简单的容许有波类型的解的作用量是等式 (2) 的自然的类比:

$$S = \frac{1}{2\pi} \int \left[ \left( \dot{\phi} \right)^2 - \left( \phi' \right)^2 \right] \mathrm{d}\theta \mathrm{d}t, \tag{3}$$

这里的 $\phi' = \partial \phi / \partial \theta$. 把傅里叶展开式放进去, 然后做完对于 $\theta$ 的积分, 就会得到

$$S = \int \sum_n \left[ |\dot{c}_n|^2 - n^2 |c_n|^2 \right] \mathrm{d}t. \tag{4}$$

方括号内的表达式正是 2.1.2 节里讲的一个具有平方位能的粒子 $c_n$ 的作用量. 我们只不过是有了无穷多个简单谐振子而已 (但是 $c_0$ 这个自由度有点不同, 它相应于无位能的自由粒子).

　　　　**经文**　　场的理论就像是具有无限多个粒子的点粒子理论, 这些点相应于场的自由度. 当作用量对于导数是二次式时, 这些质点就可以解释为简单谐振子.

　　　　甚至广义相对论 [IV.13] 也可以作为场论而放进这个框架里. 对于时空 $M$, 其上的黎曼度量 [ I .3 §6.10] 就构成场. 度量是用来决定两点之间的路径的长度的, 所以, 时空的拉伸就可以用度量的重新尺度化来表示. 在广义相对论中, 作用量是用时空上的黎曼曲率标量 $\mathbf{R}$ 的积分来表示的: $S = \displaystyle\int_M \mathbf{R}$①.

## 2.2　量子理论

　　　　镜面对称也是量子理论中的等价性. 所以我们必须先对什么是量子理论有一个了解, 也要知道这种等价性是什么样子. 量子力学有两种表述, 就是算子表述和费曼 (Richard Phillips Feynman, 1918–1988, 美国物理学家) 的路径积分表述.

　　　　这两种表述都是概率论性质的, 意思是说, 不可能精确地预测在单个一次观测中会观察到什么, 但是, 对于在同样条件下的多次重复观测的结果是可以精确预测的. 例如, 您的实验可能用到一个电子束, 它射向一个屏幕, 并且在屏幕上留下标记. 电子束中有成百万电子, 所以可以很精确地预测它们在屏幕上留下的标记的图案的模式. 但是对于单个给定的电子会怎么样, 我们说不出来, 我们只能说出各种观测结果的概率. 这个概率用这个粒子的所谓 "波函数" 来表示.

### 2.2.1　哈密顿表述

　　　　在量子力学的算子表述中, 经典力学的位置和动量被按照下面的规则, 转变为在一个希尔伯特空间 [III.37] 上的算子 [III.50]: **把泊松括弧** $\{\cdot, \cdot\}$ **变成** $\dfrac{i}{\hbar}[\cdot, \cdot]$, 这里的 $[A, B] = AB - BA$ 是两个算子 $A, B$ 的**换位子括弧**, 而 $\hbar$ 是化约普朗克常数. 这样就可以从方程 (1) 得出关系式 $[x, p] = i\hbar$, 这里粒子 (或粒子族) 的态, 定义为 $x$ 和 $p$ 的值的集合, 不过这时 $x$ 和 $p$ 应该理解为希尔伯特空间中的向量 $\Psi$, 所以 $x$ 和 $p$ 的 "值" 也需要在量子理论意义下理解, 它们的记号准确一些也应该改为向量记号: $x$ 和 $p$. 但是和前面一样, 我们不坚持这一点. 时间演化仍然用哈密顿函数 $H$ 来表示, 不过现在 $H$ 也要理解为一个算子. 基本的动力学方程现在就是**薛定谔方程**

$$H\Psi = i\hbar \frac{\mathrm{d}}{\mathrm{d}t} \Psi. \tag{5}$$

　　　　**经文**　　为把一个经典的理论量子化, 就把通常的自由度换成一个向量空间上的算子, 把泊松括弧换成换位子括弧.

────────────

① 在 3 维空间中, 抛物面 $z = \dfrac{1}{2}ax^2 + \dfrac{1}{2}by^2$ 在原点的黎曼曲率 $\mathbf{R}$ 就是 $ab$.

对于实数直线 $\mathbf{R}$ 上的一个粒子的情况, 上面说的希尔伯特空间现在取为平方可积函数的空间 $L^2(\mathbf{R})$, 所以把 $\Psi$ 写成 $\Psi(x)$. 如果把 $x$ 看成一个把 $\Psi(x)$ 变为 $x\Psi(x)$ 的算子, 换位子关系应该能得到满足, 而 $[x, p] = i\hbar$ 就告诉我们, $p$ 应该表示 $-i\hbar(\mathrm{d}/\mathrm{d}x)$. 经典的物理量的值应该对应于相关联的算子的本征值 [I.3§4.3], 而相应的态则是这个本征值的本征向量. 所以动量 $p$ 的态的形状是 $\Psi \sim \exp(ipx/\hbar)$. 不幸的是, 这个函数不属于实数直线上的平方可积函数空间. 但是如果把 $\mathbf{R}$ 上的 $x$ 点和 $x + 2\pi R$ 等同起来, 这个函数就属于平方可积函数了. 从拓扑学上说, 这就是把 $\mathbf{R}$ 紧化 [III.9] 为一个圆周 (而 $R > 0$ 是这个圆周的半径). 但是要注意, 只有当 $p = n\hbar/R$ 时, 这个波函数才是单值函数, 也就是说 $p = n\hbar/R$ 是周期边值条件的本征值. 这样, 动量就被 "量子化" 为 $\hbar/R$ 的整数倍[1]. 方程 (4) 中的 $c_n$ 的下标 $n$ 现在就可以想作是动量为 $n$.

在上面的例子中, $\mathbf{R}$ 是经典的 $x$ 坐标这个自由度, 而在量子理论中它就对应于一个希尔伯特空间 (即态的空间)$L^2(\mathbf{R})$. 在别的例子中, 对每一个实的自由度, 都有一个 $L^2(\mathbf{R})$, 这时, 它就不一定表示几何位置了.

另一个新奇之处就是, 作为量子力学中的算子, 位置和动量是不可交换的, 意思是说, 它们不可能同时对角化, 即不可能同时精确地指定一个粒子的位置和动量. 这是海森堡的不确定性原理的一种形式 (见条目算子代数 [IV.15§1.3]).

### 2.2.2 对称性

量子化的规则建议, 量子理论中的对称性就是一个使得 $[H, A] = 0$ 的算子 $A$. 就是说, 算子 $A$ 与哈密顿函数 $H$ 为可交换的, 因此它在动力学方程下不变.

### 2.2.3 例子: 简单谐振子

现在讨论一个以后对于理解量子场论和镜面对称有用处的例子, 就是量子力学中的简单谐振子. 假设把所有的常数适当选择后, 哈密顿函数成为 $H = x^2 + p^2$. 如果定义**湮没算子** (annihilation operator) 为 $a = (x + ip)/\sqrt{2}$, 又定义**产生算子**(creation operator) 为 $a^\dagger = (x - ip)/\sqrt{2}$, 则可以证明 $a^\dagger$ 将把状态的能量提高一个单位[2], 而 $a$ 则把能量降低一个单位. 援用物理学的论证: 存在一个能量最低的态 (即基态 (ground state)) $\Psi_0$, 它必定满足 $a\Psi_0 = 0$. 然后就会看到, 所有的态都可以用基底向量 $\Psi_n = (a^\dagger)^n \Psi$(其能量为 $n + 1/2$) 来表示. 注意, $\Psi_0$ 的能量是 $\frac{1}{2}$[3].

---

[1] 我们有时这样来选取单位, 使得 $\hbar = 1$. 例如有时我们要用一个虚拟的时间单位称为 "$q$ 秒"(sqecond), 1 秒 (second) 等于 $\hbar$ 个 $q$ 秒: 1 (second) $= \hbar$(sqecond).

[2] 下面就可以算出: $[a, a^\dagger] = 1$, 而 $H = a^\dagger a + \frac{1}{2}$. 此外还有 $[H, a^\dagger] = a^\dagger$, $[H, a] = -a$. 这些等式有以下的解释: 设 $\Psi$ 是算子 $H$ 的能量 (即本征值) 为 $E$ 的本征向量, 则 $H\Psi = E\Psi$. 考虑 $a^\dagger \Psi$, 经过简单的计算即有 $H(a^\dagger \Psi) = (Ha^\dagger - a^\dagger H + a^\dagger H)\Psi = ([H, a^\dagger] + a^\dagger H)\Psi = a^\dagger H)\Psi = (a^\dagger + a^\dagger E)\Psi = (E+1)(a^\dagger \Psi)$. 就是说 $a^\dagger \Psi$ 是相应于能量 (即本征值) $E+1$ 的本征向量. 所以, $a^\dagger$ 把能量提高一个单位.

[3] 把这些式子用 $x, p$ 所定义的算子写出来是有教益的.

基底 $\{\Psi_n\}$ 称为**占有数**(occupation number) 基底, 这个名词可以解释为: $\Psi_n$ 所占有的能量比基态 $\Psi_0$ 的能量多出 $n$ 个能量 "量子".

### 2.2.4　路径积分表述

费曼的量子力学路径积分表述是建立在最小作用原理思想的基础上的. 在这个表述中, 一个实验的概率是通过在粒子的**所有**路径上作平均来计算的, 而不是仅考虑使得作用量极值化的路径. 每一条路径都要用因子 $\exp\left(\mathrm{i}S(x)/\hbar\right)$ 来加权, 这里 $S(x)$ 是这条路径的作用量, 而 $\hbar$ 则是化约普朗克常数, 按照宏观的作用量的尺度来看, 它是很小的. 这个平均值可能是虚数, 但是过程的概率是这个虚数绝对值的平方.

注意, $\exp\left(\mathrm{i}S(x)/\hbar\right) = \cos\left(S/\hbar\right) + \mathrm{i}\sin\left(S/\hbar\right)$, 所以, 如果改变路径 $x(t)$ 时, $S$ 有可观的变换, 但因 $\hbar$ 很小, 所以上面的两个三角函数 (余弦函数实质上和正弦函数是一样的) 都会剧烈地振荡. 然后, 当对所有的路径 $x(t)$ 作积分时, 正的和负的振荡大体上都会抵消. 结果, 在对路径作加权和时, 主要的贡献来自那些当路径变化时 $S(x)$ 不怎么变化的那些路径, 这就是经典的路径! 但是, 如果 $S(x)$ 的变化与 $\hbar$ 比较起来充分小, 那么这些非经典的路径也有相当的贡献. 我们典型地把自由度分解成经典轨道的一部分以及接近于经典轨道的量子漂移的一部分. 这样就可以把路径积分组织成为关于参数 $\hbar$ 的微扰理论 (perturbation theory).

我们还没有讨论路径积分的被积表达式, 也不打算在此详谈. 主要之点在于这个理论对某个物理过程所作的量度的可信度作了一个预测. 每一个过程都会决定一个可能的被积表达式. 例如从上面的讨论知道, 在测量一个量子力学粒子从 $t_0$ 时刻的 $x_0$ 点出发, 而在 $t_1$ 时刻到达 $x_1$ 点的这个过程的可信度时, 所用的被积表达式是对于所有在 $t_0$ 时位于 $x_0$ 点而在 $t_1$ 时位于 $x_1$ 点的路径各赋予一个非零的权重 —— 这个权重则由作用量的指数函数决定.

考虑在由一个点构成的 "时空" 上的路径积分这个玩具模型是有教益的. 例如一个标量场上的可能的路径只不过就是这个场在这一点所可能取的值, 所以是实数. 所以作用量就是 $\mathbf{R}$ 上的普通的函数 $S(x)$. 为了讲解这个例子, 考虑 $\mathrm{i}S/\hbar = -x^2 + \lambda x^3$ 的情况. 可能的被积函数就是 $x$ 的幂 (的和), 所以需要作的基本的路径积分就是 $\int x^k \exp\left(-x^2/2 + \lambda x^3\right) \mathrm{d}x$, 用记号 $\langle x^k \rangle$ 来表示它, 它在 $\lambda = 0$ 处的值很容易计算 ①

对于小的 $\lambda$, 把 $\mathrm{e}^{\lambda x^3}$ 展开为 $1 + \lambda x^3 + \lambda^2 x^6/2 + \cdots$, 而对其每一项都把 $\lambda$ 当作脚注里的 $J$, 用同样的方法在 $\lambda = 0$ 处求值. 这就是我们做出一个有效的微扰理

---

① 考虑到 $\int \exp\left(-\dfrac{x^2}{2} + Jx\right)\mathrm{d}x = \int \exp\left(-\dfrac{1}{2}(x+J)^2\right)\exp\left(\dfrac{J^2}{2}\right)\mathrm{d}x = \sqrt{2\pi}\exp\left(\dfrac{J^2}{2}\right)$. 将此式对 $J$ 求导后再令 $J = 0$, 就可以得到 $\langle x \rangle$. 求导 $k$ 次即得 $\langle x^k \rangle$, 而我们就算出了 $\langle x^k \rangle$.

论的方法, 而不必去计算积分了.

从这个例子看到, 当作用量仅是变量的二次式时, 计算路径积分最为容易, 这一点和我们在量子力学的算子表述中所见到的是一样的. 这个情况的数学上的理由在于高斯积分 (即平方的指数函数的积分 $\int e^{x^2} \mathrm{d}x$) 可以显式地算出来, 而涉及立方甚至更高次幂的指数的积分就难多了, 甚至不可能算出来. 对于二次的作用量, 路径积分是可以精确地算出来的, 但是当立方项或更高次项出现时, 微扰理论就是不可少的了.

### 2.2.5  量子场论

以上理论到场论的推广可以按我们前面的模式来作. 于是, 我们把量子场论看作是无穷多个粒子的量子力学. 事实上, 当场 $\Phi$ 及其导数在作用量中不以高于二次的项出现时, 量子场论很容易按照这种方式来理解 —— 在方程 (4) 中, 可以说我们已经有过一次预览. 在那里, 相应于粒子的傅里叶分量是以动量为指标的. 每一个这样的分量看起来都像是具有一定的频率的谐振子, 而这个谐振子依赖于傅里叶系数. 量子希尔伯特空间就是许多不同的 "占有数希尔伯特空间" 的 (张量) 积, 而每一个傅里叶分量各有一个 "占有数希尔伯特空间". 因为占有数基底也是一个能量本征基底, 这些态在哈密顿函数 $H$ 的作用之下都有简单的时间演化. 就是说, 如果在某个态 $\Psi(t=0)$ 上, $H = E$, 则这个态的演化就是

$$\Psi(t) = \exp(\mathrm{i}Et/\hbar)\,\Psi(0).$$

然而, 如果作用量中包括了**立方项**或**更高次的项**, 事情就变得非常有趣: 粒子可能衰变! 例如, 若在方程 (3) 那样的标量场中添上一项 $\phi^3$ 从而也在哈密顿函数中添上这样的项, 就可以看到这一点. 如果用傅里叶分量来写出这一点, 就会得到涉及 3 个谐振子的项, 如 $a_3^\dagger a_4^\dagger a_7$ 那样. 为了看到这一点, 回忆一下在我们把实的场 $\phi$ 量子化以后, 傅里叶分量 $c_n$ 就起着谐振子的作用, 而我们又把相关的湮没算子和产生算子用 $a_n$ 来表示. 因为哈密顿函数通过方程 (5) 来控制了时间演化, 这就意味着一个粒子 (即一个简正振动模式 (mode)7) 可以衰变成为两个 (简正振动模式 3 和简正振动模式 4). 这种衰变在现实生活中确实发生了, 而量子场论的伟大胜利就在于它以惊人的准确性预测到这些事件.

事实上, 由于场中的路径的空间是无穷维的, 量子场论中的路径积分还没有能用一种数学上严格的方式来定义. 然而, 作预测用的微扰级数可以和在量子力学中一样地定义, 物理学家实际上就是这样做预测的. 微扰级数的各项可以用费曼图来表示 (关于费曼图, 在条目**顶点算子代数** [IV.17] 中有讨论). 这些图和计算它们的规则完全地解决了微扰问题.

和量子力学中的粒子一样, 路径积分的不同的被积函数对应于不同的预测. 如果 $\Phi$ 是某个量子场论的场中的一个函数, 用 $\langle\Phi\rangle$ 来表示以 $\Phi$ 为被积函数的路径积

分 (正如在前一节里讲的 $\langle x^k \rangle$ 那样). 称这样的一项为一个 "相关函数"(correlation function 或 correlator). 如果 $\Phi = \phi_1(x_1)\cdots\phi_n(x_n)$, 则答案依赖于此理论中的作用量、场 $\phi_i$ 和时空点 $x_i$.

可能会怀疑是否经典理论中的对称性在量子化以后仍然保存在同一理论中. 答案有时为否. 这种对称性不再成立的情况称为 "非正常 (anomaly) 情况". 粗略地说, 出现这种情况是由于路径积分中的积分测度在这个对称下不能保持不变, 但这多少只是一个启发性的解释, 因为路径积分并没有一般的严格定义.

回到立方的例子, 如果相互作用项 $\phi^3$ 的系数是 $\lambda$, 这一项就是 $\lambda\phi^3$, 这样就把微扰级数写成 $\lambda$ 的幂级数. 如果用路径来表示, 衰变过程的概率可以用分叉为两支的路径 —— 即形如字母 Y 的路径 —— 来估计, 路径的每一支都要标记出适当的粒子.

### 2.2.6　弦论

费曼图在**弦论**中有重要的推广. 弦论不把粒子看成一个点, 而是看成一个环. 我们考虑的也就不再是粒子在时空里的路径, 而是环的路径, 因看起来像一个曲面. 弦论的振幅是用对所有这些曲面的求和来计算的. 这些和构成了由所谓的**弦耦合常数** $\lambda_g$ 的幂组成的微扰级数, 微扰级数中 $\lambda_g$ 的幂依赖于曲面上洞的数目.

这些曲面称为所谓 "世界面"(world sheet) 这是相对论中说的质点的 "世界线" (world line) 的类比. 世界面上的一点在时空中的位置由坐标 $X^i$ 来决定, 而这些坐标又由此点在世界面上的位置决定. 实际上, 我们得到了一个**辅助的**理论, 就是 2 维曲面上点的坐标的场论! 在弦论中, 甚至这个 2 维的场论也必须看成是一个量子场论. 2 维理论的这些场就是由曲面到真实的时空的映射. 然而, 从世界面的观点看来, 世界面本身就是一个 2 维时空, 而这些映射就是**这个**时空上的场, 其值在另外的空间 (目标空间) 中.

镜面对称就是研究 2 维曲面上的这些量子场的产物. 后来, 在弦不是闭环而是具有端点的细丝的情况也发现了与弦是闭环的情况同样的现象. 这两个情况在下面都会起重要的作用.

### 3. 物理学中的等价性

镜面对称是各种量子场论之间的一种特殊的等价性. 如我们所已经看见的那样, 量子场论是得出物理过程的概率的规则. 在路径积分表述中, 概率是从场的相关函数算出来的. 按照费曼的说法, 这些相关函数可以看作是对场的所有的路径所作的平均值. 每一个路径在求平均时都要加权, 而权重为 $\exp(iS/\hbar)$, 这里的 $S$ 是作用量, 而 $\hbar$ 是化约普朗克常数. 量子场论 $A$ 中的被积函数 $\Phi$ 的相关函数记作 $\langle\Phi\rangle_A$. 前面说过, $\Phi$ 可能依赖于此理论中的作用量、场 $\phi_i$ 和时空点 $x_i$, 所以相关函数依赖于所有这一切以及理论 $A$ 中的作用量.

这样, 等价性就是一个理论 $A$ 中的所有可能的场 $\phi_i$ 到另一个理论 $B$ 中相应的场 $\tilde{\phi}_i$ 的具有以下关系式的映射:

$$\langle\Phi\rangle_A = \left\langle\tilde{\Phi}\right\rangle_B$$

(我们在记号中暂时略去它们对于点 $x_i$ 的依赖性). $\langle 1 \rangle$ 是一个特殊的相关函数, 称为**配分函数**(partition function), 并且记为 $Z$. 因为场 1 总是被映为场 1 的, 所以有下面的推论, 即配分函数总是相等的: $Z_A = Z_B$.

当然, 所有这一切都可以用量子理论的算子表述来描述. 一个理论中的态 $\Psi$ 和算子 $a$ 必定被映为镜面理论的相应的态 $\tilde{\Psi}$ 和相应的算子 $\tilde{a}$, 使得映射的结果就是与原来的结果相应的态: $\tilde{a}\tilde{\Psi} = \widetilde{(a\Psi)}$. 我们在这里看到了与计算尺规则与数的乘法和加法的等价关系的非常相近的类比.

每一个理论典型地都是用某个数学模型来描述的, 所以等价性就蕴含了许许多多来自相应模型的量之间的数学恒等式.

镜面对称的一个特殊情况讲的是一个 2 维曲面上的量子场论的等价性. 镜面对称最典型的例子是这样的物理理论: 它的场是由一个 2 维黎曼曲面 [III.79] 到某个目标空间 $M$ 的映射. 这样一个理论称为 sigma **模型.** 在前面已经看到, $M$ 在弦论里面起了代替真正的时空的作用, 但是为了我们现在的目的, 甚至可以取 $M$ 就是实数直线 $\mathbf{R}$, 从而 $\varphi$ 就是普通的函数. 这个情况已经在 2.1.5 节里面研究过. 作用量就由 (4) 式给出. 然后我们就可以把配分函数写成

$$Z = \langle 1 \rangle = \int [\mathcal{D}\varphi]\, e^{iS(\varphi)/\hbar},$$

这里 $[\mathcal{D}\varphi]$ 表示在其上积分的路径空间的测度 [①].

计算配分函数 $Z$ 的方法之一是使用所谓 Wick **旋转**(Gian-Carlo Wick, 1909–1992, 意大利物理学家). 首先通过引入虚的时间 $\tau = it$ (这就是 Wick 旋转) 把时间欧几里得化, 这就导出了欧几里得作用量 $iS_E$. 然后就试着在这个框架里计算路径积分, 希望答案是全纯 [I.3 §5.6] 的. 如果答案确实是全纯的, 就可以用解析拓展算出通常的时间下的答案. 这样做的好处在于欧几里得的指数权重是 $\exp(-S_E/\hbar)$, 从而, $S_E$ 的最小值得到了最大的权重, 所以积分可能收敛. 欧几里得作用量的非常数极小称为**瞬子** (instanton). 在把 (4) 式欧几里得化以后, 作用量就变成了映射 $\varphi$ 的 "能量" $S_E$:

$$S_E = \int_\Sigma |\nabla\varphi|^2.$$

一个映射的能量有一种**共形对称性**, 意思就是它独立于黎曼曲面的局部尺度的变换、即可以局部地用旋转和拉伸逼近的变换. 在用正数 $\lambda$ 重新尺度化时的不变性

---

[①] 注意, 这些式子只表示了一个具有 "超对称" 的理论的 "玻色子" 的部分, 这特别就意味着还应该有 "费米子", 理论才可能完备. 为了使记号和叙述都比较简单, 我们略去了使理论完备所必须的费米子.

是很容易看到的: $|\nabla\varphi|^2$ 中的每一个导数都减少了一个因子 $\lambda$, 而面积元素则增加一个因子 $\lambda^2$. 旋转不变性则从 $|\nabla\varphi|^2$ 的形状可以看到. 二者组合再加上以上的论证并未涉及尺度化参数 $\lambda$ 的导数, 就引导到局部尺度变换下的不变性这个命题.

作用量的共形对称性是经典的对称性在量子理论中并不一定能保持的例子之一. 但是, 如果选 $M$ 是一个复的 Calabi-Yau 流形[III.6], 量子理论就不会有这种反常 (anomaly) 情况, 即对称性**得以保持**.

要求 $M$ 是一个复的 Calabi-Yau 流形这个条件可以看成是复的可定向性的要求. 回忆一下, 对于可定向流形, 对于各个坐标小块, 可以连续地选择切空间的基底, 使得基底变换矩阵的行列式都等于 1. 对于 Calabi-Yau 流形, 这也是对的, 不过需要考虑复的切空间的复基底.

当目标流形也是 Calabi-Yau 流形时, 瞬子就是从 2 维曲面到这个 Calabi-Yau 流形的复解析映射. 瞬子并不 "近于" 常值路径, 所以, 瞬子的效应不能用诸如费曼图这样的微扰方法达到. 所以它们是 "非微扰" 的现象, 如 $(x^2-1)^2$ 这样的双势阱中的粒子就是量子力学中的一个例子. 在 $x=\pm 1$ 处的两个常值 (驻定值) 路径是零能量的极小. 一个瞬子的路径可以从 $x=-1$ 通到 $x=+1$, 或者反过来. 确实找到了这样的轨道, 并且称之为 "量子隧道效应".

**经文**    瞬子效应因为不能用微扰理论处理, 它的计算是难得出名的挑战.

### 3.1  镜面对

上面所考虑的背景是从一个 2 维曲面 $\Sigma$ 到一个目标 Calabi-Yau 空间的映射. 记这个量子场论为 $Q(M)$, 它是所有的场以及为这些场所作出的一切可能的相关函数的总体的简写. 在这样的安排下, 设 $M$ 和 $W$ 是 Calabi-Yau 流形, 如果 $Q(M)$ 等价于 $Q(W)$, 我们说 $M$ 和 $W$ 成为一个 "镜面对". 镜面对称简直像一种魔术, 在 $Q(M)$ 中很难解决的涉及瞬子的问题, 可以通过解决 $Q(W)$ 中容易得多的常值路径问题来回答.

## 4. 数学的提炼

一个数学理论可能包含了极为大量的信息. 例如, 一个相关函数可能涉及任意多个场, 而每个场又在 2 维曲面的不同点上取不同的值. 这个情况使得从数学上去处理它过于笨拙而难于驾驭. 相反地, 如果附加上一种来自所谓 "超对称" 理论的对称性, 就可以进行数学的提炼了. 这个提炼过程称为一个**拓扑扭曲**(topological twisting), 而所得的 "拓扑场论" 就具有与点的位置无关的相关函数. 因为有这样的无关性, 相关函数就成了与其下的几何背景相关的特性数. 事实上, 有两种扭曲, 典型地称为 $A$ 型和 $B$ 型, 它们分别提炼了所考虑的流形的不同侧面.

### 4.1 复几何和辛几何

#### 4.1.1 复几何

为了对拓扑扭曲提炼出来的几何侧面是什么有一个感觉, 回想一下, 我们从实数直线 $\mathbf{R}$ 构造单位圆周 $S^1$ 时、是把点 $\theta$ 与点 $\theta + 2\pi$ 等同起来、从而也就是把它与点 $\theta + 2\pi n$ 等同起来. 我们所做的就是把仅相差一个整数平移的点即一个**整数平移格网**上的点都等同起来. 我们也可以选择用某个其他实数 $r$ 的倍数来作格子的长度, 但是因为这样得到的格网相差仅在于对 $\mathbf{R}$ 的一个整体的重新尺度化, 我们所得实际上是和 $S^1$ 同样的空间. 在复数平面 $\mathbf{C}$ 上, 可以用两个复数 $\lambda_1$ 和 $\lambda_2$ 来构造格网, 不过需要 $\lambda_1/\lambda_2$ 不是实数, 这样得到的空间, 称为**环面**, 它和任意的具有一个洞的 2 维曲面有同样的拓扑. 然而, 它有更多的结构, 因为它可以用仅需一个复坐标即可描述的区域覆盖起来 —— 这些区域之间可以用一个复解析映射连接起来. 复数对 $(\lambda_1, \lambda_2)$ 与 $(\lambda_1, \lambda_1 + \lambda_2)$ 会生成同样的平移格网, 而复数对 $(\lambda_1, \lambda_2)$ 与 $(\lambda_2, -\lambda_1)$ 也是这样. 事实上, 由对 $\mathbf{C}$ 作复的重新尺度化得到的格网是等价的, 所以比值 $\tau = \lambda_2/\lambda_1$ 是格网的更好的参数.

只要重新规定某一个 $\lambda$ 的方向, 就能使得 $\tau$ 的虚部为正, 所以 $\tau$ 是在复平面的上半平面上取值的. 按照上面的推理, 注意到 $\tau$ 和 $\tau + 1$ 以及 $\tau$ 和 $-1/\tau$ 都来自相同的格网. 也可以按下面的方法来重新看待 $\tau$. 环面上有两个不同的环路, 其一由连接 $z$ 和 $z + \lambda_1$ 的直线生成. 另一个由连接 $z$ 和 $z + \lambda_2$ 的直线生成. 这样 $\lambda_1$ 和 $\lambda_2$ 都是复微分 $\mathrm{d}z$ 在一个环路上的线积分之值. 事实上, 要想得到这个结论, 环路并不一定要由直线构成. 这种在没有边缘的子空间 (这里的环路就是其例) 上的积分, 一般称为**周期**.

虽然任意两个环面都是拓扑等价的, 但是可以证明, 由真正不同的 $\tau$ 值生成的两个复环面之间不存在**复解析映射**, 所以参数 $\tau$ 决定了这个空间的复几何. 粗略地说, 我们认为这个参数决定了环面的形状 (更详细的讨论, 可见条目模空间 [IV.8 §2.1]).

拓扑 $B$ 模型只以依赖于目标空间 $M$ 的复几何. 就是说, 这个理论只连续依赖于参数 $\tau$.

#### 4.1.2 辛几何

另一个几何的侧面是环面的大小, 而大小只需简单地用面积元素即可以描述. 让我们回想一下, 从拓扑上说, 环面看起来都像是可以这样得到的: 即是把平面上的点按照水平的和垂直的整数平移格网等同起来就行了 (但是不一定要保持任何的复几何). 这就是在平面上把单位正方形对边上的点粘合起来. $\mathbf{R}^2$ 上的面积元素就是 $\rho \mathrm{d}x \mathrm{d}y$, 所以它也就决定了单位正方形的面积 $\rho$. 二维面积的这些概念可以推广到高维空间的二维子空间. 辛几何 [III.88] 就是研究这种结构的, 所以我们把 $\rho$

称为**辛参数**.

拓扑 $A$ 模型只依赖于目标空间的辛几何. 就是说, 它仅仅连续依赖于参数 $\rho$.

### 4.2   上同调理论

可以想象得到, 从通常的理论转到拓扑理论, 会涉及把物理理论中原来看成是不同的许多侧面都等同起来, 例如把在点上取不同值的场等同起来. 从数学上说, 一个完善的生成一个结构的拓扑侧面的方法 —— 其中涉及把一些对象等同起来 —— 是通过上同调理论 [IV.6 §4]. 上同调理论是遵循着这样一条途径, 就是要找一个算子 $\delta$ 使之服从方程 $\delta \circ \delta = 0$. 就是要求 $\delta$ 服从幂零条件. 这个条件就是这样的一个命题: $\mathrm{image}\,(\delta) \subset \ker\,(\delta)$ [①], 而上同调群 $H\,(\delta)$ 就是作为一个商群 $H\,(\delta) = \ker\,(\delta)\,/\mathrm{image}\,(\delta)$ 构造出来的. 商群概念意味着, 如果有两个向量 $u, v$ 分别适合 $\delta u = 0$ 和 $\delta v = 0$, 则当差 $u - v$ 可以对于某个向量 $w$ 写成 $u - v = \delta w$ 时, 就把 $u$ 和 $v$ 等同起来. $H\,(\delta)$ 就是这样的 $u$ 和 $v$ 构成的等价类所得到的空间.

物理理论的拓扑扭曲的情况也是与此类似的. 现在算子 $\delta$ 是作用在态的希尔伯特空间上的物理算子, 而且其平方为 0. 如果在我们的理论中出现了超对称, 就可以保证这个 $\delta$ 是存在的, 拓扑理论的向量态就是 $H\,(\delta)$ 的元素, 它们是原来理论中的服从 $\delta\Psi = 0$ 的态 $\Psi$ 所构成的等价类. 在许多情况下, 这些态等同于基态.

至为关键的一点是, 超对称就是一种对称性, 其中包含了 2 维曲面上的复平移. 这就是说, 场算子在某一点的值 $\phi(z)$ 要等同于它在另一点的值 $\phi(z')$. 换句话说, 拓扑理论的物理学要与算子的位置无关! 在路径积分表述中, 这意味着相关函数要与插入被积表达式中的场的位置无关. 那么, 它们还能依赖于什么呢? 它们依赖于特定的场或者是插入的场的组合, 它们还依赖于空间 $M$ 的几何参数 (如 $\rho$ 和 $\tau$).

#### 4.2.1   $A$ 模型和 $B$ 模型

给定一个 Calabi-Yau 空间, 我们可以实际作出两个算子 $\delta_A$ 和 $\delta_B$, 使它们的平方均为零. 所以, 从一个 Calabi-Yau 空间可以相应作出两个不同的拓扑扭曲和两个不同的拓扑理论来.

如果 $M$ 和 $W$ 是镜面 Calabi-Yau 流形对, 可以考虑, 从它们作出的拓扑模型是否是等价的理论. 答案是一个形式非常令人惊奇的 "是": 从 Calabi-Yau 流形 $M$ 所得的 $A$ 模型和镜面的 $W$ 的 $B$ 模型是等价的, 反过来也对! 在镜面对称下, 两个理论的复几何侧面和辛几何侧面恰好可以互换! 特别是 $M$ 上的困难的辛几何问题, 可以被映射为涉及 $W$ 的复几何的容易的计算.

这里要强调, 这两个流形可以在拓扑上完全不同. 例如其中之一的欧拉示性数可以与另一个的欧拉示性数反号.

---

① 原书误作 $\ker(\delta) \subset \mathrm{image}(\delta)$. —— 中译本注

## 5. 基本的例子: $T$ 对偶性

虽然圆周并不是复的, 它却给出了镜面对称的一个很能说明问题的切入方法, 而且研究起来还很容易. 我们要找出从圆周作出的两个理论的一个等价性. 这个等价性并不是平凡不足道的, 因为可以证明很不相同的态是互相相应的.

考虑 2 维曲面是一个圆柱面的情况. 它的空间自由度就是单位圆周, 而还有一个时间自由度, 我们来看它的 sigma 模型 (在第 3 节里介绍过). 又设目标空间是以 $R$ 为半径的圆周, 记作 $S_R^1$. 我们可以把 $S_R^1$ 看成本来是实数直线, 而把相差仅为 $2\pi R$ 的倍数的两点等同起来. 从一个圆周到另一个圆周的映射可以按照其环绕数来加以分类, 所谓环绕数就是当一个点绕第一个圆周一圈时, 其像点在第二个圆周上旋转的圈数. 从 $S^1$ 到 $S_R^1$ 的映射 $\theta \mapsto mR\theta$ 的环绕数就是 $m$. 这就使得我们能把场 $\varphi(\theta)$ 写成两部分: 一块是上述的环绕数为 $m$ 的映射, 加上简单的傅里叶级数 (这是无环绕数的部分): $\varphi(\theta) = mR\theta + x + \sum_{n\neq 0} c_n \exp(in\theta)$. 在傅里叶级数里我们又把常值的简正模式 (即 $n = 0$ 的谐振子)$x = c_0$ 分离出来. 我们只把依赖于 $\theta$ 的那一部分展开为级数, 所以其每一个连续参数 (就是除了环绕数部分的 $mR\theta$ 以外的 $x$ 和 $c_n$, $n \neq 0$) 就应该都看成时间的函数.

这样一个映射的能量即哈密顿函数, 已经在 2.1.3 节中计算过了, 而有

$$H = (mR)^2 + \dot{x}^2 + \sum_{n\neq 0} \left( |\dot{c}_n|^2 + n^2 |c_n|^2 \right).$$

把它和 2.1.3 节中算过的谐振子的哈密顿函数比较, 就知道每一个自由度 $c_n(t)$ 都起一个在简单谐振子的位势里的 (复) 量子力学粒子的作用. 有一个占有数基底可以用来描述每一个简正模式的量子力学 [1]. 所以完全的希尔伯特空间就是相应于各个简正模式的希尔伯特空间的张量积, 再加上常值模式和环绕数的希尔伯特空间 (记住, 经典理论的每一个自由度都变成量子场论的一个**粒子**).

常值模式 $x$ 的能量是 $\dot{x}^2$, 所以没有任何相关联的位能 (就是说, 它可以位于圆周上的任意位置上). 这个模式表示圆周上的自由量子粒子. 回忆一下, 粒子 $x$ 的动量由算子 $-\mathrm{i}(\mathrm{d}/\mathrm{d}x)$ 来表示, 而它的本征值是 $\mathrm{e}^{\mathrm{i}px}$. 要求这些本征值在平移 $x \mapsto x + 2\pi R$ 下不变, 就要求 $p = n/R$, $n$ 是任意整数. 这就意味着动量是 "量子化" 的.

与动量的量子化成为对照的是, 环绕数 $(m)$ 虽然也只能取整数值, 却是一个经典的标志, 即从圆周到圆周的可能的环绕整数周的周数. 所以, $m$ 虽然也是整数, 却与动量的量子化的整数 $n$ 有全然不同的立足点. 然而, 这个 $m$ 也是希尔伯特空间

---

[1] 每一个 $a_n^\dagger = [\mathrm{Re}(\dot{c}_n) - in\mathrm{Re}(c_n)]/\sqrt{2n}$ 都是一个产生算子, 因而可以提高能级, 对于 $c_n$ 的虚部也有类似的结果.

的一个重要标志. 对于每一个 $m$, 都有一个环绕 $m$ 周的构形, 它的量子化就会变成希尔伯特空间的第 $m$ 个部分 (sector). 粗略地说, 这个部分 $\mathcal{H}_m$ 包含了所有的环绕 $m$ 次的映射的所有自由度的函数. 我们可以把环绕数也看成一个算子, 只要宣布具有环绕数 $m$ 的态具有本征值 $mR$ 就行了.

暂时略过谐振子模式, 具有动量 $n/R$ 和环绕数 $m$ 的态的能量是 $(n/R)^2 + (mR)^2$. 如果同时作两个对换 $(m, n) \leftrightarrow (n, m)$ 和 $R \leftrightarrow 1/R$, 这个能量是不变的, 这就又有了一种对称性. 再回到谐振子模式, 因为 $a_n$ 的能量与 $R$ 无关, 它们又都是不互相作用的粒子, 所以上面说的对称性可以拓展为: 如果有两个量子场论, 分别以 $S_R^1$ 和 $S_{1/R}^1$ 为目标空间, 而其中之一的动量相当于另一个的环绕数, 则这两个理论有完全的等价性.

在这个例子中, 圆周 $S^1$ 既非复空间又非辛空间. 结果是我们不能作出其拓扑 $A$ 模型和 $B$ 模型. 但是我们证明了一个更强的命题, 即以 $S_R^1$ 和 $S_{1/R}^1$ 为目标空间的 sigma 模型是等价的. 这两个理论成为一个镜面对. 在圆周的情况下, 镜面对称称为 $T$ 对偶. 事实上, 整个镜面对称理论 —— 哪怕是对于非圆周情况 —— 都可以从 $T$ 对偶推导出来.

## 5.1   环面

如果取两个圆周的乘积 $S_{R_1}^1 \times S_{R_2}^1$, 就会得到一个环面. 我们可以把环面想成一个圆周上的圆周族, 就是对 $S_{R_2}^1$ 的每一点上都附着一个圆周 $S_{R_1}^1$. 正如在 4.1 节里面已经看到的那样, 这是一个复空间, 具体地说, 就是复平面 $\mathbf{C}$ 对于一个平移格网的商. 由 $z \mapsto z + R_1$ 和 $z \mapsto z + \mathrm{i}R_2$ 这样两个平移生成一个特别简单的格网. 如在上面 4.1.1 节里讨论过的那样, 这个格网是由复数 $\tau = \mathrm{i}R_2/R_1$ 决定的. 这个 $\tau$ 等于复微分形式 $\mathrm{d}z$ 在此环面上的两个不平凡的环路上的积分 (就是 "周期") 的比.

面积元素则包含了关于辛几何的信息. 回忆一下, 我们可以这样选择坐标 $x$ 和 $y$, 使得可以把正方形某一对对边上的点等同起来的等同映射, 就看成是这个方向上的单位平移. 这样, 以 $R_1$ 和 $R_2$ 为半径的环面的 (规范化了的) 面积单元就成了 $R_1 R_2 \mathrm{d}x \mathrm{d}y$, 积分以后就得出单位正方形的面积为 $R_1 R_2$. 定义辛参数为 $\rho = \mathrm{i}R_1 R_2$. 现在对第一个圆周作其 $T$ 对偶 $R_1 \to 1/R_1$, 就会看到复参数和辛参数换了一个个儿 [①]:

$$\tau \leftrightarrow \rho.$$

**经文**   镜面对称把复参数和辛参数对换. 镜面对称就是一种 $T$ 对偶.

## 5.2   一般情况

环面是仅有的紧的 1 维 Calabi-Yau 空间, 所以是最简单的 Calabi-Yau 空间,

---

① 参数 $\tau$ 和 $\rho$ 也可以有其实部, 但是为简单起见, 我们不去讨论这些细节.

而上面的讨论就成为更一般的计划的一部分. Calabi-Yau 条件确保存在唯一的复的体积元素或定向 (就是上面的 $dz$), 使其周期决定了复参数, 也随复参数而变化. 虽然在环面情况下, $A$ 模型和 $B$ 模型都很简单, 但是一般情况下重要的是, $B$ 模型完全是由复体积元素的周期 (就是 4.1.1 节里的 $\lambda_1$ 和 $\lambda_2$) 如何随这个理论中的参数 (在 4.1.1 节中只有一个这样的参数, 就是 $\tau$) 变化来决定的. 对于环面, 二者的关系 $\tau = \lambda_2/\lambda_1$ 是很简单的, 而在一般情况下就复杂多了. 但是不论如何, 这个数据给出了关于 $B$ 模型的全部信息. 其中的原因就在于 $B$ 模型中的瞬子恰好就是常值映射. 目标空间的每一个点决定了一个常值映射, 所以结果就是, $B$ 模型归结为目标空间的 (经典的) 复几何. 这种几何全由其周期决定.

应该把这里的情况与 $A$ 模型的情况作比较. $A$ 模型依赖于辛参数 $\rho$, 就是目标空间内的 2 维曲面的面积. 然而, 与 $B$ 模型不同, $A$ 模型对于 $\rho$ 的依赖关系是非常复杂的. 理由在于 $A$ 模型中的瞬子是目标空间中面积为最小的曲面, 要想把它们一一列举出来, 是一个难得出名的问题 (但是对于环面, 这个问题却不那么难). 从数学上说, $A$ 模型的瞬子是由 Gromov-Witten 不变式理论来描述的. 现在就转到这个主题.

## 6. 镜面对称和 Gromov-Witten 理论

上面已经提到过, $W$ 上的 $B$ 模型可以完全用 $W$ 上的经典的复几何来解释. 对于 $B$ 模型的计算, 唯一有实际意义的映射就是常值映射, 所以这种映射的空间等于 $W$ 本身, 而相关函数就化为 $W$ 上的经典的积分. 事实上, 需要积分的被积函数中有一个就是复体积元素. 我们把对于一切可能的复体积元素的参数称为 $\tau$. 于是 $B$ 模型中的相关函数是由 $W$ 上的依赖于 $\tau$ 的积分所决定的. 特别是 $W$ 上的 $B$ 模型的配分函数 $Z_B^{(W)}$ 也依赖于 $\tau$, 所以记为 $Z_B^{(W)}(\tau)$.

拓扑扭曲的主要之点在于场的局部变化全被等同起来了, 因为场的各点是被算子 $\delta$ 连接起来的. 特别是, 令一点在世界面上变动, 这是拓扑理论中的不足道的运算. 结果是, 对于 $W$ 上的 $B$ 模型, **只有**常值映射有贡献. 但是对于 $A$ 模型, 情况就比较复杂. 为了对它的几何学有一点感觉, 我们再次考虑从圆周到圆周的映射的环绕数. 具有不同环绕数的映射永远不能连续地互相变形. 环绕数就是对于第一个圆周、怎样按照映射的要求、把目标圆周 "包裹" 起来 (就是怎样环绕) 的一种度量. 类似于此, 当 $M$ 是一个高维空间时, 2 维曲面 $\Sigma$ 也可以按不同的量把 $M$ 的一个 2 维子空间 "包裹" 起来. 这种包裹的参数又是离散的. 映射 $\varphi$ 可以按照不同的整数 $k_i$ 用 $\Sigma$ 把 $M$ 的基本的曲面 $C_i$ 包裹起来. 我们就说 $k = k_i$ 标志了映射 $\varphi$ 的 "类"(准确一点说, 当 $\Sigma$ 为紧时, $\varphi(\Sigma)$ 是一个闭的 2 循环, 而 $k$ 就标志它的同调类). 不同的类 $k$ 通过各自的不同的 (欧几里得) 作用量 $S_k(\rho)$ 作贡献, 而这些作用量都依赖于面积 $\rho$ 以及类 $k$, 但是不依赖于映射 $\varphi_k$ 的连续的细节. 不同的类的贡献不同, 不仅是因为其指数加权不同, 还依赖于它包含了多少**极小曲面** (3 维空间的肥皂泡是极小曲面的好例子. 如果用钢丝做一个架子, 肥皂泡就自己会努力使得这个架子成为极小曲面的边缘). 在我们的例子里, 空间 $M$ 其实是复的; 而我们讲到的极小曲面在 Gromov-Witten 理论中则是由 $\Sigma$ 到 $M$ 的复解析映射. 就是说, 如果有 $\Sigma$ 的复坐标, 则曲面 $M$ 的复坐标可以写成 $\Sigma$ 的复解析函数.

$A$ 模型和 $B$ 模型之间的区别在于, 拓扑模型是从一个算子 $\delta$ 作出来的, 这个算子之所以存在是由于在我们的理论中有超对称出现. $A$ 模型和 $B$ 模型的不同, 就在于它们各有不同的超对称算子 $\delta_A$ 和 $\delta_B$. 如我们在上面看到的那样, 有关于 $A$ 模型的映射是瞬子, 即由 $\Sigma$ 到 $M$ 的复解析映射. 于是, 粗略地说, $A$ 模型中的相关函数, 特别是配分函数 $Z_A^{(M)}$ 是 $M$ 上的曲面之类 $k$ 的和以及在每一个类中的瞬子的和, 而每一个瞬子都用其瞬子作用量 $\exp(-S_k(\rho))$ 来加权. 我们已经显式地写出了它对辛结构参数 $\rho$ 的依赖性. 对于 Calabi-Yau 流形, 这种映射应该是离散的, 而且我们还猜测, 如果固定一个类 $k$, 这种映射为数是有限的. 事实上, 在一切已知的情况下, 这个猜测都是对的. 所有这些数据都被打包成 $\rho$ 的一个函数. 以上面的论据为基础, 配分函数一定具有下面的形式:

$$Z_A^{(M)}(\rho) = \sum_k n_k \exp(-S_k(\rho)),$$

这里的系数 $n_k$ 就称为 **Gromov-Witten 不变量** [①].

总结起来, 如果 $(M, A)$ 和 $(W, B)$ 互为镜面, 而且对于 $W$ 的一个复参数 $\tau$, 能够找到 $M$ 的一个相应的辛参数 $\rho(\tau)$ 与它等同, 则有

$$Z_A^{(M)}(\rho) = Z_A^{(M)}(\rho(\tau)) = Z_B^{(W)}(\tau). \tag{6}$$

第一个等号说的是, 我们应该把 $\rho$ 重写为 $\tau$ 的函数, 而第二个等号说的则是, 这个答案也可以由 $W$ 上的相应 $B$ 模型得出. 所以, 关于 $M$ 上的复解析函数的全部信息 (它们都包含在系数 $n_k$ 中) 都由 $W$ 上的经典的几何学决定.

正是这种了不起的预测能力 —— 通过例如 (6) 式那样的等式来计算无穷多个很难计算的 Gromov-Witten 不变量 —— 使得镜面对称理论从它的初创就引起极大的兴趣.

## 7. 轨道流形和非几何的侧面

### 7.1 非几何的理论

镜面对称讲的是关于量子场论的等价性. 并非每一个量子场理论都有如同 sigma 模型的目标空间那样的几何内容. 镜面对称 —— 至少是其拓扑版本 ——

---

① 虽然我们的讨论使人误以为这些 $n_k$ 都是整数, 但是事实上, 它们只是有理数, 然而它们可以用更基本的整数来表示. 本文开始时提到的那些整数就是.

所涉及的结构是从具有超对称代数的量子场论开始的, 然后再过渡到拓扑理论. 就是说, 其中有一个由态构成的希尔伯特空间, 一个哈密顿算子, 还有一个由对称性所成的特殊的代数, 这个代数就是与哈密顿算子可交换的算子所成的代数. 关于如何构成这一个结构, 没有任何的特定的原则, 用目标空间的映射来形成的 sigma 模型, 只不过是构造这种代数的方法之一. 其他方法还有很多. 几何情况只不过是最适合数学化 (也最适合讲解) 的方法而已, 这就是为什么我们一直是关注着具有目标空间的理论的原因.

我们要讨论的轨道流形理论 —— 介乎可能是几何情况也可能是非几何情况 —— 一个中间的情况.

### 7.2 轨道流形

当时空是一个柱面 $S^1 \times \mathbf{R}$, 而 $S^1$ 表示空间维时, 量子场论有一个非常诱人的构造称为轨道流形理论. 它是这样定义的. 设有由对称变换 (例如反射对称) 所成的一个有限群 $G$, 就是说, 此群的所有的元 $g$ 都作为一个算子作用在希尔伯特空间上, 所以, 每一个 $g \in G$, 都把态 $\Psi$ 映为另一个态 $g\Psi$. 把这些由对称 $g$ 连接起来的态等同起来, 就能够定义一个新的理论. 为了构造这个理论, 先要考虑原来理论的基态 $\Psi_0$. 假设它在这个群的作用下不变, 即对一切 $g \in G$ 有 $g\Psi_0 = \Psi_0$ [1]. 然后我们构造出所有不变的态的空间 $\mathcal{H}_0$, 称为**无扭曲部分** (untwisted sector), 而 $\Psi_0$ 是无扭曲部分的基态. 在 $G$ 为可交换的情况, 对每一个群元素 $g \in G$ 可以构造出**扭曲部分**(twisted sector) [2]. 为了作出扭曲部分, 先考虑空间维 $S^1$, 并且就把它看成是把两个端点 0 和 1 等同起来的闭区间 $[0,1]$. 回忆一下, 态的希尔伯特空间是由场的可能的构形的一切自由度 (的函数) 构成的. 扭曲部分 $\mathcal{H}_g$ 相应于这样一些附加的场的构形 $\Phi$, 它的两端由 $g$ 的作用连接起来: $\Phi(1) = g\Phi(0)$. 这样的构形代表圆周 $S^1$ 上的构形, 因为它的左右两端由群的作用连接起来了, 因而就等同起来了. 所以这些附加的构形就成了轨道流形理论的一部分. 我们也可以取希尔伯特空间中的对于所有的群元素 $h$ 都适合关系式 $h\Psi_g = \Psi_g$ 的态 $\Psi_g$ 来构成希尔伯特空间的部分 $\mathcal{H}_g$.

轨道流形可以是几何的. 由离散群 $G$ 作用于流形 $X$ 上的 sigma 模型而得的轨道流形就是几何的. 如果有旋转作用在平面上, 则可以考虑由旋转一个直角而成的 4 元素的旋转群. 平面对于这些旋转的商看起来如同一个锥面一样. 另一个例子是柏拉图多面体 (即正多面体, 如正四面体、立方体等等) 的对称之群 (称为柏拉图群) 作为旋转而作用在 2 维球面上. 当取 $X = S^2$, 而取 $G$ 为一个柏拉图群时, 也会

---

① 在位势具有平坦方向的情况, 例如圆周上的自由粒子 (根本没有位势), 态可能是场的经典的值的叠加. 对于圆周, 常值的波函数 $\Psi = 1$ 就不与任何单个的经典的位置相关, 然而它仍然在一切旋转下不变.
② 扭曲部分可以用共轭类来适当地标志, 对于可交换群, 一个群元素的共轭类就是这个群元素本身.

得到一个有趣的轨道流形. 事实上, 如果就是简单地考虑 $G$ 的轨道所成的空间, 则它在拓扑上仍然就是这个球面, 但是不再是光滑的 —— 它将有一个锥点. 这些锥点将在量子场论中造成麻烦, 但是 "由纤维组成的" 轨道流形却是完全 "光滑的".

　　轨道流形理论本身就带有一个对称性. 例如, 若 $G$ 是由两个元素组成的群, $G$ 只可能是 —— 即一定同构于 —— 可交换群 $\{-1, 1\}$, 这时存在一个无扭曲部分以及唯一的扭曲部分. 在无扭曲部分部分, 这个对称就是乘以 $+1$, 而在扭曲部分, 则是乘以 $-1$. 这个对称就不是几何的. 从有对称性的轨道流形理论时常可以再作其轨道流形而得出原来的理论. 事实上, 这个理论和它的轨道流形又时常是镜面对! Brian Greene (1963–, 美国物理学家) 和 Ronen Plesser (美国物理学家) 正是用了这样的方法作出了镜面对的最早的例子. 他们还进一步通过对某些非几何地构造出来的理论附加以几何解释来识别镜面的 Calabi-Yau 空间. 确切地说, 他们取所有的满足下面的方程的 5 维复向量 $X = (X_1, X_2, X_3, X_4, X_5)$,

$$X_1^5 + X_2^5 + X_3^5 + X_4^5 + X_5^5 + \tau X_1 X_2 X_3 X_4 X_5 = 0$$

的空间, 并且对任意非零复数 $\lambda$, 把 $X$ 和 $\lambda X$ 等同起来 (如果 $X$ 是这个方程的根, 则 $\lambda X$ 也是). 这个方程事实上定义了一族复空间, 而以 $\lambda \in \mathbf{C}$ 为参数. 下面的位相变换形成一个有限群

$$(X_1, X_2, X_3, X_4, X_5) \rightarrow (\omega^{n_1} X_1, \omega^{n_2} X_2, \omega^{n_3} X_3, \omega^{n_4} X_4, \omega^{n_5} X_5),$$

这里 $\omega = e^{2\pi i/5}$, 而且 $\sum_{i=1}^{5} n_i$ 是 5 的倍数. 他们就用这个群作出了一个轨道流形. 这个空间及其轨道流形就是一个镜面对, 而 Philip Candelas (1951–, 美国物理学家) 等就此作出了他们的著名的预测.

## 8. 边缘和范畴

　　当允许弦也具有端点时, 整个弦论就变得丰富多了. 有端点的弦称为 "开弦", 而 "闭弦" 讲的则是环路. 从数学上说, 允许有端点, 就相当于对于世界面曲面加上了边缘. 在这样添加边缘以后, 我们再来作同样的拓扑扭曲. 这样做的时候, 必须先保证对于场附加上边界条件以后, 仍然有超对称条件成立. 如果开始时使用了 Calabi-Yau 流形为为目标空间, 可以要求保持这样的条件, 使得或者允许 $A$ 扭曲, 或者允许 $B$ 扭曲 (但是不能同时允许二者, 边界条件总会破坏某些对称性, 这一点很像是把一条绳子钉住以后总会限制其自由度一样). 在扭曲以后, 边缘拓扑理论分别依赖于辛信息或者复信息.

　　对于 $A$ 模型, 端点或边缘必定位于拉格朗日子空间上. 拉格朗日条件约束了其一半坐标; 对于线性空间, 就是限于一个复向量空间的实部. 对于 $B$ 模型, 边缘

必定在复空间上. 局部地看, 复空间看起来就像 $\mathbf{C}^n$ 一样, 而复子空间则用坐标的复解析方程来描述. 一个边界条件、如果保持超对称性同时又允许某个选定的拓扑扭曲、就叫做一个 brane (这个词是从 membrane 一词套用来的, 它保留了 brane, 意思是保留了膜的某些特性, 但是又抛弃了 mem, 意思是可以用于其他的维数). 简单地说, $A$ brane 是拉格朗日的; $B$ brane 则是复的.

为了使拓扑边缘理论的所有信息构成一个一揽子的整体, 我们求助于范畴 [III.8] 这个数学概念. 范畴是一种讨论结构的方法: 它由一些**对象**和**态射** (morphism) 构成, 而对任意一对对象, 这些从一个对象到另一个对象的**态射**成一个空间. 对象时常是某种数学结构, 而从一个对象到另一个对象的态射就是保持这种结构的函数. 例如, 如果对象是 (i) 集合 [I.3§2.1], (ii) **拓扑空间** [III.90], (iii) **群** [I.3§2.1], (iv) **向量空间** [I.3§2.3], 或者 (v) 链复形, 则态射分别是 (i) 映射 [I.2§2.2], (ii) **连续映射** [III.90], (iii) **同态** [I.3§4.1], (iv) **线性映射** [I.3§4.2] 和 (v) 链映射. 对象之间的态射的空间应该看成是关于关系的数据. 态射之间可以互相作用, 因为当一个态射终结的对象是另一个态射开始的对象时, 这两个态射可以复合. 复合这个运算是结合的, 于是把 $abc$ 当作 $(ab)c$ 或者当作 $a(bc)$ 来计算都是一样的. 有向的图是范畴的一个有用的形象: 图也是一个范畴, 其对象就是顶点, 而连接顶点的道路就是其态射. 在这个范畴里, 态射的复合就定义为道路的链接 (或串联).

在具有边界条件的 2 维场论的情况, 我们这样来构造一个范畴, 其对象就是 brane (即边界条件). 两个 brane $\alpha$ 和 $\beta$ 之间的态射则是定义在无限长条 $[0,1] \times \mathbf{R}$ 上的边缘场论的基态 $\mathcal{H}_{\alpha\beta}$, 这里我们把边界条件 $\alpha$ 放在左边缘 $\{0\} \times \mathbf{R}$ 上, 而把边界条件 $\beta$ 放在右边缘 $\{1\} \times \mathbf{R}$ 上. 通过把边缘粘合在一起来构成态射的复合, 拓扑不变性保证了结合性 [1].

于是具有边界条件的镜面对称变成了下面的命题: 两个流形 $M$ 和 $W$ 成为镜面对, 当且仅当 $M$ 的 $A$ 扭曲的 brane 范畴等价于 $W$ 的 $B$ 扭曲的 brane 范畴 (反过来也对). 这个命题的数学翻译称为**同调镜面对称猜想**, 是由 Kontsevich (Maxim Lvovich Kontsevich, 1964–, 俄罗斯数学家, 因为在弦论上的贡献, 于 2008 年与 Witten 同获瑞典皇家科学院颁发的 Crafoord 奖) 提出的. 在 $A$ 模型方面, brane 范畴是所谓 Fukaya 范畴 (Fukaya Kenji 就是深谷贤治, 1959–, 日本数学家), 是具有边界的曲面上的复解析映射, 而边界必须映到拉格朗日 brane 上去. 在 $B$ 模型方面, brane 构成一个由复子空间以及复解析向量丛 [IV.6§5] 所决定的范畴. 复向量丛对于每一点都附加上一个复向量空间. 例如 $\mathbf{C}^2$ 中的复圆周 $\{x^2 + y^2 = 1\}$

---

① 我们讲的是拓扑态的结合性, 拓扑态本身则是上同调类. 在 "链" 的层次上, 在拓扑扭曲之前是没有结合性的. 一个其态射具有上同调而且是在 "上同调意义下" 复合的范畴的概念称为一个 $A_\infty$ 范畴. 我们也可以设想一个范畴性的定义, 使之能包括具有柄和洞的曲面的构造. 说实在的, 为了完全地理解镜面对称所需要的合适的数学框架还在构建之中.

在其每一点上都有一个复的切空间."复解析" 就是指 $\mathbf{C}^2$ 的这个子空间以复解析的方式变化. 对于上面说的复圆周, 其在一点 $(x, y)$ 处的切空间是由向量 $(-y, x)$ 的 "倍数" 构成的, 即为集合 $\{\lambda (-y, x), \lambda \in \mathbf{C}, \lambda \neq 0\}$. 对于 $(x, y)$, 指定向量 $(-y, x)$ 与之对应显然是复解析的. 从物理上看, 丛是来自于允许弦的端点上带有电荷.

　　Kontsevich 的猜想断言, brane 的这两个范畴是等价的. 从物理学的观点来看, 这样一个命题是很自然的, 但是, 把两个相应于此物理图象的很准确规定了的范畴等同起来, 这个猜想是把镜面对称从物理学转移到严格的数学方面的一大贡献. 两个范畴的等价, 不仅意味着对于 $W$ 的每一个复的 $B$ brane 都有 $M$ 的一个相应的拉格朗日 $A$ brane, 而且意味着 brane 之间的态射, 即其间的**关系**也是等价的.

## 8.1　例: 环面

　　在 2 维环面的情况下, Kontsevich 的猜想可以证明而且很容易说明. 把我们现在已经很熟悉的辛 2 维环面想成一个 2 维平面, 其上的整数格网的格点经平移而等同起来. 设这个环面上有面积元素 $A dx dy$, 所以由 4.1.2 节知道, 辛参数现在就是虚数 $\rho = iA$. 现在看来, 平面上的直线、只要它们有有理的斜率 $m = d/r$, 其中 $d$ 和 $r$ 是互素的整数、这些直线就对应于环面上的闭环路. 它们就是 $A$ 模型边缘理论的拉格朗日 brane. 把一条斜率为 $m = d/r$ 的直线和一条斜率为 $m' = d'/r'$ 的直线连接起来的极小能量开弦就是具有零长度的开弦. 所以它们就是这两条直线的交点. 证明恰好有 $|dr' - rd'|$ 个交点是一个不难的练习.

　　在它的镜面那一个方面, 又有一个环面, 其复参数为 $\tau$, 为了使这两个环面成为镜面对, 应该令 $\tau = \rho. B$ 模型的 brane 范畴的对象是复向量丛. 有这样一个定理指出、基本的丛可以用两个整数即秩 $r$ 和次数 $d$ 来分类①. 我们习惯是把这两个整数组成一个称为 "斜率" 的数: $m = d/r$ (这个名称出现得比这个应用更早), 对于基本的丛, $d$ 和 $r$ 必定是互素的.

　　现在我们很容易猜想到, 在镜面对应下, 有

$$\text{斜率} \quad \leftrightarrow \quad \text{斜率}.$$

这意味着在辛参数为 $\rho$ 的环面上, 斜率为 $m$ 的拉格朗日 brane, 应该对应于以 $\rho$ 为复参数的镜面环面上的斜率也是 $m$ 的**复向量丛**. 现在设我们已经有了上面这个例子的 $B$ 模型版本, 于是取斜率分别为 $m$ 和 $m'$ 的向量丛. 事实上, 两个斜率分别为 $m$ 和 $m'$ 的复解析向量丛之间的极小能量开弦对应于这两个向量丛之间的复解析映射, 而黎曼–罗赫公式 [V.31] 计算出这个能量为 $|dr' - rd'|$. 这一点和上面就 $A$ 模

---

　　① 环面上的向量丛就是对环面的每一点都指定一个向量空间. 秩就是这个空间的维数. 次数粗略地说是这个丛的复杂性的度量. 例如设有一个 2 维曲面, 考虑对其每一点都指定该点的切空间而得到的丛, 则次数就等于 $2 - 2g$. 这里的 $g$ 就是这个曲面是洞的个数, 即亏格.

型算出的结果是一样的! 所以, 相应的对象以相应的方式互相关联. 在态射空间以外, 还要最后验证一下相应的态射的复合仍然相应, 就好像对数和计算尺一样. 这样就证明了 Kontsevich 的猜想.

### 8.2 定义和猜想

Kontsevich 关于镜面对称的定义实际上是一个猜想, 指出镜面对称作为范畴之间的一种等价关系, 其边缘概念与传统的把 Gromov-Witten 理论与复结构联系起来的传统的镜面对称概念是相容的, 甚至可以蕴含后者.

证明这一点的方法之一是从边缘理论构造出 Gromov-Witten 不变量来. 做这件事的一种启发式的几何的途径, 涉及观察一个空间的两个复本的对角边界条件. 现在, 以圆盘为例. 把一个圆盘映入一个空间的两个复本, 可以用把两个圆盘映入同一个空间来描述. 进一步, 如果边界条件是对角的, 就意味着这两个映射在边界上要相同. 这样, 我们所得到的就是在一个空间里有两个圆盘, 而在边缘上相同. 这就是一个球面: 球面就是两个圆盘 (或杯子) 沿边缘粘贴起来! 两个圆盘就是两个半球面, 再沿赤道粘合起来就给出了球面. 极小圆盘就是开弦 (带有边缘) 的瞬子, 把它们沿着共同的边缘粘合起来, 就作出了一个极小球面, 也就是闭弦瞬子. 这样, 取双重理论中的开弦, 就能恢复原来理论的闭弦.

一个比较代数化的途径则把闭弦的变形看成 brane 的范畴的变形. 就是说在 "体积性的理论"(即非边缘的理论) 中的变化诱导出边缘理论中的变化. 但是一旦有了范畴, 就很容易内蕴地把变形加以分类. 就是说, 如果把范畴看成一个非常奇特的代数 ①. 则因代数的变形可以很容易地用一种称为 Hochschild 上同调的概念来分类, 范畴的变形也就可以类似地处理. 人们由此得到一个准则, 即闭弦是开弦的 Hochschild 上同调. 通过计算一个 brane 范畴的 Hochschild 上同调, 在原则上就可以验证这个准则, 证明 Kontsevich 的猜想, 然后再证明与传统的镜面对称理论和 Gromov-Witten 理论的联系.

## 9. 寻求达到统一的主题

怎样找到镜面对 $(M, W)$? 镜面对的构造的方法是怎样的? 虽然镜面对称理论已经繁衍出许多结果和证明, 这些基本的问题仍然使我们困惑.

一方面, Hori 和 Vafa 给出了镜面对称的物理证明, 其中也构造出了镜面对, 但是显然不是通过明显的数学渠道. 当然, 可以试图把物理论证数学化, 但是这并没有引导到对于这个论据的洞察 —— 这可能是因为路径积分和量子场论中常用的其他方法如重正化 (renormalization) 并没有在数学上得到很好的理解.

Batyrev 提出了一种在环面几何 (toric geometry) 的背景下构造镜面对的程序.

---

① 一个代数就是只有一个对象的范畴.

这个方法是 Greene 和 Plesser 原来的构造法对于很广泛的一类例子的推广. 这个方法已经证明在造出各种形状的例子上极为有力, 然而, 在这种建造后面的深层的含义仍然不清楚.

至于镜面对的几何的构作方面, 有一个物理的论据与数学有联系, 但是还一直没有弄严格. 这个论据用到了 T 对偶性. 从 $M$ 的 $B$ 模型开始, 并且把 $M$ 上的一点 $P$ 看作是零维的复子空间. $P$ 点的选取自然以 $M$ 本身为参数. 由镜面对称, 应该有镜面流形 $W$ 的一个拉格朗日 brane $T$ 与之相应. 此外, $T$ 的选取必须和 $P$ 的选取一样, 以流形 $M$ 为参数. 所以, 如果能够找到 $W$ 上的一个 brane $T$, 就能把 $T$ 参数化, 从而恢复 $M$. 所以, 从 $W$ 本身就能够找到其镜面流形 $M$.

这个构造是几何的, 而且使我们能对镜面对称所涉及的 Calabi-Yau 空间的结构说些什么. 具体地说, 拉格朗日 brane 的选取看起来像是一族环面. 所以, $M$ 本身看起来也应该像一族环面. 进一步还可以论证, 对于一族环面作 T 对偶 (类似于对一个环面作 T 对偶那样), 就可以回到镜面流形 $W$. 我们对于单个环面 (视为圆周 $S^1_{R_2}$ 上的圆周 $S^1_{R_1}$ 族) 就是这样做的. 当把族中的每一个元都 T 对偶化以后, 就得到了镜面环面. 所以, 镜面对称就是 $T$ 对偶性, 而镜面对称的 Calabi-Yau 空间看起来就应该像是环面族. 这个途径也与同调镜面对称的构造有关. 这一点虽然看起来很有希望, 可是在数学上仍然难以捉摸.

## 10. 对物理学和数学的应用

镜面对称作为弦论的计算工具, 其力量是无比的. 如果和其他物理工具合起来使用, 其力量又会加倍. 例如物理学中有好几种等价性能够把某一类弦论与其他类的弦论联系起来.

这里不进入弦论的细节, 而只需回到镜面对称就可以对它的复杂性有一点感觉了. 回忆一下, $B$ 模型可以用来计算在 $A$ 模型中很难算的瞬子, 而使得在世界面上的 2 维量子场论大为简化. 但是完整的量子场论只是计算完整的弦理论的微扰理论的某些 Feynman 图的**辅助**工具! 不幸的是, 在写作本文的时候, 要对完整的弦论的路径积分作令人满意的描述还是办不到的事. 弦论的瞬子效应的绝大部分还不为人所知, 除非有一个弦等价性或者其他的论据能够把它们与一个**不同的**弦论的微扰效应关联起来. 那个不同的弦论的微扰计算就可以用镜面对称来完成. 像这样追随这个等价性的链条, 弦论中的许多现象最终都可以用镜面对称算出来.

从原则上说, 把计算外包给等价的理论并且利用镜面对称, 就可以计算出某个单个理论的**所有的**微扰和非微扰的侧面. 在写作本文时, 这样作的障碍大部分是技术性的而非概念性的.

在物理学之外, 镜面对称的机理的丰富意味着在把问题作了适当的陈述以后, 会发现有趣的数学. 例如以完全的一般性来定义出 brane 的准确的范畴仍然是一个挑战.

然而, 还有对于数学问题的直接的应用. 我们已经讨论过枚举几何学是怎样通过镜面对称和瞬子的计数而革命化了的, 也得到了辛几何中的一些结果. 有时, 两个对象可以作为 B 模型的 brane 而被证明是等价的. 如果这时能找到 A 模型的镜面, 则可以得到下面的结果, 就是镜面辛空间的相应的拉格朗日子空间也是等价的. 当然, 要想得到这样的论证, 就必须先证明所考虑的镜面对的 Kontsevich 版本的镜面对称. 最后再讲一个新近的例子. Kapustin 和 Witten 找到了镜面对称与表示理论中的几何朗兰茨纲领之间的关系. 这个纲领粗略地说就是与 2 维曲面和李群相关的对象之间的对应关系. 从曲面 $\Sigma$ 和规范群 $G$ 可以做出 Hitchin 方程的解的空间 $\mathcal{M}_H$. 这个计划的中心是一些 $\mathcal{M}_H$ 上的一些复解析对象在运算的一个代数下有着很好的性态. 朗兰茨对应把这种对象的两个集合联系了起来, 有一个集合中的对象容易计算, 而另一个集合的对象则难计算. 事实上, $\mathcal{M}_H$ 本身是一族环面, 而容易计算的对象相应于点. 镜面对称指出, 这些点在 T 对偶之下变成环面, 所以难计算的对象应该对应于环面本身! 这是一个诱人的命题, 但是把它变成精确的数学则很难 —— 但是, 决战的手套已经抛出来了.

镜面对称与几何朗兰茨纲领的关系的发现, 在研究人员中激起了很大的兴奋, 展现了镜面对称这个极富魅力的现象另一个侧面.

### 进一步阅读的文献

"Physimatics" 一文 (可以在下面的网址里找到:

www.claymath.org/library/senior_scholars/zaslow_physmatics.pdf)

是对数学和物理学的关系的一般讨论, 可以作为本文的补充. 具有大学数学水平的读者, 如果想更详细地知道镜面对称, 可以参阅下面的书: *Mirror Symmetry*. Clay Mathematics Monographs, volume 1, edited by Hori K and others. American Mathematical Society. Providence, RI, 2003.

# IV.17 顶点算子代数

Terry Gannon

## 1. 引言

代数学是一门强调抽象结构甚于其具体内容的数学学科. 它把具体的背景从结构中取走而得到概念上的简化, 使得代数学比起其他领域更加具有特殊的力量和清晰性: 例如我们可以比较一下使 4 维空间可视化的困难与对于实数的四元组 $(x_1, x_2, x_3, x_4)$ 进行计算的轻而易举. 然而, 这种抽象性也可以使我们盲目. 例如像

$ab = ba$ 和 $a(bc) = (ab)c$ 这样基本的恒等式, 本来是数必须服从的, 却可以向着无限多个不同方向加以修改, 每一修改就会定义一个新的代数结构. 从一个纯粹抽象的视角, 很难猜出来这些修改中有哪一些会给出丰富的可以接受而又有趣的理论. 在传统上, 代数是转向几何学来寻求指导. 例如李 [VI.53] 在一个多世纪以前, 就出于几何学的理由而建议恒等式 $ab = -ba$ 和 $a(bc) = (ab)c + b(ac)$ 是值得研究的, 这样得到的结构现在称为李代数 [III.48 §2]. 更晚一点, 物理学也参加进来起这种引导的作用, 其成功堪称奇观.

著名的物理学家和数学家威顿 (Edward Witten) 相信, 21 世纪数学的主题之一将是一门称为量子场论的物理分支与数学的和谐一致. 共形场论 (就是构成弦论的那种量子场论) 是特别对称的而且具有良好性态的那种量子场论. 当这个概念被引入代数学以后, 所得的结果就是现在称为**顶点算子代数** (vertex operator algebra, 以后简称为 VOA) 的结构. 本文的目的就是概述 VOA 是从哪里来的, 它是什么东西, 它的好处又是什么.

想在很少几页的篇幅里解释什么是 VOA, 就和想在很少几页的篇幅里解释什么是量子场论一样荒唐, 但是, 我却要无畏惧地尝试着同时做这两件事. 很明显, 这就必须跳过许多重要的技术性的内容, 必须作重大的简化. 毫无疑问, 这会引起专家们怒火中烧, 也会使得有知识的业余爱好者皱起眉头, 但是我希望本文至少能够表达出这个重要而又美丽的领域的本质. 顶点算子代数是弦论的代数, 它应该被看成是对于 21 世纪的一份重礼, 而它的份量犹如李代数对于 20 世纪的那份礼物一样沉重.

## 2. VOA 是从哪里来的

通常都认为, 物理学在 20 世纪初期最具革命性的发展是相对论和量子力学. 说它们是革命性的, 不仅是因为它们带来的结论是极为违反人的直观的, 还在于它们提供了非常一般的框架, 有可能影响到所有的物理理论. 可以从经典物理学中取一个理论, 例如简谐振动理论或者静电力的理论, 并且试着把它 "相对论化", 使它与相对论相容, 或者把它 "量子化", 使它与量子力学相容.

不幸的是, 谁也不知道怎样使相对论与量子力学完全地相容. 换一个说法是: 相对论最终关心的是引力, 而通常的量子化方法直接用到引力上去都是失败的. 这应该意味着在现在还没有注意到的微小的距离尺度上, 应该有新的物理学出现. 说真的, 轻信的计算就显示出, 在大约 $10^{-35}$ 米①的距离尺度上, 时空 "连续统" 就会恶化为某种 "量子泡沫", 而这个词是什么意思也还说不清 ($10^{-35}$ 米确实是极小的, 例如原子的大小的数量级大约是 $10^{-10}$ 米, 也就是 1/10 纳米).

关于量子引力, 最为流行的也是最具争议的研究途径大概就是弦论. 电子是一

---

① 就是普朗克长度 $1.6 \times 10^{-35}$ 米 (或 $1.6 \times 10^{-33}$ 厘米) 的数量级. —— 中译本注

个粒子, 就是说, 它在原则上可以局部化到一个点. 在弦论中, 基本的对象则是一个**弦**(string), 是一条长度为 $10^{-35}$ 米数量级的有限的曲线. 与现在公认的量子场论中大约有十几种基本粒子不同, 在弦论中, 现在只有一个弦, 而其准确的物理性质 (如质量、电荷等等) 依赖于它当时的 "振动模式".

当弦运动时, 就画出了一个曲面 —— 世界面 (worldsheet). 根据我们将在下面概述的理由, 弦论的研究绝大部分归结为研究共形场论 (conformal field theory, 以下简记为 CFT), 共形场论就是在这些曲面上诱导出来的量子场论. 大概再也没有一种结构能如弦论 (实质上弦论和共形场论是一回事) 一样, 在那么短时间里影响到那么多 "纯粹" 数学领域. 在 1990 年代所颁发的 12 个菲尔兹奖中, 有 5 人 (他们是 Drinfel'd, Jones, Witten, Borcherds 和 Kontsevich) 是因与弦论有关的工作而得奖. 在本文中, 我们将要聚焦于它们在代数方面的影响. 关于它的某些几何学的含义, 请参看条目镜面对称 [IV.16].

2.1 物理学 101 ①

对物理学作一个快速的浏览对于下面的讨论是有用的. 更多的细节可以在条目镜面对称 [IV.16 §2] 里找到.

2.1.1 态, 可观测量和对称性

一个物理理论就是管控着某一类物理系统的性态的一组定律. 这个系统的**态**就是对这个系统在某一时刻的完备的数学描述. 举例来说, 如果这个系统就是一个质点, 我们就取它的位置 $x$ 和动量 $p = m\,(\mathrm{d}/\mathrm{d}t)\,x$ 为它的态 (这里的 $m$ 是这个质点的质量). 一个**可观测量**就是一个在物理上能够观测到的量, 例如位置、动量和能量. 理论通过可观测量来与实验对照. 当然, 为了使这句话为真, 我们还需要从理论观点来看一看, 究竟什么是可观测量.

在经典物理学中, 一个可观测量就是一个数值函数, 例如单个质点的能量 $E$ 通过下面的关系式依赖于位置和动量: $E = (1/2m)\,p^2 + V\,(x)$(就是动能加位能). 不同时刻的经典的态通过运动方程联系起来, 而运动方程通常是微分方程. 然而, 弦论和共形场论 (CFT) 是量子理论, 而与经典理论有显著的不同: 可以把量子理论看成是 "应用线性代数". 经典的态是不多几个数 (在上面粒子这个例子中, 是两个有限维向量即位置和动量的分量), 量子的态则是希尔伯特空间 [III.37] 的元, 而为讨论的方便, 我们把这个元想作一个具有无限多个复数元的行向量). 至于量子可观测量, 则是希尔伯特空间上的一个**厄尔米特算子** [III.50 §3.2], 这种算子可以想象成为一个 $\infty \times \infty$ 矩阵 $\hat{A}$, 它通过矩阵乘法作用于态上. 和在经典物理学的情况一样, 能量是最重要的可观测量之一, 它是由**哈密顿算子** $\hat{H}$ 来表示的.

---

① 这里采用了美国大学课程的编号方法: 1 字头的课程通常是指基本性质的课程, 所以, 101 是指最基本的课程中的第一门.—— 中译本注

把一个态变为另一个态的线性算子居然能够与物理观测的概念联系起来, 这远不是明显的事, 而在可观测量与观测的关系上, 经典物理学与量子理论有了主要的区别. 如果 $\hat{A}$ 是一个可观测量, 谱定理 [III.50 §3.4] 告诉我们, 希尔伯特空间有一个由本征向量 [I.3 §4.3] 构成的规范正交基底 [III.37]. 当我们作以 $\hat{A}$ 为模型的实验时, 得到的将是 $\hat{A}$ 的一个本征值, 然而实验的结果通常并不是由态 $v$ 完全地确定的. 相反, 它是作为一个概率分布而给出的: 得到某一个特定的本征值的概率, 正比于态 $v$ 在相应本征空间上的投影的模的平方. 这样, 只有在态 $v$ 恰好就是一个本征向量时, 才能事前完全决定得到哪一个答案.

态随时间的演化有两种独立的方式: 其一是观测结构之间的决定论的演化, 是由著名的薛定谔方程 [III.83] 控制的, 而另一种是概率的、间断的, 正好发生在进行观测的一瞬间. 本文关心的只是决定论的演化.

我们将会看到, CFT 的对称性是特别丰富的. 在物理理论中非常希望得到对称性, 因为对称性有两个推论. 首先, 由诺特定理 [IV.12 §4.1], 对称性引导出守恒的量, 就是不随时间变化的量. 例如, 粒子的运动方程通常都在平移下不变, 而两个粒子之间的引力又只依赖于它们的位置的差、因此在平移下不变. 这时相应的守恒律就是动量守恒. 量子理论中对称性的第二个推论就是: 这个对称性的无穷小生成元作用在态空间 $\mathcal{H}$ (就是这个态所属的希尔伯特空间) 上给出李代数的一个表示. 这两个推论对于 CFT 都是很重要的.

### 2.1.2　拉格朗日表述和费曼图

我们需要两种语言来写出物理学. 第一种是**拉格朗日形式化** (Lagrangean formalism), 弦论和 CFT 的关系就是由它而来, 模函数出现在弦论中也是由于它. 第二种是**哈密顿形式化** (Hamiltonian formalism) 或称**泊松括弧形式化** (Poisson bracket formalism), 代数学就由此产生. 顶点算子代数就试图解释这两种语言的互相协调这个 "奇迹".

拉格朗日形式化在经典力学中是用哈密顿的**最小作用原理**来表述的. 在没有力出现时, 粒子沿直线运动, 而直线就是距离最短的曲线. 哈密顿的最小作用原理解释了怎样把这个原理推广到有任意的力的情况: 粒子的运动并不是使得长度成为极小, 而是使得一个称为**作用量**的量成为极小.

哈密顿的原理的量子版本要归功于费曼. 如果一个系统的初态是 $|in\rangle$, 而在某个 (本征的) 终态 $|out\rangle$ 下观测到这个系统, 费曼把这种情况的概率用 $e^{iS/\hbar}$ 的所谓路径积分来表示, 所谓路径积分就是对所有的连接 $|in\rangle$ 和 $|out\rangle$ 这两个态的历史 (即路径) 来求积分. 这里的细节对于我们并不重要 (但是, 不论怎么说, 它一般地在数学上是可疑的). 路径积分表述后面的直觉是: 粒子总是同时遵循所有这些可能的历史 (即沿着一切可能的路径来运动) 的, 每一种历史 (即采取无论哪一条路径) 都有一定的概率. $\hbar$ 称为**化约普朗克常数**; 在 $\hbar \to 0$ 这样的 "经典极限" 下, 正是满

足哈密顿的最小作用原理的那个历史 (即路径) 占据了统治地位.

　　费曼路径积分主要是用于微扰理论中. 在物理学中, 找到精确的解典型地是不可能的, 而精确解有用也是罕有的情况. 在实际上, 找到某个泰勒级数类型的展开式的前面的少数几项也就够了. 量子理论的这种所谓 "微扰的途径" 在费曼形式化下面变得十分透明. 在费曼形式化下面, 这种展开式的每一项各用一个图来形象地表示. 图 1(a) 是一些典型的例子. 泰勒型展开的第 $n$ 阶像是一个具有 $n$ 个顶点的图. 费曼有一套规则来描述怎样把这些图转换成积分, 来计算泰勒型展开的各项.

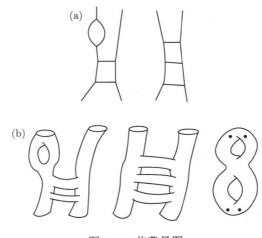

图 1　一些费曼图

(a) 是粒子, 而 (b) 是弦

　　我们在本文中主要的兴趣在微扰的弦论. 弦的费曼图是称为世界面的曲面 (图 1(b) 上画了三个等价的费曼图), 这里不再需要量子泡沫, 因为这些曲面比粒子的图奇性少得多 (粒子的费曼图的每一个顶点都是奇点), 在很大程度上, 这就是为什么弦论的数学会那么好. 长话短说, 弦论中概率的微扰表达式的每一项都可以用一种定义在相应世界面上的 CFT 的一种称为 "相关函数" 的量算出来. 费曼的路径积分就相当于一个可以在 CFT 中算出来的量在曲面的某个模空间 [IV.8] 上的积分.

　　费曼图上的顶点就代表一个粒子可以吸收或发射出另一个粒子的地方. 弦论的相应的规则告诉我们, 应该把曲面切成如 "Y 字形的管子" 或者带有三个脚的球面, 好像管道工所用的 "三通" 的图形, 如图 2 所示的那样. 因为这些长了脚的球面的作用, 就好像粒子的费曼图的顶点一样, 所以它们对于路径积分的被积式所贡献的因子就称为**顶点算子**, 表示被另一个**弦**吸收或发射出来的**弦**. 顶点算子代数就是这种顶点算子的代数.

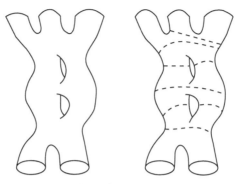

图 2    把曲面切开

### 2.1.3  哈密顿表述及其代数

两个经典的可观测量 $A$ 和 $B$ 的**泊松括弧** $\{A, B\}_P$ 定义为

$$\{A, B\}_P = \frac{\partial A}{\partial x}\frac{\partial B}{\partial p} - \frac{\partial B}{\partial x}\frac{\partial A}{\partial p}.$$

注意, $\{A, B\}_P = -\{B, A\}_P$, 换句话说, 泊松括弧是**反交换的**. 它也满足**雅可比恒等式**

$$\{A, \{B, C\}_P\}_P + \{B, \{C, A\}_P\}_P + \{C, \{A, B\}_P\}_P = 0,$$

所以它们构成一个李代数. 经典物理学中的哈密顿表述是用一个微分方程 ① $\dot{A} = \{A, H\}_P$ 来表示可观测量 $A$ 的时间演化的, 这里 $H$ 是哈密顿函数 [III.35], 即表示能量的可观测量. 这种表述的量子版本应该归于海森堡和狄拉克. 现在, 可观测量是线性算子而不是光滑函数, 泊松括弧现在要代之以算子的换位子 $\left[\hat{A}, \hat{B}\right] = \hat{A} \circ \hat{B} - \hat{B} \circ \hat{A}$, 这个换位子也是反交换的, 也适合雅可比恒等式, 所以 "量子化" 的过程就产生出李代数的同态. 一个量子可观测量 $\hat{A}$ 的时间导数于是就是经典情况的自然的类比: 这个导数正比于 $\left[\hat{A}, \hat{H}\right]$, 这里的 $\hat{H}$ 是哈密顿算子. 这样, 哈密顿算子就起着双重的作用: 既是能量可观测量, 又是时间演化的控制者. 整个物理学都包含在可观测量作为算子对态空间 $\mathcal{H}$ 的作用以及这些可观测量与 $\hat{H}$ 的换位子中.

现在让我们用量子弹簧或称量子谐振子来说明这个图景. 位置和动量可观测量 $\hat{x}$ 和 $\hat{p}$ 现在是作用在弹簧的一切可能的态上的无限维空间 $\mathcal{H}$ 上的算子. 但是, 使用这两个算子的某些组合 $\hat{a}$ 和 $\hat{a}^{\dagger}$(加上上标 $\dagger$ 表示 "厄尔米特伴算子" 或称复共轭转置算子, 但时常也用 $*$ 作为上标来表示) 时常更加方便. 它们的换位子关系是

---

① 这里的泊松方程与条目镜面对称 [IV.16 §2.1.3] 中的方程相差一个符号, 还有一个与 $\hbar$ 有关的因子, 但这不会有本质的影响. 下面关于量子的泊松方程也是这样.—— 中译本注

$[\hat{a}, \hat{a}^\dagger] = I, I$ 是恒等算子. 例如 $\hat{H} = l\left(\hat{a}^\dagger \hat{a} + \dfrac{1}{2}\right)$, 这里的 $l$ 是某个正数. 真空 (时常记作 $|0\rangle$) 表示能量为极小的态. 换言之, $|0\rangle$ 是 $\hat{H}$ 的最小的本征值的本征向量, 即存在某个 $E_0 \in \mathbf{R}$, 使 $\hat{H}|0\rangle = E_0|0\rangle$, 而 $\hat{H}$ 的所有其他本征值 $E$ 都大于 $E_0$, 由此可得 $a|0\rangle = 0$. 要问为考虑 $\hat{H}$ 在 $\hat{a}|0\rangle$ 上的作用:

$$\hat{H}\hat{a}|0\rangle = l\left(\hat{a}^\dagger \hat{a} + \frac{1}{2}\right)\hat{a}|0\rangle = l\left(\hat{a}\hat{a}^\dagger - \frac{1}{2}\right)\hat{a}|0\rangle = \hat{a}\left(\hat{H} - l\right)|0\rangle = (E_0 - l)\hat{a}|0\rangle.$$

这里利用了 $\hat{a}^\dagger \hat{a} = \hat{a}\hat{a}^\dagger - I$ 这样的事实. $\hat{a}^\dagger$ 和 $\hat{a}$[①]这两个可观测量分别称为**产生算子**(creation operator) 和**湮没算子**(annihilation operator), 因为我们在下面就会看到, 它们可以解释为对一个 $n$ 粒子态加进一个或移走一个粒子. 证明这一点要利用以下事实, 就是当交换二者的次序时, 就会产生一个 $\pm I$. 这里的计算还证明了如果 $\hat{a}|0\rangle$ 不为零, 则它是 $\hat{H}$ 的相应于小于 $E_0$ 的本征值的本征向量, [但因 $E_0$ 已经是最小的本征值], 所以就有了矛盾.

既然 $\hat{a}|0\rangle = 0$, 上面的计算告诉我们 $\hat{H}|0\rangle = \dfrac{1}{2}l|0\rangle$, 所以 $E_0 = \dfrac{1}{2}l$. 如果对每一个正整数 $n$ 都定义一个态 $|n\rangle$ 为 $\left(\hat{a}^\dagger\right)^n|0\rangle \in \mathcal{H}$, 通过和上面的计算类似的计算可知 $|n\rangle$ 的能量为 $E_n = (2n+1)E_0$. 例如

$$\hat{H}|1\rangle = l\left(\hat{a}^\dagger \hat{a} + \frac{1}{2}\right)\hat{a}^\dagger|0\rangle = l(\hat{a}^\dagger\left(\hat{a}^\dagger \hat{a} + I\right) + \frac{1}{2}\hat{a}^\dagger)|0\rangle = \frac{3}{2}l\hat{a}^\dagger|0\rangle = E_1|1\rangle$$

(注意, 在第三个等号处, 利用了一次 $\hat{a}|0\rangle = 0$ 这个事实). 我们把真空想作基态, 而把态 $|n\rangle$ 看成具有 $n$ 个**量子粒子**的态. 所有的 $|n\rangle$ 这些态张了整个态空间 $\mathcal{H}$. 要想看到某个可观测量是如何作用于某个态, 就要把这个可观测量用基本的可观测量 $\hat{a}$ 和 $\hat{a}^\dagger$ 表示出来, 再把这个态用基本的态 $|n\rangle$ 表示出来. 这样就可以用代数的方法把整个物理学恢复出来了.

像这样从真空和产生及湮没算子把整个态空间 $\mathcal{H}$ 构造出来这个思想, 在数学中也是富有成果的, 它有点像在绝大部分重要的李代数中构造最重要的模 (module) 的办法.

2.1.4 场

一个经典的场就是一个空间和时间的函数. 它的值可以是数, 也可以是向量, 分别例如用来表示空气的温度或河里的水流速度这样的量. **量子场**所取的值则是算子, 进一步说, 一个量子场并不是空间和时间的**函数**, 而是更一般的称为**广义函数** [III.18] 的对象. 广义函数的原型的例子是**狄拉克的 delta 函数** $\delta(x-a)$. 它尽管名为函数, 却不是一个函数, 而是用以下的性质来定义的, 就是对于任意的性态

---

① 原书把 $\hat{a}$ 和 $\hat{a}^\dagger$ 颠倒了, 见条目镜面对称 [IV.16 §2.2.3]. —— 中译本注

充分良好的函数 $f(x)$ 有

$$\int f(x)\,\delta(x-a)\,\mathrm{d}x = f(a). \tag{1}$$

虽然 $\delta(x-a)$ 不是一个函数, 我们仍然可以非形式地把它看成是阶梯函数的导数, 而且可以这样来把它形象化: 除了在 $x=a$ 处以外, 它处处为零, 而在 $x=a$ 时像下面那样地成为无穷大, 即无限高又无限窄的但总面积为 1 的矩形. 然而, 它真正地只在一个积分下面有意义, 如 (1) 式那样. 对于一般的广义函数, 也可以作类似的说明, 所以一个量子场只在对于时空的积分号下作用于一个像 $f$ 那样的 "试验函数" 时才有意义. 这个积分值就是态空间 $\mathcal{H}$ 上的算子.

在经典物理学中, 当取经典场的泊松括弧时, 会出现狄拉克 delta 函数, 类似地, 量子场的换位子也涉及 delta 函数. 例如, 在最简单的情况下, 量子场 $\varphi$ 就会满足方程

$$\left.\begin{aligned} [\varphi(x,t), \varphi(x',t)] &= 0, \\ \left[\varphi(x,t), \frac{\partial}{\partial t}\varphi(x',t)\right] &= \mathrm{i}\hbar\delta(x-x'). \end{aligned}\right\} \tag{2}$$

在量子场论的上下文中, 这就是深受钟爱的物理原则, 即所谓**局域性**原则的数学表述 ①: **直接**影响某个东西的唯一方法是去轻轻地接触它. 为了吸引一个和我们并不紧挨着的东西, 必须把一个扰动, 像水中的涟漪那样, 从我们传播到这个东西. 不论是经典场还是量子场, 主要的目的都是提供一个自然的载运物来实现这个局域性.

现代物理学的一个重要的侧面是: 经典物理中原来的中心的概念, 现在不那么 "中心" 了, 反而成了**导出的**量. 例如, 广义相对论 [IV.13] 的基本对象是所谓洛仑兹流形, 而许多我们熟悉的物理量, 如质量和引力, 从这个流形的观点看, 只不过是对于它某些特性所赋予的名字 (而且并不完全精确).

粒子对于经典物理学显然是本质的概念, 但是在我们对于量子场的简短概述中完全没有提到它. 粒子是作为量子场 $\varphi$ 的所谓 "模式"(modes) 而出现的, 它们起着 2.1.3 节里面讲的产生和湮没算子 $\hat{a}^\dagger$ 和 $\hat{a}$ 的作用. 一个模式就是用一个试验函数以求积分的办法去袭击量子场, 就像求傅里叶系数时所作的那样 —— 不过在求傅里叶系数时, 我们总是以三角函数 [III.92] 为试验函数的. 事实上, 如果从一个适当的观点来看, 模式确实**就是**某一类的傅里叶系数. 这些模式的换位子可以从量子场的换位子得出来. 现在回想一下, 弦论里的顶点算子是和弦的产生和发射相关的. 我们马上就会看见, 在点粒子的量子场理论 (具体说, 就是相关的共形场理论) 中, 顶

---

① 更准确地说, 在量子场论中, 局域性取下面的形式: 如果甚至光也不能把时空中两个给定的点连接起来, 则这两点的量子场必然在因果关系上是独立的. 特别是在这两点处, 观测可以同时进行, 并且达到任意的精确度. 在量子理论中, 这就要求表示这两个观测的算子是可交换的. 方程 (2) 是一个满足局域性的宽厚的表述方式.

点算子就是量子场, 这些顶点算子就在那个共形场中产生出 "粒子"(用比较规范的语言来说就是**态**). 等价的说法是, 它们产生出那个弦论中的单个的弦的各种振荡的态.

### 2.2 共形场论

一个**共形场理论**(简记为 CFT) 就是这样一个 2 维时空里的量子场理论, 这个时空的对称性中还要包括所有的**共形变换**. 我们将在下一段里解释这是什么意思, 而在眼下只要知道 CFT 就是一类具有特殊的对称性的量子场理论就行了. 一个 CFT 必定生活在一族弦在时间演化过程中画出的世界面 $\Sigma$ 上, 而在这种演化中, 有时还会有碰撞和分离. 在这一小节里, 只是非形式地概述其基本的理论, 而在 3.1 节里, 会讲得更精确一点.

CFT 和所有的 2 维量子场理论一样, 有几乎完全独立的两半. 在弦论的上下文中最容易看到这一点: 弦上的涟漪波纹决定了相应的态的物理性质 (质量、电荷等等), 但是这些波纹可以绕着弦按顺时针方向或逆时针方向 (以光速) 运动. 当它们运动时, 它们互不干扰地彼此穿过. 这两种选择余地, 即顺时针方向和逆时针方向, 给出了 CFT 的不同的**手性的两半**(chiral halves). 要研究一个 CFT, 先要分析各个不同手性的一半, 再把它们捻接成为一个 "双手性的"(bichiral) 物理量. 数学家们对于 CFT 的几乎全部关切都是集中在手性的数据上, 而不是在物理数据上, 说实在的, 顶点算子代数也就包含在这些手性数据内. 为简单起见, 我们通常会压制住两个手性中的一个.

一个共形变换就是保持角度不变的变换. 为什么在 CFT 中, 2 维情况会如此特别重要? 我们能够给出的理由就是, 在 2 维情况下, 共形变换比高维情况下多得多. 在 $n > 2$ 维情况下, 仅有的共形变换是一些明显的不足道的变换, 例如平移、旋转、拉伸和它们的组合. 这意味着, 在 $\mathbf{R}^n$ $(n > 2)$ 中, 局部共形变换的空间是一个 $\binom{n+2}{2}$ 维空间. 然而在 $n = 2$ 时, 局部共形变换空间要丰富得多: 它是一个无限维空间. 说实在的, 如果把 $\mathbf{R}^2$ 和复空间 $\mathbf{C}$ 等同起来, 则任意的导数在 $z_0$ 点不为零的全纯函数 [ I.3 §5.6] $f(z)$, 在 $z_0$ 附近都是共形的. 既然一个 CFT 在共形变换下不变, 而又有那么多共形变换, 所以 CFT 就特别对称了, 就是这一点, 使得 CFT 在数学中是那么有趣.

只要有局部对称性出现, 就自然会有李代数出现, 而确实可以从无穷小共形变换作出一个无限维李代数来. 这个李代数有一个基底 $l_n$, $n \in \mathbf{Z}$, 满足李括弧关系式

$$[l_m, l_n] = (m - n) l_{m+n}. \tag{3}$$

后来知道, CFT 的共形对称性的代数解释就是: 这些基底自然地作用在这个理论

中所有的量上面, 我们将在下面解释这一点.

所有例子的深层都是以下的基本的例子: 时空 $\Sigma$ 是半无限圆柱面, 它可以用时间 $t < 0$ 以及绕着这条弦的角度 $0 \leqslant \theta < 2\pi$ 为参数. 这个例子相应于一个入射的弦, 它从 $t = -\infty$ 开始, 那时得到一个初始的入射的弦, 随着时间 $t$ 的增加而演化. 我们可以把这个半圆柱用 $z = e^{t-i\theta}$ 共形映射到 $\mathbf{C}$ 中挖去了圆心的单位圆盘 $0 < |z| < 1$ 上去, 使得 $t = -\infty$ 相应于 $z = 0$. 这使我们能够谈论圆柱的共形对称性是什么意思.

CFT 中的量子场 $\varphi(z)$ 就是弦论中的顶点算子. 和通常的情况一样, $\varphi$ 是时空 $\Sigma$ 上的 "算子值广义函数", 这些算子作用在态空间 $\mathcal{H}$ 上. 现在, 一个场可能在以下的意义下为 "全纯" 的: 先对每一个 $n \in \mathbf{Z}$ 算出它的模式 $\varphi_n$, 它们都是从 $\mathcal{H}$ 到其自身的映射, 而由下面的公式给出:

$$\varphi_n = \int \varphi(z) z^{n-1} \mathrm{d}z,$$

积分路径是围绕着原点的小圆周. 然后就以这些模式作形式幂级数 (包含正幂和负幂) 的系数而得 $\sum_{n \in \mathbf{Z}} \varphi_n z^n$. 如果我们能在一定的意义下把这个幂级数与 $\varphi(z)$ 等同起来, 就说量子场 $\varphi(z)$ 是全纯的, 这个意义将在 3.1 节中讨论. 一个典型的量子场 $\varphi(z)$ 并非全纯的, 而是一个全纯的场与一个反全纯的场的组合, 这两个场就是 CFT 的不同手性的两半. 我们将集中注意全纯场 $\varphi(z)$ 所成的空间, 并称之为 $\mathcal{V}$. 可以证明, 它构成一个顶点算子代数 (反全纯场也构成一个顶点算子代数).

例如, 最重要的顶点算子直接来自共形对称性, 按照诺特定理与共形对称性相关的是**应力–能量张量** $T(z) \in \mathcal{V}$ 的 "守恒的流". 把它的模式 (在此, 诺特称为 "守恒的荷") 标记为 $L_n = \int T(z) z^{-n-3} \mathrm{d}z$, 于是 $T(z) = \sum_{n \in \mathbf{Z}} L_n z^{-n-2}$, 我们会发现, 它几乎实现了共形代数, 不过, 现在 (3) 式并不成立, 而要代之以稍微改动了的更复杂的关系式:

$$[L_m, L_n] = (m-n) L_{m+n} + \delta_{n,-m} \frac{m(m^2-1)}{12} cI, \tag{4}$$

这里的 $I$ 是恒等算子. 换句话说, 现在 $L_n$ 再加上 $I$, 就构成了用 $I$ 扩大了的代数. 这样得到的无限维李代数称为 Virasoro (Miguel Angel Virasoro, 阿根廷物理学家) **代数** Vir. 这个代数是用中心来扩张 $\{L_n\}$ 后得到的, "中心" 一词是从代数学中群的中心子群 —— 即群中与一切元都可交换的元所成的子群 —— 概念借用的, 所以 (4) 式右边的数 $c$ 称为 CFT 的**中心荷**, 粗略地说, 它是这个代数的大小的度量, 而这个扩张也就称为**中心扩张**.

算子 $L_n$ 并不能准确地代表共形代数 (3). 相反地, 它们构成所谓的**射影表示**. 像 (4) 式这样的射影表示在量子理论中是很常见的. 它们并非真正的表示, 但是这一点并不是问题, 因为只要扩张这个代数, 它们就会成为真正的表示. 在我们的情况下, 态空间 $\mathcal{H}$ 中含有 Virasoro 代数 Vir 的真正的表示, 它是很有用的, 因为它意味着可以用 Vir 来把态空间 $\mathcal{H}$ 组织起来.

任何量子场论都有所谓的**态–场对应**, 就是每一个场 $\varphi$ 都对应于它的入射态, 也就是 $\varphi|0\rangle$(这里 $|0\rangle$ 总是表示 $\mathcal{H}$ 中的真空态, 而 $\varphi|0\rangle$ 表示 $\varphi$ 作用于它) 当 $t \to -\infty$ 时的极限. CFT 之不同于寻常在于这时态–场对应是一个双射. 这意味着我们可以把 $\mathcal{H}$ 和 $\mathcal{V}$ 等同起来, 而可以用态 (即 $\mathcal{V}$ 的元) 来标记场, 即 $\varphi \in \mathcal{H}$.

我们也想把 $\mathcal{V}$ 构造成某种代数, 为此就需要定义 $\mathcal{V}$ 中的乘法, 但是利用与 $\mathcal{V}$ 的元相对应的 $\mathcal{H}$ 的元 $\varphi(z)$ 来作乘积 $\varphi_1(z)\varphi_2(z)$, 然后再回到 $\mathcal{V}$, 这样的明显的途径是不行的, 因为广义函数和真正的函数不同, 一般地是不能相乘的. 例如, 狄拉克的 delta 函数 $\delta(x-a)$ 就不能平方而使得 (1) 式不出毛病. 然而尽管 $\varphi_1(z)\varphi_2(z)$ 没有意义, $\varphi_1(z_1)\varphi_2(z_2)$ 作为 $\Sigma^2$ 上的算子值广义函数仍是有意义的. 于是只要研究 $z_2 \to z_1$ 时产生的奇异性, 仍然有可能恢复出 CFT 的绝大部分物理学. 所谓**算子乘积展开**就是把 $\varphi_1(z_1)\varphi_2(z_2)$ 展开为形如 $\sum_h (z_1-z_2)^h O_h(z_1)$ 的和式. 如果每一个系数 $O_h(z)$ 都属于 $\mathcal{V}$, 我们就说 $\mathcal{V}$ 是封闭的. 一个典型的例子是

$$T(z_1)T(z_2) = \frac{1}{2}c(z_1-z_2)^{-4}I + 2(z_1-z_2)^{-2}T(z_1) + (z_1-z_2)\frac{\mathrm{d}}{\mathrm{d}z}T(z_1) + \cdots.$$

物理学家把 $\mathcal{V}$ 称为手性代数 (chiral algebra), 对我们来说, 它是顶点算子代数的原型的例子. 它不是一个通常意义下的代数, 因为给定了两个顶点算子 $\varphi_1(z)$ 和 $\varphi_2(z)$, 在 $\mathcal{V}$ 中并不是只有一个乘积 $\varphi_1(z)*\varphi_2(z)$, 而是有无穷多个 $\varphi_1(z)*_h\varphi_2(z) = O_h(z)$ 都属于 $\mathcal{V}$.

哈密顿函数在任意的量子场论中都起关键的作用. 在这里的情况是, 它正比于刚才讨论的模式 $L_0$. $L_0$ 作为一个可观测量, 在态空间 $\mathcal{H}$ 中是可对角化的, 就是说, 任意的态 $v \in \mathcal{H}$ 都可以写成和式 $\sum_h v_h$, 这里 $v_h \in \mathcal{H}$ 具有能量 $h$, 就是说 $L_0 v_h = h v_h$.

有一类特殊的 CFT 性态特别良好. 用 $\overline{\mathcal{V}}$ 来记 CFT 中的反全纯场所成的空间 —— 就是不同手性的另一半. 回忆一下, 完整的 CFT 是由 $\mathcal{V}$ 和 $\overline{\mathcal{V}}$ 绞接而成的. 如果 $\mathcal{V} \oplus \overline{\mathcal{V}}$ 充分大, 使它在 CFT 的完全的量子场的空间中按照适当的意义具有有限的指标, 就称 CFT 为**有理的**. 出现 "有理" 这个词, 是因为在有理 CFT 中, 中心荷 $c$ 和其他参数必须是有理数.

有理 CFT 的数学特别丰富. 让我们简要地看一个例子 (我们会用到一些绝大多数读者不熟悉的名词, 但是它们至少会让您对于 CFT 会接触到些什么有一个印象). 和对于所有的东西一样, 要计算出现在 CFT 中的量子概率, 首先是计算两种

手性的量, 再把它们绞接起来. 这些手性的量称为**共形块**或**手性块**, 只要对图 2 中的切分应用费曼类型的规则, 就可以算出它们来. 在有理 CFT 中, 对于任意的世界面 Σ, 就是对于任意的亏格 $g$ 和圆盘中挖去任意多的 $n$ 个点, 都会得到手性块的有限维空间 $\mathcal{F}_{g,n}$. 这些空间都具有映射类群 (其定义为模空间 $\mathcal{M}_{g,n}$ 的基本群 $\pi_1$) 的射影表示 $\Gamma_{g,n}$. 这个 $\Gamma_{g,n}$ 表示是许多东西的来源, 其中例如有**辫群** [III.4](从而还有**纽结** [III.44]) 与子因子的琼斯关系式, 有 Borcherds 对于魔幻月光的解释, 有 Drinfel'd-Kohno 的单值定理 (monodromy theorem), 以及仿射卡茨–穆迪特征的模性质. 在第 4 节里会接触到其中的一些.

这里最重要的例子是环面, 其中的手性块是模函数, 这是一类具有基本的数学重要性的函数. 模函数 $f(\tau)$ 就是定义在上半平面 $\mathbf{H} = \{\tau \in \mathbf{C} | \mathrm{Im}\,\tau > 0\}$ 中的一类亚纯函数 (就是除少数几个 "极点" 处以外均为全纯的函数, 它在极点处趋于无穷大), 这一类函数对于群 $\mathrm{SL}_2(\mathbf{Z})$(就是由行列式等于 1 的整数元矩阵 $\begin{pmatrix} a & b \\ c & d \end{pmatrix}$ 所成的群) 是对称的, 即 $f(\tau)$ 与 $f((a\tau + b)/(c\tau + d))$ 有密切的关系 (虽然不一定恰好相等). 我们将在 3.2 节里更详细地讨论它.

只要回想一下, 在 2.1.2 节中, 弦论的费曼路径积分是在模空间上的积分, 那么在这里出现模性就可以理解了. 环面的模空间 $\mathcal{M}_{1,0}$ 可以写成上半平面 $\mathbf{H}$ 对于 $\mathrm{SL}_2(\mathbf{Z})$ 的作用的商. 所以, 如果把费曼积分的被积函数从 $\mathcal{M}_{1,0}$ 提升到 $\mathbf{H}$ 上, 就会得到一个在 $\mathrm{SL}_2(\mathbf{Z})$ 的作用下不变的函数 $Z(\tau)$, 即模函数. 这个被积函数 $Z(\tau)$ 是环面的手性块的二次组合.

## 3. VOA 是什么

对于顶点算子代数, 可以给出一个完全的公理化的定义. 然而, 当人们第一次遇到这样一个定义时 (还不止是第一次, 后来还会有多次), 它看起来是那么复杂, 而且似乎是随心给出的, 所以人们就不会感到 VOA 的重要性. 我们在下面的讲法就非形式得多, 这个讲法虽然隐藏了很大一部分复杂性, 却能够说清楚 VOA 的重要性: 如果承认 CFT(或者与它等价的微扰的弦论) 是重要的, 而您又看到了 CFT 与 VOA 的关系那么密切, 那就一定也会承认 VOA 是重要的. 但是, 我们将会看到, 这还不是全部问题之所在.

### 3.1　它们的定义

让我们首先用其他的概念来定义 VOA, 而这些其他的定义本身还必须定义: 顶点算子代数就是顶点算子的一个代数, 具体说就是共形场论中的手性代数 $\mathcal{V}$.

在这个定义中, 最重要的需要懂得的事情就是, 顶点算子就是一个量子场, 而后者我们已经看到是 "时空中的算子值的广义函数". 所以我们可以非正式地把它想象作时空上的一个矩阵值函数, 这个矩阵是 $\infty \times \infty$ 矩阵, 其元则是如狄拉克 delta (1) 那样的广义函数. 然而, 我们马上就来给出顶点算子的一个好得多的定义.

所谓 "时空", 在这里就是复平面 $\mathbf{C}$ 上的挖去了点 $z = 0$ 的单位圆盘. 回想一下, 我们在 2.2 节中已经看到, 从弦论角度看来, 它对应于一个半无限圆柱面, 其参数为绕着弦的角度 $-\pi < \theta \leqslant \pi$, 以及沿着圆柱的轴的时间 $-\infty < t < 0$, 从这个半圆柱面到去心的圆盘的映射是 $(\theta, t) \mapsto z = \mathrm{e}^{t - \mathrm{i}\theta}$. 我们想限于全纯依赖于 $z$ 的量子场. 然而, 对于广义函数, 什么是 "全纯" 还并不清楚. 在 2.2 节中, 我们对此已经略有触及, 现在要更详细地看一下.

为了做这件事情, 我们需要顶点算子的一个比较具体的描述. 关键的思想是: 全纯广义函数有一个非常方便的代数解释. 考虑和式

$$d(z) = \sum_{n=-\infty}^{\infty} z^n. \tag{5}$$

例如用 $f(z) = 3z^{-2} - 5z^3$ 去乘它, 这就给出

$$f(z)\,d(z) = 3 \sum_{n=-\infty}^{\infty} z^{n-2} - 5 \sum_{n=-\infty}^{\infty} z^{n+3} = 3 \sum_{n=-\infty}^{\infty} z^n - 5 \sum_{n=-\infty}^{\infty} z^n = -2d(z).$$

多做几个这样的例子, 您就会相信, $f(z)\,d(z) = f(1)\,d(z)$ 对于 $z$ 和 $z^{-1}$ 的**任何**多项式函数 $f$ 都成立. 所以, 至少是对于多项式的试验函数, $d(z)$ 的性态和狄拉克 delta 函数 $\delta(z-1)$ 是一样的. 注意, 对于任意的 $z, d(z)$ 都不收敛, 它的正幂部分只当 $|z| < 1$ 时收敛, 而负幂部分只当 $|z| > 1$ 时收敛. $d(z)$ 这个 "函数" 是**形式幂级数**的一个例子, 所谓形式幂级数, 就是任意的形状为 $\sum_{n=-\infty}^{\infty} a_n z^n$ 的级数, 其中的系数 $a_n$ 取什么数都行, 而且完全不考虑收敛性问题.

只要检查一下, 就知道形式幂级数在挖去了原点 $z = 0$ 的整个复平面上是 "全纯" 的, 归根结底, 所谓全纯就是说有复的导数 $\mathrm{d}/\mathrm{d}z$ 存在, 而形式幂级数 $\sum_{n=-\infty}^{\infty} a_n z^n$ 的导数就是 $\sum_n n a_n z^{n-1}$, 它仍然是一个形式幂级数 (与此相对照的是, 非全纯的级数中会出现共轭复数 $\bar{z}$).

顶点算子看起来就是这样的: 它是一个形式幂级数 $\sum_{n=-\infty}^{\infty} a_n z^n$, 而现在每一个系数 $a_n$ 都是态空间 $\mathcal{V}$ 的算子 (自同态), 而 $\mathcal{V}$ 是无限维向量空间. 因为顶点算子与态之间有一一对应 (上面称为 "态–场对应"), 我们可以用态来作为顶点算子的标

记, 标准的规定是把对应于 $v \in \mathcal{V}$ 的顶点算子写为

$$Y(v, z) = \sum_{n=-\infty}^{\infty} v_n z^{-n-1}. \tag{6}$$

这里的记号 "$Y$" 使我们回想起有三只脚的球面, 而我们知道那就是弦论里面的顶点. 和任意的量子场论一样, 这些系数 $v_n$ 都是模式, 而量子场论中所有的可观测量和态都是从这些模式构造出来的.

量子场论中最重要的态就是真空 $|0\rangle$, 它对应于恒等顶点算子, 即有 $Y(|0\rangle, z) = I$. 从物理学的观点看来, 顶点算子 $Y(v, z)$ 就是在 $t = -\infty$ 时的那个后来会生成态 $v$ 的场, 就是说 $Y(v, 0)|0\rangle$ 存在, 而且等于 $v$(请回忆一下, 在我们的模型中, 正是 $z = 0$ 对应于 $t = -\infty$). 除了有其他推论之外, 这件事还意味着 $v_{-1}(|0\rangle) = v$, 所以, 如果把用这些模式作用于 $|0\rangle$, 就会生成 $\mathcal{V}$, 而任何一种量子场论都会要求这一点.

量子场论中最重要的可观测量就是哈密顿量, 亦即能量算子. 记它为 $L_0$. 它是可对角化的 (所以 $\mathcal{V}$ 可以写成 $L_0$ 本征空间的和), 而它的所有本征值都是整数. 例如, 真空有零能量: $L_0(|0\rangle) = 0$, 因为 $|0\rangle$ 应该有最小能量, 所以 $\mathcal{V}$ 的 $L_0$ 分解是 $\mathcal{V} = \bigoplus_{n=0}^{\infty} \mathcal{V}_n$, 其中 $\mathcal{V}_0 = \mathbf{C}|0\rangle$. 每一个空间 $\mathcal{V}_n$ 都是有限维的, 于是可以认为 $L_0$ 在 $\mathcal{V}$ 上定义了一个 $\mathbf{Z}_+$ 分级.

在这个理论中最重要的顶点算子是应力–能量张量 $T(z)$, 它的相应的态称为**共形向量** $\omega$: $Y(\omega, z) = T(z)$, 这意味着 $\omega$ 的模式为 $\omega_n = L_{n-1}$, 它们构成了 Virasoro 代数 Vir 的一个表示 (4)(这就是共形对称性这个要求的代数表示). 共形向量的能量为 2: $\omega \in \mathcal{V}_2$.

到现在为止, 我们的理论还是严重地处于欠定情况 (underdetermined). 能够帮助我们把这个理论进一步弄明白的最重要的公理是局域性. 稍微做一点工作就能证明局域性可以归结为以下条件: 两个顶点算子的换位子 $[Y(u, z), Y(v, w)]$ 是狄拉克 delta 函数 $\delta(z - w) = z^{-1} \sum_{n=-\infty}^{\infty} (w/z)^n$ 及其导数 $(\partial^k/\partial w^k)\delta(z - w)$ 的有限的线性组合. 但是, $(z - w)^{k+1}(\partial/\partial w)^k \delta(z - w) = 0$. 这一点很容易证明, 证明如下: 只需要考虑 $k = 1$ 的情况即可. 这时

$$(z-w)^2 \frac{\partial}{\partial w}\delta(z-w) = \sum_{n=-\infty}^{\infty} \left( nw^{n-1}z^{-n+1} - 2nw^n z^{-n} + nw^{n+1}z^{-n-1} \right)$$

$$= \sum_{n=-\infty}^{\infty} \left( (n+1) - 2n + (n-1) \right) w^n z^{-n} = 0.$$

对于一般的 $k$, 证明是类似的. 所以, 局域性可以重写为下面的形式: 给定了 $\mathcal{V}$ 中

任意的 $u$ 和 $v$, 一定存在一个正整数 $N$, 使得

$$(z - w)^N [Y(u, z), Y(v, w)] = 0. \tag{7}$$

这个等式看起来有点怪. 为什么不把因子 $(z - w)^N$ 约去, 而直接得到以任意两个顶点算子可交换作为局域性的条件呢? 理由在于, 凡涉及形式幂级数时, 总会有零因子出现. 例如, 很容易验证 $(z - 1) \sum_{n \in \mathbf{Z}} z^n = 0$. 用 (7) 式来表示的局域性是 VOA 理论的心脏. 例如, 可以把它表示为模式必须服从的三重无穷多个恒等式, 这就表明了局域性是一个限制性多么强的条件, 而要找 VOA 的例子又多么困难.

VOA 的定义就讲完了. 这些性质的一个推论是模式会服从前面讲到的 $L_0$ 分级. 这就是说, 如果 $u$ 的能量是 $k$, $v$ 的能量是 $l$, 则 $u_n(v)$ 的能量是 $k + l - n - 1$. 我们在这里所定义的 VOA 有时称为 **CFT 型的** VOA. 理由是显然的. 在有些文献中, 这个定义有些条件会减弱甚至抛弃. 例如, 这个理论中很大一部分是与共形向量 $\omega$ 的存在无关的, 然而对于我们, 它的存在是很关键的, 其理由将在下一小节里解释.

VOA 既是一个物理对象, 又同时是一个数学对象. 我们在上面强调了它的物理起源是因为这有助于解释研究它们的动机. 我们知道, 因为 CFT 对于数学很有价值, 所以 VOA 也应该如此, 而我们在第 4 节里会看到, VOA 确实是对数学有价值的. 但是从纯粹数学的观点来看, 现在 VOA 的这个定义有点专为某个目的而设的味道, 好像我们有了几个数学成分, 于是就自言自语: "来一点这个, 这些也来一点, 嗯, 那个也来一点, 不过要加一个假设 ……". 有幸的是, VOA 还有比较抽象的陈述, 使得 VOA 看来远不是一个随心所欲的想怎么办就怎么办的数学结构. 例如黄一知 (Huang Yizhi) 就证明了, VOA 可以看成一个 "二维化的" 李代数, 其意义如下: 如果想要弄明白下面的表达式中的李括弧 $[a, [[b, c], d]]$ 是什么意思 (这种表达式是很重要的, 因为李括弧运算不是结合的), 则可以借助于二元树来做这件事, 而且事实上, 用这类树的语言来陈述李代数是容易的事情. 如果再用有脚的球面所成的图来代替二元树, 就像前面作费曼图那样, 就会得到一个与 VOA 等价的数学结构 (当然, 这远不是对黄一知所做的事情的完全的解释, 他的证明极为冗长).

### 3.2 基本性质

从上一小节里概述的 VOA 的定义我们看到, VOA 是一个无限维的 $\mathbf{Z}_+$ 分级的向量空间, 其中有无穷多种乘积 $*_n$ (具体说, 就是 $u *_n v = u_n(v)$), 服从无穷多个恒等式. 这当然不是一个容易的定义, 也没有容易的例子.

然而, 如果忽略共形对称性 (即共形向量 $\omega$), 则有一些简单的但是没有很大意思的例子. 其中最简单的是 1 维代数 $\mathcal{V} = \mathbf{C} |0\rangle$. 比较一般地说, 一个服从 $N = 0$ 时

的 (7) 式的 VOA $\mathcal{V}$ 一定是可交换的结合代数, 而且具有单位元 $1 = |0\rangle$. 它也有一个涉及乘积运算 $u * v = u_{-1}(v)$ 的**求导运算** (derivation) $T = L_{-1}$, 就是说, 它的乘积要服从乘积求导的莱布尼兹公式, 即有 $T(u * v) = (Tu) * v + u * (Tv)$. 这个结果的逆命题也成立, 即任意这样的代数都是一个 VOA, 而且服从 $N = 0$ 时的 (7) 式. 在这些例子里面, 求导运算 $T$ 的作用在于恢复顶点算子对 $z$ 的依赖性.

由此可见, 想要得到有意思的例子, 就需要 (7) 式中的 $N$ 不是零. 与此类似, 顶点算子 $Y(u, z)$ 必须是一个广义函数 (就是说, 其中必定用到双向无限的和), 否则, VOA 又会归结为一个可交换的结合代数.

也很容易证明, 在任意 VOA 中 (同样也不需要共形向量 $\omega$ 存在), 空间 $\mathcal{V}_1$ 是一个李代数, 其中的李括弧由 $[u, v] = u_0(v)$ 给出. 这是很重要的, 因为每一个 $\mathcal{V}_n$ 都会带有这个李代数的一个表示, 而 $\mathcal{V}_1$ 则生成了 VOA 的连续的对称性 (至少是在 $\mathcal{V}_1 \neq \{0\}$ 时). 对于一个典型的 VOA $\mathcal{V}$, 这些李代数是我们很熟悉的. 例如与有理的 CFT 相关的 VOA, 这个李代数是**可化约的** (reductive), 就是说, 它是若干平凡的李代数 $\mathbf{C}$ 的复本和简单的李代数的直和.

当我们开始考虑 VOA 的表示理论时, 共形向量 $\omega$ 的存在就很重要了. 一个 $\mathcal{V}$ **模** (module) 是用很自然的方式来定义的. 我们不在这里给出全部细节, 而只是粗略地说, 它是一个 $\mathcal{V}$ 作用于其上的空间, 而这种作用要尽可能地服从 VOA 的结构. 例如 $\mathcal{V}$ 的自身就自动地是一个模, 正如群以一种简单的方式作用于其自身一样 (关于后一点, 可参见条目表示理论 [IV.9 §2]). 一个**有理的** VOA 定义为具有最简单的表示理论的 VOA, 它只有有限多个不可化约的 $\mathcal{V}$ 模, 而任意的 $\mathcal{V}$ 模又都是不可化约 $\mathcal{V}$ 模的直和. 它们之所以称为有理的 VOA, 是因为它们都是来自有理的 CFT 的 VOA. 对于这些 VOA, $\mathcal{V}$ 不可化约地作用于其自身.

任意不可化约的 $\mathcal{V}$ 模 $M$ 都从 $\mathcal{V}$ 继承到用有理数所作的 $L_0$ 分级: $M = \oplus_h M_h$, 这里的 $M_h$ 都是有限维空间. 特征 $\chi_M(\tau)$ 的定义是

$$\chi_M(\tau) = \sum_h \dim M_h e^{2\pi i \tau(h - c/24)}, \tag{8}$$

这里的 $c$ 是中心荷. 这个定义自然地出现在 CFT 中, 也自然出现在李的理论和仿射卡茨–穆迪代数中 (卡茨就是 Victor G. Kac, 1943–, 美国数学家; 穆迪就是 Robert Vaughan Moody,, 1941–, 加拿大数学家), 虽然有一个奇怪的 "$c/24$" 是下面的 (9) 式所需要的, 在李的理论中却很是神秘 (在 CFT 中, 它又可以很自然地解释为一种拓扑效应). 特征的表达式 (8) 对于上半平面 $\mathbf{H}$ 中的每一个 $\tau$ 都是收敛的. 它们带着模群 $SL_2(\mathbf{Z})$ 的如下表示:

$$\chi_M\left(\frac{a\tau + b}{c\tau + d}\right) = \sum_{N \in \Phi(N)} \rho\begin{pmatrix} a & b \\ c & d \end{pmatrix} \chi_N(\tau), \tag{9}$$

如果这里的不可化约 $\mathcal{V}$ 模的个数是 $n$, 则矩阵 $\rho\begin{pmatrix} a & b \\ c & d \end{pmatrix}$ 是 $n \times n$ 复数元矩阵.
朱永昌 (Zhu, Yongchang) 给了 (9) 式一个很长的证明, 可能是 VOA 理论的一个高点, 大大地依赖于关于有理 CFT 的直觉. 我们将在下一节对于它为什么重要得到一点了解.

## 4. VOA 好在什么地方

我们打算在本节里讲 VOA 的两个可能是最重要的应用. 但是要先列举几个其他的应用 (但是不加任何解释). 受到弦论的几何学的启示, 对每一个流形都赋予了一个顶点算子的 (超) 代数, 这样得到了一个很有力但是也很复杂的代数不变式, 推广和丰富了一些经典的知识如德拉姆 (de Rham) 的上同调. 与仿射卡茨–穆迪代数在 "蜕化层次" $k$ 上相关的 VOA, 与几何朗兰茨纲领有深刻的联系. 仿射代数和例如格网 $\theta$ 函数的模性质都是朱永昌的定理的特例这个定理把模性质放进了广泛得多的背景下面去了.

### 4.1　CFT 的数学陈述

1970 年代以来, 量子场论通过用无限维的方法来研究经典的结构, 取得了很大的成功. 这特别是阿蒂亚 (Michael Franeis Atiyah, 1929–, 美国数学家) 学派的工作的一个主题. 共形场理论是一类具有特别的对称性的量子场论, 在已知的量子场论中, 它属于最简单的非平凡的量子场论. 在过去二十年来, 数学得以享用这种对称性和 (相对的) 简单性的组合的盛宴, 时常是通过把比较经典的结构 "环路化" 或者 "复化" 来做到这一点的, 而 CFT(或者等价地就说是弦论) 的影响特别显著和广泛. 事后看来, CFT 对于数学的重要性, 并不出人意外. 它是一个和谐而又微妙的结构, 跨越了好几个全然不同的数学领域, 蔓生于几何学、分析、组合学, 说真的还有代数学之间.

从这个观点看来, VOA 的一个关键性的应用正是应用于 CFT 本身. 把量子场论放置在严格的数学基础上, 这是一件困难得出了名的事情. 但是量子场论在应用上的成功暗示了这些困难只不过是它的数学的深刻性和微妙性的征兆, 而不表示它有不可弥补的不和谐性. 在这个意义下, 这里的情况大大地使我们回想起微积分对于 18 世纪的数学家所提出的深刻的概念上的挑战. 由 Borcherds (Richard Ewen Borcherds, 1959–, 英国数学家) 给出的 VOA 的定义, 使得 CFT 的手性代数以及例如算子乘积展开式等概念成为完全严格的. 后来的工作 (特别是黄一知和朱永昌的工作)把任意亏格的CFT的越来越大的部分都从VOA构造出来了. 所得到的清晰性使得整个学科更能为数学家们所接受, 更能进行探讨. 量子场论就这样停留在数学里面了. 而且正是由于有了 VOA, 数学家们完全地明确地吸收了一大类量子场.

### 4.2 魔幻月光

1978 年, John McKay (born, 1939–, 英国和加拿大数学家) 注意到 196 884 ≈ 196 883. 为什么这样一个观察是有趣的呢? 因为左边的数是 $j$ 函数 [IV.1 §8] 的展开式

$$j(\tau) = q^{-1} + (744+) \, 196884q + 21493760q^2 + 864299970q^3 + \cdots \qquad (10)$$

中的第一个有意义的系数. 这个函数是 $\mathrm{SL}_2(\mathbf{Z})$ 的所有模函数的生成元. 回忆一下, 所谓模函数就是一个定义在上半平面 $\mathbf{H}$ 上, 而且在 $\mathrm{SL}_2(\mathbf{Z})$ 的通常的作用下不变的亚纯函数. 它应该在边缘点 $\mathbf{Q} \cup \{\mathrm{i}\infty\}$(称为尖点 (cusp)) 上也是亚纯的, 但是我们在前面没有提到这一点. 所谓 $j$ 函数生成所有模函数, 就是说任意模函数 $f(\tau)$ 都可以写成 $j(\tau)$ 的有理函数: $\mathrm{poly}(j(\tau)) / \mathrm{poly}(j(\tau))$. 换句话说就是: $j(\tau)$ 是一个单值化函数, 把 $(\mathbf{H} \cup \mathbf{Q} \cup \{\mathrm{i}\infty\}) / \mathrm{SL}_2(\mathbf{Z})$ 和黎曼球面 $\mathbf{C} \cup \{\infty\}$ 等同起来. 我们在 (10) 式中把 744 放在括弧里面, 是因为 $j(\tau)$ 的传统的展开式中是有 744 这一项的, 但是也可以自由地把它换成任意其他数, 包括 0.

John McKay 的观察右边的数 196 883 是**魔群** (monster) $\mathbf{M}$ 的最小的非平凡表示的维数. 魔群是有限单群 [V.7] 中最为例外 (也是最大) 的一个. 粗略地说, 它是生活在 196 883 维空间中的魔怪. 模函数和魔群之间的关系是完全出人意料的, 它们好像是生活在数学宇宙中全然不相干的地点. 康韦和 Norton (John Horton Conway, 1937–, Simon Phillips Norton, 1952–, 二人都是英国数学家) 与其他人提出了好几个猜测, 合称为**魔幻月光**(monstrous moonshins)**猜测**, 这样就发展了 McKay 原来的观察, 使之更加血肉丰满. 例如, 对于魔群中的任意两个可交换的元对 $(g, h)$ (请注意, 魔群的大小的数量级是 $8 \times 10^{53}$, 准确一点就是 $246 \times 320 \times 59 \times 76 \times 112 \times 133 \times 17 \times 19 \times 23 \times 29 \times 31 \times 41 \times 47 \times 59 \times 71 = 808\ 017\ 424\ 794\ 512\ 875\ 886\ 459\ 904\ 961\ 710\ 757\ 005\ 754\ 368\ 000\ 000000$, 大约是 $8 \times 10^{53} \approx 10^{54}$, 那么这里的 $(g, h)$ 该有多少对? 由此可以想见这个猜测是多么狂野不羁了), 我们都希望能够找到一个函数 $j_{(g,h)}(\tau)$ 生成 $\mathrm{SL}_2(\mathbf{Z})$ 的某个离散子群 $\Gamma_{(g,h)}$ 的所有模函数. 当 $g = h = $ 恒等元时, 这个函数就是 (10) 中的 $j$ 函数. 这就是魔幻月光猜测.

魔幻月光猜测的证明的第一步主要是 Frenkel, Lepowsky 和 Meurman 在 1980 年代中期走出的. 他们从形式幂级数作出了一个无限维向量空间 $V^\natural$. 他们一方面是受到弦论中的顶点算子的启发, 另一方面则是受到在构造仿射代数表示中所用的形状相似的广义函数的启发. 这似乎是一个有希望的方向, 因为对于弦论和仿射代数表示二者, 模函数都是自然地出现的. $V^\natural$ 既有来自这些 "顶点算子" 的丰富的代数结构, 又很自然地被魔群所作用. 进一步说, $V^\natural$ 虽然是无限维空间, 却是打包成为有限维空间出现的: $V^\natural = \bigoplus_{n=-1}^{\infty} V_n^\natural$, 而 "分级的维数" $\sum_n \dim(V_n^\natural) q^n$ 等于 $j - 744$.

魔群的作用把每一个 $V_n^\natural$ 都映为其自身, 就是说每一个 $V_n^\natural$ 都带有了魔群的一个表示. Frenkel, Lepowsky 和 Meurman 指出: $V^\natural$ 就处于魔幻月光猜测的心脏中.

$V^\natural$ 和 CFT 的手性代数的相似震撼了 Borcherds, 他从这些东西中抽象出了一些重要的代数性质而定义了一个新的代数结构, 即顶点 (算子) 代数. 他的公理澄清了这个代数与卡茨–穆迪代数 (的推广) 之间的关系, 这样到了 1992 年, 他就证明了主要的魔幻月光猜测 (相当于上面所说的 $g$ 为任意的而 $h$ 为恒等元的情况). 虽然他关于 VOA 的定义需要关于 CFT 的物理学有深刻的理解, 但他对这个魔幻月光猜测的漂亮的证明则纯粹是代数的.

我们现在愿意称 $V^\natural$ 为仅有一个不可约化模 (即它自己) 的有理 VOA, 它的对称群就是魔群, 而它的特征 (8) 就是 $j - 744$. 从 (10) 中除去常数项 744 是很值得注意的, 因为这说明了李代数 $V_1^\natural$ 是平凡的, 而为了使对称群为有限群, 这又是必需的. 现在有一个猜测: 如果一个 VOA 的中心荷是 $c = 24$, $\mathcal{V}_1$ 又是平凡的, 而又只有一个不可约化的模, 那么它就是 $V^\natural$. 这使我们想起了利奇格网 [I.4§4], 它是已知的唯一的 24 维的偶的自对偶格网中唯一没有长度为 $\sqrt{2}$ 的向量的一个. 说实在的, 利奇格网在构造 $V^\natural$ 时起了关键的作用.

魔幻月光猜测的绝大部分仍然有待证明, 而模函数和魔群间的联系还有些神秘. 然而, 至本文写作之时, VOA 仍是对于魔幻月光猜测的唯一的严肃的研究途径.

Borcherds 定义了 VOA 来澄清 CFT 的手性代数来攻克魔幻月光. 他由于这个工作获得了 1998 年的菲尔兹奖.

### 进一步阅读的文献

Borcherds R E. 1986. Vertex algebras, Kac-Moody algebras, and the Monster. *Proceedings of the National Academy of Sciences of the USA*, 83: 30968-71.

——. 1992. Monstrous Moonshine and monstrous Lie superalgebras. *Inventiones Mathematicae*, 109:405-44.

Di Francesco P, Mathieu P, and Sénéchal D. 1996. *Conformal Field Theory*. New York: Springer.

Gannon T. 2006. *Moonshine Beyond the Monster: The Bridge Connecting Algebra, Modular Forms and Physics*. Cambridge: Cambridge University Press.

Kac V G. 1998. *Vertex Algebras for Beginners*, 2$^{\text{nd}}$ edn. Providence, RI: American Mathematical Society.

Lepowsky J, and Li H. 2004. *Introduction to Vertex Operator Algebras and their Representations*. Boston, MA: Birkhäser.

# IV.18   枚举组合学与代数组合学

Doron Zeilberger

## 1. 引言

**枚举**或称**计数**, 是最古老的数学分支, 而代数组合学则是最年轻的数学分支之一. 有些玩世不恭的人声称, 代数组合学并不是一个**学科**, 而只是枚举组合学的一个新**名字**, 用来改善它原有的 (可怜的) 形象, 但是代数组合学其实是两个相反的趋势的综合. 这两个趋势就是: **具体的东西的抽象化和抽象的东西的具体化**. 前一个趋势统治了 20 世纪的前一半, 是从希尔伯特对于不变式理论的基本定理的 "神学" 证明开始的 ①, 他在这个证明中用抽象的方法证明了某些不变式是存在的, 但是没有指出如何去求出它们. 后一个趋势则统治了当代的数学, 这是由于无所不能的计算机已经无所不在了.

数学的抽象化的趋势包括了数学的**范畴化**、**概念化**、**结构化**以及**幻想化** (一言以蔽之, 就是数学的布尔巴基化 [VI.96]). 枚举也不能脱其掌, 在美国的 Gian-Carlo Rota, Richard Stanley 以及法国的 Marco Schüzenberger, Dominique Foata 这些巨人手上, 经典的枚举组合学也变得更加概念化、结构化和代数化. 然而, 在代数组合学羽翼丰满成了一个独立的数学分支以后, 比较现代地朝着**显式化**、**具体化**和**构造化**的趋势就也留下了印记. 揭示了许多代数结构的深层隐藏着组合学的支撑. 正是发掘这一切的企图引导到许多诱人的发现和尚未解决的问题.

### 1.1   枚举

世界各地的穴居人就已经发现了枚举的基本定理, 这个定理就是

$$|A| = \sum_{a \in A} 1.$$

用文字来陈述就是: 集合 $A$ 的元素的个数等于常值函数 1 对于 $A$ 中所有元素的和. 这里的常值函数 1 就是这样一个函数 $1(a)$, 当 $a \in A$ 时, 其值为 1, 否则为 0.

这个公式尽管过了这些年还在使用, 但是, 对于特定的有限集合作枚举, 已经不再被看成数学了. 一个真正的数学事实必须包含了无限多个事实, 而通常的枚举问题也不是对于一个集合作枚举, 而是对于无限多集合的族来作枚举.

---

① 哥尔丹 (Paul Gordan) 是 19 世纪后半期的一位著名数学家, 主要的研究领域是不变式理论. 他的主要定理是证明了一类不变式有基底存在. 这个证明困难而且冗长, 是一个构造性的证明. 希尔伯特出道以后对这个结果给出了非构造的存在证明, 极大地推进了这门学科. 有一个笑话说希尔伯特一篇文章枪毙了一门学科. 这种非构造的证明方法在当时十分新颖, 所以据说哥尔丹声称: 这不是数学而是神学. 但是后来据说哥尔丹又改变了观点, 又说: 神学有时还是有用的. 克莱因在他的名著《**数学在 19 世纪的发展**》中详细讨论了这个问题. —— 中译本注

确切地说, 给出集合的无限序列 $\{A_n\}_{n=0}^{\infty}$, 每一个 $A_n$ 都是由满足某种组合的规范的对象组成的, 而这些规范又依赖于参数 $n$, 请回答下面的问题: $A_n$ 有多少个元素?

我们马上就要给出一些例子. 但是在学会回答这个问题之前, 先要问一个 "元问题 ①", 即什么是一个 "回答" 或者 "答案"?

这个问题是 Wilf (Herbert Saul Wilf, 1931–, 美国数学家) 提出并且漂亮地回答了的. 为了了解 Wilf 的元答案的背景, 我们先来给出一些著名的枚举问题的答案为例.

在下面的清单里面, 当给出集合 $A_n$ 时 (每个例子中的 $A_n$ 都不相同), 我们都用 $a_n$ 而不用 $|A_n|$ 来表示 $A_n$ 中元素的个数.

(i) **易经**. 若 $A_n$ 是 $\{1, \cdots, n\}$ 的子集合的集合, 则 $a_n = 2^n$.

(ii) Rabi Levi Ben Gerson (13–14 世纪的犹太哲学家和数学家, Rabi 通常译为拉比, 就是犹太教士的称呼). 如果 $A_n$ 是 $\{1, \cdots, n\}$ 上的置换 [III.68] 的集合, 则 $a_n = n!$.

(iii) 卡塔兰 (Eugène Charles Catalan, 1814–1894, 法国数学家). 如果 $A_n$ 是由 $n$ 个左括弧 "[" 和 $n$ 个右括弧 "]" 构成的**合法的括弧**的集合, 则 $a_n = (2n)! / (n+1)!n!$, [它们称为卡塔兰数] (所谓 "合法的括弧" 就是由 $n$ 个左括弧 "[" 和 $n$ 个右括弧 "]" 构成的序列, 使得在序列的任意点处右括弧的数目必不大于左括弧的数目. 例如当 $n = 2$ 时, [ ] [ ] 和 [[ ]] 都是合法的括弧).

(iv) Leonardo of Pisa, 即斐波那契 [VI.6]. 令 $A_n$ 是由 1 和 2 构成的有限序列的集合, 但是这里的每一个序列各项之和为 $n$ (例如, 当 $n = 4$ 时, 可能的序列就是 1111, 112, 121, 211 和 22). 这时, 我们有三个等价的答案:

(1) $a_n = \dfrac{1}{\sqrt{5}} \left( \left( \dfrac{1 + \sqrt{5}}{2} \right)^{n+1} - \left( \dfrac{1 - \sqrt{5}}{2} \right)^{n+1} \right).$

(2) $a_n = \displaystyle\sum_{k=0}^{[n/2]} \binom{n-k}{k}.$

(3) $a_n = F_{n+1}$, 其中 $F_n$ 由递归关系 $F_n = F_{n-1} + F_{n-2}$ 以及初始条件 $F_0 = 0$ 和 $F_1 = 1$ 来**定义**.

(v) 凯莱 [VI.46]. $A_n$ 是在 $n$ 个顶点上的有标号的树的集合, 则 $a_n = n^{n-2}$ (所谓**树**就是一个没有循环的连通的图 [III.34], 如果每一个顶点都有不同的名字, 例如给以编号, 就说这个树是**有标号**的).

---

① 这个名词是仿照 "元数学 (metamathematics)" 一词编造出来的. 元数学就是把数学当成一个整体的系统来考察它的结构、组成、性质之类. 同样, "元问题" 不是一个具体的例如枚举问题, 而是把 "问题" 作为一个对象来探讨它的结构、组成、性质之类. 下文还有 "元答案" 之说, 意义相近.—— 中译本注

(vi) 如果 $A_n$ 是有标号的具有 $n$ 个顶点的简单图的集合, 则 $a_n = 2^{n(n-1)/2}$ (我们说一个图是**简单的**, 如果它既没有循环, 也没有多重的边).

(vii) 如果 $A_n$ 是有标号的具有 $n$ 个顶点的**连通的**简单图的集合 (所谓连通就是每一个顶点可以从任意的另一个顶点用路径连接起来), 则 $a_n$ 等于 $n!$ 乘上函数

$$\log\left(\sum_{k=0}^{\infty} \frac{2^{k(k-1)/2}}{k!} x^k\right)$$

的幂级数展开式中 $x^n$ 的系数.

(viii) 如果 $A_n$ 是大小为 $n$ 的拉丁方的集合 (所谓拉丁方就是一个 $n \times n$ 的矩阵, 其每一行、每一列都是 $\{1, \cdots, n\}$ 的一个排列, 所以同一行或同一列中没有重复的数字), 这时, 甚至连 $a_n$ 的一个好的近似式都不知道.

1982 年, Wilf (Herbert Saul Wilf, 1931–2012) 定义什么是一个 "答案" 如下:

**定义**　答案就是计算 $a_n$ 的 (关于 $n$ 的) **多项式时间的算法**.

Wilf 是在审查一篇关于例 (viii) 的解的 "公式" 的论文时, 看到其 "计算复杂性" 超过了穴居人的直接计数的复杂性, 从而达到了他的定义的.

什么是一个 "公式"? 那就是一种算法, 使得输入为 $n$ 时输出为 $a_n$. 例如, 公式 $a_n = 2^n$ 只不过是下面的递归算法的简写:

如果 $n = 0$, 则 $a_n = 1$,
否则,　$a_n = 2a_{n-1}$.

这个算法含有的步数是 $O(n)$. 然而, 如果使用下面的算法:

若 $n = 0$,　则 $a_n = 1$,
若不然, 而 $n$ 为奇数, 则 $a_n = 2a_{n-1}$,
再不然, 而 $n$ 为偶数, 则 $a_n = a_{n/2}^2$.

这个算法只需 $O(\log n)$ 步, 比 Wilf 所要求的快得多. 在其他情况下, 例如计算**自身回避游动** [ I.4 §6.2], 现在已知的最佳算法的计算时间为 $O(c^n)$, 即为指数时间, 只要把常数 $c$ 稍微下降一点, 都是巨大的成就 (一个自身回避游动, 就是在 2 维整数格网中的点列 $x_0, x_1, \cdots, x_n$, 而每一点 $x_i$ 都是 $x_{i-1}$ 的 4 个相邻点之一, 而且没有两个 $x_i$ 相同). Wilf 的元答案虽然有这些例外, 却是估计答案时很有用的一般指导思路.

在传统上, 枚举的主要用户是概率论与统计学. 事实上, 离散概率几乎就是枚举组合学的同义语, 因为事件 $E$ 发生的概率就是成功的次数与总的试验次数之比. 统计物理学, 总的说来, 就是格网模型的加权枚举 (见条目临界现象的**概率模型** [IV.25]). 大约 50 年前, 另一个重要的用户出现了: 计算机科学. 在那里, 人们对算法的**计算复杂性** [IV.20] 感兴趣, 而计算复杂性就是执行一个算法所需的步数.

## 2. 方法

下面的几个工具对于枚举组合学的专家是不可少的.

### 2.1 分解

$$|A \cup B| = |A| + |B|, \quad \text{若 } A \cap B = \varnothing.$$

用文字来表述就是: 两个互相分离的集合的并的大小等于这两个集合大小的和.

$$|A \times B| = |A| \cdot |B|.$$

用文字来表述就是: 两个集合的笛卡儿乘积的大小等于各个集合的大小的乘积 (所谓笛卡儿乘积就是所有元素对 $(a, b)$ 的集合, 这里 $a \in A, \quad b \in B$).

$$|A^B| = |A|^{|B|}.$$

用文字来表述就是: 由 $B$ 到 $A$ 的函数的集合的大小等于 $A$ 的大小的幂, 而以 $B$ 的大小为指数. 例如长度为 $n$ 的 $0-1$ 序列可以看成由 $\{1, \cdots, n\}$ 到 $\{0, 1\}$ 的函数, 所以其总数是 $2^n$.

### 2.2 细化

如果

$$A_n = \bigcup_k B_{nk}, \quad \text{右方是不相交并,}$$

而且, $B_{nk}$ 的元素的个数 $b_{nk}$ 是 "很好的" 数, 则

$$a_n = \sum_k b_{nk}$$

(其实即令 $b_{nk}$ 不是很好的数, 此式仍然成立). 这里的思想是, 可能有这样的情况, 若有一个集合 $A_n$ 难以计数, 就把它分解成互不相交的比较容易计数的集合 $B_{nk}$(所谓 $b_{nk}$ 是 "很好的" 数就是这个意思) 之并. 例如考虑例 (iv) 里的集合 $A_n$. 它可以分解成子集合 $B_{nk}$ 之并, 其中的 $B_{nk}$ 由恰好含有 $k$ 个 2 的 $A_n$ 构成. 但是既然 $B_{nk}$ 中恰好有 $k$ 个 2(所以 $2k \leqslant n$, $k \leqslant [n/2]$), 所以必有 $n - 2k$ 个 1, 而元素的总数是 $n - 2k + k = n - k$. 所以 $b_{nk} = \dbinom{n-k}{k}$, 这样就得到答案 (ii).

### 2.3 递归

设集合 $A_n$ 可以这样分解, 使它成为对于集合 $A_{n-1}, A_{n-2}, \cdots, A_0$ 进行基本的计算后组合而成. 这时 $a_n$ 应该满足形式如下的递归关系:

$$a_n = P(a_{n-1}, a_{n-2}, \cdots, a_0).$$

　　例如, 再看例 (iv) 里的集合 $A_n$. 如果 $A_n$ 中有一个序列是以 1 开头的, 则其余部分的总和应该是 $n-1$; 如果这个序列是以 2 开头的, 则其余部分的和应该是 $n-2$. 当 $n \geqslant 2$ 时, 两种情况都可能发生, 但每次只能发生一种情况, 所以我们可以把 $A_n$ 分解成为 $1A_{n-1}$ 和 $2A_{n-2}$ 的并, 这里 $1A_{n-1}$ 是一个简写, 它代表所有以 1 开头再继之以 $A_{n-1}$ 中的某个序列而得到的序列的集合, $2A_{n-2}$ 的意义类似. 因为 $1A_{n-1}$ 和 $2A_{n-2}$ 的大小显然是 $a_{n-1}$ 和 $a_{n-2}$, 这样, 就得到了答案 (iii).

　　再看例 (iii), 其中的集合 $A_n$ 是由 $n$ 对括号 "[" 和 "]" 组成的合法括弧的集合. 一个典型的合法括弧总可以递归地写成 $[L_1] L_2$, 而其中的 $L_1$ 和 $L_2$ 是较小的 (可能是空的) 合法括弧. 例如, 若原来的括弧是 $[[\,][\,]][[\,][\,][[\,]]]$, 则 $L_1 = [\,][\,]$, 而 $L_2 = [[\,]][[\,][[\,]]]$. 如果 $L_1$ 内部有 $k$ 对括弧 $[\,]$, 则因 $L_1$ 本身是放在一个 $[\,]$ 中的, 所以余下在 $L_2$ 中就只有 $n-1-k$ 对了. 由此可见, $A_n$ 可以等同于并集合 $\bigcup\limits_{k=0}^{n-1} A_k \times A_{n-1-k}$. 取元素的个数就有 $a_n = \sum\limits_{k=0}^{n-1} a_k a_{n-1-k}$. 这是一个非线性 (实际上是二次的) 非局部的递归. 但是它仍然满足 Wilf 的格言.

### 2.4　生成函数学

　　这是 Wilf 造出来的一个新词, 他只不过是把 generating 和 function 这两个字合起来, 再加上一个表示 "×× 学" 的后缀 ology 而已, 这就成了 "生成函数学"(generatingfunctionology). 不过他以此为他的一本名著的书名 (此书可以从他的网站上免费下载, 尽管此书已付印出版). 全书第一句话就是:

　　**生成函数就是一根挂衣服的绳子, 我们把一个数的序列挂在上面晒.**

　　生成函数是枚举这个行业最有用的工具之一. 一个序列的生成函数有时也称为其 $z$ 变换, 是拉普拉斯变换 [III.91] 的离散的类比, 确实可以追溯到拉普拉斯 [VI.23] 本人. 如果一个序列是 $(a_n)_{n=0}^{\infty}$, 就定义其生成函数 $f(x)$ 为 $\sum\limits_{n=0}^{\infty} a_n x^n$. 换言之, 序列的各项变成了 $x$ 的幂级数的相应系数.

　　生成函数这么有用是因为它把关于序列 $(a_n)$ 的信息翻译成了关于 $f(x)$ 的信息, 而后者时常更容易处理. 在对后者作了某些操作以后, 时常可以得到关于 $f(x)$ 更多的信息, 再翻译回来, 又成为对于序列的信息. 例如, 如果 $a_0 = a_1 = 1$, 而 $a_n = a_{n-1} + a_{n-2}$, 则可以对 $f(x)$ 作以下的操作:

$$f(x) = \sum_{n=0}^{\infty} a_n x^n = a_0 + a_1 x + \sum_{n=2}^{\infty} a_n x^n = 1 + x + \sum_{n=2}^{\infty} (a_{n-1} + a_{n-2}) x^n$$

$$= 1 + x + \sum_{n=2}^{\infty} a_{n-1} x^n + \sum_{n=2}^{\infty} a_{n-2} x^n$$

$$= 1 + x + x\sum_{n=2}^{\infty} a_{n-1}x^{n-1} + x^2\sum_{n=2}^{\infty} a_{n-2}x^{n-2}$$
$$= 1 + x + x\left(f(x) - 1\right) + x^2 f(x) = 1 + \left(x + x^2\right) f(x).$$

所以

$$f(x) = \frac{1}{1 - x - x^2}.$$

做一次分项分式, 并且把每一项都写成泰勒级数, 就会得到例 (iv) 的答案 (i).

### 3. 加权枚举

按照由波利亚 (George Pólya, 1887–1985, 匈牙利裔美国数学家)、塔特 (William Thomas Tutte, 1917–2002, 英国数学家) 和 Schützenberger (Marcel-Paul "Marco" Schützenberger, 1920-1996, 法国数学家) 所开创的现代的途径来看, 生成函数既没有 "生成" 也不是函数. 它们是**形式幂级数**, 用来对组合集合进行**加权枚举**(这些集合通常是但不一定总是无限集合, 对于有限集合, 相应的 "幂级数" 只有有限多个非零项, 因而成了多项式).

一个幂级数 $\sum_{n=0}^{\infty} a_n x^n$, 当我们摆脱了它作为一个函数的泰勒级数的内涵, 从而不再去为其收敛性操心, 这时就说它只是具有幂级数的**形式**. 例如 $\sum_{n=0}^{\infty} n!^{n!} x^n$ 从形式上看就是完全是一个合格的形式幂级数, 但是, 它只在 $x = 0$ 处收敛.

至于加权枚举, 请看下面的例子. 设我们想要研究一个有限群体的年龄分布. 因为我们可以合理地认为人的年龄最多是 120 岁, 所以可以通过问 121 个问题来研究年龄分布. 对于 0 到 120 这 121 个数中的 $i$, 我们要求年龄恰好为 $i$ 的人举手. 然后对每一个年龄组的人一一计数, 编出 $a_i\,(0 \leqslant i \leqslant 120)$ 的表, 最后作出生成函数

$$f(x) = \sum_{i=0}^{120} a_i x^i.$$

但是, 如果这个群体的大小比 120 小得多, 下面的方法效率就会高得多, 因为只需要问较少的问题: 就是问每一个人的年龄, 并且规定年龄为 $i$ 的人有权重 $x^i$. 于是生成函数就是这些权重的和, 即有

$$f(x) = \sum_{\text{persons}} x^{\text{age(person)}},$$

这是穴居人的朴素的计数公式的推广. 一旦知道了 $f(x)$, 就能用它来计算统计上有意义的量, 例如就可以算出**平均值** $\mu = f'(1)/f(1)$, 以及**方差** $\sigma^2 = f''(1)/f(1) + \mu - \mu^2$.

一般的情景是我们有了一个**有趣的** (有限或无限的) 组合集合, 称它为 $A$, 还有一个可以用数值来表示的**属性**, 即一个映射 $\alpha : A \to \mathbf{N}$, 对 $A$ 的每一个元都给定一个自然数 (0 也算作自然数), 就是这个元的该属性的数值表示. 这时就用下式来定义 $A$ 关于属性 $\alpha$ 的**加权枚举式**

$$f(x) = \sum_{a \in A} x^{\alpha(a)}.$$

也用记号 $|A|_x$ 来代替 $f(x)$. 它显然等于

$$\sum_{n=0}^{\infty} a_n x^n,$$

这里的 $a_n$ 表示 $A$ 中的属性 $\alpha$ 取值 $n$ 的元的个数. 这样, 如果有了实际的序列 $a_n$ 的一个 "显式" 的表达式, 这时我们就知道了为了计算 $f(x)$ 的系数 $a_n$ 所需要执行的运算, 并把这些运算看成 $a_n$ 的显式的表达式. 甚至当我们还没有这样的表达式时, 仍然可能得到 $a_n$ 的 "良好" 的公式, 甚至在这些公式也没有的时候, 仍然可能得出其渐近式.

进行朴素的计数的那些基本的运算对于加权的计数也是成立的, 只要把 $|\cdot|$ 用 $|\cdot|_x$ 代替就行了. 例如当 $A \cap B = \varnothing$ 时, 有

$$|A \cup B|_x = |A|_x + |B|_x,$$

还有

$$|A \times B|_x = |A|_x \cdot |B|_x.$$

我们只来快速地看一下何以第二个公式成立. 如果 $A$ 和 $B$ 的元分别具有数值的属性 $\alpha$ 和 $\beta$, 则可以在 $A \times B$ 上定义属性 $\gamma(a,b) = \alpha(a) + \beta(b)$, 于是有

$$|A \times B|_x = \sum_{(a,b) \in A \times B} x^{\gamma(a,b)} = \sum_{(a,b) \in A \times B} x^{\alpha(a)+\beta(b)} = \sum_{(a,b) \in A \times B} x^{\alpha(a)} \cdot x^{\beta(b)}$$

$$= \sum_{a \in A} \sum_{b \in B} x^{\alpha(a)} \cdot x^{\beta(b)} = \left( \sum_{a \in A} x^{\alpha(a)} \right) \cdot \left( \sum_{b \in B} x^{\beta(b)} \right) = |A|_x \cdot |B|_x.$$

现在来看一下这些事实何以是有用的. 首先, 考虑所有的由 1 和 2 的 (有限) 序列所成的**无限集合** $A$, 并在其上考虑 "序列各项之和" 这个数值属性. 于是序列 1221 的这个属性的数值为 6, 而它的权重是 $x^6$. 一般说来, 序列 $(a_1, \cdots, a_r)$ 的权重就是 $x^{a_1 + \cdots + a_r}$. 集合 $A$ 自然可以分解为

$$A = \{\varnothing\} \cup 1A \cup 2A,$$

这里 $\varnothing$ 是 "空" 的字, 而 $1A$ 表示对 $A$ 中每一个序列前面都添一个 $1$ 得到新的序列, 把它们的集合叫做 $1A. \, 2A$ 的定义类似. 应用 $|\cdot|$ 以后就得到

$$|A|_x = 1 + x\,|A|_x + x^2\,|A|_x,$$

此式在现在这个简单的情况下可以显式解出, 而再一次得到

$$|A|_x = \frac{1}{1 - x - x^2}.$$

一个合法的括弧或者是空的 (这时它的权重为 $x^0 = 1$), 或者如我们已经指出的那样, 可以写成 $L = [L_1]\,L_2$, 这里 $L_1, L_2$ 是 (不更长的) 合法括弧. 反过来, 如果 $L_1, L_2$ 是合法括弧, 则 $[L_1]\,L_2$ 也是. 令 $\mathcal{L}$ 为所有合法括弧的 (无限) 集合, 定义一个合法括弧的权重为 $x^n$, 这里的 $n$ 是其中所包含的对子 "[ , ]" 的个数. 例如 [ ] 的权重就是 $x$, 而 [[ ] [ ] [[ ] ] [ ] [[ ]]] 的权重则是 $x^5$. 集合 $\mathcal{L}$ 可以自然地分解如下:

$$\mathcal{L} = \{\varnothing\} \cup ([\mathcal{L}] \times \mathcal{L}),$$

其中 $\varnothing$ 是 "空" 的字, 而 $([\mathcal{L}] \times \mathcal{L})$ 表示所有形状为 $[L_1]\,L_2$ 的字, 而 $L_1, L_2 \in \mathcal{L}$. 这样就会给出一个**非线性** (实际上是二次) 的方程

$$|\mathcal{L}|_x = 1 + x\,|\mathcal{L}|_x^2,$$

感谢巴比伦人, 使我们知道了显式的解

$$|\mathcal{L}|_x = \frac{1 - \sqrt{1 - 4x}}{2x}.$$

再利用牛顿的二项式定理, 就又一次得到了上面例 (iii) 的答案.

合法括弧等价于所谓**二元树**, 就是一个未加标记的有序的树, 其每一个顶点都看成一对父母, 而由此顶点发出的边则看成子女, 那么一个二元树就是每一个顶点要么没有子女, 要么有 $2$ 个子女的树. 例如, 当我们把合法括弧 [[ ] [ ] [[ ] ] [ ] [[ ]]] 写成 $[L_1]\,L_2$ 时, 可以把 [[ ] [ ] [[ ] ] [ ] [[ ]]] 看成父母, 而有两个子女: $L_1 = [\,]\,[\,]$ 和 $L_2 = [[\,]]\,[\,]\,[[\,]]]$. $L_1$ 又有两个子女: $\varnothing$ 和 [ ], $L_2$ 的子女则是 [ ] 和 [[ ] [[ ]]]. 这样一个过程还可以继续下去, 直到这个家族的每一支都达到 $\varnothing$ 为止. 例如, [ ] $= [\varnothing]\,\varnothing$ 就可以看成所有两个子女都是 $\varnothing$ 的父母.

如果用**五元树**来代替二元树, 也就是每一个顶点 (父母) 或者没有子女, 或者有 $5$ 个子女的树, 这时它的生成函数也是一个加权枚举式, 而且要满足五次方程

$$f = x + f^5,$$

由阿贝尔 [VI.33] 和伽罗瓦 [VI.41], 五次方程是不能用根式解出来的 (见条目**五次方程的不可解性** [V.21]). 然而不能用根式解出来, 不等于说再也没有话可说了. 二百多年前, 拉格朗日 [VI.22] 就已经设计出一个非常漂亮又极其有用的公式, 来从生成函数 $f$ 所满足的方程直接算出它的系数. 这个公式现在称为**拉格朗日反演公式**. 利用它就很容易证明完全的具有 $(k-1)m+1$ 个叶子 (leaves, 就是没有子女的顶点) 的 $k$ 元树的总数是

$$\frac{(km)!}{((k-1)m+1)!m!}.$$

伟大的贝叶斯概率专家 I.J.Good ① 发现了拉格朗日反演公式的多元的推广, 使我们能够枚举出**有色的**树和许多别的推广.

### 3.1　枚举的途径

如果想把枚举组合学变成一个**理论**, 而不只是一些已解出问题的问题集, 就需要对于序列引入分类以及计数的范式 (paradigms). 但是因为 “范式” 这个词显得过于夸张, 我们宁可使用比较谦虚的德文字 Ansatzes ②, 粗略地说就是 “解的形式”.

令 $(a_n)_{n=0}^{\infty}$ 为一序列, 而

$$f(x) = \sum_{n=0}^{\infty} a_n x^n$$

为其生成函数. 如果我们知道 $a_n$ 的 “形式”, 就时常能够知道 $f(x)$ 的形式 (反过来也是一样).

(i) 如果 $a_n$ 是 $n$ 的多项式, 则 $f(x)$ 的形状将是

$$f(x) = \frac{P(x)}{(1-x)^{d+1}},$$

这里 $P$ 是一个多项式, 而 $d$ 是 $a_n$ 作为 $n$ 的多项式的次数.

(ii) 如果 $a_n$ 是 $n$ 的**拟多项式**(即存在正整数 $N$, 使得对于 $r=0,\cdots,N-1$, 函数 $m \mapsto a_{mN+r}$ 是 $m$ 的一个多项式), 则一定存在某个 (有限的) **整数序列** $d_1, d_2, \cdots$, 以及某个多项式 $P$, 使得

$$f(x) = \frac{P(x)}{(1-x)^{d_1}(1-x^2)^{d_2}(1-x^3)^{d_3}\cdots}.$$

---

① 就是 Irving John Good, 1916-2009, 英国数学家, 哈代的学生. 二次大战期间, 他和图灵一起从事破译密码的工作, 立了大功. 战后又和图灵一起去曼彻斯特大学, 他在这时研究贝叶斯理论. 他的一生是传奇性的. 可以参看以下网页: http://en.wikipedia.org/wiki/I.\_J.\_Good.

② Ansatzes 一字现在在数学和物理文献中使用较多, 按照维基百科的解释 (http://en.wikipedia.org/wiki/Ansatz), 在英语中, Ansatzes 与起点、途径等意义比较相近, 大体上是指当遇到一个数学或物理问题时, 先取一个初步的答案, 再不断加以细化或改进, 以得到更完善的解答. —— 中译本注

(iii) 如果 $a_n$ 是 $C$ **递归的**, 即它们满足一个常系数递归方程

$$a_n = c_1 a_{n-1} + c_2 a_{n-2} + \cdots + c_d a_{n-d}$$

(斐波那契序列是一个好例子), 则 $f(x)$ 是 $x$ 的**有理函数**, 就是说 $f(x) = P(x)/Q(x)$, 而 $P$ 和 $Q$ 都是多项式.

(iv) 如果 $a_n$ 满足下面形式的线性递归方程

$$c_0(n) a_n = c_1(n) a_{n-1} + c_2(n) a_{n-2} + \cdots + c_d(n) a_{n-d},$$

其中的系数 $c_i(n)$ 都是 $n$ 的多项式, 就说这个序列是 $P$ **递归的**(例如 $a_n = n!$ 就是 $P$ 递归的, 因为 $a_n = n a_{n-1}$). 如果是这样的情况, $f(x)$ 就说是 $D$ **有限**的, 就是说, $f(x)$ 满足一个系数为 ($x$ 的) 多项式的线性微分方程.

在 $a_n = n!$ 的情况, 递归关系 $a_n = n a_{n-1}$ 是**一阶的**. 现在来举一个高阶的 $P$ 递归序列的自然的例子, 那就是就是计数 $\{1, \cdots, n\}$ 中的对合 (involution) 的数目所成的序列 (这里所谓对合就是 $\{1, \cdots, n\}$ 的等于自己的逆的置换). 所谓高阶递归序列, 就是一个满足高阶的递归方程, 且此方程的系数是多项式的序列. 记 $\{1, \cdots, n\}$ 中的对合的数目为 $w_n$, 则序列 $(w_n)$ 满足下面的递归关系

$$w_n = w_{n-1} + (n-1) w_{n-2}.$$

这个关系式可以这样得出来: 在 $\{1, \cdots, n\}$ 的一个对合中, 元素 $n$ 或者属于一个 1 循环, 或者属于一个 2 循环. 前一类对合包含了 $\{1, \cdots, n-1\}$ 中的对合共 $w_{n-1}$ 个, 后一类对合中, 设 $n$ 的 2 循环伴侣为 $i$, 则伴侣的选择有 $(n-1)$ 种, 而在选定了以后, 把 $\{n, i\}$ 从 $\{1, \cdots, n\}$ 中删去, 余下 $n-2$ 个数所成的序列, 其中有 $w_{n-2}$ 个对合. 总起来得到上式 [1].

## 4. 双射方法

上面最后一个论证是所谓**双射证明**的简单的例子, 在这里是证明 $n$ 个对象的对合的数目的递归关系. 请把它与下面的证明对照一下.

$\{1, \cdots, n\}$ 中恰好含有 $k$ 个 2 循环的对合的数目是

$$\binom{n}{2k} \frac{(2k)!}{k! 2^k},$$

因为我们必须先选出 $2k$ 个数目来组成 $k$ 个 2 循环, 然后把它们分成 $k$ 个对子 (不计次序), 这件事可以用

$$(2k-1)(2k-3) \cdots 1 = \frac{(2k)!}{k! 2^k}$$

---

[1] 这一段文字是译者改写的. —— 中译本注

个方法来完成. 所以

$$w_n = \sum_k \left( \begin{array}{c} n \\ 2k \end{array} \right) \frac{(2k)!}{k!2^k}.$$

近年来, 这样的和可以完全自动地来处理, 如果把这个和输入 Maple 软件包 EKHAD (可以在我的网站上下载 [1]), 就会输出递归关系式 $w_n = w_{n-1} + (n-1)\, w_{n-2}$, 同时还有一个 (完全严格的证明). 尽管所谓的 Wilf-Zeilberger (WZ) 方法可以处理许多这样的问题, 仍然有许多其他情况需要人来处理. 不论是自动处理还是靠人来证明, 这些证明中都涉及一些 (代数的, 有时还有一些分析的) 人为的**操控**. 大组合学家 Adriano Garsia (1928–, 意大利裔的美国数学家) 贬义地称这种证明为 "操控学"(manipulatorics), 而**真正的枚举式并不是操控**, 至少是尽量避免操控. 更得人们钟爱的证明方法是用**双射** [ I.2 §2.2] 法来证明.

设我们想要证明 $|A_n| = |B_n|$, 这里 $A_n$ 和 $B_n$ 是两个组合的族. "丑陋的" 证法是用这样那样或的办法来求出 $a_n = |A_n|$ 和 $b_n = |B_n|$ 的表达式. 然后对 $a_n$ 用什么高招来操控, 把它变成表达式 $a_n'$, 再把它变成另一个表达式 $a_n''$. 如果您有足够的耐心、足够的技巧、足够的运气, 或许问题不是太难, 最后总能达到 $b_n$ 而问题解决.

另一方面, $|A_n| = |B_n|$ 的 "漂亮的" 证法是去构造一个 (最好是漂亮的)**双射** $T_n$ : $A_n \to B_n$, 于是作为一个推论, 立即得到 $|A_n| = |B_n|$.

除了在**审美**上令人愉悦以外, 双射证明在**哲学**上也更加使人满意. 这是因为 $|A_n|$ 和 $|B_n|$ 都是数, 而**数 (基数)** 的概念是一个非常精细的 "**导出的**" 概念, 是以更为基本的 "**处于双射之中**", 即 "一一对应" 的概念为基础的. 事实上, 按照弗雷格 [VI.56] 的讲法, 基数就是一个**等价类**, 而其所涉及的等价关系 [ I.2 §2.3] 就是 "处于双射对应中" 即一一对应. Saharon Shelah (1945–, 以色列数学家) 说过, 比人类学会计算早很多, 人类就是以一对一的方式来交换物品的. 再者, 双射证明能够解释两个集合何以等数量, 而不只是论证一个事实的形式正确性.

例如, 如果诺亚想要证明在他的方舟里, 各种生灵的雌雄数目都是相同的. 证明方法之一是去数一数雌的数目, 再数一数雄的数目, 然后去核实一下这两个数目相同. 但是, 一个好得多的更有思想性的证明是去注意到, 这里的雄性的集合 $M$ 与雌性的集合 $F$ 之间有一个一一对应, 就是由 $w\,(x) = \mathrm{WifeOf}\,(x)\,(w\,(x)$ 是 $x$ 的妻子) 来定义的函数 $w: M \to F$ 是一个双射, 而其逆即是由 $h\,(y) = \mathrm{HusbandOf}\,(y)\,(h\,(y)$ 是 $y$ 的丈夫) 来定义的函数 $h: F \to M$.

双射证明的一个经典的例子是 James Whitbread Lee Glaisher (1848–1928, 英国数学家) 关于欧拉 [VI.19] 的 "奇拆分等于相异拆分定理" 的证明. 一个正整数的拆分 (partition) 就是把它写成正整数的和的一种方法, 但是后面这些正整数的次序

---

① 例如可见网址: http://www.math.rutgers.edu/~zeilberg/programs.html.—— 中译本注

不计. 例如 6 就有 11 种拆分: 6,51,42,411,33,321,3111,222,2211,21111,111111 (这里的 3111 就是 $3+1+1+1$ 的简写, 其余相同). 因为次序不计, 所以我们把 6 的拆分为 3111 和 6 的拆分为 1311, 1131, 1113 看成相同的拆分, 把拆分出来的数从大到小来写是很方便的, 上面就是这样做的).

如果一个拆分的各项都是奇数, 就称为**奇拆分**, 如果它的各项都不相同, 就称**为相异拆分**. 现在用 $\mathrm{Odd}(n)$ 和 $\mathrm{Dis}(n)$ 分别表示 $n$ 的奇拆分和相异拆分的集合. 例如 $\mathrm{Odd}(6) = \{51, 33, 3111, 111111\}$, 而 $\mathrm{Dis}(6) = \{6, 52, 42, 321\}$ (欧拉本人是在 1748 年给出现在通称的拆分恒等式, 即证明了 $|\mathrm{Odd}(n)| = |\mathrm{Dis}(n)|$ 对于任意的 $n$ 都成立的). 他的 "操控高招" 的证明如下: 记 $n$ 的奇拆分和相异拆分的个数分别为 $o(n)$ 和 $d(n)$, 并定义**生成函数**

$$f(q) = \sum_{n=0}^{\infty} o(n) q^n, \quad g(q) = \sum_{n=0}^{\infty} d(n) q^n.$$

欧拉用加权计数的 "乘法原则" 证明了

$$f(q) = \prod_{i=0}^{\infty} \frac{1}{1-q^{2i+1}} \quad \text{和} \quad g(q) = \prod_{i=0}^{\infty} (1+q^i).$$

利用代数的恒等式 $1+y = (1-y^2)/(1-y)$, 就能得到

$$\prod_{i=0}^{\infty} (1+q^i) = \prod_{i=0}^{\infty} \frac{1-q^{2i}}{1-q^i} = \frac{\prod_{i=0}^{\infty}(1-q^{2i})}{\prod_{i=0}^{\infty}(1-q^{2i})\prod_{i=o}^{\infty}(1-q^{2i+1})} = \prod_{i=0}^{\infty} \frac{1}{1-q^{2i+1}}.$$

所以 $g(q) = f(q)$, 双方各取 $q^n$ 的系数, 就有 $o(n) = d(n)$.

在很长一段时间里, 这些操控的高招都被认为属于**分析**的领域, 而为了论证这些关于无穷级数和无穷乘积的合法性, 就要谈到 "收敛区域", 而通常这个区域就是 $|q| < 1$, 而且运算的每一步都要用适当的分析定理来论证. 直到不久以前, 人们才开始认识到根本用不着分析: 在**完全初等**而且 (从哲学观点看来) 严格得多的**形式幂级数**的代数中, 这一切都是有意义的. 仍然需要考虑收敛性, 使得可以排除例如像 $\prod_{i=0}^{\infty} (1+x)$ 那样的乘积, 但是, 在形式幂级数环中的收敛性比起在分析中的同名物对于用户来说是友好得多的.

在这里, 虽然欧拉的证明是纯粹代数、纯粹初等的, 而援引分析只是一个障眼法, 却仍然是一种操控高招. 如果能够找到集合 $\mathrm{Odd}(n)$ 和 $\mathrm{Dis}(n)$ 之间的直接的双射, 那就好得多. 这样一个双射, Glaisher 早在 1883 年就已经给出了. 设有一个

相异拆分, 把它的各项都写成 $2^r \cdot s$ 的形式, 其中 $s$ 是一个奇数, 并且把这一项写成 $2^r$ 个 $s$ 之和 (例如, $12 = 4 \cdot 3 = 2^2 \cdot 3$, 所以就把 12 写成 $3 + 3 + 3 + 3$). 这样的输出当然是同一个整数 $n$ 的拆分, 但是是一个奇拆分. 例如拆分 $(10, 5, 4)$ 现在就变成了新的拆分 $(5, 5, 5, 1, 1, 1, 1)$. 为了找出从奇拆分到相异拆分的逆变换, 取一个奇数项 $a$, 先看它出现了多少次, 设为 $m$ 次, 于是先把它们合并成 $ma$. 再用二进式写出 $m = 2^{s_1} + \cdots + 2^{s_k}$, 这里的 $s_i$ 都是相异的. 于是把这个 $ma$ 写成新的拆分 $2^{s_1}a, \cdots, 2^{s_k}a$. 对奇拆分的每一项都这样做以后, 就会得到一个相异拆分. 不难验证, 如果对 $\mathrm{Dis}(n)$ 中的一个拆分应用第一个变换, 然后再作第二个变换, 就会得到原来的拆分.

当作一个代数的操作 (或逻辑操作, 甚至分析操作) 时, 其实是在把符号重新排列、重新合并, 所以是在隐藏着地作组合学. 实际上, **一切都是组合学**. 现在需要做的就是把组合学从密室里请出来, 把它用显式晒一晒. 加号变成 (不相交) 并, 乘号变成笛卡儿乘积, 而归纳法变成递归关系. 那么, 减号在组合学中对应于什么呢? Garsia 和 Milne 在 1982 年通过提出一个灵巧的 "对合原则"(involution principle) 使我们能够把以下的蕴含关系

$$a = b \text{ 且 } c = d \Rightarrow a - c = b - d$$

变成下面的双射论证, 即由 $C \subset A$, $\quad D \subset B$ 以及存在自然的双射 $f : A \to B$, $\quad g : C \to D$ 使得 $|A| = |B|$, $|C| = |D|$, 则可以做出 $A \backslash C$ 和 $B \backslash D$ 之间的显示的双射. 现在举一个关于人的例子来说明它. 设有一个村子, 村中的人全是按照一夫一妻制已婚的, 这样就在已婚男人的集合 $M = \{m\}$ 与已婚女人的集合 $W = \{w\}$ 之间得到一个双射如下: $m \mapsto \mathrm{WifeOf}(m)$(即 $m$"之妻") 及其逆 $w \mapsto \mathrm{HusbandOf}(w)$(即 $w$"之夫"). 如果除此而外, 村中有些人还有婚外情, 但是最多只有一桩, 即只有二奶, 绝无小三, 而且限于在村内, 这时在不忠的男人的集合与不忠的女人的集合之间也有自然的双射, 即 $m \mapsto \mathrm{MistressOf}(m)$(即 $m$ 的情妇), 其逆是 $w \mapsto \mathrm{LoverOf}(w)$(即 $w$ 的情夫). 由此可得, 忠实的男人的数目与忠实的女人的数目也是一样多. 但是, 怎么才能把他们也配成一一对应关系呢? (当然可以想到许多办法, 例如每一个忠实的男人都要求一个忠实的女人一起上教堂去).

可以这样来做这件事. 一个忠实的男人先请自己的妻子和他一起上教堂, 如果她也是忠实的, 她就会同意一起去. 如果她不忠实而有一个情夫, 她就会说: "对不起, 老公, 我要和情夫去喝酒去, 但是我的情夫的妻子可能有空, 可以陪你去". 于是这个男人就去请自己 "妻子的情夫的老婆" 陪他一起上教堂, 如果妻子的情夫的老婆是忠实的, 她就会同意去, 但是如果不是, 这位男人就得去问那位刚才拒绝了他的女人的情夫的老婆. 因为村子的大小是有限的, 他最后总能找到一个忠实的女人.

研究组合枚举这个方法的人对于对合原则的反应可谓毁誉参半. 一方面, 因为它是一般的原则、而有普遍适用性的吸引力, 在许多企图证明组合恒等式的场合下, 它都可能是有用的. 但是另一方面, 这种普适性质正是它的主要缺点, 因为基于对合原则的证明通常不能洞察到所涉及到的**特定的**结构, 所以使人感到有点像是骗人的玩意儿. 这种证明回答了**字面上的**问题, 但是失去了**精神**, 像上面的论证简直像是绕口令, 所以人们仍然希望找到真正自然的 "无对合原则的证明". 例如, 著名的 Roger-Ramanujan 恒等式就是这种情况. 关于这个恒等式, 可以参看条目拉玛努金 [VI.82], 这个恒等式指出: 如果一个整数 $n$ 的拆分的各项除以 5 余数为 1 或 4, 则这种拆分的数目与同一个整数的另一种拆分的数目相同, 而在后一种拆分中, 各项之差至少为 2. 例如, 当 $n = 7$ 时, 这两种拆分的集合分别是 $\{61, 4111, 1111111\}$ 和 $\{7, 61, 52\}$, 而它们的基数都是 3. 拉玛努金 (Ramanujan) 是在 1913 年发现这个恒等式的, 但是后来他还发现了另一位英国数学家 Leonard James Rogers (1862–1933) 早在 1894 年就发现过同样的恒等式. 后来, 美国数学家 George Eyre Andrews (1938–) 在剑桥大学三一学院的图书馆里找到了拉玛努金的许多手稿, 而且极为兴奋地称之为拉玛努金的**《失去的笔记本》**. 他把这个发现写成一篇文章发表了, 即 Anrews G E. An Introduction to Ramanujan's 'Lost Notebook'. *American Monthly of Mathematics*, 1979, 86: 89-108. 关于这个恒等式及其推广, 后来又许多不同的证明, 例如可以参看访问下面的网址

http://mathworld.wolfram.com/Rogers-RamanujanIdentities.html

到 1981 年, Garsia 和 Milne 发明了这个 "臭名昭著" 的对合原则, 并且又给出这个恒等式的一个组合的证明, 并因此得到了 George Anrews 许诺授给每一位发明新证法的人$50 的奖金. 然而, 迄今还没有找到一个**真正漂亮**的双射证明.

双射证明的一个堪称精髓的例子是 Prüfer (Ernst Paul Heinz Prüfer, 1896–1934, 德国数学家) 关于凯莱 [VI.46] 的著名结果的证明. 这个结果就是: 具有 $n$ 个顶点的有标号的树共有 $n^{n-2}$ 个 (就是前面的例 (v)). 回忆一下, 一个有标号的树就是一个有标号的连通但没有循环的简单的图. 每一个树都至少有两个只有一个相邻顶点的顶点 (它们称为叶子). 有一个映射 (称为 Prüfer **双射**) 把每一个有标号的树 $T$ 映为一个整数向量 $(a_1, \cdots, a_{n-2})$, 这里所有的 $a_i$ 都适合 $1 \leqslant a_i \leqslant n$. 这个向量称为这个树的 Prüfer **编码**. 因为这种向量共有 $n^{n-2}$ 个, 所以只要定义了映射 $f$: 树 $\to$ 编码, 并且证明了它真正是一个双射, 凯莱的公式就自然随之而来. 这个作法其实包含了 4 步: 定义映射 $f$; 再定义其可能的逆映射 $g$; 第 3 和第 4 步则是证明 $g \circ f$ 和 $f \circ g$ 在各自的定义域上都是恒等映射.

映射 $f$ 可以递归地定义如下: 如果这个树恰有 2 个顶点, 则它的编码是空序列. 否则, 令 $a_1$ 为最小的叶子的 (唯一) 相邻顶点, 再作删去这个叶子后得到的树

的编码为 $(a_2, \cdots, a_{n-2})$, 这样递归下去, 就完成了证明.

## 5. 指数生成函数

迄今, 当谈到生成函数时, 我们讨论的都是**普通的生成函数**(ordinary generating functions, 以下简记为 OGF). 它们理想地适用于有次序的结构的计数, 如整数拆分、有序的树和字等等. 但是组合学中有许多族是真正的**集合**, 其中是没有次序关系的. 对于这一些, **指数生成函数** (expnential generating functions, 简记为 EGF) 就是自然的概念了.

序列 $\{a(n)\}_{n=0}^{\infty}$ 的 EGF 就定义为

$$\sum_{n=0}^{\infty} \frac{a(n)}{n!} x^n.$$

有标号的对象时常可以看成是较小的不可化约的对象的集合. 例如一个置换就是**循环的**不相交并, 集合的拆分就是**非空集合**的不相交并, 一个 (有标号的) 林 (forest) 就是**有标号的树**的不相交并, 等等.

假设有两个组合的族 $A$ 和 $B$, 并设在 $A$ 族中有 $a(n)$ 个大小为 $n$ 的有标号的对象, 在 $B$ 族中则有 $b(n)$ 个有标号的对象. 我们可以作出一个有标号的对象所成的新集合 $C = A \times B$, 使其中各个对象的标号是不相交的、互异的, 而且一个对子的大小是各个成分的大小之和. 我们会得到

$$c(n) = \sum_{k=0}^{n} \binom{n}{k} a(k) b(n-k),$$

这是因为如果要在 $C$ 中找一个大小为 $n$ 的元, 则必须

(i) 在 $A$ 族中取一个大小为 $k$($k$ 是 0 到 $n$ 之间的一个数) 的元, 则在 $B$ 中必须相应找一个大小为 $n-k$ 的元.

(ii) 决定在原有的 $n$ 个标号中哪 $k$ 个用于第一个成分. 这样选取的方法有 $\binom{n}{k}$ 种.

(iii) $A$ 中取具有 $k$ 个标号的元个数为 $a(k)$, $B$ 中具有 $n-k$ 个标号的元个数为 $b(n-k)$. 所以有 $a(k)b(n-k)$ 种方法从 $A$ 和 $B$ 中取定总共 $n$ 个标号.

用 $x^n/n!$ 去乘 $c(n)$ 的式子, 再对 $n$ 从 0 到 $\infty$ 求和, 就得到

$$\sum_{n=0}^{\infty} \frac{c(n)}{n!} x^n = \sum_{n=0}^{\infty} \sum_{k=0}^{n} \frac{a(k)}{k!} x^k \frac{b(n-k)}{(n-k)!} x^{n-k}$$

$$= \left(\sum_{k=0}^{\infty} \frac{a(k)}{k!} x^k\right) \left(\sum_{n-k=0}^{\infty} \frac{b(n-k)}{(n-k)!} x^{n-k}\right).$$

所以 $\mathrm{EGF}(C) = \mathrm{EGF}(A)\mathrm{EGF}(B)$. 反复做下去, 就有

$$\mathrm{EGF}(A_1 \times \cdots \times A_k) = \mathrm{EGF}(A_1) \cdots \mathrm{EGF}(A_k).$$

特别地, 如果所有的 $A_i$ 都相等, 就得到有序的 $k$ 元组 $A^k$ (就是说, 虽然作为集合来看, $A_1 = \cdots = A_k$, 但是在 $(A_1, \cdots, A_k)$ 中各个 $A_i$ 仍然是有区别的) 的 EGF 为 $[\mathrm{EGF}(A)]^k$, 但是, 在由 $k$ 个 $A$ 构成的 $k$ 元集合即 $A^k$ 中, 这些 $A$ 排列的次序并无影响, 所以 $A^k$ 的 EGF 是 $[\mathrm{EGF}(A)]^k/k!$ (这是因为把一个 $k$ 元集合排列成有序的 $k$ 元组时, 这 $k$ 个对象都是有标号的, 所以应该看成各不相同). 把它们从 $k = 0$ 到 $k = \infty$ 加起来, 就得到 "**指数生成函数的基本定理**":

如果 $B$ 是一个有标号的组合族, 而且可以看成是另一个组合族 $A$ 的 "连通分支" 的集合, 则

$$\mathrm{EGF}(B) = \exp[\mathrm{EGF}(A)].$$

多年以来, 这个有用的定理是被看成一个物理学中的 "习俗" 的, 而且在许多组合问题的证明中都是隐含地使用着的. 一直到了 1970 年代早期, 它才被详细说明. 在 André Joyal 的 "combinatorial species" 理论中才完全地 "加以归类", 而在 Quebec 学派 (André Joyal 就是 Université du Québec à Montréal 的教授, 这个学派的成员例如有 F. Bergeron, Gilbert Labelle 兄弟 Pierre Leroux 等) 手上成了关于枚举的美丽的理论.

下面是一些值得敬重的例子. 让我们来找一下集合拆分的 EGF. 就是想要找出一个形如

$$\sum_{n=0}^{\infty} \frac{b(n)}{n!} x^n$$

的表达式, 其中的 $b(n)$ (称为贝尔数) 表示一个 $n$ 元的集合的集合拆分的数目.

回忆一下, 集合 $A$ 的**拆分**就是 $A$ 的一组互不相交的**非空**子集合 $\{A_1, \cdots, A_r\}$, 这里 $A = \bigcup_{i=1}^{r} A_i$. 例如, $\{\{1\}, \{2\}\}$ 和 $\{\{1, 2\}\}$ 都是 2 元集合 $\{1, 2\}$ 的拆分.

这个例子里的原子对象就是**非空集合**(我们把集合 $A$ 就想成是它自己拆分为只有一个子集合的 "平凡的" 拆分. 令 $a(n)$ 是把一个大小为 $n$ 的集合拆分为一个非空集合的拆分方法的数目, [如果 $n = 0$, 这个集合自然就是空集合, 它当然不可能拆分为非空的集合, 所以 $a(0) = 0$. 如果 $n > 0$ [1], 这个拆分就是上面说的平凡拆分, 所以 $a(n) = 1$], 这样序列 $(a(n))$ 的 EGF 是

$$A(x) = 0 + \sum_{n=1}^{\infty} \frac{1}{n!} x^n = \mathrm{e}^x - 1.$$

---

[1] 原书误为 $n = 1$. —— 中译本注

所以由基本定理, 知道

$$\sum_{n=0}^{\infty} \frac{b(n)}{n!} x^n = \mathrm{e}^{\mathrm{e}^x - 1}, \tag{1}$$

这是贝尔的一个恒等式. 现在我们已经有了多种计算机代数系统, 用它们就可以像摇奖一样摇出序列 $(b(n))$ 的前 100 项来. 例如, 应用 Maple, 只需要输入

$$\mathrm{taylor}(\exp(\exp(x) - 1), x = 0, 101);$$

就能输出所需的 100 个 $b(n)$. 因此这确实是 Wilf 意义下的答案. 当然, 也可以用微分 (1) 式双方而算出系数、从而得出同样的结果 (虽然这样做需要数量级为 $O(n)$ 的存贮).

   这样做确实很容易, 所以现在来证明一个深刻得多的结果. 取 Levi Ben Gerson 关于 $n$ 个对象的置换的总数是 $n!$ 这个著名的公式 (就是前面的例 (ii)), 看一看它的 EGF 型的证明如何? 每一个置换都可以分解为循环的不相交并, 所以现在的原子对象是**循环**. 那么有多少个 $n$ 个元的循环? 答案当然是 $(n-1)!$, 这是怎样证明出来的呢? 设这 $n$ 个元的一个循环是 $(a_1, a_2, \cdots, a_n)$, 这个循环当然和循环 $(a_2, a_3, \cdots, a_n, a_1)$ 是一样的, 而后者又和 $(a_3, \cdots, a_n, a_1, a_2)$ 是一样的, 等等. 这意味着一个循环的第一个元可以任意选, 然后再来放置余下的元, 这里有 $(n-1)!$ 选择. 因此关于循环的 EGF 是

$$\sum_{n=1}^{\infty} \frac{(n-1)!}{n!} x^n = \sum_{n=1}^{\infty} \frac{1}{n} x^n = -\log(1-x) = \log(1-x)^{-1}.$$

应用基本定理, 就得到置换的 EGF 为

$$\exp\left(\log(1-x)^{-1}\right) = (1-x)^{-1} = \sum_{n=0}^{\infty} x^n = \sum_{n=0}^{\infty} \frac{n!}{n!} x^n,$$

于是, 我们得到了 $n$ 个对象的置换一共有 $n!$ 个这个结果的新的漂亮的证明.

   这个论证可能看起来并没有给人留下深刻的印象. 但是, 稍作修改立即可以得到一个新问题的 (通常的) 生成函数, 这个问题就是求 $\{1, 2, \cdots, n\}$ 的恰好由 $k$ 个循环组成的置换的总数, 记为 $c(n, k)$. 现在 $n$ 是固定的而令 $k$ 变化, 所以生成函数是 $C_n(\alpha) = \sum_{k=0}^{n} c(n, k) \alpha^k$. 为了计算它, 需要我们来做的事仅在于从朴素的计数转到加权的计数, 而对每一个置换都赋以权重 $\alpha^{\#\mathrm{cycles}}$. 关于指数生成函数的基本定理可以逐字逐句地转移到加权枚举上去. 所以, 关于循环的加权 EGF 就是 $\alpha \log(1-x)^{-1}$, 从而关于置换的加权 EGF 就是

$$\exp\left(\alpha \log(1-x)^{-1}\right) = (1-x)^{-\alpha} = \sum_{n=0}^{\infty} \frac{(\alpha)_n}{n!} x^n,$$

这里

$$(\alpha)_n = \alpha(\alpha+1)\cdots(\alpha+n-1),$$

称为**上升阶乘**. 这样就得到了一个远非平凡不足道的结果: $\{1, 2, \cdots, n\}$ 的恰好由 $k$ 个循环构成的置换的数目就等于 $(\alpha)_n$ 的展开式中 $\alpha^k$ 的系数.

大约十年以前, 我用这个技巧对以下形式的毕达哥拉斯定理

$$\sin^2 z + \cos^2 z = 1$$

给出了组合学的证明 (Ehrenpreis, Zeilberger, 1994). 函数 $\sin z$ 和 $\cos z$ 是奇和偶长度的**上升序列**且权重为 $(-1)^{[\mathrm{length}/2]}$ 的 EGF. 所以上式左方是上升序列

$$a_1 < \cdots < a_k, \quad b_1 < \cdots < b_r$$

的有序对的加权 EGF, 这里 $k$ 和 $r$ 的奇偶性相同, 集合 $\{a_1, \cdots, a_k\}$ 和 $\{b_1, \cdots, b_r\}$ 互不相交, 而且其并为 $\{1, 2, \cdots, k+r\}$. 这两个集合有一个 "杀手" 对合, 定义如下.

如果 $a_k < b_r$, 那么定义这个序列对被映为下面的序列对:

$$a_1 < \cdots < a_k < b_r, \quad b_1 < \cdots < b_{r-i}.$$

如果不然, 就被映为

$$a_1 < \cdots < a_{k-1}, \quad b_1 < \cdots < b_r < a_k.$$

例如, 序列对

$$1, 3, 5, 6 \quad 2, 4, 7, 8, 9, 10, 11, 12,$$

其符号的乘积是 $(-1)^2 \cdot (-1)^4 = 1$, 被映为序列对

$$1, 3, 5, 6, 12 \quad 2, 4, 7.8.9.10, 11,$$

而其符号的乘积变成了 $(-1)^2 (-1)^3 = -1$. 再作一次这样的映射就回到原来的序列, 而符号乘积再改变一次.

因为这个映射是对合, 而且每一次都改变了符号, 所以, 所有这样的序列对可以配对成互相抵消的序列对. 但是对于一个特殊的序列对, 这个映射没有定义, 这个序列对就是 (空序列, 空序列), 其权重为 1. 这样一个对合, 就是我们说的杀手对合. 所以, 所有的对子的权重之和的 EGF 就是 1, 也就是上式的右方.

这个方法的另一个应用是 André 关于**上下置换**的生成函数. 如果 $a_1, \cdots, a_n$ 的一个置换适合条件 $a_1 < a_2 > a_3 < a_4 > a_5 < \cdots$, 就称为一个上下置换 (或**锯**

齿). 令 $a(n)$ 为这些上下置换的总数, 则可以证明它的 EGF 是

$$\sum_{n=0}^{\infty} \frac{a(n)}{n!} x^n = \sec x + \tan x,$$

这就等价于说

$$\cos x \cdot \left( \sum_{n=0}^{\infty} \frac{a(n)}{n!} x^n \right) = 1 + \sin x.$$

您能不能找到适当的集合和杀手对合?

## 6. Pólya-Redfield 枚举

在枚举问题中, 计算有标号的对象时常是相当容易的, 而计算无标号的对象又该怎么办? 例如, 算出具有 $n$ 个顶点的有标号的 (简单) 图 (即前面的例 (vi)) 的个数 $2^{n(n-1)/2}$ 是不足道的, 但是具有 $n$ 个顶点的无标号的图有多少个? 这就困难得多, 而且一般说来没有 "漂亮" 的答案. 迄今所知的最好的办法是使用一种由波利亚首创的方法, 这个方法是波利亚于 1937 年提出, 但是实际上, 这个方法早在 1927 年就已经由美国数学家 John Howard Redfield (1879–1944) 提出来了. 波利亚枚举特别适合于非常有效地对化学异构体 (isomer, 也称同分异构物) 计数, 例如所有的碳原子 "看起来" 都是一样的, 其他原子如氢、氧等等 "看起来" 也都是一样的, 但由若干种原子每一种各取一定的个数, 却可以构成为数众多的化合物, 称为异构体, 波利亚原来的动机就是对它们计数 (见条目数学与化学 [VII.1 §2.3]).

主要的思想是把**无标号的**对象看成容易计数的**有标号的**对象的等价类. 但是这里的等价性是什么呢? 答案是这里面总涉及一个对称群 [I.3 §2.1], 由此就得到自然的等价关系. 令此对称群为 $G$, 而有标号的对象的集合为 $A$. 我们说 $A$ 中的两个元素 $a$ 和 $b$ 是**等价的**, 如果存在 $G$ 这的一个元 $g$, 使得 $b = g(a)$. 这意味着 $G$ 作用于 $A$ 上, 而 $g$ 就是一个把 $a$ 变成 $b$ 的对称性. 很容易看到这确实是一种等价关系, 而等价类就是集合

$$\text{Orbit}(a) = \{g(a) \mid g \in G\}, \quad a \in A,$$

这些集合称为**轨道**. 每一个轨道成为一个 "族", 而我们的工作就是计算族的数目. 注意, 对称群是一个有限集合的置换群的子群.

举一个例: 假设有很多家人外出野餐, 而我们想要计算有多少个家庭. 可以定义每一个家庭有一个 "家长", 比方就是 "母亲", 而去计算有多少个母亲. 但是有些女儿看起来也像母亲, 所以计算母亲的数目不那么容易. 另一方面, 不能去数每一个人, 因为那样的话, 就会把每一个家庭都数了好几次. 数人 (或者数东西) 的 "朴素的" 方法是对每一个人给以权重 1, 在数家庭的时候, 这样加权就不适合了. 如果问每一个人 "家庭有多大", 然后对这个人就算这个数的倒数作为这个人的权重, 计

算的结果就对了, 因为一个 $k$ 口之家的每一个人都得到一个权重 $1/k$, 所以到头来一个家庭还只计算了一次. 回到计算轨道的问题, 用这样的推理, 可知轨道总数是

$$\sum_{a \in A} \frac{1}{|\text{Orbit}(a)|}.$$

与 "$a$ 的轨道" 相反的概念是 $G$ 中使 $a$ 固定的元所成的子群

$$\text{Fix}(a) = \{g \in G | g(a) = a\}$$

这个子群有时称为 $a$ 的**稳定化子**). 对于 $a$ 的轨道上的每一个元 $b = ga$, 可以附加上 $\text{Fix}(a)$ 的左陪集 $g\text{Fix}(a)$. 这样就在 $a$ 的轨道和 $G$ 中的 $\text{Fix}(a)$ 的左陪集之间建立了一个一一对应. 由此可知 $\text{Orbit}(a)$ 的大小是 $|G/\text{Fix}(a)|$. 这样上面的公式中的 $1/|\text{Orbit}(a)|$ 可以代以 $|\text{Fix}(a)|/|G|$, 所以轨道的个数是

$$\frac{1}{|G|} \sum_{a \in A} |\text{Fix}(a)|.$$

现在定义一个函数 $\chi(a)$(其中 $a$ 表示一个命题) 如下: 如果这个**命题** $a$ 为真, 就令 $\chi = 1$, 否则令 $\chi = 0$. 于是

$$\frac{1}{|G|} \sum_{a \in A} |\text{Fix}(a)| = \frac{1}{|G|} \sum_{a \in A} \sum_{g \in G} \chi(g(a) = a) = \frac{1}{|G|} \sum_{g \in G} \sum_{a \in A} \chi(g(a) = a)$$
$$= \frac{1}{|G|} \sum_{g \in G} \text{fix}(g),$$

这里 $\text{fix}(g)$ 表示 $g$ 的不动点的个数 (把 $g$ 看成 $A$ 的一个置换). 我们刚才证明了人称本塞德 [VI.60] 引理的结果, 而这个引理可以追溯到柯西 [VI.29] 和弗罗贝尼乌斯 [VI.58], 这个引理指出, 轨道的总数等于 $G$ 中一切元 $g$ 的不动点的平均数. 如果 $G$ 是 $A$ 的所有的置换构成的完全对称群, 则不动点的平均数为 1 (因为在这个平凡的情况, 只有一条轨道)!

这时, 波利亚出场了. 他感兴趣的计数的对象 (例如化学中的异构体、立方体表面上的涂色) 是从一个**深层的集合**到色彩(或原子) 的集合的所有的自然的**函数**. 我们称这个深层的集合为 $U$, 而色彩的集合为 $C$. 所以这些函数就是 $f : U \to C$, 也可以称为着色函数. $U$ 的一个对称给出了函数 $f : U \to C$ 的一个变换: 给定了一个函数 $f$, 则由对称 $g$ 可以得出一个新的函数 $gf$ 如下: 即对每一个 $u \in U$, 有 $(gf)(u) = f(g(u))$ (如果把函数 $f(u)$ 看成对于对象 $u \in U$ 涂上 $f(u)$ 这种色彩, 则新函数 $gf$ 就对 $u$ 涂上了 $f$ 给于 $g(u)$ 的色彩). 现在我们考虑 $g$ 在 $U$ 的色彩集合 $C$ 上的不动点. 这个不动点就是这样一个着色函数 $f$, 这个着色函数对于 $u$ 涂

上 $gf$ 赋予 $u$ 的色彩, 就是说, 对于每一个 $u$ 都有 $f(u) = f(gu)$. 但是这样一来, $f(u) = f(gu) = f(g^2u) = \cdots$, 这意味着给定 $g$ 的任意的循环, $f$ 必定对于循环中的所有元赋以相同的色彩. 由此可知 $g$ 的不动点的数目是 $c^{\#\text{cycles}(g)}$, 这里 $c = |C|$ 是色彩的数目.

　　应用本塞德引理就知道, 对于 $U$ 可以作出的不同的涂色的方法 (两种 $G$ 等价的涂色方法算是同一种方法) 的数目是

$$\frac{1}{|G|} \sum_{g \in G} c^{\#\text{cycles}(g)},$$

因为着色方法的等价类只不过就是涂上了某一种色彩的轨道这个结果就是著名的**波利亚枚举定理**(简记为 PET) 的最简单的情况.

　　下面是一个简单的应用. 用 $p(p$ 为素数) 个珠子 (这些珠子共有 $a$ 种不同的色彩) 可以组成多少种不同 (不带扣环) 的项链? 这里的深层的集合 $U$ 就是 $\{0, \cdots, p-1\}$, 而色彩集合 $C$ 就是由这 $a$ 种色彩构成的集合, 对称群则是 $\mathbf{Z}_p$ 即 $p$ 阶循环群. 和平常一样, 我们认为这个对称群的元就是对这 $p$ 个珠子作的一个排列. 因为 $p$ 是素数, 所以在 $\{0, \cdots, p-1\}$ 中有 $p-1$ 个元 (即 $1, 2, \cdots, p-1$) 各生成一个长度为 $p$ 的循环, 还有 1 个元素即 $\{0, \cdots, p-1\}$ 的恒等变换, 生成 $p$ 个长度均为 1 的循环. 利用上式就知道, 项链的总数是

$$\frac{1}{p}((p-1) \cdot a + 1 \cdot a^p) = a + \frac{a^p - a}{p}.$$

因为项链的总数一定是一个整数, 所以我们还得到了一个意外的收获、好像得到了"奖金"一样, 那就是: $(a^p - a)/p$ 也是一个整数, 就是说 $a^p \equiv a(\bmod\ p)$, 这就是**费马小定理** [III.58] 的组合证明. 说不定有朝一日, 也会得到**费马大定理**的漂亮的组合证明. 需要我们去证明的只是: 在"用 $x$ 种不同色彩的 $n$ 个珠子做成的无扣环的项链"的集合 $\mathcal{A}$ 与"用 $y$ 种不同色彩的 $n$ 个珠子做成的无扣环的项链"的集合 $\mathcal{B}$ 之并, 以及"用 $z$ 种不同色彩的 $n$ 个珠子做成的无扣环的项链"的集合 $\mathcal{C}$ 之间, 不存在双射 (当然, 这里要设 $n > 2$), 即 $\mathcal{A} \cup \mathcal{B}$ 与 $\mathcal{C}$ 之间没有双射存在.

　　如果还要问每一种色彩的珠子各有多少个, 就需要用加权计数来代替普通的计数, 并且用

$$(x_1 + \cdots + x_c)^{\alpha_1} (x_1^2 + \cdots + x_c^2)^{\alpha_2} \cdots$$

来代替 $\#\text{cycles}(g)$ (假设 $g$ 有 $\alpha_1$ 个 1 循环、$\alpha_2$ 个 2 循环等等). 上面的表达式就是著名的**循环指标多项式** [1].

———————————
　　[1] 上面一段话译者作了一些文字上的修改. —— 中译本注

### 6.1 包含排除原理和默比乌斯反演

枚举的另一个支柱是包含排除原理 (principle of inclusion and exclusion, 利用这几个字的首个字母就给出了一个 "简写": PIE). 假设人们可能犯的罪过有 $n$ 种 $s_1, s_2, \cdots, s_n$, 成一个集合, 而令 $S$ 为其一个子集合, 并设同时犯了 $S$ 中所有罪过 (当然也还可能犯有这 $n$ 种罪过中 $S$ 以外的其他罪过) 的人的集合为 $A_S$. 不过 $S$ 也可以是空集合 $\varnothing$. 令 $|S|$ 表示集合 $S$ 的大小, 而 $|\varnothing| = 0$. 于是 "好人" 的数目就是

$$\sum_S (-1)^{|S|} |A_S|.$$

例如, 设 $A$ 是集合 $\{1, 2, \cdots, n\}$ 的所有置换 $\pi$ 的集合, 而如果一个置换 $\pi$ 使得 $\pi[i] = i$, 就算这个置换犯了第 $i$ 种罪过, 于是 $A_S = (n - |S|)!$. 这样, 一种罪过都没有的置换的总数就应该是

$$\sum_{k=0}^{n} (-1)^k \binom{n}{k} (n-k)! = n! \sum_{k=0}^{n} (-1)^k \frac{1}{k!},$$

这种 "一种罪过都没有的置换" 就是把每一个元都了换了位置重排而不留在原处的置换, 称为**错位重排**(derangement) 或简称为**错位**, 所以错位没有不动点. 按照前文所说的 Wilf 意义下的答案, 这个式子就给出了一个**答案**即 "$\{1, 2, \cdots, n\}$ 的错位的数目就是最接近 $n!/e$ 的整数". 这个问题有时称为 "雨伞问题": 如果在一个雨天, $n$ 个心不在焉的人都把自己的雨伞放在门边, 而如果他们每一个人在离开的时候都随机地取走一把伞, 那么没有一个人拿对了自己的伞的概率就是 $1/e$.

PIE 只是**默比乌斯反演**用于一般的偏序集合 (partially ordered set 取首位字母就得到这种集合现在通用的简称: poset), 而且这些 poset 又恰好是布尔 [VI.43] 格 (Boolean lattice) 的特例. 这个认识发表在 Rota (1964) 这篇划时代的论文中. 许多人认为这篇论文是开创了现代的代数组合学的大爆炸. 如果这个偏序集合就是 **N** 而偏序就是可除性, 就会回到默比乌斯反演公式的原来的形式.

对于枚举问题, 从代数观点出发的现代的陈述可以在两卷本的 Stanley (2000) 一书里看到. 我愿向读者强烈地推荐这部书.

## 7. 代数组合学

迄今我只描述了到达代数组合学的一条途径: 经典枚举法的抽象化和概念化. 另一条途径即把 "抽象的东西具体化", 在数学中几乎是处处稠密的, 而不可能在短短几页里讲述. 现在, 我来引述 Billera 等的一本极好的书《**代数组合学的新展望**》(*New Perspectives in Algebraic Combinatorics*, 1999) 的序言中的一段话.

代数组合学中涉及应用来自代数学、拓扑学和几何学的技巧来解决组合问题, 或者应用组合学方法到这些领域里去. 可以用代数组合学方法处理的问题在数学的这个或那个领域中, 以及在应用数学的各个部分中都到处出现. 代数组合学由于和数学的许多领域相互作用, 已经是一个许多不同的思想和方法汇聚的地方.

### 7.1   表

表或杨氏表 (Young's tableaux, 杨氏就是英国数学家、牧师 Alfred Young, 1873–1940), 最初来自群表示理论, 后来又在其他领域例如算法理论中很有用处, 是一类很有趣的对象. 杨氏最初是用它来构造对称群 [III.68] 的不可化约表示 [IV.9§2] 的显式基底的. 对于正整数 $n$ 的一个拆分 $\lambda = \lambda_1 \cdots \lambda_k$, 形状为 $\lambda$ 的杨氏表就是由数 $\{1, 2, \cdots, n\}$ 排成的一个阵列, 它共有 $k$ 行, 各行都要左对齐; 第一行有 $\lambda_1$ 个数, 第二行有 $\lambda_2$ 个数, 如此等等, 而且每一行、每一列的数字都要是上升的. 例如形状为 22 的标准的杨氏表有两个, 即

$$\begin{array}{cc} 1 & 2 \\ 3 & 4 \end{array} \qquad \begin{array}{cc} 1 & 3 \\ 2 & 4 \end{array}$$

形式为 31 的有三个, 即

$$\begin{array}{ccc} 1 & 2 & 3 \\ 4 & & \end{array} \qquad \begin{array}{ccc} 1 & 2 & 4 \\ 3 & & \end{array} \qquad \begin{array}{ccc} 1 & 3 & 4 \\ 2 & & \end{array}$$

我们用 $f_\lambda$ 来表示形式为 $\lambda$ 的标准的杨氏表的数目, 则有例如对于 $n = 4, f_4 = 1, f_{31} = 3, f_2 = 2, f_{11} = 3$, 还有 $f_{111} = 1$. 这些数的平方和是 $1^2 + 3^2 + 2^2 + 3^2 + 1^2 = 24 = 4!$.

数 $f_\lambda$ 就是以 $\lambda$ 为参数的不可化约表示的维数. 这一点可以由表示理论 [IV.9] 中的一个称为**弗罗贝尼乌斯互反性** (Frobenius reciprocity) 的结果得出, 这个结果就是, 上式对于一般的 $n$ 也成立, 即有

$$\sum_{\lambda \vdash n} f_\lambda^2 = n!.$$

这个恒等式有很多美丽的应用, 它的一个非常漂亮的双射证明是由鲁宾逊 (Gilbert Robinson) 和 Craige Schensted 给出的, 后来又由 Donald Knuth 加以推广, 而现在通称为 Robinson-Schensted-Knuth 对应. 对于这个对应输入一个置换 $\pi = \pi_1 \pi_2 \cdots \pi_n$, 它就会输出两个同样形式的杨氏表, 这样来证明这个恒等式.

代数组合学现在是很活跃的领域, 因为数学变得日益具体化、构造化和算法化, 在所有的数学领域 (还有科学领域中! ) 都发现了更多的组合结构, 这就保证了代数组合学家们, 在很长一段时间里都会非常忙碌.

**进一步阅读的文献**

Billera L J, Bjorner A, Greene C, Simion R E, and Stanley R P, eds. 1999. *New Perspectives in Algebraic Combinatorics*. Cambridge: Cambridge University press.

Ehrenpreis L, and Zeilberger D. 1994. Two EZ proofs of $\sin^2 z + \cos^2 z = 1$. *American Mathematical Monthly*, 101: 691.

Rota G C. 1964. On the foundations of combinatorial theory. I. Theory of Möbius functions. *Zeitschrift für Wahrscheinlichkeitstheorie und Verwandte Gebiet*, 2: 340-68.

Stanley R P. 2000. *Enumerative Combinatorics*, volumes I and 2. Cambridge: Cambridge University Press.

# IV.19 极值组合学与概率组合学

Noga Alon, Michael Krivelevich

## 1. 组合学: 一个导引

### 1.1 例子

对于组合学很难给出严格的定义, 所以我们从举例说明这个领域是干什么的来开始本文.

(i) 大约 50 年前, 匈牙利社会学家 Sandor Szalai 在研究孩子们的交友时观察到, 在他所检查过的人数超过 20 个孩子的群体里面, 总能找到 4 个孩子, 其中每两个都是朋友, 也能找到 4 个孩子, 其中任意两个都不是朋友. Szalai 尽管想得出社会学的结论, 但是他认识到这可能是一个数学现象而不是社会现象. 数学家 Erdös, Turán 和 Sós 在和他作了简短的讨论以后, 使他确信了这一点. 如果 $X$ 是一个具有不少于 18 个元素的集合, 而 $R$ 是 $X$ 上的一个对称关系[1.2§2.3], 则 $X$ 一定有一个具有 4 个元的子集 $S$, 且有以下性质: 或者对 $S$ 中的任意两个元 $x$ 和 $y$ 都有 $xRy$, 或者在 $S$ 中没有两个不同的元 $x$ 和 $y$ 适合上面的对称关系 $xRy$. 在 Szalai 的实例中, $X$ 就是孩子的集合, $R$ 就是 "互相是朋友". 这一个数学事实就是**拉姆齐定理**的特例, 这个定理是数学家和经济学家拉姆齐 (Frank Plumpton Ramsey, 1903–1930, 英国数学家) 在 1930 年证明的 [1]. 拉姆齐定理引导到拉姆齐理论的发展, 而这个理论是组合学的一个分支, 我们将在 2.2 节中作一个介绍.

---

[1] 拉姆齐的贡献当然不止经济学和数学. 还应该提到的是哲学. 他与当时最著名的哲学家们, 如罗素和 Ludwig Josef Johann Wittgenstein (1889–1951) 有亲密的关系. 有人指出, 拉姆齐最钟爱的学科是哲学. 也因此他在数学中首先是在数学基础和逻辑学上有重大贡献. 不过本文 (以及本书其他地方) 主要介绍他在组合学上的成就. 这就是拉姆齐理论, 当然也是极具独创性的贡献. 至于经济学, 拉姆齐是凯因斯的密友, 在经济学上也有极为重要的贡献. 像这样一位绝顶的天才, 生年不满 27(生于 2 月 22 日, 卒于 1 月 29 日, 差不到一个月才满 27 岁).—— 中译本注

(ii) 1916 年, 舒尔 (Issai Schur, 1875–1941, 德国数学家, 生于白俄罗斯, 死于以色列) 研究过费马大定理[V.10]. 有时候为了证明一个丢番图方程无解, 只需证明对于某一个素数 $p$, 这个方程 mod $p$ 无解. 然而, 舒尔证明了: 对于每一个整数 $k$ 以及每一个充分大的素数 $p$, 都存在三个整数 $a, b$, 和 $c$, 其中没有一个 $\equiv 0 \pmod{p}$, 但是 $a^k + b^k$ mod $p$ 同余于 $c^k$. 这虽然是一个数论的结果, 却有一个相对简单的纯粹组合的证明, 而是拉姆齐理论的诸多应用中的 (可能是最早的) 一个.

(iii) 在研究随机多项式的实零点的个数时, 李特尔伍德[VI.79] 和 Offord 在 1943 年研究了下面的问题: 令 $z_1, z_2, \cdots, z_n$ 为 $n$ 个不一定全部互异的复数, 其每一个的模都至少为 1. 取这些数的某一个子集合并作其中的数的和, 于是可以作出 $2^n$ 个和 (这里规定, 如果这个子集合是空集合, 则规定其中的元的和为 0). 李特尔伍德和 Offord 想要知道, 这些和中是否可能有几个和, 其差的模小于 1, 而且问最多有多少个, 当 $n = 2$ 时, 可以看出来至多有两个这样的和. 因为相应于两个复数, 这样求子集合, 再计算其中之元的和, 最多得出 4 个复数: $0, z_1, z_2$ 和 $z_1 + z_2$. 不能取前两个数或后两个数的差, 因为它们都等于 $z_1$, 其模不能小于 1, 同样, 也不能取第一、第三个数的差和第二、第四个数的差, 因为它们都是 $z_2$. 这 4 个数可以形成 6 个差, 所以模小于 1 的差最多有两个. Kleitman 和 Katona 证明了, 在一般情况下, 这样的差的模小于 1 的和最多有 $\dbinom{n}{\lfloor n/2 \rfloor}$ 个. 请注意, 这个最大值可以用一个简单的构造方法来达到: 这就是令 $z_1 = z_2 = \cdots = z_n$, 并在其中选取 $\lfloor n/2 \rfloor$ 个就行了. 这样可以选出 $\dbinom{n}{\lfloor n/2 \rfloor}$ 个和, 而且彼此都是相等的, 因其差为 0 而小于 1. 要证明这是最大的个数而不能超过, 就要用到来自极值组合学的其他领域的工具, 其中基本的研究对象是有限集合系统.

(iv) 考虑一个学校, 其中有 $m$ 位教员 $T_1, T_2, \cdots, T_m$ 和 $n$ 个班级 $C_1, C_2, \cdots, C_n$. 教员 $T_i$ 要给班级 $C_j$ 上一个特定的节数 $p_{ij}$ 节课. 一个完备的课程表中所应该包含的课的节数最少应该是多少? 令 $d_i$ 是教员 $T_i$ 必须要教的课的总节数, 而 $c_j$ 是班级 $C_j$ 必须要上的课的总节数. 很清楚, 一个完备的课表里面课程的节数至少应该大于每一个 $d_i$ 和 $c_j$, 所以也应该大于所有这些数的最大值, 记此最大值为 $d$. 可以证明, $d$ 的一个显然的下界也是它另一种性质的上界, 并且由此证明只要安排 $d$ 节课, 就可以把每一位教员该教的课和每个班级该上的课都安排进去. 这是著名的 **柯尼希**(Dénes König, 1884 –1944, 匈牙利数学家)**定理** [1] 的一个推论, 这个定理是图论的基本结果. 现在假设情况并不那么简单: 对于每一个教员 $T_i$ 和每一个班级 $C_j$,

---

[1] 原书对于课表问题的讲法容易引起误解, 它与柯尼希定理的关系也应该仔细一点讲, 因此译者对上面这句话作了改写, 见本文 2.1.1 节最后的两段, 在那里对这个问题以及它与柯尼希定理的关系作了说明.——中译本注

都有一组特定的 $d$ 节课是一定要上的. 那么, 是否可能安排一个可行的课程表也满足这些更复杂的约束? 最近, 在图的列表着色理论(list coloring of graphs) 这个学科里的突破告诉我们, 这总是可能的.

(v) 给出一张地图, 上面画了几个国家, 需要用几种颜色来涂这些国家, 才能使相邻的国家颜色不同? 这里, 假设每一个国家都是一个平面连通区域. 当然, 至少需要四种颜色: 想一下比利时、法国、德国和卢森堡, 其中任意两个都有相邻的边界. 1976 年 Appel (Kenneth Ira Appel, 1932–, 美国数学家) 和 Haken (Wolfgang Haken, 1928–, 德国数学家) 断定, 不需要更多的颜色. 见条目四色定理[V.12]. 这个问题的研究引导出关于图的着色问题的许多有趣的问题和结果.

(vi) 令 $S$ 为二维格网 $\mathbf{Z}^2$ 的任意子集合. 令 $A, B \subset \mathbf{Z}$ 是两个任意的有限集合, 可以把笛卡儿乘积 $A \times B$ 看成某种 "组合矩形". 这个集合的大小是 $|A| \times |B|$($|X|$ 表示集合 $X$ 的大小), 可以定义 $S$ 在 $A \times B$ 中的 "**密度**" 为 $d_S(A, B) = |S \cap (A \times B)| / |A| |B|$, 它显然量度的是 $S$ 在 $A \times B$ 中所占的比例. 对于每一个 $k$, 定义 $d(s, k)$ 为 $d_S(A, B)$ 当 $|A| = |B| = k$ 时可能具有的最大值. 当 $k \to \infty$ 时, 关于 $d(s, k)$, 我们能说些什么? 人们可能会猜想, 什么样的形态都是可能的, 但是, 令人吃惊的是, 极值图论中关于完全二分图 (bipartite graph) 的所谓 Turán (Paul Turán, 1910–1976, 匈牙利数学家) 数的基本结果蕴含了 $d(s, k)$ 或者趋于 0 或者趋于 1.

(vii) 假设有 $n$ 个篮球队参加一次邀请赛, 而任意两个队都要比赛恰好一场. 组织者希望在结束的时候颁发 $k$ 个奖. 如果有一个队尽管战胜过每一个获奖的队而自己却没有获奖, 那是令人尴尬的事情. 然而, 尽管听起来难以相信, 却可能有这样的情况出现, 就是不管选择哪 $k$ 个队, 都可能有一个队尽管战胜过它们的每一个而自己却没有获奖, 至少当 $n$ 充分大时是如此. 如果应用了组合学的概率方法, 这一点证明起来却很容易, 这种方法是组合学中最有力的方法之一. 对于任意固定的 $k$, 以及所有充分大的 $n$, 如果所有的比赛结果都是随机 (而且均匀地、独立地) 选定的, 则对于任意的队, 能够打胜过这 $k$ 个队的概率是很高的. 概率组合学是现代数学中活跃的领域之一, 其开始就在于认识到概率推理对这一类问题能够提供很简单的解答, 而用任何其他方法来解这类问题时常是很困难的.

(viii) 如果 $G$ 是具有 $n$ 个元素的有限群, 而 $H$ 是 $G$ 的大小为 $k$ 的子群, 于是 $H$ 有 $n/k$ 个左陪集、也有同样多 $n/k$ 个右陪集. 现在要问, $G$ 中能不能找到含 $n/k$ 个元的子集合、使得其中含有每一个左陪集和每一个右陪集的各单独一个代表元? 图论中的一个基本定理 —— 即霍尔 (Philip Hall, 1904–1982, 英国数学家) 定理蕴含了其答案为是. 事实上, 如果 $H'$ 是 $G$ 的另一个大小为 $k$ 的子群, 则在 $G$ 中可以做出一个大小为 $n/k$ 的子集合, 使得其中含有 $H$ 的每一个右陪集的单独一个代表元也含有 $H'$ 的每一个左陪集的单独一个代表元. 这个结果初听起来像是群论中的结果, 但是实际上是组合学中的一个 (简单的) 结果.

### 1.2 主题

上面的例子给出了组合学的一些主要的主题. 组合学有时也称为**离散数学**, 是数学中专注于研究离散 (而非连续) 的对象及其性质的一个分支. 虽然组合学的历史大概和人类进行计数一样久远, 这个领域在最近 50 年来却得到了巨大的发展, 成为一个欣欣向荣的成熟的领域, 有自己的一套问题、途径和方法论.

上面的例子也暗示组合学是一个基本的数学分支, 在许多其他数学领域的发展中起着关键作用. 在本文中, 我们将要讨论这个现代领域的某些主要的侧面, 集中关注极值和概率组合学. (在条目枚举组合学与代数组合学[IV.18] 中, 可以找到另一类味道很不相同的组合问题的详细解释). 当然, 在这么短的一篇文章中, 不可能充分地覆盖整个这个领域. 可以在参考文献中引述的 (Graham, Grötschel, Lovász, 1995) 一书中找到关于这门学科的详细阐述. 我们的主要意图是通过有说服力的例证, 对这门学科的主题、方法和应用管窥其一斑. 这些主题包括极值图论、拉姆齐理论、集合系统的极值理论、组合数论、组合几何学、随机图和概率组合学. 在这个领域中应用的方法包括了组合技巧、概率方法、来自线性代数的方法、谱论技巧和拓扑方法, 也要讨论算法的侧面和这个领域中的许多诱人的未解决问题.

## 2. 极值组合学

极值组合学研究如何决定或估计满足某些要求的一组有限对象的可能的最大或最小的大小. 这种问题时常与其他领域有关, 例如计算机科学、信息论、数论和几何学. 在近几十年来, 组合学的这一分支的发展可说是蔚为大观 (例如可参看本文的参考文献 (Bollobás, 1978; Jukna, 2001), 以及其中的大量文献).

### 2.1 极图理论

图[III.34]是非常基本的组合结构之一. 构成它的成分首先是一些点, 这些点称为**顶点**, 而有一些顶点是由**边**联结起来的. 我们可以可视地表示一个图: 顶点画成平面上的一些点, 而边则画成直线 (或曲线). 然而一个图可以更抽象地形式化: 图就是一个集合, 但是从其中特别取出一些元素对. 更准确地说, 它包含了一个集合 $V$, 其中的元称为顶点, 而此集合称为**顶点集合**; 还包含了一个集合 $E$, 称为**边集合**, 其中的元 (即是边) 具有 $\{u, v\}$ 的形状, 而 $u, v$ 是 $V$ 中的相异的元. [下面把 $V$ 和 $E$ 构成的图记作 $G = (V, E)$]. 如果 $\{u, v\}$ 是一个边, 就说顶点 $u, v$ 是**相邻**(adjacent) 的. 顶点 $v$ 的**次数**$d(v)$ 定义为与 $v$ 相邻的顶点的个数.

有一些与图有关的简单的定义在以后的证明中是重要的. 一个把 $G$ 中的 $u, v$ 连接起来的**路径**(或简单说就是路) 是一串顶点 $u = v_0, v_1, \cdots, v_k = v$, 这里对于所有的 $i < k$, $v_i$ 和 $v_{i+1}$ 都是相邻的. 如果 $v_0 = v_k$, (但是当 $i < k$ 时, 所有的 $v_i$ 都是

相异的), 这条路径就称为一个长度为 $k$ 的**循环**(cycle), 通常记作 $C_k$. 如果图 $G$ 中的任意两个顶点 $u, v$ 间都有一条从 $u$ 到 $v$ 的路径, 就说 $G$ 是**连通的**. 一个**完全的图**(complete graph)$K_r$ 就是一个具有 $r$ 个顶点而其中任意两个都是相邻的图. 图 $G$ 的**子图**就是由 $G$ 的某些顶点和某些边构成的图. 图 $G$ 的一个**图** (clique) 就是 $G$ 的一些顶点的集合, 而这些顶点中任意两个都是相邻的. $G$ 中的团的最大的大小称为 $G$ 的**团数**. 类似地, $G$ 中的**独立集合**就是其顶点的这样一个集合, 其中任意两个顶点都是不相邻的, 而 $G$ 的**独立数**就是 $G$ 中最大的独立集合的大小.

极图理论研究的就是一个图的各个参数之间的定量的关系, 这些参数例如就有顶点数、边数、团数或者独立数. 在许多情况下, 需要解决涉及这些参数的优化问题 (例如当某个参数有多么大时, 另一个参数能够有多大等等), 而这些优化解就称为这个问题的**极图**. 有一些重要的优化问题虽然没有明显地提到图, 却可以用上面的名词重新陈述为关于极图的问题.

### 2.1.1 图的着色

现在回到 1.1 节的例 (v) 中讨论的地图着色的问题. 为了把它翻译成一个数学问题, 我们可以把地图着色问题用一个图 $G$ 的语言来表述如下: $G$ 的顶点代表地图上的国家, 当且仅当两个国家有公共边界时, 才把这两个顶点用一个边连接起来. 不难证明, 可以这样作出一个图, 使得其两个边不会相交, 这样的图称为**平面图**. 反过来, 任意平面图都可以作为地图着色的问题出现. 因此, 我们的问题等价于下面的问题: 如果想要对一个平面图的顶点这样着色, 使得没有两个相邻的顶点颜色相同, 那么至少需要多少种颜色? (如果把颜色这样的非数学的名词除掉, 例如用不同的正整数代表不同的颜色, 例如 1 代表红色等等, 问题还可以变得更加数学化). 这样的着色方法, 即使得相邻顶点不能有相同色彩的着色方法, 称为**适当的**着色. 用这样的语言来表述, 四色定理就可以表述为: 每一个平面图都可以用 4 种色彩适当地着色.

下面是图的着色问题的另一个例子. 假设我们想安排几个国会的小组会的日程. 我们当然不希望出现这样的情况, 即若一个国会议员属于两个小组, 则这两个小组不应同时开会, 那么, 需要开多少次会议?

我们有可以用一个图 $G$ 来做这个问题的模型. $G$ 的顶点代表这些小组, 两个顶点当且仅当这两个小组有公共的成员时才算是相邻的. 一个**日程表**就是一个函数 $f$, 对每个小组各指定 $k$ 个时间段之一, 以供其开会之用. 比较数学化的讲法是, 可以把日程表看成由 $V$ 到集合 $\{1, 2, \cdots, k\}$ 的一个函数. 如果没有两个相邻的顶点被指定了相同的值, 就说这个日程表是有效的. 这相当于说, 如果没有两个具有公共成员的小组被指定了相同的时间段, 这个日程表就是有效的. 于是原来的问题就变成了 "$k$ 最小要取什么值, 才可能有有效的日程表存在? "

这个作为答案的 $k$ 值称为 $G$ 的**色彩数**(chromatic number), 记作 $\chi(G)$, 就是 $G$

的适当着色所需的最少色彩的数目. 注意, 图 $G$ 的着色是适当的当且仅当对于每一种色彩, 具有这个色彩的顶点的集合是互相独立的. 因此 $\chi(G)$ 也可以定义为 $G$ 的顶点可能拆分成的独立集合的最小的数目. 一个图称为 $k$ **可着色的**, 如果它允许有一个 $k$ 着色, 或者等价地说, 就是能把它拆分为 $k$ 个独立的集合. 这样, $\chi(G)$ 就是使得 $G$ 为 $k$ 可着色的最小的 $k$.

再举两个简单的例子是合适的. 如果 $G$ 是具有 $n$ 个顶点的完全图 $K_n$, 显然, 这时 $G$ 的任意的适当着色都会使得各个顶点色彩不同, 所以 $n$ 个色彩是不可少的. 当然, 有 $n$ 个色彩也就够了, 所以 $\chi(K_n) = n$. 如果 $G$ 是具有 $2n+1$ 个顶点的循环, 用一个容易的奇偶性的论证就知道至少需要 3 种色彩, 而 3 种色彩确实也就够了: 对每一个顶点依次涂上 1 和 2 两种色彩, 而对最后一个顶点涂上色彩 3. 这样 $\chi(C_{2n+1}) = 3$.

不难证明 $G$ 为 2 可着色当且仅当 $G$ 中不含有长度为奇数的循环. 2 可着色的图通常称为**二分图** (bipartite graph), 因为它们可以分拆为两个部分, 而所有的边都从一个部分的顶点连接到另一部分的顶点. 然而, 简单的刻画到此为止, 而当 $k \geqslant 3$ 时, 并没有等价于 $k$ 可着色性的简单的判据. 这一点与下面的事实有关: 判定一个图是否为 $k$ 可着色的计算问题是 $\mathcal{NP}$ 困难的问题, 这个概念将在条目**计算复杂性** [IV.20] 中讨论.

着色是图论的最基本的概念之一, 因为这个领域中的问题为数极为巨大, 而在相关领域如计算机科学和运筹学中, 可以用着色问题来陈述的问题同样为数极为巨大. 已经知道, 要给一个图找一个最佳的着色, 无论是在理论上还是实际上都是极难的任务.

关于色彩数 $\chi(G)$ 有两个简单然而基本的下界. 其一, 因为在一个适当着色的图中, 具有同样色彩的顶点的类必然是一个独立集合, 所以色彩的数目不会大于 $G$ 的独立数 $\alpha(G)$. 而着色所需的色彩至少是 $|V(G)|/\alpha(G)$. 其二, 设 $G$ 含有一个大小为 $k$ 的团, 那么单独为这个团着色就需要 $k$ 种色彩, 这样, $\chi(G) \geqslant k$. 这就蕴含了 $\chi(G) \geqslant \omega(G)$, 这里 $\omega(G)$ 表示 $G$ 的团数.

那么, 关于色彩数 $\chi(G)$ 的上界又如何呢? 对一个图进行着色的最简单的方法之一是**贪婪算法**, 就把顶点排成一定的次序, 然后一个一个地着色, 每一次都赋予顶点一个正整数, 办法是在还没有用到的正整数中以最小的一个赋予它. 尽管贪婪算法有时效率很差 (例如它可能赋予一个二分图无穷多种色彩, 而实际上只要两种就够了), 但是用起来很好用. 注意到在使用贪婪算法时, 赋给一个顶点 $v$ 的色彩 (即正整数), 比按此次序位置在它前面但与它相邻的顶点得到的数只能大 1, 所以最多只能是 $d(v)+1, d(v)$ 是 $v$ 的次数. 由此可知, 如果 $\Delta(G)$ 是 $G$ 的最大次数, 则有 $\chi(G) \leqslant \Delta(G)+1$. 对于完全的图和循环, 这个上界是紧身的 (tight) 即不可改进的), 而如 Brooks 在 1941 年所证明的那样, 只有在这两个情况下、它才是紧身的,他的结果准确地说就是: 如果 $G$ 是最大次数为 $\Delta$ 的图, 则 $\chi(G) \leqslant \Delta$, 除非 $G$ 含有一个团 $K_{\Delta+1}$ 或者 $\Delta = 2$, 而且 $G$ 含有一个奇循环.

也可以对一个图的各**边**而不是各顶点着色. 这时, 我们定义一种着色是适当的, 如果两个相遇于一个顶点处的边不能有相同的彩色. 现在, 我们要定义 $G$ 的**色彩指标**(chromatic index)$\chi'(G)$(请与色彩数 $\chi(G)$ 比较) 如下: 为使得 $G$ 可以用 $k$ 种色彩来对于边适当地着色、所需的最小的 $k$ 就称为色彩指标: 例如, 如果 $G$ 是完全图 $K_{2n}$, 则 $\chi'(G) = 2n - 1$. 可以证明, 这一点等价于可能组织一个由 $2n$ 个队参加的循环赛, 而且安排 $2n - 1$ 轮赛事. 这一点只需向足联的经理请教就知道了. 也不难证明 $\chi'(K_{2n-1}) = 2n - 1$. 因为在 $G$ 的一个对于边的适当着色中, $G$ 的所有的与顶点 $v$ 相关联 (incident) 的边都有不同的色彩, 所以色彩指标显然至少和最大次数一样大. 其实, 1931 年, 柯尼希就证明了对于二分图, 二者相等. 在第一节的例 (iv) 中, 就这样讲到柯尼希的这个定理, 当时指出, 柯尼希把反映某个性质的一些数的最大值, 与反映另一种性质的一些数中的最小的联系起来, 并且证明它们相等, 现在就看到了这个情况. 并且柯尼希由此证明只要安排 $d$ 节课, 就可以把每一教师该教的课和每一班级该上的课都安排进去.

值得注意的是, 平凡的下界 $\chi'(G) \geqslant \Delta(G)$ 已经非常接近 $\chi'(G)$ 的真正的性态. Vizing 在 1964 年的一个基本结果指出, $\chi'(G)$ 总是或者等于最大度数, 或者等于 $\Delta(G) + 1$. 所以, 图 $G$ 的色彩指标比色彩数、逼近起来要容易得多.

## 2.1.2 被排除的子图

如果一个图有 $n$ 个顶点, 而且不包含任意的三角形 (就是三个彼此两两相邻的顶点), 那么它能够有多少边? 如果 $n$ 是偶数, 那么可以把顶点分成两个大小均为 $n/2$ 的部分: $A$ 和 $B$. 然后把 $A$ 中的每一个顶点都与 $B$ 中的每一个顶点连接起来. 这样得到的图 $G$ 有 $n^2/4$ 个边. 如果此外再加上任意一个边, 就一定会出现一个三角形 (其实不只一个). 但是, 这个图是否可能就是最稠密的无三角形的图? 一百多年前 (1907 年), Mantel 证明了就是这样 (当 $n$ 是奇数时, 也有类似定理成立, 不过 $A$ 和 $B$ 的大小要非常接近而各为 $(n+1)/2$ 和 $(n-1)/2$ 才行).

现在让我们看一个比较一般的问题, 就是用任意的图来代替三角形. 准确一些地说, 令 $H$ 为一个例如有 $m$ 个顶点的图, 当 $n \geqslant m$ 时, 定义 $\mathrm{ex}(n, H)$ 为一个图的最大边数, 这个图有 $n$ 个顶点, 而且不以 $H$ 为子图 (符号中的 "ex" 代表 "排除"(exclude)). $\mathrm{ex}(n, H)$ 是一个从图 $H$ 到整数 $n$ 的函数, 通常称为 Turán 数, 其理由见下面, 而求它的一个好的逼近一直是极图理论的中心问题之一.

我们能够想到一个不包含 $H$ 的图的例子吗? 下面的观察可以作为我们考虑的起点, 即如果 $H$ 的色彩数是 $r$, 则它不可能是色彩数大于 $r$ 的图 $G$ 的子图 (为什么不可能? 因为图 $G$ 的任意的适当 $r - 1$ 着色, 对于 $G$ 的任意子图也给出了一个适

当的 $r-1$ 着色). 所以, 一个有希望的途径是去寻找一个具有 $n$ 个顶点的图 $G$, 使它的色彩数为 $r-1$ 而边数尽可能多. 这是很容易找到的, 因为我们的约束、即要求此图的色彩数为 $r-1$ 使得可以把顶点分成 $r-1$ 个独立集合. 做完了这件事以后, 再对每一个独立集合把所有的边都包括进来. 结果就得到了一个**完全的** $r-1$ **分图**(complete $(r-1)$-partite graph). 用常规的计算就知道, 为了使边的数目极大, 就应该把顶点分拆为大小尽可能相近的集合 (例如, 当 $n=10$ 而 $r=4$ 时, 就应该把这 10 个顶点拆分为三个集合, 其大小分别为 3, 3 和 4.

满足这个条件的图称为 Turán **图** $T_{r-1}(n)$, 我们用符号 $t_{r-1}(n)$ 来记它的边数. 我们已经论证了 $\mathrm{ex}(n,H) \geqslant t_{r-1}(n)$, 而且可以证明右方至少和 $(1-1/(r-1))\binom{n}{2}$ 一样大.

Turán 在这个领域中的贡献在于他在 1941 年对于 $H$ 为 $r$ 个顶点的完全图 $K_r$ 这个最重要的情况给出了确切的解. 他证明了 $\mathrm{ex}(n,K_r)$ 不只是至少为 $t_{r-1}(n)$, 而是恰好为 $t_{r-1}(n)$. 此外, 唯一的具有 $n$ 个顶点、$\mathrm{ex}(n,K_r)$ 个边、不以 $K_r$ 为子图的图就是 Turán 图 $T_{r-1}(n)$. Turán 的论文一般被认为是极图理论的起点.

后来, 爱尔特希、斯通和 Simonovits 推广了 Turán 的定理, 证明了对于固定的色彩数至少为 3 的 $H$, 上面关于 $\mathrm{ex}(n,H)$ 的简单的下界**渐近地**是紧身的. 这就是说, 如果 $r$ 是 $H$ 的色彩数, 则当 $n \to \infty$ 时 $\mathrm{ex}(n,H)$ 和 $t_{r-1}(n)$ 之比趋于 1.

这样, 对于所有的非二分图, 对于函数 $\mathrm{ex}(n,H)$ 已经有了很好的理解, 二分图则很不一样, 因为其 Turán 数要小得多: 如果 $H$ 是一个二分图, 则 $\mathrm{ex}(n,H)/n^2$ 趋于 0. 在这时, 决定 $\mathrm{ex}(n,H)$ 的渐近式至今仍具有挑战性, 而有许多未解决的问题. 说实在的, 哪怕对于 $H$ 是一个循环的简单情况, 都还没有一个完整的说法. 迄今所得到的部分结果使用了来自各个领域的种种技巧, 其中包括概率论、数论和代数几何.

### 2.1.3　匹配与循环

令 $G$ 为一个图. $G$ 中的一个**匹配**(match) 就是它的边的一个集合, 使得这些边中没有两个共有一个顶点. $G$ 中的一个匹配 $M$ 称为完全的, 如果 $G$ 的每一个顶点都属于 $M$ 的一个边 (这里的思想是, 可以决定边是某一个顶点的 "配偶": $x$ 的配偶 $y$ 是这样选的, 使得 $xy$ 成为 $M$ 中的一个边). 当然, 为了 $G$ 有一个完全的匹配, $G$ 必须有偶数个顶点.

图论中最有名的定理之一是霍尔定理, 它给出了一个二分图有完全的匹配存在的充分必要条件. 这可能是什么样的条件呢? 写出一个平凡不足道的必要条件是很容易的, 其方法如下: 令 $G$ 是一个二分图, 而其顶点分成了两个不相交的大小相同的集合 $A$ 和 $B$(如果没有这样两个大小相同的顶点集合, $G$ 很清楚不能有完全的匹配). 给定 $A$ 的一个子集合 $S$, 令 $N(S)$ 表示 $B$ 中的那些与 $S$ 的某一个顶点相

邻的顶点的集合. 如果 $G$ 确有完全的匹配存在, 则对 $S$ 中不同的顶点, 一定可以在 $B$ 中指定不同的 "配偶", 所以 $N(S)$ 中的元的数目和 $S$ 中元的数目至少是一样多: $|N(S)| \geqslant |S|$. 霍尔在 1935 年证明了的定理指出: 非常值得注意的是, 这个显然的必要条件也是充分的. 就是说, 如果对任意的 $S$ 恒有 $|N(S)| \geqslant |S|$, 则必有一个完全匹配存在. 更为一般地还有, 如果顶点集合 $A$ 的大小不大于 $B$ 的大小, 则上述条件可以保证存在一个匹配包含 $A$ 中所有的顶点 (但是 $B$ 中可能有某些顶点没有配偶了).

霍尔定理可以用集合系统的语言来重新陈述, 而这一点是很有用的. 令 $S_1$, $S_2, \cdots, S_n$ 为一组集合, 而我们希望从其中每一个集合中取出**相异的代表元**来, 就是找出一个序列 $x_1, x_2, \cdots, x_n$, 使得 $x_i$ 是 $S_i$ 的元, 而且没有两个 $x_i$ 相同. 很明显, 如果有 $k$ 个集合, 而其并的大小小于 $k$, 这样的代表元是选不出来的. 这个显然的必要条件又一次是充分的. 不难证明, 这一个论断等价于霍尔定理: 令 $S$ 为所有这些 $S_i$ 之并, 于是 $|S|$ 至少是 $n$. 现在定义一个二分图, 使其顶点集合就是 $\{1, 2, \cdots, n\}$ 和这些 $S_i$. 定义这个二分图上的匹配如下: 取 $A$ 就是 $\{1, 2, \cdots, n\}$, 而取 $B$ 就是 $S$, 于是 $A$ 的大小 $n$ 不大于 $B$ 的大小, 当且仅当 $x \in S_i$ 时把 $i$ 和 $x$ 连接起来. 但是, 一个包含了整个集合 $\{1, 2, \cdots, n\}$ 的匹配就是从 $S$ 中选出不同的代表元 $x_i$ 的方法, 即选与 $i$ 相匹配的 $S_i$ 的元.

霍尔定理可以应用于解决在子群 $H$ 的左右陪集中代表元组的问题, 就是 1.1 节中的例 (viii). 现在定义一个二分图 $F$, 其两个顶点集合是 $H$ 的左和右陪集的集合, 它们的大小都是 $n/k$. 左陪集 $g_1 H$ 可以和右陪集 $Hg_2$ 用 $F$ 的一个边连接起来, 如果它们有公共的元素. 不难证明 $F$ 满足霍尔定理的条件, 所以它有一个完全的匹配 $M$. 对于 $M$ 的一个边 $(g_i H, Hg_j)$, 取 $g_i H$ 和 $Hg_j$ 的一个公共元素, 就得到所要求的相异代表元组.

对于一般的图 (不一定是二分图) $G$, 也有存在完全匹配的必要和充分条件. 对此塔特 (William Thomas Tutte, 1917–2002, 英国数学家和密码破译者, 二次大战中立了大功) 有一个定理, 这里不再详述.

回忆一下, 我们是用 $C_k$ 来记一个长度为 $k$ 的循环. 循环是图的一个很基本的结构, 所以可以期望, 有许多关于循环的极值性质.

设 $G$ 是一个没有循环的连通的图. 如果取一个顶点并且去找与它相邻的顶点, 然后再找相邻顶点的相邻顶点, 如此以往, 就会得到一个树形的结构. 说真的, 这种图就叫做**树**. 任意一个有 $n$ 个顶点的树必定恰好有 $n-1$ 个边, 这是一个容易的练习. 由此即得, 一个有 $n$ 个顶点以及至少 $n$ 个边的图一定含有循环. 如果想保证这个循环有某些另外的性质, 则可能需要有更多的边. 例如, 前面提到的 Mantel 定理就蕴含了如下的结果: 一个有 $n$ 个顶点以及多于 $n^2/4$ 条边的图中一定含有一个三

角形 $C_3 = K_3$. 也可以证明, 如果一个图 $G = (V, E)$ 适合关系式 $|E| > \frac{1}{2}k(|V|-1)$, 它就一定含有一个长度大于 $k$ 的循环 (而且这是不可改进的结果).

图 $G$ 中的一个哈密顿循环就是一个可以访问 $G$ 中所有顶点的循环. 这个名词来自哈密顿[VI.37] 在 1857 年发明的一个游戏, 其目的是在 12 面体的图中完成一个哈密顿循环. 含有哈密顿循环的图叫做哈密顿图. 这个概念与著名的推销员问题[VII.5§2] 有密切的关系: 这个问题就是给了一个图, 并且对它的各边都赋予了正的权重, 现在要在这个图中找一个哈密顿循环, 并使其各边上的权重之和为最小. 为了使一个图为哈密顿图, 有许多充分的判据, 其中有相当一部分是以次数的序列为基础的. 例如, 狄拉克在 1952 年就证明了, 具有 $n \geqslant 3$ 个顶点而且次数至少是 $n/2$ 的图都是哈密顿图.

## 2.2   拉姆齐理论

拉姆齐理论是对下面的一般情况的系统研究. 有某一类很大的结构, 哪怕是高度随意的、看起来混沌无章, 却包含了一个相当大的高度组织化的子结构, 这样一种现象出现的频繁程度令人吃惊. 正如美国数学家 Motzkin (Theodore Samuel Motzkin, 1908–1970) 非常简明地概括的那样: "完全的无序是不可能的". 这样一种范式表现得如此简单和一般, 人们就会期望, 它在不同的数学领域里会有不同的表现, 而事实也确实如此 (但是, 我们也应该牢记在心, 由于说不清楚的原因, 这样自然的命题中, 有一些却是不对的).

有一个很简单的命题, 就是鸽巢原理 ①(pigeonhole principle), 可以看作是下文的讨论的基本原型. 这个原则指出: 如果 $X$ 是一个含有 $n$ 个对象的集合, 而用 $s$ 种色彩把这些对象着色, 于是必定有一个大小不小于 $n/s$ 的子集合, 其中的对象都是同一种色彩. 这样的子集合我们说是**单色的**(monochromatic).

如果集合 $X$ 还有附加的结构, 情况就变得更有趣了. 这时会去寻找具有 $X$ 的某些附加结构的单色子集合. 然而, 这种子集合是否存在也变得很不明朗了. 拉姆齐理论就是由这种一般类型的问题和定理构成的. 虽然在以前就出现过好几个拉姆齐类型的定理, 但是传统上都认为拉姆齐理论始自他在 1930 年得证的**拉姆齐定理**. 拉姆齐取一个完全图的所有边的集合为 $X$, 而把一个完全的子图的边的集合看成单色子集合. 他的定理有一个精确的陈述如下: 令 $k$ 和 $l$ 为大于 1 的整数. 这时必存在一个整数 $n$, 使得如果用红蓝两种颜色对一个具有 $n$ 的顶点的完全图的各边着色, 则一定有 $k$ 个顶点使得连接它们的边都是红的, 或者有 $l$ 个顶点使得连接它们的边都是蓝的. 就是说, 如果用两种颜色对一个充分大的完全图着色, 则一定存在一个有点儿大的完全子图为单色的. 令 $R(k, l)$ 为具有这种性质的最小的 $n. R(k, l)$ 就称为**拉姆齐数**. 用这样的语言, 我们在引言中看到的 Szalai 的例子, 就

---

① 这个原则在我国的文献中时常称为 "抽屉原则". —— 中译本注

应该说成是 $R(4,4) \leqslant 20$(而事实上则是 $R(4,4) = 18$). 其实, 拉姆齐定理还比较更加一般, 因为它允许使用任意多种色彩, 而取着色的对象也不仅是作为元素对 (顶点对) 的边, 而可以是元素的 $r$ 元组. 甚至比较小的拉姆齐数的计算是难得出了名的事情, 连 $R(5,5)$ 究竟是多少迄今还属未知.

拉姆齐理论的第二个基石是由爱尔特希和 Szekeres(George Szekeres, 1911–2005, 匈牙利数学家) 奠定的. 他们在 1935 年写了一篇文章, 其中就有好几个拉姆齐类型的结果. 特别是他们证明了一个递归关系 $R(k,l) \leqslant R(k-1,l) + R(k,l-1)$. 再加上容易的边界条件 $R(2,l) = l$, $R(k,2) = k$, 这个递归关系就会引导到以下的估计: $R(k,l) \leqslant \binom{k+l-2}{k-1}$. 特别是在所谓对角线情况 $k = l$ 时, 就会得到 $R(k,k) < 4^k$. 值得注意的是, 这个估计迄今没有得到改进. 就是说, 谁也没有能够找到一个 $C < 4$, 而把上面的 $4^k$ 改进为 $C^k$. 最佳的下界大约是 $R(k,k) \geqslant 2^{k/2}$, 这一点将在 3.2 节里讨论. 可见上下界之间还留下了一个很实质的空隙.

由爱尔特希和 Szekeres 证明的另一个拉姆齐型的命题是几何性质的. 他们证明了: 对于任意自然数 $n \geqslant 3$, 都可以找到正整数 $N$, 使得平面上由任意 $N$ 个处于一般位置的点 (即其中没有 3 点共线) 的构形中, 必有 $n$ 个构成一个凸 $n$ 边形 (一个有教益的例子是: 证明当 $n = 4$ 时取 $N = 5$ 即可) [①]. 这个定理有好几个证明, 其中有一些使用了一般的拉姆齐定理. 现在猜测, 能够保证获得凸 $n$ 边形的 $N$ 的最小值是 $2^{n-2} + 1$.

爱尔特希和 Szekeres 的这篇经典的论文 [②]中还包含了下面的拉姆齐类型的结果: 任意的长为 $n^2 + 1$ 的相异实数序列中, 必包含一个长为 $n+1$ 的上升序列和一个长为 $n+1$ 的下降序列.

这对于乌拉姆 (Stanislaw Marcin Ulam, 1909–1984, 波兰裔美国数学家) 的一个著名问题, 即在一个长度为 $n$ 的随机序列中求最长的上升子序列的典型的长度、给出了一个增长很快的下界 $\sqrt{n}$. 对于这个长度的分布, 最近 Baik, Deift 和 Johansson 给出了详细的描述.

1927 年, van der Waerden (Bartel Leendert van der Waerden, 1903–1996, 荷兰数学家) 给出了现在我们所说的 van der Waerden 定理: 对于所有的正整数 $k$ 和 $r$, 必定存在一个正整数 $W$, 使得整数集合 $\{1,\cdots,W(k,r)\}$ 的 $r$ 着色中, 至

---

① 这个定理原来是克莱因 (Esther Klein, 1910–2005, 匈牙利女数学家) 对一些从事组合学研究的匈牙利数学家提出的, 其中就包括了爱尔特希和 Szekeres. 后来克莱因就成了 Szekeres 夫人, 所以现在文献上都说, 提出这个定理的是 Esther Klein Szekeres, 而这个定理被爱尔特希称为 "喜结良缘定理"(happy ending theorem). 这一对夫妇因为是犹太人, 二战期间流亡到上海, 被虹口的犹太人收容机构收留, 直到 1948 年才定居澳大利亚.—— 中译本注

② 此文就是 Paul Erdös, George Sgehenes, 1935. A combinatorial problem in geometry. *Compositio Mathematica*, 2: 463–470.—— 中译本注

少有一种色彩使得这个集合有一个长度为 $k$ 而且尽取这种色彩的算术数列. 这种 $W$ 的最小值就记作 $W(k,r)$. van der Waerden 对于 $W(k,r)$ 所给出的界限是大得惊人的, 其增长如 Ackermann 型函数. Shela 在 1987 年找到了这个定理的新证明, 而 Gowers 在 2000 年研究这个定理的 "密度形式"(深刻得多) 时得到了另一个证明, 这一点将在节 2.4 中介绍. 这些新近的证明对于 $W(k,r)$ 的上界估计有所改进, 但是这个数的下界对于固定的 $r$, 对于 $k$ 至少指数的, 所以要小得多.

其实在 van der Waerden 以前, 舒尔在 1916 年就证明了: 对于任意的正整数 $r$, 存在一个整数 $S(r)$, 使得序列 $\{1,\cdots,S(r)\}$ 的 $r$ 着色中, 一定有一种色彩包含了方程 $x+y=z$ 的解. 证明可以相当容易地从一般的拉姆齐定理导出. 舒尔应用了这个命题证明了 1.1 节提到的一个结果: 对于每一个 $k$ 以及相当大的素数 $p$, 方程 $a^k+b^k=c^k$ 一定有在 $\bmod p$ 意义下的整数 $(a,b,c)$ 非平凡解. 为了证明这个结果, 设 $p \geqslant S(k)$ 并且考虑 $\bmod p$ 的整数域[ I.3§2.2]$\mathbf{Z}_p$. $\mathbf{Z}_p$ 中的非 0- 元在乘法下构成一个群[ I.3§2.1]. 令 $H$ 为这个群中的 $p$ 次幂所成的子群, 即 $H = \{x^k : x \in \mathbf{Z}_p^*\}$. 不难证明 $H$ 的色彩指标 $r$ 是 $k$ 和 $p-1$ 的最大公因子, 因此最多是 $k$. 把 $\mathbf{Z}_p^*$ 拆分为 $H$ 的各个陪集可以看成是对 $\mathbf{Z}_p^*$ 的一个 $r$ 着色, 而由舒尔定理知道, 在 $\{1,\cdots,p-1\}$ 中一定存在方程 $x+y=z$ 的 $\bmod p$ 的整数解 $x,y,z$, 具有相同的色彩, 也就是说属于 $H$ 的同一个陪集. 换句话说, 存在一个剩余 $d \in \mathbf{Z}_p^*$, 使得 $x=da^k, y=db^k, z=dc^k$, 而且 $da^k + db^k = dc^k \bmod p$. 对此式双方都乘以 $d^{-1}$, 就得到舒尔的结果.

在本文末所附的文献 Graham, Rothchild, Spencer (1990) 和 Graham, Grötschel, Lovász (1995, chapter 25) 中还可以找到许多其他的拉姆齐类型的结果.

### 2.3　集合系统的极值理论

图只是组合学家研究的基本结构之一, 其实还有其他的. 这门学科的一个重要分支就是对于集合系统的研究. 集合系统中最为常见的就是某个 $n$ 元的集合的某些子集合所成的族. 例如, 集合 $\{1,2,\cdots,n\}$ 的所有的大小不超过 $n/3$ 的子集合之族就是一个好例子. 这个领域里的极值问题, 就是目的在于决定或者估计一个集合系统中满足某些条件的集合的最大数目. 例如, 这个领域里最早的结果就是 Sperner(Emanuel Sperner, 1905–1980, 德国数学家) 在 1928 年证明的. 他当时在考虑下面的问题: 从一个 $n$ 元的集合里这样来取一组子集合, 使得其中没有一个能够成为另一个的子集合, 那么这样的子集合组最大能有多大? 这样的集合系统的一个简单的例子是所有的大小为某个定数 $r$ 的集合. 下面的结果称为 Sperner 定理: 如果记 $A$ 为一个 $n$ 元集合 (如这里的 $\{1,2,\cdots,n\}$), 从其中取一个子集合族 $B$, 使其中没有一个是另一个的真子集合 (这个子集合族称为 $A$ 的 Sperner 族), 则 $B$ 的大小最大就是二项系数之最大者, 即当为 $n$ 为偶数时为 $\begin{pmatrix} n \\ n/2 \end{pmatrix}$, 而当 $n$ 为奇数时为 $\begin{pmatrix} n \\ (n+1)/2 \end{pmatrix}$.

Sperner 证明了这个数就是最大值. 这个结果很快地就给出了在 1.1 节里说到的李特尔伍德和 Offord 问题的实类比的解. 设 $x_1, x_2, \cdots, x_n$ 是 $n$ 个不一定相异的实数, 其中每一个实数的模至少是 1. 一个初步的观察是: 可以假设这些 $x_i$ 都是正的, 因为如果把一个负的 $x_i$ 换成 $-x_i$(这是一个正数), 则会得到相同的和的集合, 只不过平移一个 $-x_i$(为了看到这一点, 可以拿一个原来包含了 $x_i$ 的和数与一个不含 $-x_i$ 的相应的和数来比较, 反过来也一样). 但是, 如果 $A$ 是 $B$ 的一个真子集合, 必有某个 $x_i$ 属于 $B$ 但不属于 $A$, 故

$$\sum_{i \in B} x_i - \sum_{i \in A} x_i \geqslant x_i \geqslant 1.$$

所以, 由 Sperner 定理, 能够找到的子集合族, 使其中任意两个子集合的和相差小于 1, 这样的子集合和最多有 $\begin{pmatrix} n \\ [n/2] \end{pmatrix}$ 个.

一个集合系统, 如果其中任意两个都相交, 就称为**相交族**. 因为 $\{1, 2, \cdots, n\}$ 的任意子集合不可能和它的余集合同时属于 $\{1, 2, \cdots, n\}$ 的子集合的一个相交族中, 我们可以看到这样的族的大小最多是 $2^{n-1}$. 这个上界是可以达到的, 例如有所有含 1 的子集合所成的子集合族就是. 但是, 如果确定一个值 $k$, 并且假设相交族中所有的集合的大小都是 $k$, 又会发生什么情况? 可以假设 $n \geqslant 2k$, 否则这个问题是平凡不足道的. 爱尔特希, Ko 和 Rado 证明了, 最大值是 $\begin{pmatrix} n-1 \\ k-1 \end{pmatrix}$. 下面是 Katona 后来发现的美丽的证明 [①]. 假设把这些元随机地放在一个圆周上, 则有 $n$ 种方法选择这 $k$ 个相继的元素, 而很容易知道其中只有 $k$ 个会相交 (如果 $n \geqslant 2k$). 所以在这 $n$ 个大小为 $k$ 的集合, 只有 $k$ 个属于任意已给定的相交系统. 现在也容易证明每一个集合都有相等的机会成为这 $n$ 个集合之一, 所以这就证明了 (应用双重计数的论证方法) 它们在此族中最大可能的比例是 $k/n$. 所以这个族本身的大小是 $(k/n) \begin{pmatrix} n \\ k \end{pmatrix} = \begin{pmatrix} n-1 \\ k-1 \end{pmatrix}$. 爱尔特希, Ko 和 Rado 原来的证明比这个证明复杂, 但是它很重要, 因为它引入了一种称为**压缩**的方法, 还可以用来解决许多其他的极值问题.

---

① 请参看 Philipp Zumstein 所写的 PPT:http://www.ti.inf.ethz.ch/ew/courses/extremal04/zumstein.ppt, 其中对 Katona 的证法作了图解, 这样就很容易看懂了.—— 中译本注

令 $n$ 和 $k$ 是两个正整数, 而且 $n > 2k$. 假设想要把集合 $\{1, 2, \cdots, n\}$ 的所有大小为 $k$ 的子集合着色, 使得任意两个同样色彩的集合都相交. 那么需要用的色彩最少有几种? 容易看到, $n - 2k + 2$ 种就够了. 事实上, $\{1, 2, \cdots, 2k - 1\}$ 的所有子集合的族构成一个单色彩类, 而这个族显然是相交族. 然后, 对于每一个满足 $2k \leqslant i \leqslant n$ 的 $i$, 可以取所有的以 $i$ 为最大元素的子集合族一共有 $n - 2k + 1$ 个这样的族, 而任意的大小为 $k$ 的集合或者属于这些族中的一个, 或者属于上面讲过的族. 所以 $n - 2k + 2$ 种色彩就足够将它着色了.

1955 年, Kneser(Martin Kneser, 1928 –2004, 德国数学家) 猜测这个界限是紧身的, 换句话说, 如果色彩的种类少于 $n - 2k + 2$, 就得对某一对不相交的集合对涂上相同的色彩. 这个猜测由 Lovász 在 1978 年给出了证明. 他的证明是一个拓扑证明, 利用了 Borsuk-Ulam 定理. 后来又找到了几个比较简单的证明, 但是都基于第一个证明的拓扑思想. 自从 Lovász 的突破, 拓扑论证已经成了组合学研究者的武库的重要部分.

### 2.4    组合数论

数论是数学的最古老的分支之一. 它的核心是关于整数的问题, 但是为了解决这些问题, 已经发展了许多非常精妙的技巧, 而这些技巧本身又成了进一步研究的基础. (例如可以参看以下的条目: 代数数[IV.1]、解析数论[IV.2] 和算术几何[IV.5]). 然而, 有些数论问题已经屈服于组合学的方法. 其中有一些是有着组合学味儿的极值问题, 而另一些是经典的问题, 但是有组合解存在则是非常令人吃惊的. 我们在下面描述少数几个例子. 更多的可以在本文末的文献: Graham, Grötschel, Lovász (1995) 第 20 章, Nathanson (1996), 以及 Tao (陶哲轩), Vu (2006) 中找到.

这个领域中的一个简单但是重要的概念是和集合 (sumset) 的概念. 如果 $A$ 和 $B$ 是两个整数集合, 或者更加一般地是某个阿贝尔群 [ I.3§2.1] 的两个子集合, 定义其和集合为 $A + B = \{a + b : a \in A, b \in B\}$. 例如, $A = \{1, 3\}$, $B = \{5, 6, 12\}$, $A + B = \{6, 7, 8, 9, 13, 15\}$.

有许多结果把 $A + B$ 的大小和结构与 $A$ 以及 $B$ 的大小和结构连接起来. 例如下面的**柯西–达文波特**(Harold Davenport, 1907—1969, 英国数学家)**定理**在加法数论中就有很多应用; 这个定理就是: 若 $p$ 是一个素数, 而 $A, B$ 是 $\mathbb{Z}_p$ 的非空子集合, 则 $A + B$ 的大小至少是 $p$ 和 $|A| + |B| - 1$ 中的较小者 (如果 $A$ 和 $B$ 都是算术数列, 而且有相同的公差, 则有等号成立). 柯西[VI.29] 在 1813 年证明了这个定理, 并且利用它来给拉格朗日[VI.22] 的一个引理以新的证明, 而这个引理原来是拉格朗日的著名的 1770 年论文的一部分, 此文证明了每一个正整数都可以写成四个平方之和. 达文波特则把这个定理陈述为 Khinchin (Aleksandr Yakovlevich Khinchin, 1894–1959, 前苏联数学家) 关于整数序列和的密度的一个相关猜测的离散类比. 柯

西和达文波特给出的证明是组合性质的, 但是近来还有一个代数证明是基于多项式的根的一些性质的. 这个代数证明有一个好处, 就是它提供了许多变体, 似乎是从组合途径得不出来的. 例如, 定义 $A \oplus B$ 为这样的 $a+b$ 的集合, 其中 $a \in A, b \in B$ 而且 $a \neq b$. 则在已知 $A$ 和 $B$ 的大小后, $A \oplus B$ 的可能的最小值是 $p$ 和 $|A|+|B|-2$ 中的较小者. 进一步的推广可以在 Nathanson (1996) 和 Tao(陶哲轩), Vu (2006) 中找到.

在 2.2 节中讲到的 van der Waerden 定理蕴含了以下的结论: 设用 $r$ 种色彩 ($r$ 为有限) 对所有正整数着色, 必定在涂了某种色彩的正整数中包含了任意长度的算术序列. 爱尔特希和 Turán 在 1936 年猜测, 这一点对于 "最常见" 的色彩类都是对的. 准确些说, 他们猜测: 对于任意正整数 $k$ 和任意实数 $\varepsilon > 0$, 必定存在一个正整数 $n_0$, 使得当 $n > n_0$ 时, 任意含有 $\varepsilon n$ 个 1 与 $n$ 之间的整数的集合中都含有一个 $k$ 项的算术数列 (令 $\varepsilon = r^{-1}$, 就很容易由此导出 van der Waerden 定理). 在得到了几个部分的结果以后, 这个猜测终于在 1975 年由 Szemerédi 证明. 他的深刻的证明是组合性质的, 而且应用了来自拉姆齐理论和极图理论的技巧. Furstenberg 在 1977 年给出了另一个基于遍历理论[V.9] 的证明. 2000 年 Gowers 把组合的论证和解析数轮的工具结合起来, 给出了一个新的证明. 这个证明给出了一个好得多的定量的估计. Green 和陶哲轩最近有一个与此相关的非常精彩的结果, 断言在素数中有任意长度的算术数列 (见条目解析数论[IV.2§7]). 他们的证明把数论的技巧与遍历理论的技巧结合起来. 爱尔特希则猜测, 任意无穷序列 $n_i$, 只要 $\sum\limits_i (1/n_i)$ 发散, 其中必定有任意长的算术数列. 这个猜测就会导出 Green 和陶哲轩的定理.

### 2.5 离散几何学

令 $P$ 和 $L$ 分别为平面上点和直线的集合. 定义一个关联关系 (incidence) 就是 $P$ 中的点 $p$ 和 $L$ 中的直线 $l$ 所成的一个对子 $(p, l)$, 其中的 $p$ 在 $l$ 上, 或者说 $l$ 通过 $p$. 设 $P$ 中有 $m$ 个相异的点, $L$ 中有 $n$ 个相异的直线, 那么可能有多少个关联关系? 这是一个几何学问题, 但是有很强的极值组合学的味儿. 这就是一个名为**离散几何学**(或称**组合几何学**) 的领域的典型.

用 $I(m, n)$ 表示 $m$ 个点和 $n$ 条直线所可能具有的关联关系的最大可能的数目. Szemerédi 和 Trotter 决定了这个量对所有的 $m$ 和 $n$ 的渐近状况, 但有一个常数因子未能确定. 他们的结果就是: 存在两个绝对的正常数 $c_1$ 和 $c_2$, 使得对于一切 $m$ 和 $n$ 有

$$c_1 \left( m^{2/3} n^{2/3} + m + n \right) \leqslant I(m, n) \leqslant c_2 \left( m^{2/3} n^{2/3} + m + n \right).$$

如果 $m > n^2$ 或 $n > m^2$, 则只要取所有 $m$ 个点均在 $L$ 中的同一直线上, 或所有 $n$ 条直线均通过 $P$ 中的同一点, 就可以找到下界. 在 $m$ 和 $n$ 比较接近这个较

难的情况, 可以令 $P$ 包含一个 $\lfloor\sqrt{m}\rfloor \times \lfloor\sqrt{m}\rfloor$ 格网中的所有点 ①, 而取 $n$ 个最 "人口密集" 的直线, 就是选择含了 $P$ 中最多点的那 $n$ 条直线, 这样也能确定下界. 上界的确定比较难. 最漂亮的证明是由 Székely 给出的, 证明是基于下面的事实: 不论怎样作一个具有 $m$ 个顶点和多于 $4m$ 条边的图, 一定有许多对边会相交 (这是欧拉关于平面图的顶点、边与区域的数目之间的一个著名公式的简单推论). 要想求一个点的集合 $P$ 和一个直线的集合 $L$ 的关联关系的数目的界限, 可以考虑以 $P$ 中之点为顶点、以 $L$ 中的直线上介于顶点之间的直线段为边的图. 注意到这个图中边的交叉点的数目不会超过 $L$ 中的直线对的数目, 而当关联关系很多时, 这个数目又很大, 就能得到所求的界限.

类似的思想可以用来给出下面问题的部分解答: 如果在平面上取 $n$ 个点, 这些点对 $(x, y)$ 中有多少使得 $x$ 与 $y$ 的距离为 1? 这两个问题彼此相关, 这一点并不令人吃惊: 这些点对的个数就是这 $n$ 个点与以这些点为心的 $n$ 个单位圆的关联关系的数目. 然而, 在这里, 已知的最为人知的上界是 $cn^{4/3}$, $c$ 是一个绝对常数, 而最为人知的下界则只是 $n^{1+c'/\log\log n}$, $c'$ 是一个正的绝对常数. 二者的数量级不同, 因此, 其中有很大的空隙.

黑利 (Eduard Helly ,1884 – 1943, 奥地利数学家) 的基本的定理断言, 如果 $\mathcal{F}$ 是在 $\mathbf{R}^d$ 中最少包含 $d+1$ 凸集合的集合, 而且 $\mathcal{F}$ 中的任意 $d+1$ 个凸集合都有公共点, 则 $\mathcal{F}$ 中的所有凸集合也有公共点. 现在从一个较弱的假设出发: 在给定的 $\mathcal{F}$ 中任意取 $p$ 个集合, 其中有 $d+1$ 个有公共点 (这里假设 $p$ 是一个大于 $d+1$ 的整数). 问能否找到一个最多含 $C$ 个点的集合 $X$, 使得 $\mathcal{F}$ 中的任意集合都含有 $X$ 中的点. 这里 $C$ 是一个常数, 依赖于 $p$ 但不依赖于 $\mathcal{F}$ 中凸集合的个数. 这个问题是由 Hadwiger 和 Debrunner 在 1957 年提出, 而由 Kleitman 和 Alon 在 1992 年解决. 这个证明把黑利定理的 "分数形式" 与线性规划[III.84] 的对偶以及各种附加的几何结果结合起来了. 不幸的是, 它对 $C$ 的估计很差, 甚至在二维而且 $p=4$ 的情况, 也不知道 $C$ 的最佳值是多少.

以上只是离散几何学中的问题和结果的一个小小的样本. 近几十年来, 这些结果被广泛应用于计算几何学和组合优化中. 本文末的参考文献中的 Pach, Agarwal (1995), 以及 Matoušek (2002) 是这个学科的两本好书.

## 2.6　工具

极值组合学的许多结果主要是靠心灵手巧和细致的推理得出的. 然而, 这个学科已经成长到脱离了这样一个初期阶段: 有几个深刻的工具已经发展起来, 而对于这个领域的进展是很本质的. 在这一小节里, 我们对这些工具里的几个作很简短的描述.

---

① $\lfloor\sqrt{m}\rfloor$ 表示小于或等于 $\sqrt{m}$ 的最大整数.—— 中译本注

**Szemerédi 正规性引理**是在图论的许多领域中都有应用的结果. 这些领域包括组合数论、计算复杂性, 而主要是极图理论. 这个引理的准确的陈述有些麻烦, 例如可以在本文的参考文献中的 Bollobás (1978) 中找到. 粗略的陈述则是: 一个很大的图的顶点集合可以分成常数多个大小相近的几块, 而由这些块中的绝大多数的对子构成的二分图, 其性态很像随机二分图, 这个引理的力量在于它可以用于任意的图, 对其构造给出粗略的近似, 从而使我们能够提取出关于它大量的信息. 一个典型的应用是: 一个只有 "少数几个" 三角形的图可以用没有三角形的图来 "很好地逼近". 更确切地说就是, 对于任意 $\varepsilon > 0$, 必定存在 $\delta > 0$, 使得若 $G$ 是一个具有 $n$ 个顶点和至多 $\delta n^3$ 个三角形的图, 则至多可以从 $G$ 中除去 $\varepsilon n^2$ 个边、就成为没有三角形的图. 这个看起来单纯的命题蕴含了前面提到的 Szemeréd 的定理在 $k = 3$ 时的情况.

来自线性代数与重线性代数的工具在极值组合学中起了很重要的作用. 属于这一类的最重要的技术也可能是最简单的技术就是所谓**维数论证**. 这个方法的最简单的情况可以描述如下: 为了求一个离散结构 $A$ 的基数的界限, 把它的元素映为一个向量空间[I.3§2.3] 的不同的向量, 并且证明这些向量是线性无关的. 这就证明了 $A$ 的大小不能超过这个线性空间的维数. 这个论证的一个早期应用是由 Larman, Rogers 和 Seidel 在 1977 年发现的. 他们想要知道, 在 $\mathbf{R}^n$ 中最多能找到多少个点, 使它们的差最多只有两个值. 这样的点的系统的一个例子是 $\mathbf{R}^n$ 中具有以下性质的点的集合: 这些点的坐标由 $n - 2$ 个 0 和两个 1 构成. 然而请注意, 这些点都位于坐标之和为 2 的那些点所成的超平面上. 所以这实际上是 $\mathbf{R}^{n-1}$ 中的一个例子. 所以有一个简单的下界 $n(n+1)/2$. Larman, Rogers 和 Seidel 把这个下界与一个上界 $(n+1)(n+4)/2$ 配起来. 他们是这样做的: 把每一个这样的点与一个 $n$ 个变量的多项式联系起来, 证明这些多项式是线性无关的, 而且全在一个维数为 $(n+1)(n+4)/2$ 的空间中. 后来, Blokhuis 把维数改进为 $(n+1)(n+2)/2$. 他的做法是: 在这个空间里, 又找到 $n+1$ 个多项式, 并且使扩大了的多项式集合仍为线性无关的. 维数论证的进一步的例子可以在 Graham, Grötschel, Lovász (1995) 第 31 章中找到.

在图论中广泛地应用了谱论的技巧, 就是对本征向量和本征值[I.3§4.3] 的分析. 图论和谱的联系来自一个图 $G$ 的**相邻矩阵**(adjacency matrix) 的概念. 相邻矩阵就是这样一个矩阵 $A$, 对于图 $G$ 的每一对 (不一定相异的) 顶点 $u$ 和 $v$, 都有矩阵的一个元 $a_{u,v}$, 而如果有一个边把这两个顶点连接起来, 就规定 $a_{u,v} = 1$, 否则就规定 $a_{u,v} = 0$. 这个矩阵是对称矩阵, 所以由线性代数的标准结果, 它有实的本征值, 而本征向量构成规范正交基底[III.37]. 后来证明, 相邻矩阵 $A$ 的本征值与图的一些构造性质有密切的关系, 而这些性质对于各种极值问题的研究时常是有用的. 特别有意义的是正规图的第二大的本征值. 设图 $G$ 的每一个顶点的次数都是 $d$, 于是很容易看到, 每一个分量均为 1 的向量是相应于本征值 $d$ 的本征向量, 而且这个 $d$ 是最大的本征值. 如果所有其他的本征值按模来说都比 $d$ 小很多, 则可以证明 $G$ 的性态在很多方面都像一个随机 $d$ 正规图. 特别是在任意 $k$ 个顶点的集合之间的边的数目大体上是相同的 (只要 $k$ 不是太小), 而对于随机图, 人们自然也会这样期望的. 由此容易知道, 在任一个不太大的顶点集合之外, 一定还可以找到与这个集合内的顶点相邻接的顶点. 具有这种性质的图称为**伸展子图**[III.24], 它在理论计算机科学中有许多应用. 构造出这样的图并非易事, 而且有一段时期这是一个重大的未解决的问题. 现在已经有了好几种基于代数方法的构造方法, 详情可见本文的参考文献 Alon, Spencer (2000) 第 9 章及其中的参考文献.

拓扑方法应用于研究组合对象如偏序集合、图和集合系统, 已经是组合学家常用的数学工具的一部分. 一个早期的例子是 Lovász 对 Kneser 的猜测的证明, 这在 2.3 节里面已经提到过. 以下的结果是另一个例子的有代表性的特例. 设有一条线, 上面穿了 10 个红色的珠子、15 个蓝色珠子、20 个黄色珠子. 那么, 不问这些珠子是怎样排列的, 都可以把这条线在 12 个地方剪断, 而把这些剪断了的段子分成 5 堆, 使每堆都有 2 个红珠子、3 个蓝珠子和 4 个黄珠子. 堆数减 1 就是 4, 3 则是色彩的数目, 二者相乘就会得到 12. 这个结果的一般情况, 是 Alon 用 Borsuk 定理的一个推广来证明的. 拓扑证明的更多的例子可以在 Graham, Grötschel, Lovász (1995) 第 34 章中找到.

### 3. 概率组合学

20 世纪数学的一个了不起的发展是认识到有时候可以用概率方法来证明一些数学命题, 而这些命题的本性, 看起来并没有概率的性质. 例如在 20 世纪的前半世纪, Paley, Zygmund, Erdös, Turán, Shannon 等就利用了概率推理在分析、数论、组合学和信息论等领域中得到了突出的结果. 人们很快就清楚了, 所谓概率方法对于证明离散数学中的结果是一个强有力的方法. 早期的结果是把组合的论证与相当初等的概率技巧结合起来, 但是近年来这个方法有了很大的进展, 现在时常需要用到精细的多的技巧. Alon, Spencer (2000) 是处理这个学科的一本现代的教材.

概率技巧在离散数学中的应用是由爱尔特希首创的. 他对于这个方法发展贡献之大超过任何人. 我们可以把这些应用分为三组.

第一组是关于某些随机的组合对象的研究, 例如随机图和随机矩阵. 这里的结果本质上是概率论的结果, 虽然绝大多数是由组合问题所引起的. 下面是一个典型的问题：如果 "随机地" 取一个图, 其中包含有哈密顿循环的概率是多少?

第二组是以下思想的应用. 假设想证明具有某个性质的组合结构存在, 一个可能的方法是随机地 (按照某种可以自行决定的概率分布) 选择一个结构, 然后估计它具有我们所想要的性质的概率是多少. 如果能够证明这个概率大于 0, 则这个结构是存在的. 令人吃惊的是: 证明这一点时常比给出一个管用的例子容易得多. 例如, 有没有一个具有很大的 "腰身"(就是没有很短的循环)、同时又有大的色彩数的图存在? 哪怕这里所谓 "很大" 只是指 "至少为 7", 要找出这样一个图的例子是很难的. 但是这种图的存在只是概率方法的一个相当容易的推论.

第三种应用可能是最为惊人的. 有一些命题看起来完全是决定论的 (甚至在习惯用概率方法来证明存在性的人看来也是决定论的), 但是仍然会屈服于概率方法, 这样的例子很多. 本节余下的部分将对这三种类型的应用各举一些典型的例子.

### 3.1 随机结构

对于随机图的系统研究是由爱尔特希和雷尼 (Alfréd Rényi, 1921–1970, 匈牙利数学家) 在 1960 年开始的. 随机图的最常见的定义是取一个概率 $p$, 并且对任意一对顶点, 都以概率 $p$ 用一个边把它们连接起来, 而且所有的选择都是独立的. 这样得到的图记作 $G(n,p)$ (正式地说, 这样得到的并不是一个图, 而是一个概率分布, 但是我们时常这样来谈论它, 好像它是一个随机生成的图). 随意给出一个性质, 例如 "图中不包含三角形", 可以研究 $G(n,p)$ 具有这个性质的概率.

爱尔特希和雷尼的一个惊人的发现是, 图的许多性质是 "突然跳出来的". 这种性质的例子有 "含有哈密顿循环" "不是平面图" 和 "是连通的". 这些性质都是**单调**的, 意思是如果一个图 $G$ 具有这个性质, 对 $G$ 加上一个边, 所得的图仍然有这个性质. 取一个这样的性质, 并定义 $f(p)$ 为随机图 $G(n,p)$ 具有这个性质的概率. 因为这个性质是单调的, 所以当 $p$ 增加时, $f(p)$ 也会增加. 爱尔特希和雷尼所发现的则是, 几乎所有的增加都发生在很短的时间里面. 就是说, 当 $p$ 很小的时候, $f(p)$ 几乎是 0, 然后突然急剧地增加到几乎为 1.

这种急剧增加的最著名同时又最能说明问题的例子是所谓**巨人分量**的出现. 我们来考虑 $p$ 的形状是 $c/n$ 的 $G(n,p)$. 如果 $c < 1$, 则有很大的概率出现下面的情况: $G(n,p)$ 的所有连通分量的大小都具有 $n$ 的对数的数量级. 然而若 $c > 1$, 则 $G(n,p)$ 几乎一定有一个连通分量、其大小对于 $n$ 是线性的 (这个分量就叫做巨人分量), 而其余的连通分量的大小都是对数数量级的. 这与数学物理中的相变现象有关, 这一点将在条目临界现象的概率模型[IV.25] 中讨论. Friedgut 有一个结果表明, 一个图的 "整体的" 性质 (其意义将在下面说明) 的相变要比 "局部的" 性质的相变更尖锐.

在随机图的早期研究中的另一个有趣的发现是: 图的许多基本的参数是高度 "集中" 的. 一个能够说明这一点的突出的例子是下面的事实: 对于任意的 $p$ 以及绝大多数的 $n$, 几乎所有的 $G(n,p)$ 都有相同的团数. 就是说, 存在某个 $r$(依赖于 $p$ 和 $n$), 当 $n$ 很大时 $G(n,p)$ 的团数为 $r$ 的概率是很高的. 由于连续性的原因, 这样的结果不可能对所有的 $n$ 成立, 但是在例外的情况下, 仍然有这样的 $r$, 使得团数几乎肯

定地或者等于 $r$ 或者等于 $r+1$. 在这两种情况下, $r$ 都大体上是 $2\log n/\log(1/p)$. 这个结果的证明依靠所谓的**二阶矩方法**: 就是估计含于 $G(n,p)$ 内的一定大小的团的数目的期望值和变差, 并且应用马尔可夫 [1] 和切比雪夫[VI.45] 的著名不等式.

随机图 $G(n,p)$ 的色彩数也是高度集中的. 对于与 0 有一定距离的 $p$ 值, 色彩数的典型的形态是由 Bollobás 决定的. 一个更加一般的结果, 即当 $n\to\infty$ 时 $p$ 趋近于 0, 是由Shamir, Spencer, Czak, Alon, Krivelevich 证明的. 特别是可以证明对于每一个 $\alpha<\frac{1}{2}$ 和每一个整数值函数 $r(n)<n^{\alpha}$, 恒存在一个函数 $p(n)$, 使得 $G(n,p(n))$ 的色彩数几乎一定是 $r(n)$. 然而, 决定 $G(n,p)$ 的色彩数的准确的集中程度、甚至在 $p=\frac{1}{2}$ 这个最基本、最重要的情况 (即所有的具有 $n$ 个顶点的有标号的图都以相同的概率出现的情况), 仍然是一个非常吸引人的未解决的问题.

关于随机图的许多进一步的结果, 可以参看 Janson, Łuczak, Ruciński (2000) 一书.

### 3.2　概率的构造方法

概率方法在组合学中最早的应用之一是爱尔特希对拉姆齐数 $R(k,k)$ 所给出的下界, 关于拉姆齐数已经在 2.2 节中定义了. 爱尔特希证明了如果

$$\binom{n}{k} 2^{1-\binom{k}{2}} < 1,$$

则 $R(k,k)>n$. 就是说, 对于具有 $n$ 个顶点的完全图的边, 有一种红/蓝着色, 使得没有一个大小为 $k$ 的团是完全红色的, 或者是完全蓝色的. 注意, 对于所有的 $k\geqslant 3$, 数 $n=\lfloor 2^{k/2}\rfloor$ 一定满足上面的不等式, 所以爱尔特希的结果给 $R(k,k)$ 一个指数形状的下界. 证明是很简单的: 如果对于边的着色是随机而且独立的, 则任意的 $k$ 个顶点的集合的所有边有相同色彩的概率是两倍的 $2^{-\binom{k}{2}}$. 这样, 具有这个性质的团的期望数是

$$\binom{n}{k} 2^{1-\binom{k}{2}}.$$

如果这个数小于 1, 则至少有一种着色的方法使得没有一个团具有这样的性质, 而这个结果得证.

---

[1] 有两个同名同姓的马尔可夫, 而且是父子二人. 他们的全名都是 Andrei Andreyevich Markov. 这里讲的是父亲, 是切比雪夫的学生, 生卒年月为 1856–1922, 俄罗斯数学家, 概率论的大师, 现在人们说到的马尔可夫过程等等都是这个 "马尔可夫" 的贡献. 另一位是儿子, 人们时常在他的全名后加上 Jr. 成为 Andrey Andreyevich Markov Jr. 生卒年月是 1903–1979, 苏联数学家, 主要的贡献在数学基础和逻辑方面. 他是苏联的构造主义学派的主要代表.—— 中译本注

注意, 这个证明是完全非构造的, 意思是说, 它仅仅是证明了这样一种着色方法存在, 而没有给出一个有效的构造方法来.

类似的计算可以给出 1.1 节中提出的邀请赛的问题 (即其中的例 (vii)) 的解. 如果邀请赛的结果是随机的, 则对于任意特定的 $k$ 个队, 没有其他的队能够打败所有这 $k$ 个队的概率是 $\left(1 - (1/2)^k\right)^{n-k}$. 由此可得, 如果

$$\binom{n}{k}\left(1 - \frac{1}{2^k}\right)^{n-k} < 1,$$

则下面这件事有非零概率, 即不论怎样选择 $k$ 个队, 总有另外一个队能够打败所有这 $k$ 个队, 就是说这种事情总是会发生的. 如果 $n$ 大于大约 $k^2 2^k \log 2$, 上面的不等式是成立的.

概率的构造方法在给出拉姆齐数的下界上一直是很有力的. 除了上面提到的 $R(k,k)$ 的估计以外, 还有一个由 Kim 给出的更为微妙的概率证明: 有某个正数 $c$ 存在使得 $R(3,k) \geqslant ck^2/\log k$. Ajtai, Komlós 和 Szemerédi 证明了除了相差一个常数因子 $c$ 以外, 这个估计也是紧身的, 他们的证明也是用的概率方法.

### 3.3 证明决定论的定理

假设用 $k$ 种色彩对整数着色. 如果在集合 $S$ 中, 所有这 $k$ 种色彩都出现, 就说 $S$ 是**多色的**(multicolored). Straus 猜测, 对于每一个 $k$ 都有一个 $m$ 具有以下的性质: 给定任意的具有 $m$ 个元的集合 $S$, 则必定有一种用 $k$ 个色彩对整数着色的方法, 使得 $S$ 的任意的解释都是多色的. 这个猜测是由爱尔特希和 Lovász 证明了的. 证明是概率性质的, 它使用了一种称为 Lovász **局部引理**的工具. 和许多概率技巧不同, 它使我们能够证明某些事件以非零概率成立, 尽管这个概率是极小的. 这个引理粗略地说就是: 对于任意有限的 "近乎独立" 的小概率事件, 这些事件都不成立这个情况却有一个正的概率. 这个引理有许多应用. 注意, 作为一个命题, Straus 猜测与概率无关, 然而它的证明却依赖于概率论证.

我们已经说过, 如果一个图 $G$ 可以用 $k$ 种色彩对其顶点适当着色, 就说 $G$ 是 $k$ 可着色的. 假设现在不想就只用这 $k$ 种色彩, 而是对每一个顶点分别给出它自己所用到的 $k$ 种色彩的清单, 而又想找到 $G$ 的顶点的一种适当的着色, 使得每一个顶点都在自己的清单里得到一种色彩. 如果不论这些单子是怎样的, 都可以做到这一点, 就说 $G$ 是 $k$ **可选择的**, 而使得 $G$ 为可选择的最小的 $k$ 就称为 $G$ 的**选择数** $\mathrm{ch}(G)$. 如果各个顶点的清单都是一样的, 就得到 $G$ 为 $k$ 可着色的, 所以 $\mathrm{ch}(G)$ 至少和 $\chi(G)$ 一样大. 人们可能会设想, $\mathrm{ch}(G)$ 和 $\chi(G)$ 应该相等, 因为似乎对不同的顶点使用不同的清单, 会使得对 $G$ 的适当着色比各个顶点使用同样的清单更容易一些. 然而, 事实远非如此. 可以证明, 对于任意常数 $c$ 都可以找到常数 $C$, 使得任

意平均次数至少为 $C$ 的图, 其选择数至少为 $c$. 这样一个图很可能就是二分图 (因此色彩数为 2), 所以 $\mathrm{ch}(G)$ 可以比 $\chi(G)$ 大得多. 多少有点惊人的是, 这个证明是概率的.

这个事实的一个有趣的应用涉及出现在拉姆齐理论中的图. 图的顶点都是平面上的点, 而两个顶点当且仅当其距离为 1 时才用一个边连接起来. 这个图的选择数是无穷大, 但是其色彩数已知是在 4 和 7 之间.

拉姆齐理论的一个典型问题是去寻找某一类的子结构, 使之能用一种色彩完全着色. 这个问题的一个相伴的问题是**差异理论**(discrepancy theory), 则是只要求各种色彩被使用的次数不要相差太大. 在许多这一类问题中, 概率论证已经证明是非常有用的. 例如爱尔特希和 Spencer 就证明了在完全图 $K_n$ 的边的任一红/蓝着色中, 总有顶点的一个子集合 $V_0$, 使得图 $K_n$ 中的红边的数目与蓝边的数目的差至少是 $cn^{3/2}$, 这里 $c > 0$ 是一个绝对常数. 这个问题是概率方法的力量的一个使人信服的宣示, 因为它也可以用于其他方向上, 来证明所得的结果除了有一个常数因子未定以外是紧身的.

### 4. 算法的侧面和未来的挑战

我们已经看到, 证明某个组合结构的存在是一回事, 而去构造出一个例子却是另外一回事. 一个相关的问题则是: 是否能用一个有效的算法[IV.20§2.3] 去把它构造出来, 如果能够, 就说这个算法是显式的. 因为理论计算机科学的迅猛发展, 这个问题变得越来越重要了, 而理论计算机科学是与离散数学密切相关的. 当所考虑的结构已经用概率方法证明其存在以后, 这个问题就更加有趣了. 生成这个例子的有效算法, 不仅其自身就是有趣的, 而且在其他领域中有重要的应用. 例如, 在编码和信息理论[VII.6] 中, 和随机码一样好的纠错码的编制就是一个具有重大意义的问题, 某些类型的拉姆齐类型的着色, 在去随机化[IV.20§7.1.1](就是把随机算法转化为决定论的算法) 中也是这样.

然而后来证明, 找一个好的显式的算法时常是很困难的. 甚至在 3.2 节中讲到的爱尔特希对于以下事实的简单证明也涉及一些看来很困难的未解决的问题, 这个事实就是对于具有 $\lfloor 2^{k/2} \rfloor$ 个顶点的图必定存在一种红/蓝着色, 使它没有大小为 $k$ 的单色的团. 我们能不能在对于 $n$ 为多项式的时间内作出一个这样的具有 $n \geqslant (1+\varepsilon)^k$ 个顶点的图? 尽管有许多数学家已经花了相当大的功夫, 这个问题离解决还很遥远.

应用其他的高级的技巧, 例如代数和分析的技巧、谱论的方法、拓扑的证明, 也在许多场合导致非构造的证明. 把这些论证转变为算法的论证很可能是这个领域未来的主要挑战之一.

另一个有趣的新近的发展是四色定理[V.12]的证明开了一个头：计算机辅助证明在组合学中出现得越来越多了. 怎样把这些证明融入这个领域、而又不至于伤害它的特殊的魅力和诉求还是一个进一步的挑战.

组合学的这些挑战、组合学这个领域作为数学的基本分支的本性、它与其他学科的紧密联系和它的许多诱人的未解决的问题, 保证了组合学在数学和科学未来的总的发展中会起本质的作用.

### 进一步阅读的文献

Alon N, and Spencer J H. 2000. *The Probabilistic Method*, $2^{nd}$ edn. New York: John Wiley.

Bollobás B. 1978. *Extremal Graph Theory*. New York: Academic Press.

Graham R L, Grötschel M, Lovász L, eds. 1995. *Handbook of Combinatorics*. Amsterdam: North-Holland.

Graham R L, Rothschild B L, and Spencer J C. 1990. *Ramsey Theory*, $2^{nd}$ edn. New York: John Wiley.

Janson S, czak T, and Ruciński A. 2000. *Random Graphs*. New York: John Wiley.

Jukna S. 2001. *Extremal Combinatorics*. New York: Springer.

Matoušek J. 2002. *Lectures on Discrete Geometry*. New York: Springer.

Nathanson M. 1996. *Additive Number Theory*: *Inverse Theorems and the Geometry of Sumsets*. New York: Springer.

Pach J, and Agarwal P. 1995. *Combinatorial Geometry*. New York: John Wiley.

Tao T (陶哲轩), and Vu V H. 2006. *Additive Combinatorics*. Cambridge: Cambridge University Press.

# IV.20  计算复杂性

Oded Goldreich and Avi Wigderson

## 1. 算法和计算

本文讲的是哪些东西可以有效率地算出来, 而哪些则不行. 我们要介绍几个重要的概念和研究领域, 例如计算的形式模型、有效性的量度、$\mathcal{P}$ 对 $\mathcal{NP}$ 问题、$\mathcal{NP}$ 完全性、环路的复杂性、证明的复杂性、随机化的计算、伪随机性、概率证明系统、密码学, 还有其他. 所有这些问题的背后都出现了两个相关联的概念: 算法和计算, 所以我们就从讨论这两个概念开始.

### 1.1    什么是一个算法

假设有一个很大的正整数 $N$, 要求决定它是否素数. 您会怎样做? 一种可能是使用**试除法**. 即首先去看它是否偶数, 再看它是否 3 的倍数, 然后看它是否 4 的倍数, 如此以往试到 $\sqrt{N}$ 为止. 如果 $N$ 是合数, 则它在 2 和 $\sqrt{N}$ 之间必有一个因子, 所以当且仅当对于所有这些疑问的答案均为否时, 它才是一个素数.

这个方法的问题在于它是高度**无效率的**. 例如, 假设 $N$ 是一个 101 位数, 则 $\sqrt{N}$ 至少是 $10^{50}$, 所以, 如果想把这个方法算到头, 那么就得至少回答 $10^{50}$ 次这样的问题: "$K$ 是否 $N$ 的因子?" 这里所需用的时间远远超过人的一辈子, 甚至把世界上所有计算机都用来做这件事, 所需用的时间仍然会远远超过人的一辈子. 那么, 什么是一个 "有效率的程序" 呢? 这个问题又分成两部分: 什么是一个程序, 而什么才算是有效率? 我们依次来考虑这两个问题.

如果一种方法可以算成是一个解决这个问题的程序, 它就必须满足三个非常明显的条件: 首先是**有限性**, 这个程序应该有有限的描述 (这样, 例如不能简单地通过整数的无穷序列来求因子分解的解答). 其次是**正确性**, 就是说, 对于每一个 $N$, 它都要能正确地给出 $N$ 是否素数.

还有第三个比较微妙的条件, 而且直接与 "算法" 一词的含义这个核心问题有关. 这个条件就是这个方法应该由**简单的步骤**组成. 需要这个条件才能排除一些可笑的 "程序", 例如, "察看 $N$ 有没有非平凡的因子, 当且仅当它没有非平凡的因子时, 才宣布 $N$ 为素数". 问题就在于我们无法看出 $N$ 有没有非平凡的因子. 与此相对照, 试除法只要求我们做基本的算术, 例如把一个整数加上 1、比较两个整数、和作长除法. 此外, 基本的算术的程序还可以分解为更简单的步骤, 例如, 长除法可以通过一连串初等的运算来完成, 而且这些运算每一次都只对一位数码来进行.

为了更好地理解简单性条件, 并为算法概念的形式定义做好准备, 让我们更详细地看一下长除法. 假设您面前放了一张纸, 要求用 857 去除 5 959 578. 您要把两个数字都写下来, 而且随着计算的进行, 还要写出另外一些数. 例如, 可以把 857 的倍数都写出来, 一直写到 $9 \times 857$ 为止. 还用不着做到这一步, 就会把 $5999 = 7 \times 857$ 与 5 959 578 的前 4 位 5959 相比较; 而为了做这个比较, 就会从左到右地比较, 而每一次只比较一位数码. 在比到第三位时, 就发现了差异: 5999 的第三个数码 9 已经超过了 5959 的第三位 5, 于是就会把 5142(就是 $6 \times 857$) 放在 5959 下面, 再做减法 (这时仍然是从左到右对各位数码扫描, 每次只对一位数做减法, 当然, 这里略去了借位运算). 这样就得到了差 817. 于是, 又把 5 959 578 的下一位 5"拿下来", 得到 8175, 然后再重复上面的做法.

您在计算的每一步都在改动您面前的纸. 当您这样做时, 需要记清楚自己现在正在做的是哪一步 (在写出最开始的 857 的倍数的表, 还是在弄清楚是哪一个数是最大的但是尚未超过另一个数, 还是在做减法或是把下一位数 "拿下来", 如此等等), 还要搞清楚正在处理的是纸上的哪一些符号. 最值得注意的是, 所有这些信息都有固定的大小, 就是说, 当输入 (就是要对之做除法的两个数) 增加时, 这个大小是不会变大的.

所以, 整个程序可以看成是通过反复施用固定的规则, 对某种 "环境" 作**局部**的改变, 而这个规则不依赖于输入 (典型情况是: 这个规则还有其内部的结构, 例如一些更简单的规则的列表, 并且指明在何种情况下应用何种更简单的规则). 一般说来, 这就是计算二字的意思: 计算就是反复应用固定的规则使环境得到改变. 这些固定的规则通常就称为**算法**. 注意这样一种描述也适用于关于自然界中的许多动态演化的科学理论 (例如天气的演化、化学反应或生物学的过程). 于是, 这些过程也可以看作是各种各样的计算过程. 有些动力学过程也表现出这样一个事实, 就是对于环境的简单的局部的修正, 在反复充分多次以后, 可以造成为环境的极为复杂的改变 (关于这种现象的进一步的讨论可以参看条目**动力学**[IV.14]).

像这样一些思想是**图灵机**这个思想的基础. 所谓图灵机就是图灵[VI.94] 的著名的对于算法的形式化. 有趣的是, 他是在计算机出现以前就得到了这个思想的. 这个思想的抽象性及其中心地位, 特别是 "万能" 机的存在性, 大大地影响了计算机的真正制造.

非常重要的是要知道算法的思想可以形式化, 这样才能精确地知道是否存在能够完成特定任务的算法, 才能知道已知输入的大小以后, 完成这个算法需要多少步等等. 然而, 做这件事有许多方法, 而且证明了它们都是等价的, 为了读懂本文, 并不需要进入某一种方法的细节 (如果您愿意, 可以把算法想作可以在一个真实的计算机上编程的程序, 当然, 这个计算机要有一点儿理想化; 使它有无限的存贮, 而这个程序的每一步只不过是把计算机的某个 bit 从 0 变成 1, 或者从 1 变成 0). 尽管如此, 为了简短地表明这个工作是如何完成的, 下面还是要对这个图灵机的模型做一个简要的描述.

一开始, 我们需要观察到: 所有的计算问题都可以编码成为在一个由 0 和 1 组成的序列 (以下就把这种序列简称为 "{01}序列") 上进行的 (这一个观察不仅在理论上有用, 而且在实际制造计算机时也是很重要的). 例如, 在计算过程中所有出现的数都要转变成其二进制表示; 也可以用 1 来代表 "真"(true), 用 0 来代表 "假"(false), 这样就可以完成基本的逻辑演算等等. 由于这个原因, 可以定义一个图灵机的非常简单的 "环境", 就是一条两头无限长的带子, 这条带子由无限多个 "方格" 组成, 每一个方格里或者是 0, 或者是 1. 在计算开始之前, 要在这条带子的预先指定的部分填满**输入**, 而输入也就是一串 0 和 1. 算法就是一个控制机制. 在任意时刻, 这个控制机制可以处于有限多个态之一, 这些态也放在带子上的一个方格里. 按照图灵机是处于何种态, 也按照它在所达到的方格中看见的是 0 还是 1, 这个图灵机可以做出三个决定: 是否改变这个方格里的值 0 或 1, 是否左移或右移一格, 下一步应该是什么态?

这个控制机制还有一个态, 叫做 "停机"(halt). 如果达到了这个态, 这个机制就会停下来什么事情也不做了. 在这个点上, 带子上有一个部分就被看成计算机的输出. 一个算法就可以想作是任意一个对于任何可能的输入都会停机的图灵机. 值得注意的是, 计算的这个非常简单的模型已经足以囊括计算的全部力量. 从理论上说, 例如可以用发条来造一个图灵机, 它能够做任何现代的超级计算机所能够做的事 (然而, 除了让它做最简单的计算以外, 无论让它做什么运算都要花太多时间, 所以它是完全不切实用的).

### 1.2    算法计算的是什么

一个图灵机所做的事就是把一个{01}序列变成另一个{01}序列. 如果我们想用数学语言来讨论这件事, 就需要对{01}序列的集合给一个名字. 准确点说, 我们考虑所有有限的{01}序列的集合, 并且称此集合为 $I$. 把所有长为 $n$ 的{01}序列的集合记作 $I_n$ 也是很有用的. 如果 $x$ 是 $I$ 中的一个元素, 即一个{01}序列, 我们就用 $|x|$ 来记它的长度: 例如, 若 $x$ 是 01 串 0100101, 则 $|x| = 7$. 我们说一个 (会停机的) 图灵机把一个{01}序列变成另一个{01}序列, 就是说它自然地定义一个从 $I$ 到 $I$ 的函数. 如果 $M$ 是一个图灵机, 而 $f_M$ 是其相应的函数, 我们就说 $M$ 在计算 $f_M$.

这样, 每一个函数 $f : I \to I$ 给出了一个计算任务, 就是计算 $f$ 这个任务. 如果这个任务是可以完成的, 即存在一个图灵机 $M$ 使其相应的函数 $f_M$ 等于 $f$, 就说 $f$ 是**可计算的**. 图灵的一个早期的中心结果, 也是邱奇[VI.89] 独立地得到过的结果, 就是存在不可计算的自然的函数 (详情可参看条目停机问题的不可解性[V.20]). 然而复杂性理论只考虑可计算函数, 并且研究哪些函数可以**有效率地**(efficiently) 计算.

使用我们引入的记号, 就可以形式地描述各种不同种类的计算任务了, 其中两个主要的例子是**搜索问题**和**判定问题**. 用非形式的说法, 搜索问题的目的是找一个具有某些性质的数学对象, 例如, 可能希望找一个方程组的解, 而这个解可能不是唯一的. 我们可以用集合 $I$ 上的关系[I.2§2.3]$R$ 这个概念来表述这件事的模型: 对于 $I$ 上的一对{01}序列 $(x,y)$, 我们说如果 $xRy$, 就是说 $y$ 是**问题实例** $x$ **的有效**(valid)**解** [1] ($xRy$ 这个记号表示 $x$ 与 $y$ 之间有 $R$ 所标志的关系, 同一件事的另一个常用的记号是 $(x,y) \in R$). 例如, 可以令 $x$ 和 $y$ 分别是正整数 $N$ 和 $K$ 的二进表示, 而 $xRy$ 当且仅当 $N$ 是一个合数, 而 $K$ 是 $N$ 的一个非平凡的因子. 这个搜索

---

[1] 这里 "有效"(valid 或 logically valid) 是逻辑术语, 而不同于下面讲的 "有效率"(efficient). 同样, "问题实例"(problem instance) 也是一个逻辑术语, 而不是一个 "问题". —— 中译本注

问题的非形式说法就是 "找 $N$ 的一个非平凡的因子". 如果 $M$ 是一个算法, 计算某个函数 $f_M : I \to I$, 而对每一个有解的问题实例 $x, f_M(x)$ 都是 $x$ 这个问题的有效解, 我们就说 $M$ **解出了搜索问题** $R$. 例如, 如果对于每一个具有二进表示 $x$ 的合数, $f_M(x)$ 都是 $N$ 的非平凡的因子 $K$ 的二进表示, 就说它解决了刚才定义的搜索问题.

注意, 在上面的例子中, 我们是对正整数有兴趣, 但是形式地说一个算法就是一个二进符号串 (即 $\{01\}$ 序列) 的函数. 这并不会成为问题, 因为有一个方便而且自然的方法把整数编码为一个二进符号串 —— 使用通常的二进展开就行了. 在本文以下部分里, 对于我们想要研究的数学对象与我们在计算中用来表示它们的符号串, 我们都自由地不加区分. 例如, 把前一段讲的算法 $M$ 想成一个函数 $f_M : \mathbf{N} \to \mathbf{N}$, 而对于每一个合数 $N, f_M(N)$ 都是其非平凡的因子, 就是这个搜索问题的解. 我们要强调, 用二进符号串来表示一个对象是非常简洁的表示方法: 表示数 $N$, 只需要 $\lceil \log_2 N \rceil$ ①个 bit, 所以数 $N$ 的大小是这个表示的长度的指数函数.

现在转到判定问题, 所谓判定问题就是答案为 "是" 或者 "否" 的问题. 本文开篇的问题 ——$N$ 是否一个素数 —— 就是判定问题的经典的例子. 注意, 这里和上前面的一段里, 我们对于 "问题" 这个字的用法, 与通常略有区别, 凡说到问题, 都是指一类问题而不只是一个问题. 例如 "443 是否素数?" 就叫做 "$N$ 是否素数" 这个问题的实例 (instance). 前面我们在说到问题 "找 $N$ 的一个非平凡的因子" 时, 我们说 $x$ 是一个 "问题实例", 其原因在此.

判定问题的模型很简单: 它们是 $I$ 的子集合. 这里的思想是 $I$ 的这个子集合 $S$ 就是由所有的使得答案为 "是"(yes) 的符号串构成的, 至少当我们选择显然的符号串来为这个问题编码时是这样. 我们什么时候可以说一个机器 $M$ 解决了判定问题 $S$ 呢? 我们希望这个机器能计算出这样一个函数 $f$: 当输入属于 $S$ 时, $M$ 就回答 "是", 而在其他情况则回答 "否". 也就是说, 我们说 $M$ **解决了问题** $S$, 如果与此相关的函数 $f_M$ 是从 $I$ 到集合 $\{0,1\}$ 的函数, 而且当 $x \in S$ 时, $f_M(x) = 1$, 而在其他情况下 $f_M(x) = 0$.

本文的绝大部分是讲的判定问题, 但是读者应该牢记在心, 一些看起来比较复杂的计算任务, 包括搜索问题, 事实上常可化为一系列的判定问题. 例如, 如果能够解决所有的判定问题, 而又想把一个大的合数 $N$ 分解为因子, 那么就可以进行如下: 首先, 决定此数的最小素因子是否以 1 结尾 (由它的二进表示来决定). 如果答案为是, 就问它是否以 11 为结尾, 这样来决定下一个数码. 如果最小素因子是否以 1 结尾的答案为否, 就问它是否以 10 结尾. 可以这样做下去, 每一步都多得到 1bit 的关于答案的信息. 需要询问的问题的个数最多就是 $N$ 的数码的个数.

---

① $\lceil a \rceil$ 表示大于或等于数 $a$ 最小整数.—— 中译本注

## 2. 效率和复杂性

本文开始不久处就问过 "有效率 (efficient) 的程序" 这句话是什么意思. 现在我们已经比较详细地讨论了 "程序" 一词, 但是还没有说过 "有效率" 是什么意思, 最多也只是指出, 如果要判定是否为素数的数太大, 则试除法耗时过多, 所以不是实际可行的.

### 2.1    算法的复杂性

怎样数学地来表述一个程序 "因为太大, 所以不是实际可行的"? 图灵机的形式化在解决这类问题上特别有用, 因为我们可以精确地说出图灵机计算的 "一步" 是什么, 这就使我们能够给出以下的精确定义: 一个算法就是一个图灵机, 它的复杂性定义为此机器在停机之前所已经走过的步数.

如果我们仔细地看一下这个定义, 就会看到它其实定义的不是一个数, 而是一个函数. 图灵机所用的时间依赖于输入, 所以, 给定一个图灵机 $M$ 和一个符号串 $x$, 就可以定义 $t_M(x)$ 为 $M$ 当以 $x$ 为输入时在停机前所走过的步数. 函数 $t_M : I \to I$ 称为 $M$ 的**复杂性函数**.

在绝大多数情况下, 我们感兴趣的并不是复杂性函数的全部细节, 而是**最差情况下的复杂性函数** $T_M$. 这个函数 $T_M : \mathbf{N} \to \mathbf{N}$ 定义如下: 给定正整数 $n$, $T_M(n)$ 就是函数 $t_M(x)$ 对于所有长度为 $n$ 的输入的最大值. 换句话说, 我们想要知道的是, 当 $M$ 面对长度为 $n$ 的输入时可能运行的最长时间. 通常, 我们并不去寻找 $T_M(n)$ 的确切公式, 对于绝大多数的目的, 有 $T_M(n)$ 的一个好的上界就已经够了.

函数 $t_M(x)$ 更准确地应该称为算法 $M$ 的**时间复杂性**, 因为它量度的是当以 $x$ 为输入时 $M$ 运行的时间. 但是时间并不是计算机科学中所在乎的唯一的资源. 另外一个资源是除了放置输入所需要的存储以外, 一个算法需要用到多少存储, 而也可以把这一点包含在我们的形式模型中. 给定了一个图灵机 $M$ 和输入 $x$, 可以定义 $s_M(x)$ 为除了 $x$ 所占用的方格以外, $M$ 在停机前所访问过的方格的个数. 这里有一个附加的条件, 就是输入所占用的方格不能变化.

### 2.2    问题的内在的复杂性

本文的绝大部分将用于对计算的力量作一般的分析. 我们特别是要讨论理论计算机科学的一个中心的分支, 即计算**复杂性理论**(简称**复杂性理论**). 这个理论的目的是要了解计算任务的内在的复杂性.

注意, 这里说的是 "计算任务" 而不是 "算法". 这里面有一个重要的区别, 标志了重点的改变. 回到素性检验的例子, 要估计不同的算法需要多少时间并不算很难, 而要看到试除法确实要用很长的时间也没有麻烦. 但是, 这是否意味着素性检验这个任务**内在地**就是很困难的呢? 不一定, 因为可能有其他方法可以快得多地完成这个任务.

这个思想很适合于我们的形式格式. 什么是一个计算任务的复杂性的好的定义呢? 粗略地说, 这个任务的复杂性就应该是能够完成这个任务的各种算法的最小的复杂性. 说这件事情的一个方便的方法如下: 令 $T : \mathbf{N} \to \mathbf{N}$ 是一个整数函数, 我们说这个任务的**复杂性最多是** $T$, 如果有一个能够完成这个任务的算法 $T_M$ 使得 $T_M \leqslant T$ (就是说, 对于每一个 $n \in \mathbf{N}$, 都有 $T_M(n) \leqslant T(n)$).

如果想说明某个计算任务并非内在地困难, 那么, 需要做的就是找出一个也能完成这个任务的复杂性较低的算法. 但是如果想要说明这个任务是内在的困难的任务, 又该怎么办呢? 这是就需要证明, 不论哪一个复杂性较低的**可能的算法** $M$, 都不能完成这个任务. 后一件事就困难多了, 尽管经过了半个世纪广泛的工作, 最好的已知结果都是很弱的. 注意这两种对于算法的研究有很大的区别: 我们可以在不知道如何把 "算法" 概念形式化的时候就找到一个算法, 但是要分析**所有的**具有某种性质的算法, 就必须有算法的精确定义. 幸运的是, 有了图灵的形式化, 我们就有了一个这样的算法的精确定义.

### 2.3 有效率的算法和 $\mathcal{P}$

现在已经有了量度算法和计算任务的复杂性的方法了. 但是我们还没有讨论过在什么时候, 一个算法才算是**有效率的**, 或者说一个计算任务才算是有效率可解的. 我们将要先提出一个关于效率的定义, 它初看起来似乎有点随心所欲, 然后再来解释这个定义为什么实际上是惊人的好.

如果 $M$ 是一个算法, 我们认为它是有效率的当且仅当它将在**多项式时间内终止**. 这就是说, 存在常数 $c$ 和 $k$ 使得最差情况的复杂性函数 $T_M(n)$ 恒满足不等式 $T_M(n) \leqslant cn^k$. 即这个算法所需的时间以输入符号串的长度的一个多项式函数为上界. 不难看到, 两个 $n$ 位数的加法和乘法都会在多项式时间内终止, 而素性检验的试除法则不行. 其他我们熟悉的具有有效率算法的例子还有把一个实数集合按上升次序重新排列的问题、计算一个矩阵的行列式[III.15] 的问题 (但是规定用按行的运算而不是用代入公式的方法来计算)、用高斯消去法解线性方程组的问题、在已给的网络中计算最短路径的问题等等.

因为我们感兴趣的是计算任务的内在的复杂性问题, 所以先要定义如果某个任务有有效率的算法可以解决, 就说这个任务是**有效率可计算的**(efficiently computable). 在讨论有效率可计算性时, 我们将集中于判定问题, 而且讨论所有的具有有效率算法的判定问题的类. 弄清这件事就是计算复杂性理论的主要目的. 下面是一个形式定义. 我们将要用一些方便的记号如下: 如果 $M$ 是一个图灵机, 而 $x$ 是输入, 则用 $M(x)$ 表示输出(原来是用 $f_M(x)$ 来记这个函数的). 因为我们是在考虑判定问题, 所以 $M(x)$ 将是 0 或者 1.

**定义**　一个判定问题 $S \subseteq I$ 称为**在多项式时间内可解的**, 如果存在一个在多项式时间内会终止的图灵机 $M$, 使得当且仅当 $x \in S$ 时 $M(x) = 1$.

在多项式时间内可解的判定问题是复杂性类中的第一个例子. 这个复杂性类记作 $\mathcal{P}$.

运行时间的**渐近分析**, 即把运行时间作为输入的长度的函数来加以估计, 在揭示有效率计算的结构的理论上起关键的作用. 选择多项式时间作为有效率的标准可能显得有点随心所欲, 也可能在别的选择下发展一些理论, 但是这个选择的合理性已经得到了大量的论证. 这里的主要理由是多项式类 (或者以多项式为界的函数类)在自然地出现在一个计算过程中的运算之下、是封闭的. 特别是两个多项式的和、积和两个多项式的复合都仍然是多项式, 这就使我们能够在研究素性检验的算法的效率时可以把长除法作为一个基本的运算并且看作是一步. 事实上, 长除法当然不只含有一步, 但是长除法在 $\mathcal{P}$ 中, 所以它需要的时间并不影响用到它的算法本身是否在 $\mathcal{P}$ 中. 一般说来, 如果应用编程的基本技巧**子程序**, 而子程序又都在 $\mathcal{P}$ 中, 则会保持算法作为一个整体的效率.

几乎所有在实践中使用的计算机程序、都是在这个理论的意义下为有效率的. 当然反过来并不对: 一个运行时间为 $n^{100}$ 的算法是完全无用的, 尽管 $n^{100}$ 是一个多项式. 然而, 这似乎没有关系. 对于一个自然的问题, 发现一个 $n^{10}$ 的算法已经很少见了, 而在发生这种罕见情况时, 几乎总能够把它改进为 $n^3$ 或 $n^2$ 时间, 这已经处于实际可行的边缘上了.

把 $\mathcal{P}$ 类与复杂性类 $\mathcal{EXP}$ 做一个对比是很重要的. 什么是复杂性类 $\mathcal{EXP}$? 一个问题属于 $\mathcal{EXP}$ 类, 如果有一个算法, 对于任意的长度最多为 $n$ 的输入, 能在最多 $\exp(p(n))$ 步之内解决它, 就说这个问题属于复杂性类 $\mathcal{EXP}$, 这里 $p(n)$ 是一个多项式. (粗略地说, $\mathcal{EXP}$ 是由可以在指数时间内解决的问题构成的, 定义中有一个多项式 $p$ 是为了使这个定义更加柔韧耐用而较少依赖于编码的精确性质等等).

如果用试除法来检验一个二进展开有 $n$ 位的正整数 $N$ 的素性, 就需要作 $\sqrt{N}$ 次长除法计算. 但是因为 $\sqrt{N}$ 约为 $2^{n/2}$, 所以这是一个指数时间的程序. 指数的运行时间显然是**无效率**的 (inefficient), 如果这个问题没有更快的算法, 那它就注定是难以对付的. 已经知道 (通过一种称为**对角化**的基本技巧)$\mathcal{P} \neq \mathcal{EXP}$, 此外, $\mathcal{EXP}$ 中有些问题确实需要指数时间. 本文中考虑的所有问题和类都可以通过平凡不足道的 "蛮干" 的方法如刚才谈到的试除法来证明是属于 $\mathcal{EXP}$ 的, 主要的问题就是: 对于它们是否也可以想出快得多的算法来.

## 3. $\mathcal{P}$ 对 $\mathcal{NP}$ 问题

本节中, 我们来讨论著名的 $\mathcal{P}$ 对 $\mathcal{NP}$ 问题. 这个问题通常是对判定问题来陈述的, 但是也可以用搜索问题来解释, 我们就从搜索问题的这种解释开始.

### 3.1 寻找对检验

能不能把 CHAIRMITTE 这几个字母重新排列成一个英文字？要解决这样一个难题，就需要在许多可能性 (这里就是这些字母的各种排列) 中去搜索，也可能是先构造出一些英文字的片断，再希望灵机一动就解决问题。现在我们来考虑下面的问题：能不能把 CHAIRMITTE 这几个字母重新排列成 ARITHMETIC 这个英文字？检验这个问题非常容易 (有点烦人)，答案为 "是".

这个非形式的例子表明了许多搜索问题的一种本性：一旦找到了一个解，检验它确实是解是很容易的事情，困难的部分是首先把解寻求出来。至少似乎是这样的。但是真正证明一个搜索问题有此本性是一难题，也是一个著名的未解决问题，即 $\mathcal{P}$ 对 $\mathcal{NP}$ 问题。

另一个具有这种品性的搜索问题，实际上是一个很普遍的、而对于数学家是一个自然的诉求的搜索问题，就是要寻找一个真数学命题的证明。去检验一个论证确实是有效的证明，比起首先找出这个论证来，要容易得多。因为寻找证明是一个需要相当的创造性的过程 (例如做 anagram ① 也是一个需要创造性的过程，不过比起数学来，它就是小巫见大巫了)。所以 $\mathcal{P}$ 对 $\mathcal{NP}$ 问题、在一定意义下就是问能否把创造过程自动化。

我们将在 3.2 节里形式地定义 $\mathcal{NP}$ 类。非形式地说，$\mathcal{NP}$ 类就是那些容易验证是否已经搜索到了想搜索的解的问题。这样的问题的另一个例子是寻找一个大的合数 $N$ 的因子的问题。如果有人告诉了，$K$ 就是一个因子，那么对于您 (或者计算机) 验证此事为真就是一项简单的任务，需要做的就只是长除法的一个实例罢了。

在科学里有众多这类问题 (例如创造出理论来解释各种自然现象)，在技术中也有众多这样的问题 (例如在一定的物理和经济约束下创造出各种设计)，而且都有这样的特点：确认成功比取得成功容易得多。这个情况对于这类问题的重要性可以给出一点指示。

### 3.2 判定对验证

为了理论分析的需要，把 $\mathcal{NP}$ 定义为一类判定问题确实比较方便。例如，考虑以下的判定问题："$N$ 是不是合数"？这个问题之所以成为 $\mathcal{NP}$ 问题是在于，每当 $N$ 是合数时，判定这一点有一个**很短的证明**。这个证明就是在拿到 $N$ 的一个因子以后，很容易验证这个证明是正确的。就是说，很容易想出一个多项式时间的算法，以一对正整数 $(N, K)$ 为输入，而当 $K$ 为 $N$ 的非平凡因子时输出为 1，否则输出为 0。如果 $N$ 是素数，则对任意的 $K$，$M(N, K) = 0$，若 $N$ 是合数，则一定存在一个整数 $K$ 使 $M(N, K) = 1$。此外在这个情况下，为 $K$ 编码的符号串最多与为 $N$ 编

---

① anagram 是一种字谜游戏：把一个字或一句话的字母重新排列成为另一个字或另一句话。例如 orchestra =carthorse, A decimal point = I'm a dot in place 就是其一例。—— 中译本注

码的符号串一样长, 虽然我们实际关心的是为 $K$ 编码的符号串不要比为 $N$ 编码的
符号串长太多. 我们现在把这些性质包括到一个定义里面去.

**定义**(复杂性类 $\mathcal{NP}$ [①])　　判定问题 $S \subset I$ 属于 $\mathcal{NP}$, 就是指存在一个具有下面
三个性质的子集合 $R \subset I \times I$:

(i) 存在一个多项式函数 $p$ 使得每当 $(x,y) \in R$ 时, $|y| \leqslant p(|x|)$.

(ii) $x$ 属于 $S$ 当且仅当存在一个 $y$ 使得 $(x,y)$ 属于 $R$.

(iii) 判定一个对 $(x,y)$ 是否属于 $R$ 的问题属于 $\mathcal{P}$.

当这样一个 $y$ 存在时, 就称 $y$ 是 $x$ 属于 $S$ 的一个**证明**(或者叫**证据**(witness)).
用以判定对 $(x,y)$ 是否属于 $R$ 的多项式时间的程序称为**验证程序**.

注意, 每一个 $\mathcal{P}$ 类问题都是一个 $\mathcal{NP}$ 问题, 因为我们可以忘记这个证明, 而
直接有效地检验 $x$ 是否属于 $S$. 另一方面, 每一个 $\mathcal{NP}$ 问题不足道地自然是一个
$\mathcal{EXP}$ 问题, 因为我们可以 (用指数时间来) 枚举出一切可能的 $y$, 而对每一个可能
情况都检验一下这个 $y$ 是否管用 (在试除法的情况下, 我们多少就是这样做的). 这
个平凡的算法能否加以改进? 有时是可能的, 哪怕是在非常不显然的情况下. 事实
上, 最近已经证明了判定一个数 $N$ 是否合数的问题是属于 $\mathcal{P}$ 类的问题 (详细情况
可以参看条目计算数论[IV.3§2]). 然而我们想要知道的是, 是否对**每一个** $\mathcal{NP}$ 问题,
都有比平凡的蛮算好得多的算法.

### 3.3　一个大猜测

$\mathcal{P}$ 对 $\mathcal{NP}$ 问题问的是: 是否复杂性类 $\mathcal{P}$ 和复杂性类 $\mathcal{NP}$ 是相等的. 对于判定
问题, 就是问的**是否对于某个集合, 存在有效率的检验程序就蕴含了也存在有效率
的判定程序.** 换言之, 它所问的就是: 如果 (按照刚才给的 $\mathcal{NP}$ 问题的定义) 存在
一个多项式时间的算法来判断 $x \in S$ 的证明是否正确, 也就存在一个多项式时间
的算法来判定是否 $x \in S$?

正如前面的例子所建议的那样, 也可以对于搜索问题来陈述 $\mathcal{P}$ 对 $\mathcal{NP}$ 问题.
假设有一个集合 $R \subset I \times I$ 满足 $\mathcal{NP}$ 的定义中的条件 (i) 和 (iii). 例如, $R$ 可能相应
于所有这样的正整数对 $(N, K)$ 的集合, 其中 $K$ 是 $N$ 的一个非平凡的因子. 这时
的搜索问题、即 "给出一个合数 $N$, 找出它的一个非平凡的因子", 是与**整数的因子
分解**密切相关的. 一般情况下, 任意一个这样的关系 $R$ 都会生成一个搜索问题如
下: "给定一个符号串 $x$, 寻找一个符号串 $y$(如果它存在的话) 使得 $(x,y)$ 属于 $R$".
现在, 对于搜索问题, $\mathcal{P}$ 对 $\mathcal{NP}$ 问题所问的就是: "是否所有的搜索问题都可以在
多项式时间内解决"?

---

① 字首组合词 $\mathcal{NP}$ 代表非决定论的多项式时间 (nondeterministic polynomial-time), 而**非决定论
的机器**则是在 $\mathcal{NP}$ 类的另一个定义中用到的一种**虚拟**的计算装置. 这样一种机器的非决定论的动作相当于
猜出我们现在的定义中讲到的 "证明".

如果答案为 "是", 则仅只需要有 "可以在多项式时间内检验 $K$ 是 $N$ 的非平凡的因子"**这个事实, 就** "可以在多项式时间内把这个因子确实找出来" ①. 类似于此, 如果 $\mathcal{P}$ 对 $\mathcal{NP}$ 问题的答案为 "是", 则对于一个数学命题, 仅需其简短的证明存在这一事实, 就足以保证能用纯粹机械的方法在短时间内把这个证明找出来. 这样我们曾经看到的、发现一个解答之艰难和在发现这种解答后检验解答之容易, 二者的差别从此就烟消云散了.

这当然会是一件怪事, 而几乎所有的专家都认为事实并非如此. 然而谁也没有能够证明这一点. 所以, 一个大的猜测是: $\mathcal{P}$ 不等于 $\mathcal{NP}$. 就是说, 寻求难于检验, 而对于判定问题则是, 有效率的验证程序并不一定引导到有效率的判定算法. 这个猜测得到我们的直觉的强烈的支持, 而这种直觉是在多个世纪的人类在处理各种各样的搜索和判定问题的活动过程中发展起来的. 下面的事实进一步给出了有利于这个猜测的证据: 确有成千个来自许多数学和科学分支的 $\mathcal{NP}$ 问题都未能在多项式时间可解, 尽管研究者们一直在非常努力地试图找出解决这些问题的有效率的程序.

$\mathcal{P} \neq \mathcal{NP}$ 这个猜测肯定是计算机科学中最重要的未解决的问题, 而且也是整个数学中最引人注目的问题之一. 下面关于环路复杂性的一节 (5.1 节) 就是讲的证明它的各种企图. 我们在那里会讲到一些部分的结果和迄今所用的方法的局限性.

### 3.4 $\mathcal{NP}$ 和余 $\mathcal{NP}$

另一个重要的复杂性类称为余 $\mathcal{NP}$(co$\mathcal{NP}$) 类, 就是 $\mathcal{NP}$ 类中 (或在 $\mathcal{NP}$ 判定问题中) 的集合的**余集合**. 例如 "$N$ 是否素数" 就属于余 $\mathcal{NP}$ 类, 因为有有效率的验证程序来验证一个给定的正整数 $N$ 不是素数, 就是只要展示出某个因子就可以了. 等价地, 素数的集合也属于余 $\mathcal{NP}$, 因为它的余集合属于 $\mathcal{NP}$.

$\mathcal{NP}$ 是否等于余 $\mathcal{NP}$? 就是说, 如果有一个有效率的验证程序来决定一个集合 $S$ 的成员关系 (即某个元属于 $S$), 是不是也有一个有效率的验证程序来决定**非成员关系**(即不属于这个集合)? 我们的直觉又一次建议: "否", 至少不一定有. 例如, 如果一大堆字母可以重新排列成一个字, 那么找出这个字就是一个简短的证明, 但是如果一大堆字母不能排成一个字, 想要证明这一点, 就需要考察这一堆字母的所有的重新排列, 并且看出其中没有一个字, 但是这就是一个非常长的证明, 而且似乎没有系统的方法来得出一个真正短的证明.

这里, 来自数学的直觉是真正有价值的: 要验证逻辑约束的一个集合是**不相容**

---

① 尽管已经有了一个多项式时间的算法来确定一个数是否为合数, 却不知道任何的这样的求出因子的算法, 而且人们普遍相信这种有效率的算法是不存在的.

素性检验是 $\mathcal{P}$ 问题的证明, 可以在 Manindra Agrawal, Neeraj Kayal, Nitin Saxena. PRIMES is in P. *Annals of Mathematics*, 2004, 160(2): 781–793 中找到.—— 中译本注

的、验证一族多项式方程**没有**公共解或者空间里的一组区域交集合为**空**, 似乎比验证相反的情况 (即逻辑约束的一个集合表现出相容的赋值, 一族多项式方程具有公共解, 或至少有一个点属于所有的区域) 难得多. 说真的, 除非有罕见的额外的数学结构可用, 例如有对偶性[III.19] 定理或有不变式的完全组, 我们才能证明一个集合和它的余集合在计算上是等价的. 所以, 另一个大的猜测是 $\mathcal{NP}$ 不等于余 $\mathcal{NP}$. 在关于证明的复杂性的一节 (5.3 节) 里还要进一步考察这个猜测以及证明它的各种企图.

　　令人惊奇的是, 证明属于 $\mathcal{NP}$ 的问题 "$N$ 是否为合数" 同时也属于余 $\mathcal{NP}$ 反而不难. 证明这一点可以应用来自初等数论的事实: $p$ 为素数当且仅当存在一个整数 $a < p$, 使得 $a^{p-1} \equiv 1 \pmod p$, 而且当 $r$ 为 $p-1$ 的因子时 $a^r$ 不同余于 $1 \pmod p$, 也就是应用费马小定理. 所以, 要想验证 $p$ 为素数, 只要找到这样一个整数 $a$ 就行了. 然而要想验证一个数 $a$ 管用, 就需要知道 $p-1$ 的素因子分解, 而且必须给出这个分解确实分成了素数因子的简短证明. 这样, 我们就回到了原来的问题, 但是现在数字变小了, 所以我们有了一个递归论证 (我们再提一次, 素数集合确实在 $\mathcal{P}$ 中, 但是这一点比较难证明).

## 4. 可化约性和 $\mathcal{NP}$ 完全性

　　一个数学问题是基本的问题的标志之一就是它有许多等价的陈述. 对于 $\mathcal{P}$ 对 $\mathcal{NP}$ 问题, 这一点以超乎寻常的程度为真, 我们在这一节里会看见这一点. 对于我们的讨论, **多项式时间可化约性**的概念是非常基本的. 粗略地说, 一个计算问题多项式地可化约为另一个计算问题, 就是说对于后一个问题的任意多项式算法可以归结为对前一个问题的多项式算法. 现在来看一个例子, 然后再给出形式的定义.

　　首先, 下面有一个著名的 $\mathcal{NP}$ 问题, 称为 SAT. 考虑逻辑公式

$$(p \vee q \vee \bar{r}) \wedge (\bar{p} \vee q) \wedge (p \vee \bar{q} \vee r) \wedge (\bar{p} \vee \bar{r}).$$

这里 $p, q, r$ 是三个命题, 其每一个都可能为真或假. 符号 "$\vee$" 和 "$\wedge$" 分别代表 "或"(下面也记为 OR) 和 "与"(下面也记为 AND), 而 $\bar{p}$ 代表 $p$ 的否定, 读作 "非 $p$"(下面也记为 NOT$-p$):$\bar{p}$ 就是这样一个命题: 当且仅当 $p$ 为假时, $\bar{p}$ 为真. $\bar{p}$ 也记为 $\neg p$.

　　现在设 $p, q$ 为真, 而 $r$ 为假. 于是第一个子公式, 即第一个括号中的 $p \vee q \vee \bar{r}$ 为真, 因为 $p, q$ 和 $\bar{r}$ 中至少有一个为真 (事实上全为真). 类似地, 可以查核出另两个子公式也为真, 所以整个公式为真. 这样, 我们说, 赋给 $p, q, r$ 的真值, 即对它们的真值的指定 (assignment), 使得这个逻辑公式得到满足, 就是这个逻辑公式的一个**得以满足的指定**, 而这个公式就称为**可满足的**(satisfiable). 由此产生了下面的自然的计算问题:

**SAT：给定一个逻辑公式，它是否可满足的？**

在上面的例子中，这个公式是一些子公式 (称为子句 (clause)) 的合取式 (conjunction)，而每一个子公式又是一些命题或其否定的析取式 (disjunction)(公式 $\phi_1, \cdots, \phi_k$ 的合取式记作 $\phi_1 \wedge \cdots \wedge \phi_k$，而它们的析取式则记作 $\phi_1 \vee \cdots \vee \phi_k$). 而这些公式或其否定称为**文字**(literals)

**3SAT：给定一个由一些子句的合取式构成的命题公式，而每一个子句中又最多含有三个文字，这个公式是否可满足的？**

注意，SAT 和 3SAT 都属于 $\mathcal{NP}$，因为检验变元的某一个真值指定对于这个公式是否得满足的指定是一件容易的事情.

现在转到第二个 $\mathcal{NP}$ 问题.

**3 可着色问题**(colorability)：给定一个平面地图 (即如一幅世界地图)，能否用三种色彩：红、蓝、绿、对各个区域着色，使得相邻的国家没有相同的色彩[①]？

我们现在要把 3 可着色问题化约为 3SAT(3 可满足问题)，就是要说明，怎样把一个能解决 3SAT 的算法用来解决 **3 可着色问题** 假设有一幅含有 $n$ 个区域的地图. 现在我们需要 $3n$ 个命题，称为 $R_1, \cdots, R_n; B_1, \cdots, B_n$ 和 $G_1, \cdots, G_n$，并且这样来定义一个逻辑公式，使得此公式的得以满足的指定相应于这个地图的 3 色着色. 在我们的思想深处，我们要把命题 $R_i$ 想作 "地图上的区域 $i$ 涂上红色"，$B_i$ 和 $G_i$ 依此类推. 然后就把子句取为这样的命题，即每一个区域只得到同一的色彩，而相邻区域的色彩不同.

这是很容易做到的，为了保证区域 $i$ 取一个色彩，取子句 $R_i \vee B_i \vee G_i$，若区域 $i$ 和 $j$ 是相邻的，为了保证二者色彩不同，我们用三个子句：$\bar{R}_i \vee \bar{R}_j$, $\bar{B}_i \vee \bar{B}_j$, $\bar{G}_i \vee \bar{G}_j$(为了保证一个区域不会得到多种色彩，还可加上下面形状的子句：$\bar{R}_i \vee \bar{B}_i$, $\bar{B}_i \vee \bar{G}_i$, $\bar{G}_i \vee \bar{R}_i$. 换一个办法，也可以对一个区域赋予多种色彩，最后再对每一个区域在其中选一种色彩).

不难看到，当且仅当这个地图有一个 3 着色时，所有这些子句的合取式是可满足的. 此外，转换过程是简单的，而可以在对于区域数目为多项式的时间内完成. 这样就有了一个我们希望的多项式时间化约.

现在对上面的作法给出一个形式的描述.

**定义**(多项式时间可化约性)　令 $S$ 和 $T$ 是 $I$ 的子集合. 我们说 $S$ 可以**多项式时间化约**为 $T$，如果存在一个多项式时间可计算函数 $h: I \to I$，使得 $x \in S$ 当且仅当 $h(x) \in T$.

如果 $S$ 可以多项式时间化约为 $T$，就可以用下面的算法来判定 $S$ 的成员关系：给定了 $x$，计算 $h(x)$(使用多项式时间)，然后判断是否 $h(x) \in T$. 因此，如果可以在

---

[①] 回忆一下，著名的**四色定理**[V.12] 断言，用四种色彩一定可以做到这一点.

多项式时间内判定 $T$ 的成员关系, 那么也可以在多项式时间内判定 $S$ 的成员关系. 这件事情有一个等价的然而重要的说法是: 如果不能在多项式时间内判定 $S$ 的成员关系, 那么也不能在多项式时间内判定 $T$ 的成员关系. 就是说, 如果 $S$ 是很难的, 那么 $T$ 也是很难的.

现在要给出一个以多项式时间可化约性为基础的重要定义.

**定义**($\mathcal{NP}$ **完全性**)　一个判定问题 $S$ 称为 $\mathcal{NP}$**完全的**, 如果 $S$ 属于 $\mathcal{NP}$ 类, 而每一个 $\mathcal{NP}$ 的判定问题都可以多项式化约为 $S$.

这就是说, 如果 $\mathcal{NP}$ 完全的 $S$ 有一个多项式时间的算法, **所有其他**的 $\mathcal{NP}$ 问题也都有多项式算法. 这样, 一个 $\mathcal{NP}$ 完全的 (判定) 问题在所有的 $\mathcal{NP}$ 问题中在一定意义下是 "万有的"(universal).

初看起来, 这个定义是很怪异的, 因为是否真有 $\mathcal{NP}$ 完全问题还远非明显的事, 然而, 在 1971 年, 就证明了 SAT 是一个 $\mathcal{NP}$ 完全问题, 而那以后, 又有成千问题被证明是 $\mathcal{NP}$ 完全的 (本文末尾的文献中的 Garey, Johnson (1979) 中就列举了好几百个). 3SAT 和**3 可着色问题**就是文中其他的例子. 3SAT 的意义在于: 在所有 $\mathcal{NP}$ 完全问题中, 它是最基本的问题之一 (与此相对照的是, 2SAT 和 **2 可着色问题**具有多项式时间的算法、其证明不算太难). 为了证明一个判定问题 $S$ 是 $\mathcal{NP}$ 完全的, 我们可以从另一个已知为 $\mathcal{NP}$ 完全的问题 $S'$ 开始, 并且来找一个由 $S'$ 化约为 $S$ 的多项式时间算法. 由此可知, 如果 $S$ 有一个多项式时间的算法, 则 $S'$, 以及随之而来 $\mathcal{NP}$ 中的所有其他问题也都有多项式时间算法. 这里的化约有时很简单, 像把**3 可着色问题**化约为 3SAT 那样, 但是有时则需要很灵巧的思想.

下面是两个别的 $\mathcal{NP}$ 完全问题.

**子集合和**　给定一串整数 $a_1, \cdots, a_n$ 和另一个整数 $b$, 是否存在一个 $\mathbf{N}$ 的一个子集合 $J$ 使得 $\displaystyle\sum_{i \in J} a_i = b$?

**推销员问题**　给定一个有限的图[III.34]$G$, 是否存在它的一个哈密顿循环 (Hamilton cycle)? 就是存在一个由边构成的循环, 使得能访问所有的顶点恰好一次?

有趣的是, 几乎所有自然的 $\mathcal{NP}$ 问题, 只要不是显然属于 $\mathcal{P}$ 的, 都是 $\mathcal{NP}$ 完全的. 但是有两个重要的例子一直没有被证明为 $\mathcal{NP}$ 完全的, 而且人们也强烈地不相信它们会是. 第一个是我们已经讨论过的: 整数的因子分解. 更准确地说, 考虑以下的判定问题:

**区间中的因子**　给定 $x, a, b.x$ 是否有一个因子 $y$ 适合 $a \leqslant y \leqslant b$?

这个问题的多项式时间的算法, 如果存在的话, 就可以和简单的二元搜索结合起来用以找到一个素因子. 这个问题不像是一个 $\mathcal{NP}$ 完全问题的理由是: 它也属

于余 $\mathcal{NP}$ 类 (粗略地说, 我们可以把 $x$ 的素因子展示出来, 并且在多项式时间内证明它确实是素因子分解). 如果它是 $\mathcal{NP}$ 完全的, 则由此可得 $\mathcal{NP} \subset \text{co}\mathcal{NP}$, 而由对称性即有 $\mathcal{NP} = \text{co}\mathcal{NP}$.

第二个例子如下:

**图的同构**　给定了两个具有 $n$ 个顶点的图 $G$ 和 $H$, 是否存在一个由 $G$ 的顶点集合到 $H$ 的顶点集合的函数 $\phi$, 使得当且仅当 $xy$ 是 $G$ 的边时, $\phi(x)\phi(y)$ 才是 $H$ 的边?

看一看这两个例子, 它们可以在多项式时间内化约为 **3SAT** 或**3 可着色问题**是多么惊人. 特别是第一个例子, 它与图或者逻辑公式的可满足性没有一点关系.

如果 $\mathcal{P} \neq \mathcal{NP}$, 则没有一个 $\mathcal{NP}$ 完全问题会有多项式时间的判定程序. 这样, 一个问题为 $\mathcal{NP}$ 完全的证明时常可以看成这个问题很困难的证据: 如果我们能够证明它, 就能有效率地解出许许多多其他的问题, 而成千的研究者 (还有成万的工程师) 花了几十年时间还一直没有找到解决这些问题的程序.

$\mathcal{NP}$ 完全性也有更为正面的侧面. 有时, 只要能对某些 $\mathcal{NP}$ 完全集合证明一个事实 (同时能够注意到多项式时间的化约又能保持这个性质), 则可以对 $\mathcal{NP}$ 问题中的所有集合证明这个事实. 这里著名的例子有 "零知识证明" 的存在, 首先是对3 着色问题证明的 (见 6.3.2 节); 还有所谓 PCP 定理, 首先是对 **3SAT** 证明的 (见 6.3.3 节).

## 5. 下界

正如我们早前证明了的, 证明一个问题**不能有效率地求解**比找到一个有效率的算法 (如果它存在的话) 要困难得多. 本节中将要概述一些已经发展起来了的寻求自然的计算问题的复杂性的基本方法. 就是说, 我们要讨论一些这样的结果, 它们指出没有一种算法的步数能小于某个给定数目.

特别是, 我们要介绍**电路复杂性**和**证明复杂性**的理论. 建立第一个理论的长期的目标是证明 $\mathcal{P} \neq \mathcal{NP}$, 而第二个理论则是一个程序, 其目的是证明 $\mathcal{NP} \neq \text{co}\mathcal{NP}$. 这两个理论都用到了**有向非循环图**(directed a cyclic graph) 的概念, 这种图是在计算或证明过程中信息流动的模型, 以及用一连串推导把新信息从已有的信息推导出来的模型.

一个有向图就是每一边都给定了一个方向的图. 我们可以对图上的每一边都画上一个箭头来可视地表示它. 一个有向循环则是一连串顶点 $v_1, \cdots, v_t$, 这里, 对每一个在 $1$ 和 $t-1$ 之间的 $i$, 都有一个由 $v_i$ 指向 $v_{i+1}$ 的边, 另外还有一个边由 $v_t$ 指向 $v_1$. 如果一个有向图 $G$ 中没有有向循环, 就称它为非循环的. 我们把 "有向非循环图" 简写为 DAG.

不难看到, 在每一个 DAG 中, 一定有一些顶点没有进入的边, 也一定有一些顶点没有离去的边, 分别称为**输入**和**输出**(的顶点). 如果 $u$ 和 $v$ 是一个 DAG 的两个顶点, 而且有一个边由 $u$ 连接到 $v$, 我们就说 $u$ 是 $v$ 的一个前置顶点 (predecessor). DAG 模型的基本思想就是在每一个输入顶点处都放置一个信息, 而在每一个顶点 $v$ 处又都有一个简单的规则, 从 $v$ 的所有前置顶点处的信息, 导出 $v$ 处的信息. 从输入顶点开始, 逐步沿着这个有向图前行, 对于任何一个顶点, 只要已经算出了它的所有前置顶点处的信息, 就可以得到在这个顶点处的信息, 一直到走到输出顶点处为止.

### 5.1 布尔电路的复杂性

**布尔**[VI.43]**电路** (Boolean circuit) 就是这样一个 DAG, 在其输入输出和中间的顶点处的信息都用 bit 来表示. 就是说, 每一个顶点都可以取 0 或 1 为值. 我们需要确定一些简单的规则, 以便从一个顶点的前置顶点处的值来决定这个顶点处的值, 这些规则的通常的选择是使用三个逻辑运算: AND, OR 还有 NOT. 如果下面的规则成立, 就说 $v$ 是一个 AND 门: 若在 $v$ 的所有前置顶点处都取值 1, 则 $v$ 处也取值 1, 否则, 在 $v$ 处取值 0. 在一个 OR 门处, 也有类似的规则: $v$ 处之值为 1, 当且仅当在 $v$ 的至少一个前置顶点处值为 1. 最后, $v$ 是一个 NOT 门, 如果 $v$ 只有一个前置顶点 $u$ 时, $v$ 处的值为 1.

给定了一个具有 $n$ 个输入 $u_1, \cdots, u_n$ 和 $m$ 个输出 $v_1, \cdots, v_m$ 的布尔电路, 就可以对它附加上一个由 $I_n$ 到 $I_m$ 的函数 $f$ 如下: 给出一个长度为 $n$ 的 $\{0,1\}$ 符号串 $x = (x_1, \cdots, x_n)$, 令每一个 $u_i$ 都取 $x_i$ 为值. 然后, 应用电路中的各个门找出在输出顶点 $v_1, \cdots, v_m$ 处的值, 记为 $y_1, \cdots, y_m$, 就有 $f(x_1, \cdots, x_n) = (y_1, \cdots, y_m)$. 这样的函数就称为**布尔函数**.

不难证明, **任意的**由 $I_n$ 到 $I_m$ 的函数 $f$ 都可以这样算出来. 所以我们就说: AND, OR 还有 NOT 这些门, 或者更简单一些就说 "∧" "∨" 和 "¬" 这些门、构成了一个**完全基底**. 此外, 如果我们限于只注意每一个顶点只有最多两个前置顶点的 DAG, 这也是对的. 事实上, 除非作了相反的声明, 我们总假设我们的 DAG 具有这个性质. 还有其他的选择们的方法以得出完全的基底, 但是我们总是使用 "∧"、"∨" 和 "¬", 因为这样做对下面的讨论没有本质的影响.

要证明每一个布尔函数都可以用一个布尔电路来表示, 这可能还是容易的, 但是一旦要问这个电路需要有多么大, 就会碰上诱人但是极为困难的问题. 这样, 下面的定义对于电路复杂性这个主题就起中心的作用.

**定义** 设 $f$ 为一个由 $I_n$ 到 $I_m$ 的函数. 于是 $S(f)$ 就是可以计算 $f$ 的最小的布尔电路的大小, 它是用相应的 DAG 的顶点数目来量度的.

为了想看看这与 $\mathcal{P}$ 对 $\mathcal{NP}$ 问题有什么关系, 考虑一个 $\mathcal{NP}$ 完全的判定问题如 **3SAT**. 这个函数可以编码为一个由 $I$ 到 $\{0,1\}$ 的函数, 而 $f(x) = 1$ 当且仅当相应

于 $x$ 的公式是可满足的. 就是由于 $I$ 是一个无限集合这个简单的原因, 我们找不到一个电路来计算 $f$. 然而, 如果我们限于注意可以用长度为 $n$ 的符号串来编码的问题, 就会得到一个函数 $f_n : I_n \to \{0, 1\}$, 而我们可以试着来估计 $S(f_n)$.

如果我们对每一个 $n$ 都这样做了, 就可以来估计当 $n$ 趋向无穷时 $S(f_n)$ 的增长速度. 用 $f$ 来代表无限的函数序列 $\{f_1, f_2, \cdots\}$, 并定义 $S(f)$ 为映 $n$ 为 $S(f_n)$ 的函数.

由于下面的事实, 这个定义是很重要的: 如果有一个多项式时间的算法来计算 $f$, 则函数 $S(f)$ 将以一个多项式为上界. 比较一般地说, 给定任意函数 $f : I \to I$, 令 $f_n$ 表示 $f$ 在 $I_n$ 上的限制. 如果 $f$ 有图灵复杂性 $T$ (其定义见 2. 1 节), 则 $S(f_n)$ 将以 $T(n)$ 的一个多项式为上界. 就是说, 将有一串电路来计算 $f$, 而所需的时间并不显著地超过图灵机所需的计算时间.

这给了我们一种可能的证明计算复杂性的下界的方法, 因为如果能够证明 $S(f_n)$ 随 $n$ 的增长非常迅速, 则就已经证明了 $f$ 的图灵复杂性很大. 如果 $f$ 属于 $\mathcal{NP}$ 问题, 这就证明了 $\mathcal{P} \neq \mathcal{NP}$.

计算的电路模型是有限的而非无限的, 这就提出了一个称为**均匀性**的问题. 当我们从一个图灵机建立起一族电路时, 这些电路在某种意义下可以说是 "相同的". 更准确地说, 就是有一个算法产生出所有这些电路, 而生成每一个电路所需的时间都是电路大小的多项式. 电路的均匀族就是可以这样生成的电路族.

然而, 绝非所有的电路族都是均匀的. 事实上, 有一些函数, 尽管具有**线性**大小的电路, 却根本不能由图灵机来生成 (更不说是在合理的时间限度内生成). 这里的额外的难处来自一个事实: 这些电路族没有一个简洁的 ("有效率的") 描述, 就是说找不到单个的算法来生成它们. 这种电路族称为是**不均匀的**.

如果有很多的电路族不是由图灵机来的, 那么寻找电路复杂性的好的下界看来就会比求图灵机复杂性的下界要难多了, 因为现在必须排除计算一个函数的许多可能的方法. 然而, 有一种非常强的感觉, 即非均匀性所生成的理论与 $\mathcal{P}$ 对 $\mathcal{NP}$ 问题并无关系: 人们相信, 对于如像 **3SAT** 这样自然的问题, 非均匀性没有什么好处. 所以, 在理论计算机科学中, 又有了另一个大的猜测: NP 完全集合并没有多项式大小的电路. 我们为什么相信这样一个猜测? 如果我们敢说: 这个猜测为假就蕴含着 $\mathcal{P} = \mathcal{NP}$, 那就好了.

我们还不能够很确定地说这句话, 但是我们能够说, 如果这个猜测为假, 则 "多项式时间这种层次体系就崩溃了". 粗略地说, 这句话的意思就是, 许多貌似不同的复杂性类的整个系统其实是完全一样的, 这当然很出人意外. 不论如何, 很难相信, 有一个多项式大小的电路能够计算一个 $\mathcal{NP}$ 完全问题, 但是没有一个有效率的算法的序列来生成这个电路.

尽管我们认可非均匀性无助于解决 $\mathcal{NP}$ 问题, 那么用更有力量的电路族模型来代替图灵机的意义又何在呢? 主要之点在于电路比之图灵机是更简单的数学对象, 而且有一个大好处就是它是**有限的**. 希望在于电路可以抽掉本来就是无关的不均匀条件, 它还给我们提供了一个可以用组合技巧来分析的模型.

还值得提起的是, 布尔电路是 "硬件复杂性" 的自然的计算模型, 所以, 研究它们还有独立的意义. 此外, 有一些分析布尔函数的技巧在别的方面还有应用, 例如在计算学习理论、组合学和博弈论中都是这样.

### 5.1.1　基本的结果和问题

我们已经提到了关于布尔电路的几个基本事实, 特别是可以用它们来模拟图灵机. 另一个基本的事实是: **大部分布尔函数需要指数大小的电路.** 这一点可以用枚举论证简单地证明: 小电路的数目远远小于函数的数目. 比较精确地说, 令输入的个数为 $n$. 定义在所有的 $n$ bit 序列的集合上可能的函数有 $2^{2^n}$ 个. 另一方面, 不难证明大小为 $m$ 的电路的数目以 $m^{m^2}$ 为上界. 由此可知, 除非 $m > 2^{n/2}/n$, 我们是不能计算所有的函数的. 此外, 可以用大小最多为 $m$ 的电路来计算的函数只占极小的比例.

这样, 难以计算 (对于电路难以计算, 从而对于图灵机也难以计算) 的函数多的是. 然而, 这样的困难性是用枚举论证来证明的, 这种论证不能给出实际展示一个困难的函数的方法. 就是说, 我们不能对于一个**显式地**给出的函数证明其困难性, 这里 "显式地" 是指我们对于这个函数加上了某些算法上的限制, 例如规定为属于 $\mathcal{NP}$ 或者属于 $\mathcal{EXP}$. 实际的情况比这还糟糕: 对于显式的函数, 我们完全不知道有**非平凡的**下界. 对于任意的在 $n$ bit 上的函数 (就是假设它依赖于所有的输入), 我们平凡不足道地有 $S(f) \geqslant n$: 读一遍输入所需要的布尔电路的大小就是 $n$. 电路复杂性理论的一个主要的未解决的问题, 就是改进这个平凡的下界, 而且改进得不只是增加一个常数因子.

**未解决的问题**　求一个显式的布尔函数 (甚至只是求一个保持长度不变的函数)$f$, 使它的 $S(f)$ 是超线性的, 就是不能以 $cn$ 为上界, 这里的 $c$ 是任意常数.

这个问题的一个基本的特例就是以下问题: 加法是否比乘法容易. 令 ADD 和 MULT 分别表示定义在整数 (用二进制表示) 对上的加法函数和乘法函数. 对于加法, 我们在小学里学过的通常做法就给出了一个线性算法, 这蕴含着对于 $S(\text{ADD})$ 也有一个线性的上界. 对于乘法, 小学里学的算法的运行时间是二次式时间, 就是运算的步数与 $n^2$ 成比例. 这一点可以大为改进 (应用快速傅里叶变换[III.26]) 可以给出 $S(\text{MULT}) < n(\log n)^2$. 因为 $\log n$ 的增长比 $n$ 慢得多, 这个式子只是稍微有点儿超线性. 现在的问题是, 此式是否还可以进一步改进, 特别是是否有线性大小的乘法电路?

如果对任意的显式的函数都找不到非平凡的界, 电路复杂性怎么又能成为一个欣欣向荣的学科呢? 答案是, 在对于电路增加了一些自然的额外限制以后, 在证明下界方面已经有了一些引人注目的成功. 我们现在来描述一下这些额外限制中最主要的几个.

### 5.1.2 单调电路

我们已经看到, 一般的布尔电路可以计算每一个布尔函数, 而且至少是和一般的算法同样有效率. 现在, 有些函数还有附加的性质, 使我们希望能用某一类特殊的布尔电路来计算. 考虑例如定义在所有的图的集合上的函数 CLIQUE, 其定义如下: 如果 $G$ 是一个具有 $n$ 个顶点的图, $G$ 中的一个团 (clique) 就是这样一些顶点的集合, 其中的任意两个顶点都有一个边把它们连接起来 (详见条目极值组合学与概率组合学 [IV.19§2.1]). 如果 $G$ 中含有一个大小至少为 $\sqrt{n}$ 的团, 就定义 CLIQUE $(G) = 1$, 否则定义此函数的值为 0.

注意, 如果我们对 $G$ 增加一个边, 则或者 CLIQUE $(G)$ 之值由 0 变为 1, 或者其值不变. 不会发生的事就是由 1 变成 0: 增加一个边显然不会毁掉一个团.

我们可以把 $G$ 编码为一个由 $\binom{n}{2}$ 个 bit 所成的符号串 $x$, 其中每一个 $x$ 表示一对顶点, 如果这对顶点由一个边连接, 就令这个 bit 为 1, 否则就令它为 0. 现在我们把 CLIQUE $(G)$ 写成 CLIQUE $(x)$, 就得到一个 $x$ 的函数, 而如果把 $x$ 的任一个 bit 由 0 变成 1, 这个函数不会由 1 变成 0. 具有这个性质的布尔函数, 称为**单调的**.

在考虑单调函数的复杂性时, 极为自然的是对其电路作如下的限制: 只允许其中有 AND 门和 OR 门, 但不允许其中有 NOT 门. 这是因为: 我们注意到 "∧" 和 "∨" 都是单调的算子, 就是说, 如果把输入 bit 从 0 变成 1, 则在输出的门上, 不会有 1 变成 0, 而 "¬" 肯定在这个意义下, 不是单调的. 只使用 "∧" 和 "∨" 的电路称为**单调电路**. 不难证明, 每一个单调函数 $f: I_n \to I_m$ 都可以用单调电路来计算, 而几乎所有的单调函数都有指数大小的电路.

这样的额外限制是否使得下界的证明更容易一些? 四十多年来, 答案似乎并不如此: 对于任何显式的单调函数, 谁也没有证明过单调复杂性有超多项式的下界. 但是到了 1985 年, 发明了一种称为**近似方法**的技巧, 证明了一个引人注目的定理, 即 CLIQUE 有超多项式单调复杂性. 这个技巧最终引导到下面的更强的结果.

**定理** *CLIQUE 需要指数大小的单调电路.*

非常粗略地说, 近似方法是这样一回事. 假设 CLIQUE 可以在一个小的单调电路上计算. 然后, 每当 "∧" 和 "∨" 出现在这个电路中时, 就把它们换成非常巧妙地选择出来 (但是描述起来太复杂) 的另一种门, 分别记作 "∧̃" 和 "∨̃". 这些新门的选择要求具有下面两个关键的性质:

(i) 改换一个特定的门对于电路的输出只有 "小" 的效应 (所谓 "小" 是按一种自然的但非平凡的距离而言的). 所以, 如果一个电路只有很少几个门, 把它们全部改换就会对于输入的 "绝大多数" 选择给出一个逼近原来的电路的新电路.

(ii) 另一方面, **每一个**只含有近似的门 "∧" 和 "∨" 的电路 (不论其大小如何) 都会算出离 CLIQUE 很 "远" 的函数, 就是对于很多输入, 计算的结果都与 CLIQUE 不一致.

CLIQUE 是一个著名的 $\mathcal{NP}$ 问题, 所以上面的定理给了我们一个显式的单调函数, 据猜测不在 $\mathcal{P}$ 中, 而且不能用小的单调电路来计算. 至此, 自然会想到, 是否每一个确实在 $\mathcal{P}$ 中的单调函数都能用小的单调电路来计算. 如果是这样, 我们就能导出 $\mathcal{P} \neq \mathcal{NP}$. 然而, 同样的方法还对计算 PERFECT MATCHING 这个函数的单调电路的大小给出了**超线性的**下界. 这个函数是讨论图的完全匹配 (perfect matching) 问题的, 它是一个单调函数, 而且属于 $\mathcal{P}$. 这函数就是: 给定一个图 $G$, 如果能够把它的顶点都一一配对, 而且使得每一对顶点都由一个边连接起来, 就令此函数取值 1, 否则取值 0. 进一步, 对其他的 $\mathcal{P}$ 中的单调函数已知有指数大小的下界, 所以, 一般的电路比单调电路本质地更强有力, 哪怕是对于计算单调函数也是这样.

### 5.1.3 有界深度的电路

为了懂得提出下一个模型的动机, 考虑以下的基本问题: "并行地使用几台计算机能否提高计算速度"? 例如有一项任务用一台计算机需要 $t$ 步来完成. 那么, 同时使用 $t$ 台 (甚至 $t^2$ 台) 计算机来运行, 是否可以在常值时间 (或在 $\sqrt{t}$ 时间) 内完成? 通常的看法是: 这一点需视任务的性质而定. 如果一个人能够每小时挖 1 立方米的土, 那么 100 个人 1 小时就能挖成 100 米长的沟, 但是挖不出 100 米深的洞. 当有多台处理器可用时, 决定哪些任务可以 "并行" 进行, 而哪些任务 "固有地就是串行的", 这个问题不论由于实际的原因, 还是由于理论的原因, 都是一个基本的问题.

电路理论有一个很好的特性, 就是它很容易用于研究这一类问题. 我们定义一个 DAG 的**深度**(depth) 就是其中的最长的有向路径的长度, 即其中所含的最长的这样的顶点序列、其中每一个顶点都由一个边与下一个顶点连接起来. 深度的概念恰好是计算一个函数所需的**并行时间**的模型: 如果在一个深度为 $d$ 的电路的每一个门处都单独放置一个处理器, 而在每一个阶段都计算一下已经把输入计算好了的各个门, 则所需的总的阶段数就是 $d$. 并行时间是另一个重要的计算资源. 在这里, 我们的知识也十分匮乏 —— 我们不知道怎样来否定下面的命题: 每一个显式的函数都可以用一个具有多项式大小**以及**对数深度的电路来计算.

所以, 我们限制深度 $d$ 是一个常数. 这样就必须允许我们的门的输入端数 (fan-in) 可以是**无界的**, 意思就是, 允许 AND 门和 OR 门都可以有任意多个进入的边

(如果不允许这一点, 则每一个输出的 bit 都只依赖于常数多个输入 bit). 对电路的深度作了这样严格的限制以后, 就可以证明显式的函数的复杂性的下界了. 例如 PAR $(x)$ 函数代表 "奇偶性"(parity), 当且仅当 {01} 符号串 $x$ 中有奇数个 1 时等于 1, 否则为 0; 还有 MAJ $(x)$ 函数代表 "大多数"(majority), 当且仅当 $x$ 中 1 的个数多于 0 的个数时等于 1, 否则为 0. 这里我们

**定理** 对于任意常数 $d$, 函数 PAR 和 MAJ 都不能用多项式大小的深度为 $d$ 的电路族来计算.

这个结果得自另一个基本的证明技巧: **随机限制法.** 这里的思想是随机地确定 (这里的 "随机" 二字, 就是指需要对参数作明智的选择) 绝大部分输入变量, 赋给它们以随机的值. 注意, 这就同时对函数和电路作了限制. 这些 "限制" 应该具有下面的两个性质:

(i) 限制以后, 电路要变得很简单, 例如它们可能只依赖于所有余下的未受限制的输入变量的很小的子集合.

(ii) 限制以后, 函数仍然是复杂的, 例如, 它们可能依赖于所有余下的输入变量.

对于 PAR, 第二个性质显然成立, 而问题的核心当然就是分析随机限制对于变窄了的电路的效应.

有趣的是, 对于常数深度的多项式大小的电路, MAJ 仍然是很难的, 哪怕在电路中允许有 (无限多个输入端的)PAR 门. 但是, 其 "逆" 不一定成立, 就是说 PAR 可以有常数深度多项式大小的 (具有无限多个输入端的)MAJ 门. 事实上, 后一类电路似乎是很有力的: 谁也未能证明确有这类电路不能计算的 $\mathcal{NP}$ 函数, 甚至限制深度为 3 时都不行.

### 5.1.4 公式的大小

使用公式可能是数学家表示函数的最标准的方法. 例如, 给出了一个二次多项式 $at^2 + bt + c$, 其中 $b^2 > 4ac$, 则它的两个根中的较大的一个, 可以通过其系数 (即输入)$a, b, c$ 用公式 $\left(-b + \sqrt{b^2 - 4ac}\right) / 2a$ 来表示. 这是一个算术公式. 在布尔公式中, 逻辑运算 "¬"、"∧" 和 "∨" 代替了上面的算术运算. 例如, 对于长度为 2 的布尔符号串 $x = (x_1, x_2)$, PAR $(x)$ 可以写成下面的公式: $(\neg x_1 \wedge x_2) \vee (x_1 \wedge \neg x_2)$.

任何公式都可以用电路来表示. 但是电路还有一个附加的性质, 即它所相应的 DAG 是一个**树**(tree, 就是任意两个顶点都有一个边连接、但其中没有循环的简单的图). 直观地说, 就是在计算过程中不许可重用过去已经有的计算结果 (除非再重新计算一次). 关于公式的大小, 一个自然的量度方法是出现在其中的变元的数目, 它与公式中所包含的门的个数是一样的, 至多相差因子 2.

公式之所以自然, 不仅因为它在数学中广泛使用, 而且因为它的大小可以与表示它电路的深度以及对于图灵机的存贮的要求 (即其空间复杂性) 相联系.

递归地应用上面关于 PAR 的公式, 就是应用关于 PAR $(x_1, \cdots, x_{2n})$ 的以下事

第 IV 部分 数学的各个分支

实：它等于 $\mathrm{PAR}\left(\mathrm{PAR}\left(x_1,\cdots,x_n\right),\mathrm{PAR}\left(x_{n+1},\cdots,x_{2n}\right)\right)$, 于是就得到一个关于 $n$ 个变元的奇偶性的公式, 其大小为 $n^2$. 如果说, PAR 有一个线性大小的简单电路, 我们就会想到, 是不是还存在着更小的公式. 电路复杂性理论中最古老的结果之一告诉我们, 答案是否定的.

**定理** PAR 和 MAJ 的布尔公式至少有二次式的大小.

证明的方法是一种简单的组合学的 (或信息论的) 论证. 与此形成对照的是, 这两个函数都有线性大小的电路. 对于 PAR, 这件事很容易证明, 但是对于 MAJ, 情况就不是这样了.

对于公式的大小能否给出超线性的下界? 迄今建议使用的最干净利落的方法之一是**通讯复杂性方法** ①, 它为研究计算问题提供了一个信息论的背景. 这个途径的力量主要是在单调公式的背景下显示出来的, 在这个背景下, 它给了 PERFECT MATCHING 问题 (见 5.1.2 节) 一个指数的下界.

假设有两个人在玩下面的游戏. 对其中一个人给了了一个具有 $n$ 个顶点, 但不能完全匹配的图 $G$, 而对另一人给予了一个具有同样顶点, 但是可以完全匹配的图 $H$. 于是必然存在一对顶点, 在 $H$ 中有一条边把它们连接起来, 而在 $G$ 中则没有这样的边. 两个对手的目的就是找出这样一对顶点, 方法是每个玩家都向对方给出一个 bit 串, 都认为这个 bit 串是按照事先同意的格式写出的一个信息 (message). 当然, 具有图 $G$ 的一方可以简单地送出足够的信息来确定整个图, 但是问题在于是否有这样一种协议 (protocol) 存在, 使得他们只需交换少得多的信息就能找到这样一对顶点来. (在最坏的情况下) 所需的 bit 的最少数目就称为这个问题的**单调通讯复杂性.**

已经证明了这个单调通讯复杂性至少对 $n$ 是线性的, 而这就会给出刚才提到的指数下界. 更一般地说, 如果 $f: I_n \to \{0,1\}$ 是一个单调函数, 而且 $f(x) = 0, f(y) = 1. f$ 这个函数的单调通讯复杂性就是在最坏情况下必须交换这么多 bit, 才能找到 $x_i$ 的位置 $i$ 使 $x_i = 0$, 而 $y_i = 1$. 如果 $f$ 不是单调的, 那么就只需找到一个 $i$, 使 $x_i, y_i$ 不同, 这样做所需的最小的交换次数就称为 $f$ 的**通讯复杂性**. 可以证明, 当且仅当 $f$ 的单调通讯复杂性至少是 $c'm$, $c'$ 是一个正常数时, $f$ 的单调公式的大小至少是 $\exp(cm)$, $c$ 是一个正常数. 相应的命题对于一般的公式大小和一般的通讯复杂性也是成立的.

5.1.5 为什么下界的证明如此困难?

我们已经看到, 复杂性理论中已经发展起来了好几种强有力的技巧、在证明强的下界估计上很有用, 至少是对于计算的受限制的模型. 但是, 它们均未能对一般

---

① 这个方法是著名的美籍华裔计算机科学家姚期智 (Andrew Chi-Chih Yao, 1946–) 在 1979 年提出的, 是近年来理论计算机科学的重要进展, 有多方面的意义和应用, 他因此获得了计算机科学中最有声望的图灵奖 (2000). 目前, 他在清华大学工作.—— 中译本注

的电路提供非平凡的下界估计. 这个失败有没有基本的理由? 对于任何数学上长期未能解决的问题, 例如黎曼假设[V.26], 都可以提出这样的问题, 而典型的答案都会是同样的很模糊的一句话: 看来目前的思想和方法都还不够用.

值得注意的是, 对于电路的复杂性, 这个模糊的感觉已经形成了一个精确的定理. 于是, 对于迄今的失败有了一个 "形式的解说". 粗糙的说法就是, 定义了很广泛的一类论证, 称为自然证明, 包括了所有已知的关于限制电路复杂性的下界的证明. 事实上, 这一类论证是如此广泛, 以致很难想象 "不自然的" 证明会是什么样. 另一方面, 如果 $\mathcal{P} \neq \mathcal{NP}$ 有一个自然的证明, 那么许多问题 (包括整数的因子分解问题) 就会有相当有效率的算法 (虽不一定是多项式时间的算法, 但是比现在已知的算法要快得多). 这样, 如果您和大多数复杂性的专家一样, 相信不会有这种有效率的算法, 您就是相信, $\mathcal{P} \neq \mathcal{NP}$ **没有自然的证明**.

$\mathcal{P} \neq \mathcal{NP}$ 的自然证明通过所谓**伪随机性**的概念与许多难得出名的问题有联系. 这个概念将在 7.1 节里讨论.

这个结果的解释之一就是: 它表明一般电路的下界是与佩亚诺算术[III.67] 的一个自然的片断 "互相独立的", 而这又提示, $\mathcal{P}$ 对 $\mathcal{NP}$ 问题可能是与整个佩亚诺公理互相独立的, 甚至与 ZFC的公理[IV.22§3.1] 互相独立, 尽管很少有人相信会是这个情况.

### 5.2 算术电路

前面已经提到过, 有向非循环图可以用于不同的背景之下. 我们现在就要离开布尔函数和运算来看算术运算和取数值的函数, 这里所谓数值是指 **Q** 或 **R** 中的值、甚至是在任意域[ I.3§2.2] 中的值. 设 $F$ 是一个域, 可以考虑这样的 DAG, 使其输入是 $F$ 中的元, 而其门则是域中的运算 "+" 和 "×"(包括乘以 $F$ 中的固定元如 $-1$). 这时, 和布尔电路的情况一样, 只要知道了输入顶点处的输入, 就可以对 DAG 的各个顶点算出其数值: 对于每一个顶点, 在算出其所有前置顶点处的数值以后, 再施用该顶点处的运算即可. 一个算术电路可以算出一个多项式函数 $p: F^n \to F^m$, 而每一个齐次多项式都可以用一个电路来计算. 为了能够计算非非齐次多项式, 需要对这个电路再补充一个特别的输入端, 其中放置域中的常数 "1".

现在来看几个例子. 多项式 $x^2 - y^2$. 这种写法需要两个乘法和一个加法. 但是它也可以写成 $(x-y)(x+y)$, 这样的形式则只需要两个加法和一个乘法. 多项式 $x^d$ 是用 $d-1$ 个乘法来定义的, 但事实上, 只需要 $2\log d$ 个乘法就可以算出来了. 首先计算 $x, x^2, x^4, \cdots$(序列中的每一项都由前一项平方而得), 然后再把这个幂序列的适当子集合乘在一起就行了.

用 $S_F(p)$ 来记计算上面讲的多项式 $p$ 的电路的最小可能的大小. 如果下文中的 $F$ 不加上下标, 就表示 $F = \mathbf{Q}$, 即有理数域. 我们不把乘以域的固定元算作一次乘法, 所以不把它计入电路的大小, 例如当我们说 $(x+y)(x-y)$ 只含有一个乘法时, 就并没有把 $-y = y \cdot (-1)$ 当作一次乘法算进去. 读者可能会对除法起了疑问. 然而, 我们主要是对计算多项式感兴趣, 而对于 (无限域上的) 多项式的计算而言, 除法可以有效率地用其他运算来作计算机程序的仿真. 和通常一样, 我们对多项式序列有兴趣, 对于每一个电路大小各有一个多项式, 然后研究这些大小的渐近性态.

很容易看见, 对于任意**固定的**有限域 $F$, 在 $F$ 上的算术电路可以模拟 (布尔输入上的) 布尔电路, 而电路的大小可能相差一个常数因子. 于是这种算术电路的下界就会给出布尔电路的相应下界. 所以, 如果想要避免我们已经熟悉的那种极度的困难, 把注意力集中在无限域上是有道理的, 因为这时下界可能比较容易得到.

和在布尔的情况一样, 只是想得到困难的多项式的存在还是容易的. [①]但是, 和前面一样, 我们是对于可以显式地表示的多项式 (族) 有兴趣. 在这里显式性的概念比较微妙, 但仍可形式地给出 (而例如具有代数独立系数的多项式就不认为是显式的).

一个在布尔模型里不出现的重要参数是被计算的多项式的**次数**. 例如一个 $d$ 次多项式, 哪怕是一元的, 计算起来所需的电路的大小至少是 $\log d$. 我们先简要地考虑一元情况, 这时, 次数是我们主要关心的参数. 然后再转到一般的多元情况, 这时, 输入的个数 $n$ 将是主要的参数.

### 5.2.1　一元多项式

对于计算一个 $d$ 次多项式, 用 $\log d$ 作为算术电路大小的下界, 尖锐到什么程度? 作简单的维数论证就表明, 对于绝大多数 $d$ 次多项式 $p, S(p)$ 正比于 $d$. 然而我们还不知道有哪一个显式的多项式具有这个性质 (当然, 在这里 "显式的多项式" 只是 "显式的多项式族, 族中对于每一个次数 $d$ 各有一个多项式" 的略语).

**未解决的问题**　找一个 $d$ 次的显式的多项式 $p$, 使得 $S(p)$ 并不以 $c \log d$ 为上界, 这里 $c$ 是一个常数.

有两个很能说明问题的例子. 令 $p_d(x) = x^d$, 和 $q_d(x) = (x+1)(x+2) \cdots (x+d)$. 我们已经看到 $S(p_d) \leqslant 2 \log d$, 所以这里的平凡的下界已经是紧身的. 而另一方面, 决定 $S(q_d)$ 就是一个主要的未解决的问题, 这里有一个猜测, 就是 $S(q_d)$ 增长得比 $\log d$ 的任意次幂都更快. 因为有下面的结果, 这个问题就更加重要了. **如果 $S(q_d)$ 以 $\log d$ 的某次幂为上界, 则整数的因子分解就有多项式大小的电路.**

---

① 在无限域上, 枚举的论证是不够的 (例如对于每一对 $a, b \in F$, 电路 $ax + b$ 的大小为 2, 所以就有了的无穷多个大小为 2 的电路). 相反, 这里用到 "维数" 的论证, 表明能用小的电路来计算的多项式的集合是一个向量空间, 其维数比充分高次的多项式所成的向量空间要小.

### 5.2.2 多元多项式

现在我们回到 $n$ 元的多项式. 假设输入大小的参数只有一个 $n$ 是方便的, 所以我们限于考虑总次数至多为 $n$ 的多项式, 虽然, 下面我们并不明说这一点.

对于几乎每一个 $n$ 元多项式 $p$, $S(p)$ 至少是 $\exp(n/2)$. 这一点又可以由一个容易的维数论证得出, 然而我们又一次想要找出一个难以计算的显式多项式 (族). 现在和布尔的世界不同, 这里有一个下界稍微超过平凡的下界. 下面的定理的证明用到代数几何的初等工具.

**定理** 存在一个正常数 $c$, 使得 $S(x_1^n + x_2^n + \cdots + x_n^n) \geqslant cn\log n$.

同样的技巧可以推广来证明、对于其他自然的多项式也有强度类似的下界. 这些多项式中例如有对称多项式和行列式[III.15](看作矩阵的元的多项式). 对于某些显式的多项式确立较强的下界是主要的未解决的问题. 另一个主要问题是对任意固定总次数的多项式, 找出超线性下界. 这一类多项式的突出代表是计算复数域上离散傅里叶变换时的线性映射, 或计算有理数域上的离散 Walsh (Joseph Leonard Walsh, 1895–1973, 美国数学家) 变换时的线性映射. 对于这两种变换的算法已经知道有 $O(n\log n)$ 这样的空间复杂性.

现在我们集中注意于具有中心重要性的特定的多项式. 在留下的未解决问题中, 最自然而且研究得最多的对象是矩阵乘法: 给定两个 $m \times m$ 矩阵 $A, B$, 计算它们的乘积需要多少运算? 应用来自矩阵乘积的定义的明显的算法, 需要大约 $m^3$ 个运算. 可不可以改进它? 已经证明在这里真正起作用的是乘法的次数. 可以对这个明显的算法有所改进的第一个提示、来自第一个非平凡的情况 (即 $m = 2$ 的情况). 通常的算法需要 8 个乘法, 但是只要把计算重新组织一下就知道, 7 个乘法就能够脱身了. 这导致一个递归论证: 给定一个 $2m \times 2m$ 矩阵, 就把它看作一个 $2 \times 2$ "矩阵", 不过其元是 $m \times m$ 矩阵, 由此可知, 把矩阵的阶数加倍, 则所需乘法的次数增加一个最多是 7 的因子. 这个论据导出一个只有 $m^{\log_2 7}$ 个乘法的算法 (还有次数差不多的加法).

这些思想导出下面的很强的但还不全是线性的上界 (其中 $n$ 表示 $m^2$, MM 则表示矩阵乘法函数):

**定理** 对于每一个域 $F$, 必有一个正常数 $c$, 使得 $S_F(\text{MM}) \leqslant cn^{1.19}$.

那么, 什么是 MM 的复杂性 (哪怕只是计算乘法门的数目) 呢? $S(MM)$ 是线性的或几乎线性的 (例如是类似于 $n\log n$ 那样的) 呢? 抑或至少是 $n^\alpha$ 阶 ($\alpha > 1$ 是一个常数) 呢? 这是一个著名的未解决的问题.

其次考虑两个 $n = m^2$ 个元 (看成 $m \times m$ 矩阵) 的多项式. 已经提到过行

列式, 但我们还要看一下**积和式**(permanent) ①. 矩阵 $A = (a_{ij})$ 的行列式定义为 $\det A = \sum_\sigma \text{sgn}\sigma \prod_i a_{i\sigma(i)}$, 这里 $n!$ 项中有加有减, 而其积和式的定义虽与此类似, 即定义 $x\text{perm}A$ 为 $\sum_\sigma \prod_i a_{i\sigma(i)}$, 但它的 $n!$ 项均为相加. 我们把这两个函数分别记为 DET 和 PER.

DET 在经典数学中起重要的作用, PER 则有点陌生 (虽然它也出现在统计力学和量子力学中). 但在复杂性理论的背景下, 二者都有很大的重要性, 因为它们分别是两个自然的复杂性类的代表. DET 的复杂性较低 (与具有多项式大小的算术公式的多项式类有关), 而 PER 则有很高的复杂性 (实际上, 对于枚举问题的复杂性类是完全的, 这个复杂性类记作 $\#\mathcal{P}$, 是 $\mathcal{NP}$ 的推广). 所以自然会猜测, PER 不能多项式时间地化约为 DET.

在这个代数背景下, 有一个有意义的化约类型, 称为**投影**(projection). 假设我们想找一个计算 $m \times m$ 矩阵 $A$ 的积和式的算法. 一个可能的方法是去构造一个 $M \times M$ 矩阵 $B$, 使其每一项或者是 $A$ 的 (一般的) 元或者是此域的一个适当的固定元, 而其行列式等于 $A$ 的积和式. 这时, 只要 $M$ 并不太大于 $m$, 就可以利用 DET 的有效率的算法来得出一个 PER 的算法. 现在已经知道存在一个这样的投影, 而其 $M = 3^m$, 这绝不能算是很好的, 所以我们要问下面的问题:

**未解决的问题**    一个 $m \times m$ 矩阵的积和式能否表示为一个 $M \times M$ 矩阵的行列式, 而且 $M$ 以 $m$ 的一个多项式为上界?

如果这个问题的答案为 "是", 则 $\mathcal{P} = \mathcal{NP}$, 所以答案很可能为 "否". 反之, 如果能证明答案为 "否", 则我们在证明 $\mathcal{P} \neq \mathcal{NP}$ 的道路上又走了很有意义的一步, 虽然还不一定由此就蕴含了 $\mathcal{P} \neq \mathcal{NP}$.

### 5.3  证明的复杂性

**证明**这个概念把数学与人类的探索的所有其他领域区别开来了. 数学家们凭借几千年经验的积累, 把诸如 "富于洞察力的" "独创性的" "深刻的" 这样一些形容词加到证明上面, 而其中最值得注意的则是 "困难的". 能不能把证明不同的定理的困难性数学地加以量化? 这正是证明复杂性所要处理的问题, 它力求按照定理证明的难度对定理加以分类, 很像电路复杂性按照计算函数的困难程度把函数加以分类一样. 对于证明, 也和对于计算一样, 有许多模型, 称为**证明系统**、这些系统把推理的力量包装起来给证明者.

我们想要处理的命题、定理和证明的类型, 最好可以用下面的例子来说明. 我

---

① 似乎没有通用的译名, 也有文献译为 "积和式", 其实就是 $\prod_i \left( \sum_j a_{ij}x_j \right)$ 的展开式中 $x_1 \cdots x_n$ 的系数.—— 中译本注

们要事先告诉读者, 将要讨论的定理可能看起来太平凡不足道, 未必能使我们洞察到证明的本性, 然而, 事后证明, 它们确实与证明的本性密切相关.

我们要讨论的定理就是著名的**鸽巢原理**(pigeon hole principle, PHP)(见条目拉姆齐理论[IV.19§2.2]), 这个原理是说, 如果鸽子的数目多于巢的数目, 那么至少有两个鸽子共居一巢. 比较形式化的说法就是: 不存在一个由有限集合 $X$ 到一个较小的有限集合的单射[I.2§2.2]$f$. 我们现在来重新陈述这个定理, 并且来讨论它的证明的复杂性. 首先, 把它陈述为一个有限命题的序列. 对每一个 $m > n$, 令 $\mathrm{PHP}_n^m$ 代表以下命题:"不能把 $m$ 只鸽子放进 $n$ 个鸽巢中, 而使每一只鸽子都独居于自己的巢". 它的一个方便的数学陈述的方法是使用布尔变元 $x_{ij}$ 所成的 $m \times n$ 矩阵. 我们把 $x_{ij} = 1$ 解释为第 $i$ 只鸽子住在第 $j$ 个巢中. 鸽巢原理讲的就是: 要么有的鸽子不被映射到任何巢中, 要么有两只鸽子被映射到同一个巢里. 用这个矩阵来说就是: 要么存在某个 $i$, 使得所有的 $j$ 都使 $x_{ij} = 0$, 要么可以找到 $i \neq i'$ 以及 $j$, 使得 $x_{ij} = x_{i'j} = 1$①. 这些条件很容易表示成为变元 $x_{ij}$ 的**命题公式**(就是从 $x_{ij}$ 利用 "$\wedge$"、"$\vee$" 和 "$\neg$" 来构成的表达式), 而鸽巢原理就成为这样的命题: 这个命题公式是重言式 (tautology), 就是说, 不论对这些变元赋以什么样的真值: "真" 或 "假"(也就是等价地令它们为 1 或 0), 这些公式都是满足的.

我们怎样来对那些能够读懂我们的证明并且作简单的有效率的计算的人, 来证明这个重言式呢? 下面有一些可能的办法, 而且彼此略有不同.

- 标准的证明是用对称性和归纳法. 就是说先把第一只鸽子安排好它的巢, 再来把余下的 $m-1$ 只鸽子安排到余下的 $n-1$ 个巢中, 这样把 $\mathrm{PHP}_n^m$ 化为 $\mathrm{PHP}_{n-1}^{m-1}$. 注意, 这 $n-1$ 个巢不一定是前 $n-1$ 个, 所以为了使这个论证变成一个形式论证, 就必须利用对称性. 我们的证明系统必须足够强, 以便能够包含对称性 (相当于对变元重新命名), 它还需要能允许使用归纳法.

- 在另一个极端, 我们可以得到一个平凡的证明, 它只需要 "机械的推理", 就是对每一个可能的输入来估计公式的值. 因为一共有 $mn$ 个变元, 证明的长度是 $2^{mn}$, 而是描述 $\mathrm{PHP}_n^m$ 的公式的大小的指数.

- 一个比较细致的 (即 "机械的") 证明是使用枚举. 用反证法, 设对于变元所指定的一个真值此公式为假. 因为每一只鸽子都被映射到一个鸽巢, 所以这个指定中必有至少 $m$ 个 1, 又因为每一个巢至多有一只鸽子, 所以这个指定中最多有 $n$ 个 1. 所以 $m \leqslant n$, 而与假定 $m > n$ 相矛盾. 这样, 要使这个证明可以容许, 证明系统就必须包含这样的推理, 它要强大得允许作这种枚举.

上面的例子给我们的教益就是: 证明及其长度依赖于深处其下的证明系统. 但

---

① 注意, 并没有排除某个鸽子被映到多余 1 个巢中 (即独占了几个巢) 的可能 —— 我们可以排除这种可能, 但是即令不这样做, 原理也是成立的.

是, 证明系统究竟是什么, 我们又怎样来量度一个证明的复杂性呢? 现在就要转向这个问题. 以下是我们所希望于我们的证明系统所具有的突出的特点.

**完全性**　每一个真命题都有一个证明.

**可靠性**　没有一个假命题会有一个证明.

**验证的效率性**　给定一个数学命题 $T$ 以及一个据称为它的证明 $\pi$, 容易验证, $\pi$ 确实是 $T$ 在这个系统中的证明 [①].

事实上, 要求我们的证明系统强到仅只满足前两个要求就已经是太过分了, 哥德尔 [VI.92] 在他的著名的不完全性定理 [V.15] 中就已经证明这是过分的要求了. 然而, 我们考虑的仅仅是具有有限证明的命题公式, 而对于这些命题公式、是有这样的证明系统的. 在这个背景下, 以上的要求可以简明地包括在下面的定义中.

**定义**　一个 (命题) 证明系统就是一个具有以下性质的多项式时间的图灵机 $M$, $T$ 是一个重言式当且仅当存在一个 ("证明") $\pi$ 使得 $M(\pi, T) = 1$ [②].

作为一个简单的例子, 考虑下面的 "真值表" 证明系统 $M_{TT}$, 它相应于前面的例子的平凡的证明. 基本上说, 如果每一个可能的输入都使 $T$ 为真, 这个图灵机宣称这个公式 $T$ 为一个定理. 稍微形式一点地说, 对于任意的具有 $n$ 个变元的公式 $T$, 当且仅当 $\pi$ 是所有这样的长度为 $n$ 的满足条件 $T(\sigma) = 1$ 的 $\{0,1\}$ 符号串 $\sigma$ 的清单时, $M_{TT}(\pi, T) = 1$.

注意, $M_{TT}$ 的运行时间是输入长度的多项式时间. 当然, 要点在于对于典型的有趣的公式如鸽巢原理, 其大小多项式地依赖于变元个数, 但是其输入的长度是极端的长, 因为证明 $\pi$ 的长度是公式长度的指数. 这引导到关于一般的命题证明系统 $M$ 的效率 (或复杂性) 的定义如下: $M$ 的复杂性就是每一个重言式的最短证明的长度. 就是说, 如果 $T$ 是一个重言式, 则定义其复杂性 $\mathcal{L}_M(T)$ 就是使得 $M(\pi, T) = 1$ 的最短的 $\{0,1\}$ 符号串 $\pi$ 的长度. 然后, 就定义证明系统本身 (即 $M$) 的效率 $\mathcal{L}_M(n)$ 为 $\mathcal{L}_M(T)$ 在所有长度为 $n$ 的重言式上的最大值.

是否存在一个命题证明系统使得所有重言式都有多项式大小的证明? 下面的定理给出了这个问题和计算复杂性的基本的联系, 特别是与 3.4 节中的主要问题的基本联系. 这个定理很容易从 SAT(即满足一个命题公式的问题) 的 $\mathcal{NP}$ 完全性 (以及下面的事实: 一个公式可以满足当且仅当它的否定不是一个重言式) 得出.

**定理**　当且仅当 $\mathcal{NP} = \mathrm{co}\mathcal{NP}$ 时, 才存在一个使得 $\mathcal{L}_M$ 为多项式的证明系统 $M$.

为了开始攻克这个可怕的问题, 最好是先考虑比较简单的 (即比较弱的) 证明

---

① 这里的验证程序的效率就是**这个定理及其证明的总长度**的运行时间. 与此相对照, 在 3.2 节和 6.3 节里, 我们是把运行时间看作**所说的定理的长度**的函数 (或者等价地说, 就是只允许具有事先规定的长度的证明) 的.

② 与标准的形式主义 (见下文) 一致, 证明是在定理之前就有了的.

系统, 再考虑越来越复杂的系统. 此外, 还有一些重言式和证明系统自然地自己表明其本身就是很好的研究问题, 这些系统允许某些基本的推理形式, 而其他系统则不允许. 在本节的其余部分, 我们将集中关注于几个这种受限制的证明系统.

如果把一个数学分支, 如代数、几何或逻辑中的典型的证明完全地写出来, 它们总是从一些公理开始, 并且应用一些非常简单而透明的**演绎规则**逐步达到结论. 证明的每一行都是一个命题或公式, 而且都是从更前面的命题按照这些演绎规则之一得出来的 ①. 这个演绎的途径可以追溯到欧几里得[VI.2], 而且完全适合我们的 DAG 模型: 输入可以用公理来作为标记, 对每一个其他顶点都赋予一个演绎规则, 而与每一个顶点相关的命题, 就是由前置顶点按照指定的规则演绎而得的命题.

对于 (简单的) 证明系统, 有一个等价的而且多少更加方便的看法, 就是把它看作 (简单的)**反驳系统**. 这里面就包含了反证法的思想. 对于我们想要证明的重言式 $T$, 假设其否定, 并且用这个系统里的规则来导出一个矛盾 —— 就是导出 FALSE: (就是导出一个恒为假的命题). 一个重言式的否定时常容易写成一些互相矛盾的公式的合取式 (例如一组没有共同的真值指定的子句、一族没有公共根的多项式、交集合为空的半空间的集合等等). 为了得出矛盾, 设这些公式可以由某个 $\sigma$($\sigma$ 可以分别是一个指定、一个根或一个点) 来同时满足, 而由于证明系统中的推导规则的可靠性, 因此就可以导出越来越多的公式且它们必定都可以用 $\sigma$ 来满足, 直到最后得到明显的矛盾 (如 $\neg x \wedge x$, $1 = 0$, 或 $1 < 0$ 之类). 下面总采取这个反驳的观点, 而且常把 "重言式" 换成其否定 "矛盾".

现在我们就转而研究重言式 $T$ 在证明系统 $\Pi$ 中的证明的长度 $\mathcal{L}_\Pi(T)$. 我们首先要看到下面这一点, 它揭示了证明复杂性和电路复杂性的一个重大区别, 就是平凡的枚举论证**失效**. 理由在于, 定义在 $n$ 个 bit 上的函数的数目是 $2^{2^n}$, 而长度为 $n$ 的重言式最多有 $2^n$ 个. 这样, 在证明复杂性中, 甚至一个困难的重言式的**存在**都是有趣的, 更不说是找到一个显示式的重言式了. 然而, 我们会看到 (在限制的证明系统中) 绝大多数已知的下界都可以适用于很自然的重言式.

### 5.3.1  逻辑证明系统

本节中证明系统的各行都是布尔公式, 各个系统的区别在对这些公式的结构所加的限制上.

最基本的证明系统称为弗雷格[VI.56] 系统, 它对于所操作的公式没有加上任何限制. 它只有一个推导规则, 称为**切割规则**(cut rule): 由两个公式 $(A \vee C)$, $(B \vee \neg C)$ 可以导出 $A \vee B$. 不同的关于逻辑的基本书籍对这个系统的描述稍有不同. 然而, 从计算的观点来看它们都是等价的, 意思是 (除了可能相差多项式因子以外), 最短证明的长度不论采用哪种变体都是一样的.

---

① 一般的证明系统, 如我们所定义的, 只要把这个图灵机 $M$ 的每一个单独的一步也看成一个演绎规则, 则也适合这样一种形式格式. 然而下面考虑的演绎规则还要更加简单, 而更重要的是, 它们更加自然.

鸽巢原理的以枚举为基础的证明可以在弗雷格系统中有效率地实现 (这一点并非平凡不足道的事实), 这一点告诉我们 $\mathcal{L}_{\text{Frege}}\left(\text{PHP}_n^{n+1}\right)$ 是 $n$ 的多项式. 证明复杂性理论中主要的未解决问题是找出任何一个重言式 (和通常一样, 这里是指一族重言式) 在弗雷格系统中没有多项式大小的证明.

**未解决的问题**    对于弗雷格系统确定一个超多项式的下界.

因为对于弗雷格系统找一个下界似乎是非常困难的事, 所以我们转向这个系统的自然而有趣的子系统. 研究得最为广泛的系统称为**分解**(resolution). 它的重要性来自它被大多数关于命题的**自动**(以及一阶)**定理证明器** ① (automated theorem prover) 都使用它. 在分解反驳中所允许的公式只不过是子句 (析取式), 所以前面定义的切割规则被简化成了**分解规则**: 由两个子句 $(A \vee x)$ 和 $(B \vee \neg x)$, 可以导出 $A \vee B$, 这里的 $A, B$ 是子句, 而 $x$ 是变元.

证明复杂性理论的一个主要的结果就是: 鸽巢原理的证明在分解系统中是困难的.

**定理**    $\mathcal{L}_{\text{resolution}}\left(\text{PHP}_n^{n+1}\right) = 2^{\Omega(n)}$.

这个结果的证明以一种很有趣的方式与 5.1.3 节里讲的 PAR 函数和 MAJ 函数的电路下界相关联.

### 5.3.2  代数证明系统

正如在布尔的背景下, 一个自然的矛盾就是子句的不可满足的集合, 在代数背景下, 一个矛盾则是一个没有公共根的多项式组 ②.

怎样证明方程组 $\{f_1 = xy + 1, \ f_2 = 2yz - 1, \ f_3 = xz + 1, \ f_4 = x + y + z - 1\}$(在任意域上) 都没有公共根呢? 一个快速的方法是注意到 $zf_1 - xf_2 + yf_3 - f_4 \equiv 1$. 很清楚, 这个方程组的公共根将会使此式的左方为 0, 从而不可能适合这个恒等式, 因为右方是常值函数 1. 我们能否总使用这种证明方法呢?

著名的希尔伯特零点定理[V.17] 告诉我们答案为 "是". 这个定理指出, 如果 $f_1, f_2, \cdots, f_n$ 是任意多项式 (变元个数为任意的), 而且没有公共根, 则必有多项式 $g_1, g_2, \cdots, g_n$ 存在, 使 $\sum_i g_i f_i \equiv 1$. 这个证明的效率如何? 能不能找到一种证明 (即找到一组 $g_i$), 使其长度对于描述这些 $f_i$ 的长度为多项式? 不幸的是, **不行**, $g_i$ 的显式描述的最小的长度可能是指数的, 虽然这件事的证明绝非平凡不足道的.

另一个自然的证明系统叫做**多项式演算**(polynomial calculus, PC), 它与希尔伯

---

① 它们是企图对于给定的重言式生成其证明的算法. 这些重言式在数学上可能让人生厌, 但是实践上可能是重要的, 例如 "一个计算机芯片或通讯协议 (protocol) 是正确的" 这样的命题都是重言式. 有趣的是, 在它的一些很常见的应用中也包括了一些在数学上有趣的定理, 例如在基本数论中的定理.

② 此外多项式可以自然地编码为命题公式. 我们首先把这样一个公式写成合取范式 (conjunctive normal form, CNF), 就是把它表示为一组子句的合取式. CNF 公式可以容易地变为一个多项式组, 每个子句变为一个域上的多项式. 我们时常还加上多项式 $x_i^2 - x_i$, 它保证了取布尔值 0 和 1.

特零点定理和符号代数程序里的 Gröbner 基底 (Wolfgang Gröbner, 1899–1980, 奥地利数学家, 但是所谓 Gröbner 基底是他的学生 Bruno Buchberger 在 1965 年提出的) 的计算都有关系. 这个系统的各行都是多项式、它们都可以用其系数显式地表示, 其中有两个演绎规则: 对于任意两个多项式 $g$ 和 $h$, 可以导出它们的和: $g + h$, 对于任意多项式 $g$ 和任意变元 $x_i$, 可以导出其乘积 $x_i g$. 已经知道, PC 指数地强于希尔伯特零点定理深层下面的证明系统. 然而, 很强的关于大小的下界估计也是知道的 (是从关于次数的下界估计得来的). 例如, 把鸽巢原理编码为常数次数的多项式的互相矛盾的集合, 于是就有下面的定理.

**定理**　对于每一个 $n$ 和每一个 $m > n$, 在任意域上都有 $\mathcal{L}_{\mathrm{PC}}(\mathrm{PHP}_n^m) \geqslant 2^{n/2}$.

### 5.3.3 几何证明系统

还有一个自然地表示矛盾的方法是利用具有空的交集合的空间区域. 例如, 许多重要的**组合优化**问题都是关于 $\mathbf{R}^n$ 中的线性不等式组以及它们与布尔立方体 $\{0, 1\}^n$ 的关系的. 每一个这样的不等式定义一个半空间, 而问题是, 是否所有这些半空间有坐标全为 0 或全为 1 的公共点.

最基本的证明系统称为**切割平面**(cutting planes, CP). 证明的每一行都是一个具有整数系数的线性不等式. 演绎规则则是可以把两个线性不等式相加, 还有不太明显的是可以把系数用一个常数去除, 而且作某些舍入, 这里要利用一个事实, 就是解空间中的点都具有整数系数.

$\mathrm{PHP}_n^m$ 在这个系统中是很容易的, 而对其他的重言式, 已经知道了指数的下界. 它们是由 5.1.2 节中讲的单调电路下界得出来的.

## 6. 随机化计算

到现在为止, 我们考虑过的计算都是决定论的, 就是说, 输出是完全由输入和控制计算的规则决定的. 本节将继续关注于多项式时间的计算, 但是现在我们将要允许计算装置作**概率的**即**随机的**选择.

### 6.1 随机化的算法

这种算法的一个著名的例子是检验素性的算法. 如果 $N$ 是待检验的正整数, 这个算法会随机地选 $k$ 个小于 $N$ 的数, 并且用这样选出来的每一个数来做一个简单的检验. 如果 $N$ 是一个合数, 则我们的检验能够发现这一点的概率至少是 1/4. 所以, 这个检验对这 $k$ 个数全都失败的概率是 $(3/4)^k$, 而对于甚至不太大的 $k$, 这个概率也是很小的. 关于这个检验如何进行的细节可以参看条目计算数论[IV.3§2].

不难给出随机化图灵机的严格的定义, 但是这里并不需要其精确的细节. 主要之点是: 如果 $M$ 是一个随机化图灵机, 而 $x$ 是一个输入的符号串, 则 $M(x)$ 并不是一个确定的输出符号串, 而是一个随机变量[III.71§4]. 例如, 若输出是一个 bit, 则

我们可能会说如像 "$M(x) = 1$ 的概率为 $p$" 这样的话. $M(x)$ 的真正的值将依赖于图灵机 $M$ 在实际运行时所作的特定的随机选择而定.

如果用一个随机化算法来解决一个判定问题 $S$, 我们希望, 不论输入 $x$ 是什么, $M(x)$ 都能以很高的概率给出正确的答案 (所谓正确的答案就是: 当 $x \in S$ 时, $M(x)$ 的值为 1, 否则为 0). 这就给出了复杂性类 $\mathcal{BPP}$(代表**具有有界误差的概率多项式时间**, bounded error, probabilistic polynomial time) 的定义.

**定义**($\mathcal{BPP}$)　　一个布尔函数 $f$ 属于 $\mathcal{BPP}$, 如果存在一个概率多项式时间图灵机 $M$, 使得对于每一个 $x \in I$ 都有 $\Pr\{M(x) \neq f(x)\} \leqslant 1/3$.

选 1/3 为误差的界限是随意取的, 而如果运行这个算法好几次, 并且按照出现次数的多少来选择这个误差界限, 就可以选得小得多 (我们要强调, 每一次不同的运行中所进行的随机选择是独立的). 标准的概率估计表明, 对于任意的 $k$, 如果运行这个算法的次数是 $O(k)$, 误差的概率可以减小到 $2^{-k}$.

因为据信随机性总是 "可以得到的", 而失败的机遇小到指数一样时, 说是失败就没有实际的意义, 所以复杂性类 $\mathcal{BPP}$ 在许多方面比之 $\mathcal{P}$ 是进行有效率的计算的更好的模型. 现在我们来提一下 $\mathcal{BPP}$ 类与我们已经看到的其他复杂性类的某些关系. 容易看到 $\mathcal{BPP} \subseteq \mathcal{EXP}$; 如果用图灵机来投掷 $m$ 个硬币, 我们可以把 $2^m$ 个结果都枚举出来, 并且按照出现次数的多少来看投掷的结果. $\mathcal{BPP}$ 与 $\mathcal{NP}$ 的关系还不清楚, 但是已经知道, 如果 $\mathcal{P} = \mathcal{NP}$, 则也有 $\mathcal{P} = \mathcal{BP}$. 最后, 可以用非均匀性来代替随机性: $\mathcal{BPP}$ 中的每一个函数都有多项式大小的电路. 但是, 基本的问题是: (对于判定问题) 随机化的算法是否真正地比决定论的方法更加有力.

**未解决的问题**　　是否真有 $\mathcal{P} = \mathcal{BPP}$?

我们前面提到过, 近年来已经找到了素性检验的多项式时间算法, 但是实际上随机化的算法效率高得多. 然而, 确实颇有一些 $\mathcal{BPP}$ 的问题不知是否在 $\mathcal{P}$ 中 ①. 事实上, 对于绝大多数这类问题, 随机化算法比较现在已知的最好的决定论的算法有着指数的改进. 是不是随机性增加了我们解决判定问题的能力的例子呢? 惊人的是: 也有完全不同的证据以证实其反面即 $\mathcal{P} = \mathcal{BPP}$(在 7.1 节里讨论).

### 6.2　随机地计数

关于 $\mathcal{NP}$ 搜索问题, 一个一般的重要问题是决定一个特定的实例**有多少个解**. 这里面包括了来自许多不同分支的问题, 例如有多元多项式组的解的计数、图的完全匹配的计数 (或者等价地就是 $\{0,1\}$ 矩阵的积和式 (permanent) 的计数)、高维多胞体 (由一组线性不等式来定义) 的体积的计算 (关于这个问题详见 [ I.4§9])、物理系统的不同参数的计算等等.

---

① 恒等性检验 (identity testing) 是一个中心的例子: 给定一个 $Q$ 上的算术电路, 判断它是否能算出恒等于 0 的函数.

对于这些问题中的绝大多数, 近似的计算就已经够好了. 很清楚, 解的近似的计数特别会使我们能够决定解是否存在. 例如, 如果知道了对一个给定的命题公式的可能满足的指定的近似数目, 就会确实地知道这个数是否至少是 1. 这就告诉我们这个公式是否可满足, 从而解出了 SAT 的一个实例. 有趣的是, 其逆也是真的: 如果能够解出一个 SAT, 就能够用这个能力来生成近似求解的**数目**(允许相差一个大于 1 的常数因子) 的一个随机化的算法. 更精确地说, 如果允许自由地使用解决 SAT 的实例的子程序, 就有一个有效率的概率算法来作出这样一个近似的计数. 后来证明了, 对于所有的 $\mathcal{NP}$ 完全问题, 都有类似的命题在.

对于有些问题, 不需要 SAT 子程序也能作出近似计数. 对于求正矩阵的积和式、对于多胞体体积的近似计算等等, 都有多项式时间的概率算法. 这些算法都用到近似计数和另一个自然的算法问题的联系. 这个问题就是如何随机地生成一个解, 使得所有的正确的解都是同等可能出现的. 基本的技巧是在解的空间中构造一个具有均匀的定常分布马尔可夫链, 并且去分析这个链对此分布的收敛速率 (见文末的文献 (Hochbaum, 1996), 第 12 章).

关于**准确的**计算又如何? 人们相信, 即使允许自由使用一个 SAT 子程序、也不能用一个有效率的概率算法得出准确的计算来. 关于这一类计数问题, 有一个值得注意的 "完全的" 问题, 就是一个图的完全匹配问题. 关于这个问题, 令人吃惊的是有一个有效率的找出图中的一个完全匹配的有效算法, 就是假设这个匹配存在, 则这种匹配的计数在下面的意义下是完全的, 即做这件事的有效率的算法可以变成解决**任意** $\mathcal{NP}$ 问题的计数的有效率的算法.

## 6.3 概率的证明系统

我们在前面已经看到, 证明系统是通过它们的验证程序来定义的. 在 5.3 节里, 我们考虑了这样的验证程序, 其运行时间对于所提出的断言及其设想中的证明的总时间、是多项式的. 在这里 (和在 3.2 节里一样), 我们只限于注意这样的验证程序, 其运行时间只对于所提出的断言的长度为多项式. 这样的证明系统是与 $\mathcal{NP}$ 类相关的, 因为 $\mathcal{NP}$ 中的集合 $S$ 具有下面的性质: 存在一个多项式时间的算法 $M$, 使得 $x \in S$ 当且仅当存在一个其长度是 $x$ 的长度的多项式的符号串 $y$ 而且 $M(x,y) = 1$. 换言之, 可以把 $y$ 看成 $x$ 属于 $S$ 的一个简明的 (可以用 $M$ 来验证的) 证明.

如果我们允许 $M$ 是一个**随机化的算法**, 情况又如何? 这时就得到了一个**概率的证明系统**. 提出这样一个系统并不是想作为数学证明概念的替代物, 而是想对可验证性的概念作一个有趣的扩充, 把它推广到可以容忍微小的误差的情况下去. 我们将会看见, 种种类型的概率证明系统在计算机科学中带来了巨大的好处. 我们想要展示这一点的三个值得注意的表现. 其中的第一个说明我们可以用它来证明更多的定理. 第二个说明甚至不必透露我们的证明中的**任何的东西**就能做到这一点.

第三个则表明、可以这样来写出拟议中的证明, 使验证者只要看到其中很少几个 bit 就能断定这个证明是否正确.

### 6.3.1　互动的证明系统

回忆一下第 4 节里讲的图的同构问题. 给定了两个图 $G$ 和 $H$, 这个问题就是要问是否只需对顶点作置换就能从 $G$ 得出 $H$. 这个问题显然属于 $\mathcal{NP}$, 因为我们正是可以通过一个置换把 $G$ 变到 $H$ 内.

我们可以把这个问题看成一个协议, 其中有一个验证者, 他会作多项式时间的计算, 还有一个证明者, 他有着无限的计算资源. 验证者想要弄清楚 $G$ 和 $H$ 是否同构的, 于是证明者就给他发送一个置换去, 让验证者 (在多项式时间内) 验证这个置换是否适用的.

假设我们现在考虑图的**非同构**问题. 证明者有什么办法让验证者相信这两个图 $G$ 和 $H$ 是不同构的? 显然, 这里有由两个图形成的一些对子 $(G, H)$, 但是似乎没有系统的、对一切对子都能适用的、证明方法. 然而, 值得注意的是, 如果我们允许随机性和互动, 就有办法让验证者信服.①

它是这样工作的. 验证者随机地取 $G$ 和 $H$ 之一, 随机地排列其顶点, 而把结果发送给证明者. 然后让证明者发回一个信息, 说这样排列是否就是 $G$ 或者 $H$.

如果 $G$ 和 $H$ 是非同构的, 这样排列过的图恰好就只能是 $G$ 或者 $H$ 中的一个、而不是另一个, 于是证明者就会看出来是同构于哪一个, 并且得到正确的答案. 但是, 如果 $G$ 和 $H$ **是**同构的, 证明者就无法知道是哪一个图被排列了, 于是他只有 $50\%$ 的机会得到正确的答案.

现在, 验证者为了想确信无疑, 就把这个过程重复 $k$ 次. 如果 $G$ 和 $H$ 是非同构的, 证明者就总会得到正确的答案. 如果它们是同构的, 证明者就有 $1 - 2^{-k}$ 的概率至少犯一次错误. 如果 $k$ 很大, 这几乎就是一定要犯至少一次错误, 所以, 如果证明者在 $k$ 次验证中全都没犯错误, 验证者就可以确信这两个图不是同构的.

以上是**互动的证明系统**的一个例子. 给定一个判定问题 $S$, 它的一个互动的证明系统就是一个包含了互动的验证者和证明者的一个协议, 它具有下面的性质: 如果 $x \in S$, 验证者最终将会输出 1; 而如果 $x \notin S$, 则验证者至少有 $1/2$ 的机会输出 0. 和上面的例子一样, 验证者会重复这个协议好几次, 从而把 $1/2$ 这个概率变成非常接近于 1 的概率. 也是和上面的例子一样, 验证者允许作多项式时间的随机化的计算, 而证明者则有无限的计算能力. 最后, 互动的次数应该是对于输入 $x$ 的长度为多项式的, 这样, 整个验证过程是有效率的. 存在一个互动证明系统的判定问题的复杂性类记作 $\mathcal{IP}$.

我们可以把这个协议看成是一个不屈不挠的的学生在 "质询" 一位老师, 学生

---

① 我们要注意, 仅允许互动而没有随机性不会有任何好处; 就是说, 这种互动的 (但是决定论的) 证明系统和 $\mathcal{NP}$ 力量是一样的.

不断地向老师提出 "棘手的" 的问题, 目的在于确认老师讲的是对的. 有趣的是, 用 "棘手的" 问题来质询, 并不比用随机的问题来质询更好! 就是说, 每一个具有互动证明系统的集合, 一定也有这样一个证明系统, 其中验证者可以在事先准备好的问题集合中提出均匀分布而又独立的问题.

可以证明, **每一个**属于 $\mathcal{NP}$ 的判定问题 $S$ 都存在一个互动的证明系统来证明 $x \notin S$. 它是这样工作的: 即证明 $x$ 在 $S$ 中没有一个 $\mathcal{NP}$ 证明存在. 这个结果, 即 co$\mathcal{NP} \subset \mathcal{IP}$、其证明涉及布尔公式的算术化. 进一步, 互动证明的力量的完全的刻画是已经知道了的. 令 $\mathcal{PSPACE}$ 表示所有的可用多项式**空间**(即**存贮**) 解决的问题之类. 虽然解决 $\mathcal{PSPACE}$ 的问题需要指数时间, 但是它们都有互动的证明.

**定理** $\mathcal{IP} = \mathcal{PSPACE}$.

虽然还不知道是否 $\mathcal{NP} \neq \mathcal{PSPACE}$, 但是普遍都相信情况确实如此, 所以, 似乎互动证明比非互动的决定论的证明 (即 $\mathcal{NP}$ 证明) 要有力得多.

### 6.3.2 零知识证明系统

一个典型的数学证明不仅保证了某个数学命题为真, 而且还教会了您什么. 在本小节里, 我们要讨论一类证明, 它除了这个命题为真以外, 绝对什么也没有教会您.

假设有一个证明者想要说服您某个地图 (地理学意义下的地图) 可以用三种色彩来着色, 而且使得没有两个相邻的区域色彩相同. 最显然的途径是真正告诉您一种着色的方法, 但是这也同时告诉了您一件事情 —— 即一个特定的着色方法 —— 而这个特定的着色方法, 虽然存在, 您本来却不一定那么容易就能找到的 (因为这个搜索问题是一个 $\mathcal{NP}$ 完全问题). 有什么别的方法使证明者能够不给您这点额外的知识却让您信服?

下面是一种作法. 给定地图的一种例如使用红、蓝和绿三种彩色着色 (即 3 着色问题) 的方法, 把这三种色彩作置换, 例如红色区域都变成蓝色的而蓝色区域变成红的, 就可以得到另一种着色. 令证明者取 6 张这样的地图, 并且相应于这些彩色的 6 个排列、用 6 个不同的方法来着色. 像这样的着色进行多轮. 在每一轮中, 证明者都在这 6 幅彩色地图中随机地取一幅, 而您作为验证者则随机地取一对相邻的区域, 证明者让您来验证一下这两个区域是否涂了不同的色彩, 但是**不允许您去看地图的其余的部分**. 如果这个图是不可能按规定正确地着色的, 而证明者又存心想要欺骗您, 那么在经过足够的轮次 (其次数只要是多项式阶的就够了) 以后, 您总会碰上两个相邻区域或者涂了相同的彩色 (或者有一个区域根本没有着色), 从而看出了这是欺骗. 然而, 在每一个阶段, 关于您所注视的这两个区域, 您所得知的仅仅是它们有不同的彩色 —— 证明者在开始时用了哪些彩色您都一无所知. 所以到头来除了这幅地图可以 (几乎确定可以) 按规定着色以外, 您没有得到任何的知识.

类似于此, 关于 "某一个公式是可以满足的" 这件事情的 "零知识证明" 不会泄露究竟是变元的什么样的真值指定满足了这个公式, 甚至部分的信息 (例如对某一个变元指定的真值) 或者难以计算的无关的信息 (例如, 如果这个公式是用某整数来编码时这个整数的因子分解) 也不会泄露. 一般说来, 一个零知识证明是一个互动的证明, 但是它不会帮助您 (作为验证者) 对于您本来就不会进行有效率计算的问题作任何计算.

哪些定理有零知识证明呢? 显然, 如果验证者能够不借助任何帮助看就能知道答案的话, 这个定理就有平凡的零知识证明: 证明者什么事都不必做. 所以, $\mathcal{BPP}$ 中的任意集合都有零知识证明. 上面概述的 **3 着色**问题的零知识证明其实依赖于一些非计算的程序, 例如要有这样的能力: 证明者必须仔细地看看, 确定您恰好只看见两个区域. 在计算机上完全地执行一个协议需要小心, 但是已经提出了一个做到这一点的方法, 而这个方法依赖于整数的因子分解的困难性. 结果就是一个**零知识证明系统**. 把它与**3 着色**的 $\mathcal{NP}$ 完全性结合起来, 就可以证明对于每一个 $\mathcal{NP}$ 的集合, 都有一个零知识证明系统存在. 更为一般地, 我们有下面的定理.

**定理**    只要有单向定理 (one-way theorem, 其定义见 7.1 节) 存在, 则 $\mathcal{NP}$ 中的每一个集合都有零知识证明系统, 这个证明可以从标准的 $\mathcal{NP}$ 证明有效率地导出.

这个定理对于密码协议的设计 (见 7.2 节) 有戏剧性的效果. 进一步说, 在同样的条件下, 还有更强的结果成立: 每一个有互动证明系统的集合都有零知识的互动证明系统.

### 6.3.3    概率可核查证明

在本节中, 我们要回到关于概率证明的力量的最深刻也是最惊人的发现之一. 这里和在标准的 (非互动) 证明中一样, 验证者会收到一份**写得很完全的证明**. 陷阱和圈套就在于: 只允许验证者阅读证明的随机选择的很小的一部分.

有一个很好的类比: 设想您在审阅一篇论文, 您希望只要阅读其中随机选择的一小段, 就能确定它的很长的证明是否正确. 如果这个证明有恰好一个 (很关键的) 错误, 而您又没有读有关的那几行, 那大概就不会注意到这个错误. 但是这只是对于用 "自然的" 方法写出来的论文. 后来证明了, 写出证明有一种 "具有耐受力"(robustly) 的写法 (其中容许一定量的冗余), 使得任何错误都会在许多不同地方表现出来. (这一点可能使您联想到纠错码[VII.6]. 这里面确实有重要的类似, 而两个领域的交叉是非常引人注目的). 这样一个具有耐受力的证明系统称为 "概率可核查证明"(probabilitistically checkable proof, 简记为 PCP).

粗略地说, 关于集合 $S$ 的一个 PCP 证明系统包含了一个概率的多项式时间的验证者, 它对一个表示 (靠不住的) 证明的符号串有进入其某些单个 bit 的权利. 于是, 验证者就抛一个硬币, 并视其结果, 再进入这个靠不住的证明的常数多个 bit. 如果 $x \in S$(而且有充分的证明), 它就会输出 1. 如果 $x$ 不属于 $S$(这一点可能有一个假的证明, 而且不论怎么假都行), 它就会以至少 1/2 的概率输出 0.

**定理**(PCP 定理)    $\mathcal{NP}$ 中的每一个集合都有一个 PCP 证明系统. 进一步, 还存在一个多项式时间的程序把任意的 $\mathcal{NP}$ 证明变成其相应的 PCP.

特别是由此可知, (具有耐受力的) PCP 的长度对于输入的长度是多项式阶的. 事实上, 这个 PCP 本身就是一个 $\mathcal{NP}$ 证明 [1].

PCP 定理 (及其种种变体) 除了它概念上的吸引力以外, 在复杂性理论中有重要的应用, 它使我们能够证明: 好几个自然的逼近定理也是很难的 (假设 $\mathcal{P} \neq \mathcal{NP}$).

举一个例子, 设有域 $\mathbf{F}_2$(其中只有两个元) 上的 $n$ 个线性方程. 如果随机地给出变元的值, 则方程将以 1/2 的概率得到满足, 所以很清楚, 有可能满足其中至少一半的方程. 由线性代数, 可以很快地判定是否所有的方程都会同时得到满足. 然而, 可以证明, 若 $\mathcal{P} \neq \mathcal{NP}$, 则不会有多项式时间的算法来做到下面的事情若 99%的方程同时满足、就输出 1; 若不可能有超过 51%的方程得到满足、就输出 0. 就是说, 哪怕只是近似地判断同时满足的方程的个数也是一个难的问题.

为了看到这种逼近问题和 PCP 的关系, 注意, 对于任意集合 $S$ 的 PCP 证明系统, 都给出一个如下的优化问题. 假设有了一个输入 $x$. 对于任意一个声称自己是 $x \in S$ 的证明的符号串 $y$, 验证者是否接受 $y$ 会有一个概率. 对于所有声称自己是 $x \in S$ 的证明的符号串 $y$, 这个 "被接受" 的概率的最大值是多少? 如果我们能够回答这个问题, 使得所得的答案最多差一个因子 2, 就能指出 $x$ 是否属于 $S$. 所以, 如果 $S$ 是 $\mathcal{NP}$ 完全的判定问题, 则 PCP 定理蕴含了这个优化问题也是 $\mathcal{NP}$ 困难的 (就是说, 至少和 $\mathcal{NP}$ 中的任何问题同样难). 我们现在可以利用化约, 以充分利用验证者只阅读这个声称为证明的 $y$ 中的常数个 bit, 这样来得到许多自然的优化问题的类似结果.

这一点有重大的理论意义, 但也引起一些实际的失望: 在许多时候, 近似解和精确解是同样有用的, 但是现在看到, 得出近似解也是同样困难的.

6.4  弱的随机源

我们现在转到如何得出本节所讨论的所有的概率计算中的随机性的问题. 虽然随机性在世界上似乎是存在的 (例如在天气现象中、在 Geiger 计数器中、在 Zener 二极管中 [2], 以及在真正投掷硬币时等等, 都可以观察到随机性), 但是似乎不是如我们所假设的那样的无偏地、完全独立地投掷硬币时那样完全的随机性. 如果我们真想应用随机的过程, 就需要把弱的随机源变成随机源, 因为概率计算按定义就是

---

[1] 这里利用了以下事实, 即按定义, 当 $x \in S$ 时, 它是无错误的, 而 PCP 定理中的验证者只用到硬币投掷次数的对数, 所以, 我们可以有效率地核查所有可能的结果.

[2] Geiger (Johannes Hans Wilhelm Geiger, 1882 –1945), 德国物理学家, Geiger 计数器是用于侦察放射性辐射的一种仪器. Zener (Clarence Melvin Zener, 1905 –1993) 是美国物理学家, Zener 二极管是一种有特殊性能的二极管.—— 中译本注

与几乎完全的随机源打交道的.

把不完全的随机性转换为一个真正几乎完全独立和无偏的 bit 流的算法称为**随机抽取算法**(randomness extractor), 而人们已经构造出几乎是最佳的这种算法, 例如在本文的文献中所引用的 Shaftiel (2002) 中, 就对这一大批工作作了概述. 由此出现的问题, 已经证明与某种类型的伪随机数发生器有关 (见 7.1 节), 也与组合学和编码理论有关.

为了说明随机抽取算法问题的本性, 我们考虑弱的随机源的三个相对简单的模型. 先想象您有一个偏心的硬币, 使它在投掷以后正面向上的概率是 $p, 1/3 < p < 2/3$, 但是不知道这硬币是怎样偏心的. 您能不能用这样一个硬币来生成均匀分布的二进数值? 一个简单的解法是把它投掷 2 次, 如果结果是先正后反, 就输出 1, 先反后正就输出 0, 而其他情况就再投下一次. 这样, 期望在投掷 $((1-p)p)^{-1}$ 次以后, 就做到了用偏心的硬币产生完全的硬币投掷的结果.

一个更有挑战性的情况是: 如果您有 $n$ 个以不同方式偏心的硬币, 各有不同的偏心的概率 $p_1, \cdots, p_n$, 都在区间 $\left(\dfrac{1}{3}, \dfrac{2}{3}\right)$ 内. 要求您同时投掷这 $n$ 个硬币, 而每个硬币各投掷恰好 1 次、这样来生成二进数值的几乎均匀的分布. 这时, 一个好的解法是投下所有的硬币, 并且记录下出现正面的个数的奇偶性. 例如用 1 代表出现偶数个正面, 用 0 代表出现奇数个正面. 可以证明出现 1 的概率是 (对 $n$) 指数地接近于 1/2.

最后考虑这样的情况, 就是在上面的例子中, 硬币的偏心是魔鬼来设计的. 但是这个魔鬼是在看见了上一次投掷的结果以后才来设计的. 这就是说, 您仍然是投掷 $n$ 个硬币, 但是第 $i$ 个硬币的偏心 (即 $p_i$) 依赖于前 $i-1$ 次投掷的结果 (但是还是在区间 $(1/3, 2/3)$ 内). 可以证明, 这时您不可能比简单地输出第一个硬币的结果做得更好. 然而, 如果许可您使用很少几个真正的随机 bit, 就可以得到好得多的结果: 作 $O(\log(n/\varepsilon))$ 次完全的随机投掷、再加上 $n$ 个偏心硬币的投掷, 您可以输出一个长度正比于 $n$ 的二进符号串, "$\varepsilon$ 接近" 于均匀分布.

## 7. 困难的另一面是光明

如果像几乎每一个人都相信的那样, $\mathcal{P} \neq \mathcal{NP}$, 就会有一些很有意义的计算问题是内在地难以处理的. 这是一个坏消息, 但是它也有光明的一面: 计算的困难性有许多诱人的概念上的推论, 还有重要的实际应用.

我们将要作的关于困难性的假设, 就是存在一种**单向函数**(one-way function), 具体说就是容易计算, 但是难以作逆运算的函数. 例如, 求两个整数的乘积是很容易的, 但是它的 "逆运算"——从所得的乘积反求因子, 即整数的因子分解问题, 公认是难以处理的. 对于我们的目的, 我们需要的是: 逆问题不仅在最坏的情况下难以处理, 而是**平均地**就很难. 例如, 对于整数的因子分解问题, 大家相信, 两个长度为 $n$ 的随机的素数的乘积是不可能在多项式时间内分解的, 甚至连分解成功的小常数概率也没有. 一般说来单向函数是这样的函数: 如果一个函数 $f: I_n \to I_n$ 是容易计算的 (即存在一个多项式时间的算法、当输入 $x$ 时, 就会在多项式时间内以 $f(x)$ 返还给您), 但是在下面的平均情况的意义下难以求出其逆, 就称它为一个单向函数: 任意多项式时间的算法 $M$ 都不能对至少一半的输入符号串 $x$ 算出 $f$ 的逆. 就是说, 对于至少一半的符号串 $x$, 如果把 $f(x)$ 输入 $M$, 其输出 $x'$ 都不会是一个使得 $f(x') = y$ 的符号串.

单向函数是否存在? 很容易看到, 如果 $\mathcal{P} = \mathcal{NP}$, 它就不会存在. 其逆是一个重要的未解决的问题: 如果 $\mathcal{P} \neq \mathcal{NP}$, 是否可知单向函数一定存在?

下面要讨论在计算的 (以单向函数的形式表现的) 困难性与两个重要的计算复杂性理论的关系, 这两个理论就是**伪随机性**理论和**密码理论**.

### 7.1 伪随机性

什么是随机性? 什么时候我们就可以说一个数学系统或物理系统的性态是随机的? 这是好几个世纪以来人们就在思考的问题. 当我们的对象是 $n$bit 符号串的概率分布时, 至少有一点是有共识的, 即均匀的分布 (即每一个 $n$bit 符号串的出现都有等概率 $2^{-n}$ 的分布) 是 "最随机的". 更一般地说, 有理由认为统计地接近于均匀分布的任意分布都具有 "良好的随机性" 性质 [①].

计算复杂性理论的一个重大的洞察在于存在着与均匀分布相差极远的分布, 但是却是 "有效率地随机" 分布. 理由在于它们与均匀分布**在计算上是无法区别的**.

现在试着把这个思想形式化. 假设我们可以在具有概率分布 $P_n$ 的 $n$bit 符号串的集合中随机地取样本, 并且想要知道 $P_n$ 是否在事实上是均匀分布. 说明这一点的途径之一是找出一个可有效率计算的函数 $f: I_n \to \{0, 1\}$, 并且作两个试验: 第一个试验是如果 $x$ 的选取具有概率 $P_n(x)$, 就令 $f(x) = 1$. 第二个试验是如果 $x$ 的选取具有概率 $2^{-n}$, 就令 $f(x) = 1$. 如果这两个概率选择造成了可观的差异, 则显然 $P_n$ 不是均匀分布. 但是, 其逆不一定成立: 可能 $P_n$ 远非均匀的, 但是找不到有效可计算函数来帮助我们侦察到这一点. 在这个情况下, 就说 $P_n$ 是**伪随机的**(pseudo-random).

这个定义既一般也是很实用. 它是讲的可用于有效地区别开两个分布的任意的过程. 它之所以是实用的, 是因为对于任意实际的目的, 伪随机分布和随机分布是一样好, 其理由现在就来解释.

首先要注意到, 当把一个随机源换成伪随机源时, 任何一个有效的概率算法的

---

[①] 两个概率分布 $p_1$ 和 $p_2$ 如果对于任意事件 $E$ 都给出大体相近的概率: $p_1(E) = p_2(E)$, 就说它们是统计接近的.

性态最终是不受影响的. 为什么? 因为如果这个性态变化了, 那么, 这个算法就能够用来区分随机源和伪随机源, 这与伪随机性的定义矛盾!

如果比起产生均匀分布来能用较少的资源来产生伪随机分布, 那么, 用后者来代替前者就是有利可图的. 在这样的背景下, 最需要我们节省的资源就是随机性. 假设有了一个有效率的可计算函数 $\phi: I_m \to I_n$, 而且 $n > m$. 就可以选择一个随机的 $m\,\mathrm{bit}$ 符号串 $x$, 并且用 $\phi(x)$ 来定义一个 $n\,\mathrm{bit}$ 符号串的概率分布. 如果这个概率分布是伪随机的, 就称 $\phi$ 为一个**伪随机数发生器**(pseudorandom generator). 随机符号串 $x$ 称为一个种子 (seed), 如果这个发生器把长度为 $m$ 的种子拉长成为长度为 $n = l(m)$ 的符号串, 就说这个函数 $l$ 是这个发生器的**拉伸度量**(stretch measure). 拉伸度量越大, 就认为这个发生器越好.

当然, 所有这一切都提出了一个重要的问题: 随机数发生器是否存在? 我们现在就转到这个问题.

### 7.1.1　困难性对随机性

伪随机数发生器与计算的困难程度显然有联系, 因为伪随机数发生器的一个主要性质是: 把它的输出与一个纯粹的随机符号串加以区分在计算上是困难的, 虽然这两个分布可能明显不同. 然而, 还有一个远非如此明显的联系.

**定理**　*当且仅当单向函数存在时伪随机数发生器才存在, 进一步, 如果伪随机数发生器存在, 则也存在以任意多项式为其拉伸度量的伪随机数发生器* ①.

这个定理把计算的困难程度, 即我们下面说的困难性, 转变为伪随机性, 反过来也一样. 进一步, 它的证明还把计算上的不可区分性和计算上的不可预测性联系了起来, 这就提示了计算的困难程度与随机性是有联系的, 至少是与外观上的随机性是有联系的.

伪随机数发生器的存在还有一个值得注意的推论, 就是概率算法可以部分地、甚至完全地**去随机化**(derandomized). 基本的思想如下: 假设有一个概率算法来计算一个函数 $f$, 同时需要 $n^c$ 个随机 bit(这里的 $n$ 记输入的长度). 又假设这个算法至少以概率 $2/3$ 来输出 $f(x)$. 如果用 $n^c$ 个伪随机 bit 来代替随机 bit, 而这个 $n^c$ 个伪随机 bit 是由一个大小为 $m$ 的种子生成的, 则算法的性态几乎不会受影响. 所以, 如果 $m$ 很小, 则可以用很少量的随机性来完成这个计算. 如果 $m$ 的大小只是 $O(\log n)$, 那么核查所有可能的种子也是可行的. 在所有的结果中, 这个算法会有接近三分之二的机会来输出 $f(x)$. 所以, 只要按照少数服从多数的原则来进行计算, 就可以决定论地、有效率地算出 $f(x)$!

这是确实可以做到的吗? 我们能不能利用困难性来达到去随机化的最终目标, 就是证明 $\mathcal{BPP} = \mathcal{P}$? 这个理论已经发展到这样的程度: 可以给出这个问题的本质

---

①　换句话说, 如果能够达到拉伸度量 $\ell(m) = m + 1$, 则也可以对任意的 $c > 1$, 达到拉伸度量 $\ell(m) = m^c$.

上是最优的答案. 注意, 如果我们想要达到指数的拉伸度量, 那么, 即使给出这个拉伸的算法需要指数时间 (与种子的长度比较而言) 我们也不在乎. 在有关困难性的相当可信假设下 (例如假设 $\mathcal{NP}$ 完全问题要求指数大小的布尔电路就是这样的假设)、这样的伪随机数发生器是存在的. 更一般地说, 有下面的定理.

**定理** 如果对于某个常数 $\varepsilon > 0$, $S(\mathrm{SAT}) > 2^{\varepsilon n}$, 就有 $\mathcal{BP} = \mathcal{P}$. 此外, 可以用可在 $2^{O(n)}$ 时间内可计算的问题来代替 SAT.

### 7.1.2 伪随机函数

伪随机数发生器允许您从短的随机的种子生成长的伪随机数序列. 伪随机函数还要更加有力: 如果给了一个 $n$ bit 的随机种子, 它们会给出一个办法来计算出一个函数 $f: I_n \to \{0,1\}$, 而它与一个随机函数在计算上是不可区别的. 这样, 只要有了 $n$ bit 的随机性, 就可以有效率地进入 $2^n$ 个看起来是随机的 bit(注意, 想扫描所有这些 bit 是无效率的 —— 我们所得到的、只是在多项式时间内看这些 bit 中的任何一个的能力).

已经证明了**可以从任意给定的伪随机数发生器构造出伪随机函数来**, 而它们有许多应用 (突出的是在密码学中).

## 7.2 密码学

密码学已经存在了上千年, 但是在过去只是集中关注一个基本问题, 即提供秘密通讯. 而在现代, 密码学的现代的计算理论关心的是这样的任务的**所有的**方面, 这些任务中涉及了多个当事方面, 而每一个方面都在希望获得一些信息的同时又保持另一些信息的秘密. 除了隐私性 (privacy) 以外, 密码学的另一个重要的优先考虑是**灵活的弹性**(resilience), 甚至在不能确定其他参与者是否忠诚时也要保证隐私性.

说明这些困难的一个好例子, 就是在电话上或在 e-mail 上玩扑克游戏. 我们鼓励您来严肃地思考一下该怎么做这件事, 这样您就会认识到, 标准的扑克游戏在多大程度上是依赖于老千技俩, 如: 偷看的本事和种种物理手段的 (例如透明的扑克背面等等).

密码学的主要目标就是要建立一种格式, 称为**协议**, 以保证**任意**所需的功能性 (规则、隐私小的要求等等), 甚至是面对着有人恶意地想要偏离这种功能性的时候, 也要保证任意所需的功能性. 和在伪随机性的情况下一样, 在这个新理论下有两个基本的假设: 第一, 所有参加的各方, 包括心怀恶意的对手, 在计算上都是受到限制的. 第二, 假设有一些很难的函数存在. 有时, 它们是单向函数, 有时是更强大的"陷阱门排列"(trapdoor permutation), 如果整数的因子分解是很难的问题的话, 这种很难的函数就是存在的.

这样一个目标确实是宏大的, 但是密码学已经达到了它. 有这样一个结果, 粗略地说就是**每一个功能性都可以安全地执行**. 这些功能里面包括了一些高度复杂的任务如在电话上玩扑克, 也包括以下基本的任务, 例如安全的通讯、数字签名 (手写的签名的数字类比)、集体投掷硬币、拍卖、选举, 还有著名的百万富翁问题: 这个问题就是两个人要怎样互动才能决定谁更富有, 而又不至于让任何一方更多地了解对方的财富?

我们来对密码学和复杂性问题以及它与我们讨论过的东西之间的联系做一个简单的提示. 首先要考虑密码学的中心的概念 "**秘密**" 的定义是什么. 如果您有一个 $n$bit 符号串, 那么在什么时候可以说它是完全秘密的? 一个自然的定义应该是: 如果谁也对它没有任何信息, 它就是秘密的, 就是说, 从任何人的观点看来, 任意的 $2^n$bit 符号串都是同样可能是它. 然而, 在新的计算复杂性理论中, 用的并不是这样的定义, 因为任意一个**伪随机**的 $n$bit 符号串都是同样秘密的.

"秘密" 的这两个定义的区别是巨大的. 密码学的要点并不是说有秘密 (想要有秘密是很容易的, 任意取一个随机的符号串, 它就是谁也猜不透的秘密), 而是要去**使用**这个秘密. 而又不至于泄露信息. 初看起来这是不可能的, 因为对一个秘密的 $n$bit 符号串, 作了非平凡的应用以后, 就把它可能属于的符号串的集合改小了, 这样也就泄露了真正的信息. 然而, 如果在可能的符号串上 (在信息已经泄露了以后) 新的概率分布是伪随机的, 则这个信息就不是**切实可以应用**的了, 因为任何有效率的算法都不能说出或给出您所泄露了的信息的符号串和真正随机的符号串的区别.

所谓**公钥加密格式**, 例如 RSA, 就是这个思想的著名的例子, 这种格式将在条目**数学与密码**[VII.7] 以及本文的参考文献中的 Goldreich (2004, 第 4 章) 中详细叙述. 在 RSA 中, 如果一个用户, 假设叫 Alice, 想要收到信息 (message). 于是她公布了一个数字 $N$, 称为**公钥**(public key) 是两个素数 $P, Q$ 之积. 如果您知道了 $N$, 就可以用来对任意信息加密, 于是发信人就能发出加密的信 —— 密信, 但是, 要想解密, 就需要知道 $P, Q$. 这样, 如果整数的因子分解是困难的问题, 那么, 虽然 $P, Q$ 是由 $N$ 完全决定的, 却实际上只有 Alice 能够解开这个加密了的信息, 只有她能把这个密文的信变成明文.

"秘密" 的使用的一般问题是这样的: 参与方有 $k$ 个, 每一方都握有一个 bit 符号串. 他们感兴趣的是一个依赖于所有这些符号串的可计算函数 $f$, 他们都想确定这个函数, 但又不想泄露除了由 $f$ 直接可以得到的信息以外的关于自己的符号串的其他信息. 例如在百万富翁问题的情况, 有两个参与方, 每一个都握有把自己的财富编码了的一个符号串. 他们希望有这样一个协议: 给他们每个人一个 bit, 告诉他们谁更富有, 但不给别人任何其他的信息. 这个条件的精确的陈述是 6.3.2 节里讲的零知识证明的陈述的推广. 正如本节前面提到的那样, 如果有一个陷阱排列存在, **每一个这种多方的计算都是可以完成的, 而不会给出除了所指定的输出以外的任何东西.**

最后, 我们来讲作弊的问题. 在前面的讨论中, 我们没有考虑恶意的行为, 而是集中于参与者从关于他们的互动的副本中知道些什么. 但是, 如果一个参与者例如 Bob 的行动部分地依赖于他不想泄漏的秘密, 他又怎么会按照 "明确规定" 的方式来行动呢? 答案与零知识证明有密切的关系. 基本上就是每一个参与者在轮到他作某些计算时, 都要求他同时也向别人证明自己是按 "明确的规定" 行事的. 有办法做到这一点是一个 (数学上令人厌烦的) 定理, 而其证明又是显然的 (向别人公布自己所有的秘密). 然而, 正如我们在 6.3.2 节里讨论零知识证明时见到的, 如果有一个证明存在, 就一定可以从它有效率地导出一个零知识证明来. 这样, **Bob 就能够向他人证明自己是按规矩办事的, 而又不至于泄露自己的秘密**.

## 8. 冰山一角

对于本文所概述的主题、由于篇幅的限制, 许多概念和结果都没有讨论到. 进一步说, 许多主题甚至很广大的领域, 都完全没有提到.

我们关于 $\mathcal{P}$ 对 $\mathcal{NP}$ 问题的论证、和至今讨论过的绝大多数问题一样, 都是集中于对有效率的计算的目标的一种简化的观点. 特别是我们坚持想要得出**总能够给出精确答案、而又有效率的**程序. 但是在实践中, 能达到稍次的目标我们也就满足了. 例如, 如果得到一个能对大部分问题实例都给出正确答案的有效率的程序, 我们也就很高兴了. 如果所有的实例都是同等有趣的, 这当然是很有用的. 但是典型的情况并不如此. 另一方面, 想要对于所有的输入分布都得到成功, 又把我们带到最坏情况复杂性问题上去了. 介于这两个极端之间还有一个有用而又诱人的平均情况复杂性 (Goldreich, 1997): 我们只要求我们的算法对于每一个可能作**有效率抽样**的输入分布都以很高的概率成功.

另一个可以放松一点的地方是去求近似解的. 这里可能有多种意思, 而最好的逼近概念也是因情况而异的. 对于搜索问题, 如果能够找到在某种**度量**[III.56] 下接近有效的解, 我们也就满足了 (见 (Hochbaum, 1996) 和条目算法设计的数学[VII.5]). 对于判定问题, 我们可以问这个输入是怎样 (又是在某个自然的度量下) 接近于集合中的实例 (Ron, 2001). 还有近似的枚举, 我们在 6.2 节中讨论过了.

本文集中于讨论程序的**运行时间**. 可以论证这是关于复杂性的最重要的度量, 但它不是唯一的. 另一个度量是在计算中消耗的**工作空间**(Sipser, 1997). 另一个重要问题是一项计算可以**并行完成**的程度, 就是把工作分配给几个计算装置, 把它们都看成同一个并行机的各个成分, 而它们都可以直接进入同一个存贮模块. 除了并行时间以外, 一个具有基本重要性的复杂性的度量是并行地进行计算的装置的个数 (Karp, Ramachandran, 1990).

最后, 还有一些计算模型是我们在这里没有讨论的. **分布式计算**模型讲的是一些远程的计算装置, 各给一些局部的输入, 而把这些输入看成是一个整体的输入的各个部分. 在典型的研究工作中, 我们希望这些装置之间的通讯的量达到最小 (肯定要避免对全部输入作通讯). 除了通讯复杂性以外, 一个中心的问题是非同步性 (Attiya, Welch, 1998). 二元和多元函数的**通讯复杂性**是其 "复杂性" 的一个量度 (Kushelevitz, Nisan, 1996), 但是在这些研究中, 并没有排除正比于输入长度的通讯 (相反, 它们时常出现). 这个模型虽然本性是 "信息论的", 却与复杂性理论有许多联系. 在**计算学习理论**(Kearns, Vazirani, 1994) 和**在线算法**(Borodin, El-Yaniv, 1998) 研究了完全不同类型的计算问题. 最后, **量子计算**[III.74] 研究了利用量子力学来加速计算的可能性 (Kitaev et al., 2002).

## 9. 结束语

我们希望这个超短的概述能够传达计算复杂性这个领域的概念、结果和方法的迷人的韵味. 这个领域的一个重要的但我们未能公正对待的特点, 是它的各个子领域的相互联系形成了一个值得注意的、时常是令人吃惊的网, 还有这个网对于进展的影响.

关于第 1 到第 4 节的进一步的细节, 请读者去读标准的教本, 如 Garey, Johnson (1979) 和 Sipser(1997). 关于 5.1—5.4 节的进一步的细节, 分别可读 Bopana, Sipser (1990), Strassen (1990) 以及 Beame, Pitassi (1998). 对于 6, 7 两节, 建议读者去读 Goldreich(1999)(还有 Goldreich (2001, 2004)).

**进一步阅读的文献**

Attiya H, and Welch J. 1998. *Distributed Computing: Fundamentals, Simulations and Advanced Topics*. Columbus, OH: McGraw-Hill.

Beame P, and Pitassi T. 1998. Propositional proof complexity:past, present, and future. *Bulletin of European Association for Theoretical Computer Science*, 65: 66-89.

Boppana R, and Sipser M. 1990. The complexity of finite functions. In *Handbook of Theoretcal Computer Science*, volume A, *Algorithms and Complexity*, edited by J. van Leeuwen Cambridge: Cambridge University Press/Elsevier.

Borodin A, and El-Yaniv R. 1998. *On-line Computation and Competitive Analysis*. Cambridge: Cambridge University Press.

Garey M R, and Johnson D S. 1979. *Computers and Intractability: A Guide to the Theory of NP-Completeness*. New York: W. H. Freeman.

Goldreich O. 1997. Notes on Levin's theory of average-case complexity. *Electronic Colloquium on Computational Complexity*, TR97-058.

——. 1999. *Modern Cryptography, Probabilistic Proofs and Pseudorandomness*. Algorithm and Combinatorics Series, volume 17. New York: Springer.

——. 2001. *Foundations of Cryptography*, volume 1: *Basic Tools*. Cambridge: Cambridge University Press.

——. 2004. *Foundations of Cryptography*, volume 2: *Basic Applications*. Cambridge: Cambridge University Press.

——. 2008. *Computatioal Complexity: A Conceptual Perspective*. Cambridge: Cambridge University Press.

Hochbaum D, ed. 1996. *Approximation Algorithm for NP-Hard Problems*. Boston, MA: PWS.

Karp M, and Ramachandran V. 1990. Parallel algorithm for shared-memory machines. In *Hanbook of Theoretical Computer Science*, volume A, *Algorithms and Complexity*, edited by J. van Leeuwen. Cambridge: Cambridge University Press/Elsevier.

Kearns M J, and Vazirani U V. 1994. *An Introduction to Computational Learning Theory*. Cambridge, MA; MIT Press.

Kitayev A, Shen A, and Vyalyi M. 2002. *Classical and Quantum Computation*. Providence, RI: American Mathematical Society.

Kushlevitz E, and Nisan N. 1996. *Communication Complexity*. Cambridge: Cambridge University Press.

Ron D. 2001. Property testing (a tutorial). In *Handbook on Randomized Computing*, volume Ⅱ. Dordrecht: Kluwer.

Shaltiel R. 2002. Recent developments in explicit construction of extractors. *Bulletin of European Association for Theoretical Computer Science*, 77:67-95.

Sipser M. 1997. *Introduction to the Theory of Computation*. Boston, MA; PWS.

Strassen V. 1990. Algebraic complexity theiry. In *Handbook of Theoretcal Computer Science*, volume A, *Algorithms and Complexity*, edited by J. van Leeuwen. Cambridge: Cambridge University Press/Elsevier.

# IV.21　数 值 分 析

Lloyd N. Trefethen

## 1. 对数值分析的需要

　　每个人都知道, 当科学家和工程师需要数学问题的数值解答时, 他们就去找计算机. 然而关于这个过程有着广泛的误解.

　　数的力量一直是异乎寻常的. 人们时常说, 科学革命是当伽利略和其他人把"一切都需要量度" 作为一个原理确定下来时才启动的. 数值度量导致物理定律要用数学来表示. 更精细的度量给出了更精确的定律, 由此得到了更好的技术来作更精细的度量, 这成了一个循环, 硕果累累, 可以说俯拾即是. 物理科学的进展可以不需数值的数学的发展, 工程的引人注目的产品可以不需数值数学的发展, 这样的日子已经一去不复返了.

计算机在这里面当然起了作用, 但是对于计算机的作用究竟在哪里, 却有一种误解. 许多人会以为, 科学家和数学家生成了许多公式, 然后把数丢进这些公式里去, 计算机就把所需要的结果榨出来了. 现实绝非如此. 实际在进行的是远为更加有趣得多的执行算法的过程. 在大多数情况下, 从原则上说, 需要做的工作就不是由公式来完成的, 因为绝大多数数学问题都不能靠初等运算的有限的序列来解决. 实际发生的反而是: 有一种快速的算法收敛于 "近似的" 答案, 其精确度可能是精确到 3 位或 10 位数字, 甚至是 100 位数字. 对于科学或工程的应用, 这种近似的答案可能和精确的答案一样好.

我们可以用一个初等的例子来说明精确解和近似解的对立的复杂性. 设有一个 4 次多项式

$$p(z) = c_0 + c_1 z + c_2 z^2 + c_3 z^3 + c_4 z^4,$$

另外还有一个 5 次多项式

$$q(z) = d_0 + d_1 z + d_2 z^2 + d_3 z^3 + d_4 z^4 + d_5 z^5.$$

众所周知, 有一个显式的公式把 $p$ 的根用根号表示出来 (这是 Ferrari 在 1540 年左右发现的, 但是对于 $q$ 的根就没有这样的公式 (这是 Ruffini 和在他以后的 250 多年阿贝尔[VI.33] 证明了的, 更多的细节请参看条目五次方程的不可解性[V.21]). 这样, 从根本原理意义上来说, $p$ 和 $q$ 的求根的问题是全然不同的. 如果一个科学家或者工程师想要知道这些多项式之一的根, 他就会找到一个计算机, 并且在不到 1 毫秒的时间里找出精确到 16 位数字的根. 计算机使用了显式的公式了吗? 在 $q$ 的情况下显然没有, 但是 $p$ 又如何? 可能是也可能不是. 用户在绝大多数情况下既不知道用了没有, 也不关心这件事. 至于数学家, 能靠记忆写出 $p$ 的根的公式的, 百人中大约不到一人.

下面再举三个例子, 这些问题都和求 $p$ 的根一样, 原则上可以用初等运算的有限序列来解出:

(i) 线性方程组: 求含有 $n$ 个未知数的 $n$ 个线性方程所成的方程组.

(ii) 线性规划: 求一个含有 $n$ 个变量并服从 $m$ 个线性约束的线性函数的最小值.

(iii) 推销员问题: 求访问一次 $n$ 个城市的最短旅行路线.

下面五个问题和求 $q$ 的根一样, 一般地不能用这样的方法来解决.

(iv) 求一个 $n \times n$ 矩阵的本征值[ I.3§4.3].

(v) 把一个多变量函数最小化.

(vi) 计算积分.

(vii) 解一个常微分方程 (ODE).

(viii) 解一个偏微分方程 (PDE).

我们能不能断言 (i)—(iii) 在实践上比 (iv)—(viii) 更容易? 绝对不行. 问题 (iii) 通常是非常困难的, 特别是当 $n$ 是几百几千的时候. 问题 (vi) 和 (vii) 一般地说很容易, 至少当积分的维数是 1 的时候. 问题 (i) 和 (iv) 的难度几乎是完全相同的: 当 $n$ 很小例如是 100 时很容易, 而当 $n$ 很大例如 1 000 000 时就很难. 在这类事情上, 说实在的, 对于实践, 根本原理最多也只是很可怜的引导, 对于 (i)—(iii) 这三个问题, 当 $n$ 和 $m$ 很大时, 人们时常放弃精确解, 转而使用近似的 (但是很快的) 方法.

数值分析研究的是解连续数学问题的算法. 所谓连续数学问题就是涉及实或复变量的问题 (这个定义里面包括了对于实数提出的线性规划问题和推销员问题, 但不包括其离散的类似物). 在本文余下的部分里, 我们将要概述数值分析的主要分支、过去的成就以及未来可能的趋势.

## 2. 简明历史

在整个数学史中, 领头的数学家总是参与科学的应用的, 而且在许多时候这就引导他们发现一些数值算法, 其中有一些现在还在用. 高斯[VI.26], 和通常的情况一样, 是一个杰出的例子. 在他的许多贡献中, 就有在最小二乘方的数据拟合上做出的关键进展 (1795)、线性方程组 (1809)、数值积分 (1814), 还发明了快速傅里叶变换[III.26](1805). 不过最后这一项, 在 1965 年 Cooley 和 Tukey 重新发现快速傅里叶变换 (简称 FFT) 以后才开始广为人知[①].

到了 1900 年左右, 数学的数值方面在做研究的数学家中开始变得不那么显眼了, 这一般地是数学的发展的后果, 是由于在一些领域的巨大进展中, 由于技术的理由而必须把数学的严格性放在事物的核心地位. 例如, 到 20 世纪初期数学的巨大进步来自数学家严格地对无穷量进行推理的能力, 而无穷量是一个相对远离数值计算的主题.

又过了一代人的时期, 到了 20 世纪 40 年代发明了计算机. 从这时起, 数值的数学开始大爆发, 但是主要是在数学方面的专家手里. 创办了一些新的刊物, 如 *Mathematics of Computation* (1943) 和 *Numerische Mathematik* (1959). 革命是由

---

① Dr. James W. Cooley (1926–) 是一位美国数学家, John Wilder Tukey (1915–2000) 则是美国统计学家. 他们重新发现快速傅里叶变换 (简称 FFT) 确实是由于信号处理的需要, 特别是侦察前苏联核试验的情报. 高斯在 1805 年用最小二乘法计算小行星的轨道时, 实际上正是应用了 FFT, 不过高斯死后人们才发现这一点.—— 中译本注

硬件引起的, 但是也包括了与硬件无关的数学和算法的发展. 在从 20 世纪 50 年代算起的半个世纪中, 计算机的速度增加了 $10^9$ 倍. 但是对某些问题人们知道的最好的算法速度的增加也是如此, 这样, 就在很难理解的规模上、造成了速度的几乎无法理解的增加.

半个世纪以来, 数值分析已经成了数学的最大的分支之一, 成了有数千位研究者的专业. 这些研究者在好几十份数学和横跨各个科学和工程的各领域的刊物上发表文章. 由于这些人的可以追溯到几十年前的努力, 也由于越来越强有力的计算机, 我们已经达到了这样一个地步, 绝大多数数学问题和来自物理科学的问题都可以以很高的精度从数值上求解. 使这一点成为可能的算法, 绝大多数是 1950 年以后发明的.

数值分析是建立在很坚强的基础上的, 这个基础就是**逼近论**这个数学学科. 逼近论领域包括了插值、级数展开和调和分析[IV.11]. 这些经典的问题是与牛顿[VI.14]、傅里叶[VI.25]、高斯和其他人相联系的, 还有多项式和有理函数的极大极小逼近. 这个半经典的问题是与诸如切比雪夫[VI.45] 和伯恩斯坦 (Sergei Natanovich Bernstein, 1880–1968, 俄罗斯和前苏联数学家) 这些数学家相联系着的, 还有更新一点的主题如样条、径向基底函数 (radial basis functions) 以及小波[VII.3]. 我们没有篇幅来讨论这些问题, 但是在数值分析的几乎每一个领域中, 讨论迟早会接触到逼近论.

### 3. 机器算术和舍入误差

众所周知, 计算机不能精确地表示实数或复数. 例如, 在计算机上计算 1/7 这样的商, 通常会给出不精确的结果 (如果我们设计的计算机是以 7 为基来工作的, 则又当别论)! 计算机是用**浮点算术**系统来逼近实数的, 在这个系统里面每一个数都表示成为一个科学记号的数字等价物, 所以数的大小尺度并不相干, 除非这个数太大或太小以致产生溢出 (overflow) 或下溢 (underflow). 浮点算术是 Konrad Zuse [①]在 20 世纪 30 年代发明的, 而到了 20 世纪 50 年代之末, 在计算机工业里面成了标准.

在 20 世纪 80 年代以前, 不同的计算机有很不相同的算术性质. 然后到了 1985 年, 经过多年的讨论, 共同采用了 IEEE (Institute of Electrical and Electronic Engineers, 即美国的电气和电子工程师协会) 关于二进制浮点算术的标准 (简称**IEEE 算术**). 这个标准后来对于各种处理器几乎是通用的. 一个 IEEE(双精度) 实数是一

---

[①] Konrad Zuse, 1910–1995, 德国工程师, 计算机的先驱者之一. 他早在 1941 年就制造了第一台可以实用的计算机 Z3. 但是希特勒德国并未认识到它的重要意义. 因为二战, 英、美各国也不了解他. 战后, 他拒绝了盟军招他去美国的要求而留在德国, 造出了第一台商用计算机 Z4, 又创立了第一家计算机公司.——中译本注

个 64bit 的字, 其中有 53 个 bit 用以表示以 2 为基的有符号的分数, 另外 11 个 bit 表示有符号的指数. 因为 $2^{-53} \approx 1.1 \times 10^{-16}$, 所以 IEEE 实数表示实数直线上的数, 相对精确度可以达到 10 进制的 16 位数字. 因为 $2^{\pm 2^{10}} \approx 10^{\pm 308}$, 所以这个系统对于大到 $10^{308}$、小到 $10^{-308}$ 的数都可以工作.

当然, 计算机不但能表示数, 它们还对数进行诸如加、减、乘和除这样的运算, 而更复杂的运算的结果则由这些初等运算的序列来完成. 在浮点算术中每一个初等运算的结果都在以下意义下几乎是确切地正确的: 如果用 "$*$" 来表示这四种运算之一的理想的形式, 而 "$\oplus$" 表示这个运算在计算机里面执行的形式, 则对任意的浮点数 $x$ 和 $y$, 假设没有溢出 (overflow) 和下溢 (underflow), 就有

$$x \oplus y = (x * y)(1 + \varepsilon).$$

这里 $\varepsilon$ 是一个很小的量, 称为机器 $\varepsilon$, 记作 $\varepsilon_{\text{mach}}$. 在 IEEE 系统中 $\varepsilon_{\text{mach}} = 2^{-53} \approx 1.1 \times 10^{-16}$.

这样, 在一个计算机里面, 例如区间 $[1, 2]$ 就近似地包含了 $10^{16}$ 个数. 把这里的离散化引起的有限性和物理学中的离散化做一个比较是有意思的. 如果有一团固体或液体或者装在气球里的气体, 则在一条直线上排列的原子或分子的数目的数量级是 $10^8$ (即 Avogadro 数 $6.022 \times 10^{23}$ 的立方根的数量级). 这样一个离散系统的性态足够像是连续统了, 使得我们关于一些物理量的定义, 如密度、压强、张力、应力和温度等等都有根据了. 计算机算术不只是比这些精细一百万倍. 它与物理学还有一个比较, 就是与我们所知的基本物理常数的精度来比较, 例如引力常数 $G$ 的精度大约是 4 位数字, 普朗克常数 $h$ 和基本电荷 $e$ 大约精确到 7 位数字, $\mu_e/\mu_B$ (电子磁矩与玻尔磁矩 (Bohr magneton) 之比) 可以精确到 12 位. 现在, 在物理学中几乎没有什么数据会精确到 12 到 13 位数字. 这样, IEEE 数的精确度的数量级超过了科学中的任意数 (当然, 数学中的量如 $\pi$ 是另外一回事).

所以浮点算术接近于理想的程度在两种意义下远远超过物理学. 然而, 一个奇怪的现象是: 浮点算术比起物理学来却被广泛地认为是一种丑陋而危险的妥协. 形成这样一种观念, 数值分析的专家也有部分责任. 在 20 世纪 50 年代和 20 世纪 60 年代, 这个领域的创始者们发现不精确的算术是一种危险的来源, 它会使得 "本应" 正确的结果中却出现了错误. 这个问题的根源是数值不稳定性, 就是某些计算模式会把舍入误差从微观尺度放大到宏观尺度. 这些人中就有冯·诺依曼[VI.91]、Wilkinson (James Hardy Wilkinson, 1919–1986, 英国数学家)、Forsythe (George Elmer Forsythe, 1917–1972, 美国数学家)、Henrici (Peter K Henrici, 1923–1987, 瑞士数学家), 他们用了很大的力量来宣传粗心大意地依赖机器算术会有风险. 这些风险是非常真实的, 但是他们传布这个信息是太成功了, 以至于造成一种印象, 就是数值分析的主要任务就是和舍入误差打交道. 事实上, 数值分析的主要

任务是设计收敛很快的算法; 舍入误差的分析虽然时常是讨论的一部分, 却很少成为中心议题. 如果除掉了舍入误差的讨论, 90%的数值分析仍然会留下来.

## 4. 数值线性代数

从 20 世纪 50 年代和 20 世纪 60 年代以来, 线性代数一直是大学数学课程的一门标准的课程, 自那以后一直如此. 这一点有几个理由, 但是我想有一个理由是其根本: 自从计算机的到来, 线性代数的重要性就爆发了.

这个学科的起点是**高斯消去法**, 这是一个求解含有 $n$ 个未知数的 $n$ 个线性方程的方法, 而所需的算术运算的步数的数量级是 $n^3$. 与此等价的说法是求解形如 $Ax = b$ 的方程, 其中的 $A$ 是一个 $n \times n$ 矩阵, 而 $x$ 和 $b$ 是大小为 $n$ 的列向量. 全世界的计算机几乎每解一次线性方程组就会援用一次高斯消去法. 甚至当 $n$ 大到 1000 左右时, 在典型的 2008 年的台式计算机上做这件事所需时间远低于 1 秒钟. 消去法的思想最早是中国人在两千多年以前发现的, 而由刘徽 (生平不明, 大约是东汉至三国时人) 为《九章算术》所作的《九章算术注·方程》一章中作了详细解释. 有人考证,《九章算术》成书的年代约为公元前 2 世纪. 晚一点有贡献的数学家则有**拉格朗日**[VI.22]、**高斯、雅可比**[VI.35]. 然而, 这个算法的现代的描述、很明显是直到 20 世纪 30 年代才通行的. 假设要从 $A$ 的第二 (横) 行中减去用 $\alpha$ 乘过的第一行. 这个运算可以解释为用一个下三角矩阵 $M_1$ 去左乘 $A$, 这个 $M_1$ 是由把恒等矩阵再把第二行第一列的元素从 0 改为 $m_{21} = -\alpha$ 而得的. 进一步的类似的行运算则相应于用相应的下三角矩阵 $M_j$ 去左乘 $A$. 如果 $k$ 步这样的行运算就把 $A$ 变成了一个上三角矩阵 $U$, 就会得到 $MA = U, M = M_k \cdots M_2 M_1$. 这个 $M$ 因为是下三角矩阵之积, 所以仍是下三角矩阵. 记其逆为 $L = M^{-1}$, 于是有

$$A = LU.$$

$L$ 是单位下三角矩阵. 这个名词的意思是：一方面, 它作为下三角矩阵之逆, 仍然是一个下三角矩阵, 同时, 它的主对角线上的元都是 1. 既然 $U$ 代表了这些运算的目标结构, 而 $L$ 则是所作的运算的 "编码", 我们就说高斯消去法是一个**下三角的上三角化**的过程 (简称为 $LU$ 因子分解).

数值线性代数的许多其他的算法也是基于把一个矩阵写成若干具有某种性质的矩阵的乘积. 借用来自生物学的一句行话, 我们说, 数值线性代数这个领域有一个中心法则 (central dogma):

算法 ↔ 矩阵因子分解.

我们可以在这个框架下迅速地描述下一个需要考虑的算法. 并不是每一个矩阵都有 $LU$ 因子分解; 一个 $2 \times 2$ 的反例就是矩阵

$$A = \begin{pmatrix} 0 & 1 \\ 1 & 0 \end{pmatrix}.$$

一旦使用了计算机, 马上就发现, 即令一个矩阵有 $LU$ 因子分解, 纯粹形式的高斯消去法仍然可能是不稳定的. 但是只要重新排列各行的次序, 把最大的元放到主对角线上, 稳定性就几乎一定可以保证, 这个过程称为**旋转**(pivoting). 因为旋转是加于各行上面的, 所以它也相应地用一个矩阵 $P$ 去左乘 $A$. 具有旋转的高斯消去法的矩阵分解是

$$PA = LU,$$

这里 $U$ 是上三角矩阵, $L$ 是单位下三角矩阵, 而 $P$ 是表示排列的矩阵, 就是由恒等矩阵把各行作适当的排列而得的矩阵. 如果在进行第 $k$ 步消去时最大元在对角线下方第 $k$ 列处, 而我们就需要用这个矩阵把它移动到位置 $(k,k)$ 处. 这样 $L$ 有附加的性质 $|l_{ij}| \leqslant 1$ 对于一切 $i, j$ 成立.

需要做旋转这个发现来得很快, 但是其理论分析却惊人地困难. 在实践中, 旋转使得高斯消去法几乎完全稳定, 所以作为一个常规, 所有需要求解线性方程组的计算机程序都会这样做. 然而到了 1960 年左右, Wilkinson 等认识到对于某些例外的矩阵, 高斯消去法即令加上了旋转, 仍然是不稳定的. 这样一种不一致之处缺少解释, 表明在数值分析的核心里还有令人为难的缺陷. 实验表明, 使得高斯消去法能把舍入误差放大一个大于 $\rho n^{1/2}$ 的因子的矩阵在所有的元各有独立的正态分布的随机的矩阵中所占的比例, 当 $\rho \to \infty$ 时是指数地趋于 0 的, 这里 $n$ 是维数即 $A$ 的阶数. 但是这样一个定理一直没有证明过.

与此同时, 在 20 世纪 50 年代末, 数值线性代数这个领域在另一个方向上有了发展, 这就是使用以**正交矩阵**[III.50§3](即适合条件 $Q^{-1} = Q^{\mathrm{T}}$ 的实矩阵) 和**酉矩阵**[III.50§3](即适合条件 $Q^{-1} = Q^*$ 的复矩阵, $Q^*$ 是 $Q$ 的共轭转置矩阵) 为基础的算法. 这个发展的起点就是 $QR$ 因子分解. 它的思想是: 如果 $A$ 是一个 $m \times n$ 矩阵, 而且 $m \geqslant n$, 所谓 $QR$ 因子分解就是把 $A$ 写成

$$A = QR,$$

这里 $Q$ 的各 (纵) 列是规范正交的, 而 $R$ 是上三角矩阵. 可以把这个公式解释为熟知的**格拉姆–施密特正交化**的矩阵表示, 其中是 $Q$ 的各列 $q_1, q_2, \cdots$ 是逐列决定的. 这些列运算相当于用初等的上三角矩阵对 $A$ 作右乘. 我们可以说格拉姆–施密特算法的目标在于 $Q$, 而 $R$ 只是副产品, 所以是一个**三角正交化**的过程. 一件大事是豪斯霍尔德 (Alston Scott Householder, 1904–1993, 美国数学家) 在 1958 年发现了一个对偶的做法对于许多目的更为有效. 在这个方法中, 通过一连串对于 $\mathbf{R}^m$ 的某个超平面作反射, 再用正交运算把 $A$ 化为一个上三角矩阵, 我们的目标在 $R$, 而得出

$Q$ 作为副产品. 后来证明豪斯霍尔德的方法在数值上比较稳定, 因为正交运算保持范数不变, 所以每一步都没有把舍入误差放大.

在 20 世纪 60 年代, 从 $QR$ 因子分解产生了很丰富的线性代数的算法. $QR$ 因子分解本身可以用于求解最小二乘方问题和构造正交基底. 特别是, 数值线性代数的中心问题之一是决定一个方阵 $A$ 的本征值和本征向量. 如果 $A$ 有本征向量的完全组, 则以这些本征向量为各列作一个矩阵 $X$, 再以这些本征值为对角线相应的元作一个对角矩阵 $D$, 于是就有

$$AX = XD,$$

而因为 $X$ 是非奇异的, 所以就有下面的所谓**本征值分解**:

$$A = XDX^{-1}.$$

在 $A$ 为**厄尔米特矩阵**[III.50§3] 的特例下, 规范正交的本征向量的完全组总是存在的, 于是我们得到

$$A = QDQ^*,$$

而 $Q$ 是一个酉矩阵. 在 20 世纪 60 年代早期, Francis, Kublanovskaya 和 Wilkinson 等发展出了这些因子分解的标准的算法, 称为 $QR$ 算法. 因为 5 次或更高次的多项式一般地不能用有限公式算出来, $QR$ 算法就一定是一个迭代算法, 所以涉及一个原则上是无限的 $QR$ 因子分解的序列. 然而, 它的收敛异乎寻常得快. 在对称情况下, 对于典型的 $A$, $QR$ 算法立方地收敛, 意思是在迭代的每一步, 一对本征值 — 本征向量的正确数字的位数比上一对要多 3 倍.

$QR$ 算法是数值分析的一大胜利, 它通过广泛应用的软件产品产生的影响更大. 以它为基础的算法和分析在 20 世纪 60 年代引导到 Algol 和 Fortran 这些计算机代码, 后来又收入软件库 EISPACK ("本征系统软件包"eigensystem package) 和它的后代 LAPACK. 这些方法又被收入一些数值图书馆, 如 $NAG$, $IMSL$ 和 *Numerical Recipes* 丛书 ①, 也被收入了一些 "解题环境"(problem-solving envoronment) 如 MATLAB, Maple 和 Mathematica. 这些发展是如此成功, 以致多年来矩阵的本征值的计算对于几乎所有科学家已经变成一种 "暗箱" 运算, 除了少数专家知其所以然, 其他人只要按其规定进行计算就可以了. EISPACK 的亲戚 —— 求解线性方程组的 LINPACK 有一个与此相关的奇异的故事, 它有一个出乎意料的功能, 就是成了所有计算机制造商所采用的标准的原始基础: 每一个计算机制造商都要运行这个算法来检测计算机的速度. 如果一台超级计算机有幸进入 500 强的名单 (每两年更新一次), 那是因为它在解阶数在 100 到几百万之间的矩阵问题 $Ax = b$ 时, 表现了高超的技艺和非凡的才能.

---

　　① 这是一套关于计算方法和算法的包含丰富的丛书, 多年以来有多种版本. 编者是 Saul Teukolsky, William Vetterling 和 Brian Flannery, 由 William H. Press 出版.—— 中译本注

本征值分解对于每一个数学家都是熟知的了, 但是数值线性代数的发展还把它的一个 "表弟" 带到舞台上来了, 这就是**奇异值分解**(singular value decomposition, SVD). 奇异值分解最早来自微分几何, 其基本思想是由意大利数学家贝尔特拉米 (Eugenio Beltrami, 1835–1900) 解决一个与双线性型相关的矩阵问题时提出的. 约当[VI.52] 和西尔维斯特[VI.42] 在 19 世纪末也都做出了贡献, 但是使它名声大振的是 Gene Howard Golub (1932–2007, 美国数学家) 和其他数值分析专家, 时间始自 1965 年 [①]. 如果 $A$ 是一个 $m \times n$ 矩阵, 而 $m \geqslant n.A$ 的一个 SVD 就是一个形式如下的因子分解:

$$A = U\varSigma V^*,$$

其中 $U$ 是一个 $m \times n$ 矩阵, 而其各 (纵) 列都是规范正交向量, $V$ 是 $n \times n$ 的酉矩阵, 而 $\varSigma$ 是对角矩阵, 其对角线上的元是 $\sigma_1 \geqslant \sigma_2 \geqslant \cdots \geqslant \sigma_n \geqslant 0$. 这些 $\sigma_i$ 就称为奇异数 (singular value). SVD 的计算可以与 $AA^*$ 和 $A^*A$ 的本征值联系起来, 但是这样做证明在数值上是不稳定的; 比较好的做法是利用 $QR$ 算法的一个变体, 而不必求 $A$ 的平方. SVD 是决定 $A$ 的范数[III.62] 的标准的方法: 这里 $\|A\| = \sigma_1(\|\cdot\|$ 是希尔伯特空间[III.37] 范数或称 "2" 范数), 当 $A$ 是一个非奇异的方阵时, 其逆的范数是 $\|A^{-1}\| = 1/\sigma_n$. 有一个重要的数, 称为**制约数**(condition number), 与解方程 $Ax = b$ 时舍入误差的变化, 从而也与相关算法的稳定性有密切的关系, 它就是

$$\kappa(A) = \|A\|\,\|A^{-1}\| = \sigma_1/\sigma_n.$$

SVD 是为数众多的计算问题的一步. 这些问题有秩亏欠 (rank-deficient) 的最小二乘法、值域和零空间的计算、秩的决定、"全最小二乘法"(total least-square methods)、低秩近似和决定子空间的夹角.

以上所讨论的全是关于 "经典的" 数值线性代数, 是产生于 1950–1975 年这个期间的. 接下来的四分之一世纪又带来了全新的一套工具, 就是以**克雷洛夫**(Alexei Nikolaevich Krylov, 1863–1945, 前苏联的应用数学家)**子空间迭代**为基础的大规模问题的解法, 这种迭代法的思想如下: 设给出了一个涉及维数很高 (例如 $n \geqslant 1000$) 的线性代数问题, 它的解可以用一个具有某种变分性质的向量 $x \in \mathbf{R}^n$ 来刻画, 例如使 $\frac{1}{2}x^{\mathrm{T}}Ax - x^{\mathrm{T}}b$ 为最小 (求解方程 $Ax = b$ 而 $A$ 为对称正定矩阵时就是这样)、或者使 $x$ 为 $(x^{\mathrm{T}}Ax)/(x^{\mathrm{T}}x)$ 的驻定点 (求解 $Ax = \lambda x$, 而 $A$ 为对称矩阵时就是这样). 现在若 $K_k$ 是 $\mathbf{R}^n$ 的一个子空间, 而 $k \ll n$, 则可能在此子空间中解决同一个变分问题要快得多. 对于 $K_k$ 的一个魔术似的选择是取它为**克雷洛夫子空间**, 即取一个初始向量 $q$, 再令

---

[①] 有兴趣的读者可在美国数学会的网站 www.ams.org/samplings/feature-column/fcarc-svd 上看一下其专栏特写 (feature column) 中 2008 年 8 月 Austin 所写的一篇特写: We Recommend a Singular Value Decomposition.—— 中译本注

$$K_k(A, q) = \text{span}\left(q, Aq, \cdots, A^{k-1}q\right),$$

就得到我们所说的克雷洛夫子空间. 由于一个与逼近轮有诱人的联系的理由, 当 $k$ 增加时, 只要 $A$ 的本征值以某种有利的方式分布, 这个解时常极快地收敛于 $\mathbf{R}^n$ 中的精确解. 例如时常有可能在几百次迭代以后, 就能得到含有 $10^5$ 个未知数的矩阵问题的解. 与经典的算法比较, 时常加快了千倍.

克雷洛夫子空间迭代起源于 1952 年发表的共轭梯度法与兰乔斯 (Cornelius Lanczos , 1893–1974, 匈牙利数学家) 迭代法, 但是那时, 计算机还不是那么有力量, 不足以在解决大规模问题上显现出竞争力来. 这些方法在 20 世纪 70 年代的发展是由于 Reid 和 Paige 的工作, 特别是 van der Vorst 和 Meijerink 的工作. 他们使得**预处理**(preconditioning) 的思想名声大振. 所谓预处理, 就是用一个适当的非奇异矩阵 $M$ 去乘方程 $Ax = b$ 的右方, 把它变成数学上等价的

$$MAx = Mb.$$

如果 $M$ 选得适当, 则新的方程的本征值会分布得更为有利, 所以可以用克雷洛夫子空间迭代很快地把它解出来.

20 世纪 70 年代以来, 经预处理的矩阵迭代已经成了计算科学中不可或缺的工具. 作为它的声望的一个标志, 例如, 2001 年, Thomson ISI [①]宣布, 在 20 世纪 90 年代中引用最为广泛的数学论文就是 van der Vorst 于 1989 年引入 Bi-CGStab (biconjugate gradient stabilized method) 的文章, 这个方法把共轭梯度法推广到非对称矩阵的情况.

最后, 我们必须提一下数值分析中最大的未解决问题, 这就是任意的 $n \times n$ 矩阵能否对于任意 $\alpha > 2$, 只需要用 $O(n^\alpha)$ 步即可求出其逆矩阵? (求解方程组 $Ax = b$ 和求矩阵之积 $AB$ 都是等价的问题). 在高斯消去法中是用了 $\alpha = 3$, 而 Coppersmith 和 Winograd 在 1990 年发表的某些递归的算法中, 指数 $\alpha$ 被缩减到 2.376. 那么, 是不是还有某种 "快速矩阵求逆" 方法在等待着我们?

## 5. 微分方程的数值解法

数学家们在给予了线性代数很大的注意前很久, 就在发展着求解分析中的问题的数值方法了. 数值积分问题, 或称 "**求积法**"(quadrature) 问题, 可以追溯到高斯、牛顿[VI.14] 甚至阿基米德[VI.3]. 经典的求积法公式是从这样的思想导出的: 用一个 $n$ 次多项式在 $n + 1$ 个点上对被积函数作插值逼近, 然后精确地积分这个多项式. 等间距的插值点给出**牛顿–科茨**(Roger Cotes, 1682–1716 , 英国数学家)**公式**, 当

---

① Thomson 是一个传媒集团, ISI 就是 Institute for Scientific Information (科学信息研究所) 的缩写. 这个研究所的任务就是发布如 SCI 那样的检索刊物. 2008 年, Thomson 与英国 Reuter 合并, Thomson-Reuter 成为全球领先的科学信息公司.—— 中译本注

次数 $n$ 很小时它是有用的, 但是当 $n \to \infty$ 时, 发散的速度可以高达 $2^n$, 这叫做**龙格**(Carl David Tolmé Runge, 1856–1927, 德国数学家)**现象**. 如果对插值点作最佳选择, 可以得到高斯求积公式, 它收敛迅速、而且在数值上是稳定的. 后来证明, 这个最佳选择就是选择勒让德多项式的零点, 这些零点聚集在区间的端点附近. (在条目**特殊函数**[III.85] 中有证明的概要). 对于大多数目的而言, Clenshaw-Curtis**求积法**是同样很好的, 在那里, 插值点是 $\cos(j\pi/n), 0 \leqslant j \leqslant n$. 这个求积法也是稳定的而且收敛很快, 但是和高斯求积法不同, 利用快速傅里叶变换, 可以在步数为 $O(n \log n)$ 内执行完成. 为什么有效的求积法则需要密集的插值点, 可以用位势理论来解释.

到了 1850 年前后, 分析的另一个问题又引起了注意, 这就是常微分方程 (ODE) 的求解. **亚当斯**(John Couch Adams, 1819–1892, 英国数学家)**公式**是基于等距分布插值点的多项式插值的, 插值点的数目典型地少于 10. 这个公式是现在通常称为 ODE 的数值解法的**多步法**(multi-step methods) 中的第一个. 这里的思想是: 对于初值问题 $u' = f(t,u)$, 这里自变量是 $t > 0$, 选择一个小的步长 $\Delta t > 0$, 并考虑一族有限多个时间值

$$t_n = n\Delta t, \quad n \geqslant 0.$$

然后, 用一个代数逼近来代替 ODE, 使得我们可以算出一个近似值序列

$$v^n \approx u(t_n)$$

(这里的上标就只是上标而不是幂). 这里的最简单的近似公式

$$v^{n+1} = v^n + \Delta t f(t_n, v^n),$$

可以追溯到欧拉[VI.19], 这个公式也可以通过改用 $f$ 上标记号, 写成

$$v^{n+1} = v^n + \Delta t\, f^n.$$

这里的 ODE 和它的近似式既可以讲的是一个方程, 也可以讲的是方程组, 这时 $u(t,x)$ 和 $v^n$ 都成了向量, 但是 $n$ 并不是这个向量的维数, 而是求近似解时的第几步的数目. 亚当斯公式是欧拉公式的高阶的推广, 而这种高阶的公式能够有效得多地给出精确的解. 例如 4 阶 Adams-Bashforth 公式是

$$v^{n+1} = v^n + \frac{1}{24}\Delta t \left(55 f^n - 59 f^{n-1} + 37 f^{n-2} - 9 f^{n-3}\right).$$

"4 阶" 一词反映了分析问题的数值处理中的一个新元素, 即当 $\Delta t \to 0$ 时出现了收敛问题, 说上面的公式是 4 阶的, 意思就是在正常情况下, 它按 $O\left((\Delta t)^4\right)$ 的速度收敛. 在实践中用到的阶数一般在 3—6 之间, 这就能对于各种计算问题得出极佳

的准确程度, 典型地有 3—10 位数字的精度, 而若需要更高的精度, 有时也会用到更高阶的公式.

最为不幸的是, 作为一个习惯, 数值分析的文献都不谈这种出色的有效的方法的**收敛性**, 而是谈它们的误差, 更准确地说, 是它们的**离散化误差**或称为**截断误差**(truncation error), 以区别于舍入误差. 这种似乎人人都用的误差分析的语言确实有点差劲, 但是似乎无法除去.

到了 19 和 20 世纪之交, 第二大类的 ODE 算法, 即**龙格–库塔方法**或**一步法**(one-step method), 又由龙格 (Carl David Tolmé Runge, 1856–1927, 德国数学家), Heun (Karl Heun, 1859–1929, 德国数学家) 和库塔 (Martin Wilhelm Kutta, 1867–1944, 德国数学家) 发展起来了. 例如, 下面就是著名的 4 阶龙格–库塔方法的公式, 它利用函数 $f$ 的 4 个值把数值解 (既可以是标量的, 又可以是向量的) 在时刻 $t_n$ 时的值 $v^n$ 推进到时刻 $t_{n+1}$ 时的 $v^{n+1}$,

$$a = \Delta t f\left(t_n, v^n\right),$$
$$b = \Delta t f\left(t_n + \frac{1}{2}\Delta t, v^n + \frac{1}{2}a\right),$$
$$c = \Delta t f\left(t_n + \frac{1}{2}\Delta t, v^n + \frac{1}{2}b\right),$$
$$d = \Delta t f\left(t_n + \Delta t, v^n + c\right),$$
$$v^{n+1} = v^2 + \frac{1}{6}\left(a + 2b + 2c + d\right).$$

一般说来, 龙格–库塔方法比起多步公式比较容易执行, 但有时比较难于分析. 例如对于任意的 $s$, 要导出 $s$ 步的 Adams-Bashforth 公式的系数是一件不足道的事, 其精度是 $p = s$. 但是与之相对照, 对于龙格–库塔方法, "阶段"(stage, 即对于时间推进的每一步所需用到的函数值的个数, 例如对上面的公式, 就有 4 个阶段, 因此要用 4 个函数值 $a, b, c, d$) 的数目与能够达到的精确度之间并没有简单的关系. 对于 $s = 1, 2, 3, 4$ 的情况, 库塔在 1901 年就已经知道精度是 $p = s$, 但是一直到 1963 年才知道, 要想达到精度为 $p = 5$, 需要 $s = 6$ 个阶段. 这些问题的分析要用到来自图论和许多数学领域的漂亮的数学, 这里面一个关键人物是 Butcher (John Charles Butcher , 1933–, 新西兰数学家). 对于精度的阶数 $p = 6, 7, 8$, 阶段数最小是 $s = 7, 9, 11$, 而对 $p > 8$, 最小阶段数至今还不知道. 有幸的是, 在实践中, 极少需要这样高的精度.

当在二战以后计算机开始用于求解微分方程时, 一个具有最大实际重要性的问题出现了, 它又一次是**数值稳定性**问题. 和以前一样, 所谓稳定性就是局部的误差在计算过程中无限地放大. 但是现在起决定作用的局部误差通常是离散化的误差, 即截断误差, 而不是舍入误差. 不稳定性典型地表现为在做更多的数值的步数时,所计算的解会出现一个震荡的误差, 而终于指数式地爆破. 关心这个效应的有一位数学家就是 Dahlquist (Germund Dahlquist, 1925–2005, 瑞典数学家). 他用极大的能力非常一般地分析了这个现象. 有人认为他的 1956 年的论文 [1] 的出现是标志现代数值分析诞生的大事件之一. 这篇里程碑式的论文里介绍了可以称为数值分析的基本定理的结果:

$$相容性 + 稳定性 = 收敛性.$$

这个理论依据的是这三个概念沿着下面的思想路线的精确定义. 相容性就是离散公式有正的局部精确度, 从而是 ODE 的正确的模型这样一个性质. 稳定性就是在某个时刻引入的误差在以后的时刻不会无界地增大. 收敛性就是在没有舍入误差的条件下, 当 $\Delta t \to 0$ 时数值解收敛于正确解. 在 Dahlquist 的论文出现以前, 虽然许多做实际工作的人已经看到, 一个数值格式只要不是不稳定的, 就大概会给出正确解的很好的近似, 但是稳定性和收敛性的等价性并未得到证明. 从这个意义上说, 这种等价性是悬而未决的. Dahlquist 的理论对于很广泛的一类数值方法给了这个思想以严格的形式.

当 ODE 的计算机方法正在发展时, 同样的事情也在对大得多的学科偏微分方程 (PDE) 发展起来了. 早在 1910 年, 理查森 (Lewis Fry Richardson, 1881–1953, 英国数学家、物理学家和气象学家) 就发明了用于应力分析和气象学的 PDE 的离散的数值解法, 而由 Southwell (Sir Richard Vynne Southwell, 1888–1970, 英国数学家) 加以发展; 1928 年又出现了柯朗特[VI.83](Richard Courant, 1888–1972, 德国数学家)、弗里德里希斯 (Kurt Otto Friedrichs , 1901–1982, 德国数学家) 和莱维 (Hans Lewy, 1904–1988 德国数学家) 关于有限差方法的理论文章 [2](以下就简称为 Courant- Friedrichs-Lewy). 虽然这篇文章后来变得很有名了, 但是在计算机出现以前, 它的影响是有限的. 在那以后, 这个学科的发展就很快了. 早期特别有影响的是围绕着 Los Alamos 实验室的冯·诺依曼[VI.91] 的一群研究者, 包括当时还很年轻的拉克斯 (Peter David Lax, 1926–, 匈牙利出生的美国数学家).

和 ODE 的情况一样, 冯·诺依曼和他的同事们发现 PDE 有一些数值方法也会屈从于灾难性的不稳定性. 例如, 为了求线性方程 $u_t = u_x$ 的数值解, 取空间和时间步长为 $\Delta x$ 和 $\Delta t$ 作矩形网格

$$x_j = j\Delta x, \quad t_n = n\Delta t, \quad j, n \geqslant 0,$$

---

① 这里应该是指他的博士论文 Stability and Error Bounds in the Numerical Integration of Ordinary Differential Equations.—— 中译本注

② 这篇文章就是: Courant R, Friedrichs K and Lewy H. Über die partiellen Differenzengleichungen der mathematischen Physik. Mathematische Annalen, vol. 100, no. 1, pages 32–74, 1928. 可以在网上找到它的英文译文, On partial difference equations in mathematical physics, 网址是 http://www.stanford.edu/class/cme324/classics/courant-friedrichs-lewy.pdf. —— 中译本注

然后用一个代数公式代替 PDE, 并算出一系列近似值

$$v_j^n \approx u(t_n, x_j), \quad j, n \geqslant 0.$$

为了得出这个近似值, 有一个著名的离散化公式就是 Lax- Wendroff **公式**(Wendroff 就是 Burton Wendroff , 1930–, 美国数学家) 如下:

$$v_j^{n+1} = v_j^n + \frac{1}{2}\lambda\left(v_{j+1}^n - v_{j-1}^n\right) + \frac{1}{2}\lambda^2\left(v_{j+1}^n - 2v_j^n + v_{j-1}^n\right),$$

其中 $\lambda = \Delta t/\Delta x$. 这个公式可以推广到 1 维的非线性双曲守恒组. 对于 $u_t = u_x$, 如果固定 $\lambda$ 之值为小于或等于 1, 当 $\Delta x, \Delta t \to 0$ 时, 这个方法就收敛于正确的解 (略去舍入误差), 而当 $\lambda$ 大于 1 时, 它就会爆破. 冯·诺依曼等人认识到这种不稳定性是否出现是可以检测的, 至少是对于线性常系数问题, 可以用对于 $x$ 的离散傅里叶分析[III.27], 即所谓 "冯·诺依曼分析" 来做这件事. 经验指出, 对于实际工作, 这个方法只要不是不稳定的就会成功. 很快就出现了一个理论, 对此给出了严格证明: 拉克斯和 Richtmeyer (Robert Davis Richtmyer, 1910–, 美国数学家) 在 1956 年, 即与 Dahlquist 发表他的论文同年, 发表了拉克斯等价性定理. 许多细节是不同的: 这个理论限于线性方程, 而 Dahlquist 关于 ODE 的理论也可用于非线性方程, 但是从大的方面来看, 这个新结果也遵循了同样的格式, 就是收敛性等于相容性加上稳定性. 从数学上说, 关键之点是一致有界性原理.

在冯·诺依曼去世后的半个世纪中, Lax-Wendroff 公式和相关的东西已经发展成为非常激动人心的强有力的学科, 称为**计算流体力学**. 关于一个空间变量的线性和非线性方程的早期的研究很快走向 2 维, 最终到了 3 维. 现在的计算格网在 3 个方向的每一个都有成百的格点, 因此在计算格网上有成百万个变量, 求解这样的问题已经是日常的常规工作了. 方程可以是线性的, 也可以是非线性的; 格点可以是均匀的, 也可以是非均匀的、而适应于此把网格细化, 以特别关注边界层 (boundary layer, 也称附面层) 和其他剧烈变动的特点；应用是无处不在的, 数值方法先是用于机翼剖面的模型, 然后是整个机翼, 最后是整个飞机. 工程师们当然要用风洞, 但是更多地是依靠计算.

这些成功中有许多是得到了另一个求解 PDE 的数值技术的促进, 这个技术在 20 世纪 60 年代出现而且有着很广的工程和数学的来源, 这就是有限元方法. 这个方法不是用差商来代替微分算子, 而是用一个函数 $f$ 来直接逼近解, 这个 $f$ 则可以分成简单的小片. 例如, 可以把它的定义域分割成基本的集合如三角形或四面体, 并且限制 $f$ 在每一个基本的集合上都是次数不高的多项式. 通过在相应的有限维子空间上求解 PDE 的变分形式、就可以得到这样的解, 而且时常可以保证所算出来的解在此子空间内是最佳的. 有限元方法借助于利用泛函分析的工具已经发展到非常成熟的状态. 这个方法以它可以灵活应用于复杂的几何形体而著称, 特别是

在结构力学和土木工程中取得了完全的统治地位. 有关有限元方法的图书和文章已经超过了 10000 项.

在 PDE 的数值解法这个广大而成熟的领域中, 它的哪一个侧面, 最能使得理查森、柯朗特、弗里德里希斯和勒维吃惊? 我想是它无处不在地依赖于线性代数的那些异常迷人的算法. 求解一个 3 维情况的大规模的 PDE 问题, 可能其每一步都要解一个含一百万个方程的方程组. 这可以用 GMRES(Generalized minimum residual) 迭代方法来解决, 而这个方法需要有限差预处理, 这个有限差可以用 Bi-CGStab 迭代来完成, 而这又需要另外一个多网格的预处理. 早期的计算机的先驱者们肯定无法想象到这样把工具叠在一起. 这样做的理由最终要归结到数值不稳定性, 因为正如英国数学家 John Crank (1916–2006) 和 Phyllis Nicolson (1917–1968) 在 1947 年首先指出的那样, 对付不稳定性的关键的工具是使用隐式公式, 这些公式把解在一个新时刻 $t_{n+1}$ 的许多格点上的值耦合在一起, 需要求解一个方程. 正是为了实现这个耦合.

下面是一些例子, 可以说明今天的科学和工程是怎样成功地依赖于 PDE 的数值解的一些例子: 化学 (薛定谔方程[III.83]); 结构力学 (弹性方程); 天气预报 (地转方程); 涡轮机的设计 (纳维–斯托克斯方程[III.23]); 声学 (亥姆霍兹方程); 远程通讯 (麦克斯韦方程[IV.13§1.1]); 宇宙学 (爱因斯坦方程); 石油勘探 (迁移方程); 地下水的补充 (Darcy 定律); 集成电路设计 (漂移扩散方程); 海啸模型 (浅水波方程); 光纤 (非线性波方程 [III.49]); 图像增强 (Perona-Malik 方程); 冶金学 (Cahn-Hillard 方程); 金融期权定价 (Black-Scholes方程[VII.9§2]).

## 6. 数值优化

数值分析的第三个大分支是优化, 即多个变量函数的最小化以及与之相关的非线性方程组问题. 优化的发展多少有点独立于数值分析的其他部分, 部分地是由一群与运筹学和经济学有密切关系的学者们推进的.

学微积分的学生都知道, 一个光滑函数或者可以在导数的零点达到极值, 或者可以在边界上达到极值. 同样是这两种不同情况刻画了优化领域的两大分支. 在一端的问题、是用多元微积分的方法来求内零点和未受约束的非线性函数的极小值 (或极大值. 以下许多问题时常既适合于极小, 或者稍加修改后又可以用于极大, 所以若无必要就不再提极大了). 另一端则是线性规划问题, 这里需要极小化的函数是线性函数, 所以很容易懂, 所有的挑战都在边界约束上.

无约束的非线性优化问题是一个老问题. 牛顿引入了用我们今天说的泰勒级数的前面少数几项来逼近函数的思想. 实际上, 阿诺尔德 (Vladimir Igorevich Arnold, 1937–2010, 前苏联和俄罗斯数学家) 就争论说泰勒级数是牛顿的 "主要数学发现". 要想找一个实变量 $x$ 的函数 $F$ 的零点 $x_*$, 大家都知道牛顿方法的思想就是: 在已

经得到第 $k$ 步近似 $x^{(k)} \approx x_*$ 以后, 就在此点用导数 $F'\left(x^{(k)}\right)$ 来定义一个线性近似, 而由此得到更好的近似 $x^{(k+1)}$:

$$x^{(k+1)} = x^{(k)} - F\left(x^{(k)}\right) / F'\left(x^{(k)}\right).$$

牛顿在 1669 年、Joseph Raphson (英国数学家, 生卒年月不明) 在 1690 年把这个思想用于多项式, 而辛普森 (Thomas Simpson, 1710–1761, 英国数学家) 则在 1740 年把它推广到其他函数和两个方程的方程组. 用今天的语言来说, 对于含 $n$ 个未知数的 $n$ 个方程的方程组, 我们把 $F$ 看成一个 $n$ 维向量, 而它在点 $x^{(k)} \in \mathbf{R}^n$ 处的导数就成了一个 $n \times n$ 雅可比矩阵 (Jacobian), 其中的元素为

$$J_{ij}\left(x^{(k)}\right) = \frac{\partial F_i}{\partial x_j}\left(x^{(k)}\right), \quad 1 \leqslant i, j \leqslant n.$$

在 $x \approx x^{(k)}$ 处, 这个近似是很准确的. 于是牛顿方法就可以写成矩阵形式

$$x^{(k+1)} = x^{(k)} - \left(J\left(x^{(k)}\right)\right)^{-1} F\left(x^{(k)}\right),$$

在实际工作中这意味着我们解了一个线性方程组

$$J\left(x^{(k)}\right)\left(x^{(k+1)} - x^{(k)}\right) = -F\left(x^{(k)}\right).$$

只要 $J$ 是利普希茨连续的, 而我们的初始猜测, 即 $x^{(0)}$ 的选取又足够好, 则这个迭代的收敛性是二次的:

$$\left\| x^{(k+1)} - x_* \right\| = O\left(\left\| x^{(k)} - x_* \right\|^2\right). \tag{1}$$

学生们时常会以为把这个公式再发展一下, 就可以把这个估计的指数增强为 3 或 4. 然而这只是一个幻想. 在一个二次收敛的迭代算法中, 每一次迭代都走两步就可以得到一个四次收敛的迭代, 所以二次和四次迭代的差别最多就只是一个倍数因子. 如果把指数 2, 3 或 4 代以任意的大于 1 的数, 也会发生同样的事情. 真正的区别在于那些**超线性收敛**(convergent superlinearly) 的算法、牛顿算法是它的原型、以及**线性收敛**(convergent linearly) 或称**几何收敛**(convergent geometrically) 算法, 即指数为 1 的算法之间.

从多元微积分的观点看来, 解一个方程组和把一个 $x \in \mathbf{R}^n$ 的标量函数 $f$ 极小化、只相差一小步: 要找一个 (局部) 极小, 就需要找出梯度的零点: 梯度 $g(x) = \nabla f(x)$ 是一个 $n$ 维向量. $g$ 的导数、即其雅可比矩阵, 称为 $f$ 的**哈塞矩阵**(就是以德国数学家 Ludwig Otto Hesse (1811–1874) 命名的矩阵), 这是一个 $n \times n$ 矩阵, 其元是

$$H_{ij}\left(x^{(k)}\right) = \frac{\partial^2 f}{\partial x_i \partial x_j}\left(x^{(k)}\right), \quad 1 \leqslant i, j \leqslant n,$$

我们可以如前面牛顿迭代方法中那样来求 $g(x)$ 的零点, 这里的新特点是: 哈塞矩阵总是对称的.

虽然最小化和确定零点的牛顿公式已经建立, 但是计算机的到来, 却产生了数值优化的新的领域. 很快就遇到的障碍之一是: 如果初始的猜测不好, 则牛顿的方法时常失败. 这个问题已经从实践和理论两方面用称为**线搜索**(line search) 和**可信区域**(trust region) 的算法技巧全面地研究过.

对于有多个变量的问题, 也很快就明白了, 在每一步都估计雅可比矩阵或哈塞矩阵的代价太高. 需要有更快的方法, 使得可以利用不精确的雅可比矩阵或哈塞矩阵、以及/或者相关的线性方程组的不确切的解、而仍然能达到超线性的收敛性. 这方面的一个早期的突破是在 1960 年代由 Broyden, Davidon, Fletcher 和 Powell 发现的**拟牛顿方法**, 在其中应用了部分的信息来生成关于真的雅可比矩阵或哈塞矩阵及其矩阵因子的不断改进的估计. 这个主题在当时的迫切性从下面的事实可见例证: 在 1970 年就有不少于 4 位作者独立地在秩为 2 的对称正定改进的拟牛顿方法上发表了文章, 他们就是 Broyden, Fletcher, Goldfarb 和 Shanno, 他们的发现后来就称为 BFGS 公式. 后来的, 随着可以处理的问题的规模指数式地增加, 新的思想也变得重要了, 其中就包括了**自动微分**, 这是一种能够自动地决定所计算的函数的导数的技术: 计算机程序被自动地 "微分" 了, 所以这个程序在给出函数的数值输出的同时也生成它们的导数, 自动微分本是一个老思想, 但是由于种种原因, 部分地由于对于稀疏矩阵取得的进展还不够, 由于 "逆向模式"(reverse mode) 得的表述、发展还不够, 直到 1990 年代 Bischof, Carle 和 Griewank 的工作出现, 这个思想才变得充分实用化.

没有约束的优化问题相对容易一些, 但它们不是典型情况, 那些发展起来对付约束的方法才真正揭示了这个领域的深度. 假设需要使之极小化的函数 $f : \mathbf{R}^n \to \mathbf{R}$ 服从一些等式约束 $c_j(x) = 0$ 和一些不等式约束 $d_j(x) \geqslant 0$, 其中 $\{c_j(x)\}$ 和 $\{d_j(x)\}$ 也是从 $\mathbf{R}^n$ 到 $\mathbf{R}$ 的函数. 对于这类问题, 甚至陈述其最佳性的条件, 也非平凡不足道的事情, 这件事涉及**拉格朗日乘子**[III.64] 以及主动约束 (active constraint, 不等式约束中的那些在 $x$ 点上等号成立的约束称为此点处的主动约束) 与非主动约束 (inactive constraint, 即在 $x$ 点只有不等号成立的约束) 之区别. 这个问题由库恩 (Harold William Kuhn, 1925–, 美国数学家) 和 Tucker (Albert William Tucker, 1905–1995, 美国数学家) 在 1951 年提出并用我们现在所说的 KKT 条件解决了. 这个条件本来称为 KT 条件 (KT 是这两位数学家名字的首字母), 后来才知道, 其实 Karush(William Karush, 1917–1997, 美国数学家) 在 12 年前就已经提出了这个条件, 所以 KT 条件后来就称为 KKT 条件. 有约束的非线性优化问题今天仍然是活跃的研究领域.

约束问题把我们引导到数值优化的另一个分支: 线性规划. 这个学科是由

Kantorovich (Leonid Vitaliyevich Kantorovich, 1912–1986, 前苏联数学家) 和丹齐格 (George Bernard Dantzig, 1914–2005 美国数学家) 分别于 1930 年代和 1940 年代分别创立的. 这是丹齐格在二战期间在美国空军中服务的自然结果, 他在 1947 年发明了著名的**单形算法**[III.84] 来解决线性规划问题. 线性规划只不过就是求一个 $n$ 变量的线性函数的最小值问题, 但这线性函数要服从 $m$ 个等式和/或不等式约束. 这怎么会是一个挑战呢? 答案是: $m$ 和 $n$ 可能很大. 大规模问题可能是经由连续问题的离散化而来, 也可能是自己出现的. 一个著名的例子是 Leontiev (Wassily Wassilyovich Leontief, 1905–1999, 后加入美国籍的前苏联经济学家) 在经济学中的投入–产出模型, 他曾因此获得 1973 年的诺贝尔经济学奖. 甚至苏联也在 1970 年代应用一个涉及成千个变量的投入–产出计算机模型来做经济计划.

单形算法使得中等规模和大规模的线性规划问题成为可以处理的. 线性规划问题包含了两个成分: 一个是**目标函数**(objective function), 即我们想要求其极小值的函数 $f(x)$, 另一个是它的**可行区域**(feasible region), 即适合所有约束条件的向量 $x \in \mathbf{R}^n$ 的集合. 对于线性规划, 可行区域是一个多面体, 即由超平面所包围的区域, 而 $f$ 的最佳值保证可以在一个**顶点**处达到 (一个点, 如果是定义约束的方程的集合的一个子集合的唯一解, 就称为顶点). 线性规划的作用是从一个顶点出发, 系统地下行 (downhill) 一直到达最佳点. 所有的迭代都位于可行区域的边界上.

1984 年, 这个领域发生了突然的巨变. 这是由美国电话电报公司 (AT&T) 的贝尔实验室 (Bell Laboratory) 的印度数学家卡马卡 (Narendra K. Karmarkar, 1957–) 所引起的. 他证明了若在可行区域的内域工作而不是如单形算法那样在可行区域的边界上工作, 有时会比单形算法快得多. 后来发现卡马卡的方法与 Fiacco 和 McCormick 在 1960 年代推行的**对数闸函数**(logarithmic barrier functions, 简记为 log-bar, 最早是 Frisch 在 1955 年提出的) 方法有联系, 于是应用原来认为只适用于非线性问题的一些技术, 发明了用于线性规划的新的内方法, 把原来的问题与对偶的问题并行地处理. 这个关键的思想引导到今天的强有力的原问题 — 对偶问题方法, 可以解决有成百万个变量和约束的连续优化问题. 从卡马卡的工作出现以来, 不仅是线性规划这个领域完全改变了面貌, 而且优化的线性和非线性两个侧面今天被认为是密切相关的, 而没有本质的不同.

## 7. 未来

数值分析是从数学中出来的, 后来又引发了计算机科学这个领域. 当 20 世纪 60 年代, 许多大学开始建立计算机科学系的时候, 时常是由数值分析的专家来领导. 现在又经历了两代人, 这些数值分析的专家大多数又回到了数学系. 发生了什么事情? 答案部分地是: 数值分析的专家对付的是连续的数学问题, 而计算机科学专家更喜欢离散问题. 这中间的隔阂会这么大、真是值得注意的事情!

尽管如此, 数值分析的计算机科学的侧面是极为重要的. 所以, 在结束本文时, 我愿做一个预测, 强调这门学科的计算机科学侧面. 按照传统来说, 人们可能以为数值算法无非就是老一套: 一圈一圈地转, 一直转到一个早就适当规定好了的终止判据得到满足为止. 对于有些计算, 这个图景是准确的. 但是另一方面, 以 de Boor, Lyness, Rice 等人在 20 世纪 60 年代的工作为起点, 一种不那么决定论的数值计算开始出现: 这就是**自适应算法**(adaptive algorithm). 在最简单的自适应求积程序中, 对某一个网眼的各个部分都计算出两种积分估计, 加以比较来得出关于局部误差的估计. 基于这种估计, 可以把网眼局部地加细来改进精确性. 迭代地运行这个过程、以得出一个由用户事先确定好的可以容忍的精度. 绝大多数这类计算并不保证精度, 但是, 它的使人兴奋的不断发展, 是一种事后误差控制的更精巧的可以保证误差的技术的进步. 当这些进展与所谓**区间算术**(interval arithmetic) 结合起来以后, 就有一个前瞻, 可以既保证舍入误差、又保证离散化误差.

首先是求积的计算机程序成了自适应的了, 然后 ODE 的程序也跟了上来. 对于 PDE, 向自适应程序的转变就发生在较长的时间尺度上了. 更晚一点, 在以下各个方面也有了向自适应程序的转变. 这里有傅里叶变换的计算、优化、大规模数值线性代数, 有些新的算法既能适应于计算机总体结构、也能适应于数学问题. 在一个对每一个问题都有好几种算法的世界里, 最健全而且柔韧的 (robust) 计算机程序就是那些有多种能力可供选择、而且能在运行中自适应地加以布署的程序. 换句话说, 数值计算越来越被嵌入到一个智能的控制循环之中. 我相信, 和许多其他的技术领域一样、这个过程还会继续, 让科学家们日益摆脱计算的细节, 而作为交换、科学家们会得到更大的能力. 我希望到了 2050 年, 绝大多数数值计算机程序的 99%将只是智能 "封套", 而只有 1%是真正的 "算法", 如果这个区分还会有意义的话. 几乎没有人知道它们是如何工作的, 但是它们会非常强有力和可靠, 而且时常会给出精度有保证的结果.

这个故事还有一个数学的推论. 数学中的基本区别之一是线性问题和非线性问题, 线性问题是可以一步就解出的; 而非线性问题, 则需要迭代才能解出. 一个与此相关的区别是前向 (一步) 的问题、和反向 (迭代) 的问题的区别, 随着数值算法越来越多地被嵌入到控制循环之中, 几乎每一个问题都将用迭代来处理, 而不问它们的基本原理的状况如何. 代数问题将用分析方法来解决; 线性和非线性、前向和反向的区别将会逐步消失.

## 8. 附录: 一些主要的数值算法

表 1 中的名单试图确认数值分析历史上最值得注意的算法上的 (而不是理论上的) 发展. 在每一个条目中都或多或少按年代举出了其早期的一些关键人物, 而且给出了一个关键的早期年代. 当然, 这样一个简单的历史概述必然是过分简单化

的. 名单中省略了一些人, 包括了在许多领域中许多有贡献的人, 这是使人苦恼的.
这些领域有: 有限元、预处理和自动微分, 还有如 EISPACK, LINPACK, LAPACK
的一半以上的作者都省略了. 甚至关键时间的选择也可能是有问题的, 例如快速傅
里叶变换列在 1965 年, 是因为这一年发表了库利和 Tukey 引起世人注意的文章,
虽然高斯比这早 160 年就有了同样的发现. 也不应该以为从 1991 年到现在是空白!
无疑, 将来我们会确认, 这个时期的一些发展也值得在这个表中有自己的位置.

### 表 1   数值分析历史上的一些主要的算法发展

| 年代 | 发展 | 早期关键人物 |
|---|---|---|
| 263 | 高斯消去法 | Liu(刘徽), 拉格朗日, 高斯, 雅可比 |
| 1671 | 牛顿方法 | 牛顿, Raphson, 辛普森 |
| 1795 | 最小二乘拟合 | 高斯, 勒让德 |
| 1814 | 高斯求积法 | 高斯, 雅可比, 克里斯托费尔, 斯蒂尔切斯 |
| 1855 | 亚当斯 ODE 公式 | 欧拉, 亚当斯, Bashforth |
| 1895 | 龙格–库塔 ODE 公式 | 龙格, Heun, 库塔 |
| 1910 | PDE 的有限差分法 | 理查森, Southwell, 柯朗, 冯·诺依曼, 拉克斯 |
| 1936 | 浮点算术 | Torresy Quevedo, Zuse, 图灵 |
| 1943 | PDE 的有限元方法 | 柯朗特, Feng(冯康), Argyris, Clough |
| 1946 | 样条 | Schoenberg, de Casteljau, Bezier, de Boor |
| 1947 | 蒙特卡罗仿真 | 乌拉姆, 冯·诺依曼, Metrololis |
| 1947 | 单形算法 | Kantorovich, 丹齐格 |
| 1952 | 兰乔斯迭代与共轭梯度迭代 | 兰乔斯, Hestense, Stiefel |
| 1952 | 僵硬 ODE 的求解 | Curtiss, Hirschfelder, Dahlquist, Gear (Stiff ODE solver) |
| 1954 | Fortran | Backus |
| 1958 | 正交线性代数 | Aitken, Givens, Householder, Wilkinson, Golub |
| 1959 | 拟牛顿迭代 | Davidon, Fletcher, Powell, Broydon |
| 1961 | 本征值的 QR 算法 | Rutishauser, Kublanovskaya, Francis, Wilkinson |
| 1965 | 快速傅里叶变换 | 高斯, Cooley, Tukey, Sande |
| 1971 | PDE 的谱方法 | 切比雪夫, Lanczos, Clenshaw, Orszag, Gottlieb |
| 1971 | 径向基底函数 | Hardy [1], Askey, Duchon, Micchelli |
| 1973 | 多栅格 (multigrid) 迭代 | Fedorenko, Bahvalov, Brandt, Hackbush |
| 1976 | EISPACK, LINPACK, LAPACK | Moler, Stewart, Smith, Dongara, Demmel, Bai (白志东) |
| 1976 | 非对称 Krylov 迭代 | Vinsome, Saad, van der Vorst , Sorenson |
| 1977 | 预处理矩阵迭代 | van der Vorst, Meijerink |
| 1977 | MATLAB | Moler |
| 1977 | IEEE 算术 | Kahan |
| 1982 | 小波 | Morlet, Grossman, Meyer, Daubechies |
| 1984 | 优化的内方法 | Fiacco, McCormick, Karmakar, Megiddo |
| 1987 | 快速多极法 (fast multipole method) | Rokhlin, Greengard |
| 1991 | 自动微分法 | Iri, Bischof, Carle, Griewank |

---

① 不是 [VI.73] 中的数学家哈代.—— 中译本注

## 进一步阅读的文献

Ciarlet P G. 1978. *The Finite Element Method for Elliptic Problems*. Amsterdam: North-Holland.

Golub G H, and Van Loan C F. 1996. *Matrix Computations*, $3^{rd}$ edn. Baltimore, MD: John Hopkins University Press.

Hairer E, Nørsett S P (for volume I), and Wanner G. 1993, 1996. *Solving Ordinary Equations*, volumes I and II. New York: Springer.

Iserles A, ed. 1992-. *Acta Nummerica* (annual volumes). Cambridge: Cambridge University Press.

Nocedal J, and Wright S J. 1999. *Numerical Optimization*. New York: Springer.

Powell M J D. 1981. *Approximation Theory and Methods*. Cambridge: Cambridge University Press.

Richtmyer R D, and Morton K W. 1967. *Difference Methods for Initial-Value Problems*. New York: Wiley Interscience.

# IV.22 集 合 理 论

Joan Bagaria

## 1. 引言

在所有的数学分支中, 集合理论占了一个特殊的地位, 因为它同时起了两种很不相同的作用: 一方面, 它是致力于研究抽象的集合及其性质的一个数学领域; 另一方面, 它又为数学提供了一个基础. 集合理论的第二个侧面使得它既在数学上又在哲学上都有意义. 本文中, 我们将要讨论这个学科的这两个侧面.

## 2. 超穷数的理论

集合理论是以康托[VI.54] 的工作开端的. 他在 1874 年证明了实数比代数数更多, 也就表明了无穷集合可以有不同的大小. 也为*超越数*[III.41] 的存在给出了一个新证明. 回忆一下, 一个实数称为代数数, 如果它是某个多项式方程

$$a_n X^n + a_{n-1} X^{n-1} + \cdots + a_1 X + a_0 = 0$$

的解, 这里的系数 $a_i$ 都是整数 (而且 $a_n \neq 0$). 这样, 像 $\sqrt{2}, 3/4$ 这样的数以及黄金分割 $\frac{1}{2}(1+\sqrt{5})$ 都是代数数, 超越数就是非代数数的实数.

说实数比代数数 "更多", 而实际上二者都有无穷多个, 那么这句话是什么意思? 康托定义两个集合 $A$ 和 $B$ 有相同的大小, 或者说有相同的**势**(cardinality 也译为**基数**), 如果二者之间存在一个双射, 就是说在 $A$ 的元素和 $B$ 的元素之间有一个

一一对应. 如果在 $A$ 与 $B$ 之间没有一个双射存在, 但是在 $A$ 与 $B$ 的一个真子集合之间有一个双射存在, 就说 $A$ 比 $B$ 有较小的势. 所以康托所证明的就是代数数的集合比所有实数所成的集合, 有较小的势.

特别是康托区分了两种不同种类的无穷集合: 可数与不可数集合[III.11]. 一个可数集合就是一个可以和自然数集合一一对应的的集合. 换句话说, 就是可以 "枚举" 的集合, 即可以对其每一个元素赋以不同的自然数编号的集合, 现在我们来看怎样对代数数作这样的一一对应. 给定了上面的多项式, 我们称下面的数为其 **指标**(index):

$$|a_n| + |a_{n-1}| + \cdots + |a_0| + n.$$

很容易看到, 对每一个 $k > 0$ 只有有限多个如上面那样的方程指标为 $k$. 例如, 指标为 3 而 $a_n$ 为严格正数的多项式方程只有 4 个, 即 $X^2 = 0, 2X = 0, X + 1 = 0$ 和 $X - 1 = 0$, 它们的解为 $0, -1$ 和 $1$. 于是, 我们可以这样来枚举代数数: 首先枚举出所有指标为 1 的上述那种方程的解, 然后再枚举所有指标为 2 的那种方程的尚未被枚举的解, 如此以往. 所以代数数是可数的. 注意, 从这个证明还看到集合 $\mathbf{Z}$ 和 $\mathbf{R}$ 也是可数的.

康托发现使人吃惊的是实数集合 $\mathbf{R}$ 是不可数的, 下面是康托原来的证明. 为了得出一个矛盾, 假设可以把 $\mathbf{R}$ 枚举如下: $r_0, r_1, r_2, \cdots$. 令 $a_0 = r_0$, 再找出最小的 $k$ 使得 $a_0 < r_k$, 并令 $b_0 = r_k$. 在得到了 $a_n$ 和 $b_n$ 后, 选一个最小的 $l$ 使 $a_n < r_l < b_n$. 因为在 $a_n$ 和 $b_n$ 中间一定有实数存在, 只要取其指标最小的一个就行了. 这时令 $a_{n+1} = r_l$. 仿照上面的推理, 又可以找到最小的 $m$ 使 $a_{n+1} < r_m < b_n$, 并取 $b_{n+1} = r_m$. 这样就会得到无穷多个实数, 而且满足下面的不等式: $a_0 < a_1 < a_2 < \cdots < b_2 < b_1 < b_0$. 令 $a$ 为这些 $a_n$ 的极限, 于是 $a$ 就是对于所有的 $n$ 都异于 $r_n$ 的实数, 这与假设 $r_0, r_1, r_2, \cdots$ 枚举了所有实数相矛盾.

这样就第一次证明了至少有两种真正不同的无穷集合. 康托还证明了任意两个不同的 $\mathbf{R}^n$, $n \geqslant 1$ 之间, 甚至包括 $\mathbf{R}^{\mathbf{N}}$ (即所有实数序列 $r_0, r_1, r_2, \cdots$ 的集合), 都存在双射, 所以, 所有这些集合都有相同的 (不可数) 势.

康托在 1879 年到 1884 年间发表了一系列的论文, 真正构成了集合理论的起源. 他引入的一个重要的概念是关于无穷或 "超穷"(transfinite)**序数**(ordinals) 的概念. 当我们使用自然数来为一些对象的总体计数时, 我们是对每一个对象指定一个数: 从 1 开始, 接下来是 $2, 3$ 等等, 一直到把所有的对象都作了计数, 而且恰好只计数一次时就停止下来. 当这件事完成以后, 我们实际上做完了两件事. 其中比较明显的是我们会得到一个数 $n$, 就是上述系列的最后一个数, 它告诉我们, 这个总体里面有多少个对象. 但是我们做到了的事情还不只是这一点: 当我们在计数时, 我们也在为所计数的对象**排序**(ordering), 也就是我们在枚举它们 (就是在计数) 时的次序. 这反映了我们思考集合 $\{1, 2, \cdots, n\}$ 的两个观点. 有时我们只关心它的大小.
这样, 如果有某个集合 $X$ 与 $\{1, 2, \cdots, n\}$ 一一对应, 我们就得出 $X$ 与 $\{1, 2, \cdots, n\}$
有相同的势 $n$ 的结论. 但是我们有时也注意到集合 $\{1, 2, \cdots, n\}$ 有一个自然的次
序. 这时就会看到这里讲的一一对应也给 $X$ 赋予了一个次序. 如果我们采用了第
一个观点, 那么就是把 $n$ 看成一个基数 (cardinal 或 cardinal number), 如果采用第
二个观点, 那么就是把 $n$ 看成一个序数 (ordinal 或 ordinal number).

　　设有一个可数无穷集合, 我们也可以从序数的观点来思考它. 例如, 可以这样
来定义 $\mathbf{N}$ 和 $\mathbf{Z}$ 之间的一一对应, 就是把 $0, 1, 2, 3, 4, 5, 6, 7, \cdots$ 映为 $0, 1, -1, 2, -2, 3,$
$-3, \cdots$, 这样, 我们不仅证明了 $\mathbf{N}$ 和 $\mathbf{Z}$ 有相同的势, 而且还利用了 $\mathbf{N}$ 上的自然的
顺序在 $\mathbf{Z}$ 上也定义了一个顺序.

　　现在设想要枚举单位区间 $[0, 1]$ 中的所有的点. 上面所给的康托的论证将表明,
不论怎样对这个区间里的数赋给 $0, 1, 2, 3, \cdots$ 等等编号, 还没有对区间中的数完成
计数就已经用完了所有自然数. 然而, 要是发生了这个情况, 我们还可以把已经计
数了的那些数放在一边, 而对余下的数再开始计数. 超穷序数就是这样上场的: 它
们就是序列 $0, 1, 2, 3, \cdots$ 在 "无穷之后" 的继续, 而可以用来对更大的无穷集合进行
计数.

　　第一步, 我们需要一个序数来表示这个序列中紧接着所有自然数后的第一个位
置. 这就是第一个无穷序数, 康托用 $\omega$ 来表示它. 换句话说, 在 $0, 1, 2, 3, \cdots$ 后面就
是 $\omega$. 序数 $\omega$ 和前面的序数有不同的性质, 就在于它虽然有前置元 (predecessor),
但是没有紧接的前置元. (不像例如 7, 以 6 为紧接的前置元). 我们说, $\omega$ 是一个**极
限序数**. 但是只要有了 $\omega$, 就能够把序数序列继续下去, 就是再反复地加上 1. 这样,
序数的序列将是这样开始的:

$$0, 1, 2, 3, 4, 5, 6, 7, \cdots, \omega, \omega + 1, \omega + 2, \omega + 3, \cdots.$$

这以后, 第二个极限序数就出来了, 看来把它称为 $\omega + \omega$ 是自然的, 而我们把它记
作 $\omega \cdot 2$, 然后这个序列就这样继续下去:

$$\omega \cdot 2, \omega \cdot 2 + 1, \omega \cdot 2 + 2, \cdots, \omega \cdot n, \cdots, \omega \cdot n + m, \cdots.$$

　　以上的讨论说明, 产生新的序数有两条规则: 加 1 和求极限. 所谓 "求极限" 就
是指 "在紧接着迄今已经得到的所有序数的位置上指定一个新序数". 例如, 在所有
形如 $\omega \cdot n + m$ 的序数后面出来下一个极限序数, 我们把它写作 $\omega \cdot \omega$ 或 $\omega^2$, 然后得
到

$$\omega^2, \omega^2 + 1, \cdots, \omega^2 + \omega, \cdots, \omega^2 + \omega \cdot n, \cdots, \omega^2 \cdot n, \cdots.$$

最终得到 $\omega^3$, 而这个序列还会像下面那样继续下去:

$$\omega^3, \omega^3 + 1, \cdots, \omega^3 + \omega, \cdots, \omega^3 + \omega^2, \cdots, \omega^3 \cdot n, \cdots.$$

再下一个极限序数是 $\omega^4$, 如此以往, 在所有的 $\omega^n$ 以后的第一个极限序数是 $\omega^\omega$. 在 $\omega^\omega, \omega^{\omega^\omega}, \omega^{\omega^{\omega^\omega}}, \cdots$ 以后, 又出来了另一个极限序数, 记为 $\varepsilon_0$. 序列还会再走下去.

在集合理论中, 我们总想把每一个数学对象都看成集合. 对于序数, 这一点可以特别简单地做到: 用空集合来表示 0, 则序数 $\alpha$ 等同于它的所有前置元的集合. 例如, 自然数 $n$ 就和集合 $\{0, 1, \cdots, n-1\}$(这个集合的势就是 $n$) 等同起来, 而序数 $\omega + 3$ 就等同于集合 $\{0, 1, 2, 3, \cdots, \omega, \omega+1, \omega+2\}$. 如果我们这样思考序数, 则序数集合的排序就变成了集合的元素的属于关系: 如果在序数序列中, $\alpha$ 的位置在 $\beta$ 之前, 则 $\alpha$ 是 $\beta$ 的前置元之一, 所以也就是作为一个集合的 $\beta$ 的一个元素. 这样的排序有一个至关重要的性质, 就是每一个序数, 作为一个集合, 一定是一个**良序集合**(well-ordered set), 所谓良序集合就是其每一个非空子集合都有最小元的有序集合.

我们前面说过, 基数是用来表示集合的大小的, 而序数则表示一个有序的集合中的次序. 在无穷的数的情况下基数和序数的区别比在有限数的情况下更加清晰可见, 因为对于无穷的数, 有可能两个不同的序数有同样的大小. 例如, 图 1 就表示虽然序数 $\omega$ 和 $\omega+1$ 是不同的, 但是它们相应的集合 $\{0, 1, 2, \cdots\}$ 和 $\{0, 1, 2, \cdots, \omega\}$ 的大小相同. 事实上, 所有可以按上面讲的那些例子那样, 用无穷序数来计数的集合都是可数的. 那么, 两个不同的序数是在什么意义下不同呢? 要点在于虽然两个集合如 $\{0, 1, 2, \cdots\}$ 和 $\{0, 1, 2, \cdots, \omega\}$ 有相同的势, 却不是**序同构的**, 就是说, 不能找到一个从一个集合到另一个集合的双射 $\phi$, 使得只要 $x < y$, 必有 $\phi(x) < \phi(y)$. 就是说它们 "作为集合" 是相同的, 但 "作为有序集合" 是不同的.

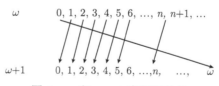

图 1　$\omega$ 和 $\omega+1$ 有相同的势

非形式地说, 基数就是集合的可能的大小. 基数的一个方便的形式定义是: 它是大于其所有的前置元的序数. 这种序数的两个重要例子之一是 $\omega$, 即第一个无穷序数, 另一个是所有可数序数的集合, 而康托记之为 $\omega_1$. 第二个例子是第一个不可数序数: 它是不可数的, 因为它不可能包含它自己作为一个元, 而按定义, 如果它是可数的, 就应该是自己的元; 它又是第一个这样的序数, 因为它的元素都是可数的 (如果这听起来是一个悖论, 那就请考虑 $\omega$: 它是无穷的, 但它的元素都是有限的). 所以它也是一个基数, 如果考虑它的这个侧面而不考虑它的次序结构, 则我们又按照康托的说法, 称它为 $\aleph_1$(aleph(阿列夫). $\aleph$ 是希伯来字母的第一个). 同样, 如果把 $\omega$ 看作一个基数, 就称它为 $\aleph_0$.

定义 $\aleph_1$ 的过程可以反复应用. 所有势为 $\aleph_1$ 的序数 (换一个等价的说法, 就是所有可以与第一个不可数序数 $\omega_1$ 一一对应的序数的集合) 就是其势大于 $\aleph_1$ 的最小序数. 它作为一个序数, 称为 $\omega_2$, 而作为一个基数, 则称为 $\aleph_2$. 我们可以继续下去, 生成一系列基数越来越大的序数 $\omega_1, \omega_2, \omega_3, \cdots$. 进一步应用极限, 还可以把这个序列超穷地继续下去. 例如, $\omega_\omega$ 就是所有序数 $\omega_n$ 的极限. 在这样做的时候, 我们也生成了无穷, 亦即超穷基数的序列

$$\aleph_0, \aleph_1, \cdots, \aleph_\omega, \aleph_{\omega+1}, \cdots, \aleph_{\omega\omega}, \cdots, \aleph_{\omega_1}, \cdots, \aleph_{\omega_2}, \cdots, \aleph_{\omega_\omega}, \cdots.$$

给定了两个自然数, 就可以计算它们的和与积. 定义这两个二元运算有一个方便的集合论的办法如下: 给定两个自然数 $m$ 和 $n$, 取两个任意的互相分离的大小分别为 $m$ 和 $n$ 的集合 $A$ 和 $B$, 其并 $A \cup B$ 的大小就是 $m+n$, 积 $mn$ 则是集合 $A \times B$ 的大小. 集合 $A \times B$ 称为 $A$ 和 $B$ 的**笛卡儿乘积**, 就是有序对 $(a, b)$ 的集合, 这里 $a \in A$, $b \in B$(在定义这个笛卡儿乘积时, 不需要 $A$ 和 $B$ 互相分离).

这些定义的关键之点在于它们同样可以应用于无限的基数, 只要把上面定义中的自然数 $m$ 和 $n$ 换成两个无限基数 $\kappa$ 和 $\lambda$ 就行了. 这样得到的超穷基数算术是很简单的. 然而可以证明, 对于所有的超穷基数 $\aleph_\alpha$ 和 $\aleph_\beta$, 有

$$\aleph_\alpha + \aleph_\beta = \aleph_\alpha \aleph_\beta = \max\left(\aleph_\alpha, \aleph_\beta\right) = \aleph_{\max(\alpha, \beta)}.$$

也可以定义基数的指数, 然而这时情况完全改变了. 如果 $\kappa$ 和 $\lambda$ 是两个基数, 则 $\kappa^\lambda$ 定义如下: 取任意的势为 $\kappa$ 的集合的 $\lambda$ 个复本, 并且定义这些复本的笛卡儿乘积, 这个笛卡儿乘积的势就是 $\kappa^\lambda$. 等价地, 它也是由一个势为 $\lambda$ 的集合到一个势为 $\kappa$ 的集合中的所有函数的集合的势. 对于有限数 $\kappa$ 和 $\lambda$, 这是很简单的, 它就是通常的定义, 例如, 从一个大小为 3 的集合到一个大小为 4 的集合的函数一共有 $4^3$ 个. 如果取最简单的超穷的例子 $2^{\aleph_0}$, 情况又会如何呢? 这个问题不仅极难, 而且在一定意义下它是不可解决的, 因为与所谓**连续统假设**有关. 这一点在下一段里将会看到.

最明显的基数为 $2^{\aleph_0}$ 的集合就是由 $\mathbf{N}$ 到集合 $\{0, 1\}$ 的函数的集合. 如果 $f$ 是这样的一个函数, 则 $f(n)$ 是 0 或者 1, 所以我们可以认为这个函数给出了数

$$x = \sum_{n \in \mathbf{N}} f(n) \, 2^{-(n+1)}$$

的二进表示, 而且 $x$ 属于闭区间 $[0, 1]$. 反过来, 每一个属于闭区间 $[0, 1]$ 的数也都可以这样表示 (这里的和式中用了幂 $2^{-(n+1)}$ 而不是 $2^{-n}$, 是因为我们应用了集合论中的标准规定, 即第一个自然数是 0 而不是 1). 因为 $[0, 1]$ 中的每一个数最多有两个不同的二进表示 (这是由于有无尽循环小数的原因), 所以 $2^{\aleph_0}$ 也是区间 $[0, 1]$ 的基数, 因此也是 $\mathbf{R}$ 的基数. 这样, $2^{\aleph_0}$ 是不可数的, 就是说, 它大于或等于 $\aleph_1$. 康

托猜想, 它就是 $\aleph_1$. 这就是著名的**连续统假设**, 这件事我们将在下面的节 5 中详细讨论.

超穷序数会自然地出现, 这一点并不是显然的, 但是确实在许多数学问题的背景中是这样的. 康托本人想出他的超穷序数和基数理论, 是企图对于闭集合证明连续统假设的产物, 而这个企图最终是成功的. 他定义一个实数集合 $X$ 的**导出集合**(derived set, 或称**导集合**)①为抛弃 $X$ 的所有 "孤立点" 后得出的集合. 说 $x$ 是 $X$ 的孤立点, 就是说可以找到包含 $x$ 的一个小邻域, 使其中除 $x$ 以外再没有 $X$ 的其他点. 例如, 取 $X$ 为集合 $\{0\} \cup \left\{ 1, \dfrac{1}{2}, \dfrac{1}{3}, \cdots \right\}$, 则所有的点除 0 以外都是孤立点, 因此, 这时 $X$ 的导出集合就是 $\{0\}$.

一般地说, 给定了闭集合 $X$, 就可以反复地取它的导出集合. 如果记 $X^0 = X$, 就可以得出一个序列 $X^0 \supseteq X^1 \supseteq X^2 \supseteq \cdots$, 其中 $X^{n+1}$ 是 $X^n$ 的导集合. 但是这个序列并不停止于此: 可以取所有 $X^n$ 之交, 并称它为 $X^\omega$, 然后就可以定义 $X^{\omega+1}$ 为其导集合, 并仿此以往. 这里就自然地出现了超限序数: 这里有两个运算, 即取导集合和取迄今所得集合的交集合, 它相当于在序数序列中取后继元和求极限. 康托一开始是把如 $\omega+1$ 那样的上标当作 "标签", 表示取导集合的超穷的阶段. 这些标签后来就成了序数.

康托证明了对于所有的闭集合, 一定存在一个可数的序数 $\alpha$(可能是有限数), 使得 $X^\alpha = X^{\alpha+1}$. 容易证明, 导集合的序列中的每一个 $X^\beta$ 都是闭集合, 而且包含原来集合的所有点, 而最多有可数个点除外, 所以 $X^\alpha$ 是一个没有孤立点的闭集合. 这样的集合称为**完全集合**(perfect set). 证明它们或者是空集合或者有基数 $2^{\aleph_0}$ 不算太难. 所以 $X$ 或者是可数的或者有基数 $2^{\aleph_0}$.

康托发现的超穷序数和超穷基数与连续统的构造之间的紧密联系不能不在整个数学后来的发展上留下印记.

### 3. 所有集合的宇宙

到现在为止我们都把每一个集合都有基数视为当然, 换句话说, 就是假设了对于每一个集合 $X$ 都有唯一的基数可以与 $X$ 一一对应. 如果 $\kappa$ 是这样的一个基数, 而 $f : X \to \kappa$ 是一个双射 (回忆一下, 视任意的基数 $\kappa$ 都等同于其所有前置元的集合), 就可以在 $X$ 上定义一个次序如下: 对于 $X$ 中的元素 $x$ 和 $y$, 定义 $x < y$ 当且仅当 $f(x) < f(y)$. 因为 $\kappa$ 是一个良序集合, 使得 $X$ 也就成了一个良序集合. 但是, 一个集合可以良序化远非显然的事情, 甚至对于 $\mathbb{R}$ 也不显然 (如果不信, 请自己试一试).

---

① 原文作 derivative of a set $X$, 现在的文献中则说是 derived set of a set $X$, 就是 $X$ 的极限点的集合. 康托得出集合论在很大程度上是来自他对实数集合的极限点的研究. 原书下文讲的就是这个过程.——中译本注

这样, 要想充分利用超穷基数和超穷序数的理论, 并且解决一些基本问题, 例如去计算 **R** 的基数在阿列夫等级结构中究竟处于什么位置, 就必须求助于 **良序原理**(well-ordering principle), 这个原理断言每一个集合都可以良序化. 没有这样一个原理, 甚至这个问题的意义都没法说明. 良序原理是由康托提出的, 但是他自己无法证明. 希尔伯特[VI.63] 在 1900 年巴黎举行的第二届国际数学家大会上列出了著名的 23 个未解决的问题中, **R** 的良序化就是第一个问题的一部分. 四年后策墨罗 (Ernst Friedrich Ferdinand Zermelo, 1871–1953, 德国数学家) 给出了一个证明, 但是因为其中用到了选择公理[III.1](AC) 而招致了许多批评, 其实人们多年来一直不自觉地暗中在使用选择公理, 只不过因为策墨罗的结果, AC 现在被暴露在光天化日之下, 并引起人们关注了. AC 指出: **设 $X$ 为一些两两分离的非空集合之集合, 则必存在一个集合、其中包含了每一个作为 $X$ 的元素的集合的恰好一个元素.** 策墨罗在 1908 年发表的第二个详细得多的证明中讲清楚了他的证明中所用到的一些原理, 即公理, 其中就包含了 AC.

同年, 策墨罗发表了集合论的第一个公理化, 其主要动机就是既要继续发展集合理论, 而又要避免因为不慎使用了关于集合的直觉的概念而陷入逻辑陷阱及悖论中, (见条目数学基础中的危机[II.7]). 举一个例子, 说一个性质决定一个集合, 就是具有这个性质的元素组成的集合, 这在直觉上是很清楚的, 但是考虑 "**是一个序数**" 这条性质, 如果这个性质能决定一个集合, 那就是所有序数组成的集合. 但是, 稍想一想就会明白这个集合是不会存在的, 因为如果它存在, 它就是一个良序集合, 因此对应于一个大于所有序数的序数, 而这是荒唐的. 类似于此, "**是一个不以自己为元素的集合**" 这条性质、也不能决定一个集合, 否则, 就会陷入罗素的悖论, 如果 $A$ 是一个不以自己为自己的元素的集合, 那么 $A$ 是 $A$ 的元素、当且仅当 $A$ 不是 $A$ 的元素, 这当然是荒唐的. 这样, 并非每一个对象的总合都可以看成一个集合, 哪怕它是由一个性质决定的. 策墨罗在 1908 年提出的集合的公理化, 是第一个企图把我们关于集合的直觉的概念凝聚在少数几个原理之中的尝试. 后来这个公理化又得到斯柯伦[VI.81]、Fraenkel (Abraham Halevi (Adolf) Fraenkel, 1891–1965, 以色列数学家) 和冯·诺依曼[VI.91] 的改进, 成了我们现在所知道的 Zermelo-Fraenkel **的同时附带有选择公理的集合论**, 简称 ZFC.

在 ZFC 的公理后面的深层的基本思想是存在一个我们想要了解的 "所有集合的宇宙", 这些公理给了我们从其他集合构造出集合来的工具. 在通常的数学实践中, 不但需要取整数集合、实数集合、函数集合等等, 还需要取集合的集合 (例如在拓扑空间[III.90] 中就有开集合的集合)、集合的集合的集合 (例如开覆盖的集合 (每一个开覆盖是由若干开集合构成的, 所以是集合的集合. 所以开覆盖的集合就是一个 "集合的集合的集合"), 如此等等. 所以, 所有集合的宇宙不仅含有对象的集合, 还应该有对象的集合的集合, 等等. 事实证明, 完全摒弃 "对象" 而只考虑以集合为元素的集合, 从而前一个集合又是集合的集合, 等等, 这样反而方便得多. 我们把这些集合称为 "纯粹集合". 限于纯粹集合在技术上比较有利, 利于给出一个更漂亮的理论. 此外, 还可能利用纯粹集合来作出传统的数学概念, 如实数, 因此限于纯粹集合不会损害数学的能力. 纯粹集合是从 "无" 中生成的, "无" 就是空集合, 从它开始, 反复使用 "什么什么的集合" 这样的运算就行了. 一个简单的例子是 $\{\varnothing, \{\varnothing, \{\varnothing\}\}\}$, 为了构成它, 从 $\varnothing$ 开始、先构成 $\{\varnothing\}$, 再和 $\varnothing$ 一起做出 $\{\varnothing, \{\varnothing\}\}$, 然后再添上 $\varnothing$, 就会得到 $\{\varnothing, \{\varnothing, \{\varnothing\}\}\}$. 这样, 在每一阶段都会构造出所有这样的集合, 其元素是以前各个阶段已经得到的集合. 在这里我们又可以超穷地继续下去: 在求极限这一步就是取并集, 即把以前已经得到的集合合成一个集合, 然后再继续下去. 所有纯粹集合的宇宙, 我们用一个字母 $V$ 来表示, 画成一个 $V$ 字形的图, 其中还画一条铅直的直线来表示序数 (见图 2), 这样构成一个累积的良序的等级结构, 而以序数为指标, 从空集合开始. 即令

$$V_0 = \varnothing,$$

$V_{\alpha+1} = \mathcal{P}(V_\alpha)$, 即 $V_\alpha$ 的所有子集合的集合, 而当 $\lambda$ 是一个极限序数时, 则令 $V_\lambda = \bigcup_{\beta<\lambda} V_\beta$, 即所有适合 $\beta < \lambda$ 的 $V_\beta$ 之并.

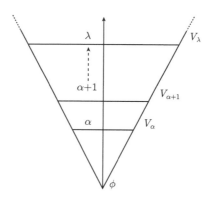

图 2　所有纯粹集合的宇宙 $V$

于是, 所有集合的宇宙就是所有 $V_\alpha$ 对于序数 $\alpha$ 的并. 确切地说就是

$$V = \bigcup_\alpha V_\alpha.$$

这个 $V$ 称为集合的**冯·诺依曼宇宙**. 本文中凡是用到 $V$ 这个记号都是指的冯·诺依曼宇宙.

### 3.1 ZFC 的公理

如果非形式地叙述, ZFC 的公理有以下几条:

(i) **外延性**. 如果两个集合有相同的元素, 它们就是相等的.

(ii) **幂集合**. 对于任意集合 $x$, 都存在一个集合 $\mathcal{P}(x)$, 其元素是 $x$ 的所有的子集合.

(iii) **无穷集合**. 存在一个无穷集合.

(iv) **代换**. 如果 $x$ 是一个集合, 而 $\varphi$ 是一个限制于 $x$ 上的**函数类** [①], 则存在一个集合 $y = \{\phi(u) : u \in x\}$.

(v) **并集合**. 对于每一个集合 $x$, 存在一个集合 $\cup x$, 其元素是 $x$ 的各个元素的元素.

(vi) **正规性**. 每一个集合 $x$ 都属于某一个 $V_\alpha$, $\alpha$ 是一个序数.

(vii) **选择公理**(AC). 对于由互相分离的非空集合所构成的集合 $X$, 一定存在一个集合, 由构成 $X$ 的各个集合的恰好一个元素组成.

通常在上面的表中还要加上一个**配对公理**(pairing axiom). 它指出, 对于任意两个集合 $A$ 和 $B$, 都存在集合 $\{A, B\}$. 就是说, 存在一个集合仅以 $A$ 和 $B$ 为元素的集合. 特别是当 $A$ 和 $B$ 相等时, 就存在集合 $\{A\}$, (这个记号就是 $\{A, A\}$ 的缩写). 把并集合公理应用于这个对子 $\{A, B\}$ 上就得到 $A$ 和 $B$ 的并集合 $A \cup B$. 但是, 配对公理可以从其他公理导出. 在策墨罗原来的公理的单子里, 还有一个重要的公理, 即**分离公理**(separation axiom), 既自然又有用. 它说, 对于每一个集合 $A$ 和一个**可定义性质** $P$, $A$ 中的具有性质 $P$ 的元素也构成一个集合. 但是这个公理可以从代换公理得出, 所以没有必要列入这个单子. 利用分离公理, 可以证明空集合 $\varnothing$ 存在以及对于任意两个集合 $A$ 和 $B$, 交集合 $A \cap B$ 以及差集合 $A - B$ 也存在. 还有正规性公理也称为**基础公理**, 而其通常的提法是: 每一个非空的集合 $X$ 都有一个 "$\in$ 极小元素" 存在, 就是有一个集合存在, 而 $X$ 的任意元素都不属于此集合. 如果保留了其他的公理, 可以证明正规性公理的这两种表述方式是等价的. 我们采用 $V_\alpha$ 的表述方式是为了强调下面的事实, 即它是以所有集合的宇宙的构造为基础的一个自然的公理. 但是, 重要的是要注意到, "$V_\alpha$ 的累积的良序的等级结构" 一语并不需要出现在 ZFC 公理的表述中.

ZFC 的公理过着一种 "双重生活". 一方面, 它们告诉我们能够对集合做些什么事. 在这个意义上说, ZFC 和其他代数结构如**群**[ I.3§2.1] 和**域**[ I.3§2.2] 的那些公理是一样的: 虽然在集合的情况下, 这些公理的数目更多一些, 也更复杂一些. 另一方面它们也和在群和域代数结构的情况下的公理一样、这些公理告诉我们怎样从老对象构造出新对象来. 这样, 正如可以研究抽象的群, 即满足群的公理的代数结构一样, 我们也研究满足 ZFC 的公理的数学结构. 它们称为 ZFC 的**模型**. 但是, 由于下面将要解释的理由, ZFC 的模型不是很容易碰上的, 所以人们也对 ZFC 的某

---

[①] 一个函数类可以看作是作为一个定义来给出的, 而不是看作是一个对象, 因为只有集合才能作为对象. 详见 3.2 节.

一部分的模型有兴趣, 就是 ZFC 的部分公理所成的公理系统 $A$ 的模型. ZFC 的某一部分 $A$ 的模型由一个对子 $\langle M, E \rangle$ 构成、这里的 $M$ 是一个非空的集合, 而 $E$ 是 $M$ 上的一个二元关系, 使得若把 $M$ 的元素解释为集合, 而 $E$ 解释为元素的属于关系, 则 $A$ 中的公理均为真. 举例来说, 设 $A$ 中包括并集合公理, 则对 $M$ 的每个元 $x$, 必定存在 $M$ 中的元 $y$, 使得 $zEy$ 当且仅当存在一个 $w$ 使得 $zEw$ 而且 $wEx$(如果把 $E$ 换成 $\in$, 而把 "$M$ 之元" 换成 "集合", 就能恢复并集合公理的通常的陈述).

集合 $(V_\omega, \in)$ 是除去无穷集合公理以外的 ZFC 的一个模型, 而 $(V_{\omega+\omega}, \in)$ 是除去代换公理的 ZFC 的模型. (为了看出为什么代换公理失效, 令 $x$ 为集合 $\omega$, 并在 $x$ 上定义一个函数 $\phi$ 使得 $\phi(n)$ 把 $n$ 映为 $\omega+n$. $\phi$ 的域属于 $V_{\omega+\omega+1}$ 但不属于 $V_{\omega+\omega}$, 因为序数 $\omega+\omega$ 不属于任意集合 $V_{\omega+n}$, 而 $V_{\omega+\omega}$ 则是集合 $V_{\omega+n}$ 的并集合). 对于这两个模型都取 $E$ 为 $\in$, 但是也可以在一个集合 $M$ 上看一个完全不同的关系 $E$, 然后看它是否满足 ZFC 中的某些公理. 例如看 $\langle \mathbf{N}, E \rangle$, 这里的 $E$ 定义为: $mEn$ 当且仅当 $n$ 的二进展开式的第 $m$ 个数字 (从右向左数) 为 1. 希望读者自己来验证一下, 它是除去无穷集合公理的 ZFC 的模型.

但是另一方面, 还可以看一下 ZFC 和群、域等等的公理的区别, 这就是要看到它告诉我们怎样建立起 $V_\alpha$ 那样的等级结构. 公理 (i) 即外延性公理指出, 一个集合是由它的元素所完全决定的. 公理 (ii)—(v) 是为了构造 $V$ 而专门定制的. 幂集公理是为了从 $V_\alpha$ 过渡到 $V_{\alpha+1}$. 无穷集合公理允许这个构造过程进入到超穷. 事实上, 在承认 ZFC 的其他公理为背景的条件下, 它等价于 $\omega$ 存在. 代换公理是用来在求极限的一步 $\lambda$ 下继续 $V$ 的构造的. 为了看到这一点, 我们来看由以下条件定义的函数 $F$. 我们说 $F$: $F(x) = y$, 当且仅当 $x$ 为序数而且 $y = V_x$. $F$ 限制于 $\lambda$ 以后、其值域由适合 $\beta < \lambda$ 的 $V_\beta$ 构成. 由代换公理, 这些集合构成一个集合. 再把并集合公理应用于此集合, 就得到 $V_\lambda$. 最后, 正规性公理指出, 所有的集合都是这样得出的, 这就是说, 所有集合的宇宙 $V$ 就是这样得出来的. 这里排除了一些病态的诸如那些属于自己的集合. 这里的要点在于: 对于每一个集合 $X$, 必有第一个 $\alpha$ 使得 $X \in V_{\alpha+1}$. 这个 $\alpha$ 称为 $X$ 的秩, 它指明了在累积的等级结构中 $X$ 是在哪一步形成的. 这说明 $X$ 不可能是它自己的元素, 因为 $X$ 的所有元素的秩都严格地小于 $X$ 的秩. 在以 ZFC 的其他公理为上下文时, 选择公理等价于良序原理.

### 3.2　公式和模型

ZFC 可以用集合的一阶逻辑的语言来形式化. 一阶逻辑的符号有变量如 $x, y, z, \cdots$, 有量词 "$\forall$"(表示 "所有的") 和 "$\exists$"(表示 "存在"), 还有逻辑连词 "$\neg$"(非)、"$\wedge$"(与)、"$\vee$"(或)、"$\rightarrow$"(如果 $\cdots$ 则)、以及 "$\leftrightarrow$"(当且仅当), 还有等号 "$=$" 和括弧. 为了使它们成为关于集合的一阶逻辑, 还要加上一个符号 "$\in$" 表示 (是 $\cdots$ 的元素), 而量词则作用于集合之上. 下面就是由这种语言来表示的外延性公理:

$$\forall x \forall y \, (\forall z \, (z \in x \leftrightarrow z \in y) \rightarrow x = y).$$

这个公式说的是对于每一个集合 $x$ 和每一个集合 $y$, 如果每一个集合 $z$ 当且仅当它属于 $y$ 时才属于 $x$(即 $x$ 与 $y$ 有相同的元素时), 则 $x = y$. 这就是我们的语言中的**公式**的一个例子. 公式可以归纳地定义如下: 先是有两个**原子公式** $x = y$ 和 $x \in y$, 然后可以用量词和逻辑连词从这两个原子公式构造出比较复杂的公式, 其规则如下: 如果 $\phi$ 和 $\psi$ 都是公式, 则 $\neg \varphi$, $(\varphi \wedge \psi)$, $(\varphi \vee \psi)$, $(\varphi \rightarrow \psi)$, $(\varphi \leftrightarrow \psi)$, $\forall x \varphi$, 以及 $\exists x \varphi$ 都是公式. 这样, 公式就是日常的英语 (或任何其他的自然语言) 句子形式的相当物, 它们只讲关于集合和属于关系的事情. (请参看条目**逻辑和模型理论**[IV.23§1] 其中对形式语言作了另一个讨论.).

反过来, 形式语言的任何公式都可以用自然语言 (如英语) 的关于集合的句子来解释, 所以, 经过解释的句子是否为真这个问题就是有意义的. 所谓 "真" 通常是指 "在所有集合的宇宙 $V$ 中为真". 但是, 问一个公式在形如 $\langle M, E \rangle$(其中 $E$ 是 $M$ 上的一个二元关系) 的结构上是否为真也是有意义的. 例如, 公式 $\forall x \exists y \, x \in y$ 在 ZFC 的所有模型 $\langle M, E \rangle$ 中都是真的, 但是公式 $\exists x \forall y \, y \in x$ 则由于正规性公理是假的. 任意可以由 ZFC 导出的公式在 ZFC 的所有模型中都是真的.

在定义了什么是公式以后, 我们就能使许多命题变精确了. 而在没有定义什么是公式以前, 这些命题是不精确的, 例如代换公理中用到**函数类**的概念. 要弄清楚这个概念的严格意义, 我们用一阶语言来陈述它. 例如, 把每一个集合 $a$ 映为单元集 $\{a\}$ 的运算是可定义的, 而这一点依赖于命题 $y = \{x\}$ 可以用公式 $\forall z \, (z \in y \leftrightarrow z = x)$ 来表示. 这不是一个函数, 因为它是定义于所有函数上的, 而所有函数的宇宙并不是一个集合. 正是因此, 我们才采用了一个不同的词 "函数类". 此外, 在关于函数类的定义里还容许出现参数, 例如下面的函数类: 固定一个集合 $b$, 把每一个集合 $a$ 映为 $a \cap b$ 这样的运算就用下面的公式定义为 $\forall z \, (z \in y \leftrightarrow z \in x \wedge z \in b)$, 而这个公式依赖于集合 $b$, 称 $b$ 为一个参数, 并且说这个函数类是**参数可定义**的. 一般地说, 函数类就是定义在用公式给出的集合上的函数. 但是函数本身并不作为一个集合而存在, 因为它的域可以含有所有的集合或所有的序数等等. 因为代换公理是关于所有函数类的命题, 所以它其实并不是一个单个的公理, 而说是一个 "公理模式"(axiom scheme), 就是对每一个函数类有一个公理.

ZFC 可以在一阶逻辑中形式化这个事实有一个重要的推论, 就是它要服从于 Löwenheim (Leopold Löwenheim, 1878–1957, 德国数学家) 和斯柯伦[VI.81] 的一个定理. Löwenheim-Skolem 定理是关于一阶形式语言的一个一般的结果. 在 ZFC 这个特殊情况下, 它指出, 如果 ZFC 有一个模型, 则它有一个可数模型. 准确一点说, 给定 ZFC 的一个模型 $M = \langle M, E \rangle$, 则 ZFC 一定有一个模型 $N$ 包含在 $M$ 内, $N$ 是可数的而且满足 $M$ 中恰好同样的句子. 初一看, 这像是悖论, 因为如果能够在

ZFC 中证明有不可数集合存在, ZFC 怎么会有可数模型呢? 难道这个定理不会引导到一个矛盾从而蕴含了 ZFC 根本没有模型吗? 情况不尽如此. 假设有一个 ZFC 的可数模型 $N$ 以及其中一个集合 $a$, 如果我们想要证明命题 "$a$ 为可数" 在 $N$ 中为真, 就必须证明在 $N$ 内有一个从 $\omega$ 到 $a$ 的满射, 但是这个满射可能只在 $V$ 中或在某一个大于 $N$ 的模型 $M$ 中存在, 而在 $N$ 中并不存在, 因为在 $V$ 和 $M$ 中有更多的集合, 所以有比在 $N$ 中更多的函数. 在这种情况下, $a$ 从 $N$ 的观点看来是不可数的, 但是从 $M$ 或 $V$ 的观点看来却是可数的.

某些集合论的概念, 如可数性或具有某个势, 对于 ZFC 的不同的模型是相对的, 这远非只是出了问题, 而是一个重要的现象, 初看起来是使人为难的, 但在用于相容性的证明中会有很大的好处 (详见下面的第 5 节).

不难看到, ZFC 的所有的公理在 $V$ 中都是真的, 这并不使人惊奇, 因为设计出一个 $V$ 就是为了这件事. 但是在有些小一点的宇宙里, ZFC 的公理可以想象地仍然成立. 就是说, 有真包含于 $V$ 的某一个类 $M$, 甚至是某个集合 $M$, 而由 Löwenheim-Skolem 定理, 甚至还有某个可数的 $M$, 仍然是 ZFC 的一个模型. 我们将会看到, ZFC 的模型的存在在 ZFC 中是不能证明的, 而我们可以相容地假设它们存在 —— 当然要假设 ZFC 是相容的 —— 这件事对于集合理论是最为重要的.

## 4. 集合理论和数学基础

我们已经看到, 可以用 ZFC 来发展超穷数的理论. 然而后来还证明了所有的标准的数学对象都可以看成是集合, 而所有的经典的数学定理都可以用通常的逻辑规则从 ZFC 证明出来. 例如, 实数可以定义为有理数的某些集合, 有理数则可以定义为有序的整数对的等价类[ I.2§2.3]. 有序整数对 $(m,n)$ 则可以定义为集合 $\{m,\{m,n\}\}$, 整数可以定义为有序的正整数对的等价类, 正整数可以想成有限序数, 而我们已经看见序数是可以定义为集合的集合, 这样追溯起来, 就得到一个实数可以看成是有限序数的集合的集合的集合的集合 (一共五层). 类似于此, 所有通常的数学对象, 诸如代数结构、向量空间、拓扑空间、光滑流形、动力系统等等, 都可以证明存在于 ZFC 中. 关于这些对象的定理及其证明也都可以用 ZFC 的形式语言来表述. 当然, 用形式语言来写出一个完全的证明是极为费力的, 而结果必然是非常冗长而且基本上无法理解. 然而, 懂得在原则上可以这样做是很重要的. 正是整个标准的数学都可以在 ZFC 的公理系统中陈述和发展这个事实, 使**元数学**(metamathematics) 成为可能. 所谓元数学就是对数学自身进行严格的数学研究, 例如, 它使我们能够思考是否每一个数学命题都有证明, 一旦 "数学命题" 和 "证明" 都有了严格的定义, 是否有证明存在就变成了一个有确定答案的数学问题.

### 4.1 可判定命题

在数学中, 一个数学命题 $\varphi$ 为真、是由从基本的原理或公理开始的证明来确定的. 类似地, $\varphi$ 为不真则是由 $\neg\varphi$ 的证明来确定的. 相信或者 $\varphi$ 或者 $\neg\varphi$ 是有证明的, 这个结论是很诱人的, 但是, 哥德尔[VI.92] 在 1931 年证明了他的著名的不完全性定理[V.15] 说明了情况并不如此. 第一不完全性定理说, 在每一个公理的形式系统中, 只要这个公理系统是相容的, 而且足够丰富可以在其中发展基本的算术, 则一定存在不可判定命题. 就是说, 这个命题本身及其否定, 都不能在此系统中得到证明. 特别地, 假设 ZFC 是相容的, 则用集合理论的形式语言来表述的命题中、必有既不能用 ZFC 的公理来证明又不能用 ZFC 的公理来否证的命题.

但是, ZFC 的公理系统是否相容的呢? 断言 ZFC 为相容这个命题通常记为 CON(ZFC). 这个命题在集合理论的语言中的翻译就是

$$0 = 1 \text{ 在 ZFC 中不可证明}$$

这个命题所断言的就是: 把 $0 = 1$ 看成一个符号串而不去考虑这些符号有什么 "意义", 则它绝不可能是任何一个 ZFC 形式证明的最后一步. 我们可以把一个形式证明编码为具有某些算术性质的自然数的有限序列, 因此就可以把上述的命题看成一个算术命题. 哥德尔的第二不完全性定理则说, 在任意的相容的公理形式系统中, 只要这个系统足够丰富到能够在其中发展基本的算术, 那么断言这个系统为相容这个算术命题在此系统中不能证明. 这样, 如果 ZFC 是相容的, 那么它的相容性在 ZFC 中既不能证明也不能否证.

当前, ZFC 被普遍接受为在其中发展数学的标准的形式系统. 这样, 一个数学命题, 如果它在集合理论中的翻译可以在 ZFC 中得证, 那么这个命题为真就得到了可靠的证明. 关于不可判定问题又当如何呢? 因为 ZFC 包括了所有标准的数学方法, 一个给定的数学命题 $\varphi$ 在 ZFC 中不可判定就表示 $\varphi$ 为真或不真不能用通常的数学实践来确定. 要是所有的不可判定命题都像 CON(ZFC) 那样与人们感兴趣的数学问题没有直接的关系, 我们就大可不必为它烦恼. 但是, 不管是好是坏, 情况并不如此. 我们将要看到, 有许多数学上有意义的命题是在 ZFC 中不可判定的.

要想证明一个数学命题有证明, 一个显然的办法就是把证明给出来就完事. 但是怎么可能从数学上证明给定的数学命题在 ZFC 中不可判定呢? 这个问题有一个简短的但是意义深远的回答. 如果我们能够找到 ZFC 的一个模型 $M$ 使 $\varphi$ 在其中不真, 那就不能在 ZFC 中找到 $\varphi$ 的证明 (因为如果找到了这个证明, 就会表明 $\varphi$ 在 $M$ 中为真). 所以, 如果能找到 ZFC 的模型 $M$ 和 $N$ 使 $\varphi$ 在 $M$ 中为真而在 $N$ 中不真, 就能确定 $\varphi$ 在 ZFC 中是不可判定的.

不幸的是这需要 ZFC 是相容的, 而哥德尔第二不完全性定理有一个推论, 就是不可能在 ZFC 中证明 ZFC 有模型存在. 这是因为哥德尔还有一个定理, 称为关

于**一阶逻辑的完全性定理**, 断言 ZFC 当且仅当有一个模型时才是相容的. 然而, 我们可以把 $\phi$ 的不可判定性的证明分成两个**相对相容性**(relative consistency) 的证明. 第一个是证明如果 ZFC 是相容的, 则 ZFC 加上 $\varphi$ 也是相容的; 第二个是证明如果 ZFC 是相容的, 则 ZFC 加上 $\neg\varphi$ 也是相容的. 就是说, 假设 ZFC 有个模型 $M$, 然后证明了 ZFC 有两个模型, 使得 $\varphi$ 在一个模型中为真而在另一个模型中不真. 于是可以断定, 或者 $\varphi$ 及其否定都在 ZFC 中不可证明, 或者 ZFC 是不相容的, 而在不相容的系统中一切都是可证明的.

　　20 世纪的数学的最惊人的结果之一就是证明了连续统假设在 ZFC 中是不可判定的.

## 5. 连续统假设

　　康托的连续统假设 (简记为 CH) 最早是他在 1878 年提出的. 这个假设说每一个无穷的实数集合或者是可数的或者和 $\mathbf{R}$ 有相同的势. 在 ZFC 中因为 AC 蕴含着以下事实: 每一个集合 (其中自然也包括实数的无穷集合) 都可以与一个基数建立一一的满射对应, 我们很容易看到, CH 就等价于断定 $\mathbf{R}$ 的势为 $\aleph_1$, 或者等价地说就是 $2^{\aleph_0} = \aleph_1$. 我们在 2 节之末介绍 CH 时就是这样来陈述它的.

　　解决 CH 是希尔伯特著名的 23 个未解决问题中的第一个问题, 一直是集合论发展的主要驱动力. 尽管康托本人和 20 世纪前三分之一中许多领头的数学家做了极大的努力, 一直没有得到重要的进展, 直到问题提出后的 60 年, 哥德尔才证明了它与 ZFC 是相容的.

### 5.1　可构造宇宙

　　1938 年, 哥德尔找到一个办法, 从 ZFC 的一个模型 $M$ 开始构造出 ZFC 的另一个包含在 $M$ 中的模型, 使得 CH 在其中成立, 从而证明了 CH 与 ZFC 的相对相容性. 哥德尔的模型以**可构造宇宙见称**(constructible universe, 也称为哥德尔宇宙), 并且记作 $L$. 这个记号在本文中专门指哥德尔宇宙. 因为 $M$ 是 ZFC 的模型, 所以可以把 $M$ 看成所有集合的宇宙. 在 $M$ 内构造 $V$ 的方式正像我们构造冯·诺依曼宇宙 $V$ 那样, 但是有一个重要的区别. 当从 $V_\alpha$ 进到 $V_{\alpha+1}$ 时, 取 $V_\alpha$ 的所有子集合; 而从 $L_\alpha$ 进到 $L_{\alpha+1}$ 时, 只取 $L_\alpha$ 的那些在 $L_\alpha$ 中**可定义**的子集合. 就是说, $L_{\alpha+1}$ 是由那些形状为 $\{a : a \in L_\alpha,$ 而且 $\varphi(a)$ 在 $L_\alpha$ 中成立$\}$ 的集合组成的, 这里 $\varphi(x)$ 是集合理论的语言中的一个公式, 而其中允许提到 $L_\alpha$ 的元素. 如果 $\lambda$ 是一个极限序数, 则 $L_\lambda$ 是所有的适合 $\alpha < \lambda$ 的 $L_\alpha$ 之并, 而 $L$ 则是所有 $L_\alpha$ 之并, 这里的 $\alpha$ 是一个序数. 当然, 也可以在 $V$ 内来建造 $L$. 这就是**真实的** $L$, 即可构造集合的宇宙.

　　观察到下面一点是很重要的, 就是建造 $L$ 时并不需要用到 AC, 所以也不需要 AC 在 $M$ 中成立. 但是当 $L$ 已经建造成功以后, 可以验证, AC 和 ZFC 的其他公理一样, 也在 $L$ 中成立. 关于 AC 的验证是基于以下的事实: $L$ 中的每一个元都是在某个阶段 $\alpha$ 定义的, 所以它是由一个公式和某个序数决定的. 因此所有公式的有意义的良序将会自然地给出 $L$ 的一个良序, 也就给出 $L$ 的每一个集合以良序. 这就证明了如果在 $L$ 中 ZF(就是 ZFC 除去 C) 是相容的, 则 ZFC 也是相容的. 换句话说, 如果把 AC 加到 ZF 中, 则不会在系统中引起矛盾. 这就很让人感到安慰, 因为尽管 AC 有许多合意的推论, 它还有一些初看起来很违反直觉的推论, 如巴拿赫–塔尔斯基 (Banach-Tarski)悖论[V.3].

CH 在 $L$ 中成立是由于下面的事实: 在 $L$ 中, 每一个实数都出现在建造过程的某个可数的阶段, 就是出现在某个 $L_\alpha$ 中, 其中 $\alpha$ 在 $L$ 中是可数的. 为了证明这件事, 首先来证明每一个实数 $r$ 属于一个 $L_\beta$, 而这个 $L_\beta$ 满足 ZFC 中有限个公理、这些公理已经足以建立 $L$, 而 $\beta$ 是一个序数但不必是可数的. 然后借助 Löwenheim-Skolem 定理可以证明存在 $L_\beta$ 的一个可数集合 $X$, 既包含 $r$ 又满足 $L_\beta$ 所满足的那些 ZFC 中的公理. 然后证明 $X$ 一定对于某个可数序数 $\alpha$ 同构于 $L_\alpha$, 而这个同构在 $r$ 处是恒等映射. 这样就完成了 $r$ 出现在某个可数阶段的证明. 但是因为只有 $\aleph_1$ 个可数序数, 而对每一个可数序数 $\alpha$, $L_\alpha$ 又是可数的, 所以一共只有 $\aleph_1$ 个实数.

因为对于每一个序数 $\alpha$, $L_\alpha$ 中只包含了严格必要的那些集合, 就是那些显式地在前面的阶段中可定义的集合, 所以 $L$ 是 ZFC 的最小可能的能够包含所有序数的模型, 而 $\mathbf{R}$ 在其中的势也是最小可能的, 即为 $\aleph_1$. 事实上, **广义连续统假设**(generalized continuum hypothesis, GCH) 在 $L$ 中是成立的, 即对于每一个序数 $\alpha$, $2^{\aleph_\alpha}$ 取最小可能值 $\aleph_{\alpha+1}$.

可构造集合的理论在詹森 (Ronald Björn Jensen, 1936–, 美国数学家) 手上得到了非常大的发展. 他证明了一个非常著名的假设: 苏斯林 (Mikhail Yakovlevich Suslin, 1894–1919, 俄罗斯数学家) 假设, 在 $L$ 上是不成立的 (见 10 节), 他还分离出两个重要的组合原理, 即 $\diamondsuit$(钻石) 和 $\square$(方块) 在 $L$ 上成立. 这两个原理不在这里介绍了, 它们使我们能对序数作归纳而构造出不可数的数学结构, 而且不必在极限阶段处中断这个归纳程序. 这是极为有用的, 因为这样我们就不会遇到分析可构造集合的麻烦: 如果能够从 $\diamondsuit$ 或 $\square$ 导出一个命题 $\varphi$, 它就会在 $L$ 中也成立, 因为由詹森的结果, $\diamondsuit$ 和 $\square$ 是在 $L$ 上成立的, 由此可知, $\varphi$ 与 ZFC 是相容的.

可构造性的概念也有一个重要的推广, 称为**内模型理论**(inner model theory). 给定一个集合 $A$, 可以构造出 $A$ 的**可构造包**(constructible closure), 就是包含 $A$ 和所有序数的最小的 ZFC 的模型. 这个模型称为 $L(A)$, 构造的方法和构造 $L$ 完全一样, 只不过不是从空集合开始, 而是从 $A$ 的**传递包**(transitive closure) 开始, 这个传递包包含了 $A$、$A$ 的元素、$A$ 的元素之元素等等. 这个模型是内模型的一个例子, 而所谓内模型就是 ZF 的这样的模型, 它们包含了所有序数和所有元素的元素. 特别值得注意的是 $r$ 的内模型 $L(r)$(其中 $r$ 是一个实数) 以及 $L(\mathbf{R})$, 即实数集合的可构造包. 大基数公理的内模型也很重要, 我们将在节 6 讨论它.

在哥德尔的结果问世以后, 由于在 ZFC 中证明 CH 的企图一再失败, 一个概念就开始成形了, 就是 CH 可能是不可判定的. 要想证明这一点, 就需要找到一个办法来构造出 CH 在其中失败的 ZFC 模型. 这个任务在 25 年以后, 即在 1963 年由科恩 (Paul Joseph Cohen, 1934–2007, 美国数学家) 完成了, 他使用了一个革命性的新技巧, 称为 **力迫**(forcing).

### 5.2 力迫

力迫方法是建立 ZFC 的模型的一种极为灵活、极为有力的工具. 它使我们能够构造出一些模型, 其性质最为多样而又对于那些在这个构造的模型中成立的命题有很大的控制力. 它使得许多命题与 ZFC 的相容性能够得到证明, 而此前是不知道这种相容性的, 而这就导致了许多关于不可判定性的结果.

从 ZFC 的一个模型 $M$ 进到其另一个模型, 即其 **力迫扩张** $M[G]$ 的方法, 使我们联想起代数学中从一个域 $K$ 进到其代数扩张 $K[a]$. 但是力迫方法不论是在概念上还是在技巧上都要复杂得多, 其中涉及到集合论、组合学、拓扑学、逻辑和元数学的侧面.

为了对力迫是怎么回事有一个概念, 我们考虑科恩原来考虑的问题, 就是从 ZFC 的一个模型 $M$ 开始来构造出 ZFC 的另一个模型, 使得 CH 在其中不成立. 关于 $M$ 我们所知道的仅是它是 ZFC 的一个模型, 而就我们所知, CH 在其中可能成立. 事实上, $M$ 可能就是可构造的宇宙 $L$, 说不定, 当我们在 $M$ 内建造 $L$ 时, 得到的就是整个 $M$. 因此, 当拓展 $M$ 时, 需要在其中增加一些新的实数, 以保证在扩大后的 $M[G]$ 中至少有 $\aleph_2$ 个实数. 准确一些说, 需要这个扩张的模型 $M[G]$ 满足这样一句话: "其中至少有 $\aleph_2$ 个实数". 然而, $M[G]$ 中的 "实数" 可能并不是真实宇宙 $V$ 中的实数, 真正关乎紧要的是它们在 $M[G]$ 中要满足一句话 "我是一个实数". 此外, 在 $M[G]$ 中起基数 $\aleph_2$ 作用的元素, 也不必是 $V$ 中的真正的基 $\aleph_2$.

为了解释这个方法, 先来考虑一个比较简单的问题, 就是如何向 $M$ 添加进一个新的实数 $r$. 为了更加简单一点, 假设 $r$ 就是在区间 $[0,1]$ 中的一个实数的二进表示. 换言之, $r$ 是真实宇宙 $V$ 中的一个无穷二进序列.

第一个困难就是 $V$ 中可能已经包含了所有的二进序列, 那么, 就再找不到一个二进序列来添加到 $M$ 中去了. 然而, 由 Löwenheim-Skolem 定理, ZFC 的每一个模型中都有一个可数的子模型 $N$, 满足和 $M$ 中的相同的集合理论语言的句子. 我们强调一下, $N$ 在真实宇宙中, 即在 $V$ 中是可数的, 所以有一个在 $N$ 以外的函数能够枚举它的所有元素. 尽管如此, $N$ 将会包含一些集合 $x$, 使得对于它们 "$x$ 是不可数的" 这句话在 $N$ 中为真. 因为 $M$ 是 ZFC 的一个模型, 所以 $N$ 也是. 因为我们并不在乎 $M$ 的大小, 只关心它是 ZFC 的模型, 所以可以假设 $M = N$, 从而 $M$ 自己也是可数的. 现在, 因为有不可数多个无穷的二进序列, 所以其中必定有足够多个不属于 $M$.

那么, 我们能否取其中的一个添加到 $M$ 中去呢? 不行, 因为有一些二进序列对于包含它们的模型有很大的影响. 例如, 我们可以像下面这样把任意可数的序数编码为一个实数. 首先, 令 $f$ 为从 N 到 $\alpha$ 的双射, 而定义 $A = \{(m, n) \in \mathbf{N}^2 : f(m) < f(n)\}$. $A$ 是 $\mathbf{N}^2$ 的子集合. 再选一个由 N 到 $\mathbf{N}^2$ 的双射, 以及 N 上的一个无穷二进序列 $c$, 使得 $c(n) = 1$ 当且仅当 $g(n) \in A$. 如果 $g$ 是充分显式的 (可以把 $g$ 选得这样), 则任何包含这个二进序列 $c$ 的模型一定也包含序数 $\alpha$, 因为 $\alpha$ 可以从 $c$ 用 ZFC 的公理构造出来.

为什么这一点关乎紧要呢? 假设 $M$ 的形状如 $V$ 中所构造出来的 $L_\alpha$, 一样, 这里 $\alpha$ 是一个可数序数. ZFC 有这种形状的模型存在, 例如可以来自大基数的存在 (见下面的节 6), 所以我们不能排除这种可能性. 因为我们想要构造出 ZFC 的一个模型 $M[c]$ 使它能够包含一个新的无穷二进序列 $c$ 和 $M$ 中的所有元素, 它就必然包含 $L_\alpha(c)$, 就是所有的从 $c$ 开始用少于 $\alpha$ 步就可以构造出来的集合. 但是, 如果 $c$ 就是上述的对 $\alpha$ 编码的序列, 则 $M[c]$ 不可能等于 $L_\alpha[c]$, 而仍然是 ZFC 的一个模型, 因为如果 $M[c] = L_\alpha(c)$, 就蕴含了 $L_\alpha(c)$ 包含其自身. 如果我们想通过再多加一些集合到 $M[c]$ 中以便回避这个困难, 就会最终达到 $M[c] = L_\gamma$, 这里的 $\gamma$ 是一个大于 $\alpha$ 的序数. 这样做对于我们的目的并无好处, 因为 CH 在 ZFC 的所有形如 $L_\gamma$ 的模型中都是成立的. 结论是: 我们不能**随便**取一个不在 $M$ 中的 $c$ 往 $M$ 里面加, 对于 $c$ 的选择要非常小心.

这里的关键的思想是: $c$ 应该是 "通用的"(generic), 意思是不应该有什么特别的性质把它与别的元区别开来. 因为如果和前面一样, $M[c] = L_\alpha(c)$ 仍是 ZFC 的一个模型, 我们就不希望 $c$ 有什么特别的性质会干预我们去构造 $M[c]$, 而使得 ZFC 的某些公理不再成立. 为此, 我们要一点一点地来建造 $c$, 使得能够避免它具有任何可能会对 $M[c]$ 有不利的影响的特殊的性质. 例如, 如果我们不希望 $c$ 像上面所说那样对序数 $\alpha$ 编码, 那么只需要简单地对于某个使 $g(n) \in A$ 的 $n$, 令 $c(n) = 0$ 就行了.

当然, 如果我们已经确定了 $c$ 的前 $N$ 位二进数码, 而 $\varphi$ 是这样一个性质, 即只要它对于这个实数的前 $N$ 个二进数码成立, 则它对所有这样的实数都成立, 则我们就无法避免 $\varphi$ 而不至于前功尽弃. 称一个性质为**可避免的**(avoidable), 如果每一个有限二进序列 $p$ 都可以拓展为一个有限二进序列 $q$, 而 $q$ 的无穷二进序列拓展、没有一个仍然具有这个性质. 例如, "一个系列的所有各项都为 0" 这个性质就是可避免的, 而 "一个序列中有 10 个连接着的 1" 这个性质就不是可避免的.

实数 $c$ 称为 $M$ 上的**通用的**实数或**科恩实数**, 如果它避免了所有可以在 $M$ 上定义的可避免的性质, 就是可以用一个公式来定义的性质, 而且此公式中可以提到 $M$ 中的集合. 很容易看到, $c$ 不可能属于 $M$, 因为如果 $c$ 属于 $M$, 则 "等于 $c$" 这个

性质可以定义在 $M$ 上, 而是一个可避免的性质.

为什么会有通用的实数存在? 这里又一次要用到 $M$ 为可数这个性质. 由此可知, 只有可数多个可避免性质. 如果把这些可避免性质列表为 $\varphi_1, \varphi_2, \cdots$, 则可以取一个有限序列 $q_1$ 使它没有任何无限扩张能够满足 $\varphi_1$. 然后把 $q_1$ 扩张为 $q_2$, 使 $q_2$ 没有任何无限扩张能够满足 $\varphi_2$. 这样继续下去, 就会得到一个无穷的二进序列 $c$, 而它不具有任意的性质 $\varphi_i$. 换言之, 这个 $c$ 是通用的实数.

现在令 $M[c]$ 为所有如下的集合之集合: 这些集合可以用 $c$ 和 $M$ 中的元素为参数就可以构造出来, 而且只需 $M$ 中的序数那么多的步数. 例如, 如果 $M$ 形如 $L_\alpha$, 则 $M[c]$ 就是 $L_\alpha(c)$. $M[c]$ 称为 $M$ 的**通用科恩扩张**.

可以证明, $M[c]$ 奇迹似的也是 ZFC 的一个模型. 此外, 它和 $M$ 有相同的序数, 所以它不可能具有 $L_\gamma$ 的形状, 其中 $\gamma$ 是任意序数, 特别地, 当在 $M[c]$ 内建造 $L$ 时, $c$ 不可能属于这个 $L$. 这些命题证明起来都非易事, 但是粗略地说, 科恩证明了的就是: 一个公式 $\varphi$ 在 $M[c]$ 内为真当且仅当 $c$ 有开始的一段 $p$ 能够 "发力迫使"(力迫一词由此而来)$\varphi$ 为真. 进一步说, "$p$ 发力迫使 $\varphi$ 为真" 这是一个定义在 $M$ 上的关系把有限二进序列 $p$ 与公式 $\varphi$ 连接起来, 我们把这个关系记为 $p \Vdash \varphi$. 所以, 想要确定 $\varphi$ 在 $M[c]$ 中是否为真, 只需确定 $c$ 是否有开始的一段 $p$ 使得 $p \Vdash \varphi$. 特别是利用这个结果可以证明 $M[c]$ 满足 ZFC 的各个公理.

为了建造一个 CH 在其中失败的模型, 不是只需要对 $M$ 加进一个通用的实数, 而且要加进 $\aleph_2^M$ 个, 这里的 $M$ 不是幂, 而是一个上标, $\aleph_2^M$ 就是在 $M$ 中起 $\aleph_2$ 的作用的序数. 就是说, $\aleph_2^M$ 是 $M$ 中的第二个不可数基数. $\aleph_2^M$ 不一定就是真正的 $\aleph_2$, 例如当 $M$ 形为 $L_\alpha$ 而 $\alpha$ 是 $V$ 中的序数时, 它就不是. 向 $M$ 中添加 $\aleph_2^M$ 个通用实数, 可以通过对其中任意有限多个作有限逼近来完成, 而在逼近的过程中, 又避免它们可能具有的一切可避免的性质. 这样, 我们就不是在处理有限二进序列, 而是在处理以小于 $\aleph_2^M$ 的序数为标记的有限二进序列的有限集合. 一个通用的对象就是 $M$ 上的一个科恩实数序列 $\langle c_\alpha : \alpha < \aleph_2^M \rangle$, 这些科恩实数都是彼此相异的, 而 CH 在通用的扩张 $M[\langle c_\alpha : \alpha < \aleph_2^M \rangle]$ 中都是不真的.

然而有一件要事应该提到. 当对 $M$ 添加进新的实数时, 重要的是要使每一个新的扩张的模型的 $\aleph_2$ 都是相同的 $\aleph_2^M$. 否则, CH 就有可能在扩张后的模型中成立, 而我们的一切努力都是白费的. 幸运的是所有的 $\aleph_2$ 确实真是都相同的, 但是我们又一次必须用关于力迫的事实来证明它.

用同样的力迫论证可以构造出 ZFC 的这样的模型其中 $\mathbb{R}$ 的势为 $\aleph_3$、或 $\aleph_{27}$ 或任意其他具有不可数共尾度 (cofinality) 的基数 [①], 就是任意这样的不可数基数

---

不是可数多个较小的基数的最小上界. 因此, 连续统的基数在 ZFC 中是不能决定的. 进一步, 既然已经证明了 CH 在哥德尔宇宙中成立, 现在又证明了 CH 在科恩用力迫方法构造出的模型中是不成立的, 所以 CH 在 ZFC 中是不可判定的.

科恩又用力迫方法证明了 AC 是独立于 ZF 的. 因为 AC 在 $L$ 中成立, 说 AC 独立于 ZF 就相当于说可以建立 ZF 的一个模型, 使得 AC 在其中不真. 他是这样来就建立这个模型的, 即把通用实数的一个可数集合 $\langle c_n : n \in \mathbf{N} \rangle$ 添加到 ZF 的一个可数模型 $M$ 中. 为了看清为什么这样就行了, 令 $N$ 为 $M[\langle c_n : n \in \mathbf{N} \rangle]$ 的最小的包含所有序数和无次序的集合 $A = \langle c_n : n \in \mathbf{N} \rangle$ 的子模型. 这样, $N$ 就是作为建造在 $M[\langle c_n : n \in \mathbf{N} \rangle]$ 内的 $L(A)$. 这样就能证明 $N$ 是 ZF 的一个模型, 但是在 $N$ 中不会有 $A$ 的良序. 因为 $A$ 的任何良序应该在 $L(A)$ 中是可定义的, 而以有限多个序数和 $A$ 中有限多个元素为参数, 然后, 每一个 $c_n$ 都可以用指出它在此良序中的序数位置来定义. 但是所有这些 $c_n$ 的序列在 $L$ 上是通用的, 所以不能用一个公式把其中某一个与其他的 $c_n$ 区别开来, 除非它们是此公式中的参数. 因为可以选取两个不同的并不是作为参数值的 $c_n$、而 $A$ 的良序把它们与其他的 $c_n$ 区别开来, 就有了一个矛盾. 所以集合 $A$ 不可能良序化, 故 AC 不会成立.

紧接着科恩证明了 AC 与 ZF 独立、CH 与 ZFC 独立 (科恩正是因此获得了 1966 年的菲尔兹奖) 以后, 许多集合论专家开始把力迫技术发展到具有最大的一般性 (其中最值得注意的有莱维, Dana Scott, Joseph Shoenfield 和 Robert Solovay), 并且把它用到其他著名的数学问题上去. 例如 Solovay 就构造了 ZF 的一个模型, 在其中实数集合都是勒贝格可测[III.55] 的, 这就说明了, 若有不可测集合存在, AC 是必不可少的. 他也构造了 ZFC 的一个模型, 使得其中每一个可定义的实数集合都是勒贝格可测的, 所以不可测集合虽然可以证明是存在的 (见下面 6 节中的例子), 却不能显式给出; Solovay 和 Stanley Tenenbaum 发展了迭代力迫的理论, 用它来证明苏斯林假设的相容性 (见下面的节 10); Adrian Mathias 证明了拉姆齐定理[IV.19§2.2] 的无穷形式; Saharon Shela 证明了群论中的 Whitehead 问题的不可判定性; Richard Laver 证明了波莱尔[VI.70] 假设的相容性. 以上我们只是列举了 1970 年代以来的少数几个例子.

力迫技术已经渗入了集合理论的各个部分, 现在它仍然是最有兴趣的研究领域, 从技术角度来看, 它极为精巧而且十分漂亮. 它一直在产生出重要的结果, 而且在许多数学领域, 如拓扑学、组合学和分析中都有应用. 特别是过去四分之一个世纪中由 Shela 所引入的**适当力迫**(proper forcing) 理论, 已经证明在力迫迭代和新的**力迫公理**(将在 10 节中讨论) 的提出和研究中, 还有在连续统的**基数不变式**中都非常有用. 基数不变式就是与实数直线的一些拓扑或组合性质有关的不可数基数, 它们可以在由力迫所得的不同的模型中相容地取不同的值. 基数不变式的一个例子是为覆盖整个实数直线所需的零集合 (即零测度集合) 的个数. 另一个重要的发展是

Anthony Dodd 和詹森用**类力迫**(class forcing) 把宇宙编码为一个实数, 令人惊奇地表明了可以用力迫技术把任意模型变成形如 $L(r)$ 的模型, 其中的 $r$ 是一个实数. 一个更新一点的贡献是 W. Hugh Woodin 发明的一个新的与大基数 (见下节) 有关的力迫技术, 它对于连续统假设提出了新的洞察 (见节 10 之末).

由力迫方法得到的大量的关于独立性的结果使得下面的事情很清楚了：只是 ZFC 的公理还不足以回答许多基本的数学问题. 这样就很希望找到一些新的公理, 在把它们加到 ZFC 里面以后, 就能给出那些问题中的一些以回答. 下面几节里, 我们将要讨论这些新公理的一些候选者.

## 6. 大基数

我们已经看到, 所有序数的总体并不能构成一个集合. 因为如果能行, 那么那个集合将要相应于一个序数 $\kappa$, 而 $\kappa$ 又会相应于第 $\kappa$ 个基数 $\aleph_\kappa$, 否则的话, $\aleph_\kappa$ 将是一个更大的序数. 此外, $V_\kappa$ 将是 ZFC 的一个模型. 我们不能在 ZFC 内证明存在一个具有这些性质的序数 $\kappa$, 因为如果是那样的话, 就在 ZFC 中证明了 ZFC 有一个模型, 而由哥德尔第二不完全定理, 这是不可能的. 那么, 为什么不对 ZFC 加上如下的公理, 即存在一个 $\kappa$ 使得 $V_\kappa$ 是 ZFC 的一个模型呢？

其实, 早在 1930 年, **谢尔品斯基**[VI.77] 和**塔斯基**[VI.87] 就提出了这样一个公理, 但其中还进一步要求了 $\kappa$ 是**正规的**, 即不能够是少于 $\kappa$ 个较小的基数的极限. 这是第一个大基数公理. 一个具有这样性质的基数 $\kappa$ 称为是**不可达的**(inaccessible).

20 世纪中, 不断出现大基数的其他概念, 都蕴含不可达性. 其中有一些起源于把拉姆齐定理的无穷版本推广到不可数集合, 拉姆齐的这个定理本来是说, 如果把 $\omega$(即自然数的集合) 的元素的 (无次序的) 对子都涂上红色或蓝色而不管用什么方法, 则 $\omega$ 必有一个子集合 $X$, 使其元所成的对子都是同样颜色的. 这个定理对于 $\omega_1$ 的自然的推广证明是不对的. 然而, 这个问题还有其正面的作用：爱尔特希和拉多 (Richard Rado) 证明了对于每一个基数 $\kappa > 2^{\aleph_0}$, 如果 $\kappa$ 的每一对元素都涂上了红色或蓝色, 则 $\kappa$ 必有一个大小为 $\omega_1$ 的子集合 $X$, 其每一对元素都涂上了相同的颜色. 这就是所谓**分拆演算**(partition calculus) 的里程碑式的结果之一, 而这个演算是由爱尔特希和 András Hajnal 所领导的匈牙利学派所创立的组合集合论的一个重要分支. 拉姆齐定理能否推广到某个不可数基数这个问题自然地引导到所谓**弱紧基数**(weakly compact cardinal), 一个基数 $\kappa$ 称为弱紧的, 如果它能够满足可能最强的拉姆齐定理：如果对 $\kappa$ 的每一对元素不管怎样涂上红色或蓝色, 则 $\kappa$ 必有一个大小为 $\kappa$ 的子集合 $X$, 其元素对都有相同的颜色. 弱紧基数是不可达的, 所以不能在 ZFC 中证明其存在. 此外还证明了在第一个弱紧基数 (如果它存在的话) 之下, 还有许多不可达基数, 所以即令假设了不可达基数存在, 也不能证明弱紧基数的存在.

最重要的大基数, 即可测基数, 比弱紧基数要大得多, 是在 1930 年由波兰数学

家乌拉姆 (Stanistaw Marcin Ulam, 1909–1984) 发现的.

### 6.1　可测基数

一个实数的集合称为波莱尔集合[III.55], 如果它可以从开区间开始, 经过应用下面两种运算可数多步而得出. 这两种运算就是取余集合和求可数并. 一个集合 $A$ 称为一个**零集合**(null set), 或者说有**测度零**, 如果对于任意 $\varepsilon > 0$ 都有一个开区间串 $I_0, I_1, I_2, \cdots$, 使得 $A \subseteq \bigcup_n I_n$, 而且 $\sum_n I_n < \varepsilon$. 它称为**勒贝格可测**的, 如果它几乎就是一个波莱尔集合, 确切一点说就是: 如果它和一个波莱尔集合只相差一个零集合. 对于每一个可测集合都相应有一个数 $\mu(A) \in [0, \infty]$, 称为它的测度, 测度在平移下不变的, 而且是可数可加的, 就是说互相分离的可测集合的可数并仍是可测集合, 而且其测度就是它们的测度之和. 此外一个区间的测度就是它的长度 (关于这些概念更详细的讨论, 可见条目测度[III.55]).

可以在 ZFC 中证明存在非勒贝格可测的集合. 例如, 1905 年意大利数学家维塔利 (Giusepe Vitali, 1875–1932) 就发现了下面的非勒贝格可测的集合, 他的做法如下: 定义闭区间 $[0,1]$ 的两个元为等价的, 如果它们只相差一个有理数, 而令 $A$ 由每一个等价类中的恰好一个元组成的集合. 作这个集合需要作很多次选择, 但由 AC, 这是可能的. 为了看出 $A$ 不是可测的, 对于每一个有理数 $p$, 令 $A_p = \{x + p : x \in A\}$. 由 $A$ 的构造方法可知, 这些 $A_p$ 是互相分离的. 令 $B$ 是这些 $A_p$ 对区间 $[-1,1]$ 中的所有有理数 $p$ 的并集合. $A$ 不可能有测度 0, 因为这样一来, $B$ 也就有测度 0, 而这是不可能的, 因为 $[0,1] \subseteq B$. 同时, $A$ 也不可能有正的测度, 因为这样一来 $B$ 就有无穷测度, 而这也是不可能的, 因为 $B \subseteq [-1, 2]$.

因为可测集合在取余集合和求并两种运算下是闭的, 波莱尔集合一定是可测的. 但是勒贝格[VI.72] 在 1905 年证明了存在不是波莱尔集合的可测集合. 苏斯林在阅读勒贝格的著作时, 发现勒贝格声言波莱尔集合的连续像仍是波莱尔集合这一点是错误的. 实际上, 苏斯林很快就发现了一个反例, 最终引导到波莱尔集合以外的实数集合, 即**射影集合**(projective set) 的一个自然的等级结构, 所谓射影集合就是由波莱尔集合通过取连续像以及取余集合而得到的集合 (见下面的节 9). 1917 年, 卢津 (Nikolai Nikolaevich Luzin, 1883–1950, 俄罗斯和前苏联数学家) 证明了波莱尔集合的连续像, 即**解析集合**, 仍是可测集合. 如果一个集合是可测集合, 则它的余集合也是, 所以所有解析集合的余集合, 即所谓**余解析集合**, 都是可测集合. 所以自然会问, 是否可以这样继续下去? 特别是余解析集合的连续像, 即以 $\Sigma_2^1$ 集合知名于世的集合, 是否可测集合? 后来知道, 这个问题在 ZFC 中是不可判定的: 在 $L$ 中有一些不是勒贝格可测的 $\Sigma_2^1$ 集合, 而利用力迫又可以做出这样的模型, 其中所有的 $\Sigma_2^1$ 集合都是勒贝格可测的.

　　上面关于非勒贝格可测的实数集合存在的证明系于这样一个事实, 即勒贝格测度是平移不变的. 实际上, 这个证明表明: 不可能有任何的可数可加的平移不变的测度能够拓展勒贝格测度, 而且使所有实数集合均为可测的. 所以, 一个自然的问题, 即所谓的**测度问题**, 就是如果放弃平移不变的要求, 则是否存在可数可加的测度拓展勒贝格测度, 而且使得所有的实数集合都是可测的. 如果这样一个测度存在, 则连续统的势不可能是 $\aleph_1$, 也不可能是 $\aleph_2$, 甚至不可能是任意的 $n < \omega$ 的 $\aleph_n$ 等等. 事实上, 乌拉姆在 1930 年证明: 测度问题的肯定的答案将蕴含 $\mathbb{R}$ 的势将是极端地大, 大于或等于最小的作为较小基数的极限的不可数正规基数. 他还证明了, 如果在任意集合上存在非平凡的可数可加测度, 则必蕴含或者测度问题有肯定的解答, 或者存在一个不可数的基数 $\kappa$, 使得有一个 (非平凡的) $\{0,1\}$ 值的 $\kappa$ 可加测度、而这个集合的一切子集可测. 这样一个基数称为**可测基数**. 如果 $\kappa$ 是一个可测基数, 它必定是弱紧基数, 从而是不可达的. 事实上, 小于 $\kappa$ 的弱紧基数的集合测度为 1, 所以 $\kappa$ 本身就是第 $\kappa$ 个弱紧基数. 由此可知, 可测基数的存在不可能在 ZFC 中证明, 甚至加上有不可达基数, 或弱紧基数存在作为一条公理也不行 (当然除非是 ZFC 加上这种基数的存在成为不相容的情况). 最后是 Solovay 完全澄清了测度问题, 他证明了如果答案是肯定的, 则有一个内模型具有可测基数. 反之, 如果有可测基数存在, 则可以构造出一个力迫扩张使测度问题在其中有肯定的答案.

　　可测基数的存在有一个意料之外的推论, 就是冯·诺依曼宇宙 $V$ 不可能是一个哥德尔宇宙 $L$, 就是说存在着不可构造的集合, 甚至是不可构造的实数. 事实上, 如果存在可测基数, 则 $V$ 要比 $L$ 大得多. 例如第一个不可数基数 $\aleph_1$ 在 $L$ 中就是不可达基数.

　　在发明了力迫、以及后来许多关于独立性的结果如雪崩似地汹涌而至以后, 产生了一种希望, 即假设大基数如可测基数的存在作为一个公理能够解决一些问题, 那些问题原来借助力迫技术已经被证明在 ZFC 中是不可判定的. 然而, 后来莱维和 Solovay 证明了大基数公理并不能解决 CH, 因为原来用力迫方法很容易改变连续统的基数, 使得 CH 成立或失败, 而不必破坏大基数. 但是 Solovay 在 1969 年惊人地证明了如果存在可测基数, 则实数的所有 $\Sigma_2^1$ 集合都是勒贝格可测的. 这样, 虽然断言可测基数存在的公理并没有解决连续统的大小, 却对它的构造有深刻的影响. 可测基数虽然在冯·诺依曼宇宙 $V$ 中离实数集合如此之远, 却对其基本性质有如此深远的影响, 这一点确实是令人吃惊的. 尽管大基数与连续统的构造的关系迄今并没有完全搞清楚, 近三十年来通过关于**描述集合理论和决定性**(determinacy) 理论的工作取得了重要的进展, 这两个理论将在 8, 9 两节来讲.

　　当前, 集合理论中一些最深刻和技术上最困难的工作都是致力于研究大基数的典则内模型的构造和性质的. 这些内模型是哥德尔宇宙 $L$ 对于大基数的类比, 就是说, 它们是按照一种典则的方式建立起来的, 其中包含了所有的序数而且是传递的

(就是包含了它们的元素的所有元素), 并且在其中有某些大基数存在. 基数越大, 建立这些模型就越难. 这些工作称为**内模型计划**.

内模型计划的一个引人注目的结果是: 它提供了一个利用大基数来量度基本上所有的集合论命题 $\varphi$ 的**相容性强度**(consistency strength) 的方法. 就是说有两个大基数公理 $A_1$ 和 $A_2$, 使得 ZFC 加上 $\varphi$ 的相容性可以蕴含 ZFC 加上 $A_1$ 的相容性, 而又被 ZFC 加上 $A_2$ 的相容性所蕴含. 称 $A_1$ 是 $\varphi$ 的相容性的**下界**, 而 $A_2$ 是其**上界**. 如果有幸这两个界相同, 就说得到了 $\varphi$ 的相容性强度的准确的度量. 上界 $A_2$ 通常是通过在 ZFC 加 $A_2$ 的一个模型上作力迫而得到的, 而下界则可以由内模型得出. 我们前面看到, 测度问题的正面的答案的相容性强度就是可测基数的存在. 下一节里我们会看到另一个重要的例子.

知道了集合论命题的相容性强度的上下界, 知道它的确切相容性强度更好, 对于对这些命题作比较是极为有用的. 说真的, 如果一个句子 $\varphi$ 的相容性强度的下界大于另一个句子 $\psi$ 的相容性强度的上界, 我们就可以通过哥德尔不完全性定理断定, $\psi$ 不会蕴含 $\varphi$.

## 7. 基数算术

除了连续统假设以外, 对于任意的无穷基数 $\kappa$, 了解指数函数 $2^\kappa$ 的性态也一直是集合理论中的一个驱动力量. 康托就证明了对于任意的 $\kappa, 2^\kappa > \kappa$, 而柯尼希 (Dénes König, 1884–1944, 匈牙利数学家) 证明了 $2^\kappa$ 的共尾度总大于 $\kappa$, 就是说, $2^\kappa$ 不是少于 $\kappa$ 个较小基数的极限. 我们已经看到 GCH(广义连续统假设) 在可构造宇宙 (即哥德尔宇宙)$L$ 中总是成立的, 而 GCH 指出 $2^\kappa$ 总是取最小可能的值, 就是最小的大于 $\kappa$ 的基数 (记之为 $\kappa^+$). 人们可能会想, 是否也和 $2^{\aleph_0}$ 的情况一样, 通过力迫可以建造 ZFC 的模型, 使得 $2^\kappa$ 可以在其中取任意事先指定的值, 只要规定这个值的共尾度应该大于 $\kappa$. 对于正规的基数 $\kappa$, 即要求 $\kappa$ 不是少于 $\kappa$ 个较小基数的极限, 这是对的. 事实上, William Easton 证明了对于正规基数的任意的函数 $F$, 只要 $\kappa \leqslant \lambda$ 蕴含了 $F(\kappa) \leqslant F(\lambda)$, 而且 $F(\kappa)$ 的共尾度大于 $\kappa$, 总存在 $L$ 的力迫扩张, 使得在其中对于任意正规的 $\kappa$, 恒有 $2^\kappa = F(\kappa)$. 所以, 例如可以造出 ZFC 的这样的模型, 在其中 $2^{\aleph_0} = \aleph_7, 2^{\aleph_1} = \aleph_{20}, 2^{\aleph_2} = \aleph_{20}, 2^{\aleph_3} = \aleph_{101}$, 等等. 这说明了无穷正规基数的指数函数的性态在 ZFC 中是完全无法决定的, 利用力迫, 可以得出任意的可能性.

那么, 非正规基数又如何? 非正规基数又称为**奇异基数**(singular). 这样, 如果一个无穷基数 $\kappa$ 是少于 $\kappa$ 个较小基数的上确界, 那么它就是奇异的. 例如 $\aleph_\omega$, 作为所有 $\aleph_n, n \in \mathbf{N}$ 的上确界就是第一个奇异基数. 对于奇异基数, 决定其指数函数的可能的值是一个极难的问题, 它已经产生出许多这样的研究, 而且很令人吃惊, 其中还必须要用大基数.

有一种**超紧基数**(supercompact cardinal), 即一个可测基数而且具有进一步的

性质使它远大于通常的可测基数, Matthew Forman 和 Woodin 利用它建立了一个
ZFC 的模型, 使得 GCH 在其中处处不成立, 即对所有基数 $\kappa$, $2^\kappa > \kappa^+$. 但是, 奇
怪的是, 指数函数在一个具有不可数共尾度的奇异基数上的值多少是由它在较小
正规基数上的值决定的. 事实上, 1975 年, Jack Silver 证明了如果 $\kappa$ 是一个具有不
可数共尾度的奇异基数, 而且对于所有的 $\alpha < \kappa$ 都有 $2^\alpha = \alpha^+$, 则 $2^\kappa = \kappa^+$. 换言
之, 如果 GCH 在 $\kappa$ 以下成立, 则它对于 $\kappa$ 也成立. 这件事对于具有可数共尾度的
奇异基数也成立, 则是**奇异指数假设**(singular cardinal hypothesis, 简记为 SCH) 的
推论. SCH 是一个比 GCH 弱的一般原理, 这个原理对于正规基数的指数相完全决
定奇异基数的指数. SCH 的一个特例是: **如果对于所有有限的** $n$, $2^{\aleph_n} < \aleph_\omega$, **则**
$2^{\aleph_\omega} = \aleph_{\omega+1}$. 于是特别就有, 如果 GCH 在 $\aleph_\omega$ 以下成立, 则它在 $\aleph_\omega$ 处也成立. Shela
用他的有力的 "PCF 理论"(PCF 是**可能共尾度**(possible cofinalities) 的缩写) 得到
了一个意料不到的结果: 如果对所有的 $n$ 都有 $2^{\aleph_n} < \aleph_\omega$, 则 $2^{\aleph_\omega} < \aleph_{\omega_4}$. 所以, 如
果 GCH 在 $\aleph_\omega$ 以下成立, 则 (在 ZFC 中) 对于 $2^{\aleph_\omega}$ 的可能的值有一个上界. 但是,
这个值是否真正大于最小的可能的值 $\aleph_{\omega+1}$? 特别是, GCH 是否第一次失败就是在
$\aleph_\omega$ 处? 事实上, 一方面, Menachem Magidor 在假设超紧基数存在为相容这一条件
下证明了第一次失败就是在 $\aleph_\omega$ 处也是相容的. 这样, 超紧基数的存在之相容性是
SCH 失败的**上界**. 另一方面, Dodd 和詹森用内模型理论证明了发生这个情况必须
要有大基数. 后来, Moti Gitic 给出了 SCH 失败的相容性强度的准确的值.

## 8. 决定性

　　后来知道了, 很大的诸如超紧基数的存在对于实数集合的性质有着戏剧性的效
果, 特别是当这个大基数是以简单的方式定义时是这样. 通过分析某些与实数集合
有关的无穷双人博弈, 二者的联系就表现出来了. 给定区间 $[0,1]$ 的一个子集合 $A$,
考虑下面与 $A$ 有关的无穷双人博弈: 有两个局中人 I 和 II, 他们依次选一个等于 0
或 1 的数 $n_i$. 开始时 I 选定 $n_0$, 然后 II 选 $n_1$, I 答以 $n_2$, 仿此以往. 图 3 上就是一
场博弈进行的情况. 博弈的结果是产生出一个无穷二进序列: $n_0, n_1, n_2, \cdots$. 这个
序列可以看成是 $[0,1]$ 中的一个实数 $r$ 的二进展开式. 如果 $r \in A$, 则规定 I 胜, 否
则就是 II 胜.

　　例如, 设 $A$ 为区间 $\left[0, \dfrac{1}{2}\right]$, 则局中人 I 有一个制胜策略 (winning strategy) 就
是先出 0, 而如果 $A = \left[0, \dfrac{1}{4}\right)$, 则 II 如果第一招是出 1, 就一定制胜. 但是对于绝
大多数博弈, 在有限多招以后还不能决定是谁胜. 例如, 如果 $A$ 是区间 $[0,1]$ 中的
有理数的集合, 很容易看到, II 有一个制胜策略 (例如, 不管 I 出什么招, II 总是按
$01001000100001\cdots$ 来应答), 但是在运行的任何有限阶段, II 都不能取胜.

| I  | $n_0$ | | $n_2$ | | $n_4$ | | $\cdots$ | | $n_{2k}$ | | $\cdots$ | |
|---|---|---|---|---|---|---|---|---|---|---|---|---|
| II | | $n_1$ | | $n_3$ | | $n_5$ | | $\cdots$ | | $n_{2k+1}$ | | $\cdots$ |

图 3　一个与集合 $A \subseteq [0,1]$ 相关的博弈的运行

如果一场博弈中, 局中人之一有制胜策略, 则称此博弈为**决定的**. 形式地说, 局中人 II 的一个策略就是一个函数 $f$, 它对每一个长度为奇数的有限二进序列赋以值 0 或 1. 如果不管 I 怎样出招, II 只要总是在第 $k$ 手出 $f(n_0, n_1, \cdots, n_{2k})$ 就能制胜, 这个策略就是 II 的制胜策略. 类似地, 可以定义局中人 I 的制胜策略. 我们说集合 $A$ 是**决定的**, 如果与 $A$ 相关的博弈是决定的, 人们会猜想, 每一个博弈都是决定的, 但是, 利用 AC 很容易证明有非决定的博弈存在.

后来证明了与某一类实数集合相关的博弈的决定性蕴含了这一类的所有集合都有与波莱尔集合类似的性质. 例如, **决定性公理**(AD) 即断言所有的实数集合都是决定的, 蕴含了每一个实数集合都是勒贝格可测的, 都有贝尔 (Baire) 性质 (即与开集合只相差一个第一纲集合 ①) 以及都有完全集合性质 (即或者为可数集合, 或者包含一个非空的完全子集, 而完全集合就是与自己的导集合 —— 就是极限点所成的集合 —— 相等的集合). 为了让大家尝一尝这个典型的论据的味道, 我们要指出, 说每一个实数集合都是勒贝格可测的会有什么含义.

我们首先会看到, 如果 $A$ 的可测子集都是零集合 (即测度为 0), 则 $A$ 也是零集合. 为了证明这一点, 取任意的 $\varepsilon > 0$, 并对 $A$ 和 $\varepsilon$ 玩一个**覆盖游戏**(博弈) 如下: 局中人 I 出的招就是出表示 $A$ 的一个元素的二进序列 $a = \langle n_0, n_2, n_4, \cdots \rangle$, 局中人 II 出的招则是出有理区间的有限并 (当然要把这些区间作二进编码), 其总测度不超过 $\varepsilon$, 目的是把 I 出的 $a$ 覆盖起来. 可以证明, 如果 $A$ 的每一个可测子集都是零集合, 则 I 不会有制胜策略. 因此, 由 AD, II 必有一个制胜策略. 用这个策略就知道 $A$ 的外测度最多为 $\varepsilon$. 因为这个论证对一切 $\varepsilon > 0$ 都有效, 所以 $A$ 必为零集合.

既然 AD 排除了所有行为不端实数集合的存在, 它就蕴含了 AC 的否定, 因此 AD 与 ZFC 不相容. 然而, AD 的较弱的形式确实与 ZFC 相容, 甚至可以由 ZFC 导出. 事实上, 马丁 (Donald Martin) 在 1975 年证明了: ZFC 蕴含了每一个波莱尔集合都是决定的. 此外, 如果存在一个可测基数, 则每一个解析集合, 从而每一个余解析集合都是决定的. 由此产生了一个自然的问题: 是否每一个更大的基数的存在都蕴含更复杂的集合, 如 $\Sigma_2^1$ 集合的决定性.

大基数和简单的实数集合的决定性的密切关系, 在 Leo Harrington 的工作中显得很清楚. 他证明了所有解析集合的决定性事实上等价于一个比可测基数的存在稍

---

① 即可数多个无处稠密集合的并.—— 中译本注

弱一些的大基数原理. 我们马上就会看到, 大基数蕴含了某些可以简单地定义的实数集合即所谓射影集合的决定性. 反过来, 这种集合的决定性又蕴含了在有些内模型中同一类的大基数的存在.

## 9. 射影集合和描述集合理论

我们已经看见, 关于实数集合的非常基本的问题回答起来有时极为困难. 然而, 事实证明, 对于 "自然" 出现的集合或者可以显式地描述的集合这些问题有时是可能回答的. 这就给了一个希望, 有些对于任意集合不能证明的事实却可以对于可定义的实数集合来证明.

研究可定义的实数集合的构造就是**描述集合理论**(descriptive set theory) 的主题. 这种集合的例子有波莱尔集合, 还有射影集合, 就是可由波莱尔集合通过作连续像和取余集合而得出的集合. 射影集合还有一个等价的定义, 那就是可以从 $\mathbf{R}^n$ 上的闭集合通过向低维空间射影以及取余集合这两种运算混合起来得出的 $\mathbf{R}$ 上的集合. 为了看到它是怎样与决定性联系起来的, 考虑把子集合 $A \subseteq \mathbf{R}^2$ 向 $x$ 轴的射影. 结果将是所有这样的 $x$ 所成的集合, 对于这些 $x$, 存在一个 $y$, 使得 $(x, y) \in A$. 所以射影相当于一个存在量词. 取余集合则相当于否定, 把二者合并起来也可以得出全称量词. 所以我们可以把射影集合想作是可以从闭集合得出的集合.

因为解析集合是波莱尔集合的连续像, 所以是射影集合. 解析集合的余集合、余解析集合、余解析集合的连续像、$\Sigma_2^1$ 集合, 也是射影集合, 取 $\Sigma_2^1$ 集合的余集合、即所谓 $\Pi_2^1$ 集合, 会得到更复杂的射影集合. 它们的像称为 $\Sigma_3^1$ 集合, 也是射影集合, 如此等等. 射影集合按照从波莱尔集合把它构造出来所需的步数 (总是有限的), 形成一个复杂性逐渐增加的等级. 许多自然地出现在数学实践中的实数集合都是射影集合. 此外, 描述集合理论的许多结果和方法, 原本是为了研究实数集合的, 也可以用于任意波兰空间 (Polish space, 即可分的、完备的、可度量化的空间) [1]中的可定义集合. 波兰空间中包括了一些基本的例子如 $\mathbf{R}^n, \mathbf{C}$, 可分的巴拿赫空间[III.62] 等等. 例如, 定义在区间 $[0, 1]$ 具有上确界范数的连续函数空间 $C[0, 1]$ 中处处可微函数的集合就是余解析的, 而满足中值定理的函数的集合就是 $\Pi_2^1$. 这样, 描述集合理论处理的是波兰空间中相当自然的、在数学中具有一般意义的集合, 所以它在其他数学领域, 如调和分析、群的作用、遍历理论和动力系统中都找到了应用也就不奇怪了.

描述集合理论的经典结果有: 所有的解析集合, 从而还有所有的余解析集合, 都是勒贝格可测的, 而且具有贝尔性质, 而所有的不可数的解析集合都包含了一个完全集合. 然而我们已经看到, 在 ZFC 中不能证明所有的 $\Sigma_2^1$ 集合都有这些性质,

---

① 称为波兰空间是因为它是从波兰数学家如谢尔品斯基[VI.77] 和塔斯基[VI.87] 等人的研究工作开始的.—— 中译本注

因为在可构造宇宙 $L$ 中就可以找到反例. 与此成为对照的是, 如果有可测基数存在, 它们就都有这些性质. 那么, 更复杂的射影集合又如何呢?

射影集合理论与大基数有密切的关系. 一方面, Solovay 证明了如果不可达基数的存在是相容的, 则实数的每一个射影集合都勒贝格可测这个命题也是相容的. 另一方面, Shelah 很出人意外地证明了不可达技术在下面的意义下是必要的: 如果所有的 $\Sigma_3^1$ 集合都是勒贝格可测的, 则 $\aleph_1$ 是 $L$ 中的不可达基数.

对于射影集合, 只要假设是决定的, 就具有波莱尔集合和解析集合所具有的几乎所有的经典的性质. 因为在 ZFC 中不能证明所有射影集合的决定性, 又因为射影集合的决定性公理许可把波莱尔集合和解析集合的理论非常优雅和使人满意地扩展到所有射影集合上去, 所以射影集合的决定性就成了新的集合论公理的出色的候选者. 这个公理称为**射影决定性公理**(projective determinacy axiom, 简记为 PD). 例如, 它蕴含了每一个射影集合都是勒贝格可测的, 都有贝尔性质, 都有完全集合性质. 特别是因为每一个不可数的完全集合都有势 **R**, 所以它蕴含了 CH 没有射影的反例.

近 20 年, 集合理论最引人注目的进展就是证明了可以从大基数导出 PD. 马丁和 John Steel 在 1988 年证明了如果存在无穷多个所谓 Woodin **基数**, 则 PD 成立. Woodin 基数在大基数的等级系统中位于可测基数和超紧基数之间, 所以, Woodin 令人惊奇地证明了下面的假设对于得到 PD 的相容性是必要的, 即对于每一个 $n$, 有 $n$ 个 Woodin 基数存在这个结果是相容的. 所以, 想要把波莱尔集合和解析集合的经典理论推广到实数的所有射影集合上, 以至更一般地推广到波兰空间的所有射影集合上, 存在无穷多个 Woodin 基数这个条件是充分的, 本质是也是必要的.

尽管已知的大基数不仅在研究描述集合理论上, 而且在许多其他的数学领域中都取得了很大的成功, 但是, 它作为一个真的公理的地位尚待商榷. 对于很大的基数如超紧基数更是如此, 理由是迄今还没有它们的可用的内模型, 因此对于它们的相容性还缺少很强有力的证据. 然而应该注意到, 正如弗里德曼已经指出的那样, 大基数甚至对于证明整数的有限函数的一些看起来简单而且很自然的命题也是必要的, 而这些命题正是大基数甚至在数学的最基本部分中也起本质的作用的证据. 已知的大基数公理的另一个缺点是它们不能决定有些基本的问题. 最引人注意的是不能决定 CH(连续统假设), 但是还有其他的.

## 10. 力迫公理

在关于连续统的古老的基本问题中, 已知的大基数公理不能解决的有苏斯林假设 (简记为 SH) 的问题. 康托已经证明了每一个线性有序集合 (linearly ordered set, 即全序集合. totally ordered set) 如果是稠密的 (即任意两个不同的元素之间一定有另一个元素在中间)、完备的 (即任意的有界子集必有上确界)、可分的 (即包含一个稠密的可数子集合), 而且没有端点, 则必序同构于实数直线. 苏斯林在 1920 年猜测, 如果把可分性换成较弱的**可数链条件**(countable chain condition, CCC), 这个条件要求每一个成对分离的开区间的集合最多是可数集合, 则它仍然序同构于 **R**. SH 对于集合理论发展的重要性在于它引导到一类新的公理的发现, 这类公理就是力迫公理.

Solovay 和 Tennenbaum 在 1967 年用力迫方法构造了一个 SH 在其中成立的模型. 他们的思想是利用力迫来毁掉 SH 中可能存在的反例. 但是, 毁掉一个反例有可能产生出新的反例, 使您不得不反复地使用力迫直至超穷多次. 力迫的迭代在技术上甚为麻烦而难于控制, 因为在极限阶段可能发生不想要的事情. 例如 $\omega_1$ 可能 "崩溃", 就是变成可数的.

幸运的是, 这些困难是可以应付的. 一般说来, 力迫论据中涉及一个偏序集合 (在上面讲的例子中, 这个偏序集合是有限二进序列所成的序列, 其中规定: 如果 $p$ 是 $q$ 的一个真的一个起始段, 就说 $p < q$). 如果从一个 GCH 在其中成立的模型出发, 只用 CCC 的偏序, 即其中不相容的元素的集合都只是可数集合, 在极限阶段只取所谓**归纳极限**(directed limit), 则经过 $\omega_2$ 步, 就可以毁掉所有的反例, 使得 SH 在最终的模型中成立. 另一方面, 詹森在 1968 年又证明了在 $L$ 中有 SH 的反例存在, 由此证明了 SH 在 ZFC 中是不可判定的.

马丁从 Solovay 和 Tennenbaum 的构造中分离出了一个新的原理, 现在称为**马丁公理**(Martins axion, 简记为 MA), 它推广了所谓的贝尔纲定理. 这个贝尔纲定理指出, 在每一个紧豪斯道夫拓扑空间中, 可数多个稠密开集合的交是非空的. MA 则说:

在每一个紧豪斯道夫 CCC 中, $\aleph_1$ 个稠密开集合的交是非空的.

上面假设空间为 CCC 空间 (即由互相分离的开集合构成的集合是可数的) 是必要的, 因为否则这个命题不真. 很容易看到 MA 蕴含 CH 的否定, 因为如果只有 $\aleph_1$ 个实数, 则所有稠密开集合 $\mathbf{R} \setminus \{r\}$ 之交, 应该为空, 这里 $r$ 遍取所有的实数. 然而 MA 并未决定 **R** 的势.

MA 在解决许多在 ZFC 中不可判定的问题上取得了很大的成功. 例如, 它蕴含了 SH 以及每一个 $\Sigma_2^1$ 集合都是勒贝格可测的. 但是, MA 是否真是一个公理? 在什么意义下、如果说还有意义的话, 它是关于集合的一个自然的至少是可信的假设? 是否仅仅因为它能判定许多 ZFC 不能判定的问题就足以让它被接受为与 ZFC 或者大基数公理相媲美的公理? 我们还会回到这个问题.

MA 有许多等价的陈述. 马丁原来的陈述与力迫更接近, **力迫公理**这个名词就是由此而来的. 粗略地说, 它说的就是, 如果有一个 CCC 的偏序, 就可以避免 $\aleph_1$ 个可避免的性质, 而不止是可数多个. 这就使我们能在大小为 $\aleph_1$ 的模型 $M$ 上证明这个偏序的通有的子集合存在.

通过扩大 MA 可以适用的偏序类、而同时又保持这个公理的相容性, 就可以得到更强的力迫公理. 这种加强中有一个重要的是所谓**适当力迫公理**(proper forcing axiom, 简记为 PFA), 它是对**适当的**偏序提出的. 适当性是一个比 CCC 更弱的性质, 是由 Shelah 发现的, 在和复杂的力迫迭代打交道时特别有用. 这种类型的最强可能的力迫公理是由 Foreman, Magidor 和 Shelah 在 1988 年发现的, 称为**马丁最大值**(Martin's maximum, 简记为 MM), 而在假设了一个超紧基数的相容性以后是与 ZFC 相容的.

MM 和 PFA 都有惊人的推论. 例如 PFA, 因此还有 MM, 蕴含了射影决定性公理 (PD)、奇异基数假设 (QCH) 以及 **R** 的势为 $\aleph_2$.

力迫公理有一个好处就是可以应用它们而不必进入力迫的细节, 正如 ◇ 和 □ 使我们不必进入可构造集合的细节一样. 这方面的一个好例子是 PFA 和由它导出的一些原理如**开着色公理**(open coloring axiom), Steve Todorcevic 利用它来解决了一般拓扑学和无穷组合学中许多为人瞩目的问题, 取得了很大的成功.

正如我们已经指出过的那样, 力迫公理不如 ZFC 那样直观, 甚至也不如大基数公理那样直观, 所以我们可以问, 它在多大的程度上可以看作是集合理论的一个真的公理, 而不只是用来证明某些命题与 ZFC 相容的有用的工具. 在 MA 和 PFA 的某些较弱的形式以及 MM 的情况, 把它们作为公理的某些论据是基于这样的事实, 即它们等价于**通用绝对性**(generic absoluteness) 的原理. 就是说, 它们在某些为了避免不相容性所必需的限制下断言, 每一个**可能存在的东西**都是存在的. 准确些说, 如果某个具有某种性质的集合可以发力迫使它在 $V$ 上存在, 则它必定已经 (在 $V$ 中) 存在. 所以, 和大基数公理一样, 它们都是极大性原理, 就是说, 它们总趋向于把 $V$ 变得尽可能大.

例如, MA 等价于这样一个断言, 如果一个集合 $X$ 具有一个仅仅依赖于某个 $\omega_1$ 的子集合的性质, 而可以用一个 CCC 偏序 **P** 力迫它存在于 $V$ 上, 那么这样的 $X$ 必定已经存在于 $V$ 上. 这样利用通用绝对性对 MA 的刻画, 给出了把 MA 看作集合理论的一个真的公理的某种论据. 类似的通用绝对性原理不过不用 CCC 而用适当的偏序, 称为**有界适当力迫公理**(bounded proper forcing axiom, 简记为 BPFA). BPFA 虽然弱于 PFA, 但已经足够强, 可以判定大基数公理不能解决的许多问题. 最引人注意的是, Justin Moore 依照 Woodin, David Asperó 和 Todorcevic 的一系列工作, 最近证明了 BPFA 蕴含着 **R** 的基数是 $\aleph_2$.

最后, 我们还要简短地提到一些深刻的结果, 它们确立了在大基数、内模型、决定性、力迫公理、通用绝对性和连续统之间有很强的深层的联系. 这些结果在以下的假设下成立, 即对于每一个序数 $\alpha$, 一定存在一个大于 $\alpha$ 的 Woodin 基数.

这些结果的第一个是 Shelah 和 Woodin 的结果, 即 $L(\mathbf{R})[L(\mathbf{R})$ 就是 **R** 的可构造包, 见 5.1 节的末尾] 的理论是通用绝对的. 就是说, 所有的以实数为参数的句子, 若在 $V$ 的任意通用扩张的 $L(\mathbf{R})$ 中成立, 必定已经在真实的 $L(\mathbf{R})$ 中成立. 这一类通用绝对性蕴含了, $L(\mathbf{R})$ 中的所有实数集合特别是射影集合都是勒贝格可测的, 都有贝尔性质等等. 此外, 通过把 Martin-Steel 关于大基数蕴含 PD 的结果加以改进, Woodin 证明了在 $L(\mathbf{R})$ 中每一个实数集合都是决定的.

Woodin 的另一个结果是有一个他称为 $(*)$ 的公理, 对于 $\omega_1$ 的子集合能够起 PD 对于自然数集合所起的作用, 就是能够判定关于这类集合的 "实际上是所有的" 问题. 当然, 没有一个相容的公理能够真正判定**所有**只涉及 $\omega_1$ 的所有问题, 因为由哥德尔不完全性定理, 恒有不可判定的算术命题. 因此, 为了准确地陈述 "实际上是所有的问题" 这个概念, Woodin 引入了一种新的逻辑, 称为 $\Omega$ 逻辑、来加强通常的一阶逻辑. $\Omega$ 逻辑的主要特点之一是: $\Omega$ 逻辑中的有效命题都是通用绝对的. 在适当的大基数假设之下, $(*)$ 在 $\Omega$ 逻辑中是相容的, 而且能够判定所有仅涉及 $\omega_1$ 的子集合的问题. 没有解决的主要问题是 $\Omega$**猜测**的问题, 这个猜测的陈述过于技术化, 超过了本文的范围. 如果 $\Omega$ 猜测为真, 则任意公理只要与大基数的存在相容, 使得可以在 $\Omega$ 逻辑中, 判定所有仅依赖于 $\omega_1$ 的子集合的问题, 这个公理一定蕴含 CH 的否定. 所以, ZFC 加上 CH 的理论与 ZFC 加上非 CH 的理论, 从 $\Omega$ 逻辑的观点看来不是同样合理的, 因为在大基数出现时, CH 对于解决所有关于 $\omega_1$ 的自然的问题的可能性加上了不必要的限制.

## 11. 结束语

在这篇关于集合理论的简短综述里, 我们叙述了自从它在 19 世纪末年创始以来的一些关键的发展. 从它在康托手上只是关于超穷数的数学理论起, 它现在已经发展成为关于无穷集合的一般理论和数学的基础. 有可能把整个经典数学统一在一个理论框架即 ZFC 下, 只是这个事实就已经是了不起的. 但是, 除此以外而且最为重要的是, 在集合理论中发展起来的技术, 例如可构造性、力迫、无穷组合学、大基数理论、决定性、波兰空间中的可定义集合的描述理论等等, 把集合论变成了一个具有很大的深度与魅力的学科, 它有许多漂亮的结果是对我们的想象力的刺激与挑战, 而且在许多领域, 如代数、拓扑学、实和复分析、泛函分析和测度理论中有许多应用. 在 21 世纪, 在集合理论内产生出来的思想和技术必将继续对于解决地位显著的、老的和新的数学问题做出贡献, 帮助数学家对于数学宇宙的复杂与浩瀚无边获得更深的洞察.

进一步阅读的文献

Foreman M, and Kanamori A, eds. 2008. *Handbook of Set Theory*. New York: Springer.

Friedman S D. 2000. *Fine Structure and Class Forcing*. De Gruyter Series in Logic and its
    Applications, volume 3. Berlin: Walter de Gruyter.

Hrbacek K, and Jech T. 1999. *Introduction to Set Theory*, 3[rd]edn. , revised and expanded.

New York: Marcel Dekker.

Jech T. *Set Theory*, 3$^{rd}$ edn. New York: Springer.

Kanamori A. 2003. *The Higher Infinite*, 2$^{nd}$ edn. Springer Monographs in Mathematics. New York: Springer.

Kechris A S. 1995. *Classical Descriptive Set Theory*. Graduate Texts in Mathematics. New York: Springer.

Kunen K. 1980. *Set Theory: An Introduction to Independence Proofs*. Amsterdam: North-Holland.

Shelah S. 1998. *Proper and Improper Forcing*. 2$^{nd}$ edn. New York: Springer.

Woodin W H. 1999. *The Axiom of Determinacy, Forcing Axioms, and the Nonstationary Ideal*. De Gruyter Series in Logic and Its Applications, volume 1. Berlin: Walter de Gruyter.

Zemam M. 2001. *Inner Model and Large Cardinals*. De Gruyter Series in Logic and Its Applications, volume 5. Berlin: Walter de Gruyter.

# IV.23 逻辑和模型理论

David Marker

## 1. 语言和理论

数理逻辑所研究的就是用于描述数学结构的形式语言, 并且告诉我们这些语言关于这些结构能够说些什么. 通过探讨它的句子有哪些对于它所描述的结构为真, 关于这个语言就能学到很多; 通过探讨可以用这个语言来定义的这个结构的子集合, 关于这个结构也就能学到很多. 在本文中, 我们将要看到这些语言的几个例子, 以及用它们来描述的结构的例子. 我们也将看到一个值得注意的现象的一些事例, 这个现象就是逻辑里面的定理, 有时可以用来证明一些表面上与逻辑无关的 "纯粹数学的" 结果. 这一节是一个导引, 将介绍一些为了理解以下各节所必须的基本概念.

我们所考虑的所有形式语言都是基本的逻辑语言 (记为 $\mathcal{L}_0$) 的扩充. 这个语言中的**命题**或称**公式**有以下的成分: 一是**变量**, 用字母或带有下标的字母来表示, 如 $x, y$, 或 $v_1, v_2, \cdots$; **括弧** "(" ")"; **等号** "="; **逻辑连词** $\wedge, \vee, \neg, \rightarrow, \leftrightarrow$, 分别读作 "与" "或" "非" "蕴含" "当且仅当"; **量词** $\exists$ 和 $\forall$, 读作 "存在" 和 "所有"(如果您对这些符号还不熟悉, 请先读一下条目**数学的语言和语法**[I.2], 然后再往下读). 下面就是 $\mathcal{L}_0$ 的公式的例子:

(i) $\forall x \forall y \exists z \, (z \neq x \wedge z \neq y)$;

(ii) $\forall x \, (x = y \vee x = z)$.

第一个公式的意思是: 如果有对象存在的话, 则至少有三个对象存在; 而第二个公式的意思是 $y$ 和 $z$ 是仅有的对象. 这两个公式有重要的区别: 第一个公式中的 $x, y$ 和 $z$ 都是**约束变量**, 就是都从属于量词, 受到量词的约束, 而在第二个公式中, 只有变量 $x$ 是**约束变量**, 而 $y$ 和 $z$ 是**自由变量**. 这意味着第一个公式表示关于一个数学结构的命题, 而第二个公式则不仅是关乎一个结构, 而且还关乎特定元素 $y$ 和 $z$.

有各种各样的规则能使我们从较小的公式建立起较大的公式. 这里不给出所有这些规则, 而只是作为例子给出: 如果 $\phi$ 和 $\psi$ 都是公式, 则 $\neg\phi, \phi \vee \psi, \phi \wedge \psi, \phi \rightarrow \psi$ 和 $\phi \leftrightarrow \psi$ 都是公式. 一般地说, 如果 $\phi$ 是从较小的公式 $\phi_1, \phi_2, \cdots, \phi_n$ 利用逻辑连词 (和括弧) 建立起来的, 就说 $\phi$ 是 $\phi_1, \phi_2, \cdots, \phi_n$ 的**布尔组合**, 它也是一个公式. 另一个修改公式的重要方法是量化, 就是说如果一个公式 $\phi(x)$ 中含有自由变量 $x$, 则 $\forall x \phi(x)$ 和 $\exists x \phi(x)$ 都是公式.

以上讨论的公式都是 "纯逻辑公式", 这使得它们在描述有趣的数学结构上用处不大. 例如, 如果我们要讨论实数域 [I.3§2.2] 上的代数方程和指数方程的实解, 那么可以把这个问题想作研究 "数学结构"

$$\mathbf{R}_{\exp} = (\mathbf{R}, +, \cdot, \exp, <, 0, 1),$$

右方是一个 "七元组", 其中包括实数集合 $\mathbf{R}$、二元运算加法和乘法、**指数函数** [III.25]、"小于" 关系以及 $0$ 和 $1$ 两个实数.

这个结构的各个成分当然是以各种方式互相联系着的, 但是, 除非把基本语言 $\mathcal{L}_0$ 加以扩充, 否则无法表示这些关系. 举一个例子, 如果我们想形式地表示指数函数变加法为乘法, 写下这件事的一个显然的方式是

(i) $\forall x \forall y \exp(x) \cdot \exp(y) = \exp(x + y)$.

这里有两个量词、两个约束变量 $x$ 和 $y$、一个等号, 但是公式的其余部分则是外加的元素如 "+" "·" 和 "exp". 所以, 如果要讨论 $\mathbf{R}_{\exp}$ 的结构, 那么就通过对语言 $\mathcal{L}_0$ 增加一些符号 "+" "·" "exp" "<" "0" "1", 而把它变成语言 $\mathcal{L}_{\exp}$. 当然, 这些新的符号又各有自己的句法的规则, 反映了例如 "+" 是一个二元运算, "exp" 是指数函数等等. 这些规则允许我们写出 $\exp(x + y) = z$ 这样的式子, 但是不允许写出 $\exp(x = y) + z$ 这样的式子.

下面再给出三个 $\mathcal{L}_{\exp}$ 公式:

(ii) $\forall x (x > 0 \rightarrow \exists y \exp(y) = x)$;

(iii) $\exists x \; x^2 = -1$;

(iv) $\exists y \; y^2 = x$.

我们把这三个公式解释为 "对于所有正的 $x$, 必定存在一个 $y$ 使得 $\mathrm{e}^y = x$", "$-1$ 是一个实数 $x$ 的平方" 以及 "$x$ 是一个平方数". 前三个公式都是关于 $\mathbf{R}_{\exp}$ 这

个数学结构的说明性的命题. 公式 (i) 和公式 (ii) 在 $\mathbf{R}_{\exp}$ 中都是真的, 而 (iii) 不真. 公式 (iv) 则不同, 因为其中的 $x$ 是自由变量. 这样, 它表示 $x$ 的一个性质 (例如, 当 $x = 8$ 时, 它是真的, 而当 $x = -7$ 时不真). 我们定义一个句子就是不含自由变量的公式. 如果 $\phi$ 是一个 $\mathcal{L}_{\exp}$ 句子, 则 $\phi$ 在 $\mathbf{R}_{\exp}$ 或者为真、或者不真.

如果 $\phi$ 是一个含有自由变量 $x_1, \cdots, x_n$ 的公式, 而 $a_1, \cdots, a_n$ 是实数, 则如果公式 $\phi$ 对于特定的序列 $(a_1, \cdots, a_n)$ 为真那么就记作 $\mathbf{R}_{\exp} \models \phi(a_1, \cdots, a_n)$, 而且就认为这个公式定义了一个集合

$$\{(a_1, \cdots, a_n) \in \mathbf{R}^n : \mathbf{R}_{\exp} \models \phi(a_1, \cdots, a_n)\},$$

就是这样一些序列 $(a_1, \cdots, a_n)$ 的集合, 如果把公式 $\phi$ 中的所有 $x_i$ 都换成相应的 $a_i$, 能够使此公式为真. 例如, 公式

$$\exists z \ \left(x = z^2 + 1 \wedge y = z \cdot \exp(\exp(z))\right)$$

就定义了一条用参数表示的曲线

$$\left\{\left(t^2 + 1, t e^{e^t}\right) : t \in \mathbf{R}\right\}.$$

再举一个说明另外一个重要问题的例子, 考虑结构 $(\mathbf{Z}, +, \cdot, 0, 1)$, 就是由整数、加法、乘法、0 和 1 构成的结构. 用来描述这个结构的语言就是**环的语言** $\mathcal{L}_{\mathrm{rng}} = \mathcal{L}(+, \cdot, 0, 1)$(这里列出的只是基本语言 $\mathcal{L}_0$ 之外还需要增的符号. 语言 $\mathcal{L}_{\mathrm{rng}}$ 中没有通常的表示 $\mathbf{Z}$ 上的次序的符号, 但是, 令人吃惊的是这个次序却可以用 $\mathcal{L}_{\mathrm{rng}}$ 中的符号来表示 (此事实并非显而易见, 我们鼓励读者在往下阅读之前先自己试着弄清楚怎样做这件事).

这里的窍门就在于应用拉格朗日[VI.22] 的一个著名定理: 每一个非负整数都是四个非负整数的平方之和. 由此可知, 命题 $x \geqslant 0$ 可以用下面的公式来定义:

$$\exists y_1 \exists y_2 \exists y_3 \exists y_4 \quad x = y_1^2 + y_2^2 + y_3^2 + y_4^2.$$

(当然我们也用到了负数不能写成 4 个平方之和. 还要注意, 如果我们知道的是每一个非负整数可以写成 100 个非负整数的平方和, 这个窍门还是可以用的). 一旦我们知道了一个表示命题 "$x$ 非负" 的方法, 再去定义 "$<$" 这个符号就不难了. 这件事有意思的方面是: 这种重新陈述并非显然的, 它依靠了一个真正的数学定理.

重要的是要知道一个公式要受到一些限制, 其中有两个特别要提到:

● 公式应该是有限的. 我们不允许下面这样的公式

$$\forall x > 0 \, (x < 1 \vee x < 1 + 1 \vee x < 1 + 1 + 1 \vee \cdots)$$

它表示的是 $\mathbf{R}$ 具有阿基米德性质这个事实 (如果许可这样的公式, 定义上面的 "$<$" 就容易多了).

- 量词只作用在这个结构的元素上, 而不能作用在元素的子集合上, 这就排除了下面这样的 "二阶公式"

$$\forall S \subseteq \mathbf{R}(\text{如果 } S \text{ 上有界, 则必有上确界}).$$

它通过让量词作用在 $\mathbf{R}$ 的所有子集合上来表示 $\mathbf{R}$ 的完备性. 因为我们只考虑 "一阶公式", 所以我们研究的就称为一**阶逻辑**.

在看了关于语言的几个例子以后, 现在我们来作一些比较一般的讨论. 一个**语言**基本上就是像 $\mathcal{L}_{\exp}$ 和 $\mathcal{L}_{\mathrm{rng}}$ 那样的东西, 就是符号的一个集合 (还要加上一些基本的逻辑符号) 以及关于如何使用这些符号的一些规则. 如果 $\mathcal{L}$ 是一个语言, 则一个 $\mathcal{L}$ **结构**就是一个数学结构, 而 $\mathcal{L}$ 的所有的句子都可以在其中得到解释 (这个概念在我们给出几个例子以后马上就会清楚了). 一个 $\mathcal{L}$ 理论 $T$ 就是若干 $\mathcal{L}$ 句子的集合, 而我们可以把这些句子想成是公理, 而一个 $\mathcal{L}$ 结构可能满足这些公理, 也可能不满足. 而 $T$ 的一个模型 $\mathcal{M}$ 则是一个 $T$ 中所有句子在适当解释以后均为真的 $\mathcal{L}$ 结构. 例如前面讲到的 $\mathbf{R}_{\exp}$ 就是前面讲到的 $\mathcal{L}_{\exp}$ 中的公式 (i) 和 (ii) 的模型 (同是这两个句子还有一个模型就是把指数函数换成 $2^x$, 把 "exp" 解释成这个函数所得的模型).

再举一个例子就可以更清楚地看到使用 "理论" 一词确有依据了, 这就是**群** [ I.3§2.1]的语言 $\mathcal{L}_{\mathrm{grp}} = \mathcal{L}(\circ, e)$ 这里 $\circ$ 是一个二元运算, 而 $e$ 是一个常量. 我们可以来看一下由下面三个句子构成的理论:

(i) $\forall x \forall y \forall z\; x \circ (y \circ z) = (x \circ y) \circ z$;

(ii) $\forall x\; x \circ e = e \circ x = x$;

(iii) $\forall x \exists y\; x \circ y = y \circ x = e$.

它们就是普通的群的公理. 所以相应的 $T$ 就是普通的群论.

为了在某个数学结构 $\mathcal{M}$ 中解释这个语言, 我们需要 $\mathcal{M}$ 中包含一个集合 $M$、一个二元运算 $f : M^2 \to M$ 以及一个元素 $a \in M$. 然后就把 "$\circ$" 解释为 $f$, "$e$" 解释为 $a$, 而量词取在 $M$ 上. 这样, 例如 (iii) 就解释为对于任意 $x \in M$ 必定可以找到一个 $y \in M$, 使得 $f(x, y) = a$. 在对 $\mathcal{L}_{\mathrm{grp}}$ 的符号作了如上的解释以后, $\mathcal{M}$ 就成了一个 $\mathcal{L}_{\mathrm{grp}}$ 结构. 如果再规定 (i)、(ii) 和 (iii) 为真, 这个 $\mathcal{L}_{\mathrm{grp}}$ 结构就是理论 $T_{\mathrm{grp}}$ 的一个模型. 因为句子 (i)—(iii) 就是群的公理, 所以理论 $T_{\mathrm{grp}}$ 的模型无非就是一个群.

我们说一个 $\mathcal{L}$ 句子 $\phi$ 是理论 $T$ 的**逻辑推论**, 并且记作 $T \models \phi$, 就是指 $\phi$ 对 $T$ 的任意模型都为真, 即在每一个结构中, 只要 $T$ 的任意句子都为真, 则 $\phi$ 也为真. 所以 "$\models$" 这个符号就有两个不同的意义, 视其左方是一个结构或者是一个理论而定. 然而这两种意义是密切相关的, 因为它们都涉及模型中的真理性. $\mathcal{M} \models \phi$ 指的

是 $\phi$ 在模型 $\mathcal{M}$ 中为真, 而 $T \models \phi$ 则指 $\phi$ 在 $T$ 的任意模型中为真. 不管是哪一种意义, "$\models$" 这个符号总是表示蕴含这个 "语义学的"(semantic) 概念.

回到群的例子, 如果 $\phi$ 是 $\mathcal{L}_{\mathrm{grp}}$ 的一个句子, 则 $T_{\mathrm{grp}} \models \phi$ 当且仅当 $\phi$ 在每一个群中均为真. 所以, 例如

$$T_{\mathrm{grp}} \models \forall x \forall y \forall z \ (xy \neq xz \lor y = z),$$

因为如果 $x, y$ 和 $z$ 是任意群的元素而且 $xy = xz$, 对此式双方都以 $x$ 的逆元左乘, 就会得到 $y = z$.

现在我们可以描述一下逻辑的几个基本问题.

(i) 给定一个 $\mathcal{L}$ 理论, 能否判定一个句子 $\phi$ 是它的逻辑推论? 如果能, 又怎样判定?

(ii) 给定一个我们感兴趣的数学结构, 例如 $\mathbf{R}_{\mathrm{exp}}$ 或 $(\mathbf{N}, +, \cdot, 0, 1)$ 或复数域, 以及描述这个结构的一个语言 $\mathcal{L}$. 能否判定哪些句子对这些结构为真?

(iii) 给定一个用某种语言描述的结构, 这个结构的哪些可用这个语言来描述的子集合有特殊的性质? 它们是否在某种意义下是 "简单的"? 例如我们在前面看到了怎样用 $\mathcal{L}_{\mathrm{exp}}$ 来定义平面上的某条曲线. 现在考虑一个非常复杂的集合如康托集合[III.17] 或芒德布罗集合[IV.14§2.8]. 能否证明这个集合因为在某种意义下太 "复杂", 所以不可能在 $\mathcal{L}_{\mathrm{exp}}$ 中定义?

## 2. 完全性和不完全性

令 $T$ 为一 $\mathcal{L}$ 理论, $\phi$ 为一 $\mathcal{L}$ 句子. 为了证明 $T \models \phi$, 需要证明 $\phi$ 在 $T$ 的每一个模型中均成立. 要核验 $T$ 的所有模型, 听起来是一件吓人的任务, 但是有幸的是, 这样做并不必要, 我们可以以用一个**证明**来完成这件事. 数理逻辑的首先的任务之一就是精确地说明这是什么意思.

于是, 假设 $\mathcal{L}$ 是某个语言, $T$ 是其中的一些句子的集合, 即一个 $\mathcal{L}$ 理论. 也设 $\phi$ 是 $\mathcal{L}$ 中的一个公式. 非形式地说, 所谓 $\phi$ 的证明就是假设 $T$ 中的命题而来最终确定 $\phi$. 这个思想可以形式地表述如下: 由 $T$ 到 $\phi$ 的证明就是受到以下限制的一串 (有限多个)$\mathcal{L}$ 公式 $\Psi_1, \cdots, \Psi_m$(它们可以想成是一个证明的各行) 且有下面的性质:

(i) 每一个 $\psi_i$ 或为一个逻辑公理或一个 $T$ 的句子或一个由以前的公式 $\Psi_1, \cdots, \Psi_{i-1}$ 按简单的逻辑规则导出的公式;

(ii) $\psi_m = \phi$.

我们不来准确地说明 "简单的逻辑规则" 是什么, 下面只举出三个例子:

- 由 $\phi$ 和 $\psi$ 可以导出 $\phi \land \psi$;
- 由 $\phi \land \psi$ 可以导出 $\phi$;

- 由 $\phi(x)$ 可以导出 $\exists v\phi(v)$.

其他可能的规则也一样初等.

关于证明, 有三件事需要强调. 首先, 证明必须是有限的, 这似乎简单得不值一提, 但它却是重要的, 因为它有一些重要的推论. 其次, 证明必须是**可靠**(sound) ①的: 就是说如果在 $T$ 中有 $\phi$ 的一个证明, 则 $\phi$ 在 $T$ 的每一个模型中都为真. 为了更简洁地表示这一点, 引入一个记号 $T \vdash \phi$ 来表示下面的命题:"在 $T$ 中存在 $\phi$ 的一个证明". 于是可靠性就是这样一个断言: 如果 $T \vdash \phi$, 则 $T \models \phi$. 这就是为什么只要找到一个证明而不必考虑 $T$ 的每一个模型就知道 $\phi$ 在每一个模型中都为真. 第三, 很容易验证一串句子是否为一个证明. 准确一点说, 有一个算法来检验序列 $\psi_1, \cdots, \psi_m$, 并且判定它是否就是 $\phi$ 在 $T$ 中的证明.

如果 $\phi$ 可以在 $T$ 中证明, 则 $\phi$ 在 $T$ 的所有模型中均为真, 这一点并不让人吃惊. 更加值得注意的是其逆也是真的: 如果 $\phi$ 不能在 $T$ 中证明, 则必定有 $T$ 的一个模型使 $\phi$ 在其中不真. 这告诉我们, 两个不同的概念 —— 一个是关于 "证明" 的有穷的句法概念, 另一个是关于 "逻辑推论" 的在模型中的真理性的语义概念 —— 完全一致. 这个结果以哥德尔完全性定理 (Gödel's completeness theorem) 之名见称于世. 下面是它的形式的陈述

**定理**   令 $T$ 为一个 $\mathcal{L}$ 理论, 而 $\phi$ 为一个 $\mathcal{L}$ 句子. 则 $T \models \phi$ 当且仅当 $T \vdash \phi$.

假设 $T$ 是一个像 $T_{\mathrm{grp}}$ 那样很简单的理论, 其中确有一个算法来判定一个句子是否在 $T$ 中. (在 $T_{\mathrm{grp}}$ 中这个算法是特别简单的, 但是有些理论中的句子可以有无穷多个). 这时我们可以写出一个计算机程序, 使得若以 $\phi$ 为输入, 则会系统地生成由 $T$ 到一个句子的所有可能的证明 $\sigma$、并且检验这个 $\sigma$ 是否 $\phi$ 的证明. 如果这个程序找到了 $\phi$ 的一个证明, 则就会停机, 而且告诉我们 $T \models \phi$. 我们说 $\{\phi : T \models \phi\}$**是递归可枚举的**.

然而, 我们还可以期望得到更多. 如果 $T \not\models \phi$, 这个程序就会一直搜索下去, 而不会告诉我们: 没有 $\phi$ 的证明. 如果有这样的计算机程序, 当输入一个 $\mathcal{L}$ 句子 $\phi$ 时, 它总会停机并且以这种或那种方式告诉我们、是否有 $T \models \phi$, 我们就说, $\mathcal{L}$ 理论 $T$ 是**可判定的**. 这样一个程序比仅仅去核验所有可能的 $\sigma$ 要好得多, 不幸, 这样一个程序不一定存在, 因为**哥德尔**[VI.92] 在他的著名的**不完全性定理**[V.15] 里面证明了许多重要的理论都是不可判定的. 下面就是他的这个定理的第一个版本, 是关于自然数的理论的 (或简称为理论 **N**), 这个理论就是语言 $\mathcal{L}_{\mathrm{rng}}$ 中在结构 $(\mathbf{N}, +, \cdot, 0, 1)$ 中为真的句子的集合.

**定理**   自然数的理论是不可判定的.

初看起来这个定理有点怪, 说到底, 如果 $T$ 是 **N** 的理论, 则 $T$ 包含了关于 **N**

① 在条目**计算复杂性**[IV.20§5.3] 中讲到证明系统时, 也提到可靠性 (soundness) 的要求, 在那里, 可靠就是 "不真的命题没有证明" 与这里的说法相似.—— 中译本注

的所有真句子. 所以, 一个句子 $\phi$ 可以在 $T$ 中证明当且仅当它有一个 1 行的证明 (这一行就是 $\phi$ 自身). 然而这并没有使 $\phi$ 成为可判定的, 因为 $T$ 是一个很复杂的理论, 而没有一个算法来决定 $\phi$ 是否属于 $T$.

证明这个不完全性定理的一种途径是对每一个计算机程序都赋予一个自然数, 使得关于计算机程序的命题都被改写成了一个关于自然数的命题. 于是 $\mathbf{N}$ 的理论就可以用来决定程序 $P$ 对于输入 $x$ 会不会停机, 这样就解决了所谓**停机问题**. 但是因为图灵[VI.94] 已经证明了停机问题是不可判定的, 所以自然数的理论也是不可判定的.

我们要怎样才能了解 $\mathbf{N}$ 的理论呢? 我们可能希望找到一个小得多的理论也能给出同样的真的句子. 就是说, 我们希望找到一组简单的公理, 使得每一个真句子都能从这些公理导出. 一个好的候选者是一阶佩亚诺[VI.62] 算术, 简记为 PA, 这是语言 $\mathcal{L}(+, \cdot, 0, 1)$ 中的一个理论, 其中含有几个关于加法和乘法的公理, 例如

$$\forall x \forall y \, x \cdot (y+1) = x \cdot y + x,$$

还有一些关于归纳法的公理.

我们为什么需要**一些**归纳法的公理? 理由是关于算术归纳法的显然的命题

$$\forall A \, (0 \in A \wedge \forall x \, x \in A \to x+1 \in A) \to \forall x \, x \in A,$$

并不是一个一阶句子, 因为这里的量词是用于 $\mathbf{N}$ 的所有子集合 $A$ 上的 (它也不是语言 $\mathcal{L}_{\mathrm{rng}}$ 里面的句子, 因为它还使用了符号 $\in$. 但是这个问题并没有那么基本的重要性). 为了绕过这个困难, 我们对每一个公式 $\phi$ 都给出一个单独的归纳公理如下:

$$[\phi(0) \wedge \forall x \, (\phi(x) \to \phi(x+1))] \to \forall x \phi(x).$$

用文字来表述, 即如果 $\phi(0)$ 为真, 而且当 $\phi(x)$ 为真时, $\phi(x+1)$ 也为真, 则对于 N 中的所有 $x, \phi(x)$ 为真.

数论的绝大部分都可以在 PA 中形式化, 我们希望对于每一个在 $\mathbf{N}$ 中为真的 $\phi$ 都有 PA $\vdash \phi$. 可惜这一点不真. 下面是哥德尔不完全定理的第二种版本. 注意, $\mathbf{N} \models \Psi$ 就是指 $\psi$ 在 $\mathbf{N}$ 中为真.

**定理** 存在一个句子 $\psi$ 使得 $\mathbf{N} \models \psi$, 但是 PA $\nvdash \psi$.

这个结果有另一种表述方式即有如下的等价的命题, 就是说存在一个句子 $\psi$, 使得既有 PA $\nvdash \psi$, 又有 PA $\nvdash \neg \psi$. 想要看出这是一个等价的命题, 令 $\psi$ 为任意的句子, 则 $\psi$ 和 $\neg \psi$ 中恰好有一个为真. 因此, 如果这个定理不真, 则 PA 必定证明 $\psi$ 或 $\neg \psi$. 这意味着只需要简单地搜索 PA 的所有证明, 就总能够找到 $\psi$ 的证明或者找到 $\neg \psi$ 的证明.

哥德尔关于一个真的但是不可证明的句子的原来的例子是一个自指句, 它基本上就是

"我不能在 PA 中得到证明."

更准确地说, 哥德尔找到了一个句子 $\psi$, 而且证明了 $\psi$ 为真当且仅当 $\psi$ 不能从 PA 得到证明. 他用更多的工作找到了一个不能在 PA 中证明的句子, 这就是

"PA 是相容的."

这个句子的多少有点造作的元数学性质, 可能会引导人们希望所有 "在数学上有趣的关于 **N** 的句子都已经由 PA 解决了". 但是, 更晚一些的工作使得这一点也成了泡影, 因为在有限的组合学中就存在与拉姆齐定理[IV.19§2.2] 有关的不可判定的命题.

不可判定性也以非常基本的方式出现在数论中. **希尔伯特第十问题**就是: 是否存在一个算法来判定整系数多项式 $p(X_1, \cdots, X_n)$ 有无整数零点. Davis (Martin David Davis, 1928–, 美国数学家), Matiyasevich (Yuri Vladimirovich Matiyasevich, 1947–, 前苏联数学家), Putnam (Hilary Whitehall Putnam , 1926–, 美国数学家和哲学家), 鲁宾逊 (Julia Hall Bowman Robinson, 1919–1985, 美国数学家) 证明了不存在这种算法.

**定理**　对于任何递归可枚举集合 $S \subseteq \mathbf{N}$, 存在一个自然数 $n > 0$, 以及 $p(X, Y_1, \cdots, Y_n) \in \mathbf{Z}[X, Y_1, \cdots, Y_n]$, 使得 $m \in S$ 当且仅当 $p(m, Y_1, \cdots, Y_n)$ 有整数零点.

因为停机问题给出了一个不可判定的递归可枚举集合, 所以希尔伯特第十问题的答案为否. 一个重要的未解决的问题是: 是否存在一个算法来判定一个具有有理系数的多项式有有理的零点. 在条目停机问题的不可解性[V.20] 中也讨论了希尔伯特第十问题, 不可判定性的其他有趣的例子可以在条目几何和组合群论[IV.10] 中找到.

### 3. 紧性

一个理论 $T$ 称为**可满足的**, 如果存在一个结构满足 $T$ 的一切句子 (换句话说, 就是 $T$ 有一个模型). 如果从 $T$ 不会导出矛盾, 就称 $T$ 为**相容的**. 因为我们的证明系统是可靠的, 任意可满足的理论就都是相容的. 另一方面, 如果 $T$ 不是可满足的, 那么任意句子 $\phi$ 都是 $T$ 的一个逻辑推论. 其理由是平凡不足道的, 因为找不到 $T$ 的模型使得 $\phi$ 在其中为真. 但是完全性定理告诉我们, 对于每一个 $\phi$ 都有 $T \vdash \phi$. 现在, 例如取形状为 $\psi \wedge \neg \psi$ 的矛盾的命题, 就看到了 $T$ 是不相容的. 完全性定理的这个表述有以下的简单的推论, 称为**紧性定理**, 后来证明它是惊人的重要的定理.

**定理**　如果 $T$ 的每一个有限子集合都是可满足的, 则 $T$ 也是可满足的.

这个定理为真的理由在于, 如果 $T$ 是不可满足的, 则它也是不相容的 (这一点

我们刚才看到), 这说明可以在 $T$ 中证明一个矛盾. 因为这个证明是有限的 (所有的证明都是有限的), 它只涉及有限多个 $T$ 的句子. 所以 $T$ 有一个有限的子集合蕴含着矛盾, 这与 $T$ 的任意有限子集合都是可满足的相矛盾.

虽然紧性定理是完全性定理的一个简单的推论, 它却有许多直接的、非常有趣的推论, 而且是模型理论的许多结构的核心. 下面是两个简单的应用, 表明理论可以有预想不到的模型. 第一个是关于无穷的模型. 如果 $\mathcal{M}$ 是一个 $\mathcal{L}$ 结构, 那么用 $\mathrm{Th}(\mathcal{M})$ 来表示 $\mathcal{M}$ 的**理论**, 就是在 $\mathcal{M}$ 中为真的全部 $\mathcal{L}$ 句子的集合. 我们也把早前的记号 $\mathcal{M} \models \phi$ 从 $\phi$ 是单个公式的情况推广到公式的集合的情况, 于是, 如果 $\mathcal{M}$ 是一个 $\mathcal{L}$ 结构, 而 $T$ 是一个 $\mathcal{L}$ 理论, 则 $\mathcal{M} \models T$ 就表示 $T$ 中的每一个句子都在 $\mathcal{M}$ 中为真, 也就是说 $\mathcal{M}$ 是 $T$ 的一个模型.

**推论**　存在一个 $\mathcal{L}_{\mathrm{exp}}$ 结构 $\mathcal{M}$, 其中包含一个无穷元素 $a$(就是说适合条件 $a > 1, a > 1 + 1, a > 1 + 1 + 1$, 等等的元素), 使得 $\mathcal{M} \models \mathrm{Th}(\mathbf{R}_{\mathrm{exp}})$.

这个推论说的就是存在一个结构 $\mathcal{M}$、使得在其中所有关于 $\mathbf{R}_{\mathrm{exp}}$ 为真的命题仍然为真, 但是 $\mathcal{M}$ 又与 $\mathbf{R}_{\mathrm{exp}}$ 不同, 因为其中含有无穷元素. 为了证明这样一个结构存在, 我们在这个语言中增加一个常量符号 $c$, 并且考虑这样的理论 $T$, 它由 $\mathrm{Th}(\mathbf{R}_{\mathrm{exp}})$ 中的所有句子 (就是关于 $\mathbf{R}_{\mathrm{exp}}$ 的所有真命题) 加上以下命题的无穷序列 $c > 1, c > 1+1, c > 1+1+1$ 等等构成. 如果 $\Delta$ 是 $T$ 的一个有限子集合, 则只需要把 $c$ 解释为一个充分大的实数 —— 大到能够满足 $\Delta$ 中的所有形状如 $c > 1+1+\cdots+1$ 的命题 —— 就能够使 $\mathcal{M}$ 成为 $\Delta$ 的一个模型, 既然已经作出 $T$ 的每一个有限子集合 $\Delta$ 的模型, 则紧性定理告诉我们也可以作出 $T$ 的模型. 如果 $\mathcal{M} \models T$, 则以 $c$ 为名的元素就一定是无穷元素.

元素 $1/a$ 将是 $\mathcal{M}$ 中的**无穷小元素**(意思是它满足这样一个命题, 这个命题基本上是说这个元素对于每一个自然数 $n$ 都比 $1/n$ 小). 这一点就是严格地发展无穷小演算的第一步.

作为第二个例子, 令 $= \mathcal{L}_{\mathrm{rng}} = \mathcal{L}(+, \cdot, 0, 1)$ 是环的语言. 令 $T$ 是所有的在每一个有限域中为真的 $\mathcal{L}$ 句子的集合. 称 $T$ 为有限域的理论. 回忆一下, 找出最小的 $p$ 使得在此域中 $p$ 个 1 之和为零: $1+1+\cdots+1 = 0$(这个 $p$ 必为素数), 并称 $p$ 为这个域的特征, 而这个域就称为特征 $p$ 的域. 如果这样的 $p$ 不存在, 就称这个域有特征 0. 这样, $\mathbf{Q}, \mathbf{R}$ 和 $\mathbf{C}$ 都有**特征**0.

**推论**　存在一个特征 0 的域 $F$ 使得 $F \models T$.

这个结果告诉我们, 不可能有一组公理来刻画有限域: 给定任何一组在所有有限域中都为真的命题, 必定有一个无限域使它们在这个无限域中也为真. 为了证明这个推论, 考虑这样一个理论 $T'$, 它由 $T$ 以及以下的各个命题构成: $1+1 \neq 0, 1+1+1 \neq 0$ 等等. $T'$ 的命题的任意有限集合对于特征充分大的有限域都是成立的, 因此是可满足的. 由紧性定理, $T'$ 也是可满足的, 但是 $T$ 的模型很清楚一定是特征零的.

紧性定理有时可以用来证明有趣的代数界限的存在. 下面的结果允许我们从希尔伯特零点定理[V.17] 导出其更强的 "定量的版本". 我们在此第一次见到这样的例子: 一个看来本不是逻辑性质的命题却可以用逻辑来证明. 回忆一下, 我们说一个域是**代数闭**的, 如果每一个系数在此域中的多项式都在此域中有根 (代数的基本定理[V.13] 说的就是 **C** 是一个代数闭域).

**命题**　对于任意三个正整数 $n, m, d$ 必定存在一个正整数 $l$, 使得如果 $K$ 是一个代数闭域, 而 $f_1, \cdots, f_m$ 是含 $n$ 个变量而系数在 $K$ 中的多项式, 其次数最高为 $d$、而且没有公共零点, 则一定存在次数最多为 $l$ 的多项式 $g_1, \cdots, g_m$, 使得 $\sum g_i f_i = 1$.

希尔伯特零点定理也就是这个命题, 不过其中没有包含关于多项式 $g_i$ 的次数的额外的信息.

为了看到这个命题是怎样证明的, 我们限于 $n = d = 2$ 的情况. 这完全是为了记号比较简单而已: 在参数更大的情况, 证明是几乎完全相同的. 对于从 1 到 $m$ 中的任意一个 $i$, 令

$$F_i = a_i X^2 + b_i Y^2 + c_i XY + d_i X + e_i Y + f_i.$$

对于每一个 $k$ 写出一个公式 $\varphi_k$, 此公式断言不存在次数最高为 $k$ 的多项式 $G_1, \cdots, G_m$ 使得下式成立: $1 = \sum F_i G_i$. 令 $T$ 为代数闭域的理论, 加上公式 $\phi_1, \phi_2, \cdots$ 以及多项式 $F_1, F_2, \cdots, F_m$ 没有公共零点这个论断. 如果没有一个正整数 $l$ 满足命题中的结论, 则 $T$ 的每一个有限子集合都是可满足的. 因此由紧性定理, $T$ 也是可满足的, 但是又不可能找到多项式 $G_1, \cdots, G_m$ 使得 $\sum G_i F_i = 1$. 这与希尔伯特零点定理相矛盾.

注意, 在上面的论证中, 我们对于 $l$ 对 $n, m$, 和 $d$ 的依赖关系未置一词. 这是因为这个证明并没有真正给出一个界: 它只是说必定有某个界存在. 然而, 近来已经发现了很好的界, 关于这一点, 可以参看条目代数几何[IV.4].

## 4. 复域

塔斯基[VI.87]的一个结果是哥德尔的不完全定理的惊人的对应物, 这个结果就是: 实数域和复数域的理论都是**可判定的**. 这些结果的关键在于一个称为**量词的消除**(quantifier elimination) 的方法. 如果我们有一个关于自然数的无量词的公式, 很容易判定它是否为真. 希尔伯特第十问题的否定的解决说明了只要我们开始添加存在量词 (例如在断定多项式有零点存在时就加上了存在量词), 就离开了可判定的领域了.

所以, 当我们想要证明一个公式是可判定时, 如果能找到一个不含量词的等价的公式是会很有用的, 而在有些情况下这又是可能做到的. 例如令 $\varphi(a, b, c)$ 是以

下公式

$$\exists x\ ax^2 + bx + c = 0.$$

通常的解二次方程的规则告诉我们, 只要 $a \neq 0$, 此式在 $\mathbf{R}$ 中为真当且仅当 $b^2 \geqslant 4ac$. 所以, $\mathrm{R} \models \phi(a,b,c)$ 当且仅当

$$\left[(a \neq 0 \land b^2 - 4ac \geqslant 0) \lor (a = 0 \land (b \neq 0) \lor (c = 0))\right].$$

对于复数, 很容易看到 $\mathbf{C} \models \phi(a,b,c)$ 当且仅当

$$a \neq 0 \lor b \neq 0 \lor c = 0.$$

不论是哪种情况, $\phi(a,b,c)$ 总是等价于一个不含量词的公式.

再看第二个例子, 令 $\phi(a,b,c,d)$ 是下面的公式

$$\exists x \exists y \exists u \exists v\, (xa + yc = 1 \land xb + yd = 0 \land ua + vc = 0 \land ub + vd = 1).$$

公式 $\phi(a,b,c,d)$ 是断言矩阵 $\begin{pmatrix} a & b \\ c & d \end{pmatrix}$ 为可逆的显然的方式. 然而, 如果应用行列式[III.15] 来检验, 则对于任意的域 $F$, $F \models \phi(a,b,c,d)$ 当且仅当 $ad - bc \neq 0$. 这样, 逆矩阵的存在可以用无量词的公式 $ad - bc \neq 0$ 来表示.

塔斯基证明了在代数闭域中恒可消除量词.

**定理** *对于任意的 $\mathcal{L}_{\mathrm{rng}}$ 公式 $\phi$, 恒有一个无量词公式 $\psi$ 存在, 使得在任意代数闭域上, $\phi$ 和 $\psi$ 互相等价.*

塔斯基还进一步给出了消除量词的显式算法.

上面给出的两个无量词公式都是形如 $p(v_1, \cdots, v_n) = q(v_1, \cdots, v_n)$ 的公式的有限布尔组合, 其中 $p$ 和 $q$ 都是具有整系数的 $n$ 元多项式. 不难看到, 这一点对于任意的无量词 $\mathcal{L}_{\mathrm{rng}}$ 公式都是对的. 由此可知, 任意的无量词 $\mathcal{L}_{\mathrm{rng}}$句子都特别简单: 如果不允许自由变量又不允许量词, 那就不能有任意变量. 所以多项式 $p$ 和 $q$ 就必须是常量, 这意味着所有的无量词 $\mathcal{L}_{\mathrm{rng}}$ 句子都是 $k = l$ 形状的公式 ($k = l$ 是 $1 + 1 + \cdots + 1 = 1 + 1 + \cdots + 1$ 的简写, 式左有 $k$ 个 1, 式右有 $l$ 个 1) 的有限布尔组合.

这就引导到了可判定的领域. 如果我们想要知道是否 $\mathbf{C} \models \phi$, 我们就用塔斯基的算法把 $\phi$ 转换成一个等价的无量词句子. 但是这种句子的非常简单的形状就使得它是否为真容易判定.

我们将在本节余下的部分再看塔斯基定理的其他推论. 第一个推论是, 用语言 $\mathcal{L}_{\mathrm{rng}}$ 的句子不能区别具有相同特征的不同的代数闭域. 就是说, 如果 $\phi$ 是在某个特

征为 $p$(允许为零) 的代数闭域中为真的 $\mathcal{L}_{\mathrm{rng}}$ 句子, 则它在任意特征为 $p$ 的代数闭域中均为真.

为了弄明白为什么是这样, 令 $K$ 和 $L$ 是两个特征为 $p$ 的代数闭域, 而且设 $K \models \phi$(即 $\phi$ 在 $K$ 中为真). 当 $p=0$ 时, 令 $k$ 为域 $\mathbf{Q}$, 而 $p \neq 0$ 时, 令 $k$ 为具有 $p$ 个元素的域. 塔斯基定理告诉我们, 存在一个无量词的句子 $\psi$, 在所有的特征为 $p$ 的代数闭域中等价于 $\phi$. 然而无量词的 $\mathcal{L}_{\mathrm{rng}}$ 句子的极端简单的本性意味着它们在任意给定的域中的真与否只依赖于元素 $0, 1, 1+1$ 等等. 所以

$$K \models \psi \Leftrightarrow k \models \psi \Leftrightarrow F \models \psi.$$

因为 $K \models \phi$, 而且 $\phi$ 和 $\psi$ 在所有的特征为 $p$ 的代数闭域中为等价, 所以也有 $F \models \phi$.

这个定理还有一个推论, 就是一个 $\mathcal{L}_{\mathrm{rng}}$ 句子在复数域中为真当且仅当它在代数数域 $\mathbf{Q}^{\mathrm{alg}}$ 中为真 (回忆一下, 代数数就是整系数多项式的根. 正如我们所希望的, 代数数形成一个代数闭域, 虽然这一点并非完全显然的事情). 这样, 很让人吃惊的是, 如果我们想要证明关于 $\mathbf{Q}^{\mathrm{alg}}$ 的什么事情, 就有一个选择: 可以完全在复数域中用复分析来作这件事; 类似地, 如果我们想要证明关于 $\mathbf{C}$ 的什么事, 也可以在 $\mathbf{Q}^{\mathrm{alg}}$ 中用数论的方法来作, 如果这样做比较容易的话.

把这些思想与完全性定理结合起来, 可以得到另一个有用的工具. 如果 $\phi$ 是一个 $\mathcal{L}_{\mathrm{rng}}$ 句子, 则以下各点都是等价的:

(i) 在每一个特征为 0 的代数闭域中 $\phi$ 为真;

(ii) 对于某一个 $m>0$, $\phi$ 在每一个特征为 $p>m$ 的代数闭域中为真;

(iii) 存在一个充分大的 $p$ 使得 $\phi$ 在某个特征为 $p$ 的代数闭域中为真.

现在来看一下为什么这三点是等价的. 先设在每一个特征为 0 的代数闭域中 $\phi$ 为真. 完全性定理指出可以从代数闭域的各个公理, 加上 $1 \neq 0, 1+1 \neq 0, 1+1+1 \neq 0$ 等等句子得出 $\phi$ 的一个**证明**. 因为证明就是公式的有限序列, 所以一定存在一个 $m$ 使得这个证明只用到这些句子的前 $m$ 个 (就是不必用到这些句子的全部). 如果 $p$ 是大于 $m$ 的素数, 则这个证明表明, $\phi$ 在特征为 $p$ 的代数闭域中成立, 因为我们所用到的全部句子都在其中成立.

我们刚才证明了 (i) 蕴含 (ii). (ii) 很显然蕴含 (iii). 为了证明 (iii) 蕴含 (i), 设 (i) 不真, 所以有一个特征为 0 的代数闭域, 使得 $\neg\phi$ 在其中为真. 然后由上面已经证明的原理, 知道 $\neg\phi$ 在每一个特征为 0 的代数闭域中都为真. 因为 (i) 蕴含 (ii), 所以有一个 $m$ 存在, 使得 $\neg\phi$ 在每一个特征为 $p>m$ 的代数闭域中为真. 所以 (iii) 不成立.

Ax (James Burton Ax, 1937–2006, 美国数学家) 找到了这个定理的一个有趣的应用. 那又是与逻辑无关但是可以用逻辑来证明的命题的另一个例子. 它似乎比上面的例子更加惊人, 因为在事后也看不出它有逻辑的内容.

**定理** 如果一个由 $\mathbf{C}^n$ 到 $\mathbf{C}^n$ 的多项式映射是单射, 那么它必定也是满射.

这个结果的证明后面的基本思想确实是很简单的. 值得注意的是, 这样简单的思想居然有用. 那就是这样一点观察: 如果 $k$ 是一个有限域, 则每一个由 $k^n$ 到 $k^n$ 的多项式单射都是满射. 这件事的成立是因为每一个由有限集合到其自身的单射都自动地是满射.

我们怎样来利用这一点观察呢? 前面的结果告诉我们, 在好几个情况下, 一个命题在某个域中成立当且仅当它们在另一个域中也成立. 我们要利用这些结果把我们的问题从 $\mathbf{C}$ 中 (在那里, 这是一个很难的问题) 转移到有限域中 (在这里, 它是一个不足道的问题). 第一步是常规的习题, 就是证明对每一个正整数 $d$ 都存在一个 $\mathcal{L}_{\mathrm{rng}}$ 句子 $\phi_d$ 表示以下的事实: 每一个单射的由 $F^n$ 到 $F^n$ 的由 $n$ 个最高为 $d$ 次的多项式实现的多项式映射都是满射. 我们想要证明, 当 $F = \mathbf{C}$ 时, 所有的句子 $\phi_d$ 都是真的.

前面定理中的等价性蕴含着, 只需要证明当 $F$ 就是域 $\mathbf{F}_p^{\mathrm{alg}}$ 时句子 $\phi_d$ 为真就行了, 这里 $\mathbf{F}_p^{\mathrm{alg}}$ 就是 $p$ 元素域的代数闭包 (可以证明, 任意域 $F$ 都包含在一个代数闭域内, 而 $F$ 的代数闭包就是包含 $F$ 的最小代数闭域). 然后再设某一个 $\phi_d$ 在 $\mathbf{F}_p^{\mathrm{alg}}$ 中不成立. 于是必有一个单射的多项式映射 $f$ 从 $(\mathbf{F}_p^{\mathrm{alg}})^n$ 到 $(\mathbf{F}_p^{\mathrm{alg}})^n$ 不是满射. 因为 $\mathbf{F}_p^{\mathrm{alg}}$ 的每一个有限子集合都包含在一个有限子域中, 所以必有一个有限子域 $k$ 使得定义映射 $f$ 的 $n$ 个多项式的系数都在 $k$ 中, 由此又知道 $f$ 映 $k^n$ 到 $k^n$. 此外, 在必要时扩大 $k$, 又可以保证必定存在 $k^n$ 的元素不是 $f$ 的像. 但是现在我们已经成功地转移到一个有限域上, 这个函数 $f : k^n \to k^n$ 就成了一个有限集合上的单射而不是满射, 这就是一个矛盾.

量词的消除还有其他的应用. 令 $F$ 为一个域, $K$ 为 $F$ 的子域, $\Psi(v_1, \cdots, v_n)$ 为一个无量词的公式, 而 $a_1, \cdots, a_n$ 为 $K$ 的元素. 因为正如我们已经提到过的, 无量词公式就是多项式的等式的布尔组合, 命题 $\Psi(a_1, \cdots, a_n)$ 只涉及 $K$ 的元素, 所以当且仅当它在 $F$ 中为真时才在 $K$ 中为真. 通过量词的消去, 若 $K$ 和 $F$ 为代数闭域, 则对所有的公式 $\psi$ 而不仅是对无量词公式, 上述这一点也都是对的. 从这一个观察就知道, 我们可以证明希尔伯特零点定理的 "弱形式"(这个证明需要对于环论[III.81] 的基础比较熟悉. 我们将用 $K[X]$ 来记多项式环 $K[X_1, \cdots, X_n]$, 而用 $\bar{v}$ 来记 $n$ 元组 $(v_1, \cdots, v_n)$). 于是有

**命题** 设 $K$ 为一个代数闭域, $P$ 为 $K[\boldsymbol{X}]$ 的素理想, $g$ 为 $K[\boldsymbol{X}]$ 的不在 $P$ 中的多项式. 于是必有 $K^n$ 中的某个 $a = (a_1, \cdots, a_n)$ 使得对于每一个属于 $P$ 的 $f$ 有 $f(a) = 0,$, 但是 $g(a) \neq 0$.

**证明** 令 $F$ 为整域 $K[\boldsymbol{X}]/P$ 的分数域的代数闭包. 我们可以把 $F$ 看成 $K$ 的扩域, 而有自然的同态 $\eta : K[\boldsymbol{X}] \to F$. 令 $b_i = \eta(X_i)$ 而 $b = (b_1, \cdots, b_n) \in F^n$. 于是, 对于一切 $f \in P$ 有 $f(b) = 0$, 但 $g(b) \neq 0$. 我们想在 $K$ 中找到一个这样的元素.

因为多项式环的理想是有限生成的, 所以可以找到 $f_1, \cdots, f_m$ 生成 $P$. 句子

$$\exists v_1 \cdots \exists v_n \left(f_1\left(\bar{v}\right) = \cdots = f_m\left(\bar{v}\right) = 0 \wedge g\left(\bar{v}\right) \neq 0\right)$$

在 $F$ 中为真, 所以它在 $K$ 中也为真, 而且可以找到 $a \in K^n$ 使得每一个 $f \in P$ 均在 $a$ 处为 0, 但是 $g(a) \neq 0$. 证毕.

注意, 上面的证明的基本构造和关于 $\mathbf{C}^n$ 上的多项式映射的证明构造是一样的. 其基本思想是在一个不同的域中把主意想出来, 在我们的情况, 这个不同的域就是 $F$, 在那里这个结果是容易证明的, 然后再用逻辑的思想在我们本来关心的域即在 $K$ 中把结果导出来.

### 5. 实域

环的语言 $\mathcal{L}_{\text{rng}}$ 中的消去量词的方法在实数域中是不能用的. 例如句子

$$\exists y \ x = y \cdot y,$$

它表示的是 "$x$ 是一个平方数", 在环的语言中就不等价于一个无量词的句子. 当然, $x$ 是一个平方数当且仅当 $x \geqslant 0$. 所以, 我们不能够消除这个量词, 除非我们准备再添加一个新的符号来在我们的语言中引入次序. 塔斯基的一个惊人的结果指出, 这是消去量词的唯一的障碍.

令 $\mathcal{L}_{\text{or}}$ 为有序环的语言, 它就是环的语言再加上一个表示次序的符号 "$<$". 哪些 $\mathcal{L}_{\text{or}}$ 句子在实域中为真? $\mathbf{R}$ 中的某些可以在 $\mathcal{L}_{\text{or}}$ 中形式化的性质有

(i) 有序域的公理. 如句子

$$\forall x \forall y \ (x > 0 \wedge y > 0) \to x \cdot y > 0;$$

(ii) 多项式的中间值性质, 即如果 $p(x)$ 是一个多项式, 而且存在 $a$ 和 $b$ 使得 $a < b$ 且 $p(a) < 0 < p(b)$, 则一定存在实数 $c$ 使得 $a < c < b$ 且 $p(c) = 0$.

注意, 中间值性质并不是只用一个句子来表示的, 而是要用以下形状的无穷多个句子的序列来表示: 对每一个正整数 $n$, 有 [1]

$$\forall d_0 \cdots \forall d_n \forall a \forall b \left(\sum d_i a^i < 0 < \sum d_i b^i \to \exists c \, (a < c < b) \wedge \left(\sum d_i c^i = 0\right)\right).$$

一个满足中间值性质的有序域称为一个**实闭域**. 后来证明实闭域也可以等价地公理化为一个有序域, 其中每一个正元素都是一个平方, 而且每一个奇数次多项式都有一个零点. 上面提到的塔斯基的定理就是:

**定理**　对于任意的 $\mathcal{L}_{\text{or}}$ 公式 $\phi$ 都有一个无量词的 $\mathcal{L}_{\text{or}}$ 公式 $\psi$, 使它们在每一个实闭域上都等价.

---

[1] 原书句子最右方似乎漏了 $a < c < b$, 现在补上.—— 中译本注

什么是 $\mathcal{L}_{or}$ 的无量词公式呢? 后来证明 (而且并不难证) 就是形如 $p(v_1, \cdots, v_n) = q(v_1, \cdots, v_n)$ 的公式和形如 $p(v_1, \cdots, v_n) < q(v_1, \cdots, v_n)$ 的公式的布尔组合. 这里和在语言 $\mathcal{L}_{rng}$ 中的情况一样, $p$ 和 $q$ 分别是 $n$ 个变量和 $m$ 个变量的整系数多项式 [①]. 至于无量词句子, 则是形如 $k = l$ 的句子和形如 $k < l$ 的句子的布尔组合.

下面的结果是量词消除的一个推论, 它告诉我们每一个在 $\mathbf{R}$ 中为真的 $\mathcal{L}_{or}$ 命题都可以用实闭域的公理来证明. 我们说这些公理把实域的理论**完全公理化**了.

**推论**　令 $K$ 为一个实闭域, 而 $\phi$ 为一个 $\mathcal{L}_{or}$ 句子. 则 $K \models \phi$ 当且仅当 $\mathbf{R} \models \phi$.

想要证明这一点, 先用塔斯基定理找到一个无量词句子 $\psi$, 使之与 $\phi$ 在任意实闭域中等价. 每一个有序域都有特征 0, 而且把有理数域包含为一个有序子域. 所以, $\mathbf{Q}$ 同时为 $K$ 和 $\mathbf{R}$ 的子域. 但是 $\mathcal{L}_{or}$ 中的无量词句子的极为简单的本性意味着

$$K \models \psi \Leftrightarrow \mathbf{Q} \models \psi \Leftrightarrow \mathbf{R} \models \psi.$$

因为 $\psi$ 和 $\phi$ 在任意实闭域中都是等价的, 所以 $K \models \phi$ 当且仅当 $\mathbf{R} \models \phi$

由完全性定理, $\phi$ 在每一个实闭域中为真当且仅当可以从实闭域的公理来证明 $\phi$, 而 $\phi$ 在每一个实闭域中都不真当且仅当可以从实闭域的公理来证明 $\neg\phi$. 由此可知, 实域的 $\mathcal{L}_{or}$ 理论是可判定的. 事实上, 如果 $\phi$ 在 $\mathbf{R}$ 中为真, 由上面的推论, 它在每一个实闭域中都为真, 所以它有一个证明. 如果 $\phi$ 在 $\mathbf{R}$ 中不真, 则 $\neg\phi$ 在 $\mathbf{R}$ 中为真, 而由同样的理由, $\neg\phi$ 有一个证明. 所以想要判定 $\phi$ 是否为真, 只要搜索从实闭域的公理开始的一切可能的证明直到证明了 $\phi$ 或 $\neg\phi$ 为止.

令 $\mathcal{M}$ 是一个数学结构, 其中包含了一个集合 $M$ 和一些其他的部分如函数和二元运算. $M$ 的一个子集 $X$ 称为对于描述 $\mathcal{M}$ 的某个语言 $\mathcal{L}$ 为**可定义的**(definable), 如果存在一个含有一个自由变量的 $\mathcal{L}$ 公式 $\phi$ 使得 $X = \{x \in M : \phi(x)\}$. 量词的消除使我们对于可定义集合有了一个好的几何的了解. 如果 $K$ 是一个有序域, 则说 $X \subseteq K^n$ 是一个**半代数集合**(semialgebraic set), 如果它是以下形状的集合的布尔组合:

$$\{x \in K^n : p(x) = 0\} \text{ 和 } \{x \in K^n : q(x) > 0\},$$

这里 $p, q \in K[X_1, \cdots, X_n]$. 通过消除量词可知, 实闭域上的可定义集合很容易证明就是半代数集合.

这个事实的一个简单应用是: 如果 $A$ 是 $\mathbf{R}^n$ 中的半代数集合, 则 $A$ 的闭包也是半代数集合. 因为 $A$ 的闭包由定义就是集合

$$\left\{ x \in \mathbf{R}^n : \forall \varepsilon > 0 \; \exists y \in A \; \sum_{i=1}^{n} (x_i - y_i)^2 < \varepsilon \right\}.$$

---

① 原书把 $q$ 也写成 $n$ 个变量的多项式 $q(v_1, \cdots, v_n)$, 从而与文字说明似有矛盾.—— 中译本注

这是一个可定义集合, 所以也是一个半代数集合

　　实数直线上的半代数集合是特别简单的. 对于任意的一元实多项式 $f$, 集合 $\{x \in \mathbf{R} : f(x) > 0\}$ 是开区间的有限并. 所以 $\mathbf{R}$ 的任意半代数集合是点和区间的 有限并. 这个简单的事实是现代关于 $\mathbf{R}$ 的模型论研究途径的起点. 令 $\mathcal{L}^*$ 是 $\mathcal{L}_{\text{or}}$ 语言的一个扩充, 而 $\mathbf{R}^*$ 表示把实数集合看作 $\mathcal{L}^*$ 结构. 例如在下面我们将考虑 $\mathcal{L}^* = \mathcal{L}_{\exp}, \mathbf{R}^* = \mathbf{R}_{\exp}$ 的情况. 我们说 $\mathbf{R}^*$ 是 **$o$ 极小的**($o$-minimal), 就是指 $\mathbf{R}$ 的每 一个用 $\mathcal{L}^*$ 公式来定义的子集合都是点和区间的有限并. "$o$ 极小" 里面的 "$o$" 就是 指 "有序的"(ordered). 如果 $\mathbf{R}$ 的每一个可定义的子集合都可以仅用次序关系来定 义, 就说 $\mathbf{R}^*$ 是 $o$ 极小的.

　　Pillay 和 Steinhorn 引入 $o$ 极小性推广了 van den Dries 比较早期的一个思想. 后来证明 $o$ 极小性是一个关键的定义, 因为它本来是用 $\mathbf{R}$ 的子集合来定义的, 但 是对于 $n > 1$ 的 $\mathbf{R}^*$ 却有很强的推论.

　　为了解释这一点, 我们归纳地定义一族基本的集合称为**胞腔**(cell) 如下:

- $\mathbf{R}$ 的子集合 $X$ 称为胞腔当且仅当它是一个点或一个区间.
- 如果 $X$ 是 $\mathbf{R}^n$ 的一个胞腔, 而 $f$ 是由 $X$ 到 $\mathbf{R}$ 的连续可定义的函数, 则 $f$ 的 图像 (这是 $\mathbf{R}^{n+1}$ 中的一个集合) 也是一个胞腔.
- 如果 $X$ 是 $\mathbf{R}^n$ 的一个胞腔, 而 $f$ 和 $g$ 是由 $X$ 到 R 的连续可定义的函数, 使得 对于每一个 $x \in X$ 有 $f(x) > g(x)$, 则 $\{(x, y) : x \in X$ 而且 $f(x) > y > g(x)\}$ 是一个胞腔, 而 $\{(x, y) : x \in X$ 而且 $f(x) > y\}$ 和 $\{(x, y) : x \in X$ 而且 $y > f(X)\}$ 都是胞腔.

胞腔是一个在拓扑学上很简单的可定义的集合, 起着区间在 $\mathbf{R}$ 中所起的作用. 不难看到胞腔对于某个 $n$ 同胚于 $(0, 1)^n$. 值得注意的是, 所有可定义的集合都可以 分解为胞腔. 下面的定理就是这个命题的准确的陈述:

　　**定理**　　(i) 如果 $\mathbf{R}^*$ 是一个 $o$ 极小的结构, 则其每一个可定义集合都可以分解 为有限多个互相分离的胞腔.

　　(ii) 如果 $f : X \to \mathbf{R}$ 是一个可定义的函数, 则存在一个把 $X$ 分解为有限多个 胞腔, 使得 $f$ 在每一个胞腔上都是连续的.

　　这只是一个开始. 在任意 $o$ 极小结构中, 可定义集合都具有半代数集合的很好 的拓扑与几何性质. 例如有

- 任意可定义集合都只有有限多个连通分支.
- 可定义的有界集合都可以可定义地三角剖分.
- 设 $X$ 为 $\mathbf{R}^{n+m}$ 的可定义子集合. 对于每一个 $a \in \mathbf{R}^m$, 令 $X_a$ 为 "截口 (cross-section)" $\{x \in \mathbf{R}^n : (x, a) \in X\}$. 则这些截口只有有限多个不同的同胚型.

因为这些结果对于半代数集合都是已知的, 所以真正有趣的是找出新的 $o$ 极 小结构来. 最有趣的例子是 $\mathbf{R}_{\exp}$. 已经知道 $\mathbf{R}_{\exp}$ 在语言 $\mathcal{L}_{\exp}$ 中没有量词消失

Wilkie (Alex Wilkie, 1948–, 英国数学家) 证明了仅仅次于上述性质的最好的事情在这时还是成立的. 我们说 $\mathbf{R}^n$ 的子集合 ①是一个指数簇 (exponential variety), 如果它是有限的指数项组的零点集合. 例如, 集合

$$\left\{(x,y,z) : x = \exp(y)^2 - z^3 \wedge \exp(\exp(z)) = y - x\right\}$$

就是一个指数簇.

**定理** $\mathbf{R}^n$ 的每一个 $\mathcal{L}_{\exp}$ 可定义子集合均可写成以下形式:

$$\{x \in \mathbf{R}^n : \exists y \in \mathbf{R}^m \ (x,y) \in V\},$$

其中 $V \subseteq \mathbf{R}^{n+m}$ 是一个指数簇.

换句话说, 可定义集合虽然本身不是指数簇, 却是指数簇的投影. 这就使得可定义集合比较易于处理. 例如实解析几何中有一个由 Khovanskii 得出的定理就指出, 每一个指数簇都只有有限多个连通分支. 因为这个性质在投影之下不变, 所以每一个可定义集合也都只有有限多个连通分支, 而实数直线的每一个可定义集合都只是点和区间的有限并. 这样 $\mathbf{R}_{\exp}$ 就是 $o$ 极小的, 而上面讲的关于 $o$ 极小结构的可定义集合的一切结果均可适用于此.

塔斯基曾经问过 $\mathbf{R}_{\exp}$ 理论是否可判定的. 这个问题一直没有解决. 但是已经知道从下面的 Schanuel 在超越数理论中的猜想可以得出答案.

**猜想** 设 $\lambda_1, \cdots, \lambda_n$ 是在 $\mathbf{Q}$ 上线性无关的复数. 则域 $\mathbf{Q}(\lambda_1, \cdots, \lambda_n, e^{\lambda_1}, \cdots, e^{\lambda_n})$ 的超越度 (trancendence degree) 至少是 $n$.

Macyntyre 和 Wilkie 证明了如果 Schanuel 的猜想为真, 则 $\mathbf{R}_{\exp}$ 理论是可判定的.

## 6. 随机图

模型论的方法对随机图[III.34] 给出了有趣的信息. 设构造一个图如下: 顶点集合就是自然数集合 $\mathbf{N}$. 为了决定在两个顶点 $x, y\,(x \neq y)$ 之间有没有一条边, 我们就丢一个硬币, 当且仅当出现正面时画一条边. 虽然这种构造是随机的, 但是下面要证明, 两个这样做出来的图互相同构的概率是 1.

证明依靠下面的延展性质. 令 $A, B$ 为 $\mathbf{N}$ 的互相分离的子集合, 而其大小分别为 $n$ 和 $m$. 我们想找一个这样的顶点 $x \in \mathbf{N}$, 使它能够与 $A$ 中的每一个顶点连接、但不与 $B$ 中的任一个顶点连接. 对于任意的 $x \in \mathbf{N}$, 它不具有这个性质的概率是 $p = 1 - 2^{-(n+m)}$, 所以, 如果我们看 $N$ 个不同的这样的顶点, 它们中没有一个具有这样的性质的概率是 $p^N$. 因为这个概率随 $N$ 趋于零, 所以至少有一个顶点具有

① 原书没有说 "子集合" 似乎不妥. 否则, 例如 $\mathbf{R} = \{x : \exp x = \exp 0 \cdot \exp x\}$ 就符合所谓指数簇的定义, 而这会使下面的定理成为不足道的.—— 中译本注

这个性质的概率就是 1. 进一步, 因为 **N** 中只有可数多对互相分离的有限子集合对 $(A, B)$. 所以下面的事件的概率为 1. 这事件就是: 对于每一对这样的子集合都能找到一个顶点 $x$、与 $A$ 中所有点相连接, 而不与 $B$ 中任意点相连接

我们可以把这一点观察按照模型论的方式形式化如下: 令 $\mathcal{L}_g = \mathcal{L}(\sim)$, 其中 "$\sim$" 是一个二元关系的符号 (读作 "连接于"). 再令 $T$ 为以下的 $\mathcal{L}_g$ 理论:

(i) $\forall x \forall y\ x \sim y \to y \sim x$;

(ii) $\forall x\ \neg (x \sim x)$;

(iii) 对于 $n, m \geqslant 0, \Phi_{n,m}$.

这里 $\Phi_{n,m}$ 是如下的句子:

$$\forall x_1 \cdots \forall x_n \forall y_1 \cdots \forall y_m$$
$$\left( \bigwedge_{i=1}^{n} \bigwedge_{j=1}^{m} x_i \neq y_i \to \exists z \bigwedge_{i=1}^{n} (R(x_i, z) \wedge -R(y_i, z)) \right).$$

其中例如 $R(x_i, z)$ 表示 $x_i \sim z$.

前两个句子表示关系 "$\sim$" 定义了一个图, 而第三个句子 $\Phi_{n,m}$ 表示对于任意一对互相分离的 **N** 的有限的子集合 $A, B$, 其中 $A$ 的大小是 $n$, $B$ 的大小是 $m$, 且 $n, m$ 是任意的, 前述的延展性质都是成立的. 所以 $T$ 的模型就是一个这样的图: 它的任意一对互相分离的顶点的有限集合都具有延展性质.

以上的论证说明了我们所作的随机图是 $T$ 的模型的概率为 1. 现在我们要说明为什么它们是 (仍然以概率 1) 互相同构的. 这将是以下定理的直接推论:

**定理**　如果 $G_1$ 和 $G_2$ 是 $T$ 的两个可数模型, 则 $G_1$ 同构于 $G_2$.

回忆一下, 所谓两个图 $G_1$ 和 $G_2$ 的同构就是 $G_1, G_2$ 的顶点之间的一个双射 $f$, 使得 $G_1$ 的两个顶点 $x, y$ 互相连接当且仅当 $f(x), f(y)$ 在 $G_2$ 中互相连接. 这个定理的概要的证明是一个 "来来回回" 的论证方法, 并且是逐步地建立起 $G_1$ 和 $G_2$ 之间的同构. 首先, 令 $a_0, a_1, \cdots$ 是 $G_1$ 的顶点的一个枚举, 而 $b_0, b_1, \cdots$ 是 $G_2$ 的顶点的一个枚举. 首先令 $f(a_0) = b_0$. 下一步就来为 $a_1$ 选一个像 $f(a_1)$: 如果 $a_1$ 连接于 $a_0$, 就需要找一个连接于 $b_0$ 的 $G_2$ 的顶点; 如果 $a_1$ 不连接于 $a_0$, 就找一个不连接于 $b_0$ 的 $G_2$ 的顶点. 这总是可以做到的, 因为 $G$ 是 $T$ 的模型, 所以它具有延展性质 (这里只需要利用 $\Phi_{1,0}$ 和 $\Phi_{0,1}$).

有一个很有诱惑力的作法就是像这样陆续找到 $a_2, a_3$ 等等的像, 而在每一步都利用延展性质来保证这些像当且仅当原来的顶点互相连接时才互相连接. 但是, 这样做会出现一个麻烦, 就是可能最后得不到一个双射, 因为对于任意特定的 $b_j$, 我们没法保证它是某一个 $a_j$ 的像. 然而可以这样来补救它, 交替地先给第一个没有找到像的 $a_i$ 找一个像, 然后再给第一个没有找到原像的 $b_j$ 找一个原像. 这样就能建立起所需的同构.

证明以上的结果不需要用到模型理论, 然而它有下面的非常漂亮的模型论的推论.

**推论** 对于任意的 $\mathcal{L}_g$ 句子 $\phi$, 或者 $\phi$ 在 $T$ 的每一个模型中为真, 或者 $\neg\phi$ 在 $T$ 的每一个模型中为真. 此外还有一个算法来确定究竟是 $\phi$ 还是 $\neg\phi$ 在 $T$ 的每一个模型中为真.

为了证明这一点, 首先要用到稍微强化的紧性定理, 使我们能够得到这样的结论, 即如果这个推论不真, 必可找到 $T$ 的**可数的**模型 $G_1$ 和 $G_2$, 使 $\phi$ 在 $G_1$ 中为真, 而 $\neg\phi$ 在 $G_2$ 中为真. 但是, 这就证明了 $G_1$ 和 $G_2$ 不同构, 而与前一定理直接矛盾.

为了判别在 $T$ 的一个模型中是 $\phi$ 还是 $\neg\phi$ 为真, 我们要从 $T$ 的所有句子中搜索所有可能的证明. 由完全性定理, 这个命题或另一个命题总会有一个证明, 所以我们最终会找到 $\phi$ 或者 $\neg\phi$ 的证明. 到那时, 我们就会知道在 $\phi$ 与 $\neg\phi$ 中, 是哪一个在 $T$ 的每一个模型中为真了.

理论 $T$ 也给了我们关于随机有限图的信息. 令 $\mathcal{G}_N$ 为所有以 $\{1, 2, \cdots, N\}$ 为顶点的图的集合. 我们考虑 $\mathcal{G}_N$ 上的这样的概率测度, 使得所有这些图都以相同的概率为真. 这里构造概率测度的方法与在 $N$ 顶点上作一个随机图的方法是一样的, 就是对每一对顶点 $i$ 和 $j$ 投一次硬币来决定是否把这两个顶点连接起来. 对于任意的 $\mathcal{L}_g$ 句子 $\phi$, 用 $p_N(\phi)$ 表示 $N$ 个顶点上的随机图满足 $\phi$ 的概率.

用一个关于无限的图的论证的容易的变体就能够证明, 对每一个延展公理 $\Phi_{n,m}$, 概率 $p_N(\Phi_{n,m})$ 趋于 1. 所以, 对于任意固定的 $M$, 只要取 $N$ 充分大, 就能使得一个 $N$ 顶点上的随机图能够以很高的概率来满足所有的公理 $\Phi_{n,m}$ 其中 $n, m \leqslant M$.

看到了这一点, 就能够用理论 $T$ 来对随机图的渐近性质得到很好的理解. 下面的结果称为**零一定律**.

**定理** 给定任意的 $\mathcal{L}_g$ 句子 $\phi$, 当 $N \to \infty$ 时, 概率 $p_N(\phi)$ 或者趋近于 0, 或者趋近于 1. 此外, $T$ 把所有使得这个极限为 1 的命题的集合公理化, 而这个集合就称为图的几乎为真的理论, 这个理论是可判定的.

这个定理可以从前面的结果得出. 我们在前面已经看到了, 或者是 $\phi$ 或者是 $\neg\phi$、在 $T$ 的每一个模型中为真. 在前一个情况, 由完全性定理, 必可在 $T$ 中得到 $\phi$ 的一个证明. 因为证明必定是有限的, 这个证明必定只用到 $\Phi_{n,m}$ 中的有限多个. 所以, 一定存在一个 $M$, 使得如果 $G \models \Phi_{M,M}$, 就有 $G \models \phi$. 但是, 如果 $G$ 是 $N$ 个顶点上的随机图, 则 $G \models \Phi_{M,M}$ 的概率趋近于 1, 从而 $G \models \phi$ 的概率 $p_N(\phi)$ 也趋近于 1. 如果 $\neg\phi$ 在 $T$ 的每一个模型中为真, 类似的论证也成立, 从而 $p_N(\neg\phi)$ 趋近 1, 也就是 $p_N(\phi)$ 趋近 0.

请注意这个结果的有趣的推论. 不难证明一个随机图至少含有 $\dfrac{1}{2}\dbinom{n}{2}$ 个

边的概率当 $N \to \infty$ 时趋近 $\frac{1}{2}$. 把这一点观察与我们的定理结合起来, 就可以导出: "两个顶点可以用边连接起来, 与不能用边连接起来的情况是一样多的" 这样一个性质不能用 $\mathcal{L}_g$ 中的一阶公式来表示. 这是一个纯粹句法的性质, 但是它的证明却要本质地用到模型论.

进一步阅读的文献

Schoenfield (2001) 是逻辑学的出色的入门书, 其中包含了完全性和不完全性定理、基本的可计算性理论和初等的模型论.

这里举的例子只是稍微展现了现代模型论的味道. Hodge (1993), Marker (2002), Poizat (2000) 是全面的导引. Marker et al (1995) 一书中包含了关于域的模型论的好几篇介绍文章.

除了提供分析特定领域中的可定义性所需的工具以外, 模型论的主要目的就是要证明很大类别的数学结构的结构定理. Shelah 关于相关性的概念推广了向量空间的线性相关性和域的代数相关性, 这是一个关键性的发展. 模型论专家在 Hrushovski 和 Zilber 的带领下研究了相关性的几何学, 而且发现时常可以用它来侦察出隐藏着的代数结构.

近年来, 模型论在经典数学中也找到了有趣的应用. Hrushovski 应用了这些思想给出了丢番图几何中函数域的 Mordell-Lang 猜想的一个模型论证明. Bouscaren (1998) 是引导到 Hrushovski 证明的一本出色的综述论文集.

Bouscaren E, ed. 1998. *Model Theory and Algebraic Geometry. An Introduction to E. Hrushovski's Proof of the Geometric Mordell-Lang Conjecture*. New York: Springer.

Hodge W. 1993. *Model Theory*. Encyclopedia of Mathematics and Its Applications, volume 42. Cambridge: Cambridge University Press.

Marker D. 2002. *Model Theory*: *An Introduction*. New York: Springer.

Marker D, Messmer M, Pillay A. 1995. *Model Theory of Fields*. New York: Springer.

Poizat B. 2000. *A Course in Model Theory. An Introduction to Contemporary Mathematical Logic*. New York: Springer.

Schoenfield J. 2001. *Mathematical Logic*. Matick, MA: A. K. Peters.

# IV.24    随 机 过 程

Jean François Le Gall

## 1. 历史的引言

随机过程是现代概率论的主要主题之一. 粗略地说, 随机过程就是描述随机现象随着时间进展的数学模型. 本文将要集中就一个最重要的例子 —— 布朗运动来介绍和解说随机过程理论的基本思想. 我们从一个简短的历史引言开始, 以提出下面数学理论的某些动机.

1928 年, 英国植物学家布朗 (Robert Brown , 1773–1858) 观察到悬浮在水里的花粉的微小颗粒的很不规则的、急剧改变方向的运动. 布朗指出其不可预测的运动似乎不服从任何已知的物理规律. 在 19 世纪里几位物理学家试图了解这种 "布朗运动" 的起源, 提出过好几个理论, 其中有一些可以说是富于幻想的: 布朗的微粒其实是微观的小生命或者以为这种运动来自静电的作用. 然而, 到了 19 世纪末, 物理学家们得出了结论: 布朗运动中粒子总在转变方向, 可以用周围介质的分子对粒子的碰撞的作用来解释. 如果这个粒子充分轻, 则为数众多的碰撞对它的位移就有了宏观可见的影响. 这个解释也与下面的实验观察相一致: 如果提高水的温度, 水分子的热震荡就会增加, 而粒子的运动也就更快.

爱因斯坦发表于 1905 年的著名的三篇论文之一是理解布朗运动的重要的进步. 他研究出了如果一个布朗粒子开始时位于原点, 则经过一定时间 $t$, 粒子的位置将按照 (三维的)高斯分布[III.71§5] 而随机地分布, 其均值为 0, 而方差为 $\sigma^2 t, \sigma^2$ 是一个常数、称为**扩散常数**, 表示这个粒子位置随着时间分散铺开有多么快 (不严谨地说, 也可以把它想作布朗运动的速度, 但是下面就会看到, "速度" 一词实际上并不恰当). 爱因斯坦的想法是以统计力学的思考为基础的, 这引导他得到热方程[I.3§5.4], 然后用高斯密度来解出这个方程 (见 5.2 节).

比爱因斯坦早几年 [①], 法国数学家 Louis Bachelier (Louis Jean-Baptiste Alphonse Bachelier, 1870–1946) 在他关于股票市场的数学模型的工作中, 就已经注意到布朗运动的高斯分布. 然而他所处理的并不是布朗运动而是随机游动, 其中的步长取得非常小. 我们将在 2,3 两节里看到, 从数学观点看来, 这两个概念是等价的. Bachelier 指出, 今天所说布朗运动具有**马尔可夫**(Andrei Andreyevich Markov, 1856–1922, 俄罗斯和前苏联数学家, 在概率论上有重大的贡献 [②])**性质**, 即如果我们想要预测布朗粒子在时间 $t$ 以后的位移, 则关于这个粒子在时刻 $t$ 以前的位置的知识, 对我们没有什么帮助, 而只要知道在 $t$ 时刻的位置就行了. Bachelier 的论证并不使人满意, 他的思想也没有被他的时代充分领会.

怎样着手来作出粒子随机运动的模型呢? 首先要注意, 粒子在时刻 $t$ 的位置是一个随机变量[III.71§4]$B_t$. 但是, 这些随机变量是互相影响的: 如果知道粒子在时刻 $t$ 的位置, 就会影响到对粒子在以后的时刻位于某一区域中有多大可能性的知识. 如果以一组随机变量 $B_t$ 为基本的模型, 这两个考虑就都被容纳在内了. 对于每一个非负实数 $t$ 都有一个随机变量, 而且这些随机变量都定义在同样的概率空间中. 形式地说, 这就是一个随机过程.

---

① 所谓早几年就是指 Louis Bachelier 在 1900 年的博士论文 (就是本文结尾处的参考文献中的 Bachelier (1900)). 可以说他是把股票市场的变动也看成布朗运动. —— 中译本注

② 请注意, 他的儿子和他同名, 也是出色的数学家, 在逻辑和数学基础上有很大的成就. 儿子的名字时常写作 A. A. Markov, Jr.—— 中译本注

这似乎是一个很简单的定义, 但是要使得随机过程有趣, 它就需要有一些附加的性质, 而想要得到这些性质, 就出现了困难的数学问题. 记这个随机过程下面的概率空间为 $\Omega$, 则每一个随机变量 $B_t$ 就都是一个由 $\Omega$ 到 $\mathbf{R}^3$ 的函数. 这样就对每一个对子 $(t,\omega)$(这里 $t$ 是一个非负实数, 而 $\omega$ 是 $\Omega$ 中的一点) 都附加上 $\mathbf{R}^3$ 中的一点. 到现在为止, 我们考虑的是 $B_t$ 的概率分布, 所以我们集中关注的是: 当固定 $t$、而让 $\omega$ 变动时会发生什么. 然而我们还必须考虑, 当考虑随机过程中的 "单个事件" 时, 即固定 $\omega$ 而令 $t$ 变动时会发生什么事情. 当 $\omega$ 固定时, 把 $t$ 变为 $B_t(\omega)$ 的函数称为**样本路径**. 如果我们想要一个严格的关于布朗运动的数学理论, 它所应该满足的一个性质就是: 所有的样本路径都是连续的, 就是说, 对于固定的 $\omega$, $B_t(\omega)$ 连续依赖于 $t$.

物理的观察以及爱因斯坦和 Bachelier 的上述贡献, 提示了还有几个性质是布朗运动应该满足的. 于是, 证明确实存在具有这些性质的随机过程就成了一个很本质的数学问题. 第一个确立这种存在性的是维纳[VI.85], 他在 1923 年做到了这一点. 因此布朗运动这个数学概念也叫做**维纳过程**.

在概率论领域, 20 世纪最著名的有重大贡献的人包括科尔莫戈罗夫[VI.88]、莱维 (Paul Pierre Lévy, 1886–1971, 法国数学家)、伊藤清 (Kiyosi Itô, 1915–2008, 日本数学家) 和 Doob (Joseph Leo Doob, 1910–2004, 美国数学家), 也都在布朗运动的研究上有重要的贡献. 自从法国物理学家 Jean Perrin (Jean Baptiste Perrin, 1870–1942) 观察到这些函数无处可微 (尽管后来维纳证明了它们是连续的), 样本路径的详细性质就受到了特别关注. 布朗的轨迹的不可微性质引导伊藤对于布朗运动和更一般的随机过程的函数引入一种新的微分学. 伊藤的随机微分学在概率理论的许多其他领域中都有应用, 我们将在节 4 里简短介绍.

## 2. 硬币的投掷与随机游动

理解布朗运动的最容易的途径之一是通过概率论的另一个重要概念: 随机游动. 假设做一个游戏, 反复地投掷一个硬币, 出现正面就赢 1€(欧元), 出现反面就输 1€. 于是可以定义一个随机变量序列 $S_0, S_1, S_2, \cdots$, 这里的 $S_n$ 表示到投掷 $n$ 次以后总的收益 (可能是负数). 这个序列有两个简单的性质, 即 $S_0$ 一定是 0, 以及 $S_n$ 与 $S_{n-1}$ 的差绝对值必定为 1. 这一点可以在图 1 上看到, 那里画的是投掷结果: HTTTHTHHHTHHTH$\cdots$.

第三个性质在定义了另一个随机变量序列 $\varepsilon_1, \varepsilon_2, \cdots$ 以后就清楚了, 它们代表每一次投掷的结果. 每一次投掷的结果是独立的, 而每一个 $\varepsilon_n$ 取值 $+1$ 和 $-1$ 的概率都是 $\frac{1}{2}$. 此外, 对于每一个 $n$, 可以写出 $S_n = \varepsilon_1 + \cdots + \varepsilon_n$. 这种类型的和的分布以非常简单的方式依赖于著名的**二项分布**[III.71§1](准确一点说, 二项分布告

诉您在投掷 $n$ 次中, 正面向上的次数为 $k$ 的概率是 $2^{-n}\begin{pmatrix} n \\ k \end{pmatrix}$. 如果固定一个 $k$, 则作为 $n$ 的函数恒有 $S_n = k - (n-k) = 2k - n$). 加之, 如果取 $m > 0$, 则有 $S_{m+n} - S_m = \varepsilon_{m+1} + \cdots + \varepsilon_{m+n}$, 也是 $n$ 个相继的 $\varepsilon_i$ 之和, 其分布也和 $S_n$ 相同. 注意, 这个分布与 $S_0, S_1, \cdots, S_m$ 是独立的.

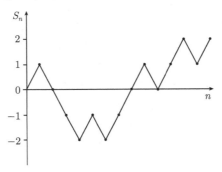

图 1　投掷硬币的积累的收益

"随机游动" 这个词来自这样一个事实: 可以把 $S_0, S_1, S_2, \cdots$ 看成是相继地随机走动, 每一步或者走 $+1$ 或者走 $-1$ 所达到的位置. 布朗运动则可以看成是这个过程当步数无限增加而步长 "相应地" 无限缩小时的极限.

为了看清这里所谓 "相应地" 是什么意思, 就要求助于中心极限定理[III.71§5], 这个定理告诉我们当 $n$ 增加时 $S_n$ 的分布的极限状况如何, 更确切地说是 $\frac{1}{\sqrt{n}}S_n$ 的分布的极限如何, 理由是 $\sqrt{n}$ 是 $S_n$ 的标准差[III.71§4], 而用标准差去除以后, 我们可以认为所得就是 "典型的大小". 这样, 经过了 "重整化"(renormalized) 的分布的 "典型大小" 就成了 1(所以对于任意的 $n$, 这个典型大小都是相同的. 从这里就可以想到 "重整化" 的好处).

中心极限定理给出的准确信息是: 对于任意的实数 $a, b$ 且 $a < b$, 当 $n \to \infty$ 时, $(1/\sqrt{n})\,S_n$ 位于区间 $a < (1/\sqrt{n})\,S_n < b$ 内的概率时的极限是

$$\frac{1}{\sqrt{2\pi}} \int_a^b \mathrm{e}^{-x^2}\mathrm{d}x.$$

就是说, 当 $n \to \infty$ 时 $(1/\sqrt{n})\,S_n$ 的分布的极限状况就是均值为 0、标准差为 1 的高斯分布. 因为 $S_{m+n} - S_m$ 的分布和 $S_n$ 的分布是一样的 (这一点在前面已经看到), 这也告诉了我们对于任意的 $m$, $(1/\sqrt{n})\,(S_{m+n} - S_m)$ 的分布的极限状况.

## 3. 从随机游动到布朗运动

前一节给出随机变量的序列 $S_0, S_1, S_2, \ldots$. 这也是一种随机过程, 只不过把

"时间" 换成了正整数 (我们就说这是一个**离散时间**的随机过程). 现在我们来论证把布朗运动看成无穷多步的无穷小步长的随机游动这个思想的根据 (现在只来看 1 维的布朗运动, 而不是本文开始时讲的 3 维布朗运动).

考虑一个在时刻 0 和 1 之间的布朗运动 $B_t$ 要稍微简单一点. 我们希望 $B_t$ 特别 $B$ 的分布是高斯分布, 而上一节的结果提示我们, 如果 $B_t$ 是 $S_n$ 的分布的适当尺度化了的极限, 这恰好就是我们所希望的. 比较确切一点说, 设有如图 1 那样的一个图像, 但是其步数 $n$ 很大, 于是这个过程在 $x$ 轴上是从 0 到 $n$, 而在图像的终端处的高度之标准差是 $\sqrt{n}$. 所以, 如果在水平方向上把图像压缩一个因子 $n$, 而在垂直方向上按因子 $\sqrt{n}$ 加以压缩, 就会得到一个由 $[0,1]$ 到 $\mathbf{R}$ 的随机函数 $S^{(n)}$ 的图像, 而 $S^{(n)}(1)$ 的标准差成为 1. 等效地说, 我们是把随机游动各步之间的时间从 1 变成了 $1/n$, 而每一步的大小从 1 变成 $1/\sqrt{n}$. 我们也用直线把每一步所达到的点连接起来, 使得函数 $S^{(n)}$ 在 $[0,1]$ 上处处有定义, 就像在图 1 上所做的那样. 图 2 就是一个这种重新尺度化以后的随机游动的图像.

图 2　　重新尺度化以后的随机游动, $n = 100$

到这一步以后, 就只能简单地假设, 重新尺度化以后的随机游动将在适当的意义下收敛于一个具有连续样本路径的随机过程. 这个随机过程就是布朗运动 $B_t$. 图 3 是一个典型的样本路径的图像. 请注意, 它的一般形态与图 2 非常相像.

如果想要逼近一个一直延伸到永远而不是在 1 处停止的布朗运动, 所需要做到就只是让这个重新尺度化的随机游动继续下去, 而不是到第 $n$ 步就停止.

现在给出一个比较精确的定义. 一个从 $x$ 点出发的**线性布朗运动**就是具有以下性质的实值随机变量的集合 $(B_t)_{t \geqslant 0}$:

- $B_0 = x$ (换句话说, 对于其下的概率空间的任意 $\omega$, $B_0(\omega) = x$).
- 样本路径是连续的.
- 任意给定 $s < t$, $B_t - B_s$ 的分布是均值为 0、方差为 $t - s$ 的高斯分布.
- 进一步, $B_t - B_s$ 与时刻 $s$ 前的过程是独立, 即无关的 (这就蕴含了第 1 节里提到的马尔可夫性质).

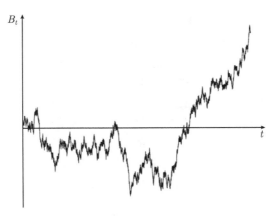

图 3　线性布朗运动的模拟

我们在前一节已经看到, 这个定义的每一点在随机游动的情况都有对应物. 所以, 虽然证明布朗运动的存在并不容易, 这里的结果却是高度可信的. (后来证明, 要构造满足以上各个性质 —— 但第二个除外 —— 的随机过程是很容易的; 难点就是得到样本路径的连续性). 还有一个重要的说明, 上面几条性质完全刻画了布朗运动, 任意两个具有这些性质的随机过程本质上是相同的.

我们还没有说明重新尺度化的随机游动 $S^{(n)}$ 是在什么意义下 "收敛于" 布朗运动的. 我们不去精确地定义这些概念, 而只是说明所有可以定义在过程 $S^{(n)}$ 上的 "合理的" 函数都将收敛于极限的布朗运动 $B_t$ 的 "相应的" 函数. 例如, $S^{(n)}(1)$ 位于 $a,b$ 之间的概率必收敛于

$$\frac{1}{\sqrt{2\pi}} \int_a^b \mathrm{e}^{-x^2} \mathrm{d}x.$$

但是 $B_1$ 就是由高斯分布控制的, 所以上式也就是 $B_1$ 位于 $a,b$ 之间的概率.

一个更有趣的例子是在 $[0,1]$ 中使得 $S^{(n)}(t)$ 为正的那些 $t$ 所占的比 $X_n$, 或者更好是说、这个比 $X_n$(它也是依赖于这个随机游动 $S^{(n)}$ 的随机变量) 的分布如何. 它 "按分布收敛于" 布朗运动的相应比 $X$ 的分布. 就是说, 对于任意的 $a < b$, $X_n$ 位于 $a,b$ 之间的概率收敛于 $X$ 位于 $a,b$ 之间的概率. 后者, 我们是显式地知道的, 并且称为**莱维反正弦律**(Paul Lévy arcsine law):

$$P\left[a \leqslant X \leqslant b\right] = \int_a^b \frac{\mathrm{d}x}{\pi\sqrt{x\left(1-x\right)}}.$$

说不定更加惊人地是 $X$ 倾向于更接近 0 或 1, 而不是接近于 $\frac{1}{2}$. 基本的理由是, 如果 $s$ 和 $t$ 是两个不同的时刻, 那么事件 $B_s > 0$ 和事件 $B_t > 0$ 是正相关的.

随机游动收敛于布朗运动是一个更加一般的现象的特例 (可见本文末引用的文献 (Billingsley, 1968), 例如, 如果允许随机游动的每一步具有其他的概率分布. 一

个典型的结果是, 如果每一个单独的步子的均值为 0(在我们的例子中, 当 +1 和 −1 各有概率 $\frac{1}{2}$ 时就是这种情况) 以及有限的方差, 则其极限就是布朗运动的简单的重新尺度化. 在这个意义下, 布朗运动是一个普适的现象, 它是很广泛的离散模型类的连续极限 (见条目临界现象的概率模型[IV.25] 的引言中关于普适性的讨论).

　　在讨论了 1 维的布朗运动后, 我们来想一下怎样来做出 3 维的随机连续路径的模型. 做这件事的一个显然的办法是考虑 3 个独立的布朗运动 $B_t^1, B_t^2$ 和 $B_t^3$, 并令它们是 $\mathbf{R}^3$ 中的一个随机路径上的点的三个坐标. 实际上, 三维布朗运动就是这样定义的. 但是这是否一个好的定义并不明显. 特别是它似乎依赖于我们对坐标系的选择, 而如果想要有一个关于物理的布朗运动的好的模型, 依赖于对坐标系的选择是令人心烦的.

　　然而, 高维的布朗运动 (刚才给出的定义很清楚可以推广到任意高的 $d$ 维的情况) 的一个中心的性质是它的**旋转不变性**. 就是说, 如果我们另取一个不同的**规范正交基底**[III.37] 为坐标系, 那么应该得到同样的随机过程. 这一点的证明只是以下事实的一个简单的推导, 这个事实就是: 一个由 $d$ 个独立的 1 维高斯随机变量构成的向量的**密度函数**[III.71§3] 是由 0 到 $(x_1, \cdots, x_d)$ 的距离的平方 $x_1^2 + \cdots + x_d^2$, 所以当作以 0 为中心的旋转时, 密度是不会改变的, 而应该是

$$\frac{1}{(2\pi)^{d/2}} e^{-(x_1^2+\cdots+x_d^2)/2}.$$

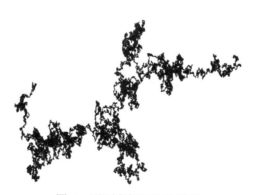

图 4　平面布朗运动的模拟

　　在 $d=2$ 的平面情况, 还有更深刻的不变性质, 这一点将在 5.3 节中讨论.

　　不难把扩散系数的概念放进我们的模型中 (这就是我们在节 1 中提到的量度布朗运动向外铺开的快慢的常数 $\sigma^2$). 需要我们做的仅是把 $B_t$ 重新尺度化为 $B_{\sigma^2 t}$.

　　如我们能够想到的那样, 高维的布朗运动是高维的随机游动的极限. 这有助于我们去解释为什么数学的布朗运动是布朗所观察到的物理现象的好的模型: 由分

子的碰撞导致的无规则的位移很像一个步长很小的随机游动的各步. 图 4 就是一个在时间区间 $[0,1]$ 中的平面布朗运动曲线轨迹的模拟.

## 4. 伊藤公式与鞅

令 $f$ 为一个实值可微函数. 设已对很大的 $n$ 知道了 $f'(x)$ 在 $0,1/n,2/n,\cdots,$ $(n-1)/n$ 各点的值, 而想要估计 $f(1)-f(0)$ 的值. 如果导数 $f'$ 的变化不太剧烈, 我们可以希望可以用 $(1/n)f'(j/n)$ 来逼近 $f((j+1)/n)-f(j/n)$ 的值, 所以

$$\frac{1}{n}\left(f'(0)+f'\left(\frac{1}{n}\right)+f'\left(\frac{2}{n}\right)+\cdots+f'\left(\frac{n-1}{n}\right)\right).$$

是 $f(1)-f(0)$ 的很好的近似值. 由微积分的基本定理[ I.3§5.5] 可知如果导数 $f'$ 是连续的, 那么这个论证是正确的.

现在来看一个肤浅的看起来很相似的方案. 设 $x_0,x_1,x_2,\cdots,x_n$ 是一个步长为 $1/\sqrt{n}$ 的随机游动的位置. 设 $f$ 是一个导数具有良好性态的函数, 而又知道 $f'(x)$ 在 $x_0,x_1,\cdots,x_{n-1}$ 各点的值. 现在考虑 $f(x_n)-f(x_0)$ 的估计.

如果遵循前面的论证路线, 我们就会建议用 $(x_{j+1}-x_j)f'(x_j)$ 来逼近 $f(x_{j+1})-f(x_j)$, 这样就会得出下面的估计:

$$(x_1-x_0)f'(x_0)+(x_2-x_1)f'(x_1)+\cdots+(x_n-x_{n-1})f'(x_{n-1}).$$

但是在现在的情况下, 这是否仍旧是一个好的估计并不清楚. 理由在于在典型的情况下, 一个作随机游动的点会时而向前时而向后, 对同一个地方要覆盖好几次才达到最终的目的地 $x_n$. 这个过程就给出了误差积累的机会. 为了看到这是一个严重的问题, 我们来看一个性态很好的函数 $f(x)=x^2$ 并令 $x_0=0$. 这时,

$$f(x_{j+1})-f(x_j)=x_{j+1}^2-x_j^2,$$

经过简单的计算就知道它等于

$$(x_{j+1}-x_j)2x_j+(x_{j+1}-x_j)^2.$$

第一项 $(x_{j+1}-x_j)f'(x_j)$ 就是在近似式中所取的项, 因此我们要操心的误差是 $(x_{j+1}-x_j)^2$, 即随机游动步长的平方. 换句话说是与 $1/n$ 相同数量级的. 因为随机游动一共有 $n$ 步, 所以总误差 (注意其各项均为正) 与 1 有相同数量级. 因为 $x_j$ 以及随之还有 $x_j^2$ 典型地都与 1 有相同数量级, 所以 $(x_{j+1}-x_j)^2$ 占了 $f(x_{j+1})-f(x_j)$ 的相当的比例, 这样, 我们的近似就不是一个好的近似.

值得注意的是, 这个问题是可能产生的 "仅有的" 问题. 我们需要做的事情就是在泰勒展开式中多取一项, 即采用稍微复杂一点的近似式

$$f(x_{j+1})-f(x_j)=(x_{j+1}-x_j)f'(x_j)+\frac{1}{2}(x_{j+1}-x_j)^2f''(x_j)$$

(当然, 现在就要假设二阶导数 $f''$ 存在而且连续). 注意, 在我们提到的例子中, 对于所有的 $x, f''(x) = 2$, 从而如果把各项加起来就又恢复到 $(x_{j+1} - x_j) 2x_j + (x_{j+1} - x_j)^2$. 这样, 就没有了误差.　一般说来, 这样一点观察提示我们, $f(x_n) - f(x_0)$ 更好的逼近是

$$\sum_{j=0}^{n-1} (x_{j+1} - x_j) f'(x_j) + \frac{1}{2} \sum_{j=0}^{n-1} (x_{j+1} - x_j)^2 f''(x_j).$$

现在我们来想一下当随机游动收敛于布朗运动 $B_t$ 时这两个和会发生什么事情. 一个相对直截了当的基于 $(x_{j+1} - x_j)^2$ 正是步数的倒数这一事实, 论证表明第二个和的极限分布存在, 而且是由积分 $\frac{1}{2} \int_0^t f''(B_s) \, \mathrm{d}s$ 给出的. 这就暗示第一个和也应收敛于一个极限, 的确是这样的, 而这个极限称为**随机积分**, 并且记作 $\int_0^t f'(B_s) \, \mathrm{d}s$. 更准确地说, 最后会得到一个公式

$$f(B_t) = f(B_0) + \int_0^t f'(B_s) \, \mathrm{d}s + \frac{1}{2} \int_0^t f''(B_s) \, \mathrm{d}s, \tag{1}$$

称为**伊藤公式**. 请注意它与微积分基本定理的相似性, 主要的区别在于额外的含有二阶导数的一项, 称为所谓**伊藤项**.

　　人们会问, 这个公式为什么很有趣? 如果我们想通过对一个函数的导数求积分来估计这个函数的两个值之差, 为什么不取一条光滑的路径而要取一条处处长角的路径呢? 关键是我们不只是对一条路径有兴趣. 对于固定的样本路径, 上面的公式两边都只是数, 但是如果我们把 $B_t$ 想成一个随机变量, 则上式两边也都是随机变量. 因为两边都是对所有的 $t \geqslant 0$ 有定义的, 都是随机过程. 所以我们讨论的是一种对一个随机过程求积分来得到另一个随机过程的方法.

　　伊藤公式如此有用的理由是: 随机积分有许多性质, 使得我们可以用来证明关于它们的许多事实. 特别是如果把随机积分 $\int_0^t f'(B_s) \, \mathrm{d}s$ 看成一族以 $t$ 为参数的随机变量, 就会得到一种特别美妙的随机过程, 称为**鞅**(martingale). 一个鞅就是一个具有以下性质的随机过程 $(M_t)_{t \geqslant 0}$, 就是只要 $s \leqslant t$, 则 $M_t$ 的以所有 $r \leqslant s$ 的 $M_r$ 为条件的条件期望值就是 $M_s$.

　　布朗运动就是一类特别简单的鞅, 但是鞅比布朗运动要广泛得多, 因为 $M_t - M_s$ 并不独立于 $r \leqslant s$ 时的 $M_r$. 我们所知道的只是给定了这些 $M_r$ $(r \leqslant s)$ 的值, 则 $M_t - M_s$ 的期望值为 0. 下面的例子可以说明二者的区别: 在 0 处开始一个布朗运动, 当它第一次达到 1 以后 (如果它可以达到 1 的话), 就继之以另一个布朗运动, 其速度加倍 (或者说扩散系数加倍). 在这个情况下, $M_t - M_s$ 的性态显然会依赖于在时刻 $s$ 以前的情况, 但是它的期望值仍然为 0.

在某种意义下, 伊藤公式里的随机积分项的性态就像是 "在变动的速度下运行的" 布朗运动, 就像上面的例子中的情况一样. 精确的结果是存在另一个布朗运动 $\beta = (\beta_t)_{t \geqslant 0}$, 使得对每一个 $t \geqslant 0$ 有

$$\int_0^t f'(B_s)\, \mathrm{d}B_s = \beta_{\int_0^t f'(B_s)^2 \mathrm{d}s}.$$

这一点其实对于任意连续的鞅 —— 不只是由随机积分表示的鞅 —— 都成立, 而有关的时间变换称为鞅的**二次变分**. 所以连续的鞅的图像是由布朗运动的图像经由一个时间变换得出的. 这就是为什么布朗运动是如此起中心作用的例子, 以及为什么在处理更一般的随机过程之前先了解布朗运动的性态是很重要的.

把前面伊藤公式的推导推广到高维的布朗运动是直接了当的事情. 如果 $x = (x_1, \cdots, x_d)$ 和 $y = (y_1, \cdots, y_d)$ 是 $\mathbf{R}^d$ 中很靠近的两个点, 则 $f(x) - f(y)$ 的初步的近似现在就是

$$\sum_{i=1}^d (x_i - y_i)\, \partial_i f(y),$$

这里 $\partial_i f(y)$ 表示 $f$ 的第 $i$ 个偏导数在 $y$ 点的值. 在 $y$ 处的偏导数向量通常记作 $\nabla f(y)$. 它叫做 $f$ 在 $y$ 点的**梯度**(简记为 "grad $f$"). 至于 $f$ 的二阶导数很自然地推广为拉普拉斯算子 $\Delta f$(其理由可见条目**一些基本的数学定义**[ I.3§5.3]). 这样就得到以下的公式:

$$f(B_t) = f(B_0) + \int_0^t \nabla f(B_s) \cdot \mathrm{d}B_s + \frac{1}{2} \int_0^t \Delta f(B_s)\, \mathrm{d}s.$$

随机积分项可以用很明显的方式形式地用 1 维随机积分来定义:

$$\int_0^t \nabla f(B_s) \cdot \mathrm{d}B_s = \sum_{j=0}^d \int_0^t \frac{\partial f}{\partial x_j}(B_s)\, \mathrm{d}B_s^j.$$

既然随机积分是鞅, 则随机过程

$$M_t^f = f(B_t) - \frac{1}{2} \int_0^t \Delta f(B_s)$$

(在关于 $f$ 的适当条件下) 也是鞅. 看到了这一点就引导到关于布朗运动的**鞅问题**. 要对一个随机过程 $(X_t)_{t \geqslant 0}$ 提出所谓鞅问题, 就是要找出一族鞅定义为这个随机过程的泛函, 正如上面的 $M^f$ 是定义为 $(B_s)_{s \geqslant 0}$ 的某个泛函那样. 一个鞅问题称为是**适定的**(well-posed), 如果它能刻画这个随机过程的分布. 在前面的例子里面, 鞅问题是适定的: 如果对于过程 $(B_t)_{t \geqslant 0}$, 只知道 $M_t^f$ 对于 (任意二次连续可微) 函数 $f$ 都是一个鞅, 除此以外一无所知那么就可以由此推断 $B$ 一定是一个布朗运动.

鞅问题在现代概率论中起了基本的作用 (特别请参看文末所引的文献 (Stroock and Varadhan, 1979), 以及条目货币的数学[Ⅶ.9§2.3]). 引入适当的鞅问题时常是刻画一个随机过程或者更确切地说是刻画其概率分布最方便的方法.

## 5. 布朗运动和分析数学

### 5.1 调和函数

一个定义在 $\mathbf{R}^d$ 空间的开子集合 $U$ 上的函数 $h$, 如果在 $U$ 内的每一个闭球体上的平均值都等于其自身在球心上的值, 就称为一个**调和函数**. 也有一个等价的定义, 就是把球体上的平均值换成在球面上的平均值. 分析数学中有一个基本的结果就是：$h$ 是调和的当且仅当它二次连续可微, 而且 $\Delta h = 0$. 调和函数在好几个数学领域和物理学领域中都起重要作用. 例如一个导体电位如果在此导体以外处于定常状态 (就是不随时间变化), 那么就是一个调和函数. 一个物体表面的温度如果是固定的 (就是虽然各个部分的温度可以不同, 但不随时间变化, 也就是定常的), 则物体内处于平衡的温度也是一个调和函数 (见下一小节关于热方程的讨论).

调和函数与布朗运动有密切的关系, 这把我们引导到概率论与分析数学最重要的联系. 从上一节所定义的 $M_t^f$ 是一个鞅这一事实, 这个联系已经很明显了. 从这个定义可见, $h(B_t)$ 是一个鞅当且仅当 $h$ 是调和的, 因为这时 $M_t^f$ 的定义的第二项为 0. 然而, 我们将以更初等的方式用经典的**狄利克雷问题**来解释布朗运动与调和函数的联系. 令 $U$ 为一个有界开集合, 而 $g$ 是定义在 $U$ 的边缘 $\partial U$ 上的连续实值函数. 经典的狄利克雷问题就是要找一个函数 $h$, 使它在 $U$ 中为调和的, 而在边缘上等于 $g$.

狄利克雷问题有一个很值得注意的用布朗运动的简单解法：取 $x \in U$ 并作一个由 $x$ 开始的布朗运动, 并且在这个布朗运动离开 $U$ 的地方 $B_\tau$(见图 5) 处估计 $g$ 之值; 然后定义 $h(x)$ 为所得的平均值. 为什么可以这样做? 就是说, 为什么这样定义的函数 $h$ 是调和函数, 又为什么它在边缘上等于 (准确一点说是趋近于)$g$?

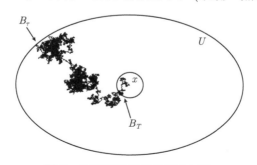

图 5　狄利克雷问题的概率解法

后一个问题的答案大体如下：如果 $x$ 充分接近于边缘, 则从 $x$ 开始的布朗运动很有可能在离 $x$ 不远处离开 $U$. 这样, 因为 $g$ 是连续的, 它在第一个离去点 (exit) 的平均值将会接近于它在邻近于 $x$ 的任意点的值.

$h$ 是调和函数的证明更加有趣. 令 $x$ 为 $U$ 中一点, 而以 $x$ 为心、$r$ 为半径的球体含于 $U$ 内. 我们想要证明 $h(x)$ 等于它在这个球体边缘上的值的平均值. 现在 $h(x)$ 等于 $g$ 在从 $x$ 开始的布朗运动的离去点处的平均值, 现在通过这个布朗路径第一次离开这个球体的点 $B_T$ 点 (见图 5) 来算出平均值. 由布朗运动的旋转不变性, 这个离去点将会均匀地分布在这个以 $r$ 为半径的球面上. 如果我们在 $y$ 点到达边缘, 则由定义, $g$ 在路径离开 $U$ 处的平均值 (加上这个附加的信息) 就是 $h(y)$. 所以 $h(x)$ 确实就是 $h$ 在这个以 $r$ 为半径的球面上的平均值.

这个论证虽然看起来颇有说服力, 但是还隐藏了一个微妙的地方, 就是在典型情况下, 布朗路径会离开球体边缘多次. 假设我们做类似的论证, 但是加上一个限制, 就是要看在最后一次离开球体时的值. 如果这一点是 $y$, 就不能说 $g$ 在第一次到达 $U$ 的边缘处的平均值是 $h(y)$ 了, 因为在那一点以后, 路径就不得再进入球体了, 因此也就不再是布朗运动了.

回想一下, 布朗运动的马尔可夫性质指出, 给定一个固定时刻 $T$ 以及另一个时刻 $t > T$, 则 $B_t - B_T$ 的值与 $s \leqslant T$ 时的 $B_s$ 之值是独立的. 看起来似乎我们在上面的论证中是利用了这个原理, 而取 $T$ 为布朗运动第一次到达球体边缘的时刻. 但是这个论证仍然可以适用, 因为这个 $T$ 现在称为**停止时间**(stopping time). 不太形式地说, 这意味着 $T$ 并不依赖于布朗运动在时刻 $T$ 以后做什么 (所以, 最后一次离开 $r$ 为半径的球体的时刻并不是停止时间, 因为一个给定的时刻是否这个最后时刻还依赖于布朗运动以后的行为). 可以证明, 布朗运动具有**强马尔可夫性质**, 它很像马尔可夫性质, 但是允许 $T$ 为停止时间. 给出了这个事实, 就不难严格地证明 $h$ 是调和函数了.

### 5.2 热方程

令 $f$ 为定义在 $\mathbf{R}^d$ 上的函数 (不妨设它为连续的、有界的). 如果把 $f$ 看成是时刻 0 时的温度分布, 则热方程[III.26] 是以后时间的温度分布发生什么情况的模型. 求这个方程的以 $f$ 为初值的解, 就是要找一个对于 $t \geqslant 0$ 而 $x \in \mathbf{R}^d$ 都有定义的函数 $u(t, x)$, 使它在 $t > 0$ 时满足偏微分方程

$$\frac{\partial u}{\partial t} = \frac{1}{2} \Delta u, \qquad (2)$$

而且对于每一个 $x$ 都满足初始条件 $u(0, x) = f(x)$(方程前面的因子 $\frac{1}{2}$ 并不重要, 但是使得概率解释更容易表述).

　　热方程也有一个可以用布朗运动来解释的简单解法: $u(t,x)$ 定义为 $f(B_t)$ 的期望值, 而 $B_t$ 则是由 $x$ 出发的布朗运动. 这就告诉我们热像一族无穷小布朗粒子那样传播.

　　上述概率表示是很容易推导的, 因为可以用高斯密度函数来显式表示 $f(B_t)$ 的期望值. 给出了这样一个公式以后, 需要我们做的就只是去进行微分, 以验证一下方程得到满足, 然而, 热方程与布朗运动的联系要深刻得多, 而且在许多其他情况下虽然有解的概率表示, 却没有显式的公式. 举一个例子, 设我们想在一个开集合 $U$ 上带着狄利克雷边界条件来解热方程. 这就是说对每一点 $x \in U$ 指定了温度的初始值, 而且规定温度在 $U$ 的边缘上保持为 0. 换言之, 要找一个函数 $u(t,x)$, 使得对每一点 $x \in U$, $u(0,x) = f(x)$, 而对每一个时刻 $t \geqslant 0$, 在 $U$ 的边缘上的每一点 $x$, $u(t,x) = 0$, 最后, 在 $U$ 内 $u$ 满足热方程. 在这个情况, 可以这样得出解来: 从 $x$ 开始作一个布朗运动 $(B_t)$, 如果在时刻 $t$ 以前, 这个布朗粒子没有离开过 $U$, 就令 $g_t = f(B_t)$, 否则令 $g_t = 0$. 然后定义 $u(t,x)$ 为 $f(B_t)$ 的期望值, 就得到所求的解.

　　这样, 为了得出所求的解, 只需要对热方程在 $\mathbf{R}^d$ 中的解稍作修正即可. 热方程的这个版本的解析处理要复杂得多.

### 5.3　全纯函数

　　现在集中在 $d = 2$ 的情况. 如通常所作的那样, 把 $\mathbf{R}^2$ 和复平面 $\mathbf{C}$ 等同起来. 令 $f = f_1 + \mathrm{i}f_2$ 为定义在 $\mathbf{C}$ 上的全纯函数[I.3§5.6]. 于是 $f$ 的实部 $f_1$ 和虚部 $f_2$ 都是调和函数, 所以 $f_1(B_t)$ 和 $f_2(B_t)$ 都是鞅. 准确些说, 伊藤公式告诉我们, 对于 $j = 1, 2$, 有

$$f_j(B_t) = f_j(x) + \int_0^t \frac{\partial f_j}{\partial x_1}(B_s)\,\mathrm{d}B_s^1 + \int_0^t \frac{\partial f_j}{\partial x_2}(B_s)\,\mathrm{d}B_s^2,$$

因为伊藤项为 0. 我们在 3 节已经看见, 这两个过程 $f_j(B_t)$ 的每一个都可以看成是一个线性布朗运动 $\beta^j$ 的时间变换. 然而, 还可以证明一个更强的结果, 就是对这两个情况, 时间变换都是相同的, 而且布朗运动 $\beta^1$ 和 $\beta^2$ 是独立的, 这样就可以证明一个 "局部化" 的旋转不变性, 而引导到布朗运动的重要的共形不变性. 粗略地说就是: 一个平面布朗运动在共形映射 (就是保持角度不变的映射) 下的像仍然是一个布朗运动, 但是速度不同.

## 6. 随机微分方程

　　考虑在水里面的布朗运动. 如果水温上升, 我们可以期望有速度更快的粒子作更多的碰撞, 这一点很容易用增加扩散速度来作为其模型. 但是, 如果在水里各点处的温度不同又该怎么办? 这时, 在某一部分的水里面粒子受到比其他部分的粒子

更大的激动. 如果水又在流动而各部分以不同速度运动, 这时, 就需要在布朗运动上再叠加上一个 "漂移"(drift) 项, 这样把粒子和周围的水的共同运动也考虑进去.

随机微分方程就是为了模拟这些更复杂的情况的. 我们先从考虑 1 维情况开始. 令 $\sigma$ 和 $b$ 是两个定义在 $\mathbf{R}$ 上的函数 (还假设它们都是连续的). 把 $\sigma(x)$ 想作是在 $x$ 处的扩散率, 而 $b(x)$ 是在 $x$ 处的漂移 (为了得到一个图像, 可以把 $\sigma(x)$ 想作是 $x$ 点的水温, 而 $b(x)$ 是某种 "1 维的水" 的速度). 令 $(B_t)$ 是 1 维的布朗运动.

用来表示相应的随机微分方程的记号是

$$\mathrm{d}X_t = \sigma(X_t)\,\mathrm{d}B_t + b(X_t)\,\mathrm{d}t. \tag{3}$$

这里的 $(X_t)$ 是一个未知的随机过程. 这里的思想是, 从无穷小的角度来看, 它的性态就像是一个具有扩散系数 $\sigma(X_t)$ 的布朗运动 (即在 $X_t$ 所到达的点处的扩散系数) 叠加到一个速度为 $b(X_t)$ 的线性运动上. 更确切地说, 上述方程的解就是一个连续的随机过程 $(X_t)$, 而在 $t \geqslant 0$ 时处处满足积分方程

$$X_t = X_0 + \int_0^t \sigma(X_s)\,\mathrm{d}B_s + \int_0^t b(X_s)\,\mathrm{d}s.$$

注意, 如果处处都有 $\sigma(x) = 0$, 它就变成了一个通常的常微分方程 $x'(t) = b(x(t))$. 随机积分 $\int_0^t \sigma(X_s)\,\mathrm{d}B_s$ 则用类似于 4 节所描述的近似来定义 (为了这一点能够行得通, 还有一些需要过程 $X_t$ 满足的技术性的条件). 事实上, 随机微分方程正是伊藤发展随机积分的原来的动机.

伊藤在对于 $\sigma$ 和 $b$ 的适当的条件下证明了对于每一个 $x \in \mathbf{R}$, 上述方程有唯一的从 $x$ 出发的解. 进一步说, 这个解还是一个在上面解释过其意义的马尔可夫过程: 如果给定了 $X_T$ 的值, 则 $(X_t)$ 在时刻 $T$ 以后演化的方式与时刻 $T$ 以前发生过的事情无关, 而和此方程从 $X_T$ 开始的解有同样的分布. 事实上, 这也是在节 5 中解释过的意义下的一种强马尔可夫性质.

它的一个重要的例子是数理金融学里的著名的 Black-Scholes 模型[VIII.9§2]. 在这个模型里, 股票的价格满足一个上面类型的随机微分方程, 其中 $\sigma(x) = \sigma x, b(x) = bx$, 而 $\sigma$ 和 $b$ 是两个正常数. 这个方程来自一个简单的思想, 即股票价格的浮动大体上正比于它的现价. 在这样一个背景下, $\sigma$ 称为股票价格的**波幅**(volatility).

前面所说的都很容易就能推广到高维情况. 一个 $d$ 维随机微分方程 ($d = 3$ 的情况恰好可以作为本节开始时提到的水的粒子的模型) 又一次是一个强马尔可夫过程, 称为**扩散过程**. 早前所说的关于布朗运动和偏微分方程的一切, 绝大部分也可以推广到扩散过程. 粗略地说, 对于每一个扩散过程都可以联系到一个微分算子 $L$, 它对扩散过程所起的作用就是拉普拉斯算子对于布朗运动所起的作用.

## 7. 随机树

扩散过程和更加一般的扩散过程都来自许多出现在概率论、组合学和统计物理中的离散模型. 所谓的随机 Loewner(Charles Loewner, 1893–1968, 捷克数学家)演化 (stochastic Loewner evolution ①, 简记为 SLE) 过程是一个最近的突出例子, 较详细的讨论可见 [IV.25§5]. 这种过程是被希望用来描述大量的 2 维模型的性态的, 它的定义涉及线性的布朗运动和复分析中的 Loewner 方程. 在这个最后一节里, 我们并不打算对布朗运动和离散模型的关系作一般的叙述, 而是来讨论布朗运动对随机树的一个惊人的应用, 而这可能用于描述种群的系谱.

基本的离散模型如下. 我们从单独一个 "祖宗" 开始, 并用符号 ∅ 为其标记. 然后在非负整数集合上给定一个概率分布 $\mu$, 并且用它来描述这位祖宗有多少子女. 然后假设每一个子女又有子女, 这些子女的数目是独立的, 但是具有同一个概率分布 $\mu$, 如此等等. 我们感兴趣的情况是所谓临界情况就是子女的期望数目恰好是 1 个 (而且变差是有限的).

我们可以把这个过程的结果用一个加了标记的树来表示, 称为**系谱树**. 为了画出这个树, 只需要把每一个成员和它的子女的群体连起来. 关于标记, 我们先把老祖宗的子女们从左到右标上号码 $1, 2, \cdots$. 1 的孩子标记为 $(1,1), (1,2), \cdots$, 2 的孩子则标记为 $(2,1), (2,2), \cdots$, 并且仿此以往 (例如, 如果 $(3,4,2)$ 也生有孩子, 就标记为 $(3,4,2,1), (3,4,2,2), \cdots$). 图 6 左方就是系谱树的一个简单的例子. 大家都知道, 在这个临界情况下, 这个种群会以概率 1 而灭绝 (为了避免这个确定无疑的命运, 各个成员的子女的平均数必须大于 1. 这个过程的一个特例将在 [IV.25§2] 中讨论).

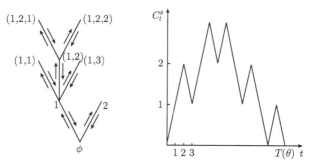

图 6　左方是树 $\theta$; 右方是其轮廓函数 $C^\theta$

系谱树也是一个随机变量, 用 $\theta$ 表示, 叫做**具有后代分布 $\mu$ 的** Galton-Watson **树**. 表示这个树的一个方便的方法是通过它的**轮廓函数**(contour function), 图 6 右

---

① 也称为 Schramm–Loewner evolution, Schramm 就是 Oded Schramm, 1961–2008, 以色列出生的美国数学家, 他在 2000 年作为一个假设提出了这个概念. —— 中译本注

方就是左方的树 $\theta$ 的轮廓函数. 比较随便地说, 设想有一个粒子, 从老祖宗开始, 由
左到右顺着树上的箭头向上或者向下连续以不变的铅直分速度 (我们设每一边的
垂直高度都是 1) 爬行, 这样走遍了这棵树, 回到树根. 因为这个例子沿着每一条边
恰好爬两次, 一次向上、另一次向下. 如果爬每个边都用一个单位的时间, 则爬完
这棵树所需的时间 $T(\theta)$ 就是边数的两倍. 轮廓函数在时刻 $t$ 的值 $C_t^\theta$ 就是粒子在
这个时刻所处位置的高度. 这一切在图 6 上应该能够看清楚.

一颗典型的树很可能相当快地就死掉了, 也就是粒子回到了树根后就停下来
了. 但是我们的目的是要了解, "当这棵树被规定为一颗大树" 时, 其形状如何. 这
有点像以下两种情况的区别: 一种是, 随意找一个生活在一千年前的人, 看一下他
或她的所有子女形成的树; 另一种是随机地找一个现在还活着的人, 找到他的一千
年前的一位老祖宗, 再来看老祖宗的树. 在后一个情况下, 老祖宗的树会活下去多
少代也不死.

假设我们规定这样一个事件, 就是这棵树 $\theta$(或者说它所代表的种群) 恰好活 $n$
代. 关于这棵系谱树, 我们可以提出种种问题. 树在规定的一代有多少成员? 如果在
树上取同一代的两个成员, 那么典型地要在树上追溯多少代才能找到他们的共同的
祖先? 这类问题的渐近的答案对于计算机科学和组合学都有意义.

再规定另一个稍有不同的事件, 就是 $\theta$ 恰好有 $n$ 条边这个事件. 符合这个规定
的树称为 $\theta^n$. 这是一颗具有 $n$ 条边的树, 所以 $T(\theta^n) = 2n$.

如果有 $k$ 个子女的概率 $\mu(k) = 2^{-(k+1)}$, 不难证明, 在所有具有 $n$ 条边的树的
集合上 $\theta^n$ 的分布实际上是均匀的. Aldous 有一个著名定理对于一般的后代分布给
出了当 $n \to \infty$ 时轮廓函数 $C^{\theta^n}$ 的渐近性态, 而结果是这个渐近性态与线性布朗运
动密切相关.

注意, 这个渐近性态不可能是布朗运动, 因为它展现了一些非常不典型的行为:
它开始和终结都在零处, 而且在任何时刻都是正的. 然而, 我们可以很简单地应用
布朗运动来定义一个概念, 称为**布朗远足**(Brown excursion), 它的路径就具有上面
说的正确的形状. 粗略的思想就是从一个从零出发的线性布朗运动开始, 画出它的
图像, 并在其上取出位于 $x = x_1$ 和 $x = x_2$ 之间的一段, 这里的 $x_1$ 是它在 $x = 1$
之前最后一次离开 $x$ 轴的点, 而 $x_2$ 则是它在 $x = 1$ 之后第一次回到 $x$ 轴的点. 相
应于布朗运动从 $x_1$ 到 $x_2$ 的一段将会始于和终于零并且在之间不会遇到零. 然后
需要把这一段布朗运动重新尺度化, 使它成为从 0 到 1, 而不是从 $x_1$ 到 $x_2$ 的一段,
我们也需要适当地把它的高度乘以因子 $1/\sqrt{x_2 - x_1}$ 而重新尺度化. 另外, 如果这
段路径从 $x_1$ 到 $x_2$ 的一段都是负的, 就需要上下翻转使它成为正的.

Aldous 的定理指出, 轮廓函数 $C^{\theta^n}$ 的极限行为 (需要如同 3 节那样, 在时间上
用因子 $1/2n$、在空间上用因子 $1/\sqrt{2n}$ 重新尺度化) 就是布朗远足. 这个结果的惊
人之处在于它并不依赖于后代的分布 $\mu$. 因为轮廓函数完全决定了相应的树的形

状, 所以我们就发现了很大的临界 Galton-Watson 树的极限形状不依赖于后代的分布. 这又是普适性的一个例子.

这个结果和它的各种变体对于大树的渐近行为给出了很多有用的信息. 很多关于树的有趣的函数都可以用轮廓函数重新写出, 而由 Aldous 定理, 它们都将收敛于类似于布朗远足的函数, 而它们的分布都可以借助于随机演算而显式地计算出来. 我们就只讲一个例子, 这个技巧可以用来计算树 $\theta^n$ 的高度的极限分布. 令后代的分布的变差为 $\sigma$, 又定义树的重新尺度化的高度为原来的高度乘以 $\sigma/2\sqrt{n}$. 当 $n \to \infty$ 时, 这个重新尺度化的高度至少为 $x$ 的概率将趋于

$$2\sum_{k=1}^{\infty}\left(4x^2k^2 - 1\right)\exp\left(-2k^2x^2\right).$$

**致谢**　作者要感谢 Giles Stolz 帮助绘出文中的模拟图, 还要感谢 Gordon Slade 对本文第一稿提出许多注记.

### 进一步阅读的文献

Aldous D. 1993. The continuum random tree. III. *Annals of Probability*, 21:248-89.

Bachelier L. 1900. Théorie de la speculation. *Annales Scientifique de l'École Normale Supérieur*, 17(3):21-86.

Billingsley P. 1968. *Convergence of Probability Measures*. New York: John Wiley.

Durrett R. 1984. *Brownian Motion and Martingales in Analysis*. Belmont, CA: Wadsworth.

Einstein A. 1956. *Investigations on the Theory of Brownian Movement*. New York: Dover.

Revuz D, and Yor M. 1991. *Continuous Martingales and Brownian Motion*. New York: Springer.

Strook D W, and Varadhan S R S. 1979. *Multidimensional Diffusion Processes*. New York: Springer.

Wiener N. 1923. Differential space. *Journal of Mathematical Physics Massachusettes Institute of Technology*, 2:131-74.

# IV.25　临界现象的概率模型

Gordon Slade

## 1. 临界现象

### 1.1　例子

一个生物种群如果出生率超过死亡率就会爆炸, 反之就会灭绝. 种群进化的本性非常精确地依赖于天平在增加新成员和丧失老成员的两极之间摆动的方式.

一个具有随机分布的孔隙的多孔岩石, 当水泼在上面的时候, 如果孔比较少, 水就不会渗透过去, 而是从岩石表面流走. 但是, 如果有很多孔, 水就会渗透. 令人惊奇的是, 有一个临界的孔隙度, 把水的流走和渗透着两种行为准确地分开. 如果岩石的孔隙度低于这个临界值, 水就不能完全地流过岩石; 但是, 如果岩石的孔隙度超过这个临界值, 哪怕只是超过一点点, 水就会一路透过岩石.

一块铁放在磁场中就会磁化. 如果磁场消失, 而磁场的温度低于居里 (Curie) [1] 温度 770°C(也就是 1418°F), 铁块仍然是磁化了的; 但是, 如果高于这个临界温度就不会. 引人注目的是有这样一个特定的温度存在, 当温度高于它时, 铁的磁化不是仅保持很小, 而是实际上消失了.

以上是临界现象的三个例子. 在每一个例子中, 当相关的参数 (出生率、孔隙度和温度) 变化通过一个临界值时系统的整体性质就会突然变化. 当参数值恰好低于临界值时, 系统的总的组织和在参数恰好超过临界值时大不相同. 这种转变的尖锐性是很突出的. 它怎么发生得如此突然?

### 1.2 理论

临界现象的数学理论现在正在经历着急剧的发展变化. 它和**相变**的科学交织在一起, 吸收来自概率论和统计物理学的思想. 这个理论内在地具有概率论的性质, 对于**系统**的每一个构型 (例如孔隙在岩石中的排列或者铁块里各个原子的磁状态) 都赋予了一个概率, 而对这个随机构型的整体的典型行为, 则作为系统的参数的函数加以分析.

临界现象的理论当前在很大程度上受到了物理学中一个深刻见解的指引, 这个见解就叫做**普适性**(universality). 现在, 普适性更多地是一种哲学而不是数学定理. 这个概念讲的是这样一个事实: 在临界点上的转变的许多本质的特性只依赖于我们考虑的系统的相对很少的几个属性. 特别是, 简单的数学模型、就可以包含真实的物理系统临界行为的定性和定量的特性, 哪怕这些数学模型对于真实系统中的局部的相互作用是极大地过分简化了. 看到了这一点, 就帮助物理学家和数学家集中关注特定的数学模型.

本文要讨论关于临界现象的、吸引了很多数学家注意的几个模型, 具体说其中就有分支过程、以随机图知名的随机网络模型、渗滤 (percolation) 模型 [2]、铁磁性的伊辛模型和随机聚类 (random cluster) 模型. 这些模型既有应用, 又在数学上有魅力. 已经证明了深刻的定理, 但是许多有中心重要性的问题尚未解决, 富有诱惑力的猜想也多的是.

---

[1] 这里的居里是居里夫人的丈夫 ——Pierre Curie (1859–1906), 法国物理学家. —— 中译本注
[2] 在这里没有采用 "渗流" 这样的译法, 因为在本文中其内容已经超过了流体力学的范畴. —— 中译本注

## 2. 分支过程

分支过程可能提供了最简单相变的例子. 它们很自然地出现在生物种群的演化中, 这个种群的大小由于生殖和死亡的作用而随时间变化. 最简单的分支过程定义如下.

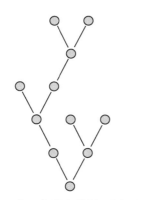

图 1　一个可能的家族树, 其概率为 $p^{10}(1-p)^{12}$

考虑一个生物机体, 它的寿命是 1 个单位的时间, 而恰好在死亡之前繁殖. 这个生物机体可能生两个后代, 我们不妨称为 "左" 后代与 "右" 后代. 在繁殖的时候, 这个机体或者没有后代, 或者有一个左后代而没有右后代, 或者有一个右后代而没有左后代, 或者左右后代各有一个. 设每一个后代出生的概率为 $p$, 而这两个后代的出生是互相独立的. 这个数 $p$ 在 0 与 1 之间量度这个机体的生殖力. 设在时刻 0 从单个机体开始, 而这个机体的后代也都按此方式独立地繁殖.

图 1 画的是一个可能的家族树, 其中画出了所有可能发生的繁殖. 在这个家族里面一共繁殖了 10 个后代, 而有 12 个可能的后代没有出生, 所以出现这样的树的概率是 $p^{10}(1-p)^{12}$.

如果 $p=0$, 就是没有后代出生, 而家族树就总是由原来的机体构成. 如果 $p=1$, 则所有可能的后代都出生了, 家族树就是无穷的二元树, 种群就能永远保存. 对于 $p$ 的中间值, 种群可能永远延续, 也可能不能永远延续. 令 $\theta(p)$ 表示生存概率, 就是如果生殖率定在 $p$ 处种群可以永远生存的概率. 那么 $\theta(p)$ 怎样插在两个极端 $\theta(0)=0$ 和 $\theta(1)=1$ 之间呢?

### 2.1　临界点

因为生物个体对于生出这两个可能的后代各具有独立的概率 $p$, 它平均地就有 $2p$ 个后代. 自然可以假设当 $p<\frac{1}{2}$ 时, 种群不会有永恒的生存, 因为每一个个体平均只有少于 1 个后代. 另一方面, 如果 $p>\frac{1}{2}$, 则每一个个体的后代平均地代替自己还有余, 所以种群的爆炸很可能会导致这个种群永远生存.

分支过程有一种不见于其他模型的递归本性, 使得可以作显式的计算. 利用这一点, 就知道生存概率可以用下式表示:

$$\theta(p) = \begin{cases} 0, & \text{若} \leqslant \dfrac{1}{2}, \\ \dfrac{1}{p^2}(2p-1), & \text{若} \geqslant \dfrac{1}{2}. \end{cases}$$

值 $p = p_c = \dfrac{1}{2}$ 是一个临界值, 在那一点, $\theta(p)$ 的图像有一个急弯 (见图 2) 区间 $p < p_c$, 称为**次临界的**(subcritical), 而区间 $p > p_c$ 称为**超临界的**(supercritical).

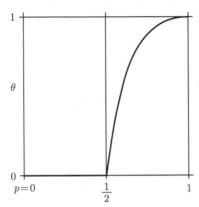

图 2　生存概率对于 $p$ 的图像

也可以不去求使得原来的个体有无穷多个后代的概率 $\theta(p)$, 而是求使得后代的数目至少为 $k$ 的概率 $P_k(p)$. 如果有 $k+1$ 个后代, 当然也就有 $k$ 个后代, 所以当 $k$ 变大时, $P_k(p)$ 就会减少. 当 $k$ 趋近无穷大时, $P_k(p)$ 就会下降到 $\theta(p)$. 特别是如果 $p > p_c$ 时, $P_k(p)$ 当 $k$ 趋于无穷大时会收敛于一个正极限, 而当 $p \leqslant p_c$ 时, 则收敛于零. 当 $p$ 严格小于 $p_c$ 时, 可以证明 $P_k(p)$ 以指数式的速度快速趋于零, 而在临界值 $p_c$ 处则有

$$P_k(p_c) \sim \frac{2}{\sqrt{\pi k}}.$$

符号 "$\sim$" 表示渐近行为, 就是说上式左右双方的比当 $k$ 趋于无穷大是趋于 1. 换句话说, 当 $k$ 很大时, $P_k(p_c)$ 的行为本质上和 $2/\sqrt{\pi k}$ 是一样的.

当 $p < p_c$ 时 $P_k(p)$ 的指数衰减和它在 $p = p_c$ 时的平方根衰减有显著的不同. 当 $p = 1/4$ 时, 大于 100 的家族树是很罕见的, 所以从实际的观点看来, 它们是不会出现的: 这种情况的概率小于 $10^{-14}$. 然而, 当 $p = p_c$ 时, 每十颗家族树中大体有一棵大小至少是 100, 而每一千棵中大体上有一棵大小至少是 1 000 000. 在临界值处, 过程处于灭绝与生存之间的不稳定状态中.

分支过程的另一个重要的属性是家族树的平均大小, 记作 $\chi(p)$. 经过计算

表明:

$$\chi\left(p\right) = \begin{cases} \dfrac{1}{1-2p}, & \text{若 } p < \dfrac{1}{2}, \\ \infty, & \text{若 } \geqslant \dfrac{1}{2}. \end{cases}$$

特别是树的平均大小在同样的临界值 $p_c = 1/2$ 处变为无穷大, 而在这个临界值的右方但是, 因为 $\chi\left(p_c\right) = \infty$. 出现无穷大家族树的概率不再是 0. 图 3 画的就是 $\chi\left(p\right)$ 的图像. 这一点与家族树总是有限的初看起来似乎是矛盾的但是实际上并没有不相容之处, 而家族树的这样一个组合 (它只出现在临界点上) 反映了 $P_k\left(p_c\right)$ 的平方根衰变的缓慢性.

### 2.2　临界指数与普适性

以上讨论的某些侧面是二重的分支所特有的, 而对于更高阶的分支是会改变的. 例如, 设每一个个体不是有两个可能的后代, 而是有 $m$ 个, 每一个仍然设为独立的而且有相同的概率 $p$, 这时, 每个个体平均有 $mp$ 个后代而临界概率 $p_c$ 变成了 $1/m$. 另外, 上面写出的生存概率的公式、至少有 $k$ 个后代的概率、以及家族的平均大小的公式都需要修改, 而且其中都含有参数 $m$.

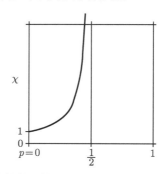

图 3　家族树的平均大小 $\chi\left(p\right)$ 作为 $p$ 的函数的图像

然而, $\theta\left(p\right)$ 在临界点趋于零的方式、$P_k\left(p_c\right)$ 当 $k$ 趋于无穷大时趋于零的方式, 以及 $\chi\left(p\right)$ 当 $p$ 趋于临界点时趋于无穷大的方式, 都受到一个与 $m$ 无关的指数的管束. 说具体一点, 它们的行为都服从以下的方式:

$$\begin{aligned} \theta\left(p\right) &\sim C_1\left(p-p_c\right)^{\beta}, & \text{当} &\to p_c^+, \\ P_k\left(p_c\right) &\sim C_2 k^{-1/\delta}, & \text{当} &\to \infty, \\ \chi\left(p\right) &\sim C_3\left(p_c-p\right)^{-\gamma}, & \text{当} &\to p_c^-. \end{aligned}$$

这里的 $C_1, C_2$ 和 $C_3$ 都是依赖于 $m$ 的常数. 而与此相对照地有: 对于任意的 $m \geqslant 2$, 指数 $\beta, \gamma$ 和 $\delta$ 所取的值均与 $m$ 无关. 实际上, $\beta = 1, \delta = 2$, 而 $\gamma = 1$. 这些值称为

临界指数, 它们在以下的意义下是**普适**的, 即它们与管束个别个体繁殖方式的定律的确切形式无关. 相关的临界指数在下面其他的模型中也会出现.

## 3. 随机树

离散数学中的一个活跃的有很多应用的领域就是对一种称为图[III.34] 的对象的研究. 图可以用来作为以下系统的模型, 这种系统的例子有: 因特网、万维网 (world wide web, www) 和高速公路网络. 从数学上说, 图就是一些**顶点**的集合 (这些顶点例如可以是计算机、网页的网址和城市) 用**边**(计算机之间的物理连接、网页之间的超链接和公路) 把一对一对的顶点连接起来. 图也称为**网络**, 顶点也称为**节点或地点**(site), 边有时也叫**链接**.

### 3.1 随机图的基本模型

图论中一个主要的子领域是研究一个随机生成的图典型地会具有的性质, 这个子领域是由爱尔特希 (Paul Erdős, 1913–1996, 匈牙利数学家) 和雷尼 (Alfréd Rényi, 1921–1970, 匈牙利数学家) 在 1960 年创立的. 随机生成一个图的自然的方法是取 $n$ 个顶点, 并对每一对顶点随机地决定 (例如通过投掷硬币来决定) 是否用一个边把它们连接起来. 更为一般地, 可以在 0 和 1 之间选一个数 $p$, 而令其为这两个顶点是否由边连接起来的概率 (这就相应于用投掷一个偏心的硬币来做决定). 当 $n$ 很大时, 随机图有自己的特性, 特别有趣的是这样一个事实, 就是其中有相变.

### 3.2 相变

如果 $x$ 和 $y$ 是一个图的两个顶点, 则从 $x$ 到 $y$ 的路径就是一串从 $x$ 开始到 $y$ 终结的顶点序列, 而序列中的相邻顶点都有边连接 (如果用点来表示顶点, 用直线段来表示边, 则路径就是可以随着它从 $x$ 走到 $y$ 的道路). 如果 $x$ 和 $y$ 有路径连接, 那么它们是**连通**的. 图的一个**分支**或称**连通聚类**(cluster) 就是取一个顶点以及所有能够与它连接的其他顶点而得到的对象.

每一个图都可以自然地分成各个连通的聚类. 一般说来, 这些聚类的大小 (聚类的大小由其中顶点的个数来量度) 是不同的, 在给定了一个图以后, 知道其最大聚类的大小 (记作 $N$) 是很有意义的. 如果考虑一个具有 $n$ 个顶点的随机图, 则 $N$ 之值由生成此图时所作过的全部随机选择来决定, 所以 $N$ 是一个随机变量. $N$ 的可能的值, 从 1 开始到 $n$ 的数都可能, 1 就是其中没有边而每一个聚类都是单个的点的情况, $n$ 则是只有一个由所有的顶点构成的连通聚类. 特别是, 当 $p = 0$ 时, $N = 1$, 而当 $p = 1$ 时, $N = n$. 在这两个极端之间的某处, $N$ 会有一个跳跃.

可以通过考虑一个典型的顶点的**度**(degree) 来猜测这种跳跃会在何处发生. 所谓度就是 $x$ 的邻居的个数, 也就是可以用单个的边与 $x$ 相连接的顶点的个数. 每一个顶点都有 $n - 1$ 个可能的邻居, 而其中每一个真是 $x$ 的邻居的概率是 $p$, 所以每一个顶点的度的期望值是 $p(n-1)$. 如果 $p$ 小于 $1/(n-1)$, 每一个顶点平均地只有少于 1 个邻居, 而如果大于 $1/(n-1)$, 则仍然是平均地具有多于 1 个邻居. 这就暗示了 $p_c = 1/(n-1)$ 是一个临界值, 而当 $p < p_c$ 时, 最大聚类的大小 $N$ 会很小, 而当 $p > p_c$ 时, $N$ 会很大.

真实情况也确实就是这样的. 如果记 $p_c = 1/(n-1)$, 而把 $p$ 写成 $p = p_c(1+\varepsilon)$, $\varepsilon$ 是 $-1$ 和 $+1$ 之间的一个常数, 则 $\varepsilon = p(n-1)-1$. 因为 $p(n-1)$ 是每一个顶点的平均度数, 所以 $\varepsilon$ 就是平均度数与 1 之差的度量. 爱尔特希和雷尼证明了在适当的意义下, 当 $n$ 趋于无穷大时, 有

$$
N \sim \begin{cases} 2\varepsilon^{-2}\log n, & \text{若 } \varepsilon < 0, \\ An^{2/3}, & \text{若 } \varepsilon = 0, \\ 2\varepsilon n, & \text{若 } \varepsilon > 0. \end{cases}
$$

上面公式中的 $A$ 并不是一个常数, 而是一个与 $n$ 无关的随机变量 (这里不来讨论它的分布). 当 $\varepsilon = 0$ 而 $n$ 很大时, 这个公式会告诉我们, $N$ 落在 $an^{2/3}$ 和 $bn^{2/3}$ 中的近似的概率, 这里 $a < b$ 是任意的. 换一个说法就是 $A$ 是量 $n^{-2/3}N$ 当 $\varepsilon = 0$ 时的**极限分布**.

当 $n$ 很大时, 函数 $\log n$, $n^{2/3}$ 和 $n$ 的形态有显著的区别. 当 $p < p_c$ 时出现的较小的聚类相应于所谓**次临界相**(subcritical phase), 而在所谓**超临界相**(supercritical phase) 时, 即当 $p > p_c$ 时, 出现了 "巨人聚类", 其大小和整个图的大小有相同的数量级 (见图 4).

考虑随机图当 $p$ 由次临界值增加到超临界值的 "演化" 是很有趣的 (这个过程可以想象为有越来越多的边被随机地添加到图中去). 这时会出现值得注意的融合现象, 就是许多小的聚类很快地融合成了一个巨人聚类, 而其大小相当于整个系统的大小. 这种融合是彻底的, 意思是在超临界相的时候巨人聚类统治了一切. 说真的, 已经知道次大聚类的渐近大小只是 $2\varepsilon^{-2}\log n$, 比起巨人聚类要小多了.

### 3.3   聚类的大小

对于分支过程, 我们定义了 $\chi(p)$ 为后代可能出生的概率为 $p$ 时由单个个体生长出来的树的平均大小. 类比于它, 对于随机树, 我们自然地取一个任意的顶点 $v$, 并且定义 $\chi(p)$ 为包含 $v$ 的连通聚类的平均大小. 因为所有的顶点都起同样的作用, $\chi(p)$ 独立于 $v$ 的特定选择. 如果固定 $\varepsilon$ 的一个值, 令 $p = p_c(1+\varepsilon)$, 而让 $n$ 趋于无穷大, 可以证明 $\chi(p)$ 的行为由下面的公式来描述:

$$
\chi(p) = \begin{cases} 1/|\varepsilon|, & \text{若 } \varepsilon < 0, \\ cn^{1/3}, & \text{若 } \varepsilon = 0, \\ 4\varepsilon^2 n, & \text{若 } \varepsilon > 0. \end{cases}
$$

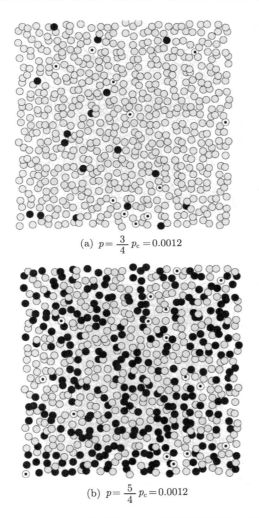

(a) $p = \dfrac{3}{4} \, p_{\mathrm{c}} = 0.0012$

(b) $p = \dfrac{5}{4} \, p_{\mathrm{c}} = 0.0012$

图 4　随机图的最大聚类 (黑点) 和次大聚类 (内有小黑点的圆圈). 它们的大小在 (a) 的情况是 17 和 11, 而在 (b) 的情况是 284 和 16. 这些图有几百条边, 在图上只是隐约可见

这里 $c$ 是一个常数. 所以, 当 $\varepsilon < 0$ 时, 聚类的大小与 $n$ 无关, 当 $\varepsilon = 0$ 即 $p = p_{\mathrm{c}}$ 时, 其大小像 $n^{1/3}$ 一样, 而当 $\varepsilon > 0$ 时, 则其大小与 $n$ 有相同的数量级, 所以要比前两种情况大得多.

为了把这个类比继续推演下去, 令 $P_k(p)$ 表示包含这个顶点 $v$ 的聚类至少有 $k$ 个顶点的概率. 这个概率又一次并不依赖于顶点 $v$ 的特定选择. 在次临界相时, 即对某个固定的负值 $\varepsilon$ 有 $p = p_{\mathrm{c}}(1 + \varepsilon)$ 时, 概率 $P_k(p)$ 本质上与 $n$ 互相独立, 而对于 $k$ 为指数地小. 所以, 大的聚类是非常罕见的. 然而, 在临界点 $p = p_{\mathrm{c}}, P_k(p)$ 像

$1/\sqrt{k}$ 的倍数那样衰减 (在 $k$ 的一定的范围内). 这个慢得多的平方根那样的衰减, 类似于分支过程中出现的一样.

### 3.4　其他的阈值

不仅是最大的聚类的大小会突变. 另一个也会突变的量是一个随机图为连通的概率, 就是这个随机图是单个包含了所有 $n$ 个顶点的连通聚类的概率. 对于使得一对顶点构成一个边的概率 $p$ 取哪些值时会发生这样的事? 已经知道, 随机图为连通这个性质, 在 $p_{\text{conn}} = (1/n) \log n$ 处有尖锐的阈值, 其意义是: 如果对某个固定的负常数 $\varepsilon$ 有 $p = p_{\text{conn}}(1 + \varepsilon)$, 则当 $n \to \infty$ 时, 图为连通的概率趋于 0. 另一方面, 如果 $\varepsilon$ 为正, 则这个概率趋于 1. 粗略地说, 如果随机地添加一些边, 使这个图一对顶点构成一个边的比例从小于 $p_{\text{conn}}$ 变得稍高于 $p_{\text{conn}}$, 这个图就会突然从几乎确定不连通变为几乎确定连通.

有很广阔的一类性质具有这一类的阈值. 其他的例子还有不出现孤立顶点 (就是没有边连接到它的顶点) 的概率, 以及出现哈密顿循环 (就是能够访问每一个顶点恰好一次的闭的环路) 的概率. 在阈值之下, 随机图几乎确定没有这个性质, 而一旦超过了这个阈值, 随机图就几乎确定有这个性质.

## 4. 渗滤

渗滤模型是由 Broadbent 和 Hammersley 在 1957 年提出的, 当时是作为在多孔介质中液流的模型. 介质中随机放置的微观的孔成为一个网络, 而液体可以在其中流动. 一个 $d$ 维介质可以用无限的 $d$ 维格网 $\mathbf{Z}^d$ 来作为其模型, 这个格网由所有形为 $(x_1, \cdots, x_d)$ 的点构成, 这里的 $x_i$ 都是整数. 格网可以用下面的方法自然地变成一个图, 就是把每一个格点都与相邻的点连接起来, 所谓相邻的点, 就是有一个坐标与该点的相应坐标相差 $\pm 1$ 而其余坐标相同的点 (这样, 举一个例子, 在 $\mathbf{Z}^2$ 中, 点 $(2,3)$ 有 4 个相邻的点: $(1,3),(3,3),(2,2)$ 和 $(2,4)$). 我们就把边想作所有的有可能出现在介质中的孔.

要想得到介质本身的模型, 选择一个 0 与 1 之间的数 $p$, 称为**孔隙参数**, 其实它就是出现孔隙的概率. 所以对每一个边都赋予了一个概率 $p$, 把这个边保留下来成为孔隙的概率 $p$; 而把这个边删除掉、使它不成为孔隙的概率是 $1 - p$, 对每一个边所作的选择都是独立的. 保留下来的边就说是 "实" 的, 因为它就是连接格点的边, 删除了的边就说是 "空" 的. 结果就得到 $\mathbf{Z}^d$ 的一个随机子图, 即以实边为边的图. 这些实边就是出现在一块宏观的介质中孔隙的模型.

要想让液体能够流过介质, 这些孔隙的集合必须在宏观尺度上互相连通. 这个思想通过在随机子图中有无限的聚类存在而包含在这个模型里, 就是必定有点的无限集合可以用边互相连接. 所以基本的问题是无限的聚类是否存在. 如果存在, 液体就可以在宏观尺度上流过介质, 否则就不行. 所以, 如果这样的无限聚类存在, 就说 "发生了渗滤"(percolation).

图 5 画了一个平面格网 $\mathbf{Z}^2$.3 维物理介质里的渗滤可用 $\mathbf{Z}^3$ 为模型. 想一想这种模型的行为如何随维数 $d$ 而改变是很有教益的, 在数学上也是很有趣的.

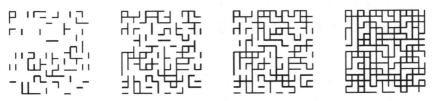

图 5 一个 $14 \times 14$ 的正方形格网上的边渗滤. 相应于 $p = 0.25, p = 0.45,$
$p = 0.55, p = 0.75.$ 临界值为 $p = \dfrac{1}{2}$

若 $d = 1$, 除非 $p = 1$, 否则就不会发生渗滤. 这个简单的观察引导到下面的结论. 设有 $m$ 个相继的边所成的特定的序列, 它们都是实边的概率是 $p^m$. 如果 $p < 1, p^m$ 将随 $m \to \infty$ 而趋于 0. 对于 $d \geqslant 2$, 情况就很不相同.

### 4.1 相变

当 $d \geqslant 2$ 时会有相变. 令 $\theta(p)$ 表示 $\mathbf{Z}^d$ 中给定的顶点位于一个无限连通聚类中的概率. (这个概率不依赖于顶点的选择). 已经知道, 当 $d \geqslant 2$ 时, 有一个依赖于 $d$ 的临界值 $p_c$ 存在, 使得当 $p < p_c$ 时 $\theta(p) = 0$, 而当 $p > p_c$ 时 $\theta(p)$ 为正. $p_c$ 的准确的值一般并不知道, 但是正方形格网的特殊的对称性使我们可以证明当 $d = 2$ 时, $p_c = 1/2$. 利用 $\theta(p)$ 是任意特定顶点位于无限聚类中的概率, 可以证明当 $\theta(p) > 0$ 时, 这种聚类一定存在于 $\mathbf{Z}^d$ 的某处, 而当 $\theta(p) = 0$ 时这种聚类一定不存在. 所以当 $p > p_c$ 时一定发生渗滤, 而当 $p < p_c$ 时就不会发生, 因此系统的行为在临界值上会突然改变. 更深刻的论证表明, 当 $p > p_c$ 时, 恰好只有一个无限的聚类; 多个无限的聚类在 $\mathbf{Z}^d$ 中不能共存. 这一点与随机图的情况是类似的, 在那里, 当 $p$ 大于临界值时有一个巨人聚类占统治地位.

令 $\chi(p)$ 表示包含一个给定顶点的连通聚类的平均大小. 当 $p > p_c$ 时, $\chi(p)$ 肯定是无限的, 因为这时给定的顶点位于一个无穷大聚类中的概率为正. 但是, 对于某些 $p < p_c, \chi(p)$ 仍然是无限也是可以想象的, 因为无限的期望值与 $\theta(p)$ 为零是相容的. 但是对于这个学科, 有一个不平凡的重要的定理指出, 并不是这么回事: 对于所有的 $p < p_c, \chi(p)$ 一定是有限的, 但是当 $p$ 从下方趋近 $p_c$ 时, $\chi(p)$ 向无穷大发散.

定性地看, $\chi(p)$ 和 $\theta(p)$ 的图形和图 2 及图 3 中所画的图形以及在分支情况下相应的图形看起来差不多, 虽然当 $d \geqslant 3$ 时, 临界值要小于 $1/2$. 但是有一点需要告诚. 已经证明了 $\theta$ 对于 $p$ 除了可能在 $p_c$ 处以外是连续的, 而且处处都是右连续的. 人们广泛地相信 $\theta$ 在临界点处为 0, 所以 $\theta$ 对于所有的 $p$ 都连续, 而在临界点渗滤不会发生. 但是, $\theta(p_c) = 0$ 目前只在 $d = 2$ 和 $d \geqslant 19$ 时, 以及在 $d > 6$ 时的某些模型中得到了证明. 由于已经对所有的 $d \geqslant 2$ 证明了当 $p = p_c$ 时在任意半空间中、有无穷聚类的概率为零, 所以缺少一般的证明这个情况就更加纠结了. 这时还允许存在一个具有不自然的螺旋形的无穷聚类, 虽然大家都相信不会是这个情况.

### 4.2　临界指数

假设当 $p$ 下降趋于 $p_c$ 时, $\theta(p)$ 确实趋于零, 很自然会要问这是怎样发生的. 类似地, 我们会问当 $p$ 上升趋向 $p_c$ 时, $\chi(p)$ 以什么方式发散? 很深刻的理论物理学的论证以及很可观的计算试验都引导到这样一个预测, 即这个行为以及其他一些行为可以用某些称为**临界指数**的幂来描述. 特别是预言了会有如下的渐近公式:

$$\theta(p) \sim C(p - p_c)^{\beta}, \qquad \text{当 } p \to p_c^{+} \text{ 时},$$
$$\chi(p) \sim C(p_c - p)^{-\chi}, \qquad \text{当 } p \to p_c^{-} \text{ 时}.$$

临界指数就是这里的幂 $\beta$ 和 $\gamma$, 它们一般说来是依赖于维数 $d$ 的 ($C$ 在这里表示常数. 其准确的值无关紧要, 而且在上述公式的各行中可以不同).

当 $p$ 小于 $p_c$ 时, 大的聚类出现的概率指数地小. 例如, 这时的 $P_k(p)$, 即出现连通的包含一个给定顶点, 而当 $k \to \infty$ 时大小超过 $k$ 的聚类的概率已知是指数地衰减的. 在临界点处, 预测这个指数衰减将被幂的衰减率所代替, 其中涉及一个常数 $\delta$ 是另一个临界指数:

$$P_k(p_c) \sim Ck^{-1/\delta}, \qquad \text{当 } k \to \infty \text{ 时}.$$

另外, 当 $p$ 小于 $p_c$ 时, 当这两个顶点的分离增加时, 两个顶点 $x$ 和 $y$ 位于同一个连通聚类之内的概率 $\tau_p(x, y)$ 将如 $e^{-|x-y|/\xi(p)}$ 那样衰减, 这里的 $\xi(p)$ 称为**相关长度**(correlation length)(粗略地说, 当 $x$ 和 $y$ 的距离超过 $\xi(p)$ 时, $\tau_p(x, y)$ 就开始变小). 当 $p$ 增加到 $p_c$ 时, 已经知道, 相关长度会发散, 这种发散的形式预测是

$$\xi(p) \sim C(p_c - p)^{-\nu}, \qquad \text{当 } p \to p_c^{-} \text{ 时},$$

这里的 $\nu$ 又是一个临界指数. 和前面一样, 在临界点处, 这个衰减不再是指数的. $\tau_{p_c}(x, y)$ 预计是按幂法则衰减的, 传统地写为

$$\tau_{p_c}(x, y) \sim C \frac{1}{|x-y|^{d-2+\eta}}, \qquad \text{当 } |x-y| \to \infty \text{ 时},$$

这里的 $\eta$ 又是另一个临界指数.

临界指数所描述的是相变的大尺度侧面, 它们提供了关于物理介质的宏观尺度的信息. 然而, 在绝大多数情况下, 都没有严格地证明过它们的存在. 证明其存在并且确定它们的值是数学中重大的未解决问题, 而对渗滤理论有中心的重要性.

有鉴于此, 注意到来自理论物理学的如下的预见是重要的. 这个预见是: 这些临界指数并不是独立的, 而是由所谓**尺度关系**(scaling relation) 联系起来的. 下面是三个尺度关系:

$$\gamma = (2 - \eta)\,\nu, \quad \gamma + 2\beta = \beta\,(\delta + 1), \quad d\nu = \gamma + 2\beta.$$

### 4.3  普适性

既然临界指数是描述大尺度行为的, 很可能它们只是很弱地依赖于模型的精细结构的变化. 这在事实上是理论物理学的进一步的预见, 它已经由数值试验检验过, 即临界指数是普适的, 意思是它只依赖于空间维数, 而几乎不依赖于别的什么.

例如, 如果用别的二维格网来代替 $\mathbf{Z}^2$, 例如用三角形或六边形格网, 据信临界指数是不变的. 对于一般的 $d \geqslant 2$, 另一项修正是用所谓**铺开模型**(spread-out model) 来代替标准的渗滤模型. 在铺开模型中, 要把 $\mathbf{Z}^d$ 的边的集合更加丰富起来, 使得只要两个顶点的距离为 $L$ 或更小, 就把它们连接起来, 这里 $L \geqslant 1$ 是一个通常很大的固定参数. 普适性暗示了对于渗滤的铺开模型, 临界指数不依赖于 $L$.

迄今我们的讨论都是在**边渗滤**(bond percolation) 这个一般框架下进行的, 其中所有的边都随机地是实的或者空的. 还有一个变体也是研究得很多的, 就是**点渗滤**(site percolation), 在其中是它的顶点 ("点渗滤" 的 "点" 就是指的顶点) 独立地具有为 "实" 的概率 $p$ 或者 "空" 的概率 $1 - p$. 这时一个顶点 $x$ 的连通聚类就是由这个顶点和一切能用一条路径达到它的实的顶点构成的, 这条路径是从 $x$ 开始, 沿着这个图的边行进, 而且只访问实的顶点. 当 $d \geqslant 2$ 时, 点渗滤也有相变. 虽然点渗滤的临界指数与边渗滤的不同, 有一个普适性的预测, 即对于 $\mathbf{Z}^d$, 点渗滤和边渗滤的临界指数是相同的.

这些预测在数学上是很有迷惑力的: 相变的由临界指数来表示的大尺度性质对于模型的精细结构是不敏感的, 这一点与例如临界概率 $p_c$ 不同, 后者是严重地依赖于这种细节的.

在本文写作之时, 只是在维数 $d = 2$ 以及 $d \geqslant 6$ 时的某些模型已经证明了临界指数是存在的, 并且严格地计算过, 而对于普适性的一般的数学理解还是一个难以捉摸的目标.

### 4.4  维数 $d > 6$ 时的渗滤

利用一种称为 "**雷丝展开**(lace expansion) 的方法, 已经证明了有临界指数存在,

对于 $d>6$ 而 $L$ 充分大的渗滤的铺开模型, 其值为

$$\beta = 1, \quad \gamma = 1, \quad \delta = 2, \quad v = \frac{1}{2}, \quad \eta = 0.$$

证明利用了这样一个事实, 即在铺开模型中, 顶点有许多邻居. 对于更规范的最近邻居模型, 其中边的长度为 1, 而每个顶点的邻居也比较少, 也得到了这类结果, 但是只是对于 $d \geqslant 19$ 时成立.

上面的 $\beta, \gamma$ 和 $\delta$ 的值和我们以前在分支过程中看到过的一样. 一个分支过程可以看作是在一个无穷的树上而不是在 $\mathbf{Z}^d$ 上的渗滤, 所以 $d > 6$ 时的渗滤的行为和一棵树上的渗滤是一样的. 这是普适性的一个极端的例子, 在其中临界指数甚至与维数也无关, 至少是当 $d > 6$ 时是这样.

如果把上面的临界指数的值代入尺度关系 $dv = \gamma + 2\beta$, 则会得到 $d = 6$. 所以尺度关系 (现在称为**超尺度关系**, 因为等式中也出现了维数 $d$) 当 $d > 6$ 时不成立. 然而, 这个关系按照预测只在 $d \leqslant 6$ 时适用. 在更低的维数, 相变的性质还受到临界聚类安放在空间里的方式的影响, 而这种安放的性质, 部分地是由超尺度关系描述的, 维数 $d$ 显式地出现于其中.

预测在 $d = 6$ 以下的情况, 临界指数会取不同的值. 最近的进展对于 $d = 2$ 的情况大有启示, 我们将在下一节看到.

### 4.5　维数 2 时的渗滤

#### 4.5.1　临界指数与 Schramm-Loewner 演化

在 2 维三角形格网的情况, 对于点渗滤近年有一个主要的进展, 证明了临界指数是存在的, 而且取非常值得注意的值

$$\beta = \frac{5}{36}, \quad \gamma = \frac{43}{18}, \quad \delta = \frac{91}{5}, \quad v = \frac{4}{3}, \quad \eta = \frac{5}{24}.$$

尺度关系在证明中起了重要的作用, 但是有一个很本质的附加步骤, 就是需要了解一个称为**尺度极限**(scaling limit) 的概念.

为了对这个概念有所了解, 我们来看一下所谓**搜索过程**(exploration process), 如图 6. 图上的六边形代表三角形格网的顶点. 最下方的一行的六边形, 左边的一半涂上了灰色, 右边的一半则是白的. 其余的六边形则独立地按概率 1/2 涂成灰的或者白的. 这个 1/2 就是三角形格网上的点渗滤的临界概率. 不难证明, 有一条路径 (用粗黑线画在图 6 上) 从最低一行出发, 而沿着这条路径总是灰色在左, 白色在右. 搜索路径是一条随机路径, 可以看成是灰色/白色界面. 底部的边界条件迫使它成为无限的.

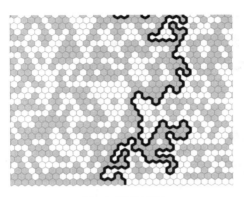

图 6　搜索过程

　　搜索过程提供了关于区分不同颜色的大的临界聚类的边界的信息, 由此就可以提取有关临界指数的信息. 重要的是宏观的大尺度的结构, 所以人们的兴趣集中在三角形格网中的顶点的间距趋于零时的搜索过程的极限情况. 换句话说, 图 6 中的粗黑线当六边形的大小趋于 0 时典型地是什么样子? 现在知道, 这个极限是一个新近发现的随机过程[IV.24§1] 来描述的. 这个随机过程, 称为参数为 6 的 Schramm-Loewner 演化 (SLE) [①], 简记为 SLE$_6$. SLE 是 Schramm 在 2000 年引入的, 现在已经成了很活跃的研究领域.

　　这是在了解 2 维的三角性格网上的点渗滤上前进的重要一步, 但是需要做的还很多. 特别是普适性的证明还未解决. 当前对于正方形格网 $\mathbf{Z}^2$ 的边渗滤、还不能证明临界指数存在, 虽然普适性的预测是对于正方形格网 $\mathbf{Z}^2$, 临界指数也应该就是上面列出的有趣的值.

### 4.5.2　通过概率

　　为了理解二维的渗滤, 了解存在一条由一个区域的一边通向另一边的路径的概率是很有帮助的, 特别是在参数 $p$ 取临界值 $p_c$ 时.

　　为了使这个概念更精确, 确定平面上的一个单连通区域 (就是没有洞的区域), 并且在这个区域的边缘上确定两段弧. 所谓**通过概率**(crossing probability, 它依赖于 $p$) 就是在此区域内存在由一条弧连接到另一条弧的一条实的路径的概率, 或者准确一些说是当顶点之间的距离趋于零时这个概率的极限. 对于 $p < p_c$, 聚类的直径远大于相关长度 $\xi(p)$(按其在格网中的步数来量度) 的情况是极为罕见的. 然而要通过一个区域, 当格网间距越小而趋于零时, 聚类应该越来越大, 由此可知通过概率为 0. 如果 $p > p_c$, 则恰好有一个无穷聚类, 由此可以导出, 当格网间距很小时, 则能够通过这个区域一次这一事件有很高的概率. 取极限即知, 通过概率为 1. 如果

---

　　① 在上一个条目中讲到随机树[IV.24§7] 时, SLE 解释为 stochastic Loewner evolution, 那里已经说明它就是这里讲的 SLE.—— 中译本注

$p = p_c$ 又如何? 对于临界通过概率有三个预测.

第一个预测是临界通过概率具有普适性, 就是说对于所有的有限值域的二维边渗滤和点渗滤, 它们都是相同的.

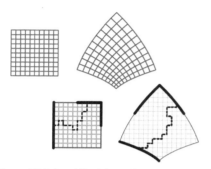

第二个预测是, 临界通过概率是**共形不变量**. 一个共形映射就是局部地保持角度不变的映射, 如图 7 那样. 著名的黎曼映射定理[V.34] 指出, **任意**两个单连通区域, 只要不是整个复平面, 都可以用共形映射互相变换. 临界通过概率为共形不变量这个命题就意味着, 如果一个区域的边缘上指定的两段弧被一个共形映射映为另一个区域边缘上的两段弧, 则新区域边缘上原来的两段弧的像之间的通过概率等于原区域的通过概率 (注意, 区域下面的格网没有被变换, 这一点使得这个预测很惊人).

图 7　图上部画的两个区域互为共形映射,
图下部的两个区域有相同的极限临界
通过概率

第三个预测是 Cardy(John Lawrence Cardy, 英国物理学家) 关于通过概率的显式公式. 既然有了共形不变性, 就只需要对一个区域得出这个公式就够了. 对于等边三角形 (图 8), Cardy 公式特别简单.

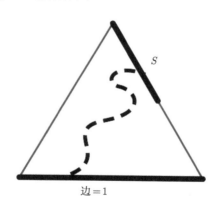

图 8　对于单位边长的等边三角形, Cardy 公式断定图上所画的
边缘弧的极限临界通过概率就是弧长

2001 年有一项突出的成就, 就是俄罗斯数学家 Smirnov (Stanislav Konstanti-novich Smirnov, 1970–) 研究了三角形格网上点渗滤的临界通过概率. 他利用这个区域特殊的对称性证明了极限临界通过概率的存在, 证明了它们是共形不变的, 而

且服从 Cardy 公式. 通过概率的普适性仍是一个诱人的未解决的问题 [1].

## 5. 伊辛模型

1925 年, 德国物理学家伊辛 (Ernst Ising, 1900–1998) 发表了关于铁磁性的现今以他命名的数学模型 (虽然事实上, 这个模型是他的博士论文导师、德国物理学家楞次 (Wilhelm Lenz) 在 1920 年提出来的. 请不要把这个楞次与中学物理课程中关于电磁感应的楞次定律的发现者、德裔俄罗斯物理学家 Heinrich F. E. Lenz 混为一人). 伊辛模型在理论物理学中占有中心的地位, 而且具有相当大的数学兴趣.

### 5.1 自旋、能量与温度

在伊辛模型里面, 一块铁被看成原子的集合, 而这些原子的位置固定在一个晶格中. 每一个原子都有一个磁 "自旋", 为简单计, 这些磁自旋都假设是自旋向上或者向下. 自旋的每一种构型都附属了一个能量, 能量越大, 这种构型就越不可能发生.

总的看来, 原子总是希望与自己紧连接的原子有相同的自旋, 而能量也正是反映了这一点: 如果相邻的取不同的自旋取向的原子对数目多了, 能量就会增加. 如果有一个外磁场, 也假设为或者向上或者向下, 这个磁场对于原子的排列就会有一个外加的贡献: 原子的磁自旋总趋向于和外磁场有相同取向: 自旋的取向与外场不同的原子越多, 能量就会越大. 因为具有更高能量的构型比较不容易出现, 所以自旋有一个趋势就是与其他原子的自旋有相同取向, 以及与外磁场的方向相一致. 如果自旋向上的原子所占的比例多于自旋向下的, 就说这块铁有正的磁化.

虽然能量的考虑倾向于具有更多的相同磁自旋的构型, 但是还有一个与它竞争的效应, 就是温度. 当温度增加时, 自旋的随机热漂移就更多, 而它们就会抵消取向相同的量. 只要有外磁场, 能量效应就占统治, 所以, 不论温度有多高, 总会有一点磁化. 然而, 当关掉外磁场以后, 只有在温度低于某个临界温度时, 才仍然有磁化保留下来. 在临界温度以上, 铁块就会失去磁化.

伊辛模型就是一个包含了上面的图景的数学模型. 用格网 $\mathbf{Z}^d$ 来作为晶格的模型. $\mathbf{Z}^d$ 的顶点代表原子的位置, 而对顶点 $x$ 处的原子自旋就简单地用 $+1$(表示自旋向上) 或 $-1$(表示自旋向下) 这两个数来表示. 在 $x$ 处选定的这个特定的数就记作 $\sigma_x$, 格网中的每一点 $x$ 所选定的 $\sigma_x$ 的集合就称为伊辛模型中的一个**构型**. 构型作为一个整体就记作 $\sigma$ (形式地说, 构型 $\sigma$ 就是从格网到集合 $\{-1, 1\}$ 的一个函数).

每一个构型都附带有一个相关的能量, 其定义如下: 如果没有外场, $\sigma$ 的能量就等于所有 $-\sigma_x \sigma_y$ 之和, 这里 $x$ 和 $y$ 是相邻的顶点, 它们组成一个对子 $\langle x, y \rangle$, 而

---

[1] Smirnov 由于这项工作获得了 2010 年的菲尔兹奖, 其实在 2006 年德国数学家 Wendelin Werner (1968–) 也是由于这方面的工作获得了菲尔兹奖. —— 中译本注

我们就是对这些对子求和. 若 $\sigma_x = \sigma_y$, 这个量就是 $-1$, 否则就是 $+1$, 所以, 取向不同的对子越多, 能量就越大. 如果还有非零的外场, 以实数 $h$ 为其模型, 则对于能量又有了一个新的贡献 $-h\sigma_x$, 而如果与 $h$ 反号的自旋越多, 这个贡献就越大. 这样, 自旋构型 $\sigma$ 的总能量 $E(\sigma)$ 的定义是

$$E(\sigma) = -\sum_{\langle x,y \rangle} \sigma_x \sigma_y - h \sum_x \sigma_x,$$

第一项是在相邻的顶点对子的集合求和, 第二项则是在顶点上求和, 而 $h$ 是一个或正或负或零的实数.

定义 $E(\sigma)$ 的两个和仅当只有有限多个顶点时有意义, 但是我们希望研究无限格网 $\mathbf{Z}^d$, 这个问题是这样处理的, 就是只限制在 $\mathbf{Z}^d$ 的大的有限子集合上, 然后再取适当的极限, 即所谓**热力学极限**(thermodynamic limit). 这个过程已经完全了解了, 所以这里不讲.

还有两个特性需要做出其模型, 就是对于低能量构型 "偏好" 什么, 以及热漂移是怎样减少这种偏好的. 这两个特性是同时处理的如下: 我们希望对每一个构型赋予一个概率, 使得当能量增加时, 这个概率会下降. 按照统计力学的基础, 正确的做法是让这个概率正比于所谓**波尔兹曼因子** $\mathrm{e}^{-E(\sigma)/T}$, 其中 $T$ 是代表温度的参数. 所以, 概率是

$$P(\sigma) = \frac{1}{Z} \mathrm{e}^{E(\sigma)/T},$$

这里的规范化因子 $Z$, 或称**配分函数**(partition function), 定义为

$$Z = \sum_\sigma \mathrm{e}^{-E(\sigma)/T},$$

这里是对所有的构型 $\sigma$ 求和 (这个做法精确地解释仍然是先对 $\mathbf{Z}^d$ 的有限子集合求和再求极限). 这样做的理由在于: 一旦用 $\mathbf{Z}$ 作了除法, 就能保证所有构型的概率之和为 1, 而这是必不可少的. 有了这样的定义, 所需要的对于低能量的 "偏好" 就出来了, 因为对于一个构型当能量 $E(\sigma)$ 大一些时, 所给于的概率就比较小了. 至于温度的效应, 注意如果 $T$ 很大, 所有的数 $\mathrm{e}^{-E(\sigma)/T}$ 都接近于 1, 所以, 所有的概率大体相等. 一般说来, 当温度增加时, 各个构型的概率都变得更加相似, 这正是随机热漂移的效应.

除了能量以外还有一些事情也与此有关. 波尔兹曼因子使得个别的低能量的构型比高能量构型出现的机会更多. 然而低能量构型具有更高的相同取向性质, 所以这种构型的数目比比更加随机排列的构型的数目要少得多. 这两种互相竞争的考虑是哪一种占上风还不清楚, 事实上, 答案以一种非常有趣的方式依赖于温度 $T$.

## 5.2 相变

对于有外场 $h$ 和温度 $T$ 的伊辛模型, 我们随机地选一个概率如上定义的构型. 磁化(magnetization)$M(h,T)$ 定义为顶点 $x$ 处的自旋 $\sigma_x$ 的期望值. 由于格网 $\mathbf{Z}^d$ 的对称性, 它的值不依赖于所选的特定的顶点. 这样, 如果磁化 $M(h,T)$ 为正, 则自旋有一种总的趋势会是向上的, 所以系统被磁化.

自旋向上和自旋向下的对称性蕴含了对于一切 $h$ 和 $T$ 有 $M(-h,T) = -M(h,T)$ (就是说外场方向的改变使得磁化反号). 特别是如果 $h=0$, 则磁化一定为零. 另一方面, 如果有非零的外场 $h$, 则在具有自旋的构型中与 $h$ 有相同取向的会具有压倒性的优势 (因为它们的能量较低), 而磁化满足下式:

$$M(h,T) \begin{cases} < 0, & \text{若 } h < 0, \\ = 0, & \text{若 } h = 0, \\ > 0, & \text{若 } h > 0. \end{cases}$$

如果外场开始为正, 后来又趋向 0, 会发生什么情况? 特别是, 由下式定义的**自发磁化**(spontaneous magnetization)

$$M_+(T) = \lim_{h \to 0^+} M(h,T)$$

是正还是零? 如果 $M_+(T)$ 为正, 则在外场除去以后, 磁化还会保留. 这时 $M$ 对于 $h$ 的图像在 $h=0$ 处是间断的.

这件事是否发生还要取决于温度 $T$. 在对 $T$ 趋于零取极限时, 两个构型的能量的微小区别, 会使它们的概率发生巨大的差别. 当 $h>0$ 而温度趋于零时, 只有最小能量的构型才有出现的机会, 其中所有的自旋均为 1. 不论外场变得多么小, 都是这样, 所以 $M_+(0)=1$. 另一方面, 在温度为无限高的极限下, 所有的构型都有相同的机会, 而自发磁化等于零.

对于维数 $d \geqslant 2$, 对于这两个极端情况之间的温度 $T, M_+(T)$ 的行为很令人惊奇. 特别是, 它不是处处可微的: 存在一个依赖于维数 $d$ 的临界温度 $T_c$, 使得当 $T < T_c$ 时, 自发磁化为严格正, 当 $T > T_c$ 时为零, 而在 $T = T_c$ 时失去可微性. 图 9 画出了磁化对于 $h$ 以及自发磁化对于 $T$ 的关系的示意图. 在临界温度时发生什么事情则很微妙. 对于所有维数, 除了 $d=3$ 以外, 已经证明了在临界温度时没有自发磁化, 就是说 $M_+(T_c)=0$. 人们相信, $d=3$ 时这也是对的, 但是其证明还是一个未解决的问题.

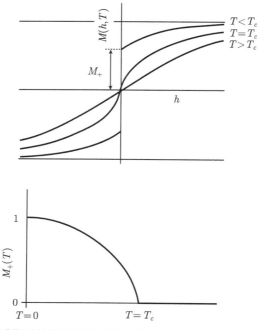

图 9    磁化对外场的图像以及自发磁化对于温度的关系的图像

### 5.3    临界指数

伊辛模型的相变仍是由临界指数来描述的. 由下式表示的临界指数

$$M_+(T) \sim C\,(T_c - T)^\beta, \quad 当\, T \to T_c^- \,时$$

指出了当温度上升趋向临界温度时自发磁化是怎样消失的. 对于 $T > T_c$, **磁化率**(magnetic susceptibility)$\chi(T)$ 定义为 $M(h,T)$ 对于 $h$ 在 $h = 0$ 处的变化率. 这个对于 $h$ 的偏导数当 $T$ 从上方趋向 $T_c$ 时发散, 而指数 $\gamma$ 定义为

$$\chi(T) \sim C\,(T - T_c)^{-\gamma}, \quad 当\, T \to T_c^+ \,时.$$

最后, $\delta$ 所描述的是当外场在临界温度上归结为 0 时磁化趋向 0 的方式, 就是

$$M(h, T_c) \sim Ch^{1/\delta}, \quad 当\, h \to 0^+ \,时.$$

这些临界指数和渗滤的临界指数一样, 预测具有普适性, 而且满足各种尺度关系. 现在, 对于各个维数, 除了 $d = 3$ 的情况外, 对它们都有了数学上的理解.

### 5.4    $d = 2$ 时的准确解

Onsager (Lars Onsager, 1903 –1976, 挪威出生的美国物理学家) 在 1944 年发表了一篇著名论文, 其中给出了 2 维伊辛模型的准确解. 他的出色的计算是临界现象

理论发展的一个里程碑. 以准确解为基础, 可以算出临界指数. 和 2 维渗滤的情况一样, 这些临界指数取很有趣的值:

$$\phi = \frac{1}{8}, \quad \gamma = \frac{7}{4}, \quad \delta = 15.$$

### 5.5 $d \geqslant 4$ 时的平均场

伊辛模型有两个相对容易分析的修正. 其一是在无穷的二元树上而不是在整数格网 $\mathbf{Z}^d$ 上来陈述这个模型. 另一个修正是在所谓 "完全图"(就是由 $n$ 个顶点组成, 而每一对顶点都有一个边把它们连接起来的图) 上陈述这个模型, 再令 $n$ 趋向无穷. 后一个模型称为 Curie-Weiss 模型, 在其中每一个自旋都与其他自旋同等地相互作用, 或者换句话说, 每一个自旋都感受到其他自旋的平均场. 在这两个修正中, 临界指数都取所谓平均场值

$$\beta = \frac{1}{2}, \quad \gamma = 1, \quad \delta = 3.$$

应用巧妙的方法证明了在 $\mathbf{Z}^d$ 上的伊辛模型, 当 $d \geqslant 4$ 时都有相同的临界指数, 只不过在 4 维情况关于渐近公式的对数修正还有一些未解决的问题.

## 6. 随机聚类模型

渗滤模型和伊辛模型是很不相同的. 渗滤构型是一个给定的图 (通常是如同前面的例子中的那些格网) 的随机子图, 而它们的边带有独立的概率 $p$. 伊辛模型的构型则是在一个图 (又时常是一个格网) 的顶点上指定自旋的值 $\pm 1$, 而这些自旋又受到能量和温度的影响.

虽然有这些区别, 1970 年, Fortuin 和 Kasteleyn 洞察到二者是密切相关的, 都属于很大的一族模型, 即所谓随机聚类模型. 随机聚类模型还包括了伊辛模型的一个推广, 即所谓 Potts 模型.

在 Potts 模型中, 图 $G$ 的每一个顶点上的自旋可以取 $q$ 个值中的任何一个, $q$ 是一个大于或等于 2 的整数. 当 $q = 2$ 时, 自旋有两个可能的值, 而这个模型就等价于伊辛模型. 对于一般的 $q$, 把自旋的可能的值记为 $1, 2, \cdots, q$ 是方便的. 和前面一样, 自旋构型都附带有一个能量值, 而取向相同的自旋越多, 这个能量就越小. 对于一个边, 如果它所连接的两个顶点都有相同自旋, 就赋予它一个值 $-1$, 否则就赋予 0. 一个自旋构型如果没有外场作用, 其总能量 $E(\sigma)$ 就是与各个边相连系的能量的和. 一个特定自旋构型的概率仍取为与波尔兹曼因子成正比的, 即为

$$P(\sigma) = \frac{1}{Z} \mathrm{e}^{-E(\sigma)/T},$$

这里又出现了配分函数 $Z$ 以保证概率之和为 1.

Fortuin 和 Kasteleyn 注意到, 在有限图上的 Potts 模型中, 配分函数可以重写为

$$\sum_{S \subset G} p^{|S|} (1 - p)^{|G \setminus S|} q^{n(S)}.$$

这里是对 $G$ 的一些子图 $S$ 求和, 而这些子图是从 $G$ 中删除一些边得出的, $|S|$ 表示 $S$ 中的边数, $|G \setminus S|$ 表示为了得出 $S$ 而从 $G$ 中删除的边的数目, $n(S)$ 表示 $S$ 中不同的聚类的数目, 而 $p$ 与温度 $T$ 的关系是

$$p = 1 - \mathrm{e}^{-1/T}.$$

在 Potts 模型中规定 $q$ 是大于或等于 2 的整数这一点是很本质的, 但是上面的和对于 $q$ 的任意的正实数值也是有意义的.

**随机聚类模型**以上面的和为配分函数. 给定任意实数 $q > 0$, 随机聚类模型的一个构型和一个边渗滤的构型一样, 就是一个图 $G$ 的实边的集合 $S$. 但是在随机聚类模型中, 我们并不是简单地对每一个实边附加上概率 $p$, 而对空边附加上概率 $1 - p$. 相反, 我们是对一个构型附加上一个与 $p^{|S|} (1 - p)^{|G \setminus S|} q^{n(S)}$ 成比例的概率. 如果选 $q = 1$, 随机聚类模型就是边渗滤模型. 这样, 随机聚类模型给出了一个很大的单参数的模型族, 而以 $q$ 为指标, $q = 1$ 就是渗滤模型, $q = 2$ 就是伊辛模型, 而整数 $q \geqslant 2$ 就是 Potts 模型. 随机聚类模型对一般的 $q \geqslant 1$ 都有相变, 它提供了一个统一的和丰富的例子.

## 7. 结论

临界现象和相变的科学是具有真正重大物理意义的数学问题的泉源. 渗滤是这个学科中心的数学模型. 它虽然时常是在 $\mathbf{Z}^d$ 上陈述的, 但可以定义在一个树上或者在一个完全图上. 由此, 它也就包含了分支过程和随机图. 伊辛模型是铁磁相变的基本模型. 它虽然初看起来与渗滤无关, 但是实际上, 在随机聚类模型这个更广阔的背景内与渗滤密切相关. 随机聚类模型为伊辛模型和 Potts 模型提供了一个统一的框架和强有力的几何表示.

这些模型的魅力部分地来自理论物理学里的如下预见, 就是在临界点附近的整体的特性具有普适性. 然而其证明时常要依靠这个模型的特定的细节, 哪怕是普适性已经预测到这些细节对于结果并没有本质的意义. 例如, 对于临界通过概率的了解和临界指数的计算都是对三角格网渗的点渗滤, 而不是对 $\mathbf{Z}^2$ 上的边渗滤做的. 虽然在三角格网上的进展是这个理论的一个胜利, 却还不是最后的胜利. 普适性虽然还不是一个一般的定理, 却仍然是一个指导原理.

在物理上最有趣的 3 维的情况下, 渗滤和伊辛模型的一个非常基本的特性还没有得到完全了解: 还没有证明在临界点处没有自发磁化为 0 的渗滤.

已经完成了许多事情, 但是还有很多事等待我们去做. 似乎很清楚, 对于临界现象的模型的进一步研究将会引导到高度重要的数学发现.

**致谢** 本文的插图是 University of British Columbia 大学数学系和 *Notices of the American Mathematical Society* 的插图编辑 Bill Casselman 制作的.

### 进一步阅读的文献

Grimmet G R. 1999. *Percolation*, 2nd edn. New York: Springer.

——. 2004. The random-cluster model. In *Probability on Discrete Structures*, edited by Kesten H. pp.73-124. New York: Springer.

Janson S, T. Łuczak, and A. Ruciński. 2000. *Random Graphs*. New York: John Wiley.

Thomson C J. 1988. *Classical Equilibrium Statistical Mechanics*. Oxford: Oxford University Press.

Werner W. 2004. Random planar curves and Schramm-Loewner evolutions. In *Lectures on Probability Theory and Statistics*. *École d'Eté de Probabilités de Saint-Flour XXXII-2002*. Edited by Picard J. Lecture Notes in Mathematics, volume 1840. New York: Springer.

# IV.26 高维几何学及其概率类比

Keith Ball

## 1. 引言

如果您看见过小孩吹肥皂泡, 就不会不注意到, 至少就人的眼睛可以看见而言, 这些泡泡是完全球形的. 从数学的视角看来, 这里的道理是很简单的. 肥皂溶液的表面张力使得每一个泡泡的表面积都尽可能地小, 但是还要受到一个约束, 就是要包围一定量的空气 (而且不会把空气压缩得太厉害). 球面是包围一定体积的表面积最小的曲面.

作为一个数学原理, 似乎古希腊人已经认识到了这个原理, 虽然完全严格的证明一直到 19 世纪末才得到. 这个命题和一些类似的命题称为 "等周原理" ①.

这个问题的 2 维的形式问的是: 包围一定面积的最短曲线是什么? 其答案可以从 3 维情况的类比而得到, 是一个圆周. 这样, 通过使得曲线的长度最小化, 我们可以迫使这个曲线具有极大量的对称性: 这条曲线应该沿着自己的长度处处同等地弯曲. 在 3 维和更高维的情况, 有许多种不同的曲率[III.78], 可以用于不同的背

---

① "等周原理" 英文是 isoperimetric principle. "iso-" 这个字首是希腊文的 "相等" 的意思. "周"(perimeter) 本来讲的是其 2 维的, 而不是如肥皂泡那样的 3 维问题陈述: 如果一个圆盘和另一个区域有相同的周长, 则另一区域的面积不会大于圆盘的面积.

景下. 其中之一称为**平均曲率**, 就可以用于最小面积问题.

　　球面在它的各点有相同的平均曲率, 但是从球面的对称性又很清楚, 不论怎样来度量曲率, 球面在各点都会有相同的曲率. 肥皂薄膜可以给出许多很有说服力的例子 (比简单的肥皂泡要丰富多样得多), 所以是休闲数学讲演的一个很常见的主题. 图 1 就是一个绷在一个钢丝框架上的这样一个薄膜. 这个薄膜所取的形状使得它的面积在下面的约束下最小, 这个约束就是它要绷在钢丝框架上. 可以证明, 最小曲面 (就是这个最小化问题的准确数学解答) 有常值的平均曲率, 也就是曲率在各点上都相同.

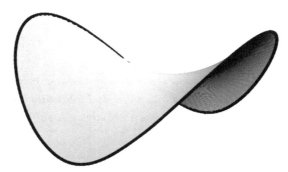

图 1    一个有最小面积的肥皂薄膜

　　等周原理在数学中处处都会出现: 在偏微分方程、变分法、调和分析、计算的算法、概率论和几乎每一个几何学分支中都会出现. 本文第一部分的目的就是描述一个数学分支: 高维几何学, 它的出发点就是基本的等周原理: 球面是包围一定体积的具有最小面积的曲面. 高维几何学最突出的特点就是它与概率论的密切联系: 高维几何学里的许多几何对象都展现了随机分布的特征性质. 本文第二部分的目的就是要概述几何学和概率论的联系.

## 2. 高维空间

　　迄今我们只讨论了 2 维和 3 维的几何学. 高维空间似乎是人所看不见的, 但是, 推广通常在描述 3 维空间时所用的笛卡儿坐标, 又很容易提供它们的一种数学描述. 在 3 维空间里, 一个点 $(x, y, z)$ 是由它的 3 个坐标给出的; 在 $n$ 维空间里, 点则是一个 $n$ 元组 $(x_1, x_2, \cdots, x_n)$. 和 2 维、3 维的情况一样, 两个点是有联系的, 表现在可以把它们加起来得出第三个点, 这只要把相应的坐标加起来就行了:

$$(2, 3, \cdots, 7) + (1, 5, \cdots, 2) = (3, 8, \cdots, 9).$$

加法通过把各个点连接起来对空间赋予了一些结构, 或者说是 "形状". 空间并不只是一大堆互不相干的点.

要完全地描述空间的形状, 我们还需要确定任意两点的距离. 在 2 维情况下, 由毕达哥拉斯定理 (以及坐标轴互相垂直), 点 $(x,y)$ 到原点的距离是 $\sqrt{x^2 + y^2}$. 类似地, 两点 $(x,y)$ 和 $(u,v)$ 的距离是

$$\sqrt{(x-u)^2 + (y-v)^2}.$$

在 $n$ 维情况, 定义两点 $(u_1, u_2, \cdots, u_n)$ 和 $(x_1, x_2, \cdots, x_n)$ 的距离为

$$\sqrt{(x_1 - u_1)^2 + (x_2 - u_2)^2 + \cdots + (x_n - u_n)^2}.$$

在 $n$ 维空间中, 体积大体上是这样定义的: 从定义一个 $n$ 维立方体开始. 2 维和 3 维情况下, 正方形和通常的 3 维立方体是我们很熟悉的. $xy$ 平面中每一个坐标 $x, y$ 都分别在 0 和 1 之间的点的集合就是边长为 1 的单位正方形 (见图 2), 类似于此, 每一个坐标 $x, y$ 和 $z$ 都分别在 0 与 1 之间的点 $(x, y, z)$ 的集合就是单位立方体. 如果把一个平面图形的 [边长的] 大小都加倍, 其面积就按因子 4 增加. 如果把一个 3 维图形也类似地大小加倍, 其体积就会增加一个因子 8. 在 $n$ 维空间, 体积的尺度是大小的 $n$ 次幂, 所以边长为 $t$ 的 $n$ 维立方体的体积是 $t^n$. 想要求更一般的集合的体积, 就试着用一些小立方体去覆盖它, 这样来逼近其体积, 而这些小立方体的体积都任意地小. 集合的体积就用这些近似的体积来计算.

不论维数是多少, 单位球面都起着特殊的作用: 单位球面就是到一个定点为单位距离的点所成的曲面. 正如我们可以想象得到的那样, 相应的球体, 即单位球体, 就是单位球面所包围的球体, 也起特殊的作用. 单位球体的 ($n$ 维) 体积与单位球面的 ($n-1$ 维)"面积" 有一个简单的关系, 即这个面积等于 $nv_n$ 这里 $v_n$ 是 $n$ 维单位球体的体积. 证明方法之一是把单位球体用一个因子增大, 而这个因子稍大于 1, 例如是 $1 + \varepsilon, \varepsilon > 0$ 是一个很小的正数. 见图 3. 增大的球体之体积为 $(1 + \varepsilon)^n v_n$,

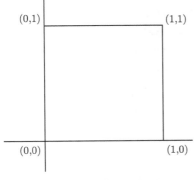

图 2    单位正方形

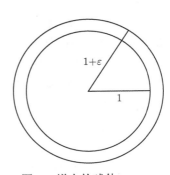

图 3    增大的球体

所以这两个球面之间的球壳的体积是 $((1+\varepsilon)^n - 1)\, v_n$. 因为球壳的厚度是 $\varepsilon$, 它的体积近似地是球面的面积乘以 $\varepsilon$. 所以球面的面积就近似地是

$$\frac{(1+\varepsilon)^n - 1}{\varepsilon} v_n.$$

令 $\varepsilon \to 0$ 求极限, 就得到曲面面积的准确值为

$$\lim_{\varepsilon \to 0} \frac{(1+\varepsilon)^n - 1}{\varepsilon} v_n.$$

可以通过展开幂 $(1+\varepsilon)^n$ 或者注意到上式其实是一个导数来证明这个极限值是 $n v_n$.

迄今我们在讨论 $n$ 维空间中的物体时, 而对于考虑的是哪一种集合并没有太注意. 本文中的许多结果对于很一般的集合也都是成立的. 但是在高维几何学中, 凸集合起特别的作用. (一个集合称为凸集合, 如果它包含了连接其中任意两点的整个直线段). 球体和立方体都是凸集合的例子. 下一节里我们要讲一个对于很一般的集合都成立的基本的原理, 但是它本质上是与凸性的概念相关的.

### 3. 布伦– 闵可夫斯基不等式

二维的等周原理基本上是由施泰纳 (Jakob Steiner, 1796–1863, 瑞士数学家) 给出的, 虽然他的论证中有缺点, 后来才得到改正. 一般的 ($n$ 维空间) 情况的证明到 19 世纪末才完成. 一二十年以后, 出现了考虑这个原理的另一条途径, 并且有影响深远的后果, 这是由闵可夫斯基[VI.64] 发现的, 这个途径是受到布伦 (Hermann Brunn) 的思想的启发的.

闵可夫斯基考虑了 $n$ 维空间中两个集合的一种加法. 如果 $C, D$ 是两个集合, 则 $C + D$ 是由把 $C$ 的任意点和 $D$ 的任意点加起来得到的, 确切地说, $C + D = \{x + y : x \in C, y \in D\}$, 而这个和称为闵可夫斯基和. 图 4 就是一个例子, 其中 $C$ 是粗黑线画的正三角形, 而 $D$ 是画在最下方的以原点为中心的正方形. 我们在三角形的每一点上都画一个正方形的复本 (图上只画了几个), 而 $C + D$ 就是由所有这样的正方形中所有的点构成的. 图上的虚线就是 $C + D$ 的外轮廓.

布伦–闵可夫斯基不等式把两个集合的和的体积和这两个集合的体积联系起来了. 它宣称 (只要 $C$ 和 $D$ 不是空集合)

$$\mathrm{vol}\,(C + D)^{1/n} \geqslant \mathrm{vol}\,(C)^{1/n} + \mathrm{vol}\,(D)^{1/n}. \tag{1}$$

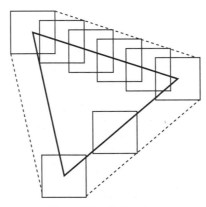

图 4 两个集合的加法

可能就是因为不等式中的体积是取了 $1/n$ 次幂, 这个公式看起来略感只是技巧性的玩意儿而已, 但是, 取 $1/n$ 次幂这一点正是关键. 如果 $C$ 和 $D$ 的每一个都是单位正方体, 而且其边都有相同的取向, 则 $C + D$ 是边长为 2 的立方体, 就是两倍大小的立方体. $C$ 和 $D$ 的每一个体积都是 1, 而 $C + D$ 的体积是 $2^n$. 所以此时 $\mathrm{vol}(C + D)^{1/n} = 2$, 而 $\mathrm{vol}(C)^{1/n}$ 和 $\mathrm{vol}(D)^{1/n}$ 都等于 1, 因此不等式 (1) 带着等号成立. 类似地, 只要 $C$ 和 $D$ 彼此互为复本, 布伦–闵可夫斯基不等式也是带着等号成立的. 如果略去指数 $1/n$, 这个命题仍是对的, 而在立方体的情况, 它成了 $2^n \geqslant 1 + 1$, 而肯定是成立的, 不过太弱, 给不出任何有用的信息.

布伦–闵可夫斯基不等式的重要性在于下面的事实: 它是把体积和加法连接起来的最基本的原理, 而加法是对空间赋以结构的运算. 本节开始处就说过, 由闵可夫斯基所陈述的布伦的思想为等周原理提出了一个新的途径. 我们来看一下这是为什么.

令 $C$ 为 $\mathbf{R}^n$ 中的紧集合[III.9], 而与单位球体 $B$ 有相同的体积. 我们要证明 $C$ 的表面积至少是 $n\mathrm{vol}(B)$, 而这正是 $B$ 的表面积. 我们来看一下, 如果对 $C$ 添加上一个小的球体就会发生什么事. 图 5 是一个例子 ($C$ 是一个直角三角形): 虚线表示一个扩张了的集合, 就是对 $C$ 和一个用小的因子 $\varepsilon$ 尺度化了的球体 $B$ 的闵可夫斯基和 $C + \varepsilon B$. 它有点像图 3, 但是并不是把原来的集合增大, 而是加上了一个球体. 和前面一样, $C + \varepsilon B$ 和 $C$ 的差是一个宽度为 $\varepsilon$ 的壳, 所以可以把 $C$ 的表面积写成下面当 $\varepsilon \to 0$ 时的极限:

$$\lim_{\varepsilon \to 0} \frac{\mathrm{vol}(C + \varepsilon B) - \mathrm{vol}(C)}{\varepsilon}.$$

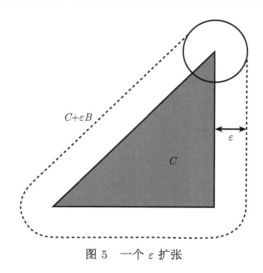

$$C+\varepsilon B$$

$$C$$

$$\varepsilon$$

图 5　一个 $\varepsilon$ 扩张

布伦–闵可夫斯基不等式告诉我们

$$\mathrm{vol}\,(C + \varepsilon B)^{1/n} \geqslant \mathrm{vol}\,(C)^{1/n} + \mathrm{vol}\,(\varepsilon B)^{1/n},$$

不等式的右方是

$$\mathrm{vol}\,(C)^{1/n} + \varepsilon\mathrm{vol}\,(B)^{1/n} = (1 + \varepsilon)\,\mathrm{vol}\,(B)^{1/n},$$

因为由假设 $\mathrm{vol}\,(C) = \mathrm{vol}\,(B)$, 而且 $\mathrm{vol}\,(\varepsilon B) = \varepsilon^n\mathrm{vol}\,(B)$. 所以, $C$ 的表面积至少是

$$\lim_{\varepsilon \to 0} \frac{(1 + \varepsilon)^n\,\mathrm{vol}\,(B) - \mathrm{vol}\,(C)}{\varepsilon} = \lim_{\varepsilon \to 0} \frac{(1 + \varepsilon)^n\,\mathrm{vol}\,(B) - \mathrm{vol}\,(B)}{\varepsilon}.$$

又一次和第 2 节一样, 这里的极限就是 $n\mathrm{vol}\,(B)$, 也就是 $B$ 的表面的球面积, 由此得到一个结论, 即 $C$ 的表面积不会小于同体积的球体 $B$ 的表面积.

多年来, 发现了布伦–闵可夫斯基不等式的许多不同的证明, 其绝大多数的方法都有其他的重要应用. 本节之末, 我们再来描述布伦–闵可夫斯基不等式的另一个形式, 用起来时常比 (1) 更容易. 如果用 $C + D$ 的一半大的复本 $\frac{1}{2}\,(C + D)$ 来代替 $C + D$, 则它的体积将变为原体积的 $1/2^n$, 而体积的 $n$ 次根将缩小到 $1/2$. 所以现在的布伦–闵可夫斯基不等式可以写成

$$\mathrm{vol}\,\left(\frac{1}{2}\,(C + D)\right)^{1/n} \geqslant \frac{1}{2}\mathrm{vol}\,(C)^{1/n} + \frac{1}{2}\mathrm{vol}\,(D)^{1/n}.$$

由关于正数的不等式 $\frac{1}{2}x + \frac{1}{2}y \geqslant \sqrt{xy}$, 已知, 上面的不等式的右方大于或等于 $\sqrt{\mathrm{vol}\,(C)^{1/n}\,\mathrm{vol}\,(D)^{1/n}}$, 由此有

$$\mathrm{vol}\left(\frac{1}{2}\left(C+D\right)\right)^{1/n} \geqslant \sqrt{\mathrm{vol}\left(C\right)^{1/n}\mathrm{vol}\left(D\right)^{1/n}},$$

双方乘 $n$ 次方, 就有

$$\mathrm{vol}\left(\frac{1}{2}\left(C+D\right)\right) \geqslant \sqrt{\mathrm{vol}\left(C\right)\mathrm{vol}\left(D\right)}. \tag{2}$$

我们将在下一节里阐明这个不等式的一个惊人的推论.

布伦–闵可夫斯基不等式对于 $n$ 维空间中的很一般的集合都成立, 但是对于凸集合, 它却是所谓混合体积这个惊人的理论的起点. 这个理论是由闵可夫斯基开创的, 而非常突出的形式为 Aleksandrov (Aleksandr Danilovich Aleksandrov, 1912–1999, 前苏联数学家)、Fenchel (Moritz Werner Fenchel, 1905–1988, 德国数学家) 和 Blaschke (Wilhelm Johann Eugen Blaschke , 1885–1962, 奥地利数学家) 等人所发展. 1970 年代, Khovanskii (Askold Khovanskii, 1947–, 俄罗斯数学家) 和 Teissier (Bernard Teissier, 法国数学家) 利用了 D.Bernstein 的一项发现, 找到了混合体积与代数几何中的霍奇[VI.90] 指标定理的惊人的联系.

## 4. 几何学中的偏差

等周原理指出: 如果一个集合合理地大, 它就会有一个大的表面或边缘. 布伦–闵可夫斯基不等式 (特别是我们用来导出等周原理的论证方法) 更是详细解释了这个命题, 证明了如果从一个合理大的集合开始 (通过添加一些小球来) 扩大它, 则新的集合的体积可以比原来的体积大很多. 在 1930 年代, 法国数学家莱维认识到, 在有些情况下, 这一点可以有非常震撼的推论. 为了对于他是怎样做的有一个了解, 设在单位球体内有一个紧集合 $C$, 其体积为单位球体的一半, 例如 $C$ 就是图 6 所画的集合:

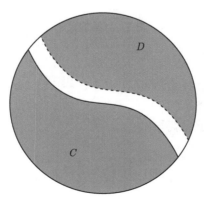

图 6  扩大半个球体

现在把球体内的距 $C$ 的距离在 $\varepsilon$ 之内的点都包括进去, 这样来扩大 $C$, 很像我们在推导等周不等式时所做的那样 (图 6 上的虚线就是扩大以后的集合的边缘). 令 $D$ 为余下的集合 (图 6 上也画出来了). 于是, 如果 $c$ 是 $C$ 中一点, 而 $d$ 是 $D$ 中一点, 我们就有保证, $c$ 和 $d$ 的距离至少是 $\varepsilon$. 通过图 7 所示的简单的 2 维论证, 就可以证明, 这时中点 $\frac{1}{2}(c+d)$ 不会太接近于球体的表面. 事实上, 它离球心的距离不会超过 $1-\frac{1}{8}\varepsilon^2$. 所以 $\frac{1}{2}(C+D)$ 必定位于半径为 $1-\frac{1}{8}\varepsilon^2$ 的球内, 而这个球的体积为 $\left(1-\frac{1}{8}\varepsilon^2\right)^n$ 乘原来的单位球体的体积 $v_n$. 关键之点在于, 如果 $n$ 很大而 $\varepsilon$ 又不太小, 则因子 $\left(1-\frac{1}{8}\varepsilon^2\right)^n$ 可以极小, 这就是说在高维空间中, 一个半径稍小的球体的体积可以有小了很多. 为了利用这一点, 我们要应用不等式 (2), 它指出 $\frac{1}{2}(C+D)$ 的体积至少是 $\sqrt{\mathrm{vol}(C)\,\mathrm{vol}(D)}$. 因此

$$\sqrt{\mathrm{vol}(C)\,\mathrm{vol}(D)} \leqslant \left(1-\frac{1}{8}\varepsilon^2\right)^n v_n,$$

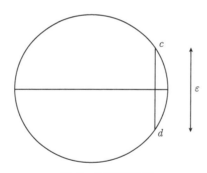

图 7　2 维的论证

或者等价地有

$$\mathrm{vol}(C)\,\mathrm{vol}(D) \leqslant \left(1-\frac{1}{8}\varepsilon^2\right)^{2n} v_n^2.$$

因为 $C$ 的体积是 $\frac{1}{2}v_n$, 于是就导出

$$\mathrm{vol}(D) \leqslant 2\left(1-\frac{1}{8}\varepsilon^2\right)^{2n} v_n.$$

把因子 $\left(1-\frac{1}{8}\varepsilon^2\right)^{2n}$ 换成它的 (相当好的) 近似值 $\mathrm{e}^{-n\varepsilon^2/4}$ 是很方便的, 而后者又

比较容易懂. 于是就得出结论说: 剩余部分 $D$ 的体积 $\mathrm{vol}(D)$ 满足不等式

$$\mathrm{vol}(D) \leqslant 2\mathrm{e}^{-n\varepsilon^2/4} v_n. \tag{3}$$

如果维数 $n$ 很大, 只要 $\varepsilon$ 稍大于 $1/\sqrt{n}$, 指数因子 $\mathrm{e}^{-n\varepsilon^2/4}$ 就会非常小. 这一点的意思就是球体只有很小一部分在剩余集合之内. 球体除了很小一部分以外, 位置都很接近于 $C$, 虽然确有某些点离开 $C$ 要远得多. 这样, 如果从一个占了球体一半的集合 (任意集合!) 出发, 只要把它稍微放大一点, 就几乎可以把整个球体吞下去了. 利用稍微精巧一点的论证就可以证明球体的表面, 即球面, 也有同样的性质: 如果集合 $C$ 占了球面的一半, 那么几乎整个球面都很靠近 $C$.

这个违反直观的效应, 后来证明正是高维几何学的特征性质. 在 20 世纪 80 年代, 从莱维的基本思想发展了对于高维空间的惊人的概率图景. 我们将在下一节概述这个图景.

如果我们以略微不同的方式来想一想, 就会看到为什么高维数的效应会有概率的侧面. 一开始, 我们先来问自己一个基本的问题: 在 0 与 1 之间选一个随机数是什么意思? 它可能意味着许多的事情, 但是如果我们想要确定一种特定的意义, 则我们的工作就是要决定随机数落在一个可能的范围 $a \leqslant x \leqslant b$ 的机会有多大, 例如落在 0.12 和 0.47 之间的机会有多大? 对于绝大多数人, 一个显然的答案是 0.35, 即 0.47 和 0.12 的差. 随机数落到区间 $a \leqslant x \leqslant b$ 内的概率将是 $b - a$, 即区间的长度. 这种选择随机数的方式称为是**均匀的**. 在范围 0 与 1 之间的各个同样大小的部分同样可能地被选中.

正如我们可以用长度来描述所谓选择一个随机数是什么意义, 我们也可以用体积来在 $n$ 维空间中解释把随机数选在 $n$ 维球体中的某一个子区域中的意义. 最自然的选择是说这种可能性等于子区域的体积除以整个球体的体积, 也就是这个子区域占整个球体的比例. 利用选择随机点, 我们可以把高维数的效应重新陈述如下: 如果选取了一个子集合 $C$, 使得它被随机点击中的机会是 $\frac{1}{2}$, 则随机点落在离 $C$ 远于 $\varepsilon$ 的机会不大于 $2\mathrm{e}^{-n\varepsilon^2/4}$. 这一点可以称为**几何偏差原理**(geometric deviation principle).

在结束本节之前, 将几何偏差原理重新陈述为对于函数而非集合的命题是有用的. 我们知道若 $C$ 是一个占了半个球面的集合, 则几乎整个球面都位于 $C$ 的小距离之内. 现在设 $f$ 是定义在球面上的函数, 即 $f$ 对球面上的任意点都指定了一个实数. 假设当在球面上移动时, $f$ 的变动不会太快, 例如 $f$ 在 $x$ 和 $y$ 两点之值 $f(x)$ 和 $f(y)$ 之差不大于 $x$ 和 $y$ 两点的距离. 令 $M$ 是 $f$ 的**中值**(median, 或称中位值), 即 $f$ 在半个球面上最多为 $M$, 而在另半个球面上至少为 $M$, 则由偏差原理可知, 除了球面上一个很小的部分以外, $f$ 必定几乎等于 $M$. 理由在于几乎整个球面都接近

于 $f$ 小于 $M$ 的半个球面, 所以 $f$ 除了在一个小集合上以外, 不能**太超过** $M$. 另一方面, 几乎整个球面又都接近于 $f$ 至少为 $M$ 的半个球面, 所以, 除了在一个小集合上以外, $f$ 也不能太小于 $M$.

这样, 几何偏差原理说的就是如果函数在球面上的变化不是太快, 则几乎在整个球面上必定几乎是常值的 (虽然确实可能在某些点处它会很远离这个常值).

### 5. 高维几何学

我们在第 3 节末尾曾经提到, 在闵可夫斯基把体积与空间的加法结构联系起来的理论中, 凸集合有特殊的意义. 它们也自然地出现在许多应用中, 例如线性规划理论和偏微分方程理论. 虽然要求一个体满足凸性条件是一个很大的限制, 然而不难信服, 凸集合也展现了相当大的多样性, 而且这种多样性随维数而增加. 除了球体以外, 最简单的凸集合就是立方体了. 如果维数很大, 立方体的表面看起来就和球面很不相像. 现在我们不考虑单位立方体, 而考虑一个以原点为心、边长为 2 的立方体. 这个立方体的角就是形如 $(1, 1, \cdots, 1)$ 或者 $(1, -1, -1, \cdots, 1)$ 这样的点, 总之它们的坐标都是 1 或者 $-1$. 它的每一个面的中心都是形如 $(1, 0, 0, \cdots, 0)$ 这样的点, 这里只有一个坐标是 1 或 $-1$, 而其他坐标都是 0. 角到中心的距离是 $\sqrt{n}$, 而面的中心到原点的距离都是 1. 所以能够内切于立方体的球面半径为 1, 而外接于立方体的球面半径为 $\sqrt{n}$(见图 8).

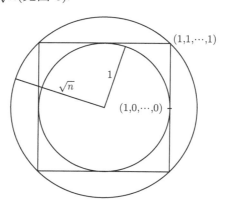

图 8    一个球面内的立方体以及立方体内的球面

当维数 $n$ 很大时, $\sqrt{n}$ 和 1 之比也很大. 可以想象得到, 球面和立方体之间的空隙大到可以容纳多种不同的凸的图形. 然而, 高维几何学的概率论观点引导到了这样一种了解, 就是说对于许多目的而言, 这种巨大的多样性只是一个幻象, 在一种有很明确定义的意义下, 所有的凸体的行事都好像球体一样.

强烈地指向这个方向的第一个发现, 大概就是 Dvoretzky (Aryeh (Arie) Dvoretzky, 1916–2008, 以色列数学家) 在 20 世纪 60 年代末做出的. Dvoretzky 定理指出:

每一个高维凸体都有几乎是球形的切片. 精确地说, 如果指定一个维数 (例如为 10) 和一个精确度, 对任意充分大的维数 $n$, 每一个 $n$ 维凸体都有一个 10 维的切片, 在所指定的精确度之内与球面不能区分.

Dvoretzky 定理的概念上最简单的证明依赖于上节所说的偏差原理, 是 Milman (Vitali Davidovich Milman, 1939–, 以色列数学家) 在 Dvoretzky 定理发表后数年之内给出来的. 它的思想大略地说就是: 考虑一个 $n$ 维的包含了一个单位球体在其内的凸体 $K$. 对于球面上的每一点 $\theta$, 设想一个由原点出发在 $\theta$ 点与球面相交而且一直延伸到 $K$ 的表面的线段 (见图 9). 把这个线段想成 $K$ 在方向 $\theta$ 上的 "半径", 并且称它为 $r(\theta)$. 这个 "方向半径" 是球面上的函数. 我们的目的就是要找一个球面的 (例如说)10 维的切片, 使 $r(\theta)$ 在其上几乎是常数. 在这个切片上, 凸体 $K$ 看起来就像是一个球体, 因为在其上, $r(\theta)$ 几乎不变.

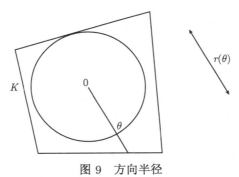

图 9　方向半径

$K$ 为凸体意味着当我们沿球面运动时, $r$ 不会变化太快, 如果有两个方向很接近, 则 $K$ 在这两个方向上的半径大体上是相同的. 现在, 应用几何偏差原理就可以得出结论, 即在几乎整个球面上, $K$ 的半径大体上是相同的, 除了很小一部分可能的方向以外, 半径接近于其中值 (中位值). 这意味着我们有充分大的空间去在其中寻找一个切片, 使半径在这个切片上几乎是常数 —— 只需要选择一个避开很小的坏区域的切片. 球面的绝大部分是好区域这个事实, 使得一个随机的切片有很好的机会恰好落入好区域.

应用前面所定义的闵可夫斯基和可以把 Dvoretzky 定理改写成为一个关于整个凸体 $K$, 而不只是关于它的切片的命题. 这个命题就是: 如果 $K$ 是一个 $n$ 维的凸体, 则 $K$ 有一族 $m$ 个旋转 $K_1, K_2, \cdots, K_m$, 使其闵可夫斯基和 $K_1 + \cdots + K_m$ 近似于球体, 这里的 $m$ 显著地小于维数 $n$. 最近, Milman 和 Schechtman 看到, 能够管用的最小的 $m$ 用 $K$ 的相对简单的性质几乎可以准确地描述, 尽管在可以使用的旋转的选择上明显地有巨大的复杂性.

对于一些 $n$ 维的凸集合, 可以用个数比 $n$ 少许多的旋转来作出一个球体. 在

20 世纪 70 年代晚期, Kašin 发现了如果 $K$ 是一个立方体, 则只需两个旋转 $K_1$ 和 $K_2$ 就足以生成一个接近于球体的形体, 虽然球体本身却与立方体在形状上有天壤之别. 在 2 维情况下, 不难定出哪些旋转是最好的. 如果选 $K_1$ 为一个正方形, 而 $K_2$ 是把它旋转 45° 所得的正方形, 则 $K_1 + K_2$ 是一个正八边形, 这是用两个正方形所能得出的最接近于圆盘的形状. 在高维情况, 想要描述有哪些旋转可以用是极为困难的. 目前, 尽管立方体是在数学中遇到过的最为具体、最不含糊的对象, 仅有的已知方法却只是使用随机选择的旋转.

迄今为止已经发现的, 表明绝大多数形体的行事类似球体的最强的原理, 就是通称的逆布伦–闵可夫斯基不等式. 这个结果是 Milman 基于他自己和 Pisier 以及 Bourgain 的思想证明出来的. 在前面, 布伦–闵可夫斯基不等式是就物体的和来陈述的. 其逆则有许多不同的版本, 最简单的是用交集合来陈述的. 开始时设 $K$ 为一个物体, 而 $B$ 为等体积的球体, 则它们的交集合显然是一个具有较小体积的集合. 这个显然的事实却可以用一个看起来像布伦–闵可夫斯基不等式的复杂的方式来表述:

$$\mathrm{vol}\,(K \cap B)^{1/n} \leqslant \mathrm{vol}\,(K)^{1/n}. \tag{4}$$

如果 $K$ 极长、极薄, 则当用一个与它等体积的球体去与它相交时, 只能截出 $K$ 的极小的部分. 所以, 想要把 (4) 式按它现在的形状求出逆来是没有可能的: 没有可能从下方来估计 $K \cap B$ 的体积. 但是如果我们许可在 $B$ 与 $K$ 相交以前就把 $B$ 拉长, 情况就完全改变了. 一个在 $n$ 维空间中拉长了的球体称为椭球 (2 维情况下就是椭圆). 逆布伦–闵可夫斯基不等式指出, 对于每一个凸体 $K$, 必有一个同体积的椭球 $\mathcal{E}$ 使得

$$\mathrm{vol}\,(K \cap \mathcal{E})^{1/n} \geqslant \alpha\,\mathrm{vol}\,(K)^{1/n},$$

这里的 $\alpha$ 是一个固定的常数.

有一个流传相当广的 (但还不是普遍认同的) 信念, 就是有一个强得多的原理仍然成立, 这个原理是说, 如果把这个椭球再增大 (例如)10 倍, 它就可以包含 $K$ 的体积的一半. 换句话说, 对于每一个凸体 $K$, 都存在一个体积大体相同的椭球包含了 $K$ 的一半. 这样一个命题、可以说是对我们的高维形状有更大的多样性这样一个直觉当面打了一耳光, 但是还没有很好的理由来相信它.

既然布伦–闵可夫斯基不等式有逆的形式, 自然就会问: 等周不等式是否也有逆. 等周不等式保证了集合不会有太小的表面. 是不是在某种意义下集合也不会有太大的表面面积? 答案是肯定的, 而且确实可以给出一个相当精确的命题. 和布伦–闵可夫斯基不等式的情况一样, 我们需要考虑这样的可能性, 就是这个体可以很长很薄, 所以体积很小, 但是却有很大的表面积. 所以, 我们要先作一个线性变换, 把这个体在某个方向上拉伸 (但是不弯曲其形状). 例如, 从一个三角形开始, 先把

它变换成一个**等边三角形**, 然后再量度它的表面和它的体积. 一旦我们把这个物体变换得尽可能好, 就能确定是哪个凸体对于一定的给定体积具有最大的表面积. 在 2 维情况, 这是三角形, 在 3 维情况, 这是四面体, 而在 $n$ 维情况, 就是这些体的自然的类比, 那就是一个 $n$ 维凸体 (称为 $n$ 维单形), 它具有 $n+1$ 个顶点. 这个集合具有最大的表面这一事实, 是本文作者利用调和分析中由 Brascamp 和 Lieb 所发现的一个不等式证明的; 单形是唯一的具有最大表面 (在上述意义下) 的凸集合这个事实是由 Barthe 证明的.

除了几何偏差原理以外, 还有两个其他的方法也在高维几何学的现代发展中起了中心的作用. 这些方法来自概率论的两个分支, 其一是对赋范空间[III.62] 中的随机点的和及其大小如何的研究, 这些提供了关于空间本身的重要的几何信息. 另一个是高斯过程的研究, 它依赖于详细地了解在高维空间中如何用小的球体来有效地覆盖一个集合. 这一点听起来甚为深奥, 但是它所处理的是一个基本问题, 就是如何量度 (或估计)一个几何对象的复杂性. 如果我们知道我们的对象可以用 1 个半径为 1 的球体、10 个半径为 $\frac{1}{2}$ 的球体、57 个半径为 $\frac{1}{4}$ 的球体覆盖等等, 我们对于这个对象有多么复杂就有了一个很好的概念了.

关于高维空间的现代的观念揭示了它既在一方面远远比我们所设想的复杂许多, 而同时在另一方面又简单得多. 第一点可以用 Borsuk (Karol Borsuk, 1905–1982, 波兰数学家) 在 20 世纪 30 年代提出的问题的解决为例来说明. 我们说一个集合的直径为 $d$, 就是说集合中没有两个点的距离大于 $d$. Borsuk 曾经联系着他的拓扑学的工作, 问过是否 $n$ 维空间中的每一个直径为 1 的集合都可以分成 $n+1$ 块直径较小的集合. 在 2 维和 3 维的情况, 这总是可能的. 直到 20 世纪 60 年代, 人们都以为在任意维的情况也都如此. 但是, 不多年以前, Kahn 和 Kalai 证明了在 $n$ 维情况下, 需要分成的小块为数之多、达到大约 $e^{\sqrt{n}}$ 块才行, 这个数远远超过了 $n+1$.

但是在另一方面, 高维空间的简单性反映在由 Johnson 和 Lindenstrauss 所发现的一件事情上: 如果取由 $n$ 个点 (不论空间维数如何) 所成的构型, 在维数远低于 $n$(粗略说来是 $n$ 的对数) 的空间里, 就总能找到这个构型的完全的复本. 不多年前, 这个事实在计算机算法的设计上找到了应用, 因为许多计算问题都可以用几何学来重述, 而如果涉及的维数很小, 它就简单多了.

## 6. 概率论中的偏差

如果反复投掷一个公正的硬币, 您会期望大约有一半次数的投掷是正面向上, 而如果投掷次数增加, 出现正面的次数越来越接近 $\frac{1}{2}$. $\frac{1}{2}$ 这个数就称为每一次投掷正面的期望值. 每一次投掷给出的正面的次数或者是 1, 或者是 0, 而有相同的概率, 而正面的期望值就是这些的平均, 即 $\frac{1}{2}$.

关于硬币的投掷有一个没有说出来的关键假设, 就是这些投掷是互相独立的: 每次投掷的结果彼此并无影响 (关于独立性和其他基本的概率概念在条目概率分布 [III.71] 中讨论). 硬币投掷的原理和它对其他随机试验的推广, 称为**强大数定律**. 一个随机量的数量很大的独立重复, 平均起来接近这个量的期望值.

对于硬币的投掷, 强大数定律证明起来相当简单. 这个定律的一般的、可以适用于复杂得多的随机量的形式, 证明起来就困难多了. 它最早是在 20 世纪初由科尔莫哥洛夫 [VI.88] 证明的.

知道平均值聚集在期望值附近当然是有用的, 但是对于统计学和概率论中的大多数问题, 掌握更详尽的信息是至关重要的. 如果我们集中关注于期望值附近, 就可以问、这些平均值在期望值附近是怎样分布的. 例如, 设期望值为 $\frac{1}{2}$, 和投掷硬币一样, 我们可以问, 平均值大到 0.55 或者小到 0.42 的机会是多少? 我们想要知道, 出现正面的平均数与期望值只有一定量的偏差的机会又是多少.

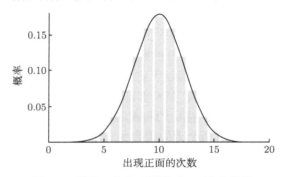

图 10　投掷一个公正的硬币 20 次的结果

图 10 中的直方图给出了在 20 次投掷硬币中出现正面各个次数的概率. 每一个直方条的高度就表示出现正面的机会. 从强大数定律我们可以期望, 高的直方条集中在中点附近. 在直方图上面还画了一条曲线, 它同样是很好地逼近了这个概率. 这就是著名的 "钟形曲线", 或称为 "正态曲线", 它是标准正态曲线

$$y = \frac{1}{\sqrt{2\pi}} \exp\left(\frac{1}{2}x^2\right) \tag{5}$$

经过适当的位移和重新尺度化后得到的. 这条曲线可以逼近投掷硬币的概率这个事实是概率论中最重要的定理**中心极限定理**的一个例子. 这个定理指出, 每当我们把很多的小的独立随机变量加起来, 结果的分布可以用正态曲线来逼近.

正态曲线的方程 (5) 表明, 如果投掷硬币 $n$ 次, 则出现正面的次数的比例对于 $\frac{1}{2}$ 的偏差大于 $\varepsilon$ 的机会最多只有 $e^{-2n\varepsilon^2}$. 这个值和第 4 节里几何偏差的估计式 (3) 非常相似. 这个相似性不是偶然的, 虽然对于它的完全理解, 对于它何时出现, 又如何去使用它, 至今还所知甚少.

要想懂得为什么中心极限定理的一个版本可以应用于几何学, 最简单的办法就是用另一个随机试验来代替投掷硬币. 假设在 $-1$ 和 $+1$ 之间反复地选择一个随机数, 而且这种选择要在第 4 节那种意义下是**均匀的**. 令前 $n$ 次选择的结果是数 $x_1, x_2, \cdots, x_n$. 不把它们看成独立的随机选择, 而把点 $(x_1, x_2, \cdots, x_n)$ 看成是在一个立方体中随机选择的点, 这个立方体是由各个坐标都在 $-1$ 和 $+1$ 之间的点构成的. 表达式 $(1/\sqrt{n}) \sum_{i=1}^{n} x_i$ 量度了这个随机点到一个 $n-1$ 维 "平面" 的距离, 而这个平面由所有坐标加起来为零的点构成, 即为 $\sum_{i=1}^{n} x_i = 0$(图 11 上画出了它的 2 维情况). 这样, $(1/\sqrt{n}) \sum_{i=1}^{n} x_i$ 与其平均值 0 的偏离大于 $\varepsilon$ 的机会, 也就是这个立方体中的随机点离此平面超过 $\varepsilon$ 的机会. 这个**机会**正比于离此平面超过 $\varepsilon$ 的点的集合的**体积**: 这个集合就是图 11 中的阴影区域. 当我们讨论几何偏差原理时, 估计的是离集合 $C$ 距离大于 $\varepsilon$ 的点的集合的体积, 这里的 $C$ 占了球体体积的一半. 这里的情况其实是一样的, 因为阴影的两个三角形的每一个都表示离立方体另一半距离超过 $\varepsilon$ 的点的集合.

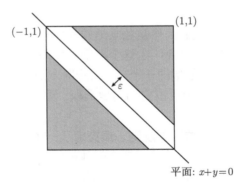

图 11 立方体中的随机点

用接近于中心极限定理的论证可以证明, 如果用一个平面把一个立方体切成大小相同的两半, 则离此两半之一的距离超过 $\varepsilon$ 的点的集合的体积不会超过 $e^{-\varepsilon^2}$. 这个结果与我们对于球体所得到的 (3) 式是不同的, 而且明显地要弱了许多, 因为其指数中少了一个因子 $n$. 这个估计蕴含了如果过此立方体的中心任意作一个平面, 则立方体中绝大部分的点离此平面不超过 2. 如果取此平面为平行于一个面的平面, 这个命题显然太弱, 因为整个立方体都在离此平面距离为 1 的范围内. 但如果我们考虑的平面是图 11 中的那个平面, 这个命题就变得很值得注意. 立方体中有的点离此"对角"平面的距离为 $\sqrt{n}$, 但是立方体中绝大部分的点离此平面要近得多. 这样, 关于立方体和关于球体的估计本质上包含的是相同的信息, 不同之处在于立方体比球体大了大约 $\sqrt{n}$ 的因子.

在球体的情况, 我们能够对于任意占了球体一半体积的集合证明偏差的估计, 而不只是对于用平面切割出来的特殊的集合. 到了 1980 年代末, Pisier 找到了一个非常漂亮的论证, 表明这个一般情况对于立方体和球体一样可以用. 除此以外, 这个论证还用到了一个可以追溯到 Donsker 和 Varadhan 在大偏差理论发展的早日所用到的一个原理.

概率论的大偏差理论现在已经有了很大的发展. 在原则上, 关于独立随机变量的和以一定量偏离于其期望值的概率, 已经知道了用原来的分布所作的或多或少精确的估计. 在实践上, 这些估计涉及一些很难计算的量, 但是有精巧的方法来做这件事. 这个理论在概率论和统计学、计算机科学、统计物理学中都有很多应用.

这个理论的最微妙、最有力的发现之一是 Talagrand (Michel Pierre Talagrand, 1952–, 法国数学家) 在 1990 年代中期发现的乘积空间的偏差不等式. Talagrand 本人用它解决了组合概率论中的几个著名问题, 并且用它得到了粒子物理学的某些数学模型的惊人的估计. 完整的 Talagrand 不等式颇具技巧性, 很难从几何上加以描述. 然而这个发现有一个先驱, 完全适合于几何图像而且包含了其最重要的思想之一 [1]. 我们再来看立方体中的随机点, 但是这一次这些随机点不是从立方体中均匀地取出来的. 和前面一样, 我们仍然是独立地选择随机点的坐标 $x_1, x_2, \cdots, x_n$, 但是我们不坚持这些坐标要从 $-1$ 到 $+1$ 这个范围内**均匀地**选取. 例如, 可能 $x_1$ 各以概率 $1/3$ 取 $1, 0$, 或 $-1$ 三个值中的一个, $x_2$ 只能取 $1$ 或 $-1$ 为值, 而概率各为 $1/2$, $x_3$ 则可能从 $-1$ 到 $+1$ 的整个范围内均匀地选取. 重要的是每一个坐标的选取对于其余坐标的选取没有影响.

每一组支配坐标的选取的这类规则、都决定了一个在立方体内取随机点的方法. 这又给了我们一种量度立方体的子集合的体积的方法: 集合 $A$ 的 "体积" 就是随机点选自 $A$ 中的机会. 这个量度体积的方法可能与常用的大不相同, 即一个点也可能有非零体积.

现在假设 $C$ 是立方体中的一个**凸**集合, 而且 "体积" 是 $\frac{1}{2}$, 其意义就是随机点是从 $C$ 中选出来的概率是 $\frac{1}{2}$. Talagrand 的不等式指出, 我们的随机点与 $C$ 的距离超过 $\varepsilon$ 的概率小于 $2e^{-\varepsilon^2/16}$. 这个命题看起来有点像是立方体的偏差估计, 只不过它只讲的是凸集合 $C$. 但是, 下面的关键的**新**信息使得这个估计及其以后的版本十分重要, 就是这里许可我们以那么多不同的方式来选取随机点.

---

① 这个先驱是通过 Johnson 和 Schechtman 的一个重要贡献, 从 Talagrand 原来的论证中演进而来的.

这一节里描述了概率论中具有几何味儿的偏差估计. 对于立方体, 我们能够证明, 如果 $C$ 是占了一半立方体的任意集合, 则几乎整个立方体都接近于 $C$. 对于比立方体更加一般的凸集合得出相同的结果将是极为有用的. 还有其他的高度对称的集合、我们对之也知道这样的结果, 但是想要得出这种类型的最为一般的可能的结果, 却是我们现有的方法力所不及的. 一个来自理论计算机科学的可能的应用是体积计算的随机算法. 这个问题听起来似乎过于专门, 但是它是来自线性规划[III.84](只是这一点就已经是值得为它花那么大的力气的充分理由了) 和积分的数值估计. 原则上说, 要计算一个集合的体积, 只需要在这个集合上面放一个非常细的格网, 然后数一下有多少格子点落入这个集合中. 但是在实践中, 如果维数很大, 格子点的数目将是巨大的天文数字, 使得没有一个计算机能够有机会完成这个计数.

在第 4 节里已经粗略地看到, 计算一个集合体积的问题, 和在此集合内随机选取一个点的问题是一样的. 所以, 目的就在于选择一个随机点, 而不必确定为数巨大的、可能从中作选择的点. 目前在一个凸集合中生成一个随机点的最有效的方法是在这个凸集合中做出一个随机游动. 我们要完成一系列小步子, 其方向是随机选择的, 然后再选一个经过充分多步数所能够达到的点, 希望这个点有正确的机会落入这个集合的各个部分之内. 为了使这个方法有效, 重要的是使这个随机游动能很快地遍访整个集合, 要使它例如说不会长时间停留在这个集合的某一半里面. 为了保证这种**迅速混合**(rapid mixing, 这是目前通用的说法), 我们需要一个等周原理或者偏差原理. 我们需要知道集合的每一半都有很长的边缘, 使得我们的随机游动有很好的机会迅速穿过这个边缘而进入集合的另一半.

最近十年, Applegate, Bubley, Dyer, Frieze, Jerrum, Kannan, Lovasz, Montenegro, Simomovits, Vempala 等在一系列论文中找到了在凸集合中取样的有效的随机游动, 上面提到的那种几何偏差原理使我们能够几乎完美地估计出这种随机游动的效率.

## 7. 结束语

最近几十年来, 高维系统的研究变得越来越重要了. 计算的实际问题时常导致高维问题, 其中有许多是从几何上提出来的, 而粒子物理学的许多问题自然地是高维的, 因为要模仿真实世界的大尺度的现象就必须考虑数量巨大的粒子. 这两个领域的文献都浩如烟海, 但是可以作一些一般的说明. 从低维几何学中获得的直觉, 如果用于很高维的情况, 就会使我们完全迷失方向. 现在变得清楚了, 自然出现的高维系统展现了一些特征是我们希望能在概率论中出现的, 虽然原来的系统并没有明显的随机元素. 在许多情况下, 这些随机特征表现为等周原理或偏差原理, 也就是大的集合会有大的边缘这样的命题. 在经典概率论中, 时常可以用独立性假设来简单地证明偏差原理. 对于我们今天所研究的复杂得多的系统, 有一个几何图像伴随着概率图像时常是很有帮助的. 按照那个途径, 我们可以把概率偏差原理看成是古希腊人所发现的等周原理的类似物. 本文中只就几个特殊的例子描述了概率论与几何学的关系. 一个详尽得多的图景肯定等待着我们去发现, 而目前, 这似乎还是我们力所不及的事情.

### 进一步阅读的文献

Ball K M. 1997. An elementary introduction to modern convex geometry. In *Flavors of Geometry*, edited by Silvio Levy. Cambridge: Cambridge university Press.

Bollobás B. 1997. Volume estimates and rapid mixing. In *Flavors of Geometry*, edited by Silvio Levy. Cambridge: Cambridge university Press.

Chavel I. 2001. *Isoperimetric Inequalities*. Cambridge: Cambridge university Press.

Dembo A, and Zeitouni O. 1998. *Large Deviations Techniques and Applications*. New York: Springer.

Ledoux M. 2001. *The Concentration of Measure Phenomenon*. Providence, RI: American Mathematical Society.

Osserman R. 1978. The isoperimetric inequalitiy. *Bulletin of the American Mathematical Society*, 84: 1182-238.

Pisier G. 1989. *The Volume of Convex Bodies and Banach Space Geometry*. Cambridge: Cambridge university Press.

Schneider R. 1993. *Convex Bodies: The Brunn-Minkowski Theory*. Cambridge: Cambridge university Press.